LINEAR ALGEBRA with Applications

NINTH EDITION

9th Edition

선형대수와 응용

GARETH WILLIAMS

윤복식 · 한광희 옮김

JONES & BARTLETT LEARNING
An Ascend Learning Company
www.jblearning.com

TEXTBOOKS
텍스트북스

ORIGINAL ENGLISH LANGUAGE EDITION PUBLISHED BY
Jones & Bartlett Learning, LLC
5 Wall Street
Burlington, MA 01803
Linear Algebra with Applications, Ninth Edition, Gareth Williams

역자 소개

윤복식 홍익대학교 교수
한광희 한국산업기술대학교 교수

선형대수와 응용 | 9판

Linear Algebra with Applications, ***Ninth Edition***

발행일 2019년 8월 26일
저 자 Gareth Williams
역 자 윤복식, 한광희
발행인 이한성 **발행처** 텍스트북스 **주소** 서울특별시 마포구 독막로 320, 데시앙 오피스텔 803호
전 화 02-702-5725,6 **팩스** 02-702-5727 **웹사이트** www.textbooks.co.kr
등록번호 제2018-000190호
ISBN 978-89-93543-85-8 93410
정 가 29,000원

역자 서문

Preface

선형대수는 그 이름에서 짐작할 수 있듯이 방정식의 가장 단순한 형태인 선형(1차)시스템을 다루는 대수학이다. 이러한 본성 때문에 자연스럽게 추상대수나 함수해석학과 같은 고등수학의 출발점이 된다. 또한 선형시스템은 거의 모든 과학, 공학의 모델링에서 기본으로 출현하기 때문에 태생적으로 응용성이 강하다. 더욱이 선형대수의 주요 주제인 행렬이나 선형변환은 컴퓨터를 이용한 각종 수치계산과 응용 및 이론 개발에 직결되는 특성이 있기 때문에 컴퓨터를 주 도구로 삼는 현대의 학문 조류에 들어맞는다. 이런 이유로 오늘날 선형대수는 수학전공자뿐만 아니라 이공계의 모든 전공, 더 나아가 경영, 경제, 사회과학 전공자들을 위한 필수 수학과목으로 자리잡고 있다.

이 책은 2019년에 출판된 G. Williams의 *Linear Algebra with Application* 9판의 번역서로 선형대수를 처음 대하면서 주로 응용에 관심을 둔 대학 저학년생들을 주 대상으로 한다. 교과과정에 대한 내용은 저자의 머리말을 참조하기 바란다. 주지하다시피 시중에는 다양한 선형대수 입문과정의 교재들이 출간되어 있다. 그 와중에 역자가 이 책을 선택한 이유는 우선 교재로서의 효율성 때문이다. 무엇보다도 설명이 간결하면서 친절하여 이해하기 쉽다. 추상적 개념과 실용적인 알고리즘이 혼재되어 있는 선형대수 과목의 특성상 내용이 나열식으로 건조해지고 난삽해지기 쉬운데, 이 책은 그 함정을 잘 피하고 있다. 그렇다고 교재의 수준이 낮은 것은 아니다. 주요 개념, 필수 내용과 응용을 빠짐없이 다루면서도 학생들을 질리게 하지 않는다. 두 번째 장점은 선형대수의 본래적 특성인 이론과 응용 또한 실제 계산의 측면 사이의 균형을 적절하게 맞추고 있다는 점이다. 추상적인 개념 전개와 더불어, 과학, 공학은 물론, 사회과학, 인문학에 이르기까지 성공적인 응용사례들을 적절하게 이론에 녹여 제시하고 있다. 또한, 이론적인 내용을 웬만한 규모의 문제에 실제로 적용하려면 당장 컴퓨터 수치계산이 필요한데, 이 책 전체에서 알고리즘의 수치적 효율성에 대한 관심을 일깨우고 있다. 9판에서 특기할 만한 세 번째 장점은 선형대수 과목의 핵심이 되는 선형공간과 선형변환 이론의 주요 개념을 초반부터 다루도록 적절히 배치하였다는 점이다. 기존의 표준교재는 이 중요한 개념을 일반 공간과 묶어 주로 뒷부분에 배치하여 갑자기 수준이 높아지는 경향을 보인다. 이는 후반부에 학생들의 학습의욕을 저하시키는 요인이 되는데, 이번 9판은 이 점을 효과적으로 극복하고 있다.

이와 같은 장점과 원서 문장의 명료함과 친절함에도 불구하고, 영문이 장애가 되어 수학적 개념을 명확히 파악하는 데 어려움을 겪는 학생들을 위해 번역 작업의 수고를 감내하였다. 무엇보다 용어와 문장의 일관성이 유지되면서 적어도 원서보다는 이해하기 쉽고 정확한 번역이 되도록 노력하였다. 번역에서 전문용어는 기존에 통용되는 표준용어를 사용하는 것을 원칙으로 하되 통일이 안 되어 있거나 어려운 한자용어로 부적절한 경우에는 적합한 용어를 새로 도입하였다. 인명이나 영문용어는 처음 등장할 때에 괄호 안에 원어를 표시하여 이해를 높였다. 나름대로 철저한 번역 및 교정 과정을 거쳤다고 자부하나 거르지 못한 오류가 없을 수 없다. 발견되는 오타나 기타 오류는 즉시 출판사로 알려주기 바란다. 감사함으로 받고 적절히 수정할 것이다.

끝으로 이 책이 완성되기까지 격려와 도움을 아끼지 않은 텍스트북스의 강찬일 이사를 비롯한 여러 관계자들께 가슴 깊이 감사드린다.

2019 기해 정초 와우산정에서

윤복식

머리말

Foreword

이 교재는 보통 대학 2학년 과정에서 개설되는 선형대수의 입문서이다. 내용은 총 3부로 나뉘어 있다. 1부는 저자가 기초 내용이라고 생각하는 선형방정식계, $\mathbf{R}^n$의 벡터(선형결합, 기저, 차원의 개념 포함), 행렬, 선형변환, 행렬식, 고유값과 고유공간 및 선택적인 응용을 포함한다. 이 내용을 기초로 2부는 행렬공간이나 함수공간과 같은 일반 벡터공간을 논한다. 여기에는 랭크/무효차수 정리, 내적공간, 좌표 표현과 같은 주제가 포함된다. 3부는 수치적 선형대수 분야의 불량조건, 축연산, LU 분해, 특이값 분해와 같은 중요한 개념과 방법을 논하고 과정을 마친다.

이 판은 이론과 주요 수치기법 및 흥미있는 응용의 유연한 혼합이라는 이전 판의 전통을 계속 유지한다. 이 책은 29개의 핵심 절을 중심으로 구성된다. 이 절들은 저자의 판단에 따른 선형대수 입문과정에 필수적인 주제들을 포함하고 있다. 강의자가 과목의 주안점에 따라 기타 주제를 선택할 충분한 시간 여유가 있을 것이다.

9판

벡터공간 $\mathbf{R}^n$, 부분공간, 기저, 차원이 일찍(1장)부터 소개된다. 이 개념들은 자연스럽고 점진적인 방식으로 $\mathbf{R}^n$에서의 선형변환(2장), 고유공간(3장)을 논하는 데 이용되고, 일반 벡터공간(4장)으로 연결된다. 추상의 정도는 과정이 진행됨에 따라 점차 높아진다. 행렬 대수에서 일반 공간으로 넘어갈 때 흔히 생겼던 큰 도약이 더 이상 존재하지 않는다. 첫 세 장이 $\mathbf{R}^n$ 벡터공간의 기초를 제공한다. 실제로 그 장들은 벡터공간 $\mathbf{R}^n$의 꽤 완전한 기초 소과정을 형성한다. 이 과목의 나머지 부분은 이 단단한 기초 위에서 세워지게 된다.

변화

이 판은 8판의 개선 판이다. 일부 절들이 다시 쓰였고 일부는 추가되었고 새 연습문제들이 추가되었다. 한 가지 목표는 명확성, 흐름, 내용의 선택을 개선하는 데 있다. 예를 들어 $\mathbf{R}^n$ 벡터공간, 부분공간, 독립성, 기저, 차원의 개념에 관한 1.3, 1.4, 1.5절이 다시 쓰였다. 학생들은 여기서 이 개념들을 완전히 이해하고 대수와 기하의 두 관점에서 이것들을 바라볼 수 있어야 한다. 이 개념들은 교재 전반에서 사용된다.

전 판에서는 층밀림의 개념을 행렬 곱의 이해 촉진을 위해 사용하였다. 이번에는 이 접근법이 너무 번잡스럽다고 판단하여 버리고 "단순함이 최고"라고 결정하였다. 두 행렬의 곱의 크기, 결합법칙, 행렬의 분할 등과 같은 대수적 개념을 먼저 숙달하도록 하였다.

반면에 일부 고급 주제는 보다 깊게 다루었다. 전 판에서는 일부 주제를 예제 형태로 논하는 길을 택했는데, 이번 판에서는 보다 이론적으로 다루었다. 전 판에서는 이차형식의 대각화가 $\mathbf{R}^2$에서의 예제를 통해 논해졌는데 여기서는 $\mathbf{R}^n$에서 논해진다. 주축 정리가 여기에 포함된다.

어떻게 선형대수가 미적분학에서 사용되는지의 예가 전판에서 제시되었는데(4.9절에서 일부 미분방정식을 분석하기 위해 선형변환을 사용함), 그것은 최소한이었다. 이번 판에서는 선형대수와 미적분학의 겹치는 부분을 더 많이 예시하기로 결정하였다. 미분방정식의 일부 개념을 선형대수의 눈을 통해 바라볼 수 있는데, 일례로 선형 미분방정식계는 고유값과 고유벡터를 이용하여 풀린다. 미적분학에서 선형대수의 또 다른 응용은 주어진 함수의 집합이 선형독립인지 확인하기 위한 론스키언의 사용이다. 많은 학생들이 선형대수와 함께 미적분학 과목을 수강하거나 선형대수 이전에 미분방정식 과목을 들었으리라고 생각된다. 이 학생들은 어떻게 여러 분야의 수학이 다른 수학의 어깨 위에서 세워지는지를 바라볼 기회를 가져야 한다. 하지만 미적분학은 이 책의 선수과목이 아니므로 상세한 미적분학 논의는 생략될 수 있다.

이 교재의 목표

- 선형대수의 단단한 수학적 기초를 제공한다,
- 이 분야의 중요한 수치적 측면을 소개한다.
- 흥미로운 응용을 논하여 학생들로 하여금 선형대수를 언제 어떻게 응용하는지 알 수 있도록 한다. 응용은 고고학, 인구통계학, 부호이론, 프랙털기하, 상대성이론에서 따왔다.

수학

선형대수는 대학학부 수학의 중심 과목으로, 여러 중요한 주제가 포함되어야 한다. 예를 들어 선형종속, 기저, 고유값과 고유벡터, 선형변환이 주의 깊게 다루어져야 한다. 이런 개념들은 선형대수에서 중요할 뿐만 아니라 미분방정식 등의 과목을 위한 선수내용이 된다. 이 책에서 "표준적" 선형대수의 주제들이 모두 제시되도록 많은 주의를 기울였다.

이 과목은 많은 학생들에게 추상수학의 첫 교과목이 된다. 학생들이 증명에 압도당하지 않아야 하지만 정리를 어떻게 증명하는지는 배워야만 한다. 도움이 된다고 판단될 경우에는 정리의 증명이 제공되거나 연습문제로 주어진다. 어떤 증명은 요약된 형태로 주어지든가 생략되기도 한다. 학생들은 증명을 전개하고 작성하는 기법을 천천히 주의 깊게 배워가야 한다. 이것이 수학의 핵심이기 때문이다. 학생들은 "수학적으로" 생각하도록 훈련을 받아야 한다. 예를 들어 "필요충분"의 개념은 수학에서 극히 중요한데, 선형대수에서 매우 자연스럽게 발생한다.

계산

선형대수는 추상적인 측면을 가지고 있지만 수치적인 측면도 가지고 있다. 이 과목이 끝날 무렵에는 "알고리즘"이란 단어에 편안함을 느껴야 한다. 학생들은 어떤 알고리즘이 다른 것들에 비해 정확히 어떤 면에서 더 효율적인지 결정하는 과정에 참여하게 된다.

컴퓨터를 이 과목과 통합시키고 싶은 사람을 위해 MATLAB 사용설명서가 부록 D에 마련되었다. MATLAB은 행렬로 작업할 때 가장 널리 쓰이는 소프트웨어이다. 사용설명서는 정규교과 내용과 결부된 27개 절로 구성되어 있고, 관련된 수학이 각 절의 서두에 간결하게 요약되어 있다. MATLAB의 내장함수들- 예를 들면 행렬 A의 역을 구하는 inv(A)- 이 소개되고 MATLAB 언어로 작성된 프로그램도 구비되어 있는데, 이들은 www.stetson.edu/~gwilliam/mfiles.htm로부터 내려받을 수 있다. 이 프로그램은 "모든 단계" 선택사항을 갖는 가우스-요르단 소거와 같은 계산 소프트웨어뿐만 아니라, 유향그래프, 마코프 체인이나 가상적인 공간-시간 항해와 같은 응용도 포함한다. 비록 이 사용설명서가 MATLAB의 언어로 제시되지만 그 개념은 일반적으로 적용된다. 연습문제들은 어떠한 행렬대수 소프트웨어 상에서도 구현될 수 있다.

그래프 기능이 있는 계산기도 선형대수에 사용될 수 있다. 이런 계산기를 사용하여 행렬계산이나 기약 사다리형 계산을 할 수 있는데, 부록 C에 그래프 계산기 사용설명서가 포함되어 있다.(*부록 C, D는 번역본에서는 생략됨)

응용

선형대수는 주제의 범위가 추상적인 것으로부터 응용에 대한 수치기법에 이르기까지 다양하다. 이 책은 독자들에게 많은 흥미로운 응용을 맛보도록 시도하였다. 여기서의 응용은 미분방정식, 차분방정식, 최소제곱 분석에 선형대수를 사용하는 것과 같은 이론적인 응용으로부터, 고고학, 인구통계학, 전기공학, 교통 분석, 프랙털 기하학, 상대성 이론, 역사학와 같은 분야에 대한 실용적인 응용에까지 망라되어 있다. 모든 그러한 토의는 자체로 완결된다. 대부분의 사람들의 흥미를 끌 수 있는 무엇인가가 있어야 하므로, 주어진 논점을 확장하는 연습문제를 통해 독자들을 응용에 끌어들이려고 노력하였다. 학생들은 수학을 응용하는 기술의 훈련을 받아야 하는데, 이를 위해 풍부한 응용을 가지고 있는 선형대수보다 더 좋은 과목이 어디 있겠는가?

가르칠 때 항상 시간이 관건이 되므로, 강의 이외의 시간을 되도록 많이 이용하는 것이 중요하다. 이를 위한 좋은 방법이 그룹 응용과제이다. 강의자는 클래스에 가장 흥미를 주는 응용들을 선택하면 좋을 것이다.

내용의 흐름

이 책은 흥미로운 응용이 수학과 융합되어 주요 내용을 형성한다. 나의 접근 방법은 수학을 먼저 개발하고 다음에 응용을 제시하는 것이다. 이 방식이 가장 명확한 교재로 가는 방향이라고 믿는다. 그러나 어떤 강의자는 먼저 응용을 강의에서 소개하고 그것을 이용하여 수학에 대한 동기부여를 하는 방식을 선호할 수도 있다. 역사적으로 수학은 응용과 상호 연동되어 개발되어 왔다. 예를 들어 미국의 도시와 교외지역 간의 인구이동을 분석하는 마코프 체인 모형의 장기거동 분석은 고유값과 고유벡터의 필요성을 깨닫는 데 사용될 수 있다. 이런 형태의 접근 방식은 교육적 효과가 높지만 과용되지는 않아야 한다.

1장 선형방정식과 벡터

독자들은 두 개의 선형방정식의 계를 푸는 것으로부터 시작하여 일반적인 계로 인도된다. 전진소거의 가우스-요르단 소거법이 사용된다. 이는 예로 제시되는 작은 계에 알맞은 깨끗하고 복잡하지 않은 알고리즘이다(이는 선호에 따라, 전진소거를 사용하여 사다리형에 도달하고 역대입을 이용하여 기약 사다리형을 얻는 가우스 소거법(7.1절)으로 쉽게 대체될 수 있다. 예제들은 이 방법의 숙달여부를 점검하는 유용한 연습이 될 수 있을 것이다.). 여러 변수일 때의 해집합은 벡터공간 $\mathbf{R}^n$으로 인도한다. 선형독립, 기저, 차원의 개념이 논의된다. 이 개념들은 구체적인 동차계의 해집합인 부분공간을 이용하여 예시된다. 이 부분이 4장에서 심도 있게 논의될 개념들에 대한 비형식적인 소개가 되도록 시도하였는데, 큰 틀에서의 이 개념들의 중요성이 시작부터 명백해지리라고 본다. 이것의 목적은 학생들이 이 개념들을 실안개 같은 산수 계산을 통한 시도 없이 이해하도록 하는 것이다. 그 다음 절들은 자연스럽고 아름다운 개념의 축적이다. 내적은 각, 벡터의 크기, 거리, $\mathbf{R}^n$의 기하의 개념으로 인도한다.(이 내적에 관한 절은 직교벡터를 다루는 4.6절 직전으로 늦춰도 무방하다.) 이 절은 세 개의 선택적인 응용으로 마무리된다. n개의 데이터 점을 $(n-1)$차 다항식으로 맞추는 문제는 유일해를 갖는 선형방정식계를 낳는다. 전기회로와 교통망의 분석은 각각 유일해와 많은 해를 갖는 계를 도출한다. 교통흐름의 모형은 전기회로와 유사하지만 제약이 더 적기 때문에 더 많은 자유를 갖게 되어, 유일해가 아니라 많은 해를 주게 된다.

2장 행렬과 선형변환

1장에서는 방정식계를 다루기 위해 행렬이 사용되었다. 이러한 응용은 2장에서의 행렬 이론의 대수적 전개에 대한 동기를 부여한다. 행렬의 곱, 전치, 대칭행렬의 중요성을 예시하는, 고고학에서의 간결하지만 아름다운 행렬의 응용도 언급된다. 독자들은 왜 행렬과 그것의 전치의 곱이 대칭이 되는지를 물리적 추론에 의해 예상해 보고 또한 수학적으로 도출하게 된다. 이런 것이 수학의 최상의 역할이다! 동차 선형방정식계의 해집합이 부분공간을 형성한다는 일반적 결론의 유도는 1장의 특수한 예의 논의를 일반화한다. 확대, 반사, 회전의 논의는 행렬변환으로 인도하고 $\mathbf{R}^n$에서의 선형변환을 일찌감치 소개한다. $\mathbf{R}^n$에서의 선형변환의 표준기저에 대한 행렬표현이 유도되고 응용된다. 선형변환의 컴퓨터 그래픽스에서의 역할의 완비된 예가 제시된다. 이 장은 많은 사람에게 관심이 있을, 응용에 대한 세 개의 선택적인 절로 마무리 된다. 레온티에프의 투입-산출 모델은 경제학에서 산업 간의 상호의존 관계를 분석하는 데 사용된다. 바실리 레온티에프는 1973년에 이 분야의 업적으로 노벨상을 받았다. 마코프 체인 모델은 인구통계학과 유전학에서 사용되고 유향그래프는 통신과 사회학에서 사용된다. 정규 수업시간에 이 절들을 포함하지 못하는 강의자들도 학생들이 그 부분을 훑어보도록 장려해야 한다. 모든 토의는 자체로서 완결된다. 이 절들은 수업 외의 프로젝트나 읽어올 과제로 부과될 수 있다.

3장 행렬식과 고유벡터

행렬식과 그 성질이 가능한 한 신속하고 어렵지 않게 소개된다. 완벽성을 위해 몇 개의 증명이 포함되었는데, 강의자의 판단에 따라 건너뛸 수도 있다. 이 장은 고유값과 고유벡터, 고유공간을 소개하고 마무리된다. 인구통계학과 날씨예측, 그리고 동물의 출산과 사망을 예측하는 레슬리 모델의 논의에서 응용을 보게 될 것이다. 구글의 구현에서 고유값의 중요성이 논해진다. 일부 강의자는 5.3절로 옮겨진 행렬의 대각화를 다루기를 원할 수 있다.

4장 일반 벡터공간

추상 벡터공간의 구조는 $\mathbf{R}^n$의 구조가 기반이 된다. 부분공간, 선형독립, 기저, 차원의 개념이 엄밀하게 정의되고 행렬과 함수들의 공간으로 확장된다. 함수의 집합이 선형독립인지 밝혀주는 론스키언 검정(선택사항)이 소개된다. 랭크에 관한 절이 앞에서 언급된 많은 개념을 한데 묶어준다. 역행렬, 행렬식, 랭크, 해의 유일성이 모두 관련되어 있음을 알게 될 것이다. 이 장은 일차원과 다차원 공간으로의 사영의 소개를 포함한다. 또한 앞에서 소개된 선형변환의 논의가 완결된다. 핵과 치역, 랭크/무효차수 정리 등의 주제도 논의된다. 선형변환, 핵과 치역은 독자에게 동차 및 비동차 선형방정식계의 해에 대한 기하적 그림을 줄 것이다.

5장 좌표 표현

모든 유한 차원 벡터공간이 $\mathbf{R}^n$과 동형임을 알게 될 것이다. 이는 그 벡터공간들이 수학적 의미에서 $\mathbf{R}^n$과 "같다"는 의미이다. 이 동형사상은 공간의 기저에 의해 정의된다. 다른 기저는 선형변환의 다른 행렬표현을 준다. 대각 표현을 찾는 데 있어 고유값과 고유벡터의 중심적 역할이 논의된다. 이 기법은 진동계의 정규모드를 도출하는데 사용된다. 이 장은 선형대수와 선형 미분방정식에 관한 선택적 절로 마무리 된다. 이 절은 고유값과 고유벡터의 개념과 대각화가 선형 미분방정식계를 푸는 데 어떤 역할을 하는지를 보여준다.

6장 내적공간

내적의 공리가 제시되고 내적(이전의 $\mathbf{R}^n$에서 정의된 점곱과 마찬가지로)을 사용하여 일반 벡터공간에서의 벡터의 놈, 두 벡터 사이의 각, 거리가 정의된다. 이 개념은 함수를 다항식으로 근사하는 문제에 적용되고 또한 컴퓨터 소프트웨어에서 그런 근사의 중요성이 논의된다. 벡터공간이 부호에서 오류를 탐색하는 데 이용되는 사실은 꼭 짚고 넘어가야 하는데, 그 예로 원소들이 유한 개인 장에 대해 벡터가 되는 해밍코드를 소개한다. 비유클리드 기하학도 소개되는데, 이것은 공간-시간의 특수 상대성 모델을 개발하도록 이끈다. 일반 내적공간을 배운 후에 독자들은 그 구조가 공간-시간의 수학적인 묘사에 적합하지 않다는 것을 알게 될 것이다. 양의 정부호성의 공리를 포기하면, 특수 상대성 이론에서 사용되는 의사 내적공간을 정의하는 것과 일반 상대성에서의 중력을 기술하는 것이 가능하게 된다. 이 시점에서, 먼저 표준적인 수학 구조-예컨대 내적과 같은-를 숙달해야 한다는 점과, 또 수학적인 연구는 그런 표준적인 구조의 공리를 바꾸는 것을 포함한다는 점을 지적하고 넘어가자. 이 장은 위역을 이용하여 주어진 자료에 대한 최소제곱 곡선을 결정하는 것을 논의하고 마무리된다.

7장 수치적 방법

이 장은 수치적 방법에 관한 장으로, 오늘날의 컴퓨터 환경에서 선형대수의 실제 사용자에게 중요하다. 가우스 소거, LU 분해, 야코비 반복법, 그리고 가우스-자이델 반복법이 소개되고, 선형계를 푸는 데 있어서 이 여러 방법들의 특장점이 논의된다. 반올림 오차, 축연산, 크기조정과 같은 표준적 주제 외에도, 이 과목의 범위 내에서 불량조건의 개념이 소개된다. 이 과목의 앞부분에 나왔던 방정식계로 되돌아가서 해가 얼마나 믿을 만한지 확인해보는 것은 흥미로운 일이다! 예를 들어, 흔히 반데르몽드 행렬이라고 불리는 최소제곱 문제의 계수행렬은 불량조건 계를 형성한다. 이 장은 우세 고유값과 대응하는 고유벡터를 구하는 반복법을 포함한다. 이 논의는 자연스럽게 지리학자들이 네트워크 노드들의 상대적 접근성을 측정하기 위해 사용하는 기법으로 인도한다. 이 장은 특이값 분해를 논하고 마무리된다. 이 논의는 선형대수의 입문서에서 통상적으로 주어지는 것보다 완전하다.

8장 선형계획법

이 마지막 장에서 선형계획법에 대해 간결하게 소개한다. 1947년 미국 공군성의 조지 단찌히와 그의 동료들에 의해 개발된 이 분야는 현재 산업에서 폭넓게 사용되고 있다. 이는 선형대수에 토대를 두고 있고, 문제가 선형부등식계에 의해 기술된다. 작은 계의 경우에는 어떻게 계가 풀리는지를 기하적으로 살펴볼 수 있다. 큰 계의 경우 심플렉스 알고리즘에 기반한 행렬에 대한 행연산을 사용하여 해결된다.

각 장의 특징

- 각 절은 이전에 배운 내용과 결부시켜 동기를 부여하는 서론으로 시작한다.
- 이 책의 진행속도는 점점 증가한다. 학생들이 수학적으로 성숙함에 따라 설명은 점점 더 수준이 높아진다.
- 주의 깊게 선택된 기호. 이 교과와 같은 수준에서 기호는 표준적이어야 하지만 약간의 융통성이 있다. 좋은 기호는 이해를 돕지만, 서툰 기호는 개념을 흐리게 만든다.
- 내용의 배치에 주의를 많이 기울였다. 읽기 쉬운 것이 관건이다.
- 주의 깊게 많은 설명된 예제들을 통해 개념을 예시한다.

- 풍부한 연습문제들이 주어져 있다. 연습문제는 보통 계산 문제로 시작하여 점점 이론적인 색채를 띤다.
- 전부는 아니지만 많은 문제들이 교재에서 주어진 예제에 기반하고 있다. 학생들이 자신의 창조적인 능력을 개발할 최대의 기회를 갖는 것이 중요하다.
- 각 장의 끝에 있는 복습 문제는 학생들이 그 장에서 다룬 내용을 개괄할 수 있도록 주의 깊게 선택되었다.

보충자료

- 완전한 해답집: 모든 연습문제에 대한 상세한 풀이
- MATLAB 프로그램: MATLAB을 교과목에 결합시키려고 할 때 유용하며 www.stetson.edu/~gwilliam/mfiles.htm로부터 얻을 수 있다.
- 파워포인트 슬라이드

보충자료는 자격 있는 강의자만을 위한 것이다. 이 자료에 대한 정보나 요청은 www.jblearning.com이나 계정 담당자에게 문의하기 바란다.

목차

Contents

The Montjuïc Communications Tower, or Torre Telefónica, was built in the center of the Olympic Park in Barcelona, Spain, for the 1992 Olympic Games. The tower, built by Spanish architect Santiago Calatrava, was designed to carry coverage of the Olympic Games to broadcast stations around the world. The structure was designed to represent an athlete holding up an Olympic torch.

PART

1

선형방정식, 벡터, 행렬

Linear Equations, Vectors, and Matrices

Informally referred to as "the Gherkin," 30 St. Mary Axe in London, England, is located in London's financial district. The building employs energy-saving methods, such as maximizing the use of natural light and ventilation, which allow it to use half the power a similar structure would typically consume.

CHAPTER 1

선형방정식과 벡터

Linear Equations and Vectors

수학은 말할 것도 없이 자체로서 학문의 한 분야이다. 하지만 그보다는 많은 다른 분야에서 사용되는 도구라는 의미가 더 크다. 선형대수는 현대수학의 중심역할을 하고 있으면서 또한 공학자, 물리학자, 사회과학자, 행동과학자들에게 중요한 의미가 있는 수학의 한 분야이다. 이 교과과정에서 독자들은 수학과, 수학적으로 생각하기와 수학을 응용하는 기술들을 배울 것이다. 이 교과는 이론과 수치적 기법과 흥미로운 응용이 혼합된 과목이다.

문제해결을 위해 수학이 사용될 때 소위 선형방정식계(systems of linear equations)의 해를 찾아야만 되는 경우가 자주 있다. 역사적으로 선형대수는 그런 방정식을 푸는 방법을 연구하는 것으로부터 발전되어 왔다. 이 장은 선형방정식계를 푸는 방법을 소개하고 해의 몇 가지 성질을 살펴본다. 주어진 방정식계의 해가 무엇인지 뿐만 아니라 왜 그것이 해인가를 아는 것이 중요하다. 계가 실제 상황을 반영하고 있다면 해의 거동을 이해하는 것은 상황을 더 잘 이해하도록 이끌 수 있다. 해들은 벡터공간이라고 불리는 부분공간을 형성하는데, 이 장에서는 또한 벡터공간의 기본적인 대수구조를 찾아낼 것이다. 이어서 선형방정식계의 두 가지 적용을 논할텐데, 전기회로망을 통과하는 전류를 결정하고 도로망을 통과하는 교통류를 분석할 것이다.

1.1 행렬과 선형방정식계

두 개의 미지수 x, y를 갖는 방정식이 $ax + by = c$ 형태로 표현될 수 있을 때 **선형방정식**(linear equation)이라고 부른다(여기서 a, b, c는 실수 상수들이고 a, b는 동시에 0이 아니다.). 이런 방정식의 그래프는 xy평면에서 직선이 될 것이다. 이제 다음 두 개의 선형방정식의 계를 고려하자.

$$x + y = 5$$
$$2x - y = 4$$

두 방정식을 동시에 만족하는 x, y의 쌍을 **해**(solution)라고 부르는데 대입을 해보면 가 $x = 3$, $y = 2$가 이 계의 해임을 알 수 있다. 이러한 계의 해는 두 방정식의 그래프가 교차하는 점이 될 것이다. 그림 1.1, 1.2와 1.3의 예들은 이러한 선형방정식계에서 발생할 수 있는 세 가지 가능성을 보여준다. 즉, 해가 유일할 수도 있고 없을 수도 있고 많을 수도 있다. 여기의 직선들을 그래프로 나타내기 위해 흔히 $y = mx + b$의 점/기울기 형을 사용한다. 이때 m은 기울기이고 b는 x절편이다.

<u>유일한 해</u>

$$x + y = 5$$
$$2x - y = 4$$

$y=-x+5$와 $y=2x-4$와 같이 쓴다.
직선들은 각각 기울기 -1과 2, y절편 5와 -4를 갖고 해가 되는 한 점에서 교차한다.
유일한 해 $x=3$, $y=2$를 갖는다.

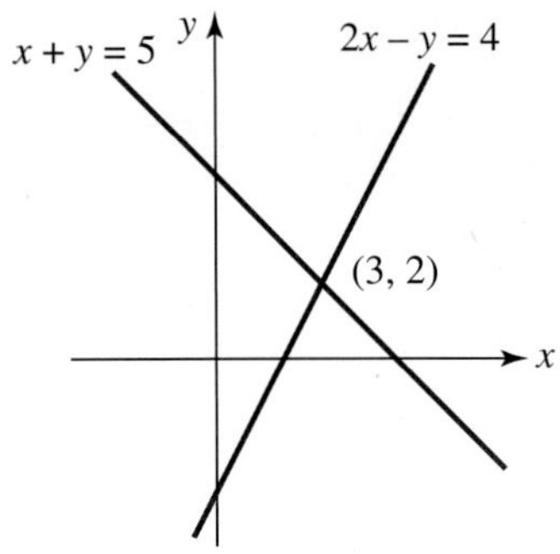

그림 1.1

<u>해 없음</u>

$$-2x + y = 3$$
$$-4x + 2y = 2$$

$y=2x+3$과 $y=2x+1$과 같이 쓴다.
직선들은 기울기 2를 갖고 각각 y절편 3과 1을 갖고 평행하다.
교차점이 없고 따라서 해가 없다.

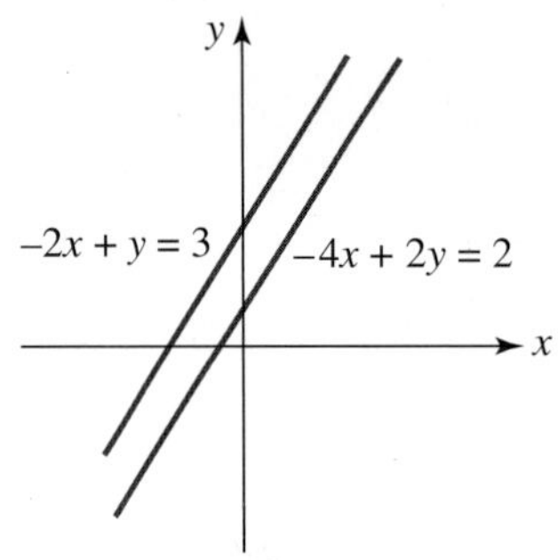

그림 1.2

<u>많은 해</u>

$$4x - 2y = 6$$
$$6x - 3y = 9$$

두 방정식 모두 $y=2x-3$과 같이 쓴다.
두 방정식의 그래프는 모두 기울기 2와 y절편 -3을 갖는 직선이 된다.
직선상의 모든 점이 해가 되어 해가 무수히 많다.

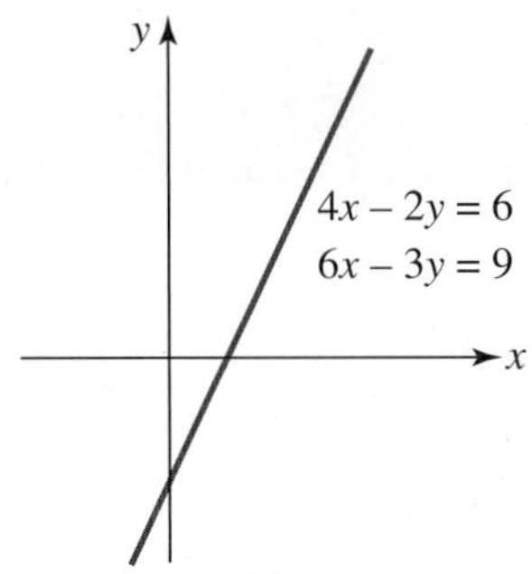

그림 1.3

이 장의 목적은 보다 큰 규모의 선형방정식계를 분석하는 것이다. n개의 변수 $x_1, x_2, x_3, \ldots, x_n$을 갖는 **선형방정식**은 다음과 같은 형태로 표현될 수 있는 방정식이다.

$$a_1x_1 + a_2x_2 + a_3x_3 + \cdots + a_nx_n = b,$$

여기서 $a_1, a_2, \ldots, a_n$과 b는 상수이다. 다음은 3개의 선형방정식의 계의 예이다.

$$\begin{aligned} x_1 + x_2 + x_3 &= 2 \\ 2x_1 + 3x_2 + x_3 &= 3 \\ x_1 - x_2 - 2x_3 &= -6 \end{aligned}$$

대입해보면 $x_1 = -1, x_2 = 1, x_3 = 2$가 이 계의 해임을 알 수 있다. (이 절의 예제 1에서 이 해를 구할 것이다.)

3개의 변수를 갖는 선형방정식은 3차원 공간상의 평면에 해당한다. 3개의 이런 방정식들의 계의 해는 3개의 평면에 동시에 놓여있는 점들이 될 것이다. 앞서 살펴본 2개의 방정식의 계에서와 마찬가지로 유일한 해든가 해가 없든가 해가 많은 경우가 가능한데, 그림 1.4에서 몇 가지 가능한 예를 볼 수 있다.

변수의 개수가 증가함에 따라 선형방정식계의 기하적인 해석은 더욱 더 복잡해진다. 각 방정식은 보다 큰 공간 내의 내재공간을 나타내게 되고 해는 그 내재공간들에 공통적으로 놓여있는 점들이 될 것이다. 문제를 기하적 방식으로 생각하면 유용한 경우가 많지만 해를 구하고 그해를 해석하기 위해 결국은 대수적 방법에 의존하게 된다. 이제 선형방정식계를 푸는 방법으로 **가우스–요르단 소거법**(Gauss-Jordan elimination)[1]을 소개한다. 이 방법은 방정식들로부터 체계적으로 변수를 소거하는 과정으로 이루어지는데, 이 절에서는 해가 유일한 경우에 이 방법이 어떻게 적용되는지를 보이고 다음 절에서 보다 일반적인 선형방정식계로 확장한다.

유일한 해의 경우

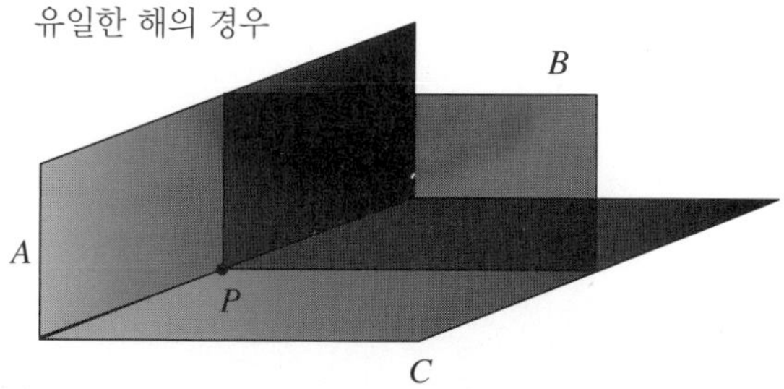

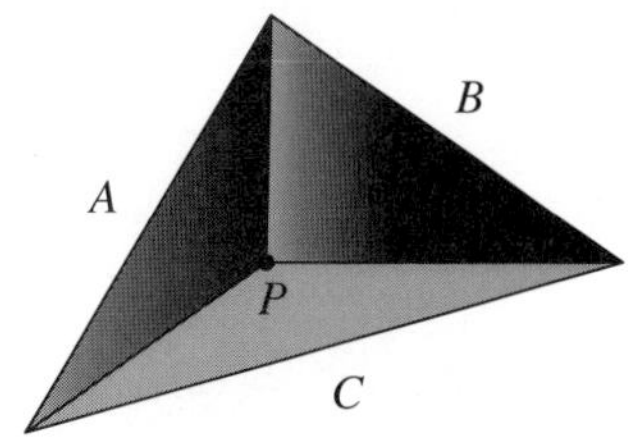

평면 A, B, C가 한 점 P에서 교차한다.
P는 유일한 해가 된다.

해가 없는 경우

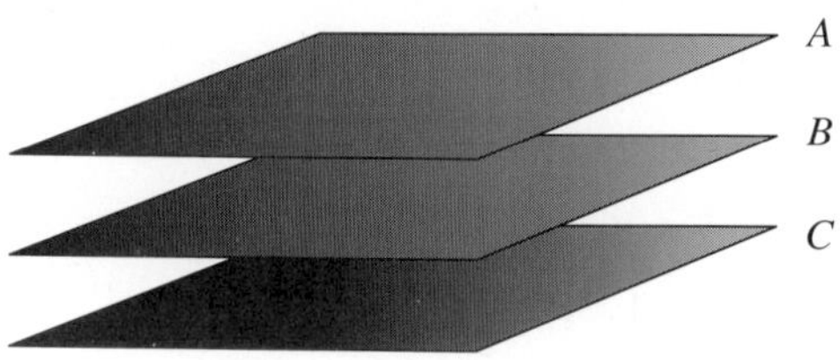

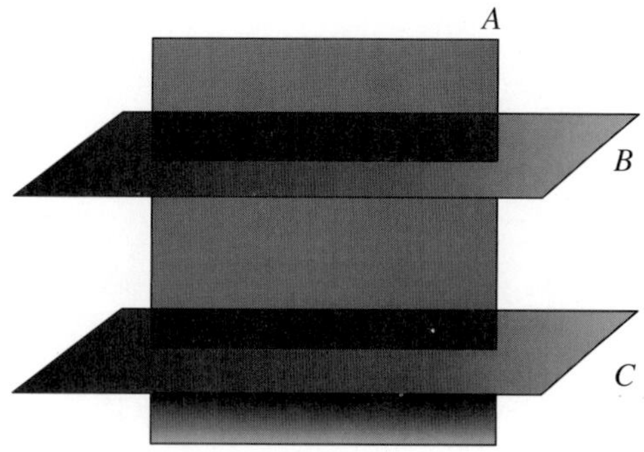

평면 A, B, C에 동시에 속하는 점이 없다.
해가 없다.

많은 해가 있는 경우

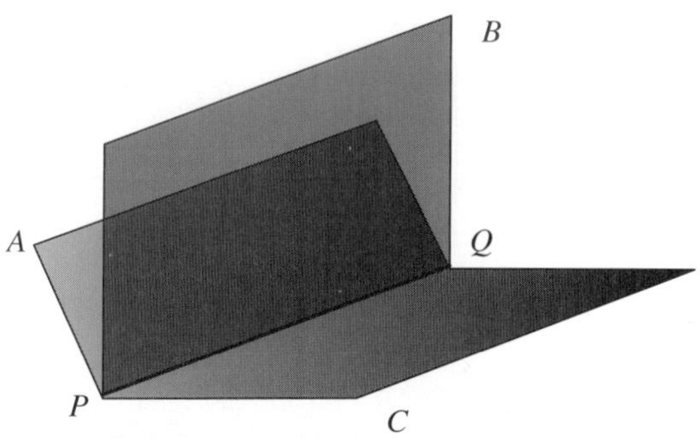

세 평면 A, B, C가 선분 PQ에서 교차한다.
선분상의 모든 점이 해이다.

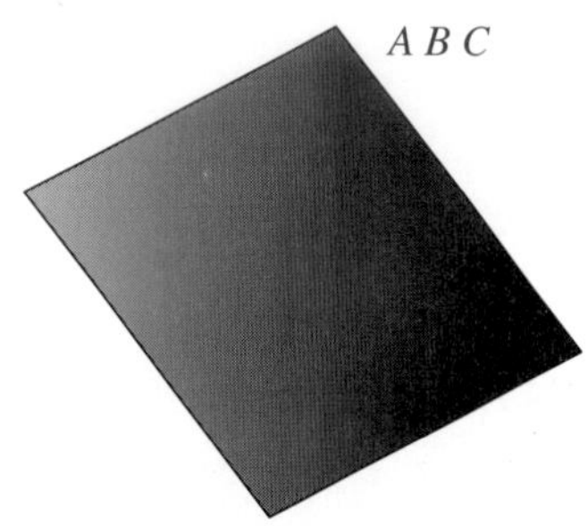

세 방정식이 동일한 평면을 나타낸다.
평면 상의 모든 점이 해이다.

그림 1.4

선형방정식계를 기술하기 위해 행렬(matrix)이라고 부르는 수(number)들의 직사각형 모양의 배열을 사용하는데, 용어를 먼저 소개하자.

> **정의** **행렬**은 수들의 직사각형 모양의 배열이다. 배열내의 수들을 행렬의 원소라고 부른다.

[1] Carl Friedlich Gauss(1777~1855)는 역사상 가장 위대한 수리과학자 중 하나이다. 그의 발견 중에는 소행성의 궤도를 계산하는 방법도 있다. 47년간 독일의 괴팅겐 대학에서 재직했고, 정수론, 확률론, 통계학 등 수학의 많은 분야에 근본적인 기여를 하였다. 가우스는 "새로운 현상을 탐구한다는 의미로서의 물리학자라기보다는 다른 사람의 실험 결과를 정확한 수학적인 용어로 정형화하고자 시도했던 수학자"로 묘사되곤 한다. 독일 혁명의 격동기에 재정적, 정치적인 문제로 고통을 겪으며 굴곡많은 삶을 살았다.

Wilhelm Jordan(1842~1899)은 독일 칼스루에 공대에서 측지학을 가르쳤다. 가장 중요한 업적은 방정식계에 대한 연구가 들어 있는 측지학편람이다. 유능한 교육가와 탁월한 작가로 알려져 있다.

행렬은 아래 예에서 보듯이 보통 대문자로 표기된다.

$$A = \begin{bmatrix} 2 & 3 & -4 \\ 7 & 5 & -1 \end{bmatrix}, \quad B = \begin{bmatrix} 7 & 1 \\ 0 & 5 \\ -8 & 3 \end{bmatrix}, \quad C = \begin{bmatrix} 3 & 5 & 6 \\ 0 & -2 & 5 \\ 8 & 9 & 12 \end{bmatrix}$$

행과 열 행렬은 행(row)과 열(column)로 구성된다. 행은 행렬의 윗부분부터, 열은 행렬의 왼쪽부터 번호가 매겨진다. 다음 행렬은 2개의 행과 3개의 열을 가지고 있다.

$$\begin{bmatrix} 2 & 3 & -4 \\ 7 & 5 & -1 \end{bmatrix}$$

행들은 각각:

$$\underset{1\text{행}}{\begin{bmatrix} 2 & 3 & -4 \end{bmatrix}}, \quad \underset{2\text{행}}{\begin{bmatrix} 7 & 5 & -1 \end{bmatrix}}$$

열들은 각각:

$$\underset{1\text{열}}{\begin{bmatrix} 2 \\ 7 \end{bmatrix}}, \quad \underset{2\text{열}}{\begin{bmatrix} 3 \\ 5 \end{bmatrix}}, \quad \underset{3\text{열}}{\begin{bmatrix} -4 \\ -1 \end{bmatrix}}$$

부분행렬 주어진 행렬의 부분행렬(submatrix)은 원래의 행렬에서 일부 행이나 열을 제거하여 얻은 배열이다. 예를 들면 아래의 행렬 A가 주어질 때 행렬 P, Q, R은 A의 부분행렬이다.

$$A = \begin{bmatrix} 1 & 7 & 4 \\ 2 & 3 & 0 \\ 5 & 1 & -2 \end{bmatrix} \qquad P = \begin{bmatrix} 1 & 7 \\ 2 & 3 \\ 5 & 1 \end{bmatrix} \quad Q = \begin{bmatrix} 7 \\ 3 \\ 1 \end{bmatrix} \quad R = \begin{bmatrix} 1 & 4 \\ 5 & -2 \end{bmatrix}$$

행렬 A　　　　　　행렬 A의 부분행렬

크기와 형태 행렬의 크기는 행과 열의 개수를 명시함으로써 기술된다. 예를 들어 두 개의 행과 세 개의 행을 가진 행렬은, 먼저 행의 수를 쓰고 나중에 열의 수를 써서 2×3 행렬이라고 말한다. 행의 개수와 열의 개수가 같을 때 **정방행렬**(square matrix)이라고 부르고 한 개의 행으로만 구성된 행렬을 **행행렬**, 하나의 열로만 구성된 행렬을 **열행렬**이라고 부른다. 아래 예를 보고 확인하자.

$$\underset{2\times 3\text{ 행렬}}{\begin{bmatrix} 1 & 0 & 3 \\ -2 & 4 & 5 \end{bmatrix}} \qquad \underset{\substack{3\times 3\text{ 행렬} \\ \text{정방행렬}}}{\begin{bmatrix} 2 & 5 & 7 \\ -9 & 0 & 1 \\ -3 & 5 & 8 \end{bmatrix}} \qquad \underset{\substack{1\times 4\text{행렬} \\ \text{행행렬}}}{\begin{bmatrix} 4 & -3 & 8 & 5 \end{bmatrix}} \qquad \underset{\substack{3\times 1\text{ 행렬} \\ \text{열행렬}}}{\begin{bmatrix} 8 \\ 3 \\ 2 \end{bmatrix}}$$

위치 행렬 내에서 원소의 위치는 그 원소가 속한 행과 열을 주어 나타낸다. 다음 행렬의 예를 보자.

$$\begin{bmatrix} 2 & 3 & -4 \\ 7 & 5 & -1 \end{bmatrix}$$

원소 7은 2행과 1열에 있으므로 위치 (2, 1)에 있다고 말한다.

위치 (1, 3)에 있는 원소는 -4이다. 즉 원소가 놓인 행을 먼저 주고 다음에 열을 주는 관행을 기억하라.

단위행렬 (1, 1), (2, 2), (3, 3) 등과 같은 **대각**(diagonal) 위치의 원소는 모두 1이고 다른 원소는 모두 0인 정방행렬을 **단위행렬**(identity matrix)이라고 한다. 아래의 행렬들은 모두 단위행렬이다. $n \times n$ 단위행렬을 I_n으로 표기할 것이다.

$$I_2 = \begin{bmatrix} 1 & 0 \\ 0 & 1 \end{bmatrix}, \qquad I_3 = \begin{bmatrix} 1 & 0 & 0 \\ 0 & 1 & 0 \\ 0 & 0 & 1 \end{bmatrix}$$

이제 다시 선형방정식계에 대한 논의로 돌아가자. 선형방정식계를 표현하기 위해 행렬을 사용한다. 모든 선형방정식계에는 두 가지 중요한 행렬이 연관되는데 변수의 계수(coefficient)들로 구성되는 **계수행렬**과 계수와 우변의 상수를 함께 포함하는 **첨가행렬**(augmented matrix)이 그것이다. 아래의 예에서 선형방정식계와 그것의 계수행렬, 첨가행렬을 볼 수 있다.

$$\begin{aligned} x_1 + x_2 + x_3 &= 2 \\ 2x_1 + 3x_2 + x_3 &= 3 \\ x_1 - x_2 - 2x_3 &= -6 \end{aligned} \qquad \begin{bmatrix} 1 & 1 & 1 \\ 2 & 3 & 1 \\ 1 & -1 & -2 \end{bmatrix} \qquad \begin{bmatrix} 1 & 1 & 1 & 2 \\ 2 & 3 & 1 & 3 \\ 1 & -1 & -2 & -6 \end{bmatrix}$$

계수행렬 첨가행렬

계수행렬은 첨가행렬의 부분행렬임을 관찰하라. 첨가행렬은 주어진 계를 완전히 기술한다.

기본 변환(elementary transformations)이라고 부르는 변환을 통해 선형방정식계를 다른 선형방정식계로 바꿀 수 있다. 이 변환은 변수들을 소거하여 선형방정식계를 푸는 데 사용되는데, 실제로는 **기본 행연산**(elematary row operation)이라고 부르는 행렬을 사용한 유사한 변환을 수행하는 것이 더 간편하다. 매 단계마다 변수 x_1, x_2, x_3 들을 표기할 필요가 없고 컴퓨터에서도 선형방정식계가 행렬로 입력되고 처리되기 때문이다. 이 변환은 다음과 같다.

기본 변환	기본 행연산
1. 두 방정식을 교환한다.	**1.** 두 행을 교환한다.
2. 한 방정식의 양변에 영이 아닌 상수를 곱한다.	**2.** 한 행에 영이 아닌 상수를 곱한다.
3. 한 방정식의 상수배를 다른 방정식에 더한다.	**3.** 한 행의 원소들의 상수배를 다른 행의 대응 원소들에 더한다.

기본 변환을 통해 관련지어진 선형방정식계들을 **동등계**(equivalent systems)라고 부르고, 기본 행연산을 통해 관련지어진 행렬들을 **행동등 행렬**(row equivalent matrices)이라고 부른다. 두 경우 모두 기호 $\approx$를 사용하여 동등 관계를 나타낼 것이다.

기본 변환은 해를 그대로 유지하는데 이유는 방정식의 순서가 해에 영향을 끼치지 않고, 방정식 전체에 영이 아닌 상수를 곱해도 등호관계를 변화시키지 않고, 방정식의 양변에 동일한 양을 더해도 등식이 성립하기 때문이다. 가우스-요르단 소거법은 기본 변환을 체계적으로 사용하여 해를 주는 계에 도달할 때까지 계의 변수들을 소거해간다. 아래 예제에서 방정식을 사용하여 가우스-요르단 소거법을 적용한 경우와 행렬에 적용한 경우를 나란히 예시한다. 왼쪽 켠에서 변수들이 방정식에서 소거되는 방식에 주목하고, 동시에 오른 켠에서 이 소거가 어떻게 행렬의 특정한 위치에 영을 만들어 내는지를 관찰하라. 이제부터는 행렬에 근거한 방법을 사용할 것이다.

예제 1

다음 선형방정식계를 풀어라.

$$\begin{aligned} x_1 + x_2 + x_3 &= 2 \\ 2x_1 + 3x_2 + x_3 &= 3 \\ x_1 - x_2 - 2x_3 &= -6 \end{aligned}$$

풀이

방정식 방법

초기 계

$$\begin{aligned} x_1 + x_2 + x_3 &= 2 \\ 2x_1 + 3x_2 + x_3 &= 3 \\ x_1 - x_2 - 2x_3 &= -6 \end{aligned}$$

두 번째와 세 번째 방정식에서 x_1을 소거.

$$\begin{array}{ll} \approx & x_1 + x_2 + x_3 = 2 \\ \text{Eq2} + (-2)\text{Eq1} & x_2 - x_3 = -1 \\ \text{Eq3} + (-1)\text{Eq1} & -2x_2 - 3x_3 = -8 \end{array}$$

첫 번째와 세 번째 방정식에서 x_2를 소거.

$$\begin{array}{ll} \approx & x_1 + 2x_3 = 3 \\ \text{Eq1} + (-1)\text{Eq2} & x_2 - x_3 = -1 \\ \text{Eq3} + (2)\text{Eq2} & -5x_3 = -10 \end{array}$$

세 번째 방정식의 x_3의 계수를 1로 만든다.(즉, x_3 대해 푼다.)

$$\begin{array}{ll} & x_1 + 2x_3 = 3 \\ \approx & x_2 - x_3 = -1 \\ (-1/5)\text{Eq3} & x_3 = 2 \end{array}$$

첫 번째와 두 번째 방정식에서 x_3를 소거

$$\begin{array}{ll} \approx & x_1 = -1 \\ \text{Eq1} + (-2)\text{Eq3} & x_2 = 1 \\ \text{Eq2} + \text{Eq3} & x_3 = 2 \end{array}$$

해는 $x_1 = -1, x_2 = 1, x_3 = 2$이다.

행렬 방법

첨가행렬

$$\begin{bmatrix} 1 & 1 & 1 & 2 \\ 2 & 3 & 1 & 3 \\ 1 & -1 & -2 & -6 \end{bmatrix}$$

1열에 0을 생성.

$$\begin{array}{c} \approx \\ R2 + (-2)R1 \\ R3 + (-1)R1 \end{array} \begin{bmatrix} 1 & 1 & 1 & 2 \\ 0 & 1 & -1 & -1 \\ 0 & -2 & -3 & -8 \end{bmatrix}$$

2열에 적절하게 0을 생성.

$$\begin{array}{c} \approx \\ R1 + (-1)R2 \\ R3 + (2)R2 \end{array} \begin{bmatrix} 1 & 0 & 2 & 3 \\ 0 & 1 & -1 & -1 \\ 0 & 0 & -5 & -10 \end{bmatrix}$$

(3, 3) 원소를 1로 만든다(즉, 원소를 '정규화' 한다).

$$\begin{array}{c} \approx \\ (-1/5)R3 \end{array} \begin{bmatrix} 1 & 0 & 2 & 3 \\ 0 & 1 & -1 & -1 \\ 0 & 0 & 1 & 2 \end{bmatrix}$$

3열에 0을 생성

$$\begin{array}{c} \approx \\ R1 + (-2)R3 \\ R2 + R3 \end{array} \begin{bmatrix} 1 & 0 & 0 & -1 \\ 0 & 1 & 0 & 1 \\ 0 & 0 & 1 & 2 \end{bmatrix}$$

행렬에 해당하는 계:

$$\begin{aligned} x_1 \qquad &= -1 \\ x_2 \quad &= 1 \\ x_3 &= 2 \end{aligned}$$

해는 $x_1 = -1, x_2 = 1, x_3 = 2$이다.

기하적으로 이 예제에서 원래의 세 개의 방정식은 각각 3차원 공간 상의 평면을 나타낸다. 유일한 해가 존재한다는 사실은 세 평면이 한 점에서 교차함을 의미하고, 해 $(-1, 1, 2)$는 세 평면이 교차하는 바로 그 점의 좌표를 준다. 이 방법을 확실히 이해하기 위해 예제를 하나 더 보자.

예제 2

다음 선형방정식계를 풀어라.

$$\begin{aligned} x_1 - 2x_2 + 4x_3 &= 12 \\ 2x_1 - x_2 + 5x_3 &= 18 \\ -x_1 + 3x_2 - 3x_3 &= -8 \end{aligned}$$

풀이

첨가행렬로부터 시작하여 첫 행을 사용하여 첫 열에 0을 만든다.(첫 번째 방정식을 사용하여 두 번째와 세 번째 방정식에서 x_1을 소거하는 것에 해당.)

$$\begin{bmatrix} 1 & -2 & 4 & 12 \\ 2 & -1 & 5 & 18 \\ -1 & 3 & -3 & -8 \end{bmatrix} \underset{\substack{R2 + (-2)R1 \\ R3 + R1}}{\approx} \begin{bmatrix} 1 & -2 & 4 & 12 \\ 0 & 3 & -3 & -6 \\ 0 & 1 & 1 & 4 \end{bmatrix}$$

다음에 2행에 $\frac{1}{3}$을 곱하여 (2, 2) 원소를 1로 만든다.(두 번째 방정식의 x_2의 계수를 1로 만드는 것에 해당.)

$$\underset{(\frac{1}{3})R2}{\approx} \begin{bmatrix} 1 & -2 & 4 & 12 \\ 0 & 1 & -1 & -2 \\ 0 & 1 & 1 & 4 \end{bmatrix}$$

아래와 같이 2열에 0을 만든다.(두 번째 방정식을 이용하여 첫 번째와 세 번째 방정식에서 x_2를 소거하는 것에 해당.)

$$\underset{\substack{R1 + (2)R2 \\ R3 + (-1)R2}}{\approx} \begin{bmatrix} 1 & 0 & 2 & 8 \\ 0 & 1 & -1 & -2 \\ 0 & 0 & 2 & 6 \end{bmatrix}$$

3행에 $\frac{1}{2}$를 곱한다.(세 번째 방정식에서 x_3의 계수를 1로 만드는 것에 해당.)

$$\underset{(\frac{1}{2})R3}{\approx} \begin{bmatrix} 1 & 0 & 2 & 8 \\ 0 & 1 & -1 & -2 \\ 0 & 0 & 1 & 3 \end{bmatrix}$$

마지막으로 3열에 0을 만든다.(세 번째 방정식을 이용하여 첫 번째와 두 번째 방정식에서 x_3를 소거하는 것에 해당.)

$$\underset{\substack{R1 + (-2)R3 \\ R2 + R3}}{\approx} \begin{bmatrix} 1 & 0 & 0 & 2 \\ 0 & 1 & 0 & 1 \\ 0 & 0 & 1 & 3 \end{bmatrix}$$

이 행렬은 다음 계에 해당한다.

$$\begin{aligned} x_1 \qquad\qquad &= 2 \\ x_2 \qquad &= 1 \\ x_3 &= 3 \end{aligned}$$

해는 $x_1 = 2, x_2 = 1, x_3 = 3$이다.

행렬을 사용하여 선형방정식계를 풀 때 가우스-요르단 방법은 행렬의 적절한 위치에 0과 1을 만들어 간다. 이 숫자들은 매 열별로 체계적인 방식으로 만들어지는데, 아래 예제는 앞에서처럼 진행하기 위해서 적절한 단계에서 두 행을 교환해야만 할 경우도 있음을 보여준다.

예제 3

다음 선형방정식계를 풀어라.

$$\begin{aligned} 4x_1 + 8x_2 - 12x_3 &= 44 \\ 3x_1 + 6x_2 - 8x_3 &= 32 \\ -2x_1 - x_2 &= -7 \end{aligned}$$

풀이

우선 첨가행렬을 만들고 아래와 같이 진행한다.(세 번째 방정식에서 빠진 변수 x_3의 계수가 첨가행렬에서 0으로 나타남을 주목하라.)

$$\begin{bmatrix} 4 & 8 & -12 & 44 \\ 3 & 6 & -8 & 32 \\ -2 & -1 & 0 & -7 \end{bmatrix} \underset{(\frac{1}{4})\text{R1}}{\approx} \begin{bmatrix} 1 & 2 & -3 & 11 \\ 3 & 6 & -8 & 32 \\ -2 & -1 & 0 & -7 \end{bmatrix}$$

$$\underset{\substack{\text{R2} + (-3)\text{R1} \\ \text{R3} + (2)\text{R1}}}{\approx} \begin{bmatrix} 1 & 2 & -3 & 11 \\ 0 & 0 & 1 & -1 \\ 0 & 3 & -6 & 15 \end{bmatrix}$$

이 단계에서 계속 진행하기 위해 (2,2) 위치에 영이 아닌 원소가 필요하다. 이를 위해 2행을 3행과 교환한 후 다음과 같이 진행한다.

$$\underset{\text{R2} \leftrightarrow \text{R3}}{\approx} \begin{bmatrix} 1 & 2 & -3 & 11 \\ 0 & 3 & -6 & 15 \\ 0 & 0 & 1 & -1 \end{bmatrix} \underset{(\frac{1}{3})\text{R2}}{\approx} \begin{bmatrix} 1 & 2 & -3 & 11 \\ 0 & 1 & -2 & 5 \\ 0 & 0 & 1 & -1 \end{bmatrix}$$

$$\underset{\text{R1} + (-2)\text{R2}}{\approx} \begin{bmatrix} 1 & 0 & 1 & 1 \\ 0 & 1 & -2 & 5 \\ 0 & 0 & 1 & -1 \end{bmatrix} \underset{\substack{\text{R1} + (-1)\text{R3} \\ \text{R2} + (2)\text{R3}}}{\approx} \begin{bmatrix} 1 & 0 & 0 & 2 \\ 0 & 1 & 0 & 3 \\ 0 & 0 & 1 & -1 \end{bmatrix}$$

해는 $x_1 = 2, x_2 = 3, x_3 = -1$이다.

요약

이제 유일한 해를 갖는 n개의 미지수의 n개의 선형방정식의 계를 풀기 위한 가우스-요르단 소거법을 요약해보자. 첨가행렬은 계수행렬 A와 상수항 B의 열로 구성된다. 이 행렬을 $[A : B]$로 쓰자. 행연산을 사용하여 첨가행렬을 점진적으로 한 열씩 $[I_n : X]$로 변환시킨다. 여기서 I_n은 $n \times n$ 단위행렬이다. 즉,

$$[A:B] \approx \cdots \approx [I_n:X]$$

이 마지막 행렬 $[I_n : X]$를 원래 첨가행렬의 **기약 사다리형**(reduced echelon form)이라고 부른다. 마지막 방정식계의 계수행렬은 I_n이고 상수항의 열은 X인데, 이것은 X의 원소들이 유일한 해임을 의미한다. $[A : B]$가 $[I_n : X]$로 변환되어 감에 따라 A가 I_n으로 바뀌고 있음을 관찰하라. 따라서:

> 유일한 해를 갖는 n개의 미지수의 n개의 선형방정식의 계의 계수행렬을 A라고 할 때 A는 I_n과 행동등이다.

만약 $[A : B]$가 이런 방식으로 $[I_n : X]$ 형태의 행렬로 변환될 수 없으면 방정식계는 유일한 해를 갖지 않는다. 다음 절에서 이와 같은 계에 대해 더 논해보자.

많은 계

어떤 응용에서는 계수행렬로 모두 동일한 정방행렬 A를 갖는 매우 많은 선형방정식계를 풀어야 할 경우가 있다. 계가 다음과 같다고 하자.

$$[A:B_1], [A:B_2], \ldots, [A:B_k]$$

예를 들어 상수항 $B_1, B_2, \ldots, B_k$가 실험 데이터라면 이런 각 결과들을 주는 해를 구하기 원할 수 있다. 해가 유일하게 나와야 하는 상황이라고 하자, 이런 경우 각 계마다 가우스-요르단 소거를 적용하여 독자적으로 풀 수 있는데 이렇게 하면 다음과 같은 기약 사다리형을 얻을 것이다.

$$[I_n:X_1], [I_n:X_2], \ldots, [I_n:X_k]$$

이 때 물론 해는 $X_1, X_2, \ldots, X_k$가 된다. 그러나 A를 I_n으로 축약하는 동일한 과정이 모든 계에 대해서 반복되어 매우 많은 불필요한 중복계산을 포함하게 된다. 그 계들은 하나의 커다란 첨가행렬 $[A:B_1\ B_2 \cdots B_k]$로 표현될 수 있고, 이 하나의 첨가행렬에 가우스-요르단 소거를 적용하여

$$[A:B_1\ B_2 \cdots B_k] \approx \cdots \approx [I_n:X_1\ X_2 \cdots X_k]$$

를 얻을 수 있고 이를 통해 해 $X_1, X_2, \ldots, X_k$를 얻을 수 있다.

예제 4

동일한 계수행렬을 갖는 다음의 세 선형방정식계를 풀어라.

$$\begin{aligned} x_1 - x_2 + 3x_3 &= b_1 \\ 2x_1 - x_2 + 4x_3 &= b_2 \\ -x_1 + 2x_2 - 4x_3 &= b_3 \end{aligned} \quad \text{여기서 각각} \begin{bmatrix} b_1 \\ b_2 \\ b_3 \end{bmatrix} = \begin{bmatrix} 8 \\ 11 \\ -11 \end{bmatrix}, \begin{bmatrix} 0 \\ 1 \\ 2 \end{bmatrix}, \begin{bmatrix} 3 \\ 3 \\ -4 \end{bmatrix}$$

풀이

세 개의 방정식계를 한데 묶어 하나의 커다란 첨가행렬을 구성하고 다음과 같이 기약 사다리형을 얻는다.

$$\begin{bmatrix} 1 & -1 & 3 & 8 & 0 & 3 \\ 2 & -1 & 4 & 11 & 1 & 3 \\ -1 & 2 & -4 & -11 & 2 & -4 \end{bmatrix} \underset{\substack{R2 + (-2)R1 \\ R3 + R1}}{\approx} \begin{bmatrix} 1 & -1 & 3 & 8 & 0 & 3 \\ 0 & 1 & -2 & -5 & 1 & -3 \\ 0 & 1 & -1 & -3 & 2 & -1 \end{bmatrix}$$

$$\underset{\substack{R1 + R2 \\ R3 + (-1)R2}}{\approx} \begin{bmatrix} 1 & 0 & 1 & 3 & 1 & 0 \\ 0 & 1 & -2 & -5 & 1 & -3 \\ 0 & 0 & 1 & 2 & 1 & 2 \end{bmatrix}$$

$$\underset{\substack{R1 + (-1)R3 \\ R2 + 2R3}}{\approx} \begin{bmatrix} 1 & 0 & 0 & 1 & 0 & -2 \\ 0 & 1 & 0 & -1 & 3 & 1 \\ 0 & 0 & 1 & 2 & 1 & 2 \end{bmatrix}$$

세 방정식계의 해는 기약 사다리형의 마지막 세 개의 열에서 다음과 같이 얻어진다.

$$x_1 = 1,\ x_2 = -1,\ x_3 = 2$$

$$x_1 = 0,\ x_2 = 3,\ x_3 = 1$$

$$x_1 = -2,\ x_2 = 1,\ x_3 = 2$$

이 절에서는 논점을 유일한 해를 갖는 n개의 변수를 갖는 n개의 선형방정식의 계로 한정하였다. 다음 절에서는 가우스-요르단 소거법을 확장하여 유일한 해를 갖는 다른 형태의 계나 많은 해를 갖는 계, 해가 없는 계도 다룰 수 있도록 할 것이다.

연습문제 1.1*

행렬

1. 다음 행렬의 크기를 말하라.

(a) $\begin{bmatrix} 1 & 2 & 3 \\ 0 & 1 & 2 \\ 4 & 5 & 3 \end{bmatrix}$ **(b)** $\begin{bmatrix} 0 & 9 \\ -6 & 4 \\ -3 & 2 \end{bmatrix}$

(c) $\begin{bmatrix} 1 & 2 & 3 & 0 \\ 1 & 2 & 4 & 5 \end{bmatrix}$ **(d)** $\begin{bmatrix} -7 \\ 4 \\ 3 \end{bmatrix}$

(e) $\begin{bmatrix} 1 & 2 & 9 & -8 & 7 \\ 4 & 2 & 5 & 7 & 2 \\ 4 & -6 & 4 & 0 & 0 \end{bmatrix}$

(f) $\begin{bmatrix} 2 & -3 & 4 & 7 \end{bmatrix}$

2. 다음 행렬의 (1, 1), (2, 2), (3, 3), (1, 5), (2, 4), (3, 2) 원소를 말하라.

$$\begin{bmatrix} 1 & 2 & 3 & 0 & -1 \\ -2 & 4 & -5 & 3 & 6 \\ 5 & 8 & 9 & 2 & 3 \end{bmatrix}$$

3. 다음 행렬의 (2, 3), (3, 2), (4, 1), (1, 3), (4, 4), (3, 1) 원소를 말하라.

$$\begin{bmatrix} 1 & 2 & 7 & 0 \\ -1 & 2 & 4 & 5 \\ 3 & 5 & 0 & -1 \\ 6 & 9 & 0 & 2 \end{bmatrix}$$

4. 단위행렬 I_4를 써라.

행렬과 방정식계

5. 다음 각 방정식계의 계수행렬과 첨가행렬을 써라.

(a)
$$\begin{aligned} x_1 + 3x_2 &= 7 \\ 2x_1 - 5x_2 &= -3 \end{aligned}$$

(b)
$$\begin{aligned} 5x_1 + 2x_2 - 4x_3 &= 8 \\ x_1 + 3x_2 + 6x_3 &= 4 \\ 4x_1 + 6x_2 - 9x_3 &= 7 \end{aligned}$$

(c)
$$\begin{aligned} -x_1 + 3x_2 - 5x_3 &= -3 \\ 2x_1 - 2x_2 + 4x_3 &= 8 \\ x_1 + 3x_2 \qquad &= 6 \end{aligned}$$

(d)
$$\begin{aligned} 5x_1 + 4x_2 &= 9 \\ 2x_1 - 8x_2 &= -4 \\ x_1 + 2x_2 &= 3 \end{aligned}$$

(e)
$$\begin{aligned} 5x_1 + 2x_2 - 4x_3 &= 8 \\ 4x_2 + 3x_3 &= 0 \\ x_1 \qquad - x_3 &= 7 \end{aligned}$$

(f)
$$\begin{aligned} -x_1 + 3x_2 - 9x_3 &= -4 \\ x_1 \qquad - 4x_3 &= 11 \\ x_1 + 8x_2 \qquad &= 1 \end{aligned}$$

(g)
$$\begin{aligned} x_1 \qquad\qquad &= -3 \\ x_2 \qquad &= 12 \\ x_3 &= 8 \end{aligned}$$

(h)
$$\begin{aligned} -4x_1 + 2x_2 - 9x_3 + x_4 &= -1 \\ x_1 + 6x_2 - 8x_3 - 7x_4 &= 15 \\ -x_2 + 3x_3 - 5x_4 &= 0 \end{aligned}$$

6. 다음 행렬을 첨가행렬로 해석하고 대응되는 방정식계를 써라.

(a) $\begin{bmatrix} 1 & 2 & 3 \\ 4 & 5 & 6 \end{bmatrix}$ **(b)** $\begin{bmatrix} 7 & 9 & 8 \\ 6 & 4 & -3 \end{bmatrix}$

(c) $\begin{bmatrix} 1 & 9 & -3 \\ 5 & 0 & 2 \end{bmatrix}$ **(d)** $\begin{bmatrix} 8 & 7 & 5 & -1 \\ 4 & 6 & 2 & 4 \\ 9 & 3 & 7 & 6 \end{bmatrix}$

(e) $\begin{bmatrix} 2 & -3 & 6 & 4 \\ 7 & -5 & -2 & 3 \\ 0 & 2 & 4 & 0 \end{bmatrix}$ **(f)** $\begin{bmatrix} 0 & -2 & 4 \\ 5 & 7 & -3 \\ 6 & 0 & 8 \end{bmatrix}$

(g) $\begin{bmatrix} 1 & 0 & 0 & 3 \\ 0 & 1 & 0 & 8 \\ 0 & 0 & 1 & 4 \end{bmatrix}$ **(h)** $\begin{bmatrix} 1 & 2 & -1 & 6 \\ 0 & 1 & 4 & 5 \\ 0 & 0 & 1 & -2 \end{bmatrix}$

기본 행연산

7. 다음에 주어진 행렬에 지시된 기본 행연산을 수행하여 얻어지는 행렬을 써라.

(a) $\begin{bmatrix} 2 & 6 & -4 & 0 \\ 1 & 2 & -3 & 6 \\ 8 & 3 & 2 & 5 \end{bmatrix} \underset{(\frac{1}{2})R1}{\approx}$

(b) $\begin{bmatrix} 0 & -8 & 4 & 3 \\ 2 & 7 & 5 & 1 \\ 3 & -5 & 8 & 9 \end{bmatrix} \underset{R1 \leftrightarrow R2}{\approx}$

(c) $\begin{bmatrix} 1 & 2 & 3 & -1 \\ -1 & 1 & 7 & 1 \\ 2 & -4 & 5 & -3 \end{bmatrix} \underset{\substack{R2 + R1 \\ R3 + (-2)R1}}{\approx}$

(d) $\begin{bmatrix} 1 & 2 & 3 & -4 \\ 0 & 1 & 2 & 1 \\ 0 & -4 & 3 & -5 \end{bmatrix} \underset{\substack{R1 + (-2)R2 \\ R3 + (4)R2}}{\approx}$

(e) $\begin{bmatrix} 1 & 0 & 4 & -3 \\ 0 & 1 & -3 & 2 \\ 0 & 0 & 1 & 5 \end{bmatrix} \underset{\substack{R1 + (-4)R3 \\ R2 + (3)R3}}{\approx}$

(f) $\begin{bmatrix} 1 & 0 & 2 & 7 \\ 0 & 1 & 5 & -3 \\ 0 & 0 & -2 & 8 \end{bmatrix} \underset{(-\frac{1}{2})R3}{\approx}$

8. 다음의 각 행연산을 행렬의 기약 사다리형에 도달하기 위한 단계로 해석하라. 왜 지시된 행연산이 선택되었겠는가? 행렬로 표현된 선형방정식계에서는 어떤 특정한 목표를 달성하는가?

(a)

$$\begin{bmatrix} 1 & -4 & 3 & 5 \\ -2 & 1 & 7 & 5 \\ 4 & 0 & -3 & 6 \end{bmatrix} \underset{\substack{R2 + (2)R1 \\ R3 + (-4)R1}}{\approx} \begin{bmatrix} 1 & -4 & 3 & 5 \\ 0 & -7 & 13 & 15 \\ 0 & 16 & -15 & -14 \end{bmatrix}$$

(b) $$\begin{bmatrix}1 & 2 & -4 & 7\\0 & 3 & 9 & -6\\0 & 4 & 7 & -8\end{bmatrix} \underset{(\frac{1}{3})\text{R2}}{\approx} \begin{bmatrix}1 & 2 & -4 & 7\\0 & 1 & 3 & -2\\0 & 4 & 7 & -8\end{bmatrix}$$

(c) $$\begin{bmatrix}1 & 3 & -4 & 5\\0 & 0 & -2 & 6\\0 & 1 & 3 & -8\end{bmatrix} \underset{\text{R2} \leftrightarrow \text{R3}}{\approx} \begin{bmatrix}1 & 3 & -4 & 5\\0 & 1 & 3 & -8\\0 & 0 & -2 & 6\end{bmatrix}$$

(d)
$$\begin{bmatrix}1 & 2 & 5 & 0\\0 & 1 & 2 & -3\\0 & -3 & 1 & -2\end{bmatrix} \underset{\substack{\text{R1} + (-2)\text{R2}\\ \text{R3} + (3)\text{R2}}}{\approx} \begin{bmatrix}1 & 0 & 1 & 6\\0 & 1 & 2 & -3\\0 & 0 & 7 & -11\end{bmatrix}$$

9. 다음의 각 행연산을 행렬의 기약 사다리형에 도달하기 위한 단계로 해석하라. 왜 지시된 행연산이 선택되었겠는가?

(a) $$\begin{bmatrix}1 & 0 & 2 & 6\\0 & 1 & -1 & 3\\0 & 0 & 1 & 2\end{bmatrix} \underset{\substack{\text{R1} + (-2)\text{R3}\\ \text{R2} + \text{R3}}}{\approx} \begin{bmatrix}1 & 0 & 0 & 2\\0 & 1 & 0 & 5\\0 & 0 & 1 & 2\end{bmatrix}$$

(b) $$\begin{bmatrix}0 & 2 & 4 & -1\\4 & 3 & 2 & -8\\5 & -7 & 1 & 2\end{bmatrix} \underset{\text{R1} \leftrightarrow \text{R2}}{\approx} \begin{bmatrix}4 & 3 & 2 & -8\\0 & 2 & 4 & -1\\5 & -7 & 1 & 2\end{bmatrix}$$

(c) $$\begin{bmatrix}1 & 0 & 3 & 7\\0 & 1 & 4 & 2\\0 & 0 & -2 & 6\end{bmatrix} \underset{(-\frac{1}{2})\text{R3}}{\approx} \begin{bmatrix}1 & 0 & 3 & 7\\0 & 1 & 4 & 2\\0 & 0 & 1 & -3\end{bmatrix}$$

(d)
$$\begin{bmatrix}1 & 0 & -2 & 4\\0 & 1 & 3 & -4\\0 & 0 & 1 & -3\end{bmatrix} \underset{\substack{\text{R1} + (2)\text{R3}\\ \text{R2} + (-3)\text{R3}}}{\approx} \begin{bmatrix}1 & 0 & 0 & -2\\0 & 1 & 0 & 5\\0 & 0 & 1 & -3\end{bmatrix}$$

선형방정식계 풀기

10. 다음의 방정식 계들은 모두 유일한 해를 가지고 있다. 행렬에 대한 가우스-요르단 소거를 이용하여 이 계들을 풀어라.

(a) $$\begin{aligned} x_1 - 2x_2 &= -8\\ 2x_1 - 3x_2 &= -11 \end{aligned}$$

(b) $$\begin{aligned} 2x_1 + 2x_2 &= 4\\ 3x_1 + 2x_2 &= 3 \end{aligned}$$

(c) $$\begin{aligned} x_1 \qquad\quad + x_3 &= 3\\ 2x_2 - 2x_3 &= -4\\ x_2 - 2x_3 &= 5 \end{aligned}$$

(d) $$\begin{aligned} x_1 + x_2 + 3x_3 &= 6\\ x_1 + 2x_2 + 4x_3 &= 9\\ 2x_1 + x_2 + 6x_3 &= 11 \end{aligned}$$

(e) $$\begin{aligned} x_1 - x_2 + 3x_3 &= 3\\ 2x_1 - x_2 + 2x_3 &= 2\\ 3x_1 + x_2 - 2x_3 &= 3 \end{aligned}$$

(f) $$\begin{aligned} -x_1 + x_2 - x_3 &= -2\\ 3x_1 + x_2 + x_3 &= 10\\ 4x_1 + 2x_2 + 3x_3 &= 14 \end{aligned}$$

11. 다음의 방정식 계들은 모두 유일한 해를 가지고 있다. 행렬에 대한 가우스-요르단 소거를 이용하여 이 계들을 풀어라.

(a) $$\begin{aligned} x_1 + 2x_2 + 3x_3 &= 14\\ 2x_1 + 5x_2 + 8x_3 &= 36\\ x_1 - x_2 \qquad\quad &= -4 \end{aligned}$$

(b) $$\begin{aligned} x_1 - x_2 - x_3 &= -1\\ -2x_1 + 6x_2 + 10x_3 &= 14\\ 2x_1 + x_2 + 6x_3 &= 9 \end{aligned}$$

(c) $$\begin{aligned} 2x_1 + 2x_2 - 4x_3 &= 14\\ 3x_1 + x_2 + x_3 &= 8\\ 2x_1 - x_2 + 2x_3 &= -1 \end{aligned}$$

(d) $$\begin{aligned} 2x_2 + 4x_3 &= 8\\ 2x_1 + 2x_2 \qquad\quad &= 6\\ x_1 + x_2 + x_3 &= 5 \end{aligned}$$

(e) $$\begin{aligned} x_1 \qquad\quad - x_3 &= 3\\ -x_1 \qquad\quad + 2x_3 &= -8\\ 3x_1 + x_2 - x_3 &= 0 \end{aligned}$$

12. 다음의 방정식 계들은 모두 유일한 해를 가지고 있다. 행렬에 대한 가우스-요르단 소거를 이용하여 이 계들을 풀어라.

(a) $$\begin{aligned} \tfrac{3}{2}x_1 \qquad\quad + 3x_3 &= 15\\ -x_1 + 7x_2 - 9x_3 &= -45\\ 2x_1 \qquad\quad + 5x_3 &= 22 \end{aligned}$$

(b) $$\begin{aligned} -3x_1 - 6x_2 - 15x_3 &= -3\\ 2x_1 + 3x_2 + 9x_3 &= 1\\ -4x_1 - 7x_2 - 17x_3 &= -4 \end{aligned}$$

(c) $$\begin{aligned} 3x_1 + 6x_2 \qquad\quad - 3x_4 &= 3\\ x_1 + 3x_2 - x_3 - 4x_4 &= -12\\ x_1 - x_2 + x_3 + 2x_4 &= 8\\ 2x_1 + 3x_2 \qquad\qquad\qquad &= 8 \end{aligned}$$

(d) $$\begin{aligned} x_1 + 2x_2 + 2x_3 + 5x_4 &= 11\\ 2x_1 + 4x_2 + 2x_3 + 8x_4 &= 14\\ x_1 + 3x_2 + 4x_3 + 8x_4 &= 19\\ x_1 - x_2 + x_3 \qquad\quad &= 2 \end{aligned}$$

(e) $$\begin{aligned} x_1 + x_2 + 2x_3 + 6x_4 &= 11 \\ 2x_1 + 3x_2 + 6x_3 + 19x_4 &= 36 \\ 3x_2 + 4x_3 + 15x_4 &= 28 \\ x_1 - x_2 - x_3 - 6x_4 &= -12 \end{aligned}$$

13. 다음은 유일한 해를 갖는 동일 계수행렬의 많은 선형방정식계에 대한 문제이다. 많은 계를 표현하는 커다란 첨가행렬에 대해 가우스-요르단 소거를 적용하여 해를 구하라.

(a) $$\begin{aligned} x_1 + 2x_2 &= b_1 \\ 3x_1 + 5x_2 &= b_2 \end{aligned}$$

여기서 각각 $\begin{bmatrix} b_1 \\ b_2 \end{bmatrix} = \begin{bmatrix} 3 \\ 8 \end{bmatrix}, \begin{bmatrix} 4 \\ 9 \end{bmatrix}, \begin{bmatrix} 3 \\ 7 \end{bmatrix}$

(b) $$\begin{aligned} x_1 + x_2 &= b_1 \\ 2x_1 + 3x_2 &= b_2 \end{aligned}$$

여기서 각각 $\begin{bmatrix} b_1 \\ b_2 \end{bmatrix} = \begin{bmatrix} 0 \\ 1 \end{bmatrix}, \begin{bmatrix} 5 \\ 13 \end{bmatrix}, \begin{bmatrix} 1 \\ 2 \end{bmatrix}$

(c) $$\begin{aligned} x_1 - 2x_2 + 3x_3 &= b_1 \\ x_1 - x_2 + 2x_3 &= b_2 \\ 2x_1 - 3x_2 + 6x_3 &= b_3 \end{aligned}$$

여기서 각각 $\begin{bmatrix} b_1 \\ b_2 \\ b_3 \end{bmatrix} = \begin{bmatrix} 6 \\ 5 \\ 14 \end{bmatrix}, \begin{bmatrix} -5 \\ -3 \\ -8 \end{bmatrix}, \begin{bmatrix} 4 \\ 3 \\ 9 \end{bmatrix}$

(d) $$\begin{aligned} x_1 + 2x_2 - x_3 &= b_1 \\ -x_1 - x_2 + x_3 &= b_2 \\ 3x_1 + 7x_2 - x_3 &= b_3 \end{aligned}$$

여기서 각각 $\begin{bmatrix} b_1 \\ b_2 \\ b_3 \end{bmatrix} = \begin{bmatrix} -1 \\ 1 \\ -1 \end{bmatrix}, \begin{bmatrix} 6 \\ -4 \\ 18 \end{bmatrix}, \begin{bmatrix} 0 \\ -2 \\ -4 \end{bmatrix}$

1.2 가우스-요르단 소거

전 절에서 유일한 해를 갖는 n개의 변수로 된 n개의 방정식의 계를 풀기 위해 가우스-요르단 소거법을 사용하였다. 이제 그 방법을 방정식의 수와 변수의 수가 다르거나, 해가 유일하거나, 많거나 또는 없는 경우를 포함하는 보다 일반적인 상황에서 논의해 보자. 앞에서와 마찬가지로, 먼저 주어진 계의 첨가행렬로부터 시작하여, 일련의 기본 행연산을 통해 단순한 행렬(기약 사다리형)을 만들고 이것에서 직접 해를 얻는 방식으로 접근할 것이다.

여기서 기약 사다리형에 대한 일반적인 정의를 내리자. 앞 절에서 논의된 기약 사다리형 들이 모두 다음 정의에 들어맞는 것을 확인해보라.

정의 행렬이 다음을 조건을 만족할 때 **기약 사다리형**이라고 말한다.

1. 모든 원소가 0인 행은 모두 행렬의 바닥에 모여 있다.
2. 그 외의 각 행에서 0이 아닌 첫 원소는 1이다. 이 원소를 **선도 1**이라고 부른다.
3. 첫 행 이후의 각 행에서 선도 1은 위의 행의 선도 1의 오른쪽에 위치한다.
4. 선도 1을 포함하는 열의 다른 원소는 모두 0이다.

다음 행렬들은 모두 기약 사다리형이다.

$$\begin{bmatrix} 1 & 0 & 8 \\ 0 & 1 & 2 \\ 0 & 0 & 0 \end{bmatrix} \quad \begin{bmatrix} 1 & 0 & 0 & 7 \\ 0 & 1 & 0 & 3 \\ 0 & 0 & 1 & 9 \end{bmatrix} \quad \begin{bmatrix} 1 & 4 & 0 & 0 \\ 0 & 0 & 1 & 0 \\ 0 & 0 & 0 & 1 \end{bmatrix} \quad \begin{bmatrix} 1 & 2 & 3 & 0 \\ 0 & 0 & 0 & 1 \\ 0 & 0 & 0 & 0 \end{bmatrix}$$

$$\begin{bmatrix} 1 & 0 & 5 & 0 & 0 & 8 \\ 0 & 1 & 7 & 0 & 0 & 9 \\ 0 & 0 & 0 & 1 & 0 & 5 \\ 0 & 0 & 0 & 0 & 1 & 4 \end{bmatrix} \quad \begin{bmatrix} 1 & 2 & 0 & 3 & 0 & 4 \\ 0 & 0 & 1 & 2 & 0 & 7 \\ 0 & 0 & 0 & 0 & 1 & 6 \\ 0 & 0 & 0 & 0 & 0 & 0 \end{bmatrix}$$

다음 행렬들은 밑에 설명된 이유 때문에 기약 사다리형이 아니다.

$$\begin{bmatrix} 1 & 2 & 0 & 4 \\ 0 & 0 & 0 & 0 \\ 0 & 0 & 1 & 3 \end{bmatrix} \quad \begin{bmatrix} 1 & 2 & 0 & 3 & 0 \\ 0 & 0 & 3 & 4 & 0 \\ 0 & 0 & 0 & 0 & 1 \end{bmatrix} \quad \begin{bmatrix} 1 & 0 & 0 & 2 \\ 0 & 0 & 1 & 4 \\ 0 & 1 & 0 & 3 \end{bmatrix} \quad \begin{bmatrix} 1 & 7 & 0 & 8 \\ 0 & 1 & 0 & 3 \\ 0 & 0 & 1 & 2 \\ 0 & 0 & 0 & 0 \end{bmatrix}$$

영행이 행렬의 바닥에 있지 않다.	2행의 영이 아닌 첫 원소가 1이 아니다.	3행의 선도 1이 2행의 선도 1의 오른쪽에 있지 않다.	2행의 선도 1의 위의 원소들 중 0이 아닌 원소가 있다

보통 주어진 행렬을 기약 사다리형으로 바꿔주는 행연산의 순서는 많다. 하지만 모두 동일한 기약 사다리형을 만들어 준다. **즉 한 행렬의 기약 사다리형은 유일하다.** 가우스-요르단 소거법은 기약 사다리형을 얻는 중요한 체계적 방법(즉, 알고리즘)이고 컴퓨터로 프로그램 할 수 있다. 아래에 이 방법을 요약한 후 적용하는 예를 제시한다.

가우스-요르단 소거

1. 선형방정식계의 첨가행렬을 쓴다.
2. 기본 행연산을 사용하여 첨가행렬의 기약 사다리형을 도출한다. 이것은 제 1열로부터 시작하여 매 열에서 선도 1을 만들고 선도 1위, 아래를 모두 0으로 만듦으로 수행된다.
3. 기약 사다리형에 대응되는 방정식계를 쓴다. 이 계가 해를 준다.

이 알고리즘을 숙달하는 것이 중요함을 강조한다. 정확한 해를 얻는 것도 중요하지만 그 해에 도달하는 방법도 중요하다. 예를 들어 이 알고리즘의 효율성(사용된 합과 곱의 개수)과 선형방정식계를 푸는 다른 알고리즘과 비교하는 것이 관심거리가 될 수도 있다.

예제 1

가우스-요르단 소거법을 써서 다음 행렬의 기약 사다리형을 구하라.

$$\begin{bmatrix} 0 & 0 & 2 & -2 & 2 \\ 3 & 3 & -3 & 9 & 12 \\ 4 & 4 & -2 & 11 & 12 \end{bmatrix}$$

풀이

단계 1. 필요하면 행을 교환하여 영이 아닌 첫 열의 꼭대기에 영이 아닌 원소가 올 수 있도록 한다. 이 영이 아닌 원소를 축(pivot)이라고 부른다.

$$\underset{R1 \leftrightarrow R2}{\approx} \begin{bmatrix} \textcircled{3} & 3 & -3 & 9 & 12 \\ 0 & 0 & 2 & -2 & 2 \\ 4 & 4 & -2 & 11 & 12 \end{bmatrix} \quad (\text{축} = \textcircled{3})$$

단계 2. 축 행에 $\frac{1}{\text{축}}$을 곱하여 축 원소를 1로 만든다.

$$\underset{(\frac{1}{3})\text{R1}}{\approx}\begin{bmatrix}1 & 1 & -1 & 3 & 4\\ 0 & 0 & 2 & -2 & 2\\ 4 & 4 & -2 & 11 & 12\end{bmatrix}$$

단계 3. 축 행의 적장한 배수를 행렬의 모든 다른 행에 더하여 축 열의 다른 원소들을 모두 영으로 만든다.

$$\underset{\text{R3}+(-4)\text{R1}}{\approx}\begin{bmatrix}1 & 1 & -1 & 3 & 4\\ 0 & 0 & 2 & -2 & 2\\ 0 & 0 & 2 & -1 & -4\end{bmatrix}$$

단계 4. 축 행과 그 위의 행들을 모두 가리고 나머지 부분행렬(submatrix)에 대해 단계 1과 2를 반복한다. 단계 3을 전체행렬에 대해 반복한다. 기약 사다리형이 얻어 질 때까지 이와 같이 계속한다.

$$\begin{bmatrix}1 & 1 & -1 & 3 & 4\\ 0 & 0 & 2 & -2 & 2\\ 0 & 0 & 2 & -1 & -4\end{bmatrix} = \begin{bmatrix}1 & 1 & -1 & 3 & 4\\ 0 & 0 & \textcircled{2} & -2 & 2\\ 0 & 0 & 2 & -1 & -4\end{bmatrix}$$

부분행렬의 영이 아닌 첫 열 축

$$\underset{(\frac{1}{2})\text{R2}}{\approx}\begin{bmatrix}1 & 1 & -1 & 3 & 4\\ 0 & 0 & 1 & -1 & 1\\ 0 & 0 & 2 & -1 & -4\end{bmatrix} \underset{\substack{\text{R1}+\text{R2}\\ \text{R3}+(-2)\text{R2}}}{\approx}\begin{bmatrix}1 & 1 & 0 & 2 & 5\\ 0 & 0 & 1 & -1 & 1\\ 0 & 0 & 0 & \textcircled{1} & -6\end{bmatrix}$$

축

$$\underset{\substack{\text{R1}+(-2)\text{R3}\\ \text{R2}+\text{R3}}}{\approx}\begin{bmatrix}1 & 1 & 0 & 0 & 17\\ 0 & 0 & 1 & 0 & -5\\ 0 & 0 & 0 & 1 & -6\end{bmatrix}$$

이것이 주어진 행렬의 기약 사다리형이다. ■

이제 이 방법이 다양한 방정식계를 푸는 데 어떻게 사용되지를 예시해보자. 다음 예제는 많은 해를 갖는 선형방정식계를 푸는 예이다. 우선 기약 사다리형을 얻는다. 기약 사다리형을 얻은 후에 이것을 해석하여 많은 해를 명확한 방식으로 표현하는 과정이 필요하다.

예제 2

가능하다면 다음 방정식계를 풀어라.

$$\begin{aligned}3x_1 - 3x_2 + 3x_3 &= 9\\ 2x_1 - x_2 + 4x_3 &= 7\\ 3x_1 - 5x_2 - x_3 &= 7\end{aligned}$$

풀이

첨가행렬로 시작하여 가우스-요르단 알고리즘 과정을 따른다. 축과 선도 1은 원으로 둘러져 있다.

$$\begin{bmatrix} \textcircled{3} & -3 & 3 & 9 \\ 2 & -1 & 4 & 7 \\ 3 & -5 & -1 & 7 \end{bmatrix} \underset{(\frac{1}{3})\text{R1}}{\approx} \begin{bmatrix} \textcircled{1} & -1 & 1 & 3 \\ 2 & -1 & 4 & 7 \\ 3 & -5 & -1 & 7 \end{bmatrix}$$

$$\underset{\substack{\text{R2} + (-2)\text{R1} \\ \text{R3} + (-3)\text{R1}}}{\approx} \begin{bmatrix} 1 & -1 & 1 & 3 \\ 0 & \textcircled{1} & 2 & 1 \\ 0 & -2 & -4 & -2 \end{bmatrix} \underset{\substack{\text{R1} + \text{R2} \\ \text{R3} + (2)\text{R2}}}{\approx} \begin{bmatrix} 1 & 0 & 3 & 4 \\ 0 & 1 & 2 & 1 \\ 0 & 0 & 0 & 0 \end{bmatrix}$$

이제 기약 사다리형이 얻어졌다. 이에 해당하는 방정식계는 다음과 같다.

$$\begin{aligned} x_1 + \quad 3x_3 &= 4 \\ x_2 + 2x_3 &= 1 \end{aligned}$$

이 방정식을 만족하는 x_1, x_2, x_3는 많다. 이것은 많은 해를 갖는 방정식 계이다. x_1은 첫 방정식의 **선도변수**(leading variable), x_2는 두 번째 방정식의 선도변수라고 불린다. 많은 해를 표현하기 위해서 각 방정식의 선도변수를 **자유변수**(free variable)라고 부르는 나머지 변수들의 항으로 쓴다. 즉,

$$\begin{aligned} x_1 &= -3x_3 + 4 \\ x_2 &= -2x_3 + 1 \end{aligned}$$

에 임의 값을 할당하면 계의 **일반해**(general solution)는 다음과 같다.

$$x_1 = -3r + 4, x_2 = -2r + 1, x_3 = r$$

이 실수집합에 망라되어 있기 때문에 많은 해를 갖는다. r은 **매개변수**(parameter)라고 불린다. r에 다른 값들을 넣어 주면 특정한 해들이 얻어진다. 예를 들면

$$r = 1 \text{ 일 때 } x_1 = 1, x_2 = -1, x_3 = 1$$

$$r = -2 \text{ 일 때 } x_1 = 10, x_2 = 5, x_3 = -2$$

■

예제 3

이번 예는 일반해가 다수의 매개변수를 포함할 수 있음을 보여준다. 다음 방정식계를 풀어라.

$$\begin{aligned} x_1 + 2x_2 - x_3 + 3x_4 &= 4 \\ 2x_1 + 4x_2 - 2x_3 + 7x_4 &= 10 \\ -x_1 - 2x_2 + x_3 - 4x_4 &= -6 \end{aligned}$$

풀이

가우스-요르단 알고리즘을 적용하여 다음을 얻는다.

$$\begin{bmatrix} 1 & 2 & -1 & 3 & 4 \\ 2 & 4 & -2 & 7 & 10 \\ -1 & -2 & 1 & -4 & -6 \end{bmatrix} \underset{\substack{\text{R2} + (-2)\text{R1} \\ \text{R3} + \text{R1}}}{\approx} \begin{bmatrix} 1 & 2 & -1 & 3 & 4 \\ 0 & 0 & 0 & 1 & 2 \\ 0 & 0 & 0 & -1 & -2 \end{bmatrix}$$

$$\approx \atop {R1 + (-3)R2 \atop R3 + R2} \begin{bmatrix} 1 & 2 & -1 & 0 & -2 \\ 0 & 0 & 0 & 1 & 2 \\ 0 & 0 & 0 & 0 & 0 \end{bmatrix}$$

기약 사다리형에 도달하였다. 해당 방정식계는 다음과 같다.

$$\begin{aligned} x_1 + 2x_2 - x_3 \qquad &= -2 \\ x_4 &= \ \ 2 \end{aligned}$$

선도변수를 나머지 변수들의 항으로 표현하면 다음을 얻는다.

$$x_1 = -2x_2 + x_3 - 2, x_4 = 2$$

x_2, x_3에 각각 임의 값 r, s를 할당하여 다음과 같이 일반해를 얻는다.

$$x_1 = -2r + s - 2, x_2 = r, x_3 = s, x_4 = 2$$

r과 s에 다양한 값을 대입하여 특정한 해들을 얻을 수 있다.

예제 4

이번 예는 해없는 계를 보여준다. 다음 계를 풀어 보라.

$$\begin{aligned} x_1 + \quad x_2 + 5x_3 &= \ \ 3 \\ x_2 + 3x_3 &= -1 \\ x_1 + 2x_2 + 8x_3 &= \ \ 3 \end{aligned}$$

풀이

첨가행렬로 시작하여 다음을 얻는다.

$$\begin{bmatrix} 1 & 1 & 5 & 3 \\ 0 & 1 & 3 & -1 \\ 1 & 2 & 8 & 3 \end{bmatrix} \underset{R3 + (-1)R1}{\approx} \begin{bmatrix} 1 & 1 & 5 & 3 \\ 0 & 1 & 3 & -1 \\ 0 & 1 & 3 & 0 \end{bmatrix}$$

$$\underset{R1 + (-1)R2 \atop R3 + (-1)R2}{\approx} \begin{bmatrix} 1 & 0 & 2 & 4 \\ 0 & 1 & 3 & -1 \\ 0 & 0 & 0 & 1 \end{bmatrix} \underset{R1 + (-4)R3 \atop R2 + R3}{\approx} \begin{bmatrix} 1 & 0 & 2 & 0 \\ 0 & 1 & 3 & 0 \\ 0 & 0 & 0 & 1 \end{bmatrix}$$

기약 사다리형의 마지막 행은 다음 방정식을 준다.

$$0x_1 + 0x_2 + 0x_3 = 1$$

이 방정식은 x_1, x_2, x_3에 어떤 값을 넣어도 만족될 수 없다. 따라서 이 계는 해를 갖지 않는다.(이 정보는 사실은 마지막 행렬 직전의 행렬로부터 이미 얻어진다.)

선형방정식의 동차계

선형방정식계의 상수항이 모두 영이면 **동차**(homogeneous)라고 말한다. 앞으로 진도를 나가면서 선형방정식의 동차계는 많은 흥미로운 성질을 가지고 있고 논점에서 핵심 역할을 하는 것을 발견할 것이다.

다음은 선형방정식의 동차계의 예이다.

$$\begin{aligned} x_1 + x_2 - x_4 &= 0 \\ x_1 + 2x_2 - x_3 + 2x_4 &= 0 \\ -x_1 - 2x_2 + 2x_3 - 3x_4 &= 0 \end{aligned}$$

이 방정식에서 $x_1 = 0, x_2 = 0, x_3 = 0, x_4 = 0$이 해가 됨을 관찰하라. 이 사실은 명백하게 모든 동차방정식계로 다음과 같이 확장될 수 있다.

정리 1.1

n개의 변수를 갖는 선형방정식의 동차계는 항상 해 $x_1 = 0, x_2 = 0, \cdots, x_n = 0$를 갖는다. 이 해를 **자명한 해**(trivial solution)라고 부른다. ■

앞의 동차계가 다른 해를 갖는지 알아보자. 가우스-요르단 소거를 이용하여 이 계를 풀면 다음과 같다.

$$\begin{bmatrix} 1 & 1 & 0 & -1 & 0 \\ 1 & 2 & -1 & 2 & 0 \\ -1 & -2 & 2 & -3 & 0 \end{bmatrix} \underset{\substack{R2 + (-1)R1 \\ R3 + R1}}{\approx} \begin{bmatrix} 1 & 1 & 0 & -1 & 0 \\ 0 & 1 & -1 & 3 & 0 \\ 0 & -1 & 2 & -4 & 0 \end{bmatrix}$$

$$\underset{\substack{R1 + (-1)R2 \\ R3 + R2}}{\approx} \begin{bmatrix} 1 & 0 & 1 & -4 & 0 \\ 0 & 1 & -1 & 3 & 0 \\ 0 & 0 & 1 & -1 & 0 \end{bmatrix} \underset{\substack{R1 + (-1)R3 \\ R2 + R3}}{\approx} \begin{bmatrix} 1 & 0 & 0 & -3 & 0 \\ 0 & 1 & 0 & 2 & 0 \\ 0 & 0 & 1 & -1 & 0 \end{bmatrix}$$

기약 사다리형은

$$\begin{aligned} x_1 - 3x_4 &= 0 \\ x_2 + 2x_4 &= 0 \\ x_3 - x_4 &= 0 \end{aligned}$$

과 같은 계를 주는데, 선도변수를 남은 자유변수의 항으로 표현하면

$$x_1 = 3x_4, x_2 = -2x_4, x_3 = x_4$$

이 된다. $x_3 = r$이라고 하면 이 계는 다음과 같이 많은 해를 갖는다.

$$x_1 = 3r, x_2 = -2r, x_3 = r, x_4 = r$$

해 $x_1 = 0, x_2 = 0, x_3 = 0$는 $r = 0$로 놓으면 얻어짐을 관찰하라.

이 예제에서 동차계가 방정식 개수(3)보다 변수(4)를 가짐을 주목하자. 이것이 일반해에서 자유변수를 허용하게 되어 많은 해를 주게 된다. 이 관찰을 일반화하여, n개 변수를 갖는 m개의 선형방정식의 동차계에서 $n > m$ 인(즉, 변수의 개수가 방정식의 개수보다 더 많은) 경우를 고려해보자. 가우스-요르단 소거 과정에서 영 행을 만들어 낼 수도 있으므로 기약 사다리형은 최대 m개의 비영의 행을 가질 것이다, 대응되는 선형방정식계는 변수 수 보다 적은 방정식을 갖게 되어 자유변수가 있게 되고 따라서 많은 해를 낳게 된다.

정리 1.2

방정식보다 많은 변수를 갖는 선형방정식의 동차계는 많은 해를 갖는다. 이 해들 중 하나는 자명한 해이다.

이 장의 처음 두 절에서 선형방정식계 풀기 위한 가우스-요르단 소거법을 소개하였다. 앞으로 다른 방법들도 소개하고 방법들의 장점을 비교할 것이다. 선형방정식계를 푸는 또 하나의 인기있는 소거법으로 **가우스 소거**(Gaussian elimination)가 있다. 이 방법은 8.1절에서 소개한다.[2] 방정식계를 풀 때 수치적으로 고려할 점들을 다음에서 밝혀둔다.

수치적 고려

실제로는 선형방정식계는 컴퓨터로 풀어진다. 컴퓨터에서 수는 $\pm 0.a_1 \ldots a_n \times 10^r$ 형태로 표현된다. 여기서 $a_1, \ldots, a_n$은 0과 9 사이의 정수이고 r은 (음 또는 양의) 정수이다. 이와 같은 수를 **부동점 수**(floating-point number)라고 불리고, $a_1, \ldots, a_n$은 **가수**(mantissa), r은 지수(exponent)라고 불린다. 예를 들어 수 125.6은 부동점 형태로 0.1256×10^3과 같이 쓴다. 부동점 수에 대한 더하기, 빼기, 곱하기, 나누기의 산술 연산을 **부동점 연산**(floating point operation) 또는 **플랍**(flop)이라고 부른다.

컴퓨터는 수의 가수로 오직 제한된 개수의 정수만 다룰 수 있다. 가수는 매 연산마다 적당한 자리수로 반올림 되고 그로 인해 **반올림 오차**(round-off errors)라고 불리는 오차가 가우스-소거와 같은 방법에서 발생하게 된다. 계산 과정에서 수행되는 플랍 수가 적어질수록 더욱 정확한 결과가 더욱 빠르게 얻어진다. (이 오차들을 최소화하는 방법은 8장에서 토의된다.) n개 변수의 n개 방정식의 계의 기약 사다리형을 얻기 위하여 가우스-요르단 소거법은 $\frac{1}{2}n^3 + \frac{1}{2}n^2$의 곱과 $\frac{1}{2}n^3 - \frac{1}{2}n$의 합이 필요하다(8.1절 참조). 예를 들어 10개 변수의 10개 방정식을 풀기 위한 곱의 수는 550이고 합의 수는 495이다. 플랍의 총 개수는 이 둘의 합인 1045이다. 알고리즘은 보통 이런 자료를 이용하여 측정되고 비교된다.

연습문제 1.2

행렬의 기약 사다리형

1. 다음 행렬이 기약 사다리형인가? 아니라면 이유를 써라.

(a) $\begin{bmatrix} 1 & 0 & 2 \\ 0 & 1 & 3 \end{bmatrix}$ **(b)** $\begin{bmatrix} 1 & 2 & 0 & 4 \\ 0 & 0 & 1 & 7 \end{bmatrix}$

(c) $\begin{bmatrix} 1 & 2 & 5 & 6 \\ 0 & 1 & 3 & -7 \end{bmatrix}$ **(d)** $\begin{bmatrix} 1 & 4 & 0 & 5 \\ 0 & 0 & 2 & 9 \end{bmatrix}$

(e) $\begin{bmatrix} 1 & 0 & 0 \\ 0 & 1 & 0 \\ 0 & 0 & 1 \end{bmatrix}$ **(f)** $\begin{bmatrix} 1 & 5 & 0 \\ 0 & 0 & 1 \\ 0 & 0 & 0 \end{bmatrix}$

(g) $\begin{bmatrix} 1 & 0 & 0 & 4 \\ 0 & 1 & 0 & 5 \\ 0 & 0 & 1 & 9 \end{bmatrix}$ **(h)** $\begin{bmatrix} 1 & 0 & 0 & 3 & 2 \\ 0 & 2 & 0 & 6 & 1 \\ 0 & 0 & 1 & 2 & 3 \end{bmatrix}$

(i) $\begin{bmatrix} 1 & 0 & 3 & 0 \\ 0 & 1 & 6 & 0 \\ 0 & 0 & 0 & 1 \end{bmatrix}$

[2] 사실은 가우스 소거가 가우스-요르단 소거 대신 이 교과과정에서 표준방법으로 사용될 수도 있다.

2. 다음 행렬이 기약 사다리형인가? 아니라면 이유를 써라.

(a) $\begin{bmatrix} 1 & 0 & 3 & -2 \\ 0 & 0 & 1 & 8 \\ 0 & 1 & 4 & 9 \end{bmatrix}$ **(b)** $\begin{bmatrix} 1 & 2 & 0 & 0 & 4 \\ 0 & 0 & 1 & 0 & 6 \\ 0 & 0 & 0 & 1 & 5 \end{bmatrix}$

(c) $\begin{bmatrix} 1 & 5 & 0 & 2 & 0 \\ 0 & 0 & 1 & 9 & 0 \\ 0 & 0 & 0 & 0 & 1 \\ 0 & 0 & 0 & 0 & 0 \end{bmatrix}$ **(d)** $\begin{bmatrix} 1 & 0 & 4 & 2 & 6 \\ 0 & 1 & 2 & 3 & 4 \\ 0 & 0 & 0 & 1 & 2 \\ 0 & 0 & 0 & 0 & 1 \end{bmatrix}$

(e) $\begin{bmatrix} 1 & 0 & 2 & 0 & 3 \\ 0 & 0 & 0 & 0 & 0 \\ 0 & 1 & 2 & 0 & 7 \\ 0 & 0 & 0 & 1 & 3 \end{bmatrix}$ **(f)** $\begin{bmatrix} 1 & 0 & 4 & 0 & 0 \\ 0 & 1 & 2 & 0 & 0 \\ 0 & 0 & 0 & 1 & 0 \\ 0 & 0 & 0 & 0 & 1 \end{bmatrix}$

(g) $\begin{bmatrix} 1 & 0 & 0 & 5 & 3 \\ 0 & 0 & 1 & 0 & 3 \\ 0 & 1 & 2 & 3 & 7 \end{bmatrix}$ **(h)** $\begin{bmatrix} 0 & 0 & 1 & 0 & 4 \\ 0 & 0 & 0 & 1 & 5 \\ 0 & 1 & 0 & 0 & 3 \end{bmatrix}$

(i) $\begin{bmatrix} 1 & 5 & -3 & 0 & 7 \\ 0 & 0 & 0 & 1 & 4 \\ 0 & 0 & 0 & 0 & 0 \end{bmatrix}$

3. 다음 행렬은 선형방정식계 첨가행렬의 기약 사다리형이다. (존재한다면) 각 방정식계의 해를 써라.

(a) $\begin{bmatrix} 1 & 0 & 0 & 2 \\ 0 & 1 & 0 & 4 \\ 0 & 0 & 1 & -3 \end{bmatrix}$ **(b)** $\begin{bmatrix} 1 & 0 & -3 & 4 \\ 0 & 1 & 2 & 8 \\ 0 & 0 & 0 & 0 \end{bmatrix}$

(c) $\begin{bmatrix} 1 & 3 & 0 & 6 \\ 0 & 0 & 1 & -2 \\ 0 & 0 & 0 & 0 \end{bmatrix}$ **(d)** $\begin{bmatrix} 1 & 0 & 5 & 0 \\ 0 & 1 & -7 & 0 \\ 0 & 0 & 0 & 1 \end{bmatrix}$

(e) $\begin{bmatrix} 1 & 0 & 0 & 5 & 3 \\ 0 & 1 & 0 & 6 & -2 \\ 0 & 0 & 1 & 2 & -4 \end{bmatrix}$

(f) $\begin{bmatrix} 1 & 3 & 0 & 0 & 2 \\ 0 & 0 & 1 & 0 & 4 \\ 0 & 0 & 0 & 1 & 5 \end{bmatrix}$

4. 다음 행렬은 선형방정식계 첨가행렬의 기약 사다리형이다. (존재한다면) 각 방정식계의 해를 써라.

(a) $\begin{bmatrix} 1 & 0 & 2 & 4 & 1 \\ 0 & 1 & -3 & 5 & -6 \\ 0 & 0 & 0 & 0 & 0 \end{bmatrix}$

(b) $\begin{bmatrix} 1 & -3 & 2 & 0 & 4 \\ 0 & 0 & 0 & 1 & -7 \\ 0 & 0 & 0 & 0 & 0 \end{bmatrix}$

(c) $\begin{bmatrix} 1 & -2 & 0 & 3 & 0 & 4 \\ 0 & 0 & 1 & 2 & 0 & 9 \\ 0 & 0 & 0 & 0 & 1 & 8 \end{bmatrix}$

(d) $\begin{bmatrix} 1 & 0 & 2 & 0 & 3 & 6 \\ 0 & 1 & 5 & 0 & 4 & 7 \\ 0 & 0 & 0 & 1 & 9 & -3 \end{bmatrix}$

선형방정식계 풀기

5. (가능하다면) 가우스-요르단 소거법을 이용하여 다음 3개 변수의 3개의 방정식계를 풀어라.

(a) $\begin{aligned} x_1 + 4x_2 + 3x_3 &= 1 \\ 2x_1 + 8x_2 + 11x_3 &= 7 \\ x_1 + 6x_2 + 7x_3 &= 3 \end{aligned}$

(b) $\begin{aligned} x_1 + 2x_2 + 4x_3 &= 15 \\ 2x_1 + 4x_2 + 9x_3 &= 33 \\ x_1 + 3x_2 + 5x_3 &= 20 \end{aligned}$

(c) $\begin{aligned} x_1 + x_2 + x_3 &= 7 \\ 2x_1 + 3x_2 + x_3 &= 18 \\ -x_1 + x_2 - 3x_3 &= 1 \end{aligned}$

(d) $\begin{aligned} x_1 + 4x_2 + x_3 &= 2 \\ x_1 + 2x_2 - x_3 &= 0 \\ 2x_1 + 6x_2 &= 3 \end{aligned}$

(e) $\begin{aligned} x_1 - x_2 + x_3 &= 3 \\ 2x_1 - x_2 + 4x_3 &= 7 \\ 3x_1 - 5x_2 - x_3 &= 7 \end{aligned}$

(f) $\begin{aligned} 3x_1 - 3x_2 + 9x_3 &= 24 \\ 2x_1 - 2x_2 + 7x_3 &= 17 \\ -x_1 + 2x_2 - 4x_3 &= -11 \end{aligned}$

6. (가능하다면) 가우스-요르단 소거법을 이용하여 다음 3개 변수의 3개의 방정식계를 풀어라.

(a) $\begin{aligned} 3x_1 + 6x_2 - 3x_3 &= 6 \\ -2x_1 - 4x_2 - 3x_3 &= -1 \\ 3x_1 + 6x_2 - 2x_3 &= 10 \end{aligned}$

(b) $\begin{aligned} x_1 + 2x_2 + x_3 &= 7 \\ x_1 + 2x_2 + 2x_3 &= 11 \\ 2x_1 + 4x_2 + 3x_3 &= 18 \end{aligned}$

(c) $\begin{aligned} x_1 + 2x_2 - x_3 &= 3 \\ 2x_1 + 4x_2 - 2x_3 &= 6 \\ 3x_1 + 6x_2 + 2x_3 &= -1 \end{aligned}$

(d) $$\begin{aligned} x_1 + 2x_2 + 3x_3 &= 8 \\ 3x_1 + 7x_2 + 9x_3 &= 26 \\ 2x_1 \qquad + 6x_3 &= 11 \end{aligned}$$

(e) $$\begin{aligned} x_2 + 2x_3 &= 5 \\ x_1 + 2x_2 + 5x_3 &= 13 \\ x_1 \qquad + 2x_3 &= 4 \end{aligned}$$

(f) $$\begin{aligned} x_1 + 2x_2 + 8x_3 &= 7 \\ 2x_1 + 4x_2 + 16x_3 &= 14 \\ x_2 + 3x_3 &= 4 \end{aligned}$$

7. (가능하다면) 가우스–요르단 소거법을 이용하여 다음 선형방정식계를 풀어라.

(a) $$\begin{aligned} x_1 + x_2 - 3x_3 &= 10 \\ -3x_1 - 2x_2 + 4x_3 &= -24 \end{aligned}$$

(b) $$\begin{aligned} 2x_1 - 6x_2 - 14x_3 &= 38 \\ -3x_1 + 7x_2 + 15x_3 &= -37 \end{aligned}$$

(c) $$\begin{aligned} x_1 + 2x_2 - x_3 - x_4 &= 0 \\ x_1 + 2x_2 \qquad + x_4 &= 4 \\ -x_1 - 2x_2 + 2x_3 + 4x_4 &= 5 \end{aligned}$$

(d) $$\begin{aligned} x_1 + 2x_2 \qquad + 4x_4 &= 0 \\ -2x_1 - 4x_2 + 3x_3 - 2x_4 &= 0 \end{aligned}$$
(동차계)

(e) $$\begin{aligned} x_2 - 3x_3 + x_4 &= 0 \\ x_1 + x_2 - x_3 + 4x_4 &= 0 \\ -2x_1 - 2x_2 + 2x_3 - 8x_4 &= 0 \end{aligned}$$
(동차계)

8. (가능하다면) 가우스–요르단 소거법을 이용하여 다음 선형방정식계를 풀어라.

(a) $$\begin{aligned} x_1 + x_2 + x_3 - x_4 &= -3 \\ 2x_1 + 3x_2 + x_3 - 5x_4 &= -9 \\ x_1 + 3x_2 - x_3 - 6x_4 &= -7 \\ -x_1 - x_2 - x_3 \qquad &= 1 \end{aligned}$$

(b) $$\begin{aligned} x_2 + 2x_3 &= 7 \\ x_1 - 2x_2 - 6x_3 &= -18 \\ -x_1 - x_2 - 2x_3 &= -5 \\ 2x_1 - 5x_2 - 15x_3 &= -46 \end{aligned}$$

(c) $$\begin{aligned} 2x_1 - 4x_2 + 16x_3 - 14x_4 &= 10 \\ -x_1 + 5x_2 - 17x_3 + 19x_4 &= -2 \\ x_1 - 3x_2 + 11x_3 - 11x_4 &= 4 \\ 3x_1 - 4x_2 + 18x_3 - 13x_4 &= 17 \end{aligned}$$

(d) $$\begin{aligned} x_1 - x_2 + 2x_3 \qquad &= 7 \\ 2x_1 - 2x_2 + 2x_3 - 4x_4 &= 12 \\ -x_1 + x_2 - x_3 + 2x_4 &= -4 \\ -3x_1 + x_2 - 8x_3 - 10x_4 &= -29 \end{aligned}$$

(e) $$\begin{aligned} x_1 + 6x_2 - x_3 - 4x_4 &= 0 \\ -2x_1 - 12x_2 + 5x_3 + 17x_4 &= 0 \\ 3x_1 + 18x_2 - x_3 - 6x_4 &= 0 \end{aligned}$$
(동차계)

(f) $$\begin{aligned} 4x_1 + 8x_2 - 12x_3 &= 28 \\ -x_1 - 2x_2 + 3x_3 &= -7 \\ 2x_1 + 4x_2 - 8x_3 &= 16 \\ -3x_1 - 6x_2 + 9x_3 &= -21 \end{aligned}$$

(g) $$\begin{aligned} x_1 + x_2 &= 2 \\ 2x_1 + 3x_2 &= 3 \\ x_1 + 3x_2 &= 0 \\ x_1 + 2x_2 &= 1 \end{aligned}$$

선형방정식계 이해하기

9. 다음에 해당하는 예를 구성하라.

(a) 방정식보다 많은 변수를 가진 해가 없는 선형방정식계

(b) 변수보다 많은 방정식을 가진 해가 유일한 선형방정식계

10. 두 변수의 두 방정식의 계의 첨가행렬의 기약 사다리형과 그것이 나타내는 해의 형태는 다음과 같이 분류될 수 있다. (*는 영이 아닌 원소를 나타낸다.)

$$\begin{bmatrix} 1 & 0 & \bullet \\ 0 & 1 & \bullet \end{bmatrix} \quad \begin{bmatrix} 1 & \bullet & 0 \\ 0 & 0 & 1 \end{bmatrix} \quad \begin{bmatrix} 1 & \bullet & \bullet \\ 0 & 0 & 0 \end{bmatrix}$$

유일한 해 　　해 없음 　　많은 해

이와 유사하게 다음 경우에 첨가행렬의 기약 사다리형과 그것이 나타내는 해의 형태를 분류하라.

(a) 두 변수의 세 방정식의 계

(b) 세 변수의 세 방정식의 계

11. 다음 선형방정식의 동차계를 고려하자.

$$\begin{aligned} ax + by &= 0 \\ cx + dy &= 0 \end{aligned}$$

(a) $x = x_0$, $y = y_0$가 해이면 임의의 상수 k에 대해 $x = kx_0$, $y = ky_0$도 해가 됨을 보여라.

(b) $x = x_0$, $y = y_0$와 $x = x_1$, $y = y_1$이 임의의 두 해이면 $x = x_0 + x_1$, $y = y_0 + y_1$도 해가 됨을 보여라.

12. $x = 0$, $y = 0$이 다음 선형방정식의 동차계의 해임을 보여라.

$$ax + by = 0$$
$$cx + dy = 0$$

이 해가 유일할 필요충분 조건이 $ad - bc \neq 0$임을 증명하라.

13. 첨가행렬이 각각 $[A : B_1]$, $[A : B_2]$인 두 개의 선형방정식계를 고려하자. 이때 두 계의 계수행렬은 모두 동일한 3×3 행렬 A이다.

(a) $[A : B_1]$는 유일한 해를 갖고, $[A : B_2]$는 많은 해를 갖는 것이 가능한가?

(b) $[A : B_1]$는 유일한 해를 갖고, $[A : B_2]$는 해를 갖지 않는 것이 가능한가?

(c) $[A : B_1]$는 많은 해를 갖고, $[A : B_2]$는 해를 갖지 않는 것이 가능한가?

14. 다음 선형방정식계들을, 두 계를 동일한 계수행렬로 나타내는 커다란 첨가행렬에 가우스–요르단 소거법을 적용하여 풀어라.

(a)
$$\begin{aligned} x_1 + x_2 + 5x_3 &= b_1 \\ x_1 + 2x_2 + 8x_3 &= b_2 \\ 2x_1 + 4x_2 + 16x_3 &= b_3 \end{aligned}$$

여기서 각각 $\begin{bmatrix} b_1 \\ b_2 \\ b_3 \end{bmatrix} = \begin{bmatrix} 2 \\ 5 \\ 10 \end{bmatrix}, \begin{bmatrix} 3 \\ 2 \\ 4 \end{bmatrix}$

(b)
$$\begin{aligned} x_1 + 2x_2 + 4x_3 &= b_1 \\ x_1 + x_2 + 2x_3 &= b_2 \\ 2x_1 + 3x_2 + 6x_3 &= b_3 \end{aligned}$$

여기서 각각 $\begin{bmatrix} b_1 \\ b_2 \\ b_3 \end{bmatrix} = \begin{bmatrix} 8 \\ 5 \\ 13 \end{bmatrix}, \begin{bmatrix} 5 \\ 3 \\ 11 \end{bmatrix}$

15. 무작위로 3×3 행렬을 써라. 그것의 기약 사다리형을 구하라. 기약 사다리형은 아마 단위행렬 I_3일 것이다. 이것을 설명해보라(**힌트** 기하적으로 생각해보라).

16. 무작위로 3×4 행렬을 썼다면. 그것의 기약 사다리형은 어떤 형태일 가능성이 높은가? 이유는?

17. 컴퓨터는 오직 유한자리수만 유지할 수 있다. 이는 수들을 절단될 때 생기는 반올림 오차라고 불리는 오차의 원인이 된다. 이 현상으로 인해 컴퓨터는 부정확한 결과를 줄 수도 있다. 이러한 반올림 오차를 최소화하는 알고리즘을 개발하기위해 많은 연구가 행해졌다.(여기에 관심이 있는 독자들은 8.3절을 읽어볼 것.) 선형방정식계의 첨가행렬의 기약 사다리형을 구하기 위해 컴퓨터가 사용될 때 다음 중 어느 것이 일어날 가능성이 높은가? 이유는?

(a) 사실은 계의 해가 없는데 해를 준다.

(b) 사실은 해가 존재하는데 해가 없다는 결과를 준다.

1.3 벡터공간 $\mathbf{R}^n$

앞 절에서 선형방정식계의 해는 2변수인 경우는 평면내의 점이고, 3변수인 경우는 3차원 공간상의 점, 4변수인 경우는 4차원 공간상의 점 등임을 알았다. 이와 같이 해들은 큰 공간 내의 부분집합을 형성한다. 이제 공간과 그 공간의 부분 집합에 대해 알아보고 이들의 수학적 구조를 살펴볼 것이다. 이 시점에서 선형방정식계의 해법을 알고 있지만 해집합의 성질에 대해서는 아는 것이 없는데, (덧셈과 스칼라 곱이라 불리는 곱셈을 이용하여) 정립되는 이 구조는 선형방정식계의 해에 관한 정보를 제공해 준다. 여기서 정립된 공간을 **벡터공간**(vector space)이라 하는데, 수학의 많은 분야에서 나타난다.

평면에서 점의 위치는 보통 좌표계로 표시된다. 예를 들어 그림 1.5는 평면 내에서의 각 점의 위치가 **직교좌표계**(rectangular coordinate system)를 사용하여 표현될 수 있음을 보여준다. 점 A는 점 (5,3)이다.

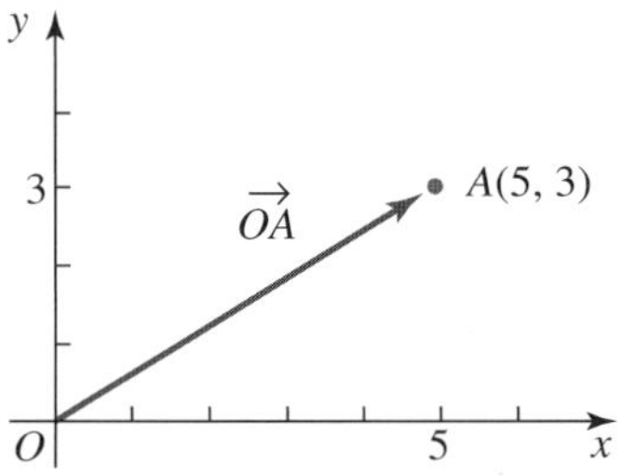

그림 1.5

한편 점 A는 **원점** (0, 0)으로부터 어떤 방향으로 어떤 거리를 가지고 있다. 거리와 방향은 원점 O에서 A까지의 선분의 길이와 방향으로 표시될 수 있다. 이러한 유향선분을 **위치벡터**(position vector)라고 부르고 $\overrightarrow{OA}$로 나타낸다. O는 $\overrightarrow{OA}$의 **시점**, A는 **종점**이라고 불린다. 즉 (5, 3)을 해석하는 두 가지 방법이 있다: 이것은 평면에서 점의 위치를 정해주고 또한 위치벡터 $\overrightarrow{OA}$를 정해준다.

예제 1

위치벡터 $\overrightarrow{OA} = (4, 1)$, $\overrightarrow{OA} = (-5, -2)$, $\overrightarrow{OA} = (-3, 4)$를 그려라. 그림 1.6을 참조하라.

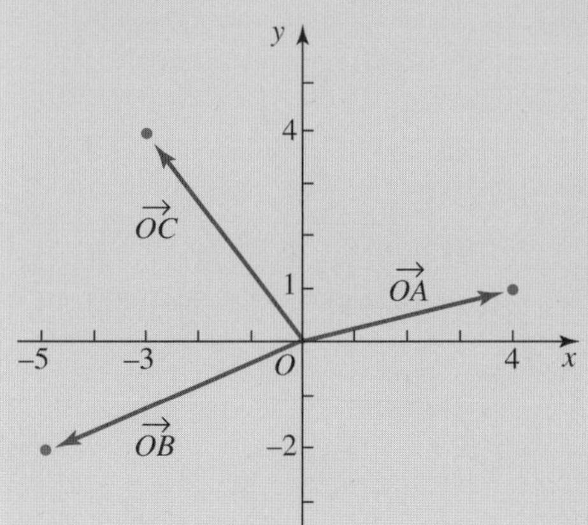

그림 1.6

모든 실수들의 순서쌍의 집합을 $\mathbf{R}^2$로 표기한다. (**R**은 실수를 의미하고 2는 원소의 개수를 의미한다. 영어발음은 "r-two"로 한다.) 여기서 "순서"의 중요성을 주목하라. 예를 들어 점 (5, 3)은 점 (3, 5)와 같지 않다. 순서가 중요하다.

이 개념은 $\mathbf{R}^3$라고 부르는 세 원소의 순서쌍들의 집합으로 확장될 수 있다. (2, 4, 3)과 같은 이 집합의 원소들은 두 가지로, 즉, 3-공간에서 xyz 좌표계에 대한 점의 위치로 또는 위치벡터로 해석될 수 있다. 이런 해석은 그림 1.7에 나타나 있다.

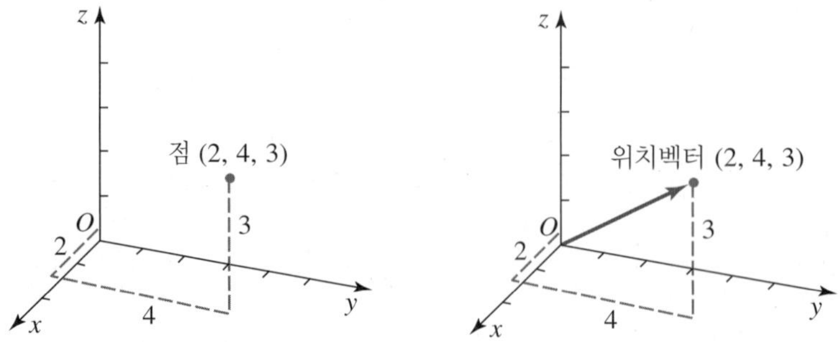

그림 1.7

이제 이 개념을 일반화하자. $(u_1, u_2, \ldots, u_n)$을 n개의 실수 열이라 하자. 이러한 모든 수열의 집합을 n-공간이라고 부르고 $\mathbf{R}^n$으로 표기한다. u_1은 $(u_1, u_2, \cdots, u_n)$의 **첫 번째 성분**, u_2는 **두 번째 성분** 등으로 말한다.

예를 들면, $\mathbf{R}^4$는 4개의 실수의 열들의 집합이고, $(1, 2, 3, 4)$와 $(-1, 3, 5.2, 0)$은 $\mathbf{R}^4$ 내에 있다. $\mathbf{R}^5$는 5개의 실수 열들의 집합이고, $(-1, 2, 0, 3, 9)$는 이 집합 내에 있다.

$n>3$인 경우에 $\mathbf{R}^n$에 대해 우리가 개발할 많은 결과와 기법들은 유용한 수학적 도구이지만 직접적인 기하적 의미는 가지고 있지 않다. 하지만 $\mathbf{R}^n$의 원소들은 n-공간의 점들로 또는 n-공간 내의 위치벡터로 해석될 수 있다. $n>3$인 경우에 n-공간을 시각화하기는 어렵지만 직관적인 그림을 형성해보기 바란다. 진행되는 상황에 대한 기하적인 "감"은 대수적인 논의를 따라가기 쉽게 해준다 $\mathbf{R}^n$에서 개발할 수학은 우리가 $\mathbf{R}^2$와 $\mathbf{R}^3$에서 익숙한 기하에 의해 동기가 부여된다.

앞의 표기법에 따라 R은 실수의 집합을 표시한다.

덧셈과 스칼라 곱셈

벡터의 상등으로부터 벡터의 대수적 이론의 개발을 시작한다.

$\mathbf{u} = (u_1, \ldots, u_n)$와 $\mathbf{v} = (v_1, \ldots, v_n)$가 $\mathbf{R}^n$의 두 원소라고 하자. $u_1 = v_1, \ldots, u_n = v_n$일 때 u와 v가 **같다**고 말한다. 즉 $\mathbf{R}^n$의 두 원소는 그것들의 **대응되는 성분**들이 같으면 같다. $\mathbf{R}^n$의 원소들을 다룰 때 수들을 관례적으로 **스칼라**라고 말한다. 이제 덧셈과 스칼라 곱셈을 정의하자. 이들은 행렬에서와 유사하다.

정의 정의 $\mathbf{u} = (u_1, \ldots, u_n)$와 $\mathbf{v} = (v_1, \ldots, v_n)$가 $\mathbf{R}^n$의 두 원소라고 하고 c를 스칼라고 하자. 덧셈과 스칼라 덧셈은 다음과 같이 수행된다.

덧셈: $\mathbf{u} + \mathbf{v} = (u_1 + v_1, \ldots, u_n + v_n)$

스칼라 곱셈: $c\mathbf{u} = (cu_1, \ldots, cu_n)$

$\mathbf{R}^n$의 두 원소들을 더할 때 대응되는 성분들을 더한다. $\mathbf{R}^n$의 한 원소에 스칼라를 곱할 때 각 성분에 그 스칼라를 곱한다. 결과로 얻어진 원소들은 다시 $\mathbf{R}^n$ 내에 있게 됨을 관찰하라. 즉 $\mathbf{R}^n$이 덧셈과 **스칼라 곱셈에 대해 닫혀있다**고 말할 수 있다.

성분별 덧셈과 스칼라 곱셈이 정의된 $\mathbf{R}^n$은 **벡터공간**의 한 예가 되는데 벡터공간의 원소들을 **벡터**라고 부른다. (이 책에서 벡터는 굵은 글자로 나타내고 스칼라는 보통 글자를 사용한다.)

이제부터 우리는 $\mathbf{R}^n$을 벡터공간으로 취급할 것이다.

예제 2

$\mathbf{u} = (-1, 4, 3, 7)$과 $\mathbf{v} = (-2, -3, 1, 0)$이 $\mathbf{R}^4$ 내의 벡터라고 하자. $\mathbf{u} + \mathbf{v}$와 $3\mathbf{u}$를 구하라.

풀이

다음과 같이 계산한다.

$$\mathbf{u} + \mathbf{v} = (-1, 4, 3, 7) + (-2, -3, 1, 0) = (-3, 1, 4, 7)$$
$$3\mathbf{u} = 3(-1, 4, 3, 7) = (-3, 12, 9, 21)$$

각 연산 결과 얻어진 벡터들은 원래 벡터공간 $\mathbf{R}^4$에 있음을 관찰하라.

이제 이 벡터들과 연산의 기하적인 해석을 보여주는 예를 들어보자.

예제 3

이 예제는 벡터 덧셈의 기하적 해석을 보여준다. 벡터 (4, 1)과 (2, 3)의 합을 고려하면

$$(4, 1) + (2, 3) = (6, 4)$$

다음과 같이 계산한다.

$$\mathbf{u} + \mathbf{v} = (-1, 4, 3, 7) + (-2, -3, 1, 0) = (-3, 1, 4, 7)$$
$$3\mathbf{u} = 3(-1, 4, 3, 7) = (-3, 12, 9, 21)$$

를 얻는다. 그림 1.8에서 이 벡터들은 위치벡터로 해석된다. 벡터 (4, 1)과 (2, 3)을 이웃하는 변으로 갖는 평행사변형을 만들면 합 벡터 (6,4)는 이 평행사변형의 대각선이 된다. 이런 벡터들은 물리학에서 힘을 나타내기 위해 쓰인다. 이 예에서 (4, 1)과 (2, 3)을 원점 O에 위치한 물체에 작용하는 힘이라고 볼 수 있다. 벡터들은 힘의 방향을 주고 그 길이 (피타고라스 정리로부터) $\sqrt{4^2 + 1^2} = 4.12$와 $\sqrt{2^2 + 3^2} = 3.61$은 힘의 크기가 된다. 벡터 합 (6, 4)는 두 힘과 동등한 하나의 힘인 합력이다. 합력의 크기는 $\sqrt{6^2 + 4^2} = 7.21$이다.

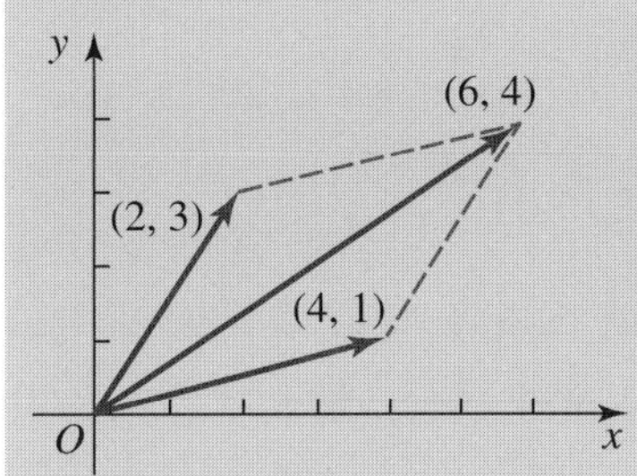

그림 1.8

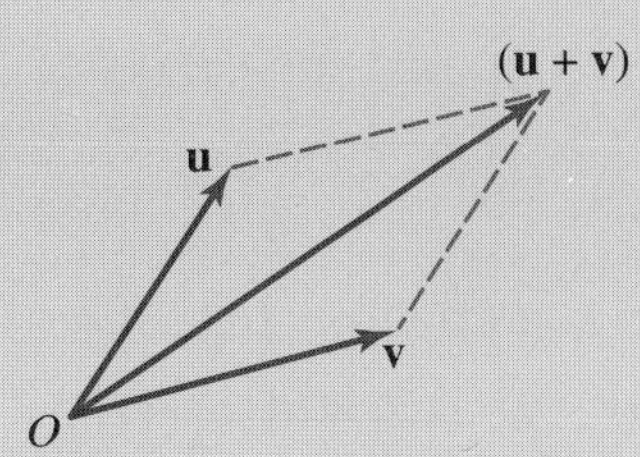

그림 1.9

일반적으로 **u**와 **v**가 동일한 벡터공간의 벡터일 때 **u** + **v**는 **u**와 **v**에 의해 만들어지는 평행사변형의 대각선이 된다. 그림 1.9를 보라. 이런 방식으로 벡터 덧셈을 시각화하는 것은 모든 벡터공간에서 유용하다.

예제 4

이 예제는 스칼라 곱셈의 기하적 해석을 보여준다. 벡터 (3, 2)에 2를 곱하는 스칼라 곱을 고려하면

$$2(3, 2) = (6, 4)$$

로 계산된다. 그림 1.10에서 (6,4)는 (3, 2)와 같은 방향이고 길이는 2배가 되는 벡터임을 관찰하라.

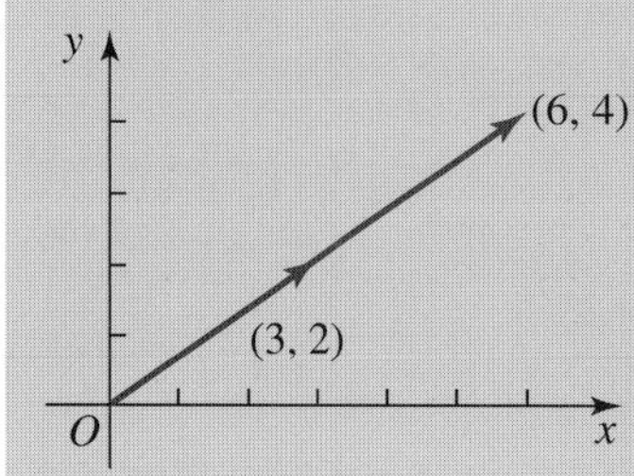

그림 1.10

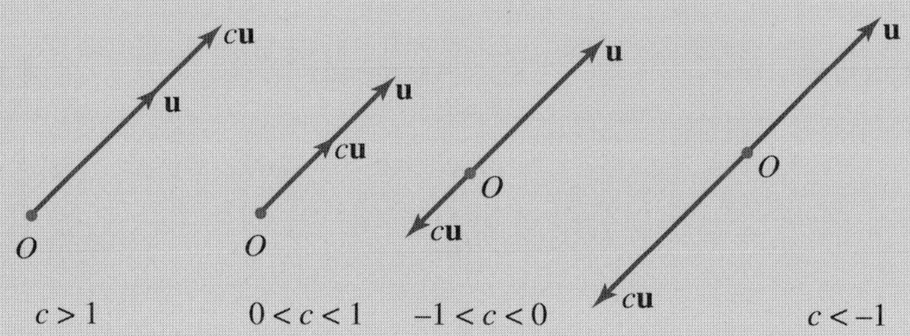

그림 1.11

일반적으로 **u**가 임의의 벡터공간의 벡터이고 c가 영이 아닌 스칼라일 때, c**u**의 방향은 $c>0$이면 **u**의 방향과 같고, $c<0$이면 **u**와 반대 방향이 된다. c**u**의 길이는 **u**의 길이에 $|c|$를 곱한 것과 같다.

특수 벡터들

n개의 성분이 모두 영인 벡터 (0, 0, ... , 0)는 $\mathbf{R}^n$의 **영벡터**라고 불리고 **0**이라고 표기된다. 예를 들어, (0, 0, 0)은 $\mathbf{R}^3$의 영벡터이다. 벡터공간의 논의에서 영벡터가 중심 역할을 하는 것을 발견할 것이다.

벡터 (-1)**u**는 $-$**u**로 쓰고 **u의 음**이라고 부른다. 이것은 **u**와 같은 크기이고 방향이 반대인 벡터이다. 예를 들어 $(-2, 3, -1)$은 $(2, -3, 1)$의 음이다.

뺄셈 $\mathbf{R}^n$에서 뺄셈은 대응되는 성분들을 빼서 수행된다. 예를 들면 $\mathbf{R}^3$에서 뺄셈은

$$(5, 3, -6) - (2, 1, 3) = (3, 2, -9)$$

과 같이 계산된다. 이것은 다음과 동등함을 관찰하라.

$$(5, 3, -6) + (-1)(2, 1, 3) = (3, 2, -9)$$

따라서 뺄셈은 $\mathbf{R}^n$에서 새로운 연산이 아니다. 이것은 첫 번째 벡터와 두 번째 벡터의 음의 합과 같다. 즉, **벡터공간 $\mathbf{R}^n$에서 독립적인 연산으로 오직 두개의 연산, 벡터 덧셈과 스칼라 곱셈만이 존재한다.**

이제 벡터 덧셈과 스칼라 곱셈의 성질들을 요약한다(벡터와 행렬의 많은 성질들이 같다).

정리 1.3

벡터 덧셈과 스칼라 곱셈의 성질들

$\mathbf{u}$, $\mathbf{v}$, $\mathbf{w}$가 $\mathbf{R}^n$의 벡터이고 c, d가 스칼라라고 하자.

(a) $\mathbf{u} + \mathbf{v} = \mathbf{v} + \mathbf{u}$ 교환법칙

(b) $\mathbf{u} + (\mathbf{v} + \mathbf{w}) = (\mathbf{u} + \mathbf{v}) + \mathbf{w}$ 결합법칙

(c) $\mathbf{u} + \mathbf{0} = \mathbf{0} + \mathbf{u} = \mathbf{u}$ 영벡터의 성질

(d) $\mathbf{u} + (-\mathbf{u}) = \mathbf{0}$ 음벡터의 성질

(e) $c(\mathbf{u} + \mathbf{v}) = c\mathbf{u} + c\mathbf{v}$

(f) $(c + d)\mathbf{u} = c\mathbf{u} + d\mathbf{u}$

(g) $c(d\mathbf{u}) = (cd)\mathbf{u}$

(e)–(g) 분배법칙

(h) $1\mathbf{u} = \mathbf{u}$ 스칼라 1의 곱

증명 이 성질들은 벡터들을 성분으로 나타내고, 벡터 덧셈과 스칼라 곱셈의 정의와 실수의 성질을 사용으로써 증명된다. 예를 들어 (a)와 (e)의 증명은 다음과 같다.

$\mathbf{u} + \mathbf{v} = \mathbf{v} + \mathbf{u}$:

$\mathbf{u} = (u_1, \ldots, u_n)$, $\mathbf{v} = (v_1, \ldots, v_n)$라 하자. 그러면:

$$\begin{aligned}\mathbf{u} + \mathbf{v} &= (u_1, \ldots, u_n) + (v_1, \ldots, v_n)\\ &= (u_1 + v_1, \ldots, u_n + v_n)\\ &= (v_1 + u_1, \ldots, v_n + u_n)\\ &= (v_1, \ldots, v_n) + (u_1, \ldots, u_n)\\ &= \mathbf{v} + \mathbf{u}\end{aligned}$$

$c(\mathbf{u} + \mathbf{v}) = c\mathbf{u} + c\mathbf{v}$:

$$\begin{aligned}c(\mathbf{u} + \mathbf{v}) &= c((u_1, \ldots, u_n) + (v_1, \ldots, v_n))\\ &= c(u_1 + v_1, \ldots, u_n + v_n)\\ &= (c(u_1 + v_1), \ldots, c(u_n + v_n))\\ &= (cu_1 + cv_1, \ldots, cu_n + cv_n)\\ &= (cu_1, \ldots, cu_n) + (cv_1, \ldots, cv_n)\\ &= c(u_1, \ldots, u_n) + c(v_1, \ldots, v_n)\\ &= c\mathbf{u} + c\mathbf{v}\end{aligned}$$

■

위의 성질들 일부는 기하적으로 그려볼 수 있다. 벡터 덧셈의 교환법칙이 그림 1.12에 예시되어 있다. $\mathbf{u} + \mathbf{v}$의 순서로 더하든 $\mathbf{v} + \mathbf{u}$ 순서로 더하든 평행사변형의 똑같은 대각선이 얻어짐을 관찰하라.

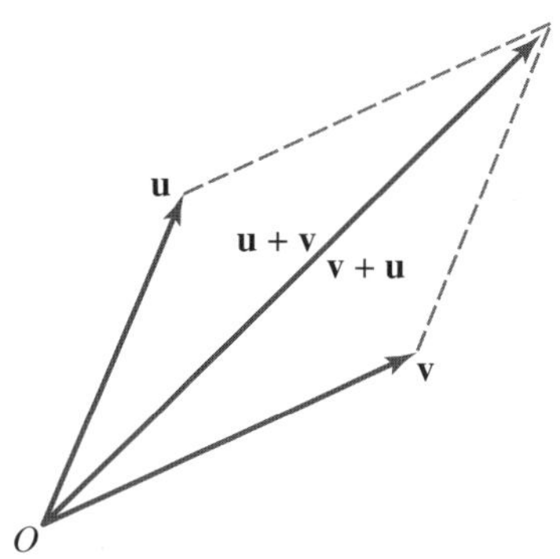

벡터 덧셈의 교환성
$\mathbf{u} + \mathbf{v} = \mathbf{v} + \mathbf{u}$

그림 1.12

벡터들의 선형결합

앞의 성질들에 함축된 의미 중 하나는 $a\mathbf{u} + b\mathbf{v} + c\mathbf{w}$와 같은 대수적 표현을 괄호 없이 쓸 수 있다는 것이다. $a\mathbf{u} + b\mathbf{v} + c\mathbf{w}$를 벡터 **u**, **v**, **w**의 **선형결합**(또는 일차결합, linear combination)이라 부른다.

예제 5

$\mathbf{u} = (2, 5, -3)$, $\mathbf{v} = (-4, 1, 9)$, $\mathbf{w} = (4, 0, 2)$라 할 때 선형결합 $2\mathbf{u} - 3\mathbf{v} + \mathbf{w}$를 구하라.

풀이

다음과 같이 계산된다.

$$\begin{aligned} 2\mathbf{u} - 3\mathbf{v} + \mathbf{w} &= 2(2, 5, -3) - 3(-4, 1, 9) + (4, 0, 2) \\ &= (4, 10, -6) - (-12, 3, 27) + (4, 0, 2) \\ &= (4 + 12 + 4, 10 - 3 + 0, -6 - 27 + 2) \\ &= (20, 7, -31) \end{aligned}$$

즉, 벡터 $(20, 7, -31)$이 세 벡터 $(2, 5, -3)$, $(-4, 1, 9)$, $(4, 0, 2)$의 다음과 같은 선형결합이라고 말한다.

$$(20, 7, -31) = 2(2, 5, -3) - 3(-4, 1, 9) + (4, 0, 2)$$

■

Let $\mathbf{v}_1, \mathbf{v}_2, \ldots, \mathbf{v}_m$을 $\mathbf{R}^n$상의 벡터라고 하자.

$$\mathbf{v} = c_1\mathbf{v}_1 + \cdots + c_m\mathbf{v}_m$$

로 표현되는 스칼라 $c_1, \ldots, c_m$이 존재하면 **$\mathbf{R}^n$ 상의** 벡터 **v**는 $\mathbf{v}_1, \mathbf{v}_2, \ldots, \mathbf{v}_m$의 **선형결합**이다.

주어진 벡터가 다른 벡터들의 선형결합인지 아닌지를 결정하는 것은 일반적으로 선형방정식계로 귀결된다.

예제 6

벡터 $(8, 0, 5)$는 세 벡터 $(1, 2, 3)$, $(0, 1, 4)$, $(2, -1, 1)$의 선형결합임을 보여라.

풀이

c_2, c_2, c_3에 대한 다음의 방정식을 세운다.

$$c_1(1, 2, 3) + c_2(0, 1, 4) + c_3(2, -1, 1) = (8, 0, 5)$$

스칼라를 곱한 후 벡터를 더하면

$$(c_1 + 2c_3, 2c_1 + c_2 - c_3, 3c_1 + 4c_2 + c_3) = (8, 0, 5)$$

이 되고, 대응 성분끼리 같게 놓으면 다음의 선형방정식계를 얻는다.

$$\begin{aligned} c_1 \quad\quad + 2c_3 &= 8 \\ 2c_1 + \ \ c_2 - \ \ c_3 &= 0 \\ 3c_1 + 4c_2 + \ \ c_3 &= 5 \end{aligned}$$

이 연립방정식을 풀면 다음의 유일한 해를 얻는다.

$$c_1 = 2, c_2 = -1, c_3 = 3$$

따라서 벡터 (8, 0, 5)는 다음과 같이 유일한 선형결합으로 나타낼 수 있다.

$$(8, 0, 5) = 2(1, 2, 3) - 1(0, 1, 4) + 3(2, -1, 1)$$

만약 위의 선형방정식계가 많은 해(여러 c_2, c_2, c_3)를 가지면 (8, 0, 5)는 여러 방법으로 주어진 세 벡터들의 선형결합으로 나타낼 수 있고, 해가 존재하지 않으면 세 벡터의 선형결합으로 나타낼 수 없다. 다음 절에서 이러한 개념의 기하적인 의미를 알게 될 것이다. ■

열벡터

지금까지 벡터의 성분들이 행 형태로 쓰인 **행벡터**들만 정의하였다. 그러나 경우에 따라 **열벡터**를 사용하는 것이 더 적합하다는 것을 발견할 것이다. 열벡터에 대해 행렬 표기법이 흔히 사용된다. 이는 벡터와 행렬의 많은 성질들이 동일하기 때문인데, 열벡터를 행렬로 해석하는 것이 유용할 때가 많음을 알게 될 것이다. $\mathbf{R}^n$의 열벡터의 덧셈과 스칼라 곱셈도 다음과 같이 성분별 방식으로 정의한다.

$$\begin{bmatrix} u_1 \\ \vdots \\ u_n \end{bmatrix} + \begin{bmatrix} v_1 \\ \vdots \\ v_n \end{bmatrix} = \begin{bmatrix} u_1 + v_1 \\ \vdots \\ u_n + v_n \end{bmatrix} \quad \text{또한} \quad c\begin{bmatrix} u_1 \\ \vdots \\ u_n \end{bmatrix} = \begin{bmatrix} cu_1 \\ \vdots \\ cu_n \end{bmatrix}$$

예를 들어 $\mathbf{R}^2$에서

$$\begin{bmatrix} 1 \\ 2 \end{bmatrix} + \begin{bmatrix} 4 \\ 7 \end{bmatrix} = \begin{bmatrix} 5 \\ 9 \end{bmatrix} \quad \text{또한} \quad 4\begin{bmatrix} 2 \\ 1 \end{bmatrix} = \begin{bmatrix} 8 \\ 4 \end{bmatrix}$$

연습문제 1.3

위치벡터

1. $\mathbf{R}^2$의 위치벡터 (1, 0)과 (0, 1)을 그려라. 과학에서 이 벡터들을 나타내기 위해 흔히 기호 **i**와 **j**가 사용된다.

2. $\mathbf{R}^3$의 위치벡터 (1, 0, 0), (0, 1, 0), (0, 0, 1)를 그려라. 과학에서 이 벡터들을 나타내기 위해 흔히 기호 **i**, **j**, **k**가 사용된다.

3. 다음 $\mathbf{R}^2$의 위치벡터들을 그려라.

(a) $\overrightarrow{OA} = (5, 6), \overrightarrow{OB} = (-3, 2), \overrightarrow{OC} = (1, -3)$

(b) $\overrightarrow{OP} = (2, 4), \overrightarrow{OQ} = (-4, 5), \overrightarrow{OR} = (3, -3)$

(c) $\mathbf{u} = (1, 1), \mathbf{v} = (-1, -4), \mathbf{w} = (5, 3)$

4. 다음 $\mathbf{R}^3$의 위치벡터들을 그려라.

(a) $\overrightarrow{OA} = (2, 3, 1), \overrightarrow{OB} = (0, 5, -1), \overrightarrow{OC} = (-1, 3, 4)$

(b) $\mathbf{u} = (1, 1, 1), \mathbf{v} = (-1, -2, -4), \mathbf{w} = (0, 0, -3)$

덧셈과 스칼라 곱셈

5. 다음 각 벡터에 주어진 스칼라를 곱하라.

(a) (1, 4) by 3 **(b)** (−1, 3) by −2
(c) (2, 6) by $\frac{1}{2}$ **(d)** (2, 4, 2) by $-\frac{1}{2}$
(e) (−1, 2, 3) by 3 **(f)** (−1, 2, 3, −2) by 4
(g) (1, −4, 3, −2, 5) by −5
(h) (3, 0, 4, 2, −1) by 3

6. $\mathbf{u} = (1, 2)$, $\mathbf{v} = (4, -1)$, $\mathbf{w} = (-3, 5)$일 때 다음 선형결합을 계산하라.

(a) $\mathbf{u} + \mathbf{w}$ **(b)** $\mathbf{u} + 3\mathbf{v}$
(c) $\mathbf{v} + \mathbf{w}$ **(d)** $2\mathbf{u} + 3\mathbf{v} - \mathbf{w}$
(e) $-3\mathbf{u} + 4\mathbf{v} - 2\mathbf{w}$

7. $\mathbf{u} = (2, 1, 3)$, $\mathbf{v} = (-1, 3, 2)$, $\mathbf{w} = (2, 4, -2)$일 때 다음 선형결합을 계산하라.

(a) $\mathbf{u} + \mathbf{w}$ **(b)** $2\mathbf{u} + \mathbf{v}$
(c) $\mathbf{u} + 3\mathbf{w}$ **(d)** $5\mathbf{u} - 2\mathbf{v} + 6\mathbf{w}$
(e) $2\mathbf{u} - 3\mathbf{v} - 4\mathbf{w}$

8. $\mathbf{u}$, $\mathbf{v}$, $\mathbf{w}$가 아래 주어진 $\mathbf{R}^2$의 열벡터들일 때 다음 선형결합을 계산하라.

(a) $\mathbf{u} + \mathbf{v}$ **(b)** $2\mathbf{v} - 3\mathbf{w}$
(c) $2\mathbf{u} + 4\mathbf{v} - \mathbf{w}$ **(d)** $-3\mathbf{u} - 2\mathbf{v} + 4\mathbf{w}$

$$\mathbf{u} = \begin{bmatrix} 2 \\ 3 \end{bmatrix}, \quad \mathbf{v} = \begin{bmatrix} -1 \\ -4 \end{bmatrix}, \quad \mathbf{w} = \begin{bmatrix} 4 \\ -6 \end{bmatrix}$$

9. $\mathbf{u}$, $\mathbf{v}$, $\mathbf{w}$가 아래 주어진 $\mathbf{R}^3$의 열벡터들일 때 다음 선형결합을 계산하라.

(a) $\mathbf{u} + 2\mathbf{v}$ **(b)** $-4\mathbf{v} + 3\mathbf{w}$
(c) $3\mathbf{u} - 2\mathbf{v} + 4\mathbf{w}$ **(d)** $2\mathbf{u} + 3\mathbf{v} - 8\mathbf{w}$

$$\mathbf{u} = \begin{bmatrix} 1 \\ 2 \\ -1 \end{bmatrix}, \quad \mathbf{v} = \begin{bmatrix} 3 \\ 0 \\ 1 \end{bmatrix}, \quad \mathbf{w} = \begin{bmatrix} -1 \\ 0 \\ 5 \end{bmatrix}$$

10. 첫 번째 벡터가 나머지 벡터들의 선형결합인지 보여라.

(a) (1, 7); (1, 2), (−1, 3)
(b) (1, 2); (1, 1), (3, 2)
(c) (3, 5); (1, −3), (−2, 6)
(d) (6, 2); (2, 4), (−4, −8)

11. 첫 번째 벡터가 나머지 벡터들의 선형결합인지 보여라.

(a) (7, 9, 15); (1, 1, 2), (1, 2, 1), (2, 3, 4)
(b) (6, 13, 9); (1, 1, 1), (1, 2, 4), (0, 1, −3)
(c) (1, 2, −1); (1, 2, 0), (−1, −1, 2), (1, 3, 2)
(d) (−1, −1, 2); (1, 2, 3), (2, 5, 7), (0, 0, 1)
(e) (5, 8, 1); (1, 1, 1), (1, 2, −1), (5, 7, 1)
(f) (5, −1, 7); (1, 1, 2), (2, 2, 4), (1, −1, 1)

12. 이 절에서 소개된 다음의 벡터 덧셈과 스칼라 곱셈의 성질들을 증명하라.

(a) $\mathbf{u} + (\mathbf{v} + \mathbf{w}) = (\mathbf{u} + \mathbf{v}) + \mathbf{w}$
(b) $\mathbf{u} + (-\mathbf{u}) = \mathbf{0}$
(c) $(c + d)\mathbf{u} = c\mathbf{u} + d\mathbf{u}$
(d) $1\mathbf{u} = \mathbf{u}$

1.4 $\mathbf{R}^n$의 부분공간

이 절에서는 $\mathbf{R}^n$의 모든 대수적 성질들을 갖는 $\mathbf{R}^n$의 부분집합들에 대해 살펴보기로 한다. 이 부분집합들은 그 자체로 벡터공간인데, 이러한 집합들을 **부분공간**(subspace)이라 한다. 어떤 부분집합이 부분공간인지를 확인하기 위해 두 가지 성질을 살펴보아야 한다. 부분집합 내의 임의의 두 벡터의 합이 그 집합에 속해야 하고, 임의의 벡터의 스칼라 곱 또한 그 집합에 속해야 한다. 다시 말해, 그 부분집합은 **덧셈과 스칼라 곱에 대해 닫혀있어야 한다**. 교환법칙 $\mathbf{u} + \mathbf{v} = \mathbf{v} + \mathbf{u}$, 결합법칙 $\mathbf{u} + (\mathbf{v} + \mathbf{w}) = (\mathbf{u} + \mathbf{v}) + \mathbf{w}$과 같은 다른 모든 벡터공간의 성질들은 더 큰 공간 $\mathbf{R}^n$으로부터 "상속"된다.

> 벡터공간 $\mathbf{R}^n$의 모든 대수적 성질을 가지고 있는 공집합이 아닌 부분집합을 **부분공간**이라고 부른다. $\mathbf{R}^n$의 부분집합이 덧셈과 스칼라 곱에 대해 닫혀있으면 부분공간이다.

벡터공간 $\mathbf{R}^3$와 원점을 지나는 평면 W를 생각하자(그림 1.13). 평면은 $\mathbf{R}^3$의 부분집합이다. 다음과 같이 논증하여 W가 $\mathbf{R}^3$의 부분공간임을 알 수 있다. 우선 $\mathbf{u}$, $\mathbf{v}$, $\mathbf{w}$를 W의 임의의 벡터라하고 k를 임의의 스칼라라 하자. 두 벡터의 합 $\mathbf{u} + \mathbf{v}$는 평면 W에 있고 스칼라 곱 $k\mathbf{w}$ 또한 W에 놓여 있다. 즉, W는 덧셈과 스칼라 곱에 대해 닫혀있으므로 $\mathbf{R}^3$의 부분공간이다. 일반적으로 $\mathbf{R}^n$의 원점을 지나는 평면을 구성하는 벡터들은 $\mathbf{R}^n$의 부분공간을 형성한다.

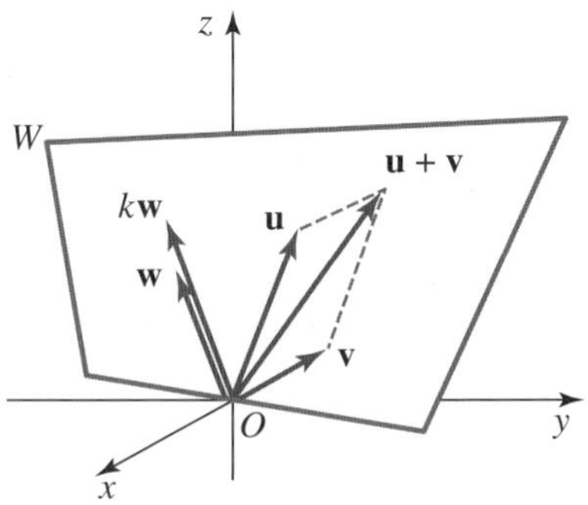

그림 1.13 원점을 지나는 평면을 구성하는 벡터들의 집합은 부분공간이다. W는 덧셈과 스칼라 곱에 닫혀있으므로 W는 R^3의 부분공간이다.

$\mathbf{R}^3$에서 구체적인 예를 살펴보자.

예제 1

벡터공간의 부분집합은 종종 임의의 벡터로 정의된다. 처음 두 성분의 합이 세 번째 성분이 되는 $(a, b, a+b)$ 형태의 벡터들로 이루어진 $\mathbf{R}^3$의 부분집합 W을 생각하자. 예를 들어 벡터 (2, 5, 7)은 W에 포함되지만 벡터 (2, 5, 9)은 아니다. 이제 W가 $\mathbf{R}^3$의 부분공간임을 보일 것이다. $\mathbf{u} = (a, b, a+b)$, $\mathbf{v} = (c, d, c+d)$가 W의 벡터이고 k를 스칼라라 하면

$$\begin{aligned}\mathbf{u} + \mathbf{v} &= (a, b, a+b) + (c, d, c+d)\\ &= (a+c, b+d, a+b+c+d)\\ &= (a+c, b+d, (a+c)+(b+d))\end{aligned}$$

로부터 처음 두 성분의 합이 세 번째 성분이 되므로 $\mathbf{u} + \mathbf{v}$는 W에 포함된다. 따라서 W는 덧셈에 대하여 닫혀있다. 또한

$$\begin{aligned}k\mathbf{u} &= k(a, b, a+b)\\ &= (ka, kb, k(a+b))\\ &= (ka, kb, ka+kb)\end{aligned}$$

이므로 $k\mathbf{u}$는 W에 포함되고 따라서 W는 또한 스칼라 곱에 대하여 닫혀있다. 그러므로 W는 $\mathbf{R}^3$ 부분공간이고, W는 벡터공간의 모든 대수적 성질을 갖는다.

부분공간 W의 기하적 해석에 대해 알아보자. 임의의 벡터 $\mathbf{u} = (a, b, a+b)$에 대해 변수 a, b를 분리하면 다음과 같다.

$$\begin{aligned}\mathbf{u} &= (a, b, a + b)\\ &= (a, 0, a) + (0, b, b)\\ &= a(1, 0, 1) + b(0, 1, 1)\end{aligned}$$

W는 (1, 0, 1)과 (0, 1, 1)의 선형결합인 $\mathbf{R}^3$의 모든 벡터들로 이루어져 있다. 사실 W는 (1, 0, 1)과 (0, 1, 1)에 의해 결정되는 원점을 지나는 평면이다(그림 1.14).

이것처럼, 벡터공간의 모든 벡터들이 어떤 벡터들의 집합의 선형결합으로 표현될 때 벡터들이 공간을 **생성**(span)한다고 한다. 따라서 (1, 0, 1)과 (0, 1, 1)는 W를 생성한다.

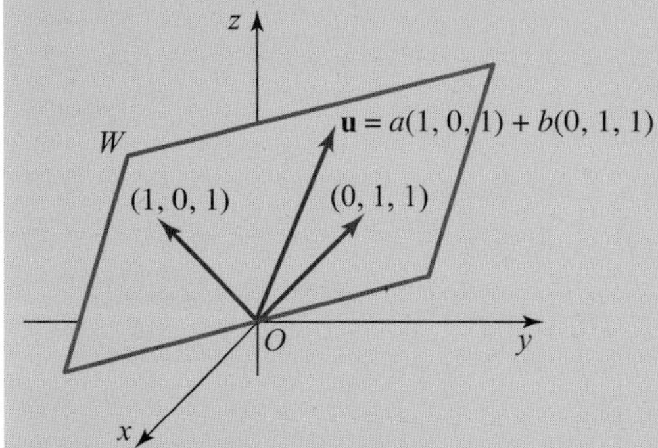

그림 1.14 W는 벡터 (1, 0, 1)과 (0, 1, 1)으로 정의된 평면이다.

이제 $\mathbf{R}^3$의 다른 종류의 부분공간들을 살펴보자. $\mathbf{u}$, $\mathbf{v}$를 $\mathbf{R}^3$에 포함된 원점을 지나는 직선 V 위에 놓여 있는 벡터라 하자. 합 $\mathbf{u} + \mathbf{v}$는 직선 위에 놓여 있고, 스칼라 배 $k\mathbf{u}$ 역시 직선 위에 놓여 있다(그림 1.15). V는 덧셈과 스칼라 곱에 대하여 닫혀있으므로 V는 $\mathbf{R}^3$의 부분공간이다. 일반적으로 $\mathbf{R}^n$에 있는 원점을 지나는 직선을 구성하는 벡터들은 $\mathbf{R}^n$의 부분공간을 형성한다.

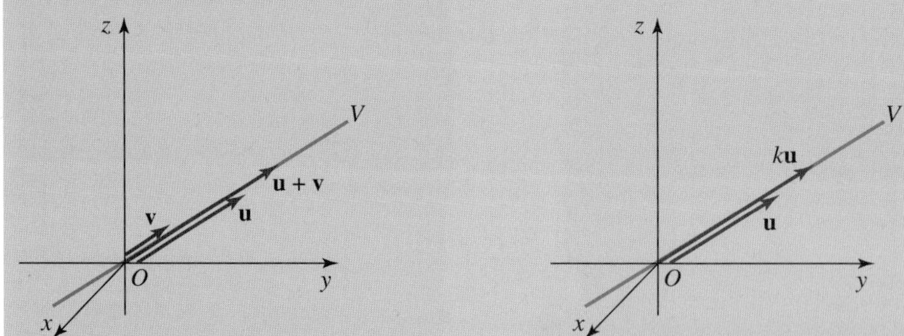

V는 덧셈에 대하여 닫혀있다. V는 스칼라 곱에 대하여 닫혀있다.

그림 1.15 원점을 지나는 직선을 구성하는 벡터들의 집합은 부분공간이다. V는 부분공간이다.

다음은 부분공간인 직선을 보여주는 예제이다.

예제 2

V를 $(a, 2a, 3a)$ 형태의 벡터들로 이루어진 $\mathbf{R}^3$의 부분집합이라 하자. 여기서 두 번째 성분은 첫 번째 성분의 두 배이고 세 번째 성분은 첫 번째 성분의 세 배이다. V가 $\mathbf{R}^3$의 부분

공간임을 보이자. 우선 $(a, 2a, 3a)$와 $(b, 2b, 3b)$를 V의 두 벡터라 하고 k를 스칼라라 하자. 그러면

$$\begin{aligned}(a, 2a, 3a) + (b, 2b, 3b) &= (a + b, 2a + 2b, 3a + 3b)\\ &= (a + b, 2(a + b), 3(a + b))\end{aligned}$$

에서 두 번째 성분은 첫 번째 성분의 두 배, 세 번째 성분은 첫 번째 성분의 세 배이므로 이 벡터는 V에 포함된다. 따라서 V는 덧셈에 대하여 닫혀있다. 또한

$$k(a, 2a, 3a) = (ka, 2ka, 3ka)$$

이므로 이 벡터는 V에 포함된다. 따라서 V는 스칼라 곱에 대하여 닫혀있다. 그러므로 V는 $\mathbf{R}^3$의 부분공간이다. 이제 기하적 해석을 살펴보자. 임의의 벡터 $\mathbf{u} = (a, 2a, 3a)$에서

$$\begin{aligned}\mathbf{u} &= (a, 2a, 3a)\\ &= a(1, 2, 3)\end{aligned}$$

이므로 V상의 벡터들은 단 하나의 벡터 (1, 2, 3)의 스칼라 배이다. 즉, 벡터 $\mathbf{u} = (a, 2a, 3a)$은 벡터 (1, 2, 3)에 의해 정의된 원점을 지나는 직선을 나타내므로 벡터 (1, 2, 3)은 V를 생성한다(그림 1.16).

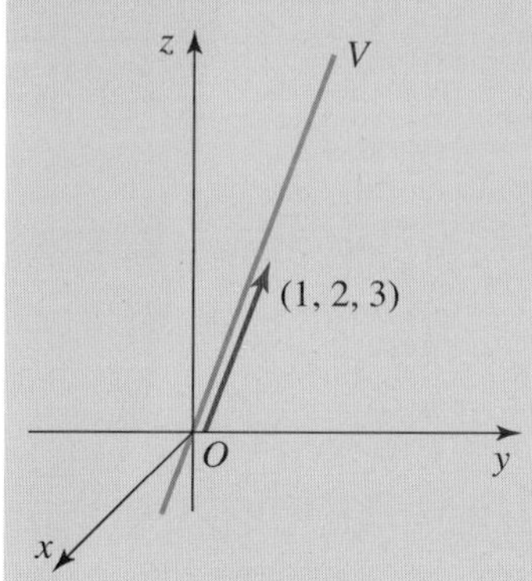

그림 1.16

다음 예제는 벡터공간의 모든 부분집합이 부분공간이 되는 것은 아님을 보여준다.

예제 3

W를 (a, a^2, b)인 형태의 벡터들로 이루어진 집합이라 하자. W는 $\mathbf{R}^3$의 부분공간이 아님을 보여라.

풀이

W는 두 번째 성분이 첫 번째 성분의 제곱인 $\mathbf{R}^3$의 원소들로 구성되어 있다. 예를 들어, 벡터 (2, 5, 3)은 W에 포함되지 않은 반면 벡터 (2, 4, 3)은 W에 포함된다.

먼저 덧셈에 대하여 닫혀있는지 살펴보자. (a, a^2, b), (c, c^2, d)을 W의 원소라 하자. 그러면

$$\begin{aligned}(a, a^2, b) + (c, c^2, d) &= (a + c, a^2 + c^2, b + d)\\ &\neq (a + c, (a + c)^2, b + d)\end{aligned}$$

이므로 $(a, a^2, b) + (c, c^2, d)$는 W의 원소가 아니다. 따라서 집합 W는 덧셈에 대해 닫혀있지 않다. 그러므로 W는 부분공간이 아니다.

이것으로 W가 부분공간이 아님은 증명되지만 연습을 위해 스칼라 곱에 대하여 닫혀있는지도 살펴보자. k가 임의의 스칼라라고 할 때

$$\begin{aligned}k(a, a^2, b) &= (ka, ka^2, kb)\\ &\neq (ka, (ka)^2, kb)\end{aligned}$$

이므로 $k(a, a^2, b)$는 W의 원소가 아니다. 즉, W는 스칼라 곱에도 닫혀있지 않다. ■

다음 예제는 동차 선형방정식계의 해집합이 부분공간을 형성함을 보여준다.

예제 4

다음 같은 동차 선형방정식계계를 생각하자.

$$\begin{aligned}x_1 - x_2 + 3x_3 &= 0\\ x_2 - 5x_3 &= 0\\ 2x_1 - x_2 + x_3 &= 0\end{aligned}$$

이를 풀면 $x_1 = 2r, x_2 = 5r, x_3 = r$인 많은 해들이 존재함을 알 수 있다. 이 해들은 다음과 같이 $\mathbf{R}^3$의 벡터들로 나타낼 수 있다.

$$(2r, 5r, r)$$

따라서 해집합 W는 첫 번째 성분이 세 번째 성분의 두 배, 두 번째 성분이 세 번째 성분의 다섯 배인 벡터들로 이루어져 있다. 예를 들어, 벡터 $(4, 10, 2)$는 W에 포함되지 않지만 벡터 $(4, 9, 2)$는 W에 포함된다. W가 덧셈과 스칼라 곱에 대하여 닫혀있는지 살펴보자. $\mathbf{u} = (2r, 5r, r)$, $\mathbf{v} = (2s, 5s, s)$를 W의 임의의 벡터라 하자. 그러면

$$\begin{aligned}\mathbf{u} + \mathbf{v} &= (2r + 2s, 5r + 5s, r + s)\\ &= (2(r + s), 5(r + s), r + s)\end{aligned}$$

이고

$$\begin{aligned}k\mathbf{u} &= k(2r, 5r, r)\\ &= (2kr, 5kr, kr)\end{aligned}$$

이므로 $\mathbf{u} + \mathbf{v}$와 $k\mathbf{u}$의 첫 번째 성분은 세 번째의 두 배, 두 번째 성분은 세 번째의 다섯 배이다. 따라서 W는 덧셈과 스칼라 곱에 대하여 닫혀있고 따라서 W는 $\mathbf{R}^3$의 부분공간이다. 벡터 $(2r, 5r, r)$을 $r(2, 5, 1)$의 형태로 쓰면 해집합은 벡터 $(2, 5, 1)$로 정의된 직선임을 알 수 있다(그림 1.17). 그러므로 벡터 $(2, 5, 1)$은 해집합을 생성한다.

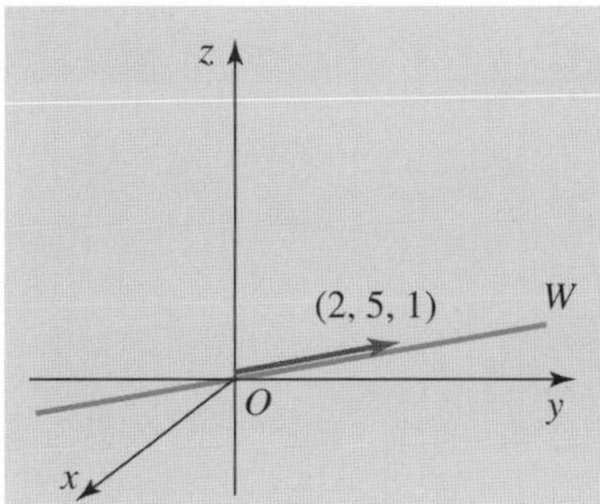

그림 1.17

다음은 $\mathbf{R}^4$에서 평면을 형성하는 동차 선형방정식계의 해집합이 부분공간이 됨을 보여주는 예제이다. $\mathbf{R}^4$ 내의 평면을 그릴 수는 없지만 상상해보도록 하자.

예제 5

다음과 동차 선형방정식계을 생각하자.

$$\begin{aligned} x_1 - x_2 + \ \ x_3 + 2x_4 &= 0 \\ x_1 \qquad - 3x_3 + 2x_4 &= 0 \\ 2x_1 - x_2 - 2x_3 + 4x_4 &= 0 \end{aligned}$$

이를 풀면 $x_1 = 3r - 2s, x_2 = 4r, x_3 = r, x_4 = s$인 많은 해들이 존재함을 알 수 있다. 이 해들을 $\mathbf{R}^4$의 벡터로 나타내면 다음과 같다.

$$(3r - 2s, 4r, r, s)$$

이 벡터들의 집합 W는 덧셈과 스칼라 곱에 대해 닫혀있음을 보일 수 있고, 따라서 $\mathbf{R}^4$의 부분공간임을 알 수 있다. 일반해에서 변수를 분리해 쓰면

$$(3r - 2s, 4r, r, s) = r(3, 4, 1, 0) + s(-2, 0, 0, 1)$$

이고, 이것은 W에 있는 모든 벡터가 (3, 4, 1, 0)과 (−2, 0, 0, 1)의 선형결합으로 표현됨을 의미한다. 따라서 벡터 (3, 4, 1, 0)과 (−2, 0, 0, 1)는 W 생성한다. W는 4차원 공간의 원점을 지나는 평면일 것이다.

2장 "행렬과 선형변환"의 2절에서 모든 동차 선형방정식계의 해집합은 부분공간이 된다는 것을 알게 될 것이다. 이는 임의의 두 해의 합은 다시 해가 된다는 것과 한 해의 스칼라 배 또한 해임을 의미한다. 그러나 비동차 방정식계의 해집합은 부분공간이 되지 않는다. 비동차 방정식의 해를 "대응되는" 동차 선형방정식계의 해와 연관짓는 방법에 대하여도 논의할 것이다.

연습문제 1.4

부분공간

1. 다음 형태의 벡터들로 이루어진 집합이 덧셈과 스칼라 곱에 대해 닫혀있음을 보임으로써 $\mathbf{R}^2$의 부분공간임을 보여라.

(a) $(a, 3a)$ **(b)** $(a, -a)$ **(c)** $(a, 0)$ **(d)** $(2a, 3a)$

2. 다음 형태의 벡터들로 이루어진 집합이 $\mathbf{R}^3$ 또는 $\mathbf{R}^4$의 부분공간임을 보여라.

(a) (a, b, b) **(b)** $(a, -a, b)$ **(c)** $(a, 2a, -a)$
(d) (a, a, b, b)

3. 다음 같은 형태의 벡터들로 이루어진 집합이 $\mathbf{R}^3$의 부분공간인지 살펴보라.

(a) $(a, b, 2a + 3b)$ **(b)** $(a, b, 3)$
(c) $(a, a + 2, b)$ **(d)** $(a, -a, 0)$

선형방정식계

문제 [4~7]에서는 동차 선형방정식계를 풀어라. 이들 해집합들이 $\mathbf{R}^3$의 부분공간임을 보여라. 부분공간을 기하적으로 설명하여라.

4.
$$\begin{aligned} x_1 + 3x_2 + x_3 &= 0 \\ x_2 + x_3 &= 0 \\ 2x_1 + 7x_2 + 3x_3 &= 0 \end{aligned}$$

5.
$$\begin{aligned} x_1 + x_2 - 7x_3 &= 0 \\ x_2 - 4x_3 &= 0 \\ x_1 \quad - 3x_3 &= 0 \end{aligned}$$

6.
$$\begin{aligned} x_1 - 2x_2 + 3x_3 &= 0 \\ -x_1 + 2x_2 + x_3 &= 0 \\ x_1 - 2x_2 + 4x_3 &= 0 \end{aligned}$$

7.
$$\begin{aligned} x_1 + 2x_2 - x_3 &= 0 \\ x_1 + 3x_2 + x_3 &= 0 \\ 3x_1 + 7x_2 - x_3 &= 0 \end{aligned}$$

8. 다음과 같은 4변수 동차 선형방정식계를 고려하자. 편의상 일반해가 주어져 있다. 해집합이 $\mathbf{R}^4$의 부분공간임을 보여라.

$$\begin{aligned} x_1 + x_2 - 3x_3 + 5x_4 &= 0 \\ x_2 - x_3 + 3x_4 &= 0 \\ x_1 + 2x_2 - 4x_3 + 8x_4 &= 0 \end{aligned}$$

일반해는 $(2r - 2s, r - 3s, r, s)$이다.

문제 [9~11]은 동차 선형방정식계이다. 문제 8과 같이 해집합이 $\mathbf{R}^4$의 부분공간임을 보여라.

(a) 일반해를 이용하여 두 개의 특수해를 구하라.
(b) 덧셈과 스칼라 곱을 이용하여 (a)의 2개의 해로부터 4개의 벡터를 만들어라.
(c) 이 벡터들이 정말로 해가 되는지를 일반해에서 해에 대한 r과 s의 값을 찾음으로써 확인하라.

9.
$$\begin{aligned} x_1 + x_2 - 2x_3 + 3x_4 &= 0 \\ 2x_1 + x_2 - 5x_3 + 2x_4 &= 0 \\ 3x_1 + x_2 - 8x_3 + x_4 &= 0 \end{aligned}$$

일반해는 $(3r + s, -r - 4s, r, s)$이다.

10.
$$\begin{aligned} x_1 + x_2 - 5x_3 &= 0 \\ 2x_1 + 3x_2 - 13x_3 &= 0 \\ x_1 \quad - 2x_3 &= 0 \end{aligned}$$

일반해는 $(2r, 3r, r)$이다.

11.
$$\begin{aligned} x_1 + x_2 + x_3 + 3x_4 &= 0 \\ x_1 + 2x_2 + 4x_3 + 5x_4 &= 0 \\ x_1 \quad - 2x_3 + x_4 &= 0 \end{aligned}$$

일반해는 $(2r - s, -3r - 2s, r, s)$이다.

1.5 기저와 차원

앞 절에서는 벡터공간 $\mathbf{R}^n$과 스스로 벡터공간이 되어 부분공간이라고 불리는 $\mathbf{R}^n$의 부분집합들에 대하여 살펴보았다. 벡터공간은 보통 무수히 많은 원소들을 포함한다. 이 벡터공간들은 "기저"라고 불리는 유한개의 벡터들로 아주 잘 표현될 수 있다. 기저는 전체 공간을 대표하는 벡터들의 집합이다.

이 개념을 구체화해보자. 이 개념은 모든 벡터공간과 부분공간에 적용될 수 있다. 먼저 앞 절에서 소개된 생성의 개념을 일반화하자.

생성(*span*): 벡터공간 V 내의 모든 벡터 $\mathbf{v}$가 $\mathbf{v}_1, \mathbf{v}_2, \ldots, \mathbf{v}_n$들의 선형결합 $\mathbf{v} = c_1\mathbf{v}_1 + c_2\mathbf{v}_2 + \cdots + c_n\mathbf{v}_n$으로 표현되면 벡터 $\mathbf{v}_1, \mathbf{v}_2, \ldots, \mathbf{v}_n$은 벡터공간 V를 생성한다고 말한다.

공간을 생성하는 벡터들의 집합은 전체 공간을 대표한다.

다음은 벡터들의 독립에 관한 개념이다.

선형독립(*linear independence*): 등식 $c_1\mathbf{v}_1 + c_2\mathbf{v}_2 + \cdots + c_n\mathbf{v}_n = \mathbf{0}$을 만족시키는 유일한 해가 $c_1 = 0, c_2 = 0, \ldots, c_n = 0$일 때 벡터 $\mathbf{v}_1, \mathbf{v}_2, \ldots, \mathbf{v}_n$이 **선형독립** (또는 **일차독립**)이라 하고, 이 등식을 만족시키는 비영(nonzero)의 $c_1, c_2, \ldots, c_n$가 존재하면 벡터 $\mathbf{v}_1, \mathbf{v}_2, \ldots, \mathbf{v}_n$이 **선형종속**이라 한다.

생성과 독립성은 벡터공간을 정확히 묘사하는 적절한 벡터들의 집합을 정의하는 데 함께 사용된다. 군더더기 벡터가 없는 생성 집합(연습문제 8을 보라.)을 **기저**(basis)라고 한다.

기저와 차원(*dimension*): (1) 벡터들의 집합이 벡터공간을 생성하고 (2) 선형독립이면 그 벡터들의 집합을 벡터공간의 기저라고 한다. 주어진 벡터공간에는 여러 개의 기저가 있을 수 있다. 그러나 기저는 모두 동일한 개수의 벡터들로 구성된다. 이 개수가 벡터공간의 **차원**이다.

부분공간은 그 자신이 벡터공간이므로 앞의 개념들을 부분공간에도 적용된다.

$\mathbf{R}^n$의 차원

이 개념들을 벡터공간 $\mathbf{R}^3$에 적용해 보자. (a, b, c)를 $\mathbf{R}^3$의 임의의 벡터라 하자. $(a, b, c) = a(1, 0, 0) + b(0, 1, 0) + c(0, 0, 1)$임을 통해 $(1, 0, 0), (0, 1, 0), (0, 0, 1)$은 $\mathbf{R}^3$를 생성함을 알 수 있다.

또한 $p(1, 0, 0) + q(0, 1, 0) + r(0, 0, 1)$은 $p = 0, q = 0, r = 0$*을 의미하므로 $(1, 0, 0), (0, 1, 0), (0, 0, 1)$은 선형독립이다. 따라서 $\{(1, 0, 0), (0, 1, 0), (0, 0, 1)\}$은 $\mathbf{R}^3$의 기저이다.

$\mathbf{R}^3$에는 선형독립이고 $\mathbf{R}^3$를 생성하는 집합, 즉 기저들이 많이 있다. 예를 들어 4장 "일반적인 벡터공간"의 4절에서 $\{(1, 3, -1), (2, 1, 0), (4, 2, 1)\}$은 $\mathbf{R}^3$의 기저임을 확인할 수 있다. 그러나 $\{(1, 0, 0), (0, 1, 0), (0, 0, 1)\}$ 가장 중요한 $\mathbf{R}^3$의 기저이다. 이것을 $\mathbf{R}^3$의 **표준기저**(standard basis)라 한다. $\mathbf{R}^3$의 모든 기저들은 같은 개수, 즉 3개의 벡터들을 갖는데, 따라서 $\mathbf{R}^3$의 차원은 3이다. 같은 방식으로, $\{(1, 0), (0, 1)\}$은 $\mathbf{R}^2$의 표준기저이고 차원은 2이다. n개의 벡터들의 집합 $\{(1, 0, \ldots, 0), (0, 1, \ldots, 0), \ldots, (0, 0, \ldots, 1)\}$은 $\mathbf{R}^n$의 표준기저이고, $\mathbf{R}^n$의 차원은 n이다.

> n개의 벡터들의 집합 $\{(1, 0, \ldots, 0), (0, 1, \ldots, 0), \ldots, (0, 0, \ldots, 1)\}$은 $\mathbf{R}^n$의 표준기저이다. $\mathbf{R}^n$의 차원은 n이다.

예제 1

앞 절에서 살펴본 $(a, b, a + b)$인 형태의 벡터들로 이루어진 $\mathbf{R}^3$의 부분공간 W을 생각

* $p(1, 0, 0) + q(0, 1, 0) + r(0, 0, 1) = (0, 0, 0) \rightarrow (p, 0, 0) + (0, q, 0) + (0, 0, r) = (0, 0, 0) \rightarrow (p, q, r) = (0, 0, 0) \rightarrow p = 0, q = 0, r = 0.$

하자. $\mathbf{u} = (a, b, a+b)$를 W의 임의의 벡터라 하면 $\mathbf{u}$는 다음과 같이 나타 낼 수 있다.

$$\mathbf{u} = a(1, 0, 1) + b(0, 1, 1)$$

따라서 $(1, 0, 1)$, $(0, 1, 1)$은 W를 생성한다. 또한 등식 $p(1, 0, 1) + q(0, 1, 1) = (0, 0, 0)$는 $p = 0$, $q = 0$을 주므로 이 벡터들은 선형독립이다. 그러므로 집합 $\{(1, 0, 1), (0, 1, 1)\}$는 W의 기저이고, W의 차원은 2이다. W는 원점을 지나는 평면이므로 평면을 2차원 공간이라고 보는 우리의 직관과 부합한다(그림 1.18).

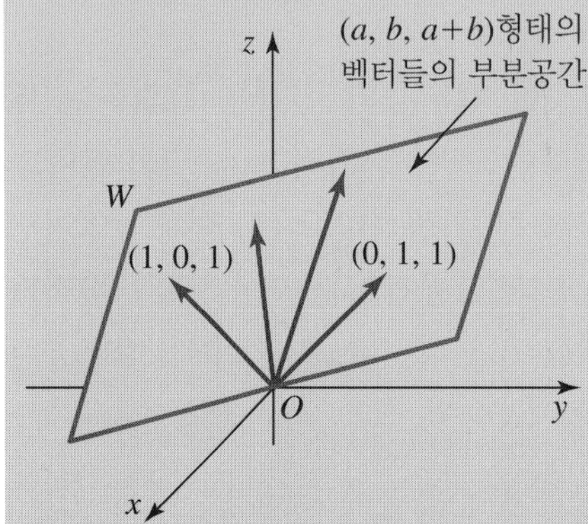

그림 1.18 $\{(1, 0, 1), (0,1,1)\}$을 기저로 갖는 2차원 벡터공간

다음 예제는 차원이 1인 부분공간(직선)을 파악하는 방법을 설명한다.

예제 2

두 번째 성분이 첫 번째 성분의 두 배인 $(a, 2a)$ 형태의 벡터들로 이루어진 $\mathbf{R}^2$의 부분집합 V을 생각하자. 우선 V가 부분공간임을 보이자. $\mathbf{u} = (a, 2a)$, $\mathbf{v} = (b, 2b)$을 V의 벡터라 하고 k를 스칼라라고 하면

$$\begin{aligned} \mathbf{u} + \mathbf{v} &= (a, 2a) + (b, 2b) \\ &= (a + b, 2a + 2b) \\ &= (a + b, 2(a + b)) \end{aligned}$$

이고

$$\begin{aligned} k\mathbf{u} &= k(a, 2a) \\ &= (ka, 2ka) \end{aligned}$$

이다. 두 번째 성분이 첫 번째 성분의 두 배이므로 $\mathbf{u} + \mathbf{v}$와 $k\mathbf{u}$는 모두 V의 벡터이다. 따라서 V는 덧셈과 스칼라 곱에 대하여 닫혀있으므로 V는 $\mathbf{R}^2$의 부분공간이다. 즉, V는 그 자체로 벡터공간이다.

이제 V의 기저를 찾아보자. V의 임의의 벡터는

$$(a, 2a) = a(1, 2)$$

이므로 V의 원소들은 하나의 벡터 $(1, 2)$의 스칼라 배이다. 이것은 $\{(1, 2)\}$가 V의 기저임을 의미하므로 V는 1차원이다. 이 벡터들은 $(1, 2)$에 의하여 정의된 원점을 지나는 직

선을 나타낸다.(그림 1.19)

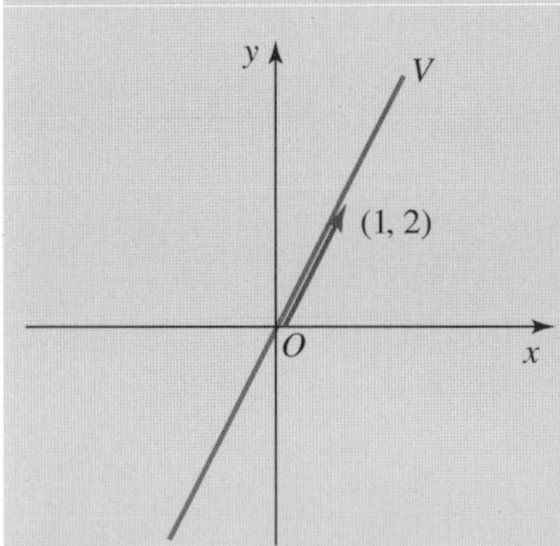

그림 1.19

예제 3

다음과 같은 동차 선형방정식계를 생각하자

$$x_1 + x_2 - 7x_3 + 2x_4 + x_5 = 0$$
$$x_1 + 2x_2 - 10x_3 + 2x_4 + 2x_5 = 0$$
$$2x_1 + 3x_2 - 17x_3 + 4x_4 + 3x_5 = 0$$

이 연립방정식의 일반해는 형태이고 $(4r - 2s, 3r - t, r, s, t)$이 집합은 덧셈과 스칼라 곱에 대하여 닫혀있음을 알 수 있다. 따라서 W는 $\mathbf{R}^5$의 부분공간이다. 이 공간의 기저와 차원을 구해보자. 변수 r, s, t를 다음과 같이 분리하자.

$$(4r - 2s, 3r - t, r, s, t) = r(4, 3, 1, 0, 0) + s(-2, 0, 0, 1, 0) + t(0, -1, 0, 0, 1)$$

이로부터 벡터 $(4, 3, 1, 0, 0), (-2, 0, 0, 1, 0), (0, -1, 0, 0, 1)$은 W를 생성함을 알 수 있다. 선형독립인지 보기 위해 임의의 변수 p, q, h에 대하여 등식

$$p(4, 3, 1, 0, 0) + q(-2, 0, 0, 1, 0) + h(0, -1, 0, 0, 1) = (0, 0, 0, 0, 0)$$

을 고려하자. 정리하면

$$(4p - 2q, 3p - h, p, q, h) = (0, 0, 0, 0, 0)$$

에서 $p = 0, q = 0, h = 0$이므로 벡터 $(4, 3, 1, 0, 0), (-2, 0, 0, 1, 0), (0, -1, 0, 0, 1)$은 선형독립이다. 따라서 $\{(4, 3, 1, 0, 0), (-2, 0, 0, 1, 0), (0, -1, 0, 0, 1)\}$는 W의 기저이다. 즉, 해집합은 5차원 공간에 속해 있는 3차원 벡터공간이다.

선형독립성이 벡터들의 집합이 벡터공간의 기저가 되기 위한 중요하고 자연스러운 요건임을 알아보았다. 독립의 개념은 수학의 많은 상황에서 나타나는 개념 중 하나이다. 다음 예제는 이 중요한 개념을 강화한다. 벡터들의 집합*이 선형독립인지 아닌지를 판별하는 것은 선형방정식계의 해를 구하는 과정을 포함하는 것을 기억하라.

* 자주 벡터의 집합의 독립 또는 종속을 언급할 것이다.

예제 4

다음 벡터들의 집합이 $\mathbf{R}^3$에서 선형독립인지 종속인지 보여라.

(a) $\{(1, 2, 0), (0, 1, -1), (1, 1, 2)\}$. (b) $\{(1, 2, 3), (-2, 0, 1), (4, -4, -9)\}$.

풀이

(a) 등식

$$c_1(1, 2, 0) + c_2(0, 1, -1) + c_3(1, 1, 2) = (0, 0, 0)$$

으로부터 다음 선형방정식계를 얻을 수 있다.

$$\begin{aligned} c_1 \qquad + \ c_3 &= 0 \\ 2c_1 + c_2 + \ c_3 &= 0 \\ -c_2 + 2c_3 &= 0 \end{aligned}$$

이 연립방정식의 유일한 해는 $c_1 = 0, c_2 = 0, c_3 = 0$이므로 벡터들은 선형독립이다.

(b) 등식 $c_1(1, 2, 3) + c_2(-2, 0, 1) + c_3(4, -4, -9) = (0, 0, 0)$
으로부터 다음 선형방정식계를 얻을 수 있다.

$$\begin{aligned} c_1 - 2c_2 + 4c_3 &= 0 \\ 2c_1 \qquad - 4c_3 &= 0 \\ 3c_1 + \ c_2 - 9c_3 &= 0 \end{aligned}$$

이 선형방정식계는 임의의 실수 r에 대하여 $c_1 = 2r, c_2 = 3r, c_3 = r$인 많은 해를 갖는다. 따라서 벡터들은 선형종속이다. 예를 들어, $r = 1$일 때, $2(1, 2, 3) + 3(-2, 0, 1) + (4, -4, -9) = (0, 0, 0)$이다.

연습문제 1.5

표준기저

1. $\mathbf{R}^2$의 표준기저는 무엇인가?

(a) 기저의 벡터들이 $\mathbf{R}^2$를 생성함을 보여라.

(b) 기저의 벡터들이 선형독립임을 보여라.

2. $\mathbf{R}^4$의 표준기저는 무엇인가?

(a) 기저의 벡터들이 $\mathbf{R}^4$를 생성함을 보여라.

(b) 기저의 벡터들이 선형독립임을 보여라.

기저와 부분공간

3. 다음 형태의 벡터들의 집합이 $\mathbf{R}^3$의 부분공간임을 보이고 기저와 차원을 구하라.

(a) (a, a, b) **(b)** $(a, 2a, b)$
(c) $(a, 2a, 4a)$ **(d)** $(a, -a, 0)$

4. 다음 형태의 벡터들의 집합이 $\mathbf{R}^3$의 부분공간인지 아닌지 보여라. 부분공간이면 기저와 차원을 구하라.

(a) (a, b, a) **(b)** $(a, b, 0)$
(c) $(a, b, 2)$ **(d)** $(a, a, a + 3)$

5. 다음 형태의 벡터들의 집합이 어떤 벡터공간의 부분공간인지 아닌지 판정하라. 부분공간이면 기저와 차원을 구하라.

(a) $a(1, 2, 3)$ **(b)** $(a, 0, 0)$
(c) $(a, 2a)$ **(d)** $(a, b, c, 1)$

6. 참, 거짓을 판별하고 이유를 설명하라.
(a) 벡터 (1, 0), (0, 1)은 $\mathbf{R}^2$를 생성한다.
(b) 벡터 (1, 0), (0, 1), (1, 1)은 $\mathbf{R}^2$를 생성한다.
(c) 벡터 (1, 0), (0, 1)은 선형독립이다.
(d) 벡터 (1, 0), (0, 1), (0, 2)는 선형독립이다.
(e) 집합 {(1, 0), (0, −1)}은 $\mathbf{R}^2$의 기저이다.
(f) 집합 {(2, 0), (0, 3)}은 $\mathbf{R}^2$의 기저이다.

7. 참, 거짓을 판별하고 이유를 설명하라.
(a) 집합 {(1, 0, 0), (0, 1, 0)}은 $\mathbf{R}^3$의 2차원 부분공간의 기저이다.
(b) 집합 {(1, 0, 0)}은 $\mathbf{R}^3$의 1차원 부분공간의 기저이다.
(c) 벡터 $(a, 2a, b)$는 벡터 (1, 2, 0), (0, 0, 1)으로 생성된 평면 내의 임의의 벡터이다.
(d) 벡터 $(a, b, 2a - b)$는 벡터 (1, 0, 2), (0, 1, −1)으로 생성된 평면 내의 임의의 벡터이다.
(e) 집합 {(1, 0, 0), (0, 1, 0), (1, 1, 0)}은 $\mathbf{R}^3$의 부분공간의 기저이다.
(f) $\mathbf{R}^2$는 $\mathbf{R}^3$의 부분공간이다.

8. **(a)** 벡터 (1, 0), (0, 1)이 $\mathbf{R}^2$를 생성하고 선형독립임을 보여라.
(b) 벡터 (1, 0), (0, 1), (0, 2)가 $\mathbf{R}^2$를 생성함을 보여라. $\mathbf{R}^2$의 임의의 벡터가 이 벡터들의 하나 이상의 선형결합으로 표현됨을 보임으로써 이 벡터들이 효율적인 생성집합이 아님을 설명하라. ((0, 2) 군더더기 벡터로 생각할 수 있다.)
(c) 벡터 (1, 0), (0, 1), (0, 2)가 선형종속임을 보임으로써 $\mathbf{R}^2$의 기저가 아님을 보여라. 기저는 꼭 필요한 벡터들만 포함한다.

9. **(a)** 벡터 (1, 0), (0, 1)이 $\mathbf{R}^2$를 생성하고 선형독립임을 보여라.
(b) 벡터 (1, 0), (0, 1), (1, 1)이 $\mathbf{R}^2$를 생성함을 보여라. 그러나 효율적인 생성집합이 아님을 설명하라. 즉, $\mathbf{R}^2$의 임의의 벡터가 이 벡터들의 하나 이상의 선형결합으로 표현됨을 보여라.
(c) 벡터 (1, 0), (0, 1), (1, 1)이 선형종속임을 보여서 $\mathbf{R}^2$의 기저가 아님을 증명하라.

10. (a) 벡터 (1, 0, 0), (0, 1, 0), (0, 0, 1)이 $\mathbf{R}^3$를 생성하고 선형독립임을 보여라.
(b) 벡터 (1, 0, 0), (0, 1, 0), (0, 0, 1), (0, 1, 1)이 $\mathbf{R}^3$를 생성함을 보여라. $\mathbf{R}^3$의 임의의 벡터가 이 벡터들의 하나 이상의 선형결합으로 표현됨을 보임으로써 효율적인 생성집합이 아님을 설명하라. (0, 1, 1)을 군더더기 벡터로 생각할 수 있다.
(c) {(1, 0, 0), (0, 1, 0), (0, 0, 1), (0, 1, 1)}이 일차종속임을 보임으로써 $\mathbf{R}^3$의 기저가 아님을 증명하라. 기저는 꼭 필요한 벡터들의 집합으로 이루어진다.

11. **(a)** $\mathbf{R}^3$를 생성하지만 선형독립이 아닌 벡터들의 집합이 존재함을 예를 들어 증명하라.
(b) 선형독립이지만 $\mathbf{R}^3$를 생성하지 못하는 벡터들의 집합이 존재함을 예를 들어 증명하라.

선형방정식계

문제 [12~15]는 동차 선형방정식계에 관한 문제이다.(이 방정식의 특징에 대해서는 1.4절의 문제 8-11에서 논의되었다.) 편의상, 그들의 일반해가 주어져 있는데, 1.4절에서와 같이 각 방정식계의 해는 $\mathbf{R}^n$의 어떤 부분공간 W를 형성함을 알 수 있다. 각 부분공간의 기저와 차원을 구하고 부분공간을 선, 평면 등등으로 표현하라.

12. $$\begin{aligned} x_1 + x_2 - 3x_3 + 5x_4 &= 0 \\ x_2 - x_3 + 3x_4 &= 0 \\ x_1 + 2x_2 - 4x_3 + 8x_4 &= 0 \end{aligned}$$
일반해는 $(2r - 2s, r - 3s, r, s)$이다.

13. $$\begin{aligned} x_1 + x_2 - 2x_3 + 3x_4 &= 0 \\ 2x_1 + x_2 - 5x_3 + 2x_4 &= 0 \\ 3x_1 + x_2 - 8x_3 + x_4 &= 0 \end{aligned}$$
일반해는 $(3r + s, -r - 4s, r, s)$이다.

14. $$\begin{aligned} x_1 + x_2 - 5x_3 &= 0 \\ 2x_1 + 3x_2 - 13x_3 &= 0 \\ x_1 - 2x_3 &= 0 \end{aligned}$$
일반해는 $(2r, 3r, r)$이다.

15. $$\begin{aligned} x_1 + x_2 - 5x_3 &= 0 \\ 2x_1 + 3x_2 - 13x_3 &= 0 \\ x_1 - 2x_3 &= 0 \end{aligned}$$
일반해는 $(2r - s, -3r - 2s, r, s)$이다.

문제 [16~18]은 동차 선형방정식계에 관한 문제이다.(이 방정식의 특징에 대해서는 1.4절의 문제 8-11에서 논의되었다.) 편의상, 그들의 일반해가 주어져 있는데, 1.4절에서와 같이 각 방정식계의 해는 $\mathbf{R}^n$의 어떤 부분공간 W를 형성함을 알 수 있다. 각 부분공간의 기저와 차원을 구하고 부분공간을 선, 평면 등등으로 표현하라.

16. $x_1 + x_2 + x_3 - 5x_4 = 0$
$x_2 + x_3 - 3x_4 = 0$
$x_1 - x_3 + 2x_4 = 0$
일반해는 $(2r, -r, 4r, r)$이다.

17. $x_1 - 3x_2 + x_3 = 0$
$2x_1 - 6x_2 + 2x_3 = 0$
$-x_1 + 3x_2 - x_3 = 0$
일반해는 $(3r - s, r, s)$이다.

18. $x_1 + x_2 - 5x_3 + 2x_4 - x_5 = 0$
$2x_1 + x_2 - 7x_3 + 2x_4 - 2x_5 = 0$
$x_1 + 2x_2 - 8x_3 + 4x_4 - x_5 = 0$
일반해는 $(2r + t, 3r - 2s, r, s, t)$이다.

19. 다음 벡터들의 집합이 $\mathbf{R}^3$에서 선형독립인지 또는 선형종속인지 판정하라.

(a) $\{(1, 0, 2), (1, 1, 0), (5, 3, 6)\}$
(b) $\{(1, 1, 1), (2, -1, 1), (3, -3, 0)\}$
(c) $\{(1, -1, 1), (2, 1, 0), (4, -1, 2)\}$
(d) $\{(1, 2, 1), (-2, 1, 3), (-1, 8, 9)\}$
(e) $\{(-2, 0, 3), (5, 2, 1), (10, 6, 9)\}$
(f) $\{(3, 4, 1), (2, 1, 0), (9, 7, 1)\}$

1.6 내적, 놈, 각, 거리

이 절에서는 벡터공간 $\mathbf{R}^n$에 대한 기하를 개발한다. 이 기하를 만들어갈 때 우리가 사용하는 접근 방법에 세심한 주의를 기울여야 한다. 결과도 물론 중요하지만 결과에 도달하는 방법 역시 매우 중요하다. $\mathbf{R}^n$에서의 벡터의 크기, 두 벡터 사이의 각, 두 점간의 거리는 $\mathbf{R}^n$에서의 이들 개념을 일반화하여 정의된다. 피타고라스 정리도 $\mathbf{R}^n$으로 확장된다. 낯익은 개념들을 보다 일반적인 상황으로 점진적으로 확장하는 이런 과정은 수학의 근본이다.

두 벡터의 내적의 정의부터 논의를 시작해보자. 내적은 $\mathbf{R}^n$에서의 기하를 만들어가는 도구가 된다.

정의 $\mathbf{u} = (u_1, \ldots, u_n)$, $\mathbf{v} = (v_1, \ldots, v_n)$이 $\mathbf{R}^n$의 두 벡터라고 하자. $\mathbf{u}$와 $\mathbf{v}$의 내적(dot product)은 $\mathbf{u} \cdot \mathbf{v}$로 표기되고 다음과 같이 정의된다.

$$\mathbf{u} \cdot \mathbf{v} = u_1v_1 + \cdots + u_nv_n$$

내적은 각 벡터의 쌍에 실수를 할당한다.

예를 들어 $\mathbf{u} = (1, -2, 4)$, $\mathbf{v} = (3, 0, 2)$일 때 이들의 내적은 다음과 같다.

$$\mathbf{u} \cdot \mathbf{v} = (1 \times 3) + (-2 \times 0) + (4 \times 2) = 3 + 0 + 8 = 11$$

내적의 성질

$\mathbf{u}, \mathbf{v}, \mathbf{w}$를 $\mathbf{R}^n$의 벡터라 하고 c를 스칼라라고 할 때 다음이 성립한다.

1. $\mathbf{u} \cdot \mathbf{v} = \mathbf{v} \cdot \mathbf{u}$
2. $(\mathbf{u} + \mathbf{v}) \cdot \mathbf{w} = \mathbf{u} \cdot \mathbf{w} + \mathbf{v} \cdot \mathbf{w}$
3. $c\mathbf{u} \cdot \mathbf{v} = c(\mathbf{u} \cdot \mathbf{v}) = \mathbf{u} \cdot c\mathbf{v}$
4. $\mathbf{u} \cdot \mathbf{u} \geq 0$ 그리고 $\mathbf{u} \cdot \mathbf{u} = 0$의 필요충분조건은 $\mathbf{u} = \mathbf{0}$이다.

증명 1과 4는 증명하고 나머지는 연습문제로 남긴다.

1. $\mathbf{u} = (u_1, \ldots, u_n)$, $\mathbf{v} = (v_1, \ldots, v_n)$라 하면 다음이 얻어진다.

$$\begin{aligned}\mathbf{u}\cdot\mathbf{v} &= u_1v_1 + \cdots + u_nv_n \\ &= v_1u_1 + \cdots + v_nu_n, \quad \text{실수 곱의 교환법칙에 의해} \\ &= \mathbf{v}\cdot\mathbf{u}\end{aligned}$$

4. $\mathbf{u}\cdot\mathbf{u} = u_1u_1 + \cdots + u_nu_n = (u_1)^2 + \cdots + (u_n)^2$

제곱의 합이기 때문에 $(u_1)^2 + \cdots + (u_n)^2 \geq 0$이다. 따라서 $\mathbf{u}\cdot\mathbf{u} \geq 0$이다.

또한 $(u_1)^2 + \cdots + (u_n)^2 = 0$의 필요충분조건은 $u_1 = 0, \ldots, u_n = 0$이다.

따라서 $\mathbf{u}\cdot\mathbf{u} = 0$의 필요충분조건은 $\mathbf{u} = \mathbf{0}$이다.

내적이 포함된 표현을 단순화하기 위해 이 성질들을 이용할 것이다. 예를 들면, 이 절에서 $\mathbf{R}^n$의 두 벡터 사이의 각에 대한 적당한 표현을 도출하기 위해 이 성질들을 이용한다. 후에 이 성질들을 내적의 개념을 행렬과 함수의 공간으로 일반화시킬 때에도 이 성질들을 사용할 것이다.

$\mathbf{R}^n$에서 벡터의 놈

$\mathbf{u} = (u_1, u_2)$가 $\mathbf{R}^2$의 벡터라고 하자. 이미 피타고라스 정리에 의해 이 벡터의 길이가 $\sqrt{(u_1)^2 + (u_2)^2}$임을 알고 있다. 그림 1.20을 보라. 이 결과를 일반화하여 벡터공간 $\mathbf{R}^2$ 내의 벡터의 길이[전문용어로 **놈**(norm)]을 정의한다.

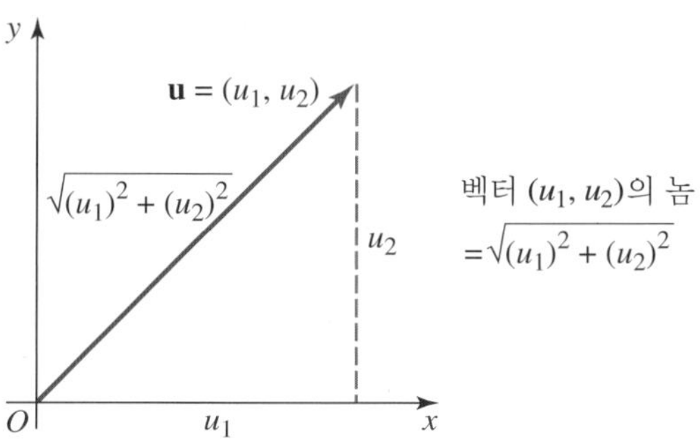

그림 1.20

정의 벡터 $\mathbf{R}^n$ 내의 벡터 $\mathbf{u} = (u_1, \ldots, u_n)$의 **놈**(**길이** 또는 **크기**)는 $\|\mathbf{u}\|$로 표기되고 다음과 같이 정의 된다.

$$\|\mathbf{u}\| = \sqrt{(u_1)^2 + \cdots + (u_n)^2}$$

주의: 벡터의 놈은 다음과 같이 내적으로 표시될 수도 있다.

$$\|\mathbf{u}\| = \sqrt{\mathbf{u}\cdot\mathbf{u}}$$

예를 들어, $\mathbf{R}^3$에서 $\mathbf{u} = (1, 3, 5)$이고, $\mathbf{R}^4$에서 $\mathbf{v} = (3, 0, 1, 4)$ 일 때 놈은 다음과 같다.

$$\|\mathbf{u}\| = \sqrt{(1)^2 + (3)^2 + (5)^2} = \sqrt{1 + 9 + 25} = \sqrt{35},$$

$$\|\mathbf{v}\| = \sqrt{(3)^2 + (0)^2 + (1)^2 + (4)^2} = \sqrt{9 + 0 + 1 + 16} = \sqrt{26}$$

정의 **단위벡터**는 놈이 1인 벡터이다. 만약 **u**가 영이 아닌 벡터이면

$$\mathbf{u} = \frac{1}{\|\mathbf{v}\|}\mathbf{v}$$

는 **u**방향의 단위벡터이다.(연습문제 24를 보라.)

주어진 벡터와 같은 방향의 단위벡터를 만드는 이 과정을 벡터의 **정규화**(normalizing)라고 말한다.

예제 1

벡터 $(2, -1, 3)$의 놈을 구하고 이 벡터를 정규화하라.

풀이

$\|(2, -1, 3)\| = \sqrt{2^2 + (-1)^2 + 3^2} = \sqrt{14}$. 즉, $(2, -1, 3)$의 놈은 $\sqrt{14}$이다.

정규화된 벡터는

$$\frac{1}{\sqrt{14}}(2, -1, 3)$$

인데, 이 벡터는 $\left(\frac{2}{\sqrt{14}}, \frac{-1}{\sqrt{14}}, \frac{3}{\sqrt{14}}\right)$로도 쓸 수 있다. 이 벡터는 $(2, -1, 3)$방향의 단위벡터이다.

놈의 성질

1. $\|\mathbf{u}\| \geq 0$(벡터의 길이는 음이 될 수 없다)
2. $\|\mathbf{u}\| = 0$일 필요충분조건은 $\mathbf{u} = \mathbf{0}$인 것이다.(벡터의 길이가 영일 필요충분조건은 벡터가 영벡터인 것이다)
3. $\|c\mathbf{u}\| = |c|\,\|\mathbf{u}\|$($c\mathbf{u}$의 길이는 $|c|$와 **u**의 길이의 곱이다)

벡터 사이의 각

$\mathbf{u} = (a, b)$와 $\mathbf{v} = (c, d)$가 $\mathbf{R}^2$의 위치벡터라고 하자. 그림 1.21을 보라. 이 벡터들에 의해 형성된 각 θ의 코사인의 표현을 도출해보자.

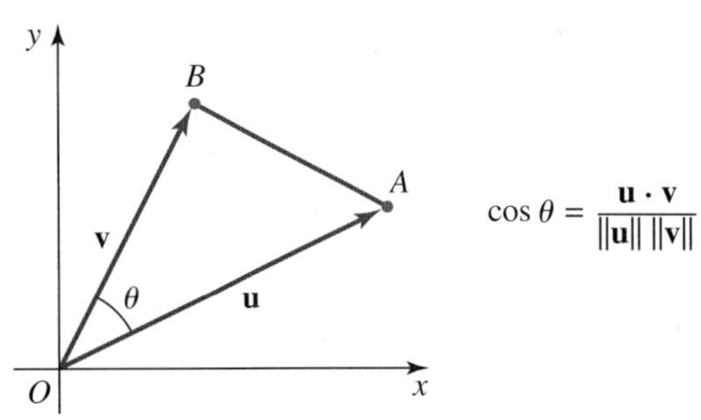

그림 1.21

코사인 법칙에 의해

$$AB^2 = OA^2 + OB^2 - 2(OA)(OB)\cos\theta$$

이 되고, 이것을 $\cos\theta$에 대해 풀면

$$\cos\theta = \frac{OA^2 + OB^2 - AB^2}{2(OA)(OB)}$$

이 얻어진다. 한편

$$\begin{aligned} OA^2 + OB^2 - AB^2 &= \|\mathbf{u}\|^2 + \|\mathbf{v}\|^2 - \|\mathbf{v} - \mathbf{u}\|^2 \\ &= a^2 + b^2 + c^2 + d^2 - [(c-a)^2 + (d-b)^2] \\ &= 2ac + 2db = 2\mathbf{u}\cdot\mathbf{v} \end{aligned}$$

이 되고, 또한

$$2(OA)(OB) = 2\|\mathbf{u}\|\,\|\mathbf{v}\|$$

이므로 $\mathbf{R}^2$의 두 벡터들 사이의 각 θ는

$$\cos\theta = \frac{\mathbf{u}\cdot\mathbf{v}}{\|\mathbf{u}\|\,\|\mathbf{v}\|}$$

로 주어진다. 임의의 각 θ의 코사인에 대해 $|\cos\theta| \le 1$이 되어야 함을 알고 있는데, 이 절에서 나중에 논의될 코시-슈바르츠 부등식은

$$\left|\frac{\mathbf{u}\cdot\mathbf{v}}{\|\mathbf{u}\|\,\|\mathbf{v}\|}\right| \le 1$$

를 보장한다. 따라서 이러한 두 벡터 사이의 각의 개념을 다음과 같이 $\mathbf{R}^n$으로 확장할 수 있다.

정의 $\mathbf{u}$, $\mathbf{v}$가 $\mathbf{R}^n$의 영이 아닌 두 벡터라고 하자. 이 두 벡터 사이의 각 θ의 코사인은 다음과 같다.

$$\cos\theta = \frac{\mathbf{u}\cdot\mathbf{v}}{\|\mathbf{u}\|\,\|\mathbf{v}\|}, \qquad 0 \le \theta \le \pi$$

예제 2

$\mathbf{R}^3$의 두 벡터 $\mathbf{u} = (1, 0, 0)$와 $\mathbf{v} = (1, 0, 1)$ 사이의 각을 결정하라.

풀이

다음 계산에 의해

$$\mathbf{u}\cdot\mathbf{v} = (1,0,0)\cdot(1,0,1) = 1, \qquad \|\mathbf{u}\| = \sqrt{1^2 + 0^2 + 0^2} = 1,$$
$$\|\mathbf{v}\| = \sqrt{1^2 + 0^2 + 1^2} = \sqrt{2}.$$

이 되고, 따라서

$$\cos\theta = \frac{\mathbf{u}\cdot\mathbf{v}}{\|\mathbf{u}\|\,\|\mathbf{v}\|} = \frac{1}{\sqrt{2}}$$

즉, 벡터 **u**와 **v** 사이의 각은 $\pi/4$(또는 45°)이다.

영이 아닌 두 벡터 사이의 각이 직각일 때 두 벡터는 **직교**(orthogonal)한다고 말한다. 연습문제 29에서 증명해 볼 다음 정리는 우리에게 직교성의 조건을 준다.

정리 1.4

두 개의 영이 아닌 벡터 **u**와 **v**가 직교할 필요충분조건은 $\mathbf{u} \cdot \mathbf{v} = 0$이다.

예를 들어, 벡터 (2, −3, 1)과 (1, 2, 4)는 직교한다. 다음의 계산을 보라.

$$(2, -3, 1)\cdot(1, 2, 4) = (2 \times 1) + (-3 \times 2) + (1 \times 4) = 2 - 6 + 4 = 0$$

$\mathbf{R}^n$의 표준기저의 성질

$\mathbf{R}^3$의 표준기저 $\{(1, 0, 0), (0, 1, 0), (0, 0, 1)\}$을 고려하자. $\|(1, 0, 0)\| = \sqrt{1^2 + 0^2 + 0^2}$이므로 벡터 (1, 0, 0)은 단위벡터이다. 마찬가지로 (0, 1, 0), (0, 0, 1)도 단위벡터이다. 또한 $(1, 0, 0)\cdot(0, 1, 0) = 0$이므로 (1, 0, 0)과 (1, 0, 1)은 직교한다. 마찬가지로 (1, 0, 0), (0, 0, 1) 쌍과 (0, 1, 0), (0, 0, 1) 쌍도 각각 직교한다. 이와 같이 쌍별로 직교하는 단위벡터들의 집합을 **직교정규 집합**(orthonormal set)이라고 부른다. $\mathbf{R}^3$의 표준기저 {(1, 0, 0), (0, 1, 0), (0, 0, 1)}도 직교정규 집합이다. 이 결과는 모든 벡터공간 $\mathbf{R}^n$에 적용된다.

$\mathbf{R}^3$의 표준기저 $\{(1, 0, \ldots, 0), (0, 1, \ldots, 0), \ldots, (0, 0, \ldots, 1)\}$은 직교정규 집합이다.

예제 3

(a) **w**를 $\mathbf{R}^n$의 내의 벡터라고 하자. **w**에 직교하는 모든 벡터들의 집합을 W라고 하면, W가 $\mathbf{R}^n$의 부분공간임을 보여라.

(b) $\mathbf{w} = (1, 3, 1)$에 직교하는 $\mathbf{R}^3$ 내의 벡터들의 집합 W의 기저를 구하라. W의 차원과 기하적인 해석을 써라.

풀이

(a) **u**, **v**를 W 내의 벡터라고 하자. 이들은 모두 **w**에 직교하므로 $\mathbf{u}\cdot\mathbf{w} = 0$, $\mathbf{v}\cdot\mathbf{w} = 0$이다. 내적의 성질에 의해

$$\mathbf{u}\cdot\mathbf{w} + \mathbf{v}\cdot\mathbf{w} = 0$$
$$(\mathbf{u} + \mathbf{v})\cdot\mathbf{w} = 0$$

이고 따라서 $\mathbf{u} + \mathbf{v}$도 **w**에 직교한다. 즉, $\mathbf{u} + \mathbf{v}$는 W에 속하고 따라서 W는 덧셈에 대하여 닫혀있다. 또한 스칼라 c에 대해

$$c(\mathbf{u} \cdot \mathbf{w}) = 0$$
$$c\mathbf{u} \cdot \mathbf{w} = 0$$

이다. 즉, 벡터 $c\mathbf{u}$도 $\mathbf{w}$에 직교하므로 W에 속하게 되고 따라서 W는 스칼라 곱셈에 대해서도 닫혀있다. 그러므로 W는 $\mathbf{R}^n$의 부분공간이다.

(b) W는 $\mathbf{w} = (1, 3, 1)$에 직교하는 $\mathbf{R}^3$ 내의 벡터들의 집합이다. (a, b, c)를 W 내의 벡터라고 하면

$$(a, b, c) \cdot (1, 3, 1) = 0$$
$$a + 3b + c = 0$$
$$c = -a - 3b$$

이다. 따라서 W는 $(a, b, -a - 3b)$ 형태의 벡터들의 집합이다. 변수 a, b를 분리하면

$$(a, b, -a - 3b) = a(1, 0, -1) + b(0, 1, -3)$$

가 된다. W의 모든 벡터는 $(1, 0, -1)$과 $(0, 1, -3)$의 선형결합으로 나타낼 수 있고 따라서 벡터 $(1, 0, -1)$, $(0, 1, -3)$는 W를 생성한다. 이 벡터들이 선형독립임을 보일 수 있으므로 집합 $\{(1, 0, -1), (0, 1, -3)\}$는 W의 기저이다.

이제 기하를 보자. W의 각 벡터는 $a(1, 0, -1) + b(0, 1, -3)$ 형태이다. a, b가 변함에 따라 W를 구성하는 여러 벡터들이 얻어진다. 일례로 $a = 1, b = 2$일 때 $(1, 2, -7)$는 벡터 W가 얻어진다. 기저에 두 개의 벡터가 있으므로 W의 차원은 2이고 차원이 2인 부분공간은 평면이다. 따라서 W는 $(1, 0, -1)$과 $(0, 1, -3)$에 의해 정의되는 $\mathbf{R}^3$ 내의 평면이다. 그림 1.22를 보라.

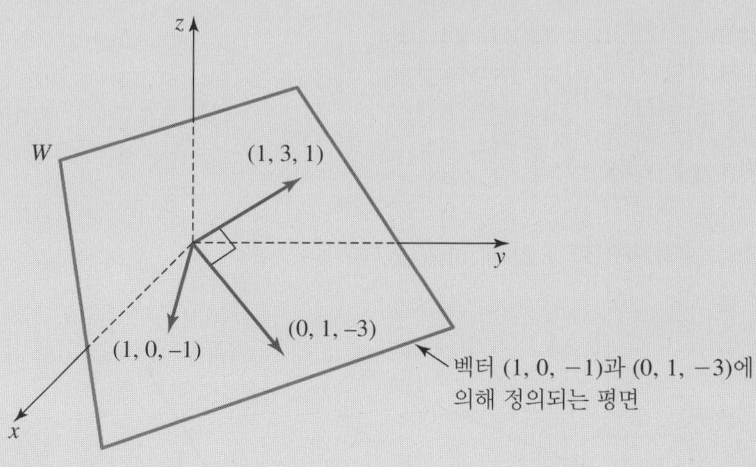

그림 1.22

다음 예는 이 개념들이 어떻게 열 형태로 쓰인 벡터에 적용되는지 보여준다.

예제 4

(a) 다음 벡터들이 직교함을 보여라. (b) 각 벡터의 놈을 구하라.

$$\mathbf{u} = \begin{bmatrix} 1 \\ 2 \\ -5 \end{bmatrix}, \mathbf{v} = \begin{bmatrix} -1 \\ 3 \\ 1 \end{bmatrix}$$

풀이

(a) $\mathbf{u}$와 $\mathbf{v}$의 내적은 대응하는 원소들을 곱한 후 더하여 다음과 같이 얻어진다.

$$\mathbf{u} \cdot \mathbf{v} = (1 \times -1) + (2 \times 3) + (-5 \times 1) = 0$$

즉, 내적은 영이고 따라서 벡터들은 직교한다.

(b) 벡터의 놈은 각 성분의 제곱의 합에 제곱근을 취하여 얻어지므로 다음과 같이 계산된다.

$$\|\mathbf{u}\| = \sqrt{1^2 + 2^2 + (-5)^2} = \sqrt{30}$$

$$\|\mathbf{v}\| = \sqrt{(-1)^2 + 3^2 + 1^2} = \sqrt{11}$$

앞에서 벡터 사이의 각과 벡터의 크기를 정의했는데, 이제 두 점 사이의 거리를 정의하여 벡터공간의 기하를 완성하자.

두 점 사이의 거리

$\mathbf{R}^2$의 점 $\mathbf{x} = (x_1, x_2)$와 $\mathbf{y} = (y_1, y_2)$ 사이의 거리는 $d(\mathbf{x}, \mathbf{y}) = \sqrt{(x_1 - y_1)^2 + (x_2 - y_2)^2}$이다. $\mathbf{R}^n$에서의 거리는 이 표현을 일반화하여 다음과 같이 정의된다.

정의 $\mathbf{x} = (x_1, \ldots, x_n)$와 $\mathbf{y} = (y_1, \ldots, y_n)$가 $\mathbf{R}^n$의 두 점이라 하자. $\mathbf{x}$와 $\mathbf{y}$ **사이의 거리**는 $d(\mathbf{x}, \mathbf{y})$로 표기되고 다음과 같이 정의된다.

$$d(\mathbf{x}, \mathbf{y}) = \sqrt{(x_1 - y_1)^2 + \cdots + (x_n - y_n)^2}$$

주의: 이 거리 공식은 다음과 같이 쓸 수도 있다.

$$d(\mathbf{x}, \mathbf{y}) = \|\mathbf{x} - \mathbf{y}\|$$

$\mathbf{R}^2$, $\mathbf{R}^3$ 및 $\mathbf{R}^n$에서의 거리가 그림 1.23에 나와 있다.

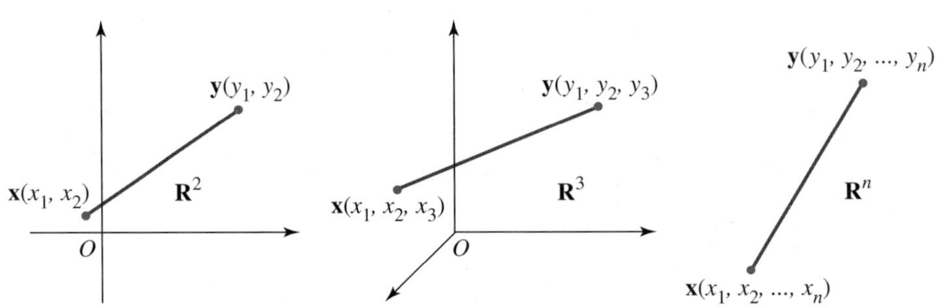

$\mathbf{R}^2$: $d(\mathbf{x}, \mathbf{y}) = \sqrt{(x_1 - y_1)^2 + (x_2 - y_2)^2}$

$\mathbf{R}^3$: $d(\mathbf{x}, \mathbf{y}) = \sqrt{(x_1 - y_1)^2 + (x_2 - y_2)^2 + (x_3 - y_3)^2}$

$\mathbf{R}^n$: $d(\mathbf{x}, \mathbf{y}) = \sqrt{(x_1 - y_1)^2 + \cdots + (x_n - y_n)^2}$

그림 1.23

예제 5

$\mathbf{R}^4$의 두 점 $\mathbf{x} = (1, -2, 3, 0)$과 $\mathbf{y} = (4, 0, -3. 5)$ 사이의 거리를 구하라.

풀이

위의 거리 공식을 적용하여 다음과 같이 계산한다.

$$\begin{aligned} d(\mathbf{x}, \mathbf{y}) &= \sqrt{(1-4)^2 + (-2-0)^2 + (3+3)^2 + (0-5)^2} \\ &= \sqrt{9 + 4 + 36 + 25} \\ &= \sqrt{74} \end{aligned}$$

벡터의 놈과 점들 사이의 거리는 아래에 열거하는 수학적 성질을 가지고 있다. 일례로 다음의 거리의 중요한 성질이다.

예제 6

$\mathbf{R}^n$에서 거리는 **대칭성** $d(\mathbf{x}, \mathbf{y}) = d(\mathbf{y}, \mathbf{x})$를 가짐을 증명하라.

풀이

$\mathbf{x} = (x_1, \ldots, x_n)$와 $\mathbf{y} = (y_1, \ldots, y_n)$라 하면

$$\begin{aligned} d(\mathbf{x}, \mathbf{y}) &= \sqrt{(x_1 - y_1)^2 + \cdots + (x_n - y_n)^2} \\ &= \sqrt{(y_1 - x_1)^2 + \cdots + (y_n - x_n)^2} = d(\mathbf{y}, \mathbf{x}) \end{aligned}$$

이 결과는 $\mathbf{x}$에서 $\mathbf{y}$까지의 거리는 $\mathbf{y}$에서 $\mathbf{x}$까지의 거리와 같음을 말해 준다. 이 성질은 거리 함수가 가져야 할 자연스러운 성질이다.

이제 $\mathbf{R}^n$의 기하적 구조와 성질을 요약한다. 이러한 기하를 **유클리드 기하**라고 부른다.

$\mathbf{R}^n$의 유크리드 기하

벡터 $\mathbf{u}$와 $\mathbf{v}$의 내적: $\mathbf{u} \cdot \mathbf{v} = u_1v_1 + \cdots + u_nv_n$

벡터 $\mathbf{u}$의 놈: $\|\mathbf{u}\| = \sqrt{(u_1)^2 + \cdots + (u_n)^2}$

벡터 $\mathbf{u}$와 $\mathbf{v}$ 사이의 각: $\cos\theta = \dfrac{\mathbf{u} \cdot \mathbf{v}}{\|\mathbf{u}\|\|\mathbf{v}\|}$

점 $\mathbf{u}$와 $\mathbf{v}$ 사이의 거리: $d(\mathbf{x}, \mathbf{y}) = \sqrt{(x_1 - y_1)^2 + \cdots + (x_n - y_n)^2}$

놈의 성질

1. $\|\mathbf{u}\| \geq 0$
   (벡터의 길이는 음이 될 수 없다.)
2. $\|\mathbf{u}\| = 0$일 필요충분조건은 $\mathbf{u} = 0$이다.
   (벡터의 길이가 0일 필요충분조건은 벡터가 영벡터인 것이다.)

거리의 성질

1. $d(\mathbf{x}, \mathbf{y}) \geq 0$
   (두 점간의 거리는 음이 될 수 없다.)
2. $d(\mathbf{x}, \mathbf{y}) = 0$일 필요충분조건은 $\mathbf{x} = \mathbf{y}$이다.(두 점간의 거리가 0일 필요충분조건은 두 점이 일치하는 것이다.)

3. $\\|c\mathbf{u}\\| = \|c\|\\|\mathbf{u}\\|$ ($c\mathbf{u}$의 길이는 $\mathbf{u}$의 길이의 $\|c\|$배이다.)	3. $d(\mathbf{x}, \mathbf{y}) = d(\mathbf{y}, \mathbf{x})$(대칭성) ($\mathbf{x}$와 $\mathbf{y}$ 사이의 거리는 $\mathbf{y}$와 $\mathbf{x}$ 사이의 거리와 같다.)

연습문제에서 아직 논의되지 않은 성질들을 유도하도록 요구될 것이다. 이 절에서 소개된 놈과 거리는 모두 내적(점곱)에서 유도된 것이다. 위의 성질들을 모든 놈과 거리 함수들이 가져야할 기본 성질, 즉 공리로 사용하여, 다른 놈과 거리를 정의하는 것이 수치작업에서 편리할 때가 자주 있다. 추후 다른 절에서 이러한 내용을 만날 것이다.

세 가지 유용한 이론적인 결과를 소개하고 이절을 마친다. 첫째가 **코시-슈바르츠 부등식**(Cauchy-Schwarz inequality)이다. 이 부등식은 앞에서 $\mathbf{R}^2$에서의 각의 정의를 $\mathbf{R}^n$으로 확장 가능하도록 해주었는데, 여기서는 피타고라스 정리를 $\mathbf{R}^n$으로 확장할 수 있도록 해준다.

정리 1.5

코시-슈바르츠 부등식*

$\mathbf{u}$와 $\mathbf{v}$가 $\mathbf{R}^n$의 벡터라고 하면 다음이 성립한다.

$$|\mathbf{u} \cdot \mathbf{v}| \leq \|\mathbf{u}\|\|\mathbf{v}\|$$

여기서 $|\mathbf{u} \cdot \mathbf{v}|$는 수 $\mathbf{u} \cdot \mathbf{v}$의 절대값을 나타낸다.

증명 먼저 $\mathbf{u} = \mathbf{0}$인 특수한 경우를 살펴보자. $\mathbf{u} = \mathbf{0}$이면 $|\mathbf{u} \cdot \mathbf{v}| = 0$이고 $\|\mathbf{u}\|\|\mathbf{v}\| = 0$이다. 따라서 등식이 성립한다.

이제 $\mathbf{u} \neq \mathbf{0}$일 때를 보자. 이 경우 부등식의 증명은 이차방정식의 공식을 아주 흥미롭게 응용한다. r을 임의의 실수라고 하고 벡터 $r\mathbf{u} + \mathbf{v}$를 고려하자. 내적의 성질에 의해 다음을 얻는다.

$$(r\mathbf{u} + \mathbf{v}) \cdot (r\mathbf{u} + \mathbf{v}) = r^2(\mathbf{u} \cdot \mathbf{u}) + 2r(\mathbf{u} \cdot \mathbf{v}) + \mathbf{v} \cdot \mathbf{v}$$

내적의 성질은 다음의 사실도 알려준다.

$$(r\mathbf{u} + \mathbf{v}) \cdot (r\mathbf{u} + \mathbf{v}) \geq 0$$

이 두 결과를 결합하면 다음을 얻는다.

$$r^2(\mathbf{u} \cdot \mathbf{u}) + 2r(\mathbf{u} \cdot \mathbf{v}) + \mathbf{v} \cdot \mathbf{v} \geq 0$$

* Augustin Louis Cauchy(1789~1857)은 파리에서 교육을 받았다. 파리로 다시 돌아와 가르치기 전에 기사로 일하기도 했다. 그는 역사상 가장 위대한 수학자 중 하나였다. 또한 매우 다작을 하여 일곱 권의 책과 팔백편이 넘는 논문을 썼고, 어느 다른 수학자보다도 많은 개념과 결과들에 그의 이름이 붙여져 있다. 코시는 수학 밖에서도 매우 적극적인 삶을 살았다. 1830년의 혁명 후에 루이 필립에 대한 충성맹세를 거부하여 튜린으로 추방을 당했는데 나중에 파리로 돌아올 수 있었다. 코시는 독실한 가톨릭교도였고 사회사업에도 가담하였다. 예를 들어 미혼모를 위한 자선단체와 아일랜드의 기아를 위한 원조 및 범죄자의 재활사업에 참여하였다. 자선을 위해 일년치의 봉급을 쏘의 시장에게 기부하면서는 "염려 마시오. 이것은 나의 봉급일 뿐입니다. 즉, 내 돈이 아니고 황제의 돈입니다."라고 말하였다.

Herman Amandus Schwarz(1843~1921)는 베를린에서 교육을 받고 취리히, 괴팅겐 및 베를린에서 가르쳤다. 그의 커다란 자산은 기하적 직관이었다. 그가 개발한 방법들은 원래 작업했던 실제 문제보다 더 중요한 의미가 있음이 드러나곤 했다. 슈바르츠는 교육과 학생에 대한 배려 때문에 논문 발표를 위한 시간을 많이 갖지 못하였다. 발표가 적은 것에 대한 또 하나의 이유로, 중요한 것들만큼이나 사소한 것들에도 완벽을 위해 헌신했던 그의 약점을 들 수 있다.

이제 $a = \mathbf{u} \cdot \mathbf{u}$, $b = 2\mathbf{u} \cdot \mathbf{v}$, $c = \mathbf{v} \cdot \mathbf{v}$라고 놓으면 다음이 얻어진다.

$$ar^2 + br + c \geq 0$$

이것은 **이차함수** $f(r) = ar^2 + br + c$가 항상 음이 되지 않음을 의미한다. 따라서 그래프가 포물선인 $f(r)$는 영점이 하나든가 없어야 한다. 그런데 $f(r)$의 영점은 다음 방정식의 근이다.

$$ar^2 + br + c = 0$$

이 방정식의 판별식이 영점에 대한 정보를 주게 된다. 즉, $b^2 - 4ac = 0$이면 영점이 하나이고 $b^2 - 4ac < 0$이면 영점이 없다. 따라서

$$\begin{aligned} b^2 - 4ac &\leq 0 \\ b^2 &\leq 4ac \\ (2\mathbf{u} \cdot \mathbf{v})^2 &\leq 4(\mathbf{u} \cdot \mathbf{u})(\mathbf{v} \cdot \mathbf{v}) \\ (\mathbf{u} \cdot \mathbf{v})^2 &\leq (\mathbf{u} \cdot \mathbf{u})(\mathbf{v} \cdot \mathbf{v}) \\ (\mathbf{u} \cdot \mathbf{v})^2 &\leq \|\mathbf{u}\|^2\|\mathbf{v}\|^2 \end{aligned}$$

양변에 제곱근을 씌우면 다음의 코시–슈바르츠 부등식을 얻는다. ■

이제 $\mathbf{R}^2$에서 낯익은 두 가지 기하적 사실을 $\mathbf{R}^n$으로 확장하자.

정리 1.6

$\mathbf{u}$와 $\mathbf{v}$가 $\mathbf{R}^n$의 벡터라고 하자.

(a) **삼각형 부등식**: $\|\mathbf{u} + \mathbf{v}\| \leq \|\mathbf{u}\| + \|\mathbf{v}\|$

이 부등식은 삼각형의 한 변의 길이는 다른 두 변의 길이의 합보다 클 수 없다는 것을 말하고 있다. 그림 1.24(a)를 보라.

(b) **피타고라스 정리**: 만약 $\mathbf{u} \cdot \mathbf{v} = 0$이면, $\|\mathbf{u} + \mathbf{v}\|^2 = \|\mathbf{u}\|^2 + \|\mathbf{v}\|^2$이다.

직각삼각형의 빗변의 제곱은 다른 두 변의 제곱의 합과 같다. 그림 1.24(b)를 보라.

증명

(a) 놈의 성질에 의해

$$\begin{aligned} \|\mathbf{u} + \mathbf{v}\|^2 &= (\mathbf{u} + \mathbf{v}) \cdot (\mathbf{u} + \mathbf{v}) \\ &= \mathbf{u} \cdot \mathbf{u} + \mathbf{u} \cdot \mathbf{v} + \mathbf{v} \cdot \mathbf{u} + \mathbf{v} \cdot \mathbf{v} \\ &= \mathbf{u} \cdot \mathbf{u} + 2\mathbf{u} \cdot \mathbf{v} + \mathbf{v} \cdot \mathbf{v} \\ &= \|\mathbf{u}\|^2 + 2\mathbf{u} \cdot \mathbf{v} + \|\mathbf{v}\|^2 \\ &\leq \|\mathbf{u}\|^2 + 2|\mathbf{u} \cdot \mathbf{v}| + \|\mathbf{v}\|^2 \end{aligned}$$

코시–슈바르츠 부등식은 다음을 의미한다.

$$\begin{aligned} \|\mathbf{u} + \mathbf{v}\|^2 &\leq \|\mathbf{u}\|^2 + 2\|\mathbf{u}\|\|\mathbf{v}\| + \|\mathbf{v}\|^2 \\ &= (\|\mathbf{u}\| + \|\mathbf{v}\|)^2 \end{aligned}$$

양변의 제곱근을 취하면 삼각형 부등식을 얻는다.

(b) 내적의 성질과 $\mathbf{u} \cdot \mathbf{v} = 0$으로부터

$$\begin{aligned}\|\mathbf{u} + \mathbf{v}\|^2 &= (\mathbf{u} + \mathbf{v}) \cdot (\mathbf{u} + \mathbf{v}) \\ &= \mathbf{u} \cdot \mathbf{u} + 2\mathbf{u} \cdot \mathbf{v} + \mathbf{v} \cdot \mathbf{v} \\ &= \|\mathbf{u}\|^2 + \|\mathbf{v}\|^2\end{aligned}$$

따라서 피타고라스 정리가 증명된다.

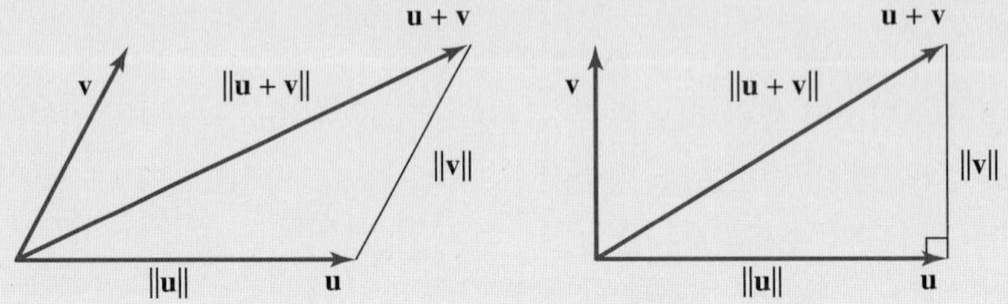

$\|\mathbf{u} + \mathbf{v}\| \quad \|\mathbf{u}\| + \|\mathbf{v}\|$
삼각형부등식
(a)

$\|\mathbf{u} + \mathbf{v}\|^2 = \|\mathbf{u}\|^2 + \|\mathbf{v}\|^2$
피타고라스 정리
(b)

그림 1.24

연습문제 1.6

내적

1. 다음 벡터 쌍의 내적을 구하라.

(a) $(2, 1), (3, 4)$ **(b)** $(1, -4), (3, 0)$
(c) $(2, 0), (0, -1)$ **(d)** $(5, -2), (-3, -4)$

2. 다음 벡터 쌍의 내적을 구하라.

(a) $(1, 2, 3), (4, 1, 0)$ **(b)** $(3, 4, -2), (5, 1, -1)$
(c) $(7, 1, -2), (3, -5, 8)$
(d) $(3, 2, 0), (5, -2, 8)$

3. 다음 벡터 쌍의 내적을 구하라.

(a) $(5, 1), (2, -3)$ **(b)** $(-3, 1, 5), (2, 0, 4)$
(c) $(7, 1, 2, -4), (3, 0, -1, 5)$
(d) $(2, 3, -4, 1, 6), (-3, 1, -4, 5, -1)$
(e) $(1, 2, 3, 0, 0, 0), (0, 0, 0, -2, -4, 9)$

4. 다음 열벡터 쌍의 내적을 구하라.

(a) $\begin{bmatrix}1\\3\end{bmatrix}, \begin{bmatrix}-2\\5\end{bmatrix}$ **(b)** $\begin{bmatrix}5\\0\end{bmatrix}, \begin{bmatrix}4\\-6\end{bmatrix}$

(c) $\begin{bmatrix}2\\0\\-5\end{bmatrix}, \begin{bmatrix}3\\6\\-4\end{bmatrix}$ **(d)** $\begin{bmatrix}1\\3\\-7\end{bmatrix}, \begin{bmatrix}-2\\8\\-3\end{bmatrix}$

벡터의 놈

5. 다음 벡터의 놈을 구하라.

(a) $(1, 2)$ **(b)** $(3, -4)$
(c) $(4, 0)$ **(d)** $(-3, 1)$
(e) $(0, 27)$

6. 다음 벡터의 놈을 구하라.

(a) $(1, 3, -1)$ **(b)** $(3, 0, 4)$
(c) $(5, 1, 1)$ **(d)** $(0, 5, 0)$
(e) $(7, -2, -3)$

7. 다음 벡터의 놈을 구하라.

(a) $(5, 2)$ **(b)** $(-4, 2, 3)$
(c) $(1, 2, 3, 4)$ **(d)** $(4, -2, 1, 3)$
(e) $(-3, 0, 1, 4, 2)$ **(f)** $(0, 0, 0, 7, 0, 0)$

8. 다음 열벡터의 놈을 구하라.

(a) $\begin{bmatrix}3\\4\end{bmatrix}$ **(b)** $\begin{bmatrix}2\\-7\end{bmatrix}$ **(c)** $\begin{bmatrix}1\\2\\3\end{bmatrix}$

(d) $\begin{bmatrix}-2\\0\\5\end{bmatrix}$ **(e)** $\begin{bmatrix}2\\3\\5\\9\end{bmatrix}$

벡터의 정규화

9. 다음 벡터를 정규화하라.

(a) $(1, 3)$ **(b)** $(2, -4)$
(c) $(1, 2, 3)$ **(d)** $(-2, 4, 0)$
(e) $(0, 5, 0)$

10. 다음 벡터를 정규화하라.

(a) $(4, 2)$ **(b)** $(4, 1, 1)$
(c) $(7, 2, 0, 1)$ **(d)** $(3, -1, 1, 2)$
(e) $(0, 0, 0, 7, 0, 0)$

11. 다음 열벡터를 정규화하라.

(a) $\begin{bmatrix} 4 \\ 3 \end{bmatrix}$ **(b)** $\begin{bmatrix} 1 \\ -3 \end{bmatrix}$ **(c)** $\begin{bmatrix} 3 \\ 4 \\ 0 \end{bmatrix}$

(d) $\begin{bmatrix} -1 \\ 2 \\ -5 \end{bmatrix}$ **(e)** $\begin{bmatrix} 3 \\ 0 \\ 1 \\ 8 \end{bmatrix}$

벡터 사이의 각

12. 다음 벡터 쌍 사이의 각을 구하라.

(a) $(-1, 1), (0, 1)$ **(b)** $(2, 0), (1, \sqrt{3})$
(c) $(2, 3), (3, -2)$ **(d)** $(5, 2), (-5, -2)$

13. 다음 벡터 쌍 사이의 각의 코사인을 구하라.

(a) $(4, -1), (2, 3)$ **(b)** $(3, -1, 2), (4, 1, 1)$
(c) $(2, -1, 0), (5, 3, 1)$ **(d)** $(7, 1, 0, 0), (3, 2, 1, 0)$
(e) $(1, 2, -1, 3, 1), (2, 0, 1, 0, 4)$

14. 다음 열벡터 쌍 사이의 각의 코사인을 구하라.

(a) $\begin{bmatrix} 1 \\ 2 \end{bmatrix}, \begin{bmatrix} -1 \\ 4 \end{bmatrix}$ **(b)** $\begin{bmatrix} 5 \\ 1 \end{bmatrix}, \begin{bmatrix} 0 \\ -3 \end{bmatrix}$
(c) $\begin{bmatrix} 1 \\ -3 \\ 0 \end{bmatrix}, \begin{bmatrix} 2 \\ 5 \\ -1 \end{bmatrix}$ **(d)** $\begin{bmatrix} -2 \\ 3 \\ -4 \end{bmatrix}, \begin{bmatrix} 2 \\ 5 \\ -1 \end{bmatrix}$

직교성

15. 다음 벡터 쌍이 직교함을 보여라.

(a) $(1, 3), (3, -1)$ **(b)** $(-2, 4), (4, 2)$
(c) $(3, 0), (0, -2)$ **(d)** $(7, -1), (1, 7)$

16. 다음 벡터 쌍이 직교함을 보여라.

(a) $(3, -5), (5, 3)$ **(b)** $(1, 2, -3), (4, 1, 2)$
(c) $(7, 1, 0), (2, -14, 3)$
(d) $(5, 1, 0, 2), (-3, 7, 9, 4)$
(e) $(1, -1, 2, -5, 9), (4, 7, 4, 1, 0)$

17. 다음 열벡터 쌍이 직교함을 보여라.

(a) $\begin{bmatrix} 1 \\ 2 \end{bmatrix}, \begin{bmatrix} -6 \\ 3 \end{bmatrix}$ **(b)** $\begin{bmatrix} 5 \\ -2 \end{bmatrix}, \begin{bmatrix} 4 \\ 10 \end{bmatrix}$
(c) $\begin{bmatrix} 4 \\ -1 \\ 0 \end{bmatrix}, \begin{bmatrix} 2 \\ 8 \\ -1 \end{bmatrix}$ **(d)** $\begin{bmatrix} -2 \\ 3 \\ 2 \end{bmatrix}, \begin{bmatrix} 2 \\ 6 \\ -7 \end{bmatrix}$

18. 다음 벡터에 직교하는 영이 아닌 벡터를 구하라.

(a) $(1, 3)$ **(b)** $(7, -1)$
(c) $(-4, -1)$ **(d)** $(-3, 0)$

19. 다음 벡터에 직교하는 영이 아닌 벡터를 구하라.

(a) $(5, -1)$ **(b)** $(1, -2, 3)$
(c) $(5, 1, -1)$ **(d)** $(5, 0, 1, 1)$
(e) $(6, -1, 2, 3)$ **(f)** $(0, -2, 3, 1, 5)$

20. $(1, 2, -1)$과 $(3, 1, 0)$에 동시에 직교하는 벡터를 구하라.

부분공간

21. W를 $\mathbf{w} = (-1, 1, 1)$에 직교하는 $\mathbf{R}^3$ 내의 벡터들의 부분공간이라 하자. W의 기저와 차원을 구하라. 이 부분공간을 기하적으로 해석하라.

22. W를 $\mathbf{w} = (-3, 4, 1)$에 직교하는 $\mathbf{R}^3$ 내의 벡터들의 부분공간이라 하자. W의 기저와 차원을 구하라. 이 부분공간을 기하적으로 해석하라.

23. W를 $\mathbf{w} = (1, -2, 5)$에 직교하는 $\mathbf{R}^3$ 내의 벡터들의 부분공간이라 하자. W의 기저와 차원을 구하라. 이 부분공간을 기하적으로 해석하라.

24. W를 $\mathbf{w} = (1, -3, 7, 4)$에 직교하는 $\mathbf{R}^4$ 내의 벡터들의 부분공간이라 하자. W의 기저와 차원을 구하라. 이 부분공간을 기하적으로 해석하라.

점 사이의 거리

25. 다음 두 점간의 거리를 구하라.

(a) $(6, 5), (2, 2)$
(b) $(3, 1), (-4, 0)$
(c) $(7, -3), (2, 2)$
(d) $(1, -3), (5, 1)$

26. 다음 두 점간의 거리를 구하라.

(a) $(4, 1), (2, -3)$
(b) $(1, 2, 3), (2, 1, 0)$
(c) $(-3, 1, 2), (4, -1, 1)$
(d) $(5, 1, 0, 0), (2, 0, 1, 3)$
(e) $(-3, 1, 1, 0, 2), (2, 1, 4, 1, -1)$

기타 결과

27. 다음의 내적의 성질을 증명하라.

(a) $(\mathbf{u}+\mathbf{v})\cdot\mathbf{w}=\mathbf{u}\cdot\mathbf{w}+\mathbf{v}\cdot\mathbf{w}$

(b) $c\mathbf{u}\cdot\mathbf{v}=c(\mathbf{u}\cdot\mathbf{v})=\mathbf{u}\cdot c\mathbf{v}$

28. $\mathbf{v}$가 영이 아닌 벡터일 때 다음 벡터 $\mathbf{u}$가 $\mathbf{v}$ 방향의 단위벡터임을 증명하라.

$$\mathbf{u}=\frac{1}{\|\mathbf{v}\|}\mathbf{v}$$

29. 두 개의 영이 아닌 벡터 $\mathbf{u}$와 $\mathbf{v}$가 직교할 필요충분조건은 $\mathbf{u}\cdot\mathbf{v}=0$임을 증명하라.

30. $\mathbf{v}$와 $\mathbf{w}$가 벡터공간 U의 두 벡터이고, U의 모든 벡터 $\mathbf{u}$에 대해 $\mathbf{u}\cdot\mathbf{v}=\mathbf{u}\cdot\mathbf{w}$이면 $\mathbf{v}=\mathbf{w}$임을 증명하라.

31. $\mathbf{u}, \mathbf{v}_1, \ldots, \mathbf{v}_n$이 어떤 벡터공간의 벡터이고 $a_1, \ldots, a_n$이 스칼라라고 할 때 다음을 증명하라.

$$\mathbf{u}\cdot(a_1\mathbf{v}_1+\cdots+a_n\mathbf{v}_n)=a_1\mathbf{u}\cdot\mathbf{v}_1+\cdots+a_n\mathbf{u}\cdot\mathbf{v}_n$$

32. $\mathbf{u}, \mathbf{v}, \mathbf{w}$가 유클리드 공간의 벡터이고 c, d가 영이 아닌 스칼라라고 하자. 다음 각 표현이 스칼라인지, 벡터인지 또는 잘못된 표현인지 밝혀라.

(a) $(\mathbf{u}\cdot\mathbf{v})\mathbf{w}$ **(b)** $(\mathbf{u}\cdot\mathbf{v})\cdot\mathbf{w}$

(c) $\mathbf{u}\cdot\mathbf{v}+c\mathbf{w}$ **(d)** $\mathbf{u}\cdot\mathbf{v}+c$

(e) $c(\mathbf{u}\cdot\mathbf{v})+d\mathbf{w}$ **(f)** $\|\mathbf{u}+c\mathbf{v}\|+d$

(g) $c\mathbf{u}\cdot d\mathbf{v}+\|\mathbf{w}\|\mathbf{v}$ **(h)** $\|\mathbf{u}\cdot\mathbf{v}\|$

33. $\|c(3, 0, 4)\|=15$를 만족하는 c의 모든 값을 구하라.

34. 다음이 $\mathbf{u}, \mathbf{v}$가 직교 벡터일 필요충분조건임을 증명하라.

$$\|\mathbf{u}+\mathbf{v}\|^2=\|\mathbf{u}\|^2+\|\mathbf{v}\|^2$$

35. (a, b)가 $\mathbf{R}^2$의 벡터라 하자. $(-b, a)$가 (a, b)와 직교함을 증명하라.

36. $\mathbf{u}, \mathbf{v}$가 $\mathbf{R}^n$의 벡터라 하자. $\|\mathbf{u}\|=\|\mathbf{v}\|$일 필요충분조건은 $\mathbf{u}+\mathbf{v}$와 $\mathbf{u}-\mathbf{v}$가 직교하는 것임을 증명하라.

37. $\mathbf{u}$가 $\mathbf{R}^n$의 벡터이고 c가 스칼라라고 하자. 벡터의 놈이 다음 성질을 가짐을 증명하라.

(a) $\|\mathbf{u}\|\geq 0$

(b) $\|\mathbf{u}\|=0$일 필요충분조건은 $\mathbf{u}=\mathbf{0}$이다.

(c) $\|c\mathbf{u}\|=|c|\|\mathbf{u}\|$

38. 벡터공간 $\mathbf{R}^n$을 고려하자. $\mathbf{u}=(u_1, \ldots, u_n)$이 $\mathbf{R}^n$의 벡터라고 할 때 다음의 두 놈이 모두 연습문제 33에 언급된 놈의 성질들을 만족함을 증명하라. 이 놈들은 유클리드 놈을 도출하지는 않지만, 놈으로서 가져야 할 모든 대수적 성질을 가지고 있어 수치해석에서 사용된다.

(a) $\|\mathbf{u}\|=|u_1|+\cdots+|u_n|$ 크기의 합 놈

(b) $\|\mathbf{u}\|=\max\limits_{i=1\ldots n}|u_n|$ 최대 크기 놈

(c) 벡터 $(1, 2), (-3, 4), (1, 2, -5), (0, -2, 7)$에 대해 이 놈들의 값을 구하라.

39. $\mathbf{x}, \mathbf{y}, \mathbf{x}$가 $\mathbf{R}^n$의 점들일 때 거리가 다음 성질을 가짐을 증명하라.

(a) $d(\mathbf{x}, \mathbf{y})\geq 0$

(b) $d(\mathbf{x}, \mathbf{y})=0$일 필요충분조건은 $\mathbf{x}=\mathbf{y}$이다.

(c) $d(\mathbf{x}, \mathbf{z})\leq d(\mathbf{x}, \mathbf{y})+d(\mathbf{y}, \mathbf{z})$

이 성질들은 거리의 개념을 다른 공간에 대해 일반화할 때 공리로 사용된다.

*1.7 곡선 맞추기, 전기회로, 교통흐름

선형방정식계는 전기공학, 경제학, 교통분석 등과 같은 다양한 분야에서 사용된다. 이들 분야 중 몇몇에 응용되는 예를 논해보자.

곡선 맞추기(curve fitting)

다음 문제는 과학의 많은 분야에서 발생한다. 점들의 데이터가

$$(x_1, y_1), (x_2, y_2), \ldots, (x_n, y_n)$$

과 같이 주어지고 그래프가 이 점들을 지나는 다항식을 찾아야 한다고 하자. 점들은 흔히

* 별표된 절과 장은 선택적이다. 강의자는 취향에 따라 핵심부분에 이 부분을 더하여 강의할 수 있다.

실험에서의 측정값이다. x 좌표는 **기준점**(base points)이라고 불린다. 만약 기준점들이 모두 다르면 $n-1$차(또는 그 이하)의 유일한 다항식

$$y = a_0 + a_1 x + \cdots + a_{n-2}x^{n-2} + a_{n-1}x^{n-1}$$

으로 주어진 점들을 **맞출**(fitting) 수 있음을 보일 수 있다. 그림 1.25를 보라.

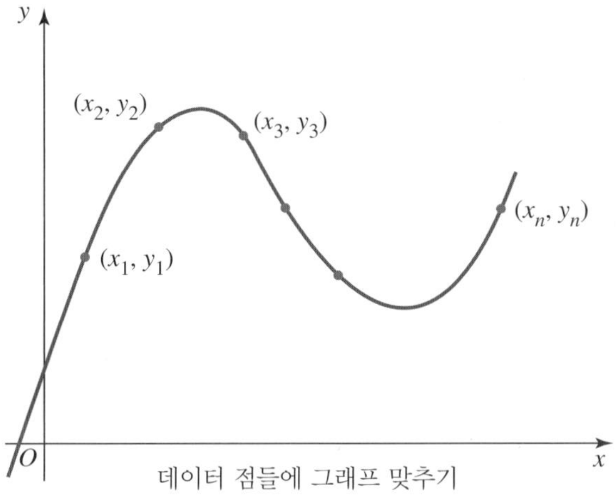

그림 1.25

적절한 다항식의 계수들 $a_0, a_1, \ldots, a_{n-2}, a_{n-1}$는 점들을 다항식에 대입한 후 선형방정식계를 풀어서 구할 수 있다. (계수들을 구할 때 보통 다항식을 x의 거듭제곱의 차수가 낮은 것부터 쓴다. 선형방정식계의 계수행렬의 열은 보통 일정한 패턴을 보이는데, 이에 관해서는 나중에 더 언급될 것이다.)

이제 세 점의 데이터에 이차의 다항식인 타원을 맞추는 과정을 예시한다.

예제 1

그래프가 점 (1, 6), (2, 3), (3, 2)를 지나는 이차 방정식을 구하라.

풀이

이 예에서 세 개의 점이 주어지고 이차(데이터 점의 수보다 하나 적은) 다항식을 찾기를 원하고 있음을 관찰하라. 다항식이

$$y = a_0 + a_1 x + a_2 x^2$$

이라고 하자. 주어진 세 점을 세 미지수 a_0, a_1, a_2의 값을 구하기 위해 사용할 것이다. 순서대로

$$x = 1, y = 6; x = 2, y = 3; x = 3, y = 2$$

과 같이 대입하여 다음과 같이 a_0, a_1, a_2가 변수인 세 개의 선형방정식계를 얻는다.

$$\begin{aligned} a_0 + a_1 + a_2 &= 6 \\ a_0 + 2a_1 + 4a_2 &= 3 \\ a_0 + 3a_1 + 9a_2 &= 2 \end{aligned}$$

가우스-요르단 소거를 이용하여 a_0, a_1, a_2에 대해 풀면:

$$\begin{bmatrix}1 & 1 & 1 & 6\\1 & 2 & 4 & 3\\1 & 3 & 9 & 2\end{bmatrix} \underset{\substack{R2+(-1)R1\\R3+(-1)R1}}{\approx} \begin{bmatrix}1 & 1 & 1 & 6\\0 & 1 & 3 & -3\\0 & 2 & 8 & -4\end{bmatrix}$$

$$\underset{\substack{R1+(-1)R2\\R3+(-2)R2}}{\approx} \begin{bmatrix}1 & 0 & -2 & 9\\0 & 1 & 3 & -3\\0 & 0 & 2 & 2\end{bmatrix} \underset{(\frac{1}{2})R3}{\approx} \begin{bmatrix}1 & 0 & -2 & 9\\0 & 1 & 3 & -3\\0 & 0 & 1 & 1\end{bmatrix}$$

$$\underset{\substack{R1+(2)R3\\R2+(-3)R3}}{\approx} \begin{bmatrix}1 & 0 & 0 & 11\\0 & 1 & 0 & -6\\0 & 0 & 1 & 1\end{bmatrix}$$

결국 $a_0 = 11, a_1 = -6, a_2 = 1$을 얻는다. 주어진 세점을 지나는 포물선은 $y = 11 - 6x + x^2$이다. 그림 1.26을 보라.

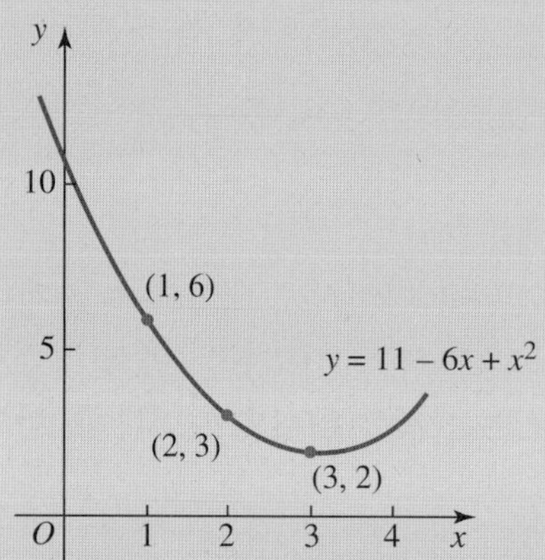

그림 1.26

전기회로 분석

선형방정식계는 전기회로의 다양한 갈래(branch)를 통과하는 전류를 구하는 데 이용된다. 실험적 검증에 의해 확인된 다음의 두 법칙이 방정식을 도출해 준다.

키르히호프(Kirchhoff)의 법칙*

1. **접속점(junction)**: 접속점으로 들어오는 전류는 모두 흘러나가야 한다.
2. **경로(path)**: 닫힌 경로 주위에서 어느 한쪽 방향으로 돌며 IR항(I전류, R은 저항을 의미)들을 합하면 그 경로에서 그 방향으로의 전압의 합과 같다.

* 키르히호프(Gustav Rubert Kirchhoff(1824~1887)는 쾨니히스베르크 대학을 나와 거의 대부분 하이델베르크 대학에서 가르쳤다. 그의 가장 큰 업적은 전자기 복사의 법칙을 발견하고 분석한 것이다. 키르히호프는 탁월한 교육자 겸 저작가로 그의 책들은 독일 대학의 교육에 영향를 끼쳤다. 키르히호프는 "쉽게 터놓지는 않지만 쾌활하고 친절한 성향을 가지고 있다"고 묘사된다.

예제 2

그림 1.27의 전기회로에서 망(network)의 각 갈래를 통해 흐르는 전류를 구하라.

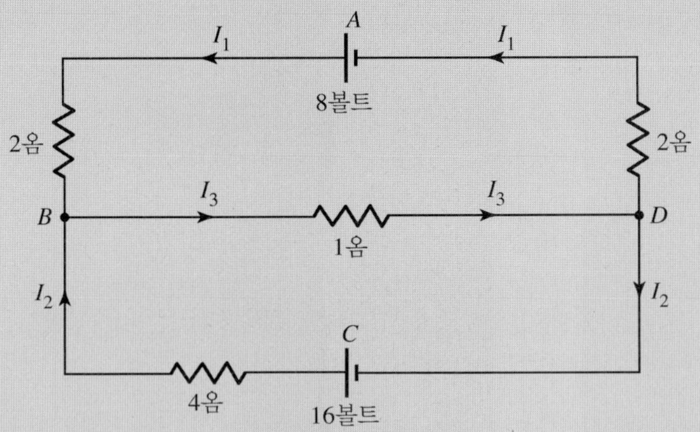

그림 1.27

풀이

전지(⊣⊢로 표시됨)들은 8볼트와 16볼트이다. 전기공학에서 전류가 흘러나오는 전지의 끝점을 표시하기 위해 다음의 관례적 표현이 사용된다: ⊣⊢. 저항(∿∿∿)은 1옴, 4옴이 하나씩, 2옴이 두 개이다. 각 전지로 들어오는 전류는 나가는 양과 같다.

위의 회로의 여러 갈래의 전류를 각각 I_1, I_2, I_3라고 두자. 키르히호프의 법칙은 접속점과 닫힌 경로를 언급하고 있는데 이 회로에는 B, D의 두 개의 접속점과 $ABDA$, $CBDC$, $ABCDA$의 세 개의 닫힌 경로가 있다. 이들에 법칙을 적용하면:

접속점:

$$\text{접속점 } B, I_1 + I_2 = I_3$$
$$\text{접속점 } D, I_3 = I_1 + I_2$$

이들 두 방정식은 다음의 하나의 선형방정식으로 귀결된다.

$$I_1 + I_2 - I_3 = 0$$

경로:

$$\text{경로 } ABDA, \quad 2I_1 + 1I_3 + 2I_1 = 8$$
$$\text{경로 } CBDC, \quad 4I_2 + 1I_3 = 16$$

경로 $ABCDA$는 더 이상 검토할 필요가 없다. 이미 세 개의 미지수 I_1, I_2, I_3의 세 개의 선형방정식의 계가 얻어졌고, $ABCDA$는 마지막 두 방정식의 조합인 방정식을 주어 새로운 정보가 되지 않기 때문이다.

이제 문제는 다음과 같은 세 개 변수의 세 개 선형방정식을 푸는 것으로 축소되었다.

$$\begin{aligned} I_1 + I_2 - I_3 &= 0 \\ 4I_1 \quad\quad + I_3 &= 8 \\ 4I_2 + I_3 &= 16 \end{aligned}$$

가우스-요르단 소거법을 쓰면 다음을 얻는다.

$$\begin{bmatrix} 1 & 1 & -1 & 0 \\ 4 & 0 & 1 & 8 \\ 0 & 4 & 1 & 16 \end{bmatrix} \underset{R2 + (-4)R1}{\approx} \begin{bmatrix} 1 & 1 & -1 & 0 \\ 0 & -4 & 5 & 8 \\ 0 & 4 & 1 & 16 \end{bmatrix}$$

$$\underset{(-\frac{1}{4})R2}{\approx} \begin{bmatrix} 1 & 1 & -1 & 0 \\ 0 & 1 & -\frac{5}{4} & -2 \\ 0 & 4 & 1 & 16 \end{bmatrix} \underset{\substack{R1 + (-1)R2 \\ R3 + (-4)R2}}{\approx} \begin{bmatrix} 1 & 0 & \frac{1}{4} & 2 \\ 0 & 1 & -\frac{5}{4} & -2 \\ 0 & 0 & 6 & 24 \end{bmatrix}$$

$$\underset{(\frac{1}{6})R3}{\approx} \begin{bmatrix} 1 & 0 & \frac{1}{4} & 2 \\ 0 & 1 & -\frac{5}{4} & -2 \\ 0 & 0 & 1 & 4 \end{bmatrix} \underset{\substack{R1 + (-\frac{1}{4})R3 \\ R2 + (\frac{5}{4})R3}}{\approx} \begin{bmatrix} 1 & 0 & 0 & 1 \\ 0 & 1 & 0 & 3 \\ 0 & 0 & 1 & 4 \end{bmatrix}$$

전류는 $I_1 = 1, I_2 = 3, I_3 = 4$이고 단위는 암페어이다. 해는 이 물리적 상황에서 기대되는 바와 같이 유일하다.

예제 3

그림 1.28의 전기회로에서 각 갈래를 통해 흐르는 전류를 결정하라. 이 예는 법칙 2를 적용할 때 방향을 어떻게 정해야 하는지 보여준다.

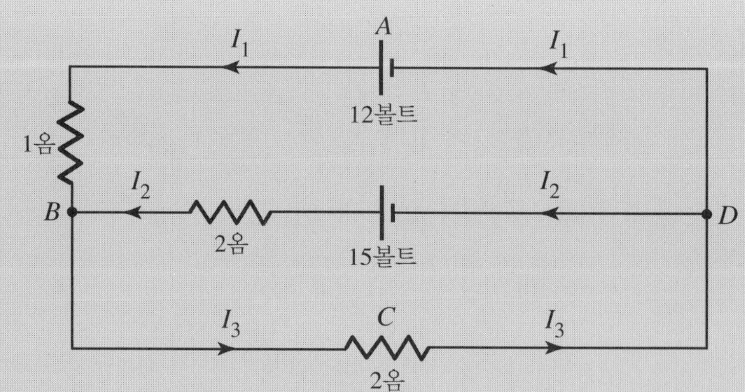

그림 1.28

풀이

접속점:

$$\text{접속점 } B, I_1 + I_2 = I_3$$
$$\text{접속점 } D, I_3 = I_1 + I_2$$

이로부터 $I_1 + I_2 - I_3 = 0$.

경로:

$$\text{경로 } ABCDA, 1I_1 + 2I_3 = 12$$

경로 $ABDA$, $1I_1 + 2(-I_2) = 12 + (-16)$

마지막 경로에서 방향을 $ABDA$로 택한 것을 주목하라. 갈래 BD에서 이 방향으로 흐르는 전류는 $-I_1$이고 전압은 -16이다. 이제 세 변수 I_1, I_2, I_3의 세 개 방정식을 다음과 같이 얻는다.

$$\begin{aligned} I_1 + I_2 - I_3 &= 0 \\ I_1 \qquad + 2I_3 &= 12 \\ I_1 - 2I_2 \qquad &= -4 \end{aligned}$$

이 방정식들을 풀면 $I_1 = 2$, $I_2 = 3$, $I_3 = 5$ 암페어를 얻는다.

실제로 전기회로는 수많은 저항과 회로를 포함하고 있어 갈래를 지나는 전류를 구하기 위해 커다란 방정식계를 컴퓨터에서 풀어야 한다.

교통흐름

앞에서 살펴본 바와 같이 망의 분석은 전기공학에서 중요한 역할을 하고 있다. 근래에 망 분석의 개념과 도구들이 정보이론이나 수송시스템 연구와 같은 여러 다른 분야에서 유용하게 사용될 수 있다는 것이 알려졌다. 서론에서 언급된 바 있는 다음의 교통흐름 분석은 어떻게 많은 해를 갖는 선형방정식계가 실제 문제에서 나타나는지를 보여준다.

그림 1.29의 전형적인 도로망을 살펴보자. 그림은 플로리다의 잭슨빌의 중심가의 한 지역을 나타낸다. 도로는 모두 일방통행인데 교통의 방향은 화살표로 표시되어 있다. 교통량은 시간당 차량 수(vph)로 측정된다. 여기 주어진 망으로 들어오고 나가는 수들은 주중의 혼잡시간인 오전 7시와 오전 9시 사이와 오후 4시와 오후 6시 사이를 기준으로 얻어졌다. 망에서의 흐름량 $x_1, \ldots, x_4$을 분석하는 데 사용될 수학 모형을 만들어보자.

다음의 교통법칙이 적용된다고 가정하자.

교차점으로 들어가는 모든 교통량은 그 교차점을 떠나야 한다.

흐름 보존(전기회로에서 키르히호프 법칙 1과 비교해보라)의 제약은 선형방정식계를 도출해준다. 즉 교차점별로:

A: 들어오는 교통량 $= x_1 + x_2$, 나가는 교통량 $= 400 + 225$, 따라서 $x_1 + x_2 = 625$

B: 들어오는 교통량 $= 350 + 125$, 나가는 교통량 $= x_1 + x_4$, 따라서 $x_1 + x_4 = 475$

C: 들어오는 교통량 $= x_3 + x_4$, 나가는 교통량 $= 600 + 300$, 따라서 $x_3 + x_4 = 900$

D: 들어오는 교통량 $= 800 + 250$, 나가는 교통량 $= x_2 + x_3$, 따라서 $x_2 + x_3 = 1050$

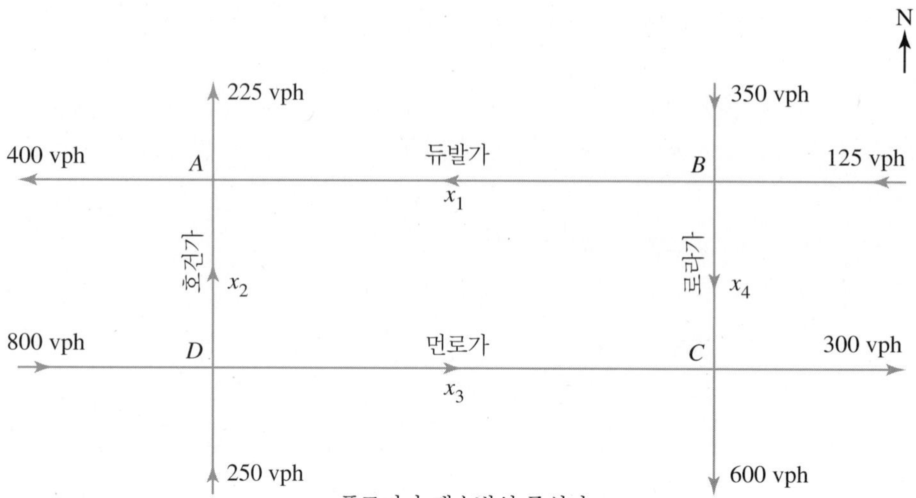

플로리다 잭슨빌의 중심가

그림 1.29

교통에 대한 제약 다음의 선형방정식계으로 표현된다.

$$
\begin{aligned}
x_1 + x_2 &= 625 \\
x_1 + x_4 &= 475 \\
x_3 + x_4 &= 900 \\
x_2 + x_3 &= 1050
\end{aligned}
$$

가우스-요르단 소거법이 이 방정식을 위해 사용된다. 위의 계의 첨가행렬과 기약 사다리형은 다음과 같다.

$$
\begin{bmatrix} 1 & 1 & 0 & 0 & 625 \\ 1 & 0 & 0 & 1 & 475 \\ 0 & 0 & 1 & 1 & 900 \\ 0 & 1 & 1 & 0 & 1050 \end{bmatrix} \approx \cdots \approx \begin{bmatrix} 1 & 0 & 0 & 1 & 475 \\ 0 & 1 & 0 & -1 & 150 \\ 0 & 0 & 1 & 1 & 900 \\ 0 & 0 & 0 & 0 & 0 \end{bmatrix}
$$

이 기약 사다리형에 해당하는 방정식계는 다음과 같다.

$$
\begin{aligned}
x_1 + x_4 &= 475 \\
x_2 - x_4 &= 150 \\
x_3 + x_4 &= 900
\end{aligned}
$$

각 선도변수를 남은 변수들의 항으로 표현하여 다음을 얻는다.

$$
\begin{aligned}
x_1 &= -x_4 + 475 \\
x_2 &= x_4 + 150 \\
x_3 &= -x_4 + 900
\end{aligned}
$$

아마도 예상했겠지만 이 방정식계는 많은 해를 갖는다. 즉 많은 교통흐름이 가능하여 교차점에서 어느 정도 선택의 여지가 있다. 이 수학모형을 사용하여 정보를 얻어 보자. 먼로가의 *DC* 구간에서 도로공사를 해야 할 필요가 있다고 하자. 이 구간을 지나는 흐름 x_3를 최소로 하는 것이 바람직할 것이다. 흐름은 교통신호를 통해 여러 길래길에서 조절될 수 있다. 교통 혼잡을 유발하지 않는 *DC*에서의 x_3의 최소값은 얼마인가? 이 질문에 답하기 위해 앞의 방정식계를 사용한다.

모든 교통흐름은 음이 아니어야 한다.(음의 흐름은 일방통행 도로에서 역방향으로 가는 흐름이라고 해석될 수 있다.) 세 번째 방정식에서 x_4가 900을 넘지 않는 범위에서 되도록 커야만 x_3가 최소가 됨을 알 수 있다. x_1, x_2가 음이 되지 않도록 하는 x_4의 최대값은 475이다. 따라서 x_3의 최소값은 $-475 + 900 = 425$이다. 먼로가에서의 도로공사는 최소한 425 vph를 허용해야 한다.

실제에서는 망이 여기서 예시된 것보다 훨씬 더 거대해서 컴퓨터에서 다루어야 하는 커다란 선형방정식계가 얻어진다. 다양한 변수 값들이 넣어질 수 있고 다양한 시나리오가 만들어질 수 있다.

연습문제 1.7

곡선맞추기

문제 [1~5]에서는 그래프가 주어진 점들을 지나는 이차 방정식을 구하라.

1. (1, 2), (2, 2), (3, 4)

2. (1, 14), (2, 22), (3, 32)

3. (1, 5), (2, 7), (3, 9)

4. (1, 8), (3, 26), (5, 60). $x = 2$일 때 y의 값은 얼마인가?

5. $(-1, -1)$, (0, 1), $(1, -3)$. $x = 3$일 때 y의 값은 얼마인가?

6. 그래프가 점 $(1, -3)$, $(2, -1)$, (3, 9), (4, 33)을 지나는 삼차 방정식을 구하라.

전기회로

문제 [7~14]에서는 전기회로의 여러 갈래에서의 전류를 구하라. 전류의 단위는 암페어이고 저항의 단위는 옴이다.(**힌트** 문제 14에서는 AB를 통해 흐르는 전류의 방향을 정하기 힘들다. 추측하라. 전류가 음이 나오면 전류가 역방향이 되므로 추측이 틀렸다는 것을 의미한다. 하지만 크기는 맞으므로 문제를 다시 풀 필요가 없다.)

7.

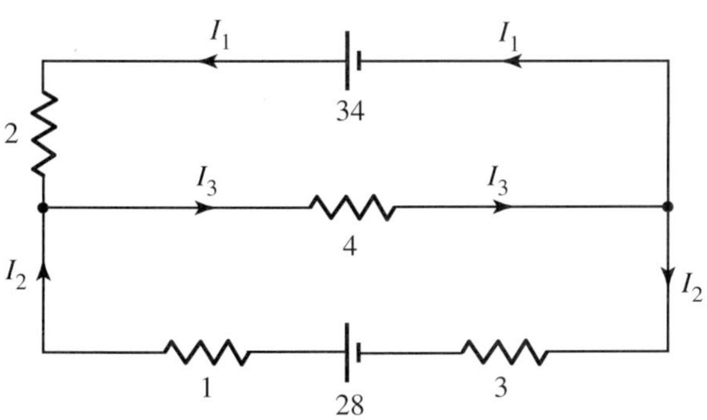

8.

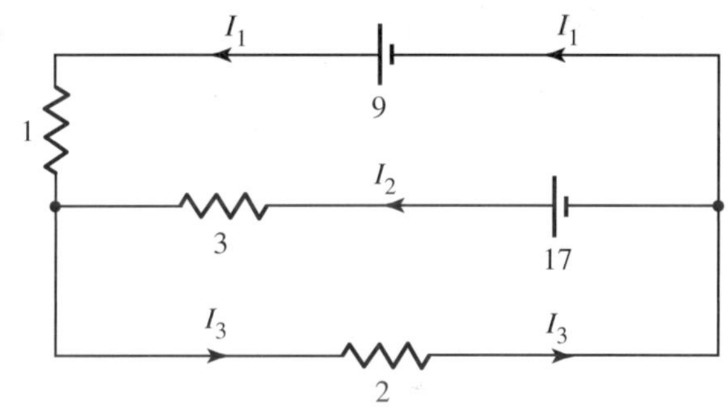

9.

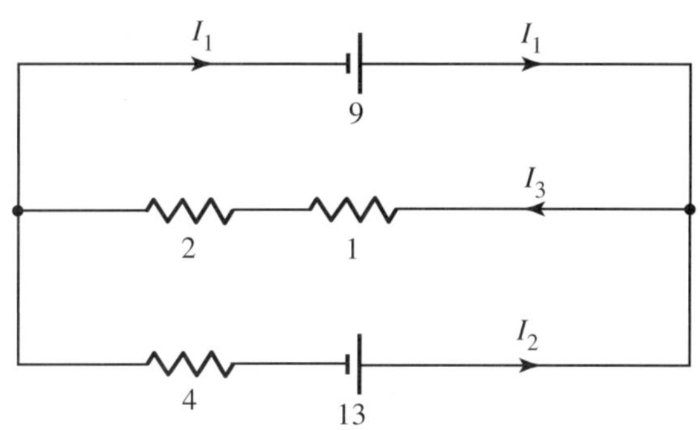

10.

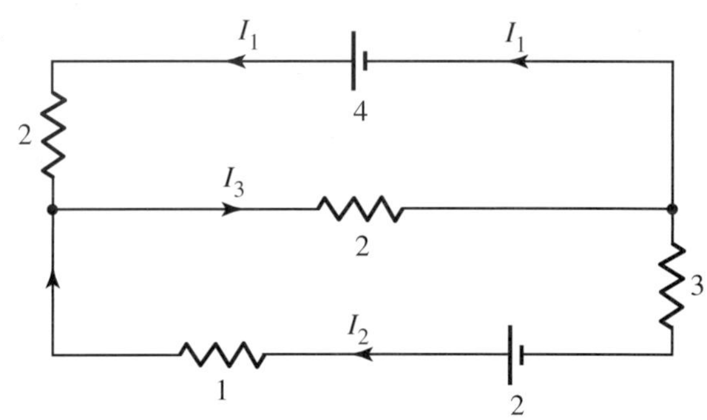

11.

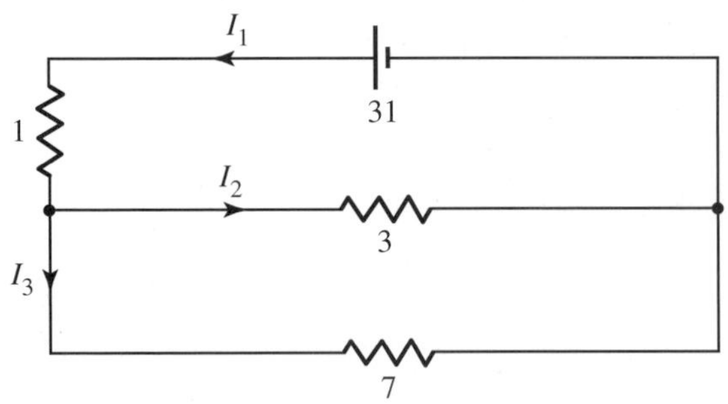

12.

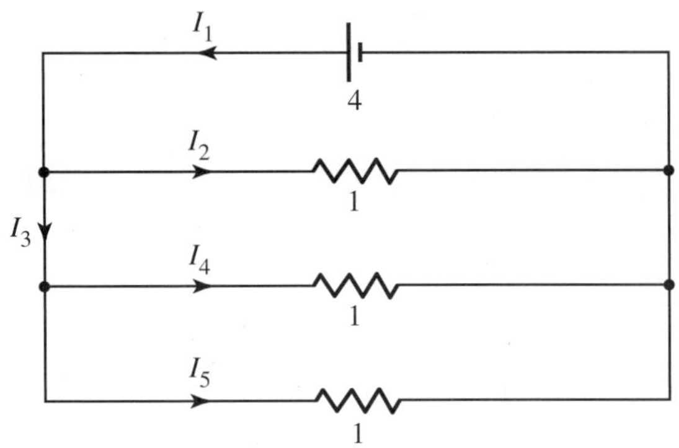

13.

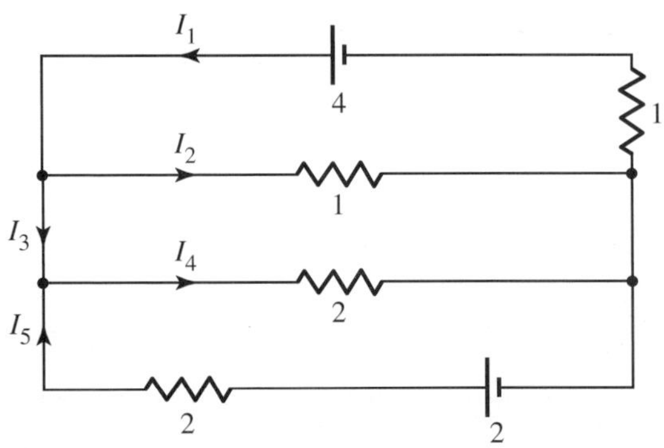

14.

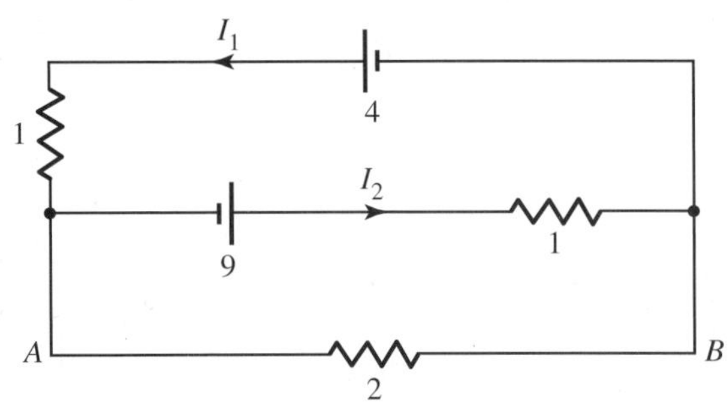

15. 그림 1.30의 전기회로의 여러 갈래에서의 전류를 구하라.

(a) 전지 C가 9볼트일 때

(b) 전지 C가 23볼트일 때

(b)에서 어떻게 AB를 지나는 전류의 방향이 뒤바뀌는지 주목하라. AB를 통해서 전류가 흐르지 않게 하려면 C의 전압은 얼마가 되어야 하는가?

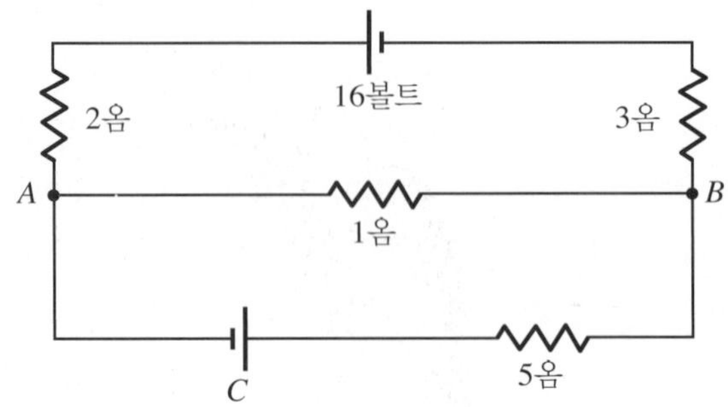

그림 1.30

교통흐름

16. 그림 1.31의 도로망에서 교통흐름을 나타내는 선형방정식계를 만들어라. 모든 도로는 표시된 방향으로의 일방통행 도로이다. 단위는 시간당 차량 수이다. 가능한 교통흐름 값의 두 가지를 다른 예를 들어보라. 갈래길 AB를 지나는 흐름의 가능한 최소량은 얼마인가?

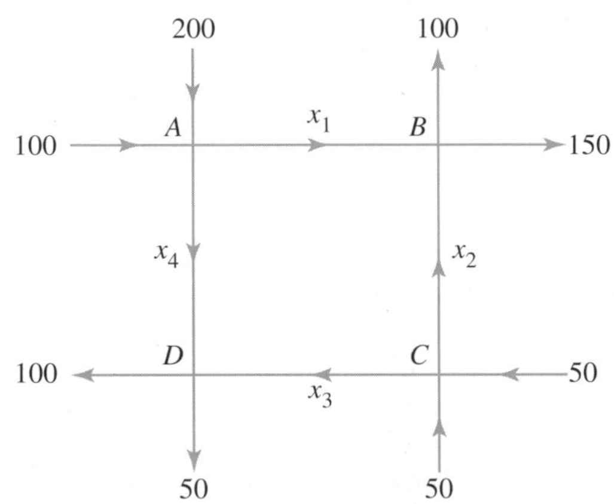

그림 1.31

17. 그림 1.32는 로터리 형태의 도로교차점에서 들어오고 나가는 교통흐름을 나타낸다. 이런 교차점은 유럽에서 아주 흔하다. 여러 갈래길에서의 교통흐름을 기술하는 방정식계를 만들어라. 갈래길 BC를 따라 흐르는 흐름의 가능한 최소량은 얼마인가? 그때의 다른 흐름들은 얼마인가?(단위는 시간당 차량 수)

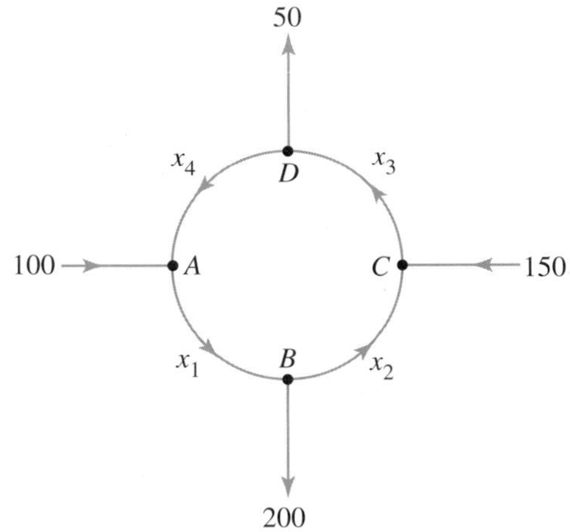

그림 1.32

18. 그림 1.33은 유럽 대륙에 있는 또 다른 로터리 형태의 도로 교차점에서 들어오고 나가는 교통흐름을 나타낸다. 이런 로터리는 도로 교차점에서의 연속적이고 원활한 교통흐름을 보장한다. 여러 갈래길을 지나는 교통흐름을 기술하는 선형방정식계를 만들어라. 이 방정식들을 이용하여 x_1 흐름의 가능한 최소량을 구하라. 그때의 다른 흐름들은 얼마인가?(기약 사다리형을 구할 필요 없다. 교통흐름은 음이 될 수 없다는 사실을 이용하라.)

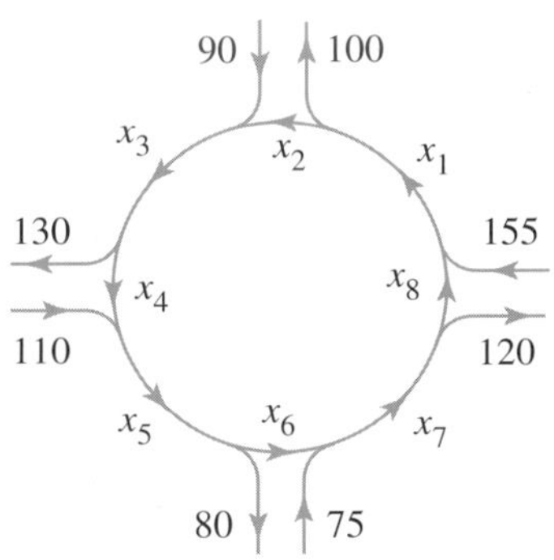

그림 1.33

19. 그림 1.34는 교통흐름을 나타낸다. 단위는 시간당 차량 수이다.

(a) 흐름을 기술하는 선형방정식계 만들어라.

(b) 차량이 도로의 어떤 구간을 통과하는 시간은 그 구간의 교통흐름에 비례한다. 예를 들어 x_1대의 차량이 구간 AB를 통과하는 시간은 kx_1분이다. 이 때 상수는 도로의 모든 구간에서 동일하다고 가정하자. 200대의 차량이 이 교통망에 체류하는 총시간이 $kx_1 + 2kx_2 + kx_3 + 2kx_4 + kx_5$라고 한다. $k = 4$일 때 이 총시간은 얼마인가? 각 차량의 평균 체류시간을 구하라.

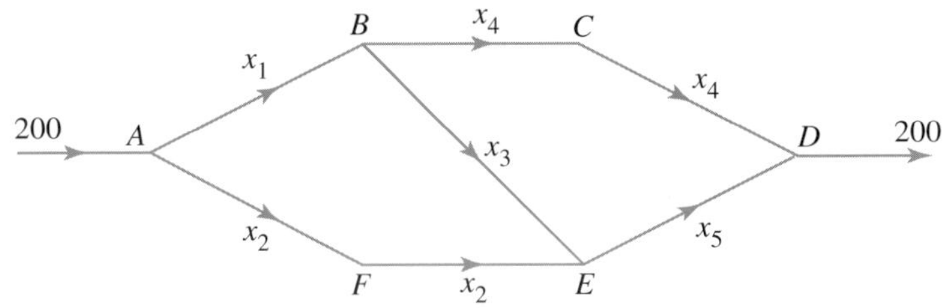

그림 1.34

20. 점 (1, 2), (3, 4)를 지나는 2차의 다항식은 많다. 이 상황은 많은 해를 갖는 세 개 변수의 두 개의 선형방정식의 계에 의해 기술될 수 있다. 이 다항식들의 모임을 표현하는 방정식(하나의 매개변수를 포함하는)을 찾아라. 위쪽으로 열린 다항식과 아래쪽으로 열린 다항식을 구하라.

21. 점 (1, 2), (3, 4), (4, 8)을 지나는 3차의 다항식은 많다. 이 상황은 많은 해를 갖는 네 개 변수의 세 개의 선형방정식의 계에 의해 기술될 수 있다. 이 다항식들의 모임을 표현하는 방정식(하나의 매개변수를 포함하는)을 찾아라. 이 점들을 지나며 x^3의 계수가 1인 유일한 3차의 다항식을 구하라.

1장 복습문제*

1. 다음 행렬의 크기를 말하라.

(a) $\begin{bmatrix} 4 & 3 & -2 \\ 1 & 5 & 7 \end{bmatrix}$ **(b)** $\begin{bmatrix} 0 & 2 \\ 4 & 6 \end{bmatrix}$

(c) $\begin{bmatrix} 4 & 3 & 2 & 7 \end{bmatrix}$ **(d)** $\begin{bmatrix} -2 \\ 3 \\ 6 \end{bmatrix}$

(e) $\begin{bmatrix} 8 & 5 & 3 & -7 & 5 & 9 \\ -2 & 3 & 5 & 7 & 0 & 2 \\ 4 & -3 & 5 & 1 & 2 & 3 \\ 0 & -8 & -1 & 5 & 3 & 8 \end{bmatrix}$

* 모든 복습문제의 답이 책 뒤에 실려 있다.

2. 다음 행렬의 (1, 3), (2, 1), (3, 3), (2, 5), (3, 6) 원소를 말하라.

$$\begin{bmatrix} 3 & 2 & 0 & 7 & 8 & 4 \\ 6 & 7 & 4 & 2 & 1 & 0 \\ 0 & 2 & 5 & 7 & 8 & 9 \end{bmatrix}$$

3. 단위행렬 I_5를 써라.

4. 다음 각 방정식계의 계수행렬과 첨가행렬을 써라.

(a) $\begin{aligned} x_1 + 2x_2 &= 6 \\ 4x_1 - 3x_2 &= -1 \end{aligned}$

(b) $\begin{aligned} 2x_1 + x_2 - 4x_3 &= 1 \\ x_1 - 2x_2 + 8x_3 &= 0 \\ 3x_1 + 5x_2 - 7x_3 &= -3 \end{aligned}$

(c) $\begin{aligned} -x_1 + 2x_2 - 7x_3 &= -2 \\ 3x_1 - x_2 + 5x_3 &= 3 \\ 4x_1 + 3x_2 &= 5 \end{aligned}$

(d) $\begin{aligned} x_1 &= 1 \\ x_2 &= 5 \\ x_3 &= -3 \end{aligned}$

(e) $\begin{aligned} -2x_1 + 3x_2 - 8x_3 + 5x_4 &= -2 \\ x_1 + 5x_2 - 6x_4 &= 0 \\ -x_2 + 2x_3 + 3x_4 &= 5 \end{aligned}$

5. 다음 행렬들을 방정식계의 첨가행렬로 파악하고 해당하는 방정식계를 써라.

(a) $\begin{bmatrix} 4 & 2 & 0 \\ -3 & 7 & 8 \end{bmatrix}$ **(b)** $\begin{bmatrix} 1 & 9 & -3 \\ 0 & 3 & 2 \end{bmatrix}$

(c) $\begin{bmatrix} 1 & 2 & 3 & 4 \\ 5 & 0 & -3 & 6 \end{bmatrix}$ **(d)** $\begin{bmatrix} 1 & 0 & 0 & 5 \\ 0 & 1 & 0 & -8 \\ 0 & 0 & 1 & 2 \end{bmatrix}$

(e) $\begin{bmatrix} 1 & 4 & -1 & 7 \\ 0 & 1 & 3 & 8 \\ 0 & 0 & 1 & -5 \end{bmatrix}$

6. 다음 각 행렬이 기약 사다리형인지를 판정하라. 기약 사다리형이 아니라면 그 이유를 써라.

(a) $\begin{bmatrix} 1 & 0 & 4 \\ 0 & 1 & 7 \end{bmatrix}$ **(b)** $\begin{bmatrix} 1 & 3 & 0 & 5 \\ 0 & 0 & 1 & 9 \\ 0 & 0 & 0 & 0 \end{bmatrix}$

(c) $\begin{bmatrix} 1 & 2 & 0 & 6 \\ 0 & 1 & 0 & -7 \\ 0 & 0 & 1 & 9 \end{bmatrix}$ **(d)** $\begin{bmatrix} 1 & 3 & 0 & 0 & 2 \\ 0 & 0 & 1 & 0 & 5 \\ 0 & 0 & 0 & 1 & 7 \end{bmatrix}$

(e) $\begin{bmatrix} 1 & 8 & 0 & 0 & 2 \\ 0 & 0 & 0 & 1 & -7 \\ 0 & 0 & 1 & 0 & 3 \end{bmatrix}$

7. 아래 방정식계는 모두 해가 유일하다. 행렬에 대한 가우스-요르단 소거법을 이용하여 이들을 풀어라.

(a) $\begin{aligned} 2x_1 + 4x_2 &= 2 \\ 3x_1 + 7x_2 &= 2 \end{aligned}$

(b) $\begin{aligned} x_1 - 2x_2 - 6x_3 &= -17 \\ 2x_1 - 6x_2 - 16x_3 &= -46 \\ x_1 + 2x_2 - x_3 &= -5 \end{aligned}$

(c) $\begin{aligned} x_2 + 2x_3 + 6x_4 &= 21 \\ x_1 - x_2 + x_3 + 5x_4 &= 12 \\ x_1 - x_2 - x_3 - 4x_4 &= -9 \\ 3x_1 - 2x_2 - 6x_4 &= -4 \end{aligned}$

8. (가능하다면)다음 방정식계를 가우스-요르단 소거법을 이용하여 풀어라.

(a) $\begin{aligned} x_1 - x_2 + x_3 &= 3 \\ -2x_1 + 3x_2 + x_3 &= -8 \\ 4x_1 - 2x_2 + 10x_3 &= 10 \end{aligned}$

(b) $\begin{aligned} x_1 + 3x_2 + 6x_3 - 2x_4 &= -7 \\ -2x_1 - 5x_2 - 10x_3 + 3x_4 &= 10 \\ x_1 + 2x_2 + 4x_3 &= 0 \\ x_2 + 2x_3 - 3x_4 &= -10 \end{aligned}$

9. A를 기약 사다리형인 $n \times n$ 행렬이라 하자. 만약 $A \neq I_n$이면 A는 원소가 모두 영인 행을 가짐을 증명하라.

10. A와 B가 행동등인 행렬이라 하자. A와 B는 동일한 기약 사다리형을 가짐을 증명하라.

11. 다음의 $\mathbf{R}^2$의 위치벡터를 그려라.

(a) $\overrightarrow{OA} = (1, 4)$ **(b)** $\overrightarrow{OB} = (-2, 3)$
(c) $\overrightarrow{OC} = (4, -1)$

12. $\mathbf{R}^3$의 위치벡터 (2, 0, 0), (0−1, 0), (1, 4, 2)를 그려라.

13. 다음의 선형결합을 계산하라.

$\mathbf{u} = (3, -1, 5)$, $\mathbf{v} = (2, 3, 7)$일 때 $\mathbf{w} = (0, 1, -3)$

(a) $\mathbf{u} + \mathbf{w}$ **(b)** $3\mathbf{u} + \mathbf{v}$
(c) $\mathbf{u} - 2\mathbf{w}$ **(d)** $4\mathbf{u} - 2\mathbf{v} + 3\mathbf{w}$
(e) $2\mathbf{u} - 5\mathbf{v} - \mathbf{w}$

14. 벡터 (−1, 3, −5)가 벡터 (1, 2, 0), (0, 1, 4), (−3, 2, 7)의 선형결합인지 판정하라.

15. 다음 형태의 벡터 집합이 $\mathbf{R}^3$의 부분공간인지 판정하라.

(a) $(a, b, a + 2b)$ **(b)** $(a, b, a + 4)$

16. 다음의 동차 선형방정식계와 일반해를 고려하자. 해들은 $\mathbf{R}^4$의 부분공간 W를 형성한다. W의 기저와 차원을 구하라.

$$\begin{aligned} x_1 + x_2 - 2x_3 - 4x_4 &= 0 \\ 2x_1 + x_2 - 4x_3 - 5x_4 &= 0 \\ 3x_1 + 2x_2 - 6x_3 - 9x_4 &= 0 \end{aligned}$$

일반해는 $(2r + s, 3s, r, s)$이다.

17. 다음 벡터들이 선형독립인지 판정하라.

$$\{(1, -1, 2), (1, 0, 1), (6, -2, 10)\}$$

18. 다음 벡터 쌍들의 내적을 구하라.

(a) $(1, 2), (3, -4)$ **(b)** $(1, -2, 3), (4, 2, -7)$
(c) $(2, 2, -5), (3, 2, -1)$

19. 다음 벡터들의 놈을 구하라.

(a) $(1, -4)$ **(b)** $(-2, 1, 3)$
(c) $(1, -2, 3, 4)$

20. 다음 벡터들 사이의 각의 코사인을 구하라.

(a) $(-1, 1), (2, 3)$ **(b)** $(1, 2, -3), (4, 1, 2)$

21. $(-2, 1, 5)$에 직교하는 벡터를 구하라.

22. 다음 두 점 사이의 거리를 구하라.

(a) $(1, -2), (5, 3)$ **(b)** $(3, 2, 1), (7, 1, 2)$
(c) $(3, 1, -1, 2), (4, 1, 6, 2)$

23. $\|c(1, 2, 3)\| = 196$이 되는 모든 c를 구하라.

24. W를 $\mathbf{w} = (-3, 5, 1)$에 직교하는 $\mathbf{R}^3$ 내의 벡터들의 부분공간이라 하자. W의 기저와 차원을 구하라. 이 부분공간을 기하적으로 해석하라.

25. 그래프가 점 (1 2), (2, 6), (3, 13)을 지나는 이차 방정식을 구하라.

26. 그림 1.35의 회로의 갈래를 통해 흐르는 전류를 구하라.

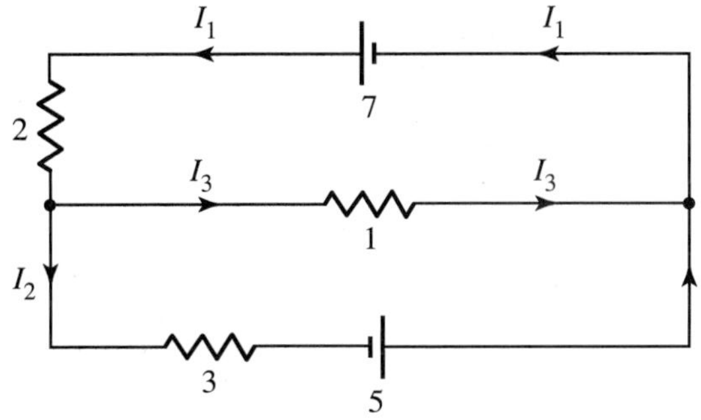

그림 1.35

27. 그림 1.36의 영국의 로터리 형태의 교차점에서 들어오고 나가는 교통흐름을 살펴보자.(이 로터리에서 교통흐름이 도는 방향이 1.7절의 연습문제 18의 대륙의 경우와 반대 방향임을 관찰하라. 영국에서는 도로에서 좌측통행이다.) 여러 갈래길에서의 교통흐름을 기술하는 선형방정식계를 만들어라. 흐름 x_8의 가능한 최소량을 구하라. 그때의 다른 흐름들은 얼마인가?

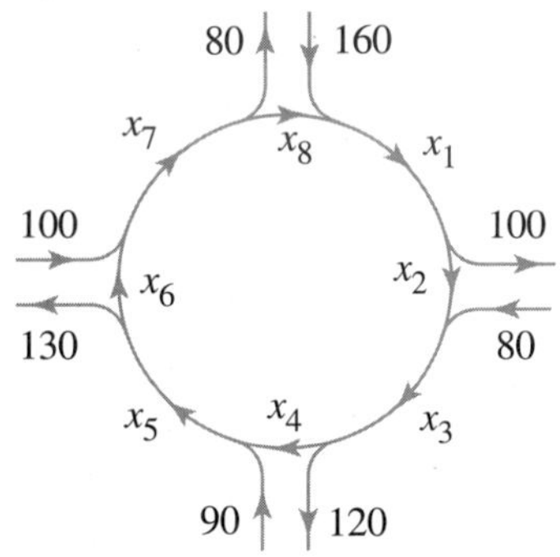

그림 1.36

The Arc de Triomphe in Paris, France, was commissioned by Napoleon in 1806. He hired architect Jean-François Thérèse Chalgrin to determine the perfect location for the arch: the Place de l'Étoile. It took many years and subsequent architects to construct and was completed in 1836.

CHAPTER 2

행렬과 선형변환

Transformations Matrices and Linear

이 장에서는 행렬의 합과 곱 연산을 소개한다. 이 연산들의 대수적 성질을 논하고 행렬의 거듭제곱과 역행렬을 정의한다. 이 도구들은 선형계를 푸는 새로운 방법들을 제공하고 선형계의 거동에 대한 통찰력을 줄 것이다. 또한 선형변환이라고 부르는 함수들을 정의하는 데 행렬을 이용하기 위한 기초가 된다. 이 변환들은 회전, 확대, 반사를 포함한다.

독자들은 행렬이 얼마나 광범위한 응용분야에서 사용되는지 보게 될 것이다. 행렬은 고고학에서 유물들의 연대 순서를 정하는 데, 암호학에서 보안 확보를 위해 , 인구학에서는 인구이동을 예측하기 위해 사용된다. 행렬의 역은 경제의 상호연관성을 분석하는 모형에서 사용된다. 레온티에프(Wassily Leontief)는 이 분야에서의 연구로 노벨상을 받았다. 이 모형은 지금은 도시나 회사로부터 시작하여 주나 국가에 이르는 경제 구조들을 연구하기 위한 표준도구이다.

이런 논의 전반에 걸쳐 수치적인 측면에 주의를 기울이게 될 것이며, 행렬모형을 실제 적용할 때 효율성과 정확성의 필요성을 알게 될 것이다.

2.1 덧셈, 스칼라 곱과 행렬의 곱

행렬을 다룰 때 편리한 표기법이 이미 개발되어 있다. 행렬(matrix)은 행(row)과 열(column)로 구성된다. 행은 행렬의 꼭대기로부터 순서를 붙이고 열은 왼쪽부터 순서를 붙인다. 행렬에서의 위치는 그것이 놓인 행과 열로 표현된다. 행렬 A의 i행과 j열에 있는 원소는 a_{ij}로 표기된다.

$$a_{ij}$$

첫 아래첨자는 행을 나타낸다. — 둘째 아래첨자는 열을 나타낸다.

즉, a_{ij}는 행렬 A의 (i, j)번째 원소를 말한다. 임의의 $m \times n$ 행렬 A를 그림 2.1과 같이 그려볼 수 있다.

만약 행의 수 m과 열의 수 n이 같으면 A는 **정방행렬**(square matrix)이라고 불린다. 첨자들이 같은 정방행렬 A의 원소들, 즉 a_{11} , a_{22} , . . . , a_{nn}는 **주대각선**(main diagonal)을 형성한다. 그림 2.2를 보라.

$$A = \begin{bmatrix} a_{11} & a_{12} & \cdots & a_{1n} \\ a_{21} & a_{22} & \cdots & a_{2n} \\ \vdots & \vdots & \cdots & \vdots \\ a_{m1} & a_{m2} & \cdots & a_{mn} \end{bmatrix}$$

$m \times n$ 행렬 A

그림 2.1

주대각선

$$A = \begin{bmatrix} a_{11} & a_{12} & \cdots & a_{1n} \\ a_{21} & a_{22} & \cdots & a_{2n} \\ \vdots & \vdots & \cdots & \vdots \\ a_{n1} & a_{n2} & \cdots & a_{nn} \end{bmatrix}$$

정방 $n \times n$ 행렬 A

그림 2.2

예를 들어 다음 행렬을 보자.

$$A = \begin{bmatrix} 1 & -2 & -1 \\ 3 & -3 & 4 \\ 2 & 7 & 5 \end{bmatrix}$$

a_{12}는 1행 2열에 있는 원소이다. 따라서 $a_{12} = -2$이다. 마찬가지로 $a_{23} = 4$이고 $a_{31} = 2$이다. A는 정방행렬이고 A의 주대각 원소들은 $a_{11} = 1$, $a_{22} = -3$, $a_{33} = 5$이다.

이제 행렬의 상등을 정의함으로써 행렬의 대수이론의 전개를 시작해보자.

정의 두 행렬의 크기가 **같고** 대응하는 원소들이 모두 같으면 두 행렬이 상등이라고 말한다.
즉, 크기가 같고 모든 i와 j에 대해 $a_{ij} = b_{ij}$이면 $A = B$이다.

이 정의는 행렬을 포함하는 방정식을 소개할 수 있게 해 준다 또한 곧바로 행렬의 덧셈 연산을 정의할 수 있게 한다.

행렬의 덧셈

정의 A, B를 같은 크기의 행렬이라 하자. 그 둘의 **합** $A + B$는 행렬 A와 B의 대응하는 원소들끼리 더하여 얻어진 행렬이다. 행렬 $A + B$는 A, B와 동일한 크기이다. A, B가 같은 크기가 아니면 더해질 수 없고 **합은 존재하지 않는다.**
즉, 만약 $C = A + B$이면 $c_{ij} = a_{ij} + b_{ij}$

예를 들어, $A = \begin{bmatrix} 1 & 4 & 7 \\ 0 & -2 & 3 \end{bmatrix}$, $B = \begin{bmatrix} 2 & 5 & -6 \\ -3 & 1 & 8 \end{bmatrix}$, 그리고 $C = \begin{bmatrix} -5 & 4 \\ 2 & 7 \end{bmatrix}$, 이면

$$A + B = \begin{bmatrix} 1+2 & 4+5 & 7-6 \\ 0-3 & -2+1 & 3+8 \end{bmatrix} = \begin{bmatrix} 3 & 9 & 1 \\ -3 & -1 & 11 \end{bmatrix}$$

A와 C는 같은 크기가 아니므로 $A + C$는 존재하지 않는다.

행렬의 스칼라 곱

행렬을 다룰 때 관례에 따라 숫자들을 **스칼라**라고 부른다. 행렬은 대문자로 나타내고 스칼라는 소문자로 나타낼 것이다. 이제 행렬이론의 다음 단계로 스칼라를 행렬에 곱하는 연산을 정의하자.

> **정의** A를 행렬, c를 스칼라라 하자. A에 c를 **곱하는 스칼라 곱** cA는 A의 모든 원소에 c를 곱해 얻어진 행렬이다. cA의 크기는 A의 크기와 같다. 즉 $B = cA$이면 $b_{ij} = ca_{ij}$이다.

예를 들어, $A = \begin{bmatrix} 1 & -2 & 4 \\ 7 & -3 & 0 \end{bmatrix}$이면 $3A = \begin{bmatrix} 3 & -6 & 12 \\ 21 & -9 & 0 \end{bmatrix}$이다.

음과 뺄셈

행렬 $(-1)C$를 $-C$로 쓰고 행렬 **C의 음**이라고 부른다. 예를 들어

$$C = \begin{bmatrix} 1 & 0 & -7 \\ -3 & 6 & 2 \end{bmatrix}\text{이면, } -C = \begin{bmatrix} -1 & 0 & 7 \\ 3 & -6 & -2 \end{bmatrix}$$

이제 덧셈과 스칼라 곱을 이용하여 뺄셈을 아래와 같이 정의하자.

$$A - B = A + (-1)B$$

이 정의는 **뺄셈은 동일한 크기의 행렬 사이에서 대응하는 원소끼리 빼서 이루어진다는 것**을 의미한다. 즉 $C = A - B$이면 $c_{ij} = a_{ij} - b_{ij}$이다.

$$A = \begin{bmatrix} 5 & 0 & -2 \\ 3 & 6 & -5 \end{bmatrix}\text{이고 } B = \begin{bmatrix} 2 & 8 & -1 \\ 0 & 4 & 6 \end{bmatrix}\text{이면}$$

$$A - B = \begin{bmatrix} 5-2 & 0-8 & -2-(-1) \\ 3-0 & 6-4 & -5-6 \end{bmatrix} = \begin{bmatrix} 3 & -8 & -1 \\ 3 & 2 & -11 \end{bmatrix}$$

행렬 곱을 정의하여 행렬 연산을 완성해보자. 행렬 곱의 임의의 원소를 계산하는 규칙을 제시할텐데, 실제로 이것이 완전한 행렬 곱의 정의가 된다.

행렬 곱

두 행렬을 곱하는 가장 자연스러운 방식은 두 행렬이 같은 크기일 때는 각 대응하는 원소끼리 곱하고, 다른 크기이면 곱이 존재하지 않는다고 하는 것이다. 그러나 수학자들은 보다 유용한 대안 규칙을 도입하였다. 여기서는 첫 행렬의 행을 둘째 행렬의 열과 체계적으로 곱하게 된다.

> **정의** 행렬 A의 열의 개수와 행렬 B의 행의 개수가 같다고 하자. 그러면 곱 $C = AB$가 존재한다. C의 i행 j열 원소는 A의 i행과 B의 j열의 대응하는 원소끼리 곱한 후 그 곱들을 더하여 얻어진다.
> 만약 A의 열의 개수와 행렬 B의 행의 개수가 같지 않으면 곱은 존재하지 않는다.

A의 열이 r개이고 B의 행이 r개여서 곱이 존재한다고 하자. 그러면 A의 i번째 행의 원소들은

$a_{i1}, a_{i2}, \ldots, a_{ir}$이고 B의 j번째 열의 원소들은 $\begin{matrix} b_{1j} \\ b_{2j} \\ \vdots \\ b_{rj} \end{matrix}$가 될 것이다. 따라서 $C = AB$로 놓으면

$$c_{ij} = a_{i1}b_{1j} + a_{i2}b_{2j} + \cdots + a_{ir}b_{rj}\text{가 된다.}$$

예제 1

$A = \begin{bmatrix} 1 & 3 \\ 2 & 0 \end{bmatrix}$, $B = \begin{bmatrix} 5 & 0 & 1 \\ 3 & -2 & 6 \end{bmatrix}$라고 하자. 곱이 존재하면 AB와 BA를 구하라.

풀이

A는 두 개의 열, B는 두 개의 행을 가지고 있으므로 곱이 존재한다. A를 행 단위로 파악하고 B를 열 단위로 파악하여 아래와 같이 체계적으로 행을 열로 곱한다.

$$AB = \begin{bmatrix} 1 & 3 \\ 2 & 0 \end{bmatrix}\begin{bmatrix} 5 & 0 & 1 \\ 3 & -2 & 6 \end{bmatrix}$$

$$= \begin{bmatrix} [1 \quad 3]\begin{bmatrix} 5 \\ 3 \end{bmatrix} & [1 \quad 3]\begin{bmatrix} 0 \\ -2 \end{bmatrix} & [1 \quad 3]\begin{bmatrix} 1 \\ 6 \end{bmatrix} \\ [2 \quad 0]\begin{bmatrix} 5 \\ 3 \end{bmatrix} & [2 \quad 0]\begin{bmatrix} 0 \\ -2 \end{bmatrix} & [2 \quad 0]\begin{bmatrix} 1 \\ 6 \end{bmatrix} \end{bmatrix}$$

첫 행을 각 열로 차례차례 곱한다.

둘째 행을 각 열로 차례차례 곱한다.

$$= \begin{bmatrix} (1 \times 5) + (3 \times 3) & (1 \times 0) + (3 \times -2) & (1 \times 1) + (3 \times 6) \\ (2 \times 5) + (0 \times 3) & (2 \times 0) + (0 \times -2) & (2 \times 1) + (0 \times 6) \end{bmatrix}$$

행을 열로 곱한다.

$$= \begin{bmatrix} 14 & -6 & 19 \\ 10 & 0 & 2 \end{bmatrix}$$

이제 곱 BA를 보자

$$BA = \begin{bmatrix} 5 & 0 & 1 \\ 3 & -2 & 6 \end{bmatrix}\begin{bmatrix} 1 & 3 \\ 2 & 0 \end{bmatrix}$$

이 곱의 첫 원소를 계산하고자 시도하면 $(5 \times 1) + (0 \times 2) + (1 \times ?)$이 얻어져 원소들이 맞춰지지 않는다. 동일한 결함이 BA의 모든 다른 원소들에도 적용되므로 BA는 존재하지 않는다.

예제 2

$C = \begin{bmatrix} 1 & 2 \\ -3 & 0 \end{bmatrix}$이고 $D = \begin{bmatrix} 4 & -1 \\ 2 & 3 \end{bmatrix}$라고 하자. CD와 DC를 계산하고 자신의 답을 설명하라.

풀이

$$CD = \begin{bmatrix} 1 & 2 \\ -3 & 0 \end{bmatrix}\begin{bmatrix} 4 & -1 \\ 2 & 3 \end{bmatrix} = \begin{bmatrix} (1 \times 4) + (2 \times 2) & (1 \times -1) + (2 \times 3) \\ (-3 \times 4) + (0 \times 2) & (-3 \times -1) + (0 \times 3) \end{bmatrix}$$

$$= \begin{bmatrix} 8 & 5 \\ -12 & 3 \end{bmatrix}$$

$$DC = \begin{bmatrix} 4 & -1 \\ 2 & 3 \end{bmatrix}\begin{bmatrix} 1 & 2 \\ -3 & 0 \end{bmatrix} = \begin{bmatrix} (4 \times 1) + (-1 \times -3) & (4 \times 2) + (-1 \times 0) \\ (2 \times 1) + (3 \times -3) & (2 \times 2) + (3 \times 0) \end{bmatrix}$$

$$= \begin{bmatrix} 7 & 8 \\ -7 & 4 \end{bmatrix}$$

설명: CD와 DC는 둘 다 존재하지만 $CD \neq DC$이다. 즉, 두 행렬이 곱해지는 순서가 중요하다. 실수의 곱과는 달리 행렬의 곱은 교환성이 없다(비가환, not commutative). 아주 드물게 CD와 DC는 같다. 예제 1도 행렬 곱의 비가환성을 예시하고 있음을 주목하라. 이 경우에는 BA가 존재하지 않아서 $AB \neq BA$이다. ■

행렬 곱은 교환성이 없다(즉, 비가환이다).

다음 예제와 같이 행렬 곱의 정의를 이용하여 전체 곱을 계산하지 않고도 곱행렬의 원하는 임의의 원소를 계산해낼 수 있다.

예제 3

다음의 행렬 A와 B에 대해 $C = AB$라 할 때 c_{23}을 구하라.

$$A = \begin{bmatrix} 2 & 1 \\ -3 & 4 \end{bmatrix} \text{이고 } B = \begin{bmatrix} -7 & 3 & 2 \\ 5 & 0 & 1 \end{bmatrix}$$

풀이

c_{23}은 C의 2행 3열의 원소이므로 A의 2행과 B의 3열을 곱하면 된다. 즉,

$$c_{23} = [-3 \quad 4]\begin{bmatrix} 2 \\ 1 \end{bmatrix} = (-3 \times 2) + (4 \times 1) = -2$$

■

곱행렬의 크기

이제 곱행렬의 크기를 논해 보자. A가 $m \times r$ 행렬이고 B가 $r \times n$ 행렬이라 하자. 그러면 A의 열의 수와 B의 행의 수가 모두 r로 같으므로 AB가 존재한다. AB의 첫 행은 A의 첫 행에 B의 각 열을 순서대로 곱하여 얻어진다. 따라서 AB의 열의 수는 B의 열의 수와 같아진다. AB의 첫 열은 A의 각 행을 순서대로 B의 첫 열에 곱하여 얻어진다. 따라서 AB의 행의 수는 A의 행의 수와 같아진다. 결국 AB는 $m \times n$ 행렬이 된다.

A가 $m \times r$ 행렬이고 B가 $r \times n$ 행렬이면 AB는 $m \times n$ 행렬이 된다.

이 결과를 다음과 같이 그려볼 수 있다.

$$\underset{m \times r}{A} \qquad \underset{r \times n}{B} = \underset{m \times n}{AB}$$

내부는 같아야 한다 (r, r)

외부는 AB의 크기를 준다. (m, n)

예를 들어 A가 5×6 행렬이고 B가 6×7 행렬이라 하자. 행렬 A는 여섯 열을 갖고 B는

여섯 행을 가지므로 AB는 존재한다. AB는 5×7 행렬이 될 것이다.

특수한 행렬들

이제 행렬이론에서 중요한 역할을 하는 세 종류의 행렬을 정의한다.

정의 **영행렬**은 모든 원소가 영이 행렬이다. **대각행렬**(diagonal matrix)은 정방행렬로 주대각선에 있지 않은 모든 원소가 영인 행렬이다. **단위행렬**(또는 **항등행렬**, identity matrix)은 모든 주대각 원소가 1인 대각행렬이다. 아래 그림을 보라.

$$O_{mn} = \begin{bmatrix} 0 & 0 & \cdots & 0 \\ 0 & 0 & \cdots & 0 \\ \vdots & \vdots & \cdots & \vdots \\ 0 & 0 & \cdots & 0 \end{bmatrix} \quad A = \begin{bmatrix} a_{11} & 0 & \cdots & 0 \\ 0 & a_{22} & \cdots & 0 \\ \vdots & \vdots & \cdots & \vdots \\ 0 & 0 & \cdots & a_{nn} \end{bmatrix} \quad I_n = \begin{bmatrix} 1 & 0 & \cdots & 0 \\ 0 & 1 & \cdots & 0 \\ \vdots & \vdots & \cdots & \vdots \\ 0 & 0 & \cdots & 1 \end{bmatrix}$$

영행렬 O_{mn} 대각행렬 A 단위행렬 I_n

영행렬은 행렬이론에서 실수에서의 0과 유사한 역할을 하고 단위행렬은 수 1과 유사한 역할을 한다. 이 역할은 아래의 정리에 나와 있으며, 예제를 통해 설명된다.

정리 2.1

A가 $m \times n$ 행렬이고 O_{mn}이 $m \times n$ 영행렬이라고 하자. B가 $n \times n$ 정방행렬이고 O_n, I_n이 각각 크기가 $n \times n$인 영행렬과 단위행렬이라고 하면

$$A + O_{mn} = O_{mn} + A = A$$
$$BO_n = O_nB = O_n$$
$$BI_n = I_nB = B$$

가 된다.

예제 4

$A = \begin{bmatrix} 2 & 1 & -3 \\ 4 & 5 & 8 \end{bmatrix}$이고 $B = \begin{bmatrix} 2 & 1 \\ -3 & 4 \end{bmatrix}$라고 하자.

다음을 알 수 있다.

$$A + O_{23} = \begin{bmatrix} 2 & 1 & -3 \\ 4 & 5 & 8 \end{bmatrix} + \begin{bmatrix} 0 & 0 & 0 \\ 0 & 0 & 0 \end{bmatrix} = \begin{bmatrix} 2 & 1 & -3 \\ 4 & 5 & 8 \end{bmatrix} = A$$
$$BO_2 = \begin{bmatrix} 2 & 1 \\ -3 & 4 \end{bmatrix}\begin{bmatrix} 0 & 0 \\ 0 & 0 \end{bmatrix} = \begin{bmatrix} 0 & 0 \\ 0 & 0 \end{bmatrix} = O_2$$
$$BI_2 = \begin{bmatrix} 2 & 1 \\ -3 & 4 \end{bmatrix}\begin{bmatrix} 1 & 0 \\ 0 & 1 \end{bmatrix} = \begin{bmatrix} 2 & 1 \\ -3 & 4 \end{bmatrix} = B$$

이와 유사하게 $O_{23} + A = A$, $O_2B = O_2$, $I_2B = B$.

앞에서 행렬 곱의 개별 원소를 결정하는 규칙을 주어 행렬의 곱을 소개하였다. 이 원소 접근법은 작은 크기의 행렬들의 곱을 손으로 계산할 때 가장 편리한 방법이다. 그러나 곱을 파악하는 방법은 아주 많다. 다음에서 이론과 응용에서 유용한 열 접근법을 소개한다.

열로 표현한 행렬 곱

(a) A가 $m \times n$ 행렬이고 B가 $n \times r$ 행렬일 때 곱 AB를 살펴보자. B의 열들을 $B_1, B_2, \ldots, B_r$이라 하고 B를 $[B_1, B_2, \ldots, B_r]$로 쓰자. 그러면

$$AB = A[B_1 \quad B_2 \ldots B_r]$$

행렬 곱은 곱의 열들이 AB_1 , AB_2 , . . . , AB_r이 됨을 의미하므로 다음과 같이 쓸 수 있다.

$$\boxed{AB = [AB_1 \quad AB_2 \ldots AB_r]}$$

예를 들어 $A = \begin{bmatrix} 2 & 0 \\ 1 & 5 \end{bmatrix}$이고 $B = \begin{bmatrix} 4 & 1 & 3 \\ 0 & 2 & -1 \end{bmatrix}$라 두면

$$AB = \left[\begin{bmatrix} 2 & 0 \\ 1 & 5 \end{bmatrix}\begin{bmatrix} 4 \\ 0 \end{bmatrix} \quad \begin{bmatrix} 2 & 0 \\ 1 & 5 \end{bmatrix}\begin{bmatrix} 1 \\ 2 \end{bmatrix} \quad \begin{bmatrix} 2 & 0 \\ 1 & 5 \end{bmatrix}\begin{bmatrix} 3 \\ -1 \end{bmatrix}\right]$$

$$= \begin{bmatrix} 8 & 2 & 6 \\ 4 & 11 & -2 \end{bmatrix}$$

(b) 열행렬 B에 대한 행렬 곱 AB는 실제로 자주 발생한다. 일반적으로 A가 $m \times n$이고 B가 $n \times 1$인 행렬이라고 하자. A를 열로 표현하면 $[A_1 \quad A_2 \ldots A_n]$이 되므로

$$AB = [A_1 \quad A_2 \ldots A_n]\begin{bmatrix} b_1 \\ \vdots \\ b_n \end{bmatrix}$$

이고 행렬 곱을 하여 다음를 얻는다.

$$\boxed{AB = b_1A_1 + b_2A_2 + \cdots + b_nA_n}$$

$b_1A_1 + b_2A_2 + \cdots + b_nA_n$의 형태를 $A_1, A_2, \cdots A_n$의 **선형결합**(또는 **일차결합**, linear combination)이라고 부른다. 이것은 먼저 스칼라 곱을 한 뒤에 얻어진 행렬들의 대응하는 원소들을 더하여 계산된다.

예를 들어 $A = \begin{bmatrix} 2 & 3 & 1 \\ -4 & 8 & 5 \end{bmatrix}$이고, $B = \begin{bmatrix} 3 \\ -2 \\ 5 \end{bmatrix}$이면

$$AB = 3\begin{bmatrix} 2 \\ -4 \end{bmatrix} - 2\begin{bmatrix} 3 \\ 8 \end{bmatrix} + 5\begin{bmatrix} 1 \\ 5 \end{bmatrix} = \begin{bmatrix} 6 \\ -12 \end{bmatrix} - \begin{bmatrix} 6 \\ 16 \end{bmatrix} + \begin{bmatrix} 5 \\ 25 \end{bmatrix}$$

$$= \begin{bmatrix} 5 \\ -3 \end{bmatrix}$$

행렬을 다룰 때 곱을 여러 방식으로 표현하는 데 능숙하면 많은 도움이 된다. 한 예로 나중에 이 장에서 행렬의 역을 구하는 방법을 도출할 때 위의 (a) 방식의 표현을 사용할 것이다.

행렬의 분할

앞의 논의에서 행렬을 열행렬로 나누어 보았다. 이제 이 발상을 확장하자. 행렬은 여러 개의 **부분행렬**(submatrix)(또는 **블록**)로 나누어 질 수 있다. 예를 들어 다음 행렬 A는 부분행렬 P, Q, R과 S로 분할된다.

$$A = \left[\begin{array}{c|cc} 0 & -1 & 2 \\ 3 & 1 & 4 \\ \hline -2 & 5 & -3 \end{array}\right] = \begin{bmatrix} P & Q \\ R & S \end{bmatrix}$$

여기서 $P = \begin{bmatrix} 0 \\ 3 \end{bmatrix}$, $Q = \begin{bmatrix} -1 & 2 \\ 1 & 4 \end{bmatrix}$, $R = [-2]$, 그리고 $S = [5 \quad 3]$

적절한 규칙만 따른다면 행렬의 합과 곱은 마치 그것들을 보통 행렬의 원소인 듯이 간주하여 부분행렬에 적용될 수 있다. 분할은 컴퓨터 계산에서 기억장치 요건을 줄이고 계산속도를 높이기 위해 사용되는데, 특히 행렬에 커다란 영 블록이 포함되어 있을 때 유용하다.[1]

덧셈의 경우를 보자. A, B가 같은 종류의 행렬이라고 하자. 만약 A, B가 아래처럼 동일한 방식으로 각각 $P, \ldots, U$와 $H, \ldots, M$으로 분할되었다고 하면, 그것들의 합은 대응하는 부분행렬들의 합이 된다. 즉,

$$A + B = \begin{bmatrix} P & Q & R \\ S & T & U \end{bmatrix} + \begin{bmatrix} H & I & J \\ K & L & M \end{bmatrix} = \begin{bmatrix} P+H & Q+I & R+J \\ S+K & T+L & U+M \end{bmatrix}$$

곱셈의 경우 처음 행렬의 분할이 뒤의 행렬의 행 분할을 결정한다. 예를 들어 다음 행렬들의 곱 AB를 고려해보자.

$$A = \begin{bmatrix} 1 & 2 & -1 \\ 3 & 0 & -2 \\ 4 & -3 & 2 \end{bmatrix} \text{이고 } B = \begin{bmatrix} -1 & 0 \\ 2 & 1 \\ 5 & 4 \end{bmatrix}$$

A를 다음과 같이 나누었다.

$$A = \left[\begin{array}{cc|c} 1 & 2 & -1 \\ \hline 3 & 0 & -2 \\ 4 & -3 & 2 \end{array}\right] = \begin{bmatrix} P & Q \\ R & S \end{bmatrix}$$

여기서 $P = [1 \quad 2]$, $Q = [-1]$, $R = \begin{bmatrix} 3 & 0 \\ 4 & -3 \end{bmatrix}$, 그리고 $S = \begin{bmatrix} -2 \\ 2 \end{bmatrix}$.

이 형태에서 A는 두 개의 열을 가진 것으로 해석되므로 행렬 곱이 가능하려면 B는 행이 두 개인 형태로 적절하게 분할되어야 한다. 다음이 B에 대한 적절한 분할의 예가 될 것이다.

$$B = \left[\begin{array}{cc} -1 & 0 \\ 2 & 1 \\ \hline 5 & 4 \end{array}\right] = \begin{bmatrix} M \\ N \end{bmatrix}$$

여기서 $M = \begin{bmatrix} -1 & 0 \\ 2 & 1 \end{bmatrix}$, 그리고 $N = [5 \quad 4]$.

이제 곱은 다음과 같이 계산된다.

[1] 여기서는 작은 행렬에 대해서만 예시된다. 결과는 보통의 행렬 곱과 합과 비교하여 쉽게 점검될 수 있다.

$$AB = \begin{bmatrix} P & Q \\ R & S \end{bmatrix}\begin{bmatrix} M \\ N \end{bmatrix} = \begin{bmatrix} PM + QN \\ RM + SN \end{bmatrix}$$

일반적으로 A가 j개의 열을 가진 형태로 분할되면 곱 AB를 얻기 위해서는 B는 j개의 행을 가진 형태로 적절하게 분할되어야 한다. B에서 열 분할에는 자유가 있다. 만약 A의 분할이 $i \times j$ 형태이고 B의 분할은 $j \times k$ 형태이면 AB는 i행과 k열의 형태로 분할될 것이다. 이렇게 분할된 행렬을 곱하는 방법을 **블록 곱**(block multiplication)이라고 부른다.

예제 5

$A = \begin{bmatrix} 1 & -1 \\ 3 & 0 \\ 2 & 4 \end{bmatrix}$이고 $B = \begin{bmatrix} 1 & 2 & -1 \\ 1 & 3 & 1 \end{bmatrix}$라 하고 A가 다음과 같이 분할되어 있다고 하자.

$$A = \left[\begin{array}{c|c} 1 & -1 \\ 3 & 0 \\ \hline 2 & 4 \end{array}\right]$$

이 분할에 의해 A는 2×2 행렬로 해석된다. 곱 AB를 위해서는 B는 두개의 행을 갖는 행렬 형태로 분할되어야 한다.

B의 적절한 하나의 분할은 다음과 같다.

$$B = \left[\begin{array}{ccc} 1 & 2 & -1 \\ \hline 1 & 3 & 1 \end{array}\right]$$

이때 B는 2×1 행렬로 해석된다.

이 분할로 실제 올바른 결과가 얻어지는지 검토해보자. 즉,

$$AB = \left[\begin{array}{c|c} 1 & -1 \\ 3 & 0 \\ \hline 2 & 4 \end{array}\right]\left[\begin{array}{ccc} 1 & 2 & -1 \\ \hline 1 & 3 & 1 \end{array}\right]$$

에서 해당 부분행렬들을 곱하면

$$\begin{bmatrix} 1 \\ 3 \end{bmatrix}\begin{bmatrix} 1 & 2 & -1 \end{bmatrix} + \begin{bmatrix} -1 \\ 0 \end{bmatrix}\begin{bmatrix} 1 & 3 & 1 \end{bmatrix} = \begin{bmatrix} 1 & 2 & -1 \\ 3 & 6 & -3 \end{bmatrix} + \begin{bmatrix} -1 & -3 & -1 \\ 0 & 0 & 0 \end{bmatrix}$$
$$= \begin{bmatrix} 0 & -1 & -2 \\ 3 & 6 & -3 \end{bmatrix}$$

과

$$[2][1 \quad 2 \quad -1] + [4][1 \quad 3 \quad 1] = [2 \quad 4 \quad -2] + [4 \quad 12 \quad 4] = [6 \quad 16 \quad 2]$$

이 얻어지고 원래의 곱은 아래와 같이 얻어진다.

$$AB = \left[\begin{array}{ccc} 0 & -1 & -2 \\ 3 & 6 & -3 \\ \hline 6 & 16 & 2 \end{array}\right]$$

곱의 정의대로 원소별로 곱을 구하여 비교해보면 위와 같은 결과가 나옴을 검증할 수 있다. A의 분할이 이 예제처럼 주어졌을 때 곱 AB의 계산에 사용될 수 있는 B의 분할

로 다음과 같은 세 가지가 더 가능하다.

$$\left[\begin{array}{c|c|c} 1 & 2 & -1 \\ \hline 1 & 3 & 1 \end{array}\right], \left[\begin{array}{c|cc} 1 & 2 & -1 \\ \hline 1 & 3 & 1 \end{array}\right], \text{ 그리고 } \left[\begin{array}{cc|c} 1 & 2 & -1 \\ \hline 1 & 3 & 1 \end{array}\right]$$

연습문제 2.1

행렬연산

1. $A = \begin{bmatrix} 5 & 4 \\ -1 & 7 \\ 9 & -3 \end{bmatrix}, B = \begin{bmatrix} -3 & 0 \\ 4 & 2 \\ 5 & -7 \end{bmatrix}, C = \begin{bmatrix} 1 & 2 \\ 3 & 4 \end{bmatrix}$

$D = \begin{bmatrix} 9 & -5 \\ 3 & 0 \end{bmatrix}$라 할 때 다음을 계산하라(가능하다면).

(a) $A + B$ **(b)** $2B$ **(c)** $-D$
(d) $C + D$ **(e)** $A + D$ **(f)** $2A + B$
(g) $A - B$

2. $A = \begin{bmatrix} 9 \\ 2 \\ -1 \end{bmatrix}, B = \begin{bmatrix} 0 & -1 & 4 \\ 6 & -8 & 2 \\ -4 & 5 & 9 \end{bmatrix}, C = \begin{bmatrix} 1 & 2 & -5 \\ -7 & 9 & 3 \\ 5 & -4 & 0 \end{bmatrix},$

$D = \begin{bmatrix} -3 \\ 0 \\ 2 \end{bmatrix}$라 할 때 다음을 계산하라(가능하다면).

(a) $A + B$ **(b)** $4B$ **(c)** $-3D$
(d) $B - 3C$ **(e)** $-A$ **(f)** $3A + 2D$
(g) $A + D$

3. $A = \begin{bmatrix} 1 & 0 \\ 0 & 1 \end{bmatrix}, B = \begin{bmatrix} 0 & 1 \\ -2 & 5 \end{bmatrix}, C = \begin{bmatrix} 2 \\ 3 \end{bmatrix},$

$D = \begin{bmatrix} -1 & 0 & 3 \\ 5 & 7 & 2 \end{bmatrix}$라 할 때 다음을 계산하라 (가능하다면).

(a) AB **(b)** BA **(c)** AC
(d) CA **(e)** AD **(f)** DC
(g) BD **(h)** A^2(여기서 $A^2 = AA$)

4. $A = \begin{bmatrix} -1 \\ 2 \\ 5 \end{bmatrix}, B = \begin{bmatrix} 0 & 1 & 5 \\ 3 & -7 & 8 \\ 2 & 3 & 1 \end{bmatrix}, C = \begin{bmatrix} -2 & 0 & 5 \end{bmatrix},$

$D = \begin{bmatrix} 9 & -5 \\ 3 & 0 \\ -4 & 2 \end{bmatrix}$라 할 때 다음을 계산하라(가능하다면).

(a) BA **(b)** AB **(c)** CB
(d) CA **(e)** DA **(f)** DB
(g) AC **(h)** B^2

5. $A = \begin{bmatrix} 0 & 1 \\ 0 & 3 \\ 5 & 6 \end{bmatrix}, B = \begin{bmatrix} -1 & 0 \\ 3 & 5 \\ 2 & 6 \end{bmatrix}, C = \begin{bmatrix} -4 & 0 \\ 3 & 2 \end{bmatrix},$

$D = \begin{bmatrix} 5 & 0 \\ 2 & 1 \end{bmatrix}$라 할 때 다음을 계산하라(가능하다면).

(a) $2A - 3(BC)$ **(b)** AB **(c)** $AC - BD$
(d) $CD - 2D$ **(e)** BA **(f)** $AD + 2(DC)$
(g) $C^3 + 2(D^2)$ (여기서 $C^3 = CCC$).

6. $A = \begin{bmatrix} 1 & -8 & 4 \\ 5 & -6 & 3 \\ 2 & 0 & -1 \end{bmatrix}, B = \begin{bmatrix} 0 & 2 & -3 \\ 5 & 6 & 7 \\ -1 & 0 & 4 \end{bmatrix}$라 하고 O_3, I_3를 각각 영행렬과 단위행렬이라 하자. 다음을 보여라.

$$A + O_3 = O_3 + A = A,$$
$$BO_3 = O_3B = O_3,$$

그리고

$$BI_3 = I_3B = B.$$

7. **(a)** A가 $n \times n$ 행렬이고 X는 원소가 모두 1인 $n \times 1$ 열행렬이라 하자. $AX = X$이면 A의 행에 대해 무엇을 말할 수 있는가?(이때 행렬 X는 A의 고유벡터가 된다. 고유벡터는 5장에서 다룰 것이다.)

(b) A가 $n \times n$ 행렬이고 X는 원소가 모두 1인 $1 \times n$행 행렬이라 하자. $XA = X$이면 A의 열에 대해 무엇을 말할 수 있는가?

행렬의 크기

8. A가 3×5, B가 5×2, C가 3×4, D가 4×2, E가 4×5 행렬이라 하자. 아래의 표현들 중에서 가능한 것들을 고르고 결과 행렬의 크기를 밝혀라.

(a) AB **(b)** EB

(c) AC **(d)** $AB + CD$
(e) $3(EB) + 4D$ **(f)** $CD - 2(CE)B$
(g) $2(EB) + DA$

9. A가 2×2, B가 2×2, C가 2×3, D가 3×2, E가 3×1 행렬이라 하자. 아래의 표현들 중에서 가능한 것들을 고르고 결과 행렬의 크기를 밝혀라.

(a) AB **(b)** $(A^2)C$
(c) $B^3 + 3(CD)$ **(d)** $DC + BA$
(e) $DA - 2(DB)$ **(f)** $C + 3D$
(g) $3(BA)(CD) + (4A)(BC)$

행렬의 일부 원소 계산하기

10. 다음의 행렬 A, B에 대해 $C = AB$이고 $D = BA$라 하자.

$$A = \begin{bmatrix} 0 & 3 & -5 \\ 2 & 6 & 3 \\ 1 & 0 & -2 \end{bmatrix},\quad B = \begin{bmatrix} -1 & 2 & -3 \\ 5 & 7 & 2 \\ 0 & 1 & 6 \end{bmatrix}$$

전체 행렬을 계산하지 말고 C, D의 다음의 원소들을 구하라.

(a) c_{31} **(b)** c_{23} **(c)** d_{12} **(d)** d_{22}

11. 다음의 행렬 P, Q에 대해 $R = PQ$이고 $S = QP$라 하자.

$$P = \begin{bmatrix} 1 & -2 \\ 4 & 6 \\ -1 & 3 \end{bmatrix},\quad Q = \begin{bmatrix} 0 & 1 & 3 \\ 0 & -1 & 4 \end{bmatrix}.$$

전체 행렬을 계산하지 말고 R, S의 다음의 원소들을 구하라(존재한다면).

(a) r_{21} **(b)** r_{33} **(c)** s_{11} **(d)** s_{23}

12. $A = \begin{bmatrix} 1 & -3 \\ 0 & 4 \end{bmatrix}$, $B = \begin{bmatrix} 1 & 2 & -3 \\ 5 & 0 & -1 \end{bmatrix}$, $C = \begin{bmatrix} 2 & -4 & 5 \\ 7 & 1 & 0 \end{bmatrix}$일 때 전체 행렬에 대해 계산하지 말고 $D = AB + 2C$의 다음 원소들을 구하라.

(a) d_{12} **(b)** d_{23}

13. $A = \begin{bmatrix} 1 & -3 & 0 \\ 4 & 5 & 1 \\ 3 & 8 & 0 \end{bmatrix}$, $B = \begin{bmatrix} 1 & 1 & -2 \\ 3 & 0 & 4 \\ -1 & 3 & 2 \end{bmatrix}$,

$C = \begin{bmatrix} 2 & 0 & -2 \\ 4 & 7 & -5 \\ 1 & 0 & -1 \end{bmatrix}$일 때 전체 행렬에 대해 계산하지 말고 $D = 2(AB) + C^2$의 다음 원소들을 구하라.

(a) d_{11} **(b)** d_{21} **(c)** d_{32}

행렬의 열과 행을 사용

14. $A = \begin{bmatrix} 1 & 2 \\ 3 & 0 \end{bmatrix}$, $B = \begin{bmatrix} -2 & 3 \\ 4 & 1 \end{bmatrix}$, $C = \begin{bmatrix} 1 & -2 & 3 \\ 4 & 0 & 5 \end{bmatrix}$일 때 B와 C의 열들을 사용하여 다음 곱을 계산하라.

(a) AB **(b)** AC **(c)** BC

15. $A = \begin{bmatrix} 3 & -2 & 0 \\ 4 & 2 & 7 \\ 8 & -5 & 6 \end{bmatrix}$, $B = \begin{bmatrix} 4 \\ 3 \\ -5 \end{bmatrix}$;

$P = \begin{bmatrix} 3 & 0 & 2 & 1 \\ 5 & 6 & 7 & 3 \end{bmatrix}$, $Q = \begin{bmatrix} -3 \\ 2 \\ 1 \\ 5 \end{bmatrix}$라 하자.

(a) 곱 AB를 A의 열들의 선형결합으로 표현하라.

(b) 곱 PQ를 P의 열들의 선형결합으로 표현하라.

16. A, B가 다음의 행렬일 때 전체 곱을 계산하지 않고 AB의 2행을 구하라.

$$A = \begin{bmatrix} 2 & -3 & 1 \\ 4 & 0 & 3 \\ 5 & 1 & 0 \end{bmatrix},\quad B = \begin{bmatrix} 8 & 1 & 3 \\ 2 & 1 & 0 \\ 4 & 6 & 3 \end{bmatrix}$$

17. A가 세 번째 행이 모두 영인 행렬이고 B는 곱 AB가 존재하는 임의의 행렬이라 하자. AB의 세 번째 행이 모두 영임을 증명하라.

18. D가 두 번째 열이 모두 영인 행렬이고 C는 곱 CD가 존재하는 임의의 행렬이라 하자. CD의 두 번째 열이 모두 영임을 증명하라.

19. A가 $m \times r$ 행렬이고 B는 $r \times n$ 행렬, 그리고 $C = AB$라고 하자. B와 C의 열행렬들을 각각 $B_1, B_2, \ldots, B_n$과 $C_1, C_2, \ldots, C_n$이라 하면 $B = [B_1 \ \ B_2 \ldots B_n]$, $C = [C_1 \ \ C_2 \ldots C_n]$로 쓸 수 있다. $C_j = AB_j$임을 증명하라.

20. A, B가 다음 행렬이라 하자. 연습문제 19의 결과를 이용하여 전체 곱을 계산하지 말고 행렬 AB의 제 3행을 구하라.

$$A = \begin{bmatrix} 1 & 2 & 3 \\ 0 & 4 & 1 \\ 2 & 5 & 0 \end{bmatrix},\quad B = \begin{bmatrix} 2 & 1 & 4 \\ 6 & 0 & 1 \\ 2 & 3 & 5 \end{bmatrix}$$

행렬의 분할

21. A와 B의 주어진 분할을 이용하여 AB를 계산하라.

(a) $A = \left[\begin{array}{c|c} 2 & 1 \\ -1 & 0 \\ \hline 3 & 1 \end{array}\right]$, $B = \left[\begin{array}{cc} 3 & 0 \\ \hline 2 & 1 \end{array}\right]$

(b) $A = \left[\begin{array}{cc|c} 1 & 2 & -1 \\ 3 & 0 & 1 \end{array}\right]$, $B = \left[\begin{array}{cc} 2 & 4 \\ 0 & -1 \\ \hline 1 & 3 \end{array}\right]$

(c) $A = \left[\begin{array}{cc|c} 1 & 2 & 0 \\ 3 & -1 & 1 \\ \hline 4 & -2 & 0 \end{array}\right]$, $B = \left[\begin{array}{cc} 3 & -1 \\ 2 & 5 \\ \hline 0 & 1 \end{array}\right]$

22. $A = \begin{bmatrix} 1 & 2 & 3 \\ -1 & 1 & 4 \\ 0 & 1 & 2 \end{bmatrix}$, $B = \begin{bmatrix} -1 & -2 \\ 0 & 3 \\ 4 & 1 \end{bmatrix}$라 할때 아래 주어진 A의 분할에 대해 AB를 계산할 수 있는 B의 모든 분할을 구하라.

(a) $A = \left[\begin{array}{c|cc} 1 & 2 & 3 \\ \hline -1 & 1 & 4 \\ 0 & 1 & 2 \end{array}\right]$ **(b)** $A = \left[\begin{array}{c|cc} 1 & 2 & 3 \\ -1 & 1 & 4 \\ 0 & 1 & 2 \end{array}\right]$

(c) $A = \left[\begin{array}{c|c|c} 1 & 2 & 3 \\ -1 & 1 & 4 \\ \hline 0 & 1 & 2 \end{array}\right]$

23. $A = \begin{bmatrix} 2 & 0 & 3 & -1 \\ 6 & 2 & -5 & 9 \\ 1 & 1 & 1 & 1 \end{bmatrix}$, $B = \begin{bmatrix} -1 & -2 & 0 \\ 3 & 4 & 1 \\ 5 & 7 & 2 \\ 4 & 5 & -8 \end{bmatrix}$라 할 때 아래 주어진 A의 분할에 대해 AB를 계산할 수 있는 B의 모든 분할을 구하라.

(a) $B = \left[\begin{array}{c|cc} -1 & -2 & 0 \\ 3 & 4 & 1 \\ \hline 5 & 7 & 2 \\ 4 & 5 & -8 \end{array}\right]$ **(b)** $B = \left[\begin{array}{c|cc} -1 & -2 & 0 \\ 3 & 4 & 1 \\ 5 & 7 & 2 \\ 4 & 5 & -8 \end{array}\right]$

(c) $B = \left[\begin{array}{cc|c} -1 & -2 & 0 \\ 3 & 4 & 1 \\ 5 & 7 & 2 \\ \hline 4 & 5 & -8 \end{array}\right]$

24. 다음 곱을 계산하기 위한 부분행렬로 영행렬과 단위행렬을 포함하는 적절한 분할을 제안하라. 그 분할을 사용하여 곱을 계산하고(과정을 보여라), 표준적인 정의에 의한 곱의 계산 결과와 비교해보라.

(a) $\begin{bmatrix} 2 & 3 & 2 & 1 \\ 4 & 0 & 0 & 0 \\ 1 & 0 & 0 & 0 \\ 5 & 0 & 0 & 0 \end{bmatrix}\begin{bmatrix} 1 & 2 \\ -1 & 3 \\ 4 & 0 \\ 2 & 5 \end{bmatrix}$

(b) $\begin{bmatrix} 1 & 0 & 0 & 2 \\ 0 & 1 & 0 & 3 \\ 0 & 0 & 1 & 4 \\ 1 & 1 & 1 & -2 \end{bmatrix}\begin{bmatrix} 1 & 2 \\ 3 & 4 \\ 5 & 6 \\ -1 & 3 \end{bmatrix}$

(c) $\begin{bmatrix} 1 & 0 & 0 & 1 \\ 0 & 1 & 0 & 2 \\ 0 & 0 & 1 & 3 \\ 0 & 0 & 0 & 4 \\ 0 & 0 & 0 & 5 \end{bmatrix}\begin{bmatrix} -1 \\ 2 \\ 6 \\ 3 \end{bmatrix}$

기타 결과

25. 행렬 A, B, C에 대한 다음 문장들이 참인지 거짓인지 말하라(간단한 이유를 밝혀라).

(a) 합 $A + B$와 $B + C$가 존재하면 $A + C$도 존재한다.

(b) 곱 AB와 BC가 존재하면 AC도 존재한다.

(c) AB는 BA와 절대로 같지 않다.

(d) A가 열행렬이고 B가 행행렬인데 원소수가 같다면 AB는 정방행렬이다.

(e) 정방행렬 A의 원소가 a_{ij}가 주대각선 밑에 있다면 $i>j$이다.

2.2 행렬 연산의 성질

앞에서 행렬의 덧셈과 스칼라 곱과 행렬 곱을 정의했다. 이제 이 연산들의 가장 중요한 성질들을 나열해보자.

정리 2.2

A, B, C를 행렬이라 하고 r, s를 스칼라라고 하자. 행렬의 크기는 연산이 수행될 수 있도록 정해져 있다고 하자.

행렬 덧셈과 스칼라 곱셈의 성질

1. $A + B = B + A$ 덧셈의 교환성
2. $A + (B + C) = (A + B) + C$ 덧셈의 결합성
3. $A + O = O + A = A$ (O는 적절한 영행렬)
4. $r(A + B) = rA + rB$
5. $(r + s)C = rC + sC$ 분배성
6. $r(sC) = (rs)C$

행렬 곱셈의 성질

1. $A(BC) = (AB)C$ 곱셈의 결합성
2. $A(B + C) = AB + AC$ 곱셈의 분배성
3. $(A + B)C = AC + BC$
4. $AI = IA = A$ (I는 적절한 단위행렬)
5. $r(AB) = (rA)B = A(rB)$ 결합성

주의: 일반적으로 $AB \neq BA$ 행렬 곱셈은 비가환이다.

위의 각 결과는 행렬 사이의 상등관계로 표시된다. 크기가 같고 대응하는 원소들이 같으면 두 행렬이 같음(상등)을 이미 알고 있으므로 각 결과는 이 관계를 보임으로써 확인할 수 있다. 다음에서 덧셈의 교환성에 대해 이 증명방법을 예시할텐데 독자들은 연습문제에서 유사한 방법으로 위의 성질들 중 몇 가지를 증명해 보기 바란다.

$\boldsymbol{A + B = B + A}$ 행렬 덧셈의 정의에 따라 $A + B$와 $B + A$는 같은 크기의 행렬이다. 이제 대응 원소들이 같음을 보이면 된다. 각 행렬의 (i, j) 원소를 고려해보자.

$$
\begin{aligned}
A + B\text{의 } (i, j) \text{ 원소} &= a_{ij} + b_{ij} \\
B + A\text{의 } (i, j) \text{ 원소} &= b_{ij} + a_{ij} \\
&= a_{ij} + b_{ij} \text{(실수의 덧셈은 교환성이 있다)}
\end{aligned}
$$

즉, $A + B$와 $B + A$의 대응 원소들은 같다. 따라서 $A + B = B + A$이다.

이 성질들은 덧셈과 스칼라 곱셈, 행렬 곱셈을 두 개 이상의 행렬에 대해 확장할 수 있도록 해준다. 즉, $aA + bB + cC$나 ABC와 같은 합과 곱을 괄호 없이 쓸 수 있다. 다음 예제들은 이 개념들을 보여준다. 앞에서 $aA + bB + cC$과 같은 표현을 행렬 A, B, C의 **선형결합**이라고 불렀던 것을 기억하라.

예제 1

다음 세 행렬의 선형결합 $2A + 3B - 5C$를 계산하라.

$$
A = \begin{bmatrix} 1 & 3 \\ -4 & 5 \end{bmatrix}, \quad B = \begin{bmatrix} 3 & -7 \\ 2 & 1 \end{bmatrix}, \quad C = \begin{bmatrix} 0 & 2 \\ 3 & -1 \end{bmatrix}
$$

풀이

먼저 스칼라 곱을 계산하고 해당 원소를 자연스런 방법으로 더하거나 뺀다. 즉,

$$2\begin{bmatrix} 1 & 3 \\ -4 & 5 \end{bmatrix} + 3\begin{bmatrix} 3 & -7 \\ 2 & 1 \end{bmatrix} - 5\begin{bmatrix} 0 & 2 \\ 3 & -1 \end{bmatrix} = \begin{bmatrix} 2 & 6 \\ -8 & 10 \end{bmatrix} + \begin{bmatrix} 9 & -21 \\ 6 & 3 \end{bmatrix} - \begin{bmatrix} 0 & 10 \\ 15 & -5 \end{bmatrix}$$
$$= \begin{bmatrix} 11 & -25 \\ -17 & 18 \end{bmatrix}$$

$ABCD$와 같이 연이은 행렬들의 곱은 존재할 수도 있고 아닐 수도 있다. 이 경우 인접한 행렬들의 행의 수와 열의 수를 비교하여 둘이 같은지를 보아 곱의 존재여부를 결정할 수 있다.

> 연이은 행렬들의 곱이 존재하면 곱행렬의 행의 개수는 첫 번째 행렬의 행의 개수와 같고, 열의 개수는 마지막 행렬의 열의 수와 같다.

예제 2

아래 행렬들의 곱 ABC를 계산하라.

$$A = \begin{bmatrix} 1 & 2 \\ 3 & -1 \end{bmatrix}, \quad B = \begin{bmatrix} 0 & 1 & 3 \\ -1 & 0 & -2 \end{bmatrix}, \quad C = \begin{bmatrix} 4 \\ -1 \\ 0 \end{bmatrix}$$

풀이

행렬 곱을 계산하는 데 시간을 소비하기 전에 곱 ABC가 존재하는지부터 알아보자. 다음을 보자.

$$\begin{matrix} A & B & C & = & ABC \\ 2 \times 2 & 2 \times 3 & 3 \times 1 & & 2 \times 1 \end{matrix}$$

맞다 맞다

곱행렬의 크기는 2 × 1

곱은 존재하고 결과는 2×1 행렬이다. 행렬 곱셈은 결합성이 있으므로 곱 ABC의 행렬들은 순서가 유지되는 한 임의로 묶일 수 있다. 자연스럽게 $(AB)C$로 묶어 계산하면

$$AB = \begin{bmatrix} 1 & 2 \\ 3 & -1 \end{bmatrix}\begin{bmatrix} 0 & 1 & 3 \\ -1 & 0 & -2 \end{bmatrix} = \begin{bmatrix} -2 & 1 & -1 \\ 1 & 3 & 11 \end{bmatrix},$$

이고

$$(AB)C = \begin{bmatrix} -2 & 1 & -1 \\ 1 & 3 & 11 \end{bmatrix}\begin{bmatrix} 4 \\ -1 \\ 0 \end{bmatrix} = \begin{bmatrix} -9 \\ 1 \end{bmatrix}$$

가 된다.

주의

이미 알고 있듯이 대수학에서 다음의 소거법칙이 적용된다.

- $ab = ac$이고 $a \neq 0$이면 $b = c$이다
- $pq = 0$이면 $p = 0$ 또는 $q = 0$이다.

하지만 행렬에서는 해당 결과들이 참이 아니다.

- $AB = AC$는 $B = C$를 의미하지 않는다.
- $PQ = 0$이 $P = 0$ 또는 $Q = 0$을 의미하지 않는다.

이 가능성에 대해 예를 들어 설명해보자.

$$\text{행렬 } A = \begin{bmatrix} 1 & 2 \\ 2 & 4 \end{bmatrix}, B = \begin{bmatrix} -1 & 2 \\ 2 & 1 \end{bmatrix}, C = \begin{bmatrix} -3 & 8 \\ 3 & -2 \end{bmatrix}\text{라 하면}$$

$AB = AC = \begin{bmatrix} 3 & 4 \\ 6 & 8 \end{bmatrix}$이지만 $B \neq C$임을 관찰하라.

$$\text{행렬 } P = \begin{bmatrix} 1 & -2 \\ -2 & 4 \end{bmatrix}, Q = \begin{bmatrix} 2 & -6 \\ 1 & -3 \end{bmatrix}\text{라 하면 } PQ = 0\text{이지만 } P \neq 0\text{이고 } Q \neq 0\text{이다.}$$

행렬의 거듭제곱

실수의 거듭제곱에 대한 표기법과 유사하게 행렬의 거듭제곱(power)을 표시한다. A가 정방행렬이면 연이은 k개의 A의 곱을 A^k라고 쓴다. 즉,

$$A^k = \underbrace{AA\ldots A}_{k\text{개}}$$

행렬에 대해서도 실수 지수와 유사한 성질들이 성립한다.

정리 2.3

A가 $n \times n$ 정방행렬이고 r, s가 음이 아닌 정수라고 할 때 다음이 성립한다.

1. $A^r A^s = A^{r+s}$
2. $(A^r)^s = A^{rs}$
3. $A^0 = I_n$(정의에 의해)

첫 번째 규칙은 다음과 같이 검증할 수 있다. 두 번째 규칙의 증명도 유사하다.

$$A^r A^s = \underbrace{A\ldots A}_{r\text{개}} \ \underbrace{A\ldots A}_{s\text{개}} = \underbrace{A\ldots A}_{r+s\text{개}} = A^{r+s}$$

예제 3

$A = \begin{bmatrix} 1 & -2 \\ -1 & 0 \end{bmatrix}$일 때 A^4을 계산하라.

풀이

이 예는 앞의 규칙들이 행렬 곱에 포함된 계산량을 줄이는 데 어떻게 사용될 수 있는지 보여 준다. $A^4 = AAAA$이므로 세 번의 곱을 통해 A^4을 구할 수 있다. 하지만 규칙 2를 적용하여 $A^4 = (A^2)^2$로 쓰면 다음과 같이 두 번의 곱만으로 같은 결과를 얻는다.

$$A^2 = \begin{bmatrix} 1 & -2 \\ -1 & 0 \end{bmatrix}\begin{bmatrix} 1 & -2 \\ -1 & 0 \end{bmatrix} = \begin{bmatrix} 3 & -2 \\ -1 & 2 \end{bmatrix}.$$

$$A^4 = \begin{bmatrix} 3 & -2 \\ -1 & 2 \end{bmatrix}\begin{bmatrix} 3 & -2 \\ -1 & 2 \end{bmatrix} = \begin{bmatrix} 11 & -10 \\ -5 & 6 \end{bmatrix}.$$

다음 예는 행렬 연산의 성질들을 사용하여 보통의 대수 연산과 유사하게 행렬의 표현을 단순화할 수 있음을 보여 준다.

예제 4

다음 행렬 표현을 단순화하라.

$$A(A + 2B) + 3B(2A - B) - A^2 + 7B^2 - 5AB$$

풀이

행렬 연산의 성질을 사용하여 다음을 얻는다.

$$\begin{aligned} A(A + 2B) + 3B(2A - B) - A^2 + 7B^2 - 5AB &= A^2 + 2AB + 6BA - 3B^2 - A^2 \\ &\quad + 7B^2 - 5AB \\ &= -3AB + 6BA + 4B^2 \end{aligned}$$

마지막에 $-3AB + 6BA$를 단순화하려는 유혹을 뿌리쳐라. 행렬 곱은 교환성이 없다.

이제 선형방정식계를 하나의 행렬 방정식으로 쓰는 방법을 소개한다. 이 기법이 전기회로에서 전류와 전압을 조절하는 장치를 설계하는 데 어떻게 사용되는지 알아볼 것이다. 이 기법은 선형방정식계의 **거동**(behavior)에 대한 논의를 진전시키는 데 행렬대수를 사용하는 가능성을 열어 준다.

선형방정식의 계

n개의 변수의 m개의 선형방정식의 계는 일반적으로 다음과 같이 쓸 수 있다.

$$\begin{matrix} a_{11}x_1 & + & \cdots & + & a_{1n}x_n & = & b_1 \\ \vdots & & \cdots & & \vdots & & \vdots \\ a_{m1}x_1 & + & \cdots & + & a_{mn}x_n & = & b_m \end{matrix}$$

이 방정식의 양변을 열행렬로 나타내면

$$\begin{bmatrix} a_{11}x_1 + & \cdots & + a_{1n}x_n \\ \vdots & \cdots & \vdots \\ a_{m1}x_1 + & \cdots & + a_{mn}x_n \end{bmatrix} = \begin{bmatrix} b_1 \\ \vdots \\ b_m \end{bmatrix}$$

과 같다. 좌변의 행렬은 계수행렬 A와 변수들의 열행렬 X의 곱으로 쓸 수 있다. 우변의 상수들의 열행렬을 B라고 하면

$$\overset{A}{\begin{bmatrix} a_{11} & \cdots & a_{1n} \\ \vdots & \cdots & \vdots \\ a_{m1} & \cdots & a_{mn} \end{bmatrix}} \overset{X}{\begin{bmatrix} x_1 \\ \vdots \\ x_n \end{bmatrix}} = \overset{B}{\begin{bmatrix} b_1 \\ \vdots \\ b_m \end{bmatrix}}$$

이 되어 방정식계는 형렬 형태로 다음과 같이 표현된다.

$$\boxed{AX = B}$$

예를 들어

$$\begin{aligned} 3x_1 + 2x_2 - 5x_3 &= 7 \\ x_1 - 8x_2 + 4x_3 &= 9 \\ 2x_1 + 6x_2 - 7x_3 &= -2 \end{aligned}$$ 는 이와 같이 쓸 수 있다. $$\begin{bmatrix} 3 & 2 & -5 \\ 1 & -8 & 4 \\ 2 & 6 & -7 \end{bmatrix} \begin{bmatrix} x_1 \\ x_2 \\ x_3 \end{bmatrix} = \begin{bmatrix} 7 \\ 9 \\ -2 \end{bmatrix}$$

이제 이 표기법과 행렬의 성질을 이용하여 선형방정식계의 해들의 합과 스칼라 곱에 대해 조사해보자.

선형방정식계의 해

1.4절에서 특정한 동차방정식 계의 해집합이 합과 스칼라 곱에 대해 닫혀있음을 보았다. 이제 이것이 모든 선형방정식의 동차계에서 사실임을 보이자. 동차(homogeneous) 선형방정식계 $AX = 0$의 해를 고려하자. X_1과 X_2가 해라고 하면

$$AX_1 = 0\text{이고, } AX_2 = 0$$

이 방정식들을 더하면

$$AX_1 + AX_2 = 0, \text{ 즉 } A(X_1 + X_2) = 0$$

을 준다. 따라서 $X_1 + X_2$도 방정식 $AX = 0$을 만족한다. 이것은 두 해의 합 $X_1 + X_2$도 해가 됨을 의미한다. 이때 **해집합이 덧셈에 대해 닫혀있다**고 말한다.

또한 $AX_1 = 0$의 양변에 스칼라 c를 곱하면

$$cAX_1 = 0, \text{ 즉 } A(cX_1) = 0$$

이 되어 한 해의 상수배 cX_1도 해가 된다. 즉, **해집합은 스칼라 곱셈에 대하여 닫혀있다.**

> 동차 선형방정식계의 해집합은 덧셈과 스칼라 곱셈에 대하여 닫혀있다

반면에 비동차 선형방정식계의 해집합은 부분공간을 형성하지 않는다. 비동차계 $AX = B\,(B \neq 0)$를 고려해보자. X_1과 X_2를 해라고 하면

$$AX_1 = B, AX_2 = B$$

이 성립한다. 이 방정식들을 더하면

$$AX_1 + AX_2 = 2B$$
$$A(X_1 + X_2) = 2B$$

이 되어 $X_1 + X_2$는 $AX = B$를 만족시키지 못하여 해가 되지 않는다. 즉, 해집합은 합에 대해 닫혀있지 않고 따라서 부분공간이 아니다. 해집합은 스칼라 곱셈에 대해서도 닫혀있지 않은데 이는 연습문제 41을 참조하라.

비동차 선형방정식계의 해집합은 합 또는 스칼라 곱에 대해 닫혀있지 않다. 즉, 부분공간이 아니다.

비록 동차 선형방정식계의 해집합이 부분공간을 형성하지 않지만 부분공간은 해를 이해하는 핵심에 있다.다음 예제는 비동차 선형방정식계의 해집합과 대응하는 동차 선형방정식계의 해집합 간의 관계를 보여준다.

예제 5

(a) 다음의 동차 선형방정식계를 고려하자.

$$\begin{aligned} x_1 + x_2 - 2x_3 &= 0 \\ x_1 - 2x_2 + 3x_3 &= 0 \\ 3x_2 - 5x_3 &= 0 \end{aligned}$$

많은 해 $x_1 = r, x_2 = 5r, x_3 = 3r$가 있음을 보일 수 있다. 즉, 해집합은 $(r, 5r, 3r)$ 또는 $r(1, 5, 3)$ 형태의 $\mathbf{R}^3$ 벡터들이다. 이들은 벡터 (1, 5, 3)에 의해 정의되는 원점을 지나는 직선을 형성한다. 즉, 해들은 기저가 (1, 5, 3)이고, 차원 1인 $\mathbf{R}^3$의 부분공간을 형성한다. 그림 2.3을 보라.

1장 2절에서 $x_1 = 0, \ldots, x_n = 0$은 모든 n변수 동차 선형방정식계의 해가 됨을 논했다. 기하적으로, 이는 **이 예제의 직선처럼 모든 동차 계의 해 공간이 원점을 지남을 의미한다.**

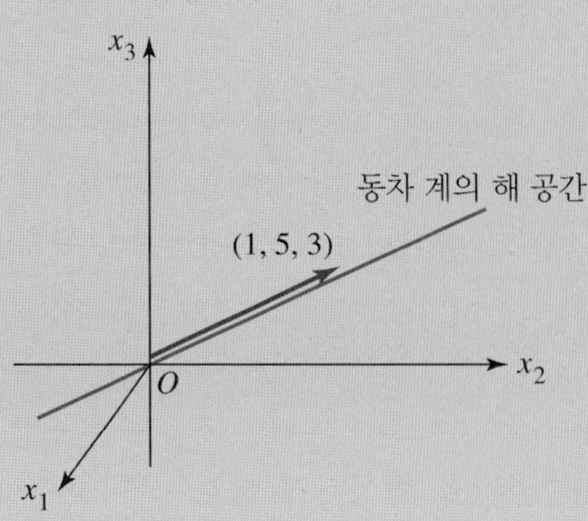

그림 2.3

(b) 다음의 비동차 선형방정식계를 고려하자.

$$\begin{aligned} x_1 + \quad x_2 - 2x_3 &= 4 \\ x_1 - 2x_2 + 3x_3 &= -5 \\ 3x_2 - 5x_3 &= 9 \end{aligned}$$

많은 해 $x_1 = r + 1, x_2 = 5r + 3, x_3 = 3r$를 가짐을 보일 수 있다. 이 해집합은 덧셈과 스칼라 곱에 대해 닫혀있지 않음을 보일 수 있는데, 따라서 부분공간이 아니다.

이 계는 (a)의 동차계와 상수항만 다름을 관찰하라. 두 계 모두 동일한 계수 행렬을 갖는데, (a)를 (b)의 **대응 동차계**라고 말한다. 모든 비동차계는 반드시 대응 동차계를 갖는다. 대응 동차계는 비동차계의 해를 이해할 수 있도록 해준다. 위의 일반해를 $(r + 1, 5r + 3, 3r)$의 벡터 형태로 표현하자. 이는 대응 동차계의 해와 상수 벡터의 합으로

$$(r + 1, 5r + 3, 3r) = r(1, 5, 3) + (1, 3, 0)$$

과 같이 쓸 수 있다. 이것은 비동차계의 해집합이, (1, 5, 3)에 의해 정의되는 직선 벡터가 (1, 3, 0)에 의해 규정되는 방식으로 미끌어진 것임을 의미한다. 즉 비동차계의 해집합은, 직선 (1, 5, 3)에 의해 정의되는 원점을 지나는 직선에 평행한, 점 (1, 3, 0)을 지나는 직선이 된다. 그림 2.4를 보라.

모든 비동차계의 해집합은 대응 동차계에 관련시켜 이런 방식으로 상상할 수 있다. 동차계의 해집합이 원점을 지나는 직선이라면 비동차계의 해집합은 그 직선에 평행한 직선이 된다. 동차계의 해집합이 원점을 지나는 평면이라면 비동차계의 해집합은 그 평면에 평행한 평면이 된다. 4장 4절에서 변환을 포함하여 매우 우아한 수학적 도구를 갖추면 선형계의 해를 바라보는 이러한 기하적 방법에 대한 더 깊은 통찰을 얻을 수 있다.

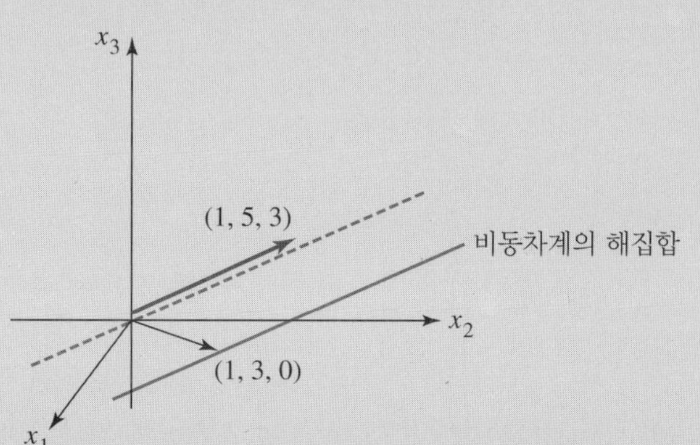

그림 2.4

예제 6

이 예제에서는 전기회로의 **2-단자(two-port)**를 분석한다.

많은 회로망이 어떤 점에서 신호를 받아서 적절히 수정된 신호를 전달하도록 설계된다. 그림 2.5에 통상적인 배열이 예시되어 있다. 전류 I_1이 전압 V_1에 2-단자에 도착하여 적절한 방법으로 전류 I_2와 전압 V_2를 결정한다. 실용적으로 입력과 출력의 전류와 전압의 관계는 보통 선형이다. 즉 다음과 같이 행렬 방정식으로 연관된다.

$$\begin{bmatrix} V_2 \\ I_2 \end{bmatrix} = \begin{bmatrix} a_{11} & a_{12} \\ a_{21} & a_{22} \end{bmatrix} \begin{bmatrix} V_1 \\ I_1 \end{bmatrix}$$

행렬 $\begin{bmatrix} a_{11} & a_{12} \\ a_{21} & a_{22} \end{bmatrix}$는 단자의 **전송행렬**(tranmission matrix)이라 불린다. 이 행렬이 2-단자를 정의한다.

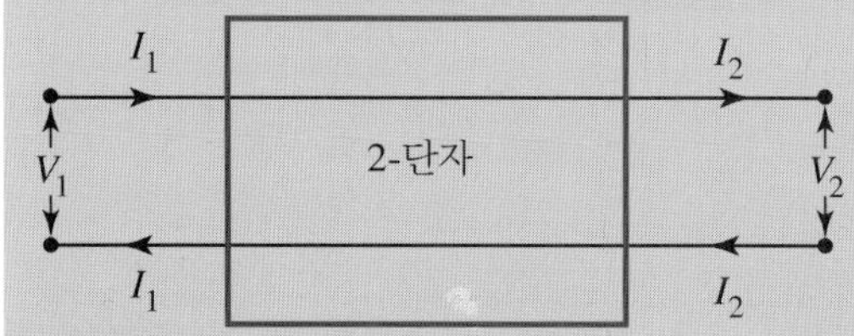

그림 2.5

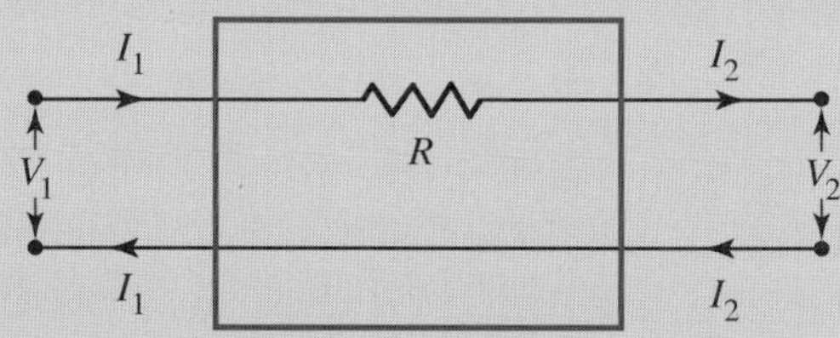

그림 2.6

그림 2.6은 2-단자의 예이다. 내부는 그림처럼 연결된 저항 R로 구성된다. 전류와 전압이 실제로 선형적으로 거동하는 것을 보이고 전송행렬을 결정해 보도록 하자. 여기서의 접근법은 V_1과 I_1을 변수로 하여 V_2와 I_2를 표현하는 두 개의 방정식을 구성하는 것이다. 다음 법칙을 사용하자.

옴의 법칙(Ohm's Law)
저항에 의한 전압 강하는 전류와 저항의 곱과 같다.

저항 R을 지날 때의 전압 강하는 $V_1 - V_2$이다. 저항을 통과하는 전류는 I_1이므로 옴의 법칙에 의해 $V_1 - V_2 = I_1R$이다. 전류 I_1는 저항 R을 통과한 후 바뀌지 않는다. 즉 $I_2 = I_1$이다. 이 두 방정식을 표준형으로 쓰면 다음과 같다.

$$\begin{aligned} V_2 &= V_1 - RI_1 \\ I_2 &= 0V_1 + I_1 \end{aligned}$$

이것을 하나의 행렬방정식으로 결합하면

$$\begin{bmatrix} V_2 \\ I_2 \end{bmatrix} = \begin{bmatrix} 1 & -R \\ 0 & 1 \end{bmatrix} \begin{bmatrix} V_1 \\ I_1 \end{bmatrix}$$

이고, 전송행렬은 $\begin{bmatrix} 1 & -R \\ 0 & 1 \end{bmatrix}$이다. 따라서, 예를 들어 R이 2옴이고 입력 전압과 전류가 각각 $V_1 = 5$ 볼트 $I_1 = 1$ 암페어라면 다음을 얻는다.

$$\begin{bmatrix} V_2 \\ I_2 \end{bmatrix} = \begin{bmatrix} 1 & -2 \\ 0 & 1 \end{bmatrix} \begin{bmatrix} 5 \\ 1 \end{bmatrix} = \begin{bmatrix} 3 \\ 1 \end{bmatrix}$$

즉 출력 전압과 전류는 3볼트와 1암페어이다.

실제에서는 원하는 전압과 전류의 변화를 주기 위해 위와 같은 수많은 표준 2-단자들이 직렬로 연결된다. 그림 2.7의 전송행렬이 각각 A, B, C인 세 개의 2-단자들을 살펴보자.

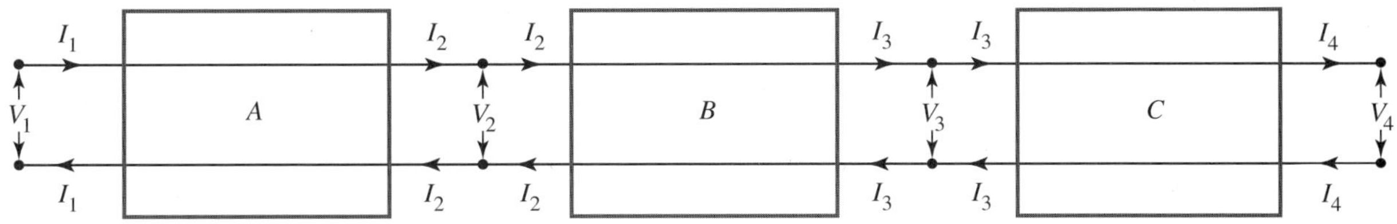

그림 2.7

각 단자들을 분리해 생각하면 다음과 같다.

$$\begin{bmatrix} V_2 \\ I_2 \end{bmatrix} = A\begin{bmatrix} V_1 \\ I_1 \end{bmatrix}, \begin{bmatrix} V_3 \\ I_3 \end{bmatrix} = B\begin{bmatrix} V_2 \\ I_2 \end{bmatrix}, \begin{bmatrix} V_4 \\ I_4 \end{bmatrix} = C\begin{bmatrix} V_3 \\ I_3 \end{bmatrix}$$

첫 방정식의 $\begin{bmatrix} V_2 \\ I_2 \end{bmatrix}$를 두 번째 방정식으로 대입해 넣으면 $\begin{bmatrix} V_3 \\ I_3 \end{bmatrix} = BA\begin{bmatrix} V_1 \\ I_1 \end{bmatrix}$이 얻어진다.

이 $\begin{bmatrix} V_3 \\ I_3 \end{bmatrix}$를 세 번째 방정식에 대입하면 다음과 같이 된다.

$$\begin{bmatrix} V_4 \\ I_4 \end{bmatrix} = CBA\begin{bmatrix} V_1 \\ I_1 \end{bmatrix}$$

즉 이 세 개의 단자들은 전송행렬이 CBA인 한 개의 2-단자와 동등하다. 여기서 행렬 곱은 비가환이므로 각 단자가 놓인 순서가 중요하다.

연습문제 2.2

계산

1. $A = \begin{bmatrix} 1 & 2 \\ -1 & 0 \end{bmatrix}, B = \begin{bmatrix} 0 & 5 & 4 \\ 2 & 1 & 3 \end{bmatrix}, C = \begin{bmatrix} 2 & 3 \\ 6 & 1 \end{bmatrix},$

$D = \begin{bmatrix} 2 & -2 \\ 1 & 3 \end{bmatrix}$라 할 때 다음을 계산하라.(가능하면)

(a) AB, BA **(b)** AC, CA

(c) AD, DA

여기서 BA는 존재하지 않으므로 $AB \neq BA$이고, $AC \neq CA$이고, $AD = DA$임을 관찰하여 행렬 곱에서 순서가 뒤바뀔 때 여러 가능성들을 확인하라.

2. 아래 행렬에서 $A(BC)$와 $(AB)C$를 계산하라.

$$A = \begin{bmatrix} 1 & 2 \\ -1 & 0 \\ 1 & 1 \end{bmatrix}, \quad B = \begin{bmatrix} 2 & 4 \\ -2 & 3 \end{bmatrix}, \quad C = \begin{bmatrix} 1 \\ 2 \end{bmatrix}$$

이 곱들이 일치함을 관찰하여 행렬 곱의 결합성을 확인하라.

3. 다음 세 행렬의 곱 ABC를 두 가지 다른 방법으로 계산하라.

$$A = \begin{bmatrix} 1 & 2 \\ -1 & 3 \end{bmatrix}, \quad B = \begin{bmatrix} 3 & 1 & 2 \\ 4 & 3 & 1 \end{bmatrix}, \quad C = \begin{bmatrix} 1 & 2 \\ 3 & 4 \\ 1 & 0 \end{bmatrix}$$

4. 다음 행렬에 대해 주어진 선형결합을 계산하라.

$$A = \begin{bmatrix} 1 & 2 \\ 3 & 4 \end{bmatrix}, \quad B = \begin{bmatrix} 2 & -3 \\ 0 & 1 \end{bmatrix}, \quad C = \begin{bmatrix} -2 & 0 \\ 3 & 4 \end{bmatrix}.$$

(a) $2A + 3B$ **(b)** $A + 2B + 4C$

(c) $3A + B - 2C$

5. 다음 행렬에 대해 주어진 식을 계산하라.

$$A = \begin{bmatrix} 2 & 0 \\ -1 & 5 \end{bmatrix}, \quad B = \begin{bmatrix} -1 & 1 \\ 2 & 4 \end{bmatrix}, \quad C = \begin{bmatrix} 3 & 4 \\ 0 & 2 \end{bmatrix}$$

(a) $(AB)^2$ **(b)** $A - 3B^2$
(c) $A^2B + 2C^3$ **(d)** $2A^2 - 2A + 3I_2$

곱행렬의 크기

6. A가 4×2, B가 2×6, C가 3×4, D가 6×3 행렬일 때 다음 곱이 가능하면 그 크기를 구하라.

(a) ABC **(b)** ABD **(c)** CAB
(d) $DCAB$ **(e)** A^2BDC

7. P가 3×2, Q가 2×1, R이 1×3, S가 3×1, T가 3×3 행렬일 때 다음 행렬의 식이 가능하면 그 크기를 구하라.

(a) PQR **(b)** $PQ + TPQ$
(c) $5QR - 2TPR$ **(d)** $4SPQ + 3PQ$
(e) $QRSR + QR$

행렬 연산

8. A가 $m \times n$ 행렬이라 하자. 곱 AB와 BA가 둘 다 존재할 필요조건은 B가 $n \times m$ 행렬인 것임을 증명하라.

9. 이 절에서 주어진 행렬 연산의 다음 성질들을 검증하라.

(a) 행렬 덧셈의 결합성
$A + (B + C) = (A + B) + C$

(b) 분배성 $c(A + B) = cA + cB$

(c) $AI_n = I_nA = A$ (A가 $n \times n$ 행렬일 때)

10. A가 $m \times n$ 행렬일 때 $AI_n = A$임을 보여라.

11. A가 임의의 $m \times n$ 행렬이고 O_{mn}이 $m \times n$ 영행렬, c가 스칼라이라 하자. 만약 $cA = O_{mn}$이면 $c = 0$이든가 $A = O_{mn}$ 임을 보여라.

12. 다음 행렬 표현을 단순화하라.

(a) $A(A - 4B) + 2B(A + B) - A^2 + 7B^2 + 3AB$
(b) $B(2I_n - BA) + B(4I_n + 5A)B - 3BAB + 7B^2A$
(c) $(A - B)(A + B) - (A + B)^2$

13. 다음 행렬 표현을 단순화하라.

(a) $A(A + B) - B(A + B)$
(b) $A(A - B)B + B2AB - 3A^2$
(c) $(A + B)^3 - 2A^3 - 3ABA - A3B^2 - B^3$

14. 다음 행렬과 교환성이 있는 행렬들을 모두 찾아라.

(a) $\begin{bmatrix} 1 & 0 \\ -1 & 0 \end{bmatrix}$ **(b)** $\begin{bmatrix} 1 & 0 \\ 0 & 2 \end{bmatrix}$ **(c)** $\begin{bmatrix} 0 & 1 & 0 \\ 0 & 0 & 1 \\ 0 & 0 & 0 \end{bmatrix}$

15. 다음 증명에서 틀린 점은 무엇인가? $AX = B$가 해가 X_1과 X_2인 선형방정식계라 하자. 그러면

$$AX_1 = B \quad \text{이고} \quad AX_2 = B$$
$$AX_1 = AX_2$$
$$X_1 = X_2$$

따라서 모든 선형방정식계는 한개 이하의 해를 갖는다.

행렬의 거듭제곱

16. **(a)** A가 $n \times n$ 행렬이라 하자, A^2도 $n \times n$ 행렬임을 증명하라.

(b) $m \neq n$일 때 A가 $m \times n$ 행렬이라 하자. A^2이 존재하지 않음을 증명하라.

17. A, B가 같은 크기의 정방행렬일 때 일반적으로 다음이 성립함을 증명하라.

$$(A + B)^2 \neq A^2 + 2AB + B^2$$

어떤 조건하에서 이 등식이 성립하는가?

18. A, B가 $AB = BA$가 되는 같은 크기의 정방행렬일 때, $(AB)^2 = A^2B^2$임을 증명하라. 예를 하나 들어서 이 관계가 모든 같은 크기의 정방행렬에 대해 성립하지는 않음을 보여라.

19. n이 음이 아닌 정수이고 A, B가 $AB = BA$가 되는 같은 크기의 정방행렬일 때, $(AB)^n = A^nB^n$ 증명하라. 예를 하나 들어서 이 상등관계가 모든 같은 크기의 정방행렬에 대해 성립하지는 않음을 보여라.

20. 동일한 정방행렬의 비음의 정수 거듭제곱들은 가환임을 보여라.(즉 $A^rA^s = A^sA^r$)

대각행렬

21. A, B가 같은 크기의 대각행렬이고 c가 스칼라일 때 다음을 증명하라. **(a)** $A + B$도 대각행렬이다. **(b)** cA도 대각행렬이다. **(c)** AB도 대각행렬이다.

22. A, B가 같은 크기의 대각행렬일 때 $AB = BA$임을 보여라.

23. 만약 행렬 A가 대각원소가 모두 다른 대각행렬과 가환이면 A도 대각행렬임을 증명하라.

거듭제곱동일 행렬과 거듭제곱영 행렬

정방행렬 A가 $A^2 = A$가 되면 **거듭제곱동일**(idempotent) 행렬이라고 부른다. $A^p=0$이 되는 양의 정수 p가 존재하면 정방행렬 A를 **거듭제곱영**(nilpotent) 행렬이라고 부른다. 이때 $A^p=0$이 되는 최소의 양의 정수 p를 행렬의 **거듭제곱영의 차수**(degree of nilpotency)라고 말한다.

24. 다음 행렬들이 거듭제곱동일 행렬인지 결정하라.

(a) $\begin{bmatrix} 1 & 0 \\ 0 & 1 \end{bmatrix}$ **(b)** $\begin{bmatrix} 1 & 0 \\ 0 & 0 \end{bmatrix}$

(c) $\begin{bmatrix} 0 & 1 \\ 1 & 0 \end{bmatrix}$ **(d)** $\begin{bmatrix} 3 & -6 \\ 1 & -2 \end{bmatrix}$

(e) $\begin{bmatrix} 1 & 2 & 2 \\ 0 & 0 & -1 \\ 0 & 0 & 1 \end{bmatrix}$ **(f)** $\begin{bmatrix} 1 & 3 & 0 \\ 0 & 0 & 1 \\ 0 & 0 & 0 \end{bmatrix}$

25. $\begin{bmatrix} 1 & b \\ c & d \end{bmatrix}$가 거듭제곱동일이 되도록 b, c, d를 정하라.

26. $\begin{bmatrix} a & 0 \\ c & d \end{bmatrix}$가 거듭제곱동일이 되도록 a, c, d를 정하라.

27. A, B가 거듭제곱동일이고 $AB = BA$이면 AB도 거듭제곱동일임을 보여라.

28. A가 거듭제곱동일이고 n이 양의 정수이면 $A^n = A$임을 보여라.

29. 다음 행렬들이 차수 2인 거듭제곱영 행렬임을 보여라.

(a) $\begin{bmatrix} 1 & 1 \\ -1 & -1 \end{bmatrix}$ **(b)** $\begin{bmatrix} -4 & 8 \\ -2 & 4 \end{bmatrix}$ **(c)** $\begin{bmatrix} 3 & -9 \\ 1 & -3 \end{bmatrix}$

30. 다음 행렬들이 차수 3인 거듭제곱영 행렬임을 보여라.

$$\begin{bmatrix} 0 & 1 & 0 \\ 0 & 0 & 1 \\ 0 & 0 & 0 \end{bmatrix}$$

선형방정식계

31. 다음 선형방정식계를 하나의 행렬방정식 $AX = B$ 형태로 써라.

(a) $\begin{aligned} 2x_1 + 3x_2 &= 4 \\ 3x_1 - 8x_2 &= -1 \end{aligned}$ **(b)** $\begin{aligned} 4x_1 + 7x_2 &= -2 \\ -2x_1 + 3x_2 &= -4 \end{aligned}$

(c) $\begin{aligned} -9x_1 - 3x_2 &= -4 \\ 6x_1 - 2x_2 &= 7 \end{aligned}$

32. 다음 선형방정식계를 하나의 행렬방정식 $AX = B$ 형태로 써라.

(a) $\begin{aligned} x_1 + 8x_2 - 2x_3 &= 3 \\ 4x_1 - 7x_2 + x_3 &= -3 \\ -2x_1 - 5x_2 - 2x_3 &= 1 \end{aligned}$

(b) $\begin{aligned} 5x_1 + 2x_2 &= 6 \\ 4x_1 - 3x_2 &= -2 \\ 3x_1 + x_2 &= 9 \end{aligned}$

(c) $\begin{aligned} x_1 - 3x_2 + 6x_3 &= 2 \\ 7x_1 + 5x_2 + x_3 &= -9 \end{aligned}$

(d) $\begin{aligned} 2x_1 + 5x_2 - 3x_3 + 4x_4 &= 4 \\ x_1 + 9x_3 + 5x_4 &= 12 \\ 3x_1 - 3x_2 - 8x_3 + 5x_4 &= -2 \end{aligned}$

33. X_1과 X_2가 동차 선형방정식계 $AX = 0$의 해이면 임의의 스칼라 a, b에 대해 선형결합 $aX_1 + bX_2$도 해임을 증명하라.

34. 다음 방정식계에서 해 X_1과 X_2가 아래처럼 주어졌다고 하자. 행렬 덧셈과 스칼라 곱셈을 이용하여 4개의 다른 해들을 만들어라. 연습문제 33의 결과를 이용하여 $x_1 = 1$, $x_2 = 0$일 때의 해를 구하라.

$$\begin{aligned} x_1 + 2x_2 - x_3 - 2x_4 &= 0 \\ 2x_1 + 5x_2 - 2x_4 &= 0 \\ 4x_1 + 9x_2 - 2x_3 - 6x_4 &= 0 \\ x_1 + 3x_2 + x_3 &= 0 \end{aligned}$$

$$X_1 = \begin{bmatrix} 5 \\ -2 \\ 1 \\ 0 \end{bmatrix}, \quad X_2 = \begin{bmatrix} 11 \\ -4 \\ 1 \\ 1 \end{bmatrix}$$

35. 다음 네개의 방정식의 계에서 해 X_1과 X_2가 아래처럼 주어졌다고 하자. 행렬 덧셈과 스칼라 곱을 이용하여 4개의 다른 해들을 만들어라. 연습문제 33의 결과를 이용하여 $x_1 = 6$, $x_2 = 9$일 때의 해를 구하라.

$$\begin{aligned} x_1 - x_2 + x_3 + 2x_4 &= 0 \\ 3x_1 - 2x_2 + x_3 + 3x_4 &= 0 \\ 5x_1 - 4x_2 + 3x_3 + 7x_4 &= 0 \\ 2x_1 - x_2 + x_4 &= 0 \end{aligned}$$

$$X_1 = \begin{bmatrix} 0 \\ -1 \\ 1 \\ -1 \end{bmatrix}, \quad X_2 = \begin{bmatrix} 3 \\ 7 \\ 2 \\ 1 \end{bmatrix}$$

문제 [36~39]에서는 비동차 선형방정식계를 고려한다. 편의상 일반해가 주어져 있다. (a) 대응 동차계를 쓰고 그것의 일반해를 구하라. 동차계의 해들의 부분공간의 기저를 구하고 부분공간을 설명하라. (c) 비동차계의 해집합을 설명하라.

36. $\begin{aligned} x_1 + x_3 &= 2 \\ x_1 + x_2 - 2x_3 &= 5 \\ 2x_1 + x_2 - x_3 &= 7 \end{aligned}$

일반해 $(-r + 2, 3r + 3, r)$

37. $\begin{aligned} x_1 + x_2 + 5x_3 &= 5 \\ x_2 + 3x_3 &= 4 \\ x_1 + 2x_2 + 8x_3 &= 9 \end{aligned}$

일반해 $(-2r + 1, -3r + 4, r)$

38. $$\begin{aligned} x_1 + x_2 + x_3 &= 2 \\ 2x_1 - x_2 - 4x_3 &= -5 \\ x_1 - x_2 - 3x_3 &= 4 \end{aligned}$$

일반해 $(r - 1, -2r + 3, r)$

39. $$\begin{aligned} x_1 + 2x_2 - x_3 &= 3 \\ 2x_1 + 4x_2 - 2x_3 &= 6 \\ -3x_1 - 6x_2 + 3x_3 &= -9 \end{aligned}$$

일반해 $(-2r + s + 3, r, s)$

40. 다음 비동차 선형방정식계를 풀어라. 해집합이 부분공간이 아님을 보여라. 해집합을 기하적으로 설명하라.

$$\begin{aligned} x_1 + 2x_2 - 3x_3 &= 5 \\ x_2 - x_3 &= 2 \\ 2x_1 + 5x_2 - 7x_3 &= 12 \end{aligned}$$

41. 비동차 선형방정식계의 해집합은 덧셈과 스칼라 곱셈에 대해 닫혀있지 않음을 증명하라.

42. B가 행렬 A의 열들의 선형결합이면 선형방정식계 $AX = B$의 해가 존재함을 증명하라.

기타 결과

43. 행렬 A, B, C, D에 대해 다음의 참, 거짓을 판정하라. 간단한 이유를 밝혀라.

(a) $A^2 - B^2 = (A + B)(A - B)$

(b) $A(B + C + D) = AB + AC + AD$

(c) A가 $m \times n$, B가 $n \times r$, C가 $r \times q$ 행렬이면 ABC는 $m + q$개의 원소를 가진다.

(d) $A^2 = A$이면 모든 양의 정수 r에 대해 $A^r = A$이다.

(e) X_1이 $AX = B_1$의 해이고 X_2가 $AX = B_2$의 해이면 $X_1 + X_2$는 $AX = B_1 + B_2$의 해이다.

2–단자

44. 그림 2.8의 2-단자에 대해 전송행렬을 구하라.

힌트

(a) 단자들이 직접 연결되어 있으므로 $V_1 = V_2$이다. 저항 R을 통과하는 전류는 $I_1 - I_2$이다. R_1에 의한 전압강하는 V_1이다.

(b) R_1을 통과하는 전류는 $I_1 - I_2$이다. R_1에 의한 전압강하는 V_1이다. R_2를 통과하는 전류는 I_2이다. R_2에 의한 전압강하는 $V_1 - V_2$이다.

(c) R_1을 통과하는 전류는 I_1이다. R_1에 의한 전압강하는 $V_1 - V_2$이다. R_2를 통과하는 전류는 $I_1 - I_2$이다. R_2에 의한 전압강하는 V_2이다.

45. 그림 2.9는 세개의 2-단자가 직렬로 연결된 2-단자를 보여준다. 전송행렬이 그림 안에 표시되어 있다. **(a)** 합성 2-단자의 전송행렬은 무엇인가? **(b)** 입력 전압이 3볼트이고 전류가 2암페어일 때 출력 전압과 전류를 구하라.

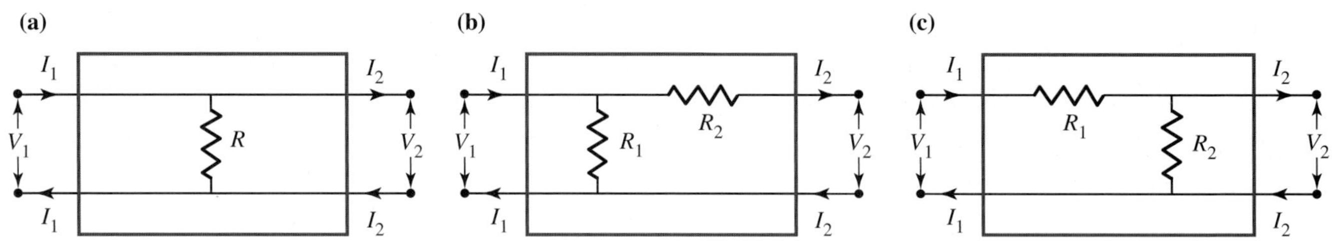

그림 2.8

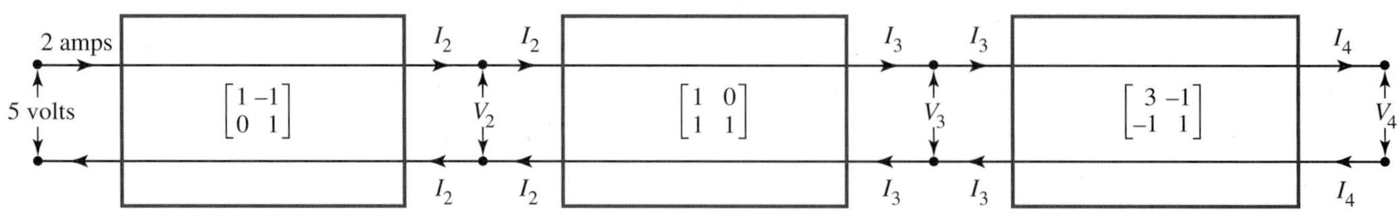

그림 2.9

2.3 대칭행렬과 고고학에서의 연대배열

이 절에서 행렬의 대수적 설명을 계속하고 개발된 이론이 고고학에서 고분과 유물의 연대 순서를 결정하는 데 어떻게 사용되는지 알아 볼 것이다.

정의 행렬 A의 **전치**(transpose)는 그것의 열들이 A의 행들인 행렬이고, A^t로 표기된다.

A의 첫 행은 A^t의 첫 열이 되고, A의 둘째 행은 A^t의 둘째 열이 되고 이렇게 계속된다. 즉, A의 (i, j) 원소는 A^t의 (j, i) 원소가 된다. A가 $m \times n$ 행렬이면 A^t는 $n \times m$ 행렬이다.

예제 2

다음 각 행렬의 전치를 구하라.

$$A = \begin{bmatrix} 2 & 7 \\ -8 & 0 \end{bmatrix}, \quad B = \begin{bmatrix} 1 & 2 & -7 \\ 4 & 5 & 6 \end{bmatrix}, \quad C = \begin{bmatrix} -1 & 3 & 4 \end{bmatrix}$$

풀이

행을 열로 써서 다음을 얻는다.

$$A^t = \begin{bmatrix} 2 & -8 \\ 7 & 0 \end{bmatrix}, \quad B^t = \begin{bmatrix} 1 & 4 \\ 2 & 5 \\ -7 & 6 \end{bmatrix}, \quad C^t = \begin{bmatrix} -1 \\ 3 \\ 4 \end{bmatrix}$$

B의 (1, 3) 원소인 -7이 B^t의 (3, 1) 원소가 됨을 관찰하라. 또한 B가 2×3 행렬일 때 B^t는 3×2 행렬이 되고, C가 1×3 행렬일 때 C^t는 3×1 행렬이 됨을 주시하라. ■

지금까지 행렬에 대해 세 가지 연산, 행렬 덧셈, 스칼라 곱, 행렬 곱을 정의하였다. 다음 정리는 이 연산들에 어떻게 전치가 작용하는지 보여준다.

정리 2.4

전치의 성질

A, B가 행렬이고 c는 스칼라라고 하자. 행렬의 크기는 연산이 가능하도록 정해졌다.

1. $(A + B)^t = A^t + B^t$ **합의 전치**
2. $(cA)^t = cA^t$ **스칼라 곱의 전치**
3. $(AB)^t = B^tA^t$ **곱의 전치**
4. $(A^t)^t = A$

세 번째 성질을 검증하는 과정을 통해 전치에 대한 이 결과들을 증명하는 요령을 예시한다. 나머지 결과는 연습문제로 남긴다.

$\boldsymbol{(AB)^t = B^tA^t}$ 행렬 $(AB)^t$ 행렬 A^tB^t의 대응 원소들이 모두 같음을 보임으로써 두 행렬의 상등을 보이자.

$$
\begin{aligned}
(A^tB^t)\text{의 } (i, j) \text{ 원소} &= AB\text{의 } (j, i) \text{ 원소} \\
B^tA^t\text{의 } (i, j) \text{ 원소} &= (B^t\text{의 } i\text{행}) \times (A^t\text{의 } j\text{열}) \\
&= (B\text{의 } i\text{열}) \times (A\text{의 } j\text{행}) \\
&= AB\text{의 } (j, i) \text{ 원소}
\end{aligned}
$$

(A^tB^t)와 B^tA^t의 대응되는 원소들이 같으므로 결과가 증명된다.

참고: 합과 곱에 대한 이 성질들은 임의의 수의 행렬에 대해서도 확장될 수 있다. 예를 들어 세 개의 행렬 A, B, C에 대해

$$(A + B + C)^t = A^t + B^t + C^t \text{ 그리고 } (ABC)^t = C^tB^tA^t$$

곱의 전치에서 행렬들의 순서가 거꾸로 됨에 주의하라.(증명은 연습문제를 보라.)

참고: $\mathbf{u} = \begin{bmatrix} u_1 \\ \vdots \\ u_n \end{bmatrix}$와 $\mathbf{v} = \begin{bmatrix} v_1 \\ \vdots \\ v_n \end{bmatrix}$를 $\mathbf{R}^n$의 열벡터라고 하고 $n \times 1$ 열행렬로 인식하자. $1 \times n$ 행렬과 $n \times 1$ 행렬의 곱 $\mathbf{u}^t\mathbf{v}$는 1×1 행렬이다. 따라서 이것을 곱 행렬의 대괄호를 떼어 내고 실수로 간주하는 것이 도움이 될 때가 많다. $\mathbf{u}^t\mathbf{v}$는 다음에서 보듯이 내적(점곱)으로 귀결된다.

$$\mathbf{u}^t\mathbf{v} = [u_1, u_1, \ldots, u_n]\begin{bmatrix} v_1 \\ \vdots \\ v_n \end{bmatrix} = u_1v_1 + \cdots + u_nv_n = \mathbf{u} \cdot \mathbf{v}.$$

> $\mathbf{R}^n$ 상의 두 열벡터 $\mathbf{u}$와 $\mathbf{v}$의 내적은 $\mathbf{u} \cdot \mathbf{v} = \mathbf{u}^t\mathbf{v}$로 쓸 수 있다.

예를 들어, $\mathbf{u} = \begin{bmatrix} 3 \\ 4 \\ -1 \end{bmatrix}$, $\mathbf{v} = \begin{bmatrix} 0 \\ 2 \\ 1 \end{bmatrix}$이면 $\mathbf{u}^t\mathbf{v} = [3, 4, -1]\begin{bmatrix} 0 \\ 2 \\ 1 \end{bmatrix} = (3 \times 0) + (4 \times 2) + (1 \times -1) = 7$인데 이는 $\mathbf{u}$와 $\mathbf{v}$의 내적이다.

이 결과는 유용한 상등관계들을 준다. 예를 들어, $\|\mathbf{u}\|^2 = \mathbf{u}^t\mathbf{u}$($\|\mathbf{u}\| = \sqrt{\mathbf{u} \cdot \mathbf{u}} = \sqrt{\mathbf{u}^t \cdot \mathbf{u}}$이므로)이다. 벡터 $\mathbf{u}$와 $\mathbf{v}$가 직교할 필요충분조건은 $\mathbf{u}^t\mathbf{v} = 0$이다.($\mathbf{u}^t\mathbf{v} = \mathbf{u} \cdot \mathbf{v} = 0$일 필요충분조건은 $\mathbf{u}$와 $\mathbf{v}$가 직교인 것이므로). 만약 $\mathbf{u}$와 $\mathbf{v}$를 행벡터로 본다면 $\mathbf{u} \cdot \mathbf{v} = \mathbf{u}\mathbf{v}^t$이다. 내적을 이러한 행렬 곱으로 파악하는 것은 이론적인 작업에서 중요함을 알게 될 것이다. 일례로 기하적 변환에 관한 2.5절의 정리 2.9의 증명을 보라.

이제 **대칭행렬**(symmetric matrix)을 소개한다. 그것은 아마도 가장 중요한 종류의 행렬일 텐데, 기하학과 같은 수학 분야나 이론 물리학, 기계공학, 전기공학, 사회학 등의 분야에서 널리 사용된다.

정의 **대칭행렬**은 전치를 하면 자신과 같아지는 정방행렬이다.

다음은 전치행렬의 예이다, 이 행렬들이 주대각선에 대해 대칭임을 주목하라. 모든 비대각 원소들은 주대각선에 대해 대칭인 위치에 쌍으로 나타난다.

$$\begin{bmatrix} 2 & 5 \\ 5 & -4 \end{bmatrix} \qquad \begin{bmatrix} 0 & 1 & -4 \\ 1 & 7 & 8 \\ -4 & 8 & 3 \end{bmatrix} \qquad \begin{bmatrix} 1 & 0 & -2 & 4 \\ 0 & 7 & 3 & 9 \\ -2 & 3 & 2 & -3 \\ 4 & 9 & -3 & 6 \end{bmatrix}$$

대응

대응

예제 2

미국의 여러 도시 간의 거리를 나타내는 다음 행렬을 살펴보자.

	시카고	LA	마이애미	뉴욕
시카고	0	2092	1374	841
LA	2092	0	2733	2797
마이애미	1374	2733	0	1336
뉴욕	841	2797	1336	0

행렬이 대칭임을 관찰하라. 모든 원소들은 주대각선에 대해 대칭인 위치에 쌍으로 나타난다. 이렇게 되는 이유는 도시 X에서 Y까지의 거리는 도시 Y에서 X까지의 거리와 같기 때문이다. 예를 들어 시카고에서 마이애미까지의 거리 1374마일(1행, 3열)은 마이애미에서 시카고까지의 거리(3행, 1열)과 같다. 이런 거리행렬들은 모두 대칭이다. ■

예제 3

A, B가 같은 크기의 대칭행렬이라 하자. C가 A와 B의 선형결합이라 하면 C도 대칭임을 증명하라.

증명

스칼라 a, b에 대해 $C = aA + bB$ 라 하자. C가 대칭임을 증명하기 위해 정리 2.4를 이용한다. 즉,

$$\begin{aligned} C^t &= (aA + bB)^t \\ &= (aA)^t + (bB)^t && \textbf{합의 전치} \\ &= aA^t + bB^t && \textbf{스칼라 곱의 전치} \\ &= aA + bB && \boldsymbol{A, B}\textbf{는 대칭} \\ &= C \end{aligned}$$

따라서 C는 대칭이다. ■

"필요충분"의 의미

수학에서 "**필요충분**"("if and only if" 또는 "necessary and sufficient")이란 표현은 자주 쓰이고, 이 과목에서도 수시로 사용할 것이다. p, q가 진술(statement)이라 하자. p가 q를 의미한다고. 즉 $p \Rightarrow q$라고 하자. 또한 $q \Rightarrow p$라고 하자. 이때 p는 q의 필요충분조건이라

고 말한다. 여기서 두 번째 함의(implication)는 처음 것의 **역**(converse)이라고 부른다. 다음 예제는 이 용어를 사용하여 결과를 진술한다.

예제 4

A, B가 같은 크기의 대칭행렬이라고 하자. 곱 AB가 대칭일 필요충분조건은 $AB = BA$임을 증명하라.

증명 이것과 같은 필요충분 상황은 다음 두 부분을 증명해야 한다: (a) 만약 AB가 대칭이면 $AB = BA$이다. 그리고 역으로 (b) 만약 $AB = BA$이면 AB는 대칭이다.

(a) AB가 대칭이라고 하면

$$\begin{aligned} AB &= (AB)^t && \textbf{대칭행렬의 정의} \\ &= B^tA^t && \textbf{곱의 전치} \\ &= BA && \textbf{A, B가 대칭행렬} \end{aligned}$$

(b) $AB = BA$라 하면

$$\begin{aligned} (AB)^t &= (BA)^t \\ &= A^tB^t && \textbf{곱의 전치} \\ &= AB && \textbf{A, B가 대칭행렬} \end{aligned}$$

따라서 AB는 대칭행렬이다.

따라서 크기가 같은 두 대칭행렬 A, B가 주어질 때, 곱 AB가 대칭일 필요충분조건은 $AB = BA$이다. ■

이제 모든 정방행렬에 연관된 하나의 숫자인 행렬의 **대각합**(trace)을 소개한다.

정의 A가 정방행렬이라 하자. $tr(A)$로 표기되는 A의 **대각합**은 A의 대각 원소들의 합이다. 즉 A가 $n \times n$ 행렬이라면

$$tr(A) = a_{11} + a_{22} + \cdots + a_{nn}$$

예제 5

행렬 $A = \begin{bmatrix} 4 & 1 & -2 \\ 2 & -5 & 6 \\ 7 & 3 & 0 \end{bmatrix}$의 대각합을 구하라.

풀이

$$tr(A) = 4 + (-5) + 0 = -1$$

■

행렬의 대각합은 그것의 성질과 계산의 용이함 때문에 행렬 이론과 응용에서 중요한 역할을 한다. 통계역학, 일반 상대성이론, 양자역학 등의 분야에서는 물리적으로 중요한 의미를 갖는다.

다음 정리는 대각합의 연산이 행렬의 덧셈, 스칼라 곱, 행렬 곱, 전치의 연산에 어떻게 작용하는지 말해 준다.

정리 2.5

대각합의 성질

A, B는 행렬이고 c는 스칼라라고 하자. 행렬의 크기는 연산이 수행될 수 있도록 정해졌다고 가정하자.

1. $tr(A + B) = tr(A) + tr(B)$
2. $tr(AB) = tr(BA)$
3. $tr(cA) = ctr(A)$
4. $tr(A^t) = tr(A)$

증명 첫 번째 성질만 증명하고 나머지는 연습문제로 남긴다. $A + B$의 대각원소들은 $(a_{11} + b_{11}), (a_{22} + b_{22}), \ldots, (a_{nn} + b_{nn})$이므로 다음을 얻는다.

$$\begin{aligned} tr(A + B) &= (a_{11} + b_{11}) + (a_{22} + b_{22}) + \cdots + (a_{nn} + b_{nn}) \\ &= (a_{11} + a_{22} + \cdots + a_{nn}) + (b_{11} + b_{22} + \cdots + b_{nn}) \\ &= tr(A) + tr(B) \end{aligned}$$

■

복소 원소를 가진 행렬(선택)

행렬의 원소들이 복소수가 될 수 있다. **복소수**는 다음과 같은 형태이다.

$$z = a + bi$$

여기서 a, b는 실수이고 $i = \sqrt{-1}$이다. a를 z의 **실부** b를 **허부**라고 부른다.

복소수의 계산규칙은 다음과 같다.

복소수를 $z_1 = a + bi$, $z_2 = c + di$라 하자.

상등: $z_1 = z_2$ if $a = c$와 $b = d$

덧셈: $z_1 + z_2 = (a + c) + (b + d)i$

뺄셈: $z_1 - z_2 = (a - c) + (b - d)i$

곱셈:
$$\begin{aligned} z_1 z_2 &= (a + bi)(c + di) = a(c + di) + bi(c + di) \\ &= ac + adi + bci + bdi^2 \\ &= ac + bdi^2 + (ad + bc)i = (ac - bd) + (ad + bc)i \end{aligned}$$

복소수 $z = a + bi$의 **켤레**(conjugate)는 $\bar{z} = a - bi$로 정의된다.

예제 6

복소수 $z_1 = 2 + 3i$와 $z_2 = 1 - 2i$를 고려하자. $z_1 + z_2$, $z_1 z_2$와 $\bar{z}_1$를 계산하라.

풀이

위의 정의를 이용하면 다음과 같다.

$$z_1 + z_2 = (2 + 3i) + (1 - 2i) = (2 + 1) + (3 - 2)i = 3 + i$$
$$z_1 z_2 = (2 + 3i)(1 - 2i) = 2(1 - 2i) + 3i(1 - 2i) = 2 - 4i + 3i - 6i^2 = 8 - i$$
$$\bar{z}_1 = 2 - 3i$$

복소원소를 갖는 행렬들은 실원소를 갖는 행렬과 똑같은 방법으로 더해지고, 빼지고, 곱해진다.

예제 7

$A = \begin{bmatrix} 2+i & 3-2i \\ 4 & 5i \end{bmatrix}$, $B = \begin{bmatrix} 3 & 2i \\ 1+i & 2+3i \end{bmatrix}$라 하자. $A + B$, $2A$, 그리고 AB를 계산하라.

풀이

$$A + B = \begin{bmatrix} 2+i & 3-2i \\ 4 & 5i \end{bmatrix} + \begin{bmatrix} 3 & 2i \\ 1+i & 2+3i \end{bmatrix}$$
$$= \begin{bmatrix} 2+i+3 & 3-2i+2i \\ 4+1+i & 5i+2+3i \end{bmatrix} = \begin{bmatrix} 5+i & 3 \\ 5+i & 2+8i \end{bmatrix}$$
$$2A = 2\begin{bmatrix} 2+i & 3-2i \\ 4 & 5i \end{bmatrix} = \begin{bmatrix} 4+2i & 6-4i \\ 8 & 10i \end{bmatrix}$$
$$AB = \begin{bmatrix} 2+i & 3-2i \\ 4 & 5i \end{bmatrix}\begin{bmatrix} 3 & 2i \\ 1+i & 2+3i \end{bmatrix}$$
$$= \begin{bmatrix} (2+i)3 + (3-2i)(1+i) & (2+i)(2i) + (3-2i)(2+3i) \\ (4)(3) + (5i)(1+i) & 4(2i) + (5i)(2+3i) \end{bmatrix}$$
$$= \begin{bmatrix} 11+4i & 10+9i \\ 7+5i & -15+8i \end{bmatrix}$$

행렬 A의 **켤레**는 $\bar{A}$로 표기되며 각 원소의 켤레를 취하여 얻어진다. A의 **켤레전치**(conjugate transpose)는 $A^* = \bar{A}^t$로 정의된다.

예를 들어 $A = \begin{bmatrix} 2+3i & 1-4i \\ 6 & 7i \end{bmatrix}$일 때

$$\bar{A} = \begin{bmatrix} 2-3i & 1+4i \\ 6 & -7i \end{bmatrix} \text{와 } A^* = \bar{A}^t = \begin{bmatrix} 2-3i & 6 \\ 1+4i & -7i \end{bmatrix}$$

정방행렬 C가 $C = C^*$일 때 **허미시언**(hermitian)이라고 불린다.

예를 들어 행렬 $C = \begin{bmatrix} 2 & 3-4i \\ 3+4i & 6 \end{bmatrix}$가 허미시언임을 보이자. 다음을 보라.

$$\bar{C} = \begin{bmatrix} 2 & 3+4i \\ 3-4i & 6 \end{bmatrix}; C^* = \bar{C}^t = \begin{bmatrix} 2 & 3-4i \\ 3+4i & 6 \end{bmatrix} = C$$

허미시언 행렬은 복소원소를 가진 행렬들에 대해 대칭행렬보다 더욱 중요하다.

켤레전치의 성질은 전치의 성질과 유사하다. 이 성질들을 다음 정리에 열거한다. 증명은 연습문제로 남긴다.

정리 2.6

켤레전치의 성질

A, B가 복소원소를 가진 행렬이라 하고 z가 복소수라 하자.

1. $(A + B)^* = A^* + B^*$ **합의 켤레전치**
2. $(zA)^* = \bar{z}A^*$ **스칼라 곱의 켤레전치**
3. $(AB)^* = B^*A^*$ **곱의 켤레전치**
4. $(A^*)^* = A$

이제 행렬대수의 좋은 응용 하나를 살펴볼 때가 되었다.

고고학에서 연대배열

고고학에서 부딪치는 문제 중 하나는 유적과 유물들 적절한 시대 순으로 자리매김하는 것이다. **시대순서 측정(sequence dating)** 또는 연대배열(seriation)이라고 불리는 고고학의 이런 분야는 19세기 후반에 페트리 경(Sir Flinders Petrie)의 작업에 의해 시작되었다. 페트리는 선사시대 이집트 지역의 나가다, 발라스, 후의 묘지의 고분들을 연구했다.(최근의 탄소연대측정으로 이 고분들은 B.C. 6000년에서 B.C. 2500년 사이의 것들임이 밝혀졌다.) 페트리는 약 900개의 고분들로부터 얻은 데이터들을 사용하여 순서를 정하고 발견된 도자기의 각 형태에 시기를 할당하였다.

이 연대배열의 일반적인 문제를 고분과 고분에서 발견된 도자기의 종류로 표현해보자. 고고학에서 보통 취하는 가정은 유사한 내용물들의 가진 두 고분이 공통으로 가진 것이 거의 없는 두 고분보다 시기적으로 더 가깝다는 것이다. 이제 형성하는 수학 모형은 고분들의 공통 내용물에 관련된 정보를 주고 그로 인해 고분들의 연대 순서를 알아내게 한다.

각 고분에 들어있는 도자기들을 나타내는 원소가 1아니면 0인 행렬 A를 만들자. 고분들을 1, 2, ...와 같이, 또 도자기도 형태별로 1, 2, ...와 같이 번호를 붙이자. A의 원소를 다음과 같이 정의하자.

$$a_{ij} = \begin{cases} 1 & \text{고분 } i\text{가 도자기 형태 } j\text{를 포함하면} \\ 0 & \text{고분 } i\text{가 도자기 형태 } j\text{를 포함하지 않으면} \end{cases}$$

행렬 A는 여러 고분들에 들어있는 도자기 형태에 대한 모든 정보를 포함하게 된다. 다음 결과는 A로부터 어떻게 정보를 추출하는지 말해 준다.

행렬 $G = AA^t$의 원소 g_{ij}는 고분 i와 고분 j에 공통으로 들어있는 도자기 형태의 수와 같다.

따라서 g_{ij}가 클수록 고분 i와 고분 j가 시기적으로 가깝다. G의 원소들을 조사하여 고고학자들은 고분들의 시대순서를 정할 수 있다. 이 결과를 검증해보자.

$$
\begin{aligned}
g_{ij} &= G\text{의 } i\text{행 } j\text{열 원소} \\
&= (A\text{의 } i\text{행}) \times (A^t\text{의 } j\text{열}) \\
&= [a_{i1}\ a_{i2} \ldots a_{in}] \begin{bmatrix} a_{j1} \\ a_{j2} \\ \vdots \\ a_{jn} \end{bmatrix} \\
&= a_{i1}a_{j1} + a_{i2}a_{j2} + \cdots + a_{in}a_{jn}
\end{aligned}
$$

이 합의 각 항은 1 아니면 0일 것이다. 예를 들어 a_{i2}와 a_{j2}가 모두 1이면, 즉 도자기 형태 2가 고분 i와 j에 공통으로 들어있으면, 항 $a_{i2}a_{j2}$는 1이 될 것이다. 도자기 형태 2가 고분 i와 j에 공통으로 들어있지 않으면 이 항은 0이 될 것이다. 따라서 g_{ij}의 값은 1인 항의 개수가 되고, 또한 이것은 고분 i와 j에 공통으로 들어있는 도자기 형태의 개수가 된다.

행렬 $P = A^tA$는 유사한 방식으로 도자기의 시대순서 결정에 대한 정보를 준다. 여기서의 가정은 두 가지 형태의 도자기가 동시에 나타나는 고분의 수가 많을수록 그 두 형태는 시기적으로 가깝다는 것이다. 행렬 $P = A^tA$의 원소 p_{ij}는 i형태와 j형태의 도자기가 동시에 나타나는 고분의 수를 준다. 따라서 p_{ij}가 클수록 i형태와 j형태의 도자기가 시기적으로 가까워진다. P의 원소를 조사하여 도자기의 시대 순서를 결정할 수 있다(연습문제 30 참조).

수학적으로 행렬 $G(= AA^t)$와 $P(= A^tA)$가 대칭행렬임을 보일 수 있다. 또한 이 대칭성은 G와 P의 물리적 해석으로부터도 얻을 수 있다(연습문제 28 참조). 이것은 수학과 그 해석의 양립가능성을 예시한다. 여기서의 대칭성은 모든 정보가 주대각선보다 위에 있는 원소들에 포함되어 있음을 의미한다. 이 정보들이 주대각선 아래의 원소들에 중복되어 나타나게 된다.

이제 이 방법을 예를 들어 설명해보자. 다음 행렬 A가 네 개의 무덤의 세 종류의 도자기의 포함여부를 나타낸다고 하자.

$$
A = \begin{bmatrix} 1 & 0 & 1 \\ 1 & 0 & 0 \\ 0 & 1 & 1 \\ 0 & 1 & 0 \end{bmatrix}
$$

즉, $a_{13} = 1$은 고분 1이 도자기 형태 3을 포함하는 것을 의미하고 $a_{23} = 0$은 고분 3이 도자기 3을 포함하지 않음을 의미한다. G를 계산하면:

$$
G = AA^t = \begin{bmatrix} 1 & 0 & 1 \\ 1 & 0 & 0 \\ 0 & 1 & 1 \\ 0 & 1 & 0 \end{bmatrix} \begin{bmatrix} 1 & 1 & 0 & 0 \\ 0 & 0 & 1 & 1 \\ 1 & 0 & 1 & 0 \end{bmatrix} = \begin{bmatrix} 2 & 1 & 1 & 0 \\ 1 & 1 & 0 & 0 \\ 1 & 0 & 2 & 1 \\ 0 & 0 & 1 & 1 \end{bmatrix}
$$

G가 정말로 대칭임을 관찰하라. 주대각선보다 위에 있는 정보들이 그 아래에 있는 원소들에 복제된다. 체계적으로 주대각선보다 위에 있는 원소들을 살펴보면:
고분 1과 2가 한 형태의 도자기를 공유한다.

$g_{12} = 1$ — 고분 1과 2가 한 형태의 도자기를 공유한다.

$g_{13} = 1$ — 고분 1과 3은 공유하는 도자기가 없다.
$g_{14} = 0$ — 고분 1와 4는 공유하는 도자기가 없다.
$g_{23} = 0$ — 고분 2와 3은 공유하는 도자기가 없다.
$g_{24} = 0$ — 고분 2과 4는 한 형태의 도자기를 공유한다.
$g_{34} = 1$ — 고분 3과 4는 한 형태의 도자기를 공유한다.

고분 1과 2가 한 형태의 도자기를 공유하므로 그것들은 시기적으로 가깝다. 고분 1과 2로 시작하여 다음의 도표를 만들자.

$$1 - 2$$

이제 고분 3을 이 도표에 추가하자. $g_{13} = 1$이고 $g_{23} = 0$이므로 고분 3은 고분 1에 가깝지만 고분 2에는 가깝지 않다. 즉,

$$3 - 1 - 2$$

마지막으로 고분 4를 추가한다. $g_{34} = 1$인 반면에 $g_{14} = 0$, $g_{24} = 0$이다. 고분 4는 고분 3과 가깝지만 고분 1, 2 와는 가깝지 않다. 이로부터

$$4 - 3 - 1 - 2$$

를 얻는다. 수학만으로는 어느 방향으로 시간이 흐르는지 알 수 없다. 다음의 두 가지 가능성이 있다.

$$4 \to 3 \to 1 \to 2 \text{와 } 4 \leftarrow 3 \leftarrow 1 \leftarrow 2$$

고고학자는 보통 다른 자료로부터 두 개의 극단적인 고분(이 예에서 4와 2) 중 어느 것이 먼저 생겼는지 알 수 있다. 따라서 전체 고분의 연대 순서가 알려진다.

행렬 G와 P는 원소들의 상대적 크기를 통하여 고분과 도자기의 연대 순서에 대한 정보를 포함하고 있다. 이 행렬들은 실제로는 크기가 크고 정보들이 쉽게 크기순으로 정렬되지 않아 우리의 예처럼 분명한 결과를 주지 않는다. 예를 들어 페트리는 900개의 고분을 조사했는데 이 경우 G는 900×900행렬이 될 것이다. 이런 행렬로부터 정보를 뽑아내는 특수한 수학적인 기법들이 개발되어 지금은 컴퓨터에서 실행된다. 이 주제를 더 탐구하고 싶은 사람은 David G. Kendall의 "Some Problems and Methods in Statistical Archeology"(World Archeology, 1, 61-76, 1969)를 참조하라.

이 절까지 행렬의 대수이론을 다루었다. 이 이론은 수학의 응용에서 매우 중요하다. 예를 들어 앞으로 나올 통신이나 인구이동의 수학적 이론에서 행렬을 이용할 것이다. 앨버트 아인슈타인은 그의 일반 상대성이론에서 기하와 물질의 관계를 기술하기 위해 다음과 같은 행렬방정식을 사용하였다.

$$T = R - \tfrac{1}{2}rG$$

여기서 T는 물질을 나타내는 행렬이고, R은 기하를 나타내는 행렬이고, r은 상수, G는 중력을 기술하는 행렬이다. 모든 행렬은 4×4 대칭행렬이다. 그의 이론은 중력장을 결정하는 위의 행렬방정식을 푸는 것을 포함한다. 독일의 물리학자 베르너 하이젠베르크도 그에게 노벨상을 받게 한 양자역학의 개발에서 행렬을 사용하였다. 행렬의 이론은 20세기의 가장 앞서는 두 개의 물리이론의 주춧돌이 되었다.

연습문제 2.3

계산

1. 다음 각 행렬의 전치를 구하고 대칭인지 밝혀라.

(a) $A = \begin{bmatrix} -1 & 2 \\ 2 & -3 \end{bmatrix}$ **(b)** $B = \begin{bmatrix} 1 & 2 \\ 0 & 3 \end{bmatrix}$

(c) $C = \begin{bmatrix} 3 & -1 \\ 2 & 4 \end{bmatrix}$ **(d)** $D = \begin{bmatrix} 4 & 5 \\ -2 & 3 \\ 7 & 0 \end{bmatrix}$

(e) $E = \begin{bmatrix} 4 & 5 & 6 \\ -1 & 2 & 3 \\ 0 & 1 & 2 \end{bmatrix}$

(f) $F = \begin{bmatrix} 1 & -1 & 3 \\ -1 & 2 & 0 \\ 3 & 0 & 4 \end{bmatrix}$

(g) $G = \begin{bmatrix} -2 & 4 & 5 & 7 \\ 1 & 0 & 3 & -7 \end{bmatrix}$

(h) $H = \begin{bmatrix} 1 & -2 & 3 \\ 4 & 5 & 6 \\ -2 & 6 & 7 \end{bmatrix}$

(i) $K = \begin{bmatrix} 7 & 0 & 0 \\ 0 & -3 & 0 \\ 0 & 0 & 9 \end{bmatrix}$

2. 다음 행렬들은 대칭이다. •으로 표시된 원소를 결정하라.

(a) $\begin{bmatrix} 1 & 2 & 4 \\ \bullet & 6 & \bullet \\ 4 & 5 & 2 \end{bmatrix}$ **(b)** $\begin{bmatrix} 3 & 5 & \bullet \\ \bullet & 8 & 4 \\ -3 & \bullet & 3 \end{bmatrix}$

(c) $\begin{bmatrix} -3 & \bullet & 8 & 9 \\ -4 & 7 & \bullet & 7 \\ \bullet & 2 & 6 & 4 \\ \bullet & 7 & \bullet & 9 \end{bmatrix}$

3. A가 4×1, B가 2×3, C가 2×4, D가 1×3 행렬일 때 다음 행렬의 크기를 구하라.(존재한다면)

(a) ADB^t **(b)** $C^tB - 5AD$

(c) $4CA - (CA)^2$ **(d)** $(ADB^tC)^2 + I_4$

(e) $(B^t C)^t - AD$

전치

4. 정리 2.4에 주어진 전치의 다음 성질들을 증명하라.

(a) $(A + B)^t = A^t + B^t$ **(b)** $(cA)^t = cA^t$

(c) $(A^t)^t = A$

5. 정리 2.4를 이용하여 다음 성질들을 증명하라.

(a) $(A + B + C)^t = A^t + B^t + C^t$

(b) $(ABC)^t = C^tB^tA^t$

6. A가 대각행렬이면 $A = A^t$임을 증명하라.

7. A가 정방행렬일 때 $(A^n)^t = (A^t)^n$임을 증명하라.

대칭행렬

8. 정방행렬 A가 대칭일 필요충분조건은 행렬의 모든 원소에 대해 $a_{ij} = a_{ji}$임을 증명하라.

9. A가 대칭행렬이면 A^t도 대칭임을 증명하라.

10. **(a)** 같은 크기의 두 개의 대칭행렬의 합도 대칭임을 증명하라.

(b) 대칭행렬의 스칼라 곱도 대칭임을 보여라. 따라서 같은 크기의 대칭행렬의 집합은 덧셈에 대해 또한 스칼라 곱셈에 대하여 닫혀있다.

반대칭행렬

11. 정방행렬 A가 $A = -A^t$이면 **반대칭**(antisymmetric)이라고 말한다.

(a) 반대칭행렬의 예를 하나 들어라.

(b) 반대칭행렬의 대각원소들이 영임을 보여라.

(c) 같은 크기의 두 개의 반대칭행렬의 합도 반대칭임을 증명하라.

(d) 반대칭행렬의 스칼라 곱도 반대칭임을 보여라. 따라서 같은 크기의 반대칭행렬의 집합은 덧셈에 대해 또한 스칼라 곱셈에 대하여 닫혀있다.

12. A가 정방행렬일 때 다음을 증명하라.

(a) $A + A^t$은 대칭이다. **(b)** $A - A^t$는 반대칭이다.

13. 임의의 정방행렬 A는 대칭행렬 B와 반대칭행렬 C의 합으로, 즉 $A = B + C$와 같이 분해될 수 있음을 증명하라.

14. **(a)** A가 거듭제곱동일이면 A^t도 거듭제곱동일임을 증명하라.

(b) A^t가 거듭제곱동일이면 A도 거듭제곱동일임을 증명하라.

행렬의 대각합

15. 다음 각 행렬의 대각합을 구하라.

(a) $\begin{bmatrix} 2 & 3 \\ -1 & -4 \end{bmatrix}$ **(b)** $\begin{bmatrix} 5 & 1 & 2 \\ 4 & -3 & 5 \\ -7 & 2 & 8 \end{bmatrix}$

(c) $\begin{bmatrix} 0 & -1 & 2 & 3 \\ -4 & 5 & 3 & 2 \\ 1 & 6 & -7 & 2 \\ 3 & 9 & 2 & 1 \end{bmatrix}$

16. 정리 2.5에서 주어진 대각합의 다음 성질들을 증명하라.

(a) $tr(cA) = ctr(A)$ **(b)** $tr(AB) = tr(BA)$
(c) $tr(A^t) = tr(A)$

17. 정리 2.5를 이용하여 대각합의 다음 성질을 증명하라.

$$tr(A + B + C) = tr(A) + tr(B) + tr(C)$$

필요충분조건

18. A, B가 같은 크기의 행렬이라 하자. $A = B$일 필요충분조건은 $A^t = B^t$임을 증명하라.

19. 행렬 곱 AB가 존재할 필요충분조건은 A의 열의 수와 B의 행의 수가 같은 것임을 증명하라.

20. 모든 $n \times n$ 행렬 B에 대해 $AB = O_n$일 필요충분조건은 $A = O_n$인 것임을 증명하라.

복소행렬

21. 다음 행렬에 대해 $A + B$, AB, BA를 계산하라.

$$A = \begin{bmatrix} 5 & 3-i \\ 2+3i & -5i \end{bmatrix}, B = \begin{bmatrix} -2+i & 5+2i \\ 3-i & 4+3i \end{bmatrix}$$

22. 다음 행렬에 대해 $A + B$, AB, BA를 계산하라.

$$A = \begin{bmatrix} 4+i & 2-3i \\ 6+2i & 1-i \end{bmatrix}, B = \begin{bmatrix} 2+i & -3 \\ 2 & 4-5i \end{bmatrix}$$

23. 다음 각 행렬의 켤레와 켤레전치를 구하라. 어느 행렬(들)이 허미시언인가?

$$A = \begin{bmatrix} 2-3i & 5i \\ 2 & 5-4i \end{bmatrix}, B = \begin{bmatrix} 4 & 5-i \\ 5+i & 6 \end{bmatrix},$$
$$C = \begin{bmatrix} 7i & 4-3i \\ 6+8i & -9 \end{bmatrix}, D = \begin{bmatrix} -2 & 3-5i \\ 3+5i & 9 \end{bmatrix}$$

24. 다음 각 행렬의 켤레와 켤레전치를 구하라. 어느 행렬(들)이 허미시언인가?

$$A = \begin{bmatrix} 3 & 7+2i \\ 7-2i & 5 \end{bmatrix}, B = \begin{bmatrix} 3+5i & 1-2i \\ 1+2i & 5+6i \end{bmatrix},$$
$$C = \begin{bmatrix} 1 & 2 \\ 2 & 4 \end{bmatrix}, \qquad D = \begin{bmatrix} 9 & -3i \\ 3i & 8 \end{bmatrix}$$

25. 켤레전치의 다음의 네 가지 성질들을 증명하라.

(a) $(A + B)^* = A^* + B^*$ **(b)** $(zA)^* = \bar{z}A^*$
(c) $(AB)^* = B^*A^*$ **(d)** $(A^*)^* = A$

26. 허미시언 행렬의 대각원소는 실수임을 증명하라.

응용

27. 아래의 행렬들은 여러 고분에 포함된 도자기들을 나타낸다. 각 경우에 고분들의 가능한 연대 순서를 결정하라. 그 다음, 도자기 형태에 대해서도 연대배열을 해보라.

(a) $\begin{bmatrix} 1 & 0 \\ 0 & 1 \\ 1 & 1 \end{bmatrix}$ (b) $\begin{bmatrix} 0 & 0 & 1 \\ 1 & 1 & 0 \\ 1 & 0 & 1 \\ 0 & 1 & 0 \end{bmatrix}$

(c) $\begin{bmatrix} 1 & 0 & 1 & 0 \\ 0 & 1 & 1 & 1 \\ 1 & 1 & 1 & 1 \end{bmatrix}$ (d) $\begin{bmatrix} 0 & 0 & 0 & 1 \\ 1 & 1 & 0 & 0 \\ 0 & 0 & 1 & 1 \\ 1 & 0 & 1 & 0 \end{bmatrix}$

(e) $\begin{bmatrix} 1 & 0 & 1 & 0 \\ 1 & 0 & 0 & 0 \\ 0 & 1 & 0 & 1 \\ 0 & 1 & 1 & 0 \end{bmatrix}$ (f) $\begin{bmatrix} 0 & 1 & 0 & 0 \\ 1 & 0 & 1 & 1 \\ 0 & 0 & 1 & 0 \\ 0 & 1 & 0 & 0 \\ 1 & 1 & 0 & 1 \end{bmatrix}$

28. 임의의 행렬 A에 대해 $G = AA^t$, $P = A^tA$라 하자.

(a) G, P가 모두 대칭행렬임을 증명하라.

(b) G와 P는 고고학 모형에서 둘 다 물리적인 의미를 갖는다. 이 물리적인 의미를 이용하여 G와 P가 대칭이어야 함을 논증하라. 수학적인 결과와 물리적 해석이 양립가능하다.

29. A가 임의의 행렬이라 하자. AA^t의 i번째 대각원소는 무슨 정보를 보통 주는가? 설명하라.

30. 고분의 도자기를 분석하는 방법을 유도하라. A가 여러 고분에 포함된 도자기들을 나타내는 행렬이라 하자. 다음을 증명하라.

> 행렬 $P = A^tA$의 원소 p_{ij}는 형태 i와 j의 도자기가 모두 발견되는 고분의 개수가 된다.

따라서 p_{ij}가 클수록 도자기 형태 i와 j가 시기적으로 가깝다. P의 원소들을 조사함으로써 고고학자는 도자기의 연대 순서를 결정할 수 있다.

31. 고고학에서 도입된 이 절의 모형은 사회학에서는 집단 내의 사람들의 관계를 분석하기 위해 사용된다. 예를 들어 한 집단 내에서 "우정" 관계를 생각해보자. 모든 우정은 상호적이라고 가정하자. 사람들을 1, 2, ... 와 같이 번호를 붙이고 정방행렬 A를 다음과 같이 정의하자. 우선 모든 대각원소는 영이다, 즉 모든 i에 대해 $a_{ii} = 0$이다. 그리고,

$$a_{ij} = \begin{cases} 1 & \text{만약 } i\text{와 } j\text{가 친구이면} \\ 0 & \text{만약 } i\text{와 } j\text{가 친구가 아니면} \end{cases}$$

(a) $F = AA^t$라 하면 f_{ij}는 i와 j가 공유하는 친구의 수임을 증명하라.

(b) 모든 우정이 상호적이 아니라고 하자. 이것은 모형에 어떤 영향을 미치는가?

2.4 행렬의 역과 암호학

이 절에서는 역행렬의 개념을 소개한다. 선형방정식계를 풀기 위해 역행렬이 어떻게 사용되는지 보이고, 컴퓨터 모니터의 색깔을 조절하거나 암호를 연구하는 암호학에 있어서 그것의 역할을 알아볼 것이다.

행렬의 역의 개념을 얻기 위해 실수의 곱에서의 역을 들여다보자. b가 a의 역이라면

$$ab = 1\text{이고 } ba = 1$$

이다. 예를 들어 $\frac{1}{4}$은 4의 역이고 다음이 성립한다.

$$4(\tfrac{1}{4}) = (\tfrac{1}{4})4 = 1.$$

이 관찰을 행렬로 확장하여 다음 정의를 하자.

정의 A가 $n \times n$ 행렬이라 하자. $AB = BA = I_n$을 만족하는 행렬 B가 존재하면 A를 **가역**(invertible)이라 하고 B를 A의 **역**(inverse)이라고 말한다. 그러한 행렬이 존재하지 않으면 A는 역을 가지지 않는다.

예제 1

행렬 $A = \begin{bmatrix} 1 & 2 \\ 3 & 4 \end{bmatrix}$는 역 $B = \begin{bmatrix} -2 & 1 \\ \frac{3}{2} & -\frac{1}{2} \end{bmatrix}$를 가짐을 증명하라.

풀이

다음을 보자.

$$AB = \begin{bmatrix} 1 & 2 \\ 3 & 4 \end{bmatrix}\begin{bmatrix} -2 & 1 \\ \frac{3}{2} & -\frac{1}{2} \end{bmatrix} = \begin{bmatrix} 1 & 0 \\ 0 & 1 \end{bmatrix} = I_2$$

또한

$$BA = \begin{bmatrix} -2 & 1 \\ \frac{3}{2} & -\frac{1}{2} \end{bmatrix}\begin{bmatrix} 1 & 2 \\ 3 & 4 \end{bmatrix} = \begin{bmatrix} 1 & 0 \\ 0 & 1 \end{bmatrix} = I_2$$

이다. 따라서 $AB = BA = I_2$이므로 A는 역행렬 B를 갖는다. ■

실수의 역은 한 개 이하가 존재함을 알고 있다. 이것이 행렬에 대해서도 사실이다.

정리 2.7

행렬이 역을 가지면 역은 유일하다.

증명 B와 C가 A의 역이라 하면 $AB = BA = I_n$이고 $AC = CA = I_n$가 된다. $AB = I_n$의 양변에 C를 곱하고 행렬 곱의 성질을 이용하면

$$\begin{aligned} C(AB) &= CI_n \\ (CA)B &= C \\ I_nB &= C \\ B &= C \end{aligned}$$

따라서 가역행렬은 단 하나의 역을 갖는다.

표기법

역행렬의 기호는 실수의 역수에서 사용하는 기호와 유사하다. A가 가역이라 할 때 그것의 역은 A^{-1}로 나타낸다. 따라서

$$AA^{-1} = A^{-1}A = I_n$$

k를 양수라 할 때 $A^{-k} = (A^{-1})^k$로 정의하자. 그러면

$$A^{-k} = \underbrace{A^{-1}A^{-1}\ldots A^{-1}}_{k\text{개}}$$

행렬의 역의 결정

이제 역행렬을 구하는 방법을 유도한다. 그 방법은 가우스-요르단 알고리즘에 기초를 두고 있다. A를 가역 행렬이라 하면 $AA^{-1} = I_n$이다. A^{-1}의 열을 $X_1, X_2, \ldots, X_n$이라 하고 I_n의 열을 $C_1, C_2, \ldots, C_n$이라 하자. 즉, A^{-1}와 I_n을 열로 표현하면 다음과 같다.

$$A^{-1} = [X_1\ X_2 \ldots X_n] \quad \text{그리고} \quad I_n = [C_1\ C_2 \ldots C_n]$$

A^{-1}를 구하기 위해 $X_1, X_2, \ldots, X_n$를 구한다. $AA^{-1} = I_n$를 다시 쓰면

$$A[X_1\ X_2 \ldots X_n] = [C_1\ C_2 \ldots C_n]$$

이 행렬 곱을 열 형태로 나타내면

$$[AX_1\ AX_2 \ldots AX_n] = [C_1\ C_2 \ldots C_n]$$

이 되어 다음이 얻어진다.

$$AX_1 = C_1, AX_2 = C_2, \ldots, AX_n = C_n$$

따라서 $X_1, X_2, \ldots, X_n$는 동일한 계수행렬을 가진 계 $AX = C_1, AX = C_2, \ldots, AX = C_n$ 들의 해가 된다. 이 계들을 확장된 첨가행렬 $[A: C_1\, C_2 \ldots C_n]$로 놓고 가우스-요르단 소거를 사용하여 푼다. 해 $X_1, X_2, \ldots, X_n$는 유일하므로(A^{-1}의 열들이기 때문)

$$[A: C_1\ \ C_2 \ldots C_n] \approx \cdots \approx [I_n: X_1\ \ X_2 \ldots X_n]$$

이 된다. 따라서 A^{-1}이 존재할 때

$$[A: I_n] \approx \cdots \approx [I_n: B] \text{ 여기서 } B = A^{-1}$$

이 된다. 반면에 $[A: I_n]$을 소거하여 얻은 기약 사다리형의 첫 부분이 I_n이 아니면 A는 역을 갖지 않는다.

이 내용은 다음과 같이 정리할 수 있다.

소거를 이용하여 역행렬 구하기

A가 $n \times n$ 행렬이라 하자.

1. A에 $n \times n$ 단위행렬을 첨가하여 행렬 $[A: I_n]$를 만든다.
2. $[A: I_n]$의 기약 사다리형을 계산한다. 만약 기약 사다리형이 $[I_n: B]$ 형태이면 B가 A의 역행렬이다. 만약 기약 사다리형이 $[I_n: B]$ 형태가 아니면, 즉 처음 $n \times n$ 행렬이 I_n이 아니면 A는 역을 갖지 않는다.

이 논의는 또한 가역 행렬의 기약 사다리형에 관해 알려준다. A가 가역이라면 $[A: I_n]$이 $[I_n: B]$로 변환될 동안 A는 I_n으로 변환될 것이다. 즉, A는 I_n와 행동등이다. 역으로 만약 A가 I_n과 행동등이 아니면 $[A: I_n]$은 $[I_n: B]$의 형태의 행렬과 행동등이 될 수 없고 따라서 A는 가역이 아니다. 따라서

$n \times n$ 행렬 A이 가역일 필요충분 조건은 그것이 I_n과 행동등인 것이다.

다음 예는 역행렬을 구하는 방법을 설명한다.

예제 2

다음 행렬의 역을 구하라

$$A = \begin{bmatrix} 1 & -1 & -2 \\ 2 & -3 & -5 \\ -1 & 3 & 5 \end{bmatrix}$$

풀이

가우스-요르단 소거법을 적용하면 다음과 같이 진행된다.

$$[A:I_n] = \begin{bmatrix} 1 & -1 & -2 & 1 & 0 & 0 \\ 2 & -3 & -5 & 0 & 1 & 0 \\ -1 & 3 & 5 & 0 & 0 & 1 \end{bmatrix} \underset{\substack{R2 + (-2)R1 \\ R3 + R1}}{\approx} \begin{bmatrix} 1 & -1 & -2 & 1 & 0 & 0 \\ 0 & -1 & -1 & -2 & 1 & 0 \\ 0 & 2 & 3 & 1 & 0 & 1 \end{bmatrix}$$

$$\underset{(-1)R2}{\approx} \begin{bmatrix} 1 & -1 & -2 & 1 & 0 & 0 \\ 0 & 1 & 1 & 2 & -1 & 0 \\ 0 & 2 & 3 & 1 & 0 & 1 \end{bmatrix} \underset{\substack{R1 + R2 \\ R3 + (-2)R2}}{\approx} \begin{bmatrix} 1 & 0 & -1 & 3 & -1 & 0 \\ 0 & 1 & 1 & 2 & -1 & 0 \\ 0 & 0 & 1 & -3 & 2 & 1 \end{bmatrix}$$

$$\underset{\substack{R1 + R3 \\ R2 + (-1)R3}}{\approx} \begin{bmatrix} 1 & 0 & 0 & 0 & 1 & 1 \\ 0 & 1 & 0 & 5 & -3 & -1 \\ 0 & 0 & 1 & -3 & 2 & 1 \end{bmatrix}$$

따라서

$$A^{-1} = \begin{bmatrix} 0 & 1 & 1 \\ 5 & -3 & -1 \\ -3 & 2 & 1 \end{bmatrix}$$

다음 예는 역이 존재하지 않는 행렬에 이 방법을 적용하면 어떻게 될지를 보여준다.

예제 3

만약 존재한다면 다음 행렬의 역을 구하라.

$$A = \begin{bmatrix} 1 & 1 & 5 \\ 1 & 2 & 7 \\ 2 & -1 & 4 \end{bmatrix}$$

풀이

가우스-요르단 소거법을 적용하면 다음과 같다.

$$[A: I_3] = \begin{bmatrix} 1 & 1 & 5 & 1 & 0 & 0 \\ 1 & 2 & 7 & 0 & 1 & 0 \\ 2 & -1 & 4 & 0 & 0 & 1 \end{bmatrix} \underset{\substack{R2 + (-1)R1 \\ R3 + (-2)R1}}{\approx} \begin{bmatrix} 1 & 1 & 5 & 1 & 0 & 0 \\ 0 & 1 & 2 & -1 & 1 & 0 \\ 0 & -3 & -6 & -2 & 0 & 1 \end{bmatrix}$$

$$\underset{\substack{R1 + (-1)R2 \\ R3 + (3)R2}}{\approx} \begin{bmatrix} 1 & 0 & 3 & 2 & -1 & 0 \\ 0 & 1 & 2 & -1 & 1 & 0 \\ 0 & 0 & 0 & -5 & 3 & 1 \end{bmatrix}$$

여기서 더 진행할 필요 없다. 기약 사다리형이 (3, 3)위치에 1을 가질 수 없다. 즉, 기약 사다리형은 $[I_n: B]$의 형태가 될 수 없고 A^{-1}은 존재하지 않는다.

이제 역행렬의 대수적 성질을 요약해보자.

역행렬의 성질

A와 B가 가역 행렬이고 c가 영이 아닌 스칼라라고 하면:

1. $(A^{-1})^{-1} = A$
2. $(cA)^{-1} = \frac{1}{c}A^{-1}$
3. $(AB)^{-1} = B^{-1}A^{-1}$
4. $(A^n)^{-1} = (A^{-1})^n$
5. $(A^t)^{-1} = (A^{-1})^t$

적용되는 기법을 보여주기 위해 1과 3을 증명하고 나머지는 연습문제로 돌린다.

$\boldsymbol{(A^{-1})^{-1} = A}$ 이것은 역행렬의 정의로부터 직접 얻어진다. A^{-1}이 A의 역이므로

$$AA^{-1} = A^{-1}A = I_n$$

인데 이것은 A가 A^{-1}의 역이라는 말도 된다. 따라서 $(A^{-1})^{-1} = A$이다.

$\boldsymbol{(AB)^{-1} = B^{-1}A^{-1}}$ $B^{-1}A^{-1}$가 행렬 AB의 역임을 보이면 된다. 행렬 곱의 성질에 의해

$$\begin{aligned}(AB)(B^{-1}A^{-1}) &= A(BB^{-1})A^{-1} \\ &= AI_nA^{-1} \\ &= AA^{-1} \\ &= I_n\end{aligned}$$

마찬가지로 $(B^{-1}A^{-1})(AB) = I_n$임을 보일 수 있다. 따라서 $B^{-1}A^{-1}$이 행렬 AB의 역이다.

예제 4

$A = \begin{bmatrix} 4 & 1 \\ 3 & 1 \end{bmatrix}$일 때 $A^{-1} = \begin{bmatrix} 1 & -1 \\ -3 & 4 \end{bmatrix}$임을 보일 수 있다. 이 정보를 아용하여 $(A^t)^{-1}$를 계산하라.

풀이

성질 5는 한 행렬의 역을 알면 그것의 전치행렬의 역도 알 수 있음을 말하고 있다. 따라서

$$(A^t)^{-1} = (A^{-1})^t = \begin{bmatrix} 1 & -1 \\ -3 & 4 \end{bmatrix}^t = \begin{bmatrix} 1 & -3 \\ -1 & 4 \end{bmatrix}$$

■

선형방정식계

역행렬은 어떤 경우에는 선형방정식계의 해를 손쉽게 표현할 수 있게 해 준다.

정리 2.8

$AX = Y$가 n개의 n변수 선형방정식의 계라고 하자. 만약 A^{-1}이 존재하면 해는 유일하

고 $X = A^{-1}Y$로 주어진다.

증명 먼저 $X = A^{-1}Y$가 해임을 증명한다. $X = A^{-1}Y$를 행렬 방정식에 대입하자. 행렬의 성질을 이용하면

$$AX = A(A^{-1}Y) = (AA^{-1})Y = I_nY = Y$$

$X = A^{-1}Y$는 이 식을 만족하고, 따라서 해가 된다.

이제 이 해의 유일성을 증명한다. X_1을 임의의 해라 하자. 즉 $AX_1 = Y$이다. 양변에 A^{-1}을 곱하면 다음과 같이 된다.

$$\begin{aligned} A^{-1}AX_1 &= A^{-1}Y \\ I_nX_1 &= A^{-1}Y \\ X_1 &= A^{-1}Y \end{aligned}$$

따라서 단 하나의 해 $X_1 = A^{-1}Y$만 있게 된다. ■

예제 5

계수 행렬의 역을 이용하여 다음 방정식계를 풀어라.

$$\begin{aligned} x_1 - x_2 - 2x_3 &= 1 \\ 2x_1 - 3x_2 - 5x_3 &= 3 \\ -x_1 + 3x_2 + 5x_3 &= -2 \end{aligned}$$

풀이

계는 다음과 같이 행렬 형태로 쓸 수 있다.

$$\begin{bmatrix} 1 & -1 & -2 \\ 2 & -3 & -5 \\ -1 & 3 & 5 \end{bmatrix}\begin{bmatrix} x_1 \\ x_2 \\ x_3 \end{bmatrix} = \begin{bmatrix} 1 \\ 3 \\ -2 \end{bmatrix}$$

만약 계수 행렬이 가역이라면 유일한 해는 다음과 같이 표현된다.

$$\begin{bmatrix} x_1 \\ x_2 \\ x_3 \end{bmatrix} = \begin{bmatrix} 1 & -1 & -2 \\ 2 & -3 & -5 \\ -1 & 3 & 5 \end{bmatrix}^{-1}\begin{bmatrix} 1 \\ 3 \\ -2 \end{bmatrix}$$

예제 2에서 역행렬이 이미 구해져 있으므로 그것을 이용하여

$$\begin{bmatrix} x_1 \\ x_2 \\ x_3 \end{bmatrix} = \begin{bmatrix} 0 & 1 & 1 \\ 5 & -3 & -1 \\ -3 & 2 & 1 \end{bmatrix}\begin{bmatrix} 1 \\ 3 \\ -2 \end{bmatrix} = \begin{bmatrix} 1 \\ -2 \\ 1 \end{bmatrix}$$

을 얻는다. 유일한 해는 $x_1 = 1, x_2 = -2, x_3 = 1$이다. ■

수치적인 고려사항

A가 가역이면 방정식계 $AX = Y$의 해는 $X = A^{-1}Y$라는 사실은 주로 이론적인 중요성이 있다. 이것은 해의 대수적인 표현을 제공한다. 하지만 주어진 방정식계를 푸는 실용적인

방법으로는 보통 쓰이지 않는다. 가우스-요르단 소거나 8.1절의 가우스 소거와 같은 소거법이 보다 효율적이기 때문이다. 대부분의 방정식계가 컴퓨터에서 풀어지는데, 이전에 언급했듯이 컴퓨터를 사용할 때 효율성과 정확성의 두 가지 요인이 중요하게 된다. n개의 방정식의 계를 풀 때 역행렬 방법은 $n^3 + n^2$개의 곱과 $n^3 - n^2$개의 합을 필요로 하는 반면에 가우스-요르단 소거법은 그 절반인 $\frac{1}{2}n^3 + \frac{1}{2}n^2$개의 곱과 $\frac{1}{2}n^3 - \frac{1}{2}n$개의 합을 필요로 한다. 예를 들어 10개 변수의 10개의 방정식의 계는 역행렬 방법은 1100개의 곱과 900개의 합을 포함하는 반면 가우스-요르단 소거법은 550개의 곱과 450개의 합을 포함할 것이다. 더욱이 수행되는 연산수가 많아질수록 반올림 오차의 가능성도 커지게 된다. 즉 가우스-요르단 소거법은 역행렬 방법보다 일반적으로 더욱 정확하다.

동일한 가역인 계수 행렬을 갖는 많은 선형계가 $AX = Y_1, AX = Y_2, \ldots, AX = Y_k$와 같이 주어졌을 때, A^{-1}를 먼저 계산한 후에 해들을 $X_1 = A^{-1}Y_1, X_2 = A^{-1}Y_2, \ldots, X_n = A^{-1}Y_k$를 사용하여 구하는 것이 더 효율적이라고 생각하기 쉽다. 이 접근법은 단 한번의 A^{-1}의 계산과 여러 번의 행렬 곱을 포함하기 때문이다. 하지만 모든 계들을 표현하는 확장된 첨가행렬을 만들어 가우스-요르단 소거와 같은 소거법을 이용하여 앞에서 설명한 대로 해를 구하는 것이 일반적으로 더 빠르고 정확하다.

어떤 경우에는 구체적인 해를 얻기 위해 역행렬 방법이 사용된다. 2.7절에서 산업에서의 상호의존성을 분석하는 모형에서 이런 경우를 예시한다. 그 예에서 계수 행렬의 원소들은 역행렬을 계산하는 효율적인 알고리즘을 가능하게 한다.

기본행렬

이제 아주 유용한 행렬인 **기본행렬**(elementary matrices)을 소개한다. 행연산과 그 역들이 이 행렬을 이용하여 수행될 수 있다. 이런 행연산 계산 방법은 특히 컴퓨터에 적합하다.

기본행렬은 단위행렬 I_n에 단 한 번의 기본 행연산을 수행하여 얻어질 수 있는 행렬이다.

예시 다음 행렬 I_3에 각각 다른 종류의 세 개의 행연산 T_1, T_2, T_3를 수행하면 아래와 같이 세 가지 다른 기본행렬 E_1, E_2, E_3,를 얻는다.

$$I_3 = \begin{bmatrix} 1 & 0 & 0 \\ 0 & 1 & 0 \\ 0 & 0 & 1 \end{bmatrix}$$

기본 행연산	대응하는 기본행렬
T_1: I_3의 2행과 3행을 교환한다.	$E_1 = \begin{bmatrix} 1 & 0 & 0 \\ 0 & 0 & 1 \\ 0 & 1 & 0 \end{bmatrix}$
T_2: I_3의 2행에 5를 곱한다.	$E_2 = \begin{bmatrix} 1 & 0 & 0 \\ 0 & 5 & 0 \\ 0 & 0 & 1 \end{bmatrix}$

기본 행연산	대응하는 기본행렬
T_3: I_3의 1행을 2배하여 2행에 더한다.	$E_3 = \begin{bmatrix} 1 & 0 & 0 \\ 2 & 1 & 0 \\ 0 & 0 & 1 \end{bmatrix}$

$m \times n$ 행렬 A에 행연산 T를 수행하려고 한다. E를 I_m에 연산 T를 행하여 얻어진 기본 행렬이라 하면, 이 행연산은 A에 E를 곱하여 수행될 수 있다.

예시 $A = \begin{bmatrix} a & b & c \\ d & e & f \\ g & h & i \end{bmatrix}$를 임의의 3×3 행렬이라 하고 위의 세 가지 행연산을 고려하자. 이 세 연산을 수행하는 데 대응되는 기본행렬이 실제로 사용될 수 있음을 보이도록 하자.

A의 2행과 3행의 교환한다: $\begin{bmatrix} 1 & 0 & 0 \\ 0 & 0 & 1 \\ 0 & 1 & 0 \end{bmatrix}\begin{bmatrix} a & b & c \\ d & e & f \\ g & h & i \end{bmatrix} = \begin{bmatrix} a & b & c \\ g & h & i \\ d & e & f \end{bmatrix}$

2행에 5을 곱한다: $\begin{bmatrix} 1 & 0 & 0 \\ 0 & 5 & 0 \\ 0 & 0 & 1 \end{bmatrix}\begin{bmatrix} a & b & c \\ d & e & f \\ g & h & i \end{bmatrix} = \begin{bmatrix} a & b & c \\ 5d & 5e & 5f \\ g & h & i \end{bmatrix}$

1행의 2배를 2행에 더한다: $\begin{bmatrix} 1 & 0 & 0 \\ 2 & 1 & 0 \\ 0 & 0 & 1 \end{bmatrix}\begin{bmatrix} a & b & c \\ d & e & f \\ g & h & i \end{bmatrix} = \begin{bmatrix} a & b & c \\ d + 2a & e + 2b & f + 2c \\ g & h & i \end{bmatrix}$

각 행연산은 역, 즉 원래 행렬로 되돌려 주는 연산을 가지고 있다. 행연산의 기본행렬과 그것의 역연산의 기본행렬은 서로 역행렬이 된다.

각 기본행렬은 정방이고 가역이다.

이제 기본행렬이 이론적인 결과를 도출하는 데 어떻게 사용되는지 살펴보자. 유한번의 연이은 행연산에 의해 얻어질 수 있는 행렬들을 **행동등**(row equivalent)이라고 말한다.

A와 B가 행동등인 행렬들일 때, A가 가역이면 B도 가역이다.

이 사실을 증명하자. A와 B가 행동등이므로 $B = T_n \circ \cdots \circ T_1(A)$가 되는 연이은 행연산 $T_1, \ldots, T_n$이 존재한다. 이들에 대응하는 기본행렬들을 $T_1, \ldots, T_n$이라고 하면

$$B = E_n \ldots E_1 A$$

가 된다. 여기서 행렬 $A, E_1, \ldots, E_n$는 모두 가역이다. 아래 표현에 행렬의 역의 성질을 반복 적용하면 다음을 얻는다.

$$\begin{aligned} A^{-1}E_1^{-1}E_2^{-1}E_3^{-1}\ldots E_n^{-1} &= (E_1A)^{-1}E_2^{-1}E_3^{-1}\ldots E_n^{-1} \\ &= (E_2E_1A)^{-1}E_3^{-1}\ldots E_n^{-1} = \cdots \\ &= (E_n\ldots E_1A)^{-1} = B^{-1} \end{aligned}$$

따라서 A는 가역이고 역행렬은 다음과 같다.

$$B^{-1} = A^{-1}E_1^{-1}E_2^{-1}\ldots E_n^{-1}$$

기본행렬은 어떤 정방행렬의 이른바 *LU* 분해를 얻기 위해 사용된다. *LU* 분해는 아래(*L*)와 윗(*U*) 삼각행렬의 곱으로 분해하는 것을 말한다. 여기서 아래(윗) 삼각행렬이란 주대각선 위(아래)쪽의 원소들이 모두 영인 행렬을 의미한다. 일단 행렬 A가 *LU* 형태로 분해되면 방정식의 해 구하기, 역행렬의 계산, 행렬식의 계산 등의 많은 행렬 작업을 수행하기 위한 강력한 출발점이 확보된다는 사실에서 이 분해의 중요성이 드러난다(8.2절을 보라). 일례로 *LU* 분해는 MATLAB에서 광범위하게 사용된다. MATLAB은 가장 널리 쓰이는 행렬 소프트웨어 패키지이다.

색깔 모형

그래픽에서 색깔 모형은 색깔을 구현하는 방법이다. 실제로 컴퓨터 모니터에서 쓰이는 RGB 모형(Red, Green, Blue), 텔레비전 화면에서 사용되는 YIQ 모형 등 수많은 모형들이 사용되고 있다. RGB 컴퓨터 신호는 이른바 NTSC 암호기(NTSC는 National Television System Committee를 의미한다.)를 이용하여 YIQ 텔레비전 신호로 전환될 수 있다. 이 전환은 다음의 행렬변환을 이용하여 수행된다.*

$$\begin{bmatrix} \mathrm{Y} \\ \mathrm{I} \\ \mathrm{Q} \end{bmatrix} = \begin{bmatrix} .299 & .587 & .114 \\ .596 & -.275 & -.321 \\ .212 & -.523 & .311 \end{bmatrix} \begin{bmatrix} \mathrm{R} \\ \mathrm{G} \\ \mathrm{B} \end{bmatrix}$$

마이크로소프트 워드에 대한 RGB 모형을 살펴보자. 디폴트 문자색은 검정이다. 이제 검정의 RGB 값을 구하고, 문자색을 자주색으로 바꾸고, 이 색의 RGB 값을 알아보자. 마이크로소프트 워드의 도구막대 오른쪽에서 A▼를 관찰하라. A 아래의 막대는 검정인데, 현재의 문자색을 나타낸다. 이 막대에 커서를 놓으면 "Font Color(RGB(0,0,0)"라고 나타날 것이다. 검정의 RGB 값은 (0, 0, 0)으로 정해져 있다. 색을 바꾸려면 "▼→ More Colors → Custom" 순으로 선택하라. 색의 띠가 나타날 것이다. 자주색을 선택하라. 해당하는 RGB 값은 R = 213, G = 77, B = 187로 나타날 것이다. A 아래의 막대는 이제 자주색으로 바뀌고 키보드에서 쳐지는 모든 문자는 자주색이 될 것이다. R, G, B의 각 값의 범위는 1 바이트(2^8 = 256임을 기억하라)로 표시되는 수들의 집합인 0에서 255까지이다. 뒤의 연습문제에서 행렬변환을 사용하여 Y, I, Q 값의 범위를 구해 보도록 하자.

위의 행렬변환에 검정의 RGB 값, R = 0, G = 0, B = 0를 집어넣으면 Y = 0, I = 0, Q = 0가 된다. 검정은 동일한 RGB와 YIQ 값을 갖는다. 자주색의 RGB 값인 R = 213, G = 77, B = 187는 Y = 130.204, I = 45.746, Q = 63.042로 된다. 이것이 이 자주색을 텔레비전 화면에 복제하는 데 사용되는 YIQ 값이다.

* 이 분야에서 보통 숫자는 세 자리 수로 쓴다.

신호가 텔레비전 화면에서 컴퓨터 모니터로 전환될 때는 다음과 같이 위의 행렬의 역을 사용한다.

$$\begin{bmatrix} R \\ G \\ B \end{bmatrix} = \begin{bmatrix} .299 & .587 & .114 \\ .596 & -.275 & -.321 \\ .212 & -.523 & .311 \end{bmatrix}^{-1} \begin{bmatrix} Y \\ I \\ Q \end{bmatrix}$$

즉,

$$\begin{bmatrix} R \\ G \\ B \end{bmatrix} = \begin{bmatrix} 1 & .956 & .620 \\ 1 & -.272 & -.647 \\ 1 & -1.108 & 1.705 \end{bmatrix} \begin{bmatrix} Y \\ I \\ Q \end{bmatrix}$$

암호기법

앞의 응용에서 색깔이 부호화되는 두 가지 다른 방식을 논하였다. 이제 전달문(message)의 암호화에 주의를 돌려 보자. 암호기법(cryptography)은 전달문을 암호화(coding)하고 해독(decoding)하는 과정을 말한다. 이 단어는 "숨겨진"을 뜻하는 그리스어인 "kryptos"에서 유래되었다. 이 기법은 고대 그리스까지 거슬러 올라갈 수 있다. 오늘날 정부는 전달문을 암호화하고 해독하는 정교한 방법들을 사용한다. 극도로 깨기 힘든 암호의 한 형태는 전달문을 암호화하기 위해 커다란 가역 행렬을 사용한다. 전달문의 수신자는 그것의 역행렬을 이용하여 해독한다. 이때의 처음 행렬을 암호화 행렬(encoding matrix), 그것의 역을 해독 행렬(decoding matrix)이라고 부른다. 3×3 행렬을 가지고 이 방법을 예시해보자.

전달문이

BUY IBM STOCK

라 하고 암호화 행렬을 다음과 같이 두자.

$$\begin{bmatrix} -3 & -3 & -4 \\ 0 & 1 & 1 \\ 4 & 3 & 4 \end{bmatrix}$$

알파벳의 각 문자에 숫자를 할당한다. 편의상 각 문자에 알파벳에서의 위치를 붙이자. 즉 A는 1, B는 2 등으로 계속한다. 단어 사이의 빈칸(space)은 숫자 27로 놓자. 주어진 전달문의 숫자 형태는 다음과 같다.

B	U	Y	–	I	B	M	–	S	T	O	C	K
2	21	25	27	9	2	13	27	19	20	15	3	11

전달문을 암호화하기 위해 3×3 행렬을 사용하기 때문에 숫자 전달문을 연이은 3×1 열행렬들로 다음과 같이 나눠 놓는다.

$$\begin{bmatrix} 2 \\ 21 \\ 25 \end{bmatrix}, \begin{bmatrix} 27 \\ 9 \\ 2 \end{bmatrix}, \begin{bmatrix} 13 \\ 27 \\ 19 \end{bmatrix}, \begin{bmatrix} 20 \\ 15 \\ 3 \end{bmatrix}, \begin{bmatrix} 11 \\ 27 \\ 27 \end{bmatrix}$$

마지막 행렬을 완성하기 위해 전달문의 마지막에 두개의 빈칸을 덧붙여야 함을 관찰하라.

이제 각 열행렬을 암호화 행렬에 곱하여 전달문을 암호로 바꾼다. 이 과정은 각 열행렬을 하나의 행렬의 열로 묶고, 이 행렬의 앞에 암호화 행렬을 곱하여 간편하게 수행될 수 있다. 즉 다음을 얻는다.

$$\begin{bmatrix} -3 & -3 & -4 \\ 0 & 1 & 1 \\ 4 & 3 & 4 \end{bmatrix}\begin{bmatrix} 2 & 27 & 13 & 20 & 11 \\ 21 & 9 & 27 & 15 & 27 \\ 25 & 2 & 19 & 3 & 27 \end{bmatrix} = \begin{bmatrix} -169 & -116 & -196 & -117 & -222 \\ 46 & 11 & 46 & 18 & 54 \\ 171 & 143 & 209 & 137 & 233 \end{bmatrix}$$

우변의 행렬의 열들은 암호화된 전달문을 준다. 이 전달문을 일렬로 쓰면 다음과 같다.

$$-169, 46, 171, -116, 11, 143, -196, 46, 209, -117, 18, 137, -222, 54, 233$$

이 전달문을 해독하기 위해 수신자는 이 문자열을 연이은 3×1 열행렬로 쓰고 암호화 행렬의 역을 이용하여 앞의 기법을 반복한다. 이 암호화 행렬의 역인 해독 행렬은 다음과 같다.

$$\begin{bmatrix} 1 & 0 & 1 \\ 4 & 4 & 3 \\ -4 & -3 & -3 \end{bmatrix}$$

즉, 전달문을 해독하기 위해

$$\begin{bmatrix} 1 & 0 & 1 \\ 4 & 4 & 3 \\ -4 & -3 & -3 \end{bmatrix}\begin{bmatrix} -169 & -116 & -196 & -117 & -222 \\ 46 & 11 & 46 & 18 & 54 \\ 171 & 143 & 209 & 137 & 233 \end{bmatrix} = \begin{bmatrix} 2 & 27 & 13 & 20 & 11 \\ 21 & 9 & 27 & 15 & 27 \\ 25 & 2 & 19 & 3 & 27 \end{bmatrix}$$

을 수행한다. 우변의 행렬의 열들을 일렬로 나타내면 다음과 같이 원래의 전달문이 된다.

2	21	25	27	9	2	13	27	19	20	15	3	11
B	U	Y	–	I	B	M	–	S	T	O	C	K

암호기법의 개론에 흥미가 있는 독자들은 *Coding Theory and Cryptography*, David Joyner 편저, Springer-Verlag, 2000을 참고하기 바란다. 이 책은 역사, 기초 그리고 고급의 논문들을 망라하고 있는 탁월한 모음집이다.

연습문제 2.4

역행렬인지 검사하기

1. 역행렬의 정의 $AB = BA = I_2$를 이용하여 다음 2×2 행렬 A와 B에 대해 B가 A의 역인지 검사하라.

(a) $A = \begin{bmatrix} 7 & -3 \\ 5 & -2 \end{bmatrix}$, $\quad B = \begin{bmatrix} -2 & 3 \\ -5 & 7 \end{bmatrix}$

(b) $A = \begin{bmatrix} 3 & 4 \\ 5 & 7 \end{bmatrix}$, $\quad B = \begin{bmatrix} 7 & -4 \\ -5 & 3 \end{bmatrix}$

(c) $A = \begin{bmatrix} 2 & -4 \\ -5 & 3 \end{bmatrix}$, $\quad B = \begin{bmatrix} 3 & 1 \\ 5 & 2 \end{bmatrix}$

(d) $A = \begin{bmatrix} 7 & 6 \\ 8 & 7 \end{bmatrix}$, $\quad B = \begin{bmatrix} 7 & -6 \\ -8 & 7 \end{bmatrix}$

2. 역행렬의 정의 $AB = BA = I_3$를 이용하여 다음 3×3 행렬 A와 B에 대해 B가 A의 역인지 검사하라.

(a) $A = \begin{bmatrix} 5 & 0 & 0 \\ 0 & \frac{1}{3} & 0 \\ 0 & 0 & -2 \end{bmatrix}$, $\quad B = \begin{bmatrix} \frac{1}{5} & 0 & 0 \\ 0 & 3 & 0 \\ 0 & 0 & -\frac{1}{2} \end{bmatrix}$

(b) $A = \begin{bmatrix} 1 & 1 & -1 \\ -3 & 2 & -1 \\ 3 & -3 & 2 \end{bmatrix}$, $B = \begin{bmatrix} 1 & 1 & 1 \\ 3 & 5 & 4 \\ 3 & 6 & 5 \end{bmatrix}$

(c) $A = \begin{bmatrix} 0 & 1 & -1 \\ 2 & -2 & -1 \\ -1 & 1 & 1 \end{bmatrix}$, $B = \begin{bmatrix} 1 & 2 & 3 \\ 1 & 1 & 2 \\ 0 & 1 & 1 \end{bmatrix}$

역행렬 구하기

3. 다음 각 2×2 행렬의 역이 존재한다면 가우스–요르단 소거법을 이용하여 구하라.

(a) $\begin{bmatrix} 1 & 0 \\ 2 & 1 \end{bmatrix}$ **(b)** $\begin{bmatrix} 1 & 2 \\ 9 & 4 \end{bmatrix}$

(c) $\begin{bmatrix} 2 & 1 \\ 4 & 3 \end{bmatrix}$ **(d)** $\begin{bmatrix} 0 & 1 \\ 1 & 3 \end{bmatrix}$

(e) $\begin{bmatrix} 1 & 2 \\ 3 & 6 \end{bmatrix}$ **(f)** $\begin{bmatrix} 2 & -3 \\ 6 & -7 \end{bmatrix}$

4. 다음 각 3×3 행렬의 역이 존재한다면 가우스–요르단 소거법을 이용하여 구하라.

(a) $\begin{bmatrix} 1 & 2 & 3 \\ 0 & 1 & 2 \\ 4 & 5 & 3 \end{bmatrix}$ **(b)** $\begin{bmatrix} 2 & 0 & 4 \\ -1 & 3 & 1 \\ 0 & 1 & 2 \end{bmatrix}$

(c) $\begin{bmatrix} 1 & 2 & -3 \\ 1 & -2 & 1 \\ 5 & -2 & -3 \end{bmatrix}$ **(d)** $\begin{bmatrix} 1 & 2 & -1 \\ 3 & -1 & 0 \\ 2 & -3 & 1 \end{bmatrix}$

5. 다음 각 3×3 행렬의 역이 존재한다면 가우스–요르단 소거법을 이용하여 구하라.

(a) $\begin{bmatrix} 1 & 2 & 3 \\ 2 & -1 & 4 \\ 0 & -1 & 1 \end{bmatrix}$ **(b)** $\begin{bmatrix} 1 & 2 & -1 \\ 2 & 4 & -3 \\ 1 & -2 & 0 \end{bmatrix}$

(c) $\begin{bmatrix} 1 & -2 & -1 \\ -2 & 4 & 6 \\ 0 & 0 & 5 \end{bmatrix}$ **(d)** $\begin{bmatrix} 7 & 0 & 0 \\ 0 & -3 & 0 \\ 0 & 0 & \frac{1}{5} \end{bmatrix}$

6. 다음 각 4×4 행렬의 역이 존재한다면 가우스–요르단 소거법을 이용하여 구하라.

(a) $\begin{bmatrix} -3 & -1 & 1 & -2 \\ -1 & 3 & 2 & 1 \\ 1 & 2 & 3 & -1 \\ -2 & 1 & -1 & -3 \end{bmatrix}$ **(b)** $\begin{bmatrix} 1 & 1 & 0 & 0 \\ 0 & 1 & 1 & 0 \\ 1 & 0 & 0 & 1 \\ 0 & 0 & 1 & 1 \end{bmatrix}$

(c) $\begin{bmatrix} -1 & 0 & -1 & -1 \\ -3 & -1 & 0 & -1 \\ 5 & 0 & 4 & 3 \\ 3 & 0 & 3 & 2 \end{bmatrix}$

7. $A = \begin{bmatrix} a & b \\ c & d \end{bmatrix}$라 하면 $A^{-1} = \dfrac{1}{(ad - bc)}\begin{bmatrix} d & -b \\ -c & a \end{bmatrix}$임을 보여라.

이 공식은 2×2 행렬의 역을 구할 때 가우스–요르단 소거법보다 빠를 수 있다. 두 방법 모두 사용하여 다음 각 2×2 행렬의 역을 구하고 어느 방법이 자신에게 선호되는지 말하라.

(a) $\begin{bmatrix} 3 & 8 \\ 1 & 3 \end{bmatrix}$ **(b)** $\begin{bmatrix} 3 & 5 \\ 2 & 4 \end{bmatrix}$

(c) $\begin{bmatrix} 5 & 6 \\ 3 & 4 \end{bmatrix}$ **(d)** $\begin{bmatrix} 4 & -6 \\ 2 & -2 \end{bmatrix}$

선형방정식계

8. 계수 행렬의 역의 구한 후 행렬 곱을 사용하여 다음 두 변수의 두 개의 방정식계들의 해를 구하라.

(a) $\begin{aligned} x_1 + 2x_2 &= 2 \\ 3x_1 + 5x_2 &= 4 \end{aligned}$ **(b)** $\begin{aligned} x_1 + 5x_2 &= -1 \\ 2x_1 + 9x_2 &= 3 \end{aligned}$

(c) $\begin{aligned} x_1 + 3x_2 &= 5 \\ 2x_1 + x_2 &= 10 \end{aligned}$ **(d)** $\begin{aligned} 2x_1 + x_2 &= 4 \\ 4x_1 + 3x_2 &= 6 \end{aligned}$

(e) $\begin{aligned} 2x_1 + 4x_2 &= 6 \\ 3x_1 + 8x_2 &= 1 \end{aligned}$ **(f)** $\begin{aligned} 3x_1 + 9x_2 &= 9 \\ 2x_1 + 7x_2 &= 4 \end{aligned}$

9. 계수 행렬의 역의 구한 후 행렬 곱을 사용하여 다음 세 변수의 세 개의 방정식계들의 해를 구하라.

(a) $\begin{aligned} x_1 + 2x_2 - x_3 &= 2 \\ x_1 + x_2 + 2x_3 &= 0 \\ x_1 - x_2 - x_3 &= 1 \end{aligned}$

(b) $\begin{aligned} x_1 - x_2 \quad\quad &= 1 \\ x_1 + x_2 + 2x_3 &= 2 \\ x_1 + 2x_2 + x_3 &= 0 \end{aligned}$

(c) $\begin{aligned} x_1 + 2x_2 + 3x_3 &= 1 \\ 2x_1 + 5x_2 + 3x_3 &= 3 \\ x_1 \quad\quad + 8x_3 &= 15 \end{aligned}$

(d) $\begin{aligned} x_1 - 2x_2 + 2x_3 &= 3 \\ -x_1 + x_2 + 3x_3 &= 2 \\ x_1 - x_2 - 4x_3 &= -1 \end{aligned}$

(e) $\begin{aligned} -x_1 + x_2 \quad\quad &= 5 \\ -x_1 \quad\quad + x_3 &= -2 \\ 6x_1 - 2x_2 - 3x_3 &= 1 \end{aligned}$

10. 계수 행렬의 역의 구한 후 행렬 곱을 사용하여 다음 네 변수의 네 개의 방정식계의 해를 구하라.

$$\begin{aligned} x_1 + x_2 + 2x_3 + x_4 &= 5 \\ 2x_1 \quad\quad + 2x_3 + x_4 &= 6 \\ x_2 + 3x_3 - x_4 &= 1 \\ 3x_1 + 2x_2 \quad\quad + 2x_4 &= 7 \end{aligned}$$

11. 다음 모두 동일한 계수 행렬을 가진 방정식계들을 역행렬 방법을 이용하여 풀어라.

$x_1 + 2x_2 - x_3 = b_1$
$x_1 + x_2 + 2x_3 = b_2$ 순서대로
$x_1 - x_2 - x_3 = b_3$

$$\begin{bmatrix} b_1 \\ b_2 \\ b_3 \end{bmatrix} = \begin{bmatrix} 1 \\ 2 \\ 3 \end{bmatrix}, \begin{bmatrix} 0 \\ 1 \\ 4 \end{bmatrix}, \begin{bmatrix} 5 \\ 2 \\ -3 \end{bmatrix}$$

기타 결과

12. 이 절에서 나열된 역행렬의 다음 성질들을 증명하라.

(a) $(cA)^{-1} = \frac{1}{c}A^{-1}$
(b) $(A^n)^{-1} = (A^{-1})^n$
(c) $(A^t)^{-1} = (A^{-1})^t$

13. $A^{-1} = \begin{bmatrix} 2 & 1 \\ 4 & 3 \end{bmatrix}$일 때 A를 구하라.

14. $A^{-1} = \frac{1}{2}\begin{bmatrix} -3 & 2 \\ -10 & 6 \end{bmatrix}$일 때 A를 구하라.

15. 행렬 $A = \begin{bmatrix} 3 & 1 \\ 5 & 2 \end{bmatrix}$의 역행렬은 $\begin{bmatrix} 2 & -1 \\ -5 & 3 \end{bmatrix}$이다. 다음을 구하라.(**힌트** 역행렬의 대수적 성질을 사용하라)

(a) $(3A)^{-1}$ **(b)** $(A^2)^{-1}$ **(c)** A^{-2} **(d)** $(A^t)^{-1}$

16. 행렬 $A = \begin{bmatrix} 5 & 1 \\ 9 & 2 \end{bmatrix}$의 역행렬은 $A^{-1} = \begin{bmatrix} 2 & -1 \\ -9 & 5 \end{bmatrix}$이다. 이 정보를 이용하여 다음을 구하라.

(a) $(2A^t)^{-1}$ **(b)** A^{-3} **(c)** $(AA^t)^{-1}$

17. 다음을 만족하는 x를 구하라. $\begin{bmatrix} 2x & 7 \\ 1 & 2 \end{bmatrix}^{-1} = \begin{bmatrix} 2 & -7 \\ -1 & 4 \end{bmatrix}$

18. 다음을 만족하는 x를 구하라. $2\begin{bmatrix} 2x & x \\ 5 & 3 \end{bmatrix}^{-1} = \begin{bmatrix} 3 & -2 \\ -5 & 4 \end{bmatrix}$

19. 다음을 만족하는 A를 구하라. $(4A^t)^{-1} = \begin{bmatrix} 2 & 3 \\ -4 & -4 \end{bmatrix}$

20. 다음을 증명하라. $(ABC)^{-1} = C^{-1}B^{-1}A^{-1}$

21. 다음을 증명하라. $(A^tB^t)^{-1} = (A^{-1}B^{-1})^t$

22. 다음을 일반적으로 증명하라. $(A + B)^{-1} \neq A^{-1} + B^{-1}$

23. A가 역행렬이 없으면 A^t도 역행렬이 없음을 증명하라.

24. A가 가역 행렬일 때 다음을 증명하라.

(a) $AB = AC$이면 $B = C$이다.
(b) $AB = 0$이면 $B = 0$이다.

25. 다음 조건의 행렬은 역이 없음을 증명하라.

(a) 두 행이 같다.
(b) 두 열이 같다.[**힌트** 전치를 사용하라.]
(c) 모두 영인 열을 가지고 있다.

26. 대각행렬이 가역일 필요충분조건은 모든 대각원소가 영이 아닌 것이다. 가역인 대각행렬의 역을 계산하는 빠른 방법을 발견할 수 있겠는가?

27. 가역인 2×2 행렬의 집합을 고려하자. 일반적으로, 이 집합 내의 두 행렬들의 합은 가역이 아니고, 스칼라 배도 가역이 아님을 증명하라.(**힌트** 예를 들어라.) 따라서 2×2 가역 행렬의 집합은 덧셈이나 스칼라 곱에 대해 닫혀있지 않다.

28. 대각행렬 A에 대해 다음 진술이 참인지 거짓인지 밝혀라.(간략히 설명하라.)

(a) A가 가역이면 A^{-1}도 가역이다.
(b) A가 가역이면 A^2도 가역이다.
(c) A가 주대각선에 0를 가지면 가역이 아니다.
(d) A가 가역이 아니면 AB도 가역이 아니다.
(e) A^{-1}은 I_n과 행동등이다.

수치적 고려사항

29. $AX = Y$가 25개 변수의 25개 선형방정식의 계이고 A가 가역이라 하자. 다음 방법으로 이 계를 풀기 위해 필요한 곱과 합의 수를 구하라. **(a)** 가우스-요르단 소거법 **(b)** 역행렬 방법

30. A가 가역인 2×2 행렬이라 하자. 가우스-요르단 소거를 사용하여 방정식계 $AX = Y$의 해를 구하기 위해 필요한 계산량은 A의 역행렬의 첫 번째 열을 구할 때의 계산량과 같음을 보여라. 이 연습문제는 연립방정식을 풀 때 가우스-요르단 소거가 계수 행렬의 역을 사용하는 것 보다 효율적이라는 것을 강조한다.

기본행렬

31. A가 3×3 행렬이고 T_1, T_2, T_3가 다음 행연산이라 하자. T_1: 1행과 2행을 교환한다; T_2: 3행에 -2를 곱한다. T_1, T_2 T_3:1행의 4배를 3행에 더한다. T_1, T_2, T_3는 다음 기본행렬 E_1, E_2, E_3를 사용하여 수행될 수 있음을 보여라.

$$E_1 = \begin{bmatrix} 0 & 1 & 0 \\ 1 & 0 & 0 \\ 0 & 0 & 1 \end{bmatrix}, \qquad E_2 = \begin{bmatrix} 1 & 0 & 0 \\ 0 & 1 & 0 \\ 0 & 0 & -2 \end{bmatrix},$$

$$E_3 = \begin{bmatrix} 1 & 0 & 0 \\ 0 & 1 & 0 \\ 4 & 0 & 1 \end{bmatrix}$$

32. T_1, T_2가 다음 행연산이라 하자. T_1: 1행에 -3을 곱한다, T_2: 2행의 3배를 1행에 더한다. T_1, T_2을 위한 3×3 기본행렬을 구하라.

33. 다음 각 기본행렬로 정의되는 행연산을 구하라. 그 행연산의 역을 구하고 그것을 이용하여 각 기본행렬의 역을 구하라. 임의의 기본행렬의 역을 빨리 구할 수 있는 규칙들을 발견해보라.

(a) $\begin{bmatrix} 0 & 0 & 1 \\ 0 & 1 & 0 \\ 1 & 0 & 0 \end{bmatrix}$, **(b)** $\begin{bmatrix} 0 & 1 & 0 \\ 1 & 0 & 0 \\ 0 & 0 & 1 \end{bmatrix}$,

(c) $\begin{bmatrix} 1 & 0 & 0 \\ 0 & 1 & 0 \\ 0 & 0 & 4 \end{bmatrix}$, **(d)** $\begin{bmatrix} \frac{1}{3} & 0 & 0 \\ 0 & 1 & 0 \\ 0 & 0 & 1 \end{bmatrix}$,

(e) $\begin{bmatrix} 1 & 0 & 0 \\ 0 & 1 & 0 \\ -4 & 0 & 1 \end{bmatrix}$, **(f)** $\begin{bmatrix} 1 & 0 & 0 \\ 0 & 1 & 0 \\ 0 & 3 & 1 \end{bmatrix}$

색깔 모형

34. 색깔 모형을 논의할 때 각 RGB 값의 범위는 0에서 255까지라고 하였다. 반면에 Y, I, Q의 범위는 각각 다르다. 부호화 행렬 방정식을 이용하여 각 Y, I, Q의 범위를 찾아라.

35. 다음의 YIQ 값들을 고려하자. (176, −111, −33), (184, 62, −18), (171, 5, −19), (165, −103, −23).

(a) 역행렬변환을 사용하여 대응되는 RGB 값들을 구하라.

(b) 마이크로소프트 워드를 사용하여 이 YIQ 값들에 대응하는 색깔을 찾아라. 그 색을 자신의 용어로 서술해보라.

36. 흑백텔레비전 모니터는 Y 신호만 사용한다. **(a)** $(s, 0, 0)$ 형태의 모든 YIQ 신호는 (s, s, s)형태의 RGB 신호로 변환된다. YIQ에서 RGB로 변환시키는 행렬의 어떠한 특징 때문에 이런 현상이 일어나는가? **(b)** 흑백 TV의 YIQ 신호 (255. 0. 0), (200, 0, 0), (150, 0, 0), (100, 0, 0), (0, 0, 0)들에 해당하는 RGB 신호를 찾아라. 마이크로소프트 워드를 사용하여 이 신호들을 조사하라. 텔레비전 신호 $(a, 0, 0)$에서 a를 255에서 0로 감소시킬 때의 효과를 기술하라.

암호기법

문제 [37~42]에서 각 문자를 알파벳에서의 그 위치에 연관시켜 숫자로 만든다.

37. 다음 행렬을 이용하여 전달문 RETREAT를 암호화하라.

$$\begin{bmatrix} 4 & -3 \\ 3 & -2 \end{bmatrix}$$

38. 전달문 THE BRITISH ARE COMING를 다음 행렬을 이용하여 암호화하라.

$$\begin{bmatrix} 1 & 2 & 1 \\ 2 & 3 & 1 \\ -2 & 0 & 1 \end{bmatrix}$$

39. 문제 37의 행렬을 이용하여 암호화된 전달문 49, 38, −5, −3, −61, −39를 해독하라.

40. 문제 38의 행렬을 이용하여 암호화된 전달문 71, 100, −1, 28, 43, −5, 84, 122, −11, 63, 98, −27, 69, 102, −12, 88, 126, −3을 해독하라.

41. 정보원이 전달문 BOSTON CAFE AT TWO가 32, 47, 59, 79, 43, 57, 33, 36, 13, 19, 59, 86, 41, 61, 67, 87, 53, 68로 보내졌다는 정보를 주었다. **(a)** 암호화 행렬을 찾아라. **(b)** 전달문 43, 64, 49, 70, 59, 79, 39, 45, 45, 63, 59, 79를 해독하라.

42. 기지에서는 암호화 행렬 $A = \begin{bmatrix} 4 & -3 \\ 3 & -2 \end{bmatrix}$를 사용하여 전달문을 대리인에게 보낸다. 대리인은 암호화 행렬 $B = \begin{bmatrix} 3 & 8 \\ 4 & 11 \end{bmatrix}$를 사용하여 전달문을 정보원에게 보낸다. 이러한 전송체계와 일치하도록 기지에서 정보원에게 직접 전달문을 보낼 수 있게 해주는 암호화 행렬을 구하라.

2.5 행렬변환, 회전, 확대

함수 또는 변환은 집합의 각 원소에 다른 집합의 원소를 유일하게 대응시키는 규칙이다. 변환은 수학의 많은 분야에서 사용되고 있고 한 변수와 다른 변수의 종속관계를 표현하기 위해 중요하게 응용된다. 우리는 특별히 선형변환에 관심을 두는데, 이는 벡터공간의 수학적 구조를 보존해 준다. 이 절과 다음 절에서 선형변환이 어떻게 컴퓨터 그패픽과 프랙털 기하에서 사용되는지를 볼 것이다.

독자들은 $f(x) = 3x^2 + 4$와 같은 함수에 익숙할 것이다. 가능한 x값의 집합을 함수의 **정의역**(domain of function)이라고 부른다. 이 함수에서처럼 정의역은 보통 실수 집합이다. $x = 2$일 때 $f(2) = 16$로 나타나는데, 이때 2의 상(image)을 16이라고 말한다. 이제 이 개념을 벡터공간 사이의 함수로 확장하기를 원하는데, 선형대수에서는 **함수**라는 용어 대신 **변환**(transformation)이라는 용어를 사용한다.

예를 들어, 다음 식으로 정의되는 $\mathbf{R}^3$에서 $\mathbf{R}^2$으로 가는 변환를 생각해 보자.

$$T(x, y, z) = (2x, y, -z)$$

T의 **정의역**(domain)은 $\mathbf{R}^3$이고, **공역**(codomain)은 $\mathbf{R}^2$이라고 말한다. 여기서 벡터 $(1, 4, -2)$의 상은 T의 방정식에서 $x = 1$, $y = 4$, $z = -2$로 놓음으로써 구할 수 있다. 즉 $T(1, 4, 2) = (2, 6)$로부터 벡터 $(1, 4, -2)$의 **상**(image)은 $(2, 6)$이 된다.

변환을 다룰 때 벡터를 열벡터 형태로 쓰는 것이 편리할 때가 많다. 예를 들어 앞의 변환을 다음과 같이 쓸 수 있다.

$$T\left(\begin{bmatrix} x \\ y \\ z \end{bmatrix}\right) = \begin{bmatrix} 2x \\ y - z \end{bmatrix}, \text{ 그리고} \begin{bmatrix} 1 \\ 4 \\ -2 \end{bmatrix}\text{의 상은} \begin{bmatrix} 2 \\ 6 \end{bmatrix}\text{이다.}$$

정의 $\mathbf{R}^n$로부터 $\mathbf{R}^m$로의 **변환**(transformation) T는 $\mathbf{R}^n$의 각각의 벡터 $\mathbf{u}$에 $\mathbf{R}^m$의 벡터 $\mathbf{v}$를 하나씩 할당하는 규칙이다. $\mathbf{R}^n$를 T의 **정의역**이라 하고 $\mathbf{R}^m$를 **공역**이라고 한다. $T(\mathbf{u}) = \mathbf{v}$로 표기하고 $\mathbf{v}$를 T에 대한 $\mathbf{u}$의 상이라고 한다. 변환 대신에 **사상**(mapping)이라는 용어를 사용하도 한다.

이제 여러 가지 유용한 기학적 변환들을 소개하고 그것들이 행렬로 표현될 수 있음을 알아보자.

확대와 축소

r이 양의 스칼라일 때, 변환 $T\left(\begin{bmatrix} x \\ y \end{bmatrix}\right) = r\begin{bmatrix} x \\ y \end{bmatrix}$를 고려하자. T는 $\mathbf{R}^2$의 모든 점을 원점에서 r배 멀리 떨어지도록 사상시킨다. 만약 $r > 1$이면, T는 원래의 점들을 원점에서 더 멀어지도록 이동시키는데, 이를 ***r*배의 확대**(dilation of factor r)라고 한다. 만약 $0 < r < 1$이면, T는 원래의 점들을 원점에 더 가깝게 이동시키는데, 이를 ***r*배의 축소**(contraction of factor r)라고 한다. 그림 2.10을 보라. 이 방정식은 다음과 같이 편리한 행렬 형태로 표현할 수 있다.

$$T\left(\begin{bmatrix} x \\ y \end{bmatrix}\right) = \begin{bmatrix} r & 0 \\ 0 & r \end{bmatrix}\begin{bmatrix} x \\ y \end{bmatrix}$$

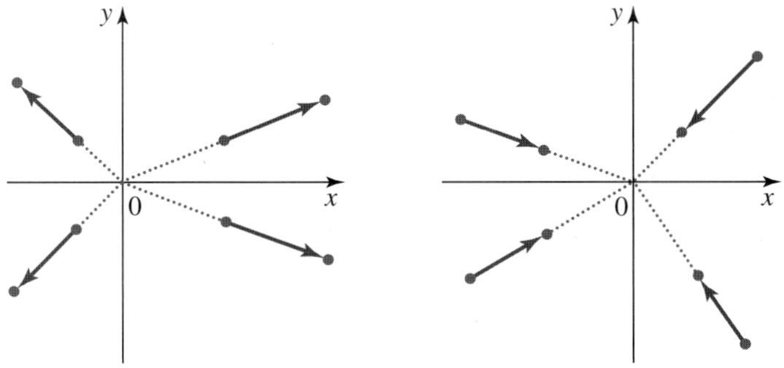

$r > 1$ 확대 $\qquad$ $0 < r < 1$ 축소

$\begin{bmatrix} r & 0 \\ 0 & r \end{bmatrix}$로 정의된 변환

그림 2.10

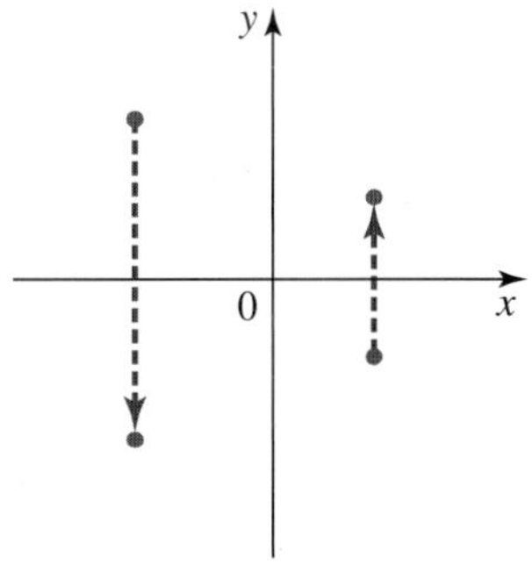

x축에 대한 반사

$\begin{bmatrix} 1 & 0 \\ 0 & -1 \end{bmatrix}$로 정의된 변환

그림 2.11

예를 들어 $r = 3$이면 다음 식에서 알 수 있듯이 상이 원점에서 3배 더 멀리지고 $r = 1/2$이면 원점으로부터의 거리가 반으로 줄어든다.

$$T\left(\begin{bmatrix} x \\ y \end{bmatrix}\right) = \begin{bmatrix} 3 & 0 \\ 0 & 3 \end{bmatrix}\begin{bmatrix} x \\ y \end{bmatrix} = 3\begin{bmatrix} x \\ y \end{bmatrix}, \qquad T\left(\begin{bmatrix} x \\ y \end{bmatrix}\right) = \begin{bmatrix} \frac{1}{2} & 0 \\ 0 & \frac{1}{2} \end{bmatrix}\begin{bmatrix} x \\ y \end{bmatrix} = \frac{1}{2}\begin{bmatrix} x \\ y \end{bmatrix}$$

반사

$\mathbf{R}^2$상의 모든 점을 x축에 대한 거울상(mirror image)으로 사상하는 변환 $T\left(\begin{bmatrix} x \\ y \end{bmatrix}\right) = \begin{bmatrix} x \\ -y \end{bmatrix}$를 **반사**(reflection)라고 부른다. 그림 2.11을 보라. 이 변환은 다음과 같이 행렬 형태로 나타낼 수 있다.

$$T\left(\begin{bmatrix} x \\ y \end{bmatrix}\right) = \begin{bmatrix} 1 & 0 \\ 0 & -1 \end{bmatrix}\begin{bmatrix} x \\ y \end{bmatrix}$$

예를 들어 이 반사에 대한 $\begin{bmatrix} 3 \\ 2 \end{bmatrix}$의 상은 $\begin{bmatrix} 1 & 0 \\ 0 & -1 \end{bmatrix}\begin{bmatrix} 3 \\ 2 \end{bmatrix} = \begin{bmatrix} 3 \\ -2 \end{bmatrix}$이다.

이제 원점에 대한 회전도 역시 행렬 형태로 표현될 수 있음을 알아보자.

원점에 대한 회전

다음 그림 2.12와 원점을 중심으로 각도 θ만큼 회전(rotation)하는 변환 T를 고려하자. T는 점 $A\begin{bmatrix} x \\ y \end{bmatrix}$를 점 $B\begin{bmatrix} x' \\ y' \end{bmatrix}$로 **사상한다**(map).

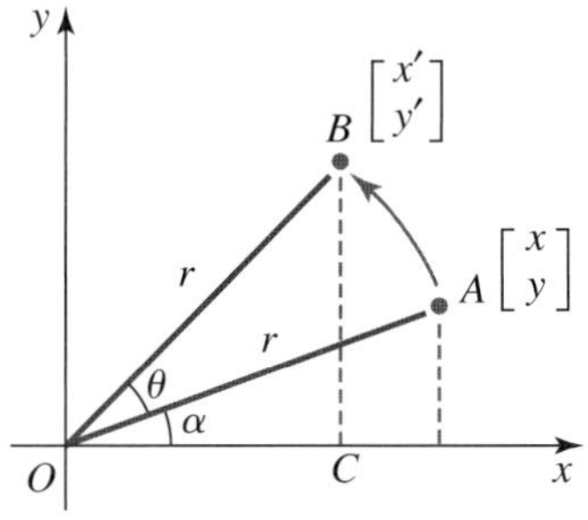

그림 2.12

OA의 길이는 OB와 같다. 이 길이를 r이라 하고, 각 AOC를 α라고 하자. 그러면

$$\begin{aligned} x' = OC = r\cos(\alpha + \theta) &= r\cos\alpha\cos\theta - r\sin\alpha\sin\theta \\ &= x\cos\theta - y\sin\theta \\ y' = BC = r\sin(\alpha + \theta) &= r\sin\alpha\cos\theta + r\cos\alpha\sin\theta \\ &= y\cos\theta + x\sin\theta \\ &= x\sin\theta + y\cos\theta \end{aligned}$$

을 얻는다. 아 표현을 하나의 행렬방정식으로 합치면

$$\begin{bmatrix} x' \\ y' \end{bmatrix} = \begin{bmatrix} \cos\theta & -\sin\theta \\ \sin\theta & \cos\theta \end{bmatrix}\begin{bmatrix} x \\ y \end{bmatrix}$$

이 되어 다음 결과를 얻는다.

> 각도 θ의 회전은 $T\left(\begin{bmatrix} x \\ y \end{bmatrix}\right) = \begin{bmatrix} \cos\theta & -\sin\theta \\ \sin\theta & \cos\theta \end{bmatrix}\begin{bmatrix} x \\ y \end{bmatrix}$로 표현된다.

원점을 중심으로 한 $\pi/2$의 회전을 생각해보자. $\cos(\pi/2) = 0$이고 $\sin(\pi/2) = 1$이므로 변환은

$$T\left(\begin{bmatrix} x \\ y \end{bmatrix}\right) = \begin{bmatrix} 0 & -1 \\ 1 & 0 \end{bmatrix}\begin{bmatrix} x \\ y \end{bmatrix}$$

로 표현된다. 일례로 $\begin{bmatrix} 3 \\ 2 \end{bmatrix}$의 상은 $\begin{bmatrix} 0 & -1 \\ 1 & 0 \end{bmatrix}\begin{bmatrix} 3 \\ 2 \end{bmatrix} = \begin{bmatrix} -2 \\ 3 \end{bmatrix}$이 된다.

이때 θ는 회전이 반시계 방향이면 양의 값을, 시계 방향이면 음의 값을 가짐을 기억하라.

행렬변환

앞의 논의에서 변환을 정의하기 위해 행렬을 사용할 수 있음을 알았다. 실제로 모든 행렬은 변환을 정의할 수 있다. A를 행렬, $\mathbf{x}$를 $A\mathbf{x}$가 가능한 열벡터라고 하자. 그러면 A는 **행렬변환**(matrix transformation) $T(\mathbf{x}) = A\mathbf{x}$를 정의한다. 예를 들면

$$A = \begin{bmatrix} 5 & 3 & -2 \\ 0 & 4 & -1 \end{bmatrix}\text{는 변환 } T\left(\begin{bmatrix} x \\ y \\ z \end{bmatrix}\right) = \begin{bmatrix} 5 & 3 & -2 \\ 0 & 4 & -1 \end{bmatrix}\begin{bmatrix} x \\ y \\ z \end{bmatrix}\text{를 정의한다.}$$

일례로 $\begin{bmatrix} 1 \\ 3 \\ 4 \end{bmatrix}$의 상은 $\begin{bmatrix} 6 \\ 8 \end{bmatrix}$인데 이것을 $\begin{bmatrix} 1 \\ 3 \\ 4 \end{bmatrix} \mapsto \begin{bmatrix} 6 \\ 8 \end{bmatrix}$로 표기한다. 유사하게 $\begin{bmatrix} 3 \\ 1 \\ 2 \end{bmatrix} \mapsto \begin{bmatrix} 14 \\ 2 \end{bmatrix}$이다.

이때 T가 $\mathbf{R}^3$를 $\mathbf{R}^2$로 **사상한다**고 말하고 $T: \mathbf{R}^3 \to \mathbf{R}^2$로 표기한다. 이 변환의 **정의역**은 $\mathbf{R}^3$이고 공역은 $\mathbf{R}^2$이다. 이 관계를 그림으로 표현하면 그림 2.13과 같다.

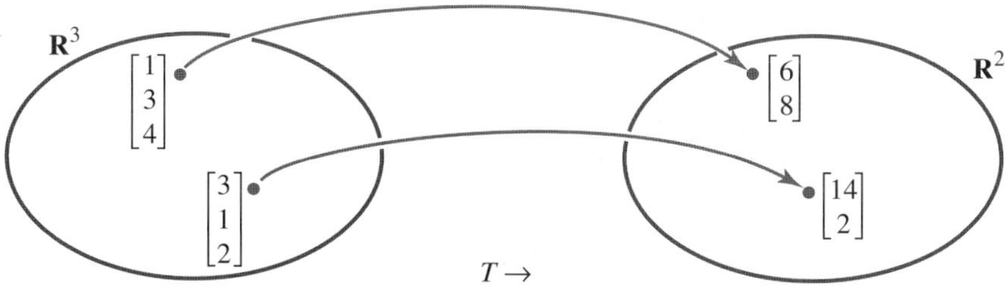

그림 2.13

> **정의** A가 $m \times n$ 행렬이라 하고 $\mathbf{x}$가 열벡터 형태의 $\mathbf{R}^n$의 원소라 하자. A는 $\mathbf{R}^n$에서 $\mathbf{R}^m$으로 가는 **행렬변환** $T(\mathbf{x}) = A\mathbf{x}$를 정의한다. 이때 벡터 $A\mathbf{x}$는 $\mathbf{x}$의 상이 되고, 변환의 정의역은 $\mathbf{R}^n$, 공역은 $\mathbf{R}^m$이다.

이 변환은 다음과 같은 기하적 특성을 가지고 있다.(증명은 생략한다.)

행렬변환은 선분을 선분(또는 점)으로 사상한다. 만약 행렬이 가역이면 이 변환은 평행선들을 역시 평행선들로 사상한다.

다음 예제는 정사각형이 어떻게 변형되는지 보여준다.

예제 1

행렬 $A = \begin{bmatrix} 4 & 2 \\ 2 & 3 \end{bmatrix}$에 의해 정의되는 변환 $T: \mathbf{R}^2 \to \mathbf{R}^2$에서 단위 정사각형의 상의 구하라.

풀이

단위 정사각형은 꼭짓점이 다음과 같은 정사각형이다.

$$P\begin{bmatrix} 1 \\ 0 \end{bmatrix}, Q\begin{bmatrix} 1 \\ 1 \end{bmatrix}, R\begin{bmatrix} 0 \\ 1 \end{bmatrix}, O\begin{bmatrix} 0 \\ 0 \end{bmatrix}$$

그림 2.14(a)를 보라. 주어진 변환에 의한 이 점들의 상을 계산해 보자. 각 점에 행렬을 곱하여

$$\overset{P}{\begin{bmatrix} 1 \\ 0 \end{bmatrix}} \mapsto \overset{P'}{\begin{bmatrix} 4 \\ 2 \end{bmatrix}}, \overset{Q}{\begin{bmatrix} 1 \\ 1 \end{bmatrix}} \mapsto \overset{Q'}{\begin{bmatrix} 6 \\ 5 \end{bmatrix}}, \overset{R}{\begin{bmatrix} 0 \\ 1 \end{bmatrix}} \mapsto \overset{R'}{\begin{bmatrix} 2 \\ 3 \end{bmatrix}}, \overset{O}{\begin{bmatrix} 0 \\ 0 \end{bmatrix}} \mapsto \overset{O}{\begin{bmatrix} 0 \\ 0 \end{bmatrix}}$$

을 얻는다. 선분들은 그림 2.14(b)에서 보듯이 다음과 같이 사상된다

$$OP \mapsto OP', PQ \mapsto P'Q', QR \mapsto Q'R', OR \mapsto OR'$$

또한 $|A| = (4 \times 3) - (2 \times 2) = 8 \neq 0$이므로 A는 가역이다. 따라서 평행선들은 평행선들로 사상되고, 결과적으로 정사각형 $PQRO$는 평행사변형 $P'Q'R'O$로 변환된다.

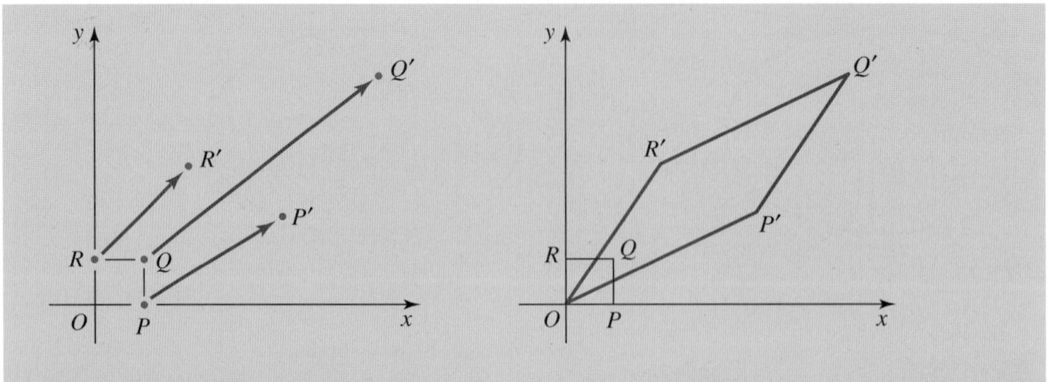

(a) (b)

그림 2.14

고체는 기하적으로 표현될 수 있다. 하중이 고체에 가해질 때 **변형**(deformation)이라고 불리는 모양의 변화가 일어난다. 예를 들어 그림 2.14의 정사각형 $PQRO$는 모양 $P'Q'R'O$로 변형되는 고체라고 볼 수 있다. 이러한 변형은 수학적 기법을 통해 컴퓨터에서 모형화되고 분석될 수 있다. 이러한 문제들을 연구하는 과학분야가 **탄성학**(elasticity)과 **소성학**(plasticity)이다.

변환의 합성

독자들은 그림 2.15에 나타난 것처럼 함수들을 합성함수로 결합하는 개념을 이미 알고 있을 것이다. 행렬변환은 매우 편리하게 결합될 수 있다. 행렬변환 $T_1(\mathbf{x}) = A_1\mathbf{x}$와 $T_2(\mathbf{x}) = A_2\mathbf{x}$이 있을 때 합성변환 $T = T_2 \circ T_1$는 다음과 같이 주어진다.

$$T(\mathbf{x}) = T_2(T_1(\mathbf{x})) = T_2(A_1\mathbf{x}) = A_2A_1\mathbf{x}$$

즉 T는 행렬 곱 A_2A_1에 의해 다음과 같이 정의 된다.

$$T(\mathbf{x}) = A_2A_1\mathbf{x}$$

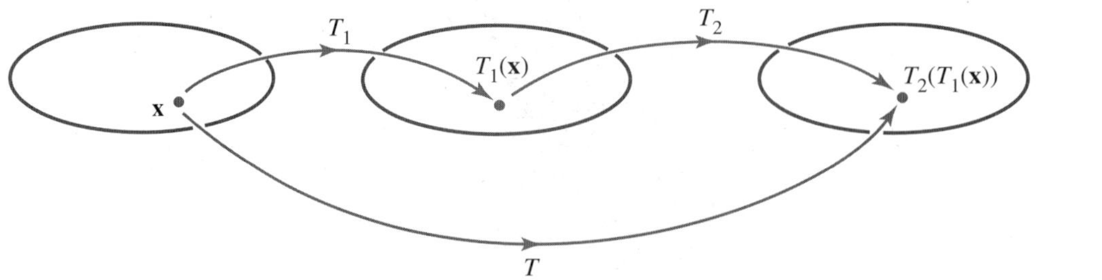

T_1과 T_2의 합성변환 T. $T(\mathbf{x}) = T_2(T_1(\mathbf{x}))$.

그림 2.15

이 논의는 자연스럽게 확장될 수 있다. $T_1, \ldots, T_n$이 각각 행렬 $A_1, \ldots, A_n$에 의해 정의되는 변환이라 하자. 그러면 합성변환 $T = T_n \circ \cdots \circ T_1$은 행렬 곱 $A_n, \ldots, A_1$에 의해 정의된다.(곱이 가능하다고 가정.)

다음 예는 회전, 확대와 같은 행렬변환이 보다 복잡한 변환을 구성하는 조각으로 어떻게 이용될 수 있는 지를 보여준다. (예를 들어 비디오 게임에서의 움직임도 이런 변환들을 연이어 사용하여 만들어진다.)

예제 2

x축에 대해 반사한 후, $\pi/2$만큼 회전하고, 다시 3배로 확대하는 변환을 하나의 행렬로 나타내라. 이 연이은 변환에 대한 점 $\begin{bmatrix} 1 \\ 2 \end{bmatrix}$의 상을 구하라.

풀이

반사, 회전, 확대를 정의하는 행렬은 각각 다음과 같다.

$$\begin{bmatrix} 1 & 0 \\ 0 & -1 \end{bmatrix}, \begin{bmatrix} \cos(\frac{\pi}{2}) & -\sin(\frac{\pi}{2}) \\ \sin(\frac{\pi}{2}) & \cos(\frac{\pi}{2}) \end{bmatrix}, \begin{bmatrix} 3 & 0 \\ 0 & 3 \end{bmatrix}$$

반사 F 후에 회전 R을 하고 그후 확대 D를 하는 합성변환은 $D \circ R \circ F$이고 이 변환의 행렬은

$$\begin{bmatrix} 3 & 0 \\ 0 & 3 \end{bmatrix}\begin{bmatrix} \cos(\frac{\pi}{2}) & -\sin(\frac{\pi}{2}) \\ \sin(\frac{\pi}{2}) & \cos(\frac{\pi}{2}) \end{bmatrix}\begin{bmatrix} 1 & 0 \\ 0 & -1 \end{bmatrix} = \begin{bmatrix} 3 & 0 \\ 0 & 3 \end{bmatrix}\begin{bmatrix} 0 & -1 \\ 1 & 0 \end{bmatrix}\begin{bmatrix} 1 & 0 \\ 0 & -1 \end{bmatrix} = \begin{bmatrix} 0 & 3 \\ 3 & 0 \end{bmatrix}$$

이다. $\begin{bmatrix} 1 \\ 2 \end{bmatrix}$의 상은 $\begin{bmatrix} 0 & 3 \\ 3 & 0 \end{bmatrix}\begin{bmatrix} 1 \\ 2 \end{bmatrix} = \begin{bmatrix} 6 \\ 3 \end{bmatrix}$이다.

반사와 그 다음의 확대 그리고 회전은 그림 2.16에서 보듯이 $A \mapsto B$, $B \mapsto C$, $C \mapsto D$ 순서로 사상한다. 합성변환은 직접 $A \mapsto D$로 사상하는 하나의 행렬로 표현된다.

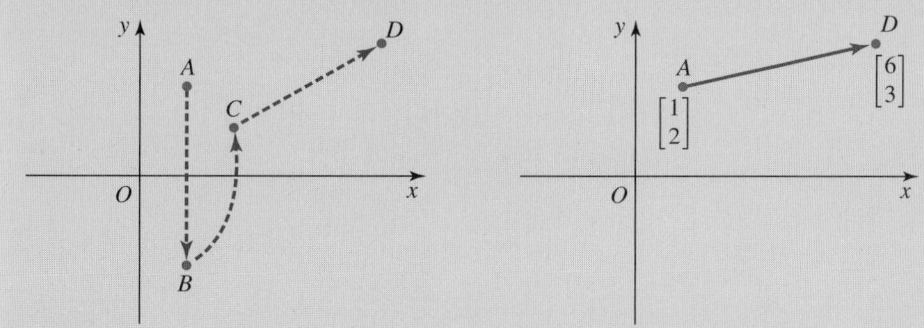

그림 2.16

다음에 소개할 변환은 유클리드 공간의 기하를 보존한다는 의미에서 중요하다.

직교변환

직교행렬은 다음의 성질을 갖는 가역행렬이다.

$$A^{-1} = A^t$$

A가 직교행렬일 때 변환 $T(\mathbf{u}) = A\mathbf{u}$을 **직교변환**(orthogonal transformation)이라 한다.

직교변환은 다음과 같은 기하적 성질을 갖는다.

정리 2.9

T가 $\mathbf{R}^n$에서의 직교변환이라고 하고 $\mathbf{u}$, $\mathbf{v}$가 $\mathbf{R}^n$의 원소라 하자. $\mathbf{u}$와 $\mathbf{v}$를 나타내는 점들을 각각 P와 Q로 놓고 R, S를 P, Q의 상이라고 하자. 그러면 다음이 성립한다.

$$\|\mathbf{u}\| = \|T(\mathbf{u})\|$$

$$\mathbf{u}\text{와 } \mathbf{v} \text{ 사이의 각도 } \mathbf{v} = T(\mathbf{u})\text{와 } T(\mathbf{v}) \text{ 사이의 각도}$$

$$d(P, Q) = d(R, S)$$

직교변환은 놈, 각도, 거리를 보존한다. 그림 2.17을 보라.

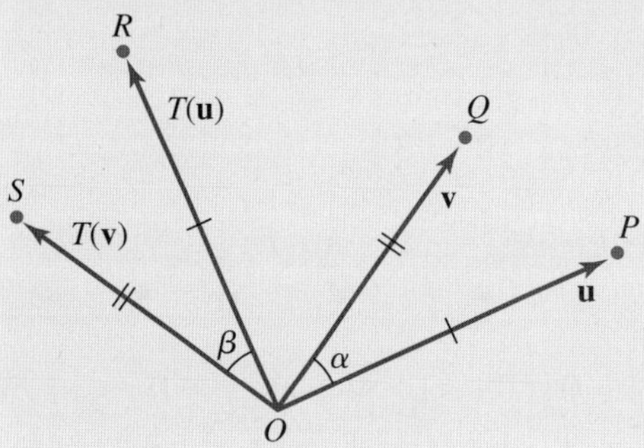

그림 2.17

직교변환은 강체의 모양을 보존하므로 흔히 **강체운동**(rigid motion)으로 불린다.

증명

$T(\mathbf{u}) \cdot T(\mathbf{v}) = \mathbf{u} \cdot \mathbf{v}$직교변환이 내적을 보존함을 보이자, 놈, 각도, 거리가 내적에 의해 정의되므로 내적은 놈, 각도, 거리를 보존하게 한다. 직교변환 T가 직교행렬 A에 의해 정의된다고 하면

$$\begin{aligned} T(\mathbf{u}) \cdot T(\mathbf{v}) &= (A\mathbf{u}) \cdot (A\mathbf{v}) = (A\mathbf{u})^t(A\mathbf{v}) = (\mathbf{u}^t A^t)(A\mathbf{v}) \\ &= \mathbf{u}^t A^t A\mathbf{v} = \mathbf{u}^t I\mathbf{v} = \mathbf{u}^t\mathbf{v} = \mathbf{u} \cdot \mathbf{v} \end{aligned}$$

을 얻는다. 따라서 직교변환은 내적을 보존한다.

놈을 살펴보면,

$$\begin{aligned} \|T(\mathbf{u})\| &= \|A\mathbf{u}\| = \sqrt{(A\mathbf{u}) \cdot (A\mathbf{u})} \\ &= \sqrt{\mathbf{u} \cdot \mathbf{u}}, \quad \text{내적이 보존되므로} \\ &= \|\mathbf{u}\| \end{aligned}$$

이 되므로 놈이 보존된다.

직교변환이 각도와 거리도 보존함을 증명하는 것은 연습문제 21로 남긴다. ■

예제 3

T를 다음 행렬 A에 의해 정의된 직교변환이라 하자. T가 벡터 $\mathbf{u}$, $\mathbf{v}$에 대해 놈, 각도, 거리를 보존함을 보여라.

$$A = \begin{bmatrix} \frac{1}{\sqrt{2}} & \frac{1}{\sqrt{2}} \\ -\frac{1}{\sqrt{2}} & \frac{1}{\sqrt{2}} \end{bmatrix}, \mathbf{u} = \begin{bmatrix} 2 \\ 0 \end{bmatrix}, \mathbf{v} = \begin{bmatrix} 3 \\ 4 \end{bmatrix}$$

풀이

주어진 사실에 의해

$$T(\mathbf{u}) = A\mathbf{u} = \begin{bmatrix} \sqrt{2} \\ -\sqrt{2} \end{bmatrix} \text{이고 } T(\mathbf{v}) = A\mathbf{v} = \begin{bmatrix} \frac{7}{\sqrt{2}} \\ \frac{1}{\sqrt{2}} \end{bmatrix}$$

이다. 계산하면 $\|\mathbf{u}\| = \|T(\mathbf{u})\| = 2$이고 $\|\mathbf{v}\| = \|T(\mathbf{v})\| = 5$가 된다. 따라서 $\mathbf{u}$와 $\mathbf{v}$의 놈이 보존된다. $\mathbf{u}$와 $\mathbf{v}$의 사이의 각도와 $T(\mathbf{u})$와 $T(\mathbf{v})$ 사이의 각도는 모두 53.13°이므로 각도 보존된다. 또한

$$d\left(\begin{bmatrix} 2 \\ 0 \end{bmatrix}, \begin{bmatrix} 3 \\ 4 \end{bmatrix}\right) = d\left(\begin{bmatrix} \sqrt{2} \\ -\sqrt{2} \end{bmatrix}, \begin{bmatrix} \frac{7}{\sqrt{2}} \\ \frac{1}{\sqrt{2}} \end{bmatrix}\right) = \sqrt{17}.$$

이므로 거리도 보존된다.

T가 평면 위에 있는 점들을 원점에 대해 $\pi/4$만큼 시계방향으로 회전하는 변환을 나타내고 있음을 주목하자. 직관적으로, 회전하면 놈, 각, 거리가 보존될 것으로 기대할 수 있는데, 실제로 회전행렬은 직교변환을 정의한다(연습문제 20을 보라). ■

이제 진정한 행렬변환은 아니지만 수학과 응용에서 중요하게 사용되는 변환을 소개하고 이 절을 마친다.

이동

이동(translation)은 $T: \mathbf{R}^n \to \mathbf{R}^n$

$$T(\mathbf{u}) = \mathbf{u} + \mathbf{v}$$

과 같이 정의되는 변환 $\mathbf{v}$이다. 여기서 $\mathbf{v}$는 고정된 벡터이다.

이동은 원래의 점들을 벡터 $\mathbf{v}$로 정의되는 방향과 거리만큼 이동시킨다. 예를 들어, 다음과 같은 $\mathbf{R}^2$에서의 이동을 생각해 보자.

$$T\left(\begin{bmatrix} x \\ y \end{bmatrix}\right) = \begin{bmatrix} x \\ y \end{bmatrix} + \begin{bmatrix} 4 \\ 2 \end{bmatrix}$$

꼭짓점 $\begin{bmatrix} 1 \\ 2 \end{bmatrix}, \begin{bmatrix} 2 \\ 8 \end{bmatrix}, \begin{bmatrix} 3 \\ 2 \end{bmatrix}$을 갖는 삼각형 PQR에 대한 T의 영향을 구해보자. 대입하면

$$\overset{P}{\begin{bmatrix} 1 \\ 2 \end{bmatrix}} \mapsto \overset{P'}{\begin{bmatrix} 5 \\ 4 \end{bmatrix}}, \overset{Q}{\begin{bmatrix} 2 \\ 8 \end{bmatrix}} \mapsto \overset{Q'}{\begin{bmatrix} 6 \\ 10 \end{bmatrix}}, \overset{R}{\begin{bmatrix} 3 \\ 2 \end{bmatrix}} \mapsto \overset{R'}{\begin{bmatrix} 7 \\ 4 \end{bmatrix}}$$

이 되므로 삼각형 PQR 그림 2.18의 삼각형 $P'Q'R'$으로 변환된다.

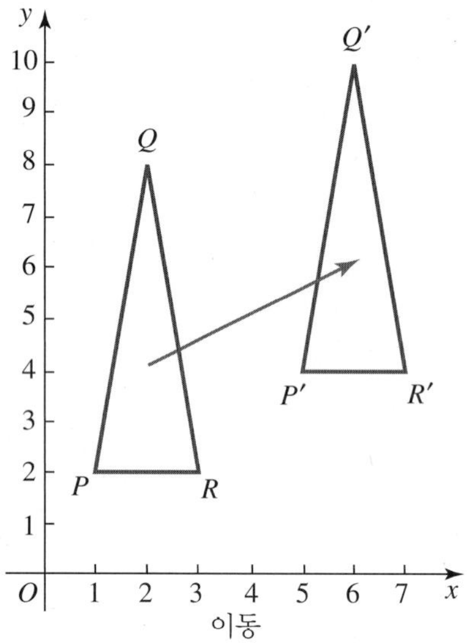

그림 2.18

예제 4

다음 이동에 의한 직선 $y = 2x + 3$의 상의 방정식을 구하라.

$$T\left(\begin{bmatrix} x \\ y \end{bmatrix}\right) = \begin{bmatrix} x \\ y \end{bmatrix} + \begin{bmatrix} 2 \\ 1 \end{bmatrix}.$$

풀이

방정식 $y = 2x + 3$은 기울기가 2이고 y축 절편이 3인 직선 위의 점들을 나타낸다. T는 이 직선을 이동시켜 다른 직선으로 만드는데, 이 변환의 상의 방정식을 구하고자 한다. 이를 위해

$$T\left(\begin{bmatrix} x \\ y \end{bmatrix}\right) = \begin{bmatrix} x \\ y \end{bmatrix} + \begin{bmatrix} 2 \\ 1 \end{bmatrix} = \begin{bmatrix} x \\ 2x + 3 \end{bmatrix} + \begin{bmatrix} 2 \\ 1 \end{bmatrix} = \begin{bmatrix} x + 2 \\ 2x + 4 \end{bmatrix} = \begin{bmatrix} x' \\ y' \end{bmatrix}$$

와 같이 진행하면 상의 점들 간에 $y' = 2x'$의 관계가 얻어진다. 따라서 상의 직선은 방정식 $y = 2x$로 표현된다. ∎

애파인 변환

애파인(affine) 변환 $T: \mathbf{R}^n \to \mathbf{R}^n$은

$$T(\mathbf{u}) = A\mathbf{u} + \mathbf{v}$$

과 같이 정의되는 변환이다. 여기서 A는 행렬이고, $\mathbf{v}$는 고정된 벡터이다.

애파인 변환은 행렬변환 후 이동한 것으로 해석할 수 있다.

예를 들어, 다음과 같은 $\mathbf{R}^2$에서의 애파인 변환에 대해 살펴보자.

$$T\left(\begin{bmatrix} x \\ y \end{bmatrix}\right) = \begin{bmatrix} 2 & 1 \\ 1 & 1 \end{bmatrix}\begin{bmatrix} x \\ y \end{bmatrix} + \begin{bmatrix} 1 \\ 2 \end{bmatrix}$$

그림 2.19에서 보듯이 단위 정사각형의 상을 구해보자. 우선

$$\overset{P}{\begin{bmatrix}1\\0\end{bmatrix}} \mapsto \overset{P'}{\begin{bmatrix}3\\3\end{bmatrix}}, \overset{Q}{\begin{bmatrix}1\\1\end{bmatrix}} \mapsto \overset{Q'}{\begin{bmatrix}4\\4\end{bmatrix}}, \overset{R}{\begin{bmatrix}0\\1\end{bmatrix}} \mapsto \overset{R'}{\begin{bmatrix}2\\3\end{bmatrix}}, \overset{O}{\begin{bmatrix}0\\0\end{bmatrix}} \mapsto \overset{O'}{\begin{bmatrix}1\\2\end{bmatrix}}$$

을 얻는다. 선분이 선분으로 사상되므로,

$$OP \to O'P', PQ \to P'Q', QR \to Q'R', OR \to O'R'$$

가 되어 결국 정사각형 $PQRO$ 평행사변형 $P'Q'R'O'$로 변환된다.

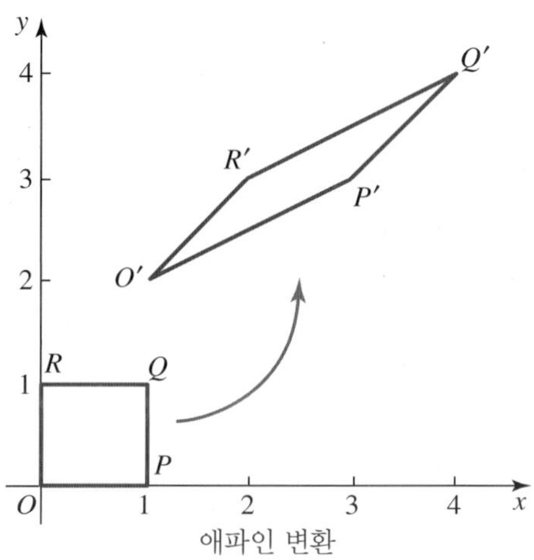

그림 2.19

이 절에서는 여러 가지의 기본적인 변환을 소개하였다. 다음 절에서는 **사영**(projection), **크기조정**(scaling), **층밀림**(shear)과 같은 다른 종류의 변환들을 보게 될 것이다. 이러한 기초적인 변환들은 합성을 통해 다른 변환을 만드는 구성단위가 된다.

연습문제 2.5

행렬변환

1. 다음 행렬에 의해 정의되는 변환 T를 고려하자. $T(\mathbf{x})$, $T(\mathbf{y})$, $T(\mathbf{z})$를 구하라.

$$A = \begin{bmatrix}0 & -4\\1 & 2\end{bmatrix}; \mathbf{x} = \begin{bmatrix}5\\-2\end{bmatrix}, \mathbf{y} = \begin{bmatrix}4\\0\end{bmatrix}, \mathbf{z} = \begin{bmatrix}3\\2\end{bmatrix}$$

2. 다음 행렬에 의해 정의되는 변환 T를 고려하자. **x**, **y**, **z**의 상을 구하라.

$$A = \begin{bmatrix}3 & -2 & 0\\4 & 2 & 6\end{bmatrix}; \mathbf{x} = \begin{bmatrix}1\\2\\3\end{bmatrix}, \mathbf{y} = \begin{bmatrix}2\\3\\0\end{bmatrix}, \mathbf{z} = \begin{bmatrix}-4\\1\\3\end{bmatrix}$$

3. 다음 행렬 A는 변환 T를 정의한다. **x**, **y**, **z**의 상을 구하라.

$$A = \begin{bmatrix}1 & 2\\-1 & 3\\1 & 2\end{bmatrix}; \mathbf{x} = \begin{bmatrix}-1\\1\end{bmatrix}, \mathbf{y} = \begin{bmatrix}2\\3\end{bmatrix}, \mathbf{z} = \begin{bmatrix}5\\2\end{bmatrix}$$

확대, 반사, 회전

4. y축에 대한 반사를 정의하는 행렬을 구하라. 이 변환에 의한 $\begin{bmatrix}3\\2\end{bmatrix}$의 상을 구하라.

5. 원점을 중심으로 다음의 각도만큼 평면을 회전시키는 행렬

을 구하라. 각 회전에 의한 점 $\begin{bmatrix} 2 \\ 1 \end{bmatrix}$의 상을 구하라.

(a) $\frac{\pi}{2}$ **(b)** $-\frac{\pi}{2}$ **(c)** $\frac{\pi}{4}$

(d) π **(e)** $-\frac{3\pi}{2}$ **(f)** $\frac{\pi}{6}$

(g) $-\frac{\pi}{3}$

6. 단위원 $x^2 + y^2 = 1$의 3배의 확대에 의한 상의 방정식을 구하라.

7. 타원 $\frac{x^2}{4} + \frac{y^2}{9} = 1$을 $\pi/2$만큼 회전한 상의 방정식을 구하라.

기하

8. 다음 각 행렬에 의해 정의된 $\mathbf{R}^2$에서의 변환을 고려하라. 각 변환에 의한 단위 정사각형의 상을 그려라.

(a) $\begin{bmatrix} 0 & -1 \\ 1 & 0 \end{bmatrix}$ **(b)** $\begin{bmatrix} 2 & 0 \\ 0 & 2 \end{bmatrix}$

(c) $\begin{bmatrix} 3 & 0 \\ 1 & 4 \end{bmatrix}$ **(d)** $\begin{bmatrix} 4 & -1 \\ 1 & 5 \end{bmatrix}$

9. 다음 각 행렬에 의해 정의된 변환에 의한 단위 정사각형의 상을 그려라.

(a) $\begin{bmatrix} -2 & -3 \\ 0 & 4 \end{bmatrix}$ **(b)** $\begin{bmatrix} -2 & -4 \\ -4 & -1 \end{bmatrix}$

(c) $\begin{bmatrix} 0 & -2 \\ 2 & 0 \end{bmatrix}$ **(d)** $\begin{bmatrix} 0 & 3 \\ -3 & 0 \end{bmatrix}$

변환의 합성

10. $T_1(\mathbf{x}) = A_1\mathbf{x}$과 $T_2(\mathbf{x}) = A_2\mathbf{x}$는 다음 행렬 A_1과 A_2로 정의된다. $T = T_2 \circ T_1$일 때, T를 정의하는 행렬을 구하고 이를 이용하여 벡터 $\mathbf{x}$의 T에 의한 상을 구하라.

(a) $A_1 = \begin{bmatrix} 1 & 2 \\ 3 & 0 \end{bmatrix}, A_2 = \begin{bmatrix} -1 & 0 \\ 1 & 5 \end{bmatrix}, \mathbf{x} = \begin{bmatrix} 5 \\ 2 \end{bmatrix}$

(b) $A_1 = \begin{bmatrix} 0 & 1 & 2 \\ 3 & 4 & -1 \end{bmatrix}, A_2 = \begin{bmatrix} 2 & 2 \\ 1 & -1 \end{bmatrix}, \mathbf{x} = \begin{bmatrix} 0 \\ 1 \\ 3 \end{bmatrix}$

(c) $A_1 = \begin{bmatrix} 3 & -2 \\ 0 & 1 \end{bmatrix}, A_2 = \begin{bmatrix} 2 & 2 \\ 1 & -1 \\ 0 & 4 \end{bmatrix}, \mathbf{x} = \begin{bmatrix} -3 \\ 2 \end{bmatrix}$

11. $T_1(\mathbf{x}) = A_1\mathbf{x}$과 $T_2(\mathbf{x}) = A_2\mathbf{x}$는 다음 행렬 A_1과 A_2로 정의된다. $T_2 \circ T_1$일 때, T를 정의하는 행렬을 구하고 이를 이용하여 벡터 $\mathbf{x}$의 T에 의한 상을 구하라.

(a) $A_1 = \begin{bmatrix} 1 & 1 \\ 1 & 1 \end{bmatrix}, A_2 = \begin{bmatrix} 2 & 3 \\ 0 & -4 \end{bmatrix}, \mathbf{x} = \begin{bmatrix} 1 \\ 3 \end{bmatrix}$

(b) $A_1 = \begin{bmatrix} 2 & 1 & 0 \\ 3 & -2 & 5 \end{bmatrix}, A_2 = \begin{bmatrix} 3 & 1 \\ 0 & 2 \end{bmatrix}, \mathbf{x} = \begin{bmatrix} 3 \\ -2 \\ 1 \end{bmatrix}$

(c) $A_1 = \begin{bmatrix} 5 & -2 \\ 3 & 6 \end{bmatrix}, A_2 = \begin{bmatrix} 3 & 0 \\ 1 & -7 \\ 2 & 5 \end{bmatrix}, \mathbf{x} = \begin{bmatrix} 4 \\ -5 \end{bmatrix}$

12. $\mathbf{R}^2$에서의 다음 변환을 정의하는 단일 2×2 행렬을 구성하라. 각 변환에 의한 점 $\begin{bmatrix} 2 \\ 1 \end{bmatrix}$의 상을 구하라.

(a) $\pi/2$만큼의 반시계방향 회전 후, 0.5배 축소

(b) 4배의 확대 후, x축에 대한 반사

(c) x축에 대한 반사 후에 3배의 확대, 그 다음 $\pi/2$만큼의 시계방향 회전

13. 원점을 중심으로 $\pi/2$만큼 평면을 회전하면서 동시에 원점으로부터의 거리가 두 배가 되도록 점들을 이동하는 변환을 정의하는 하나의 행렬을 구하라.

14. 원점 중심의 θ만큼의 회전과 r배의 확대를 한꺼번에 정의하는 하나의 행렬을 구하라.

15. A가 $\pi/4$만큼의 회전행렬이라 하면 $A^8 = I$, 즉 2×2 단위행렬임을 보여라. 이 결과에 대해 기하적 해석을 해보라.

16. 다음 행렬 A와 B에 대해 $A^2BA^2 = I$임을 보여라. 이 결과를 기대할 수 있는 기하적 이유를 말하라.

$$A = \begin{bmatrix} \frac{1}{\sqrt{2}} & -\frac{1}{\sqrt{2}} \\ \frac{1}{\sqrt{2}} & \frac{1}{\sqrt{2}} \end{bmatrix}, B = \begin{bmatrix} -1 & 0 \\ 0 & -1 \end{bmatrix}$$

17. 각 θ만큼의 회전 후에 r배 확대하는 변환의 행렬을 구하라. 이 변환이 먼저 확대한 후에 회전하는 변환과 동등함을 기하적으로 또한 대수적으로 보여라. 이때 회전변환과 확대변환은 **가환**(commutative)이라고 말한다.

18. T_1이 회전이고 T_2가 x축에 대한 반사일 때 이 변환은 가환인가? 기하적으로 또한 대수적으로 설명하라.

직교변환

19. 다음 행렬 A가 직교함을 보여라. A에 의해 정의된 변환은 벡터 $\mathbf{u}$, $\mathbf{v}$의 놈을 보존하고 이 두 벡터 사이의 각과 거리도

보존함을 보여라.

$$A = \begin{bmatrix} 0 & -1 \\ 1 & 0 \end{bmatrix}, \mathbf{u} = \begin{bmatrix} 3 \\ 3 \end{bmatrix}, \mathbf{v} = \begin{bmatrix} 1 \\ 5 \end{bmatrix}$$

20. 회전행렬이 직교행렬임을 증명하라.

21. A가 $n \times n$직교행렬이라 하자. A는 $\mathbf{R}^n$에서 $\mathbf{R}^n$으로의 변환을 정의한다. $\mathbf{u}$, $\mathbf{v}$가 $\mathbf{R}^n$의 원소이고 P, Q는 $\mathbf{u}$, $\mathbf{v}$에 의해 정해지는 점들이라 하자. R과 S를 $A\mathbf{u}$와 $A\mathbf{v}$에 의해 정해지는 점들이라 할 때 다음을 증명하라(그림 2.18 참조)

(a) $\mathbf{u}$와 $\mathbf{v}$ 사이의 각도는 $A\mathbf{u}$와 $A\mathbf{v}$ 사이의 각도와 같다.

(b) P와 Q 사이의 거리는 R와 S 사이의 거리와 같다.

따라서 A에 의해 정의되는 변환은 각과 거리를 보존한다.

이동과 애파인 변환

22. 점 (1, 2)를 (2, −3)으로 이동하는 변환에 의한, 꼭짓점이 (1, 2), (3, 4), (4, 6)인 삼각형의 상을 구하라.

23. 다음 이동에 의한 직선 $y = 3x + 1$의 상을 구하라.

$$T\begin{bmatrix} x \\ y \end{bmatrix} = \begin{bmatrix} x \\ y \end{bmatrix} + \begin{bmatrix} p \\ q \end{bmatrix}$$

(a) $p = 2$, $q = 5$인 경우

(b) $p = -1$, $q = 1$인 경우

24. 다음 각 행렬과 벡터로 정의되는 애파인변환 $T(\mathbf{u}) = A\mathbf{u} + \mathbf{v}$에 의한, 단위 정사각형과 단위 원의 상을 구하고 그려라.

(a) $A = \begin{bmatrix} 2 & 0 \\ 0 & 2 \end{bmatrix}, \mathbf{v} = \begin{bmatrix} 4 \\ 4 \end{bmatrix}$

(b) $A = \begin{bmatrix} 3 & 0 \\ 0 & 2 \end{bmatrix}, \mathbf{v} = \begin{bmatrix} 4 \\ 1 \end{bmatrix}$

(c) $A = \begin{bmatrix} \frac{1}{\sqrt{2}} & -\frac{1}{\sqrt{2}} \\ \frac{1}{\sqrt{2}} & \frac{1}{\sqrt{2}} \end{bmatrix}, \mathbf{v} = \begin{bmatrix} 3 \\ 1 \end{bmatrix}$

(d) $A = \begin{bmatrix} \frac{1}{2} & 0 \\ 0 & \frac{1}{4} \end{bmatrix}, \mathbf{v} = \begin{bmatrix} 3 \\ 3 \end{bmatrix}$

2.6 선형변환, 그래픽스, 프랙털

이제 행렬변환 T의 **성질**을 조사해보자. 벡터공간은 두 가지 연산, 즉 덧셈과 스칼라 곱셈을 가짐을 이미 알고 있다. T가 이 연산들과 어떻게 연관되는지 알아보자. 행렬변환 $T(\mathbf{u}) = A(\mathbf{u})$에서 행렬 연산의 특성에 따라

$$\begin{aligned} T(\mathbf{u} + \mathbf{v}) &= A(\mathbf{u} + \mathbf{v}) = A\mathbf{u} + A\mathbf{v} \\ &= T(\mathbf{u}) + T(\mathbf{v}) \end{aligned}$$

이고

$$\begin{aligned} T(c\mathbf{u}) &= A(c\mathbf{u}) = cA\mathbf{u} \\ &= cT(\mathbf{u}) \end{aligned}$$

가 된다. 이것의 의미는 T가 두 벡터의 합을 각각의 상의 합으로 사상하고(덧셈을 보존), 한 벡터의 스칼라 배를 그 벡터의 상의 동일한 스칼라 배로 사상한다(스칼라 곱의 보존)는 것이다. 즉, T는 **벡터공간의 구조를 보존한다**고 말할 수 있다. 이러한 성질을 갖는 변환을 선형변환이라고 말한다.

정의 $\mathbf{u}$, $\mathbf{v}$가 $\mathbf{R}^n$의 두 벡터이고 c가 스칼라라고 하자, 변환 $T: \mathbf{R}^n \to \mathbf{R}^m$이 다음의 조건을 만족하면 **선형변환**(linear transformation)이라고 한다.

$$T(\mathbf{u} + \mathbf{v}) = T(\mathbf{u}) + T(\mathbf{v}) \text{ (덧셈을 보존한다.)}$$
$$T(c\mathbf{u}) = cT(\mathbf{u}) \text{ (스칼라 곱의 보존한다.)}$$

모든 행렬변환은 선형이다. 확대와 축소, 반사, 회전은 행렬에 의해 표현되므로 이 변환들은 모두 선형이다. 직교행렬도 역시 선형이다. 그러나 이동과 애파인 변환은 선형이 아니다.(연습문제 39를 보라.)

선형변환의 구조-보존 성질은 그림 2.20에 설명되어 있다.

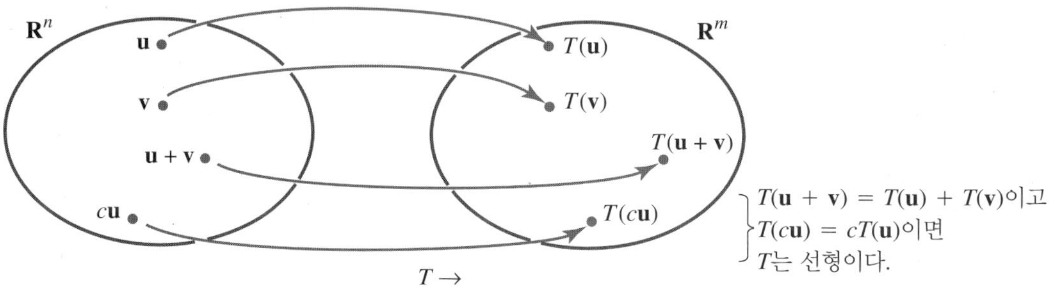

그림 2.20

선형조건들이 일반적으로 어떻게 점검되는지 알아보기 위해 몇 가지 예를 들어보자.

예제 1

다음 변환 T가 선형임을 증명하여라.

$$T(x, y) = (x - y, 3x)$$

풀이

여기서 T는 사상 $\mathbf{R}^2 \to \mathbf{R}^2$이다. 일례로 $T(5, 1) = (4, 15)$이다. 즉 $(5, 1)$의 상은 $(4, 15)$이다. 먼저 T는 덧셈을 보존한다는 것을 보이도록 한다. (x_1, y_1)과 (x_2, y_2)가 $\mathbf{R}^2$의 원소라고 하자. 그러면

$$\begin{aligned} T((x_1, y_1) + (x_2, y_2)) &= T(x_1 + x_2, y_1 + y_2) && \text{벡터덧셈에 의해} \\ &= (x_1 + x_2 - y_1 - y_2, 3x_1 + 3x_2) && T\text{의 정의에 의해} \\ &= (x_1 - y_1, 3x_1) + (x_2 - y_2, 3x_2) && \text{벡터덧셈에 의해} \\ &= T(x_1, y_1) + T(x_2, y_2) && T\text{의 정의에 의해} \end{aligned}$$

따라서 T는 벡터 덧셈을 보존한다.

이제 T가 스칼라 곱셈을 보존함을 보이자. c를 스칼라라고 하자.

$$\begin{aligned} T(c(x_1, y_1)) &= T(cx_1, cy_1) && \text{벡터의 스칼라 곱셈에 의해} \\ &= (cx_1 - cy_1, 3cx_1) && T\text{의 정의에 의해} \\ &= c(x_1 - y_1, 3x_1) && \text{벡터의 스칼라 곱셈에 의해} \\ &= cT(x_1, y_1) && T\text{의 정의에 의해} \end{aligned}$$

따라서 T는 스칼라 곱셈을 보존한다. 그러므로 T는 선형이다.

위의 예에서 T는 $\mathbf{R}^2$를 $\mathbf{R}^2$로 사상한다. 즉 정의역과 공역이 같다. 정의역과 공역이 같은 변환을 흔히 **연산자**(operator)라고 부른다. $T(x, y) = (x - y, 3x)$로 정의되는 T: $\mathbf{R}^2 \rightarrow \mathbf{R}^2$는 선형연산자의 한 예이다.

다음 예에서는 선형이 아닌 변환을 설명한다.

예제 2

다음 변환 $T: \mathbf{R}^3 \rightarrow \mathbf{R}^2$는 선형이 아님을 보여라.

$$T(x, y, z) = (xy, z)$$

풀이

먼저 덧셈을 점검하자. (x_1, y_1, z_1)와 (x_2, y_2, z_2)가 $\mathbf{R}^3$의 원소라고 하자. 그러면,

$$\begin{aligned} T((x_1, y_1, z_1) + (x_2, y_2, z_2)) &= T(x_1 + x_2, y_1 + y_2, z_1 + z_2) \\ &= ((x_1 + x_2)(y_1 + y_2), z_1 + z_2) \\ &= (x_1y_1 + x_2y_2 + x_1y_2 + x_2y_1, z_1 + z_2) \end{aligned}$$

그리고

$$\begin{aligned} T(x_1, y_1, z_1) + T(x_2, y_2, z_2) &= (x_1y_1, z_1) + (x_2y_2, z_2) \\ &= (x_1y_1 + x_2y_2, z_1 + z_2) \end{aligned}$$

따라서 일반적으로

$$T((x_1, y_1, z_1) + (x_2, y_2, z_2)) \neq T(x_1, y_1, z_1) + T(x_2, y_2, z_2)$$

벡터 덧셈이 보존되지 않으므로 T는 선형이 아니다.

(선형변환의 두 번째 조건은 점검할 필요가 없다. 한 조건이 만족하지 않는다는 사실은 T가 선형이 아님을 증명하기에 충분하다. 주어진 변환의 경우 사실은 스칼라 곱셈도 보존하지 않음을 보일 수 있다.) ■

앞 절에서 회전, 확대, 반사와 같은 변환을 정의하는 행렬을 얻기 위해 특수한 방법을 사용하였다. 이제 $\mathbf{R}^n$에서의 어떤 선형변환에 대해서든 행렬표현을 구성해주는 방법을 소개한다. 우선 다음 예제로부터 시작하자.

예제 3

다음 선형변환을 표현하는 행렬 A를 구하라.

$$T\left(\begin{bmatrix} x \\ y \end{bmatrix}\right) = \begin{bmatrix} 2x + y \\ 3y \end{bmatrix}$$

풀이

T가 선형임은 보일 수 있다. T의 정의역은 $\mathbf{R}^2$이다. $\mathbf{R}^2$의 표준기저에 대한 T의 효과는

$$T\left(\begin{bmatrix} 1 \\ 0 \end{bmatrix}\right) = \begin{bmatrix} 2 \\ 0 \end{bmatrix} \text{과 } T\left(\begin{bmatrix} 0 \\ 1 \end{bmatrix}\right) = \begin{bmatrix} 1 \\ 3 \end{bmatrix}$$

이다. 이 벡터들이 변환을 표현하는 행렬 A의 열이 된다. 즉,

$$A = \begin{bmatrix} 2 & 1 \\ 0 & 3 \end{bmatrix}$$

이 되고, T는 다음과 같은 행렬표현으로 쓸 수 있다.

$$T\left(\begin{bmatrix} x \\ y \end{bmatrix}\right) = \begin{bmatrix} 2 & 1 \\ 0 & 3 \end{bmatrix}\begin{bmatrix} x \\ y \end{bmatrix}$$

(이 행렬이 올바름을 다음 계산을 통해 확인할 수 있다: $\begin{bmatrix} 2 & 1 \\ 0 & 3 \end{bmatrix}\begin{bmatrix} x \\ y \end{bmatrix} = \begin{bmatrix} 2x + y \\ 3y \end{bmatrix}$.)

이제 위와 같은 방법이 **왜** 작동하는지 일반적으로 알아보자.

행렬표현

T: $\mathbf{R}^n \to \mathbf{R}^m$를 선형변환이라고 하자. $\{\mathbf{e}_1, \mathbf{e}_2, \ldots, \mathbf{e}_n\}$를 $\mathbf{R}^n$ 표준기저라고 하고, $\mathbf{u}$를 $\mathbf{R}^n$의 임의의 벡터라고 $\mathbf{R}^2$하자. 여기서 벡터는 열벡터 형태이다. 즉,

$$\mathbf{e}_1 = \begin{bmatrix} 1 \\ 0 \\ \vdots \\ 0 \end{bmatrix}, \mathbf{e}_2 = \begin{bmatrix} 0 \\ 1 \\ \vdots \\ 0 \end{bmatrix}, \ldots, \mathbf{e}_n = \begin{bmatrix} 0 \\ 0 \\ \vdots \\ 1 \end{bmatrix}, \text{이고 } \mathbf{u} = \begin{bmatrix} c_1 \\ c_2 \\ \vdots \\ c_n \end{bmatrix}.$$

$\mathbf{u}$를 $\{\mathbf{e}_1, \mathbf{e}_2, \ldots, \mathbf{e}_n\}$를 사용하여 표현하면

$$\mathbf{u} = c_1\mathbf{e}_1 + \cdots + c_n\mathbf{e}_n$$

이고 T는 선형변환이므로

$$\begin{aligned} T(\mathbf{u}) &= T(c_1\mathbf{e}_1 + \cdots + c_n\mathbf{e}_n) \\ &= c_1T(\mathbf{e}_1) + \cdots + c_nT(\mathbf{e}_n) \text{(연습문제 36을 보라)} \\ &= [T(\mathbf{e}_1) \ldots T(\mathbf{e}_n)]\begin{bmatrix} c_1 \\ \vdots \\ c_n \end{bmatrix} \end{aligned}$$

이 된다. 여기서 $[T(\mathbf{e}_1) \ldots T(\mathbf{e}_n)]$은 $T(\mathbf{e}_1), \ldots, T(\mathbf{e}_n)$을 열로 갖는 행렬이다.

따라서 선형변환 T는 다음과 같은 행렬로 정의된다.

$$A = [T(\mathbf{e}_1) \ldots T(\mathbf{e}_n)]$$

A를 T의 **표준행렬**(standard matrix)이라고 부른다.

위의 논의에서 벡터공간를 다룰 때 기저의 중요성을 알 수 있다. 앞에서 어떻게 기저가 전체 공간을 대표하는지를 언급한 바 있다. 여기서는 기저에 대한 선형변환의 효과가 전체 공간에서의 변환의 표현인 행렬표현을 도출함을 알 수 있다.

앞 절에서 특수한 방법으로 회전에 대한 행렬을 유도한 바 있다. 연습문제에서 이 행

렬을 기저에 의한 표준 방법으로 확인해보라. 여기서는 이 방법으로 직선 $y = -x$에 대한 반사의 행렬을 구해 본다.

예제 4

변환 $T\left(\begin{bmatrix} x \\ y \end{bmatrix}\right) = \begin{bmatrix} -y \\ -x \end{bmatrix}$은 직선 $y = -x$에 대한 반사를 나타낸다. 그림 2.21(a)를 보라. T가 선형임은 증명할 수 있다. 이 변환의 표준행렬을 구하라. $\begin{bmatrix} 4 \\ 1 \end{bmatrix}$의 상을 구하라.

풀이

표준기저에 대한 T의 효과를 구하면

$$T\left(\begin{bmatrix} 1 \\ 0 \end{bmatrix}\right) = \begin{bmatrix} 0 \\ -1 \end{bmatrix} \text{와 } T\left(\begin{bmatrix} 0 \\ 1 \end{bmatrix}\right) = \begin{bmatrix} -1 \\ 0 \end{bmatrix}$$

과 같다. 표준행렬은

$$A = \begin{bmatrix} 0 & -1 \\ -1 & 0 \end{bmatrix}$$

이고 변환은 다음과 같이 표현된다.

$$T\left(\begin{bmatrix} x \\ y \end{bmatrix}\right) = \begin{bmatrix} 0 & -1 \\ -1 & 0 \end{bmatrix}\begin{bmatrix} x \\ y \end{bmatrix}$$

$\begin{bmatrix} 4 \\ 1 \end{bmatrix}$에 이 변환을 적용하면 $T\left(\begin{bmatrix} 4 \\ 1 \end{bmatrix}\right) = \begin{bmatrix} -1 \\ -4 \end{bmatrix}$를 얻는다, 그림 2.21(b)를 보라.

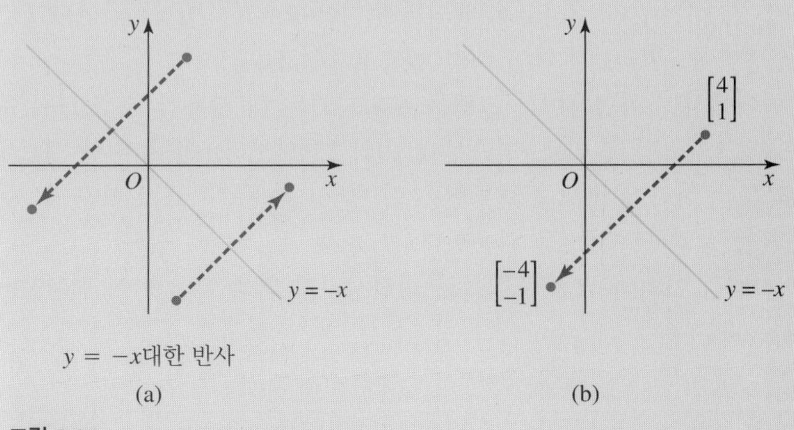

그림 2.21

컴퓨터 그래픽스에서의 변환

컴퓨터 그래픽스는 컴퓨터를 이용하여 그림을 만들거나 조정하는 방법을 연구하는 분야이다. 컴퓨터 그래픽스의 영향은 많은 가정에서 비디오 게임을 통해 실감할 수 있다. 또한 연구, 산업 및 사업에서의 용도도 막대하며 계속 증대되고 있다. 건축가는 컴퓨터 그래픽스를 이용하여 설계를 탐색하고, 분자생물학자는 분자의 구조를 통찰하기 위하여 분자의 형상을 화면에 나타내고 조정해본다. 조종사는 그래픽스 비행 시뮬레이터를 통해 훈련을 받으며, 교통공학자는 계획 과정에서 컴퓨터로 생성된 변환을 이용한다. 이런 것들은 몇 가지 예에 불과하다.

컴퓨터 그래픽스에서의 그림의 조작은 연이은 변환을 통하여 이루어진다. 회전, 반사. 확대. 축소 등은 모두 행렬로 정의된다. 연이은 이런 변환들은 해당 행렬들의 곱으로 정의되는 단 한 번의 선형변환에 의해 수행될 수 있다. 반면에 이동은 행렬덧셈으로 이루어지므로 애석하게도 이동을 포함하는 일련의 변환은 이런 방식으로는 단일 행렬로 결합될 수 없다. 그러나 평면상의 점을 **동질좌표**(homogeneous coordinates)라고 하는 좌표로 나타내면 이동도 행렬 곱셈으로 수행될 수 있으므로, 이동이 포함된 어떠한 일련의 변환이라도 단일 행렬로 정의할 수 있게 된다. 동질좌표에서는 모든 점의 좌표에 세 번째 성분으로 1을 첨가한다, 회전, 반사. 확대/축소, 이동을 각각 R, F, D, T로 나타내면 이들은 다음 행렬에 의해 정의된다.

$$\underset{\text{점}}{\overset{\mathrm{X}}{\begin{bmatrix} x \\ y \\ 1 \end{bmatrix}}} \quad \underset{\text{회전}}{\overset{R}{A = \begin{bmatrix} \cos\theta & -\sin\theta & 0 \\ \sin\theta & \cos\theta & 0 \\ 0 & 0 & 1 \end{bmatrix}}} \quad \underset{\text{반사}}{\overset{F}{B = \begin{bmatrix} 1 & 0 & 0 \\ 0 & -1 & 0 \\ 0 & 0 & 1 \end{bmatrix}}}$$

$$\underset{\text{확대/축소}(r>0)}{\overset{D}{C = \begin{bmatrix} r & 0 & 0 \\ 0 & r & 0 \\ 0 & 0 & 1 \end{bmatrix}}} \quad \underset{\text{이동}}{\overset{T}{E = \begin{bmatrix} 1 & 0 & h \\ 0 & 1 & k \\ 0 & 0 & 1 \end{bmatrix}}}$$

예를 들어 확대 D, 이동 T, 회전 R의 순서로 수행되는 변환은 $R \circ T \circ D(\mathrm{X}) = AEC(\mathrm{X})$로 정의된다. 이때 합성변환 $R \circ T \circ D$는 단일 행렬 AEC로 표시된다.

어떤 프로그래밍 언어에서는 화면상에서 그림을 변환시키는 데 사용할 수 있도록 회전, 이동, 확대/축소(또한 크기조정, 층밀림, 연습문제 19와 22를 보라.) 등을 위한 서브루틴을 제공한다. 이 변환을 구현하기 위해 서브루틴은 화면좌표를 동질좌표로 바꾼 후, 동질좌표계에서 이들 변환을 정의하는 행렬을 사용한다.

이제 기하적 모양을 원점 이외의 점을 중심으로 회전시키기 위해 어떻게 이 변환들이 사용되는지 예시하겠다.

예제 5

점 $P(h, k)$를 중심으로 평면상의 점들을 각도 θ만큼 회전시키는 변환을 행렬로 표현하라. 이 일반적인 결과를 이용하여 점 (5, 4)를 중심으로 점들을 $\pi/2$만큼 회전시키는 행렬을 구하라. 또한 꼭짓점이 $A(1, 2)$, $B(2, 8)$, $C(3, 2)$인 삼각형의 이 회전에 의한 상을 구하라. 그림 2.22를 보라.

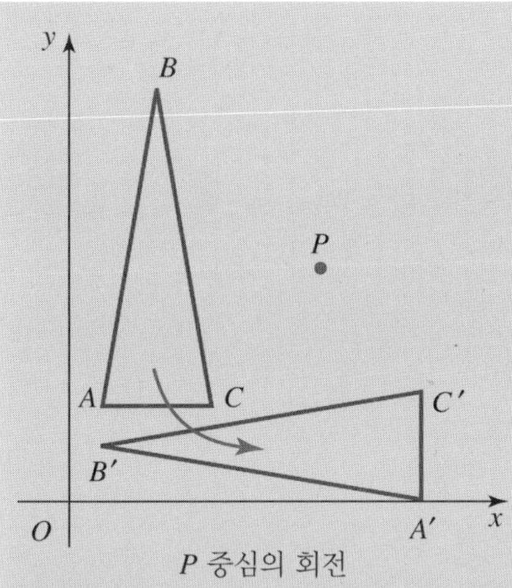

그림 2.22

풀이

P를 중심으로 한 회전은 위의 변환들을 다음과 같이 연이어 세 번 적용하여 수행될 수 있다:

(a) P를 원점 O로 취하는 이동 T_1

(b) 원점을 중심으로 한 θ만큼의 회전 R

(c) O를 다시 P로 되돌리는 이동 T_2

이러한 변환을 나타내는 행렬들은 다음과 같다.

$$\underset{T_1}{\begin{bmatrix} 1 & 0 & -h \\ 0 & 1 & -k \\ 0 & 0 & 1 \end{bmatrix}} \quad \underset{R}{\begin{bmatrix} \cos\theta & -\sin\theta & 0 \\ \sin\theta & \cos\theta & 0 \\ 0 & 0 & 1 \end{bmatrix}} \quad \underset{T_2}{\begin{bmatrix} 1 & 0 & h \\ 0 & 1 & k \\ 0 & 0 & 1 \end{bmatrix}}$$

P를 중심으로 한 회전 R_p는 다음과 같이 수행된다.

$$\begin{aligned} R_p\left(\begin{bmatrix} x \\ y \\ 1 \end{bmatrix}\right) = T_2 \circ R \circ T_1\left(\begin{bmatrix} x \\ y \\ 1 \end{bmatrix}\right) &= \begin{bmatrix} 1 & 0 & h \\ 0 & 1 & k \\ 0 & 0 & 1 \end{bmatrix}\begin{bmatrix} \cos\theta & -\sin\theta & 0 \\ \sin\theta & \cos\theta & 0 \\ 0 & 0 & 1 \end{bmatrix} \\ &\quad \times \begin{bmatrix} 1 & 0 & -h \\ 0 & 1 & -k \\ 0 & 0 & 1 \end{bmatrix}\begin{bmatrix} x \\ y \\ 1 \end{bmatrix} \\ &= \begin{bmatrix} \cos\theta & -\sin\theta & -h\cos\theta + k\sin\theta + h \\ \sin\theta & \cos\theta & -h\sin\theta - k\cos\theta + k \\ 0 & 0 & 1 \end{bmatrix}\begin{bmatrix} x \\ y \\ 1 \end{bmatrix} \end{aligned}$$

점 $P(5, 4)$를 중심으로 하여 평면을 $\pi/2$만큼 회전시키는 행렬을 구하기 위해서는 $h = 5$, $k = 4$, $\theta = \pi/2$로 놓으면 된다. 이 회전행렬은

$$M = \begin{bmatrix} 0 & -1 & 9 \\ 1 & 0 & -1 \\ 0 & 0 & 1 \end{bmatrix}$$

이다. 삼각형 ABC의 꼭짓점의 상을 구하려면, 이 꼭짓점들을 동질좌표의 열벡터로 표

현한 다음 M을 곱한다. 행렬 곱셈을 수행한 결과는 다음과 같다.

$$\begin{array}{cccccc} A & A' & B & B' & C & C' \\ \begin{bmatrix}1\\2\\1\end{bmatrix} \mapsto & \begin{bmatrix}7\\0\\1\end{bmatrix} & \begin{bmatrix}2\\8\\1\end{bmatrix} \mapsto & \begin{bmatrix}1\\1\\1\end{bmatrix} & \begin{bmatrix}3\\2\\1\end{bmatrix} \mapsto & \begin{bmatrix}7\\2\\1\end{bmatrix} \end{array}$$

꼭짓점이 $A(1, 2)$, $B(2, 8)$, $C(3, 2)$인 삼각형이 꼭짓점이 $A'(7, 0)$, $B'(1, 1)$, $C'(7, 2)$인 삼각형으로 변환되었다. 그림 2.22를 보라.

자연의 프랙털 모양

전통적인 유클리드 기하학을 기반으로 한 컴퓨터 그래픽스 시스템은 기계, 건물, 비행기와 같은 인공물의 그림을 생성하는 데 적합하다. 이러한 개체들의 영상(image)은 선이나 원 등의 도형을 이용하여 그릴 수 있기 때문이다. 그러나 이 기법은 동물, 나무, 경치와 같은 자연의 영상을 생성하는 데는 적합하지 않다. 수학자 만델브로(Benoit B. Mandelbrot)의 말을 빌리면, "구름은 구가 아니고, 산은 원뿔이 아니고, 해안선은 원이 아니고, 나무껍질은 매끄럽지 않으며, 번개는 직선으로 이동하지 않는다." 그러나 자연은 예상 밖의 질서정연한 방식으로 자신의 불규칙성을 드러내고 있다. 즉, 동일한 개체 안에서 서로 다른 축척으로 자신의 모양을 반복하는 형상으로 가득 차 있다. 1975년에 만델브로는 자연현상을 묘사하는 데 사용할 수 있는, **프랙털 기하학**(fractal geometry)이라고 명명한 새로운 기하학을 소개하였다. **프랙털**이란 불규칙하고 부분으로 나눠는 자기유사(self-similar) 형상들을 나타내는 데 편리한 용어이다. 프랙털 개체는 자신 안에 작은 구조가 큰 구조의 축소물이 되는 내재된 구조를 포함하고 있다. *fractal*이라는 용어에는 재미있는 사연이 있다. 만델브로는 '부서지다'는 뜻을 가진 라틴어 동사 *frangere*에서 파생된 fractus라는 형용사를 아들의 라틴어 책에서 우연히 발견하게 되었다. 그래서 *fracture*, *fraction* 등과 같이 동일한 어원을 가진 영어 단어가 연상되었고, 이로부터 *fractal*이라는 용어를 만들어내었다고 한다.

이제 조지아 공대의 연구팀에 의해 개발된, 프랙털을 이용해서 자연물의 영상을 형성하는 방법을 소개한다. 이러한 자연의 프랙털 영상은 애파인변환을 이용하여 생성된다. 그림 2.23은 양치식물의 프랙털 영상이 생성되어 가는 과정을 보여주고 있다. 이것이 어떻게 수행되는지 살펴보자.

그림 2.23

다음과 같은 4개의 애파인변환 $T_1, \ldots, T_4$에 대해 각각 확률 $p_1, \ldots, p_4$를 배정한다.

$$T_1\left(\begin{bmatrix} x \\ y \end{bmatrix}\right) = \begin{bmatrix} 0.86 & 0.03 \\ -0.03 & 0.86 \end{bmatrix}\begin{bmatrix} x \\ y \end{bmatrix} + \begin{bmatrix} 0 \\ 1.5 \end{bmatrix}, p_1 = 0.83$$

$$T_2\left(\begin{bmatrix} x \\ y \end{bmatrix}\right) = \begin{bmatrix} 0.2 & -0.25 \\ 0.21 & 0.23 \end{bmatrix}\begin{bmatrix} x \\ y \end{bmatrix} + \begin{bmatrix} 0 \\ 1.5 \end{bmatrix}, p_2 = 0.08$$

$$T_3\left(\begin{bmatrix} x \\ y \end{bmatrix}\right) = \begin{bmatrix} -0.15 & 0.27 \\ 0.25 & 0.26 \end{bmatrix}\begin{bmatrix} x \\ y \end{bmatrix} + \begin{bmatrix} 0 \\ 0.45 \end{bmatrix}, p_3 = 0.08$$

$$T_4\left(\begin{bmatrix} x \\ y \end{bmatrix}\right) = \begin{bmatrix} 0 & 0 \\ 0 & 0.17 \end{bmatrix}\begin{bmatrix} x \\ y \end{bmatrix} + \begin{bmatrix} 0 \\ 0 \end{bmatrix}, p_4 = 0.01$$

컴퓨터에서 양치식물의 영상을 만들어내기 위해 다음 알고리즘이 사용된다.

1. $x = 0, y = 0$으로 놓는다.
2. 난수를 발생시켜 주어진 확률에 따라 애파인변환 T_i를 선택한다.
3. $(x', y') = T_i(x, y)$로 놓는다.
4. (x', y')를 그린다.
5. $(x, y) = (x', y')$로 놓는다.
6. 단계 2, 3, 4, 5를 2만 번 반복한다.

단계 4가 이만 번에 걸쳐 수행되면서 양치식물의 영상이 점차적으로 나타나게 된다.

각 애파인변환 T_i에는 다음과 같이 여섯 개의 매개변수 a, b, c, d, e, f와 확률 p_i가 관련된다.

$$T_i\left(\begin{bmatrix} x \\ y \end{bmatrix}\right) = \begin{bmatrix} a & b \\ c & d \end{bmatrix}\begin{bmatrix} x \\ y \end{bmatrix} + \begin{bmatrix} e \\ f \end{bmatrix}, p_i$$

프랙털을 생성하는 애파인변환과 대응되는 확률은 **반복함수계**(IFS, iterated function system)라 불리는 행렬의 행으로 표현할 수 있다. 양치식물에 대한 **IFS**는 다음과 같다.

양치식물에 대한 IFS

T	a	b	c	d	e	f	p
1	0.86	0.03	−0.03	0.86	0	1 .5	0.83
2	0.2	−0.25	0.21	0.23	0	1 .5	0.08
3	−0.15	0.27	0.25	0.26	0	0.45	0.08
4	0	0	0	0.17	0	0	0.01

주어진 프랙털 개체를 생성하기에 적합한 애파인변환은 그 개체(attractor라고 불린다.)를 다양한 분리된 영상들(disjoint images)로 사상하는 변환을 찾아냄으로써 얻어지는데, 이 분리된 상들의 합집합이 전체 프랙털이 된다. **콜라주 정리**(collage theorem)라고 불리는 정리는 이러한 변환들이 묶여서 프랙털을 생성하는 IFS로 될 수 있음을 보장한다.

확률을 바꾸면 일반적으로 영상 자체는 달라지지 않지만 영상이 생성되는 속도에 영향을 미친다. 적절한 확률은 다음과 같이 주어진다.

$$p_i = \frac{\text{변환 } T_i\text{에 의한 영상의 면적}}{\text{개체의 영상의 면적}}$$

이 기법은 고도로 압축된 데이터 집합을 이용하여 원하는 임의의 정확도까지 영상을 생성할 수 있기 때문에 매우 가치가 있다. 그 구조가 너무 복잡해서 직접 묘사할 수 없는, 무한히 많은 점들을 포함하는 프랙털 영상이 수학적 공식을 이용하여 재생될 수 있다.

연습문제 2.6

선형성 검사

1. $T(x, y) = (2x, x - y)$로 정의되는 변환 T: $\mathbf{R}^2 \to \mathbf{R}^2$는 선형임을 증명하라. 이 변환에 의한 원소 (1, 2)와 (−1, 4)의 상을 구하라.

2. $T(x, y) = (3x + y, 2y, x - y)$는 선형변환 T: $\mathbf{R}^2 \to \mathbf{R}^3$를 정의함을 증명하라. (1, 2)와 (2, −5)의 상을 구하라.

3. $T(x, y, z) = (0, y, 0)$로 정의되는 변환 T: $\mathbf{R}^3 \to \mathbf{R}^3$는 선형임을 증명하라. 이 변환도 사영이라고 불린다. 이 용어가 합당한 이유를 설명하라.

4. 다음 각 변환 T: $\mathbf{R}^3 \to \mathbf{R}^2$는 선형이 아님을 증명하라.

(a) $T(x, y, z) = (3x, y^2)$
(b) $T(x, y, z) = (x + 2, 4y)$

5. a가 영이 아닌 스칼라일 때, $T(x, y) = x + a$로 정의되는 변환 T: $\mathbf{R}^2 \to \mathbf{R}$는 선형이 아님을 증명하라.

문제 [6~11]에서는 주어진 변환이 선형인지의 여부를 판별하라.

6. $\mathbf{R}^3 \to \mathbf{R}^2$의 $T(x, y, z) = (2x, y)$

7. $\mathbf{R}^2 \to \mathbf{R}$의 $T(x, y) = x - y$

8. 다음의 경우에 대하여 $\mathbf{R}^2 \to \mathbf{R}^3$의 $T(x, y) = (x, y, z)$

(a) $z = 0$ **(b)** $z = 1$

9. $\mathbf{R} \to \mathbf{R}^3$의 $T(x) = (x, 2x, 3x)$

10. $\mathbf{R}^2 \to \mathbf{R}^2$의 $T(x, y) = (x^2, y)$

11. $\mathbf{R}^3 \to \mathbf{R}^3$의 $T(x, y, z) = (x + 2y, x + y + z, 3z)$

선형변환의 표준행렬

12. 다음 각 $\mathbf{R}^2$에서의 선형변환의 표준행렬을 구하라.

(a) $T\left(\begin{bmatrix} x \\ y \end{bmatrix}\right) = \begin{bmatrix} 2x \\ x - y \end{bmatrix}$ **(b)** $T\left(\begin{bmatrix} x \\ y \end{bmatrix}\right) = \begin{bmatrix} x - y \\ x + y \end{bmatrix}$

(c) $T\left(\begin{bmatrix} x \\ y \end{bmatrix}\right) = \begin{bmatrix} 2x - 5y \\ 3y \end{bmatrix}$ **(d)** $T\left(\begin{bmatrix} x \\ y \end{bmatrix}\right) = \begin{bmatrix} 2y \\ -3x \end{bmatrix}$

13. 다음 각 선형변환의 표준행렬 A를 구하라. (a), (b)의 경우에는 $A\begin{bmatrix} x \\ y \end{bmatrix}$를 (c), (d)의 경우에는 $A\begin{bmatrix} x \\ y \\ z \end{bmatrix}$를 계산하여 결과를 검증하라.

(a) $T\left(\begin{bmatrix} x \\ y \end{bmatrix}\right) = \begin{bmatrix} x \\ y \\ x + y \end{bmatrix}$ **(b)** $T\left(\begin{bmatrix} x \\ y \end{bmatrix}\right) = \begin{bmatrix} x \\ 2x \\ 3x \end{bmatrix}$

(c) $T\left(\begin{bmatrix} x \\ y \\ z \end{bmatrix}\right) = \begin{bmatrix} 2x \\ x + y \end{bmatrix}$ **(d)** $T\left(\begin{bmatrix} x \\ y \\ z \end{bmatrix}\right) = \begin{bmatrix} x + 2z \\ y + 3z \end{bmatrix}$

14. $\mathbf{R}^2$의 표준기저를 회전한 결과를 구하여 회전행렬을 유도하라.

15. 회전, 확대, 축소, 반사의 예를 살펴보았다. 변환 $T\left(\begin{bmatrix} x \\ y \end{bmatrix}\right) = \begin{bmatrix} y \\ x \end{bmatrix}$은 어떤 변환인가? T가 선형임을 보이고, T의 표준행렬을 구하라. $\begin{bmatrix} -3 \\ 5 \end{bmatrix}$의 상을 구하라.

사영(Projection)

16. 연산자 $T\left(\begin{bmatrix} x \\ y \end{bmatrix}\right) = \begin{bmatrix} x \\ 0 \end{bmatrix}$의 표준행렬을 구하라. 이 변환은 모든 점을 x축 위로 사영하므로 **사영연산자**라고 부른다

17. y축으로의 사영을 정의하는 행렬을 구하라.

18. 직선 $y = x$ 위로의 사영을 정의하는 행렬을 구하라. 또, 이 사영에 의한 점 $\begin{bmatrix} 4 \\ 2 \end{bmatrix}$의 상을 구하라.

크기조정(Scaling)

19. a와 b가 양의 스칼라일 때, 연산자 $T\left(\begin{bmatrix} x \\ y \end{bmatrix}\right) = \begin{bmatrix} ax \\ by \end{bmatrix}$의 표준행렬을 구하라. 이때 T를 x방향으로 a배, y방향으로 b배의 크기조정이라고 부른다. 크기조정에서는 x와 y가 같은 비율로 변하지 않으므로 그림이 왜곡된다. $a = 3$, $b = 2$일 때, 이 변환에 의한 단위 정사각형의 상을 그려라.

20. x방향으로 2배, y방향으로 3배의 크기조정에 의한 직선 $y = 2x$의 상의 방정식을 구하라.

21. x방향으로 4배, y방향으로 3배의 크기조정에 의한 단위원 $x^2 + y^2 = 1$의 상의 방정식을 구하라.

층밀림(Shear)

22. c가 스칼라일 때, 연산자 $T\left(\begin{bmatrix} x \\ y \end{bmatrix}\right) = \begin{bmatrix} x + cy \\ y \end{bmatrix}$의 표준행렬을 구하라. 이때 T를 ***x*방향으로 인자 *c*의 층밀림**이라고 한다. x방향으로 인자 2의 층밀림에 의한 단위 정사각형의 상을 그려라. 각 점의 x값들이 $2y$값이 만큼씩 증가하여 모양이 기울어지는 것을 관찰하라.

23. y방향으로 인자 0.5의 층밀림에 의한 단위 정사각형의 상을 그려라.

24. x방향으로 인자 5의 층밀림에 의한 직선 $y = 3x$의 상의 방정식을 구하라.

일반적인 행렬변환

25. $\mathbf{R}^2$에서의 다음 변환을 정의하는 하나의 2×2 행렬을 구하라. 각 변환에 의한 점 $\begin{bmatrix} 3 \\ 2 \end{bmatrix}$의 상을 구하라.

(a) 3배의 확대 후 x축 방향으로 인자 2의 층밀림.

(b) 축 방향으로 3배, y축 방향으로 2배의 크기조정 후 직선 $y = x$에 대한 반사.

(c) 2배의 확대 후 x축 방향으로 인자 3의 층밀림. 그 후 반시계 방향으로 $\pi/2$만큼의 회전

26. $\begin{bmatrix} 1 \\ 2 \end{bmatrix} \mapsto \begin{bmatrix} 7 \\ 3 \end{bmatrix}$이고 $\begin{bmatrix} -1 \\ 1 \end{bmatrix} \mapsto \begin{bmatrix} 2 \\ 3 \end{bmatrix}$이 되는 $\mathbf{R}^2 \to \mathbf{R}^2$ 사상의 행렬을 구하라.

27. 모든 벡터 $\mathbf{u}$에 대하여 $T_2 \circ T_1(\mathbf{u}) = T_1 \circ T_2(\mathbf{u})$이 성립하면 변환 T_1과 T_2가 **교환성**이 있다고 한다. R이 회전, D가 확대, F가 반사, S가 크기조정, H가 층밀림, A가 애파인변환을 각각 나타낸다고 하면, 어떤 변환의 쌍들이 교환성이 있겠는가?

28. 3차원 공간에서 z축을 중심으로 한 $\pi/2$만큼의 회전을 정의하는 행렬을 구하라.(회전방향은 어느 방향이든 선택할 수 있다.)

29. 3차원 공간에서 각 점들을 원점으로부터 3배 멀어지도록 하는 확대를 정의하는 행렬을 구하라.

30. 점 (5, 1)을 중심으로 $\pi/2$만큼의 회전을 정의하는 행렬을 구하라. 이 회전에 의한 단위 정사각형의 상을 구하라.

31. 다음 행렬 T로 정의되는 일반적인 이동을 고려하자. 이 변환의 역이 존재하는가? 그렇다면 그것을 구하라.

$$T = \begin{bmatrix} 1 & 0 & h \\ 0 & 1 & k \\ 0 & 0 & 1 \end{bmatrix}$$

32. 다음 행렬 $S(c \neq 0, d \neq 0)$로 정의되는 일반적인 크기조정을 고려하자. 이 변환의 역이 존재하는가? 그렇다면 그것을 구하라.

$$S = \begin{bmatrix} c & 0 & 0 \\ 0 & d & 0 \\ 0 & 0 & 1 \end{bmatrix}$$

33. 다음과 같은 꼭짓점 A, B, C(동차좌표계)를 갖는 삼각형을 T, R, S의 순서로 연달아 변환시켰을 때의 상을 구하라. 원래의 삼각형과 최종 삼각형을 그려라.

$$A\begin{bmatrix} 1 \\ 6 \\ 1 \end{bmatrix}, B\begin{bmatrix} 3 \\ 0 \\ 1 \end{bmatrix}, C\begin{bmatrix} 4 \\ 6 \\ 1 \end{bmatrix};$$

$$T = \begin{bmatrix} 1 & 0 & 4 \\ 0 & 1 & -3 \\ 0 & 0 & 1 \end{bmatrix}, R = \begin{bmatrix} 0 & 1 & 0 \\ -1 & 0 & 0 \\ 0 & 0 & 1 \end{bmatrix},$$

$$S = \begin{bmatrix} 3 & 0 & 0 \\ 0 & 5 & 0 \\ 0 & 0 & 1 \end{bmatrix}$$

기타 결과

34. T는 선형변환이다. T가 덧셈과 스칼라 곱셈을 보존하는 성질을 이용하여 다음을 보여라.

(a) $T(-\mathbf{v}) = -T(\mathbf{v})$

(b) $T(\mathbf{v} - \mathbf{w}) = T(\mathbf{v}) - T(\mathbf{w})$

35. T가 벡터공간 사이의 변환이라 하자. $\mathbf{u}$, $\mathbf{v}$가 정의역 상의 벡터이고 a, b가 스칼라일 때 T가 선형변환일 필요충분조건은

$$T(a\mathbf{u} + b\mathbf{v}) = aT(\mathbf{u}) + bT(\mathbf{v})$$

임을 증명하라. 이것이 선형변환의 대안적 정의로 사용될 수 있다.

36. T는 정의역이 U인 선형변환이라 하자. $\mathbf{v}_1, \ldots, \mathbf{v}_m$이 U에 속한 벡터이고, $c_1, \ldots, c_m$이 스칼라일 때, 다음을 증명하라.

$$T(c_1\mathbf{v}_1 + \cdots + c_m\mathbf{v}_m) = c_1T(\mathbf{v}_1) + \cdots + c_mT(\mathbf{v}_m)$$

(이것을 귀납법으로 증명할 수 있는가?)

37. 두 개의 선형변환의 합성도 선형변환임을 증명하라.

38. 다음 문장이 참인지 거짓인지 밝혀라. 이유를 간단히 설명하라.

(a) $T(x, y) = (x, y)$는 선형변환이다.

(b) $T: U \to V$가 선형변환이면, U에 속하는 서로 다른 벡터들은 항상 V에서 서로 다른 상을 갖는다.

(c) 만일 V의 차원이 U의 차원보다 더 크다면, U에서 V로의 선형변환은 없다.

39. 이동과 애파인변환은 선형이 아님을 보여라.

*2.7 경제학에서의 레온티에프 투입–산출 모형

이 절에서 경제학의 상호의존성을 분석하는 데 사용되는 레온티에프(Leontief) 모형을 소개한다. 현대의 경제 계획에서 이 모형의 중요성은 2장의 서론에서 언급하였다.

n개의 독립적인 산업을 포함하고 있는 경제 상황을 생각해보자. 어느 산업이든 한 산업의 산출물(output)은 자기 자신이나 다른 산업들로부터의 투입물(input)을 필요로 하게 된다. 선형방정식계를 포함하는 수학 모형이 이러한 상황을 분석하기 위해 어떻게 만들어질 수 있는 지 알아보자. 단순성을 위해 각 산업이 하나의 상품만을 생산한다고 가정하자. a_{ij}를 상품 j를 한 단위 생산하기 위해 투입되는 상품 i의 양이라고 하자. 이 모형에서 투입과 산출의 양은 달러로 측정된다고 가정하자. 따라서, 예를 들어 $a_{34} = 0.45$는 45센트 가치의 상품 3이 1달러 가치의 상품 4를 생산하는 데 필요하다는 것을 의미한다. 즉,

$$a_{ij} = \text{상품 } j\text{의 1달러에 포함된 } i \text{ 상품의 양}$$

투입계수(input coefficient)라고 불리는 원소 a_{ij}는 산업 간의 상호의존성을 나타내는 **투입–산출 행렬**(input-output matrix) A를 정의한다.

예제 1

국가 투입–산출 행렬은 나라의 경제조직을 구성하는 산업 간의 관계를 나타내는 데 사용된다. 다음에서 1972년의 미국 경제의 상호의존성을 나타내는 행렬의 일부를 예시한다. 경제구조는 실제로 79개의 생산 부문 사이의 흐름으로 표시된다. 즉 행렬의 크기는 79×79이다. 물론 전체 행렬을 나타낼 수는 없다. 독자들에게 포함된 범주에 대한 감을 주기 위해 10개의 부문을 나열한다.

1. 가축과 가축생산품
2. 농작물
3. 임업과 어업 생산품
4. 농업, 임업 및 어업 서비스
5. 철과 합금철 광업

6. 비철금속 광업
7. 탄광업
8. 원유와 천연가스
9. 석재와 점토 채굴 및 채석업
10. 화학과 비료 광물 채굴업

이들 부문이 나타난 행렬 A는 다음과 같다.

	1	**2**	**3**	**4 ...**
1	0.26110	0.02481	0	0.05278...
2	0.23277	0.03218	0	0.01444
3	0	0	0.00467	0.00294
4	0.02821	0.03673	0.02502	0.02959
5	0	0	0	0
6	0	0	0	0
7	0	0.00002	0	0
8	0	0	0	0
9	0.00001	0.00251	0	0.00034
10	0	0.00130	0	0
⋮	⋮			

예를 들어, 여기서 $a_{72} = 0.00002$는 탄광업 부문(부문 7)에서 0.00002달러가 농작물 부분의 1달러를 생산하기 위해 투입된다는 것을 의미한다. ■

이제 이 모형을 하나의 열린 부문을 포함하여 확장해보자. 한 산업의 생산품은 다른 생산적인 산업으로 갈 뿐만 아니라 소비자나 정부와 같은 비생산적인 부문으로도 간다. 이러한 모든 비생산적인 부문들을 **열린 부문**(개방섹터, open sector)이라고 불리는 부문으로 모을 수 있다. 예를 들어, 위의 1972년 미국 경제 모형에서는 열린 부문이 연방, 주, 지방 정부의 구매를 포함한다. 다음을 정의하자.

d_i = 열린 부문의 산업 i에 대한 수요

x_i = 모든 n개의 산업과 열린 부문으로부터의 수요를 맞추기 위해 필요한 산업 i의 총 산출량

a_{ij}는 산업 j의 단위산출량을 생산하기 위해 산업 i에서 투입되는 양이므로, $a_{ij}\, x_j$는 산업 j에서 x_j 단위의 산출을 생산하기 위해 산업 i에서 투입 요구되는 양이다. 따라서

x_i	$=$	$a_{i1}x_1$	$+$	$a_{i2}x_2$	$+ \cdots +$	$a_{in}x_n$	$+$	d_i
산업 i의 총산출		산업 1의 수요		산업 2의 수요		산업 n의 수요		열린 부문의 수요

이고 결국, 이들 수요를 맞추기 위해 전체 n개의 산업에서 요구되는 산출의 수준은 다음과 같은 n개의 선형방정식의 계로 주어진다.

$$\begin{aligned} x_1 &= a_{11}x_1 + a_{12}x_2 + \cdots + a_{1n}x_n + d_1 \\ x_2 &= a_{21}x_1 + a_{22}x_2 + \cdots + a_{2n}x_n + d_2 \\ &\vdots \\ x_n &= a_{n1}x_1 + a_{n2}x_2 + \cdots + a_{nn}x_n + d_n \end{aligned}$$

이 선형방정식계를 행렬 형태로 쓰면 다음과 같다.

$$\begin{bmatrix} x_1 \\ x_2 \\ \vdots \\ x_n \end{bmatrix} = \begin{bmatrix} a_{11} & a_{12} & \cdots & a_{1n} \\ a_{21} & a_{22} & \cdots & a_{2n} \\ \vdots & & & \\ a_{n1} & a_{n2} & \cdots & a_{nn} \end{bmatrix} \begin{bmatrix} x_1 \\ x_2 \\ \vdots \\ x_n \end{bmatrix} + \begin{bmatrix} d_1 \\ d_2 \\ \vdots \\ d_n \end{bmatrix}$$

다음과 같은 표기법을 도입하자

$$\underset{\text{산출행렬}}{X = \begin{bmatrix} x_1 \\ x_2 \\ \vdots \\ x_n \end{bmatrix}} \quad \text{그리고} \quad \underset{\text{수요행렬}}{D = \begin{bmatrix} d_1 \\ d_2 \\ \vdots \\ d_n \end{bmatrix}}$$

방정식계는 하나의 행렬방정식으로 쓸 수 있는데 각 항은 다음과 같은 의미를 가지고 있다.

$$\underset{\text{총산출}}{X} = \underset{\substack{\text{산업간} \\ \text{사용 부분}}}{AX} + \underset{\substack{\text{열린 부문} \\ \text{사용 부분}}}{D}$$

이 모형이 국가 경제에 적용될 때, X는 경제의 각 생산 부문의 총 산출을 나타내고, AX는 여러 부문들이 경제의 부분 간 투입요건을 충족시키는 데 기여하는 바를 기술한다. D는 총 산출 X와 산업 거래 AX 간의 차이인 $(X - AX)$와 같다.

따라서 D는 경제의 GNP이다.

실용적으로 방정식 $X = AX + D$는 어느 변수가 기지이고 미지인지에 따라 여러 가지 방식으로 적용된다. 예를 들어 A로 표현된 경제에서 정부 구매 또는 소비자 수요의 변화의 영향을 분석하기 원하면 D에 값을 주고 X에 대해 방정식을 풀면 될 것이다. 이런 방식으로 이 방정식은 여러 가지 GNP를 달성하기 위해 필요한 각 부분의 산출을 예측하기 위해 사용될 수도 있다.(예제 2는 이러한 응용을 예시한다.) 반면에 A로 묘사된 경제시스템의 제한된 생산 용량을 알고 있다면, 이 시스템이 달성할 수 있는 최대 GNP를 예측하기 위해 X를 기지로 놓고 D에 대해 방정식을 풀 것이다.(이 절의 연습문제 7, 8, 9는 이런 응용을 예시한다.)

예제 2

다음 투입-산출 행렬 A를 가지고 있는 세 개의 산업으로 구성된 경제를 고려하자. 다른 산업의 수요와 각 경우의 열린 부문의 수요를 맞추기 위해 필요한 각 산업의 산출 수준을 결정하라.

$$A = \begin{bmatrix} 0.2 & 0.2 & 0.4 \\ 0.6 & 0.6 & 0 \\ 0 & 0 & 0.2 \end{bmatrix}, \quad D = \begin{bmatrix} 9 \\ 12 \\ 16 \end{bmatrix}, \begin{bmatrix} 6 \\ 9 \\ 8 \end{bmatrix}, \text{ 그리고 } \begin{bmatrix} 12 \\ 18 \\ 32 \end{bmatrix} \text{(순서대로)}$$

D의 단위는 백만 달러이다.

풀이

다양한 열린 부문의 수요 D에 대응하는 산출 수준 X를 계산하기를 원한다. X는 방정식 $X = AX + D$에서 구해진다. 다음과 같이 다시 쓰면

$$X - AX = D$$
$$(I - A)X = D$$

가 된다. 이 방정식을 X에 대해 풀기 위해 가우스-요르단 소거나 역행렬 방법을 사용할 수 있다. 실용적으로 역행렬 방법이 사용되는데 이 방법을 쓰는 장점이 아래에서 토의된다. 우선

$$X = (I - A)^{-1}D$$

를 얻는데 이 방정식을 이용하여 A와 D가 주어질 때 X를 결정할 수 있다. 앞에 주어진 A로부터 다음을 얻는다.

$$I - A = \begin{bmatrix} 1 & 0 & 0 \\ 0 & 1 & 0 \\ 0 & 0 & 1 \end{bmatrix} - \begin{bmatrix} 0.2 & 0.2 & 0.4 \\ 0.6 & 0.6 & 0 \\ 0 & 0 & 0.2 \end{bmatrix} = \begin{bmatrix} 0.8 & -0.2 & -0.4 \\ -0.6 & 0.4 & 0 \\ 0 & 0 & 0.8 \end{bmatrix}$$

$(I - A)^{-1}$는 가우스-요르단 소거를 사용하여 다음과 같이 계산된다.

$$(I - A)^{-1} = \begin{bmatrix} 2 & 1 & 1 \\ 3 & 4 & 1.5 \\ 0 & 0 & 1.25 \end{bmatrix}$$

D의 주어진 세 개의 값을 열로 갖는 행렬을 구성하여 아래와 같이 D의 각 값에 대해 $X = (I - A)^{-1}D$를 효율적으로 계산할 수 있다.

$$X = \underset{\uparrow \atop (I-A)^{-1}}{\begin{bmatrix} 2 & 1 & 1 \\ 3 & 4 & 1.5 \\ 0 & 0 & 1.25 \end{bmatrix}} \underset{\uparrow\ \uparrow\ \uparrow \atop D\text{의 여러 값}}{\begin{bmatrix} 9 & 6 & 12 \\ 12 & 9 & 18 \\ 16 & 8 & 32 \end{bmatrix}} = \underset{\uparrow\ \uparrow\ \uparrow \atop \text{대응되는 산출}}{\begin{bmatrix} 46 & 29 & 74 \\ 99 & 66 & 156 \\ 20 & 10 & 40 \end{bmatrix}}$$

즉 수요

$\begin{bmatrix} 9 \\ 12 \\ 16 \end{bmatrix}$, $\begin{bmatrix} 6 \\ 9 \\ 8 \end{bmatrix}$, $\begin{bmatrix} 12 \\ 18 \\ 32 \end{bmatrix}$를 맞추기 위해 필요한 산출 수준은 각각 $\begin{bmatrix} 46 \\ 99 \\ 20 \end{bmatrix}$, $\begin{bmatrix} 29 \\ 66 \\ 10 \end{bmatrix}$, $\begin{bmatrix} 74 \\ 156 \\ 40 \end{bmatrix}$이다. 단위는 백만 달러이다. ■

수치적 고려사항 실제로는 이러한 분석은 미국 경제의 예에서 보았듯이 많은 부문을 포함하게 되어 커다란 투입–산출 행렬이 등장한다. 보통은 모형을 구현하는 데 많은 계산이 포함되어 효율적인 알고리즘이 필요하게 된다. 투입–산출 행렬 A의 원소들은 보통 영이든가 매우 작다. A의 특성은 역행렬 방법 $(I - A)^{-1}$를 계산하는 적절한 방법을 도출해 주는데, 이것이 방정식계 $(I - A)X = D$를 푸는 데 역행렬 방법이 소거법보다 더 효율적이 되게 한다. 이제 $(I - A)^{-1}$를 계산하는 방법을 알아보자. 임의의 양의 정수 m에 대해 다음의 행렬 곱을 고려하자.

$$
\begin{aligned}
&(I - A)(I + A + A^2 + \cdots + A^m) \\
&\quad = I(I + A + A^2 + \cdots + A^m) - A(I + A + A^2 + \cdots + A^m) \\
&\quad = (I + A + A^2 + \cdots + A^m) - (A + A^2 + A^3 + \cdots + A^{m+1}) \\
&\quad = I - A^{m+1}
\end{aligned}
$$

A의 연이은 거듭제곱의 원소들은 급격히 작아져서 A^{m+1}은 영행렬로 접근하게 된다. 따라서 적절히 큰 m에 대해

$$(I - A)(I + A + A^2 + \cdots + A^m) = I$$

이 되고 이는

$$(I - A)^{-1} = I + A + A^2 + \cdots + A^m$$

을 의미한다. 이 표현이 이 모형에서 컴퓨터로 $(I - A)^{-1}$를 계산할 때 사용된다.

이 모형의 응용에 대해 더 알고 싶은 독자들은 Wassily W. Leoontief의 “The World Economy of the Year 2000”, 166쪽, Scientific American, 1980년 9월호를 읽어보아야 한다. 이 논문은 이 모형을 세계 경제에 적용하는 것에 대해 기술하고 있다. 이 연구는 네덜란드로부터 특별한 재정 지원을 받아 유엔에 의해 의뢰되었다. 이 모형에서 세계는 15개의 지리적 지역으로 구분되고 각 지역은 별개의 투입–산출 행렬로 표현된다. 지역들은 보다 큰 행렬에 의해 연결되는 데 이 행렬이 투입–산출 모형에서 사용되게 된다. 전체적으로 200개 이상의 경제 부문들이 모형에 포함되어 있다. 경제학자들은 다양한 값들을 집어넣어 미래의 세계 경제 상황의 시나리오를 만드는 데 이 모형을 사용한다.

연습문제 2.7

1. 다섯 개의 산업의 상호의존성을 표현하는 다음 투입-산출 행렬을 고려하자.

	1	2	3	4	5
1. 자동차	0.15	0.10	0.05	0.05	0.10
2. 철강	0.40	0.20	0.10	0.10	0.10
3. 전기	0.10	0.25	0.20	0.10	0.20
4. 석탄	0.10	0.20	0.30	0.15	0.10
5. 화학	0.05	0.10	0.05	0.02	0.05

다음을 결정하라.

(a) 1달러 가치의 철강을 생산하는 데 소비된 전기의 양

(b) 자동차 산업에서 1달러 가치를 생산하는 데 소비된 철강의 양

(c) 석탄의 최대 소비자

(d) 전기의 최대 소비자

(e) 자동차 산업은 어느 산업에 가장 의존적인가?

문제 [2~6]에서 두 개 또는 세 개의 산업으로 구성된 경제를 고려하라. 다른 산업 및 열린 부문의 수요를 맞추기 위한 각 산업의 각 상황에서의 산출 수준을 결정하라.

2. $A = \begin{bmatrix} 0.20 & 0.60 \\ 0.40 & 0.10 \end{bmatrix}$,

$D = \begin{bmatrix} 24 \\ 12 \end{bmatrix}, \begin{bmatrix} 8 \\ 6 \end{bmatrix}$와 $\begin{bmatrix} 0 \\ 12 \end{bmatrix}$(순서대로)

3. $A = \begin{bmatrix} 0.10 & 0.40 \\ 0.30 & 0.20 \end{bmatrix}$,

$D = \begin{bmatrix} 6 \\ 12 \end{bmatrix}, \begin{bmatrix} 18 \\ 6 \end{bmatrix}$와 $\begin{bmatrix} 24 \\ 12 \end{bmatrix}$(순서대로)

4. $A = \begin{bmatrix} 0.30 & 0.60 \\ 0.35 & 0.10 \end{bmatrix}$,

$D = \begin{bmatrix} 42 \\ 84 \end{bmatrix}, \begin{bmatrix} 0 \\ 10 \end{bmatrix}, \begin{bmatrix} 14 \\ 7 \end{bmatrix}$와 $\begin{bmatrix} 42 \\ 42 \end{bmatrix}$(순서대로)

5. $A = \begin{bmatrix} 0.20 & 0.20 & 0.10 \\ 0 & 0.40 & 0.20 \\ 0 & 0.20 & 0.60 \end{bmatrix}$,

$D = \begin{bmatrix} 4 \\ 8 \\ 8 \end{bmatrix}, \begin{bmatrix} 0 \\ 8 \\ 16 \end{bmatrix}$와 $\begin{bmatrix} 8 \\ 24 \\ 8 \end{bmatrix}$(순서대로)

6. $A = \begin{bmatrix} 0.20 & 0.20 & 0 \\ 0.40 & 0.40 & 0.60 \\ 0.40 & 0.10 & 0.40 \end{bmatrix}$,

$D = \begin{bmatrix} 36 \\ 72 \\ 36 \end{bmatrix}, \begin{bmatrix} 36 \\ 0 \\ 18 \end{bmatrix}, \begin{bmatrix} 36 \\ 0 \\ 0 \end{bmatrix}$와 $\begin{bmatrix} 0 \\ 18 \\ 18 \end{bmatrix}$(순서대로)

문제 [7~9]에서 두 개 또는 세 개의 산업으로 구성된 경제를 고려하라. 산업의 산출 수준이 주어져 있다. 열린 부문이 각 산업으로부터 받을 수 있는 양을 결정하라.

7. $A = \begin{bmatrix} 0.20 & 0.40 \\ 0.50 & 0.10 \end{bmatrix}$, $X = \begin{bmatrix} 8 \\ 10 \end{bmatrix}$

8. $A = \begin{bmatrix} 0.10 & 0.20 & 0.30 \\ 0 & 0.10 & 0.40 \\ 0.50 & 0.40 & 0.20 \end{bmatrix}$, $X = \begin{bmatrix} 10 \\ 10 \\ 20 \end{bmatrix}$

9. $A = \begin{bmatrix} 0.10 & 0.10 & 0.20 \\ 0.20 & 0.10 & 0.30 \\ 0.40 & 0.30 & 0.15 \end{bmatrix}$, $X = \begin{bmatrix} 6 \\ 4 \\ 5 \end{bmatrix}$

10. a_{ij}를 투입-산출 행렬의 임의 원소라 하자. 왜 a_{ij}가 조건 $0 \le a_{ij} \le 1$를 만족해야 하는가?

11. 경제적으로 가능한 상황에서 투입-산출 행렬의 각 열의 원소들의 합은 1보다 작거나 같다. 이렇게 되어야하는 이유를 설명하라.

12. 각 열의 합의 1인 투입-산출 행렬 A로 표현되는 2-부문 경제를 고려하자. 그 행렬을 다음과 같은 형태로 표현할 수 있다.

$$A = \begin{bmatrix} a & 1-b \\ 1-a & b \end{bmatrix}.$$

(a) 행렬 $I - A$가 역을 가지지 않음을 보여라.

(b) 행렬 $A = \begin{bmatrix} 0.2 & 0.7 \\ 0.8 & 0.3 \end{bmatrix}$에 대해 이 결과를 예시하라.

(c) 이러한 행렬 A에 의해 표현되는 경제에 대해 무엇을 알 수 있는가?(**힌트** 방정식 $X = (I - A)^{-1}D$를 생각해보라.)

*2.8 마코프 체인, 인구이동, 유전학

정확한 결과는 모르지만 확률은 정할 수 있는, 무작위적 현상의 연구에서 **확률행렬**(stochastic matrix)이라고 불리는 행렬이 중요한다. 이 절에서는 확률행렬을 소개하고 성질 중 몇 가지를 유도하고 응용 예들을 제시한다. 처음 예는 미국의 도시와 교외 사이의 인구의 이동을 분석하는 예이고, 두 번째 예는 유전학에서의 응용 예이다.

여기서 확률의 기본 성질을 되새겨보자. 한 사건이 **확실히 일어나면** 그 사건의 확률은 1이라고 말한다. 반면에 **일어나지 않으면** 확률은 0이라고 말한다. 다른 확률들은 0과 1사이의 비율로 표시되는데, **그 비율이 클수록 그 사건이 일어날 확률 p가 커진다**. 따라서 확률 p에는 $0 \le p \le 1$의 제약이 있다.

n개의 완전히 독립인 결과들이 각각 일어날 가능성이 동일한데, 이들 중 m개의 결과가 우리의 관심 사항이라면 이 결과 중 하나가 일어날 확률 p는 m/n으로 결정된다.

예를 들어 한 벌의 52장의 게임카드에서 한 장의 카드를 꺼내는 실험을 생각해보자. 결과가 에이스든가 킹일 확률은 얼마인가? 우선 52개의 가능한 결과가 있다. 카드 한 벌에는 4개의 에이스와 4개의 킹이 있으므로 관심 결과는 8가지이다. 따라서 에이스나 킹을 꺼낼 확률은 $\frac{8}{52}$, 즉 $\frac{2}{13}$이다.

이제 원소가 확률인 행렬을 소개한다.

정의 **확률행렬**은 원소가 확률이고 각 열의 합이 1인 정방행렬이다.

다음 행렬들은 모두 확률행렬이다.

$$\begin{bmatrix} \frac{1}{2} & \frac{1}{3} \\ \frac{1}{2} & \frac{2}{3} \end{bmatrix} \quad \begin{bmatrix} 0 & \frac{3}{4} \\ 1 & \frac{1}{4} \end{bmatrix} \quad \begin{bmatrix} 1 & 0 & \frac{3}{4} \\ 0 & \frac{1}{2} & \frac{1}{8} \\ 0 & \frac{1}{2} & \frac{1}{8} \end{bmatrix}$$

다음은 확률행렬이 아니다.

$$\begin{bmatrix} \frac{1}{2} & 0 \\ \frac{3}{4} & 1 \end{bmatrix} \qquad \begin{bmatrix} 0 & 2 \\ 1 & \frac{3}{4} \end{bmatrix}$$

첫 열의 원소들의 합이 1이 아니다.   1행의 원소 2가 1보다 커서 확률이 아니다.

일반적인 2×2 확률행렬은 다음과 같이 쓸 수 있다.

$$\begin{bmatrix} x & y \\ 1-x & 1-y \end{bmatrix}$$

여기서 $0 \le x \le 1$, $0 \le y \le 1$이다

확률행렬은 다음과 같은 유용한 성질을 가지고 있다.(연습문제에서 2×2 행렬에 대해 이 사실을 증명하는지 해보자.)

정리 2.10

A, B가 같은 크기의 확률행렬이면 AB도 확률행렬이다. ■

따라서 A가 확률행렬이면 $A^2, A^3, A^4, \ldots$들 모두 확률행렬이다.

예제 1

확률행렬은 도시계획자들이 토지 사용의 추세를 분석하는 데 시용된다. 일례로 토론토 시에서 이런 행렬을 사용하였다. 연구자들은 자료를 수집하여 확률행렬 P 형태로 쓴다. P의 행과 열은 토지의 사용을 표시한다. 다음의 행렬에서 5년 주기 분석에서의 전형적인 범주들을 예시한다. 원소 P_{ij}는 2005년도에 j로 사용되었던 토지가 2010년도에 i로 사용될 확률이다.

	2005년의 용도					
	1	2	3	4	5	2010년의 용도
	.4	.15	.1	.05	.05	1. 주거지
	.1	.35	.3	.15	.35	2. 사무실
	.15	.15	.5	.35	.20	3. 상업지
	.1	.30	.1	.4	.25	4. 주차장
	.25	.05	0	.05	.15	5. 빈 땅

이 행렬에 포함된 정보를 몇 가지 해석해보자. 예를 들어 $p_{42} = 0.30$인데 이것은 2005년도에 사무실공간이었던 땅이 2010년까지 주차 지역으로 변할 확률이 0.30이라고 알려준다. 4행은 도시의 여러 지역이 2010년까지 주차장이 될 확률을 준다. 이 숫자들은 상대적으로 큰 데, 토지 사용에서 주차장의 비중이 점점 우세해질 것을 알려준다.

대각원소들은 토지 용도가 동일한 범주로 유지될 확률은 준다. 예를 들어 $p_{22} = 0.35$는 사무실 토지가 그대로 사무실 토지로 남아있을 확률이다. 이 대각원소들의 값이 상대적으로 큰 것은 토지의 용도가 동일한 범주로 유지되는 경향이 있음을 반영한다.

아마도 앞의 행렬에서 가장 흥미로운 것은 2005년도의 도시 내의 사무실 토지가 2010년도에 주거지로 바뀔 확률이 $p_{12} = 0.15$로 상당히 크다는 점일 것이다. ■

예제 2

이 예에서는 미국에서 도시와 주변 교외 사이의 인구이동 모형을 세워보자. 주어진 숫자는 미국의 통계적 개요(Staistical Abstract of the United States)에 나온 통계량으로부터 얻었다.

2015년에 미국의 도시에 살고 있는 사람의 수는 8천3백만이고 주변 교외에 살고 있는 사람의 수는 1억7천8백만인 것으로 추정된다. 이 정보를 행렬 $X_0 = \begin{bmatrix} 83 \\ 178 \end{bmatrix}$로 나타내자.

도시에서 교외로의 인구흐름을 생각해보자. 2015년도에 도시에 그대로 머물 확률은 0.97이었고 따라서 교외로 이사 갈 확률은 0.03이었다(이주한 사람은 모두 교외로 갔다고 가정한다.) 거꾸로 교외에서 도시로의 인구흐름을 살펴보자. 도시로 이주할 확률은 0.01이었고 교외에 남아 있을 확률은 0.99였다. 이 확률들을 원소로 하여 확률행렬 P를 다음과 같이 쓸 수 있다.

$$\begin{array}{cc} \text{(에서)} & \text{(로)} \end{array}$$

$$P = \begin{array}{c} \begin{array}{cc} \text{도시} & \text{교외} \end{array} \\ \begin{bmatrix} 0.97 & 0.01 \\ 0.03 & 0.99 \end{bmatrix} \end{array} \begin{array}{l} \text{도시} \\ \text{교외} \end{array}$$

위치 A에서 위치 B로 이동할 확률은 행렬의 A열과 B행의 원소에 의해 주어진다. 이런 까닭에 확률행렬은 **전이확률**(transition probability) 행렬로 불린다.

이제 1년 후인 2016년도의 인구를 고려하자:

2016년의 도시 인구 = 2015년부터 남아있던 인구 + 교외에서 이주해 온 인구
= (0.97 × 83) + (0.01 × 178)
= 82.29 백만

2016년의 교외 인구 = 도시에서 이주해 온 인구 + 2015년부터 남아있던 인구
= (0.03 × 83) + (0.99 × 178)
= 178.71 백만

이 값들은 다음과 같은 행렬 곱으로부터 얻을 수도 있다.

$$\begin{bmatrix} 0.97 & 0.01 \\ 0.03 & 0.99 \end{bmatrix}\begin{bmatrix} 83 \\ 178 \end{bmatrix} = \begin{bmatrix} 82.29 \\ 178.71 \end{bmatrix}$$

2015년을 기준연도로 하여 2016년, 즉 1년 후의 인구를 X_1이라 하자. 이것은

$$X_1 = PX_0$$

와 같이 쓸 수 있다. 행렬 P로 표현된 인구흐름이 매년 변하지 않는다고 가정하면, 2년 후의 인구 분포 X_2는

$$X_2 = PX_1$$

이 되고 3년 후의 인구 분포 X_3는

$$X_3 = PX_2$$

n년 후에는

$$X_n = PX_{n-1}$$

를 얻는다.

이 모형에 의한 예측은 (소수 네 자리까지 취하여)

$$X_0 = \begin{bmatrix} 83 \\ 178 \end{bmatrix} \begin{array}{l} \text{도시} \\ \text{교외} \end{array}, \quad X_1 = \begin{bmatrix} 82.2900 \\ 178.7100 \end{bmatrix},$$

$$X_2 = \begin{bmatrix} 81.6084 \\ 179.3916 \end{bmatrix}, \quad X_3 = \begin{bmatrix} 80.9541 \\ 180.0459 \end{bmatrix},$$

$$X_4 = \begin{bmatrix} 80.3259 \\ 180.6741 \end{bmatrix},$$

등과 같다. 도시 인구는 매년 주는 반면에 교외 인구는 계속 늘고 있는 양태를 관찰하

라. 5.2절에서 이 모형을 다시 언급할 텐데, 거기서 수열 $X_0, X_1, X_2, \ldots$는 $\begin{bmatrix} 65.2500 \\ 195.7500 \end{bmatrix}$로 접근하는 것을 발견할 것이다. 조건이 변하지 않는다면 도시 인구는 점차 6천5백2십5만 명에 접근하고 교외 인구는 1억9천5백7십5만 명에 접근할 것이다.

또한 수열 $X_1, X_2, X_3, \ldots X_n$은 다음과 같이 X_0로부터 직접 계산될 수 있음을 주목하라.

$$X_1 = PX_0, \qquad X_2 = P^2X_0, \qquad X_3 = P^3X_0, \ldots, X_n = P^nX_0$$

행렬 P^n은 X_0를 n−단계 만에 X_n로 만들어 주는 확률행렬이다. 이 결과는 일반화 될 수 있다. 즉, P^n은 주어진 어느 분포로부터 n단계 이후의 분포를 예측하는데, 다음과 같이 사용될 수 있다.

$$X_{i+n} = P^nX_i$$

P^n은 n−**단계 전이행렬**로 불린다. P^n의 (i, j) 원소는 n단계 만에 상태 j에서 상태 i로 갈 확률을 준다. 예를 들어 다음을 보일 수 있다.(소수 두 자리까지 써서)

$$\begin{array}{c} \text{(에서)} \quad \text{(로)} \\ \text{도시} \quad \text{교외} \\ P^4 = \begin{bmatrix} .89 & .04 \\ .11 & .96 \end{bmatrix} \begin{array}{l} \text{도시} \\ \text{교외} \end{array} \end{array}$$

즉, 일례로 2015년에 도시에 살던 사람이 4년 후에 교외에 거주할 확률은 0.11이다.

이 모형에서 확률은, 한 사람이 도시에서 살고 있는가 아니면 교외에서 살고 있는가 하는 현재의 상태에만 의존한다. 한 상태에서 다른 상태로 전이될 확률이, 이전의 보다 완전한 과거 역사가 아닌 오직 현재의 상태에만 의존하는 이런 형태의 모형을 마코프 체인*(Markov Chain)이라 부른다.

매년 인구의 증가 또는 감소를 허용하도록 수정하면 미래 인구분포에 대한 예측을 개선할 수 있다. 이 요인을 모형에 포함하는 것은 연습문제로 주어진다.

이 개념은 두 개 이상의 상태를 포함하는 마코프 과정으로 확장될 수 있다. 다음 예제는 세 개의 상태를 갖는 마코프 체인을 예시한다. ■

예제 3

마코프 체인은 여러 분야에서 과학자들에게 유용한 도구가 된다. 여기서는 유전학에서의 마코프 체인의 역할을 논해 보자.

* Andrei Andreevich Markov(1856~1922)는 러시아의 상트 페테르스부르크 대학에서 배우고 가르쳤고 수학의 정수론, 확률론, 함수론 분야에 기여를 하였다. 그는 "흠잡을 데 없는 엄밀한 논증으로 뛰어난 강의를 하였고 학생들에게 아무것도 당연한 것으로 받아들이지 않도록 하는 수학적 마음가짐을 심어주었다."라고 평해진다. 마코프는 수학동아리의 지도교수가 되는 등 개인적으로 학생들에게 관심을 쏟았다. 또한 문학적 문서를 분석하기 위해 마코프 체인을 개발하였는데 거기서 상태는 모음과 자음이었다. 마코프는 정치적으로 강한 의견을 가진 사람이었다. 지배층에서 로마노프가의 300주년을 기념할 때 마코프는 스스로 큰 수의 법칙의 200주년 기념행사를 조직하였다.

유전학은 유전현상을 다루는 생물학의 한 분야인데 생물이 부모로부터 물려받는 특성을 결정하는, 유전자라고 부르는 단위를 연구한다. 인간의 성, 키, 눈 색깔, 머리색과 같은 특징이나 나무의 꽃잎 색깔, 잎 모양과 같은 특성은 유전자에 의해 통제를 받는다. 많은 질병들이 유전되므로 유전학은 의학에서 중요하다. 농업에서는 유전학 원리에 근거한 번식 방법이 식물 및 동물 번식 모두에 중요한 진전을 이끌었다. 고수율 잡종 옥수수는 유전학의 식량 생산 증대에 대한 가장 중요한 기여 중 하나로 꼽힌다. 한 쌍의 유전자를 포함하는 형질의 거동을 분석하기 위해 개발된 수학 모형을 논해 보자. 여기에 포함된 개념들을 한 쌍의 기니피그를 교배하는 예를 들어 설명한다.

기니피그에서 우리가 연구할 형질은 긴 털과 짧은 털의 형질이다. 털의 길이는 한 쌍의 유전자에 의해 통제되는데 이 유전자를 A와 a로 표시하자. 기니피그는 조합 AA, Aa, aA, aa 중 하나를 가질 수 있다.(aA는 일반적으로 Aa와 같다.) 이들 각 종류는 **유전자형**(genotype)이라고 불린다. aa형의 기니피그는 짧은 털을 가진 반면에 AA형과 Aa형의 기니피그는 둘 다 긴 털을 가지고 있어 외양으로 구별되지 않는다. 이런 경우 A 유전자가 a 유전자에 대해 **우세하다**고 말한다. 동물이 AA 유전자를 가지고 있으면 **우성**(dominant)이라고 말하고, Aa 유전자는 **잡종**(hybrid), aa 유전자는 **열성**(recessive)이라고 말한다.

두 기니피그가 교배될 때 자손은 각 양친으로부터 무작위로 하나씩의 유전자를 물려받게 된다. 부모의 유전자형을 알면 자손의 유전자형의 확률을 결정할 수 있다. 기니피그의 한 집단이 주어졌다고 하자. **자손들을 우성동물들과만 계속 교배시키는** 연이은 실험을 수행하자. 즉 AA, Aa, aa를 AA와 계속 교배한다. 각 경우에 자손이 각각 AA, Aa, aa가 될 확률은 얼마인가?

AA를 AA와 교배하는 경우를 생각해보자. 자손은 부모 각각으로부터 하나의 유전자를 받으므로 유전자형이 AA가 될 것이다. 따라서 AA, Aa, aa로 될 확률은 각각 1, 0, 0이다. 즉, 모든 자손이 긴 털을 갖는다.

다음으로 Aa와 AA의 교배를 고려하자. 각 부모로부터 한 개의 유전자를 받으므로 가능한 경우는 AA, AA(첫 부모로부터 A를 받고 두 번째 부모로부터 A를 각각 받는다.), aA, aA(첫 부모로부터 a를 받고 두 번째 부모로부터 A를 각각 받는다.)이고 따라서 AA, Aa, aa의 확률은 각각 $\frac{1}{2}$, $\frac{1}{2}$, 0이다. 이번에도 모든 자손이 긴 털을 갖는다.

마지막으로 aa와 AA의 교배에서는 aA의 오직 한 가지 가능성만이 있다. 따라서 AA, Aa, aa의 확률은 각각 0, 1, 0이다.

이 실험에서 모든 자손들은 긴 털을 갖는다. 이 연이은 실험은 다음의 전이행렬을 갖는 마코프 체인이다.

$$\begin{array}{cc} & \begin{array}{ccc} AA & Aa & aa \end{array} \\ P = & \begin{bmatrix} 1 & \frac{1}{2} & 0 \\ 0 & \frac{1}{2} & 1 \\ 0 & 0 & 0 \end{bmatrix} \begin{array}{c} AA \\ Aa \\ aa \end{array} \end{array}$$

각 유전자형이 모두 동일한 수로 구성되어 있는 기니피그의 초기집단을 고려하자. 각 형태의 비율이 동일하므로 초기분포는 $X_0 = \begin{bmatrix} \frac{1}{3} \\ \frac{1}{3} \\ \frac{1}{3} \end{bmatrix}$가 된다. $X_1, X_2, X_3, \ldots$의 성분들은

뒤이은 세대들의 AA, Aa, aa의 구성 비율을 줄 것이다. 계산하면

$$X_0 = \begin{bmatrix} \frac{1}{3} \\ \frac{1}{3} \\ \frac{1}{3} \end{bmatrix} \begin{matrix} AA \\ Aa, \\ aa \end{matrix} \quad X_1 = \begin{bmatrix} \frac{1}{2} \\ \frac{1}{2} \\ 0 \end{bmatrix}, \quad X_2 = \begin{bmatrix} \frac{3}{4} \\ \frac{1}{4} \\ 0 \end{bmatrix}, \quad X_3 = \begin{bmatrix} \frac{7}{8} \\ \frac{1}{8} \\ 0 \end{bmatrix}, \quad X_4 = \begin{bmatrix} \frac{15}{16} \\ \frac{1}{16} \\ 0 \end{bmatrix}$$

등을 얻는다.

aa형은 첫 세대 이후로 사라지고 Aa형은 연속되는 각 세대에서 점점 비율이 작아지는 것을 관찰하라. 결국 이 수열은 다음의 행렬로 접근한다.

$$X = \begin{bmatrix} 1 \\ 0 \\ 0 \end{bmatrix} \begin{matrix} AA \\ Aa \\ aa \end{matrix}$$

이 모형에서 유전자형 AA를 **흡수상태**(absorbing state)라고 부른다.

여기서는 자손을 우세한 동물과 교배하는 경우를 고려하였다. 연습문제에서 자손을 잡종과 교배하는 상황을 설명하는 유사한 모형을 만들어보자. 그 실험을 반복하면 자손의 일부는 긴 털을 갖고 일부는 짧은 털을 가질 것이다.

연습문제 2.8

확률행렬

1. 다음 중 어느 행렬이 확률행렬인가? 확률행렬이 아닌 경우 이유를 설명하라.

(a) $\begin{bmatrix} \frac{1}{4} & 0 \\ \frac{3}{4} & 1 \end{bmatrix}$ **(b)** $\begin{bmatrix} \frac{1}{2} & -1 \\ \frac{1}{2} & 2 \end{bmatrix}$

(c) $\begin{bmatrix} \frac{1}{3} & \frac{1}{7} \\ \frac{2}{3} & \frac{5}{7} \end{bmatrix}$ **(d)** $\begin{bmatrix} 1 & 0 & 0 \\ 0 & 1 & 0 \\ 0 & 0 & 1 \end{bmatrix}$

(e) $\begin{bmatrix} 0 & \frac{3}{8} & 0 \\ \frac{1}{2} & \frac{1}{8} & 1 \\ \frac{1}{2} & \frac{1}{2} & 0 \end{bmatrix}$ **(f)** $\begin{bmatrix} 0 & \frac{1}{5} & \frac{3}{4} \\ \frac{5}{6} & \frac{2}{5} & \frac{3}{4} \\ \frac{1}{6} & \frac{2}{5} & -\frac{1}{2} \end{bmatrix}$

2. 두 개의 2×2 확률행렬의 곱이 확률행렬임을 증명하라.

3. 확률행렬이 각 행의 합도 1이면 **이중 확률행렬**이라고 말한다. 2×2와 3×3의 이중 확률행렬의 예를 들어라, 두 개의 이중 확률행렬의 곱도 이중 확률행렬인가?

인구이동 모형

4. 이 절의 예제 1의 확률행렬을 이용하여 다음 질문에 답하라.

(a) 2005년도에 주거지로 사용되던 땅이 2010년에 사무실로 사용될 확률은 얼마인가?

(b) 2005년도에 주차장으로 사용되던 땅이 2010년에 주거지로 사용될 확률은 얼마인가?

(c) 2005년도의 빈 땅은 2010년에 무엇으로 사용될 확률이 가장 높은가?

(d) 2005~2010년 기간에 가장 안정적인 땅의 용도는 무엇인가?

5. 예제 2의 모형에서 다음을 결정하라.

(a) 2년 내에 도시에서 교외로 이주할 확률

(b) 3년 내에 교외에서 도시로 이주할 확률

6. 미국의 대도시와 비 대도시 지역 간의 인구흐름 모형을 만들어라. 2015년도의 이들 지역의 인구는 각각 2억6천1백만과 4천8백만이고, 인구이동 확률은 다음 행렬로 주어진다.

$$\begin{matrix} & \text{(에서)} & \\ \text{대도시} & \text{비 대도시} & \text{(로)} \end{matrix}$$
$$\begin{bmatrix} 0.99 & 0.02 \\ 0.01 & 0.98 \end{bmatrix} \begin{matrix} \text{대도시} \\ \text{비 대도시} \end{matrix}$$

2016부터 2020년까지의 대도시와 비 대도시 지역의 인구

분포를 예측하라.(백만 단위로, 소수 네 자리까지). 2015년에 대도시 지역에 살던 사람이 2020년에도 대도시 지역에 살고 있을 확률은 얼마인가?

7. 미국의 도시와 교외 그리고 비 대도시 지역 간의 인구흐름 모형을 만들어라. 2015년도의 이들 지역의 인구는 각각 8천3백만, 1억7천8백만, 4천8백만이고, 인구이동의 확률행렬은 다음 행렬로 주어진다.

$$\begin{array}{c} \quad\text{(에서)} \qquad\qquad \text{(로)} \\ \begin{array}{ccc} \text{도시} & \text{교외} & \text{비 대도시} \end{array} \\ \begin{bmatrix} 0.96 & 0.01 & 0.015 \\ 0.03 & 0.98 & 0.005 \\ 0.01 & 0.01 & 0.98 \end{bmatrix} \begin{array}{l} \text{도시} \\ \text{교외} \\ \text{비 대도시} \end{array} \end{array}$$

이 모형은 앞의 연습문제의 모형에서 대도시 지역을 도시와 교외 지역으로 구분하여 정교화한 것이다. 또한 도시와 교외 외부의 인구를 허용하지 않은 이 절의 예제 2의 모형보다 완전한 모형이다.

2016부터 2018년까지의 도시, 교외, 비 대도시 지역의 인구를 예측하라.(백만 단위로, 소수 네 자리까지). 2015년에 도시 지역에 살던 사람이 2017년에 비 대도시 지역에 살고 있을 확률은 얼마인가?

8. 2015년 이전에는 미국의 총 인구가 매년 1%씩 증가하였다. 바로 뒤의 연도들에도 매년 1%씩 증가한다고 가정하자. 이 요인을 예제 2의 모형에 포함하여 2020년의 도시와 교외의 인구를 예측하라.

9. 2015년 이전에는 매년 출생, 사망 및 이민에 의해 미국의 도시 인구는 1.2%씩 증가하였고 교외 인구는 0.8%씩 증가하였다고 가정하자. 예제 2의 모형에 이러한 인구 증가를 반영하여 2020년의 인구를 예측하라.

10. 예제 2의 도시와 교외 간의 인구이동 모형을 고려하자. 2015년 이전의 2012년부터 2014년까지의 인구분포를 결정하라. 2015년부터 과거 방향으로 가는 체인은 마코프 체인인가? 이때 과거 방향으로 분포와 분포를 이어주는 행렬의 특징은 무엇인가?

기타 확률모형

11. 다음 확률행렬은 직업의 전이확률을 준다.

$$\begin{array}{c} \text{(처음 세대)} \\ \begin{array}{cc} \text{사무직} & \text{육체노동} \end{array} \\ \begin{bmatrix} 1 & 0.2 \\ 0 & 0.8 \end{bmatrix} \begin{array}{l} \text{사무직} \\ \text{육체노동} \end{array} \text{(다음 세대)} \end{array}$$

(a) 아버지가 육체노동자일 때 아들이 사무직 노동자일 확률은?

(b) 사무직 범주에 10,000명, 육체노동 범주에 20,000명이 있다면 한 세대 후의 분포는 어떻게 될까?

12. 다음 행렬은 직업 전이확률을 준다.

$$\begin{array}{c} \text{(처음 세대)} \\ \begin{array}{cc} \text{비 농업} & \text{농업} \end{array} \\ \begin{bmatrix} 1 & 0.4 \\ 0 & 0.6 \end{bmatrix} \begin{array}{l} \text{비 농업} \\ \text{농업} \end{array} \text{(다음 세대)} \end{array}$$

(a) 아버지가 농부일 때 아들이 농부일 확률은?

(b) 어느 시점에 비 농업 범주에 10,000명, 농업 범주에 1,000명이 있다면 한 세대 후의 분포는 어떻게 될까? 네 세대 후에는?

(c) 할아버지가 농부이면 손자가 농부일 확률은 무엇인가?

13. 어느 지역의 차량구매 동향의 시장분석에서 가구당 평균적으로 3년에 1대꼴로 새 차를 구매한다고 결론지었다. 구매패턴은 다음의 행렬로 나타난다.

$$\begin{array}{c} \qquad\quad \text{소형} \quad \text{대형} \\ P = \begin{bmatrix} 80\% & 40\% \\ 20\% & 60\% \end{bmatrix} \begin{array}{l} \text{소형} \\ \text{대형} \end{array} \end{array}$$

P의 원소들은 다음과 같이 해석된다: 첫 열은 현재의 소형자의 80%는 다시 소형차로, 20%는 대형차로 대체됨을 알려준다. 두 번째 열은 현재의 대형자의 40%는 소형차로, 60%는 다시 대형차로 대체됨을 의미한다. P의 원소를 마코프 체인을 정의하는 확률행렬을 얻기 위해 다음과 같이 다시 쓴다.

$$P = \begin{bmatrix} \frac{80}{100} & \frac{40}{100} \\ \frac{20}{100} & \frac{60}{100} \end{bmatrix} = \begin{bmatrix} 0.8 & 0.4 \\ 0.2 & 0.6 \end{bmatrix}$$

현재 이 지역에 40,000대의 소형차와 50,000대의 대형차가 있다면 12년 후에 이 분포는 어떻게 되리라고 예측하는가?

14. 어느 주의 투표 경향을 분석한 결과에서 연이은 세대의 투표 패턴이 다음 행렬 P로 나타났다.

$$\begin{array}{c} \qquad \text{민주당} \quad \text{공화당} \quad \text{무소속} \\ P = \begin{bmatrix} 80\% & 20\% & 60\% \\ 15\% & 70\% & 30\% \\ 5\% & 10\% & 10\% \end{bmatrix} \begin{array}{l} \text{민주당} \\ \text{공화당} \\ \text{무소속} \end{array} \end{array}$$

일세대의 민주당 지지자 중에서 다음 세대에 80%가 민주당, 15%기 공화당, 5%가 무소속 지지자가 되었다. P를 투표 패턴의 마코프 체인을 정의하는 확률행렬로 표현하라. 만약에 어느 시점에 2백5십만의 등록된 민주당, 1백5십만의 등록된 공화당, 25만의 등록된 무소속 지지자들이 있을 때 다음 세대에는 이 분포가 어떻게 되겠는가?

15. 기니피그의 자손들을 잡종과만 교배하는 상황을 표현하는 마코프 체인의 전이확률을 결정하라. 이 모형에는 흡수상태가 없다. 초기 행렬 $X_0 = \begin{bmatrix} \frac{1}{3} \\ \frac{1}{3} \\ \frac{1}{3} \end{bmatrix}$이 각 형질의 기니피그의 초기비율을 나타낸다고 하자. 다음 세 세대의 비율을 구하라.

16. P가 2×2 대칭인 확률행렬이라 하자. $0 \le x \le 1$이라 할 때 P는 $\begin{bmatrix} x & 1-x \\ 1-x & x \end{bmatrix}$ 형태이어야만 함을 증명하라. 만약 P가 두 상태 간의 인구이동을 나타낸다고 하면, 인구이동에 대해 무엇을 말할 수 있는가?

*2.9 통신모형과 사회학에서의 집단관계

자연과학, 사회과학, 경영학의 많은 분야에서 관계를 분석하기 위해 **그래프이론**의 모형을 사용한다. 수학의 중요한 이 분야는 선형대수를 이용하는데 여기서 통신 분야의 예를 들어서 소개한다.

$P_1, \ldots, P_5$로 명명된 다섯 개의 거점을 가지고 있는 통신망을 생각해보자. 통신링크는 예를 들어 도로, 전화선, 인터넷 링크 등이 될 수 있다. 어떤 거점들은 양방향으로, 다른 것들은 한 방향 링크로 연결되어 있다. 그 외에 중간의 거점들을 경유한 간접적인 통신만이 가능한 거점들도 있다. 우리의 관심 대상인 망이 그림 2.24와 같다고 하자. 거점들을 연결하는 선들은 직접적인 통신링크를 나타내고 화살표는 이들 링크의 방향을 나타낸다. 예를 들어 거점 P_1과 P_2는 양방향 직접 통신선을 가지고 있다. 거점 P_4는 P_1에 메시지를 보내려면 거점 P_3와 P_2를 경유하든가 P_5와 P_2를 거쳐야만 한다. 이 통신망은 유향그래프(digraph)의 예이다.

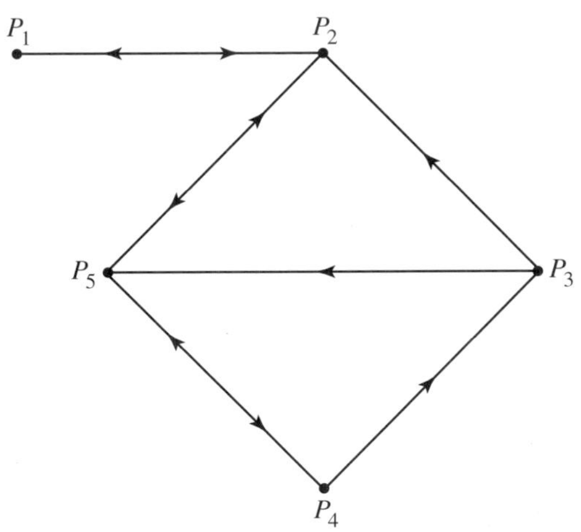

그림 2.24

> **정의** **유향그래프**는 유한개의 **꼭짓점**(vertex) $P_1, P_2, \ldots, P_n$과 꼭짓점의 쌍들을 연결하는 **유향아크**(directed arc)들의 모임이다. 꼭짓점 사이의 **경로**(path)는 한 꼭짓점에서 다른 꼭짓점으로 연속적으로 진행하게 해주는 연이은 아크들이다. 경로의 **길이**는 포함된 아크들의 수이다. 길이 n인 경로는 ***n*-경로**라고 불린다.

위의 통신망에는 $P_1, \ldots, P_5$의 다섯 개의 꼭짓점이 있다. P_3에서 P_1으로 메시지를 보내고 싶다고 하자. 그림에서 취할 수 있는 여러 개의 경로가 있음을 알 수 있다. 경로 $P_3 \rightarrow P_2 \rightarrow P_1$은 길이 2(2-경로)이고 반면에 경로 $P_3 \rightarrow P_5 \rightarrow P_2 \rightarrow P_1$은 길이 3(3-경로)이다. 경로 $P_3 \rightarrow P_5 \rightarrow P_4 \rightarrow P_3 \rightarrow P_2 \rightarrow P_1$는 5-경로인데 꼭짓점 P_3를 2번 거친다. 이런 경로는 P_3가 P_1으로 메시지를 보내기 전에 P_5, P_4와 상의하기를 원할 때 고려될 수 있다. 그렇지만 이 절에서는 한 거점에서 다른 거점으로 메시지를 보내는 가장 짧은 경로를 찾는 데 관심을 둘 것이다.

통신망은 여러 거점을 포함하여 거대해 질 수 있다. 커다란 망에 대해 우리가 여기서 한 것처럼 도표로부터 정보를 얻는 것은 비현실적이다. 이제 제시하는 수학이론은 그래프 이론으로부터 온 것인데 커다란 망에 대한 정보를 주는 데 사용될 수 있다. 이 수학적 방법은 컴퓨터에서 구현될 수 있다.

유향그래프는 **인접행렬**(adjacency graph)이라 불리는 행렬 A로 표시될 수 있다. 이 행렬은 영과 일로 구성되는데, 다음과 같이 정의된다.

정의 꼭짓점 $P_1, \ldots, P_n$을 갖는 유향그래프를 고려하자. 이 유향그래프의 인접행렬 A는 다음과 같이 구성된다.

$$a_{ij} = \begin{cases} 1 & P_i\text{에서 } P_j\text{로 가는 아크가 있을 때} \\ 0 & P_i\text{에서 } P_j\text{로 가는 아크가 없을 때} \\ 0 & i = j\text{일 때} \end{cases}$$

주어진 통신망의 인접행렬은 다음과 같다.

$$A = \begin{bmatrix} 0 & 1 & 0 & 0 & 0 \\ 1 & 0 & 0 & 0 & 1 \\ 0 & 1 & 0 & 0 & 1 \\ 0 & 0 & 1 & 0 & 1 \\ 0 & 1 & 0 & 1 & 0 \end{bmatrix}$$

예를 들어 P_1에서 P_2로 가는 아크가 있으므로 $a_{12} = 1$이고, P_1에서 P_3로 가는 아크가 없으므로 $a_{13} = 0$이다.

망은 인접행렬로 완전하게 표현된다. 이 행렬은 컴퓨터에 넣어질 수 있는, 망의 수학적인 "그림"이다. 그림 2.24에 주어진 망의 그림을 보고 P_3에서 P_1으로 메시지를 보내는 최적의 방법을 정할 수도 있었다. 인접행렬로부터 어떻게 그런 정보를 끄집어낼 수 있겠는가? 그래프이론으로부터의 다음 정리는 유향그래프 내의 경로에 관한 정보를 준다,

정리 2.11

A를 어떤 유향그래프의 인접행렬이라 하고 $a_{ij}^{(m)}$을 A^m의 i행 j열 원소라 하면 다음이 성립한다.

$$P_i\text{에서 } P_j\text{로 가는 } m\text{-경로의 수} = a_{ij}^{(m)}$$

증명 n개의 꼭짓점을 갖는 유향그래프를 살펴보자. a_{i1}는 P_i에서 P_1로 가는 아크의 수이고 a_{1j}는 P_1에서 P_j로 가는 아크의 수이다. 따라서 $a_{i1}a_{1j}$는 P_1을 거쳐서 P_i에서 P_j로

가는 2-경로의 수이다. P_i에서 P_j로 가는 2-경로의 수는 모든 가능한 중간 거점에 대해 합하여 다음과 같이 얻어짐을 알 수 있다.

$$a_{i1}a_{1j} + a_{i2}a_{2j} + \cdots + a_{in}a_{nj}$$

이것은 A^2의 i행 j열 원소이다. 즉, $a_{ij}^{(2)}$는 P_i에서 P_j로 가는 2-경로의 수가 된다.

이제 3-경로를 보자. 3-경로를 2-경로에 하나의 아크가 뒤따르는 것으로 파악하자. P_i에서 P_1로 가는 2-경로에 P_1에서 P_j로 가는 아크가 뒤따르는 3-경로의 수는 $a_{i1}^{(2)}a_{1j}$이다. 이와 같은 가능한 모든 중간 거점에 대해 합하면 P_i에서 P_j로 가는 3-경로의 수는

$$a_{i1}^{(2)}a_{1j} + a_{i2}^{(2)}a_{2j} + \cdots + a_{in}^{(2)}a_{nj}$$

가 되고 이것은 행렬 곱 A^2A의 i행 j열 원소이다. 즉, $a_{ij}^{(3)}$는 P_i에서 P_j로 가는 3-경로의 수가 된다.

이와 같이 계속하여 4-경로를 3-경로에 하나의 아크가 뒤따르는 것으로 파악하고 그 다음, 그 다음으로 계속 진행하면 $a_{ij}^{(m)}$는 P_i에서 P_j로 가는 m-경로의 수라는 결론에 도달하게 된다. ■

이제 이 정리를 그림 2.24의 통신망에 적용한다. 인접행렬의 연이은 거듭제곱들은 다음과 같다.

$$A = \begin{bmatrix} 0 & 1 & 0 & 0 & 0 \\ 1 & 0 & 0 & 0 & 1 \\ 0 & 1 & 0 & 0 & 1 \\ 0 & 0 & 1 & 0 & 1 \\ 0 & 1 & 0 & 1 & 0 \end{bmatrix} \qquad A^2 = \begin{bmatrix} 1 & 0 & 0 & 0 & 1 \\ 0 & 2 & 0 & 1 & 0 \\ 1 & 1 & 0 & 1 & 1 \\ 0 & 2 & 0 & 1 & 1 \\ 1 & 0 & 1 & 0 & 2 \end{bmatrix}$$

$$A^3 = \begin{bmatrix} 0 & 2 & 0 & 1 & 0 \\ 2 & 0 & 1 & 0 & 3 \\ 1 & 2 & 1 & 1 & 2 \\ 2 & 1 & 1 & 1 & 3 \\ 0 & 4 & 0 & 2 & 1 \end{bmatrix} \qquad A^4 = \begin{bmatrix} 2 & 0 & 1 & 0 & 3 \\ 0 & 6 & 0 & 3 & 1 \\ 2 & 4 & 1 & 2 & 4 \\ 1 & 6 & 1 & 3 & 3 \\ 4 & 1 & 2 & 1 & 6 \end{bmatrix} \qquad A^5 = \cdots$$

이 행렬들을 이용하여 P_4에서 P_1으로 가는 경로를 논해보자.

A에서 $a_{41} = 0$. 직접 연결은 없다.
A^2에서 $a_{41}^{(2)} = 0$. P_4에서 P_1으로 가는 2-경로는 없다.
A^3에서 $a_{41}^{(3)} = 2 = 0$. P_4에서 P_1으로 가는 3-경로는 2가지이다.

이들이 P_4에서 P_1으로 가는 최단경로이다. 그림 2.24에서 검토해보면 이 결과가 맞음을 알 수 있다. 두 개의 3-경로는 다음과 같다.

$$P_4 \to P_3 \to P_2 \to P_1\text{와} \quad P_4 \to P_5 \to P_2 \to P_1$$

두 번째 예로 P_1에서 P_3으로 가는 최단경로의 길이를 결정해보자.

A에서 $a_{13}= 0$. 직접 연결은 없다.
A^2에서 $a_{13}^{(2)} = 0$. P_1에서 P_3으로 P_3가는 2-경로는 없다.
A^3에서 $a_{13}^{(3)} = 0$. P_1에서 P_3으로 P_3가는 3-경로는 없다.
A^4에서 $a_{13}^{(4)} = 1$. P_1에서 P_3으로 P_3가는 4-경로는 하나이다.

주어진 유향그래프를 검토하면 이 결과는 확인된다. P_1에서 P_3으로 메시지를 보내는 가장 빠른 길은 다음과 같은 4-경로이다.

$$P_1 \to P_2 \to P_5 \to P_4 \to P_3$$

여기서 논의된 모형은 유향그래프의 최단경로의 길이를 주지만 경로를 구성하는 중간 거점들을 알려주지는 않는다. 아직까지 인접행렬로부터 이 정보를 도출하는 수학적인 방법은 없다. 주어진 유향그래프에 대해 탐색과정을 거쳐 최단경로를 찾는 알고리즘이 네덜린드의 컴퓨터과학자인 딕스트라(Edsger Dijkstra)에 의해 개발되어 있다. 이 알고리즘에 대한 논의는 예를 들어 Gilles Brassard와 Paul Bratley의 *Algorithms: Practice and Theory*, Prentice Hall 1988의 87쪽을 보라. 다음의 논의는 최단경로의 실제 경로보다는 길이가 중요하게 사용되는 응용을 다룬다.

유향그래프에서 길이

유향그래프의 한 꼭짓점에서 다른 꼭짓점까지의 **거리**(distance)는 그 꼭짓점에서 다른 꼭짓점까지 가는 최단경로의 길이이다. 그 꼭짓점에서 다른 꼭짓점까지 가는 경로가 없으면 그 길이는 **부정**(undefined)이라고 말한다. 유향그래프의 꼭짓점들 간의 거리가 행렬의 원소가 되는 **거리행렬**(distance matrix) D는 다음과 같이 정의된다.

$$d_{ij} = \begin{cases} P_i\text{에서 } P_j\text{까지 가는 최단경로의 아크의 수} \\ 0 \quad i = j \\ x \quad P_i\text{에서 } P_j\text{까지 가는 경로가 없을} \end{cases}$$

만약 유향그래프가 작다면 거리행렬은 관찰에 의해 만들어질 수 있다. 큰 유향그래프의 경우에는 인접행렬의 거듭제곱들이 거리행렬을 만드는 데 사용된다. 그림 2.24의 통신망에서 겨리행렬은 다음과 같다.

$$D = \begin{bmatrix} 0 & 1 & 4 & 3 & 2 \\ 1 & 0 & 3 & 2 & 1 \\ 2 & 1 & 0 & 2 & 1 \\ 3 & 2 & 1 & 0 & 1 \\ 2 & 1 & 2 & 1 & 0 \end{bmatrix}$$

유향그래프에서 P_i에서 P_j까지의 거리가 반드시 P_j에서 P_i까지의 거리와 같을 필요는 없다. 이는 그래프이론에서의 거리행렬이 반드시 대칭일 필요가 없음을 의미한다.

이제 유향그래프와 거리행렬이 사회학에서 집단관계를 분석할 때 어떻게 사용될 수 있는지 예시한다.

사회학에서 집단관계

다섯 명의 집단을 고려하자. 한 사회학자가 다섯 명 중의 누가 다른 구성원에 대해 가장 영향력이 큰지 또는 우세한지를 알고 싶다. 단체원들에게 다음과 같은 설문지를 기입하도록 요청하였다고 하자.

- 자신의 이름 ________________
- 자신이 가장 의견을 존중하는 사람 ________________

얻어진 대답들은 표로 정리한다. 편의상 집단의 구성원들을 $M_1, M_2, \ldots, M_5$로 명명하자. 결과가 표 2.1과 같이 주어졌다고 가정하자.

표 2.1

집단 구성원	의견이 존중받는 사람
M_1	M_4
M_2	M_1
M_3	M_2
M_4	M_2
M_5	M_4

사회학자는 한 구성원이 의견을 가장 존중하는 바로 그 사람이 그 구성원에게 가장 영향력이 큰 사람이라고 가정한다. 따라서 영향력은 위의 표의 오른쪽 열에서 왼쪽 열로 향한다. 이 결과를 유향그래프로 나타낼 수 있다. 집단의 구성원을 꼭짓점으로 나타내고 영향력을 아크로 표시한다 이때 영향력의 방향을 아크의 방향으로 준다. 그림 2.25를 보라. 얻어진 유향그래프의 거리행렬을 구성하고 각 행의 원소들을 모두 더한다.

$$D = \begin{bmatrix} 0 & 1 & 2 & 2 & 3 \\ 2 & 0 & 1 & 1 & 2 \\ x & x & 0 & x & x \\ 1 & 2 & 3 & 0 & 1 \\ x & x & x & x & 0 \end{bmatrix} \quad \begin{matrix} \text{행의 합} \\ 8 \\ 6 \\ 4x \\ 7 \\ 4x \end{matrix}$$

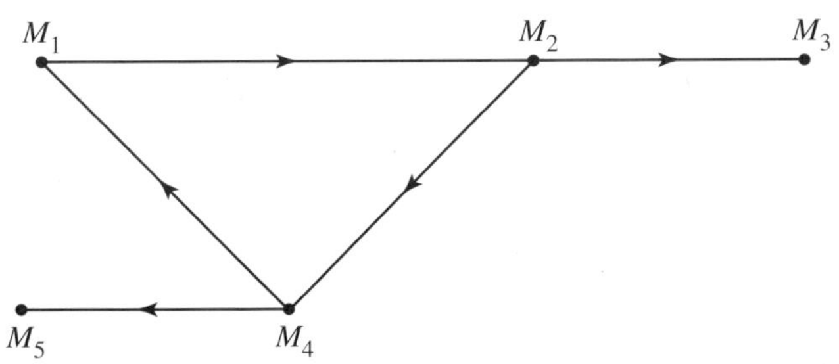

그림 2.25

이 그래프에서 아크는 직접적인 영향력에 해당하고 2-경로, 3-경로 등은 간접적인 영향력에 해당한다. 따라서 M_i에서 M_j까지의 거리가 작을수록 M_i는 M_j에 더 큰 영향력을 가지게 된다고 볼 수 있다. 행 i의 원소들의 합은 M_i에서 다른 꼭짓점까지의 거리의 총합을 준다. 이 사실에서 다음과 같은 행의 합에 대한 해석을 얻을 수 있다.

행 i의 합이 작을수록 개인 M_i의 그 집단에 대한 영향력은 커진다.

행의 합 중에서 2행에 대한 값 6이 가장 작다. 따라서 M_2는 집단에서 가장 영향력이 큰 사람이고 그 다음은 M_4, M_1순으로 뒤따른다. 또한 M_3와 M_4는 다른 구성원에 대해 영향력이 전혀 없다.

그래프이론에 대해 더 알고 싶은 사람은 다음 두 책을 참고하기 바란다. Robin J. Wilson의 *Introduction to Graph Theory*, John Wiley and Sons, 1987, Fred S. Roberts의 *Discrete Mathematical Structures*, Prentice Hall, 1976. 앞의 책은 수학적인 그래프이론의 아름다운 소개서이고 나중의 책은 응용의 훌륭한 모음집이다. Dennis H. Rouvray의 "Predicting Chemistry by Topology", *Scientific American*, 40, September, 1986은 그래프이론의 방법들이 아직 합성되지 않는 분자들의 화학적 성질을 예측하는 데 어떻게 이용되고 있는 지에 대한 매혹적인 설명을 포함한다.

다음으로 수송과 사회학의 분야에서 최근에 수행된 연구를 논하고 이 절을 마친다.

범세계 항공수송망

범세계 항공수송망의 전체적인 구조는 노스웨스턴 대학의 Luis Amaral이 주도하는 연구팀에 의해 분석되어 *The Proceedings of the National Academy of Sciences*, 102권 7794~7799쪽에 발표되었다. 여기서 망은 공항을 노드(마디점, node)로 공항 사이의 직항 여객항공편을 아크(arc)로 갖는 유향그래프로 해석된다. 이 연구는 3,883개의 공항과 531,574개의 항공편을 포함한다. (한 지역에 하나 이상의 주 공항이 있을 때에는 그것들을 모두 하나로 묶는다. 예를 들어 뉴웍, JFK, 라가디아 공항은 모두 뉴욕으로 묶인다.)

공항과 공항 사이의 최단경로의 길이(거리)가 계산되었다. 세계의 임의의 한 공항에서 다른 공항으로 갈 때 타야할 최소 항공편의 평균개수는 4.4로 밝혀졌다. 망에서 가장 먼 도시들은 포크랜드 섬의 마운트플레즌트와 파푸아 뉴우기니의 와수인데, 각 방향으로의 여행은 15개의 다른 항공편을 포함한다.(유향그래프의 **지름**은 15이다.)

보고서는 이 망에서 두 개의 또 다른 지표들을 논하고 있다. 공항의 **등급**(degree)은 그 공항을 출발하는 직항 항공편의 수(그 노드에서 나가는 아크의 수)이다. 이것은 공항의 연결성의 측도로 간주된다. 공항의 중간성(betweenness)지수는 그 공항을 환승지로 포함하는 다른 공항들 간의 최단경로의 수이다. 이것은 공항의 중심성(centrality)의 측도로 볼 수 있다. 가장 연결성이 높은 공항이 반드시 가장 중심성이 높은 것은 아니다. 가장 연결성이 높은 공항이 서유럽과 북아메리카에 위치한 반면에 가장 중심성이 높은 공항들은 각 대륙에 걸쳐 고르게 분포되어 있다. 의미 깊게도, 아프리카의 요하네스버그, 남아메리카의 부에노스아이레스와 사웅파울로 등과 같이 각 대륙은 적어도 하나의 중심 공항을 가지고 있다. 흥미스럽게도 알래스카의 앵커리지와 파푸아 뉴우기니의 포트모레스비는 예견할 수 있는 바와 같이 낮은 등급을 가지고 있지만 세계에서 가장 중심성이 높은 공항들 축에 낀다. 앵커리지는 출발하는 항공편은 거의 가지고 있지 않지만, 만약 앵커리지가 폐쇄된다면 수많은 다른 공항들 사이의 최단경로가 중단될 것이다. 가장 중심성이 높은 공항들과 그들의 중간성지수 및 등급이 다음에 나열되어 있다.

순위	공항	중간성지수	등급
1	파리	58.8	250
2	앵커리지	55.2	39
3	런던	54.7	242
4	싱가포르	47.5	92
5	뉴욕	47.2	179
6	로스앤젤레스	44.8	133
7	포트모레스비	43.4	38
8	프랑크푸르트	41.5	237
9	도쿄	39.1	111
10	모스크바	34.5	186

시카고는 13위, 마이애미는 25위인데 각각 중간성지수 28.8과 20.1, 등급 184와 100을 가지고 있다. 놀랍게도 애틀랜타는 상위 25위의 공항에 들지 못한다. 망의 연결성에 관해 더 알고 싶은 독자는 8.5절을 읽어야 한다.

사회망에서의 거리*

컬럼비아 대학의 과학자 팀인 Duncan J. Watts, Peter Dodds 및 Ruby Muhamad는 웹에서의 통신을 연구하고 있다. **작은 세계**(The Small World) 프로젝트는 이 세상의 모든 두 사람은 여섯 단계의 분리를 통해 연결될 수 있다는 생각을 검정하는 온라인 실험이다. 그들의 초기의 결과는 대부분이 사람은 평균 여섯 번의 중계로 멀리 있는 낯선 사람과 연결될 수 있다는 것을 알려준다. 참가자들은 13개국의 18명의 목표 인물들에 대한 기본정보(이름, 위치, 직업, 약간의 교육적인 배경)만을 받고, 그 목표인물들에게 메시지를 보내도록 요청을 받는다. 참가자들은 자산의 생각에 목표인물에 "보다 가깝다"고 생각되는 누군가에게 메시지를 보낸다. 수신자는 같은 일을 하도록 권유된다. 실험의 결과에 근거한 계산에 의하면, 같은 나라의 목표인물에 도달하는데 평균적으로 5번의 메시지 중계가 필요한 반면, 다른 나라의 목표인물을 찾는 데는 7번의 중계가 필요하고 세계 전체로 6번이 필요하다. 꼭짓점이 사람이고 유향아크가 전송된 메시지인 그래프에서 생각하면, 같은 나라의 두 사람 사이의 평균거리는 5이고 다른 나라의 두 사람 사이의 평균거리는 7인 반면에 전 세계의 평균은 6이다. 실험은 정교하게 만들어져서 반복될 것이다. 이 실험의 보고서는 학술지 Science, 301권, 827~829쪽, 2003에 나와 있다. 이 프로젝트의 웹주소는 www.smallworld.columbia.edu이다.

*이 프로젝트에 관해 도움말을 준 Duncan J. Watts에 감사하다.

연습문제 2.9

유향그래프와 인접행렬

1. 그림 2.26의 각 유향그래프의 인접행렬과 거리행렬을 구하라.

(a)

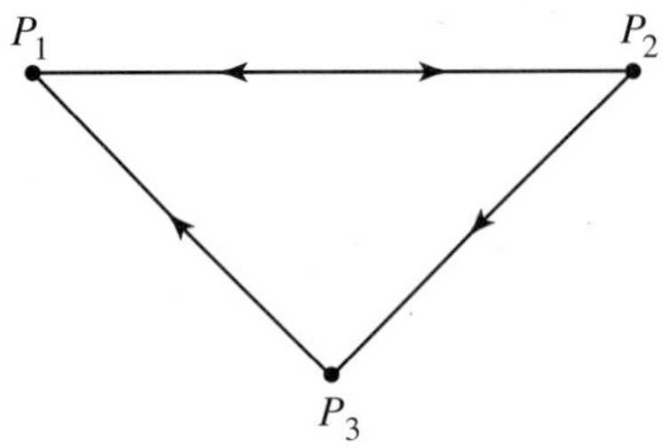

(b)

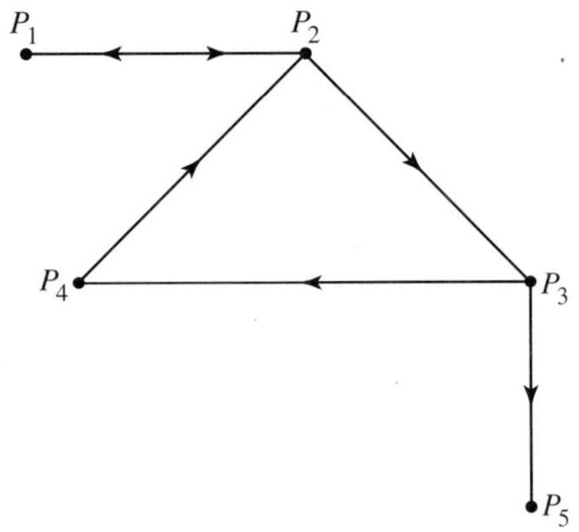

(c)

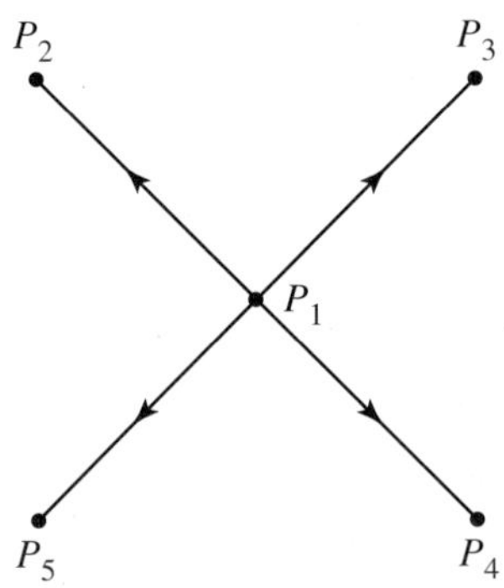

(d)

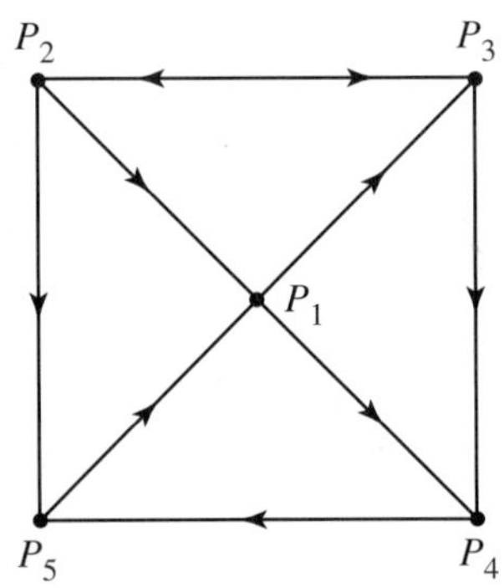

그림 2.26

2. 유향그래프의 **지름**은 꼭짓점들 사이의 거리 중 가장 큰 값이다. 그림 2.26의 유향그래프들의 지름을 구하라.

3. 다음 인접행렬을 갖는 유향그래프를 그려라.

(a) $\begin{bmatrix} 0 & 1 & 1 & 1 \\ 1 & 0 & 0 & 0 \\ 1 & 0 & 0 & 0 \\ 1 & 0 & 0 & 0 \end{bmatrix}$ **(b)** $\begin{bmatrix} 0 & 1 & 1 & 0 \\ 0 & 0 & 1 & 1 \\ 0 & 0 & 0 & 1 \\ 1 & 0 & 0 & 0 \end{bmatrix}$

(c) $\begin{bmatrix} 0 & 1 & 1 & 0 \\ 1 & 0 & 1 & 0 \\ 0 & 0 & 0 & 1 \\ 1 & 1 & 0 & 0 \end{bmatrix}$ **(d)** $\begin{bmatrix} 0 & 1 & 1 & 0 & 0 \\ 0 & 0 & 1 & 0 & 1 \\ 0 & 0 & 0 & 1 & 0 \\ 0 & 0 & 0 & 0 & 1 \\ 1 & 1 & 0 & 0 & 0 \end{bmatrix}$

(e) $\begin{bmatrix} 0 & 1 & 0 & 1 & 0 \\ 1 & 0 & 1 & 0 & 0 \\ 0 & 1 & 0 & 1 & 0 \\ 1 & 0 & 0 & 0 & 0 \\ 1 & 1 & 1 & 1 & 0 \end{bmatrix}$

유향그래프의 응용

4. 그림 2.27의 망은 어떤 도시 중심가의 도로 체계를 나타낸다. 여러 도로가 일방통행이다. 이 망을 유향그래프로 해석하고 인접행렬과 거리행렬을 구하라.

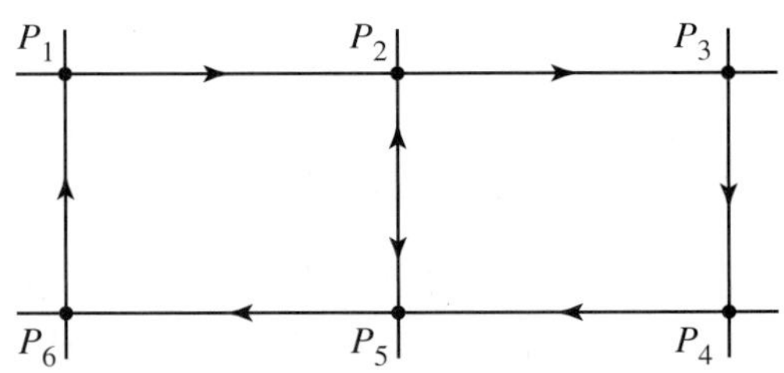

그림 2.27

5. 그래프이론은 자연의 미묘한 균형을 보다 잘 이해하기 위한 수학 모형에 사용된다. 그림 2.28은 중앙 플로리다에 있는 오칼라 국유림 생태계의 먹이사슬을 나타내는 유향그래프이다. 인접행렬을 구하라.

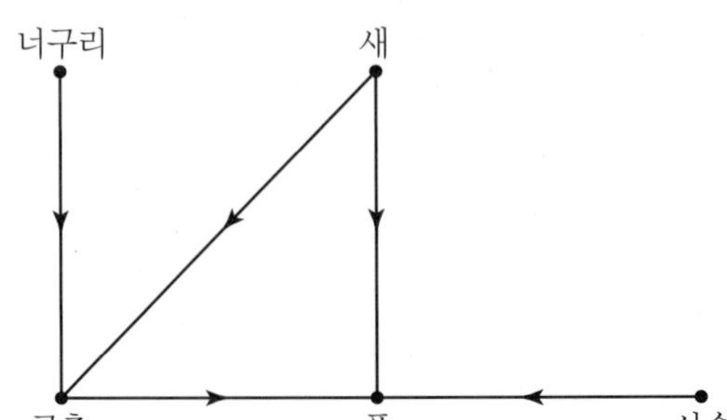

그림 2.28

6. 망의 모든 아크들이 양방향(two-way)일 때 필요 없게 된 화살표를 붙이지 않는 것이 관례이다. 이때 **그래프**라는 용어가 사용된다. 과학자들은 분자의 화학적 성질을 예측할 때 그래프를 사용하고 있다. 그림 2.29의 그래프는 부탄과 이소부탄의 분자구조를 나타낸다. 둘 다 같은 화학공식 C_4H_{10}을 가지고 있다. 이 그래프들의 인접행렬을 구하라. 이 행렬들이 대칭임에 주목하라. 임의의 그래프의 인접행렬이 대칭이 되리라고 기대하는가?

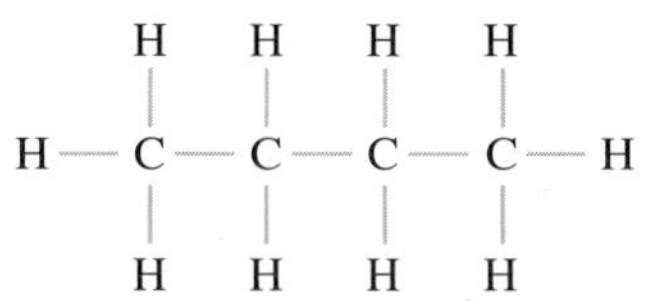

부탄

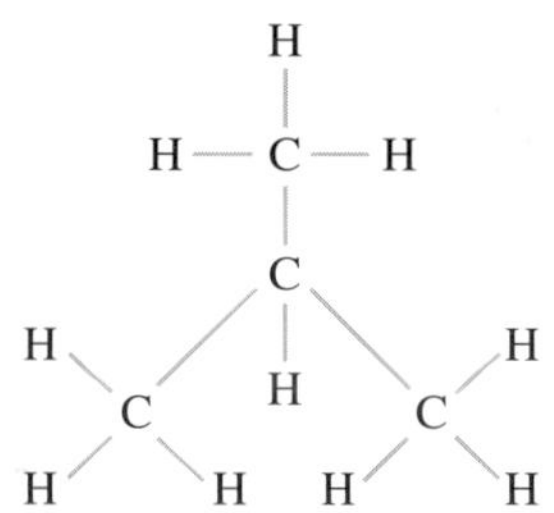

이소부탄

그림 2.29

7. 다음 행렬은 통신망을 나타낸다. 망을 그려라. 다음과 같이 메시지를 보낼 때 최단경로를 결정하라.

(a) P_2에서 P_5로 **(b)** P_3에서 P_2로

유향그래프의 거리행렬을 구하라.

$$\begin{bmatrix} 0 & 1 & 1 & 0 & 0 \\ 1 & 0 & 1 & 0 & 0 \\ 0 & 0 & 0 & 1 & 0 \\ 0 & 0 & 0 & 0 & 1 \\ 1 & 0 & 0 & 0 & 0 \end{bmatrix}$$

8. 다음 각 문제에서 행렬 A는 통신망에 대한 인접행렬이다. 망을 그려라. 인접행렬의 거듭제곱 행렬들이 주어졌다 원으로 둘러싸인 원소를 해석하라.

(a) $A = \begin{bmatrix} 0 & 1 & 0 & 0 \\ 1 & 0 & 0 & 0 \\ 0 & 1 & 0 & 0 \\ 0 & 0 & 1 & 0 \end{bmatrix}$ **(b)** $A = \begin{bmatrix} 0 & 0 & 1 & 0 \\ 0 & 0 & 1 & 0 \\ 0 & 1 & 0 & 0 \\ 0 & 0 & 1 & 0 \end{bmatrix}$

$A^2 = \begin{bmatrix} 1 & 0 & 0 & 0 \\ 0 & \textcircled{1} & 0 & \textcircled{0} \\ \textcircled{1} & 0 & 0 & 0 \\ 0 & \textcircled{1} & 0 & 0 \end{bmatrix}$ $A^2 = \begin{bmatrix} 0 & 1 & 0 & 0 \\ 0 & 1 & 0 & \textcircled{0} \\ 0 & 0 & \textcircled{1} & 0 \\ 0 & \textcircled{1} & 0 & 0 \end{bmatrix}$

$A^3 = \begin{bmatrix} 0 & \textcircled{1} & 0 & 0 \\ 1 & 0 & 0 & \textcircled{0} \\ 0 & \textcircled{1} & 0 & 0 \\ \textcircled{1} & 0 & 0 & 0 \end{bmatrix}$ $A^3 = \begin{bmatrix} 0 & 0 & \textcircled{1} & 0 \\ 0 & 0 & 1 & 0 \\ 0 & \textcircled{1} & 0 & \textcircled{0} \\ 0 & 0 & 1 & 0 \end{bmatrix}$

(c) $A = \begin{bmatrix} 0 & 1 & 0 & 1 \\ 0 & 0 & 1 & 0 \\ 1 & 0 & 0 & 0 \\ 0 & 0 & 1 & 0 \end{bmatrix}$ **(d)** $A = \begin{bmatrix} 0 & 1 & 0 & 0 & 1 \\ 0 & 0 & 1 & 1 & 0 \\ 0 & 0 & 0 & 0 & 0 \\ 0 & 0 & 1 & 0 & 0 \\ 0 & 0 & 0 & 1 & 0 \end{bmatrix}$

$A^2 = \begin{bmatrix} 0 & 0 & \textcircled{2} & 0 \\ \textcircled{1} & 0 & 0 & 0 \\ 0 & 1 & 0 & \textcircled{1} \\ 1 & 0 & 0 & 0 \end{bmatrix}$ $A^2 = \begin{bmatrix} 0 & 0 & 1 & \textcircled{2} & 0 \\ 0 & 0 & \textcircled{1} & 0 & 0 \\ 0 & 0 & 0 & 0 & 0 \\ 0 & 0 & 0 & 0 & 0 \\ 0 & 0 & \textcircled{1} & 0 & 0 \end{bmatrix}$

$A^3 = \begin{bmatrix} \textcircled{2} & 0 & 0 & 0 \\ 0 & 1 & 0 & \textcircled{1} \\ 0 & 0 & \textcircled{2} & 0 \\ 0 & \textcircled{1} & 0 & 1 \end{bmatrix}$ $A^3 = \begin{bmatrix} 0 & 0 & \textcircled{2} & 0 & 0 \\ 0 & 0 & 0 & 0 & 0 \\ \textcircled{0} & 0 & 0 & 0 & 0 \\ 0 & 0 & 0 & 0 & 0 \\ 0 & 0 & 0 & 0 & 0 \end{bmatrix}$

(e) $A = \begin{bmatrix} 0 & 0 & 0 & 0 & 0 \\ 1 & 0 & 0 & 1 & 0 \\ 0 & 1 & 0 & 1 & 0 \\ 0 & 0 & 1 & 0 & 1 \\ 1 & 1 & 0 & 0 & 0 \end{bmatrix}$ $A^2 = \begin{bmatrix} 0 & 0 & 0 & 0 & 0 \\ 0 & 0 & 1 & 0 & \textcircled{1} \\ \textcircled{1} & 0 & 1 & 1 & 1 \\ 1 & \textcircled{2} & 0 & 1 & 0 \\ \textcircled{1} & 0 & \textcircled{0} & \textcircled{1} & 0 \end{bmatrix}$

$A^3 = \begin{bmatrix} 0 & 0 & 0 & 0 & 0 \\ \textcircled{1} & \textcircled{2} & 0 & 1 & 0 \\ 1 & \textcircled{2} & 1 & \textcircled{1} & \textcircled{1} \\ \textcircled{2} & 0 & 1 & 2 & 1 \\ 0 & 0 & \textcircled{1} & 0 & 1 \end{bmatrix}$

유향그래프에 관한 정보

9. A를 유향그래프의 인접행렬이라 하자. 다음 각 경우에 유향그래프에 대해 무엇을 알 수 있는가?

(a) A의 셋째 행이 모두 0이다.

(b) A의 넷째 열이 모두 0이다.

(c) A의 다섯째 행의 원소들의 합이 3이다.

(d) A의 둘째 열의 원소들의 합이 2이다.

(e) A^3의 둘째 행이 모두 0이다.

(f) A^4의 셋째 열이 모두 0이다.

10. 다음과 같은 특징이 있는 인접행렬을 갖는 유향그래프에 대해 무엇을 말할 수 있는가?

(a) 둘째 행이 모두 0이다.

(b) 셋째 열이 모두 0이다.

(c) 넷째 행이 대각원소 0만 제외하고 모두 1이다.

(d) 다섯째 열이 대각원소 0만 제외하고 모두 1이다.

(e) 셋째 행의 원소들의 합이 5이다.

(f) 둘째 열의 원소들의 합이 4이다.

(g) 행렬에 있는 1이 모두 7개이다.

(h) 네제곱 행렬의 2행의 원소들의 합이 3이다.

(i) 5제곱 행렬의 3열의 원소들의 합이 4이다.

(j) 제곱 행렬의 넷째 행이 모두 영이다.

(k) 네제곱 행렬의 셋째 열이 모두 영이다.

11. A를 어떤 유향그래프의 인접행렬이라 하자. A^2이 다음과 같을 때 유향그래프를 그려라. 이 유향그래프를 이용하여 A^3을 구하라.

$$A^2 = \begin{bmatrix} 0 & 1 & 0 & 0 \\ 0 & 0 & 1 & 0 \\ 0 & 0 & 0 & 1 \\ 0 & 1 & 0 & 0 \end{bmatrix}$$

[**힌트** 유향그래프의 모든 2-경로가 주어졌다.]

12. A를 어떤 유향그래프의 인접행렬이라 하자. 다음이 주어질 때 A가 나타내는 모든 가능한 유향그래프를 그려라.

$$A^2 = \begin{bmatrix} 0 & 0 & 1 & 1 \\ 0 & 0 & 0 & 0 \\ 0 & 0 & 0 & 0 \\ 0 & 0 & 0 & 0 \end{bmatrix}$$

집단관계

13. 다음 각 표는 어떤 집단의 사람들에게 주어진 설문지로부터 얻어졌다. 각 경우에 그룹 내의 지도력 구조를 나타내는 유향그래프를 작성하라. 각 구성원을 집단에 대한 영향력에 따라 순위를 정하라.

(a)

집단 구성원	의견이 존중받는 사람
M_1	M_4
M_2	M_1
M_3	M_2
M_4	M_2

(b)

집단 구성원	의견이 존중받는 사람
M_1	M_5
M_2	M_1
M_3	M_2
M_4	M_3
M_5	M_4

(c)

집단 구성원	의견이 존중받는 사람
M_1	M_4
M_2	M_1 과 M_5
M_3	M_2
M_4	M_3
M_5	M_1

(d)

집단 구성원	의견이 존중받는 사람
M_1	M_5
M_2	M_1
M_3	M_1 과 M_4
M_4	M_5
M_5	M_3

14. 다음 각 행렬은 집단 내의 사람들 간의 "우정" 관계를 나타낸다. M_i가 M_j의 친구이면 $a_{ij} = 1$이고 아니면 $a_{ij} = 0$이다. 이들 관계를 나타내는 유향그래프를 그려라. 모든 행렬이 대칭임을 주목하라. 이 대칭성의 의미는 무엇인가? 이러한 관계가 대칭이 아닌 행렬로 표시될 수 있는가?

(a) $$A = \begin{bmatrix} 0 & 1 & 0 & 0 & 0 \\ 1 & 0 & 0 & 0 & 1 \\ 0 & 0 & 0 & 1 & 0 \\ 0 & 0 & 1 & 0 & 0 \\ 0 & 1 & 0 & 0 & 0 \end{bmatrix}$$

(b) $$A = \begin{bmatrix} 0 & 0 & 0 & 0 & 0 & 1 \\ 0 & 0 & 1 & 0 & 0 & 0 \\ 0 & 1 & 0 & 0 & 1 & 0 \\ 0 & 0 & 0 & 0 & 0 & 1 \\ 0 & 0 & 1 & 0 & 0 & 0 \\ 1 & 0 & 0 & 1 & 0 & 0 \end{bmatrix}$$

15. 유향그래프에서 사회과학자의 관심을 끄는 구조는 **파벌**(clique)이다. 파벌은 세 개 이상의 꼭짓점을 갖고 모든 꼭지점 쌍들이 상호 연관된, 유향그래프의 가장 큰 부분집합이다. 이 개념은 "우정" 관계에 즉시 응용된다. 즉, 세 명 이상의 사람들은, 그들이 모두 친구이고 또한 그들 모두가 그 집합 외의 단 한 사람과도 상호 우정관계를 갖지 않을 때 파벌을 형성한다. 단 하나의 파벌을 포함하는 유향그래프의 예를 들어라.

기타 결과

16. 유향그래프의 인접행렬은 반드시 정방행렬이어야 함을 증명하라.

17. A를 유향그래프의 인접행렬이라 하자. 전치행렬 A^t도 0과 1로 구성된 정방행렬이고 또한 어떤 유향그래프의 인접행렬이 된다. A와 A^t의 유향그래프는 어떻게 연관되는가?

18. 유향그래프의 인접행렬이 대칭이라는 사실은 유향그래프에 대해 무엇을 말해 주는가?

19. 유향그래프의 한 꼭짓점에서 다른 꼭짓점으로 가는 최단경로는 동일한 꼭짓점을 중복해서 포함할 수 없음을 증명하라.

20. n개의 꼭짓점을 갖는 그래프에서 두 꼭짓점 사이의 가능한 가장 긴 거리는 얼마인가?

21. A를 어떤 통신 유향그래프의 인접행렬이라고 하자. $C = AA^t$라 하면 c_{ij} = i와 j 두 거점 모두로부터 직접 메시지를 받을 수 있는 거점들의 수임을 보여라.

22. 유향그래프에서 **도달행렬**(reachability matrix) R은 다음과 같이 정의된다.

$$r_{ij} = \begin{cases} 1 & \text{꼭짓점 } P_i\text{에서 } P_j\text{로 가는 경로가 있을 때} \\ 1 & i = j\text{일 때} \\ 0 & P_i\text{에서 } P_j\text{로 가는 경로가 없을 때} \end{cases}$$

연습문제 8의 유향그래프의 도달성 행렬을 구하라.

23. 유향그래프의 도달행렬은 인접행렬과 그것의 거듭제곱들로부터의 정보를 이용하여 구성할 수 있다. n개의 꼭짓점을 갖는 유향그래프에서 인접행렬의 몇 개의 거듭제곱을 계산해야 필요한 모든 정보를 얻을 수 있는가?

24. **(a)** 유향그래프에서 인접행렬이 대칭이면 도달행렬도 대칭이겠는가?
   (b) 유향그래프에서 도달행렬이 대칭이면 인접행렬도 대칭이겠는가?

25. R을 어떤 통신 유향그래프의 도달행렬이라 할 때, $r(i)$를 R의 i행의 원소들의 합이라 하고 $c(j)$를 R의 j열의 원소들의 합이라 하자. $r(i)$와 $c(j)$가 유향그래프에 대해 주는 정보는 무엇인가?

26. R을 어떤 유향그래프의 도달행렬이라 하자. R^2의 i행 j열의 원소가 유향그래프에 대해 주는 정보는 무엇인가?

27. R을 어떤 유향그래프의 도달행렬이라 하자. R^t가 유향그래프에 대해 주는 정보는 무엇인가?

28. 유향그래프의 인접행렬 A와 도달행렬 R은 0 아니면 1인 원소들로만 구성되어 있다. 다음이 가능한가?
   (a) A와 R이 같은 수의 1을 가지고 있다.
   (b) A가 R보다 많은 수의 1을 가지고 있다.
   (c) A가 R보다 적은 수의 1을 가지고 있다.

2장 복습문제

1. $A = \begin{bmatrix} 2 & 0 \\ 7 & -1 \end{bmatrix}$, $B = \begin{bmatrix} 7 & 0 \\ -1 & 3 \end{bmatrix}$,
   $C = \begin{bmatrix} 6 & -1 & 3 \\ 5 & 0 & -2 \end{bmatrix}$, $D = \begin{bmatrix} 6 \\ 4 \end{bmatrix}$
   라 할 때 다음을 계산하라.(가능하다면)
   (a) $2AB$ **(b)** $AB + C$ **(c)** $BA + AB$
   (d) $AD - 3D$ **(e)** $AC + BC$ **(f)** $2DA + B$
   (g) $3(BA)(CD) + (4A)(BC)D$

2. A는 2×2, B는 2×2, C는 2×3, D는 3×2 행렬이라 하자. 다음 행렬 표현 중 가능한 것은 무엇인가? 가능하다면 결과 행렬의 크기를 밝혀라.
   (a) AB **(b)** $(A^2)C$
   (c) $B^3 + 3(CD)$ **(d)** $DC + BA$
   (e) $DA - 2(DB)$ **(f)** $C - 3D$

3. $A = \begin{bmatrix} 1 & -3 \\ 0 & 4 \end{bmatrix}$, $B = \begin{bmatrix} 1 & 2 & -3 \\ 5 & 0 & -1 \end{bmatrix}$
   $C = \begin{bmatrix} 2 & -4 & 5 \\ 7 & 1 & 0 \end{bmatrix}$
   일 때 $D = 2AB - 3C$의 다음 원소를, 전체 행렬을 계산하지 말고 구하라.
   (a) d_{12} **(b)** d_{23}

4. **(a)** $A = \begin{bmatrix} 3 & 1 \\ 7 & 2 \end{bmatrix}$, $B = \begin{bmatrix} 1 & 3 & 6 \\ 2 & 0 & -1 \end{bmatrix}$
   일 때 곱 AB를 B의 열들을 이용하여 구하라.

(b) $P = \begin{bmatrix} 1 & 2 & 3 \\ 5 & -1 & 4 \end{bmatrix}$, $Q = \begin{bmatrix} 2 \\ -3 \\ 5 \end{bmatrix}$

일 때 곱 PQ를 P의 열들의 선형결합으로 표현하라.

(c) $A = \begin{bmatrix} 3 & -1 & 2 \\ 0 & 4 & 1 \\ 2 & 5 & 0 \end{bmatrix}$, $B = \begin{bmatrix} 2 & 4 & 2 \\ -1 & -3 & 7 \\ 0 & 1 & -2 \end{bmatrix}$

라고 하자. A의 분할이 다음과 같을 때 AB를 계산하기 위해 사용될 수 있는 B의 분할을 모두 구하라.

$$A = \left[\begin{array}{cc|c} 3 & -1 & 2 \\ 0 & 4 & 1 \\ \hline 2 & 5 & 0 \end{array}\right]$$

5. $A = \begin{bmatrix} 3 & 1 \\ 0 & 2 \end{bmatrix}$, $B = \begin{bmatrix} -2 & 1 \\ 3 & 1 \end{bmatrix}$, $C = \begin{bmatrix} 0 & 1 \\ 3 & 2 \end{bmatrix}$

일 때 다음을 계산하라.

(a) $(A^t)^2$ **(b)** $A^t - B^2$

(c) $AB^3 - 2C^2$ **(d)** $A^2 - 3A + 4I_2$

6. 다음 방정식계에서 두 개의 해 X_1과 X_2가 주어져 있다. 덧셈과 스칼라 곱셈을 이용하여 네 개의 다른 해를 만들어라. $x = 1, y = 9$일 때의 해를 구하라.

$$\begin{aligned} x + 2y + 5z - 3w &= 0 \\ x - 2y - 3z - w &= 0 \\ 5x - 4y - 3z - 8w &= 0 \\ -4x + 8y + 12z + 4w &= 0 \end{aligned}$$

$$X_1 = \begin{bmatrix} 5 \\ 3 \\ -1 \\ 2 \end{bmatrix},\ X_2 = \begin{bmatrix} 3 \\ -1 \\ 1 \\ 2 \end{bmatrix}$$

7. 다음 동차 선형방정식계의 해들의 부분공간을 구하고 기저와 차원을 써라.

$$\begin{aligned} x_1 + x_2 + 2x_3 + 2x_4 &= 0 \\ x_1 + 2x_2 + 6x_3 + x_4 &= 0 \\ 3x_1 + 2x_2 + 2x_3 + 7x_4 &= 0 \end{aligned}$$

8. 다음의 비동차 선형방정식계를 고려하자. 편의상 일반해가 주어져 있다. **(a)** 대응 동차계를 쓰고 그것의 일반해를 구하라. **(b)** 동차계의 해들의 부분공간의 기저를 구하고 부분공간을 설명하라. **(c)** 비동차계의 해집합을 설명하라.

$$\begin{aligned} x_1 + 2x_2 - 8x_3 &= 8 \\ x_2 - 3x_3 &= 2 \\ x_1 + x_2 - 5x_3 &= 6 \end{aligned}$$

일반해 $(2r + 4, 3r + 2, r)$

9. 존재한다면, 가우스-요르단 소거법을 이용하여 다음 각 행렬의 역을 구하라.

(a) $\begin{bmatrix} 1 & 4 \\ 2 & -1 \end{bmatrix}$ **(b)** $\begin{bmatrix} 0 & 3 & 3 \\ 1 & 2 & 3 \\ 1 & 4 & 6 \end{bmatrix}$ **(c)** $\begin{bmatrix} 1 & 2 & 3 \\ 2 & 5 & 3 \\ 1 & 0 & 8 \end{bmatrix}$

10. 역행렬법을 이용하여 다음 방정식계를 풀어라.

$$\begin{aligned} x_1 + 3x_2 - 2x_3 &= 1 \\ 2x_1 + 5x_2 - 3x_3 &= 5 \\ -3x_1 + 2x_2 - 4x_3 &= 7 \end{aligned}$$

11. $3A^{-1} = \begin{bmatrix} 5 & -6 \\ -2 & 3 \end{bmatrix}$이 되는 A를 구하라.

12. 곱의 결합법칙 $A(BC) = (AB)C$를 검증하라.

13. **(a)** T_1, T_2가 다음과 같은 행연산이라 하자. T_1: I_3의 1행과 3행을 교환한다. T_2: I_3의 2행의 -4배를 1행에 더한다. T_1, T_2에 대응하는 기본행렬을 써라.

(b) 다음 각 기본행렬로 정의되는 행연산을 써라.

$$\begin{bmatrix} 1 & 0 & 0 \\ 0 & 1 & 0 \\ 2 & 0 & 1 \end{bmatrix},\ \begin{bmatrix} 1 & 0 & 0 \\ 0 & 0 & 1 \\ 0 & 1 & 0 \end{bmatrix}$$

14. n을 음이 아닌 정수, c를 상수라고 할 때, $(cA)^n = c^n A^n$임을 증명하라.

15. 행렬 A가 $AA^t = 0$이면 $A = 0$임을 증명하라.

16. $AA^t = A^tA$인 행렬을 **정규**(normal)행렬이라고 한다. 대칭행렬은 정규행렬임을 증명하라.

17. 행렬 A가 $A^2 = A$이면 **거듭제곱 상등**(idempotent) 행렬이라고 부른다. A가 거듭제곱상등이면 A^t도 거듭제곱상등임을 증명하라.

18. 행렬 A가 어떤 양의 정수 p에 대해 $A^p = 0$이 되면 **거듭제곱 영**(nilpotent) 행렬이라고 부른다. 이것이 성립하는 최소의 정수 p를 **거듭제곱 영의 차수**라고 부른다. A가 거듭제곱영 행렬이면 A^t도 같은 차수를 갖는 거듭제곱영 행렬임을 증명하라.

19. A가 대칭이고 가역이라면 A^{-1}도 대칭임을 증명하라.

20. 영인 행이나 열을 가진 행렬은 역행렬을 갖지 않음을 증명하라.

21. 다음 행렬 A에 의해 정의되는 변환 T를 고려하자. 벡터 x와 y의 상을 구하라.

$$\mathbf{A} = \begin{bmatrix} 1 & 2 & -3 \\ 0 & 4 & 1 \end{bmatrix}; \mathbf{x} = \begin{bmatrix} 3 \\ 0 \\ 1 \end{bmatrix}, \mathbf{y} = \begin{bmatrix} -1 \\ 4 \\ 2 \end{bmatrix}$$

22. 다음 변환이 선형인지 판정하라.

(a) $T(x, y) = (2x, y, y - x) \quad \mathbf{R}^2 \to \mathbf{R}^3$

(b) $T(x, y) = (x + y, 2y + 3) \quad \mathbf{R}^2 \to \mathbf{R}^2$

23. $\begin{bmatrix} 1 \\ 2 \end{bmatrix} \mapsto \begin{bmatrix} 5 \\ 1 \end{bmatrix}$이고 $\begin{bmatrix} 3 \\ -2 \end{bmatrix} \mapsto \begin{bmatrix} -1 \\ 11 \end{bmatrix}$이 되는 변환 $\mathbf{R}^2 \to \mathbf{R}^2$를 구하라.

24. 원점에 대해 $\pi/6$ 각도만큼 회전시키고 동시에 원점으로부터의 거리가 3배가 되도록 이동시키는 변환을 정의하는 하나의 행렬을 구하라.

25. 직선 $y = -x$에 대한 반사를 정의하는 행렬을 구하라.

26. 직선 $y = -x$로의 사영을 정의하는 행렬을 구하라.

27. x 방향으로 인자 5, y 방향으로 인자 2의 크기조정에 의한 직선 $y = -5x + 1$의 상의 방정식을 구하라.

28. y 방향으로 인자 3의 층밀림에 의한 직선 $y = 2x + 3$의 상의 방정식을 구하라.

29. y 방향으로 인자 3의 층밀림 후에 x 방향으로 인자 2의 크기조정을 하고 그 후 y축에 대해 반사시키는 변환의 2×2 행렬를 구하라.

30. 다음의 행렬에 대해 $A + B$와 AB를 계산하라. 또한 A가 허미시언 행렬임을 보여라.

$$A = \begin{bmatrix} 2 & 4 - 3i \\ 4 + 3i & -1 \end{bmatrix}, B = \begin{bmatrix} 3 + i & 1 - 2i \\ 2 + 7i & -2 + i \end{bmatrix}$$

31. 모든 실 대칭행렬은 허미시언임을 보여라.

32. 다음 행렬 A는 여러 고분에 포함된 도자기들을 나타낸다. 고분들의 연대 순서를 결정하고 다음에 도자기형들의 연대 순서를 정해보라.

$$A = \begin{bmatrix} 1 & 0 & 0 & 0 \\ 1 & 1 & 0 & 0 \\ 0 & 0 & 1 & 1 \\ 0 & 0 & 0 & 1 \\ 0 & 1 & 1 & 0 \end{bmatrix}$$

33. 다음 확률행렬 P는 대학교육을 받은 가구와 받지 않은 가구들이 적어도 한 명의 대학교육을 받은 자식을 포함할 확률을 준다. 여기서 대학교육을 받은 가구는 부모 중 적어도 한 명이 대학교육을 받은 가구이고, 받지 않은 가구는 부모 중 아무도 대학교육을 받지 않은 가구를 의미한다.

	가구: 대학교육 받음	가구: 받지 않음		
$P =$	0.9	0.25	대학교육 받음	자식
	0.1	0.75	받지 않음	

현재 300,000의 대학교육을 받은 가구와 750,000의 대학교육을 받지 않은 가구가 있다고 하자. 이제부터 두 세대 동안의 이들 가구의 분포를 예측하라. 대학교육을 받지 않은 한 쌍의 부부가 대학교육을 받은 한 명 아상의 손자를 가질 확률은 얼마인가?

34. A를 유향그래프의 인접행렬이라고 하자. 다음 각 경우에 유향그래프에 대해 무엇을 알 수 있는가?

(a) A의 넷째 열의 모든 원소가 영이다.

(b) A의 셋째 행의 원소들의 합이 2이다.

(c) A^3의 둘째 행의 원소들의 합이 4이다.

(d) A^2의 셋째 열이 모두 영이다.

(e) A^3의 (4, 4) 원소는 2이다.

(f) A^4의 영이 아닌 원소들의 합은 3이다.

Opened in January 2008, the headquarters of China Central Television (CCTV) in Beijing, China, stands at 234 meters.

CHAPTER 3

행렬식과 고유벡터

Determinants and Eigenvectors

모든 정방행렬에는 **행렬식**(determinant)이라고 불리는 하나의 수가 연관된다. 행렬의 행렬식은 수학, 과학, 공학의 많은 분야에서 사용되는 도구이다. 가우스-요르단 소거법은 구체적인 행렬의 역을 구하게 해주지만 이론적인 작업에서 사용할 수 있는, 임의의 행렬의 역에 대한 대수공식을 주지는 못한다. 반면에 행렬식은 그러한 공식을 제공한다. 더욱이 일부 선형방정식계의 경우, 해가 유일하거나, 없거나, 많을 때의 판별기준을 행렬식을 사용하여 만들 수 있다. 이 장에서는 행렬식을 정의하고 행렬식의 성질들을 밝힌다.

고유값과 고유벡터는 행렬에 연관된 특수한 상수와 벡터이다. 이들은 행렬식을 이용하여 표현된다. 많은 수치적 방법들이 고유값과 고유벡터를 이용한다. 고유값과 고유벡터를 사용하여 인구의 장기 예측, 진동시스템의 분석, 도로망의 연결성 연구를 논의할 것이다. 구글의 탐색 엔진 운용에서의 고유벡터의 역할도 토의된다.

3.1 행렬식의 소개

2×2 행렬의 행렬식 정의함으로써 행렬식에 대한 논의를 시작해보자.

정의 2×2 행렬의 **행렬식**은 $|A|$로 표기되고 다음과 같이 주어진다.

$$\begin{vmatrix} a_{11} & a_{12} \\ a_{21} & a_{22} \end{vmatrix} = a_{11}a_{22} - a_{12}a_{21}$$

2×2 행렬의 행렬식은 행렬의 **두 대각원소의 곱의 차이**로 주어지는 것을 관찰하라.
행렬식의 표기법으로 $\det(A)$도 사용된다.

예제 1

다음 행렬의 행렬식을 구하라.

$$A = \begin{bmatrix} 2 & 4 \\ -3 & 1 \end{bmatrix}$$

풀이

위의 정의를 적용하면

$$\begin{vmatrix} 2 & 4 \\ -3 & 1 \end{vmatrix} = (2 \times 1) - (4 \times (-3)) = 2 + 12 = 14$$

3 × 3 행렬의 행렬식은 2 × 2 행렬의 행렬식을 이용하여 정의한다. 4 × 4 행렬의 행렬식은 3 × 3 행렬의 행렬식을 이용하여 정의하고 이런 방식으로 계속한다. 이러한 정의를 위해 다음과 같은 **소행렬식**(minor)과 **여인자**(cofactor)의 개념이 필요하다.

정의

A를 정방행렬이라 하자.

원소 a_{ij}의 **소행렬식**은 M_{ij}로 표기되며 A의 i행과 j열을 제거한 후 남은 행렬의 행렬식이다.

a_{ij}의 **여인자**는 C_{ij}로 표기되고 다음과 같이 주어진다.

$$C_{ij} = (-1)^{i+j} M_{ij}$$

소행렬식과 여인자는 같든가 부호만 다름을 기억하라.

예제 2

다음 행렬 A의 원소 a_{11}과 a_{32}의 소행렬식과 여인자를 구하라.

$$A = \begin{bmatrix} 1 & 0 & 3 \\ 4 & -1 & 2 \\ 0 & -2 & 1 \end{bmatrix}$$

풀이

위의 정의를 이용하여 다음을 얻는다.

$$a_{11}\text{의 소행렬식: } M_{11} = \begin{vmatrix} 1 & 0 & 3 \\ 4 & -1 & 2 \\ 0 & -2 & 1 \end{vmatrix} = \begin{vmatrix} -1 & 2 \\ -2 & 1 \end{vmatrix} = (-1 \times 1) - (2 \times (-2)) = 3$$

$$a_{11}\text{의 여인자: } C_{11} = (-1)^{1+1} M_{11} = (-1)^2(3) = 3$$

$$a_{32}\text{의 소행렬식: } M_{32} = \begin{vmatrix} 1 & 0 & 3 \\ 4 & -1 & 2 \\ 0 & -2 & 1 \end{vmatrix} = \begin{vmatrix} 1 & 3 \\ 4 & 2 \end{vmatrix} = (1 \times 2) - (3 \times 4) = -10$$

$$a_{32}\text{의 여인자: } C_{32} = (-1)^{3+2} M_{32} = (-1)^5(-10) = 10$$

이제 보다 큰 행렬의 행렬식을 정의하자.

정의 **정방행렬의 행렬식**은 첫 행의 원소와 그것의 여인자의 곱의 합이다.

A가 3×3이면, $|A| = a_{11}C_{11} + a_{12}C_{12} + a_{13}C_{13}$

A가 4×4이면, $|A| = a_{11}C_{11} + a_{12}C_{12} + a_{13}C_{13} + a_{14}C_{14}$

$\vdots$

A가 $n \times n$이면, $|A| = a_{11}C_{11} + a_{12}C_{12} + a_{13}C_{13} + \cdots + a_{1n}C_{1n}$

이들 방정식을 $|A|$의 **여인자 전개**라고 부른다.

예제 3

다음 행렬 A의 행렬식을 구하라.

$$A = \begin{bmatrix} 1 & 2 & -1 \\ 3 & 0 & 1 \\ 4 & 2 & 1 \end{bmatrix}$$

풀이

첫 행의 원소와 대응하는 여인자를 이용하여 다음을 얻는다.

$$\begin{aligned} |A| &= a_{11}C_{11} + a_{12}C_{12} + a_{13}C_{13} \\ &= 1(-1)^2\begin{vmatrix} 0 & 1 \\ 2 & 1 \end{vmatrix} + 2(-1)^3\begin{vmatrix} 3 & 1 \\ 4 & 1 \end{vmatrix} + (-1)(-1)^4\begin{vmatrix} 3 & 0 \\ 4 & 2 \end{vmatrix} \\ &= [(0 \times 1) - (1 \times 2)] - 2[(3 \times 1) - (1 \times 4)] - [(3 \times 2) - (0 \times 4)] \\ &= -2 + 2 - 6 = -6 \end{aligned}$$

앞에서 행렬의 행렬식을 첫 행을 기준으로 정의했는데, 사실은 임의의 행이나 열을 기준으로 삼아 다음 규칙에 따라 계산될 수 있음을 보일 수 있다.

정리 3.1

정방행렬의 행렬식은 어떤 행이나 열의 원소와 그것의 여인자의 곱의 합이다.

i행 전개: $|A| = a_{i1}C_{i1} + a_{i2}C_{i2} + \cdots + a_{in}C_{in}$

j열 전개: $|A| = a_{1j}C_{1j} + a_{2j}C_{2j} + \cdots + a_{nj}C_{nj}$

여인자 전개에서 여인자의 부호 $(-1)^{i+j}$를 주는 데 사용할 수 있는 편리한 규칙이 있다. 이 규칙은 다음의 배열로 요약된다.

$$\begin{bmatrix} + & - & + & - & \cdots \\ - & + & - & + & \cdots \\ + & - & + & - & \cdots \\ \vdots & & & & \end{bmatrix}$$

예를 들어 둘째 행을 기준으로 전개한다면 부호는 $- \ + \ - \cdots$ 등이 될 것이다. 부호는 행이나 열을 따라가면서 교대로 나타난다.

예제 4

둘째 행을 기준으로 하여 다음 행렬의 행렬식을 계산하라.

$$A = \begin{bmatrix} 1 & 2 & -1 \\ 3 & 0 & 1 \\ 4 & 2 & 1 \end{bmatrix}$$

풀이

행렬식을 둘째 행을 기준으로 하여 전개하면 다음과 같다.

$$\begin{aligned} |A| &= a_{21}C_{21} + a_{22}C_{22} + a_{23}C_{23} \\ &= -3\begin{vmatrix} 2 & -1 \\ 2 & 1 \end{vmatrix} + 0\begin{vmatrix} 1 & -1 \\ 4 & 1 \end{vmatrix} - 1\begin{vmatrix} 1 & 2 \\ 4 & 2 \end{vmatrix} \\ &= -3[(2 \times 1) - (-1 \times 2)] + 0[(1 \times 1) - (-1 \times 4)] \\ &\quad - 1[(1 \times 2) - (2 \times 4)] \\ &= -12 + 0 + 6 = -6 \end{aligned}$$

앞의 예제 3에서 이미 첫 행을 기준으로 전개하여 이 행렬식의 값을 구했음을 기억하라. 예견된대로 같은 값이 나온다. ■

행렬식을 구할 때 가장 많은 0을 포함하는 행이나 열을 기준으로 전개함으로써 계산량을 최소화할 수 있다. 다음 예를 보자.

예제 5

다음 4×4 행렬의 행렬식을 구하라.

$$A = \begin{bmatrix} 2 & 1 & 0 & 4 \\ 0 & -1 & 0 & 2 \\ 7 & -2 & 3 & 5 \\ 0 & 1 & 0 & -3 \end{bmatrix}$$

풀이

이 행렬의 셋째 열이 가장 많은 영을 포함하고 있다. 행렬식을 셋째 열을 기준으로 전개하면 다음이 얻어진다.

$$|A| = a_{13}C_{13} + a_{23}C_{23} + a_{33}C_{33} + a_{43}C_{43}$$
$$= 0(C_{13}) + 0(C_{23}) + 3(C_{33}) + 0(C_{43})$$
$$= +3\begin{vmatrix} 2 & 1 & 4 \\ 0 & -1 & 2 \\ 0 & 1 & -3 \end{vmatrix}$$

이번에는 행렬식의 첫 열이 가장 많은 영을 포함한다. 첫 열을 기준으로 전개하여

$$|A| = 3(2)\begin{vmatrix} -1 & 2 \\ 1 & -3 \end{vmatrix} = 6(3 - 2) = 6$$

를 얻는다. ■

행렬식의 원소가 변수일 수도 있다. 또한 방정식이 행렬식을 포함할 수도 있다. 다음 예제는 그런 **행렬식 방정식**(determinantal equation)의 예를 보여준다.

예제 6

다음 방정식을 변수 x에 대해 풀어라.

$$\begin{vmatrix} x & x + 1 \\ -1 & x - 2 \end{vmatrix} = 7$$

풀이

행렬식을 전개하여 다음 방정식을 얻는다.

$$x(x - 2) - (x + 1)(-1) = 7$$

이 방정식을 간단히 하여 다음과 같이 x에 대해 푼다.

$$x^2 - 2x + x + 1 = 7$$
$$x^2 - x - 6 = 0$$
$$(x + 2)(x - 3) = 0$$
$$x = -2 \text{ 또는 } 3$$

즉, 이 방정식에는 두 개의 해 $x = -2$와 $x = 3$이 있다. ■

2×2와 3×3 행렬의 행렬식 계산

2×2와 3×3 행렬의 행렬식은 대각선들을 이용하여 빨리 구할 수 있다. 2×2 행렬의 경우에는 실제 대각선들이 사용되나 3×3 행렬의 경우에는 처음 두 열을 행렬의 오른쪽에 덧붙인 배열의 대각선들이 사용된다. 행렬식은 다음에서 보듯이 왼쪽에서 오른쪽으로 향하는 대각원소들의 곱은 더하고, 오른쪽에서 왼쪽으로 향하는 대각원소들의 곱은 빼서 구해진다.

2 × 2 행렬 A

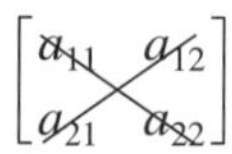

3 × 3 행렬 A

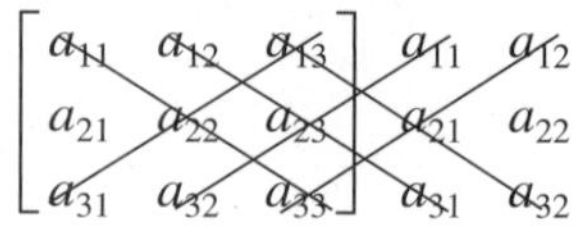

2 × 2 행렬:

$$|A| = a_{11}a_{22} - a_{12}a_{21}$$

3 × 3 행렬:

$$|A| = a_{11}a_{22}a_{33} + a_{12}a_{23}a_{31} + a_{13}a_{21}a_{32} - a_{13}a_{22}a_{31} - a_{11}a_{23}a_{32} - a_{12}a_{21}a_{33}$$

(왼쪽에서 오른쪽으로 가는 대각곱) (오른쪽에서 왼쪽으로 가는 대각곱)

(임의의 3 × 3 행렬의 행렬식이 위와 같이 전개됨을 보이는 것은 독자에게 맡긴다.)

예를 들어

A

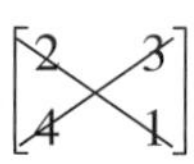

B

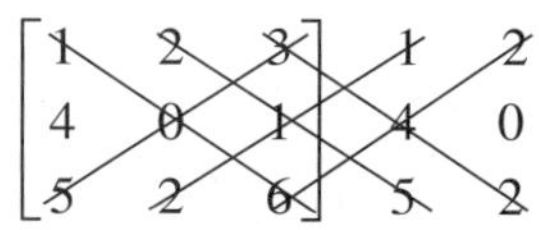

$|A| = (2 - 12) = -10$ $\qquad$ $|B| = 0 + 10 + 24 - 0 - 2 - 48 = -16$

보다 큰 행렬의 경우에는 행렬식을 계산하는 이러한 간편법이 없다.

*행렬식의 다른 정의

이제 순열을 포함하는, 행렬식의 동등한 다른 정의를 소개한다. 이 정의는 주로 이론적인 목적으로 사용된다. 먼저 순열에 대해 필요한 배경지식을 알아보자.

$S = \{1, 2, ..., n\}$을 1부터 n까지의 정수들의 집합이라 하자. S의 원소들을 재배열한 $i_1i_2 \ldots i_n$을 S의 **순열**(permutation)이라고 부른다. 즉, 예를 들어 2314는 집합 {1, 2, 3, 4}의 순열이다. $i_1i_2 \ldots i_n$이 짝수 번의 자리바꿈을 통해 123 ... n으로 재배열될 수 있으면 **우순열**(even permutation)이라고 부른다. $i_1i_2 \ldots i_n$이 홀수 번의 자리바꿈을 통해 123 ... n으로 재배열될 수 있으면 **기순열**(odd permutation)이다.(영은 짝수로 간주된다.)

예제 7

(a) 13425는 우순열이고 (b) 13452는 기순열임을 보여라

풀이

(a) 13425는 다음과 같이 재배열될 수 있다.

$$13425 \rightarrow 13245 \rightarrow 12345$$

짝수인 두 번의 자리바꿈이 있다. 따라서 13425는 우순열이다.

(b) 13452는 다음과 같이 재배열될 수 있다.

$$13452 \rightarrow 13425 \rightarrow 13245 \rightarrow 12345$$

홀수인 세 번의 자리바꿈이 있어 13452는 기순열이다.

■

예제 8

{1, 2, 3}의 모든 순열을 쓰고 우순열인지 기순열인지 밝혀라.

풀이

체계적으로, 우선 1이 첫 원소인 순열을 쓰고 다음에 2가 첫 원소인 순열, 마지막으로 3이 첫 원소인 순열을 쓰면 다음과 같다.

$$\begin{aligned}&123\ (\text{우})\\&132 \to 123\ (\text{기})\\&213 \to 123\ (\text{기})\\&231 \to 213 \to 123\ (\text{우})\\&312 \to 132 \to 123\ (\text{우})\\&321 \to 231 \to 213 \to 123\ (\text{기})\end{aligned}$$

이것들이 집합 {1, 2, 3}의 모든 순열이다.

행렬의 행렬식이 여인자를 이용하여 반복적으로 전개되면 결국 원소들의 곱의 합의 형태가 된다. 그 형태로부터 다음 정의를 얻을 수 있다.

정의 A를 $n \times n$ 행렬이라 하면

$$|A| = \sum \pm a_{1j_1}a_{2j_2}\ldots a_{nj_n}$$

여기서 Σ는 항들을 집합 $\{1, 2, \ldots, n\}$의 모든 순열 $j_1j_2 \ldots j_n$에 대해 합하는 것을 의미하고, 부호는 순열이 우순열이면 $+$로 기순열이면 $-$로 선택된다.

예제 9

이제 행렬식의 정의를 하나는 여인자에 의한 것과 또 하나는 순열에 기초한 것, 두 가지를 가지고 있다. 2×2 행렬에 적용하여 이 정의들이 동등함을 보여라.

풀이

A를 2×2 행렬이라 하자.

여인자 정의: 정의를 적용하면 다음을 얻는다.

$$|A| = \begin{vmatrix} a_{11} & a_{12} \\ a_{21} & a_{22} \end{vmatrix} = a_{11}a_{22} - a_{12}a_{21}$$

순열 정의: {1, 2}의 순열은 12(우)와 21(기)이다. 따라서 이 정의에 의해 다음을 얻는다.

$$|A| = \sum \pm a_{1j_1}a_{2j_2} = a_{11}a_{22} - a_{12}a_{21}$$

두 정의는 2×2 행렬에 대해 일치한다. 연습문제 21에서 3×3 행렬에 대해 두 정의가 일치함을 보이게 될 것이다.

연습문제 3.1

2 × 2 행렬의 행렬식

1. 다음 2 × 2 행렬의 행렬식을 계산하라,

(a) $\begin{bmatrix} 2 & 1 \\ 3 & 5 \end{bmatrix}$ **(b)** $\begin{bmatrix} 3 & -2 \\ 1 & 2 \end{bmatrix}$

(c) $\begin{bmatrix} 4 & 1 \\ -2 & 3 \end{bmatrix}$ **(d)** $\begin{bmatrix} 5 & -2 \\ -3 & -4 \end{bmatrix}$

2. 다음 2 × 2 행렬의 행렬식을 계산하라,

(a) $\begin{bmatrix} 1 & -5 \\ 0 & 3 \end{bmatrix}$ **(b)** $\begin{bmatrix} 1 & 2 \\ 3 & 4 \end{bmatrix}$

(c) $\begin{bmatrix} -3 & 1 \\ 2 & -5 \end{bmatrix}$ **(d)** $\begin{bmatrix} 3 & -2 \\ -1 & 0 \end{bmatrix}$

소행렬식과 여인자

3. 행렬을

$$A = \begin{bmatrix} 1 & 2 & -3 \\ 5 & 0 & 6 \\ 7 & 1 & -4 \end{bmatrix}$$

라 하자. A의 다음 소행렬식과 여인자를 구하라.

(a) M_{11}과 C_{11} **(b)** M_{21}과 C_{21}

(c) M_{23}와 C_{23} **(d)** M_{33}와 C_{33}

4. 행렬을

$$A = \begin{bmatrix} 5 & 0 & 1 \\ -2 & 3 & 7 \\ 0 & -6 & 2 \end{bmatrix}$$

라 하자. A의 다음 소행렬식과 여인자를 구하라.

(a) M_{13}과 C_{13} **(b)** M_{22}과 C_{22}

(c) M_{31}와 C_{31} **(d)** M_{33}와 C_{33}

5. 행렬을

$$A = \begin{bmatrix} 2 & 0 & 1 & -5 \\ 8 & -1 & 2 & 1 \\ 4 & -3 & -5 & 0 \\ 1 & 4 & 8 & 2 \end{bmatrix}$$

라 하자. A의 다음 소행렬식과 여인자를 구하라.

(a) M_{12}과 C_{12} **(b)** M_{24}과 C_{24}

(c) M_{33}와 C_{33} **(d)** M_{43}와 C_{43}

3 × 3 행렬의 행렬식

6. 다음 각 행렬의 행렬식을 (i) 첫 행을 이용해서 (ii) "대각선"법을 이용해서 구하라.

(a) $\begin{bmatrix} 1 & 2 & 4 \\ 4 & -1 & 5 \\ -2 & 2 & 1 \end{bmatrix}$ **(b)** $\begin{bmatrix} 3 & 1 & 4 \\ -7 & -2 & 1 \\ 9 & 1 & -1 \end{bmatrix}$

(c) $\begin{bmatrix} 4 & 1 & -2 \\ 5 & 3 & -1 \\ 2 & 4 & 1 \end{bmatrix}$

7. 다음 각 행렬의 행렬식을 (i) 첫 행을 이용해서 (ii) "대각선"법을 이용해서 구하라.

(a) $\begin{bmatrix} 2 & 0 & 7 \\ 8 & -1 & -2 \\ 5 & 6 & 1 \end{bmatrix}$ **(b)** $\begin{bmatrix} 2 & -1 & 3 \\ 4 & 0 & 2 \\ 1 & 1 & 1 \end{bmatrix}$

(c) $\begin{bmatrix} 0 & 0 & 5 \\ 1 & 1 & 1 \\ 2 & 2 & 2 \end{bmatrix}$

8. 다음 각 행렬의 행렬식을 지시된 행이나 열을 이용하여 두 가지 방법으로 구하고 동일한 값을 얻음을 관찰하라.

(a) $\begin{bmatrix} 0 & 3 & 2 \\ 1 & 5 & 7 \\ -2 & -6 & -1 \end{bmatrix}$ 둘째 행과 첫 열

(b) $\begin{bmatrix} 4 & 2 & 1 \\ -6 & 3 & -2 \\ 7 & 1 & -1 \end{bmatrix}$ 셋째 행과 둘째 열

(c) $\begin{bmatrix} 5 & -1 & 2 \\ 3 & 0 & 6 \\ -4 & 3 & 1 \end{bmatrix}$ 첫 행과 셋째 행

(d) $\begin{bmatrix} 6 & 3 & 0 \\ -2 & -1 & 5 \\ 4 & 6 & -2 \end{bmatrix}$ 둘째 열과 셋째 열

9. 다음 각 행렬의 행렬식을 지시된 행이나 열을 이용하여 두 가지 방법으로 구하고 동일한 값을 얻음을 관찰하라.

(a) $\begin{bmatrix} 1 & 3 & -1 \\ 2 & 0 & 5 \\ 1 & 4 & 3 \end{bmatrix}$ 둘째 행과 첫 열

(b) $\begin{bmatrix} -2 & -1 & 1 \\ 9 & 3 & 2 \\ 4 & 0 & 0 \end{bmatrix}$ 첫 행과 셋째 열

(c) $\begin{bmatrix} 1 & 0 & 2 \\ 3 & -2 & 1 \\ 4 & 0 & 2 \end{bmatrix}$ 첫 열과 둘째 열

(d) $\begin{bmatrix} 1 & 2 & 3 \\ -1 & -4 & 0 \\ 0 & 0 & 4 \end{bmatrix}$ 셋째 행과 첫 열

10. 다음 각 행렬의 행렬식을 최소의 계산이 포함되는 행이나 열을 이용하여 계산하라.

(a) $\begin{bmatrix} 1 & -2 & 3 \\ 1 & 4 & 0 \\ 2 & -1 & 0 \end{bmatrix}$ **(b)** $\begin{bmatrix} 3 & -1 & 2 \\ 0 & 4 & 0 \\ -5 & 1 & 9 \end{bmatrix}$

(c) $\begin{bmatrix} 9 & 2 & 1 \\ -3 & 2 & 6 \\ 0 & 0 & -3 \end{bmatrix}$

11. 다음 각 행렬의 행렬식의 값을 가능한 한 최소의 계산량으로 구하라.

(a) $\begin{bmatrix} 1 & -2 & 3 & 0 \\ 4 & 0 & 5 & 0 \\ 7 & -3 & 8 & 4 \\ -3 & 0 & 4 & 0 \end{bmatrix}$

(b) $\begin{bmatrix} 1 & 4 & 5 & 9 \\ 2 & 3 & -7 & 1 \\ 0 & 0 & 0 & -3 \\ 0 & 1 & 0 & 8 \end{bmatrix}$

(c) $\begin{bmatrix} 9 & 3 & 7 & -8 \\ 1 & 0 & 4 & 2 \\ 1 & 0 & 0 & -1 \\ -2 & 0 & -1 & 3 \end{bmatrix}$

행렬식을 포함하는 방정식

12. 다음 방정식을 x에 대해 풀어라.

$$\begin{vmatrix} x+1 & x \\ 3 & x-2 \end{vmatrix} = 3$$

13. 다음 방정식을 x에 대해 풀어라.

$$\begin{vmatrix} 2x & -3 \\ x-1 & x+2 \end{vmatrix} = 1$$

14. 다음 행렬식을 영으로 만드는 x 값을 구하라.

$$\begin{vmatrix} x-1 & -2 \\ x-2 & x-1 \end{vmatrix}$$

15. 다음 행렬식을 영으로 만드는 모든 x의 값을 구하라.

$$\begin{vmatrix} x & 0 & 2 \\ 2x & x-1 & 4 \\ -x & x-1 & x+1 \end{vmatrix}$$

기타 결과

16. 왜 다음 두 행렬식이 같은 값을 가지리라고 기대하는가?

$$\begin{vmatrix} 4 & -1 & 0 \\ 5 & 6 & 3 \\ 2 & 1 & 0 \end{vmatrix} \text{ 와 } \begin{vmatrix} 4 & -1 & 0 \\ 9 & 2 & 3 \\ 2 & 1 & 0 \end{vmatrix}$$

17. 왜 다음 행렬식이 a와 b 값에 상관없이 같은 값을 가지리라고 기대하는가?

$$\begin{vmatrix} 3 & 5 & a \\ 9 & 1 & b \\ 0 & 0 & 2 \end{vmatrix}$$

18. 다음 각 순열이 우순열인지 기순열인지 결정하라.
(a) 4213 **(b)** 3142 **(c)** 3214
(d) 2413 **(e)** 4321

19. 다음 각 순열이 우순열인지 기순열인지 결정하라.
(a) 35241 **(b)** 43152 **(c)** 54312
(d) 25143 **(e)** 32514

20. $\{1, 2, 3, 4\}$의 모든 순열을 쓰고 우순열인지 기순열인지 밝혀라

21. 이 절에서 각각 여인자와 순열에 기초한 행렬식의 두 가지 정의를 주었다. 3×3 행렬에 적용하여 이 두 정의가 동등함을 보여라.

22. 연습문제 6의 행렬식을 행렬식의 순열 정의를 이용하여 계산하라.

3.2 행렬식의 성질

이 절에서는 행렬식의 대수적 성질을 토의한다. 행렬식의 많은 성질들이 행과 열에 대해 모두 성립한다. 이런 경우에는 행(열)로 써서 문장에서 열이 행을 대체할 수 있다는 것을 표시한다. 증명은 유용한 기법을 예시한다고 여겨질 때만 주어지든가 연습문제로 돌려진다.

다음 정리는 기본 행연산이 행렬식에 어떻게 영향을 미치는지를 말해 준다. 또한 이

연산들은 열로도 확장될 수 있음을 말해 준다.

정리 3.2

A가 $n \times n$ 행렬이고 c가 영이 아닌 스칼라라고 하자.

(a) 행렬 B가 A로부터, 한 행(열)의 원소들에 c를 곱하여 얻어졌다면 $|B| = c|A|$이다.

(b) 행렬 B가 A로부터, 두 행(열)을 교환하여 얻어졌다면 $|B| = -|A|$이다.

(c) 행렬 B가 A로부터, 한 행(열)의 상수배를 다른 행(열)에 더하여 얻어졌다면 $|B| = |A|$이다.

증명

(a) 행렬 B가 A의 k행에 c를 곱하여 얻어졌다고 하자. B의 k행은

$$ca_{k1}\, ca_{k2}\, ca_{k3} \ldots ca_{kn}$$

이 된다. $|B|$를 이 행을 기준으로 전개하면

$$\begin{aligned}|B| &= ca_{k1}C_{k1} + ca_{k2}C_{k2} + \cdots + ca_{kn}C_{kn} \\ &= c(a_{k1}C_{k1} + a_{k2}C_{k2} + \cdots + a_{kn}C_{kn}) \\ &= c|A|\end{aligned}$$

을 얻는다. 열에 대해 대응되는 결과는 $|B|$를 k열을 기준으로 전개하면 얻어진다. ■

다음 예제는 행렬식의 계산을 보다 쉽게 하기 위해 행렬에 영을 만드는 데 행연산과 열연산이 어떻게 사용되는지를 보여준다.

예제 1

다음 행렬식을 계산하라.

$$\begin{vmatrix} 3 & 4 & -2 \\ -1 & -6 & 3 \\ 2 & 9 & -3 \end{vmatrix}$$

풀이

위의 연산들을 이용하여 영을 만들 수 있는지를 보기 위해 행렬의 행이나 열을 조사한다. 셋째 열의 두 배를 더하면 둘째 열에 영을 만들 수 있다. 다음을 보라.

$$\begin{vmatrix} 3 & 4 & -2 \\ -1 & -6 & 3 \\ 2 & 9 & -3 \end{vmatrix} \underset{C2 + 2C3}{=} \begin{vmatrix} 3 & 0 & -2 \\ -1 & 0 & 3 \\ 2 & 3 & -3 \end{vmatrix}$$

이제 영의 잇점을 이용하여 뒤의 행렬식을 둘째 열을 기준으로 전개하면

$$= (-3)\begin{vmatrix} 3 & -2 \\ -1 & 3 \end{vmatrix} = (-3)(9 - 2) = -21$$

를 얻는다. ■

예제 2

$A = \begin{bmatrix} 1 & 4 & 3 \\ 0 & 2 & 5 \\ -2 & -4 & 10 \end{bmatrix}$일 때 여인자 전개를 하여 $|A| = 12$임을 보일 수 있다. 이 정보와 행렬식의 행, 열연산에 대한 위의 성질을 이용하여 다음 행렬들의 행렬식을 구하라.

(a) $B_1 = \begin{bmatrix} 1 & 12 & 3 \\ 0 & 6 & 5 \\ -2 & -12 & 10 \end{bmatrix}$ **(b)** $B_2 = \begin{bmatrix} 1 & 4 & 3 \\ -2 & -4 & 10 \\ 0 & 2 & 5 \end{bmatrix}$

(c) $B_3 = \begin{bmatrix} 1 & 4 & 3 \\ 0 & 2 & 5 \\ 0 & 4 & 16 \end{bmatrix}$

풀이

(a) B_1은 A의 2열에 3을 곱하여 얻어짐을 관찰하라. 따라서 $|B_1| = 3|A| = 36$

(b) B_2는 A의 2행과 3행을 교환하여 얻어진다. 따라서 $|B_2| = -|A| = -12$

(c) B_3은 A로부터, 1행의 2배를 3행에 더하여 얻어진다. 따라서 $|B_3| = |A| = 12$ ■

행렬이론에서 행렬식이 영인 행렬이 중요한 역할을 하는 것을 알게 될 것이다.

정의 정방행렬 A에서 $|A| = 0$이면 **특이**(singular)행렬 $|A| \neq 0$이면 **정칙**(nonsingular)행렬이라고 한다.

다음 정리는 행렬이 특이가 되는 상황에 대해 알려준다.

정리 3.3

A를 정방행렬이라 하자. 다음 각 경우에 A는 특이행렬이다.

(a) 한 행(열)의 모든 원소가 영이다.

(b) 두 행(열)이 모두 같다.

(c) 두 행(열)이 비례관계이다.

[(b)는 (c)의 특수한 경우지만 특별히 강조하기 위해 나열하였다.]

증명

(a) A의 k행의 모든 원소가 영이라고 하자. k행을 기준으로 $|A|$를 전개하면

$$\begin{aligned} |A| &= a_{k1}C_{k1} + a_{k2}C_{k2} + \cdots + a_{kn}C_{kn} \\ &= 0C_{k1} + 0C_{k2} + \cdots + 0C_{kn} \\ &= 0 \end{aligned}$$

을 얻는다. 열에 대한 대응되는 결과는 행렬식을 영인 열을 기준으로 전개하여 얻어진다.

(b) 동일한 두 행을 교환하여 A와 동일한 행렬 B를 얻는다. 즉 $|B| = |A|$이다. 그런데 두 행을 교환하면 행렬식이 음이 되는 것을 알고 있다. 따라서 $|B| = -|A|$이다. 이 두 결과를 결합하면 $|A| = -|A|$이 얻어진다. 따라서 $2|A| = 0$이 되고, 이것은 $|A| = 0$을 의미한다.

열에 대한 증명도 유사하다. ■

예제 3

다음 행렬들이 특이행렬임을 보여라.

(a) $A = \begin{bmatrix} 2 & 0 & -7 \\ 3 & 0 & 1 \\ -4 & 0 & 9 \end{bmatrix}$ **(b)** $B = \begin{bmatrix} 2 & -1 & 3 \\ 1 & 2 & 4 \\ 2 & 4 & 8 \end{bmatrix}$

풀이

(a) A의 2열의 모든 원소가 영이므로 $|A| = 0$이다.

(b) B의 3행의 모든 원소들이 2행의 대응되는 원소들의 두 배임을 관찰한다. 즉 다음과 같이 쓸 수 있다.

$$(3\text{행}) = 2\ (2\text{행})$$

2행과 3행이 비례관계이므로 $|B| = 0$이다.

다음 정리는 행렬식이 여러 행렬 연산에 어떻게 연관되는지를 말해 준다.

정리 3.4

A, B가 $n \times n$ 행렬이고 c가 영이 아닌 스칼라라고 하자.

(a) 상수 배의 행렬식: $|cA| = c^n|A|$

(b) 곱의 행렬식: $|AB| = |A||B|$

(c) 전치의 행렬식: $|A^t| = |A|$

(d) 역의 행렬식: $|A^{-1}| = \dfrac{1}{|A|}$ (A^{-1}이 존재한다면)

증명

(a) cA의 각 행은 A의 각 행에 c를 곱한 것이다. 정리 3.2(a)를 cA의 n개의 행 각각에 적용시키면 $|cA| = c^n|A|$를 얻는다.

(d) $AA^{-1} = I_n$이므로 $|AA^{-1}| = |I_n|$이고 (b)에 의해 $|A||A^{-1}| = 1$이다. 따라서

$|A^{-1}| = \dfrac{1}{|A|}$이다.

예제 4

A가 $|A| = 4$인 2×2 행렬이라 할 때 행렬식의 성질을 이용하여 다음 행렬식을 계산하라.

(a) $|3A|$

(b) $|A^2|$

(c) $|5A^tA^{-1}|$, A^{-1}가 존재한다고 가정.

풀이

(a) $|3A| = (3^2)|A|$, 정리 3.4(a)에 의해

$= 9 \times 4 = 36$

(b) $|A^2| = |AA|$

$= |A||A|$, 정리 3.4(b)에 의해

$= 4 \times 4 = 16$

(c) $|5A^tA^{-1}| = (5^2)|A^tA^{-1}|$, A^tA^{-1}가 2×2 행렬이므로 정리 3.4(a)에 의해

$= 25|A^t||A^{-1}|$, 정리 3.4(b)에 의해

$= 25|A|\dfrac{1}{|A|}$, 정리 3.4(c)와 (d)에 의해

$= 25$

예제 5

$|A^{-1}A^tA| = |A|$임을 증명하라.

풀이

행렬, 행렬식 및 실수의 성질에 의해 다음을 얻는다.

$$|A^{-1}A^tA| = |(A^{-1}A^t)A| = |A^{-1}A^t||A| = |A^{-1}||A^t||A| = \frac{1}{|A|}|A||A| = |A|$$

증명의 각 단계를 확인해 보라.

예제 6

A와 B가 같은 크기의 정방행렬이고 A가 특이행렬이면 AB도 특이임을 증명하라. 역도 사실인가?

풀이

A가 특이이므로 $|A| = 0$이다. 행렬식의 성질을 적용하면

$$|AB| = |A||B| = 0$$

이다. 따라서 AB도 특이행렬이다.

이제 역을 검토해보자. AB가 특이이면 A도 특이인가? 다음을 보자.

$$|AB| = 0 \Rightarrow |A||B| = 0 \Rightarrow |A| = 0 \text{ 또는 } |B| = 0$$

따라서 AB가 특이라는 것은 A 또는 B가 특이임을 의미한다.[물론 둘다 특이일 수도 있다.] 따라서 역은 사실이 아니다.

예제 7

S가 2×2 특이행렬들의 집합이라 하자. 이러한 두 행렬의 합은 항상 특이인 것은 아니지만, 상수 배는 항상 특이임을 증명하라. 즉, S는 합에 대해서는 닫혀있지 않지만 스칼라 곱에 대해서는 닫혀있다.

풀이

S가 합에 대해 닫혀있지 않은 것을 증명하기 위해서는 하나의 예만으로 충분하다. $A = \begin{bmatrix} 1 & 1 \\ 1 & 1 \end{bmatrix}$이고 $B = \begin{bmatrix} 1 & 2 \\ 2 & 4 \end{bmatrix}$라 하자. 그러면 $|A| = 0$이고 $|B| = 0$ 이어서 둘 다 특이이다. 이제 합은 $A + B = \begin{bmatrix} 2 & 3 \\ 3 & 5 \end{bmatrix}$인데 $|A + B| = 1 \neq 0$이므로 $A + B$는 정칙이다. 따라서 S는 합에 대해 닫혀있지 않다.

S가 스칼라 곱에 대해 닫혀있는 것을 보이기 위해서는 일반적인 경우를 고려해야 한다. k가 스칼라이고 C가 특이행렬이라 하자. 즉 $|C| = 0$이다. 그러면 $|kC| = k^2|C| = 0$이 되어 행렬 kC도 역시 특이이다. 따라서 S는 스칼라 곱에 대해 닫혀있다.

이 예는 합에 대한 닫힘과 스칼라 곱에 대한 닫힘은 독립적인 조건이라는 것을 보여준다. 즉, 하나의 조건은 다른 하나가 성립하지 않아도 성립할 수 있다. ■

행렬식을 계산하기 위해 가우스-요르단 소거와 유사한 방식으로 행연산을 체계적으로 사용할 수 있다. 윗삼각행렬의 행렬식에 대한 논의에 의해 이 방법으로 옮아가보자.

윗삼각행렬의 행렬식

다음 행렬 A를 고려하자. 이 행렬은 모든 영이 아닌 원소들이 주대각선 상이나 그 위쪽에 위치하므로 **윗삼각행렬**(upper triangular matrix)이라고 불린다.

$$A = \begin{bmatrix} 2 & -1 & 9 & 4 \\ 0 & 3 & 0 & 6 \\ 0 & 0 & -5 & 3 \\ 0 & 0 & 0 & 1 \end{bmatrix}$$

$|A|$와 뒤이은 행렬식들을 모두 첫 열을 기준으로 전개하면 다음과 같다.

$$\begin{vmatrix} 2 & -1 & 9 & 4 \\ 0 & 3 & 0 & 6 \\ 0 & 0 & -5 & 3 \\ 0 & 0 & 0 & 1 \end{vmatrix} = 2\begin{vmatrix} 3 & 0 & 6 \\ 0 & -5 & 3 \\ 0 & 0 & 1 \end{vmatrix} - 0\begin{vmatrix} -1 & 9 & 4 \\ 0 & -5 & 3 \\ 0 & 0 & 1 \end{vmatrix} - 0\begin{vmatrix} -1 & 9 & 4 \\ 3 & 0 & 6 \\ 0 & 0 & 1 \end{vmatrix} - 0\begin{vmatrix} -1 & 9 & 4 \\ 3 & 0 & 6 \\ 0 & -5 & 3 \end{vmatrix}$$

$$= 2\left(3\begin{vmatrix} -5 & 3 \\ 0 & 1 \end{vmatrix} - 0\begin{vmatrix} 0 & 6 \\ 0 & 1 \end{vmatrix} + 0\begin{vmatrix} 0 & 6 \\ -5 & 3 \end{vmatrix}\right) = 2 \times 3 \times -5 \times 1 = -30$$

행렬식은 A의 대각원소들의 곱임을 관찰하라. 이와 유사하게 첫 열을 기준으로 전개함으로써 모든 윗삼각행렬의 행렬식은 대각원소들의 곱임을 보일 수 있다 .

아랫삼각행렬(lower triangular matrix)은 모든 영이 아닌 원소들을 주대각선 상이나 그 아래쪽에 가진 행렬이다. 이것의 행렬식도 역시 대각원소들의 곱이다.

삼각행렬의 행렬식은 대각원소들의 곱이다.

행렬식 계산을 위한 소거법

두 가지 형태의 기본 행연산을 사용하여 주어진 행렬을 윗삼각행렬로 변환한다.

1. 한 행의 상수 배를 다른 행에 더한다. 이 변환은 행렬식의 값을 변화시키지 않는다.
2. 행렬의 두 행을 교환한다. 이 변환의 경우 행렬식에 -1을 곱한다.

가우스-요르단 소거와 같은 방식으로 왼쪽으로부터 오른쪽으로 가면서 각 열에서 주대각선 **아래**의 영들을 체계적으로 만든다.

마지막에 윗삼각 형태가 된 행렬의 행렬식은 대각원소들의 곱이다. 이제 원하는 행렬식은 수행된 행교환의 횟수에 따라 이 값과 같든가 아니면 그것의 음의 값이 된다.

예제 8

다음 행렬식을 계산하라.

$$\begin{vmatrix} 2 & 4 & 1 \\ -2 & -5 & 4 \\ 4 & 9 & 10 \end{vmatrix}$$

풀이

다음과 같이 열별로 주대각선 아래에 영을 만든다.

$$\begin{vmatrix} 2 & 4 & 1 \\ -2 & -5 & 4 \\ 4 & 9 & 10 \end{vmatrix} \underset{\substack{R2 + R1 \\ R3 + (-2)R1}}{=} \begin{vmatrix} 2 & 4 & 1 \\ 0 & -1 & 5 \\ 0 & 1 & 8 \end{vmatrix} \underset{R3 + R2}{=} \begin{vmatrix} 2 & 4 & 1 \\ 0 & -1 & 5 \\ 0 & 0 & 13 \end{vmatrix}$$

$$= 2 \times (-1) \times 13 = -26$$

다음의 예에서 보듯이 윗삼각행렬을 만들기 위해서 행을 교환해야 할 때도 있다. 행을 교환할 때마다 행렬식이 음이 됨을 기억하라.

예제 9

다음 행렬식을 계산하라.

$$\begin{vmatrix} 1 & -2 & 4 \\ -1 & 2 & -5 \\ 2 & -2 & 11 \end{vmatrix}$$

풀이

우선 다음을 얻는다.

$$\begin{vmatrix} 1 & -2 & 4 \\ -1 & 2 & -5 \\ 2 & -2 & 11 \end{vmatrix} \underset{\substack{R2 + R1 \\ R3 + (-2)R1}}{=} \begin{vmatrix} 1 & -2 & 4 \\ 0 & 0 & -1 \\ 0 & 2 & 3 \end{vmatrix}$$

여기서 (2, 2) 위치에 영이 아닌 원소가 필요하므로 2행과 3행을 교환하여 진행하면 다음이 얻어진다.

$$\underset{R2 \leftrightarrow R3}{=} (-1) \begin{vmatrix} 1 & -2 & 4 \\ 0 & 2 & 3 \\ 0 & 0 & -1 \end{vmatrix}$$

$$= -1 \times 1 \times 2 \times (-1) = 2$$

어느 단계에서 대각원소가 영이고 같은 열의 그 아래 원소들이 모두 영이면, 그 단계에서는 행교환을 통해 영이 아닌 대각원소를 얻을 수 없다. 결국 마지막 윗삼각행렬은 대각원소에 영을 갖게 될 것이다. 따라서 이 단계에서 더 이상 진행할 필요가 없고 행렬식은 영이다. 다음 예는 이 상황을 보여준다.

예제 10

다음 행렬식을 계산하라.

$$\begin{vmatrix} 1 & -1 & 0 & 2 \\ -1 & 1 & 2 & 3 \\ 2 & -2 & 3 & 4 \\ 6 & -6 & 5 & 1 \end{vmatrix}$$

풀이

첫 열에 영을 만들면 다음이 얻어진다.

$$\begin{vmatrix} 1 & -1 & 0 & 2 \\ -1 & 1 & 2 & 3 \\ 2 & -2 & 3 & 4 \\ 6 & -6 & 5 & 1 \end{vmatrix} \underset{\substack{R2 + R1 \\ R3 + (-2)R1 \\ R4 + (-6)R1}}{=} \begin{vmatrix} 1 & -1 & 0 & 2 \\ 0 & 0 & 2 & 5 \\ 0 & 0 & 3 & 0 \\ 0 & 0 & 5 & -11 \end{vmatrix} = 0$$

대각원소가 영이고 이 대각원소 아래의 원소들이 모두 영이다.

연습문제 3.2

행연산

1. 다음 행렬의 한 행이나 열에 영을 만들어 단순화하고 그 행이나 열을 기준으로 전개하여 행렬식의 값을 구하라.

(a) $\begin{bmatrix} 1 & 2 & 3 \\ 2 & 4 & 1 \\ 1 & 1 & 1 \end{bmatrix}$ **(b)** $\begin{bmatrix} 0 & 1 & 5 \\ 1 & 1 & 6 \\ 2 & 2 & 7 \end{bmatrix}$

(c) $\begin{bmatrix} 2 & 1 & -1 \\ 3 & -1 & 1 \\ 1 & 4 & -4 \end{bmatrix}$ **(d)** $\begin{bmatrix} 3 & -1 & 0 \\ 4 & 2 & 1 \\ 1 & 1 & 2 \end{bmatrix}$

2. 다음 행렬의 한 행이나 열에 영을 만들어 단순화하고 그 행이나 열을 기준으로 전개하여 행렬식의 값을 구하라.

(a) $\begin{bmatrix} 2 & -1 & 2 \\ 1 & 2 & -4 \\ 3 & 1 & 2 \end{bmatrix}$ **(b)** $\begin{bmatrix} 5 & 1 & 3 \\ 1 & 2 & 4 \\ -1 & 1 & -4 \end{bmatrix}$

(c) $\begin{bmatrix} 1 & -2 & 3 \\ -3 & 6 & -9 \\ 4 & 5 & 7 \end{bmatrix}$ **(d)** $\begin{bmatrix} -1 & 3 & 2 \\ 2 & 5 & -4 \\ 4 & 1 & -8 \end{bmatrix}$

3. $A = \begin{bmatrix} 1 & -1 & -3 \\ 2 & 0 & -4 \\ -1 & 1 & 2 \end{bmatrix}$일 때 여인자 전개를 통해 $|A| = -2$를 얻을 수 있다. 이 정보와 행렬식의 성질을 이용하여 다음 행렬들의 행렬식을 계산하라.

(a) $\begin{bmatrix} 1 & -1 & -3 \\ 2 & 0 & -4 \\ -2 & 2 & 4 \end{bmatrix}$ **(b)** $\begin{bmatrix} 2 & 0 & -4 \\ 1 & -1 & -3 \\ -1 & 1 & 2 \end{bmatrix}$

(c) $\begin{bmatrix} 1 & -1 & -3 \\ 4 & -2 & -10 \\ -1 & 1 & 2 \end{bmatrix}$

4. $A = \begin{bmatrix} 8 & 5 & 2 \\ 1 & 3 & 2 \\ -1 & -2 & -1 \end{bmatrix}$일 때 $|A| = 5$이다. 이 정보와 행렬식의 성질을 이용하여 다음 행렬들의 행렬식을 계산하라.

(a) $\begin{bmatrix} 8 & 2 & 5 \\ 1 & 2 & 3 \\ -1 & -1 & -2 \end{bmatrix}$ **(b)** $\begin{bmatrix} 8 & 1 & 2 \\ 1 & -1 & 2 \\ -1 & 0 & -1 \end{bmatrix}$

(c) $\begin{bmatrix} 8 & 1 & -1 \\ 5 & 3 & -2 \\ 2 & 2 & -1 \end{bmatrix}$

5. 다음에서 행렬식을 계산하기 위해 두 가지 다른 방법으로 기본 행연산을 적용하여 두 개의 다른 답을 얻었다. 하나는 맞고 다른 하나는 틀렸는데 어느 것이 옳은 답인가?[여기서와 같은 실수는 매우 흔하다. 주의하라.]

$$\begin{vmatrix} 1 & 2 & 3 \\ -1 & 2 & 4 \\ 2 & 4 & 7 \end{vmatrix} \underset{2R1 - R3}{=} \begin{vmatrix} 0 & 0 & -1 \\ -1 & 2 & 4 \\ 2 & 4 & 7 \end{vmatrix} = (-1)\begin{vmatrix} -1 & 2 \\ 2 & 4 \end{vmatrix} = (-1)(-4-4) = 8$$

$$\begin{vmatrix} 1 & 2 & 3 \\ -1 & 2 & 4 \\ 2 & 4 & 7 \end{vmatrix} \underset{R3 - 2R1}{=} \begin{vmatrix} 1 & 2 & 3 \\ -1 & 2 & 4 \\ 0 & 0 & 1 \end{vmatrix} = (1)\begin{vmatrix} 1 & 2 \\ -1 & 2 \end{vmatrix} = (1)(2+2) = 4$$

특이행렬

6. 다음 행렬들은 행이나 열의 어떤 성질 때문에 특이이다. 이유를 밝혀라.

(a) $\begin{bmatrix} 1 & -2 & 3 \\ 7 & 5 & 4 \\ 0 & 0 & 0 \end{bmatrix}$ **(b)** $\begin{bmatrix} 1 & 5 & 5 \\ 0 & -2 & -2 \\ 3 & 1 & 1 \end{bmatrix}$

(c) $\begin{bmatrix} 1 & -2 & 4 \\ 0 & -1 & 3 \\ -3 & 6 & -12 \end{bmatrix}$ **(d)** $\begin{bmatrix} 1 & 2 & 0 \\ 0 & 0 & 3 \\ 0 & 0 & 0 \end{bmatrix}$

7. 다음 행렬들은 행이나 열의 어떤 성질 때문에 특이이다. 이유를 밝혀라.

(a) $\begin{bmatrix} 7 & 9 & 0 \\ -2 & 3 & 0 \\ 4 & 5 & 0 \end{bmatrix}$ **(b)** $\begin{bmatrix} 1 & 0 & 4 \\ 0 & 1 & 9 \\ 0 & 0 & 0 \end{bmatrix}$

(c) $\begin{bmatrix} 1 & -2 & 3 \\ 0 & 4 & 1 \\ 3 & -6 & 9 \end{bmatrix}$ **(d)** $\begin{bmatrix} 2 & 3 & -3 \\ -4 & 1 & 6 \\ 6 & 2 & -9 \end{bmatrix}$

행렬식의 성질의 사용

8. A가 $|A| = 3$인 2×2 행렬이라 할 때 행렬식의 성질을 이용하여 다음 행렬식을 계산하라.

(a) $|2A|$ **(b)** $|3A^t|$ **(c)** $|A^2|$
(d) $|(A^t)^2|$ **(e)** $|(A^2)^t|$ **(f)** $|4A^{-1}|$

9. A, B가 $|A| = -3$, $|B| = 2$인 3×3 행렬들이라 할 때 다음 행렬식을 계산하라.

(a) $|AB|$ **(b)** $|AA^t|$ **(c)** $|A^tB|$
(d) $|3A^2B|$ **(e)** $|2AB^{-1}|$ **(f)** $|(A^2B^{-1})^t|$

10. $A = \begin{bmatrix} a & b & c \\ d & e & f \\ g & h & i \end{bmatrix}$이고 $|A| = 3$일 때 다음 각 행렬의 행렬식을 구하라.

(a) $\begin{bmatrix} d & e & f \\ g & h & i \\ a & b & c \end{bmatrix}$ **(b)** $\begin{bmatrix} d & a & g \\ e & b & h \\ f & c & i \end{bmatrix}$

(c) $\begin{bmatrix} d & f & e \\ a & c & b \\ g & i & h \end{bmatrix}$ **(d)** $\begin{bmatrix} d & e & f \\ a & b & c \\ 2g & 2h & 2i \end{bmatrix}$

11. 행렬식을 계산하지 말고 다음 등식을 증명하라.

$$\begin{vmatrix} a+b & c+d & e+f \\ p & q & r \\ u & v & w \end{vmatrix} = \begin{vmatrix} a & c & e \\ p & q & r \\ u & v & w \end{vmatrix} + \begin{vmatrix} b & d & f \\ p & q & r \\ u & v & w \end{vmatrix}$$

삼각행렬

12. 다음 삼각행렬의 행렬식의 값을 구하라.

(a) $\begin{bmatrix} 3 & 9 & 6 \\ 0 & -1 & 2 \\ 0 & 0 & 4 \end{bmatrix}$ **(b)** $\begin{bmatrix} 2 & 5 & 1 & 0 \\ 0 & 3 & 2 & -7 \\ 0 & 0 & 5 & 1 \\ 0 & 0 & 0 & -2 \end{bmatrix}$

(c) $\begin{bmatrix} 3 & 0 & 0 & 0 \\ 1 & -2 & 0 & 0 \\ -7 & 9 & 5 & 0 \\ 6 & 4 & 2 & 1 \end{bmatrix}$

소거법

13. 소거법을 이용하여 다음 3×3 행렬식의 값을 구하라.

(a) $\begin{vmatrix} 1 & 0 & -1 \\ 2 & 1 & 2 \\ -1 & 1 & 1 \end{vmatrix}$ **(b)** $\begin{vmatrix} 1 & -2 & 3 \\ -1 & 2 & 1 \\ 2 & 1 & 3 \end{vmatrix}$

(c) $\begin{vmatrix} 2 & 3 & 8 \\ -2 & -3 & 4 \\ 4 & 6 & -2 \end{vmatrix}$ **(d)** $\begin{vmatrix} 2 & -1 & 4 \\ -2 & 1 & -3 \\ 0 & 3 & -2 \end{vmatrix}$

14. 소거법을 이용하여 다음 4×4 행렬식의 값을 구하라.

(a) $\begin{vmatrix} 2 & 1 & 3 & 1 \\ -2 & 3 & -1 & 2 \\ 2 & 1 & 2 & 3 \\ -4 & -2 & 0 & -1 \end{vmatrix}$

(b) $\begin{vmatrix} 1 & 2 & -1 & 0 \\ 1 & 4 & 2 & 1 \\ -1 & 2 & 6 & 6 \\ 2 & 2 & -4 & -2 \end{vmatrix}$

(c) $\begin{vmatrix} 1 & -1 & 0 & 2 \\ -1 & 1 & 0 & 0 \\ 2 & -2 & 0 & 1 \\ 3 & 1 & 5 & -1 \end{vmatrix}$

기타 결과

15. 대각행렬의 행렬식은 대각원소의 곱임을 증명하라.

16. 행렬 B가 정방행렬 A로부터, 한 행(열)의 상수 배를 다른 행(열)에 더하여 얻어졌다면 $|B| = |A|$임을 증명하라.

17. 정방행렬 A의 두 행(열)이 비례관계이면 $|A| = 0$임을 증명하라.

18. 정방행렬 A의 각 행(열)의 원소들의 합이 영이면 $|A| = 0$임을 증명하라.

19. 정방행렬 A에서 $A^n = 0$인 양의 정수 n이 존재한다면 $|A| = 0$임을 증명하라.

20. A, B가 같은 크기의 정방행렬이면 $|AB| = |BA|$임을 증명하라.

21. A, B, C가 같은 크기의 정방행렬이면 $|ABC| = |A||B||C|$임을 증명하라

22. A, B가 같은 크기의 정방행렬이면 $|A + B| = |A| + |B|$가 일반적으로 사실인가?[**힌트**: 예를 하나 들어라.]

23. 행렬 B가 정방행렬 A로부터, 기본 행연산을 이용하여 얻어졌다면 $|B| \neq 0$일 필요충분조건이 $|A| \neq 0$임을 증명하라.

24. **(a)** A가 2×2 행렬이라 하자. 영인 행을 갖지 않는 유일한 기약 사다리형이 I_2임을 보여라.
(b) A가 3×3 행렬이라 하자. 영인 행을 갖지 않는 유일한 기약 사다리형이 I_3임을 보여라.
(c) A가 $n \times n$ 행렬이라 하자. 영인 행을 갖지 않는 유일한 기약 사다리형이 I_n임을 보여라.
(d) A가 기약 사다리형이 E인 $n \times n$ 행렬이라 하자. $|A| \neq 0$일 필요충분조건은 $E = I_n$임을 보여라.

25. S를 2×2 정칙행렬이라 하자. S가 합이나 스칼라 곱에 대해 닫혀있지 않음을 보여라(**힌트** 예를 들어라.)

3.3 행렬식, 역행렬, 선형방정식계

지금까지 행렬식의 개념을 소개했고, 행렬식을 계산하는 여러 방법을 논했고, 행렬식의 대수적 성질을 알아보았다. 이제 행렬식이 어떻게 역행렬과 방정식계의 해에 대한 정보를 줄 수 있는 지를 알아볼 것이다.

우선 정칙행렬의 역을 계산하는 공식을 만드는 데 필요한 도구를 소개한다.

정의 A가 $n \times n$ 행렬이고 C_{ij}가 a_{ij}의 여인자라고 하자. (i, j) 원소가 C_{ij}인 행렬을 A의 여인자행렬이라고 부른다. 이 행렬의 전치행렬을 A의 **딸림**(adjoint)행렬이라고 부르고 adj(A)로 표기한다.

$$\begin{bmatrix} C_{11} & C_{12} & \cdots & C_{1n} \\ C_{21} & C_{22} & \cdots & C_{2n} \\ \vdots & \vdots & & \vdots \\ C_{n1} & C_{n2} & \cdots & C_{nn} \end{bmatrix} \qquad \begin{bmatrix} C_{11} & C_{12} & \cdots & C_{1n} \\ C_{21} & C_{22} & \cdots & C_{2n} \\ \vdots & \vdots & & \vdots \\ C_{n1} & C_{n2} & \cdots & C_{nn} \end{bmatrix}^t$$

여인자행렬 딸림행렬

예제 1

다음 행렬 A의 여인자행렬과 딸림행렬을 써라.

$$A = \begin{bmatrix} 2 & 0 & 3 \\ -1 & 4 & -2 \\ 1 & -3 & 5 \end{bmatrix}$$

풀이

A의 여인자들은 다음과 같다.

$$C_{11} = \begin{vmatrix} 4 & -2 \\ -3 & 5 \end{vmatrix} = 14 \qquad C_{12} = -\begin{vmatrix} -1 & -2 \\ 1 & 5 \end{vmatrix} = 3 \qquad C_{13} = \begin{vmatrix} -1 & 4 \\ 1 & -3 \end{vmatrix} = -1$$

$$C_{21} = -\begin{vmatrix} 0 & 3 \\ -3 & 5 \end{vmatrix} = -9 \qquad C_{22} = \begin{vmatrix} 2 & 3 \\ 1 & 5 \end{vmatrix} = 7 \qquad C_{23} = -\begin{vmatrix} 2 & 0 \\ 1 & -3 \end{vmatrix} = 6$$

$$C_{31} = \begin{vmatrix} 0 & 3 \\ 4 & -2 \end{vmatrix} = -12 \qquad C_{32} = -\begin{vmatrix} 2 & 3 \\ -1 & -2 \end{vmatrix} = 1 \qquad C_{33} = \begin{vmatrix} 2 & 0 \\ -1 & 4 \end{vmatrix} = 8$$

A의 여인자행렬은

$$\begin{bmatrix} 14 & 3 & -1 \\ -9 & 7 & 6 \\ -12 & 1 & 8 \end{bmatrix}$$

이고 이 행렬의 전치를 취하면 딸림행렬은 다음과 같다.

$$\text{adj}(A) = \begin{bmatrix} 14 & -9 & -12 \\ 3 & 7 & 1 \\ -1 & 6 & 8 \end{bmatrix}$$

행렬식과 역행렬

다음 정리는 정칙행렬의 역에 대한 공식을 준다.

정리 3.5

A를 $|A| \neq 0$인 정방행렬이라 하자. A는 가역이고 역은 다음과 같다.

$$A^{-1} = \frac{1}{|A|}\operatorname{adj}(A)$$

증명 행렬 곱 A adj(A)을 고려하자. 이 곱의 (i, j) 원소는 다음과 같이 계산된다.

$$\begin{aligned}(i, j) \text{ 원소} &= (A\text{의 } i\text{행}) \times (\operatorname{adj}(A)\text{의 } j\text{열}) \\ &= [a_{i1}, a_{i2} \ldots a_{in}]\begin{bmatrix} C_{j1} \\ C_{j2} \\ \vdots \\ C_{jn} \end{bmatrix} \\ &= a_{i1}C_{j1} + a_{i2}C_{j2} + \cdots + a_{in}C_{jn}\end{aligned}$$

만약 $i = j$이면 이것은 $|A|$의 i행를 기준으로 한 전개이다. $i \neq j$이면 이것은 A의 j행이 A의 i행으로 대체된 행렬, 즉 두 행이 동일한 행렬의 행렬식의 전개이다. 따라서

$$(i, j)\text{원소} = \begin{cases} |A|. & i = j \text{ 일 때} \\ 0, & i \neq j \text{ 일 때} \end{cases}$$

따라서 곱 A adj(A)는 대각원소가 모두 $|A|$인 대각행렬이 되고, 대각원소를 모두 끄집어 내면 $|A|\, I_n$이 된다. 즉

$$A \operatorname{adj}(A) = |A|\, I_n$$

이다. $|A| \neq 0$이므로 이 식을 다시 쓰면

$$A\left(\frac{1}{|A|}\operatorname{adj}(A)\right) = I_n$$

이 얻어진다. 유사하게 다음을 보일 수 있다.

$$\left(\frac{1}{|A|}\operatorname{adj}(A)\right)A = I_n$$

따라서

$$A^{-1} = \frac{1}{|A|}\operatorname{adj}(A)$$

이 얻어져 정리가 증명된다. ■

이 결과의 중요성은 이론적인 작업에 사용될 수 있는, 임의의 정칙행렬의 역에 대한 공식을 준다는 점이다. 앞서 주어졌던 가우스-요르단 알고리즘이 구체적인 행렬의 역을 계산하는 데 이 공식보다 훨씬 효율적이다. 그러나 가우스-요르단 방법은 임의의 행렬의 역을 기술하는 데 사용될 수 없다.

다음 정리는 위의 정리를 보완한다. 그것은 정칙행렬이 사실은 역행렬을 갖는 유일한 행렬이라는 것을 말해 준다.

정리 3.6

정방행렬 A가 가역일 필요충분조건은 $|A| \neq 0$이다.

증명 A가 가역이라 하자. 그러면 $AA^{-1} = I_n$이다. 이것은 $|AA^{-1}| = |I_n|$임을 의미한다. 행렬식의 성질에서 $|A||A^{-1}| = 1$이 되고 따라서 $|A| \neq 0$이다.

역으로 정리 3.5에서 $|A| \neq 0$이면 A는 가역임을 알 수 있다. 따라서

A^{-1}이 존재할 필요충분조건은 $|A| \neq 0$이다.

예제 2

행렬식을 이용하여 다음 행렬 중 가역인 것을 찾아라.

$$A = \begin{bmatrix} 1 & -1 \\ 3 & 2 \end{bmatrix}, \quad B = \begin{bmatrix} 4 & 2 \\ 2 & 1 \end{bmatrix}, \quad C = \begin{bmatrix} 2 & 4 & -3 \\ 4 & 12 & -7 \\ -1 & 0 & 1 \end{bmatrix}, \quad D = \begin{bmatrix} 1 & 2 & -1 \\ -1 & 1 & 2 \\ 2 & 8 & 0 \end{bmatrix}$$

풀이

각 행렬의 행렬식을 계산하고 위의 정리를 적용하면 다음 결과를 얻는다.

$|A| = 5 \neq 0$ A는 가역이다.

$|B| = 0$ B는 특이이다. 역행렬은 존재하지 않는다.

$|C| = 0$ C는 특이이다. 역행렬은 존재하지 않는다.

$|D| = 2 \neq 0$ D는 가역이다.

예제 3

역행렬의 공식을 이용하여 다음 행렬의 역을 구하라.

$$A = \begin{bmatrix} 2 & 0 & 3 \\ -1 & 4 & -2 \\ 1 & -3 & 5 \end{bmatrix}$$

풀이

$|A|$를 계산하면 25이다. 따라서 A의 역행렬이 존재한다. 이 행렬은 예제 1에서 논했는데, 거기서 다음을 구했다.

$$\text{adj}(A) = \begin{bmatrix} 14 & -9 & -12 \\ 3 & 7 & 1 \\ -1 & 6 & 8 \end{bmatrix}$$

역행렬의 공식에 의해 다음을 얻는다.

$$A^{-1} = \frac{1}{25}\,\text{adj}(A) = \begin{bmatrix} \frac{14}{25} & -\frac{9}{25} & -\frac{12}{25} \\ \frac{3}{25} & \frac{7}{25} & \frac{1}{25} \\ -\frac{1}{25} & \frac{6}{25} & \frac{8}{25} \end{bmatrix}$$

행렬식과 선형방정식계

이제 n개의 선형방정식의 계에서의 해의 존재와 유일성과 계의 계수행렬의 행렬식과의 관계를 논해 보자.

정리 3.7

$AX = B$가 n개의 변수를 갖는 n개의 선형방정식의 계라 하자. $|A| \neq 0$이면 유일한 해가 존재한다. $|A| = 0$이면 해가 많거나 또는 없다.

증명 $|A| \neq 0$이면 A^{-1}가 존재하고(정리 3.6) 유일한 해 $X = A^{-1}B$가 존재한다(정리 2.8).

$|A| = 0$이면 A의 기약 사다리형을 포함하여 모든 행동등인 행렬들의 행렬식이 영이다(정리 3.2에 의해). 따라서 A의 기약 사다리형은 I_n이 아니고, 따라서 $AX = B$의 해는 유일하지 않다. 둘 다 계수행렬이 특이행렬인 다음 두 개의 선형방정식계는 각각 많은 해의 경우 또는 해가 없는 경우의 예가 된다.

$$\begin{aligned} x_1 - 2x_2 + 3x_3 &= 1 \\ 3x_1 - 4x_2 + 5x_3 &= 3 \\ 2x_1 - 3x_2 + 4x_3 &= 2 \end{aligned} \qquad\qquad \begin{aligned} x_1 + 2x_2 + 3x_3 &= 3 \\ 2x_1 + x_2 + 3x_3 &= 3 \\ x_1 + x_2 + 2x_3 &= 0 \end{aligned}$$

많은 해 해 없음

$x_1 = r + 1, x_2 = 2r, x_3 = r$

예제 4

다음 방정식계가 유일한지 여부를 결정하라.

$$\begin{aligned} 3x_1 + 3x_2 - 2x_3 &= 2 \\ 4x_1 + x_2 + 3x_3 &= -5 \\ 7x_1 + 4x_2 + x_3 &= 9 \end{aligned}$$

풀이

계수행렬의 행렬식을 계산하면

$$\begin{vmatrix} 3 & 3 & -2 \\ 4 & 1 & 3 \\ 7 & 4 & 1 \end{vmatrix} = 0$$

이다. 따라서 이 계는 유일한 해를 갖지 않는다.

이제 유일한 해를 갖는 n개의 변수의 n개의 선형방정식계를 푸는 **크라머의 규칙**(Cramer's Rule)을 소개한다. 이 규칙은 방정식계의 해에 대한 공식을 주어 이론적으로 중요하다.

정리 3.8

크라머의 규칙* $AX = B$가 $|A| \neq 0$인, n개 변수의 n개의 선형방정식의 계라 하자. 이 계는 다음과 같은 유일한 해를 갖는다.

$$x_1 = \frac{|A_1|}{|A|}, \quad x_2 = \frac{|A_2|}{|A|}, \ldots, \quad x_n = \frac{|A_n|}{|A|},$$

여기서 A_i는 A의 i열을 B로 대체하여 얻어진 행렬이다.

증명 $|A| \neq 0$이므로 계 $AX = B$의 해는 유일하고 다음과 같이 주어진다.

$$\begin{aligned} X &= A^{-1}B \\ &= \frac{1}{|A|}\cdots(A)B \end{aligned}$$

X의 원소 x_i는 다음과 같이 주어진다.

$$\begin{aligned} x_i &= \frac{1}{|A|}[\text{adj}(A)\text{의 } i\text{행}] \times B \\ &= \frac{1}{|A|}[C_{1i}\, C_{2i} \ldots C_{ni}]\begin{bmatrix} b_1 \\ b_2 \\ \vdots \\ b_n \end{bmatrix} \\ &= \frac{1}{|A|}(b_1C_{1i} + b_2C_{2i} + \cdots + b_nC_{ni}) \end{aligned}$$

괄호 안의 표현은 $|A_i|$의 i열을 기준으로 한 여인자 전개이다. 따라서

$$x_i = \frac{|A_i|}{|A|}$$

이고 정리는 증명된다. ■

*Gabriel Cramer(1704-1752)는 스위스의 제네바에서 교육 받고 살면서 유럽 각지를 여행하였다. 기하학과 확률 분야에 기여를 하였고 "자극적인 문제의 위대한 제출자"로 묘사된다. 크라머의 규칙은 사실은 그의 업적이 아니고 크라머는 단지 그것을 설명하고 사용할 것을 권장한 것이라고 오랫동안 전해져 왔다. 그러나 새로운 연구("Cramer's Rule is due to Cramer." A. A.Kosinski, *Mathematical Magazine*, vol74, no4, 310, Oct. 2001)에 의하면 이 규칙은 실제로 크라머에 의한 것처럼 보인다고 한다. 그럼에도 불구하고 크라머의 수학계에 대한 가장 위대한 기여는 다른 사람들의 작업을 편집하고 전파한 사실일 것이다. 크라머의 관심은 넓어서 대성당의 복구와 같은 시민활동이나 발굴에 가담하였다. 그는 "친절하고, 유머가 풍부하고, 쾌활한 음성과 외모를 지녔고, 기억력과 판단력 좋고 건강하였다"고 전해진다.

예제 5

다음 방정식계를 크라머의 규칙으로 풀어라.

$$\begin{aligned} x_1 + 3x_2 + x_3 &= -2 \\ 2x_1 + 5x_2 + x_3 &= -5 \\ x_1 + 2x_2 + 3x_3 &= 6 \end{aligned}$$

풀이

계수행렬 A와 상수 열행렬 B는 각각

$$A = \begin{bmatrix} 1 & 3 & 1 \\ 2 & 5 & 1 \\ 1 & 2 & 3 \end{bmatrix} \quad \text{와} \quad B = \begin{bmatrix} -2 \\ -5 \\ 6 \end{bmatrix}$$

이다. $|A| = -3 \neq 0$이므로 크라머의 규칙을 적용할 수 있다. 우선

$$A_1 = \begin{bmatrix} -2 & 3 & 1 \\ -5 & 5 & 1 \\ 6 & 2 & 3 \end{bmatrix}, \quad A_2 = \begin{bmatrix} 1 & -2 & 1 \\ 2 & -5 & 1 \\ 1 & 6 & 3 \end{bmatrix}, \quad A_3 = \begin{bmatrix} 1 & 3 & -2 \\ 2 & 5 & -5 \\ 1 & 2 & 6 \end{bmatrix}$$

이므로 $|A_1| = -3$, $|A_2| = 6$, $|A_3| = -9$를 얻는다.

이제 크라머의 규칙을 적용하면

$$x_1 = \frac{|A_1|}{|A|} = \frac{-3}{-3} = 1, \quad x_2 = \frac{|A_2|}{|A|} = \frac{6}{-3} = -2, \quad x_3 = \frac{|A_3|}{|A|} = \frac{-9}{-3} = 3$$

이 된다. 즉, 유일한 해는 $x_1 = 1$, $x_2 = -2$, $x_3 = 3$이다.

수치적 고려사항

크라머의 규칙을 이해하기 위해서는 위와 같은 방정식계를 풀어보아야 한다. 하지만 크라머의 규칙의 중요성은 유일한 해를 갖는 방정식계에 대해 해의 *공식*을 준다는 점에 있음을 다시 한 번 강조한다. 가우스-요르단 소거법(또는 8.1절의 가우스 소거법)이 보다 효율적이기 때문에, 크라머의 규칙은 실용적으로 구체적인 방정식계를 풀기 위해 사용되지는 않는다. 가우스-요르단 소거법은 $\frac{1}{2}n^3 + \frac{1}{2}n^2$개의 곱셈과 $\frac{1}{2}n^3 - \frac{1}{2}n$개의 덧셈을 필요로 하는 반면에 크라머의 규칙은 $\frac{1}{3}n^4 + \frac{1}{3}n^3 + \frac{2}{3}n^2 - \frac{1}{3}n - 1$개의 곱셈과 $\frac{1}{3}n^4 - \frac{1}{6}n^3 - \frac{1}{3}n^2 + \frac{1}{6}n$개의 덧셈을 필요로 함을 보일 수 있다. 이것은, 예를 들어 열개 변수의 열개의 방정식계의 경우 가우스-요르단 소거로는 550개의 곱셈과 495개의 덧셈을 사용하여 풀 수 있는 반면에, 크라머의 규칙을 쓰면 3,729개의 곱셈과 3,135개의 덧셈을 사용해야 한다는 것을 의미한다.

선형방정식의 동차계

정리 3.7은 n개 변수의 n개의 방정식으로 된 선형계 $AX = B$의 해가 유일할 필요충분조건은 $|A| \neq 0$임을 의미한다. 동차계 $AX = B$을 고려하자. $X = 0$은 **자명 해**(trivial solution)라고 불리는 해이다. 이런 계가, 응용에서 자주 나타나듯이, 비자명(nontrivial) 해를 가지려면 $|A| = 0$이어야 한다. 다음 예에서 이런 상황을 볼 수 있다.

예제 6

다음 방정식계가 비자명 해를 갖게 되는 λ 값을 구하라. 각 λ 값에 대해 해를 구하라.

$$\begin{aligned}(\lambda+2)x_1 + (\lambda+4)x_2 &= 0\\ 2x_1 + (\lambda+1)x_2 &= 0\end{aligned}$$

풀이

이것은 선형방정식의 동차계이다. 따라서 자명 해 $x_1 = 0, x_2 = 0$을 갖는다. 정리 3.7은 계수행렬의 행렬식이 영일 경우에만 다른 해를 가질 가능성이 있음을 말하고 있다. 이 행렬식이 영이 되는 방정식을 만들면 다음과 같다.

$$\begin{vmatrix}\lambda+2 & \lambda+4\\ 2 & \lambda+1\end{vmatrix} = 0$$
$$(\lambda+2)(\lambda+1) - 2(\lambda+4) = 0$$
$$\lambda^2 + \lambda - 6 = 0$$
$$(\lambda-2)(\lambda+3) = 0$$

즉, $\lambda = -3$ 또는 $\lambda = 2$일 때 행렬식은 영이다.

$\lambda = -3$일 때 계는 다음과 같이 된다.

$$\begin{aligned}-x_1 + x_2 &= 0\\ 2x_1 - 2x_2 &= 0\end{aligned}$$

이 계는 많은 해 $x_1 = r, x_2 = r$를 갖는다.

$\lambda = 2$일 때 계는 다음과 같이 된다.

$$\begin{aligned}4x_1 + 6x_2 &= 0\\ 2x_1 + 3x_2 &= 0\end{aligned}$$

이 계는 많은 해 $x_1 = -3r, x_2 = r$를 갖는다. ■

λ값은 응용에서 자주 나오는 **고유값**(eigenvalues)이라고 불리는 스칼라이다. 고유값은 뒤에서 다루는데, 구글과 같은 탐색엔진, 인구학, 날씨예측에서 그것의 중요성을 살펴볼 것이다.

연습문제 3.3

역행렬의 존재 결정하기

1. 행렬식을 이용하여 다음 각 행렬의 역이 있는지를 밝혀라. 역행렬을 계산할 필요는 없다.

(a) $\begin{bmatrix}4 & 7\\ 1 & 3\end{bmatrix}$ **(b)** $\begin{bmatrix}-3 & 1\\ 6 & -2\end{bmatrix}$

(c) $\begin{bmatrix}6 & 4\\ 3 & 2\end{bmatrix}$ **(d)** $\begin{bmatrix}7 & 2\\ 3 & 1\end{bmatrix}$

2. 다음 각 행렬의 역이 있는지를 밝혀라. 역행렬을 계산할 필요는 없다.

(a) $\begin{bmatrix}0 & 2\\ 3 & 4\end{bmatrix}$ **(b)** $\begin{bmatrix}10 & 5\\ 4 & 2\end{bmatrix}$

(c) $\begin{bmatrix}5 & 3\\ 1 & 2\end{bmatrix}$ **(d)** $\begin{bmatrix}4 & -1\\ -8 & 2\end{bmatrix}$

3. 다음 각 행렬의 역이 있는지를 밝혀라. 역행렬을 계산할 필요는 없다.

(a) $\begin{bmatrix} 2 & 4 & -7 \\ 0 & 1 & 3 \\ 0 & 0 & 9 \end{bmatrix}$ **(b)** $\begin{bmatrix} 4 & -2 & 9 \\ 0 & 0 & 3 \\ 0 & 0 & 6 \end{bmatrix}$

(c) $\begin{bmatrix} -3 & 0 & 0 \\ 1 & 7 & 0 \\ -2 & 8 & 5 \end{bmatrix}$ **(d)** $\begin{bmatrix} 1 & 2 & 3 \\ 2 & 4 & 6 \\ 7 & 3 & -1 \end{bmatrix}$

4. 다음 각 행렬의 역이 있는지를 밝혀라. 역행렬을 계산할 필요는 없다.

(a) $\begin{bmatrix} 1 & -2 & 3 \\ 2 & 7 & 6 \\ -3 & 5 & -9 \end{bmatrix}$ **(b)** $\begin{bmatrix} 4 & 0 & 5 \\ 1 & 3 & 7 \\ 2 & 0 & 6 \end{bmatrix}$

(c) $\begin{bmatrix} 7 & 1 & 3 \\ -1 & 2 & 0 \\ 5 & 4 & 1 \end{bmatrix}$ **(d)** $\begin{bmatrix} 1 & -2 & 3 \\ 4 & -3 & 2 \\ 1 & -1 & 1 \end{bmatrix}$

역행렬 구하기

5. 다음 각 행렬이 역을 갖는지 여부를 결정하라. 역을 가지면 역행렬 공식을 이용하여 역을 구하라.

(a) $\begin{bmatrix} 1 & 4 \\ 3 & 2 \end{bmatrix}$ **(b)** $\begin{bmatrix} -2 & -1 \\ 7 & 3 \end{bmatrix}$

(c) $\begin{bmatrix} 1 & 2 \\ 2 & 4 \end{bmatrix}$ **(d)** $\begin{bmatrix} 2 & 1 \\ 4 & 3 \end{bmatrix}$

6. 다음 각 행렬이 역을 갖는지 여부를 결정하라. 역을 가지면 역행렬 공식을 이용하여 역을 구하라.

(a) $\begin{bmatrix} 1 & 2 & 3 \\ 0 & 1 & 2 \\ 4 & 5 & 3 \end{bmatrix}$ **(b)** $\begin{bmatrix} 0 & 3 & 3 \\ 1 & 2 & 3 \\ 1 & 4 & 6 \end{bmatrix}$

(c) $\begin{bmatrix} 1 & 2 & -1 \\ 2 & 4 & -3 \\ 1 & -2 & 0 \end{bmatrix}$ **(d)** $\begin{bmatrix} 5 & 1 & 3 \\ 6 & 1 & 4 \\ 1 & 0 & 1 \end{bmatrix}$

7. 다음 각 행렬이 역을 갖는지 여부를 결정하라. 역을 가지면 역행렬 공식을 이용하여 역을 구하라.

(a) $\begin{bmatrix} 5 & 2 & 4 \\ 2 & 1 & 2 \\ 4 & 2 & 3 \end{bmatrix}$ **(b)** $\begin{bmatrix} -3 & -2 & -5 \\ 3 & 4 & 3 \\ 1 & 1 & 1 \end{bmatrix}$

(c) $\begin{bmatrix} 7 & 8 & 3 \\ 3 & 6 & 3 \\ 1 & 2 & 1 \end{bmatrix}$ **(d)** $\begin{bmatrix} 2 & 2 & 1 \\ 4 & -1 & 4 \\ 7 & 4 & 5 \end{bmatrix}$

크라머의 규칙

8. 크라머의 규칙을 이용하여 다음 각 방정식계를 풀어라.

(a) $\begin{aligned} x_1 + 2x_2 &= 8 \\ 2x_1 + 5x_2 &= 19 \end{aligned}$ **(b)** $\begin{aligned} x_1 + 2x_2 &= 3 \\ 3x_1 + x_2 &= -1 \end{aligned}$

(c) $\begin{aligned} x_1 + 3x_2 &= 11 \\ -2x_1 + x_2 &= -1 \end{aligned}$

9. 크라머의 규칙을 이용하여 다음 각 방정식계를 풀어라.

(a) $\begin{aligned} 3x_1 + x_2 &= -1 \\ x_1 + x_2 &= 3 \end{aligned}$ **(b)** $\begin{aligned} 3x_1 + 2x_2 &= 11 \\ 2x_1 + 3x_2 &= 14 \end{aligned}$

(c) $\begin{aligned} 2x_1 + x_2 &= -1 \\ -2x_1 + 2x_2 &= 10 \end{aligned}$

10. 크라머의 규칙을 이용하여 다음 각 방정식계를 풀어라.

(a) $\begin{aligned} x_1 + 3x_2 + 4x_3 &= 3 \\ 2x_1 + 6x_2 + 9x_3 &= 5 \\ 3x_1 + x_2 - 2x_3 &= 7 \end{aligned}$

(b) $\begin{aligned} x_1 + 2x_2 + x_3 &= 9 \\ x_1 + 3x_2 - x_3 &= 4 \\ x_1 + 4x_2 - x_3 &= 7 \end{aligned}$

(c) $\begin{aligned} 2x_1 + x_2 + 3x_3 &= 2 \\ 3x_1 - 2x_2 + 4x_3 &= 2 \\ x_1 + 4x_2 - 2x_3 &= 1 \end{aligned}$

11. 크라머의 규칙을 이용하여 다음 각 방정식계를 풀어라.

(a) $\begin{aligned} x_1 + 4x_2 + 2x_3 &= 5 \\ x_1 + 4x_2 - x_3 &= 2 \\ 2x_1 + 6x_2 + x_3 &= 7 \end{aligned}$

(b) $\begin{aligned} 2x_1 - x_2 + 3x_3 &= 7 \\ x_1 + 4x_2 + 2x_3 &= 10 \\ 3x_1 + 2x_2 + x_3 &= 0 \end{aligned}$

(c) $\begin{aligned} 8x_1 - 2x_2 + x_3 &= 1 \\ 2x_1 - x_2 + 6x_3 &= 3 \\ 6x_1 + x_2 + 4x_3 &= 3 \end{aligned}$

12. 크라머의 규칙을 이용하여 다음 각 방정식계를 풀어라.

(a) $\begin{aligned} 2x_1 + 7x_2 + 3x_3 &= 7 \\ x_1 + 2x_2 + x_3 &= 2 \\ x_1 + 5x_2 + 2x_3 &= 5 \end{aligned}$

(b) $\begin{aligned} 3x_1 + x_2 - x_3 &= 7 \\ x_1 + 2x_2 + x_3 &= 3 \\ 2x_1 + 6x_2 &= -4 \end{aligned}$

(c) $\begin{aligned} 3x_1 + 6x_2 - x_3 &= 3 \\ x_1 - 2x_2 + 3x_3 &= 2 \\ 4x_1 - 2x_2 + 5x_3 &= 5 \end{aligned}$

해의 유일성 검사

13. 계수행렬의 행렬식을 조사하여 다음 각 방정식계가 유일한 해를 갖는지 여부를 밝혀라.

(a) $\begin{aligned} 2x_1 - 3x_2 &= -1 \\ -4x_1 + 6x_2 &= 3 \end{aligned}$ **(b)** $\begin{aligned} 3x_1 + x_2 &= 11 \\ 4x_1 - 2x_2 &= 14 \end{aligned}$

(c) $\begin{aligned} 6x_1 + 9x_2 &= -1 \\ -2x_1 - 3x_2 &= 10 \end{aligned}$

14. 계수행렬의 행렬식을 조사하여 다음 각 방정식계가 유일한 해를 갖는지 여부를 밝혀라.

(a) $\begin{aligned} 3x_1 + 2x_2 + x_3 &= 4 \\ x_1 - 3x_2 + 2x_3 &= -11 \\ 2x_1 + x_2 - 3x_3 &= -5 \end{aligned}$

(b) $$\begin{aligned} 2x_1 + 7x_2 + x_3 &= 8 \\ -x_1 - 5x_2 &= 3 \\ x_1 + 2x_2 + x_3 &= -4 \end{aligned}$$

(c) $$\begin{aligned} 5x_1 + 6x_2 + 4x_3 &= 3 \\ 7x_1 + 8x_2 + 6x_3 &= 1 \\ 6x_1 + 7x_2 + 5x_3 &= 0 \end{aligned}$$

비자명 해 만들기

15. 다음 방정식계가 비자명 해를 갖도록 λ의 값을 정하라. 각 λ 값에 대해 해를 구하라.

$$\begin{aligned} (1-\lambda)x_1 + 6x_2 &= 0 \\ 5x_1 + (2-\lambda)x_2 &= 0 \end{aligned}$$

16. 다음 방정식계가 비자명 해를 갖도록 λ의 값을 정하라. 각 λ 값에 대해 해를 구하라.

$$\begin{aligned} (\lambda+4)x_1 + (\lambda-2)x_2 &= 0 \\ 4x_1 + (\lambda-3)x_2 &= 0 \end{aligned}$$

17. 다음 방정식계가 비자명 해를 갖도록 λ의 값을 정하라. 각 λ 값에 대해 해를 구하라.

$$\begin{aligned} (5-\lambda)x_1 + 4x_2 + 2x_3 &= 0 \\ 4x_1 + (5-\lambda)x_2 + 2x_3 &= 0 \\ 2x_1 + 2x_2 + (2-\lambda)x_3 &= 0 \end{aligned}$$

18. $AX = \lambda X$를 n개의 변수의 n개 선형방정식의 계라 하자. 이 계가 비자명 해를 가질 필요충분조건은 $|A - \lambda I_n| = 0$임을 증명하라.

기타 결과

19. A가 대칭행렬이면 adj(A)도 대칭임을 증명하라.

20. 정방행렬 A가 비가역이면 adj(A)도 비가역임을 증명하라.

21. 행렬 A가 가역이면 adj(A)도 가역이고 역은 다음과 같음을 증명하라.

$$[\mathrm{adj}(A)]^{-1} = \frac{1}{|A|}A$$

22. $[\mathrm{adj}(A)]^{-1} = \mathrm{adj}(A^{-1})$를 증명하라.

23. A, B가 같은 크기의 정방행렬이고 AB가 가역이라면 A와 B는 가역이다. 역도 사실인가?

24. A가 가역인 윗삼각행렬이면 A^{-1}도 역시 윗삼각행렬임을 증명하라.

25. A가 모든 원소가 정수인 행렬일 때, $|A| = \pm 1$이면 A^{-1}의 모든 원소들도 정수임을 보여라.

26. $AX = 0$이 자명한 해만 갖는 n개 변수의 n개 선형방정식의 동차계라고 하자. k가 양의 정수일 때 $A^kX = 0$도 자명한 해만 가짐을 증명하라.

27. $AX = B_1$과 $AX = B_2$가 동일한 계수행렬 A를 갖는, n개 변수의 n개 선형방정식의 두 개의 다른 계라고 하자. $AX = B_2$가 유일한 해를 가질 필요충분조건은 $AX = B_1$가 유일한 해를 갖는 것임을 보여라.

28. A, B가 같은 크기의 정방행렬일 때, 다음 문장들이 참인지 거짓인지 말하라(이유를 간단히 설명하라).

(a) $|A^2| = (|A|)^2$

(b) 대각행렬 A가 특이이면 대각원소 중 적어도 하나는 영이다.

(c) $|A| = 1$이면 $A^{-1} = \mathrm{adj}(A)$이다.

(d) $|A - B| = 0$이면 $|A| = |B|$이다.

(e) A가 정칙이면 단위행렬과 행동등이다.

3.4 고유값과 고유벡터

이 절에서는 벡터공간 $\mathbf{R}^n$에서의 고유값과 고유벡터를 소개한다. 고유값과 고유벡터는 행렬과 연관된 특수한 스칼라와 벡터이다. 고유벡터의 많은 용도 중에는 좌표계의 선택에 관한 것이 있다. 수학모형은 자주 좌표계에 의존하여 상황을 기술하는데, 보통은 상황을 특히 쉽게 바라보게 해주어 선호되는 계가 존재한다. 고유값과 고유벡터는 자주 이러한 특수한 좌표계를 도출해준다.

고유값과 고유벡터는 자연과학, 사회과학, 공학의 여러 분야에서 사용된다. 이 장에서 탐색엔진 구글에서 페이지 순위매길 때의 고유벡터의 역할이 토의된다. 또한 고유벡터가 인구학에서 장기 추세를 예측하는 데 어떻게 사용되는지 알아보고, 텔아비브에서의 날씨 예측을 예로 들어 기상학에서의 역할도 알아본다. 공학에서의 중요한 응용으로 진동계의 연구가 제시된다.

먼저 고유값과 고유벡터의 정의하고 시작하자.

정의 A가 $n \times n$ 행렬이라 하자. 다음 방정식을 만족하는 영이 아닌 $\mathbf{R}^n$의 벡터 $\mathbf{x}$가 존재하면 스칼라 λ를 A의 **고유값**(eigenvalue)이라고 부른다.

$$A\mathbf{x} = \lambda\mathbf{x}$$

이때 벡터 $\mathbf{x}$를 λ에 대응하는 **고유벡터**(eigenvector)라고 부른다,

영이 아닌 고유값에 대응하는 고유벡터의 기하적 의미를 살펴보자. 벡터 $A\mathbf{x}$는 λ의 부호에 따라 $\mathbf{x}$와 같은 방향이든가 반대 방향이다. 그림 5.1을 보라, 즉, A의 고유벡터는 A에 곱해질 때 방향이 그대로든가 반대로 된다.

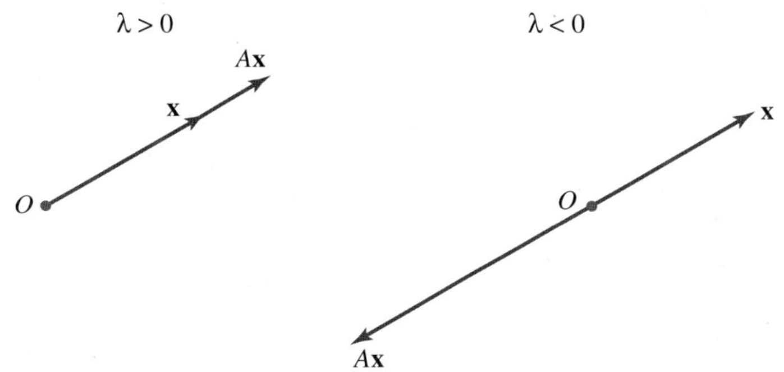

$\mathbf{x}$는 A의 고유벡터이고
$A\mathbf{x}$는 $\mathbf{x}$와 같은 방향이다.

그림 3.1

고유값과 고유벡터의 계산

A가 고유값이 λ이고 대응하는 고유벡터가 $\mathbf{x}$인 $n \times n$ 행렬이라고 하자. 즉 $A\mathbf{x} = \lambda\mathbf{x}$이다. 이 방정식을 다시 쓰면

$$A\mathbf{x} - \lambda\mathbf{x} = \mathbf{0}$$

이 되고 다음을 준다.

$$(A - \lambda I_n)\mathbf{x} = \mathbf{0}$$

이 행렬방정식은 $(A - \lambda I_n)$을 계수행렬로 갖는 동차 선형방정식의 계를 나타낸다. $\mathbf{x} = \mathbf{0}$이 이 계의 한 해가 된다. 그런데 고유벡터는 영이 아닌 벡터로 정의되었다. 또한 이 방정식 계에서 영이 아닌 해가 존재하려면 계수행렬이 특이행렬이어야 한다. 즉 $|A - \lambda I_n| = 0$이어야 한다. 따라서 방정식 $|A - \lambda I_n| = 0$를 λ에 대해 풀면 A의 모든 고유값 들이 얻어질 것이다.

$|A - \lambda I_n|$을 전개하면 λ에 대한 다항식을 얻는데, 이 다항식을 A의 **특성다항식**(characteristic polynomial)이라고 부른다. 또한 방정식 $|A - \lambda I_n| = 0$을 A의 **특성방정식**(characteristic equation)이라고 부른다.

고유값이 구해지면 $(A - \lambda I_n)\mathbf{x} = \mathbf{0}$에 다시 대입하여 대응하는 고유벡터를 구한다.

이제 이 방법을 예시하는 몇 가지 예를 들어보자.

예제 1

다음 행렬의 고유값과 고유벡터를 구하라.

$$A = \begin{bmatrix} -4 & -6 \\ 3 & 5 \end{bmatrix}$$

풀이

우선 A의 특성다항식을 구하기 위해 다음과 같이 진행한다.

$$A - \lambda I_2 = \begin{bmatrix} -4 & -6 \\ 3 & 5 \end{bmatrix} - \lambda \begin{bmatrix} 1 & 0 \\ 0 & 1 \end{bmatrix} = \begin{bmatrix} -4 - \lambda & -6 \\ 3 & 5 - \lambda \end{bmatrix}$$

여기서 행렬 $A - \lambda I_2$는 A의 각 대각원소에서 λ를 빼서 얻어짐을 기억하라. A의 특성다항식은

$$|A - \lambda I_2| = (-4 - \lambda)(5 - \lambda) + 18 = \lambda^2 - \lambda - 2$$

이 되고, 이제 다음과 같이 A의 특성방정식을 푼다.

$$\lambda^2 - \lambda - 2 = 0$$
$$(\lambda - 2)(\lambda + 1) = 0$$
$$\lambda = 2 \quad \text{또는} \quad -1$$

즉 A의 고유값은 2와 -1이다.

이제 대응하는 고유벡터는 각 λ값을 $(A - \lambda I_2)\mathbf{x} = \mathbf{0}$에 대입하여 구한다. 각 고유값에 대응하는 고유벡터는 무수히 많음을 관찰하자.

$\boldsymbol{\lambda = 2}$ 방정식 $(A - 2I_2)\mathbf{x} = \mathbf{0}$을 $\mathbf{x}$에 대해 푼다. 행렬 $(A - 2I_2)$는 A의 각 대각원소에서 2를 빼서 다음과 같이 얻어진다.

$$\begin{bmatrix} -6 & -6 \\ 3 & 3 \end{bmatrix} \begin{bmatrix} x_1 \\ x_2 \end{bmatrix} = \mathbf{0}$$

이것은

$$-6x_1 - 6x_2 = 0$$
$$3x_1 + 3x_2 = 0$$

의 방정식 계가 되어 $x_1 = -x_2$의 관계를 얻는다. 이 방정식 계의 해는 r을 스칼라로 놓고 $x_1 = -r$, $x_2 = r$로 나타낼 수 있다. 즉, $\lambda = 2$에 대응하는 고유벡터는 다음 형태의 영이 아닌 벡터가 된다.

$$r\begin{bmatrix} -1 \\ 1 \end{bmatrix}$$

$\boldsymbol{\lambda = -1}$ 방정식 $(A + 1I_2)\mathbf{x} = \mathbf{0}$을 $\mathbf{x}$에 대해 푼다. 행렬 $(A + 1I_2)$는 A의 각 대각원소에 1을 더하여 다음과 같이 얻어진다.

$$\begin{bmatrix} -3 & -6 \\ 3 & 6 \end{bmatrix} \begin{bmatrix} x_1 \\ x_2 \end{bmatrix} = \mathbf{0}$$

이것은

$$
\begin{aligned}
-3x_1 - 6x_2 &= 0 \\
3x_1 + 6x_2 &= 0
\end{aligned}
$$

의 방정식 계가 되어 $x_1 = -2x_2$의 관계를 준다. 이 방정식 계의 해는 s를 스칼라로 놓고 $x_1 = -2s$, $x_2 = s$로 나타낼 수 있다. 즉, $\lambda = -1$에 대응하는 고유벡터는 다음 형태의 영이 아닌 벡터가 된다.

$$
s\begin{bmatrix} -2 \\ 1 \end{bmatrix}
$$

고유공간 $\lambda = 2$일 때의 고유벡터는 $r\begin{bmatrix} -1 \\ 1 \end{bmatrix}$ 형태의 영이 아닌 벡터들이다. $r\begin{bmatrix} -1 \\ 1 \end{bmatrix}$ 형태의 모든 벡터들의 집합을 얻기 위해 이 집합에 영벡터를 첨가하면 이 집합은 덧셈과 스칼라 곱셈에 대해 닫혀있다. 즉 부분공간이다.

기저가 $\left\{\begin{bmatrix} -1 \\ 1 \end{bmatrix}\right\}$인 이 부분공간 $r\begin{bmatrix} -1 \\ 1 \end{bmatrix}$는 $\lambda = 2$의 **고유공간**(eigenspace)이라고 불린다. 이 부분공간의 차원은 1이다. 유사하게 $\lambda = -1$의 고유공간은 기저가 $\left\{\begin{bmatrix} -2 \\ 1 \end{bmatrix}\right\}$인 1차원 공간 $\left\{s\begin{bmatrix} -2 \\ 1 \end{bmatrix}\right\}$이다.

이 관찰에서 다음과 같은 일반적인 결과를 얻는다.

정리 3.9

A가 $n \times n$ 행렬이고 λ가 A의 고유값이다. λ에 대응하는 모든 고유벡터들의 집합에 영벡터를 첨가하면 $\mathbf{R}^n$의 부분공간이 된다. 이 부분공간을 λ의 **고유공간**이라고 부른다.

증명 λ에 대응하는 모든 고유벡터들의 집합에 영벡터를 첨가한 집합을 V라고 하자. V가 부분공간임을 보이기 위해서는 V가 벡터 덧셈과 스칼라 곱셈에 대해 닫혀있음을 보여야 한다.

$\mathbf{x}_1$, $\mathbf{x}_2$가 V의 벡터이고 c가 스칼라라고 하자. 그러면 $A\mathbf{x}_1 = \lambda\mathbf{x}_1$이고 $A\mathbf{x}_2 = \lambda\mathbf{x}_2$이다. 따라서

$$
\begin{aligned}
A\mathbf{x}_1 + A\mathbf{x}_2 &= \lambda\mathbf{x}_1 + \lambda\mathbf{x}_2 \\
A(\mathbf{x}_1 + \mathbf{x}_2) &= \lambda(\mathbf{x}_1 + \mathbf{x}_2)
\end{aligned}
$$

따라서 $\mathbf{x}_1 + \mathbf{x}_2$도 λ에 대응하는 고유벡터이다. 즉, V는 덧셈에 대해 닫혀있다.
또한 $A\mathbf{x}_1 = \lambda\mathbf{x}_1$이므로

$$
\begin{aligned}
cA\mathbf{x}_1 &= c\lambda\mathbf{x}_1 \\
A(c\mathbf{x}_1) &= \lambda(c\mathbf{x}_1)
\end{aligned}
$$

따라서 $c\mathbf{x}_1$도 λ에 대응하는 고유벡터이다. 즉, V는 스칼라 곱셈에 대해 닫혀있다.
그러므로 V는 $\mathbf{R}^n$의 부분공간이다.

예제 2

다음 행렬의 고유값과 대응하는 고유공간을 구하라.

$$A = \begin{bmatrix} 5 & 4 & 2 \\ 4 & 5 & 2 \\ 2 & 2 & 2 \end{bmatrix}$$

풀이

행렬 $A - \lambda I_3$는 A의 대각원소에서 λ를 빼서 다음과 같이 얻어진다.

$$A - \lambda I_3 = \begin{bmatrix} 5-\lambda & 4 & 2 \\ 4 & 5-\lambda & 2 \\ 2 & 2 & 2-\lambda \end{bmatrix}$$

A의 특성다항식은 $|A - \lambda I_3|$이다. 행연산과 열연산을 사용하여 행렬식을 계산하면 다음과 같다.

$$\begin{aligned} |A - \lambda I_3| &= \begin{vmatrix} 5-\lambda & 4 & 2 \\ 4 & 5-\lambda & 2 \\ 2 & 2 & 2-\lambda \end{vmatrix} = \begin{vmatrix} 1-\lambda & -1+\lambda & 0 \\ 4 & 5-\lambda & 2 \\ 2 & 2 & 2-\lambda \end{vmatrix} \\ &= \begin{vmatrix} 1-\lambda & 0 & 0 \\ 4 & 9-\lambda & 2 \\ 2 & 4 & 2-\lambda \end{vmatrix} \\ &= (1-\lambda)[(9-\lambda)(2-\lambda) - 8] = (1-\lambda)[\lambda^2 - 11\lambda + 10] \\ &= (1-\lambda)(\lambda - 10)(\lambda - 1) = -(\lambda - 10)(\lambda - 1)^2 \end{aligned}$$

A의 특성방정식을 풀면 다음과 같다.

$$-(\lambda - 10)(\lambda - 1)^2 = 0$$
$$\lambda = 10 \quad \text{또는} \quad 1$$

즉, A의 고유값은 10과 1(중근)이다.

대응하는 고유벡터들은 방정식 $(A - \lambda I_3)\mathbf{x} = \mathbf{0}$에 이 값들을 넣어 구해진다.

$\boldsymbol{\lambda} = \mathbf{10}$ 방정식 계

$$(A - 10I_3)\mathbf{x} = \mathbf{0},$$

$$\begin{bmatrix} -5 & 4 & 2 \\ 4 & -5 & 2 \\ 2 & 2 & -8 \end{bmatrix}\begin{bmatrix} x_1 \\ x_2 \\ x_3 \end{bmatrix} = \mathbf{0}$$

을 풀면 해는 임의의 스칼라 r에 대해 $x_1 = 2r$, $x_2 = 2r$, $x_3 = r$이다. 즉, $\lambda = 10$의 고유벡터는 다음과 같은 형태의 영이 아닌 벡터들이다.

$$r\begin{bmatrix} 2 \\ 2 \\ 1 \end{bmatrix}$$

고유공간은 $\{r\begin{bmatrix}2\\2\\1\end{bmatrix}\}$이다. 기저는 집합 $\{r\begin{bmatrix}2\\2\\1\end{bmatrix}\}$이고 차원은 1이다.

$\boldsymbol{\lambda} = \mathbf{1}$ $(A - \lambda I_3)\mathbf{x} = \mathbf{0}$에 $\lambda = 1$을 넣어 다음을 얻는다.

$$(A - 1I_3)\mathbf{x} = \mathbf{0},$$

$$\begin{bmatrix}4 & 4 & 2\\4 & 4 & 2\\2 & 2 & 1\end{bmatrix}\begin{bmatrix}x_1\\x_2\\x_3\end{bmatrix} = \mathbf{0}$$

이 계를 풀면 해는 임의의 스칼라 s, t에 대해 $x_1 = -s-t$, $x_2 = s$, $x_3 = 2t$로 얻어진다. 따라서 $\lambda = 1$의 고유벡터는 다음 형태의 영이 아닌 벡터들이다.

$$\begin{bmatrix}-s-t\\s\\2t\end{bmatrix}$$

고유공간은 $\{\begin{bmatrix}-s-t\\s\\2t\end{bmatrix}\}$이다. 이 공간의 기저를 찾기 위해 다음과 같이 매개변수 s와 t를 분리한다. 그러면 고유공간을 생성하며 선형독립인 벡터들을 얻을 수 있다.

$$\begin{bmatrix}-s-t\\s\\2t\end{bmatrix} = s\begin{bmatrix}-1\\1\\0\end{bmatrix} + t\begin{bmatrix}-1\\0\\2\end{bmatrix}$$ 에서 기저 $\{\begin{bmatrix}-1\\1\\0\end{bmatrix}, \begin{bmatrix}-1\\0\\2\end{bmatrix}\}$를 얻는다.

이 고유공간의 차원은 2이다.

고유값이 특성방정식의 k 중근일 때 고유값의 **중복도**(multiplicity)가 k라고 말한다, 즉, 위의 예제에서 $\lambda = 10$의 중복도는 1이고 $\lambda = 1$의 중복도는 2이다.

예제 3

A가 고유값 $\lambda_1, \ldots, \lambda_n$과 대응되는 고유벡터 $\mathbf{x}_1, \ldots, \mathbf{x}_n$을 갖는 $n \times n$ 행렬이라 하자. $c \neq 0$일 때 cA의 고유값은 $c\lambda_1, \ldots, c\lambda_n$이고 대응되는 고유벡터는 $\mathbf{x}_1, \ldots, \mathbf{x}_n$임을 증명하라.

풀이

λ_i가 A의 고유값이고 대응되는 고유벡터가 $\mathbf{x}_i$라 하면 $A\mathbf{x}_i \times \lambda_i\mathbf{x}_i$이다. 이 방정식의 양변에 c를 곱하면

$$cA\mathbf{x}_i = c\lambda_i\mathbf{x}_i$$

이 된다. 따라서 $c\lambda_i$는 cA의 고유값이고 대응하는 고유벡터는 $\mathbf{x}_i$이다.

또한 cA가 $n \times n$ 행렬이므로 cA의 특성다항식은 n차이다. 특성방정식은 n개의 근을 갖고 따라서 cA는 n개의 고유값을 갖는다. 그러므로 cA의 고유값은 $c\lambda_1, \ldots, c\lambda_n$이고 대응하는 고유벡터는 $\mathbf{x}_1, \ldots, \mathbf{x}_n$이다.

연습문제 3.4

고유값과 고유벡터 구하기

문제 [1~8]에서는 주어진 2 × 2 행렬의 특성다항식, 고유값, 대응하는 고유공간을 구하라.

1. $\begin{bmatrix} 5 & 4 \\ 1 & 2 \end{bmatrix}$ **2.** $\begin{bmatrix} 1 & -2 \\ 1 & 4 \end{bmatrix}$ **3.** $\begin{bmatrix} 5 & 6 \\ -2 & -2 \end{bmatrix}$

4. $\begin{bmatrix} 5 & 2 \\ -8 & -3 \end{bmatrix}$ **5.** $\begin{bmatrix} 1 & 2 \\ 2 & 1 \end{bmatrix}$ **6.** $\begin{bmatrix} 2 & 1 \\ -1 & 4 \end{bmatrix}$

7. $\begin{bmatrix} 3 & -1 \\ 2 & 0 \end{bmatrix}$ **8.** $\begin{bmatrix} 2 & -4 \\ -1 & 2 \end{bmatrix}$

문제 [9~14]에서는 주어진 3 × 3 행렬의 특성다항식, 고유값, 대응하는 고유공간을 구하라.

9. $\begin{bmatrix} 3 & 2 & 2 \\ -3 & -1 & 3 \\ 1 & 2 & 0 \end{bmatrix}$ **10.** $\begin{bmatrix} 1 & -2 & 2 \\ -2 & 1 & 2 \\ -2 & 0 & 3 \end{bmatrix}$

11. $\begin{bmatrix} 1 & 0 & 0 \\ -2 & 1 & 2 \\ -2 & 0 & 3 \end{bmatrix}$ **12.** $\begin{bmatrix} 1 & 0 & 0 \\ -2 & 5 & -2 \\ -2 & 4 & -1 \end{bmatrix}$

13. $\begin{bmatrix} 15 & 7 & -7 \\ -1 & 1 & 1 \\ 13 & 7 & -5 \end{bmatrix}$ **14.** $\begin{bmatrix} 5 & -2 & 2 \\ 4 & -3 & 4 \\ 4 & -6 & 7 \end{bmatrix}$

문제 [15~16]에서는 주어진 4 × 4 행렬의 특성다항식, 고유값, 대응하는 고유공간을 구하라.

15. $\begin{bmatrix} 4 & 2 & -2 & 2 \\ 1 & 3 & 1 & -1 \\ 0 & 0 & 2 & 0 \\ 1 & 1 & -3 & 5 \end{bmatrix}$ **16.** $\begin{bmatrix} 3 & 5 & -5 & 5 \\ 3 & 1 & 3 & -3 \\ -2 & 2 & 0 & 2 \\ 0 & 4 & -6 & 8 \end{bmatrix}$

기하적 해석

문제 [17~19]에서는 주어진 행렬의 특성다항식, 고유값, 대응하는 고유벡터를 구하라. 얻은 결과를 기하적으로 해석하라.

17. $\begin{bmatrix} 1 & 0 \\ 0 & 1 \end{bmatrix}$ **18.** $\begin{bmatrix} 3 & 0 \\ 0 & 3 \end{bmatrix}$ **19.** $\begin{bmatrix} -2 & 0 \\ 0 & -2 \end{bmatrix}$

20. 다음 행렬은 실 고유값과 고유벡터를 갖지 않음을 보여라. 얻은 결과를 기하적으로 해석하라.

$$\begin{bmatrix} 0 & -1 \\ 1 & 0 \end{bmatrix}$$

21. 다음 행렬은 실 고유값을 갖지 않음을 보여라. 얻은 결과를 기하적으로 해석하라. 복소수에 대해 아는 사람은 이 행렬이 복소 고유값을 가짐을 관찰할 수 있을 것이다. 모든 행렬은 복소수계에서 고유값을 갖는다. 고유벡터는 $\mathbf{C}^n$의 벡터이다.

$$\begin{bmatrix} 1 & 1 \\ -2 & -1 \end{bmatrix}$$

22. 단위행렬 I_n의 고유값과 고유벡터를 구하라. 얻은 결과를 기하적으로 해석하라.

기타 결과

23. A가 모든 원소가 1인 $n \times n$ 행렬이라 한다. A의 고유값과 고유벡터를 구하라.

24. A가 대각행렬이면 대각원소들이 고유값이 됨을 증명하라.

25. A가 윗삼각행렬이면 대각원소들이 고유값이 됨을 증명하라.

26. A와 A^t는 고유값이 같음을 증명하라.

27. $\lambda = 0$이 행렬 A의 고유값일 필요충분조건은 A가 특이행렬인 것이다.

28. 행렬 A의 고유값이 $\lambda_1, \ldots, \lambda_n$이고 대응하는 고유벡터가 $\mathbf{x}_1, \ldots, \mathbf{x}_n$이면, $\lambda_1^m, \ldots, \lambda_n^m$은 A^m의 고유값이고 대응하는 고유벡터는 $\mathbf{x}_1, \ldots, \mathbf{x}_n$임을 증명하라.

29. A가 고유값 λ와, 대응하는 고유벡터 $\mathbf{x}$를 갖는 가역행렬이라면, λ^{-1}은 A^{-1}의 고유값이고 대응하는 고유벡터는 $\mathbf{x}$임을 증명하라.

30. A가 고유값 λ와, 대응하는 고유벡터 $\mathbf{x}$를 갖는 행렬이고 c를 스칼라라고 하자. $\lambda - c$는 $A - cI$의 고유값이고 대응하는 고유벡터는 $\mathbf{x}$임을 증명하라.

31. 행렬 A가 어떤 k에 대해 $A^k = 0$이면 **거듭제곱영(nilpotent)** 행렬이라고 부른다. 만약 A가 거듭제곱영 행렬이면 A의 고유값은 0으로 유일함을 증명하라.

32. 행렬 A의 특성다항식의 상수항은 $|A|$임을 증명하라.

33. 다음 행렬들의 고유값과 대응하는 고유벡터를 구하라.

$$\begin{bmatrix} 1 & 2 \\ 1 & 0 \end{bmatrix}, \begin{bmatrix} 2 & 3 \\ 1 & 0 \end{bmatrix}, \begin{bmatrix} 3 & 4 \\ 1 & 0 \end{bmatrix}, \begin{bmatrix} 4 & 5 \\ 1 & 0 \end{bmatrix}$$

이 결과로부터 일반 행렬 $\begin{bmatrix} a & a+1 \\ 1 & 0 \end{bmatrix}$의 고유값과 고유벡터를 추측하라. 여기서 a는 임의의 실수이다. 자신의 추측을 검증하라.

34. **케일리-해밀턴 정리**(Cayley-Hamilton theorem)로 불리는 정리가 있는데 *정방행렬은 그것의 특성방정식을 만족한다*는 정리이다. 즉 정방행렬 A의 특성방정식이

$$\lambda^n + c_{n-1}\lambda^{n-1} + \cdots + c_0 = 0, \text{이면}$$
$$A^n + c_{n-1}A^{n-1} + \cdots + c_0 I = 0$$

이 성립한다. 다음 행렬들이 자신의 특성방정식을 만족함을 보여라.

(a) $\begin{bmatrix} 0 & 2 \\ -1 & 3 \end{bmatrix}$ **(b)** $\begin{bmatrix} 8 & -10 \\ 5 & -7 \end{bmatrix}$

(c) $\begin{bmatrix} 6 & -8 \\ 4 & -6 \end{bmatrix}$ **(d)** $\begin{bmatrix} -1 & 5 \\ -10 & 14 \end{bmatrix}$

35. 다음 문장이 참인지 거짓인지 말하라.(간단히 이유를 설명하라.)

(a) 3×3 행렬은 4개의 다른 고유값을 가질 수 있다.

(b) 한 고유벡터는 두 개 이상의 고유값에 대응될 수 없다.

(c) 두 고유벡터의 합도 고유벡터이다.

(d) 두 개의 다른 행렬이 동일한 고유값을 가질 수 있다.

*3.5 구글, 인구통계학, 날씨 예측, 레슬리 행렬 모형

이제 고유벡터의 응용에 대해 알아보자. 우선 구글에서의 고유값과 고유벡터의 역할을 논한다.

구글 탐색 엔진

구글은 래리 페이지(Larry Page)와 세르게이 브린(Sergei Brin)이 스탠포드 대학의 대학원생이었을 때 개발한 웹 페이지 탐색엔진이다. 보통 하나의 문의(query)에 대응하여 매우 많은 웹페이지들이 존재하게 된다. 구글은 그 문의에 들어맞는 페이지들을 발견하여 페이지등급(PageRank) 순서에 따라 나열한다. 페이지등급은 주어진 문의에 대한 그 페이지의 중요도를 결정하는 주된 방법이다. 이 페이지등급은 매우 큰(2002년에 27억 × 27억) 행렬 A의 고유벡터로부터 계산된다.

n을 구글이 한 번의 탐색에서 조사하는 페이지의 수라고 하고, 페이지들을 1부터 n까지 번호를 매기자. 페이지에서 페이지로 웹을 탐색해 갈 때, 구글은 어떤 페이지는 외부로 연결된 링크를 가지고 있고 다른 페이지들은 그렇지 않은(막다른 끝인) 것을 발견한다. p를 탐색된 페이지들 중에서 외부로 연결된 링크를 가진 페이지들의 비율이라고 하자. $n \times n$ 행렬 G를 다음과 같이 정의한다.

$$g_{ij} = \begin{cases} 1 & \text{페이지 } i\text{에서 } j\text{로 가는 링크가 있을 때} \\ 0 & \text{그 외의 경우} \end{cases}$$

(실제로 G는 2.7절에서 논의된 유향그래프의 인접행렬이다. 이때 유향그래프는 페이지를 꼭짓점으로, 링크를 아크로 갖는다.) c_j를 G의 j열 원소들의 합이라고 하자. 그러면 A는 다음과 같이 정의된 $n \times n$ 행렬이 된다.

$$a_{ij} = p\left(\frac{g_{ij}}{c_j}\right) + \left(\frac{1-p}{n}\right)$$

구글에서 보통 $p = 0.85$로 잡는다. 선형대수의 페론-프로베니우스(Perron-Frobenius) 정리에 의해 A의 가장 큰 고유값은 1이고 대응하는 고유공간은 1차원이다. $\mathbf{x}$를 $\lambda = 1$에 대응하는 고유벡터라고 하자. $\mathbf{x}$를 $\Sigma x_i = 1$이 되도록 정규화하면 이 정규벡터의 원소가 구글의 페이지등급이 된다.

작은 행렬의 고유벡터를 구할 때는 이 절에서 소개된 행렬식 방법을 사용할 수 있지만 커다란 행렬, 특히 구글 탐색에서 등장하는 크기의 행렬에 대해서는 이 방법이 소용이 없다, 구굴회사는 이와 같이 커다란 행렬 A의 고유벡터 $\mathbf{x}$를 어떻게 계산하는지를 밝히지 않고 있다. 개략적으로 8.5절에서 논의될 거듭제곱 방법에 기반을 두고 있으리라고 짐작되고 있다.

페이지등급에 대한 보다 깊이 있는 정보는 다음에서 찾을 수 있다.

1. "The World's Largest Matrix Computation," Cleve Moler, MATLAB News and Notes, October 2002, 12-13쪽.
2. "Google's PageRank Explained," Phil Craven, www.webworkshop.net/pagerank.html.

장기 예측

이제 고유값과 고유벡터가 마코프 체인(Markov chain)의 장기 거동을 예측하는 데 어떻게 이용되는지 알아보자. 인구통계학(demography)과 날씨예측에의 용용의 예가 주어진다.

2.6절의 인구이동 모델로 되돌아가자. 거기서 매년의 인구분포가 벡터열 $\mathbf{x}_0, \mathbf{x}_1 (=P\mathbf{x}_0), \mathbf{x}_2(=P\mathbf{x}_1), \mathbf{x}_3(=P\mathbf{x}_2), \ldots$에 의해 기술될 수 있었다. 여기서 P는 벡터열의 한 벡터에서 다음 벡터로 이동시켜주는 전이확률행렬이다. 이러한 벡터열(또는 체인)을 **마코프 체인**이라고 부른다. 우리가 특히 관심 있는 것은 벡터열 $\mathbf{x}_0, \mathbf{x}_1, \mathbf{x}_2, \ldots$이 $P\mathbf{x} = \mathbf{x}$를 만족하는 고정된 벡터 $\mathbf{x}$로 수렴하는 **정규 마코프 체인**(Regular Markov Chain)이다. 이 경우 인구이동은 도시인구과 교외인구가 계속 일정하게 유지되는 "안정상태(steady-state)"에 있게 된다. 이것을 다음과 같이 나타낼 수 있다.

$$\mathbf{x}_0, \mathbf{x}_1, \mathbf{x}_2, \ldots \rightarrow \mathbf{x}$$

이러한 벡터 $\mathbf{x}$는 $P\mathbf{x} = \mathbf{x}$를 만족하기 때문에 고유값 1에 대응하는 P의 고유벡터가 된다. 이런 벡터의 존재와 값에 대해 알면 인구분포의 장기적 거동에 관한 정보를 얻을 수 있을 것이다.

마코프 체인에서 이런 바람직한 성질을 가지고 있는 것들이 있다. 이제 이런 마코프 체인을 정의하고 성질을 알아본 후 이 결과들을 인구이동 모델에서의 장기 예측에 적용한다.

정의 마코프 체인의 전이행렬 P의 어떤 거듭제곱의 모든 원소들이 양이 되면 P가 **정규적**이라고 말한다. 이때 체인을 **정규 마코프 체인**이라고 부른다.

예를 들어 보자.

$A = \begin{bmatrix} 0.3 & 0.6 \\ 0.7 & 0.4 \end{bmatrix}$는 모든 원소가 양이므로 정규적이다.

$B = \begin{bmatrix} 0.7 & 1 \\ 0.3 & 0 \end{bmatrix}$는 $B^2 = \begin{bmatrix} 0.79 & 0.7 \\ 0.21 & 0.3 \end{bmatrix}$이므로 정규적이다.

$C = \begin{bmatrix} 0.4 & 0 \\ 0.6 & 1 \end{bmatrix}$는 $C^2 = \begin{bmatrix} 0.16 & 0 \\ 0.84 & 1 \end{bmatrix}$, $C^3 = \begin{bmatrix} 0.064 & 0 \\ 0.936 & 1 \end{bmatrix}, \ldots$이 되어 1행 2열의 원소

는 항상 영이므로 정규적이 아니다.

다음 정리는 정규 마코프 체인의 장기 거동에 관한 정보를 준다. 증명은 생략한다.

정리 3.10

초기 벡터가 $\mathbf{x}_0$이고 전이행렬이 P인 정규 마코프 체인에서 다음이 성립한다.

1. $\mathbf{x}_0, \mathbf{x}_1, \mathbf{x}_2, \ldots \to \mathbf{x}$, 여기서 $\mathbf{x}$는 $P\mathbf{x} = \mathbf{x}$를 만족한다.
   즉, $\mathbf{x}$는 $\lambda = 1$에 대응하는 P의 고유벡터이다.
2. $P, P^2, P^3, \ldots \to Q$, 여기서 Q는 확률행렬이다. Q의 열들은 모두 동일하고 $\lambda = 1$에 대응하는 고유벡터가 된다.

이제 이 정리를 인구이동에 적용해보자.

인구 예측

예제 1

미국의 도시와 교외지역 간의 인구이동의 장기적인 경향을 찾아라.

풀이

모델은 앞에서 이미 언급되었다. 2015년의 미국 도시와 교외지역의 인구는 다음의 벡터 $\mathbf{x}_0$(백만 명 단위)로 주어지고 그 이후 년도들의 인구는 전이행렬이 P인 마코프 체인으로 기술된다.

$$\text{초기 인구} \qquad \mathbf{x}_0 = \begin{bmatrix} 83 \\ 178 \end{bmatrix} \begin{matrix} \text{도시} \\ \text{교외} \end{matrix}, \qquad P = \overset{\text{(에서)}}{\overset{\text{도시} \quad \text{교외}}{\begin{bmatrix} 0.97 & 0.01 \\ 0.03 & 0.99 \end{bmatrix}}} \begin{matrix} \text{(로)} \\ \text{도시} \\ \text{교외} \end{matrix}$$

P의 모든 원소가 양이므로 체인은 정규 마코프 체인이고, 앞의 정리에 따라 장기적 경향이 얻어질 수 있다. 이 정리는 P가 고유값 1을 갖고 이것에 대응하는 고유벡터가 안정상태 벡터라고 말하고 있다. 따라서

$$P\mathbf{x} = \mathbf{x},$$
$$(P - I_2)\mathbf{x} = \mathbf{0},$$
$$\begin{bmatrix} 0.97 - 1 & 0.01 \\ 0.03 & 0.99 - 1 \end{bmatrix} \begin{bmatrix} x_1 \\ x_2 \end{bmatrix} = \mathbf{0}$$

에서 다음 방정식 계를 얻는다.

$$\begin{aligned} -0.03x_1 + 0.01x_2 &= 0 \\ 0.03x_1 - 0.01x_2 &= 0 \end{aligned}$$

이것은 $x_2 = 3x_1$의 관계를 주어 이 계의 해는 $x_1 = r$, $x_2 = 3r$(r은 스칼라)가 된다. 즉, $\lambda = 1$에 대응하는 P의 고유벡터는

$$r\begin{bmatrix} 1 \\ 3 \end{bmatrix}$$

형태의 영이 아닌 벡터가 되고 안정상태 벡터도 이러한 꼴이다. 그동안 총인구의 변화가 없었다고 가정하면 **x**의 원소들의 합이 일정하므로

$$r + 3r = 83 + 178,$$
$$r = 65.25$$

을 얻는다. 결국 안정상태 벡터는 다음과 같이 얻어진다.

$$\mathbf{x} = \begin{bmatrix} 65.25 \\ 195.75 \end{bmatrix}$$

이로부터 다음과 같은 장기 예측을 얻는다.

미국의 도시 인구 → 62.25 백만
미국의 교외 인구 → 195.75 백만

앞의 정리는 장기적 인구 추세에 대해 또 다른 정보를 준다. 행렬 Q의 각 열은 고유값 1에 대응하는 고유벡터이므로

$$Q = \begin{bmatrix} s & s \\ 3s & 3s \end{bmatrix}$$

라고 놓자. 또한 Q는 확률행렬이므로 각 열의 합이 1이다. 따라서

$$s + 3s = 1,$$
$$s = 0.25$$

이 되어 다음을 얻는다(읽기 쉽게 소수 둘째 자리까지만 제시한다.).

$$\overset{P}{\begin{bmatrix} 0.97 & 0.01 \\ 0.03 & 0.99 \end{bmatrix}}, \overset{P^2}{\begin{bmatrix} 0.94 & 0.02 \\ 0.06 & 0.98 \end{bmatrix}}, \overset{P^3}{\begin{bmatrix} 0.91 & 0.03 \\ 0.09 & 0.97 \end{bmatrix}} \cdots \rightarrow \overset{Q}{\begin{bmatrix} 0.25 & 0.25 \\ 0.75 & 0.75 \end{bmatrix}}$$

이 결과를 해석해보자. (2, 1) 원소에 집중하면 다음의 수열이 얻어진다. 물론 다른 원소에 대해서도 유사한 해석이 적용된다.

$$0.03, 0.06, 0.09, \ldots \rightarrow 0.75$$

이것들은 1년 후, 2년 후, 3년 후, 등등에 도시에서 교외로 이주해 살고 있을 확률들이다. 이 확률은 점차 증가하여 0.75에 접근한다. Q는 따라서 이 모델의 장기 전이행렬이 된다. 이것은 다음과 같이 도시나 교외에 거주할 장기적 확률을 준다.

$$\begin{array}{c} \text{(에서)} \\ \begin{array}{ccc} & \text{도시} \quad \text{교외} & \text{(로)} \\ Q = & \begin{bmatrix} 0.25 & 0.25 \\ 0.75 & 0.75 \end{bmatrix} & \begin{array}{l} \text{도시} \\ \text{교외} \end{array} \end{array} \\ \text{장기적 확률} \end{array}$$

교외에서 거주할 장기적 확률이 0.75인 반면에 도시에 거주할 장기적 확률은 0.25임을 관찰하라. 이 확률은 초기비율에 무관하다. 장기적 확률이 초기 상태에 독립적인 것이 정규 마코프 체인의 특성이다. ■

이제 마코프 체인을 텔아비브의 강수현상에 적용한 흥미로운 모델에 대해 논해보자.

텔아비브의 날씨

예제 2

가브리엘(K. R. Gabriel)과 노이만(J. Neumann)은 "Markov Chain Model for Daily Rainfall Occurrence at Tel Aviv," *Quart J. R. Met. Soc.*, 88(1962), 90-95를 발표하였다. 여기서 사용된 확률은 1923년부터 1950까지의 27년 동안의 텔아비브(나하미 거리)의 일별 강수의 자료로부터 얻어졌다. 매일을 아침 8시에서 다음 날 아침 8시 사이의 24시간 동안에 0.1 mm 이상의 강수가 있을 때는 젖은 날로 아니면 마른 날로 분류하였다. 이로부터 우기에 해당하는 11월부터 4월까지의 매달에 대해 마코프 체인을 만들었다. 여기서는 11월의 마코프 체인을 언급한다. 모델에서는 어느 날 비가 올 확률은 그 전날이 젖었는지 또는 말랐는지에만 의존한다고 가정하였다. 11월에 대해 매년 축적된 통계량은 다음과 같다.

어느 날	다음 날이 젖음
젖음	195일 중 117일
마름	615일 중 80일

즉, 젖은 날의 다음 날도 젖은 날이 확률은 $\frac{117}{195} = 0.6$이고 마른 날의 다음 날이 젖은 날일 확률은 $\frac{80}{615} = 0.13$이다. 이 확률들로부터 11월의 날씨 변화에 대해 다음과 같은 전이확률을 얻을 수 있다.

$$\begin{array}{c} \text{(어느 날)} \\ \begin{array}{cc} \text{젖음} & \text{마름} \end{array} \end{array}$$
$$P = \begin{bmatrix} 0.6 & 0.13 \\ 0.4 & 0.87 \end{bmatrix} \begin{array}{l} \text{젖음} \\ \text{마름} \end{array} \quad \text{(다음 날)}$$

P를 이용하면 11월의 어느 날이든 11월 내에서 장래의 날씨를 예측할 수 있다. 예를 들어 오늘이 수요일인데 젖었다면 이번 토요일이 마를 확률을 계산해보자. 토요일은 오늘부터 3일 후이므로 P^3의 원소로부터 토요일의 날씨에 대해 여러 확률을 얻을 수 있다. P^3을 계산하여 읽기 쉽게 소수 둘째자리까지 나타내면 다음과 같다.

$$\begin{array}{c} \text{(오늘–수요일)} \\ \begin{array}{cc} \text{젖음} & \text{마름} \end{array} \end{array}$$
$$P^3 = \begin{bmatrix} 0.32 & 0.22 \\ 0.68 & 0.78 \end{bmatrix} \begin{array}{l} \text{젖음} \\ \text{마름} \end{array} \quad \text{(토요일)}$$

오늘이 젖었다면 토요일에 마를 확률은 0.68이다.

전이확률행렬 P가 정규적임을 관찰하라. 따라서 고유벡터를 사용하여 장기적 날씨 예측을 할 수 있다. 고유값 1에 대응하는 고유벡터는 다음과 같은 형태의 영이 아닌 벡터이다.

$$r\begin{bmatrix} 0.325 \\ 1 \end{bmatrix}$$

장기 전이행렬 Q의 열벡터는 이 형태의 고유벡터인데 Q가 확률행렬이므로 원소들의 합이 1이어야 한다. 따라서 $0.325r + r = 1$에서 $r = 0.75$(소수 두 자리로)이고

$$Q = \begin{bmatrix} 0.25 & 0.25 \\ 0.75 & 0.75 \end{bmatrix}$$

이 된다. 이 행렬은 다음과 같이 해석될 수 있다.

$$\begin{array}{c} \text{(오늘)} \\ \begin{array}{cc} \text{젖음} & \text{마름} \end{array} \\ \begin{bmatrix} 0.25 & 0.25 \\ 0.75 & 0.75 \end{bmatrix} \end{array} \begin{array}{l} \text{젖음} \\ \text{마름} \end{array} \text{(먼 장래의 날)}$$

이로부터 11월 텔아비브의 날씨 예측을 다음과 같이 얻을 수 있다.

11월 텔아비브의 장기 예측
0.25의 확률로 젖음
0.75의 확률로 마름

벨파스트의 날씨

예제 3

북아일랜드의 벨파스트의 날씨에 대한 행렬모델이 스튜어트(William J. Stuart)에 의해 *Introduction to the Numerical Solution of Markov Chains*, (Princeton University Press, 1994, 6)에서 제시되었다. 날씨는 비(R), 흐림(C), 맑음(S)의 세 가지로 구분된다. 매일의 날씨 변화는 다음 행렬에 의해 기술된다.

$$P = \begin{array}{c} \text{(어느 날)} \\ \begin{array}{ccc} R & C & S \end{array} \\ \begin{bmatrix} 0.8 & 0.7 & 0.5 \\ 0.15 & 0.2 & 0.3 \\ 0.05 & 0.1 & 0.2 \end{bmatrix} \end{array} \begin{array}{l} R \\ C \\ S \end{array} \text{(그 다음 날)}$$

예를 들어 오늘 흐리다면 내일 맑을 확률은 0.1이다. P의 고유값 1에 대응하는 고유벡터는 다음과 같은 형태로 구할 수 있다.

$$r\begin{bmatrix} 122/11 \\ 27/11 \\ 1 \end{bmatrix}$$

$r = 11/160$으로 놓으면 다음과 같은 장기 예측 확률행렬을 얻을 수 있다.

$$Q = \begin{bmatrix} 122/160 & 122/160 & 122/160 \\ 27/160 & 27/160 & 27/160 \\ 11/160 & 11/160 & 11/160 \end{bmatrix} = \begin{array}{c} \text{(오늘)} \\ \begin{array}{ccc} R & C & S \end{array} \\ \begin{bmatrix} 0.7625 & 0.7625 & 0.7625 \\ 0.16875 & 0.16875 & 0.16875 \\ 0.06875 & 0.06875 & 0.06875 \end{bmatrix} \end{array} \begin{array}{l} R \\ C \\ S \end{array} \text{(먼 장래의 날)}$$

이 모델에 의하면 벨파스트에서 미래의 어느 날이 비, 흐림, 또는 맑음일 확률이 각각 0.76, 0.17, 0.07이 된다.

레슬리 행렬

인구 변동의 연구를 위해 마코프 체인을 이용한 예를 살펴보았다. 이제 개발자인 P.H. Leslie*의 이름을 따서 **레슬리 모형**(Leslie model)으로 부르는 또 하나의 인구모형을 소개한다. 이 모형은 출산율과 생존율을 사용하여 연어, 거북이, 사슴, 양 등의 개체수의 변화를 설명하기 위해 이용된다. 이 모형은 집단의 암컷부분의 변동을 기술한다, 암컷이 사용된 이유는 번식을 담당하기 때문이다. 암컷 개체수는 보통 총 개체수에서 고정된 비율을 차지하기 때문에 총 개체수는 암컷의 상황에 대한 지식으로부터 추론될 수 있다. 암컷은 적절한 나이 계급으로 분할되고 각 계급은 같은 수의 기간을 포함한다.

고립된 딱정벌레 군집을 고려하자. 딱정벌레는 4년 이상은 살지 못한다고 가정하자. 암컷 집단을 각 1년을 포함하는 4개의 나이그룹 0-1, 1-2, 2-3, 3-4로 나누자. 초기에 100마리의 암컷이 각 나이그룹에 30, 35, 25, 10 마리로 나눠져 있다고 가정하자. 이 초기분포를 다음 열행렬로 나타내자.

$$X_0 = \begin{bmatrix} 30 \\ 35 \\ 25 \\ 10 \end{bmatrix}$$

각 나이그룹의 딱정벌레 한 마리당 암컷의 출산율이 연 0, 4, 2, 1이라고 가정하자. 즉, 매 딱정벌레는 첫 해에는 새끼 암컷을 낳지 못하고 2년째에는 평균 4마리, 3년째에는 2마리, 4년째에는 1마리를 낳는다.

각 나이그룹의 생존 확률은 0.7, 0.5, 0.2, 0(4년 이상은 살지 못한다)이라고 가정하자. 즉, 0-1 나이그룹의 초기의 30마리의 딱정벌레 중 0.7×30마리가 살아남을 것이다. 또 1-2 나이그룹의 35마리 중 0.5×35마리, 2-3 나이그룹의 25마리 중 0.2×25마리, 3-4 나이그룹의 10마리 중 0×10마리(즉 0)가 살아남을 것이다. 이 자료를 표

나이그룹	0–1	1–2	2–3	3–4
초기 개체수	30	35	25	10
번식률	0	4	2	1
생존율	0.7	0.5	0.2	0

로 나타낼 수 있다. 1년 후에 0-1세의 딱정벌레의 개체수는

$$(0 \times 30) + (4 \times 35) + (2 \times 25) + (1 \times 10)$$

이 될 것이다. 또한 1-2세의 개체수는 0.7×30이 되고, 2-3세의 개체수는 0.5×35, 3-4세의 개체수는 0.2×25가 될 것이다. 따라서 1년 후 개체수의 분포는 다음 행렬로 나타낼 수 있다.

$$X_1 = \begin{bmatrix} (0 \times 30) + (4 \times 35) + (2 \times 25) + (1 \times 10) \\ 0.7 \times 30 \\ 0.5 \times 35 \\ 0.2 \times 25 \end{bmatrix}$$

*P.H. Leslie, "On the Use of Matrices in Certain Population Mathematics," *Biometrika* 33 (1945), 183-212.

X_1은 다음과 같은 행렬 곱을 이용하여 얻어질 수 있음을 관찰하라.

$$\begin{bmatrix} (0 \times 30) + (4 \times 35) + (2 \times 25) + (1 \times 10) \\ 0.7 \times 30 \\ 0.5 \times 35 \\ 0.2 \times 25 \end{bmatrix} = \begin{bmatrix} 0 & 4 & 2 & 1 \\ 0.7 & 0 & 0 & 0 \\ 0 & 0.5 & 0 & 0 \\ 0 & 0 & 0.2 & 0 \end{bmatrix} \begin{bmatrix} 30 \\ 35 \\ 25 \\ 10 \end{bmatrix}$$

이 1년 전이행렬을 L이라고 표기하고 **레슬리 행렬**이라고 부른다. 즉,

$$L = \begin{bmatrix} 0 & 4 & 2 & 1 \\ 0.7 & 0 & 0 & 0 \\ 0 & 0.5 & 0 & 0 \\ 0 & 0 & 0.2 & 0 \end{bmatrix}$$

이고 $X_1 = LX_0$이다. 마찬가지로 X_2를 1년 후의 0-1, 1-2, 2-3, 3-4세의 개체수 분포라고 하면, $X_2 = LX_1$(또는 $X_2 = L^2X_0$)가 된다. n년 후에는

$$X_n = LX_{n-1} \text{ (또는 } X_n = L^nX_0)$$

이 된다. 여기서 L이 확률행렬은 아니지만 마코프 체인과 유사한 상태의 사슬 $X_0, X_1, X_2, X_3, \ldots$을 얻는다.

다음 4년의 이 모형의 예측값은 다음과 같다.

$$X_0 = \begin{bmatrix} 30 \\ 35 \\ 25 \\ 10 \end{bmatrix}, X_1 (= LX_0) = \begin{bmatrix} 200 \\ 21 \\ 17.5 \\ 5 \end{bmatrix}, X_2 = \begin{bmatrix} 124 \\ 140 \\ 10.5 \\ 3.5 \end{bmatrix}, X_3 = \begin{bmatrix} 584.5 \\ 86.8 \\ 70 \\ 2.1 \end{bmatrix},$$

$$X_4 = \begin{bmatrix} 489.3 \\ 409.15 \\ 43.4 \\ 14 \end{bmatrix} \ldots$$

확률행렬과는 달리 일반적으로 고유값 1을 가지지 않고, 따라서 열 $X_0, X_1, X_2, \ldots$이 안정상태 X에 수렴하지 않는다. 그러나 이 열은 자주 어떤 고유벡터에 수렴한다. 즉, $X_0, X_1, X_2, \ldots \to X$, 여기서 $LX = \lambda X$인데 λ는 유일한 양의 고유값이고 고유벡터 X는 모두 양의 성분을 갖는다.

시간이 경과함에 따라 $X_0, X_1, X_2, \ldots, X_n, X_{n+1}, \ldots$ (여기서 $X_{n+1} \approx \lambda X_n$)을 얻는다. 컴퓨터를 이용하면 우리 예의 경우 고유값은 $\lambda = 1.7923$이고 $X_{n+1} \approx 1.7923X_n$이 된다. 따라서

총 암컷 개체수는 매년 79.23%로 증가하는 경향을 보인다.

또한 $X_{n+1} \approx \lambda X_n$로부터 X의 성분들은 계속 변해가지만 각 성분의 비는 상수가 됨을 알 수 있다. $\lambda = 1.7923$의 성분이 모두 양인 고유벡터 X는

$$X = \begin{bmatrix} 0.9267 \\ 0.3619 \\ 0.1010 \\ 0.0113 \end{bmatrix}$$

로 구해지는데, 성분의 합을 1로 정규화시키면 다음과 같다.

$$\frac{1}{(0.9267 + 0.3619 + 0.1010 + 0.0113)}\begin{bmatrix} 0.9267 \\ 0.3619 \\ 0.1010 \\ 0.0113 \end{bmatrix} = \begin{bmatrix} 0.6615 \\ 0.2583 \\ 0.0721 \\ 0.0081 \end{bmatrix}$$

이 벡터로부터 시간이 지남에 따라 네 나이그룹의 암컷 개체수 분포는 점점 66%, 26%, 7%, 1%의 비에 접근함을 알 수 있다. 이 결과를 다음 표로 요약할 수 있다.

장기적 경향

나이그룹	0–1	1–2	2–3	3–4
분포	66%	26%	7%	1%

레슬리 모형은 장기 예측이 초기 개체수 분포에 무관하다는 점에서 마코프 모형과 유사하다는 것을 주목하라. 이 결과는 레슬리 행렬 또는 확률행렬인 전이행렬의 고유값과 고유벡터로부터 유래된다.

예제 4

다음은 레슬리 행렬의 예이다.

$$\begin{bmatrix} 0 & 4 & 2 \\ 0.7 & 0 & 0 \\ 0 & 0.3 & 0 \end{bmatrix}\begin{bmatrix} 0 & 5 & 3 & 2 \\ 0.8 & 0 & 0 & 0 \\ 0 & 0.3 & 0 & 0 \\ 0 & 0 & 0.5 & 0 \end{bmatrix}\begin{bmatrix} 1 & 7 & 5 & 8 & 2 \\ 0.6 & 0 & 0 & 0 & 0 \\ 0 & 0.3 & 0 & 0 & 0 \\ 0 & 0 & 0.5 & 0 & 0 \\ 0 & 0 & 0 & 0.4 & 0 \end{bmatrix}$$

자주 (1,1) 원소는 영이고, 실제 나이그룹은 한 세대의 길이, 즉 신생 암컷이 생식 나이에 도달하기까지의 시간에 상응하여 정해진다. ■

예제 5

주머니쥐의 출산과 생존

다음 표는 359 주머니쥐 군집의 출산율과 생존율을 보여준다. 번식률과 생존률은 인터넷에서 찾을 수 있다. 주머니쥐는 5년 이상은 거의 살 수 없다.

나이그룹	0–1	1–2	2–3	3–4	4–5
초기 개체수	194	82	55	22	6
번식률	0	1.3	1.8	0.9	0.2
생존율	0.6	0.8	0.8	0.4	0

이 데이터는 다음의 레슬리 행렬 L과 초기 개체수 분포 X_0를 준다. 레슬리 행렬의 첫 행이 번식률이고 생존율은 **부대각**(subdiagonal) 원소로 나타남을 기억하라.

$$L = \begin{bmatrix} 0 & 1.3 & 1.8 & 0.9 & 0.2 \\ 0.6 & 0 & 0 & 0 & 0 \\ 0 & 0.8 & 0 & 0 & 0 \\ 0 & 0 & 0.8 & 0 & 0 \\ 0 & 0 & 0 & 0.4 & 0 \end{bmatrix} \quad X_0 = \begin{bmatrix} 194 \\ 82 \\ 55 \\ 22 \\ 6 \end{bmatrix}$$

다음 4년에 대한 이 모형의 예측값은 다음과 같다,

$$X_0 = \begin{bmatrix} 194 \\ 82 \\ 55 \\ 22 \\ 6 \end{bmatrix}, X_1\ (= LX_0) = \begin{bmatrix} 226.6 \\ 116.4 \\ 65.6 \\ 44 \\ 8.8 \end{bmatrix}, X_2 = \begin{bmatrix} 310.76 \\ 135.96 \\ 93.12 \\ 52.48 \\ 17.6 \end{bmatrix}, X_3 = \begin{bmatrix} 395.12 \\ 186.46 \\ 108.77 \\ 74.50 \\ 20.99 \end{bmatrix},$$

$$X_4 = \begin{bmatrix} 509.42 \\ 237.07 \\ 149.16 \\ 29.01 \\ 29.80 \end{bmatrix}$$

컴퓨터를 이용하여 L은 유일한 양의 고유값 $\lambda = 1.2922$를 계산할 수 있다. 즉, 총 암컷 개체수는 연 증가율 29.22%로 증가하는 경향을 보인다. $\lambda = 1.2922$의 고유벡터는

$$X = \begin{bmatrix} 0.8662 \\ 0.4022 \\ 0.2490 \\ 0.1541 \\ 0.0477 \end{bmatrix}$$

로 구해진다. 이 벡터를 원소의 합이 1이 되도록 정규화하면

$$\frac{1}{(0.8662 + 0.4022 + 0.2490 + 0.1541 + 0.0477)} \begin{bmatrix} 0.8662 \\ 0.4022 \\ 0.2490 \\ 0.1541 \\ 0.0477 \end{bmatrix} = \begin{bmatrix} 0.5038 \\ 0.2339 \\ 0.1448 \\ 0.0896 \\ 0.0277 \end{bmatrix}$$

이 된다. 이 벡터로부터 시간이 경과하면 다섯 나이그룹의 암컷의 분포가 점점 50%, 23%, 15%, 9%, 3%의 비율에 점점 접근함을 알 수 있다. 이 내용을 표로 정리하면 다음과 같다.

장기적 경향

나이그룹	0–1	1–2	2–3	3–4	4–5
분포	50%	23%	15%	9%	3%

예제 6

뉴질랜드의 양의 출산과 생존*

다음 표는 뉴질랜드의 어떤 종의 양의 출산율과 생존율을 나열하고 있다. 양은 일 년에 한번 새끼를 낳고 거의 12년 넘게 살지 못하므로, 자연스러운 구간은 1년이고 최종 시점은 12년이다.

나이(년)	0–1	1–2	2–3	3–4	4–5	5–6	6–7	7–8	8–9	9–10	10–11	11–12
출산율	0	.045	.391	.472	.484	.546	.543	.502	.468	.459	.433	.421
생존율	.845	.975	.965	.950	.926	.895	.850	.786	.691	.561	.370	0

이 양에 대한 개체수 정보는 없음을 관찰하자. 레슬리 행렬을 만들고 미래의 증가율과 각 나이별 양의 수의 분포를 계산하라. 장기적으로 양의 몇 퍼센트가 5세이겠는가? 몇 퍼센트가 5세 미만이겠는가?

레슬리 행렬은 다음과 같다.

$$L = \begin{bmatrix} 0 & .045 & .391 & .472 & .484 & .546 & .543 & .502 & .468 & .459 & .433 & .421 \\ .845 & 0 & 0 & 0 & 0 & 0 & 0 & 0 & 0 & 0 & 0 & 0 \\ 0 & .975 & 0 & 0 & 0 & 0 & 0 & 0 & 0 & 0 & 0 & 0 \\ 0 & 0 & .965 & 0 & 0 & 0 & 0 & 0 & 0 & 0 & 0 & 0 \\ 0 & 0 & 0 & .950 & 0 & 0 & 0 & 0 & 0 & 0 & 0 & 0 \\ 0 & 0 & 0 & 0 & .926 & 0 & 0 & 0 & 0 & 0 & 0 & 0 \\ 0 & 0 & 0 & 0 & 0 & .895 & 0 & 0 & 0 & 0 & 0 & 0 \\ 0 & 0 & 0 & 0 & 0 & 0 & .850 & 0 & 0 & 0 & 0 & 0 \\ 0 & 0 & 0 & 0 & 0 & 0 & 0 & .786 & 0 & 0 & 0 & 0 \\ 0 & 0 & 0 & 0 & 0 & 0 & 0 & 0 & .691 & 0 & 0 & 0 \\ 0 & 0 & 0 & 0 & 0 & 0 & 0 & 0 & 0 & .561 & 0 & 0 \\ 0 & 0 & 0 & 0 & 0 & 0 & 0 & 0 & 0 & 0 & .370 & 0 \end{bmatrix}$$

L의 유일한 양의 고유값은 $\lambda = 1.1756$로 계산된다. 즉, 암컷의 총 개체수는 연 17.56%의 증가율로 증가하는 경향을 보인다.

다음 벡터는 대응하는 고유벡터를 편의상 행벡터로 쓴 것이다.

$X = [.6364\ .4574\ .3794\ .3114\ .2517\ .1982\ .1509\ .1091\ .0730\ .0429\ .0205\ .0064]$

이 벡터는 장기 분포를 준다. 수들을 퍼센트로 나타내기 위해 $\dfrac{1}{(.6364 + \cdots + .0064)}$를 곱하여 정규화하면

$$[.2413\ .1734\ .1439\ .1181\ .0954\ .0752\ .0572\ .0414\ .0277\ .0163\ .0078\ .0024]$$

를 얻고, 표로 정리하면 다음과 같다.

장기 추세

나이그룹	0–1	1–2	2–3	3–4	4–5	5–6	6–7	7–8	8–9	9–10	10–11	11–12
분포	24%	17%	14%	12%	10%	8%	6%	4%	3%	2%	1%	0%

장기적으로 양의 8%가 5세일 것이다. 또 5세 미만의 비율은

*G. Caughley, "Parameters for Seasonally Breeding Populations," *Ecology*, 48 (1967) 834-839.

$$(24 + 17 + 14 + 12 + 10)\% = 77\%$$

이 될 것이다. ■

연습문제 3.5

응용

1. 2015년의 미국의 대도시와 기타 지역의 인구 분포가 다음의 벡터 $\mathbf{x}_0$(단위는 백만명)으로 주어지고. 그 이후의 연도별 인구는 다음의 전이행렬 P를 갖는 마코프 체인으로 주어진다.(2.8절의 연습문제 6을 보라.) 총인구는 변화가 없다고 가정하고 대도시 지역과 기타 지역의 인구에 대해 장기예측을 해보라.

$$\mathbf{x}_0 = \begin{bmatrix} 261 \\ 48 \end{bmatrix} \begin{matrix} \text{대도시} \\ \text{기타 지역} \end{matrix} \quad (\text{초기인구})$$

$$P = \begin{bmatrix} 0.99 & 0.02 \\ 0.01 & 0.98 \end{bmatrix} \begin{matrix} \text{대도시} \\ \text{기타 지역} \end{matrix}$$

(에서) 대도시, 기타 지역 (로)

2. 2015년의 미국의 도시, 교외, 기타 지역의 인구 분포가 다음의 벡터 $\mathbf{x}_0$(단위는 백만명)으로 주어지고. 그 이후의 연도별 인구는 다음의 전이행렬 P를 갖는 마코프 체인으로 주어진다.(2.8절의 연습문제 7을 보라.) 총인구는 변화가 없다고 가정하고 각 지역의 인구에 대해 장기예측을 해보라. (이 모델은 대도시 지역을 도시와 교외 지역으로 세분하여 앞의 연습문제의 모델을 정교화한 것이다.)

$$\mathbf{x}_0 = \begin{bmatrix} 83 \\ 178 \\ 48 \end{bmatrix} \begin{matrix} \text{도시} \\ \text{교외} \\ \text{기타 지역} \end{matrix} \quad (\text{초기인구})$$

(에서) 도시, 교외, 기타지역 (로)

$$P = \begin{bmatrix} 0.96 & 0.01 & 0.015 \\ 0.03 & 0.98 & 0.005 \\ 0.01 & 0.01 & 0.98 \end{bmatrix} \begin{matrix} \text{도시} \\ \text{교외} \\ \text{기타 지역} \end{matrix}$$

3. 기니피그의 자손들을 잡종과만 교배하는 유전 모형을 고려하자.(2.8절의 연습문제 15번을 보라.) 이 모델에 대한 전이행렬 P는 다음과 같다. P가 정규적임을 증명하라. $P, P^2, P^3, \ldots \to Q$라 할 때 Q를 결정하라. Q는 기니피그의 장기 분포에 대해 무슨 정보를 주는가?

(에서) AA, Aa, aa (로)

$$P = \begin{bmatrix} 0.5 & 0.25 & 0 \\ 0.5 & 0.5 & 0.5 \\ 0 & 0.25 & 0.5 \end{bmatrix} \begin{matrix} AA \\ Aa \\ aa \end{matrix}$$

4. 텔아비브의 12월 한 달 동안의 강수에 대한 통계량이 다음과 같다.

어느 날	다음 날이 젖음
젖음	326일 중 213일
마름	511일 중 117일

이 자료를 이용하여 텔아비브의 12월의 날씨를 예측하는 마코프 체인을 구성하라.(예제 2를 보라.)

(a) 텔아비브에서 오늘이 12월의 마른 목요일이라면 이번 토요일도 마른 날일 확률은 얼마인가?

(b) 텔아비브의 12월에 대한 장기 날씨 예측을 시도하라. 먼 장래의 어느 날이 젖은/마른 날일 확률을 구하라

5. 심리학자가 그림 3.2와 같이 1, 2, 3으로 번호가 붙은 방으로 나누어진 격실에 20마리의 쥐를 무작위하게 배치하고 실험을 수행하였다.

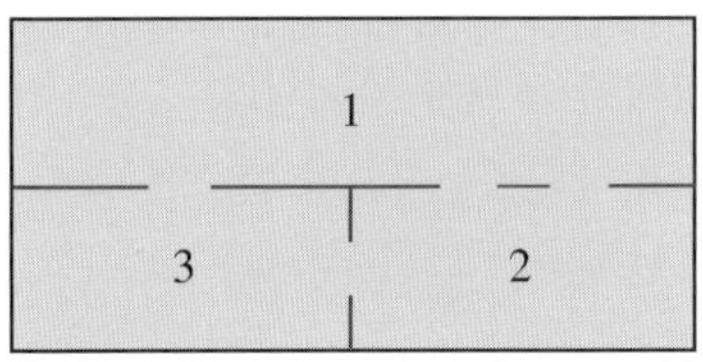

그림 3.2

4개의 문이 있고 쥐는 1, 2, 3번방에 있을 수 있기 때문에 각 쥐에 대해 세 개의 상태가 가능하다. 쥐들이 문의 수에 따른 확률로 방을 옮겨 다닌다고 가정하자. 예를 들어 1번방에 있는 쥐는 $P_{11} = 0$, $P_{12} = \frac{2}{3}$, $P_{13} = \frac{1}{3}$로 해당 방으로 이동한다고 한다. 이렇게 접근하면 다음의 전치행렬 P를 갖는 마코프 체인이 얻어진다. 쥐들의 장기적 분포를 예측하라. 특정 표시를 한 쥐가 2번방에 있을 장기적 확률을 구하라.

$$\begin{array}{c} \quad\quad\quad\quad (에서) \\ \quad\quad 1번 방 \quad 2번 방 \quad 3번 방 \ (로) \end{array}$$

$$P = \begin{bmatrix} 0 & \frac{2}{3} & \frac{1}{2} \\ \frac{2}{3} & 0 & \frac{1}{2} \\ \frac{1}{3} & \frac{1}{3} & 0 \end{bmatrix} \begin{array}{l} 1번 방 \\ 2번 방 \\ 3번 방 \end{array}$$

6. 그림 3.3과 같이 1, 2, 3, 4로 번호가 붙은 4개의 방으로 나누어진 격실에 40마리의 쥐를 무작위하게 배치하였다. 방들 사이의 쥐의 이동을 나타내는 마코프 체인을 구성하라. 쥐들의 장기적 분포를 예측하라. 표시된 쥐가 4번 방에 있을 장기적 확률은 얼마인가?

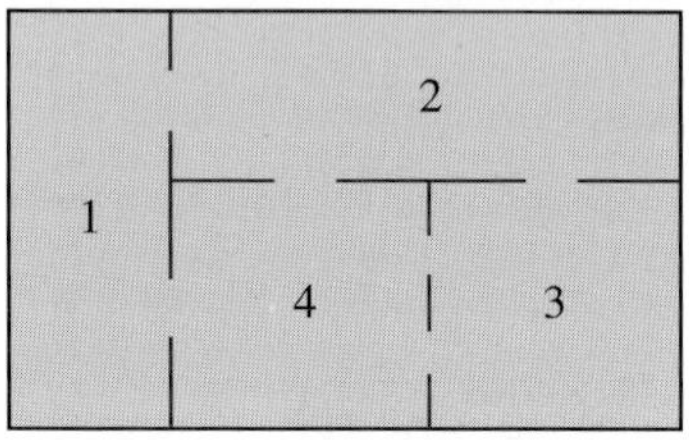

그림 3.3

7. A, B 두 자동차 대여회사가 어느 공항에서 고객유치 경쟁을 하고 있다. 여러 회사에 대한 고객의 만족도에 대한 연구가 수행되었는데, 그 결과가 아래의 행렬 R로 표현되었다. R의 첫열은, 현재 A를 사용한 고객들 중 75%는 만족해서 다음에도 A를 사용할 작정인 반면에, 25%는 만족하지 못하여 다음 번에는 B를 사용할 계획임을 말하고 있다. R의 둘째 열도 유사하게 해석된다.

$$\begin{array}{c} (에서) \quad\quad (로) \\ A \quad\quad B \quad\quad\quad \end{array}$$

$$R = \begin{bmatrix} 75\% & 20\% \\ 25\% & 80\% \end{bmatrix} \begin{array}{l} A \\ B \end{array}$$

R을 수정하여 대여의 패턴을 나타내는 마코프 체인의 전이행렬 P를 구하라. 현재의 추세가 지속된다면 궁극적으로 대여의 분포가 어떻게 정착되겠는가? 이 분포를 회사 A, B를 사용하는 비율로 표현하라.

8. 시장조사 그룹에서 세 종류의 경쟁 상품 I, II. III에 대한 구매 패턴을 연구하고 있다. 분석결과가 다음의 행렬로 표현되었다.

$$\begin{array}{c} \quad\quad (에서) \\ \text{I} \quad\quad \text{II} \quad\quad \text{III} \quad (로) \end{array}$$

$$A = \begin{bmatrix} 80\% & 20\% & 5\% \\ 5\% & 75\% & 5\% \\ 15\% & 5\% & 90\% \end{bmatrix} \begin{array}{l} \text{I} \\ \text{II} \\ \text{III} \end{array}$$

1열은, 현재 상품 1을 사용하는 고객의 80%는 계속 그 상품을 사용할 계획이고 5%는 상품 II로, 15%는 상품 III으로 바꿀 계획임을 말해 준다. 2열과 3열도 유사하게 해석된다. 행렬 A를 사용하여 구매 경향을 나타내는 마코프 체인을 구성하라. 현재의 구매 패턴이 유지된다고 할 때 판매의 궁극적인 분포를 %로 표시하라.

9. 1은 모든 확률행렬의 고유값이 됨을 증명하라.(**힌트** 행렬식의 성질을 이용하여 $|A - 1I| = 0$임을 보인다.

10. 딱정벌레의 군집을 고려하자. 딱정벌레는 최대 4년을 산다고 가정하자. 암컷의 군집을 1년 구간으로 네 개의 나이그룹 0-1, 1-2, 2-3, 3-4로 나누자. 초기 암컷 개체수 110마리가 네 개의 나이그룹에 50, 35, 15, 10마리로 퍼져있다고 가정하자. 네 나이그룹의 딱정벌레 당 출산율을 각각 연 0, 5, 3, 1마리라고 하고 생존 확률은 각각 0.4, 0.2, 0.1, 0이라고 하자. 다음 4년간의 개체수 분포를 예측하라. 개체수 증가율과 그룹별 분포의 장기 추세를 구하라.

11. 너구리의 군집을 고려하자. 너구리는 최대 5년을 산다고 가정하자. 암컷의 군집을 1년 구간으로 네 개의 나이그룹 0-1, 1-2, 2-3, 3-4, 4-5로 나누자. 초기 암컷 개체수 100마리가 네 개의 나이그룹에 40, 30, 15, 10, 5마리로 퍼져있다고 가정하자. 5개 나이그룹의 딱정벌레 당 출산율을 각각 연 0, 5, 3, 2, 1마리라고 하고 생존 확률은 각각 0.6, 0.4, 0.2, 0.1, 0이라고 하자. 다음 4년간의 개체수 분포를 예측하라. 개체수 증가율과 그룹별 분포의 장기 추세를 구하라. 장기적으로 보아 3세 너구리의 비율은 몇 퍼센트인가? 몇 퍼센트의 너구리가 1세 또는 2세가 되겠는가?

12. 딱정벌레의 증가를 분석하는 실험을 하고 있다. 최대 4년을 산다고 가정하고 암컷의 군집을 1년 구간으로 네 개의 나이그룹 0-1, 1-2, 2-3, 3-4로 나누자. 현재 암컷들이 네 개의 나이그룹에 126, 36, 8, 1마리로 분산되어 있다고 한다. 네 나이그룹의 딱정벌레 당 출산율을 각각 연 0, 5, 2, 1마리라고 하고 생존 확률은 각각 0.6, 0.4, 0.1, 0이라고 하자. 실험은 작년에 시작되었는데, 초기의 분포 X_0가 분실되었다. 초기 분포를 구하라.

3장 복습문제

1. 다음 2 × 2 행렬의 행렬식을 계산하라.

(a) $\begin{bmatrix} 3 & 2 \\ 5 & 1 \end{bmatrix}$ **(b)** $\begin{bmatrix} -3 & 0 \\ 1 & 6 \end{bmatrix}$ **(c)** $\begin{bmatrix} 9 & 7 \\ 1 & 4 \end{bmatrix}$

2. $A = \begin{bmatrix} 2 & 1 & 0 \\ -3 & 4 & 1 \\ 7 & 9 & 2 \end{bmatrix}$일 때 다음 소행렬식과 여인자를 구하라.

(a) M_{12}와 C_{12} **(b)** M_{31}와 C_{31} **(c)** M_{22}와 C_{22}

3. 다음 각 행렬의 행렬식을 지시된 행과 열을 사용하여 두 방법으로 계산하라. 두 방법으로 같은 값을 얻음을 관찰하라.

(a) $\begin{bmatrix} 1 & 2 & -3 \\ 0 & 2 & 5 \\ 4 & 1 & 2 \end{bmatrix}$ 첫 행과 첫 열 **(b)** $\begin{bmatrix} 0 & 5 & 3 \\ 2 & -3 & 1 \\ 2 & 7 & 3 \end{bmatrix}$ 셋째 행과 둘째 열

4. 다음 방정식을 x에 대해 풀어라.

$$\begin{vmatrix} x & x \\ 2 & x-3 \end{vmatrix} = -6$$

5. 다음 각 행렬을 한 행이나 열에 영을 만들어 단순화하고, 그 행이나 열을 기준으로 전개하여 행렬식을 계산하라.

(a) $\begin{bmatrix} 1 & 2 & -1 \\ 3 & 1 & 1 \\ 2 & 4 & 1 \end{bmatrix}$ **(b)** $\begin{bmatrix} 5 & 3 & 4 \\ 4 & 6 & 1 \\ 2 & -3 & 7 \end{bmatrix}$

(c) $\begin{bmatrix} 1 & 4 & -2 \\ 2 & 3 & 1 \\ -1 & 5 & 6 \end{bmatrix}$

6. $A = \begin{bmatrix} 2 & -1 & 3 \\ 4 & -1 & 6 \\ 2 & -3 & 4 \end{bmatrix}$이면 $|A| = 2$이다. 이 정보와 행렬식의 행과 열의 성질을 이용하여 다음 각 행렬의 행렬식을 계산하라.

(a) $\begin{bmatrix} 2 & -1 & 3 \\ 12 & -3 & 18 \\ 2 & -3 & 4 \end{bmatrix}$ **(b)** $\begin{bmatrix} 2 & -1 & 3 \\ 0 & 1 & 0 \\ 2 & -3 & 4 \end{bmatrix}$

(c) $\begin{bmatrix} 4 & -2 & 6 \\ -4 & 1 & -6 \\ 6 & -9 & 12 \end{bmatrix}$

7. 기본 행연산을 이용하여 다음 3 × 3 행렬들의 행렬식을 계산하라.

(a) $\begin{vmatrix} 1 & 2 & 4 \\ -1 & 4 & 3 \\ 2 & 0 & 5 \end{vmatrix}$ **(b)** $\begin{vmatrix} -1 & 3 & 2 \\ 0 & 5 & 2 \\ 1 & 7 & 6 \end{vmatrix}$

(c) $\begin{vmatrix} 2 & -3 & 5 \\ 4 & 0 & 6 \\ 1 & 2 & 7 \end{vmatrix}$

8. A가 3 × 3 행렬이고 $|A| = -2$일 때 다음 행렬식을 계산하라.

(a) $|3A|$ **(b)** $|2AA^t|$ **(c)** $|A^3|$
(d) $|(A^tA)^2|$ **(e)** $|(A^t)^3|$ **(f)** $|2A^t(A^{-1})^2|$

9. A, B가 같은 크기의 정방행렬이고 $|B| \neq 0$이면 $CB = A$인 행렬 C가 존재함을 증명하라.

10. A와 C가 같은 크기의 정방행렬이고 C가 가역이라 할 때 $|A| = |C^{-1}AC|$임을 증명하라.

11. A가 삼각행렬이면 A^2도 삼각행렬임을 증명하라.

12. A가 가역 행렬이고 $A^2 = A$이면 $|A| = 1$임을 증명하라.

13. 다음 각 행렬이 역을 갖는지 밝혀라. 역을 가지면 역행렬을 구하는 공식을 이용하여 역행렬을 구하라.

(a) $\begin{bmatrix} 3 & 5 \\ 1 & 2 \end{bmatrix}$ **(b)** $\begin{bmatrix} 3 & 2 \\ -1 & 5 \end{bmatrix}$

(c) $\begin{bmatrix} 1 & 4 & -1 \\ 0 & 2 & 0 \\ 1 & 6 & -1 \end{bmatrix}$ **(d)** $\begin{bmatrix} 2 & 1 & 3 \\ 0 & 2 & 9 \\ 4 & 2 & 11 \end{bmatrix}$

14. 크라머의 규칙을 이용하여 다음 방정식계를 풀어라.

(a) $2x_1 + x_2 = -1$
$3x_1 - 5x_2 = 18$

(b) $x_1 + x_2 + x_3 = 1$
$2x_1 - x_2 + 3x_3 = 5$
$4x_1 + 5x_2 + x_3 = 3$

15. 정방행렬 A가 가역이 아니면 A[adj(A)]는 영행렬임을 증명하라.

16. A가 가역 삼각행렬이라면 대각원소들이 모두 영이 아님을 증명하라.

17. $AX = B$가 A와 B의 모든 원소들이 정수인 n개 변수의 n개의 방정식의 계라하자. 만약 $|A| = \pm 1$이라면 해 X의 모든 원소가 정수임을 증명하라.

18. 다음 행렬의 특성다항식과 고유값 및 대응하는 고유벡터를 구하라.

$$\begin{bmatrix} 5 & -7 & 7 \\ 4 & -3 & 4 \\ 4 & -1 & 2 \end{bmatrix}$$

19. A가 가역행렬이라 하자. A^{-1}의 고유값이 A의 고유값의 역수임을 보여라. A와 A^{-1}가 동일한 고유벡터를 가짐을 증명하라.

20. 행렬 A의 한 고유값이 λ이고 대응하는 고유벡터가 $\mathbf{x}$라고 하자. k를 스칼라라고 하면 행렬 $A - kI$의 한 고유값은 $\lambda - k$이고 이에 대응하는 고유벡터는 $\mathbf{x}$임을 보여라.

21. 딱정벌레의 군집을 고려하자. 딱정벌레는 최대 4년을 산다고 가정하자. 암컷의 군집을 1년 구간으로 네 개의 나이그룹 0-1, 1-2, 2-3, 3-4로 나누자. 초기 암컷 개체수 100마리가 네 개의 나이그룹에 60, 25, 10, 5마리로 분산되어 있다고 가정하자. 네 나이그룹의 딱정벌레 당 출산율을 각각 연 0, 3, 1, 1마리라고 하고 생존 확률은 각각 0.4, 0.2, 0.1, 0이라고 하자. 다음 4년간의 개체수 분포를 예측하라. 개체수 증가율과 그룹별 분포의 장기 추세를 구하라.

장기적으로 3세인 딱정벌레는 몇 퍼센트가 되겠는가? 몇 퍼센트의 딱정벌레가 1세 또는 2세이겠는가?

© daitoZen/Getty Images

The Atlanterhavsveien (Atlantic Road) is an 8.3-km-long section of road that runs through an archipelago in Eide and Møre og Romsdal, Norway. Originally proposed as a railroad line, this road was opened to traffic in July of 1989.

PART

2

벡터공간

Vector Spaces

HQ, a commercial building in Abu Dhabi, United Arab Emirates, is the first circular skyscraper in the Middle East. Its shape is achieved through the use of a diagonal grid of steel, called a structural diagrid.

CHAPTER 4

일반 벡터공간

General Vector Spaces

이 장에서는 벡터공간 $\mathbf{R}^n$의 개념을 일반화하고 토대가 되는 대수적 구조를 살펴본다. 이 구조를 갖는 임의의 집합들은 $\mathbf{R}^n$과 동일한 수학적 성질을 갖는데, 이들을 벡터공간이라 부를 것이다. 벡터공간 $\mathbf{R}^n$에 대하여 얻어진 결과들이 이러한 공간에도 적용된다. 예를 들어, 행렬의 공간과 함수의 공간이 벡터공간 $\mathbf{R}^n$과 동일한 수학적 성질을 갖는 것이 드러난다. 선형독립성, 생성 집합, 기저, 선형변환과 차원의 개념들이 이러한 공간으로 확장된다.

4.1 일반적인 벡터공간과 부분공간

벡터공간 $\mathbf{R}^n$은 덧셈과 스칼라 곱셈의 두 연산이 정의된, 벡터라고 불리는 원소들의 집합이다. 벡터공간 $\mathbf{R}^n$이 이 두 연산에 대해 닫혀있음을 이미 알아보았다. 즉, $\mathbf{R}^n$의 두 벡터들의 합도 $\mathbf{R}^n$에 속하고, $\mathbf{R}^n$의 한 벡터의 스칼라 배도 $\mathbf{R}^n$에 속한다. 물론 벡터공간 $\mathbf{R}^n$은 다른 대수적 성질도 가지고 있다. 예를 들어 $\mathbf{R}^n$의 벡터들은 덧셈에 대해 다음과 같이 교환성, 결합성이 있다.

$$\mathbf{u} + \mathbf{v} = \mathbf{v} + \mathbf{u}$$
$$\mathbf{u} + (\mathbf{v} + \mathbf{w}) = (\mathbf{u} + \mathbf{v}) + \mathbf{w}$$

이 절에서는 $\mathbf{R}^n$의 이러한 대수적 성질에 초점을 맞추어, $\mathbf{R}^n$에서의 성질들에 기초하여 공리들을 끄집어낸다. 이 공리들을 만족하는 모든 집합은 벡터공간 $\mathbf{R}^n$과 유사한 대수적 성질들을 가지게 될 것이다. 이런 집합을 **벡터공간**이라고 부르고 그것의 원소를 **벡터**라고 부르게 된다.

이제 정리 4.1에서 논의된 $\mathbf{R}^n$의 대수적 성질들에 기초하여, 벡터공간의 정식 정의를 제시한다. 공리들이 편의에 따라 세 가지로 나뉠 수 있음을 관찰하라.

정의 **벡터공간** V는 다음의 조건을 만족하는 덧셈과 스칼라 곱셈 연산을 갖는, **벡터**라고 불리는 원소들의 집합이다(아래에서 $\mathbf{u}$, $\mathbf{v}$, $\mathbf{w}$는 V의 임의의 원소들이고 c와 d는 스칼라이다.).

닫힘 공리

1. 합 $\mathbf{u} + \mathbf{v}$는 존재하고 V의 원소이다. (V는 덧셈에 대해 닫혀있다.)
2. $c\mathbf{u}$는 V의 원소이다. (V는 스칼라 곱셈에 대해 닫혀있다.)

덧셈 공리

3. $\mathbf{u} + \mathbf{v} = \mathbf{v} + \mathbf{u}$(교환성)
4. $\mathbf{u} + (\mathbf{v} + \mathbf{w}) = (\mathbf{u} + \mathbf{v}) + \mathbf{w}$ (결합성)
5. V에 $\mathbf{u} + \mathbf{0} = \mathbf{u}$를 만족하는 원소 $\mathbf{0}$가 존재한다. 이 원소를 **영벡터**라고 부른다.
6. V의 모든 원소 $\mathbf{u}$에 대해 $\mathbf{u} + (-\mathbf{u}) = \mathbf{0}$이 되는 원소 $-\mathbf{u}$가 존재한다. 이 원소를 $\mathbf{u}$의 음이라고 부른다.

스칼라 곱셈 공리

7. $c(\mathbf{u} + \mathbf{v}) = c\mathbf{u} + c\mathbf{v}$
8. $(c + d)\mathbf{u} = c\mathbf{u} + d\mathbf{u}$
9. $c(d\mathbf{u})$ **5** $(cd)\mathbf{u}$
10. $1\mathbf{u} = \mathbf{u}$

모든 벡터공간이 유일한 영벡터를 가짐과 공간상의 모든 벡터가 유일한 음을 가짐을 보일 수 있다(연습문제 37).

벡터공간에서 보통 사용되는 두 가지 스칼라 집합은 실수 집합과 복소수 집합이다. 그에 따라 벡터공간은 각각 **실 벡터공간**과 **복소 벡터공간**이라고 불린다. 앞으로 주로 실 벡터공간에 집중하고 복소공간에 대한 결과는 적절할 때 간단히 언급한다. $\mathbf{R}^n$은 위의 조건들을 모두 만족한다. 이제 또 다른 벡터공간의 예들을 알아보자.

행렬의 벡터공간

2×2 실행렬들의 집합을 고려하자. 이 집합을 M_{22}로 표기하자. 이 집합에 대하여 이미 덧셈과 스칼라 곱셈을 정의한 바 있다. 이 집합은 실제로 벡터공간이다. 공리 1, 3, 4, 5 및 6을 논의하고 다른 공리들은 독자들이 검토하도록 남긴다.

M_{22}의 원소에 대해 벡터 표기법을 사용하여

$$\mathbf{u} = \begin{bmatrix} a & b \\ c & d \end{bmatrix} \text{와} \quad \mathbf{v} = \begin{bmatrix} e & f \\ g & h \end{bmatrix}$$

M_{22}를 두 개의 임의의 2×2 행렬이라 하면 다음을 얻는다.

공리 1:

$$\mathbf{u} + \mathbf{v} = \begin{bmatrix} a & b \\ c & d \end{bmatrix} + \begin{bmatrix} e & f \\ g & h \end{bmatrix} = \begin{bmatrix} a + e & b + f \\ c + g & d + h \end{bmatrix}$$

$\mathbf{u} + \mathbf{v}$는 2×2 행렬이고 따라서 M_{22}는 덧셈에 대해 닫혀있다.

공리 3과 4:
이전의 논의에서 2×2 행렬은 덧셈에 대해 교환성과 결합성이 있음을 알고 있다.(정리 2.2.)

공리 5:

2×2 행렬에서 영행렬은 $\mathbf{0} = \begin{bmatrix} 0 & 0 \\ 0 & 0 \end{bmatrix}$이다. 왜냐하면

$$\mathbf{u} + \mathbf{0} = \begin{bmatrix} a & b \\ c & d \end{bmatrix} + \begin{bmatrix} 0 & 0 \\ 0 & 0 \end{bmatrix} = \begin{bmatrix} a & b \\ c & d \end{bmatrix} = \mathbf{u}$$

이기 때문이다.

공리 6:

$\mathbf{u} = \begin{bmatrix} a & b \\ c & d \end{bmatrix}$이면 $-\mathbf{u} = \begin{bmatrix} -a & -b \\ -c & -d \end{bmatrix}$이다. 왜냐하면

$$\mathbf{u} + (-\mathbf{u}) = \begin{bmatrix} a & b \\ c & d \end{bmatrix} + \begin{bmatrix} -a & -b \\ -c & -d \end{bmatrix} = \begin{bmatrix} a - a & b - b \\ c - c & d - d \end{bmatrix} = \begin{bmatrix} 0 & 0 \\ 0 & 0 \end{bmatrix} = \mathbf{0}$$

이기 때문이다.

2×2 실행렬들의 집합 M_{22}는 벡터공간이다. M_{22}의 대수적 성질은 $\mathbf{R}^n$과 유사하다. 이와 유사하게 다음이 성립한다.

$m \times n$ 실행렬의 집합 M_{mn}은 벡터공간이다.

함수의 벡터공간

V가 실수영역에서 정의된 모든 함수들의 집합이라 하자. V의 각 원소 f는 실직선을 실직선으로 사상한다. 이제 V를 벡터공간으로 만드는 덧셈과 스칼라 곱셈 연산을 도입해보자.

f와 g를 V의 임의의 원소라 하자. 이들의 합 $f + g$을 다음과 같은 함수로 정의하자.

$$(f + g)(x) = f(x) + g(x)$$

이 정의는 $f + g$가 실수집합을 정의역으로 갖는 함수가 되게 한다. 임의의 실수 x에 대해 $f + g$의 값을 구하려면 x에서의 f의 값과 x에서의 g의 값을 더하면 된다. 이런 연산을 **점별 덧셈**(pointwise addition)이라 부른다.

다음에 V의 원소에 대한 스칼라 곱셈을 정의하자. c를 임의의 스칼라라고 할 때, f의 스칼라 곱 cf는 다음과 같은 함수이다.

$$(cf)(x) = c[f(x)]$$

이 정의는 cf가 실수집합을 정의역으로 갖는 함수가 되게 한다. 임의의 실수 x에 대해 cf의 값을 구하려면 x에서의 의 값에 c를 곱하면 된다. 이 연산을 **점별 스칼라 곱셈**(pointwise scalar multiplication)이라 부른다.

이 두 연산에 대한 감을 잡기 위해 다음 두 개의 구체적인 함수를 고려하자.

$$f(x) = x \text{와 } g(x) = x^2$$

그러면 $f + g$는 다음과 같이 정의된 함수가 된다.

$$(f + g)(x) = x + x^2$$

f에 3을 곱하는 스칼라 곱 $3f$는 다음과 같이 정의된 함수가 된다.

$$(3f)(x) = 3x$$

이 함수공간 V에서 덧셈과 스칼라 곱셈의 연산을 정의하였으므로 이제 V가 벡터공간임을 확인해보자. 공리 1, 2, 5와 6을 살펴보고 나머지 공리는 독자들에게 맡긴다.

공리 1:
$f + g$는 $(f + g)(x) = f(x) + g(x)$로 정의된다. $f + g$는 실수집합을 정의역으로 갖는 함수이므로 V의 원소이다. 따라서 V는 덧셈에 대해 닫혀있다.

공리 2:
cf는 $(cf)(x) = c[f(x)]$로 정의된다. cf는 실수집합을 정의역으로 갖는 함수이므로 V의 원소이다. 따라서 V는 스칼라 곱셈에 대해 닫혀있다.

공리 5:
$\mathbf{0}$를 모든 실수 x에 대해 $\mathbf{0}(x) = 0$인 함수라고 하자. $\mathbf{0}$는 **영함수**(zero function)라고 불린다. 이에 대해 다음을 얻는다.

$$(f + \mathbf{0})(x) = f(x) + \mathbf{0}(x) = f(x) + 0 = f(x), \text{ 모든 } x\text{에 대해}$$

즉, 함수 $f + \mathbf{0}$의 값은 모든 x에서 f의 값과 같다, 따라서 $f + \mathbf{0} = f$이고 $\mathbf{0}$은 **영벡터**이다.

공리 6:
$(-f)(x) = -[f(x)]$로 함수 $-f$를 정의하고, $-f$가 f의 음임을 보인다. 다음 계산을 보자.

$$\begin{aligned}[f + (-f)](x) &= f(x) + (-f)(x) \\ &= f(x) - [f(x)] \\ &= 0 \\ &= \mathbf{0}(x)\end{aligned}$$

함수 $[f + (-f)]$의 값은 모든 x에서 $\mathbf{0}$의 값과 같다. 따라서 $[f + (-f)] = \mathbf{0}$이고 따라서 $-f$가 f의 음이다.

점별 덧셈과 스칼라 곱셈의 연산을 갖는, 실수영역에서 정의된 모든 함수들의 집합은 벡터공간이다.

이외에도 많은 함수의 벡터공간들이 존재한다. 예를 들면 점별 덧셈과 스칼라 곱셈의 연산을 갖는, 영역 $[-\pi, \pi]$에서 정의된 모든 함수들의 집합은 벡터공간이다. 연습문제에서 또 다른 함수의 벡터공간들을 탐색해 보도록 하라.

*복소 벡터공간 $\mathbf{C}^n$

실 벡터공간 $\mathbf{R}^n$의 개념을 복소 벡터공간 $\mathbf{C}^n$으로 확장할 수 있다. $(u_1, \ldots, u_n)$을 n개의 복소수의 열이라 하자. 이러한 모든 수열의 집합을 $\mathbf{C}^n$으로 표기한다. 예를 들어 $(2 + 3i, 4 - 6i)$는 $\mathbf{C}^2$의 원소이고 $(3i, 1 - 5i, 2)$는 $\mathbf{C}^3$의 원소이다.

덧셈과 스칼라 곱셈 연산은 (복소 스칼라 c에 의해) $\mathbf{C}^n$ 상에서 다음과 같이 정의된다.

$$(u_1, \ldots, u_n) + (v_1, \ldots, v_n) = (u_1 + v_1, \ldots, u_n + v_n)$$
$$c(u_1, \ldots, u_n) = (cu_1, \ldots, cu_n)$$

예를 들어 $\mathbf{C}^2$의 두 벡터 $\mathbf{u} = (2 + i, 3 - 4i)$, $\mathbf{v} = (1 - 3i, 5 + 3i)$와 스칼라 $c = 4 + 3i$를 고려하면

$$\mathbf{u} + \mathbf{v} = (2 + i, 3 - 4i) + (1 - 3i, 5 + 3i) = (3 - 2i, 8 - i)$$
$$c\mathbf{u} = (4 + 3i)(2 + i, 3 - 4i) = (5 + 10i, 24 - 7i)$$

과 같이 계산된다. 이 두 연산을 갖는 $\mathbf{C}^n$이 복소 벡터공간임을 보일 수 있다.(연습문제를 보라.)

이제 벡터의 유용한 성질을 포함하는 정리를 제시한다. 이 성질들은 $\mathbf{R}^n$에서는 명백하여 당연한 것으로 받아들여진다. 하지만 모든 벡터공간에 대해 명백한 것은 아니다.

정리 4.1

V가 벡터공간이고 $\mathbf{v}$가 V의 벡터, $\mathbf{0}$이 V의 영벡터, c가 스칼라, 0이 스칼라의 영이라 하면 다음이 성립한다.

(a) $0\mathbf{v} = \mathbf{0}$

(b) $c\mathbf{0} = \mathbf{0}$

(c) $(-1)\mathbf{v} = -\mathbf{v}$

(d) 만약 $c\mathbf{v} = \mathbf{0}$이면 $c = 0$이든가 $\mathbf{v} = \mathbf{0}$이다.

증명

(a)와 (c)는 증명하고 (b)와 (d)는 연습문제로 남긴다.

(a) $0\mathbf{v} + 0\mathbf{v} = (0 + 0)\mathbf{v}$ (공리 8)

$= 0\mathbf{v}$ (스칼라 영의 성질)

이 방정식의 양변에 $0\mathbf{v}$의 음, $-0\mathbf{v}$을 더하면 다음이 얻어진다.

$$(0\mathbf{v} + 0\mathbf{v}) + (-0\mathbf{v}) = 0\mathbf{v} + (-0\mathbf{v})$$

$0\mathbf{v} + [0\mathbf{v} + (-0\mathbf{v})] = \mathbf{0}$ (공리 4와 6)

$0\mathbf{v} + \mathbf{0} = \mathbf{0}$ (공리 6)

$0\mathbf{v} = \mathbf{0}$ (공리 5)

(c) $(-1)\mathbf{v} + \mathbf{v} = (-1)\mathbf{v} + 1\mathbf{v}$ (공리 10)

$= [(-1) + 1]\mathbf{v}$ (공리 8)

$= 0\mathbf{v}$ (스칼라 영의 성질)

$= \mathbf{0}$ (위의 (a))

따라서 $(-1)\mathbf{v}$는 $\mathbf{v}$의 음이다. (공리 6) ■

부분공간

덧셈과 스칼라 곱에 닫혀있는 벡터공간 $\mathbf{R}^n$의 부분 집합들이 그 자체로 벡터공간이 됨을

이전 절에서 살펴보았다. 이러한 벡터공간을 부분공간이라 불렀다. 예를 들어, 삼 변수 동차 선형방정식계의 해집합은 $\mathbf{R}^3$의 부분공간이다. 이제 부분공간의 개념을 일반적인 벡터공간에 확장해보자.

정의 V가 벡터공간이고 U가 V의 공집합이 아닌 부분집합이라 하자. U가 V의 덧셈과 스칼라 곱셈 연산에 대해 벡터공간이면 U를 V의 **부분공간**이라고 부른다.

즉, U가 덧셈과 스칼라 곱셈에 대해 닫혀있으면 부분공간이고, V로부터 벡터공간의 다른 성질들을 물려받는다.

우선 이 조건들이 $\mathbf{R}^3$의 부분집합에 어떻게 적용되었는지 복습해보고, 행렬의 공간과 함수의 공간의 예로 나아가자.

예제 1

처음 두 성분이 같은 (a, a, b) 형태의 벡터들로 이루어진 $\mathbf{R}^3$의 부분 집합 W를 고려하자. 그런 형태의 두 벡터 (a, a, b)와 (c, c, d)를 더하면, 역시 처음 두 성분이 같은 벡터 $(a + c, a + c, b + d)$를 얻는다. (a, a, b)에 스칼라 k를 곱하면 마찬가지로 처음 두 성분이 같은 벡터 (ka, ka, b)를 얻는다. 따라서 W는 덧셈과 스칼라 곱에 대해 닫혀있다. 즉, $\mathbf{R}^3$의 부분공간이다.

한편, 두 번째 성분이 첫 성분의 제곱인 (a, a^2, b) 형태의 벡터들로 이루어진 $\mathbf{R}^3$의 부분 집합 W를 생각해 보자. 두 벡터 (a, a^2, b), (c, c^2, d)를 더하면 $(a + c, a^2 + c^2, b + d)$이다. 이 벡터의 두 번째 성분은 첫 성분의 제곱이 아니다. 따라서 이 벡터는 W에 속하지 않고, W는 덧셈에 대해 닫혀있지 않으므로 $\mathbf{R}^3$의 부분공간이 아니다. 이것으로 W가 $\mathbf{R}^3$의 부분공간이 아님을 보이는 데 충분하지만, 연습 삼아 W가 스칼라 곱에 대해서도 닫혀있지 않음을 보이자. k가 스칼라일 때, $k(a, a^2, b) = (ka, ka^2, kb)$이다. 이 벡터의 두 번째 성분은 첫 성분의 제곱이 아니다. 따라서 W에 속하지 않는다. ■

예제 2

2×2 대각행렬의 집합 U는 2×2 행렬의 공간 M_{22}의 부분공간임을 증명하라.

풀이

U가 덧셈과 스칼라 곱셈에 대해 닫혀있음을 보여야 한다. 다음과 같은 U의 두 원소를 고려하자.

$$\mathbf{u} = \begin{bmatrix} a & 0 \\ 0 & b \end{bmatrix} \text{ 와 } \mathbf{v} = \begin{bmatrix} p & 0 \\ 0 & q \end{bmatrix}$$

그러면 다음을 얻는다.

$$\mathbf{u} + \mathbf{v} = \begin{bmatrix} a & 0 \\ 0 & b \end{bmatrix} + \begin{bmatrix} p & 0 \\ 0 & q \end{bmatrix} = \begin{bmatrix} a + p & 0 \\ 0 & b + q \end{bmatrix}$$

$\mathbf{u} + \mathbf{v}$는 2×2 대각행렬이 되고 따라서 U의 원소임을 관찰하라. 즉, U는 덧셈에 대해 닫혀있다.

c를 스칼라라고 하면 다음을 얻는다.

$$c\mathbf{u} = c\begin{bmatrix} a & 0 \\ 0 & b \end{bmatrix} = \begin{bmatrix} ca & 0 \\ 0 & cb \end{bmatrix}$$

$c\mathbf{u}$는 2×2 대각행렬이고 따라서 U는 스칼라 곱셈에 대해 닫혀있다.

U는 M_{22}의 부분공간이다. 즉, U는 행렬공간 M_{22}에 포함된 벡터공간이다. ■

예제 3

P_n을 n차 이하의 실 다항식들의 집합이라고 하자. 점별 방식으로 정의된 다항식의 덧셈과 스칼라 곱셈에 대해 P_n이 벡터공간임을 증명하라.

풀이

이 두 연산에 대해 P_n이 벡터공간의 모든 공리를 만족함을 보일 수도 있다. 그러나 더 쉬운 방법이 있다. P_n은 실수영역에서 정의된 함수들의 벡터공간 V의 부분집합이다. 따라서 U가 V의 부분공간임을 보이면 U는 그 자체로 벡터공간이 될 것이다. 이제 P_n이 덧셈과 스칼라 곱셈에 대해 닫혀있음을 보이자.

f와 g를 다음과 같이 정의된 P_n의 두 원소라고 하자.

$$f(x) = a_n x^n + a_{n-1}x^{n-1} + \cdots + a_1 x + a_0$$

그리고

$$g(x) = b_n x^n + b_{n-1}x^{n-1} + \cdots + b_1 x + b_0$$

우선 다음과 같이 정의된 $f + g$를 고려하자.

$$\begin{aligned}(f + g)(x) &= f(x) + g(x) \\ &= [a_n x^n + a_{n-1}x^{n-1} + \cdots + a_1 x + a_0] \\ &\quad + [b_n x^n + b_{n-1}x^{n-1} + \cdots + b_1 x + b_0] \\ &= (a_n + b_n)x^n + (a_{n-1} + b_{n-1})x^{n-1} + \cdots \\ &\quad + (a_1 + b_1)x + (a_0 + b_0)\end{aligned}$$

$(f + g)(x)$는 n차 이하의 다항식이 된다. 즉 $f + g$는 P_n의 원소이고 따라서 P_n은 덧셈에 대해 닫혀있다.

이제 다음과 같이 정의된 스칼라 곱셈 cf를 살펴보자.

$$\begin{aligned}(cf)(x) &= c[f(x)] \\ &= c[a_n x^n + a_{n-1}x^{n-1} + \cdots + a_1 x + a_0] \\ &= ca_n x^n + ca_{n-1}x^{n-1} + \cdots + ca_1 x + ca_0\end{aligned}$$

$(cf)(x)$는 n차 이하의 다항식이 된다. 즉, cf는 P_n는 원소이고 따라서 P_n은 스칼라 곱셈

에 대해 닫혀있다.

지금까지 함수의 벡터공간 V의 부분집합인 P_n이 덧셈과 스칼라 곱셈에 대해 닫혀있음을 증명하였다. 그러므로 P_n은 V의 부분공간이고 따라서 벡터공간이다.

다음 정리는 모든 부분공간이 갖는 중요한 특성을 알려준다.

정리 4.2

U가 벡터공간 V의 부분공간이면 U는 V의 영벡터를 포함한다.

증명

$\mathbf{u}$가 U의 임의의 벡터이고 $\mathbf{0}$이 V의 영벡터라고 하자. 0을 스칼라 영이라고 하면 정리 4.1(a)에 의해 $0\mathbf{u} = \mathbf{0}$이다. U는 스칼라 곱셈에 대해 닫혀있으므로 $\mathbf{0}$은 U에 속한다.

이 정리는 예를 들어 $\mathbf{R}^3$의 모든 부분공간은 (0, 0, 0)을 포함함을 알려준다. 이것은 3-공간의 모든 부분공간은 원점을 지남을 의미한다. 이 정리는 때때로 어떤 부분집합이 부분공간이 될 수 없음을 보일 때 손쉽게 사용될 수 있다. 주어진 부분집합이 영벡터를 포함하지 않으면 부분공간이 될 수 없다. 다음 예를 보자.

예제 4

W를 $(a, a, a + 2)$ 형태의 벡터들의 집합이라고 하자. W가 $\mathbf{R}^3$의 부분공간이 아님을 보여라.

풀이

(0, 0, 0)이 W에 속하는지 검토해보자. $(a, a, a + 2)$이 (0, 0, 0)이 되는 a의 값이 존재하는가? $(a, a, a + 2)$와 (0, 0, 0)를 등식으로 연결하면 다음이 얻어진다.

$$(a, a, a + 2) = (0, 0, 0)$$

각 성분이 같아야 하므로

$$a = 0\text{와 } a + 2 = 0$$

를 얻는데, 이 방정식계는 해를 갖지 않는다. 즉, (0, 0, 0)은 W의 원소가 아니고 따라서 W는 부분공간이 아니다.

연습문제 4.1

벡터공간

1. 통상적인 행렬 덧셈과 스칼라 곱셈을 갖는 2×2 행렬의 집합 M_{22}가 벡터공간의 공리 1, 3, 4, 5, 6을 만족하는 것을 논의한 바 있다. M_{22}가 벡터공간의 다른 공리들도 역시 만족함을 보여 M_{22}가 벡터공간이라는 사실의 증명을 마무리하라.

2. **(a)** $f(x) = x + 2$이고 $g(x) = x^2 - 1$일 때 함수 $f + g$, $2f$ 및 $3g$를 계산하라.
(b) $f(x) = 2x$이고 $g(x) = 4 - 2x$일 때 함수 $f + g$, $3f$ 및 $-g$를 계산하라.

3. 점별 덧셈과 스칼라 곱셈 연산을 갖는, 실수영역에서 정의된 함수들의 집합은 벡터공간의 공리 1, 2, 5, 6을 만족하는 것을 보인 바 있다. 벡터공간의 다른 공리들도 역시 만족함을 증명하여 이 집합이 벡터공간이라는 사실의 증명을 마무리하라.

4. 다음과 같이 정의된 덧셈과 스칼라 곱셈 연산을 갖는 집합 $\mathbf{C}^n$이 벡터공간임을 증명하라.

$$(u_1, \ldots, u_n) + (v_1, \ldots, v_n) = (u_1 + v_1, \ldots, u_n + v_n)$$
$$c(u_1, \ldots, u_n) = (cu_1, \ldots, cu_n)$$

다음 $\mathbf{C}^2$ 벡터와 스칼라에 대해 $\mathbf{u} + \mathbf{v}$와 $c\mathbf{u}$를 계산하라.
(a) $\mathbf{u} = (2 - i, 3 + 4i), \mathbf{v} = (5, 1 + 3i), c = 3 - 2i.$
(b) $\mathbf{u} = (1 + 5i, -2 - 3i), \mathbf{v} = (2i, 3 - 2i),$ $c = 4 + i.$

5. 실수 a에 대해 $a(1, 2, 3)$ 형태의 모든 $\mathbf{R}^3$ 벡터들의 집합 W가 벡터공간임을 보여라.

6. $\mathbf{u}$에 수직인 모든 $\mathbf{R}^3$ 벡터들의 집합 U가 벡터공간임을 보여라.

7. W가 원소들이 모두 양수인 모든 2×2 행렬들의 집합이라고 하자. W는 덧셈에 대해서는 닫혀있지만 스칼라 곱셈에 대해서는 닫혀있지 않음을 증명하라. 따라서 이 집합은 벡터공간이 아니다.

8. 3×3 대칭행렬의 집합은 벡터공간인가?

9. 2×2 확률행렬의 집합은 벡터공간인가?(확률행렬의 정의는 2.6절에 나와 있다.)

10. **(a)** U를 점별 덧셈과 스칼라 곱셈 연산을 갖고 실수영역에서 정의된, 모든 상수 함수들의 집합이라 하자. U는 벡터공간인가?
(b) V를 점별 덧셈과 스칼라 곱셈 연산을 갖고 실수영역에서 정의된, 상수가 아닌 모든 함수들의 집합이라 하자. V는 벡터공간인가?

11. **(a)** 점별 덧셈과 스칼라 곱셈 연산을 갖고 영역 $[0, 1]$에서 정의된, 모든 연속함수들의 집합은 벡터공간인가?
(b) 점별 덧셈과 스칼라 곱셈 연산을 갖고 영역 $[0, 1]$에서 정의된, 모든 불연속함수들의 집합은 벡터공간인가?

12. 점별 덧셈과 스칼라 곱셈 연산을 갖고 실수영역에서 정의된 다음 함수들의 집합을 고려하자. 이들은 벡터공간인가?
(a) 우함수의 집합. $(f(-x) = f(x))$.
(b) 기함수의 집합. $(f(-x) = -f(x))$.

13. 2차 이하의 다항식의 집합은 벡터공간인가?

14. 다음 집합들은 벡터공간이 아님을 증명하라.
(a) 모든 정수들의 집합. **(b)** 모든 양수들의 집합.

15. V를 벡터공간이라 하고 $\mathbf{u}$, $\mathbf{v}$, $\mathbf{w}$를 V의 벡터, a, b, c를 스칼라라고 하자. 벡터공간의 공리를 사용하여 다음을 증명하라.
(a) $c\mathbf{0} = \mathbf{0}$
(b) $c\mathbf{v} = \mathbf{0}$이면 $c = 0$이든가 또는 $\mathbf{v} = \mathbf{0}$이다.
(c) $-(-\mathbf{v}) = \mathbf{v}$
(d) $\mathbf{u} + \mathbf{w} = \mathbf{v} + \mathbf{w}$이면 $\mathbf{u} = \mathbf{v}$이다.
(e) $\mathbf{u} \neq \mathbf{0}$이고 $a\mathbf{u} = b\mathbf{u}$이면 $a = b$이다.

16. W를 $\mathbf{R}^2$에서 원점을 지나는 모든 직선의 집합이라 하고 L_1, L_2를 W의 원소라고 하자. $L_1 + L_2$를 원점을 지나며 기울기가 L_1, L_2의 기울기의 합인 직선이라고 정의하고, cL_1을 원점을 지나며 기울기가 L_1의 기울기의 c배인 직선이라고 정의하자. 이 덧셈과 스칼라 곱셈연산에 대해 W는 벡터공간인가?

17. U를 원점이 중심인 $\mathbf{R}^2$의 모든 원의 집합이라 하자. 원점은 원점 중심의 반지름 영인 원으로 파악하면 이 집합의 원소이다. C_1, C_2를 U의 원소라 하자. $C_1 + C_2$를 원점이 중심이고 C_1의 반지름과 C_2의 반지름의 합을 반지름으로 갖는 원이라 하자. kC_1은 원점이 중심이고 C_1의 반지름의 $|k|$배를 반지름으로 갖는 원이라 하자. 벡터공간의 어떤 공리를 만족시키고 어떤 공리를 만족시키지 못하는지 판정하라.

$\mathbf{R}^n$의 부분공간

18. 다음 각 형태를 갖는 벡터들의 집합이 $\mathbf{R}^3$의 부분공간임을 보여라.

(a) $(a, 3a, 5a)$ **(b)** $(a, -a, 2a)$
(c) $(a, b, a + 2b)$ **(d)** $(a, b, a - b)$

19. 다음 각 형태를 갖는 벡터들의 집합이 $\mathbf{R}^2$나 $\mathbf{R}^3$의 부분공간인지 여부를 밝혀라. 각 부분공간을 기하적으로 해석해보라.

(a) $(a, 0)$ **(b)** $(a, 2a)$
(c) $(a, 1)$ **(d)** $(a, a + 3)$
(e) $(a, b, 0)$ **(f)** $(a, b, 2)$
(g) $(a, b, 2a + 3b)$

20. 다음을 만족하는 (a, b, c) 형태의 집합들이 $\mathbf{R}^3$의 부분공간인가?

(a) $a + b + c = 0$ **(b)** $a + b + c = 1$
(c) $ab = 0$ **(d)** $ab = 5$
(e) $ab = ac$ **(f)** $a = b + c$

21. 다음을 만족하는 a, b, c로 구성된 (a, b, c) 형태의 집합들 중 어느 것이 $\mathbf{R}^3$의 부분공간인가?

(a) 정수 **(b)** 음이 아닌 실수 **(c)** 유리수

22. 다음 형태의 집합들이 $\mathbf{R}^2$의 부분공간인가?

(a) (a, b^2) **(b)** (a, b^3)
(c) $(a, b),\ a > 0$ **(d)** $(a, b),\ ab < 0$
(e) (a, b), a는 양이 아니고 b는 음이 아님.

23. 다음을 만족하는 $\mathbf{R}^3$의 부분집합의 예를 들어라.

(a) 덧셈에는 닫혀있으나 스칼라 곱셈에는 닫혀있지 않다.
(b) 스칼라 곱셈에는 닫혀 있으나 덧셈에는 닫혀있지 않다.
이런 예들은 이] 두 조건의 **독립성**을 예시한다.

24. 다음 형태의 집합들이 영벡터를 포함하지 않음을 보임으로써, $\mathbf{R}^3$의 부분공간이 아님을 증명하라.

(a) $(a, a + 1, b)$ **(b)** $(a, 3, 2a)$
(c) $(a, b, a + b - 4)$ **(d)** $(a, b, c),\ a > 0$

25. **(a)** 영벡터는 포함하는데 부분공간이 아닌 $\mathbf{R}^2$의 부분집합의 예를 들어라.
(b) 영벡터는 포함하는데 부분공간이 아닌 $\mathbf{R}^3$의 부분집합의 예를 들어라.
이 예들은 영벡터를 포함하는 것이 부분집합이 부분공간이 되는 필요조건이지만 충분조건은 아님을 예시한다.

행렬의 부분공간

26. M_{22}의 다음 부분집합 중 어느 것이 부분공간인지 밝혀라.

(a) 대각원소가 영인 행렬
(b) 원소들의 합이 6인 행렬(예를 들면 $\begin{bmatrix} 2 & -1 \\ 0 & 5 \end{bmatrix}$와 같은 행렬)
(c) $\begin{bmatrix} a & a^2 \\ b & b^2 \end{bmatrix}$ 형태의 행렬
(d) $\begin{bmatrix} a & a+2 \\ b & c \end{bmatrix}$ 형태의 행렬

27. M_{nn}의 다음 부분집합 중 어느 것이 부분공간인지 밝혀라.

(a) 대칭행렬
(b) 대칭이 아닌 행렬
(c) 반대칭행렬(즉 $A = -A^t$인 행렬)
(d) 가역행렬

28. M_{23}의 다음 부분집합 중 어느 것이 부분공간인가?

(a) $\begin{bmatrix} a & b & 0 \\ c & d & 0 \end{bmatrix}$ 형태의 행렬
(b) $\begin{bmatrix} a & 2a & 3a \\ b & 2b & 3b \end{bmatrix}$ 형태의 행렬들
(c) $\begin{bmatrix} a & 1 & b \\ c & d & e \end{bmatrix}$ 형태의 행렬들

함수의 부분공간

29. P_3는 3차 이하의 다항식들의 벡터공간이고 P_2는 2차 이하의 다항식의 벡터공간이다. P_2가 P_3의 부분공간임을 증명하라.

30. a, b가 임의의 실수일 때 $f(x) = ax^2 + bx + 3$ 형태의 모든 다항식들의 집합 S는 P_2의 부분공간인가?

31. $\mathbf{R}^n$은 $\mathbf{C}^n$의 부분공간인가?

32. V의 모든 부분공간은 V의 영벡터를 포함해야 함을 보았다. 때때로 이것은 어떤 부분집합이 부분공간이 될 수 없음을 결정하는 빠른 방법이 된다. 이 기준을 이용하여 다음을 증명하라.

(a) $\begin{bmatrix} a & 1 \\ b & c \end{bmatrix}$ 형태의 행렬의 집합은 M_{22}의 부분공간이 아니다.
(b) $f(x) = ax + 2$는 P_2의 부분공간이 아니다.

33. 실수영역에서 정의된 함수의 벡터공간을 고려하자. 다음 중 어느 것이 이 벡터공간의 부분공간인가?

(a) $f(0) = 0$인 모든 함수들의 집합
(b) $f(0) = 3$인 모든 함수들의 집합
(c) 모든 상수 함수들의 집합

기타 결과

34. U가 벡터공간 V의 부분공간이고 $\mathbf{u}$, $\mathbf{v}$가 하나 또는 둘 모두가 U에 속하지 않는 V의 원소들이라고 하면, $\mathbf{u} + \mathbf{v}$가 U에 속할 수 있는가? $\mathbf{u}$가 U에 속하지 않을 때, 영이 아닌 스칼라 c에 대해 $c\mathbf{u}$가 U에 속할 수 있는가?

35. 벡터공간 V의 부분집합 U가 부분공간이 될 필요충분조건이 모든 스칼라 a와 b, U의 모든 벡터 $\mathbf{u}$, $\mathbf{v}$에 대해 $a\mathbf{u} + b\mathbf{v}$가 U에 속하는 것임을 증명하라.

36. 다음을 증명하라.

(a) 두 부분공간의 합집합은 부분공간이 아닐 수도 있다.

(b) 두 부분공간의 교집합은 부분공간이다.

37. 다음을 증명하라.

(a) 모든 벡터공간은 단 하나의 영벡터를 가진다.

(b) 벡터공간 상의 벡터 $\mathbf{u}$는 단 하나의 음 $-\mathbf{u}$를 가진다.

4.2 벡터들의 선형결합

이 절과 다음 절에서 벡터공간에 대하여 보다 깊은 이해를 시도한다. 예를 들어, 이전에 소개한 일차결합과 생성의 개념은 벡터공간을 구성하는 데 이용된다. 어떻게 이 개념들이 행렬과 함수의 공간에 사용되는지 살펴볼 것이다. 이 내용은 일반적인 벡터공간의 기저에 관한 논의에 기초를 제공한다.

이제부터 $\mathbf{R}^n$의 벡터들의 선형결합의 개념을 일반 공간으로 확장하자.

정의 $\mathbf{v}_1, \ldots, \mathbf{v}_m$이 벡터공간 V의 벡터들이라고 하자. 만약 V의 벡터 $\mathbf{v}$를 다음과 같이 표현할 수 있는 스칼라 $c_1, c_2, \ldots, c_m$이 존재하면 $\mathbf{v}$가 $\mathbf{v}_1, \ldots, \mathbf{v}_m$의 **선형결합**(또는 일차결합, linear combination)이라고 말한다.

$$\mathbf{v} = c_1\mathbf{v}_1 + \cdots + c_m\mathbf{v}_m$$

일반적으로 주어진 벡터가 다른 벡터들의 선형결합인지의 여부를 결정하기 위해서는 선형방정식계를 풀어보아야 한다. 다음 예제는 $\mathbf{R}^n$에서 점검하는 방법(3.3절)의 복습이다.

예제 1

$\mathbf{R}^3$ 벡터 (8, 0, 5)가 벡터 (1, 2, 3), (0, 1, 4), (2, −1, 1)의 선형결합인지 아닌지를 결정하라.

풀이

다음 등식을 만족하는 c_1, c_2, c_3를 구해야 한다.

$$c_1(1, 2, 3) + c_2(0, 1, 4) + c_3(2, -1, 1) = (8, 0, 5)$$

이 상등관계에서 다음과 같은 선형방정식계를 이끌어 낸다.

$$\begin{aligned} c_1 \phantom{{}+ c_2} + 2c_3 &= 8 \\ 2c_1 + c_2 - c_3 &= 0 \\ 3c_1 + 4c_2 + c_3 &= 5 \end{aligned}$$

이 선형방정식계는 다음과 같은 유일한 해를 가짐을 보일 수 있다.

$$c_1 = 2, c_2 = -1, c_3 = 3$$

따라서 벡터 (8, 0, 5)는 다음과 같은 단 한 가지 방법의 선형결합으로 표현된다.

$$(8, 0, 5) = 2(1, 2, 3) - 1(0, 1, 4) + 3(2, -1, 1)$$

만약 이 계의 해가 존재하지 않았다면 이 벡터는 나머지 벡터들의 선형결합으로 표현될 수 없었을 것이다.

다음 예들은 행렬공간과 함수공간에서의 이 개념들을 설명한다.

예제 2

행렬 $\begin{bmatrix} -1 & 7 \\ 8 & -1 \end{bmatrix}$이 2×2 행렬들의 벡터공간 M_{22}에 속하는 $\begin{bmatrix} 1 & 0 \\ 2 & 1 \end{bmatrix}$, $\begin{bmatrix} 2 & -3 \\ 0 & 2 \end{bmatrix}$, $\begin{bmatrix} 0 & 1 \\ 2 & 0 \end{bmatrix}$의 선형결합인지 여부를 밝혀라.

풀이

다음 상등관계를 고려하자.

$$c_1\begin{bmatrix} 1 & 0 \\ 2 & 1 \end{bmatrix} + c_2\begin{bmatrix} 2 & -3 \\ 0 & 2 \end{bmatrix} + c_3\begin{bmatrix} 0 & 1 \\ 2 & 0 \end{bmatrix} = \begin{bmatrix} -1 & 7 \\ 8 & -1 \end{bmatrix}$$

이 등식을 만족하는 스칼라 c_1, c_2, c_3를 찾을 수 있는가? 행렬의 스칼라 곱과 덧셈에 의해 다음을 얻는다.

$$\begin{bmatrix} c_1 + 2c_2 & -3c_2 + c_3 \\ 2c_1 + 2c_3 & c_1 + 2c_2 \end{bmatrix} = \begin{bmatrix} -1 & 7 \\ 8 & -1 \end{bmatrix}$$

각 대등하는 원소들의 상등에서 다음과 같은 선형방정식계를 얻는다.

$$\begin{aligned} c_1 + 2c_2 &= -1 \\ -3c_2 + c_3 &= 7 \\ 2c_1 + 2c_3 &= 8 \\ c_1 + 2c_2 &= -1 \end{aligned}$$

이 계는 유일한 해 $c_1 = 3$, $c_2 = -2$, $c_3 = 1$를 갖는다. 즉, 주어진 행렬은 다음과 같이 세 행렬의 선형결합으로 표현된다.

$$\begin{bmatrix} -1 & 7 \\ 8 & -1 \end{bmatrix} = 3\begin{bmatrix} 1 & 0 \\ 2 & 1 \end{bmatrix} - 2\begin{bmatrix} 2 & -3 \\ 0 & 2 \end{bmatrix} + \begin{bmatrix} 0 & 1 \\ 2 & 0 \end{bmatrix}$$

물론, 위의 방정식계가 해를 갖지 않는다면 주어진 행렬은 다른 세 행렬의 선형결합이 되지 않는다.

예제 3

함수 $f(x) = 2x^2 + 6x + 7$이 $g(x) = x^2 - 1$과 $h(x) = 2x + 3$의 선형결합인지 여부를 밝혀라.

풀이

상등관계 $c_1g(x) + c_2h(x) = f(x)$에서 c_1, c_2를 결정한다. 다음 등식을 보자.

$$c_1(x^2 - 1) + c_2(2x + 3) = 2x^2 + 6x + 7$$

$$c_1x^2 + 2c_2x - c_1 + 3c_2 = 2x^2 + 6x + 7$$

두 다항식이 모든 x 값에 대해 같으려면 대응하는 계수들이 같아야만 한다. 양변의 x^2, x, 상수항의 계수들을 비교하면 다음 선형방정식계를 얻는다.

$$\begin{aligned} c_1 \qquad &= 2 \\ 2c_2 &= 6 \\ -c_1 + 3c_2 &= 7 \end{aligned}$$

이 계는 유일한 해 $c_1 = 2$, $c_2 = 3$를 갖는다. 따라서 $f(x) = 2g(x) + 3h(x)$가 된다.

만약 이 계가 해를 갖지 않으면 f는 g와 h의 선형결합이 아니다. 예를 들어 는 와 의 선형결합이 아님은 쉽게 보일 수 있다. ■

벡터공간의 생성

$\mathbf{R}^n$에서 공간을 생성하는 벡터들에 대해 간략히 논한 바 있다. 이 개념은 어떻게 일부 벡터들이 전체 공간을 표현할 수 있는지를 알려준다. 이제 다음 정의를 통해 $\mathbf{R}^n$에서의 생성집합의 개념을 일반 벡터공간으로 확장해보자.

정의 $\mathbf{v}_1, \ldots, \mathbf{v}_m$이 벡터공간 V의 벡터라고 하자. V의 모든 벡터들이 $\mathbf{v}_1, \ldots, \mathbf{v}_m$의 선형결합으로 표현될 수 있으면, 이들이 V를 **생성한다**(span)고 말한다.

예를 들어, 벡터 (1, 0, 0), (0, 1, 0), (0, 0, 1)는 $\mathbf{R}^3$을 생성한다. 이유는 $\mathbf{R}^3$의 임의의 벡터 (x, y, z)는 선형결합 $(x, y, z) = x(1, 0, 0) + y(0, 1, 0) + z(0, 0, 1)$로 쓸 수 있기 때문이다.

$(x, y, z) = (x - z)(1, 0, 0) + (y - z)(0, 1, 0) + z(1, 1, 1)$로 쓸 수 있기 때문에 (1, 0, 0), (0, 1, 0), (1, 1, 1)도 역시 $\mathbf{R}^3$을 생성한다.

그러나 $z \neq 0$일 때 (x, y, z)는 (1, 0, 0), (0, 2, 0), (3, 4, 0)의 선형결합으로 표현될 수 없기 때문에 이 벡터들은 $\mathbf{R}^3$을 생성하지 못한다.

벡터 (1, 1, 0), (0, 0, 1)은 (a, a, b) 형태의 벡터들로 구성되는 $\mathbf{R}^3$의 부분집합을 생성하는데 이유는 다음과 같이 쓸 수 있기 때문이다.

$$(a, a, b) = a(1, 1, 0) + b(0, 0, 1).$$

다음의 두 예제는 스칼라 곱셈과 벡터 덧셈 연산을 이용하여 벡터의 표현을 바꾸는 기법을 예시한다.

예제 4

$\mathbf{v}_1$, $\mathbf{v}_2$가 벡터공간 V의 부분공간 U를 생성한다고 하자. k_1, k_2가 영이 아닌 스칼라라고 할 때 $k_1\mathbf{v}_1$과 $k_2\mathbf{v}_2$도 U를 생성함을 증명하라.

풀이

$\mathbf{v}$를 U의 벡터라고 하면, $\mathbf{v}_1$, $\mathbf{v}_2$가 U를 생성하므로 다음을 만족하는 스칼라 a, b가 존재한다.

$$\mathbf{v} = a\mathbf{v}_1 + b\mathbf{v}_2$$

k_1, k_2가 영이 아닌 스칼라이므로

$$\mathbf{v} = \frac{a}{k_1}(k_1\mathbf{v}_1) + \frac{b}{k_2}(k_2\mathbf{v}_2)$$

과 같이 쓸 수 있고 따라서 벡터 $k_1\mathbf{v}_1$과 $k_2\mathbf{v}_2$도 U를 생성한다. ■

예제 5

$\mathbf{v}_1, \mathbf{v}_2, \mathbf{v}_3$가 벡터공간 V를 생성한다고 하면, 벡터 $\mathbf{v}_1, \mathbf{v}_2, \mathbf{v}_1 + \mathbf{v}_2 + \mathbf{v}_3$도 V를 생성함을 보여라.

풀이

$\mathbf{v}$를 V의 임의의 벡터라고 하자. $\mathbf{v}_1$, $\mathbf{v}_2$, $\mathbf{v}_3$가 U를 생성하므로 $\mathbf{v} = a_1\mathbf{v}_1 + a_1\mathbf{v}_2 + a_3\mathbf{v}_3$이 되는 스칼라 a_1, a_2, a_3가 존재한다. 이제 이 $\mathbf{v}_1$, $\mathbf{v}_2$, $\mathbf{v}_3$의 선형결합을 $\mathbf{v}_1$, $\mathbf{v}_2$, $\mathbf{v}_1 + \mathbf{v}_2 + \mathbf{v}_3$의 선형결합이 되도록 점차 만들어 가면 된다. 이 과정은 적당한 벡터를 도입하고 빼주어 수행된다. 우선 벡터 $(\mathbf{v}_1 + \mathbf{v}_2 + \mathbf{v}_3)$를 도입하여 다음과 같이 진행하자.

$$\begin{aligned}\mathbf{v} &= a_1\mathbf{v}_1 + a_2\mathbf{v}_2 + a_3\mathbf{v}_3 \\ &= a_1\mathbf{v}_1 + a_2\mathbf{v}_2 + a_3(\mathbf{v}_1 + \mathbf{v}_2 + \mathbf{v}_3) - a_3\mathbf{v}_1 - a_3\mathbf{v}_2 \\ &= a_1\mathbf{v}_1 - a_3\mathbf{v}_1 + a_2\mathbf{v}_2 - a_3\mathbf{v}_2 + a_3(\mathbf{v}_1 + \mathbf{v}_2 + \mathbf{v}_3) \\ &= (a_1 - a_3)\mathbf{v}_1 + (a_2 - a_3)\mathbf{v}_2 + a_3(\mathbf{v}_1 + \mathbf{v}_2 + \mathbf{v}_3)\end{aligned}$$

따라서 $\mathbf{v}$는 $\mathbf{v}_1$, $\mathbf{v}_2$, $\mathbf{v}_1 + \mathbf{v}_2 + \mathbf{v}_3$의 선형결합으로 표시된다. 즉, 이들도 V를 생성한다. ■

벡터공간 만들기

앞에서는 어떤 벡터공간을 주어진 벡터들이 생성하는지 여부에 대해 관심을 가졌다. 반대로 주어진 벡터들을 이용하여 벡터공간을 **생성하는**(generarte) 측면을 살펴보는 것도 유익할 것이다.

정리 4.3

$\mathbf{v}_1, \ldots, \mathbf{v}_m$을 벡터공간 V의 벡터들이라고 하자. U를 $\mathbf{v}_1, \ldots, \mathbf{v}_m$의 모든 선형결합들로 구성된 집합이라고 하면, U는 V의 부분공간이다.

U를 $\mathbf{v}_1, \ldots, \mathbf{v}_m$에 의해 **생성된**(generated) 벡터공간이라고 말하고 $\mathrm{Span}\{\mathbf{v}_1, \ldots, \mathbf{v}_m\}$이라고 표기한다.

증명

U의 임의의 두 벡터를 다음과 같이 놓자.

$$\mathbf{u}_1 = a_1\mathbf{v}_1 + \cdots + a_m\mathbf{v}_m \text{와 } \mathbf{u}_2 = b_1\mathbf{v}_1 + \cdots + b_m\mathbf{v}_m$$

그러면

$$\begin{aligned}\mathbf{u}_1 + \mathbf{u}_2 &= (a_1\mathbf{v}_1 + \cdots + a_m\mathbf{v}_m) + (b_1\mathbf{v}_1 + \cdots + b_m\mathbf{v}_m)\\ &= (a_1 + b_1)\mathbf{v}_1 + \cdots + (a_m + b_m)\mathbf{v}_m\end{aligned}$$

에서 $\mathbf{u}_1 + \mathbf{u}_2$도 $\mathbf{v}_1, \ldots, \mathbf{v}_m$의 선형결합이 된다. 따라서 $\mathbf{u}_1 + \mathbf{u}_2$도 U에 속한다. 즉, U는 벡터 덧셈에 대해 닫혀있다.

c가 임의의 스칼라라고 하면

$$\begin{aligned}c\mathbf{u}_1 &= c(a_1\mathbf{v}_1 + \cdots + a_m\mathbf{v}_m)\\ &= ca_1\mathbf{v}_1 + \cdots + ca_m\mathbf{v}_m\end{aligned}$$

가 되어 $c\mathbf{u}_1$도 $\mathbf{v}_1, \ldots, \mathbf{v}_m$의 선형결합이 된다, 따라서 $c\mathbf{u}_1$도 U에 속한다, 즉, U는 스칼라 곱셈에 대해 닫혀있다. 그러므로 U는 V의 부분공간이다.

U의 정의에 의해 U의 모든 벡터들은 $\mathbf{v}_1, \ldots, \mathbf{v}_m$의 선형결합으로 표현되고 따라서 $\mathbf{v}_1, \ldots, \mathbf{v}_m$는 U를 생성한다. ■

예제 6

U를 벡터 (1, 2, 3)과 (3, 0, 1)로 생성된 $\mathbf{R}^3$의 부분공간이라 하자. 이 부분공간은 다음과 같은 형태의 벡터들의 집합이다.

$$c_1(1, 2, 3) + c_2(3, 0, 1)$$

다음은 c_1, c_2의 값을 변화시켜 얻은 이 부분공간의 벡터들의 예이다.

$c_1 = 1, c_2 = 2$: 벡터 $1(1, 2, 3) + 2(3, 0, 1) = (7, 2, 5)$

$c_1 = 3, c_2 = -1$: 벡터 $3(1, 2, 3) + (-1)(3, 0, 1) = (0, 6, 8)$

$c_1 = -2, c_2 = 4$: 벡터 $(-2)(1, 2, 3) + 4(3, 0, 1) = (10, -4, -2)$

U는 **Span**{(1, 2, 3), (3, 0, 1)}으로 표기된다. ■

예제 7

벡터 (3, −1, 11)이 $\mathbf{R}^3$의 부분공간 Span{(−1, 5, 3), (2, −3, 4)} 안에 있는지 판정하라.

풀이

만약 벡터 (3, −1, 11)이 (−1, 5, 3), (2, −3, 4)의 선형결합으로 표현된다면 Span{(−1, 5, 3), (2, −3, 4)} 안에 있게 된다. 즉, 방정식

$$c_1(-1, 5, 3) + c_2(2, -3, 4) = (3, -1, 11)$$

을 만족하는 스칼라 c_1, c_2가 존재하는지 보면 된다. 이 등식은

$$-c_1 + 2c_2 = 3$$

$$5c_1 - 3c_2 = -1$$

$$3c_1 + 4c_2 = 11$$

을 주는데 이 방정식계는 유일해 $c_1 = 1$, $c_2 = 2$을 가짐을 보일 수 있다. 따라서 (3, −1, 11) = 1(−1, 5, 3) + 2(2, −3, 4)로 쓸 수 있고 벡터 (3, −1, 11)은 Span{(−1, 5, 3), (2, −3, 4)}에 속한다. 이 부분공간은 벡터 (−1, 5, 3)과 (2, −3, 4)으로 생성된 평면이다(그림 4.1).

만약 위의 방정식계의 해가 존재하지 않으면 벡터 (3, −1, 11)은 (−1, 5, 3)과 (2, −3, 4)의 선형결합이 아니므로 평면 위에 놓이지 않음에 주의하자.

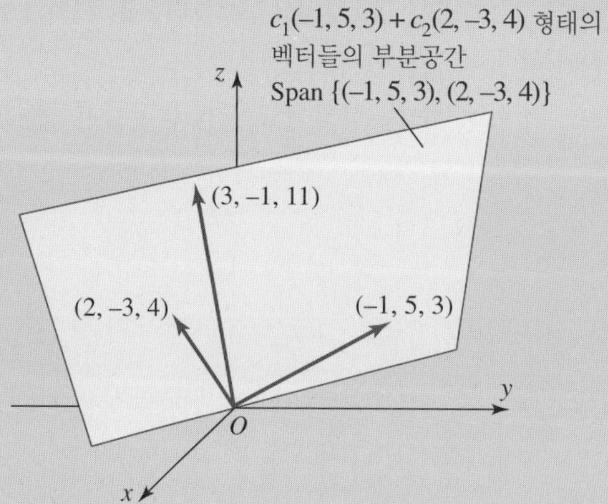

그림 4.1 벡터 (3, −1, 11)은 Span{(−1, 5, 3), (2, −3, 4)} 안에 있다.

예제 8

함수 $h(x) = 4x^2 + 3x - 7$가 $f(x) = 2x^2 - 5$와 $g(x) = x + 1$로 생성된 공간 Span{ f, g}에 속해 있음을 보여라.

풀이

함수 h가 f와 g의 선형결합이면 Span{ f, g}에 속하게 된다. 다음의 상등관계를 살펴보자.

$$c_1(2x^2 - 5) + c_2(x + 1) = 4x^2 + 3x - 7$$

이를 정리하여 다음을 얻는다.

$$2c_1x^2 + c_2x - 5c_1 + c_2 = 4x^2 + 3x - 7$$

모든 x에서 두 다항식이 같으려면 대응되는 계수들이 같아야 하므로 양변의 x^2, x의 계수 및 상수항을 비교하여 다음 방정식을 얻는다.

$$\begin{aligned} 2c_1 \qquad &= \ \ 4 \\ c_2 &= \ \ 3 \\ -5c_1 + c_2 &= -7 \end{aligned}$$

이 계는 유일한 해 $c_1 = 2, c_2 = 3$을 갖고 따라서 다음을 얻는다.

$$4x^2 + 3x - 7 = 2(2x^2 - 5) + 3(x + 1)$$

즉, 함수 $h(x) = 4x^2 + 3x - 7$은 $f(x) = 2x^2 - 5$와 $g(x) = x + 1$로 생성된 공간에 속해 있다. ■

연습문제 4.2

$\mathbf{R}^n$에서의 선형결합

1. 첫 벡터가 다른 벡터들의 선형결합인지 판정하라.

(a) $(-1, 7)$; $(1, -1), (2, 4)$ **(b)** $(8, 13)$; $(1, 2), (2, 3)$

(c) $(-1, 15)$; $(-1, 4), (2, -8)$ **(d)** $(13, 6)$; $(1, 3), (4, 1)$

2. 첫 벡터가 다른 벡터들의 선형결합인지 판정하라.

(a) $(-3, 3, 7)$; $(1, -1, 2), (2, 1, 0), (-1, 2, 1)$

(b) $(-2, 11, 7)$; $(1, -1, 0), (2, 1, 4), (-2, 4, 1)$

(c) $(2, 7, 13)$; $(1, 2, 3), (-1, 2, 4), (1, 6, 10)$

3. 첫 벡터가 나머지 벡터들로 생성된 $\mathbf{R}^3$의 부분공간 내에 있는지 판정하라.

(a) $(0, 10, 8)$; $(-1, 2, 3), (1, 3, 1), (1, 8, 5)$

(b) $(1, 4, -3)$; $(1, 0, 1), (1, 1, 0), (3, 1, 2)$

(c) $(1, 1, 2)$; $(0, 1, 0), (3, 5, 6), (1, 2, 1)$

4. 다음 벡터들의 선형결합인 벡터 두 개를 만들어라.

(a) $(1, 2), (3, -5)$

(b) $(-1, 0), (3, 1), (2, 4)$

(c) $(1, -3, 5), (0, 1, 2)$

(d) $(1, 2, 3), (1, 1, 1), (0, 7, 2), (4, 3, -2)$

5. 다음 벡터들로 생성된 $\mathbf{R}^3$의 부분공간 내의 세 개의 벡터를 구하라.

(a) $(1, 2, 3), (1, 2, 0)$

(b) $(1, 2, 1), (2, 1, 4)$

(c) $(1, 2, 3)$ 부분공간을 그려라.

6. 다음 벡터들로 생성된 부분공간에 있는 세 개의 벡터를 구하라.

(a) $(4, -1, 3)$

(b) $(1, 2)$ 부분공간을 그려라.

(c) $(1, 2, -1, 3)$

7. 벡터 $(2, 1, -3, 4), (-3, 0, 1, 5), (4, 1, 2, 0)$으로 생성된 $\mathbf{R}^4$의 부분공간에 속하는 다른 벡터 세 개를 만들어라.

행렬공간과 함수공간

8. 다음에서 첫 행렬이 뒤의 행렬들의 선형결합인지 여부를 밝혀라.

(a) $\begin{bmatrix} 5 & 7 \\ 5 & -10 \end{bmatrix}$; $\begin{bmatrix} 1 & 2 \\ 3 & -4 \end{bmatrix}, \begin{bmatrix} 0 & 3 \\ 1 & 2 \end{bmatrix}, \begin{bmatrix} 1 & 2 \\ 0 & 0 \end{bmatrix}$

(b) $\begin{bmatrix} 7 & 6 \\ -5 & -3 \end{bmatrix}$; $\begin{bmatrix} 3 & 0 \\ 1 & 1 \end{bmatrix}$, $\begin{bmatrix} 0 & 1 \\ 3 & 4 \end{bmatrix}$, $\begin{bmatrix} 1 & 2 \\ 0 & 1 \end{bmatrix}$

(c) $\begin{bmatrix} 4 & 1 \\ 7 & 10 \end{bmatrix}$; $\begin{bmatrix} 1 & 1 \\ 1 & 1 \end{bmatrix}$, $\begin{bmatrix} 3 & 1 \\ 0 & 0 \end{bmatrix}$, $\begin{bmatrix} -1 & -1 \\ 2 & 3 \end{bmatrix}$

9. 다음에서 첫 함수가 뒤의 함수들의 선형결합인지 여부를 밝혀라.

(a) $f(x) = 3x^2 + 2x + 9$; $g(x) = x^2 + 1, h(x) = x + 3$

(b) $f(x) = 2x^2 + x - 3$; $g(x) = x^2 - x + 1, h(x) = x^2 + 2x - 2$

(c) $f(x) = x^2 + 4x + 5$; $g(x) = x^2 + x - 1, h(x) = x^2 + 2x + 1$

10. 다음 함수들로 생성된 부분공간 내의 세 개의 함수를 구하라.

(a) $f(x) = x, g(x) = x + 3$

(b) $f(x) = 2x + 1, g(x) = 3x^2 + x - 3$

(c) $f(x) = 2x^3 - 5x + 3, g(x) = 7x + 2$, $h(x) = x^2 + x$

(d) $f(x) = x^2, g(x) = x, h(x) = 1$

11. (a) 함수 $g(x) = x + 1$가 $h(x) = x + 3$과 $f(x) = x + 5$에 의해 생성된 P_1의 부분공간 Span$\{g, h\}$에 속하는가?

(b) 함수 $f(x) = 3x^2 + 5x + 1$이 $g(x) = 2x^2 + 3$과 $h(x) = x^2 + 3x - 1$에 의해 생성된 P_2의 부분공간 Span$\{g, h\}$에 속하는가?

(c) $g(x) = 2x^2 + 3$과 $h(x) = x^2 + 3x - 1$에 의해 생성된 P_2의 부분공간 Span$\{g, h\}$에 속하는 다른 함수 세 개를 만들어라.

일반 벡터공간

12. $\mathbf{v}$, $\mathbf{v}_1$, $\mathbf{v}_2$와 $\mathbf{u}$, $\mathbf{u}_1$, $\mathbf{u}_2$가 벡터공간 V의 벡터라고 하자. $\mathbf{v}$가 $\mathbf{v}_1$, $\mathbf{v}_2$의 선형결합이고 $\mathbf{u}$가 $\mathbf{u}_1$, $\mathbf{u}_2$의 선형결합이면 $\mathbf{v} + \mathbf{u}$는 $\mathbf{v}_1$, $\mathbf{v}_2$, $\mathbf{u}_1$, $\mathbf{u}_2$의 선형결합임을 보여라.

13. $\mathbf{v}$, $\mathbf{v}_1$, $\mathbf{v}_2$가 벡터공간 V의 벡터들이고 $\mathbf{v}$가 $\mathbf{v}_1$과 $\mathbf{v}_2$의 선형결합이라고 하자. c_1, c_2가 영이 아닌 스칼라라고 하면 $\mathbf{v}$는 또한 $c_1\mathbf{v}_1$과 $c_2\mathbf{v}_2$의 선형결합임을 보여라.

14. $\mathbf{v}$가 벡터공간 V의 벡터 $\mathbf{v}_1, \ldots, \mathbf{v}_m$의 선형결합이고, $\mathbf{v}_{m+1}$이 V 내의 임의의 다른 벡터라고 하면 $\mathbf{v}$는 $\mathbf{v}_1, \ldots, \mathbf{v}_m, \mathbf{v}_{m+1}$의 선형결합도 됨을 보여라.

15. $\mathbf{v}$, $\mathbf{v}_1$, $\mathbf{v}_2$가 벡터공간 V의 벡터들이고 c_1, c_2가 영이 아닌 스칼라라고 하자. $\mathbf{v}$가 $\mathbf{v}_1$과 $\mathbf{v}_2$의 선형결합이 아니라고 하면, $\mathbf{v}$는 또한 $c_1\mathbf{v}_1$과 $c_2\mathbf{v}_2$의 선형결합이 아님을 보여라.

16. $\mathbf{v}_1$과 $\mathbf{v}_2$가 벡터공간 V를 생성하고 $\mathbf{v}_3$가 V에 속하는 다른 벡터라고 하자. $\mathbf{v}_1$, $\mathbf{v}_2$, $\mathbf{v}_3$도 역시 V를 생성함을 보여라.

17. $\mathbf{v}_1$, $\mathbf{v}_2$, $\mathbf{v}_3$가 벡터공간 V를 생성한다고 하자. 벡터 $\mathbf{v}_1$, $\mathbf{v}_1 + \mathbf{v}_2$, $\mathbf{v}_1 + \mathbf{v}_2 + \mathbf{v}_3$ 또한 벡터공간 V를 생성함을 보여라.

18. $\mathbf{v}_1$, $\mathbf{v}_2$, $\mathbf{v}_3$가 벡터공간 V의 벡터이고, U는 $\mathbf{v}_1$, $\mathbf{v}_2$, $\mathbf{v}_3$에 의해 생성된 V의 부분공간이라 하자. $\mathbf{v}_1$, $\mathbf{v}_2$가 U를 생성할 필요충분조건은 $\mathbf{v}_3$가 $\mathbf{v}_1$, $\mathbf{v}_2$의 선형결합임을 보여라.

19. U, V가 벡터공간 W의 부분공간이라 하자. U와 V의 **합**, $U + V$는 $\mathbf{u} + \mathbf{v}$ 형태의 모든 벡터들로 이루어진 W의 부분집합이다.(단, $\mathbf{u}$는 U의 원소이고 $\mathbf{v}$는 V의 원소이다.)

(a) $U + V$가 W의 부분공간임을 보여라.

(b) U, V가 $U + V$의 부분공간임을 보여라.

(c) U의 벡터 $\mathbf{u}_1$, $\mathbf{u}_2$에 대하여 $U = \text{Span}\{\mathbf{u}_1, \mathbf{u}_2\}$이고 V의 벡터 $\mathbf{v}_1$, $\mathbf{v}_2$에 대하여 $V = \text{Span}\{\mathbf{v}_1, \mathbf{v}_2\}$이라 하자. $U + V = \text{Span}\{\mathbf{u}_1, \mathbf{u}_2, \mathbf{v}_1, \mathbf{v}_2\}$임을 보여라.

20. U, V가 벡터공간 W의 부분공간이라 하자. W가 U와 V의 **직합**(direct sum), $U \oplus V$일 필요충분조건은 $W = U + V$(문제 19번)이고 W의 모든 벡터 $\mathbf{w}$가 $\mathbf{w} = \mathbf{u} + \mathbf{v}$의 형태로 유일하게 표현되는 것이다. 여기서 $\mathbf{u}$는 U의 원소이고 $\mathbf{v}$는 V의 원소이다. $W = U \oplus V$일 필요충분조건은 $W = U + V$이고 $U \cap V = \{\mathbf{0}\}$인 것임을 보여라.

21. $\mathbf{R}^3$의 부분공간 $U = \{(a, a, 0)\}$와 $V = \{(0, b, c)\}$를 고려하자. $\mathbf{R}^3 = U \oplus V$임을 보여라.

22. $\mathbf{R}^3$의 부분공간 $U = \{(a, 0, b)\}$와 $V = \{(0, c, d)\}$를 고려하자. $\mathbf{R}^3 = U + V$이지만 $\mathbf{R}^3 \neq U \oplus V$임을 보여라.

4.3 벡터들의 선형독립

전 절에 이어 벡터공간의 구조를 계속 만들어 가자. 이 절에서는 벡터들의 독립과 종속의 개념을 소개한다. 벡터들의 선형독립과 종속은 수학에서 중요한 개념이다. 이제 일반 벡터공간에서 이들 개념을 살펴보도록 하자.

정의 **(a)** 벡터공간 V의 벡터들의 집합 $\{\mathbf{v}_1, \ldots, \mathbf{v}_m\}$에 대해

$$c_1\mathbf{v}_1 + \cdots + c_m\mathbf{v}_m = \mathbf{0}$$

을 만족하는 스칼라 $c_1, \ldots, c_m$ 중 영이 아닌 것이 존재할 때 이 벡터들의 집합이 **선형종속**(linearly dependent)이라고 말한다.

(b) $c_1\mathbf{v}_1 + \cdots + c_m\mathbf{v}_m = \mathbf{0}$이 $c_1 = 0, \ldots, c_m = 0$일 때만 성립할 때 이 벡터들의 집합 $\{\mathbf{v}_1, \ldots, \mathbf{v}_m\}$은 **선형독립**(linearly independent)이다.

집합 $\{(1, 0, 0), (0, 1, 0), (0, 0, 1)\}$은 $c_1(1, 0, 0) + c_2(0, 1, 0) + c_3(0, 0, 1) = (0, 0, 0)$이 $c_1 = 0, c_2 = 0, c_3 = 0$일 때만 만족되므로 $\mathbf{R}^3$에서 선형독립이다.

집합 $\{(4, -1, 0), (2, 1, 3), (0, 1, 2)\}$은 등식 $c_1(1, 2, 3) + c_2(5, 1, 0) + c_3(2, 0, 0) = (0, 0, 0)$이 유일해 $\mathbf{R}^3$을 주므로 이 집합은 에서 선형독립이다.

집합 $\{(4, -1, 0), (2, 1, 3), (0, 1, 2)\}$을 생각하자. $1(4, -1, 0) - 2(2, 1, 3) + 3(0, 1, 2) = (0, 0, 0)$이므로 이 집합은 $\mathbf{R}^3$에서 선형종속이다.

다음 예제는 $\mathbf{R}^n$에서 선형독립성을 확인하는 방법을 보여준다.

예제 1

집합 $\{(1, 2, 0), (0, 1, -1), (1, 1, 2)\}$이 $\mathbf{R}^3$에서 선형독립인지 여부를 결정하라.

풀이

다음 등식을 고려하자.

$$c_1(1, 2, 0) + c_2(0, 1, -1) + c_3(1, 1, 2) = \mathbf{0}$$

이 등식은 다음의 선형방정식계를 만들어 준다,

$$\begin{aligned} c_1 \quad\;\; + \;\; c_3 &= 0 \\ 2c_1 + c_2 + \;\; c_3 &= 0 \\ - c_2 + 2c_3 &= 0 \end{aligned}$$

이 계는 유일해 $c_1 = 0, c_2 = 0, c_3 = 0$를 갖는다. 따라서 이 집합은 선형독립이다. 만약 이 계가 다른 해를 가지면 이 벡터들은 선형종속이 될 것이다. ■

다음 예는 함수 벡터공간에서 종속성이 어떻게 검사되는지 예시한다.

예제 2

(a) 집합 $\{x^2 + 1, 3x - 1, -4x + 1\}$이 P_2에서 선형독립임을 보여라. **(b)** 집합 $\{x + 1, x - 1, -x + 5\}$가 P_1에서 선형종속임을 보여라.

풀이

(a) 등식 $c_1(x^2+1)+c_2(3x-1)+c_3(-4x+1)=0$에서 $c_1x^2+(3c_2-4c_3)x+c_1-c_2+c_3=0$를 얻는다. 이런 다항식은 각 계수가 영일 때만 영이 되므로 $c_1=0$, $3c_2-4c_3=0$, $c_1-c_2+c_3=0$이어야 한다. 이 방정식계는 유일해 $c_1=0$, $c_2=0$, $c_3=0$를 갖는다. 이 함수들은 선형독립이다.

(b) 등식 $c_1(x+1)+c_2(x-1)+c_3(-x+5)=0$를 다시 쓰면 $(c_1+c_2-c_3)x+(c_1+c_2-5c_3)=0$이 된다. 각 계수가 영이 되어야 하므로 $c_1+c_2-c_3=0$, $c_1+c_2-5c_3=0$를 얻는다. 이 계는 많은 해 $c_1=-2r$, $c_2=3r$, $c_3=r$를 가지므로 $-2(x+1)+3(x-1)+1(-x+5)=0$이 된다. 예를 들어 $r=1$이라면 $-2(x+1)+3(x-1)+1(-x+5)=0$이 된다. 따라서 함수들은 선형종속이다. ■

다음 정리는 선형종속의 의미를 밝혀 준다. 벡터들이 종속이라는 것의 의미는 벡터 중 하나를 다른 벡터들의 선형결합으로 표현할 수 있다는 것이다.

정리 4.4

벡터공간의 두 개 이상의 벡터들의 집합이 선형종속일 필요충분조건은 그 벡터들 중 하나를 다른 벡터들의 선형결합으로 표현할 수 있는 것이다.

증명 집합 $\{\mathbf{v}_1, \mathbf{v}_2, \ldots, \mathbf{v}_m\}$이 선형종속이라고 하자. 그러면 다음을 만족하는, 모두 영은 아닌 스칼라 $c_1, c_2, \ldots, c_m$이 존재한다.

$$c_1\mathbf{v}_1 + c_2\mathbf{v}_2 + \cdots + c_m\mathbf{v}_m = \mathbf{0}$$

$c_1 \neq 0$이라고 가정하고. 위의 등식을 다시 쓰면

$$\mathbf{v}_1 = \left(\frac{-c_2}{c_1}\right)\mathbf{v}_2 + \cdots + \left(\frac{-c_m}{c_1}\right)\mathbf{v}_m$$

이 된다. 따라서 $\mathbf{v}_1$은 $\mathbf{v}_2, \ldots, \mathbf{v}_m$의 선형결합이다.

역으로 $\mathbf{v}_1$이 $\mathbf{v}_2, \ldots, \mathbf{v}_m$의 선형결합이라고 하자. 그러면

$$\mathbf{v}_1 = d_2\mathbf{v}_2 + \cdots + d_m\mathbf{v}_m$$

을 만족하는 스칼라 $d_2, \ldots, d_m$가 존재한다. 이것을 다시 쓰면

$$1\mathbf{v}_1 + (-d_2)\mathbf{v}_2 + \cdots + (-d_m)\mathbf{v}_m = \mathbf{0}$$

이 된다. 따라서 집합 $\{\mathbf{v}_1, \mathbf{v}_2, \ldots, \mathbf{v}_m\}$은 선형종속이고 증명이 완결된다. ■

예를 들어

$$(9, 8, 4) = 3(1, 2, 0) + 2(3, 1, 2)$$

이므로 집합 $\{(1, 2, 0), (3, 1, 2), (9, 8, 4)\}$는 선형종속이다. 또한

$$5x + 3 = 2(x - 1) + (3x + 5).$$

이므로 집합 $\{x - 1, 3x + 5, 5x + 3\}$은 선형종속이다.

이 결과의 의미를 2개와 3개의 벡터에 대해 알아보자.

$\{\mathbf{v}_1, \mathbf{v}_2\}$의 선형종속

집합 $\{\mathbf{v}_1, \mathbf{v}_2\}$이 선형종속일 필요충분조건은 한 벡터를 다른 벡터의 스칼라 배로 쓸 수 있는 것이다. 즉 $\mathbf{v}_1 = c\mathbf{v}_1$가 되는 것인데 이는 $\mathbf{v}_1$과 $\mathbf{v}_2$이 동일선상(collinear)임을 의미한다. $\mathbf{R}^3$에서의 그림 4.2를 보라. 반대로 $\{\mathbf{v}_1, \mathbf{v}_2\}$이 선형독립일 필요충분조건은 한 벡터를 다른 벡터의 스칼라 배로 쓸 수 없는 것이다. 즉, $\mathbf{v}_1$과 $\mathbf{v}_2$가 동일선상이 아닌 것이다.

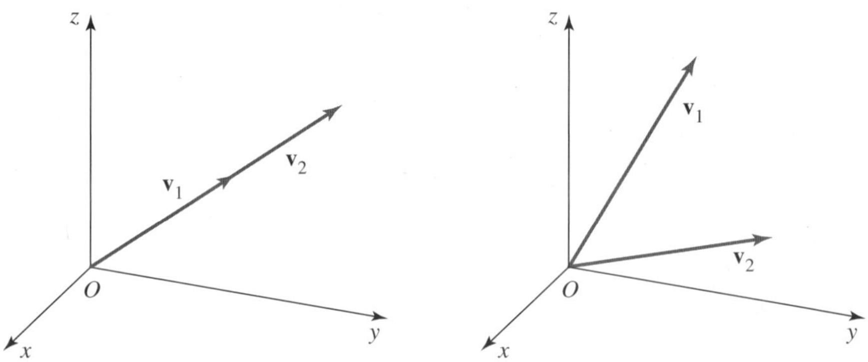

$\{\mathbf{v}_1, \mathbf{v}_2\}$가 선형종속;
벡터들이 한 직선상에 있다.

$\{\mathbf{v}_1, \mathbf{v}_2\}$가 선형독립;
벡터들이 한 직선상에 있지 않다.

$\mathbf{R}^3$에서 $\{\mathbf{v}_1, \mathbf{v}_2\}$의 선형종속성과 독립성

그림 4.2

두 벡터가 선형종속인지 또는 독립인지를 빨리 알기 위해 앞으로 이 결과를 자주 사용할 것이다. 예를 들어 $(2, -1, 3)$과 $(4, -2, 6)$은 뒤의 벡터가 앞의 벡터의 상수 배이므로 선형종속이고, $(1, -2, 4)$와 $(3, -6, 8)$은 뒤의 벡터가 앞의 벡터의 상수 배가 아니므로 선형독립이다. 마찬가지로 $3x - 2$와 $9x - 6$은 선형종속이고 $x - 1$과 $x^2 + 2$는 선형독립이다.

$\{\mathbf{v}_1, \mathbf{v}_2, \mathbf{v}_3\}$의 선형종속성

집합 $\{\mathbf{v}_1, \mathbf{v}_2, \mathbf{v}_3\}$이 선형종속일 필요충분조건은 한 벡터를 다른 두 벡터들의 선형결합으로 쓸 수 있는 것이다. 즉 $\mathbf{v}_1 = c_1\mathbf{v}_2 - c_2\mathbf{v}_3$와 같이 되는 것인데 이는 $\mathbf{v}_1$이 $\mathbf{v}_2$와 $\mathbf{v}_3$로 생성되는 평면(두 벡터들이 동일선상일 때는 직선)에 놓임을 의미한다. $\mathbf{R}^3$에서의 그림 4.3을 보라. 반대로 집합 $\{\mathbf{v}_1, \mathbf{v}_2, \mathbf{v}_3\}$이 선형독립일 필요충분조건은 벡터들이 하나의 평면(또는 직선) 상에 위치하지 않는 것이다.

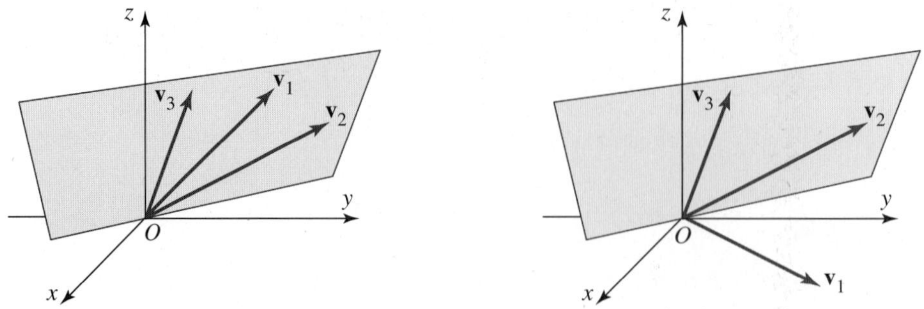

$\{\mathbf{v}_1, \mathbf{v}_2, \mathbf{v}_3\}$이 선형종속; 벡터들이 한 평면(또는 직선) 상에 있다.

$\{\mathbf{v}_1, \mathbf{v}_2, \mathbf{v}_3\}$이 선형독립; 벡터들이 한 평면(또는 직선) 상에 있지 않다.

$\mathbf{R}^3$에서 $\{\mathbf{v}_1, \mathbf{v}_2, \mathbf{v}_3\}$의 선형종속성과 독립성

그림 4.3

벡터공간에 관한 결과를 두 개 더 소개하고 이 절을 마치자.

정리 4.5

V가 벡터공간이라 하자. 영벡터를 포함하는 V의 벡터들의 모든 집합은 선형종속이다.

증명 영벡터를 포함하는 집합 $\{\mathbf{0}, \mathbf{v}_2, \ldots, \mathbf{v}_m\}$에 대해 다음 등식을 살펴보자.

$$c_1\mathbf{0} + c_2\mathbf{v}_2 + \cdots + c_m\mathbf{v}_m = \mathbf{0}$$

이 등식은 $c_1 = 1, c_2 = 0, \ldots, c_m = 0$(모두 영은 아님)일 때 성립한다. 따라서 이 벡터들의 집합은 선형종속이고 증명이 끝난다. ■

정리 4.6

벡터공간 V의 집합 $\{\mathbf{v}_1, \ldots, \mathbf{v}_m\}$이 선형종속이라고 하자. 이 벡터 모두를 포함하는 V의 벡터들의 집합은 모두 선형종속이다.

증명 집합 $\{\mathbf{v}_1, \ldots, \mathbf{v}_m\}$이 선형종속이므로 다음을 만족하는, 모두 영은 아닌 스칼라 $c_1, \ldots, c_m$이 존재한다.

$$c_1\mathbf{v}_1 + \cdots + c_m\mathbf{v}_m = \mathbf{0}$$

주어진 벡터들을 포함하는 집합 $\{\mathbf{v}_1, \ldots, \mathbf{v}_m, \mathbf{v}_{m+1}, \ldots, \mathbf{v}_n\}$을 고려하자. 그러면 다음을 만족하는 모두 영은 아닌 스칼라 $c_1, \ldots, c_m, 0, \ldots, 0$이 존재한다.

$$c_1\mathbf{v}_1 + \cdots + c_m\mathbf{v}_m + 0\mathbf{v}_{m+1} + \cdots + 0\mathbf{v}_n = \mathbf{0}$$

따라서 집합 $\{\mathbf{v}_1, \ldots, \mathbf{v}_m, \mathbf{v}_{m+1}, \ldots, \mathbf{v}_n\}$는 선형종속이다. ■

예를 들어 $(1, 4, 7) = (1, 2, 3) + 2(0, 1, 2)$이므로 집합 $\{(1, 2, 3), (0, 1, 2), (1, 4, 7)\}$는 선형종속이다. 정리 4.6에 의해 $\mathbf{R}^3$의 임의의 벡터 $\mathbf{v}$에 대하여 집합 $\{(1, 2, 3), (0, 1, 2),$

$(1, 4, 7), \mathbf{v}\}$는 선형종속이다. 집합 $\{2, t, 2+t\}$는 선형종속이므로 임의의 다항식 f와 g에 대하여 집합 $\{2, t, 2+t, f, g\}$는 선형종속이다.

예제 3

$\{\mathbf{v}_1, \mathbf{v}_2\}$가 선형독립이라 하자. $\{\mathbf{v}_1 + \mathbf{v}_2, \mathbf{v}_1 - \mathbf{v}_2\}$도 선형독립임을 증명하라.

풀이

다음 등식을 살펴보자.

$$a(\mathbf{v}_1 + \mathbf{v}_2) + b(\mathbf{v}_1 - \mathbf{v}_2) = \mathbf{0} \tag{1}$$

이 등식이 $a = 0, b = 0$임을 의미함을 보이면 $\{\mathbf{v}_1 + \mathbf{v}_2, \mathbf{v}_1 - \mathbf{v}_2\}$가 선형독립이 될 것이다. 위 등식에서 다음을 얻는다.

$$a\mathbf{v}_1 + a\mathbf{v}_2 + b\mathbf{v}_1 - b\mathbf{v}_2 = \mathbf{0}$$
$$(a+b)\mathbf{v}_1 + (a-b)\mathbf{v}_2 = \mathbf{0}$$

$\{\mathbf{v}_1, \mathbf{v}_2\}$가 선형독립이므로

$$a + b = 0$$
$$a - b = 0$$

을 얻는데 이 계는 유일 해 $a = 0, b = 0$를 갖는다. 등식 (1)로 되돌아가면 이것은 $\{\mathbf{v}_1 + \mathbf{v}_2, \mathbf{v}_1 - \mathbf{v}_2\}$가 선형독립임을 의미한다. ■

론스키언[*](미적분학 필요)

이제 함수들의 집합이 선형독립임을 보일 수 있는 검정 방법을 소개한다. $f_1, f_2, \ldots, f_n$이 어떤 구간에서 미분가능한 함수라 하자. 다음의 정방행렬 A를 고려하자.

$$A = \begin{bmatrix} f_1(x) & f_2(x) & \cdots & f_n(x) \\ f_1'(x) & f_2'(x) & \cdots & f_n'(x) \\ \vdots & \vdots & & \vdots \\ f_1^{(n-1)}(x) & f_2^{(n-1)}(x) & \cdots & f_n^{(n-1)}(x) \end{bmatrix}$$

A의 첫 행은 $f_1, f_2, \ldots, f_n$이고 둘째 행은 도함수, 셋째 행은 2계도함수, 등등이다. 이 행렬의 행렬식을 $f_1, f_2, \ldots, f_n$의 **론스키언**(Wronskian)이라 하고 $W(x)$로 표기한다. 즉,

[1] Josef Maria Hoene-Wronski(1776~1853)는 폴란드의 작은 마을 볼슈틴(Wolsztyn)에서 태어난 폴란드계 프랑스인으로 수학자 겸 철학자이다. 포즈난과 바르샤바에서 교육을 받았다. 브론스키는 폴란드인의 소요 때 러시아에 체포되어 러시아를 위해 싸우기도 했다. 공부를 계속하기 위해 독일로 갔고 후에 마르세유의 천문대에 합류하였는데 그곳의 수학자들에게 인정을 받지 못하여 천문대를 떠나야 했다. 파리로 이주하여 거기서 일하며 대부분의 여생을 보냈다. 그는 총명하고, 다재다능하고, 야심만만하지만 따지기를 좋아하는 것으로 묘사된다. 그의 관심은 넓었는데, 물리학, 천문학, 경제학, 법학을 파고 들었고, 수행한 작업은 급수시설의 계획으로부터 항해 도구의 개발, 철도 차량 바퀴의 설계에 이르기까지 광대했다. 나중에 론스키언이라고 알려지게 되는, 계수가 행렬식인 함수의 급수 전개를 비롯하여 백편이상의 논문을 발표하였다. 브론스키의 작업은 오류가 포함된 것이 많아 당시에는 널리 받아들여지지 않았지만, 근래에 들어 보다 상세히 연구되어 일부는 상당한 통찰과 깊이가 있는 것으로 드러났다. 브론스키는 빈곤에 시달리다 파리 교외의 뇌이쉬르센에서 죽었다.

$$W(x) = \begin{vmatrix} f_1(x) & f_2(x) & \cdots & f_n(x) \\ f_1'(x) & f_2'(x) & \cdots & f_n'(x) \\ \vdots & \vdots & & \vdots \\ f_1^{(n-1)}(x) & f_2^{(n-1)}(x) & \cdots & f_n^{(n-1)}(x) \end{vmatrix}$$

론스키언은 다음의 미분가능한 함수들의 선형독립성에 관한 결과를 준다.

$W(x)$를 구간 $(-\infty,\infty)$에서 미분가능한 함수 $f_1, f_2, \ldots, f_n$의 론스키언이라 하자. $W(x) \neq 0$인 x가 존재하면 $f_1, f_2, \ldots, f_n$은 선형독립이다.

증명 구간 $(-\infty,\infty)$에서 미분가능한 함수 $f_1, f_2, \ldots, f_n$가 선형종속이라 가정하자. 그러면 $(-\infty,\infty)$의 모든 x에 대하여

$$c_1 f_1(x) + c_2 f_2(x) + \cdots + c_n f_n(x) = 0$$

을 만족하는 모두 영은 아닌 스칼라 $c_1, c_2, \ldots, c_n$가 존재한다. 계속 미분하면

$$\begin{aligned} c_1 f_1(x) + c_2 f_2(x) + \cdots + c_n f_n(x) &= 0 \\ c_1 f_1'(x) + c_2 f_2'(x) + \cdots + c_n f_n'(x) &= 0 \\ &\vdots \\ c_1 f_1^{(n-1)}(x) + c_2 f_2^{(n-1)}(x) + \cdots + c_n f_n^{(n-1)}(x) &= 0 \end{aligned}$$

이 얻어진다. $f_1, f_2, \ldots, f_n$이 선형종속이라는 것은 동차 선형방정식계

$$\begin{bmatrix} f_1(x) & f_2(x) & \cdots & f_n(x) \\ f_1'(x) & f_2'(x) & \cdots & f_n'(x) \\ \vdots & \vdots & \vdots & \vdots \\ f_1^{(n-1)}(x) & f_2^{(n-1)}(x) & \cdots & f_n^{(n-1)}(x) \end{bmatrix} \begin{bmatrix} c_1 \\ c_2 \\ \vdots \\ c_n \end{bmatrix} = \begin{bmatrix} 0 \\ 0 \\ \vdots \\ 0 \end{bmatrix}$$

이 구간 $(-\infty,\infty)$의 모든 x에 대하여 비자명 해를 가짐을 의미한다. 이것은 구간 $(-\infty,\infty)$ 의 모든 x에 대하여 계수행렬이 특이행렬이라는 것을 의미한다. 이는 계수행렬의 행렬식이 구간 $(-\infty,\infty)$의 모든 x에 대하여 영임을 의미하고, 따라서 구간 $(-\infty,\infty)$의 모든 x에 대하여 론스키언은 영이어야 한다. 이는 만약 론스키언 영이 아니라면 $f_1, f_2, \ldots, f_n$은 선형독립이 되어야 함을 의미한다.

예제 4

론스키언을 이용하여 함수 $f(x) = 2x$와 $g(x) = e^{4x}$가 선형독립임을 보여라.
론스키언을 계산해보자.

$$f'(x) = 2\text{이고 } g'(x) = 4e^{4x}$$

이므로 론스키언은

$$W(x) = \begin{vmatrix} 2x & e^{4x} \\ 2 & 4e^{4x} \end{vmatrix} = (2x)(4e^{4x}) - (e^{4x})(2) = 8xe^{4x} - 2e^{4x} = 2e^{4x}(4x - 1)$$

이다. 론스키언이 비영이 되는 실수 x를 찾아보자. $x = 1$일 때 $W(1) = 2e^4(3) = 6e^4 \neq 0$이므로 함수 $f(x) = 2x$와 $g(x) = e^{4x}$는 선형독립이다.

예제 5

론스키언을 이용하여 구간 $(-\infty,\infty)$에서 함수 $f_1(x) = x, f_2(x) = \sin x,\ f_3(x) = \cos x$가 선형독립임을 보여라.

론스키언을 계산하면

$$W(x) = \begin{vmatrix} x & \sin x & \cos x \\ 1 & \cos x & -\sin x \\ 0 & -\sin x & -\cos x \end{vmatrix}$$

이다. 첫 번째 열을 기준으로 행렬식을 전개하면

$$\begin{aligned} W(x) &= x\begin{vmatrix} \cos x & -\sin x \\ -\sin x & -\cos x \end{vmatrix} - (1)\begin{vmatrix} \sin x & \cos x \\ -\sin x & -\cos x \end{vmatrix} \\ &= x(-\cos^2 x - \sin^2 x) - (-\sin x \cos x + \cos x \sin x) \\ &= -x \end{aligned}$$

$x = 2$이면 $W(2) = 2 \neq 0$이므로 이 함수들은 선형독립이다.

주의: 구간 $(-\infty,\infty)$에서 $W(x)$가 항등적으로 영이면 론스키언은 $f_1, f_2, \ldots, f_n$의 선형독립성이나 종속성에 대한 어떠한 정보도 주지 못한다.

연습문제 4.3

$\mathbf{R}^n$에서의 선형종속

1. 다음 벡터들의 집합이 선형종속인지 독립인지 밝혀라.

(a) $\{(-1, 2), (2, -4)\}$

(b) $\{(-1, 3), (2, 5)\}$

(c) $\{(1, -2, 3), (-2, 4, 1), (-4, 8, 9)\}$

(d) $\{(1, 0, 2), (2, 6, 4), (1, 12, 2)\}$

(e) $\{(1, 2, 5), (1, -2, 1), (2, 1, 4)\}$

(f) $\{(1, 1, 1), (-4, 3, 2), (4, 1, 2)\}$

2. 정리 4.6을 이용하여 다음 $\mathbf{R}^3$ 벡터들의 집합이 선형종속임을 보여라.

(a) $\{(2, -1, 3), (-4, 2, -6), (8, 0, 1)\}$

(b) $\{(1, -2, 3), (7, 4, -2), (3, -6, 9)\}$

(c) $\{(5, 2, -3), (3, 0, 4), (-3, 0, -4)\}$

(d) $\{(1, 1, 1), (2, 2, 2), (0, 1, 5)\}$

3. 다음 각 집합이 선형종속이 되는 t의 값을 구하라.

(a) $\{(-1, 2), (t, -4)\}$ **(b)** $\{(3, t), (6, t - 1)\}$

(c) $\{(2, -t), (2t + 6, 4t)\}$

4. **(a)** 집합 $\{(1, 1), (0, 2)\}$가 $\mathbf{R}^2$에서 선형독립임을 증명하라.

(b) 집합 $\{(1, 1, 2), (0, -1, 3), (0, 0, 5)\}$가 $\mathbf{R}^3$에서 선형독립임을 증명하라.

(c) 집합 $\{(3, -2, 4, 5), (0, 2, 3, -4), (0, 0, 2, 7), (0, 0, 0, 4)\}$가 $\mathbf{R}^4$에서 선형독립임을 증명하라.

(d) **(a)**, **(b)**, **(c)**의 벡터들에서 0 성분의 패턴에 대해 논의해보라. $\mathbf{R}^5$에서 선형독립인 다섯 개의 벡터들의 집합을 구성하기 위해 이 패턴을 어떻게 사용할 수 있겠는가?

5. 다음의 기약사다리형 행렬을 고려하자.;

$$\begin{bmatrix} 1 & 0 & 0 & 7 \\ 0 & 1 & 0 & 4 \\ 0 & 0 & 1 & 3 \end{bmatrix}$$

행벡터들이 선형독립 집합임을 보여라. 모든 기약사다리형 행렬에서 영이 아닌 행벡터들의 집합은 선형독립인가? 이유는?

6. 벡터 성분들 간의 관계를 관찰하여 다음의 각 벡터집합이 선형종속임을 보여라.

(a) $\{(1, 2, 3), (1, 1, 1), (2, 3, 4)\}$
(b) $\{(1, 2, 5), (3, 6, 15), (-7, 3, 2)\}$
(c) $\{(3, 4, 5), (1, 1, 1), (5, 6, 7)\}$
(d) $\{(1, 1, 1,), (0, 2, -3), (0, 0, 0)\}$

7. 다음 각 집합은 선형독립이다. 벡터 하나씩을 첨가하여 선형종속인 집합으로 만들어라.

(a) $\{(1, -1, 0), (2, 1, 3)\}$
(b) $\{(3, -5, 1), (1, 4, 3)\}$
(c) $\{(1, 2, 4), (0, 2, 5)\}$
(d) $\{(3, -2, 4), (2, 5, 7)\}$

행렬공간과 함수공간에서의 선형종속

8. 다음 각 행렬 집합의 M_{22}에서의 선형종속 여부를 밝혀라.

(a) $\left\{\begin{bmatrix} 1 & 0 \\ 0 & 0 \end{bmatrix}, \begin{bmatrix} 0 & 2 \\ 0 & 0 \end{bmatrix}, \begin{bmatrix} 0 & 0 \\ 3 & 0 \end{bmatrix}, \begin{bmatrix} 0 & 0 \\ 0 & 4 \end{bmatrix}\right\}$

(b) $\left\{\begin{bmatrix} 1 & 2 \\ 3 & 1 \end{bmatrix}, \begin{bmatrix} 1 & 1 \\ 1 & 1 \end{bmatrix}, \begin{bmatrix} 2 & 1 \\ 4 & 2 \end{bmatrix}\right\}$

(c) $\left\{\begin{bmatrix} 1 & 2 \\ -1 & 0 \end{bmatrix}, \begin{bmatrix} 1 & 2 \\ 1 & 1 \end{bmatrix}, \begin{bmatrix} 1 & 2 \\ 5 & 3 \end{bmatrix}\right\}$

(d) $\left\{\begin{bmatrix} 2 & 4 \\ 0 & 1 \end{bmatrix}, \begin{bmatrix} 0 & -2 \\ 8 & 3 \end{bmatrix}, \begin{bmatrix} -3 & -7 \\ 4 & 0 \end{bmatrix}\right\}$

9. 다음 각 행렬 집합의 P_2에서의 선형종속 여부를 밝혀라.

(a) $\{f, g, h\}$, 여기서 $f(x) = 2x^2 + 1, g(x) = x^2 + 4x,$ $h(x) = x^2 - 4x + 1$
(b) $\{f, g, h\}$, 여기서 $f(x) = x^2 + 3, g(x) = x + 1,$ $h(x) = 2x^2 - 3x + 3$
(c) $\{f, g, h\}$, 여기서 $f(x) = x^2 + 3x - 1,$ $g(x) = x + 3, h(x) = 2x^2 - x + 1$
(d) $\{f, g, h\}$, 여기서 $f(x) = -x^2 + 2x - 5,$ $g(x) = 5x - 1, h(x) = 7$

일반 벡터공간

10. 벡터공간 V의 임의의 벡터 $\{\mathbf{v}_1, \mathbf{v}_2\}$를 고려하자. 모든 스칼라 a, b에 대해 집합 $\{\mathbf{v}_1, \mathbf{v}_2, a\mathbf{v}_1 + b\mathbf{v}_2\}$이 선형종속임을 보여라.

11. $\{\mathbf{v}_1, \mathbf{v}_2\}$가 벡터공간 V에서 선형독립이라 하자. 벡터 $\mathbf{v}_3$가 $a\mathbf{v}_1 + b\mathbf{v}_2$ 형태가 아니면 $\{\mathbf{v}_1, \mathbf{v}_2, \mathbf{v}_3\}$이 선형독립임을 보여라.

12. $\{\mathbf{v}_1, \mathbf{v}_2\}$가 벡터공간 V에서 선형종속이라 하면, $\{\mathbf{v}_1 + \mathbf{v}_2, \mathbf{v}_1 - \mathbf{v}_2\}$도 선형종속임을 보여라.

13. 선형독립인 집합의 모든 부분집합(공집합 제외)은 선형독립임을 보여라. 선형종속인 집합의 모든 부분집합은 선형종속인가?

14. $\mathbf{u}$와 $\mathbf{v}$가 $\mathbf{R}^n$에서 영이 아닌 직교벡터이면 선형독립이 됨을 보여라.

15. $\mathbf{v}_1, \mathbf{v}_2, \mathbf{v}_3$가 $\mathbf{R}^3$의 벡터라고 하자. 다음 각 경우에 이 벡터들의 선협독립 또는 종속에 대해 말하라.

(a) Span$\{\mathbf{v}_1, \mathbf{v}_2, \mathbf{v}_3\}$이 $\mathbf{R}^3$이다.
(b) Span$\{\mathbf{v}_1, \mathbf{v}_2, \mathbf{v}_3\}$이 Span$\{\mathbf{v}_1, \mathbf{v}_2\}$와 같은 공간이다.
(c) Span$\{\mathbf{v}_1, \mathbf{v}_2, \mathbf{v}_3\}$이 Span$\{\mathbf{v}_1\}$과 같은 공간이다.

16. 다음 각 문장이 참인지 거짓인지 밝혀라.

(a) 벡터 (1, 4, 2)는 (1, 0, 0)과 (0, 1, 0)의 선형결합이다.
(b) 벡터 (1, 0, 0), (2, 1, 0), (−1, 3, 0)은 $\mathbf{R}^3$을 생성한다.
(c) 벡터 (1, 1, 0), (0, 0, −1)은 (a, a, b) 형태의 벡터들로 이루어진 $\mathbf{R}^3$의 부분공간을 생성한다.
(d) 집합 {(1, 2, 3), (1, 2, 0), (1, 0, 0)}은 선형종속이다.

17. 다음 각 문장이 참인지 거짓인지 밝혀라.

(a) $\mathbf{v}_1, \mathbf{v}_2, \mathbf{v}_3$가 벡터공간 V의 벡터라 하자. $\mathbf{v}$가 $\mathbf{v}_1, \mathbf{v}_2$의 선형결합이면 $\mathbf{v}_1, \mathbf{v}_2, \mathbf{v}_3$의 선형결합도 된다.
(b) $\mathbf{R}^3$을 생성하기 위해서는 세 개 이상의 벡터들이 필요하다.
(c) 모든 벡터공간은 그것을 생성하는 유일한 벡터 집합을 가진다.
(d) Span$\{\mathbf{v}_1, \mathbf{v}_2\}$는 Span$\{\mathbf{v}_1, 2\mathbf{v}_2\}$와 같은 공간이다.
(e) $\mathbf{R}^2$에서 세 개의 벡터들의 집합은 항상 선형종속이다.

18. $\mathbf{R}^3$의 벡터 두 개를 무작위로 쓸 때, 두 벡터의 선형종속 가능성과, 선형독립 가능성 중 어느 것이 높겠는가?

19. $\mathbf{R}^3$의 벡터 세 개를 무작위로 쓸 때, 세 벡터의 선형종속 가능성과 선형독립 가능성 중 어느 것이 높겠는가?

20. $\mathbf{R}^3$의 여러 벡터를 입력 받아서 그것들이 선형종속인지 독

립인지 출력해주는 컴퓨터 프로그램이 있다고 하자. 반올림 오차 때문에 선형독립인 벡터들을 선형종속으로 출력해주는 것과 그 반대의 경우 중 어느 쪽이 발생할 가능성이 많겠는가?

문제 [21~25]에서는 론스키언을 이용하여 구간 $(-\infty,\infty)$에서 주어진 함수들이 선형독립임을 보여라.

21. $f_1(x) = \sin x, f_2(x) = \cos x$

22. $f_1(x) = \sin^2 x, f_2(x) = \cos^2 x$

23. $f_1(x) = e^x, f_2(x) = e^{-x}$

24. $f_1(x) = 1, f_2(x) = x, f_3(x) = x^2$

25. $f_1(x) = 1, f_2(x) = e^x, f_3(x) = e^{2x}$

4.4 기저의 성질

기저의 개념은 벡터공간을 이해하고 이용하는 데 있어 핵심이 된다. 이 절에서는 기저의 성질이 탐구된다. 다음 정리는 그 첫 번째 단계이다. 이는 벡터공간의 모든 벡터가 그 집합내의 벡터들의 선형결합으로 **유일하게** 표현되는 집합, 즉 "효율적인 생성 집합"을 정의하도록 해 준다.

정리 4.7

벡터 $\mathbf{v}_1, \ldots, \mathbf{v}_n$이 벡터공간 V를 생성한다고 하자. V의 각 벡터가 $\mathbf{v}_1, \ldots, \mathbf{v}_n$의 유일한 선형결합으로 표현될 필요충분조건은 $\mathbf{v}_1, \ldots, \mathbf{v}_n$이 선형독립인 것이다.

증명

(a) $\mathbf{v}_1, \ldots, \mathbf{v}_n$이 선형독립이라 하고 $\mathbf{v}$가 V의 벡터라고 하자. $\mathbf{v}_1, \ldots, \mathbf{v}_n$이 V를 생성하기 때문에 $\mathbf{v}$는 이들의 선형결합으로 표현될 수 있다. 다음과 같은 두 표현이 가능하다고 해보자.

$$\mathbf{v} = a_1\mathbf{v}_1 + \cdots + a_n\mathbf{v}_n \text{ 와 } \mathbf{v} = b_1\mathbf{v}_1 + \cdots + b_n\mathbf{v}_n$$

이것은

$$a_1\mathbf{v}_1 + \cdots + a_n\mathbf{v}_n = b_1\mathbf{v}_1 + \cdots + b_n\mathbf{v}_n$$

를 의미하고

$$(a_1 - b_1)\mathbf{v}_1 + \cdots + (a_n - b_n)\mathbf{v}_n = \mathbf{0}$$

이 된다. 그런데 $\mathbf{v}_1, \ldots, \mathbf{v}_n$이 선형독립이므로 $(a_1 - b_1) = 0, \ldots, (a_n - b_n) = 0$이 되고 결국 $a_1 = b_1, \ldots, a_n = b_n$이다. 따라서 $\mathbf{v}$를 $\mathbf{v}_1, \ldots, \mathbf{v}_n$의 선형결합으로 표현하는 방법은 단 한 가지이다.

(b) 이제 역을 생각해보자. $\mathbf{v}$가 V의 벡터이고 $\mathbf{v}_1, \ldots, \mathbf{v}_n$의 유일한 선형결합으로 표현된다고 가정하자. $0\mathbf{v}_1 + \cdots + 0\mathbf{v}_n = \mathbf{0}$임을 알고 있는데 이것이 $\mathbf{0}$을 $\mathbf{v}_1, \ldots, \mathbf{v}_n$의 선형결합으로 표현하는 유일한 방법이 된다. 즉, $c_1\mathbf{v}_1 + \cdots + c_n\mathbf{v}_n = \mathbf{0}$이 오직 일 때만 만족하게 된다. 따라서 벡터 $c_1 = 0, \ldots, c_n = 0$는 **선형독립**이다. ■

이 결과는 자연스럽게 벡터공간을 가장 적절하게 대표하는 벡터들의 집합, 즉 **기저**(basis)로 인도해준다.

정의 벡터들의 유한집합 $\{\mathbf{v}_1, \ldots, \mathbf{v}_n\}$이 V를 생성하고 선형독립이면 **기저**라고 불린다. V의 각 벡터는 기저의 벡터들의 선형결합으로 유일하게 표현된다(정리 4.7에 의해).

일반적으로 벡터공간의 기저는 무수히 많다. 다음 정리는 주어진 벡터공간의 모든 기저는 동일한 개수의 벡터를 갖는다는 핵심적인 사실을 말해준다.

정리 4.8

$\{\mathbf{v}_1, \ldots, \mathbf{v}_n\}$이 벡터공간 V의 기저라고 하자. 만약 $\{\mathbf{w}_1, \ldots, \mathbf{w}_m\}$이 V공간의 n개보다 많은 벡터들의 집합이면 이 집합은 선형종속이다.

증명 다음 등식을 고려하자.

$$c_1\mathbf{w}_1 + \cdots + c_m\mathbf{w}_m = 0 \tag{1}$$

이 등식을 만족하는, 모두 다 영은 아닌 $c_1, \ldots, c_m$이 존재하는 것을 보이면 된다.

집합 $\{\mathbf{v}_1, \ldots, \mathbf{v}_n\}$이 V의 기저이므로 $\mathbf{w}_1, \ldots, \mathbf{w}_m$들은 각각 $\mathbf{v}_1, \ldots, \mathbf{v}_n$의 선형결합으로 표현된다. 이제

$$\begin{gathered}\mathbf{w}_1 = a_{11}\mathbf{v}_1 + a_{12}\mathbf{v}_2 + \cdots + a_{1n}\mathbf{v}_n \\ \vdots \\ \mathbf{w}_m = a_{m1}\mathbf{v}_1 + a_{m2}\mathbf{v}_2 + \cdots + a_{mn}\mathbf{v}_n\end{gathered}$$

라고 두자. 이들을 등식 (1)에 대입하면 다음과 같이 된다.

$$c_1(a_{11}\mathbf{v}_1 + a_{12}\mathbf{v}_2 + \cdots + a_{1n}\mathbf{v}_n) + \cdots + c_m(a_{m1}\mathbf{v}_1 + a_{m2}\mathbf{v}_2 + \cdots + a_{mn}\mathbf{v}_n) = \mathbf{0}$$

이 식을 정리하면

$$(c_1a_{11} + c_2a_{21} + \cdots + c_ma_{m1})\mathbf{v}_1 + \cdots + (c_1a_{1n} + c_2a_{2n} + \cdots + c_ma_{mn})\mathbf{v}_n = \mathbf{0}$$

을 얻는다. $\mathbf{v}_1, \ldots, \mathbf{v}_n$이 선형독립이므로 이 등식이 성립하려면 계수들이 모두 영이어야만 한다. 따라서,

$$\begin{gathered}a_{11}c_1 + a_{21}c_2 + \cdots + a_{m1}c_m = 0 \\ \vdots \\ a_{1n}c_1 + a_{2n}c_2 + \cdots + a_{mn}c_m = 0\end{gathered}$$

을 얻는다. 즉, (1)을 만족하는 c들을 찾는 문제는 위의 m개 변수의 n개의 방정식계의 해를 구하는 문제로 바뀐다. 그런데 $m > n$ 이어서 변수의 개수가 방정식의 개수보다 크게 된다. 이미 이러한 동차방정식이 많은 해를 가짐을 알고 있으므로, (1)을 만족하는 모두 영이 아닌 c들이 존재함을 알 수 있다. 따라서 집합 $\{\mathbf{w}_1, \ldots, \mathbf{w}_m\}$는 선형종속이다. ■

정리 4.9

벡터공간의 모든 기저는 동일한 수의 벡터로 구성된다.

증명 $\{\mathbf{v}_1, \ldots, \mathbf{v}_n\}$과 $\{\mathbf{w}_1, \ldots, \mathbf{w}_m\}$이 벡터공간의 임의의 두 기저라고 하자. $\{\mathbf{v}_1, \ldots, \mathbf{v}_n\}$

이 기저이므로 $\{\mathbf{w}_1, \ldots, \mathbf{w}_m\}$이 독립이 되려면 직전의 정리에 의해 $m \leq n$이어야 한다. 역으로 $\{\mathbf{w}_1, \ldots, \mathbf{w}_m\}$이 기저이므로 $\{\mathbf{v}_1, \ldots, \mathbf{v}_n\}$이 독립이려면 $n \leq m$이어야 한다. 따라서 $n = m$이므로 두 기저가 같은 수의 벡터로 구성됨이 증명된다. ■

하나의 기저를 구성하는 벡터들의 수를 차원으로 사용한다. $\mathbf{R}^2$과 $\mathbf{R}^3$의 표준기저는 각각 두 개와 세 개의 벡터들을 가지고 있으므로, 이것은 $\mathbf{R}^2$을 이차원, $\mathbf{R}^3$을 삼차원이라고 하는 우리의 직관에 들어맞는다.

정의 벡터공간 V가 n개의 벡터들로 구성되는 기저를 가지면 V의 **차원**은 n이라고 말한다. V의 차원을 $\dim(V)$로 표기한다.

한 벡터공간에서 기저를, 그 공간을 생성하고 선형독립인 벡터들의 유한집합으로 정의한 것을 기억하라. 이러한 유한집합이 존재할 때 그 벡터공간을 **유한차원**이라고 말하고, 이러한 유한집합이 존재하지 않으면 **무한차원**이라고 말한다. 다음 장에서 무한차원인 함수공간들을 만날 것이다. 하지만 이 교재에서는 주로 유한차원의 벡터공간에 관심을 둔다.

예제 1

벡터공간 $\mathbf{R}^3$의 집합 $\{(1, 2, 3), (-2, 4, 1)\}$을 고려하자. 이 벡터들은 다음 형태의 벡터들로 구성되는 $\mathbf{R}^3$의 부분공간 V를 생성한다.

$$\mathbf{v} = c_1(1, 2, 3) + c_2(-2, 4, 1)$$

벡터 $(1, 2, 3)$과 $(-2, 4, 1)$은 이 공간을 생성한다.

또한 두 번째 벡터는 첫 벡터의 상수 배가 아니므로, 이 벡터들은 선형독립이다.

따라서 $\{(1, 2, 3), (-2, 4, 1)\}$는 V의 기저가 된다. 즉 $\dim(\mathrm{V}) = 2$이다. V는 사실 원점을 지나는 평면임을 관찰하라. ■

위의 예에서 원점을 지나는 평면은 $\mathbf{R}^3$의 이차원 부분공간임을 보았다. 다음 정리는 $\mathbf{R}^3$의 부분공간에 대해 더 많은 정보를 준다.

정리 4.10

(a) 원점은 $\mathbf{R}^3$의 부분공간이다. 이 부분공간의 차원은 정의에 따라 영이다.
(b) $\mathbf{R}^3$의 일차원 부분공간은 원점을 지나는 직선이다.
(c) $\mathbf{R}^3$의 이차원 부분공간은 원점을 지나는 평면이다. 그림 4.4를 보라.

증명

(a) V를 $\mathbf{R}^3$의 영벡터만을 포함하는, 한 개의 원소로 구성된 집합 $\{(0, 0, 0)\}$이라 하자. c를 임의의 스칼라라고 하면

$$(0,0,0) + (0,0,0) = (0,0,0) \text{ 이고 } c(0,0,0) = (0,0,0)$$

이므로 V는 덧셈과 스칼라 곱셈에 대해 닫혀있고 따라서 $\mathbf{R}^3$의 부분공간이다. 이 공간의 차원은 정의에 의해 영이다.

(b) $\mathbf{v}$를 $\mathbf{R}^3$의 일차원 부분공간 V의 기저라고 하자. V의 모든 벡터들은 적당한 스칼라 c에 대해 $c\mathbf{v}$ 형태로 표현되는데 이것은 원점을 지나는 직선을 형성한다..

(c) $\{\mathbf{v}_1, \mathbf{v}_2\}$를 $\mathbf{R}^3$의 이차원 부분공간 V의 기저라고 하자. V의 모든 벡터들은 $c_1\mathbf{v}_1 + c_2\mathbf{v}_2$ 형태로 표현되는데, 이것은 원점을 지나는 평면을 형성한다.

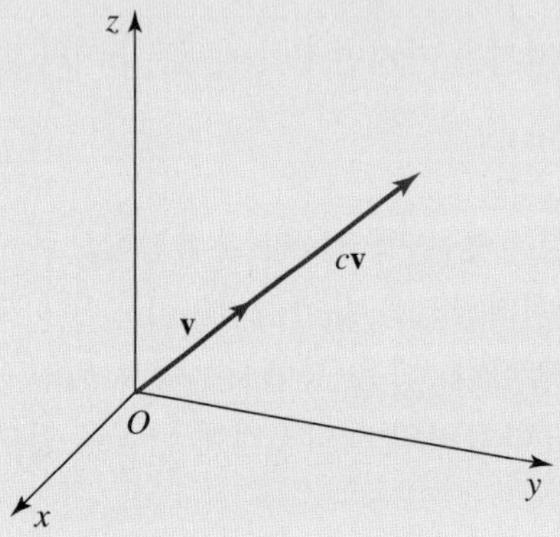

기저 $\{\mathbf{v}\}$를 갖는 $\mathbf{R}^3$의 일차원 부분공간은 원점을 지나는 직선이다.

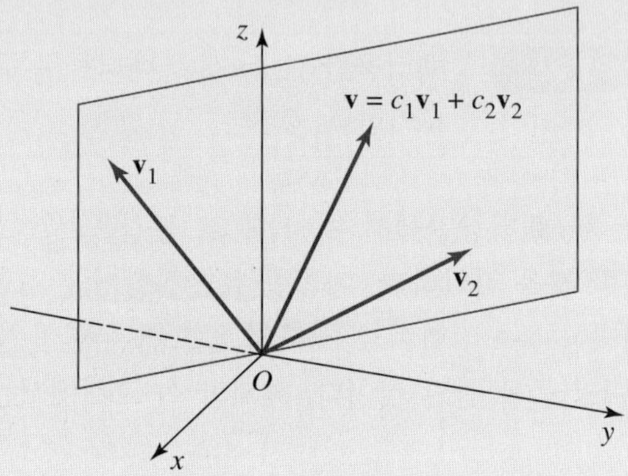

$\{\mathbf{v}_1, \mathbf{v}_2\}$를 기저로 갖는 $\mathbf{R}^3$의 이차원 부분공간은 원점을 지나는 평면이다.

$\mathbf{R}^3$의 일차원과 이차원 부분공간

그림 4.4

벡터공간의 차원이 n임을 알고 있다고 가정하자. 다음 정리는 주어진 벡터들이 기저인지 점검할 때 선형독립성과 생성조건, 둘 모두를 검토할 필요가 없음을 알려준다(증명 생략).

정리 4.11

V가 차원이 n인 벡터공간이라고 하자.

(a) $S = \{\mathbf{v}_1, \ldots, \mathbf{v}_n\}$이 V의 n개의 선형독립인 벡터들의 집합이면, S는 V의 기저이다.

(b) $S = \{\mathbf{v}_1, \ldots, \mathbf{v}_n\}$이 V를 생성하는 n개의 벡터들의 집합이면, S는 V의 기저이다.

예제 2

$\{(1, 3, -1), (2, 1, 0), (4, 2, 1)\}$이 $\mathbf{R}^3$의 기저임을 증명하라.

풀이

$\mathbf{R}^3$의 차원은 3이므로 기저는 세 개의 벡터들로 구성된다. 주어진 집합에서 일단 기저가 되기 위한 벡터들의 개수는 맞다. 정상적으로는 이 집합이 선형독립이고 $\mathbf{R}^3$을 생성함을 보여야 한다. 하지만 정리 4.11은 이 조건들 중 하나만 점검하면 된다고 말하고 있다. 선형독립성을 점검해보자(이것이 둘 중에서 더 쉽다).

$$c_1(1, 3, -1) + c_2(2, 1, 0) + c_3(4, 2, 1) = (0, 0, 0)$$

에서 다음 방정식 계를 얻는다.

$$\begin{aligned} c_1 + 2c_2 + 4c_3 &= 0 \\ 3c_1 + c_2 + 2c_3 &= 0 \\ -c_1 + \quad\quad c_3 &= 0 \end{aligned}$$

이 계는 유일한 해 $c_1 = 0, c_2 = 0, c_3 = 0$을 갖고 따라서 주어진 벡터들은 선형독립이다. 그러므로 $\{(1, 3, -1), (2, 1, 0), (4, 2, 1)\}$은 $\mathbf{R}^3$의 기저이다. ■

다음 정리는 임의의 선형독립인 벡터들의 집합은 벡터공간의 기저로 확장될 수 있음을 알려준다.

정리 4.12

V가 n차원 벡터공간이라 하고, $\{\mathbf{v}_1, \ldots, \mathbf{v}_m\}$이 V에서 선형독립인 m개의 벡터들의 집합이라 하자. 여기서 $m < n$이다. 그러면 $\{\mathbf{v}_1, \ldots, \mathbf{v}_m, \mathbf{v}_{m+1}, \ldots, \mathbf{v}_n\}$이 V의 기저가 되도록 하는 벡터 $\mathbf{v}_{m+1}, \ldots, \mathbf{v}_n$이 존재한다.

증명 $m < n$이므로 $\{\mathbf{v}_1, \ldots, \mathbf{v}_m\}$는 기저가 될 수 없다. 따라서 $\mathbf{v}_1, \ldots, \mathbf{v}_m$에 의해 생성된 부분공간에 놓이지 않는 V의 벡터 $\mathbf{v}_{m+1}$이 존재한다. 즉 $\{\mathbf{v}_1, \ldots, \mathbf{v}_m, \mathbf{v}_{m+1}\}$는 선형 독립이 된다. 만약 $m + 1 = n$이라면 $\{\mathbf{v}_1, \ldots, \mathbf{v}_m, \mathbf{v}_{m+1}\}$는 V의 기저가 된다. $m + 1 < n$이면 $\mathbf{v}_1, \ldots, \mathbf{v}_m, \mathbf{v}_{m+1}$에 의해 생성된 부분공간에 놓이지 않는 벡터 $\mathbf{v}_{m+2}$가 존재한다. $m + 2 = n$이면 $\{\mathbf{v}_1, \ldots, \mathbf{v}_m, \mathbf{v}_{m+1}, \mathbf{v}_{m+2}\}$는 V의 기저가 된다. 기저가 얻어질 때까지 이와 같이 계속 벡터를 더해가면 된다. ■

이 장에서는 벡터공간의 대수적 구조에 대하여 살펴보았다. 벡터공간, 부분공간, 선형독립/종속, 생성 집합, 기저, 차원의 개념에 대하여 논의하였다. 다음 예제는 이 모든 개념을 함께 동원한다. 논의되는 각 상황에 대해 직관적인 감을 갖도록 노력하자.

예제 3

다음 문장들이 참인지 거짓인지 말하라(이유를 간단히 밝혀라).

(a) 벡터 $(1, 2), (-1, 3), (5, 2)$는 $\mathbf{R}^2$에서 선형종속이다.

(b) 벡터 $(1, 0, 0), (0, 2, 0), (1, 2, 0)$은 $\mathbf{R}^3$를 생성한다.

(c) $\{(1, 0, 2), (0, 1, -3)\}$은 $(a, b, 2a - 3b)$ 형태의 벡터들로 구성되는, $\mathbf{R}^3$의 부분공간의 기저이다.

(d) 두 개의 벡터들의 모든 집합은 $\mathbf{R}^3$의 이차원 부분공간을 생성하는 데 사용될 수 있다.

풀이

(a) 참. $\mathbf{R}^2$의 차원은 2이다. 따라서 세 개의 벡터들은 항상 선형종속이다.

(b) 거짓. 세 개의 벡터들이 선형종속이다. 따라서 삼차원 공간을 생성할 수 없다. (1, 0,

0) + (1, 2, 0) − (1, 2, 0) = (0, 0, 0).

(c) 참. 다음의 관계에서 주어진 벡터들이 해당 부분공간을 생성한다.

$$(a, b, 2a - 3b) = a(1, 0, 2) + b(0, 1, -3)$$

또한 동일선상에 있지 않기 때문에 벡터들은 선형독립이다.

(d) 거짓. 두 벡터들이 선형독립이어야 한다.

$\mathbf{R}^n$, 행렬, 다항식, $\mathbf{C}^n$ 공간

이제 $\mathbf{R}^n$ 공간이나 행렬 공간, 다항식 공간, 복소벡터공간 $\mathbf{C}^n$의 기저와 차원이 대해 논해보자. 우선 결론을 요약하면 다음과 같다.

$\mathbf{R}^n$ 공간 임의의 벡터를 다음과 같이 나타낼 수 있기 때문에 벡터 $(1, 0, \ldots, 0), \ldots, (0, 0, \ldots, 1)$은 $\mathbf{R}^n$을 생성한다.

$$(u_1, \ldots, u_n) = u_1(1, 0, \ldots, 0) + \cdots + u_n(0, 0, \ldots, 1)$$

또한 이 벡터들은 선형독립이다. 이유는

$$a_1(1, 0, \ldots, 0) + a_2(0, 1, \ldots, 0) + \cdots + a_n(0, 0, \ldots, 1) = 0$$

이 유일해 $a_1 = 0, a_2 = 0, \ldots, a_n = 0$를 갖기 때문이다. n개의 벡터들의 집합 $\{(1, 0, \ldots, 0), (0, 0, \ldots, 1)\}$은 $\mathbf{R}^n$의 **표준기저**이고 $\mathbf{R}^n$의 **차원**은 n이다.

행렬의 공간 2×2 행렬들의 벡터공간 M_{22}를 고려하자. 다음 행렬들은 M_{22}를 생성한다.

$$\begin{bmatrix}1 & 0\\0 & 0\end{bmatrix}, \begin{bmatrix}0 & 1\\0 & 0\end{bmatrix}, \begin{bmatrix}0 & 0\\1 & 0\end{bmatrix}, \begin{bmatrix}0 & 0\\0 & 1\end{bmatrix}$$

그 이유는 임의의 M_{22} 행렬은 다음과 같이 쓸 수 있기 때문이다.

$$\begin{bmatrix}a & b\\c & d\end{bmatrix} = a\begin{bmatrix}1 & 0\\0 & 0\end{bmatrix} + b\begin{bmatrix}0 & 1\\0 & 0\end{bmatrix} + c\begin{bmatrix}0 & 0\\1 & 0\end{bmatrix} + d\begin{bmatrix}0 & 0\\0 & 1\end{bmatrix}.$$

또한 이 행렬들은 선형독립이다. 이유는

$$c_1\begin{bmatrix}1 & 0\\0 & 0\end{bmatrix} + c_2\begin{bmatrix}0 & 1\\0 & 0\end{bmatrix} + c_3\begin{bmatrix}0 & 0\\1 & 0\end{bmatrix} + c_4\begin{bmatrix}0 & 0\\0 & 1\end{bmatrix} = 0$$

이 $\begin{bmatrix}c_1 & c_2\\c_3 & c_4\end{bmatrix} = 0$을 주어 $c_1 = 0, c_2 = 0, c_3 = 0, c_4 = 0$이 되기 때문이다. 이 행렬들의 집합이 M_{22}의 기저를 형성하고 M_{22}의 차원은 4이다. 유사하게 벡터공간 M_{mn}의 차원은 mn이다. 이런 형태의 기저를 M_{mn}의 **표준기저**라고 말한다.

다항식의 공간 2차 이하의 다항식들의 벡터공간 P_2를 고려하자. $ax^2 + bx + c$ 형태의 임의의 함수는

$$ax^2 + bx + c = a(x^2) + b(x) + c(1)$$

와 같이 표현될 수 있으므로 $x^2, x, 1$은 P_2를 생성한다. 또한

$$c_1(x^2) + c_2(x) + c_3(1) = 0, \text{ 모든 } x\text{에 대해},$$

이 $c_1 = 0, c_2 = 0, c_3 = 0$을 의미하므로 $x^2, x, 1$은 선형독립이다. 따라서 $\{x^2, x, 1\}$은 P_2의 기저이고 P_2의 차원은 3이다. 유사하게 $\{x^n, x^{n-1}, \ldots, x, 1\}$는 P_n의 기저이고 P_n의 차원은 $n + 1$이다. 이 기저를 P_n의 **표준기저**라고 한다,

C^n 공간 복소벡터공간 C^n을 생각하자. 우선 벡터 (1, 0)과 (0, 1)은 C^2을 생성한다. 그 이유는 임의의 벡터 $(a + bi, c + di)$는

$$(a + bi, c + di) = (a + bi)(1, 0) + (c + di)(0, 1)$$

와 같이 표현될 수 있기 때문이다. (1, 0)과 (0, 1)은 또한 C^2에서 선형독립이다. 따라서 $\{(1, 0), (0, 1)\}$는 C^2의 기저이고 C^2의 차원은 2이다. 유사하게 $\{(1, \ldots, 0), \ldots, (0, \ldots, 1)\}$은 C^n의 기저이고 C^n의 차원은 n이다. 이 기저는 C^n의 **표준기저**이다.

예제 4

P_n의 차원은 $n + 1$임을 알고 있으면, 정리 4.11을 이용하여 $n + 1$개의 함수들의 집합이 기저인지 쉽게 확인할 수 있다. 예를 들어, 집합 $\{x^2 + x, x + 1, 2\}$가 P_2의 기저임을 보이자. P_2의 차원은 3이다. 주어진 집합에는 차원과 동일한 3개의 함수가 있다. 이제 함수들이 선형독립임을 보이는 것만 남아 있다. 등식 $c_1(x^2 + x) + c_2(x + 1) + c_3(2) = 0$에서 $c_1x^2 + (c_1 + c_2)x + (c_2 + 2c_3) = 0$을 얻는다. 이는 $c_1 = 0, c_1 + c_2 = 0, c_2 + 2c_3 = 0$을 주고, 결국 $c_1 = 0, c_2 = 0, c_3 = 0$이 얻어지므로, 이 함수들은 선형독립이다. 따라서 집합 $\{x^2 + x, x + 1, 2\}$은 P_2의 기저이다.

반면, 똑같이 3개로 구성된 P_2 함수의 집합 $\{x^2 + 1, x - 2, x^2 + 2x - 3\}$을 고려하면, $(x^2 + 1) + 2(x - 2) - (x^2 + 2x - 3) = 0$이므로 함수들이 선형종속이다. 따라서 집합 $\{x^2 + 1, x - 2, x^2 + 2x - 3\}$은 P_2의 기저가 아니다. ■

연습문제 4.4

$\mathbf{R}^n$에 대한 기저

1. 다음 각 집합이 공간을 생성하고 선형독립임을 보여서 $\mathbf{R}^2$의 기저임을 증명하라.

(a) $\{(1, 2), (3, 1)\}$ **(b)** $\{(-1, 4), (2, 5)\}$
(c) $\{(1, 1), (-1, 1)\}$ **(d)** $\{(1, 0), (1, 1)\}$

2. 정리 4.11을 이용하여 다음 집합들이 $\mathbf{R}^2$의 기저임을 증명하라.

(a) $\{(1, 3), (-1, 2)\}$ **(b)** $\{(2, 6), (4, 1)\}$
(c) $\left\{\begin{bmatrix}-1\\2\end{bmatrix}, \begin{bmatrix}3\\4\end{bmatrix}\right\}$ **(d)** $\left\{\begin{bmatrix}0\\1\end{bmatrix}, \begin{bmatrix}1\\1\end{bmatrix}\right\}$

3. 다음 집합들 중에서 $\mathbf{R}^2$의 기저인 것은?

(a) $\{(3, 1), (2, 1)\}$ **(b)** $\{(1, -3), (-2, 6)\}$
(c) $\{(4, 5), (3, 2)\}$ **(d)** $\{(-1, 2), (3, -6)\}$

4. 다음 집합들이 $\mathbf{R}^3$의 기저임을 증명하라.

(a) $\{(1, 1, 1), (0, 1, 2), (3, 0, 1)\}$
(b) $\{(1, 2, 3), (2, 4, 1), (3, 0, 0)\}$
(c) $\{(0, 0, 1), (2, 3, 1), (4, 1, 2)\}$
(d) $\{(1, 1, 4), (2, 1, 3), (0, 1, 6)\}$

5. 다음 집합들 중에서 $\mathbf{R}^3$의 기저인 것은?
(a) $\{(1, -1, 2), (2, 0, 1), (3, 0, 0)\}$
(b) $\{(2, 1, 0), (-1, 1, 1), (3, 3, 1)\}$
(c) $\left\{\begin{bmatrix} 3 \\ 1 \\ -1 \end{bmatrix}, \begin{bmatrix} -1 \\ -1 \\ 0 \end{bmatrix}, \begin{bmatrix} 4 \\ 0 \\ -2 \end{bmatrix}\right\}$
(d) $\left\{\begin{bmatrix} 1 \\ 2 \\ 2 \end{bmatrix}, \begin{bmatrix} -1 \\ 0 \\ 1 \end{bmatrix}, \begin{bmatrix} -3 \\ 1 \\ -1 \end{bmatrix}\right\}$

6. 계산을 하지 말고, 다음 각 집합이 주어진 벡터공간의 기저가 될 수 없는 이유를 설명하라.
(a) $\{(3, -2), (6, -4)\}$, $\mathbf{R}^2$에 대해
(b) $\{(1, 3), (4, 1), (1, 1)\}$, $\mathbf{R}^2$에 대해
(c) $\{(0, 0), (1, 3)\}$, $\mathbf{R}^2$에 대해
(d) $\{(1, 0, 1), (2, -1, 3), (-4, 2, -6)\}$, $\mathbf{R}^3$에 대해
(e) $\{(1, 1, 1), (2, 1, 3), (5, 0, 0), (-1, -2, 4)\}$, $\mathbf{R}^3$에 대해
(f) $\{(1, 4), (3, 1, 2), (2, 4, 5)\}$, $\mathbf{R}^3$에 대해
(g) $\{(4, 3, 2), (-1, 0, 5), (2, 7, 1)\}$, $\mathbf{R}^4$에 대해

7. 벡터 $(-1, 2, 1)$, $(2, -1, 0)$, $(1, 4, 3)$에 의해 생성된 $\mathbf{R}^3$의 부분공간이 이차원임을 증명하라. 이 부분공간의 기저를 하나 써라.

8. 벡터 $(1, 2, -1)$이 벡터 $(1, 3, 1)$과 $(1, 4, 3)$에 의해 생성된 $\mathbf{R}^3$의 이차원 부분공간에 들어 있음을 증명하라.

9. 벡터 $(2, 1, 4)$가 벡터 $(1, 0, 2)$와 $(1, 1, 2)$에 의해 생성된 $\mathbf{R}^3$의 이차원 부분공간에 들어 있음을 증명하라.

10. 벡터 $(-3, 3, -6)$이 벡터 $(2, -2, 4)$에 의해 생성된 $\mathbf{R}^3$의 일차원 부분공간에 들어 있음을 증명하라.

11. 벡터 $(1, 2, -1)$이 벡터 $(1, -1, 0)$과 $(3, -1, 2)$에 의해 생성된 $\mathbf{R}^3$의 부분공간에 들어 있는가?

12. 벡터 $(1, 2)$를 포함하는 $\mathbf{R}^2$의 기저를 하나 구하라.

13. 벡터 $(1, 1, 1)$과 $(1, 0, -2)$를 포함하는 $\mathbf{R}^3$의 기저를 하나 구하라.

14. 벡터 $(-1, 0, 2)$와 $(0, 1, 1)$를 포함하는 $\mathbf{R}^3$의 기저를 하나 구하라.

15. 다음 각 $\mathbf{R}^3$의 부분공간에 대한 기저를 구하고 차원을 밝혀라.
(a) (a, a, b) 형태의 벡터들의 집합
(b) $(a, a, 2a)$ 형태의 벡터들의 집합
(c) $(a, a, a + b)$ 형태의 벡터들의 집합
(d) $(a, 2b, a + 3b)$ 형태의 벡터들의 집합
(e) $a + b + c = 0$을 만족하는 (a, b, c) 형태의 벡터들의 집합

16. 다음 각 $\mathbf{R}^4$의 부분공간에 대한 기저를 구하고 차원을 밝혀라.
(a) $(a, b, a + b, a - b)$ 형태의 벡터들의 집합
(b) $(a, 2a, b, 0)$ 형태의 벡터들의 집합
(c) $(2a, b, a + 3b, c)$ 형태의 벡터들의 집합
(d) (a, a, a, a) 형태의 벡터들의 집합

행렬공간과 함수공간에 대한 기저

17. 다음 각 벡터공간의 기저를 구하고 차원을 밝혀라.
(a) P_3 (b) M_{33} (c) M_{23}
(d) 모든 대각행렬들로 구성된 M_{22}의 부분공간
(e) 모든 대칭행렬들로 구성된 M_{22}의 부분공간

18. 실 2×2 행렬의 벡터공간 M_{22}에서 V_1이 $\begin{bmatrix} a & b \\ -a & c \end{bmatrix}$ 형태의 행렬들의 집합이고 V_2가 $\begin{bmatrix} p & -p \\ q & r \end{bmatrix}$ 형태의 행렬들의 집합이라고 하자.
(a) V_1, V_2 및 $V_1 \cap V_2$이 M_{22}의 부분공간임을 증명하라.
(b) V_1, V_2 및 $V_1 \cap V_2$의 기저를 구하고 차원을 밝혀라.

19. (a) 함수 $f(x) = x + 5$가 $g(x) = x + 1$과 $h(x) = x + 3$에 의해 생성된 부분공간에 속하는가?
(b) 함수 $f(x) = 3x^2 + 5x + 1$이 $g(x) = 2x^2 + 3$과 $h(x) = x^2 + 3x - 1$에 의해 생성된 부분공간에 속하는가?
(c) $g(x) = 2x^2 + 3$과 $h(x) = x^2 + 3x - 1$에 의해 생성된 공간에 속하는 함수 세 개를 써라.
(d) $f(x) = 2x + 3$, $g(x) = x - 1$, $h(x) = -x - 4$에 의해 생성된 공간의 기저를 구하라.

20. 다음의 각 집합이 주어진 부분공간에 대한 기저가 되는가?
(a) $\{f, g, h\}$, 여기서 $f(x) = x^2 + 2x - 1$, $g(x) = x + 3$, $h(x) = x^2 + 3x + 2$이고 P_2에 대해.
(b) $\{f, g, h\}$, 여기서 $f(x) = x^2 + x - 3$, $g(x) = x^2 - x + 1$, $h(x) = x^2 + x - 1$이고 P_2에 대해.
(c) $\left\{\begin{bmatrix} 1 & 2 \\ 0 & 1 \end{bmatrix}, \begin{bmatrix} 3 & 4 \\ 1 & 1 \end{bmatrix}, \begin{bmatrix} 1 & 2 \\ 1 & 1 \end{bmatrix}, \begin{bmatrix} 0 & 2 \\ 1 & 2 \end{bmatrix}\right\}$, M_{22}에 대해
(d) $\left\{\begin{bmatrix} 1 & 0 \\ 0 & 0 \end{bmatrix}, \begin{bmatrix} 1 & 2 \\ 0 & 0 \end{bmatrix}, \begin{bmatrix} 1 & 2 \\ 3 & 0 \end{bmatrix}, \begin{bmatrix} 1 & 2 \\ 3 & 4 \end{bmatrix}\right\}$, M_{22}에 대해
(e) $\{(2 - 3i, 1 + 4i), (1 + i, 2)\}$, C^2에 대해

(f) $\{(1 + 2i, 3 - i, 1), (4 + i, 3i, 1 + i), (-2 + 3i, 6 - 5i, 1 - i)\}$, C^3에 대해

21. 다음 집합이 주어진 벡터공간의 기저인가?

(a) $\{f, g\}$, 여기서 $f(x) = x$이고 $g(x) = x + 1$; P_1

(b) $\{f, g\}$, 여기서 $f(x) = x - 3$이고 $g(x) = -2x + 6$; P_1

(c) $\{f, g\}$, 여기서 $f(x) = x$, $g(x) = x + 1$이고 $h(x) = x + 2$; P_1

(d) $\{f, g, h\}$, 여기서 $f(x) = x$, $g(x) = x + 1$, $h(x) = x^2 + x + 1$; P_2

(e) $\{f, g, h\}$, 여기서 $f(x) = x^2 + x$, $g(x) = x + 1$, $h(x) = 2$; P_2

(f) $\{f, g, h\}$, 여기서 $f(x) = x^2 + 1$, $g(x) = x^2 - 1$, $h(x) = 2x^2$; P_2

일반적인 벡터공간

22. $\{\mathbf{v}_1, \mathbf{v}_2\}$가 벡터공간 V의 기저라 하자. $\mathbf{u}_1 = \mathbf{v}_1 + \mathbf{v}_2$, $\mathbf{u}_2 = \mathbf{v}_1 - \mathbf{v}_2$이면 $\{\mathbf{u}_1, \mathbf{u}_2\}$도 역시 V의 기저임을 증명하라.

23. $\{\mathbf{v}_1, \mathbf{v}_2, \mathbf{v}_3\}$가 벡터공간 V의 기저라 하자. 이면 $\{\mathbf{u}_1, \mathbf{u}_2, \mathbf{u}_3\}$도 역시 V의 기저임을 증명하라.

24. $\{\mathbf{v}_1, \mathbf{v}_2, \ldots, \mathbf{v}_n\}$이 벡터공간 V의 기저이고 c가 영이 아닌 스칼라라고 하자. 집합 $\{c\mathbf{v}_1, c\mathbf{v}_2, \ldots, c\mathbf{v}_n\}$도 역시 V의 기저임을 보여라.

25. V가 n차원 벡터공간이라 하면 $n - 1$개의 벡터들의 어떠한 집합도 V를 생성할 수 없음을 증명하라.

26. V가 벡터공간이고 W가 V의 부분공간이라고 하자. 만약 $\dim(V) = n$이고 $\dim(W) = m$이면 $m \le n$임을 증명하라.

27. $\mathbf{u} = (u_1, u_2)$가 $\mathbf{R}^2$ 상의 영이 아닌 벡터라고 하자. $\mathbf{u}$에 직교하는 벡터들의 집합은 $\mathbf{R}^2$의 1차원 부분공간이 됨을 증명하라.

28. $\mathbf{u} = (u_1, u_2, u_3)$가 $\mathbf{R}^3$ 상의 영이 아닌 벡터라고 하자. $\mathbf{u}$에 직교하는 벡터들의 집합은 $\mathbf{R}^3$의 2차원 부분공간이 됨을 증명하라.

29. $\mathbf{u} = (u_1, u_2, u_3)$와 $\mathbf{v} = (v_1, v_2, v_3)$가 $\mathbf{R}^3$ 상에서 선형독립이고 영이 아닌 벡터들이라고 하자. $\mathbf{u}$와 $\mathbf{v}$에 모두 직교하는 벡터들의 집합은 $\mathbf{R}^3$의 1차원 부분공간이 됨을 증명하라.

30. U와 V가 벡터공간 W의 두 부분공간이라고 하자. U의 모든 벡터들이 V의 모든 벡터들과 직교할 때 공간 U가 공간 V에 직교한다고 말한다. $\mathbf{R}^3$에서 직교하는 두 개의 부분공간의 예를 들어라.

31. V가 차원이 n인 벡터공간이라고 하자. $S = \{\mathbf{v}_1, \ldots, \mathbf{v}_m\}$이 V를 생성한다고 하면 S는 V의 기저를 포함함을 증명하라.

32. 다음 문장들이 참인지 거짓인지 말하고 이유를 간단히 설명하라.

(a) 집합 $\{(-1, 2), (3, -6)\}$은 $\mathbf{R}^2$의 기저이다.

(b) 벡터 (1, 2, 3), (−1, 4, 6)은 $\mathbf{R}^3$를 생성한다.

(c) 벡터 (1, 2, 3), (0, 1, 4), (1, 3, 7)에 의해 생성되는 $\mathbf{R}^3$의 부분공간은 차원이 2이다.

(d) $\mathbf{R}^2$를 생성하는 모든 두 개의 선형독립인 벡터들의 집합은 $\mathbf{R}^2$의 기저이다.

(e) 어떤 벡터공간에 세 개의 선형독립인 벡터들이 있으면 차원은 삼차원 이상이어야 한다.

33. 다음 문장들이 참인지 거짓인지 말하고 이유를 간단히 설명하라.

(a) 집합 $\{(2, 0, 0), (3, 4, 0), (200, 567, 0)\}$은 선형독립이다.

(b) $\mathbf{R}^3$의 임의의 두 벡터들에 하나의 벡터를 첨가하여 항상 $\mathbf{R}^3$의 기저를 만들 수 있다.

(c) $\mathbf{R}^2$에서 선형종속인 벡터들의 최대 개수는 2이다.

(d) $\mathbf{R}^2$를 생성하지만 선형독립이 아닌 벡터들의 집합이 존재한다.

(e) 선형독립이지만 $\mathbf{R}^3$를 생성하지 못하는 벡터들의 집합이 존재한다.

4.5 랭크

이 절에서는 행렬의 랭크를 소개한다. 랭크는 행렬을 벡터로 또는 그 반대로 연결지을 수 있도록 해 준다. 랭크는 이 과목에서 논의되는 많은 개념들을 결합할 수 있도록 해주는 단일화 도구라고 볼 수 있다. 선형방정식 계의 해의 성질, 행렬의 특이성, 행렬의 가역성 들이 모두 랭크라는 우산 밑에서 합쳐질 수 있다.

정의 A가 $m \times n$ 행렬이라 하자. A의 행들을 행벡터 $\mathbf{r}_1, \ldots, \mathbf{r}_m$로 열들을 열벡터 $\mathbf{c}_1, \ldots, \mathbf{c}_n$로 볼 수 있다. 각 행벡터는 n개의 성분을 갖고 각 열벡터는 m개의 성분을 가질 것이다. 행벡터들은 **행공간**(row space)이라고 불리는 $\mathbf{R}^n$의 부분공간을 생성하고 열벡터들은 **열공간**(column space)이라고 불리는 $\mathbf{R}^m$의 부분공간을 생성한다.

예제 1

다음 행렬 A를 고려하자.

$$\begin{bmatrix} 1 & 2 & -1 & 2 \\ 3 & 4 & 1 & 6 \\ 5 & 4 & 1 & 0 \end{bmatrix}$$

A의 행벡터들은

$$\mathbf{r}_1 = (1, 2, -1, 2), \mathbf{r}_2 = (3, 4, 1, 6), \mathbf{r}_3 = (5, 4, 1, 0)$$

이다. 이들은 A의 행공간이라고 불리는 $\mathbf{R}^4$의 부분공간을 생성한다.

A의 열벡터들은

$$\mathbf{c}_1 = \begin{bmatrix} 1 \\ 3 \\ 5 \end{bmatrix}, \mathbf{c}_2 = \begin{bmatrix} 2 \\ 4 \\ 4 \end{bmatrix}, \mathbf{c}_3 = \begin{bmatrix} -1 \\ 1 \\ 1 \end{bmatrix}, \mathbf{c}_4 = \begin{bmatrix} 2 \\ 6 \\ 0 \end{bmatrix}$$

이다. 이들은 A의 열공간이라고 불리는 $\mathbf{R}^3$의 부분공간을 생성한다. ■

정리 4.13

행렬의 행공간과 열공간은 차원이 같다.

증명 A의 행벡터를 $\mathbf{r}_1, \ldots, \mathbf{r}_m$라고 하자. i번째 벡터는

$$\mathbf{r}_i = (a_{i1}, a_{i2}, \ldots, a_{in})$$

과 같다. 행공간의 차원을 s라고 하고 $\mathbf{v}_1, \ldots, \mathbf{v}_s$를 행공간의 기저라고 하자. 이때 j번째 벡터는

$$\mathbf{v}_j = (b_{j1}, b_{j2}, \ldots, b_{jn})$$

로 쓸 수 있고, A의 각 행벡터들은 다음과 같이 $\mathbf{v}_1, \ldots, \mathbf{v}_s$의 선형결합으로 나타낼 수 있다.

$$\begin{aligned} \mathbf{r}_1 &= c_{11}\mathbf{v}_1 + c_{12}\mathbf{v}_2 + \cdots + c_{1s}\mathbf{v}_s \\ &\vdots \\ \mathbf{r}_m &= c_{m1}\mathbf{v}_1 + c_{m2}\mathbf{v}_2 + \cdots + c_{ms}\mathbf{v}_s \end{aligned}$$

좌우변 벡터들의 i번째 성분을 등식으로 연결하면

$$\begin{aligned} a_{1i} &= c_{11}b_{1i} + c_{12}b_{2i} + \cdots + c_{1s}b_{si} \\ &\vdots \\ a_{mi} &= c_{m1}b_{1i} + c_{m2}b_{2i} + \cdots + c_{ms}b_{si} \end{aligned}$$

이 되는데, 이것은 다음과 같이 쓸 수 있다.

$$\begin{bmatrix} a_{1i} \\ \vdots \\ a_{mi} \end{bmatrix} = b_{1i}\begin{bmatrix} c_{11} \\ \vdots \\ c_{m1} \end{bmatrix} + b_{2i}\begin{bmatrix} c_{12} \\ \vdots \\ c_{m2} \end{bmatrix} + \cdots + b_{si}\begin{bmatrix} c_{1s} \\ \vdots \\ c_{ms} \end{bmatrix}$$

이것은 A의 각 열벡터가 s개의 벡터들의 집합에 의해 생성되는 공간에 놓여 있음을 의미한다. 그런데 s는 A의 행공간의 차원이므로 다음 결과를 얻는다.

$$\dim(A\text{의 열공간}) \le \dim(A\text{의 행공간})$$

이와 유사한 추론으로 다음의 결과 또한 보일 수 있다.

$$\dim(A\text{의 행공간}) \le \dim(A\text{의 열공간})$$

이 두 결과를 결합하면 다음의 결론을 내릴 수 있고 증명이 완결된다.

$$\dim(A\text{의 행공간}) = \dim(A\text{의 열공간})$$

정의 행렬 A의 행공간의 차원과 열공간의 차원을 A의 **랭크**(rank, 계수)라고 부른다. A의 랭크를 rank(A)로 표기한다.

내용이 진행되면서, 행렬의 랭크가 유용한 계산 및 기하적 도구임을 알게 될 것이다.

예제 2

다음 행렬의 랭크를 구하라.

$$A = \begin{bmatrix} 1 & 2 & 3 \\ 0 & 1 & 2 \\ 2 & 5 & 8 \end{bmatrix}$$

풀이

검사해보면 다음과 같이 A의 셋째 행이 첫 두 행의 선형결합임을 알 수 있다.

$$(2, 5, 8) = 2(1, 2, 3) + (0, 1, 2)$$

따라서 A의 세 행들은 선형종속이고 A의 랭크는 3보다 작아야 한다. (1, 2, 3)은 (0, 1, 2)의 스칼라 배가 아니므로 이 두 벡터는 선형독립이다. 그러므로 이 두 벡터는 A의 행공간의 기저가 되고 rank(A) = 2이다.

정의에 근거한 위의 방법은 보다 큰 행렬의 랭크를 구하기에는 실용적이지 않다. 이제 행렬의 랭크를 구하는 보다 체계적인 방법을 알아보자. 이 방법의 기초가 되는 다음의 정리는 기약 사다리형인 행렬의 랭크를 바로 알 수 있음을 말해 준다.

정리 4.14

기약 사다리형인 행렬 A의 영이 아닌 행벡터들은 A의 행공간의 기저를 형성한다. A의 랭크는 영이 아닌 행벡터들의 개수이다.

증명 $m \times n$ 행렬 A의 영이 아닌 행벡터들을 $\mathbf{r}_1, \ldots, \mathbf{r}_t$라 하자. 이제 등식

$$k_1\mathbf{r}_1 + k_2\mathbf{r}_2 + \cdots + k_t\mathbf{r}_t = \mathbf{0}$$

를 고려하자. 여기서 $k_1, \ldots, k_t$는 스칼라이다.

$\mathbf{r}_1$의 영이 아닌 첫 원소는 1이다. $\mathbf{r}_1$은 이 성분이 영이 아닌 단 하나의 벡터이므로 $k_1 \mathbf{r}_1, k_2\mathbf{r}_2, \ldots, k_t\mathbf{r}_t$를 더하면 영이 아닌 첫 번째 성분이 k_1인 벡터를 얻게 된다. 이 벡터와 영벡터의 상등관계에서 $k_1 = 0$을 얻는다. 이제 위의 등식은 다음과 같이 축소된다.

$$k_2\mathbf{r}_2 + \cdots + k_t\mathbf{r}_t = \mathbf{0}$$

이제 $\mathbf{r}_2$의 영이 아닌 첫 원소는 1이고, 이것은 남은 벡터 중에서 이 성분이 영이 아닌 단 하나의 벡터이므로 $k_2 = 0$이 된다. 마찬가지로 $k_3, \ldots, k_t$는 모두 0이 된다. 따라서 벡터 $\mathbf{r}_1, \ldots, \mathbf{r}_t$는 선형독립이다. 또한 이 벡터들은 A의 행공간을 생성하므로 A의 행공간의 기저가 된다. 그러므로 A의 행공간의 차원은 t이다. 즉 A의 랭크는 t이고, 이것은 A의 영이 아닌 행벡터들의 개수와 같다. ■

예제 3

다음 행렬의 랭크를 구하라

$$A = \begin{bmatrix} 1 & 2 & 0 & 0 \\ 0 & 0 & 1 & 0 \\ 0 & 0 & 0 & 1 \\ 0 & 0 & 0 & 0 \end{bmatrix}$$

이 행렬은 기약 사다리형이고 세 개의 영이 아닌 행벡터 (1, 2, 0, 0), (0, 0, 1, 0), (0, 0, 0, 1)이 있다, 위의 정리에 따라 이 세 벡터가 행공간의 기저가 되고 랭크 (A)는 3이다. ■

다음의 정리는 행동등인 행렬들의 행공간의 관계를 말해준다.

정리 4.15

A와 B가 행동등 행렬이면 동일한 행공간을 갖고 따라서 $\text{rank}(A) = \text{rank}(B)$이다.

증명 A와 B가 행동등이므로 B의 행들은 일련의 기본 행연산을 통해 A의 행들로부터 얻어질 수 있다. 따라서 B의 각 행은 A의 행들의 선형결합이 된다. 그러므로 B의 행공간은 A의 행공간에 포함된다.

같은 방식으로 A의 행들은 일련의 기본 행연산을 통해 B의 행들로부터 얻어질 수 있고, 따라서 A의 행공간은 B의 행공간에 포함된다.

결국 A의 행공간은 B의 행공간과 같고, 이 둘의 행공간이 같으므로 랭크도 같아야 한다. ■

위의 두 결과를 결합하면, 행렬의 행공간의 기저와 랭크을 구하는 방법을 다음과 같이 정리할 수 있다.

정리 4.16

E를 행렬 A의 기약 사다리형이라 하자. E의 영이 아닌 행벡터들은 A의 행공간의 기저를 형성한다. A의 랭크는 E의 영이 아닌 행벡터들의 개수이다.

예제 4

다음 행렬 A의 행공간의 기저를 구하고 랭크를 정하라.

$$A = \begin{bmatrix} 1 & 2 & 3 \\ 2 & 5 & 4 \\ 1 & 1 & 5 \end{bmatrix}$$

풀이

다음과 같이 기본 행연산을 통해 A의 기약사다리형을 구한다.

$$\begin{bmatrix} 1 & 2 & 3 \\ 2 & 5 & 4 \\ 1 & 1 & 5 \end{bmatrix} \approx \begin{bmatrix} 1 & 2 & 3 \\ 0 & 1 & -2 \\ 0 & -1 & 2 \end{bmatrix} \approx \begin{bmatrix} 1 & 0 & 7 \\ 0 & 1 & -2 \\ 0 & 0 & 0 \end{bmatrix}$$

두 벡터 $(1, 0, 7)$과 $(0, 1, -2)$가 A의 행공간의 기저가 되고 $\text{rank}(A) = 2$이다.

행렬 A의 열벡터는 행렬 A^t의 행벡터가 된다. 따라서 A의 열공간은 A^t의 행공간이 된다. 그러므로 A의 열공간의 기저를 구하려면 A^t의 행공간의 기저를 앞의 방법에 따라 구하면 된다. 다음 예제는 이 기법을 보여준다.

예제 5

다음 행렬 A의 열공간의 기저를 구하라.

$$A = \begin{bmatrix} 1 & 1 & 0 \\ 2 & 3 & -2 \\ -1 & -4 & 6 \end{bmatrix}$$

풀이

A의 전치는

$$A^t = \begin{bmatrix} 1 & 2 & -1 \\ 1 & 3 & -4 \\ 0 & -2 & 6 \end{bmatrix}$$

이고 A의 열공간은 A^t의 행공간이다. A^t의 행공간의 기저를 구하기 위해 A^t의 기약 사다리형을 다음과 같이 계산한다.

$$\begin{bmatrix} 1 & 2 & -1 \\ 1 & 3 & -4 \\ 0 & -2 & 6 \end{bmatrix} \approx \begin{bmatrix} 1 & 2 & -1 \\ 0 & 1 & -3 \\ 0 & -2 & 6 \end{bmatrix} \approx \begin{bmatrix} 1 & 0 & 5 \\ 0 & 1 & -3 \\ 0 & 0 & 0 \end{bmatrix}$$

이 기약 사다리형의 영이 아닌 행벡터 (1, 0, 5), (0, 1, −3)이 A^t의 행공간의 기저이다. A의 열공간의 기저는 이 벡터들을 열벡터 형태로 다음과 같이 쓰면 된다.

$$\begin{bmatrix} 1 \\ 0 \\ 5 \end{bmatrix}, \begin{bmatrix} 0 \\ 1 \\ -3 \end{bmatrix}$$

■

정리 4.16은 주어진 벡터들에 의해 생성된 부분공간 V의 기저를 정하는 데에도 사용될 수 있다. 벡터들을 행렬의 행벡터로 쓰고 얻어진 행렬의 기약 사다리형을 구하면 된다. 이 기약 사다리형의 영이 아닌 행벡터들이 V의 기저가 된다. 다음 예를 보자.

예제 6

다음 벡터들로 생성되는 $\mathbf{R}^4$의 부분공간 V의 기저를 구하라.

$$(1, 2, 3, 4), (-1, -1, -4, -2), (3, 4, 11, 8)$$

풀이

이 벡터들로 행으로 하여 행렬 A를 다음과 같이 만든다.

$$A = \begin{bmatrix} 1 & 2 & 3 & 4 \\ -1 & -1 & -4 & -2 \\ 3 & 4 & 11 & 8 \end{bmatrix}$$

A의 기약 사다리형을 다음과 같이 계산한다.

$$\begin{bmatrix} 1 & 2 & 3 & 4 \\ -1 & -1 & -4 & -2 \\ 3 & 4 & 11 & 8 \end{bmatrix} \approx \begin{bmatrix} 1 & 2 & 3 & 4 \\ 0 & 1 & -1 & 2 \\ 0 & -2 & 2 & -4 \end{bmatrix} \approx \begin{bmatrix} 1 & 0 & 5 & 0 \\ 0 & 1 & -1 & 2 \\ 0 & 0 & 0 & 0 \end{bmatrix}$$

이 기약 사다리형의 영이 아닌 행벡터 (1, 0, 5, 0)과 (0, 1, −1, 2)가 V의 기저이고 이 부분공간의 차원은 2이다.

■

선형방정식 계

이 과목을 배워 감에 따라 선형방정식 계를 이해하고 바라보는 훨씬 더 강력한 방법을 발견하게 된다. 이제 이 계의 기하적인 이해를 위해 선형종속, 기저, 랭크와 같은 벡터공간의 개념을 사용해보자. 우리는 이미 선형방정식 계가 유일한 해를 갖든가, 많은 해를 갖든가, 또는 해가 전혀 갖지 않을 수도 있음을 알았다. 여기서 이 세 가지 상황은 벡터들의 종속성의 형태에 대응하며 첨가행렬과 계수행렬의 랭크를 이용하여 구분할 수 있음을 발견하게 된다.

정리 4.17

n개 변수의 m개의 선형방정식의 계 $AX = B$를 고려하자.

(a) 첨가행렬과 계수행렬이 동일한 랭크 r을 갖고 $r = n$이면 해는 유일하다.

(b) 첨가행렬과 계수행렬이 동일한 랭크 r을 갖고 $r < n$이면 많은 해가 존재한다.

(c) 첨가행렬과 계수행렬이 동일한 랭크를 갖지 않으면 해는 존재하지 않는다.

증명 방정식 계는 다음과 같다,

$$\begin{aligned} a_{11}x_1 + \cdots + a_{1n}x_n &= b_1 \\ &\vdots \\ a_{m1}x_1 + \cdots + a_{mn}x_n &= b_m \end{aligned}$$

이 계를 다시 쓰면 다음과 같다.

$$x_1\begin{bmatrix} a_{11} \\ \vdots \\ a_{m1} \end{bmatrix} + \cdots + x_n\begin{bmatrix} a_{1n} \\ \vdots \\ a_{mn} \end{bmatrix} = \begin{bmatrix} b_1 \\ \vdots \\ b_m \end{bmatrix}$$

즉,

$$x_1\mathbf{a}_1 + \cdots + x_n\mathbf{a}_n = \mathbf{b} \qquad (1)$$

이다. 따라서 해의 존재와 유일성은 $\mathbf{b}$가 $\mathbf{a}_1, \ldots, \mathbf{a}_n$의 선형결합으로 표현되는지의 여부와 이 선형결합이 유일한지 아닌지에 의존한다. 발생할 수 있는 세 가지 가능성을 살펴보자.

(a) 첨가행렬과 계수행렬의 랭크가 같기 때문에 $\mathbf{b}$는 $\mathbf{a}_1, \ldots, \mathbf{a}_n$의 선형결합으로 표현되어야 한다. 또한 랭크가 n이기 때문에 벡터 $\mathbf{a}_1, \ldots, \mathbf{a}_n$는 선형독립이고 따라서 첨가행렬의 열공간의 기저를 형성한다. 따라서 방정식 (1)은 유일한 해를 갖는다. 즉 방정식 계의 해는 유일하다.

(b) 첨가행렬과 계수행렬의 랭크가 같기 때문에 $\mathbf{b}$는 $\mathbf{a}_1, \ldots, \mathbf{a}_n$의 선형결합으로 표현된다. 그런데 랭크 $< n$이므로 벡터 $\mathbf{a}_1, \ldots, \mathbf{a}_n$는 선형종속이다. 따라서 $\mathbf{b}$는 여러 방법으로 $\mathbf{a}_1, \ldots, \mathbf{a}_n$의 선형결합으로 표현될 수 있다. 그러므로 방정식 (1)은 많은 해를 갖는다. 즉 방정식 계의 해는 존재하지만 유일하지는 않다,

(c) 첨가행렬과 계수행렬의 랭크가 같지 않기 때문에 $\mathbf{b}$는 $\mathbf{a}_1, \ldots, \mathbf{a}_n$의 선형결합으로 표현될 수 없다. 따라서 그러므로 방정식 (1)은 해를 갖지 않는다. 즉 방정식 계의 해는 존재하지 않는다. ■

위의 논의에 대한 기하학적인 설명이 그림 4.5에 주어져 있다.

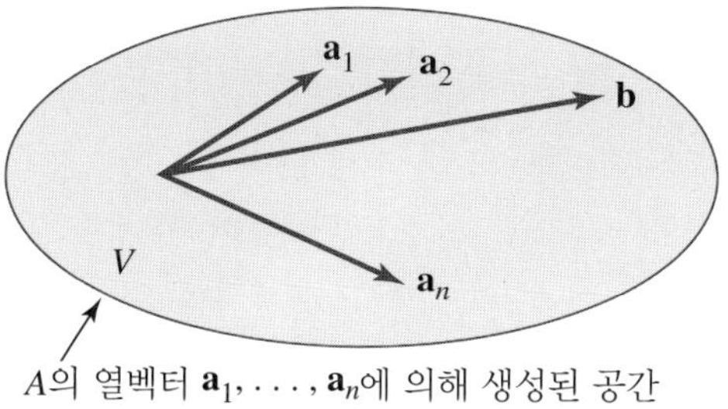

(a) 만약 $\mathbf{a}_1, \ldots, \mathbf{a}_n$이 V의 기저이고 $\mathbf{b}$가 V에 놓이면 해는 유일하다.

(b) 만약 $\mathbf{a}_1, \ldots, \mathbf{a}_n$이 선형종속이고 $\mathbf{b}$가 V에 놓이면 많은 해가 존재한다.

(c) $\mathbf{b}$가 V에 놓이지 않으면 해가 없다.

그림 4.5 $AX = B$의 해의 기하적 해석

예제 7

1.1절에서 본 다음 선형방정식 계를 고려하자,

$$\begin{aligned} x_1 + x_2 + x_3 &= 2 \\ 2x_1 + 3x_2 + x_3 &= 3 \\ x_1 - x_2 - 2x_3 &= -6 \end{aligned}$$

이 방정식 계의 첨가행렬과 그것의 기약 사다리형은 다음과 같다.

$$\overset{\text{첨가행렬}}{\begin{bmatrix} 1 & 1 & 1 & 2 \\ 2 & 3 & 1 & 3 \\ 1 & -1 & -2 & -6 \end{bmatrix}} \approx \cdots \approx \overset{\text{기약 사다리형}}{\begin{bmatrix} 1 & 0 & 0 & -1 \\ 0 & 1 & 0 & 1 \\ 0 & 0 & 1 & 2 \end{bmatrix}}$$

(왼쪽 행렬의 처음 세 열: 계수행렬, 오른쪽 행렬의 처음 세 열: 기약 사다리형)

첨가행렬은 계수행렬을 부분행렬로 포함하고 첨가행렬의 기약 사다리형도 계수행렬의 기약 사다리형을 부분행렬로 포함한다. 첨가행렬의 랭크와 계수행렬의 랭크가 같고 모두 3이므로 계는 유일한 해를 갖는다. 기약 사다리형에서 해가 $x_1 = -1, x_2 = 1, x_3 = 2$임을 알 수 있다.

벡터공간의 관점에서 설명하고 이 예를 끝낸다. 선형방정식 계는 다음과 같이 선형결합의 관점에서 볼 수 있다.

$$x_1\begin{bmatrix} 1 \\ 2 \\ 1 \end{bmatrix} + x_2\begin{bmatrix} 1 \\ 3 \\ -1 \end{bmatrix} + x_3\begin{bmatrix} 1 \\ 1 \\ -2 \end{bmatrix} = \begin{bmatrix} 2 \\ 3 \\ -6 \end{bmatrix}$$

해의 존재성은 $\begin{bmatrix} 2 \\ 3 \\ -6 \end{bmatrix}$이 $\begin{bmatrix} 1 \\ 2 \\ 1 \end{bmatrix}, \begin{bmatrix} 1 \\ 3 \\ -1 \end{bmatrix}, \begin{bmatrix} 1 \\ 1 \\ -2 \end{bmatrix}$의 선형결합인지의 여부에 달려있고, 유일성은 이 선형결합이 유일한지의 여부에 달려있다. 이 예에서는 $x_1 = -1, x_2 = 1, x_3 = 2$의 유일한 조합이 존재한다. ■

결과의 요약

다음 정리는 이 과목에서 나타나는 많은 결과와 개념을 편리하게 모아 놓았디.

정리 4.18

A가 $n \times n$ 행렬이라 하자. 다음 사실들은 동등하다.

(a) $|A| \neq 0$(A가 정칙이다.)

(b) A가 가역이다.

(c) A가 I_n과 행동등이다.

(d) 방정식 계 $AX = B$가 유일한 해를 갖는다.

(e) $\text{rank}(A) = n$

(f) A의 열벡터들이 $\mathbf{R}^n$의 기저를 이룬다.

이 정리를 확실히 이해하기 위해 다음 예를 보자.

예제 8

행렬 $A = \begin{bmatrix} 1 & -1 & -2 \\ 2 & -3 & -5 \\ -1 & 3 & 5 \end{bmatrix}$를 고려하자. A의 기약 사다리형을 계산하고 답의 의미를 논하라.

풀이

계산하면 $\begin{bmatrix} 1 & -1 & -2 \\ 2 & -3 & -5 \\ -1 & 3 & 5 \end{bmatrix} \approx \cdots \approx \begin{bmatrix} 1 & 0 & 0 \\ 0 & 1 & 0 \\ 0 & 0 & 1 \end{bmatrix}$이 된다. 따라서 3×3 행렬 A는 I_3와 행동등이다. 위의 정리는 다음 사실들을 의미한다.

(i) A는 정칙이다. ($|A| = -1$임을 보일 수 있다.)

(ii) A는 가역이다. ($A^{-1} = \begin{bmatrix} 0 & 1 & 1 \\ 5 & -3 & -1 \\ -3 & 2 & 1 \end{bmatrix}$임을 보일 수 있다.)

(iii) 계 $\begin{bmatrix} 1 & -1 & -2 \\ 2 & -3 & -5 \\ -1 & 3 & 5 \end{bmatrix}\begin{bmatrix} x_1 \\ x_2 \\ x_3 \end{bmatrix} = \begin{bmatrix} b_1 \\ b_2 \\ b_3 \end{bmatrix}$는 모든 b_1, b_2, b_3에 대해 유일한 해를 갖는다. 예를 들어 $b_1 = 1, b_2 = 3, b_3 = -2$일 때 $x_1 = 1, x_2 = -2, x_3 = 1$임을 보일 수 있다.

(iv) $\text{rank}(A) = 3$이다. 따라서 A의 행공간과 열공간의 차원은 모두 3이다.

(v) 벡터 $\begin{bmatrix} 1 \\ 2 \\ -1 \end{bmatrix}, \begin{bmatrix} -1 \\ 3 \\ 3 \end{bmatrix}, \begin{bmatrix} -2 \\ -5 \\ 5 \end{bmatrix}$는 $\mathbf{R}^3$의 기저를 이룬다.

연습문제 4.5

랭크

1. 랭크의 정의를 사용하여 다음 각 행렬의 랭크를 구하라.

(a) $\begin{bmatrix} 1 & 2 \\ 3 & 4 \end{bmatrix}$ **(b)** $\begin{bmatrix} 1 & -3 \\ -2 & 6 \end{bmatrix}$

(c) $\begin{bmatrix} 4 & 0 \\ 1 & 5 \end{bmatrix}$ **(d)** $\begin{bmatrix} 2 & 4 \\ 3 & 6 \end{bmatrix}$

2. 랭크의 정의를 사용하여 다음 각 행렬의 랭크를 구하라.

(a) $\begin{bmatrix} 1 & 2 & -1 \\ 2 & 4 & 2 \\ 1 & 2 & 3 \end{bmatrix}$ **(b)** $\begin{bmatrix} 1 & 0 & 0 \\ 0 & 1 & 0 \\ 0 & 0 & 1 \end{bmatrix}$

(c) $\begin{bmatrix} 2 & 1 & 3 \\ 4 & 2 & 6 \\ 2 & 1 & 3 \end{bmatrix}$ **(d)** $\begin{bmatrix} 1 & 4 & 2 \\ 0 & 1 & 5 \\ 0 & 0 & 1 \end{bmatrix}$

(e) $\begin{bmatrix} 1 & 3 & 4 \\ -1 & 3 & 1 \\ 0 & 6 & 5 \end{bmatrix}$ **(f)** $\begin{bmatrix} 1 & 2 & 3 \\ 4 & 5 & 6 \\ 7 & 8 & 9 \end{bmatrix}$

행공간의 기저

3. 다음 각 행렬의 기약 사다리형을 구하라. 이것을 이용하여 행공간의 기저와 행렬의 랭크를 구하라.

(a) $\begin{bmatrix} 1 & 2 & -1 \\ 2 & 5 & 2 \\ 0 & 2 & 9 \end{bmatrix}$ **(b)** $\begin{bmatrix} 1 & 1 & 8 \\ 0 & 1 & 3 \\ -1 & 1 & -2 \end{bmatrix}$

(c) $\begin{bmatrix} 1 & -3 & 2 \\ -2 & 6 & -4 \\ -1 & 3 & -2 \end{bmatrix}$

4. 다음 각 행렬의 기약 사다리형을 구하라. 이것을 이용하여 행공간의 기저와 행렬의 랭크를 구하라.

(a) $\begin{bmatrix} 1 & 4 & 0 \\ -1 & -3 & 3 \\ 2 & 9 & 5 \end{bmatrix}$ **(b)** $\begin{bmatrix} 1 & 2 & 0 \\ 0 & 1 & 1 \\ -1 & 2 & 3 \end{bmatrix}$

(c) $\begin{bmatrix} 1 & 2 & 3 \\ 0 & -1 & -1 \\ 3 & 4 & 7 \end{bmatrix}$

5. 다음 각 행렬의 기약 사다리형을 구하라. 이것을 이용하여 행공간의 기저와 행렬의 랭크를 구하라.

(a) $\begin{bmatrix} 1 & 2 & 3 & 4 \\ -1 & 2 & 0 & 1 \\ 0 & 1 & 0 & 2 \end{bmatrix}$

(b) $\begin{bmatrix} 1 & 2 & -1 & 4 \\ 0 & 1 & -2 & 3 \\ -1 & 0 & -3 & 2 \end{bmatrix}$

(c) $\begin{bmatrix} 1 & 1 & 0 & -1 \\ 2 & 1 & 0 & 0 \\ 3 & 2 & 0 & -1 \\ -1 & 0 & 1 & 1 \end{bmatrix}$

부분공간의 기저

6. 다음 각 벡터들에 의해 생성되는 $\mathbf{R}^3$의 부분공간의 기저를 구하라.

(a) $(1, 3, 2), (0, 1, 4), (1, 4, 9)$
(b) $(1, -2, 5), (1, -1, 4), (2, -5, 14)$
(c) $(1, -1, 3), (1, 0, 1), (-2, 1, -4)$
(d) $(2, -6, 4), (-1, 3, -2), (3, -9, 6)$

7. 다음 각 벡터들에 의해 생성되는 $\mathbf{R}^4$의 부분공간의 기저를 구하라.

(a) $(1, 3, -1, 4), (1, 3, 0, 6), (-1, -3, 0, -8)$
(b) $(1, 2, 0, 1), (-1, -1, 3, 1), (2, 3, -2, 4)$
(c) $(1, 2, 3, 4), (0, -1, 2, 3), (2, 3, 8, 11), (2, 3, 6, 8)$
(d) $(1, -3, -1, 2), (0, 1, -4, 1), (1, -4, 5, 1), (2, -5, -6, 5)$

8. 다음 행렬 A의 행공간과 열공간의 기저를 각각 구하고 행공간과 열공간의 차원이 같음을 보여라.

$$A = \begin{bmatrix} 1 & 2 & -1 \\ 0 & 1 & 3 \\ 1 & 4 & 6 \end{bmatrix}$$

9. 다음 행렬 A의 행공간과 열공간의 기저를 각각 구하고 행공간과 열공간의 차원이 같음을 보여라.

$$A = \begin{bmatrix} 1 & 3 & 2 \\ 1 & 4 & 1 \\ 2 & 5 & 5 \end{bmatrix}$$

선형방정식 계

10. 다음 각 선형방정식 계를 고려하자. 편의상 첨가행렬의 기약 사다리형(REF)이 주어져 있다. (i) 계수행렬의 기약 사다리형을 말하라. (ii) 계수행렬과 첨가행렬의 랭크를 말하라. (iii) 계의 해를 말하라(존재할 때). (iv) 우변의 상수 벡터를 계수행렬의 열벡터들의 선형결합으로 표현하라(가능하면).

(a) $\begin{aligned} x_1 - 2x_2 + 4x_3 &= 12 \\ 2x_1 - x_2 + 5x_3 &= 18, \\ -x_1 + 3x_2 - 3x_3 &= -8 \end{aligned}$ $\text{REF} = \begin{bmatrix} 1 & 0 & 0 & 2 \\ 0 & 1 & 0 & 1 \\ 0 & 0 & 1 & 3 \end{bmatrix}$

(b) $\begin{aligned} 3x_1 - 3x_2 + 3x_3 &= 9 \\ 2x_1 - x_2 + 4x_3 &= 7, \\ 3x_1 - 5x_2 - x_3 &= 7 \end{aligned}$ $\text{REF} = \begin{bmatrix} 1 & 0 & 3 & 4 \\ 0 & 1 & 2 & 1 \\ 0 & 0 & 0 & 0 \end{bmatrix}$

(c) $\begin{aligned} x_1 + 4x_2 + x_3 &= 2 \\ x_1 + 2x_2 - x_3 &= 0, \\ 2x_1 + 6x_2 \quad &= 3 \end{aligned}$ $\text{REF} = \begin{bmatrix} 1 & 0 & -3 & -2 \\ 0 & 1 & 1 & 1 \\ 0 & 0 & 0 & 1 \end{bmatrix}$

(d) $\begin{aligned} x_1 + x_2 + 3x_3 &= 6 \\ x_1 + 2x_2 + 4x_3 &= 9, \\ 2x_1 + x_2 + 6x_3 &= 11 \end{aligned}$ $\text{REF} = \begin{bmatrix} 1 & 0 & 0 & -1 \\ 0 & 1 & 0 & 1 \\ 0 & 0 & 1 & 2 \end{bmatrix}$

11. 주어진 크기의 첨가행렬 P에 의해 정의되는 선형방정식 계를 고려하자. 첨가행렬과 계수행렬 Q의 랭크가 각각 주어져 있다. 각 계의 해가 유일한지, 많은지 또는 없는지를 밝혀라.

(a) P is 4×5. Rank$(P) = 4$, rank$(Q) = 4$.
(b) P is 3×4. Rank$(P) = 3$, rank$(Q) = 2$.
(c) P is 4×4. Rank$(P) = 2$, rank$(Q) = 2$.
(d) P is 5×5. Rank$(P) = 4$, rank$(Q) = 3$.
(e) P is 6×6. Rank$(P) = 4$, rank$(Q) = 4$.
(f) P is 7×4. Rank$(P) = 3$, rank$(Q) = 3$.

기타 결과

12. **(a)** A가 3×5 행렬일 때 A의 랭크는 최대 얼마까지 가능한가?
(b) A가 $m \times n$ 행렬일 때 A의 랭크는 최대 얼마까지 가능한가?

13. A가 $m \times n$ 행렬이고 $m < n$일 때 다음을 증명하라.

$$\dim(A\text{의 열공간}) < n$$

14. **(a)** A가 3×4 행렬일 때 A의 열벡터들이 선형종속임을 증명하라.
(b) A가 7×3 행렬일 때 A의 행벡터들이 선형종속임을 증명하라.
(c) A가 $m \times n$ 행렬이고 $m < n$일 때 A의 열벡터들이 선형종속임을 증명하라.

15. **(a)** A가 $n \times n$ 행렬이고 $|A| \neq 0$이라 하자. A의 행벡터들이 $\mathbf{R}^n$의 기저가 됨을 증명하라.
(b) A가 $n \times n$ 가역행렬이라 하자. A의 행벡터들이 $\mathbf{R}^n$의 기저가 됨을 증명하라.

16. A가 $n \times n$ 행렬일 때 A의 열들이 선형독립일 필요충분조건은 rank$(A) = n$임을 증명하라.

17. A가 $n \times n$ 행렬일 때 A의 열들이 $\mathbf{R}^n$을 생성할 필요충분조건은 A의 행들이 선형독립인 것임을 증명하라.

18. A, B가 같은 크기의 행렬일 때 다음을 증명하라.

$$\text{rank}(A + B) \leq \text{rank}(A) + \text{rank}(B)$$

19. A가 $n \times n$ 행렬이라 하자. 다음 문장들을 두 집합으로 분리하여 각 집합 내의 문장들끼리 서로 동등하도록 하라.
(a) A가 특이행렬이다.
(b) 방정식 계 $AX = B$의 해가 유일하지 않다.
(c) A의 행들이 선형독립이다.
(d) A가 역행렬을 갖는다.
(e) A의 열들을 $\mathbf{R}^n$을 생성한다.
(f) A가 I_n와 행동등이 아니다.

20. 다음 각 문장이 참인지 거짓인지 밝혀라.(간단히 이유을 말하라.)
(a) A의 랭크가 n이면 A는 n개를 넘는 행을 가질 수 없다.
(b) 행렬 A, B의 크기가 같고 k가 스칼라라고 하면 rank(A) + rank(B) = rank$(A + B)$이고 rank$(kA) = k$ rank(A)이다.
(c) n개 변수의 n개의 방정식의 계에서 만약 계수행렬의 랭크가 n이면 해는 유일하다.
(d) 벡터 $\mathbf{a}_1, \mathbf{a}_2, \ldots, \mathbf{a}_n$이 선형종속이면 선형방정식 계 $[\mathbf{a}_1, \mathbf{a}_2, \ldots, \mathbf{a}_n]\mathbf{x} = \mathbf{b}$는 많은 해를 갖는다.
(e) 선형방정식 계 $[\mathbf{a}_1, \mathbf{a}_2, \ldots, \mathbf{a}_n]\mathbf{x} = \mathbf{b}$가 해를 갖지 않으면 rank$([\mathbf{a}_1, \mathbf{a}_2, \ldots, \mathbf{a}_n]) <$ rank$([\mathbf{a}_1, \mathbf{a}_2, \ldots, \mathbf{a}_n\, \mathbf{b}])$이다.

4.6 사영, 그람-슈미트 과정, QR 분해

이제 우리의 관심을 1.6절에서 처음 언급된 단위, 직교벡터에 집중해서 $\mathbf{R}^n$에서 그러한 벡터들의 집합과 그것의 특수한 성질들에 대해 알아본다. $\mathbf{R}^n$에서 직교 집합을 만드는 그람-슈미트 과정이라 불리는 방법을 소개하고, 어떻게 그람-슈미트 과정으로부터 대형 행렬의 고유값을 계산하는 QR 분해라 불리는 중요한 수치적 방법이 유도되는지 살펴본다.

정의 벡터공간 V의 벡터들의 집합이 있을 때, 집합 내의 모든 벡터들이 서로 직교하면 그 집합을 **직교집합**(orthogonal set)이라고 말한다. 만약 집합 내의 모든 벡터들이 서로 직교하면서 단위벡터이면 그 집합을 **정규직교집합**(orthonormal set)이라고 말한다.

예제 1

집합 $\{(1, 0, 0), (0, \frac{3}{5}, \frac{4}{5}), (0, \frac{4}{5}, -\frac{3}{5})\}$이 정규직교집합임을 보여라.

풀이

먼저 이 집합 내의 각 벡터 쌍들이 직교함을 보이자.

$$(1, 0, 0)\cdot(0, \tfrac{3}{5}, \tfrac{4}{5}) = 0; \qquad (1, 0, 0)\cdot(0, \tfrac{4}{5}, -\tfrac{3}{5}) = 0; \qquad (0, \tfrac{3}{5}, \tfrac{4}{5})\cdot(0, \tfrac{4}{5}, -\tfrac{3}{5}) = 0$$

따라서 벡터들은 직교한다. 이제 각 벡터가 단위벡터임을 보이자.

$$\|(1, 0, 0)\| = \sqrt{1^2 + 0^2 + 0^2} = 1$$
$$\|(0, \tfrac{3}{5}, \tfrac{4}{5})\| = \sqrt{0^2 + (\tfrac{3}{5})^2 + (\tfrac{4}{5})^2} = 1$$
$$\|(0, \tfrac{4}{5}, -\tfrac{3}{5})\| = \sqrt{0^2 + (\tfrac{4}{5})^2 + (-\tfrac{3}{5})^2} = 1$$

벡터들은 단위, 직교벡터들이고 이 집합은 정규직교집합이다. ■

다음 정리는 영이 아닌 벡터들의 직교집합은 모두 선형독립임을 말해 준다. 이 결과는 물론 정규직교집합도 역시 선형독립임을 의미한다.

정리 4.19

벡터공간에서 영이 아닌 벡터들의 직교집합은 모두 선형독립이다.

증명 $\{\mathbf{v}_1, \ldots, \mathbf{v}_m\}$가 벡터공간 V에서 영이 아닌 벡터들의 직교집합이라 하자. 다음 등식을 고려하자.

$$c_1\mathbf{v}_1 + c_2\mathbf{v}_2 + \cdots + c_m\mathbf{v}_m = \mathbf{0}$$

$c_1 = 0, \ldots, c_m = 0$임을 보이면 이 벡터들이 선형독립임이 증명된다. 이제 이 등식의 양변에 직교집합의 i번째 벡터 $\mathbf{v}_i$로 내적을 취하면 다음을 얻는다.

$$(c_1\mathbf{v}_1 + c_2\mathbf{v}_2 + \cdots + c_m\mathbf{v}_m)\cdot\mathbf{v}_i = \mathbf{0}\cdot\mathbf{v}_i$$
$$c_1\mathbf{v}_1\cdot\mathbf{v}_i + c_2\mathbf{v}_2\cdot\mathbf{v}_i + \cdots + c_m\mathbf{v}_m\cdot\mathbf{v}_i = 0$$

그런데 $\mathbf{v}_1, \ldots, \mathbf{v}_m$이 서로 직교하기 때문에 $j = i$가 아니라면 $\mathbf{v}_j\cdot\mathbf{v}_i = 0$이 된다. 따라서

$$c_i\mathbf{v}_i\cdot\mathbf{v}_i = 0$$

을 얻는데, $\mathbf{v}_i$는 영벡터가 아니므로 $\mathbf{v}_i\cdot\mathbf{v}_i \neq 0$이다 따라서 $c_i = 0$이다. $i = 1, \ldots, m$이므로 결국 $c_1 = 0, \ldots, c_m = 0$이 되고 벡터들이 선형독립임이 증명된다. ■

벡터공간에는 많은 기저들이 있는데, 보통 당면 문제에 따라 상황에 가장 적합한 기저를 선택하게 된다. 많은 경우에 최적의 기저는 직교집합이나 정규직교집합이 된다.

정의 기저가 직교집합이면 **직교기저**(orthogonal basis)라고 불린다. 기저가 정규직교집합이면 **정규직교기저**(orthonormal basis)라고 불린다.

$\mathbf{R}^n$의 표준기저가 정규직교기저임을 관찰하자.

표준기저

$$\left.\begin{array}{l}\mathbf{R}^2: \{(1,0),(0,1)\} \\ \mathbf{R}^3: \{(1,0,0),(0,1,0),(0,0,1)\} \\ \mathbf{R}^n: \{(1,\ldots,0),\ldots,(0,\ldots,1)\}\end{array}\right\} \text{ 정규직교기저}$$

벡터공간에서 모든 벡터는 기저 벡터들의 유일한 선형결합으로 표현될 수 있음을 이미 알고 있다. 다음 정리는 정규직교기저의 경우 이 선형결합이 쉽게 구해짐을 보여준다.

정리 4.20

$\{\mathbf{u}_1, \ldots, \mathbf{u}_n\}$이 벡터공간 V의 정규직교기저이고 $\mathbf{v}$가 V의 임의의 벡터라고 하자, $\mathbf{v}$는 이 기저벡터들의 선형결합으로 다음과 같이 표현될 수 있다.

$$\mathbf{v} = (\mathbf{v}\cdot\mathbf{u}_1)\mathbf{u}_1 + (\mathbf{v}\cdot\mathbf{u}_2)\mathbf{u}_2 + \cdots + (\mathbf{v}\cdot\mathbf{u}_n)\mathbf{u}_n$$

증명 $\{\mathbf{u}_1, \ldots, \mathbf{u}_n\}$이 기저이므로 다음을 만족하는 스칼라 $c_1, c_2, \ldots, c_n$이 존재한다.

$$\mathbf{v} = c_1\mathbf{u}_1 + c_2\mathbf{u}_2 + \cdots + c_n\mathbf{u}_n$$

이제 $c_1 = \mathbf{v}\cdot\mathbf{u}_1, \ldots, c_n = \mathbf{v}\cdot\mathbf{u}_n$임을 보이자.

방정식의 양변에 기저의 i번째 벡터 $\mathbf{u}_i$로 내적을 취하면 다음을 얻는다.

$$\begin{aligned}\mathbf{v}\cdot\mathbf{u}_i &= (c_1\mathbf{u}_1 + c_2\mathbf{u}_2 + \cdots + c_n\mathbf{u}_n)\cdot\mathbf{u}_i \\ &= c_1\mathbf{u}_1\cdot\mathbf{u}_i + c_2\mathbf{u}_2\cdot\mathbf{u}_i + \cdots + c_n\mathbf{u}_n\cdot\mathbf{u}_i\end{aligned}$$

$\mathbf{u}_1, \ldots, \mathbf{u}_n$이 서로 직교하므로 $j = i$가 아니면 $\mathbf{u}_j\cdot\mathbf{u}_i = 0$이 되어

$$\mathbf{v}\cdot\mathbf{u}_i = c_i\mathbf{u}_i\cdot\mathbf{u}_i$$

을 얻는다. 더우기 기저가 정규직교이므로 $\mathbf{u}_i\cdot\mathbf{u}_i = 1$이고 따라서

$$\mathbf{v}\cdot\mathbf{u}_i = c_i$$

이 된다. 이것이 $i = 1, \ldots, n$에 대해 적용하면 $c_1 = \mathbf{v}\cdot\mathbf{u}_1, \ldots, c_n = \mathbf{v}\cdot\mathbf{u}_n$을 얻는다. 즉 다음과 같이 쓸 수 있다.

$$\mathbf{v} = (\mathbf{v}\cdot\mathbf{u}_1)\mathbf{u}_1 + (\mathbf{v}\cdot\mathbf{u}_2)\mathbf{u}_2 + \cdots + (\mathbf{v}\cdot\mathbf{u}_n)\mathbf{u}_n$$

■

예제 2

다음 벡터 $\mathbf{u}_1, \mathbf{u}_2, \mathbf{u}_3$는 $\mathbf{R}^3$의 정규직교기저이다. 벡터 $\mathbf{v} = (7, -5, 10)$을 이 벡터들의 선형결합으로 표현하라.

$$\mathbf{u}_1 = (1,0,0),\ \mathbf{u}_2 = \left(0, \tfrac{3}{5}, \tfrac{4}{5}\right),\ \mathbf{u}_3 = \left(0, \tfrac{4}{5}, -\tfrac{3}{5}\right)$$

풀이

다음과 같이 계산한다.

$$\mathbf{v} \cdot \mathbf{u}_1 = (7, -5, 10) \cdot (1, 0, 0) = 7$$
$$\mathbf{v} \cdot \mathbf{u}_2 = (7, -5, 10) \cdot \left(0, \tfrac{3}{5}, \tfrac{4}{5}\right) = 5$$
$$\mathbf{v} \cdot \mathbf{u}_3 = (7, -5, 10) \cdot \left(0, \tfrac{4}{5}, -\tfrac{3}{5}\right) = -10$$

따라서

$$(7, -5, 10) = 7(1, 0, 0) + 5\left(0, \tfrac{3}{5}, \tfrac{4}{5}\right) - 10\left(0, \tfrac{4}{5}, -\tfrac{3}{5}\right)$$

이 된다.

직교행렬

직교행렬(orthogonal matrix)은 다음의 성질을 가지고 있는 가역행렬이다.

$$A^{-1} = A^t$$

2.5절에서 직교행렬을 소개하고 직교행렬로 정의된 변환이 어떻게 공간의 기하적 구조를 보존하는지 살펴보았다. 이제 직교행렬의 열들과 행들은 각각 정규직교집합을 형성함을 보이자.

정리 4.21

직교행렬 정리

A가 $n \times A$ 행렬일 때 다음 문장들은 동등하다.

(a) A가 직교행렬이다.

(b) A의 열벡터들이 $\mathbf{R}^n$에서 정규직교집합을 형성한다.

(c) A의 행벡터들이 $\mathbf{R}^n$에서 정규직교집합을 형성한다.

증명 A가 직교행렬이라고 가정하자. 그러면 $P = A^tA$이므로 $A^tA = AA^t = I$이다. $P = A^tA$라 하자. 그러면 p_{ij}는 A^t의 i번째 행벡터와 A의 j번째 열벡터의 내적이다. A^t의 i행은 A의 i열이므로 p_{ij}는 A의 i번째 열벡터와 j번째 열벡터의 내적이 된다. 그런데 P는 단위행렬이므로 $i = j$이면 $p_{ij} = 1$이고 $i \neq j$이면 $p_{ij} = 0$이다. 즉, 열벡터들은 정규직교집합을 형성한다.

$P = AA^t$로 시작하여 유사한 방식으로 A의 행벡터들이 정규직교집합을 형성함을 보일 수 있다.

또한 역으로 A의 열이나 행이 직교정규집합을 이루면 $A^tA = I$이고 $AA^t = I$이므로 $A^t = A^{-1}$이 되어 직교행렬이 된다.

(b)와 (c)의 동등성은 명백하다. ■

다음 정리는 직교행렬의 다른 성질들을 말해 준다.

정리 4.22

만약 A가 직교행렬이면 다음이 성립한다.

(a) $|A| = \pm 1$.

(b) A^{-1}도 직교행렬이다.

증명

(a) $A^{-1} = A^t$이므로 $AA^t = I$이다. 행렬식의 성질에 의해 다음이 얻어진다.

$$|AA^t| = 1, \quad |A||A^t| = 1, \quad |A||A| = 1, \quad |A|^2 = 1$$

따라서 $|A| = \pm 1$이다.

(b) A의 행벡터들이 정규직교집합을 형성하므로 A^t의 열벡터들도 정규직교집합을 형성한다. $A^{-1} = A^t$이므로 A^{-1}의 열벡터들이 정규직교집합을 형성함을 의미한다. 이제 앞의 정리에서 A^{-1}가 직교행렬임을 알 수 있다. ■

이제 한 벡터의 다른 벡터에 대한 사영이라는 개념에 대해 알아보자. 직관적으로, "사영"은 벡터의 "얼마만큼"이 다른 벡터의 방향으로 향해있는가를 말해 준다. 이것은 힘의 어떤 방향으로의 물리적인 영향에 대해 알기를 원할 때, 힘의 분석에서 특히 유용하다. 여기서는 정규직교 벡터들의 집합을 만들기 위해 사영을 이용한다.

한 벡터의 다른 벡터로의 사영

$\mathbf{v}$, $\mathbf{u}$가 사이각이 α인 $\mathbf{R}^n$의 두 벡터라고 하자. 그림 4.6(a)를 보라. 벡터 $\overrightarrow{OA}$는 $\mathbf{v}$의 "얼마만큼"이 $\mathbf{u}$의 방향으로 향하고 있는지를 말해 준다. $\overrightarrow{OA}$를 $\mathbf{v}$의 $\mathbf{u}$로의 **사영**(projection of onto, **v onto u**)이라고 부른다. 이제 $\overrightarrow{OA}$에 대한 표현을 찾기 위해 다음을 관찰하자.

$$\begin{aligned} OA &= OB\cos\alpha \\ &= \|\mathbf{v}\|\cos\alpha \\ &= \|\mathbf{v}\|\left(\frac{\mathbf{v}}{\|\mathbf{v}\|}\cdot\frac{\mathbf{u}}{\|\mathbf{u}\|}\right) \\ &= \mathbf{v}\cdot\frac{\mathbf{u}}{\|\mathbf{u}\|} \end{aligned}$$

$\overrightarrow{OA}$의 방향은 단위벡터 $\mathbf{u}/\|\mathbf{u}\|$로 정해진다. 따라서

$$\overrightarrow{OA} = \left(\mathbf{v}\cdot\frac{\mathbf{u}}{\|\mathbf{u}\|}\right)\frac{\mathbf{u}}{\|\mathbf{u}\|} = \frac{\mathbf{v}\cdot\mathbf{u}}{\mathbf{u}\cdot\mathbf{u}}\mathbf{u}$$

사영에 대한 이 표현은 $\alpha > 90°$일 때도 성립한다. 그림 4.6(b)를 보라. 이 경우에는 사영이 $\mathbf{u}$의 반대방향으로 나타나고 $(\mathbf{v}\cdot\mathbf{u})/(\mathbf{u}\cdot\mathbf{u})$의 부호가 음이 된다.

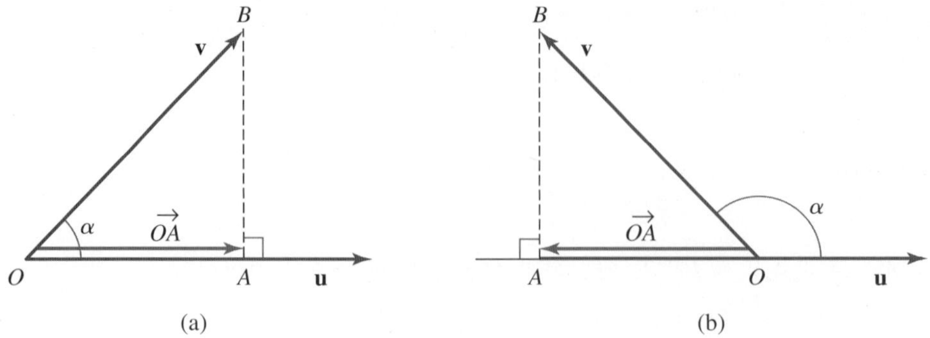

v의 u로의 사영 $\overrightarrow{OA} = \frac{\mathbf{v} \cdot \mathbf{u}}{\mathbf{u} \cdot \mathbf{u}} \mathbf{u}$

그림 4.6

이러한 논의에 따라 다음과 같이 사영을 정의한다.

정의 $\mathbf{R}^n$에서 벡터 **v**의 영이 아닌 벡터 **u**로의 **사영**은 $\mathbf{proj_u v}$로 표기되고 다음과 같이 정의된다(그림 4.7).

$$\text{proj}_{\mathbf{u}}\, \mathbf{v} = \frac{\mathbf{v} \cdot \mathbf{u}}{\mathbf{u} \cdot \mathbf{u}} \mathbf{u}$$

$\text{proj}_{\mathbf{u}}\mathbf{v}$에 **v**대해 **u**의 방향의 **성분**(component)이라는 용어도 사용된다. **u**가 단위 벡터일 때, $\text{proj}_{\mathbf{u}}\mathbf{v} = (\mathbf{v} \cdot \mathbf{u})\mathbf{u}$임에 유의하자. 만약 W가 **u**에 의하여 정의된 부분공간이면, **v**에서로 W로의 사영을 $\text{proj}_W\mathbf{v} = (\mathbf{v} \cdot \mathbf{u})\mathbf{u}$로 나타낸다.

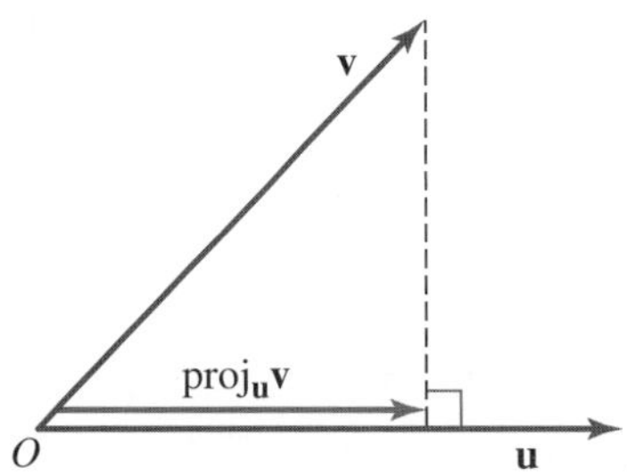

$\text{proj}_{\mathbf{u}}\mathbf{v} = \frac{\mathbf{v} \cdot \mathbf{u}}{\mathbf{u} \cdot \mathbf{u}} \mathbf{u}$

그림 4.7

예제 3

벡터 $\mathbf{v} = (6, 7)$의 벡터 $\mathbf{u} = (1, 4)$로의 사영을 구하라.

풀이

이 벡터들에 대해 다음을 얻는다.

$$\mathbf{v} \cdot \mathbf{u} = (6, 7) \cdot (1, 4) = 6 + 28 = 34$$
$$\mathbf{u} \cdot \mathbf{u} = (1, 4) \cdot (1, 4) = 1 + 16 = 17$$

따라서

$$\text{proj}_{\mathbf{u}}\mathbf{v} = \frac{\mathbf{v} \cdot \mathbf{u}}{\mathbf{u} \cdot \mathbf{u}} \mathbf{u} = \frac{34}{17}(1, 4) = (2, 8)$$

이 되어 $\mathbf{v}$의 $\mathbf{u}$로의 사영은 (2, 8)이다.

벡터 $\mathbf{v} = (6, 7)$이 원점에 위치한 물체에 작용하는 힘을 나타낸다고 하면, $\text{proj}_{\mathbf{u}}\mathbf{v} = (2, 8)$은 이 힘의 벡터 $\mathbf{u} = (1, 4)$ 방향의 성분이 된다. 물리적으로, (2, 8)은 힘의 그 방향으로 작용하는 효과이다.

이제 주어진 기저로부터 정규직교기저를 구성하는 방법에 대해 알아보자. 이 방법은 벡터 사영을 사용한다.

정리 4.23

그람-슈미트 직교화 과정(Gram-Schmidt Orthogonalization Process)*

$\{\mathbf{v}_1, \ldots, \mathbf{v}_n\}$가 벡터공간 V의 기저라 하자. 아래와 같이 정의되는 벡터집합 $\{\mathbf{u}_1, \ldots, \mathbf{u}_n\}$은 직교집합이다. V의 정규직교기저를 얻으려면 각 벡터 $\mathbf{u}_1, \ldots, \mathbf{u}_n$을 정규화하면 된다.

$$\mathbf{u}_1 = \mathbf{v}_1$$
$$\mathbf{u}_2 = \mathbf{v}_2 - \text{proj}_{\mathbf{u}_1}\mathbf{v}_2$$
$$\mathbf{u}_3 = \mathbf{v}_3 - \text{proj}_{\mathbf{u}_1}\mathbf{v}_3 - \text{proj}_{\mathbf{u}_2}\mathbf{v}_3$$
$$\cdots\cdots$$
$$\mathbf{u}_i = \mathbf{v}_i - \text{proj}_{\mathbf{u}_1}\mathbf{v}_i - \text{proj}_{\mathbf{u}_2}\mathbf{v}_i - \cdots - \text{proj}_{\mathbf{u}_{i-1}}\mathbf{v}_i$$
$$\cdots\cdots$$
$$\mathbf{u}_n = \mathbf{v}_n - \text{proj}_{\mathbf{u}_1}\mathbf{v}_n - \text{proj}_{\mathbf{u}_2}\mathbf{v}_n - \cdots - \text{proj}_{\mathbf{u}_{n-1}}\mathbf{v}_n$$

증명 $\mathbf{v}$와 $\mathbf{u}$가 $\mathbf{R}^n$의 벡터라 하면, 다음 계산에서 $(\mathbf{v} - \text{proj}_{\mathbf{u}}\mathbf{v})$는 $\mathbf{u}$에 직교함을 알 수 있다.

$$(\mathbf{v} - \text{proj}_{\mathbf{u}}\mathbf{v}) \cdot \mathbf{u} = (\mathbf{v} - \frac{\mathbf{v} \cdot \mathbf{u}}{\mathbf{u} \cdot \mathbf{u}}\mathbf{u}) \cdot \mathbf{u} = \mathbf{v} \cdot \mathbf{u} - \frac{\mathbf{v} \cdot \mathbf{u}}{\mathbf{u} \cdot \mathbf{u}}\mathbf{u} \cdot \mathbf{u} = \mathbf{v} \cdot \mathbf{u} - \mathbf{v} \cdot \mathbf{u} = 0$$

그림 4.8을 보라, 이 사실을 증명에 적용해보자, i번째 벡터 $\mathbf{u}_i$를 만드는 것을 생각해보자, 우선 $\mathbf{v}_i$에서 $\text{proj}_{\mathbf{u}_1}\mathbf{v}_i$를 빼면 $\mathbf{u}_1$에 직교하는 벡터를 얻는다. 얻어진 벡터에서 다시 $\text{proj}_{\mathbf{u}_2}\mathbf{v}_i$를 빼면 $\mathbf{u}_2$에 직교하면서 $\mathbf{u}_1$과의 직교성을 유지하는 벡터가 얻어지고 이렇게 계속 된다. 이렇게 하여 얻어진 벡터 $\mathbf{u}_i$는 이전의 벡터들 $\mathbf{u}_1, \ldots, \mathbf{u}_{i-1}$ 각각에 직교하게 된다. 다음 예제를 보라.

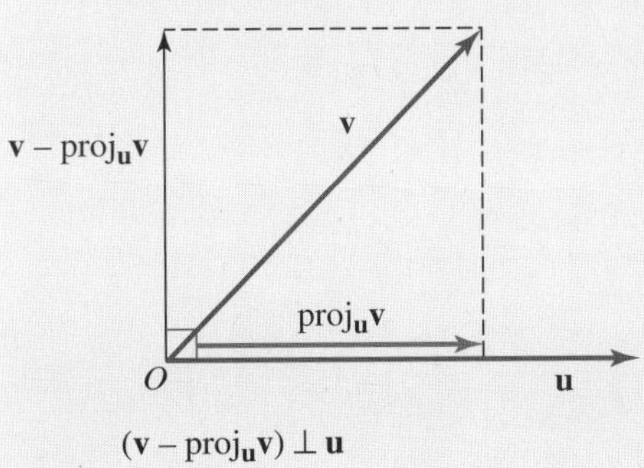

그림 4.8

* Jorgen Pederson Gram(1850~1916)는 덴마크의 보험계리사였다. Erhard Schmidt(1876~1959)는 베를린과 괴팅겐에서 공부하였고, 본, 쮜리히, 에를랑겐과 베를린에서 가르쳤다. 1946년에는 독일과학학술원의 수학연구소의 초대 소장이 되었다. 슈미트는 현대 수학의 한 분야인 함수해석학의 창시자 중 하나로 여겨지고 있다.

예제 4

집합 $\{(1, 2, 0, 3), (4, 0, 5, 8), (8, 1, 5, 6)\}$는 $\mathbf{R}^4$에서 선형독립이다. 이 벡터들은 $\mathbf{R}^4$의 3차원 부분집합 V의 기저가 된다. V의 정규직교기저를 구하라.

풀이

$\mathbf{v}_1 = (1, 2, 0, 3)$, $\mathbf{v}_2 = (4, 0, 5, 8)$, $\mathbf{v}_3 = (8, 1, 5, 6)$이라 하자, 이 벡터들로부터 그람-슈미트 과정을 사용하여 직교집합 $\{\mathbf{u}_1, \mathbf{u}_2, \mathbf{u}_3\}$을 다음과 같이 구성한다.

$$\mathbf{u}_1 = \mathbf{v}_1 = (1, 2, 0, 3)$$

$$\begin{aligned}\mathbf{u}_2 = \mathbf{v}_2 - \text{proj}_{\mathbf{u}_1}\mathbf{v}_2 &= \mathbf{v}_2 - \frac{(\mathbf{v}_2 \cdot \mathbf{u}_1)}{(\mathbf{u}_1 \cdot \mathbf{u}_1)}\mathbf{u}_1 \\ &= (4, 0, 5, 8) - \frac{(4, 0, 5, 8) \cdot (1, 2, 0, 3)}{(1, 2, 0, 3) \cdot (1, 2, 0, 3)}(1, 2, 0, 3) \\ &= (4, 0, 5, 8) - 2(1, 2, 0, 3) \\ &= (2, -4, 5, 2)\end{aligned}$$

$$\begin{aligned}\mathbf{u}_3 = \mathbf{v}_3 - \text{proj}_{\mathbf{u}_1}\mathbf{v}_3 - \text{proj}_{\mathbf{u}_2}\mathbf{v}_3 &= \mathbf{v}_3 - \frac{\mathbf{v}_3 \cdot \mathbf{u}_1}{\mathbf{u}_1 \cdot \mathbf{u}_1}\mathbf{u}_1 - \frac{\mathbf{v}_3 \cdot \mathbf{u}_2}{\mathbf{u}_2 \cdot \mathbf{u}_2}\mathbf{u}_2 \\ &= (8, 1, 5, 6) - \frac{(8, 1, 5, 6) \cdot (1, 2, 0, 3)}{(1, 2, 0, 3) \cdot (1, 2, 0, 3)}(1, 2, 0, 3) \\ &\quad - \frac{(8, 1, 5, 6) \cdot (2, -4, 5, 2)}{(2, -4, 5, 2) \cdot (2, -4, 5, 2)}(2, -4, 5, 2) \\ &= (8, 1, 5, 6) - 2(1, 2, 0, 3) - 1(2, -4, 5, 2) \\ &= (4, 1, 0, -2)\end{aligned}$$

집합 $\{(1, 2, 0, 3), (2, -4, 5, 2), (4, 1, 0, -2)\}$는 V의 직교기저이다.(각 벡터 쌍의 내적을 구해 모두 영임을 확인해보라.)

이제 정규직교기저를 구하기 위해 우선 각 벡터의 놈을 다음과 같이 구한다.

$$\begin{aligned}\|(1, 2, 0, 3)\| &= \sqrt{1^2 + 2^2 + 0^2 + 3^2} = \sqrt{14} \\ \|(2, -4, 5, 2)\| &= \sqrt{2^2 + (-4)^2 + 5^2 + 2^2} = 7 \\ \|(4, 1, 0, -2)\| &= \sqrt{4^2 + 1^2 + 0^2 + (-2)^2} = \sqrt{21}\end{aligned}$$

이 놈들을 이용해 각 벡터를 정규화하여 V의 정규직교기저를 다음과 같이 얻는다.

$$\left\{\left(\frac{1}{\sqrt{14}}, \frac{2}{\sqrt{14}}, 0, \frac{3}{\sqrt{14}}\right), \left(\frac{2}{7}, -\frac{4}{7}, \frac{5}{7}, \frac{2}{7}\right), \left(\frac{4}{\sqrt{21}}, \frac{1}{\sqrt{21}}, 0, \frac{-2}{\sqrt{21}}\right)\right\}$$

■

이제 행렬의 QR 분해를 소개한다. QR 분해는 그람—슈미트 과정에 기초를 두고 있는데 폭넓게 응용된다. 특히 어떤 종류의 대형 행렬의 고유값을 계산하기 위해 사용된다.

정리 4.24

QR 분해

행렬 A가 선형독립인 열벡터를 갖는 $m \times n$ 행렬이라 하자. 그러면 A는

$$A = QR$$

로 인수분해될 수 있다. 여기서 Q는 n개의 정규직교 열벡터를 갖는 $m \times n$ 행렬이고 R은 가역인 $n \times n$ 윗삼각행렬이다.

증명 $\mathbf{v}_1, \ldots, \mathbf{v}_n$을 행렬 A의 열벡터라 하자. 이 벡터들에 그람-슈미트 과정을 이용하여 직교집합 $\mathbf{u}_1, \ldots, \mathbf{u}_n$을 구하고, 이 벡터들을 정규화하여 정규직교집합 $\mathbf{w}_1, \ldots, \mathbf{w}_n$을 얻을 수 있다. $Q = [\mathbf{w}_1, \ldots, \mathbf{w}_n]$라 하자.

이제 행렬 R을 구성해 보자. 그람-슈미트 과정으로 돌아가서

$$\mathbf{u}_i = \mathbf{v}_i - \text{proj}_{\mathbf{u}_1}\mathbf{v}_i - \text{proj}_{\mathbf{u}_2}\mathbf{v}_i - \cdots - \text{proj}_{\mathbf{u}_{i-1}}\mathbf{v}_i$$

이므로

$$\mathbf{v}_i = \text{proj}_{\mathbf{u}_1}\mathbf{v}_i + \text{proj}_{\mathbf{u}_2}\mathbf{v}_i + \cdots + \text{proj}_{\mathbf{u}_{i-1}}\mathbf{v}_i + \mathbf{u}_\text{i}$$

로 쓰자. 이것은 각 벡터가 $\mathbf{u}_1, \ldots, \mathbf{u}_i$의 선형결합임을 의미한다. $\mathbf{w}_i$는 $\mathbf{u}_i$의 스칼라 배이므로 $\mathbf{v}_i$는 또한 $\mathbf{w}_1, \ldots, \mathbf{w}_i$의 선형결합이다. 즉,

$$\mathbf{v}_i = r_{1i}\mathbf{w}_1 + r_{2i}\mathbf{w}_2 + \cdots + r_{ii}\mathbf{w}_i$$

라 하면

$$\begin{aligned}
\mathbf{v}_1 &= r_{11}\mathbf{w}_1 \\
\mathbf{v}_2 &= r_{12}\mathbf{w}_1 + r_{22}\mathbf{w}_2 \\
&\vdots \\
\mathbf{v}_n &= r_{1n}\mathbf{w}_1 + r_{2n}\mathbf{w}_2 + \cdots + r_{nn}\mathbf{w}_n
\end{aligned}$$

이다. 이 방정식계를 다음과 같이 행렬 $A = QR$으로 나타낼 수 있다.

$$\begin{array}{ccccc} A & = & Q & & R \\ [\mathbf{v}_1, \ldots, \mathbf{v}_n] & = & [\mathbf{w}_1, \ldots, \mathbf{w}_n] & & \begin{bmatrix} r_{11} & r_{12} & \cdots & r_{1n} \\ 0 & r_{22} & \cdots & r_{2n} \\ \vdots & \vdots & & \vdots \\ 0 & 0 & \cdots & r_{nn} \end{bmatrix} \end{array}$$

여기서 Q는 n개의 정규직교 열벡터를 갖는 행렬이고 R은 윗삼각행렬이다.

이제 R이 가역임을 보이자. 방정식 $RX = 0$이 영이 아닌 해를 갖는다고 하자. 방정식 $AX = 0$는 $QRX = 0$로 쓸 수 있으므로 $AX = 0$도 같은 영이 아닌 해를 갖는다. 이는 A 열벡터들이 선형종속임을 의미하므로 모순이다. 따라서 $RX = 0$는 유일 해 영만을 갖는다. 그러므로 이 가역이다.

주의: R의 대각원소가 항상 양이 되도록 조정할 수 있다. 만약 $r_{ii} < 0$면 $\mathbf{w}_i$를 $-\mathbf{w}_i$로 r_{ii}를 $-r_{ii}$로 바꿔라. ■

예제 5

$A = \begin{bmatrix} 1 & 4 & 8 \\ 2 & 0 & 1 \\ 0 & 5 & 5 \\ 3 & 8 & 6 \end{bmatrix}$의 QR 분해를 구하라.

풀이

A의 열은 예제 4의 벡터 $\mathbf{v}_1$, $\mathbf{v}_2$, $\mathbf{v}_3$이다. 예제에서 그람-슈미트 과정을 통해 Span$\{\mathbf{v}_1, \mathbf{v}_2, \mathbf{v}_3\}$의 정규직교기저를 구하였다. 이 벡터를 열벡터로 쓰면

$$Q = \begin{bmatrix} 1/\sqrt{14} & 2/7 & 4/\sqrt{21} \\ 2/\sqrt{14} & -4/7 & 1/\sqrt{21} \\ 0 & 5/7 & 0 \\ 3/\sqrt{14} & 2/7 & -2/\sqrt{21} \end{bmatrix}$$

을 얻는다. R을 구하기 위해 이론적으로 그람-슈미트 과정을 이용할 수 있으나, 실용적으로 더 좋은 방법이 있다. Q의 열벡터가 정규직교이므로 $Q^tQ = I$이다.(연습문제 27 참고). 따라서

$$Q^t A = Q^t QR = IR = R$$

이 된다. $R = Q^t A$를 이용하면

$$R = \begin{bmatrix} 1/\sqrt{14} & 2/\sqrt{14} & 0 & 3/\sqrt{14} \\ 2/7 & -4/7 & 5/7 & 2/7 \\ 4/\sqrt{21} & 1/\sqrt{21} & 0 & -2/\sqrt{21} \end{bmatrix} \begin{bmatrix} 1 & 4 & 8 \\ 2 & 0 & 1 \\ 0 & 5 & 5 \\ 3 & 8 & 6 \end{bmatrix}$$
$$= \begin{bmatrix} 14/\sqrt{14} & 28/\sqrt{14} & 28/\sqrt{14} \\ 0 & 7 & 7 \\ 0 & 0 & 21/\sqrt{21} \end{bmatrix}$$

를 얻는다. 이것은

$$QR = \begin{bmatrix} 1/\sqrt{14} & 2/7 & 4/\sqrt{21} \\ 2/\sqrt{14} & -4/7 & 1/\sqrt{21} \\ 0 & 5/7 & 0 \\ 3/\sqrt{14} & 2/7 & -2/\sqrt{21} \end{bmatrix} \begin{bmatrix} 14/\sqrt{14} & 28/\sqrt{14} & 28/\sqrt{14} \\ 0 & 7 & 7 \\ 0 & 0 & 21/\sqrt{21} \end{bmatrix}$$
$$= \begin{bmatrix} 1 & 4 & 8 \\ 2 & 0 & 1 \\ 0 & 5 & 5 \\ 3 & 8 & 6 \end{bmatrix} = A$$

로 확인된다.

QR 분해로 고유값 계산

대형 행렬의 고유값을 구할 때 3.4절의 행렬식을 이용한 방법은 실용적이지 않다. QR 분해는 일부 행렬의 고유값을 구할 때 컴퓨터에서 이용될 수 있는 반복적 방법을 제공한다. 우선 **닮음**(similarity)의 개념을 도입하자. 크기가 같은 두 정방행렬 A, B에 대하여 $B = C^{-1}AC$가 되는 가역행렬 C가 존재하면 A, B가 "닮았다"고 한다. 닮음 행렬은 같은 고유값을 갖는다(5.3절 참조).

A를 $n \times n$가역 행렬이라 하자. 우선 QR 분해 $A = QR$를 구한 후 새로운 행렬 $A_1 = RQ$를 계산한다. 행렬 A와 A_1는 다음과 같이 닮았음을 확인하자.

$$Q^{-1}AQ = Q^{-1}(QR)Q = RQ = A_1$$

따라서 A와 A_1은 같은 고유값을 갖는다. 이 과정을 반복하여 A_1의 QR 분해 Q_1R_1을 구한다. $A_2=R_1Q_1$이라 하면 A_2와 A_1은 닮음행렬이고 같은 고유값을 갖는다. 같은 방식으로 계속 계산하면 $n \times n$ 행렬의 열 $A, A_1, A_2, A_3, \ldots$은 닮음행렬이고 같은 고유값을 갖는다. **만일 A가 n개의 크기가 서로 다른 고유값을 가지면** 이 행렬들은 A와 닮은 윗삼각행렬 P에 접근함을 보일 수 있다. 윗삼각행렬의 고유값은 주대각 원소이므로(3.4절의 연습문제 25), 윗삼각행렬 A의 주대각 원소는 P의 고유값의 완전한 집합이 된다.

예제 6

QR 분해를 이용하여 다음 행렬 A의 고유값을 구하라.

$$A = \begin{bmatrix} -4 & -6 \\ 3 & 5 \end{bmatrix}$$

위의 알고리즘을 적용하면 다음의 행렬의 열을 얻을 수 있다.

$$\overset{A_1}{\begin{bmatrix} 0.6800 & 9.2400 \\ 0.2400 & 0.3200 \end{bmatrix}}, \overset{A_2}{\begin{bmatrix} 3.6154 & -8.0769 \\ 0.9231 & -2.6154 \end{bmatrix}} \cdots$$

$$\overset{A_{16}}{\begin{bmatrix} 2.0001 & -9.0000 \\ 1.0000 & -1.0001 \end{bmatrix}}, \overset{A_{17}}{\begin{bmatrix} 2.0000 & -9.0000 \\ 0.0000 & -1.0000 \end{bmatrix}} \xrightarrow{\text{불변}}$$

17번 반복 후 결과에 변화가 없다. A의 고유값은 2와 -1이다. 이는 3.4절 예제 1의 결과와 일치한다.

연습문제 4.6

직교집합과 정규직교집합

1. 다음에서 직교집합인 것을 골라라.

(a) $\{(1, 2), (2, -1)\}$ **(b)** $\{(3, -1), (0, 5)\}$
(c) $\{(0, -2), (3, 0)\}$ **(d)** $\{(4, 1), (2, -3)\}$
(e) $\{(-3, 2), (2, 3)\}$

2. 다음에서 직교집합인 것을 골라라.

(a) $\{(1, 2, 1), (4, -2, 0), (2, 4, -10)\}$
(b) $\{(3, -1, 1), (2, 0, 1), (1, 1, -2)\}$
(c) $\{(1, 4, 2), (-2, -1, 3), (6, -1, -1)\}$
(d) $\{(1, 2, -1, 1), (3, 1, 4, -1), (0, 1, -1, -3)\}$

3. 다음에서 정규직교집합인 것을 골라라.

(a) $\left\{\left(\frac{1}{3}, \frac{2}{3}, \frac{2}{3}\right), \left(\frac{2}{3}, -\frac{2}{3}, \frac{1}{3}\right), \left(\frac{2}{3}, \frac{1}{3}, -\frac{2}{3}\right)\right\}$

(b) $\left\{\left(\frac{1}{\sqrt{10}}, \frac{3}{\sqrt{10}}\right), \left(\frac{-3}{\sqrt{10}}, \frac{1}{\sqrt{10}}\right)\right\}$

(c) $\left\{\left(\frac{1}{\sqrt{2}}, 0, \frac{1}{\sqrt{2}}\right), \left(\frac{1}{\sqrt{2}}, 0, \frac{-1}{\sqrt{2}}\right), (0, 1, 0)\right\}$

(d) $\left\{\left(\frac{1}{\sqrt{6}}, \frac{-1}{\sqrt{6}}, \frac{2}{\sqrt{6}}\right), \left(0, \frac{2}{\sqrt{5}}, \frac{1}{\sqrt{5}}\right), \left(\frac{5}{\sqrt{30}}, \frac{1}{\sqrt{30}}, \frac{-2}{\sqrt{30}}\right)\right\}$

(e) $\left\{\left(\frac{4}{\sqrt{20}}, \frac{2}{\sqrt{20}}, 0\right), \left(\frac{-1}{\sqrt{6}}, \frac{2}{\sqrt{6}}, \frac{1}{\sqrt{6}}\right), \left(\frac{1}{\sqrt{32}}, \frac{-2}{\sqrt{32}}, \frac{5}{\sqrt{32}}\right)\right\}$

정규직교기저

4. 다음 벡터들은 $\mathbf{R}^3$의 정규직교기저를 형성한다. 정리 4.20을 이용하여 벡터 $\mathbf{v} = (2, -3, 1)$을 이 벡터들의 선형결합으로 표현하라,

$$\mathbf{u}_1 = (0, -1, 0), \quad \mathbf{u}_2 = \left(\tfrac{3}{5}, 0, -\tfrac{4}{5}\right), \quad \mathbf{u}_3 = \left(\tfrac{4}{5}, 0, \tfrac{3}{5}\right)$$

5. 다음 벡터들은 $\mathbf{R}^3$의 정규직교기저를 형성한다. 정리 4.20을 이용하여 벡터 $\mathbf{v} = (7, 5, -1)$을 이 벡터들의 선형결합으로 표현하라.

$$\mathbf{u}_1 = (1, 0, 0), \mathbf{u}_2 = \left(0, \frac{1}{\sqrt{2}}, \frac{1}{\sqrt{2}}\right), \mathbf{u}_3 = \left(0, \frac{1}{\sqrt{2}}, \frac{-1}{\sqrt{2}}\right)$$

직교행렬

6. 열들이 정규직교집합을 형성함을 보여서 다음 각 행렬이 직교행렬임을 증명하라.

(a) $\begin{bmatrix} 1 & 0 \\ 0 & 1 \end{bmatrix}$ **(b)** $\begin{bmatrix} 0 & -1 \\ 1 & 0 \end{bmatrix}$

(c) $\begin{bmatrix} \frac{\sqrt{3}}{2} & \frac{1}{2} \\ -\frac{1}{2} & \frac{\sqrt{3}}{2} \end{bmatrix}$ **(d)** $\begin{bmatrix} 1 & 0 & 0 \\ 0 & 0 & -1 \\ 0 & 1 & 0 \end{bmatrix}$

(e) $\begin{bmatrix} \frac{2}{3} & \frac{2}{3} & \frac{1}{3} \\ -\frac{2}{3} & \frac{1}{3} & \frac{2}{3} \\ \frac{1}{3} & -\frac{2}{3} & \frac{2}{3} \end{bmatrix}$

7. 다음 각 직교행렬이 정리 4.21과 4.22의 모든 성질들을 가짐을 보여라.

(a) $\begin{bmatrix} \frac{1}{\sqrt{2}} & \frac{1}{\sqrt{2}} \\ -\frac{1}{\sqrt{2}} & \frac{1}{\sqrt{2}} \end{bmatrix}$ **(b)** $\begin{bmatrix} \frac{\sqrt{3}}{2} & \frac{1}{2} \\ \frac{1}{2} & -\frac{\sqrt{3}}{2} \end{bmatrix}$

8. 다음 각 행렬의 역을 구하라.

(a) $\begin{bmatrix} 0 & 1 \\ -1 & 0 \end{bmatrix}$ **(b)** $\begin{bmatrix} \frac{2}{\sqrt{5}} & \frac{1}{\sqrt{5}} \\ -\frac{1}{\sqrt{5}} & \frac{1}{\sqrt{5}} \end{bmatrix}$

(c) $\begin{bmatrix} \frac{1}{3} & \frac{2}{3} & \frac{2}{3} \\ \frac{2}{3} & -\frac{2}{3} & \frac{1}{3} \\ -\frac{2}{3} & -\frac{1}{3} & \frac{2}{3} \end{bmatrix}$

9. A, B가 같은 크기의 직교행렬이라고 하자. 그것들의 곱 AB도 직교행렬임을 보여라.

10. $\mathbf{u}$가 단위벡터라고 하자. $\mathbf{u}$를 열행렬로 해석하여 $A = I - 2\mathbf{u}\mathbf{u}^t$이 직교행렬임을 보여라.

11. 직교행렬의 복소수 형태를 **유니터리 행렬**(unitary matrix)이라고 부른다. 즉, 정방행렬 A가 $A^{-1} = \overline{A}^t$가 되면 유니터

리 행렬로 정의한다. A가 유니터리이면 A^{-1}도 유니터리임을 증명하라.

12. 정방행렬 A가 유니터리일 필요충분조건은 열들이 C^n에서 서로 직교하는 단위벡터들의 집합을 형성하는 것임을 증명하라.

사영과 그람-슈미트

13. 다음 각 경우에 벡터 $\mathbf{v}$의 $\mathbf{u}$로의 사영을 구하라.

(a) $\mathbf{v} = (7, 4), \mathbf{u} = (1, 2)$
(b) $\mathbf{v} = (-1, 5), \mathbf{u} = (3, -2)$
(c) $\mathbf{v} = (4, 6, 4), \mathbf{u} = (1, 2, 3)$
(d) $\mathbf{v} = (6, -8, 7), \mathbf{u} = (-1, 3, 0)$
(e) $\mathbf{v} = (1, 2, 3, 0), \mathbf{u} = (1, -1, 2, 3)$

14. 다음 각 경우에 벡터 $\mathbf{v}$의 $\mathbf{u}$로의 사영을 구하라.

(a) $\mathbf{v} = (1, 2), \mathbf{u} = (2, 5)$
(b) $\mathbf{v} = (-1, 3), \mathbf{u} = (2, 4)$
(c) $\mathbf{v} = (1, 2, 3), \mathbf{u} = (1, 2, 0)$
(d) $\mathbf{v} = (2, 1, 4), \mathbf{u} = (-1, -3, 2)$
(e) $\mathbf{v} = (2, -1, 3, 1), \mathbf{u} = (-1, 2, 1, 3)$

15. 다음 벡터들은 $\mathbf{R}^2$의 기저를 형성한다. 이 벡터들에 그람-슈미트 과정을 적용하여 $\mathbf{R}^2$의 정규직교기저를 구하라.

(a) $(1, 2), (-1, 3)$ **(b)** $(1, 1), (6, 2)$
(c) $(1, -1), (4, -2))$

16. 다음 벡터들은 $\mathbf{R}^3$의 기저를 형성한다. 이 벡터들에 그람-슈미트 과정을 적용하여 $\mathbf{R}^3$의 정규직교기저를 구하라.

(a) $(1, 1, 1), (2, 0, 1), (2, 4, 5)$
(b) $(3, 2, 0), (1, 5, -1), (5, -1, 2)$

17. 다음 벡터들로 생성되는 $\mathbf{R}^3$의 부분공간의 정규직교기저를 구하라.

(a) $(1, 0, 2), (-1, 0, 1)$ **(b)** $(1, -1, 1), (1, 2, -1)$

18. 다음 벡터들로 생성되는 $\mathbf{R}^4$의 부분공간의 정규직교기저를 구하라.

(a) $(1, 2, 3, 4), (-1, 1, 0, 1)$
(b) $(3, 0, 0, 0), (0, 1, 2, 1), (0, -1, 3, 2)$

19. 벡터 $(1, 2, -1, 1)$에 직교하는 $\mathbf{R}^4$ 상의 벡터를 하나 구하라.

20. 벡터 $(2, 0, 1, 1)$에 직교하는 $\mathbf{R}^4$ 상의 벡터를 하나 구하라.

21. 벡터 $(1, 2, -2)$와 $(6, 1, 4)$를 포함하는 $\mathbf{R}^3$의 직교기저를 구하라.

22. $\{\mathbf{u}_1, \ldots, \mathbf{u}_n\}$은 벡터공간 V의 정규직교기저이고 $\mathbf{v}$는 V의 원소라 하자. $\|\mathbf{v}\|$를 다음과 같이 나타낼 수 있음을 보여라.

$$\|\mathbf{v}\| = \sqrt{((\mathbf{v}\cdot\mathbf{u}_1)^2 + (\mathbf{v}\cdot\mathbf{u}_2)^2 + \cdots + (\mathbf{v}\cdot\mathbf{u}_n)^2)}$$

23. $\{\mathbf{u}_1, \ldots, \mathbf{u}_n\}$은 $\mathbf{R}^n$의 정규직교집합이라 하자. 이 집합이 $\mathbf{R}^n$의 기저임을 보여라.

QR 분해

24. 다음 행렬 A를 고려하자. Q의 열벡터는 그람-슈미트 직교화과정을 이용하여 A로부터 구한 것이다. A의 QR 분해를 구하고 답을 점검하라.

(a) $A = \begin{bmatrix} 1 & -1 \\ 0 & 0 \\ 2 & 1 \end{bmatrix}$, $Q = \begin{bmatrix} 1/\sqrt{5} & -2/\sqrt{5} \\ 0 & 0 \\ 2/\sqrt{5} & 1/\sqrt{5} \end{bmatrix}$

(b) $A = \begin{bmatrix} 5 & 9 \\ 1 & 7 \\ -3 & -5 \\ 1 & 5 \end{bmatrix}$, $Q = \begin{bmatrix} 5/6 & -1/6 \\ 1/6 & 5/6 \\ -3/6 & 1/6 \\ 1/6 & 3/6 \end{bmatrix}$

(c) $A = \begin{bmatrix} 1 & 2 & 2 \\ 1 & 0 & 4 \\ 1 & 1 & 5 \end{bmatrix}$, $Q = \begin{bmatrix} 1/\sqrt{3} & 1/\sqrt{2} & -1/\sqrt{6} \\ 1/\sqrt{3} & -1/\sqrt{2} & -1/\sqrt{6} \\ 1/\sqrt{3} & 0 & 2/\sqrt{6} \end{bmatrix}$

(d) $A = \begin{bmatrix} 1 & 3 \\ 2 & 4 \\ -1 & -1 \\ 0 & 1 \end{bmatrix}$, $Q = \begin{bmatrix} 1/\sqrt{6} & 1/\sqrt{3} \\ 2/\sqrt{6} & 0 \\ -1/\sqrt{6} & 1/\sqrt{3} \\ 0 & 1/\sqrt{3} \end{bmatrix}$

(e) $A = \begin{bmatrix} 3 & 1 & 5 \\ 2 & 5 & -1 \\ 0 & -1 & 2 \end{bmatrix}$,

$$Q = \begin{bmatrix} 3/\sqrt{13} & -2/\sqrt{14} & -2/\sqrt{182} \\ 2/\sqrt{13} & 3/\sqrt{14} & 3/\sqrt{182} \\ 0 & -1/\sqrt{14} & 13/\sqrt{182} \end{bmatrix}$$

25. QR 분해를 이용하여 다음 행렬의 고유값을 구하라.(적절한 컴퓨터 소프트웨어를 이용하라.)

(a) $\begin{bmatrix} 15 & 7 & -7 \\ -1 & 1 & 1 \\ 13 & 7 & -5 \end{bmatrix}$

(b) $\begin{bmatrix} 5 & -2 & 2 \\ 4 & -3 & 4 \\ 4 & -6 & 7 \end{bmatrix}$

(c) $\begin{bmatrix} 1 & 2 & -3 \\ 0 & 4 & 1 \\ -1 & 5 & -2 \end{bmatrix}$

(d) $\begin{bmatrix} 2.3415 & -1.6732 & 4.5620 \\ -8.6532 & 0.2541 & -3.2476 \\ 1.8935 & -0.2315 & 7.5432 \end{bmatrix}$

(e) $\begin{bmatrix} -2 & 0 & 1 & 5 \\ 1 & 2 & 4 & -7 \\ 0 & -1 & -3 & 6 \\ 3 & 1 & 2 & 0 \end{bmatrix}$

26. A를 선형독립인 열벡터를 갖는 $m \times n$ 행렬이라 하자. $n \leq m$임을 보여라. 따라서 QR분해 정리에서 $m \times n$인 행렬 A는 적어도 n개의 행을 갖는다.

27. Q를 정규직교인 열벡터를 갖는 $m \times n$ 행렬이라 하자. $Q^tQ = I$임을 보여라. I는 $n \times n$ 단위벡터이다.

28. A를 $n \times n$ 직교행렬이라 하자. A의 QR 분해가 $A = QR$이면 $Q = A$이고 $R = I$임을 보여라. I는 $n \times n$ 단위벡터이다.

29. 행렬 A가 가역일 필요충분조건은 $A = QR$임을 보여라. 여기서 Q는 직교행렬이고 R은 비영의 대각성분을 갖는 윗삼각행렬이다.

4.7 직교 여집합

어떤 벡터가 $\mathbf{R}^n$의 부분공간 W의 모든 벡터와 직교하면 그 벡터는 부분공간 $\mathbf{R}^n$에 직교한다고 한다. W에 직교하는 모든 벡터들의 집합을 W의 **직교 여집합**(orthogonal complement)이라 하고 $W_\perp$로 나타낸다. 이제 $W_\perp$가 부분공간임을 보이자.

정리 4.25

W가 $\mathbf{R}^n$의 부분공간이면 다음이 성립한다.

(a) $W_\perp$는 $\mathbf{R}^n$의 부분공간이다.

(b)$W \cap W_\perp = \{\mathbf{0}\}$ 여기서 0은 $\mathbf{R}^n$의 영벡터이다.

증명

(a) $\mathbf{w}$를 W의 벡터, $\mathbf{u}$, $\mathbf{v}$를 $W_\perp$ 벡터라 하자. 내적의 성질을 이용하면

$$\mathbf{u} \cdot \mathbf{w} = 0\text{과 } \mathbf{v} \cdot \mathbf{w} = 0\text{에서 } (\mathbf{u} + \mathbf{v}) \cdot \mathbf{w} = 0$$

이고, 스칼라 c에 대하여

$$c(\mathbf{u} \cdot \mathbf{w}) = 0\text{은 } (c\mathbf{u}) \cdot \mathbf{w} = 0$$

을 의미한다. 따라서 $\mathbf{u} + \mathbf{v}$와 $c\mathbf{u}$는 $\mathbf{w}$에 직교하고 $\mathbf{u} + \mathbf{v}$와 $c\mathbf{u}$는 $W_\perp$ 안에 있다. $W_\perp$는 덧셈과 스칼라 곱에 닫혀있고, 따라서 부분공간이다.

(b) $\mathbf{w}$를 $W \cap W_\perp$ 안의 벡터라 하자. $\mathbf{w}$는 W와 $W_\perp$에 모두 속하므로 $\mathbf{w} \cdot \mathbf{w} = 0$이고, 1.6절의 내적의 성질 4에 의해 $\mathbf{w} = \mathbf{0}$이다. 따라서 $W \cap W_\perp = \{\mathbf{0}\}$ ■

다음은 $\mathbf{v}$가 $\mathbf{R}^n$의 벡터이고 W가 $\mathbf{R}^n$의 부분공간이면 $\mathbf{v}$는 W의 벡터와 W에 직교하는 벡터로 유일한 방법으로 **분해**(decompose)할 수 있다는 정리이다.

정리 4.26

직교 분해 정리

W를 $\mathbf{R}^n$의 부분공간이라 하자. $\mathbf{R}^n$의 모든 벡터 $\mathbf{v}$는 다음의 형태로 유일하게 분해된다.

$$\mathbf{v} = \mathbf{w} + \mathbf{w}_\perp$$

여기서 $\mathbf{w}$는 W의 벡터이고 $\mathbf{w}_\perp$는 W에 직교하는 벡터이다. 그림 4.9를 보라.

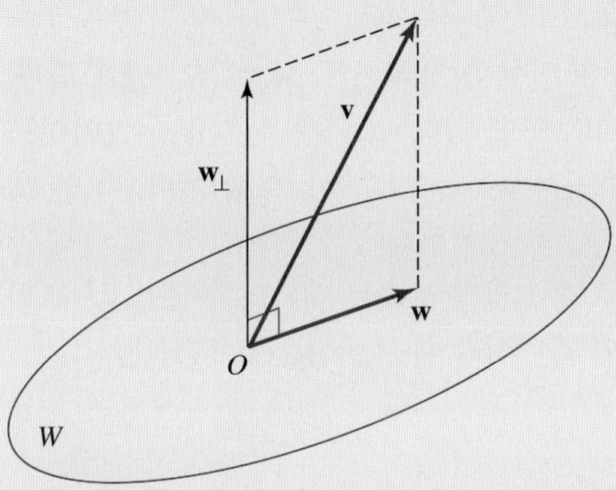

$\mathbf{v} = \mathbf{w} + \mathbf{w}_\perp$

그림 4.9

증명 $\{\mathbf{u}_1, \ldots, \mathbf{u}_m\}$을 W의 임의의 정규직교기저, $\mathbf{v}$를 $\mathbf{R}^n$의 임의의 벡터라 하고

$$\mathbf{w} = (\mathbf{v}\cdot\mathbf{u}_1)\mathbf{u}_1 + (\mathbf{v}\cdot\mathbf{u}_2)\mathbf{u}_2 + \cdots + (\mathbf{v}\cdot\mathbf{u}_m)\mathbf{u}_m \text{이고 } \mathbf{w}_\perp = \mathbf{v} - \mathbf{w}$$

라고 하자. $\mathbf{w}$는 W의 벡터이고, $\mathbf{w}_\perp$는 W에 직교하면서

$$\mathbf{v} = \mathbf{w} + \mathbf{w}_\perp$$

를 만족하는 유일한 벡터임을 보일 것이다. $\mathbf{w}$는 기저 $\mathbf{u}_1, \ldots, \mathbf{u}_m$의 선형결합이므로 W 안에 있다. 이제 $\mathbf{w}_\perp = \mathbf{v} - \mathbf{w}$가 W에 직교함을 보일 것이다. 먼저 $\mathbf{w}_\perp$가 각 기저벡터 $\mathbf{u}_1, \ldots, \mathbf{u}_m$에 직교함을 보인 다음 $\mathbf{w}_\perp$가 W의 임의의 벡터에 직교함을 보이자. 우선

$$\begin{aligned}
\mathbf{u}_i\cdot\mathbf{w}_\perp &= \mathbf{u}_i\cdot(\mathbf{v} - (\mathbf{v}\cdot\mathbf{u}_1)\mathbf{u}_1 - \cdots - (\mathbf{v}\cdot\mathbf{u}_m)\mathbf{u}_m) \\
&= \mathbf{u}_i\cdot\mathbf{v} - \mathbf{u}_i\cdot(\mathbf{v}\cdot\mathbf{u}_1)\mathbf{u}_1 - \cdots - \mathbf{u}_i\cdot(\mathbf{v}\cdot\mathbf{u}_m)\mathbf{u}_m \\
&= \mathbf{u}_i\cdot\mathbf{v} - (\mathbf{v}\cdot\mathbf{u}_1)(\mathbf{u}_i\cdot\mathbf{u}_1) - \cdots - (\mathbf{v}\cdot\mathbf{u}_m)(\mathbf{u}_i\cdot\mathbf{u}_m) \\
&= \mathbf{u}_i\cdot\mathbf{v} - (\mathbf{v}\cdot\mathbf{u}_i)(\mathbf{u}_i\cdot\mathbf{u}_i), \ \ \mathbf{u}_1, \ldots, \mathbf{u}_m\text{는 서로 직교하므로} \\
&= \mathbf{u}_i\cdot\mathbf{v} - \mathbf{v}\cdot\mathbf{u}_i, \ \ \mathbf{u}_i\cdot\mathbf{u}_i = 1 \text{ 이므로} \\
&= 0
\end{aligned}$$

이다. 따라서 $\mathbf{w}_\perp$는 W의 각 기저벡터와 직교이다. 이제 W의 임의의 벡터 $\mathbf{u} = c_1\mathbf{u}_1 + \cdots + c_m\mathbf{u}_m$에 대하여

$$\begin{aligned}\mathbf{u}\cdot\mathbf{w}_\perp &= (c_1\mathbf{u}_1+\cdots+c_m\mathbf{u}_m)\cdot\mathbf{w}_\perp\\ &= c_1\mathbf{u}_1\cdot\mathbf{w}_\perp+\cdots+c_m\mathbf{u}_m\cdot\mathbf{w}_\perp\\ &=0\end{aligned}$$

이므로 $\mathbf{w}_\perp$는 W에 직교한다.

또한, $\mathbf{w}_\perp = \mathbf{v} - \mathbf{w}$이므로 $\mathbf{v} = \mathbf{w} + \mathbf{w}_\perp$이다.

마지막으로 이 분해가 유일함을 보이자. W의 또 다른 벡터 $\mathbf{w}'$과 W에 직교하는 $\mathbf{w}'_\perp$에 대하여 $\mathbf{v}$의 다른 분해를 $\mathbf{v} = \mathbf{w}' + \mathbf{w}'_\perp$라 하면

$$\mathbf{w}+\mathbf{w}_\perp = \mathbf{w}'+\mathbf{w}'_\perp(\text{둘 다 }\mathbf{v}\text{와 같으므로})$$
$$\mathbf{w}-\mathbf{w}' = \mathbf{w}'_\perp-\mathbf{w}_\perp$$

이다. W와 $W_\perp$는 부분공간이므로 $\mathbf{w} - \mathbf{w}'$은 W 안에 있고 $\mathbf{w}'_\perp - \mathbf{w}_\perp$는 $W_\perp$ 안에 있다. 따라서 두 벡터 $\mathbf{w} - \mathbf{w}'$와 $\mathbf{w}'_\perp - \mathbf{w}_\perp$는 $W \cap W_\perp$ 안에 있다. 그런데 $W \cap W_\perp = \{\mathbf{0}\}$이므로 $\mathbf{w} - \mathbf{w}' = \mathbf{0}$이고 $\mathbf{w}'_\perp - \mathbf{w}_\perp = \mathbf{0}$이 된다. 따라서 $\mathbf{w} = \mathbf{w}'$이고 $\mathbf{w}'_\perp = \mathbf{w}_\perp$이다. 즉, 분해 $\mathbf{v} = \mathbf{w} + \mathbf{w}_\perp$는 유일하다.

$\mathbf{v}$의 W 안의 $\mathbf{w}$ 벡터와 $W_\perp$ 안의 $\mathbf{w}_\perp$ 벡터로의 유일한 분해는 벡터의 부분공간으로의 사영의 정의를 유도해준다. 이것을 $\mathbf{v}$의 W로의 사영이라 하고 $\text{proj}_W\,\mathbf{v}$로 나타낸다. ■

벡터의 부분공간으로의 사영

정의 W가 $\mathbf{R}^n$의 부분공간이고 $\{\mathbf{u}_1, \ldots, \mathbf{u}_m\}$이 W의 정규직교기저라고 하자. $\mathbf{v}$가 $\mathbf{R}^n$의 벡터일 때, $\mathbf{v}$의 부분공간 W로의 **사영**은 $\text{proj}_W\,\mathbf{v}$로 표기되고 다음과 같이 정의된다.

$$\text{proj}_W\,\mathbf{v} = (\mathbf{v}\cdot\mathbf{u}_1)\mathbf{u}_1 + (\mathbf{v}\cdot\mathbf{u}_2)\mathbf{u}_2 + \cdots + (\mathbf{v}\cdot\mathbf{u}_m)\mathbf{u}_m$$

그림 4.10을 보라.

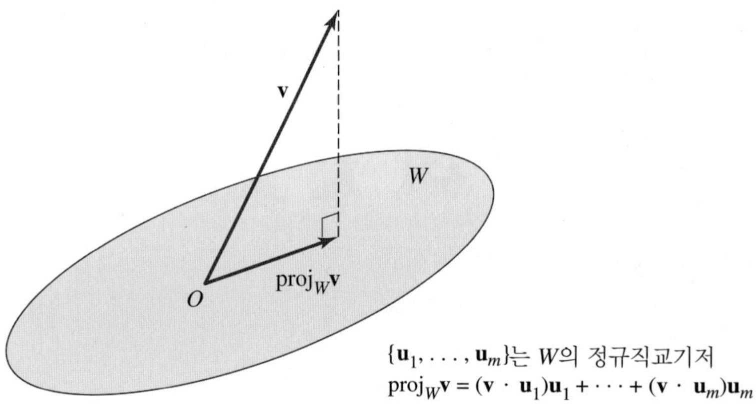

그림 4.10

참고: 아래는 이 정의에 대한 몇 가지 참고사항이다.

(1) 위의 정의는 W의 구체적인 정규직교기저를 규정하지 않음에 유의하자. 이는 어떤 정

규직교기저를 사용하든지 상관없이 동일한 $\text{proj}_W\,\mathbf{v}$를 구할 수 있음을 의미한다. 앞의 정리가 이것을 보장해 준다.

(2) W가 1차원인 경우 조사해보는 것도 가치 있다. $\mathbf{u}$가 직선 W의 단위 벡터라 하자. $\text{proj}_W\,\mathbf{v} = (\mathbf{v}\cdot\mathbf{u})\mathbf{u}$는 일차원 공간으로의 사영의 이전 정의와 일치한다. W가 m 차원인 경우 $\text{proj}_W\mathbf{v}$는 $\mathbf{u}_1, \ldots, \mathbf{u}_m$에 의해 정의된 각 직선으로의 사영들의 합과 같다.

(3) $\mathbf{v}$가 W 안에 있거나 $\mathbf{v}$가 W에 직교하는 특수한 경우에 유의하자. (정리 4.20에 의해) $\mathbf{v}$가 W 안에 있을 때는 $\text{proj}_W\mathbf{v} = \mathbf{v}$이고 $\mathbf{v}$가 W에 직교할 때는 $(\mathbf{v}\cdot\mathbf{u}_1) = 0, \ldots, (\mathbf{v}\cdot\mathbf{u}_m) = 0$이므로 $\text{proj}_W\mathbf{v} = \mathbf{0}$이다.

앞의 정리는 다음과 같은 형태로 쓸 수 있다.

정리 4.27

W를 $\mathbf{R}^n$의 부분공간이라 하자. $\mathbf{R}^n$의 모든 벡터 $\mathbf{v}$는 다음과 같은 형태로 유일하게 쓸 수 있다.

$$\mathbf{v} = \text{proj}_W\mathbf{v} + (\mathbf{v} - \text{proj}_W\mathbf{v})$$

단, $\text{proj}_W\mathbf{v}$는 W 안에 있고 $\mathbf{v} - \text{proj}_W\mathbf{v}$는 W에 직교한다. ■

예제 1

$\mathbf{R}^3$의 벡터 $\mathbf{v} = (3, 2, 6)$에 대하여 W는 (a, a, b) 형태의 벡터들로 이루어진 $\mathbf{R}^3$의 부분공간이라 하자.

(a) $(3, 2, 6)$의 W로의 사영 $\text{proj}_W\mathbf{v}$를 구하라.

(b) $\mathbf{v}$를 W에 있는 벡터 $\mathbf{w} = \text{proj}_W\mathbf{v}$와 W에 직교하는 벡터 $\mathbf{w}_\perp$의 합으로 분해하라.

풀이

(a) W의 정규직교기저가 필요하다. W의 임의의 벡터는 다음과 같이 쓸수 있다.

$$(a, b, b) = a(1, 0, 0) + b(0, 1, 1)$$

집합 $\{(1, 0, 0), (0, 1, 1)\}$은 W를 생성하고 선형독립이다. 이것은 W의 기저이고 직교한다. W의 정규직교기저 $\{\mathbf{u}_1, \mathbf{u}_2\}$를 얻기 위해 각 벡터를 정규화하면

$$\mathbf{u}_1 = (1, 0, 0),\ \mathbf{u}_2 = \left(0, \frac{1}{\sqrt{2}}, \frac{1}{\sqrt{2}}\right)$$

이 되고

$$\begin{aligned}\mathbf{w} &= \text{proj}_W\mathbf{v} = (\mathbf{v}\cdot\mathbf{u}_1)\mathbf{u}_1 + (\mathbf{v}\cdot\mathbf{u}_2)\mathbf{u}_2 \\ &= ((3,2,6)\cdot(1,0,0))(1,0,0) + \left((3,2,6)\cdot\left(0,\frac{1}{\sqrt{2}},\frac{1}{\sqrt{2}}\right)\right)\left(0,\frac{1}{\sqrt{2}},\frac{1}{\sqrt{2}}\right) \\ &= (3,0,0) + (0,4,4) = (3,4,4)\end{aligned}$$

를 얻는다.

(b) 또한

$$\mathbf{w}_{\perp} = \mathbf{v} - \text{proj}_W \mathbf{v} = (3, 2, 6) - (3, 4, 4) = (0, -2, 2)$$

이므로 $\mathbf{v} = (3, 2, 6)$의 분해는 $(3, 4, 4) + (0, -2, 2)$이다. $(3, 4, 4)$는 (a, b, b)의 형태로 W 안에 있고 $(0, -2, 2) \cdot (a, b, b) = 0$이므로 W에 직교함을 관찰하라. ■

한 점에서 부분공간까지의 거리

$\mathbf{R}^n$의 점과 점 사이의 거리에 대하여 논한 바 있는데, 이제 한 점에서 $\mathbf{R}^n$의 부분공간까지의 거리에 대하여 알아보자.

정의 $\mathbf{x}$를 $\mathbf{R}^n$의 점이라 하고, W를 $\mathbf{R}^n$의 부분공간, $\mathbf{y}$를 W의 임의의 점이라 하자. 점 $\mathbf{x}$에서 W까지의 거리는 $\mathbf{x}$와 W의 점 사이의 거리 중 최소값으로 정의하고 $d(\mathbf{x}, W)$로 표기한다. 즉,

$$d(\mathbf{x}, W) = \min\{d(\mathbf{x}, \mathbf{y})\}, \ W \text{ 안의 모든 점 } \mathbf{y}\text{에 대해}$$

이것은 또 다음과 같이 나타낼 수 있다.

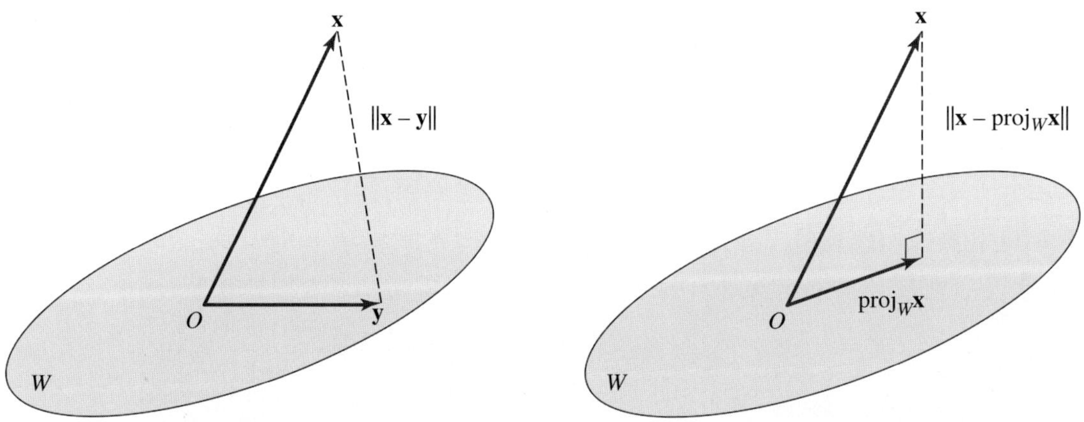

$\mathbf{x}$에서 $\mathbf{y}$까지의 거리
$d(\mathbf{x}, \mathbf{y}) = \|\mathbf{x} - \mathbf{y}\|$
(a)

$\mathbf{x}$에서 W까지의 거리
$d(\mathbf{x}, W) = \min\{d(\mathbf{x}, \mathbf{y})\}$ for all $\mathbf{y}$
$= \|\mathbf{x} - \text{proj}_W \mathbf{x}\|$
(b)

그림 4.11

다음 정리는 $d(\mathbf{x}, W)$의 유용한 표현이다.

정리 4.28

$\mathbf{R}^n$의 점 $\mathbf{x}$에서 부분공간 W까지의 거리 $d(\mathbf{x}, W)$는 그 점에서 그것의 사영 $\text{proj}_W\mathbf{x}$까지의 거리 $\|\mathbf{x} - \text{proj}_W\mathbf{x}\|$이다.(그림 4.11(b) 참고)

증명 $d(\mathbf{x}, W)$를 다음 식으로 표현하자.

$$d(\mathbf{x}, W) = \min\{\|\mathbf{x} - \mathbf{y}\|\}$$

이제

$$\mathbf{x} - \mathbf{y} = (\mathbf{x} - \text{proj}_W\mathbf{x}) + (\text{proj}_W\mathbf{x} - \mathbf{y})$$

로 나타내자. 이것은 $\mathbf{x} - \mathbf{y}$를 W에 수직인 벡터 $(\text{proj}_W\mathbf{x} - \mathbf{y})$와 W의 벡터 $(\mathbf{x} - \text{proj}_W\mathbf{x})$로 분해한 것이다. 피타고라스 정리에 의해

$$\|\mathbf{x} - \mathbf{y}\|^2 = \|\mathbf{x} - \text{proj}_W\mathbf{x}\|^2 + \|\text{proj}_W\,\mathbf{x} - \mathbf{y}\|^2$$

이므로

$$\text{proj}_W\mathbf{x} - \mathbf{y} = \mathbf{0}\text{일 때} \qquad \min\{\|\mathbf{x} - \mathbf{y}\|\} = \|\mathbf{x} - \text{proj}_W\mathbf{x}\|$$

이다. 따라서

$$\mathbf{y} = \text{proj}_W\mathbf{x}\text{일 때} \qquad d(\mathbf{x}, W) = \|\mathbf{x} - \text{proj}_W\mathbf{x}\|$$

이다. 즉, $\mathbf{x}$와 W의 거리는 $\|\mathbf{x} - \text{proj}_W\mathbf{x}\|$이다.
이것은 또한 $\text{proj}_W\mathbf{x}$가 $\mathbf{x}$에 가장 가까운 W의 점임을 의미한다. ■

예제 2

$\mathbf{R}^3$에서 점 $\mathbf{x} = (4, 1, -7)$과 (a, b, b) 형태의 모든 벡터들로 구성되는 부분공간 W 사이의 거리를 구하라.

풀이

앞의 예제에서

$$\mathbf{u}_1 = (1, 0, 0),\ \mathbf{u}_2 = \left(0, \frac{1}{\sqrt{2}}, \frac{1}{\sqrt{2}}\right)$$

로 구성되는 집합 $\{\mathbf{u}_1, \mathbf{u}_2\}$가 W의 정규직교기저임을 알았다. 이제 다음과 같이 $\text{proj}_W\mathbf{x}$를 구한다.

$$\begin{aligned}\text{proj}_W\,\mathbf{x} &= (\mathbf{x}\cdot\mathbf{u}_1)\mathbf{u}_1 + (\mathbf{x}\cdot\mathbf{u}_2)\mathbf{u}_2 \\ &= ((4, 1, -7)\cdot(1, 0, 0))(1, 0, 0) + \left((4, 1, -7)\cdot\left(0, \frac{1}{\sqrt{2}}, \frac{1}{\sqrt{2}}\right)\right)\left(0, \frac{1}{\sqrt{2}}, \frac{1}{\sqrt{2}}\right) \\ &= (4, 0, 0) + (0, -3, -3) = (4, -3, -3)\end{aligned}$$

따라서

$$\|\mathbf{x} - \text{proj}_W\mathbf{x}\| = \|(4, 1, -7) - (4, -3, -3)\| = \|(0, 4, -4)\| = \sqrt{32}$$

즉, $\mathbf{x}$와 W의 거리는 $\sqrt{32}$이다. ■

연습문제 4.7

부분공간으로의 사영

1. W를 기저가 {(0, −1, 3), (1, 1, 2)}인 $\mathbf{R}^3$의 부분공간이라고 하자. 다음 각 벡터의 W로의 사영을 구하라.
(a) (3, −1, 2) **(b)** (1, 1, 1) **(c)** (4, 2, 1)

2. V를 기저가 {(−1, 0, 2, 1), (1, −1, 0, 3)}인 $\mathbf{R}^4$의 부분공간이라고 하자. 다음 각 벡터의 V로의 사영을 구하라.
(a) (1, −1, 1, −1) **(b)** (2, 0, 1, −1) **(c)** (3, 2, 1, 0)

3. W를 {(1, 2, 3)}을 기저로 하는 $\mathbf{R}^3$의 부분공간이라 하자(W는 직선이다.) 벡터 $\mathbf{v}$ = (−1, 2, 4)의 W로의 사영을 구하라.

4. $\mathbf{R}^3$의 벡터 $\mathbf{v}$ = (1, 2, −1)을 고려하자. V가 (a, a, b) 형태 $\mathbf{R}^3$의 모든 벡터들로 구성되는 $\mathbf{R}^3$의 부분공간이라고 할 때, $\mathbf{v}$를 V의 벡터와 V에 직교하는 벡터의 합으로 분해하라.

5. $\mathbf{R}^3$의 벡터 $\mathbf{V}$ = (4, 1, −2)를 고려하자. V가 $(a, 2a, b)$ 형태의 모든 벡터들로 구성되는 $\mathbf{R}^3$의 부분공간이라고 할 때, $\mathbf{v}$를 V의 벡터와 V에 직교하는 벡터의 합으로 분해하라.

6. $\mathbf{R}^3$의 벡터 $\mathbf{v}$ = (3, 2, 1)을 고려하자. W가 $(a, b, a + b)$ 형태의 모든 벡터들로 구성되는 $\mathbf{R}^3$의 부분공간이라고 할 때, $\mathbf{v}$를 W의 벡터와 W에 직교하는 벡터의 합으로 분해하라.

부분공간과의 거리

7. $\mathbf{R}^3$의 점 $\mathbf{x}$ = (1, 3, −2)에서 (a, a, b) 형태의 모든 벡터들로 구성되는 $\mathbf{R}^3$의 부분공간 W까지의 거리를 구하라.

8. $\mathbf{R}^3$의 점 $\mathbf{x}$ = (2, 4, −1)에서 $(a, -2a, b)$ 형태의 모든 벡터들로 구성되는 $\mathbf{R}^3$의 부분공간 W까지의 거리를 구하라.

9. $\mathbf{R}^3$의 점 $\mathbf{x}$ = (1, 3, −2)에서 $(a, 2a, 3a)$ 형태의 모든 벡터들로 구성되는 $\mathbf{R}^3$의 부분공간 W까지의 거리를 구하라. 이것은 한 점에서 직선까지의 거리를 구하는 문제임을 파악하라.

기타

10. W를 $\mathbf{R}^n$의 부분공간이라 하자. $\{\mathbf{w}_1, \ldots, \mathbf{w}_s\}$가 W의 기저이고 $\{\mathbf{v}_1, \ldots, \mathbf{v}_t\}$가 $W_\perp$의 기저라고 하면, $\{\mathbf{w}_1, \ldots, \mathbf{w}_s, \mathbf{v}_1, \ldots, \mathbf{v}_t\}$는 $\mathbf{R}^n$의 기저임을 보여라. 따라서 $\dim W + \dim W_\perp = n$이다.

11. W가 $\mathbf{R}^n$의 부분공간이고 $W_\perp$는 그것의 직교여집합이라 하자. $\mathbf{R}^n = W \cup W_\perp$인가?

12. W가 $\mathbf{R}^n$의 부분공간이고 $W_\perp$는 그것의 직교여집합이라 하자. $(W_\perp)_\perp = W$임을 보여라.

4.8 핵, 치역, 랭크/무효차수 정리

2장에서 선형변환의 개념과 $\mathbf{R}^n$에서 행렬로 정의된 변환들을 살펴보았다. 이제 이러한 개념을 일반적인 벡터공간으로 확장할 것이다. 벡터공간은 덧셈과 스칼라 곱이라 불리는 두 개의 연산을 가지고 있다. 벡터공간 사이의 선형변환은 다음과 같은 의미로 선형 구조를 보존하는 변환이다.

정의 U와 W를 벡터공간이라 하고 c를 스칼라, $\mathbf{u}$, $\mathbf{v}$를 U의 벡터라고 하자. 다음 두 조건을 만족하면 변환 $T: U \to V$를 **선형변환**이라 한다.

$$T(\mathbf{u} + \mathbf{v}) = T(\mathbf{u}) + T(\mathbf{v})$$
$$T(c\mathbf{u}) = cT(\mathbf{u})$$

처음 조건은 T가 두 벡터의 합을 각 벡터의 상(image)의 합으로 사상하는 것을 의미한다. 두 번째 조건은 T가 벡터의 스칼라 배를 벡터 상의 스칼라 배로 사상하는 것을 의미한다. 따라서 선형변환에 의해 덧셈과 스칼라 곱의 연산이 보존된다. 다음 예제는 두 $\mathbf{R}^n$ 형태의 벡터공간들 사이의 선형성을 점검하는 데 정의를 어떻게 이용하는지에 대한 복습이다. 이것은 보다 일반적인 벡터공간 논의의 기초가 된다.

예제 1

다음 $T: \mathbf{R}^2 \to \mathbf{R}^2$가 선형변환임을 보여라.

$$T(x, y) = (2x, x + y)$$

풀이

T가 덧셈을 보존함을 보이자. (x_1, y_1)과 (x_2, y_2)가 $\mathbf{R}^2$의 원소라 하면

$$\begin{aligned} T((x_1, y_1) + (x_2, y_2)) &= T(x_1 + x_2, y_1 + y_2) && \text{벡터 합에 의해} \\ &= (2x_1 + 2x_2, x_1 + x_2 + y_1 + y_2) && T\text{의 정의에 의해} \\ &= (2x_1, x_1 + y_1) + (2x_2, x_2 + y_2) && \text{벡터 합에 의해} \\ &= T(x_1, y_1) + T(x_2, y_2) && T\text{의 정의에 의해} \end{aligned}$$

따라서 T는 덧셈을 보존한다.

이제 T가 스칼라 곱을 보존함을 보이자. 스칼라 c에 대하여

$$\begin{aligned} T(c(x_1, y_1)) &= T(cx_1, cy_1) && \text{벡터의 스칼라 곱에 의해} \\ &= (2cx_1, cx_1 + cy_1) && T\text{의 정의에 의해} \\ &= c(2x_1, x_1 + y_1) && \text{벡터의 스칼라 곱에 의해} \\ &= cT(x_1, y_1) && T\text{의 정의에 의해} \end{aligned}$$

따라서 T는 스칼라 곱도 보존하므로 T는 선형변환이다. ■

다음은 함수 공간들 사이의 선형변환을 설명하는 예제이다.

예제 2

P_n이 실수 계수를 갖는 n차 이하의 다항식들의 벡터공간이라 하자.
다음의 변환 $T: P_2 \to P_1$이 선형변환임을 보여라.

$$T(ax^2 + bx + c) = (a + b)x + c$$

풀이

$ax^2 + bx + c$와 $px^2 + qx + r$은 P_2의 임의의 원소라 하면

$$\begin{aligned} &T((ax^2 + bx + c) + (px^2 + qx + r)) \\ &\quad = T((a + p)x^2 + (b + q)x + (c + r)) \\ &\quad = (a + p + b + q)x + (c + r) && T\text{의 정의에 의해} \\ &\quad = (a + b)x + c + (p + q)x + r \\ &\quad = T(ax^2 + bx + c) + T(px^2 + qx + r) && T\text{의 정의에 의해} \end{aligned}$$

따라서 T는 덧셈을 보존한다.

이제 스칼라 c에 대하여

$$\begin{aligned} T(k(ax^2 + bx + c)) &= T(kax^2 + kbx + kc) \\ &= (ka + kb)x + kc \qquad T\text{의 정의에 의해} \\ &= k((a + b)x + c) \\ &= kT(ax^2 + bx + c) \qquad T\text{의 정의에 의해} \end{aligned}$$

따라서 T는 스칼라 곱도 보존하므로 T는 선형변환이다. ■

이제 미적분학에서 배운 미분의 성질들을 통해 미분이 선형변환임을 알아보자.

예제 3

도함수를 취하는 연산을 D라 하자.(D는 $\frac{d}{dx}$와 같다. 여기서는 $\frac{d}{dx}$보다 더 적합한 기호이다.) D는 P_n에서 자기 자신으로의 사상으로 생각할 수 있다. 예를 들어,

$$D(4x^3 - 3x^2 + 2x + 1) = 12x^2 - 6x + 2$$

D는 P_3의 원소 $4x^3 - 3x^2 + 2x + 1$을 P_3의 원소 $12x^2 - 6x + 2$로 사상한다.

P_n의 원소 f, g와 스칼라 c에 대하여 미분은 다음의 성질을 만족한다.

$$D(f + g) = Df + Dg$$
$$D(cf) = cD(f)$$

따라서 미분은 함수의 덧셈과 스칼라 곱을 보존하므로 선형변환이다. ■

핵과 치역

선형변환은 한 벡터공간(**정의역**)에서 다른 벡터공간(**공역**)으로의 함수라는 것을 알았다. 모든 선형변환과 연관되어 **핵**(kernal)과 **치역**(range)이라고 불리는 벡터공간이 존재한다. 이 절에서는 이 공간들의 성질을 소개하고 검토할 것이다.

다음 정리는 모든 선형변환에 대한 중요한 성질을 보여주는데 핵과 치역의 소개를 위한 예비지식이 된다.

정리 4.29

$T: U \to V$가 선형변환이고, $\mathbf{0}_U$와 $\mathbf{0}_V$가 U와 V의 영벡터라고 하면

$$T(\mathbf{0}_U) = \mathbf{0}_V$$

이다. 즉, 선형변환은 영벡터를 영벡터로 사상한다.

증명

$\mathbf{u}$를 U의 벡터라 하고, $T(\mathbf{u}) = \mathbf{v}$라 하자. $0\mathbf{u} = \mathbf{0}_U$, $0\mathbf{v} = \mathbf{0}_V$이고, T는 선형변환이기 때

문에 다음이 성립한다.

$$T(\mathbf{0}_U) = T(0\mathbf{u}) = 0T(\mathbf{u}) = 0\mathbf{v} = \mathbf{0}_V$$

예를 들어, $\mathbf{R}^3 \to \mathbf{R}^2$의 변환 $T(x, y, z) = (3x, y + z)$는 선형변환이다. (0, 0, 0)은 $\mathbf{R}^3$의 영벡터이고 (0, 0)는 $\mathbf{R}^2$의 영벡터이다. $T(0, 0, 0) = (0, 0)$이다.

정의 $T: U \to V$를 선형변환이라고 하자.
V의 영벡터로 사상되는 U의 벡터들의 집합을 T의 **핵**(kernel)이라고 부르고, ker(T)로 표기한다.
U의 벡터들의 상이 되는 V의 벡터들의 집합을 T의 **치역**(range)이라고 부르고, range(T)로 표기한다.

그림 4.12에 이 집합들이 나타나 있다. 선형대수학에서는 새로운 집합이 소개될 때마다 그것이 벡터공간인지 아닌지 관심을 가지게 된다. 이제 핵과 치역이 정말 벡터공간임을 확인해보자.

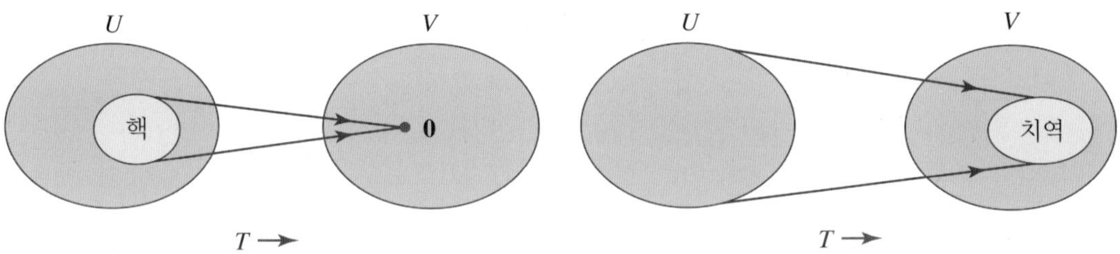

핵
0으로 사상되는 U의 모든 벡터

치역
U의 벡터의 상이 되는 V의 모든 벡터

그림 4.12

정리 4.30

$T: U \to V$를 선형변환이라고 하자.
(a) T의 핵은 U의 부분공간이다.
(b) T의 치역은 V의 부분공간이다.

증명

(a) 앞의 정리로부터 핵은 U의 영벡터를 가지고 있기 때문에 공집합이 아니다. 핵이 U의 부분공간이라는 것을 증명하기 위해 덧셈과 스칼라 곱셈에 대해 닫혀있다는 것을 보이면 된다.

먼저 덧셈에 대해 닫혀있음을 증명하자. $\mathbf{u}_1$과 $\mathbf{u}_2$를 ker(T)의 원소라고 하면, $T(\mathbf{u}_1) = \mathbf{0}$이고 $T(\mathbf{u}_2) = \mathbf{0}$이 된다. T의 선형성을 이용하면

$$T(\mathbf{u}_1 + \mathbf{u}_2) = T(\mathbf{u}_1) + T(\mathbf{u}_2) = \mathbf{0} + \mathbf{0} = \mathbf{0}$$

이므로, 벡터 $\mathbf{u}_1 + \mathbf{u}_2$는 0으로 사상된다. 그러므로 $\mathbf{u}_1 + \mathbf{u}_2$는 ker($T$)에 속한다.

이제 ker(T)가 스칼라 곱셈에 대해 닫혀있음을 보이자. c를 스칼라라고 하면,

T의 선형성을 이용하여 다음을 얻는다.

$$T(c\mathbf{u}_1) = cT(\mathbf{u}_1) = c\mathbf{0} = \mathbf{0}$$

따라서 $c\mathbf{u}_1$은 $\mathbf{0}$으로 사상되고 따라서 ker(T)에 속한다.

핵은 덧셈과 스칼라 곱셈에 대해 닫혀있으므로 U의 부분공간이다.

(b) 앞의 정리에서 알 수 있듯이 치역은 V의 영벡터를 포함하기 때문에 공집합이 아니다. 치역이 V의 부분공간임을 증명하기 위해 덧셈과 스칼라 곱셈에 대해 닫혀있음을 보이자. $\mathbf{v}_1$과 $\mathbf{v}_2$가 range(T)의 원소라고 하자, 그러면 정의역 U에 다음과 같은 벡터 $\mathbf{w}_1$과 $\mathbf{w}_2$가 존재한다.

$$T(\mathbf{w}_1) = \mathbf{v}_1\text{이고 } T(\mathbf{w}_2) = \mathbf{v}_2$$

T의 선형성을 이용하면

$$T(\mathbf{w}_1 + \mathbf{w}_2) = T(\mathbf{w}_1) + T(\mathbf{w}_2) = \mathbf{v}_1 + \mathbf{v}_2$$

이 되므로 벡터 $\mathbf{v}_1 + \mathbf{v}_2$는 $\mathbf{w}_1 + \mathbf{w}_2$의 상이다. 따라서 $\mathbf{v}_1 + \mathbf{v}_2$는 치역에 속한다.

이제 c를 스칼라라고 하면, T의 선형성에 의해

$$T(c\mathbf{w}_1) = cT(\mathbf{w}_1) = c\mathbf{v}_1$$

이다. 따라서 벡터 $c\mathbf{v}_1$은 $c\mathbf{w}_1$의 상이고 따라서 치역에 속한다.

치역은 덧셈과 스칼라 곱셈에 대해 닫혀있으므로 V의 부분공간이다. ■

예제 4

다음 선형연산자의 핵과 치역을 구하라.

$$T(x, y, z) = (x, y, 0)$$

풀이

선형연산자 T는 $\mathbf{R}^3$를 $\mathbf{R}^3$로 사상하기 때문에, 핵과 치역은 $\mathbf{R}^3$의 부분공간이다.

핵: ker(T)는 (0, 0, 0)으로 사상되는 부분집합이다. 다음을 보자.

$$\begin{aligned} T(x, y, z) &= (x, y, 0) \\ &= (0, 0, 0),\ x = 0, y = 0 \text{ 일 때} \end{aligned}$$

따라서 ker(T)는 (0, 0, z)형태의 모든 벡터의 집합이다. 즉,

$$\ker(T) = \{(0, 0, z)\}$$

기하적으로 ker(T)는 z축 상에 있는 모든 벡터들의 집합이다.

치역: T의 치역은 (x, y, 0) 형태의 모든 벡터들의 집합이다. 따라서

$$\text{range}(T) = \{(x, y, 0)\}$$

즉, range(T)는 xy 평면에 놓인 모든 벡터들의 집합이다.

그림 4.13에서 이 변환을 예시하고 있다. T가 벡터 (x, y, z)를 평면 위의 벡터 (x, y,

0)으로 사영함을 관찰하라. T는 모든 벡터를 평면 위로 사영하는데, 이것은 **사영연산자**의 예이다.

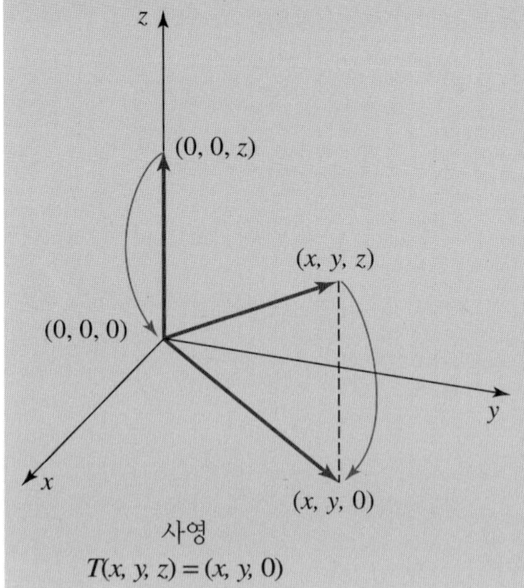

그림 4.13

사영은 그 응용면에서 중요하다. 우리가 살고 있는 세계는 3개의 공간차원을 가지고 있다. 그러나 우리가 물체를 볼 때는 보는 위치에 따라 달라지는, 그 물체의 2차원 상을 보는 것이다. 사영을 이용하여 3차원 물체가 다양한 위치에서 어떻게 보이는지 나타낼 수 있는데, 이러한 변환은 건축, 자동차산업, 항공우주산업 등에서 사용된다. 적절한 좌표계에서 대상 물체의 윤곽이 컴퓨터로 보내지면, 컴퓨터 프로그램은 적절한 사영변환을 수행하여 물체의 2차원 상을 그려준다. 이런 방식으로 다양한 변환을 적용하여 물체의 다양한 성질을 파악할 수 있다. 항공우주산업에서는 이러한 그래픽 시스템을 사용하여 항공기를 설계한다. 그림 4.14는 항공기에 대한 이러한 개념을 예시하고 있다. 사용된 사영은 xz 평면에 대한 것이다. 나타난 상은 관찰자가 A의 위치에서 본 항공기의 모습인데, 이는 컴퓨터에 의해 그려진다.

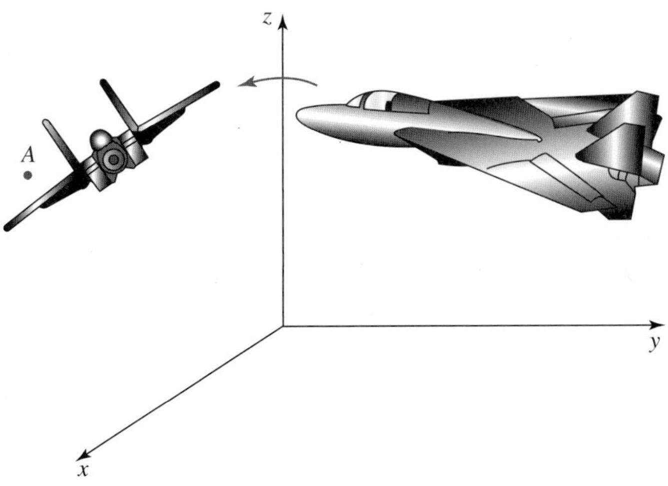

그림 4.14

이제 행렬변환의 핵과 치역에 대해 살펴보기로 하자. 다음 정리는 행렬변환의 치역에 관한 정보를 준다.

정리 4.31

$T: \mathbf{R}^n \to \mathbf{R}^m$이 $T(\mathbf{u}) = A\mathbf{u}$로 정의된다고 하면, T의 치역은 A의 열벡터들에 의해 생성된다.

증명

$\mathbf{v}$가 치역에 속한 벡터라고 하면, $T(\mathbf{u}) = \mathbf{v}$가 되는 벡터 $\mathbf{u}$가 존재한다. $\mathbf{u}$를 $\mathbf{R}^n$의 표준기저로 표현하면

$$\mathbf{u} = c_1\mathbf{e}_1 + \cdots + c_n\mathbf{e}_n$$

그러므로

$$\begin{aligned}\mathbf{v} &= T(c_1\mathbf{e}_1 + \cdots + c_n\mathbf{e}_n) \\ &= c_1T(\mathbf{e}_1) + \cdots + c_nT(\mathbf{e}_n)\end{aligned}$$

따라서 A의 열벡터, 즉 $T(\mathbf{e}_1), \ldots, T(\mathbf{e}_n)$은 A의 치역을 생성한다. ■

예제 5

다음 행렬로 정의되는 변환의 핵과 치역을 구하라.

$$A = \begin{bmatrix} 1 & 2 & 3 \\ 0 & -1 & 1 \\ 1 & 1 & 4 \end{bmatrix}$$

풀이

A는 3×3행렬이다. 따라서 A는 다음의 선형연산자 $T: \mathbf{R}^3 \to \mathbf{R}^3$를 정의한다.

$$T(\mathbf{x}) = A\mathbf{x}$$

행렬 곱셈을 할 때에는 $\mathbf{R}^3$의 원소가 열행렬 형태로 표현된다. 그 밖의 경우에는 $\mathbf{R}^3$의 원소가 편의상 행 형태로 표현된다.

핵: 핵은 다음을 만족하는 $\mathbf{R}^3$의 모든 벡터 $\mathbf{x} = (x_1, x_2, x_3)$로 구성된다.

$$T(\mathbf{x}) = \mathbf{0}$$

따라서

$$\begin{bmatrix} 1 & 2 & 3 \\ 0 & -1 & 1 \\ 1 & 1 & 4 \end{bmatrix}\begin{bmatrix} x_1 \\ x_2 \\ x_3 \end{bmatrix} = \begin{bmatrix} 0 \\ 0 \\ 0 \end{bmatrix}$$

이러한 행렬방정식은 다음의 선형방정식계에 대응한다.

$$\begin{aligned} x_1 + 2x_2 + 3x_3 &= 0 \\ -x_2 + x_3 &= 0 \\ x_1 + x_2 + 4x_3 &= 0 \end{aligned}$$

이 계를 풀면, $x_1 = -5r$, $x_2 = r$, $x_3 = r$ 형태의 많은 해를 얻는다. 따라서 핵은 $(-5r, r, r)$형태의 벡터들의 집합이다. 즉,

$$\ker(T) = \{(-5r, r, r)\}$$

$\ker(T)$는 기저 $(-5, 1, 1)$을 가진 $\mathbf{R}^3$의 1차원 부분공간이다.

치역: 치역은 A의 열벡터로 생성된다. 이 열벡터들을 행렬의 행으로 놓고 다음과 같이 행렬의 사다리형을 계산한다. 영이 아닌 행벡터들이 치역의 기저가 된다.

$$\begin{bmatrix} 1 & 0 & 1 \\ 2 & -1 & 1 \\ 3 & 1 & 4 \end{bmatrix} \approx \begin{bmatrix} 1 & 0 & 1 \\ 0 & -1 & -1 \\ 0 & 1 & 1 \end{bmatrix} \approx \begin{bmatrix} 1 & 0 & 1 \\ 0 & 1 & 1 \\ 0 & 1 & 1 \end{bmatrix} \approx \begin{bmatrix} 1 & 0 & 1 \\ 0 & 1 & 1 \\ 0 & 0 & 0 \end{bmatrix}$$

벡터 $(1, 0, 1)$과 $(0, 1, 1)$은 T의 치역을 생성한다. 치역에 속한 임의의 벡터는 이 벡터들의 선형결합으로 다음과 같이 표현된다.

$$s(1, 0, 1) + t(0, 1, 1)$$

따라서 의 치역은 다음과 같다.

$$\text{range}(T) = \{(s, t, s + t)\}$$

또한 벡터 $(1, 0, 1)$과 $(0, 1, 1)$은 선형독립이므로, ramge(T)는 기저 $\{(1, 0, 1), (0, 1, 1)\}$을 가진 $\mathbf{R}^3$의 2차원 부분공간이다. ■

다음 정리는 선형변환의 핵과 치역의 '크기' 사이의 중요한 관계를 알려 준다

정리 4.32

$T: U \to V$를 선형변환이라고 하자. 그러면

$$\dim \ker(T) + \dim \text{range}(T) = \dim \text{domain}(T)$$

(이 결과는 위의 예에 나온 선형변환 T에 대해서도 유효하다는 것을 관찰하라. 즉, $\dim \ker(T) = 1$, $\dim \text{range}(T) = 2$, $\dim \text{domain}(T) = 3$.)

증명

핵은 영벡터보다는 많은 원소들로 이루어져 있고, U 전체는 아닌 것으로 가정하자(연습문제 18에서 이 두 가지 특별한 경우의 증명을 시도해보라).

$\mathbf{u}_1, \ldots, \mathbf{u}_m$을 $\ker(T)$의 기저라고 하자. 이 집합에 벡터 $\mathbf{u}_{m+1}, \ldots, \mathbf{u}_n$을 더하여 U의 기저를 얻을 수 있다. $T(\mathbf{u}_{m+1}), \ldots, T(\mathbf{u}_n)$이 치역의 기저를 형성함을 보여 정리를 증명할 것이다.

$\mathbf{u}$를 U에 속한 벡터라고 하면, $\mathbf{u}$는 다음과 같이 기저벡터의 선형결합으로 표현될 수 있다.

$$\mathbf{u} = a_1\mathbf{u}_1 + \cdots + a_m\mathbf{u}_m + a_{m+1}\mathbf{u}_{m+1} + \cdots + a_n\mathbf{u}_n$$

따라서

$$T(\mathbf{u}) = T(a_1\mathbf{u}_1 + \cdots + a_m\mathbf{u}_m + a_{m+1}\mathbf{u}_{m+1} + \cdots + a_n\mathbf{u}_n)$$

이 되고 T의 선형성으로부터

$$T(\mathbf{u}) = a_1T(\mathbf{u}_1) + \cdots + a_mT(\mathbf{u}_m) + a_{m+1}T(\mathbf{u}_{m+1}) + \cdots + a_nT(\mathbf{u}_n)$$

를 얻는다. $\mathbf{u}_1, \ldots, \mathbf{u}_m$은 핵에 속하기 때문에 이 식은 아래와 같이 줄어든다.

$$T(\mathbf{u}) = a_{m+1}T(\mathbf{u}_{m+1}) + \cdots + a_nT(\mathbf{u}_n)$$

$T(\mathbf{u})$는 T의 치역에 속한 임의의 벡터를 나타낸다. 따라서 $T(\mathbf{u}_{m+1}), \ldots, T(\mathbf{u}_n)$은 치역을 생성한다.

이제 이 벡터들이 선형독립이라는 것을 증명하는 일이 남아 있다. 다음 등식을 고려하자.

$$b_{m+1}T(\mathbf{u}_{m+1}) + \cdots + b_nT(\mathbf{u}_n) = \mathbf{0} \tag{1}$$

여기서 스칼라의 첨자는 편의에 따라 붙여졌다. T의 선형성에서

$$T(b_{m+1}\mathbf{u}_{m+1} + \cdots + b_n\mathbf{u}_n) = \mathbf{0}$$

이 되는데 이 식은 벡터 $b_{m+1}\mathbf{u}_{m+1} + \cdots + b_n\mathbf{u}_n$이 핵에 속한다는 것을 의미한다. 따라서 이 벡터는 핵의 기저벡터들의 선형결합으로 표현될 수 있다. 이제

$$b_{m+1}\mathbf{u}_{m+1} + \cdots + b_n\mathbf{u}_n = c_1\mathbf{u}_1 + \cdots + c_m\mathbf{u}_m$$

로 놓고 이항하면

$$c_1\mathbf{u}_1 + \cdots + c_m\mathbf{u}_m - b_{m+1}\mathbf{u}_{m+1} - \cdots - b_n\mathbf{u}_n = \mathbf{0}$$

이 된다. 그런데 벡터 $\mathbf{u}_1, \ldots, \mathbf{u}_m, \mathbf{u}_{m+1}, \ldots, \mathbf{u}_n$은 U의 기저이기 때문에 선형독립이고, 따라서 계수들은 모두 0이다. 즉,

$$c_1 = 0, \ldots, c_m = 0, b_{m+1} = 0, \ldots, b_n = 0$$

이는, 등식 (1)로 되돌아가면, $T(\mathbf{u}_{m+1}), \ldots, T(\mathbf{u}_n)$이 선형독립임을 의미한다. 따라서 벡터 $T(\mathbf{u}_{m+1}), \ldots, T(\mathbf{u}_n)$의 집합은 치역의 기저이고, 이로써 정리가 증명된다.

핵이 점점 '커지면' 치역은 점점 '작아지는' 것을 기억하라. ■

랭크/무효차수 정리

A를 $n \times n$행렬, T를 선형변환이라 하자. T의 핵은 T의 영공간이라고도 불리고 null(T)로 나타낸다고 언급한 바 있다. null(T)차원을 nullity(T)로 나타낸다. T의 치역은 A의 열벡터들에 의해 생성된 R^m의 부분공간이다(정리 4.31). 따라서 T의 치역의 차원은 rank(A)이다. 즉 rank(T) = rank(A)이므로 정리 4.32는 다음과 같이 나타낼 수 있다.

$$\boxed{\text{rank}(T) + \text{nullity}(T) = \dim \text{domain}(T)}$$

이것을 **랭크/무효차수 정리**(rank/nullity theorem)라 한다.

예제 6

다음 행렬에 의해 정의되는 선형변환 T의 랭크와 치역의 차원, 핵의 차원, 무효차수를 구하라.

$$A = \begin{bmatrix} 1 & 0 & 3 \\ 0 & 1 & 5 \\ 0 & 0 & 0 \end{bmatrix}$$

풀이

행렬 A가 사다리형이라는 것을 관찰하라. 비영의 행벡터들은 선형독립이다. 이는 $\text{rank}(A) = \dim \text{range}(T) = 2$라는 것을 의미한다. A가 3×3 행렬이므로 $T: \mathbf{R}^3 \rightarrow \mathbf{R}^3$이고 $\dim \text{domain}(T) = 3$이고 $\dim \text{domain}(T) - \dim \text{range}(T) = 3 - 2 = 1$이다.
$\text{nullity}(T) = \dim \text{kernel}(T) = 1$

행렬의 기본 공간

$\text{row}(A)$, $\text{col}(A)$, $\text{null}(A)$와 $\text{null}(A^t)$를 행렬 A의 **기본 부분공간**이라고 부른다. 다음 정리는 이 부분공간들 사이의 관계를 알려준다.

정리 4.33

A를 $m \times n$ 행렬이라 하자. 그러면 A의 행공간의 직교여집합은 A의 영공간이고, A의 열공간의 직교여집합은 A^t의 영공간이다. 즉,

$$(\text{row}(A))_{\perp} = \text{null}(A)\text{이고 } (\text{col}(A))_{\perp} = \text{null}(A^t)$$

증명

$\mathbf{u}$를 $\mathbf{R}^n$의 벡터라 하자. $\mathbf{u}$가 $(\text{row}(A))_{\perp}$ 안에 있기 위한 필요충분조건은 $\mathbf{u}$가 A의 모든 행벡터에 직교하는 것이다. $\mathbf{u}$가 A의 모든 행벡터에 직교하기 위한 필요충분조건은 $A\mathbf{u} = 0$, 즉 $\mathbf{u}$는 $\text{null}(A)$에 속하는 것이다. 이것이 첫 번째 결과의 증명이다.
첫 번째 결과를 이용하여 두 번째 결과를 보이자. 첫 결과는 모든 행렬에 대하여 성립한다. 특히 A가 A^t일 때에도 성립하므로, 첫 등식에 A대신 A^t를 대입하면 $(\text{row}(A^t))_{\perp} = \text{null}(A^t)$가 성립한다. 그런데 $\text{row}(A^t) = \text{col}(A)$이므로 $(\text{col}(A))_{\perp} = \text{null}(A^t)$이다.

예제 7

다음 행렬 A의 부분공간 $\text{row}(A)$, $\text{col}(A)$, $\text{null}(A)$와 $\text{null}(A^t)$를 구하라. 정리 4.33의 결과가 성립함을 보여라.

$$A = \begin{bmatrix} 1 & 2 \\ 3 & 6 \\ 4 & 8 \end{bmatrix}$$

풀이

다음 개요를 따라 풀이를 완성하라.

$$\text{row}(A) = \{k(1, 2)\}. \quad \text{col}(A) = \left\{ k\begin{bmatrix} 1 \\ 3 \\ 4 \end{bmatrix} \right\}$$

$$\text{null}(A)\text{: } A\mathbf{x} = \mathbf{0}, \begin{bmatrix} 1 & 2 \\ 3 & 6 \\ 4 & 8 \end{bmatrix}\begin{bmatrix} x_1 \\ x_2 \end{bmatrix} = \begin{bmatrix} 0 \\ 0 \\ 0 \end{bmatrix}, \begin{matrix} x_1 + 2x_2 = 0 \\ 3x_1 + 6x_2 = 0. \\ 4x_1 + 8x_2 = 0 \end{matrix} \quad x_1 + 2x_2 = 0, x_1 = -2x_2.$$

$$\text{null}(A) = \left\{ r\begin{bmatrix} -2 \\ 1 \end{bmatrix} \right\}.$$

$$\text{null}(A^t)\text{: } A^t\mathbf{x} = \mathbf{0}, \begin{bmatrix} 1 & 3 & 4 \\ 2 & 6 & 8 \end{bmatrix}\begin{bmatrix} x_1 \\ x_2 \\ x_3 \end{bmatrix} = \begin{bmatrix} 0 \\ 0 \end{bmatrix}, \; x_1 + 3x_2 + 4x_3 = 0, x_1 = -3x_2 - 4x_3.$$

$$\text{null}(A^t) = \left\{ \begin{bmatrix} -3r - 4s \\ r \\ s \end{bmatrix} \right\}.$$

정리 4.33의 확인:

$\text{row}(A) = \{k(1, 2)\}$. 벡터 (a, b)가 $(\text{row}(A))_\perp$ 안에 있을 필요충분조건은 $k(1, 2) \cdot (a, b) = 0$이다.

즉, $a + 2b = 0$, $a = -2b$이다. 따라서 $(\text{row}(A))_\perp = \{b(-2, 1)\}$이다. 이 벡터들을 열벡터로 표현하면 $(\text{row}(A))_\perp = \text{null}(A)$이다.

$\text{col}(A) = \left\{ k\begin{pmatrix} 1 \\ 3 \\ 4 \end{pmatrix} \right\}$. 벡터 $\begin{pmatrix} a \\ b \\ c \end{pmatrix}$이 $(\text{col}(A))_\perp$의 원소일 필요충분조건은 $k\begin{pmatrix} 1 \\ 3 \\ 4 \end{pmatrix} \cdot \begin{pmatrix} a \\ b \\ c \end{pmatrix} = 0$이다.

즉, $a + 3b + 4c = 0$이다. 따라서 $(\text{col}(A))_\perp = \left\{ \begin{pmatrix} -3b - 4c \\ b \\ c \end{pmatrix} \right\} = \text{null}(A^t)$이다. ■

연습문제 4.8

$\mathbf{R}^n$에서의 선형성

1. $T(x, y) = (3x, x + y)$로 정의된 변환 T: $\mathbf{R}^2 \to \mathbf{R}^2$가 선형임을 보여라. 이 변환에 의한 벡터 $(1, 3)$과 $(-1, 2)$의 상을 구하라.

2. $T(x, y) = (x + 2y, 3y, x - y)$는 선형변환 T: $\mathbf{R}^2 \to \mathbf{R}^3$임을 보여라. $(0, 4)$와 $(1, 1)$의 상을 구하라.

3. 다음 변환 $T: \mathbf{R}^2 \to \mathbf{R}$이 선형이 아님을 보여라.

(a) $T(x, y) = y^2$ **(b)** $T(x, y) = x - 3$

함수공간에서 선형성

4. $T(ax + b) = (a + b)x$로 정의된 변환 $T: P_1 \to P_1$이 선형임을 보여라.

5. $P_2 \to P_1$의 변환 $T(ax^2 + bx + c) = (a + b + c)x$가 선형임을 보여라. $x^2 + 2x + 3$의 상을 구하라.

6. $P_1 \to P_2$의 변환 $T(ax + b) = ax^2$가 선형임을 보여라.

7. $P_1 \to P_2$의 변환 $T(ax + b) = ax^2 + ax + a$은 선형인가? $2x + 1$의 상을 구하라. 같은 상을 갖는 P_1의 다른 원소를 구하라.

8. 변환 $T(ax + b) = ax + 2$가 선형이 아님을 보여라.

9. $P_1 \to P_1$의 변환 $T(ax + b) = bx + a$가 선형인가?

10. $P_3 \to \mathbf{R}$의 변환 $T(ax^3 + bx^2 + cx + d) = 2$가 선형인가?

함수공간에서 선형성

11. $T(ax^2 + bx + c) = cx^2 + a$로 정의된 변환 $T: P_2 \to P_2$이 선형임을 보여라. $3x^2 - x + 2$의 상을 구하라. 같은 상을 갖는 P_2의 다른 원소를 구하라.

12. $P_2 \to P_1$의 변환 $T(ax^2 + bx + c) = bx + c$가 선형임을 보여라. $3x^2 - x + 2$의 상을 구하라. 같은 상을 갖는 P_2의 다른 원소를 구하라.

13. $P_1 \to P_1$의 변환 $T(ax + b) = x + a$가 선형이 아님을 보여라.

14. 0에서 1까지의 정적분을 취하는 변환을 J라 하자. J는 P_n에서 R로의 사상을 정의하는 데 사용될 수 있다. 예를 들어

$$\begin{aligned} J(6x^2 + 2x + 3) &= \int_0^1 (6x^2 + 2x + 3)dx \\ &= [2x^3 + x^2 + 3x]_0^1 = 6 \end{aligned}$$

J는 P_n의 원소 $6x^2 + 2x + 3$을 R의 원소 6으로 사상한다. J는 $P_n \to \mathbf{R}$의 선형변환임을 보여라.

핵과 치역

15. 다음 행렬로 정의되는 선형변환 T를 고려하자. 각 변환의 핵과 치역의 구하라. 각 변환에 대하여 dim ker(T) + dim range(T) = domain(T)를 보여라.

(a) $\begin{bmatrix} 1 & 2 \\ 3 & 0 \end{bmatrix}$ **(b)** $\begin{bmatrix} 2 & 0 \\ 3 & 0 \end{bmatrix}$

(c) $\begin{bmatrix} 2 & 4 \\ 4 & 8 \end{bmatrix}$ **(d)** $\begin{bmatrix} 1 & 2 \\ -1 & 3 \end{bmatrix}$

(e) $\begin{bmatrix} 1 & 2 & 3 \\ 0 & 1 & 2 \end{bmatrix}$ **(f)** $\begin{bmatrix} 1 & 0 & 0 \\ 0 & 2 & 0 \\ 0 & 0 & 3 \end{bmatrix}$

(g) $\begin{bmatrix} 0 & 1 & 0 \\ 0 & 2 & 0 \\ 0 & 0 & 4 \end{bmatrix}$ **(h)** $\begin{bmatrix} 1 & 2 & 1 \\ -1 & -2 & 0 \\ 2 & 4 & 1 \end{bmatrix}$

(i) $\begin{bmatrix} 1 & 1 & 5 \\ 0 & 1 & 3 \\ 2 & 1 & 7 \end{bmatrix}$

16. 다음 각 변환의 핵과 치역을 구하라. 각 변환에 대하여 dim ker(T) + dim range(T) = dim domain(T)를 보여라.

(a) $T(x, y, z) = (x, 0, 0)$, $\mathbf{R}^3 \to \mathbf{R}^3$
(b) $T(x, y, z) = (x + y, z)$, $\mathbf{R}^3 \to \mathbf{R}^2$
(c) $T(x, y, z) = x + y + z$ $\mathbf{R}^3 \to \mathbf{R}$
(d) $T(x, y) = (x, 2x, 3x)$, $\mathbf{R}^2 \to \mathbf{R}^3$
(e) $T(x, y) = (3x, x - y, y)$, $\mathbf{R}^2 \to \mathbf{R}^3$

17. $T: U \to U$이고, $\mathbf{u}$는 U의 임의의 벡터, $\mathbf{v}$는 U의 고정벡터, $\mathbf{0}$은 U의 영벡터라고 하자. 다음의 변환 중 어느 것이 선형인지 판별하라. 선형변환인 경우 핵과 치역을 구하라.

(a) $T(\mathbf{u}) = 5\mathbf{u}$
(b) $T(\mathbf{u}) = 2\mathbf{u} + 3\mathbf{v}$
(c) $T(\mathbf{u}) = \mathbf{u}$ (U에서의 **항등변환**이라고 불린다.)
(d) $T(\mathbf{u}) = \mathbf{0}$ (U에서의 **영변환**이라고 불린다.)

랭크/무효차수 정리

18. $T: U \to V$가 선형이라고 하자. 다음의 경우에 대하여 dim ker(T) + dim range(T) = dim domain(T)를 증명하라.

(a) ker(T) = $\mathbf{0}$일 때 (b) ker(T) = U일 때

(이들은 랭크/무효차수 정리의 증명에서 언급된 특별한 경우이다)

19. $T: U \to V$가 선형변환이라고 하자.

(a) dim(U) = dim(V)일 때, range(T) = V일 필요충분조건은 ker(T) = $\mathbf{0}$임을 증명하라.

(b) ker(T) = U일 필요충분조건은 range(T) = $\mathbf{0}$임을 증명하라.

20. $T: U \to V$가 선형변환이라고 하자. T의 치역의 차원은 정의역의 차원보다 클 수 없음을 증명하라.

21. $m \times n$ 행렬 A가 사상 $T: \mathbf{R}^n \to \mathbf{R}^m$을 정의한다고 하자. A^t는 $n \times m$ 행렬이기 때문에 사상 $T^t: \mathbf{R}^m \to \mathbf{R}^n$을 정의할 것이다. $\dim \text{range}(T) = \dim \text{range}(T^t)$임을 보여라.

행렬의 기본공간

22. 행렬 A와 A로 정의된 선형변환 T를 생각하자. 각 행렬 A에 대하여, A의 랭크, T의 정의역의 차원, T의 치역의 차원, 무효차수를 구하라.

(a) $A = \begin{bmatrix} 1 & 0 & 6 & 2 \\ 0 & 1 & 2 & 7 \\ 0 & 0 & 0 & 0 \end{bmatrix}$ **(b)** $A = \begin{bmatrix} 1 & 0 & 0 & 2 \\ 0 & 1 & 0 & 7 \\ 0 & 0 & 1 & 4 \end{bmatrix}$

(c) $A = \begin{bmatrix} 1 & 0 & 0 & 4 \\ 0 & 1 & 0 & 5 \\ 1 & 1 & 1 & 9 \end{bmatrix}$ **(d)** $A = \begin{bmatrix} 1 & 2 & -1 \\ 2 & 4 & -2 \\ 3 & 6 & -3 \\ 4 & 8 & -4 \end{bmatrix}$

23. A를 랭크가 r인 $m \times n$ 행렬이라 하고 T를 A로 정의된 선형변환이라 하자. 다음 각 부분공간의 차원을 구하라. (힌트 **(d)**와 **(e)**는 이 장 7절의 연습문제 10번을 보라)

(a) $\text{col}(A)$ **(b)** $\text{row}(A)$ **(c)** $\text{null}(A)$ **(d)** $(\text{col}(A))_\perp$

(e) $(\text{row}(A))_\perp$

24. 다음 행렬 A를 고려하자. 각 행렬에 대하여 $\text{row}(A)$, $\text{col}(A)$, $\text{null}(A)$, $\text{null}(A^t)$를 구하라. 정리 4.33의 결과가 성립함을 보여라.

(a) $A = \begin{bmatrix} 1 & 3 \\ 2 & 6 \\ 4 & 12 \end{bmatrix}$ **(b)** $A = \begin{bmatrix} 1 & 0 & 3 \\ 0 & 1 & 5 \\ 1 & 1 & 8 \end{bmatrix}$

(c) $A = \begin{bmatrix} 1 & 0 & -5 & 3 \\ 0 & 1 & -2 & 7 \end{bmatrix}$

$\mathbf{R}^n$에서의 선형변환

25. $\mathbf{R}^3 \to \mathbf{R}^3$의 사영 $T(x, y, z) = (x, y, 0)$을 고려하자. T에 의해 벡터 $(1, 2, 0)$으로 사상되는 $\mathbf{R}^3$의 벡터들의 집합을 구하고, 이를 그려라.

26. $\mathbf{R}^2 \to \mathbf{R}^2$의 선형연산자 $T(x, y) = (x - y, 2y - 2x)$를 생각하자. T에 의해 벡터 $(2, -4)$로 사상되는 $\mathbf{R}^2$의 벡터들의 집합을 구하고 그려라.

27. $\mathbf{R}^2 \to \mathbf{R}^2$의 선형연산자 $T(x, y) = (2x, 3x)$를 생각하자. T에 의해 벡터 $(4, 6)$으로 사상되는 $\mathbf{R}^2$의 벡터들의 집합을 구하고 그려라. 이 집합은 $\mathbf{R}^2$의 부분공간인가?

28. $T(x, y, z) = (x - y, x + z)$로 정의되는 선형변환 $T: \mathbf{R}^3 \to \mathbf{R}^2$를 생각하자. T에 의해 벡터 $(1, 4)$로 사상되는 벡터들의 집합을 구하고 그려라. 이 집합은 부분공간인가?

함수공간에서의 선형변환

29. 다음과 같이 정의되는 $T: P_2 \to P_2$가 선형임을 증명하라. T의 핵과 치역을 구하라. 이 부분공간들의 기저를 구하라.

$$T(a_2x^2 + a_1x + a_0) = (a_2 + a_1)x^2 + a_1x + 2a_0$$

30. 다음과 같이 정의되는 $T: P_3 \to P_2$가 선형임을 증명하라. T의 핵과 치역을 구하라. 이 부분공간들의 기저를 구하라.

$$T(a_3x^3 + a_2x^2 + a_1x + a_0) = a_3x^2 - a_0$$

31. 다음과 같이 정의되는 $g: P_2 \to P_3$가 선형임을 증명하라. g의 핵과 치역을 구하라. 이 부분공간들의 기저를 구하라.

$$g(a_2x^2 + a_1x + a_0) = 2a_2x^3 + a_1x + 3a_0$$

32. D가 미분연산을 나타낸다고 하면, D를 P_n에서의 선형연산자로 해석할 수 있다. D에 의한 $x^3 - 3x^2 + 2x + 1$의 상을 구하라. D의 핵과 치역을 구하라.

33. D^2이 2차 미분연산을 나타낸다고 하자.

(a) D^2에 의한 $2x^3 + 3x^2 - 5x + 4$의 상을 구하라. D^2이 P_n에서의 선형연산자임을 증명하라. D^2의 핵과 치역을 구하라.

(b) P_n에서의 변환 $D^2 + D + 3$을 생각하자. 이 변환에 의한 $x^3 - 2x^2 + 6x + 1$의 상을 구하라. 이 변환이 선형임을 보여라. 이 변환의 핵과 치역을 구하라.

34. D가 미분연산을 나타낸다고 하면, D를 P_n에서의 선형연산자로 해석할 수 있다. D에 의해 $4x^3 + 6x^2 - 4x + 7$로 사상되는 다항식의 집합을 구하라.

35. D^2가 2차 미분연산을 나타낸다고 하면, D^2를 P_n에서의 선형연산자로 해석할 수 있다. D^2에 의해 $4x^3 + 6x^2 - 2x + 3$으로 사상되는 다항식의 집합을 구하라.

36. p가 P_n의 다항식이고 $T(p) = \int_0^1 p(x)dx$가 $P_n \to \mathbf{R}$인 선형변환이라고 하자. $T(8x^3 + 6x + 4x + 1)$을 구하라. T의 핵과 치역을 구하라. 2로 사상되는 P_n의 원소들의 집합을 구하라.

기타

37. x가 $\mathbf{R}^n$의 임의의 벡터이고 y가 고정벡터일 때 변환 $T(x) = \mathbf{x} \cdot \mathbf{y}$는 $\mathbf{R}^n \to \mathbf{R}$인 선형변환임을 증명하라.($\mathbf{x} \cdot \mathbf{y}$는 x와 y의

내적(점곱)이다.

38. $M_{22} \to \mathbf{R}$인 변환 det를 $\det(A) = |A|$로 정의하자. (det는 정방행렬을 그의 행렬식으로 사상한다.) det는 선형변환인가?

39. B가 2×2 행렬일 때, 식 $T(B) = \begin{bmatrix} 1 & 2 \\ 3 & 4 \end{bmatrix} B$는 $M_{22} \to M_{22}$의 변환을 정의한다.

(a) $B = \begin{bmatrix} 2 & 0 \\ 1 & 3 \end{bmatrix}$의 상을 구하라.

(b) 이 변환이 선형임을 증명하라.

40. T_1과 T_2가 $U \to V$의 선형변환이고, c는 스칼라라고 하자. 변환 $T_1 + T_2$와 cT_1가 다음과 같이 정의된다고 하자.

$$(T_1 + T_2)(\mathbf{u}) = T_1(\mathbf{u}) + T_2(\mathbf{u})\text{과 } (cT_1)(\mathbf{u}) = cT_1(\mathbf{u})$$

(a) $T_1 + T_2$와 cT_1은 모두 선형변환임을 증명하라.

(b) 만일 T_1과 T_2가 행렬 A_1과 A_2에 의해 정의되는 행렬 변환이라면, $(T_1 + T_2)$는 행렬 $(A_1 + A_2)$에 의해, cT_1은 행렬 cA_1에 의해 정의됨을 증명하라.

(c) 이 덧셈과 스칼라 곱셈 연산에 의해 정의되는 변환들의 집합은 벡터공간임을 증명하라.

41. U가 행렬 2×2의 벡터공간이고, A와 B가 2×2 행렬이라 하자. 다음 변환이 선형인지 여부를 결정하라. 각 선형 변환의 핵과 치역을 구하라.

(a) $T(A) = A^t$ **(b)** $T(A) = |A|$
(c) $T(A) = \text{trace}(A)$ **(d)** $T(A) = A^2$
(e) $T(A) = A + B$ **(f)** $T(A) = a_{11}$
(g) $T(A) = 0$ **(h)** $T(A) = I_2$
(i) $T(A) = A + A^t$ **(j)** $T(A) = A$의 기약사다리형

42. $T: U \to V$가 선형사상이라 하자. $\mathbf{v}$가 V에 속한 영이 아닌 벡터이고, W는 $T(\mathbf{w}) = \mathbf{v}$가 되는 U에 속한 벡터들의 집합이라면, W는 U의 부분공간인가?

43. A와 B가 행동등 행렬들이고, T_A와 T_B는 각각 A와 B에 의해 정의된 선형변환이라 하자.

(a) T_A와 T_B가 같은 핵을 가짐을 보여라.

(b) T_A와 T_B가 같은 치역을 갖는가?

4.9 일대일 변환과 역변환

변환에서 치역의 한 원소는 정의역의 단 하나의 원소의 상일 수도 있고 여러 원소의 상일 수도 있다. 이 절에서는 치역의 각 원소가 정의역의 단 하나의 원소로부터 "유래되는" 변환의 중요성을 알아보자. 그런 변환들은 역변환을 가짐을 알게 될 것이다.

정의 만일 변환 T의 치역의 각 원소가 T의 정의역 상의 단 하나의 원소의 상이면, 변환 T를 **일대일**(one-to-one)이라고 부른다. 그림 4.15를 보라.

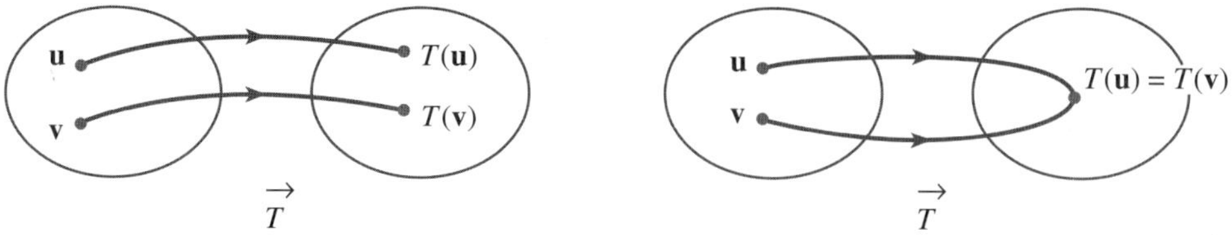

T는 일대일이다. T는 일대일이 아니다.

그림 4.15

때로는 이것과 동등한 형태의 정의: 만일 $T(\mathbf{u}) = T(\mathbf{v})$가 $\mathbf{u} = \mathbf{v}$를 의미하면 변환 T는 일대일이다. 예를 들어 변환 $T(x) = 2x$는 일대일이다. 일례로, 치역에서 6을 취하면 이것은 정의역의 단 하나의 원소 3의 상이 된다. 반면에 변환 $T(x) = x^2$은 일대일이 아니다. 일례로, 치역에서 9를 취하면 이것은 정의역의 두 원소 3과 -3의 상이 된다.

우리의 특별한 관심은 선형변환에 있는데, 다음 정리는 선형변환이 일대일이 될 필수 요건을 말해 준다.

정리 4.34

선형변환 T가 일대일일 필요충분조건은 핵이 영벡터인 것이다.

증명 먼저 T가 일대일이라고 가정하자. 핵은 영으로 사상되는 모든 벡터들로 구성된다. 하지만, T가 일대일이기 때문에 핵은 한 개의 벡터로 이루어져야 한다. 그런데, 영벡터는 반드시 핵에 포함되어야 함을 이미 알고 있다. 따라서 핵은 영벡터가 된다.

역으로, 핵이 영벡터라고 가정하자. $\mathbf{u}$와 $\mathbf{v}$가 $T(\mathbf{u}) = T(\mathbf{v})$인 벡터라고 하면, T의 선형성을 이용하여

$$T(\mathbf{u}) - T(\mathbf{v}) = \mathbf{0}$$
$$T(\mathbf{u} - \mathbf{v}) = \mathbf{0}$$

이 된다. 따라서 $\mathbf{u} - \mathbf{v}$는 핵에 속한다. 그런데 핵은 영벡터이다. 따라서

$$\mathbf{u} - \mathbf{v} = \mathbf{0}$$
$$\mathbf{u} = \mathbf{v}$$

즉, 변환은 일대일이다. ■

정리 4.35

$T(x) = Ax$에 의해 정의되는 선형변환 $T : \mathbf{R}^n \to \mathbf{R}^n$이 일대일일 필요충분조건은 A가 정칙행렬인 것이다.

증명 T가 일대일이라면, $\ker(T) = \mathbf{0}$이다. 랭크/무효차수 정리는 $\dim \text{range}(T) = n$임을 의미한다. 따라서 A의 n개의 열은 선형독립이고, 랭크는 n이며 $|A| \neq 0$이다.

역으로 A가 정칙이라면, A의 랭크는 n이고 n개의 열벡터는 선형독립이다. 이것은 $\dim \text{range}(T) = n$을 의미한다. 랭크/무효차수 정리에 의하여 $\ker(T) = \mathbf{0}$이므로 T는 일대일이다. ■

$|A| \neq 0$일 때, $T(\mathbf{x}) = A\mathbf{x}$에 의해 정의되는 선형변환 $T: \mathbf{R}^n \to \mathbf{R}^n$을 **정칙변환**(nonsingular transformation)이라고 부른다.

예제 1

다음 행렬에 의해 정의되는 선형변환 T_A와 T_B가 일대일인지 아닌지를 밝혀라.

$$\textbf{(a)}\ A = \begin{bmatrix} 1 & -2 & 5 & 7 \\ 0 & 1 & 9 & 8 \\ 0 & 0 & 1 & 3 \end{bmatrix} \quad \textbf{(b)}\ B = \begin{bmatrix} 2 & 0 & -1 \\ 3 & 4 & 2 \\ 0 & 7 & 5 \end{bmatrix}$$

풀이

(a) A의 행들이 선형독립이기 때문에 $\text{rank}(A) = 3$이고 $\dim \text{range}(T_A) = 3$이 된다. T의 정의역은 $\mathbf{R}^4$이고, 따라서 $\dim \text{domain}(T_A) = 4$이다. 이제 랭크/무효차수 정리에 의해 $\dim \ker(T_A) = 1$이고, $\dim \ker(T_A) \neq 0$이기 때문에 핵은 영벡터가 아니다. 그러므로 사상은 일대일이 아니다.

(b) $|B| = -9 \neq 0$이기 때문에 B는 정칙행렬이다. 그러므로 사상 T_B는 일대일이다. ■

일대일 선형변환의 중요한 성질 중 하나는 선형독립성을 보존한다는 것이다.

정리 4.36

$T: U \to V$를 일대일 선형변환이라고 하자. 만일 집합 $\{\mathbf{u}_1, \ldots, \mathbf{u}_n\}$이 U에서 선형독립이라면, $\{T(\mathbf{u}_1), \ldots, T(\mathbf{u}_n)\}$은 V에서 선형독립이다. 즉, 일대일 선형변환은 선형독립성을 보존한다.

증명 다음 등식을 고려하자.

$$a_1T(\mathbf{u}_1) + \cdots + a_nT(\mathbf{u}_n) = \mathbf{0} \tag{1}$$

여기서 $a_1, \ldots, a_n$은 스칼라이다. T가 선형이기 때문에 이것은 다음과 같이 쓸 수 있다.

$$T(a_1\mathbf{u}_1 + \cdots + a_n\mathbf{u}_n) = \mathbf{0}$$

T는 일대일이기 때문에 핵은 영벡터이다. 그러므로

$$a_1\mathbf{u}_1 + \cdots + a_n\mathbf{u}_n = \mathbf{0}$$

이 된다. 그런데 집합 $\{\mathbf{u}_1, \ldots, \mathbf{u}_n\}$은 선형독립이므로

$$a_1 = 0, \ldots, a_n = 0$$

을 얻는다. 등식(1)로 돌아가서 이것은 $\{T(\mathbf{u}_1), \ldots, T(\mathbf{u}_n)\}$이 선형독립임을 의미한다. ■

가역 선형변환

정의 $T: \mathbf{R}^n \to \mathbf{R}^n$을 선형변환이라 하자. $\mathbf{R}^n$의 모든 벡터 $\mathbf{u}$에 대해

$$S(T(\mathbf{u})) = \mathbf{u}\text{이고 } T(S(\mathbf{u})) = \mathbf{u}$$

를 만족하는 변환 $S: \mathbf{R}^n \to \mathbf{R}^n$이 존재할때 T를 **가역**(invertible)이라고 한다.

다음 정리는 그러한 변환 S가 존재하면 그것은 유일하고 선형임을 알려준다. S를 T의 역이라고 부르고 T^{-1}로 표기한다.

정리 4.37

T: $\mathbf{R}^n \to \mathbf{R}^n$을 선형변환이라 하자. T가 가역일 필요충분조건은 T가 정칙인 것이다. 역은 유일하고 선형이다.

증명 T**가 가역이라고 가정하자:** 앞의 정의의 두 번째 식에서 $\mathbf{R}^n$의 모든 벡터 $\mathbf{u}$에 $T(S(\mathbf{u})) = \mathbf{u}$인 변환 S가 존재한다. $S(\mathbf{u}) = \mathbf{v}$라 하자. 이는 $\mathbf{R}^n$의 모든 벡터 $\mathbf{u}$에 대해 $T(\mathbf{v}) = \mathbf{u}$인 벡터 $\mathbf{v}$가 존재함을 의미하고 따라서 T의 치역은 $\mathbf{R}^n$이다. 정리 4.32, 4.34, 4.35를 차례로 적용하면 T의 핵은 영벡터이고, 따라서 T는 일대일이고, 결국 T는 정칙이다.
T**가 정칙이라고 가정하자:** T의 표준행렬을 A라고 하자. T가 정칙이므로 A는 가역이다. 따라서 $\mathbf{R}^n$의 모든 벡터 $\mathbf{u}$에 대해 $A^{-1}(A\mathbf{u}) = \mathbf{u}$이고 $A(A^{-1}\mathbf{u}) = \mathbf{u}$이다. 이제 표준행렬이 A^{-1}인 선형변환을 S로 놓자. 그러면 $S(T(\mathbf{u})) = \mathbf{u}$이고 $T(S(\mathbf{u})) = \mathbf{u}$이다, 즉 S는 T의 역이고, T는 가역이다.
유일성: S와 P를 가역변환 T의 역이라고 하자. $\mathbf{v}$를 $\mathbf{R}^n$의 임의의 벡터라고 하면, T의 치역이 $\mathbf{R}^n$이므로(증명의 첫 번째 부분을 보라) $T(\mathbf{w}) = \mathbf{v}$인 벡터 $\mathbf{w}$가 존재한다. 따라서 $S(\mathbf{v}) = S(T(\mathbf{w})) = \mathbf{w}$이고 $P(\mathbf{v}) = P(T(\mathbf{w})) = \mathbf{w}$이다. 이것은 $S = P$임을 의미하고 따라서 역은 유일하다. 이것을 T^{-1}이라고 놓자.
선형성: 앞에서 역 S는 행렬 A^{-1}에 의해 정의되었다. 따라서 역변환은 선형이다. ■

이 결과들을 요약하면 다음과 같다.

가역 선형변환의 성질

$T(\mathbf{u}) = A\mathbf{u}$가 $\mathbf{R}^n \to \mathbf{R}^n$인 선형변환이라 하면, 다음 사실들은 동등하다.

(a) T가 가역이다.
(b) T가 정칙이다. ($|A| \neq 0$).
(c) T가 일대일이다.
(d) T의 핵이 영벡터이다.
(e) T의 치역이 $\mathbf{R}^n$이다. (T가 $\mathbf{R}^n$을 $\mathbf{R}^n$ **위로**(onto) 사영한다고 말한다.)
(f) T^{-1}이 선형이다.
(g) T^{-1}가 행렬 A^{-1}에 의해 정의된다.

만약 T가 $\mathbf{u}$를 $\mathbf{v}$로 사상한다고 하면 T^{-1}은 $\mathbf{v}$를 $\mathbf{u}$로 "되돌림"을 기억하라. 그림 4.16을 보라. $\mathbf{v}$가 $\mathbf{u}$의 상이라고 불리듯이 $\mathbf{u}$는 $\mathbf{v}$의 **원상**(preimage)이라고 불린다.

예제 2

$\mathbf{R}^2 \to \mathbf{R}^2$인 선형변환 $T(x, y) = (3x + 4y, 5x + 7y)$을 고려하자. **(a)** T가 가역임을 증명하고 T의 역을 구하라, **(b)** 벡터 (1, 2)의 원상을 구하라.

풀이

(a) 표준행렬을 구하기 위해 다음과 같이 T를 열 형태로 표현하자.

$$T\left(\begin{bmatrix} x \\ y \end{bmatrix}\right) = \begin{bmatrix} 3x + 4y \\ 5x + 7y \end{bmatrix}$$

표준기저의 벡터들의 상을 구하면

$$T\left(\begin{bmatrix} 1 \\ 0 \end{bmatrix}\right) = \begin{bmatrix} 3 \\ 5 \end{bmatrix}, \quad T\left(\begin{bmatrix} 0 \\ 1 \end{bmatrix}\right) = \begin{bmatrix} 4 \\ 7 \end{bmatrix}$$

이 되는데, 이들이 T의 표준행렬 A의 열이다. 다음과 같이 A가 가역임을 알 수 있는데 이로써 T가 역을 가짐이 증명된다.

$$A = \begin{bmatrix} 3 & 4 \\ 5 & 7 \end{bmatrix}, \quad A^{-1} = \begin{bmatrix} 7 & -4 \\ -5 & 3 \end{bmatrix}$$

A^{-1}는 T^{-1}의 표준행렬이 된다. 따라서

$$T^{-1}\left(\begin{bmatrix} x \\ y \end{bmatrix}\right) = \begin{bmatrix} 7 & -4 \\ -5 & 3 \end{bmatrix}\begin{bmatrix} x \\ y \end{bmatrix} = \begin{bmatrix} 7x - 4y \\ -5x + 3y \end{bmatrix}$$

을 얻는다. 이것을 편의상 행 형태로 쓰면 $T^{-1}(x, y) = (7x - 4y, -5x + 3y)$이 된다.

(b) (1, 2)의 원상은 $T^{-1}(1, 2) = (-1, 1)$이다. 그림 4.17을 보라.

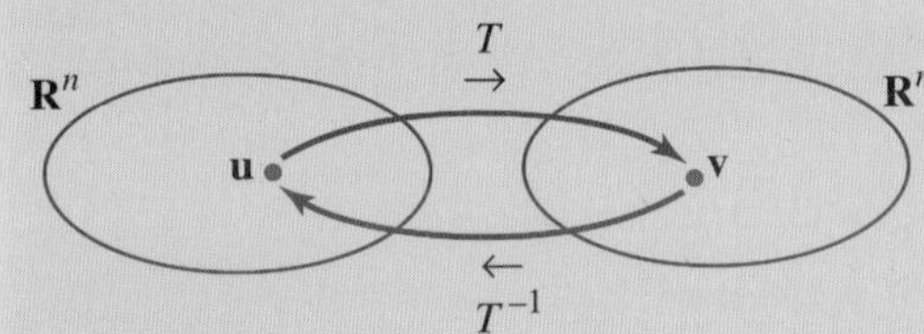

그림 4.16

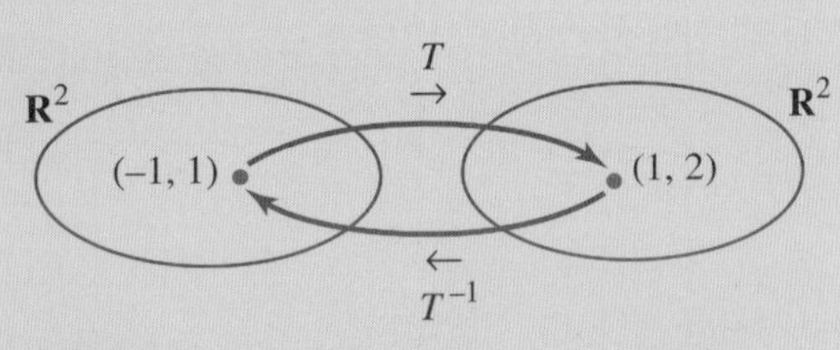

그림 4.17

연습문제 4.9

일대일 변환

1. 랭크/무효차수 정리를 이용하여, 다음 행렬에 의해 정의되는 선형변환의 핵과 치역의 차원을 구하라. 변환이 일대일인지 아닌지를 밝혀라.

(a) $A = \begin{bmatrix} 1 & 8 & 2 \\ 0 & 1 & -4 \\ 0 & 0 & 0 \end{bmatrix}$ **(b)** $B = \begin{bmatrix} 1 & 4 & 2 \\ 0 & 1 & 9 \\ 0 & 0 & 1 \end{bmatrix}$

(c) $C = \begin{bmatrix} 1 & 7 & 3 & 2 \\ 0 & 1 & 5 & 4 \\ 0 & 0 & 1 & 7 \end{bmatrix}$ **(d)** $D = \begin{bmatrix} 1 & 7 & 3 \\ 0 & 1 & 5 \\ 0 & 0 & 0 \end{bmatrix}$

(e) $E = \begin{bmatrix} 1 & -2 & 3 & 5 \\ 1 & -1 & 8 & 7 \\ 2 & -4 & 6 & 10 \end{bmatrix}$ **(f)** $F = \begin{bmatrix} 1 & 2 & -3 \\ -2 & 4 & 6 \\ 0 & 2 & -1 \\ 0 & -4 & 2 \end{bmatrix}$

2. 행렬식을 사용하여, 다음 행렬로 정의되는 선형변환이 일대일인지 아닌지를 밝혀라.

(a) $A = \begin{bmatrix} 1 & 2 & 5 \\ 0 & 3 & 6 \\ 0 & 0 & 4 \end{bmatrix}$ **(b)** $B = \begin{bmatrix} 3 & 2 & 4 \\ -2 & 0 & 0 \\ 5 & 1 & 2 \end{bmatrix}$

(c) $C = \begin{bmatrix} 1 & 2 & 3 \\ 2 & 4 & 6 \\ 3 & 6 & 9 \end{bmatrix}$ **(d)** $D = \begin{bmatrix} -1 & 2 & 4 \\ 3 & 1 & 2 \\ 1 & 5 & 10 \end{bmatrix}$

(e) $E = \begin{bmatrix} 2 & 0 & 1 & 3 \\ 0 & 1 & 4 & 7 \\ 0 & 0 & 3 & 8 \\ 0 & 0 & 0 & -4 \end{bmatrix}$

(f) $F = \begin{bmatrix} 2 & 1 & 3 & 0 \\ 4 & 3 & 0 & 2 \\ -1 & 7 & 8 & 1 \\ 0 & -2 & 4 & 0 \end{bmatrix}$

고정점

3. $T: U \to U$라고 하자. 만일 $T(\mathbf{u}) = \mathbf{u}$이면 벡터 $\mathbf{u}$를 T의 **고정점**(fixed point)이라고 말한다. 다음 각 변환에서, (존재한다면) 고정점을 구하라.

(a) $T(x, y) = (x, 3y)$
(b) $T(x, y) = (x, 2)$
(c) $T(x, y) = (x, y + 1)$
(d) $T(x, y) = (x, y)$
(e) $T(x, y) = (y, x)$
(f) $T(x, y) = (x + y, x - y)$
(g) 만일 T가 선형이면 고정점들의 집합은 부분공간임을 증명하라.

역변환

4. 다음 선형변환들이 가역인지의 여부를 밝혀라. 가역이면 역을 구하고 벡터 (2, 3)의 원상을 계산하라.

(a) $T(x, y) = (7x - 3y, 5x - 2y)$
(b) $T(x, y) = (7x + 6y, 8x + 7y)$
(c) $T(x, y) = (2x - y, -4x + 2y)$
(d) $T(x, y) = (x + 4y, 0)$

5. 다음 선형변환들이 가역인지의 여부를 밝혀라. 가역이면 역을 구하고 벡터 (1, −1, 2)의 원상을 계산하라.

(a) $T(x, y, z) = (x + y - z, -3x + 2y - z, 3x - 3y + 2z)$
(b) $T(x, y, z) = (x + z, 4x + 4y + 3z, -4x - 3y - 3z)$
(c) $T(x, y, z) = (x + 2y + 3z, y - z, x + 3y + 2z)$
(d) $T(x, y, z) = (y, z, x)$

기타

6. T: $U \to V$를 선형변환이라고 하자. dim range(T) = dim domain(T)일 필요충분조건은 T가 일대일인 것임을 증명하라.

7. $\mathbf{R}^3 \to \mathbf{R}^2$인 일대일 선형변환은 존재하지 않음을 보여라. 이것을 일반화하여, 만일 U의 차원이 V의 차원보다 크다면 $U \to V$인 일대일 선형변환은 존재하지 않음을 증명하라.

8. 일대일 선형변환과 벡터들의 선형독립에 관한 정리 4.36의 역을 기술하고 증명하라.

9. T가 가역 선형변환이라 하자. T의 선형성을 이용하여 다음을 증명하라.

(a) $T(\mathbf{u}_1) = \mathbf{v}_1$이고 $T(\mathbf{u}_2) = \mathbf{v}_2$이면 $T^{-1}(\mathbf{v}_1 + \mathbf{v}_2) = \mathbf{u}_1 + \mathbf{u}_2$
(b) $T(\mathbf{u}) = \mathbf{v}$이고 c가 스칼라이면, $T^{-1}(c\mathbf{v}) = c\mathbf{u}$ (이 결과는 T^{-1}가 실제로 선형임을 보여준다.)

10. T_1과 T_2가 $\mathbf{R}^n \to \mathbf{R}^n$인 가역변환이라 하자. 그러면, $T_2 \circ T_1$도 가역이고, 이것의 역은 $T_1^{-1} \circ T_2^{-1}$임을 증명하라.

*4.10 변환과 선형방정식계

선형변환과 핵과 치역의 개념은 선형방정식계의 분석에서 중요한 역할을 한다. 이들은 해의 집합의 "시각화"를 가능하게 한다.

n개 변수의 m개의 선형방정식들의 계는 다음과 같이 행렬 형태로 표현될 수 있다.

$$A\mathbf{x} = \mathbf{y}$$

A는 방정식계의 $m \times n$ 계수행렬이다. 해집합은 위의 방정식을 만족하는 모든 $\mathbf{x}$들의 집합이다. 이 해집합을 바라보는 매우 우아한 방법이 있다. T: $\mathbf{R}^n \to \mathbf{R}^m$을 A에 의해 정의되는 선형변환이라고 하자. 그러면 방정식계를 다음과 같이 쓸 수 있다.

$$T(\mathbf{x}) = \mathbf{y}$$

이제 해집합은 T에 의해 벡터 $\mathbf{y}$로 사상되는 $\mathbf{R}^n$의 벡터들의 집합으로 볼 수 있다. 만일 $\mathbf{y}$가

T의 치역에 속하지 않는다면 방정식은 해를 가지지 않는다. 그림 4.18을 보라.

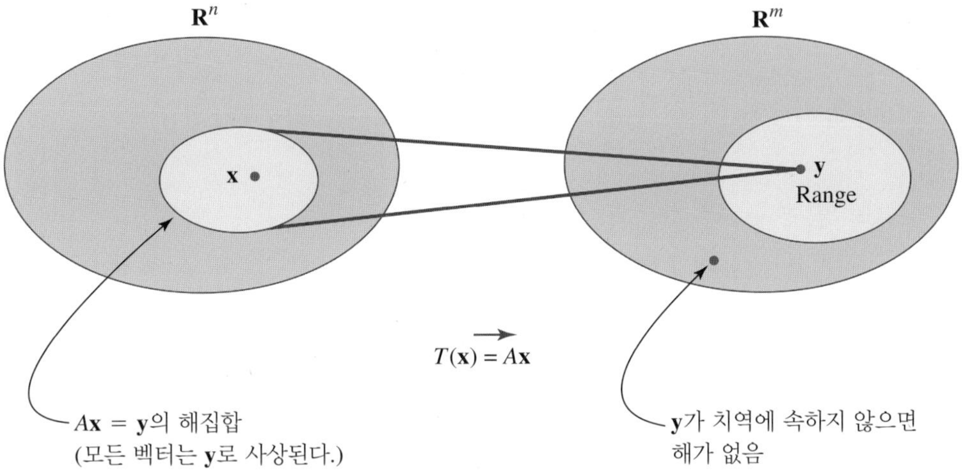

그림 4.18

동차계

위와 같이 선형방정식계 바라보는 방법으로부터 곧바로 다음 결과를 얻는다.

정리 4.38

n개 변수의 m개의 선형방정식들의 동차계 $A\mathbf{x} = \mathbf{0}$의 해집합은 $\mathbf{R}^n$의 부분공간이다.

증명 T를 A에 의해 정의되는 $\mathbf{R}^n \to \mathbf{R}^m$인 선형변환이라고 하자, 그러면, 해집합은 T에 의해 영벡터로 사상되는 $\mathbf{R}^n$의 벡터들의 집합이 된다. 즉, 해집합은 이 변환의 핵이고, 따라서 부분공간이다. ■

예제 1

다음 동차 선형방정식계를 풀어라. 해집합을 부분공간으로 해석하고 그 부분공간을 그려라.

$$\begin{aligned} x_1 + 2x_2 + 3x_3 &= 0 \\ -\ x_2 + \ x_3 &= 0 \\ x_1 + \ x_2 + 4x_3 &= 0 \end{aligned}$$

풀이

가우스-요르단 소거법을 이용하여

$$\begin{bmatrix} 1 & 2 & 3 & 0 \\ 0 & -1 & 1 & 0 \\ 1 & 1 & 4 & 0 \end{bmatrix} \approx \begin{bmatrix} 1 & 2 & 3 & 0 \\ 0 & -1 & 1 & 0 \\ 0 & -1 & 1 & 0 \end{bmatrix} \approx \begin{bmatrix} 1 & 2 & 3 & 0 \\ 0 & 1 & -1 & 0 \\ 0 & -1 & 1 & 0 \end{bmatrix}$$

$$\approx \begin{bmatrix} 1 & 0 & 5 & 0 \\ 0 & 1 & -1 & 0 \\ 0 & 0 & 0 & 0 \end{bmatrix}$$

를 얻는다. 즉,

$$\begin{aligned} x_1 \qquad + 5x_3 &= 0 \\ x_2 - \quad x_3 &= 0 \end{aligned}$$

이 되는데, 이것은 다음을 준다.

$$x_1 = -5x_3, \qquad x_2 = x_3$$

x_3를 r로 놓으면, 임의의 해는 다음과 같다.

$$x_1 = -5r, x_2 = r, x_3 = r$$

따라서 해는 다음과 같은 형태의 벡터가 된다.

$$(-5r, r, r)$$

이 벡터는 $(-5, 1, 1)$의 기저를 갖는 $\mathbf{R}^3$의 1차원 부분공간을 형성한다. 그림 4.19를 보라. 이 부분공간은 방정식계의 계수행렬 $\begin{bmatrix} 1 & 2 & 3 \\ 0 & -1 & 1 \\ 1 & 1 & 4 \end{bmatrix}$로 정의되는 변환의 핵이 된다.

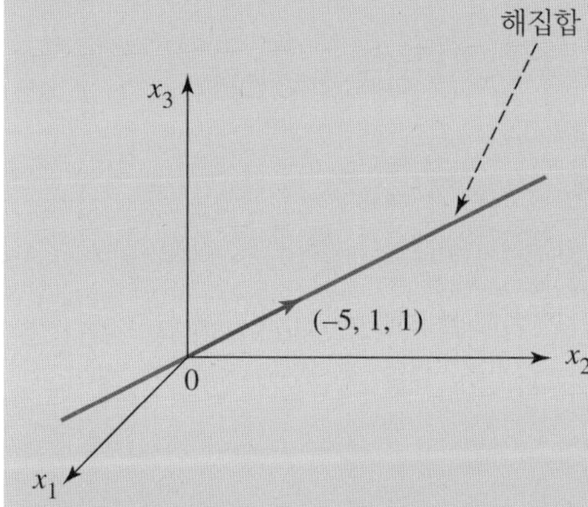

그림 4.19

비동차계

이제 비동차 선형방정식계의 해집합은 부분공간을 형성하지 않는다는 사실을 밝혀보자.

$A\mathbf{x} = \mathbf{y}$ $(\mathbf{y} \neq 0)$가 비동차 선형방정식계이고 $\mathbf{x}_1$과 $\mathbf{x}_2$가 해라고 하자. 그러면

$$A\mathbf{x}_1 = \mathbf{y}\text{이고 } A\mathbf{x}_2 = \mathbf{y}$$

이 성립한다. 위의 두 식을 더하면

$$\begin{aligned} A\mathbf{x}_1 + A\mathbf{x}_2 &= 2\mathbf{y} \\ A(\mathbf{x}_1 + \mathbf{x}_2) &= 2\mathbf{y} \end{aligned}$$

이 되므로 $\mathbf{x}_1 + \mathbf{x}_2$는 $A\mathbf{x} = \mathbf{y}$를 만족하지 않는다. 즉, 해가 아니다. 따라서 덧셈에 대해 닫혀 있지 않으므로 해집합은 부분공간이 아니다.

이제, 비록 비동차 방정식계의 해집합 자체는 부분공간이 아니지만, 어떤 부분공간을 이동하여 얻어질 수 있음을 밝혀보자. 이 결과는 해집합을 그려볼 수 있게 해준다.

정리 4.39

$A\mathbf{x} = \mathbf{y}$가 n개 변수의 m개의 선형방정식의 비동차계라 하자. $\mathbf{x}_1$이 이 계의 하나의 특수해라고 하면, 모든 해가 $\mathbf{x} = \mathbf{z} + \mathbf{x}_1$의 형태로 표현될 수 있다. 여기서 $\mathbf{z}$는 A에 의해 정의되는 변환 T의 핵의 원소이다. 핵이 오직 영벡터로만 구성되어 있으면 해는 유일하다.

증명

$\mathbf{x}_1$이 해이므로 $A\mathbf{x}_1 = \mathbf{y}$이다. $\mathbf{x}$를 임의의 해라고 하면, $A\mathbf{x} = \mathbf{y}$이다. $A\mathbf{x}_1$과 $A\mathbf{x}$를 등식으로 연결하면

$$\begin{aligned} A\mathbf{x}_1 &= A\mathbf{x} \\ A\mathbf{x} - A\mathbf{x}_1 &= \mathbf{0} \\ A(\mathbf{x} - \mathbf{x}_1) &= \mathbf{0} \\ T(\mathbf{x} - \mathbf{x}_1) &= \mathbf{0} \end{aligned}$$

을 얻는다. 따라서 $\mathbf{x} - \mathbf{x}_1$은 T의 핵의 원소이다. 그것을 $\mathbf{z}$로 놓으면

$$\mathbf{x} - \mathbf{x}_1 = \mathbf{z}$$

이 되는데, 이것을 다시 쓰면 다음을 얻는다.

$$\mathbf{x} = \mathbf{z} + \mathbf{x}_1$$

만일 $\mathbf{z}$값이 오직 $\mathbf{0}$ 밖에 없으면, 즉 핵이 영벡터이면, 해는 유일하다

이 결과는 비동차 선형방정식계 $A\mathbf{x} = \mathbf{y}$의 해집합이, 계수행렬에 의해 정의되는 변환의 핵과 특수해 $\mathbf{x}_1$으로부터 생성될 수 있다는 것을 의미한다. 만일 핵에서 임의의 벡터 $\mathbf{z}$를 취해서 거기에 $\mathbf{x}_1$을 더하면 해가 된다. 기하학적으로, 이것은 핵을 벡터 $\mathbf{x}_1$의 방향과 거리만큼 이동하면 해집합이 얻어짐을 의미한다. 그림 4.20을 보라.

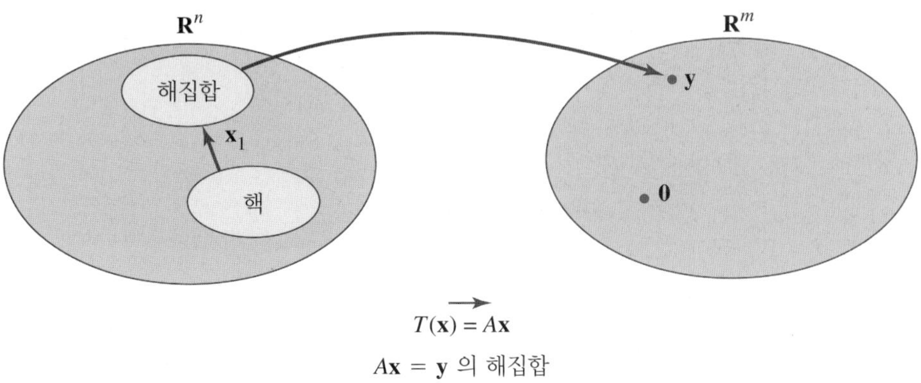

그림 4.20

예제 2

다음 선형방정식계를 풀고 해집합을 그려라.

$$\begin{aligned} x_1 + 2x_2 + 3x_3 &= 11 \\ -\ x_2 + \ x_3 &= -2 \\ x_1 + \ x_2 + 4x_3 &= 9 \end{aligned}$$

풀이

가우스-요르단 소거법을 이용하여 다음과 같이 진행한다.

$$\begin{bmatrix}1&2&3&11\\0&-1&1&-2\\1&1&4&9\end{bmatrix}\approx\begin{bmatrix}1&2&3&11\\0&-1&1&-2\\0&-1&1&-2\end{bmatrix}\approx\begin{bmatrix}1&2&3&11\\0&1&-1&2\\0&-1&1&-2\end{bmatrix}$$

$$\approx\begin{bmatrix}1&0&5&7\\0&1&-1&2\\0&0&0&0\end{bmatrix}$$

이로부터

$$\begin{aligned}x_1 \quad + 5x_3 &= 7\\ x_2 - \ x_3 &= 2\end{aligned}$$

을 얻고 결국

$$x_1 = -5x_3 + 7, \quad x_2 = x_3 + 2$$

이 된다. $\mathbf{x}_3$를 r로 놓으면, 임의의 해는 다음과 같이 된다.

$$x_1 = -5r + 7, \quad x_2 = r + 2, \quad x_3 = r$$

따라서 해는 다음과 같은 형태의 벡터가 된다.

$$(-5r + 7, r + 2, r)$$

이 해를 "분리"해 보자. 즉, 매개변수 r을 포함하는 부분을 상수 부분과 분리한다. 그러면 r을 포함하는 부분은 A에 의해 정의되는 변환의 핵이 되고, 상수 부분은 $A\mathbf{x} = \mathbf{y}$의 특수해 $\mathbf{x}_1$이 된다.

$$\underbrace{(-5r + 7, r + 2, r)}_{A\mathbf{x} = \mathbf{y}\text{의 임의의 해}} = \underbrace{r(-5, 1, 1)}_{\text{핵의 원소}} + \underbrace{(7, 2, 0)}_{A\mathbf{x} = \mathbf{y}\text{의 특수해}}$$

예제 1에서 이 계수행렬에 의해 정의되는 사상의 핵이 실제로 $r(-5, 1, 1)$ 형태의 벡터들의 집합임을 이미 알았다. 실제로 (7, 2, 0)이 주어진 계의 특수해라는 것은 대입하여 확인할 수 있다.

해집합은 기하적으로 핵을 이동한 것으로 나타낼 수 있다. 즉, 해집합은 벡터 (−5, 1, 1)에 의해 정의되는 직선인 핵의, 벡터 (7, 2, 0)의 방향과 거리만큼의 이동이 된다. 그림 4.21을 보라.

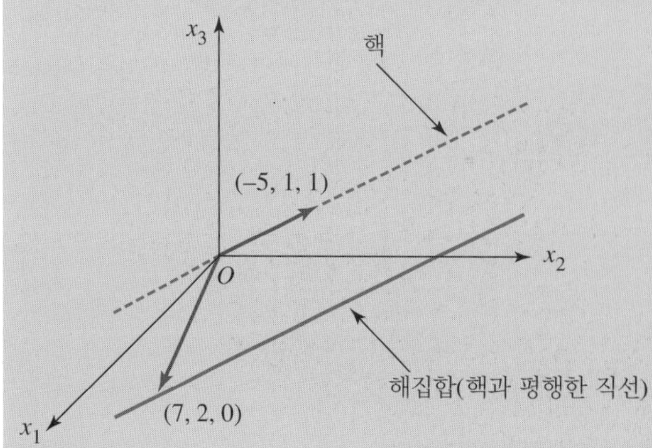

그림 4.21

많은 계

동일한 계수행렬 A를 가지는 수많은 선형방정식계 $A\mathbf{x} = \mathbf{y}_1, A\mathbf{x} = \mathbf{y}_2, A\mathbf{x} = \mathbf{y}_3, \ldots,$들을 고려해보자. T가 A에 의해 정의되는 선형변환이고, $\mathbf{x}_1, \mathbf{x}_2, \mathbf{x}_3, \ldots,$ 가 각각의 계의 특수해라고 하자. 그러면 계들의 해집합은

$$\ker(T) + \mathbf{x}_1, \quad \ker(T) + \mathbf{x}_2, \quad \ker(T) + \mathbf{x}_3, \ldots$$

이 될 것이다. 이 집합들은 $\ker(T)$가 각각 $\mathbf{x}_1, \mathbf{x}_2, \mathbf{x}_3, \ldots,$ 만큼 이동된 "평행" 집합들이다. 예를 들어 다음 계

$$\begin{aligned} x_1 + 2x_2 + 3x_3 &= a_1 \\ -\ x_2 + \ x_3 &= a_2 \\ x_1 + \ x_2 + 4x_3 &= a_3 \end{aligned}$$

들의 해는 모두 벡터 $(-5, 1, 1)$로 정해지는 직선에 평행한 직선이 된다

예제 3

다음 방정식계의 해를 분석하라.

$$\begin{aligned} x_1 - 2x_2 + 3x_3 + \ x_4 &= 1 \\ 2x_1 - 3x_2 + 2x_3 - \ x_4 &= 4 \\ 3x_1 - 5x_2 + 5x_3 \qquad &= 5 \\ x_1 - \ x_2 - \ x_3 - 2x_4 &= 3 \end{aligned}$$

풀이

가우스-요르단 소거법으로 풀면,

$$\begin{bmatrix} 1 & -2 & 3 & 1 & 1 \\ 2 & -3 & 2 & -1 & 4 \\ 3 & -5 & 5 & 0 & 5 \\ 1 & -1 & -1 & -2 & 3 \end{bmatrix} \approx \begin{bmatrix} 1 & -2 & 3 & 1 & 1 \\ 0 & 1 & -4 & -3 & 2 \\ 0 & 1 & -4 & -3 & 2 \\ 0 & 1 & -4 & -3 & 2 \end{bmatrix} \approx \begin{bmatrix} 1 & 0 & -5 & -5 & 5 \\ 0 & 1 & -4 & -3 & 2 \\ 0 & 0 & 0 & 0 & 0 \\ 0 & 0 & 0 & 0 & 0 \end{bmatrix}$$

이 되어 결국 다음 결과를 얻는다.

$$\begin{aligned} x_1 \qquad - 5x_3 - 5x_4 &= 5 \\ x_2 - 4x_3 - 3x_4 &= 2 \end{aligned}$$

선도변수를 나머지 변수로 표현하여 다음을 얻는다.

$$x_1 = 5x_3 + 5x_4 + 5, \quad x_2 = 4x_3 + 3x_4 + 2$$

임의의 해는

$$(5r + 5s + 5, 4r + 3s + 2, r, s)$$

이다, 이 벡터를 다음과 같이 분리할 수 있다.

$$\underbrace{(5r + 5s + 5, 4r + 3s + 2, r, s)}_{A\mathbf{x} = \mathbf{y}\text{의 임의의 해}} = \underbrace{r(5, 4, 1, 0) + s(5, 3, 0, 1)}_{\text{핵의 원소}} + \underbrace{(5, 2, 0, 0)}_{A\mathbf{x} = \mathbf{y}\text{의 특수해}}$$

핵은 (5, 4, 1, 0), (5, 3, 0, 1)를 기저로 갖는 $\mathbf{R}^4$의 2차원 부분공간으로 원점을 통과하는 평면이다. 주어진 방정식의 해집합은 이 평면을 벡터 (5, 2, 0, 0)에 의해 정해지는 만큼 이동한 것이다. ■

이제 이 개념들이 미분방정식을 풀기 위해 사용한 방법과 관련이 있다는 것을 알게 되면, 미분방정식을 배운 학생들은 흥미로울 것이다. 다음 예를 통해 관련된 개념을 설명한다.

예제 4

미분방정식 $d^2y/dx^2 - 9y = 2x$를 풀어라.

풀이

D가 미분연산을 나타낸다고 하면, 다음과 같은 형태로 이 미분방정식을 표현할 수 있다.

$$D^2y - 9y = 2x$$
$$(D^2 - 9)y = 2x$$

V가 2차 도함수를 갖는 함수들의 벡터공간이라면, $D^2 - 9$는 V 자신으로의 선형변환이다. 미분방정식의 해 y는 $D^2 - 9$에 의해 $2x$로 사상되는 함수이다. 상황은 비동차 선형방정식계의 해를 구하는 것과 유사하다. 따라서

$$\text{임의의 해} = (D^2 - 9\text{의 핵의 원소}) + (D^2 - 9)y = 2x\text{의 특수해}$$

먼저 $D^2 - 9$의 핵을 구해보자. 연산자가 2차이기 때문에 핵은 e^{mx} 형태의 기저벡터를 갖는 2차원 벡터공간이 됨을 일반이론으로부터 알 수 있다. e^{mx} 형태의 벡터는 핵에 속하기 때문에 다음을 만족한다.

$$(D^2 - 9)e^{mx} = 0$$
$$(m^2 - 9)e^{mx} = 0$$
$$(m - 3)(m + 3)e^{mx} = 0$$
$$m = 3, -3$$

따라서 핵의 기저벡터는 e^{3x}, e^{-3x}이며 핵에 속한 임의의 벡터는 $re^{3x} + se^{-3x}$으로 표현된다.

$D^2y - 9y = 2x$의 특수해를 구하는 일이 남아 있다. 가장 간단한 해는 이차 도함수가 0이 되는 함수 중에서 찾을 수 있다. 즉, $-9y = 2x$에서 $y = -2x/9$를 얻는다. 따라서 미분방정식의 임의의 해는 다음과 같이 표현될 수 있다.

$$y = re^{3x} + se^{-3x} - 2x/9$$

■

연습문제 4.10

해의 분석

다음 각 선형방정식계를 고려하라. 편의상 해가 주어져 있다. 해를 분석하여 각각의 해집합을 계수행렬에 의해 정의되는 변환의 핵의 원소와 특수해의 합으로 표현하라.

1. $$\begin{aligned} x_1 - x_2 + x_3 &= 1 \\ 2x_1 - 2x_2 + 3x_3 &= 3 \\ x_1 - x_2 - x_3 &= -1 \end{aligned}$$
해: $x_1 = r, x_2 = r, x_3 = 1$

2. $$\begin{aligned} x_1 + x_2 + x_3 &= 3 \\ 2x_1 + 3x_2 + x_3 &= 5 \\ x_1 - x_2 - 2x_3 &= -5 \end{aligned}$$
해: $x_1 = 0, x_2 = 1, x_3 = 2$

3. $$\begin{aligned} x_1 - 2x_2 + 3x_3 &= 1 \\ 3x_1 - 4x_2 + 5x_3 &= 3 \\ 2x_1 - 3x_2 + 4x_3 &= 2 \end{aligned}$$
해: $x_1 = r + 1, x_2 = 2r, x_3 = r$

4. $$\begin{aligned} x_1 - x_2 + x_3 &= 3 \\ -2x_1 + 2x_2 - 2x_3 &= -6 \end{aligned}$$
해: $x_1 = r - s + 3, x_2 = r, x_3 = s$

5. $$\begin{aligned} x_1 - x_2 - x_3 + 2x_4 &= 4 \\ 2x_1 - x_2 + 3x_3 - x_4 &= 2 \end{aligned}$$
해: $x_1 = -4r + 3s - 2, x_2 = -5r + 5s - 6,$
$x_3 = r, x_4 = s$

6. $$\begin{aligned} x_1 + 2x_2 - x_3 + x_4 + 2x_5 &= 0 \\ x_2 + 2x_3 - 3x_4 - 3x_5 &= 2 \\ x_3 + 5x_4 + 3x_5 &= -3 \end{aligned}$$
해: $x_1 = -32r - 23s - 19,$
$x_2 = 13r + 9s + 8,$
$x_3 = -5r - 3s - 3,$
$x_4 = r, x_5 = s$

기타 결과

7. 다음 행렬 A에 의해 정의되는 변환 T: $\mathbf{R}^3 \to \mathbf{R}^3$을 고려하자. 이 변환의 치역은 $(x, y, x + y)$ 형태의 벡터들의 집합, 즉 평면 $z = x + y$이다. 이 정보를 이용하여 y가 다음과 같은 값을 가질 때 방정식계 $A\mathbf{x} = \mathbf{y}$의 해가 존재하는지 여부를 판별하라(해를 구할 필요는 없다).

(a) $\mathbf{y} = (1, 1, 2)$ **(b)** $\mathbf{y} = (-1, 2, 3)$
(c) $\mathbf{y} = (3, 2, 5)$ **(d)** $\mathbf{y} = (2, 4, 5)$

$$A = \begin{bmatrix} 1 & 2 & 3 \\ 0 & -1 & 1 \\ 1 & 1 & 4 \end{bmatrix}$$

8. 이 절에서 비동차 방정식계를 풀어 임의의 해를 구하였다. 해는 계수행렬에 의해 정의되는 변환의 핵과 특수해로 분해된다. 특수해 $\mathbf{x}_1$은 유일한가? 만일 $\mathbf{x}_1$이 유일하지 않다면 이 절의 예제 2에서 (7, 2, 0) 대신 사용할 수 있는 벡터를 하나 말하라.

9. 이 절의 예제 3에 보인 해집합 분석에서 특수해로 사용할 수 있는 (5, 2, 0, 0) 이외의 벡터를 구하라.

10. 다음의 계수행렬 A와 특수해 $\mathbf{x}_1$을 가지는 비동차 선형방정식계 $A\mathbf{x} = \mathbf{y}$를 구하라.

$$A = \begin{bmatrix} 1 & 2 & 1 \\ 0 & 1 & 2 \\ 1 & 1 & -1 \end{bmatrix}, \quad \mathbf{x}_1 = (1, -1, 4)$$

11. 다음의 계수행렬 A와 특수해 $\mathbf{x}_1$을 가지는 비동차 선형방정식계 $A\mathbf{x} = \mathbf{y}$를 구하라.

$$A = \begin{bmatrix} 2 & 1 & 0 \\ 3 & 3 & 1 \\ 0 & 1 & 1 \end{bmatrix}, \quad \mathbf{x}_1 = (2, 0, 3)$$

12. 비동차 선형방정식계의 해가 유일할 필요충분조건은 계수행렬로 정의된 사상의 핵이 영벡터라는 것임을 증명하라.

미분방정식

연습문제 13과 14는 미분방정식을 알고 있는 학생들을 위한 것이다.

13. 다음 각 연산자의 핵의 기저를 구하라. 핵에 속하는 함수를 하나 말하라.

(a) $D^2 + D - 2$ **(b)** $D^2 + 4D + 3$
(c) $D^2 + 2D - 8$

14. 다음 미분방정식을 풀어라.

(a) $d^2y/dx^2 + 5dy/dx + 6y = 8$
(b) $d^2y/dx^2 - 3dy/dx = 8$
(c) $d^2y/dx^2 - 7dy/dx + 12y = 24$
(d) $d^2y/dx^2 + 8dy/dx = 3e^{2x}$

4장 복습문제

1. a가 실수일 때, $a(1, 3, 7)$ 형태의 $\mathbf{R}^3$의 모든 벡터의 집합 W가 벡터공간임을 증명하라.

2. 원소가 모두 비음인 2×2 행렬의 집합 U는 벡터공간인가?

3. 원소들의 합이 영인 2×2 행렬의 집합 W는 벡터공간인가?(예를 들어 $\begin{bmatrix} 2 & 1 \\ -7 & 4 \end{bmatrix}$는 W에 속한다.)

4. $f(x) = 3x - 1$, $g(x) = 2x^2 - 3$일 때 함수 $f + g$, $3f$, $2f - 3g$를 각각 구하라.

5. **(a)** 실수를 정의역으로 하고 그 그래프가 (2, 0)을 지나는 함수들의 집합을 V라고 하자. V는 벡터공간인가?
(b) 실수를 정의역으로 하고 그 그래프가 (2, 1)을 지나는 함수들의 집합을 W라고 하자. W는 벡터공간인가?

6. 다음과 같은 형태의 벡터들의 집합 중에서 $\mathbf{R}^3$의 부분공간인 것을 골라라.
(a) $(a, b, a - 2)$ **(b)** $(a, -2a, 3a)$
(c) $(a, b, 2a - 3b)$ **(d)** $(a, 2, b)$

7. $p(1, 2, 3)$ 형태의 모든 벡터들의 집합이 $\mathbf{R}^3$의 부분공간이 되는 p는 다음 중 어느 것인가?
(a) 실수 **(b)** 정수
(c) 음이 아닌 실수 **(d)** 유리수

8. 다음 M_{22}의 부분집합 중 부분공간이 되는 것을 밝혀라.
(a) 주대각 원소가 영이 아닌 행렬들
(b) (1, 2) 원소가 영인 행렬들 (예를 들어 $\begin{bmatrix} 2 & 0 \\ 3 & 4 \end{bmatrix}$ 같은 행렬들)
(c) $\begin{bmatrix} a & b \\ -b & c \end{bmatrix}$ 형태의 행렬들
(d) 행렬식이 영인 2×2 행렬들

9. S가 $f(x) = 3x^2 + ax - b$ 형태의 모든 함수들의 집합일 때(a, b는 실수) S는 P_2의 부분공간인가?

10. 벡터공간의 부분집합이 영벡터를 포함하는 것이 그 부분집합이 부분공간이 될 필요충분조건인가?

11. 다음 벡터들의 집합에서 첫 번째 벡터가 다른 벡터들의 선형결합으로 표현되는가?
(a) $(3, 15, -4); (1, 2, -1), (2, 4, 0), (5, 1, 2)$
(b) $(-3, -4, 7); (5, 0, 3), (2, 0, 1), (4, 0, 5)$

12. 다음 행렬 D가 행렬 A, B, C의 선형결합 $D = 2A + 3B - C$로 표현되는가?

$$D = \begin{bmatrix} 1 & -3 \\ 10 & 18 \end{bmatrix}; A = \begin{bmatrix} 1 & 2 \\ 4 & 3 \end{bmatrix},$$
$$B = \begin{bmatrix} 0 & -2 \\ 1 & 5 \end{bmatrix}, C = \begin{bmatrix} 1 & 1 \\ 1 & 1 \end{bmatrix}$$

13. 다음 벡터들이 왜 $\mathbf{R}^3$을 생성하지 못하는지 설명하라.

$$(1, -2, 3), (-2, 4, -6), (0, 6, 4)$$

14. $(10, 9, 8)$이 $\text{span}\{(-1, 3, 1), (4, 1, 2)\}$에 놓임을 보여라.

15. $f(x) = 13x^2 + 8x - 21$이 $g(x) = 2x^2 + x - 3$과 $h(x) = -3x^2 - 2x + 5$의 선형결합임을 증명하라.

16. 다음 각 집합이 선형종속인지 독립인지를 밝혀라.
(a) $\{(1, -2, 0), (0, 1, 3), (2, 0, 12)\}$
(b) $\{(-1, 18, 7), (-1, 4, 1), (1, 3, 2)\}$
(c) $\{(5, -1, 3), (2, 1, 0), (3, -2, 2)\}$

17. 다음 집합이 $\mathbf{R}^2$이나 $\mathbf{R}^3$의 기저임을 증명하라.
(a) $\{(-1, 2), (3, 1)\}$
(b) $\{(4, 2), (1, -1)\}$
(c) $\{(1, 2, 3), (-1, 0, 5), (0, 2, 7)\}$
(d) $\{(8, 1, 0), (4, -1, 3), (5, 2, -3)\}$

18. 함수 $f(x) = 2$, $g(x) = 3x$, $h(x) = -x^2$이 P_2를 생성함을 보여라.

19. 벡터 $(1, -2, 3)$, $(4, 1, -1)$을 포함하는 $\mathbf{R}^3$의 기저를 구하라.

20. $(a, b, c, a - 2b + 3c)$ 형태의 모든 벡터들로 구성된 $\mathbf{R}^4$의 부분공간의 기저를 구하라.

21. 3×3 윗삼각행렬들의 벡터공간의 기저를 구하라.

22. $\{x^2 + 2x - 3, 3x^2 + x - 1, 4x^2 + 3x - 3\}$이 P_2의 기저임을 보여라.

23. 다음 각 행렬의 랭크를 구하라.

(a) $\begin{bmatrix} 1 & 2 & -1 \\ -1 & 3 & 4 \\ 0 & 5 & 3 \end{bmatrix}$ **(b)** $\begin{bmatrix} 2 & 1 & 4 \\ -2 & 0 & -1 \\ 3 & 2 & 7 \end{bmatrix}$

(c) $\begin{bmatrix} -2 & 4 & 8 \\ 1 & -2 & 4 \\ 4 & -8 & 16 \end{bmatrix}$

24. 다음 집합에 의해 생성되는 $\mathbf{R}^4$의 부분공간의 기저를 구하라.

$$\{(1, -2, 3, 4), (-1, 3, 1, -2), (2, -3, 10, 10)\}$$

25. $\mathbf{v}$가 $\mathbf{v}_1$, $\mathbf{v}_2$의 선형결합이고 $\mathbf{v}_3$가 $\mathbf{v}_1$, $\mathbf{v}_2$와 동일한 공간상의 다른 벡터라고 하자. $\mathbf{v}_1$, $\mathbf{v}_2$가 $\mathbf{v}_3$의 선형결합임을 보여라.

26. 집합 $\{\mathbf{v}_1, \mathbf{v}_2, \mathbf{v}_3\}$이 $\mathbf{R}^3$에서 선형독립이라고 하자. 다음 각 부분집합도 역시 선형독립임을 보여라.

$$\{\mathbf{v}_1, \mathbf{v}_2\}, \{\mathbf{v}_1, \mathbf{v}_3\}, \{\mathbf{v}_2, \mathbf{v}_3\}, \{\mathbf{v}_1\}, \{\mathbf{v}_2\}, \{\mathbf{v}_3\}$$

27. $\{\mathbf{v}_1, \mathbf{v}_2\}$이 선형종속이라고 할 때 $\{\mathbf{v}_1 + 2\mathbf{v}_2, 3\mathbf{v}_1 - \mathbf{v}_2\}$도 역시 선형종속임을 증명하라.

28. $n \times n$ 행렬 A가 I_n과 행동등일 필요충분조건이 $\text{rank}(A) = n$임을 증명하라.

29. 다음 각 경우에 벡터 $\mathbf{v}$의 벡터 $\mathbf{u}$로의 사영을 구하라.

(a) $\mathbf{v} = (1, 3), \mathbf{u} = (2, 4)$

(b) $\mathbf{v} = (-1, 3, 4), \mathbf{u} = (-1, 2, 4)$

30. 벡터 $(1, 2, 3, -1)$, $(2, 0, -1, 1)$, $(3, 2, 0, 1)$에 의해 생성된 $\mathbf{R}^4$의 부분공간의 정규직교기저를 구하라.

31. $(x, y, x + 2y)$ 형태의 벡터들로 구성되는 $\mathbf{R}^3$의 부분공간의 정규직교기저를 구하라.

32. W가 기저 $\{(2, 1, 1), (1, -1, 3)\}$를 갖는 $\mathbf{R}^3$의 부분공간이라 하자. $(3, 1, -2)$의 W로의 사영을 구하라.

33. $\mathbf{R}^3$의 점 $(1, 2, -4)$에서 $(a, 3a, b)$ 형태의 벡터들의 부분공간까지의 거리를 구하라.

34. 정방행렬 A가 직교행렬일 필요충분조건은 A^t가 직교행렬인 것임을 증명하라.

35. $\mathbf{v} = (1, 3, -1)$라 하고, W가 $(a, b, a - 2b)$ 형태의 벡터들로 구성되는 $\mathbf{R}^3$의 부분공간이라고 하자. $\mathbf{v}$를 W의 벡터와 W에 직교하는 벡터의 합으로 분해하라.

36. 두 벡터 $\mathbf{u}$와 $\mathbf{v}$가 직교하면 두 벡터는 선형독립임을 증명하라.

37. $\mathbf{u}$가 두 벡터 $\mathbf{v}$, $\mathbf{w}$ 모두에 직교하면 $\mathbf{u}$는 $\mathbf{v}$와 $\mathbf{w}$에 생성된 부분공간 상의 모든 벡터에 직교함을 증명하라.

38. 다음 문장들이 참인지 거짓인지 말하라.(이유를 간단히 설명하라.)

(a) $\{(1, 0, 1), (2, 1, 5)\}$는 $(a, b, a + 3b)$ 형태의 벡터들로 구성된 $\mathbf{R}^3$의 부분공간의 기저이다.

(b) $\mathbf{R}^2$에는 세 개의 선형독립인 벡터들이 있다.

(c) $\mathbf{R}^3$에서 선형독립인 세 개의 벡터들의 임의의 집합은 $\mathbf{R}^3$를 생성한다.

(d) $\mathbf{R}^2$에서 기저를 형성하지 않는 영이 아닌 두 벡터들은 모두 동일선상에 있다.

(e) v_1, v_2, v_3가 $\mathbf{R}^3$에서 무작위로 선택된 벡터들이라면 이것들은 아마도 선형종속일 것이다.

39. V가 차원 n인 벡터공간이라 할 때, 다음 문장들이 참인지 거짓인지 말하라.(이유를 간단히 설명하라.)

(a) n은 V에서 선형종속인 벡터들의 최대 개수이다.

(b) n은 V에서 선형독립인 벡터들의 최대 개수이다.

(c) n개 미만의 벡터들의 집합은 V를 생성할 수 없다.

(d) n개 보다 많은 벡터들의 집합은 V를 생성할 수 있지만 선형종속일 수 없다.

40. $T(x, y) = (2x, x + 3y)$ 정의된 변환 T: $\mathbf{R}^2 \to \mathbf{R}^2$가 선형임을 보이고, 벡터 $(1, 2)$의 상을 구하라.

41. T: $P_2 \to P_1$의 변환 $T(ax^2 + bx + c) = 2ax + b$가 선형임을 보이고, $3x^2 - 2x + 1$의 상을 구하라. 같은 상을 갖는 P_2의 다른 원소를 구하라.

42. 행렬 $\begin{bmatrix} 6 & 4 \\ 3 & 2 \end{bmatrix}$로 정의된 변환의 핵과 치역을 구하라. 다음이 성립함을 보여라.

$$\dim \ker(T) + \dim \text{range}(T) = \dim \text{domain}(T)$$

43. 행렬 $\begin{bmatrix} 1 & 1 & 1 \\ 0 & 1 & -1 \\ 2 & 3 & 1 \end{bmatrix}$로 정의된 변환의 핵과 치역의 기저를 구하라.

44. 다음 행렬로 정의된 선형변환이 일대일인지 보여라.

(a) $A = \begin{bmatrix} 1 & 3 & -4 & 9 \\ 0 & 1 & 2 & 6 \\ 0 & 0 & 0 & 0 \end{bmatrix}$

(b) $B = \begin{bmatrix} -1 & 2 & 0 & 5 \\ 3 & 7 & 2 & 8 \\ -4 & 2 & 0 & 0 \\ 1 & 3 & 0 & 6 \end{bmatrix}$

45. 다음 변환의 핵과 치역을 구하라.

$$T(x, y, z) = (x, 2x, y - z), \quad \mathbf{R}^3 \to \mathbf{R}^3$$

46. 다음과 같이 정의된 g: $P_2 \to P_3$가 선형임을 증명하라. g의 핵과 치역을 구하라. 이들 부분공간의 기저를 구하여라.

$$g(a_2x^2 + a_1x + a_0) = (a_2 - a_1)x^3 - a_1x + 2a_0$$

47. D를 미분연산자라 하자. P_n 상에서 연산자로서 D를 해석하라. $D^2 - 2D + 1$이 선형연산자임을 증명하라. $D^2 - 2D + 1$에 의해 $12x - 4$로 사상되는 다항식들의 집합을 구하라.

48. 론스키언을 이용하여 $f_1(x) = 1$, $f_2(x) = \sin x$, $f_3(x) = e^x$가 구간 $(-\infty,\infty)$에서 선형독립임을 보여라.

The Burj Al Arab Hotel, a luxury hotel in Dubai, United Arab Emirates, is the fourth-tallest hotel in the world. The hotel, which stands on an entirely man-made island, was designed to resemble the sail of a dhow, an Arabian sailing vessel.

CHAPTER

5

좌표 표현

Coordinate Representations

앞에서 기저에 관한 수학적 개념을 상세히 알아보았다. 이 장에서는 좌표계와 기저의 관계를 논한다. 선형변환이 표준기저와 연관되어 행렬로 표현될 수 있음을 알았는데, 사실 모든 기저에 대해 행렬표현이 존재함을 알게 될 것이다. 대각행렬표현이 가능하다면 이에 연관된 기저(또는 좌표계)를 찾는 것이 관심꺼리가 될 수 있다. 이 논의에서는 고유값과 고유벡터가 중요한 역할을 한다. 이 기법은 진동 현과 같은 물리적 상황 분석에서 가장 적합한 좌표계를 발견할 수 있게 해준다.

또한 다양한 벡터공간 사이의 구조를 보존하는 특별한 변환을 정의할 것이다. $\mathbf{R}^n$이나 P_n과 같은 벡터공간은 원소들이 다르게 보여도 많은 수학적 성질을 공유하고 있다. 이는 $\mathbf{R}^n$에 대해 정립한 어떤 결과도 그런 벡터공간들 모두에 적용할 수 있음을 의미한다.

5.1 좌표벡터

지금까지 여러 형태의 벡터공간들, 즉 벡터공간 $\mathbf{R}^n$, 행렬 공간, 함수 공간을 검토해 보았다. 이 절에서는 좌표벡터(coordinate vector)라고 불리는 $\mathbf{R}^n$의 벡터를 이용하여, 임의의 유한차원 실벡터공간 상의 벡터를 표현하는 방법을 알아본다. 이러한 논의로부터 모든 유한차원 벡터공간은 수학적인 관점에서 $\mathbf{R}^n$과 '동등하다'는 결론을 얻게 된다.

정의 U가 기저 $B = \{\mathbf{u}_1, \ldots, \mathbf{u}_n\}$를 갖는 벡터공간이고, $\mathbf{u}$가 U의 벡터라고 하자. 그러면 다음과 같은 스칼라 $a_1, \ldots, a_n$이 유일하게 존재함을 알고 있다.

$$\mathbf{u} = a_1\mathbf{u}_1 + \cdots + a_n\mathbf{u}_n$$

이때 열벡터 $\mathbf{u}_B = \begin{bmatrix} a_1 \\ \vdots \\ a_n \end{bmatrix}$을 이 기저 B에 대한 $\mathbf{u}$의 **좌표벡터**(coordinates vector)라고 말하고, 스칼라 $a_1, \ldots, a_n$을 이 기저에 대한 $\mathbf{u}$의 좌표라고 말한다. 주: 좌표벡터로 행벡터 대신 열벡터를 사용하기로 한다. 이렇게 정하면 이론을 매끄럽게 전개할 수 있다.

표기법

표기법(notation)은 수학에서 매우 중요하다. 여기에 많은 주의를 기울여야 한다. 이것은 수학의 본질적 부분으로, 적절한 표기법은 내재된 개념에 집중하도록 하는 반면 부적절한 표기법은 이를 손상시킨다. 이 절과 다음 절에서는 적절한 표기법을 사용하는 것이 특히 중요한데, 가장 간단한 표기법을 선택하고자 노력하였다. 표기법을 숙지하는 것이 이 절을 학습하는 데 있어서 중요한 부분이라는 점을 이해해야 한다. 이제 벡터공간 U의 여러 다른 기저들을 논해야 하는데, 다음과 같은 표기법을 이용한다.

벡터공간 U의 서로 다른 2개의 기저를 B와 B'로 표기한다. 만일 $\mathbf{u}$가 U의 벡터라면 이 기저들에 대한 $\mathbf{u}$의 좌표벡터를 각각 $\mathbf{u}_B$와 $\mathbf{u}_{B'}$으로 표기한다.

예제 1

다음의 $\mathbf{R}^2$의 기저 B와 B'에 대해 $\mathbf{u} = (4, 5)$의 좌표벡터를 구하라.

(a) 표준기저 $B = \{(1, 0), (0, 1)\}$ **(b)** $B' = \{(2, 1), (-1, 1)\}$

풀이

(a) 주어진 벡터를 다음과 같이 쓸 수 있다.

$$(4, 5) = 4(1, 0) + 5(0, 1)$$

따라서 $\mathbf{u}_B = \begin{bmatrix} 4 \\ 5 \end{bmatrix}$이다. 주어진 $\mathbf{u}$의 표현은 사실상 표준기저에 대한 것이다.

(b) 표준기저가 아닌 B'에 대한 $\mathbf{u}$의 좌표벡터를 구해보자. 등식

$$(4, 5) = a_1(2, 1) + a_2(-1, 1)$$

에서

$$(4, 5) = (2a_1, a_1) + (-a_2, a_2)$$
$$(4, 5) = (2a_1 - a_2, a_1 + a_2)$$

을 얻는데, 성분들을 비교하여 다음 방정식계를 얻는다.

$$2a_1 - a_2 = 4$$
$$a_1 + a_2 = 5$$

위의 방정식은 다음의 유일해를 가진다.

$$a_1 = 3, \qquad a_2 = 2$$

따라서 $\mathbf{u}_{B'} = \begin{bmatrix} 3 \\ 2 \end{bmatrix}$이다.

이러한 좌표벡터를 기하적으로 해석할 수 있다. 다음과 같이 기저벡터를 표기하자.

$$\mathbf{u}_1 = (1, 0), \mathbf{u}_2 = (0, 1)\text{과} \quad \mathbf{u}'_1 = (2, 1), \mathbf{u}'_2 = (-1, 1)$$

그러면 다음 관계를 얻는다.

$$\mathbf{u} = 4\mathbf{u}_1 + 5\mathbf{u}_2, \quad \mathbf{u} = 3\mathbf{u}'_1 + 2\mathbf{u}'_2$$

이 벡터들이 그림 5.1에 나와 있다. 각 기저는 좌표계를 정의함을 관찰하라. B는 보통의 직교 xy-좌표계를 정의한다. 그러나 B'은 기울어진 축을 갖는 $x'y'$-좌표계를 정의한다.

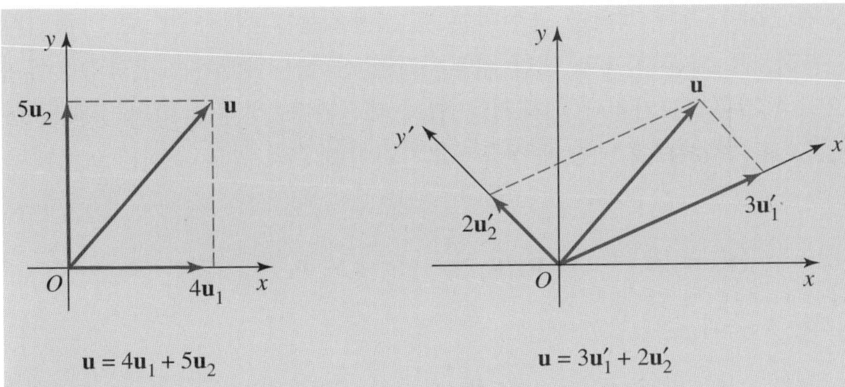

그림 5.1

예제 2

다음의 P_2의 기저 B와 B'에 대하여 $\mathbf{u} = 5x^2 + x + 9$의 좌표벡터를 구하라.

(a) 표준기저 $B = \{x^2, x, 1\}$

(b) $B' = \{x^2 - x + 1, 3x^2 - 1, 2x^2 + x + 2\}$

풀이

(a) 주어진 벡터를 다음과 같이 쓸 수 있다.

$$5x^2 + x + 9 = 5(x^2) + 1(x) + 9(1)$$

따라서 $\mathbf{u}_B = \begin{bmatrix} 5 \\ 1 \\ 9 \end{bmatrix}$이다. 즉, 표준기저에 대한 $\mathbf{u}$의 좌표는 $5x^2 + x + 9$의 계수이다.

(b) 앞의 문제에서처럼 표준기저가 아닌 기저 B'에 대해 $\mathbf{u}$의 좌표벡터를 구하는 것은 더 많은 노력을 요한다. 등식

$$5x^2 + x + 9 = a_1(x^2 - x + 1) + a_2(3x^2 - 1) + a_3(2x^2 + x + 2)$$

에서 다음을 얻는다.

$$5x^2 + x + 9 = (a_1 + 3a_2 + 2a_3)x^2 + (-a_1 + a_3)x + (a_1 - a_2 + 2a_3)$$

계수들을 비교하여 다음 방정식계를 얻는다.

$$\begin{aligned} a_1 + 3a_2 + 2a_3 &= 5 \\ -a_1 \qquad\quad + a_3 &= 1 \\ a_1 - a_2 + 2a_3 &= 9 \end{aligned}$$

이 계는 다음의 유일해를 가진다.

$$a_1 = 2, \quad a_2 = -1, \quad a_3 = 3$$

따라서 $\mathbf{u}_{B'} = \begin{bmatrix} 2 \\ -1 \\ 3 \end{bmatrix}$이다.

위의 예제들은 왜 표준기저가 벡터를 표현하는 데 사용되는 가장 자연스런 기저인지를 설명해 준다. 일반적으로 다른 기저에 대한 좌표벡터를 구하기 위해서는 선형방정식계를 풀어야 한다. 그러나 **정규직교기저**에 대해서는 쉽게 계산된다. 정리 4.20의 결과를 상기하면, $B = \{\mathbf{u}_1, \ldots, \mathbf{u}_n\}$가 벡터공간 U의 정규직교기저이면 U의 임의의 벡터 $\mathbf{v}$는 다음과 같이 표현된다.

$$\mathbf{v} = (\mathbf{v}\cdot\mathbf{u}_1)\mathbf{u}_1 + (\mathbf{v}\cdot\mathbf{u}_2)\mathbf{u}_2 + \cdots + (\mathbf{v}\cdot\mathbf{u}_n)\mathbf{u}_n$$

따라서 좌표벡터는 다음과 같다.

$$\mathbf{v}_B = \begin{bmatrix} \mathbf{v}\cdot\mathbf{u}_1 \\ \vdots \\ \mathbf{v}\cdot\mathbf{u}_n \end{bmatrix}$$

예제 3

정규직교기저 $B = \{(1, 0, 0), (0, \frac{3}{5}, \frac{4}{5}), (0, \frac{4}{5}, -\frac{3}{5})\}$에 대해 $\mathbf{v} = (2, -5, 10)$의 좌표벡터를 구하라.

풀이

다음과 같이 계산한다.

$$\begin{aligned} (2, -5, 10)\cdot(1, 0, 0) &= 2 \\ (2, -5, 10)\cdot(0, \tfrac{3}{5}, \tfrac{4}{5}) &= 5 \\ (2, -5, 10)\cdot(0, \tfrac{4}{5}, -\tfrac{3}{5}) &= -10 \end{aligned}$$

따라서 $\mathbf{v}_B = \begin{bmatrix} 2 \\ 5 \\ -10 \end{bmatrix}$이다.

때때로 정규직교기저가 아닌 기저가 더 적절한 경우도 있다. 따라서 서로 다른 기저에 대한 좌표벡터들 사이의 관계가 어떻게 정해지는지 알 필요가 있는데, 이것이 이제 논할 주제이다.

기저 바꾸기

$B = \{\mathbf{u}_1, \ldots, \mathbf{u}_n\}$과 $B' = \{\mathbf{u}'_1, \ldots, \mathbf{u}'_n\}$이 벡터공간 U의 기저라고 하면, U의 벡터 $\mathbf{u}$는 각 기저에 대해 좌표벡터 $\mathbf{u}_B$와 $\mathbf{u}_{B'}$을 가진다. 이제 $\mathbf{u}_B$와 $\mathbf{u}_{B'}$ 사이의 관계를 알아보자.

기저 $B' = \{\mathbf{u}'_1, \ldots, \mathbf{u}'_n\}$에 대한 $\mathbf{u}_1, \ldots, \mathbf{u}_n$의 좌표벡터를 $(\mathbf{u}_1)_{B'}, \ldots, (\mathbf{u}_n)_{B'}$이라 하자. 이 벡터들을 열로 가지는 행렬 P는 논의에서 중심적인 역할을 하게 되는데, 이 행렬을 **기저 B에서 B'으로의 전이행렬**(transition matrix)이라고 부른다.

$$\text{전이행렬: } P = [(\mathbf{u}_1)_{B'} \ldots (\mathbf{u}_n)_{B'}]$$

정리 5.1

$B = \{\mathbf{u}_1, \ldots, \mathbf{u}_n\}$와 $B' = \{\mathbf{u}'_1, \ldots, \mathbf{u}'_n\}$이 벡터공간 U의 기저라고 하자. U의 벡터 $\mathbf{u}$의 각 기저에 대한 좌표벡터를 $\mathbf{u}_B$와 $\mathbf{u}_{B'}$이라 하면,

$$\mathbf{u}_{B'} = P\mathbf{u}_B$$

가 된다. 여기서 P는 다음과 같은 B에서 B'로의 전이행렬이다.

$$P = [(\mathbf{u}_1)_{B'} \ldots (\mathbf{u}_n)_{B'}]$$

증명

$\{\mathbf{u}'_1, \ldots, \mathbf{u}'_n\}$가 U의 기저이기 때문에 벡터 $\mathbf{u}_1, \ldots, \mathbf{u}_n$은 이 벡터들의 선형조합으로 표현된다. 이것을 다음과 같이 나타내자.

$$\begin{aligned} \mathbf{u}_1 &= c_{11}\mathbf{u}'_1 + \cdots + c_{n1}\mathbf{u}'_n \\ &\vdots \\ \mathbf{u}_n &= c_{1n}\mathbf{u}'_1 + \cdots + c_{nn}\mathbf{u}'_n \end{aligned}$$

만일 $\mathbf{u} = a_1\mathbf{u}_1 + \cdots + a_n\mathbf{u}_n$이라 하면, 다음과 같이 계산된다.

$$\begin{aligned} \mathbf{u} &= a_1\mathbf{u}_1 + \cdots + a_n\mathbf{u}_n \\ &= a_1(c_{11}\mathbf{u}'_1 + \cdots + c_{n1}\mathbf{u}'_n) + \cdots + a_n(c_{1n}\mathbf{u}'_1 + \cdots + c_{nn}\mathbf{u}'_n) \\ &= (a_1c_{11} + \cdots + a_nc_{1n})\mathbf{u}'_1 + \cdots + (a_1c_{n1} + \cdots + a_nc_{nn})\mathbf{u}'_n \end{aligned}$$

그러므로 B'에 대한 $\mathbf{u}$의 좌표벡터를 다음과 같이 쓸 수 있다.

$$\begin{aligned} \mathbf{u}_{B'} &= \begin{bmatrix} (a_1c_{11} + \cdots + a_nc_{1n}) \\ \vdots \\ (a_1c_{n1} + \cdots + a_nc_{nn}) \end{bmatrix} = \begin{bmatrix} c_{11} & \cdots & c_{1n} \\ & \vdots & \\ c_{n1} & \cdots & c_{nn} \end{bmatrix} \begin{bmatrix} a_1 \\ \vdots \\ a_n \end{bmatrix} \\ &= [(\mathbf{u}_1)_{B'} \cdots (\mathbf{u}_n)_{B'}]\mathbf{u}_B, \end{aligned}$$

이로써 정리가 증명된다. ■

벡터공간에서 비표준기저로부터 표준기저로의 기저변환은 곧바로 이루어진다. 다음 예는 이러한 경우에 전이행렬 P가 쉽게 구해짐을 보여준다. P의 열은 사실은 처음의 비표준기저의 벡터들로 구성된다.

예제 4

$\mathbf{R}^2$의 기저 $B = \{(1, 2), (3, -1)\}$와 $B' = \{(1, 0), (0, 1)\}$을 생각해 보자. $\mathbf{u}$가 $\mathbf{u}_B = \begin{bmatrix} 3 \\ 4 \end{bmatrix}$인 벡터일 때, $\mathbf{u}_{B'}$을 구하라.

풀이

전이행렬을 구하기 위해 B의 벡터들을 다음과 같이 B'의 벡터들로 표현한다.

$$\begin{aligned} (1, 2) &= 1(1, 0) + 2(0, 1) \\ (3, -1) &= 3(1, 0) - 1(0, 1) \end{aligned}$$

(1, 2)와 (3, −1)의 좌표벡터는 $\begin{bmatrix}1\\2\end{bmatrix}$와 $\begin{bmatrix}3\\-1\end{bmatrix}$이다. 따라서 전이행렬 P는

$$P = \begin{bmatrix}1 & 3\\2 & -1\end{bmatrix}$$

(P의 열이 기저 B의 벡터임을 주목하라.) 이로부터 다음을 얻는다.

$$\mathbf{u}_{B'} = \begin{bmatrix}1 & 3\\2 & -1\end{bmatrix}\begin{bmatrix}3\\4\end{bmatrix} = \begin{bmatrix}15\\2\end{bmatrix}$$

B와 B'가 어떤 벡터공간의 기저일 때, B에서 B'으로의 전이행렬과 B'에서 B로의 전이행렬 사이의 관계를 알아보자.

정리 5.2

B와 B'가 벡터공간 U의 기저이고, P가 B에서 B'로의 전이행렬이라 하자. 그러면, P는 가역이고 B'에서 B로의 전이행렬은 P^{-1}이다.

증명 U의 벡터 $\mathbf{u}$의 기저 B와 B'에 대한 좌표벡터가 각각 $\mathbf{u}_B$와 $\mathbf{u}_{B'}$라 하자. B에서 B'로의 전이행렬은 P로 주어져 있다. Q를 B'에서 B로의 전이행렬이라고 하자, 그러면

$$\mathbf{u}_{B'} = P\mathbf{u}_B \text{이고 } \mathbf{u}_B = Q\mathbf{u}_{B'}$$

임을 알고 있다. 위의 식을 두 가지 방법으로 결합할 수 있다. 즉, 두 번째 식의 $\mathbf{u}_B$를 첫 번째 식에, 첫 번째 식의 $\mathbf{u}_{B'}$을 두 번째 식의 각각 대입하면, 다음을 얻는다.

$$\mathbf{u}_{B'} = PQ\mathbf{u}_{B'} \text{과 } \mathbf{u}_B = QP\mathbf{u}_B$$

이 결과는 $\mathbf{u}_B$와 $\mathbf{u}_{B'}$의 모든 값에 유효하기 때문에 다음을 얻는다.

$$PQ = QP = I$$

따라서 $Q = P^{-1}$이다.

다음 예제에서는 비표준기저 사이의 전이행렬을 구하는 매우 유용한 기법을 소개한다. 표준기저가 관련된 기저변환이 다루기 쉽기 때문에 표준기저를 중간기저로 이용한다.

예제 5

$\mathbf{R}^2$의 기저 $B = \{(1, 2), (3, -1)\}$와 $B' = \{(3, 1), (5, 2)\}$를 고려하자. B에서 B'로의 전이행렬을 구하라. $\mathbf{u}$가 $\mathbf{u}_B = \begin{bmatrix}2\\1\end{bmatrix}$인 벡터일 때, $\mathbf{u}_{B'}$을 구하라.

증명

표준기저 $S = \{(1, 0), (0, 1)\}$를 중간기저로 사용하자. B에서 S로의 전이행렬 P와 S에서 B'로의 전이행렬 P'는 다음과 같다.

$$P = \begin{bmatrix} 1 & 3 \\ 2 & -1 \end{bmatrix}, \quad P' = \begin{bmatrix} 3 & 5 \\ 1 & 2 \end{bmatrix}$$

S에서 B'로의 전이행렬은 $(P')^{-1}$이므로, B에서 B'로의 전이행렬(S를 경유하여)은 $(P')^{-1}P$가 된다. 즉, B에서 B'로의 전이행렬은

$$\begin{bmatrix} 3 & 5 \\ 1 & 2 \end{bmatrix}^{-1} \begin{bmatrix} 1 & 3 \\ 2 & -1 \end{bmatrix} = \begin{bmatrix} 2 & -5 \\ -1 & 3 \end{bmatrix} \begin{bmatrix} 1 & 3 \\ 2 & -1 \end{bmatrix} = \begin{bmatrix} -8 & 11 \\ 5 & -6 \end{bmatrix}$$

이다, 이로부터 다음 결과를 얻는다.

$$\mathbf{u}_{B'} = \begin{bmatrix} -8 & 11 \\ 5 & -6 \end{bmatrix} \begin{bmatrix} 2 \\ 1 \end{bmatrix} = \begin{bmatrix} -5 \\ 4 \end{bmatrix}$$

■

동형사상

$T: U \to V$라 하자. T의 치역의 각 원소가 T의 정의역의 하나의 원소에만 대응되면 T를 **일대일**이라고 했음을 기억하자. 만일 V의 모든 원소가 U의 원소의 상이 되면, 변환 T는 **전사**(onto, 또는 위로의 변환)라고 불린다.

다음 정의는 일대일, 전사, 선형성의 개념을 하나의 변환에서 통합한다.

정의 T가 U에서 W로의 전사인 일대일 선형변환이라면 T를 **동형사상**(isomorphism)이라고 부른다. 이때 U와 W를 **동형**(isomorphic) 벡터공간이라고 한다.

동형 벡터공간의 중요성은 그러한 벡터공간들이 수학적인 관점에서 동일하다는 것이다, 동형사상은 일대일이고 전사이기 때문에 두 공간의 원소들은 짝이 맞는다. 또한, 동형사상은 선형변환이기 때문에 두 공간에서의 벡터덧셈과 스칼라 곱셈은 서로 유사한 성질을 가진다. 두 공간의 원소들의 물리적인 모양이 달라도, 수학적으로는 같은 공간으로 간주될 수 있다.

주어진 실벡터공간의 모든 벡터를 좌표벡터와 연관시키는 작업은 그 벡터공간으로부터 $\mathbf{R}^n$으로의 변환을 정의하는 것이다. 이러한 변환은 선형이고 일대일이며 전사임을 이제 알게 될 것이다.

정리 5.3

U가 기저 $\{\mathbf{u}_1, \ldots, \mathbf{u}_n\}$를 갖는 실벡터공간이고, $\mathbf{u}$는 이 기저에 대한 좌표벡터가 $\begin{bmatrix} a_1 \\ \vdots \\ a_n \end{bmatrix}$ 인 U의 임의의 원소라고 하자. 다음 변환 T는 U에서 $\mathbf{R}^n$으로의 동형사상이다.

$$T(\mathbf{u}) = \begin{bmatrix} a_1 \\ \vdots \\ a_n \end{bmatrix}$$

증명 만일 $T(\mathbf{u}) = T(\mathbf{v})$가 $\mathbf{u} = \mathbf{v}$임을 의미한다면 변환 T는 일대일이다. 다음을 가정하자.

$$T(\mathbf{u}) = \begin{bmatrix} a_1 \\ \vdots \\ a_n \end{bmatrix} \text{과 } T(\mathbf{v}) = \begin{bmatrix} a_1 \\ \vdots \\ a_n \end{bmatrix}$$

그러면

$$\mathbf{u} = a_1\mathbf{u}_1 + \cdots + a_n\mathbf{u}_n \text{이고 } \mathbf{v} = a_1\mathbf{u}_1 + \cdots + a_n\mathbf{u}_n$$

이다. 이것은 $\mathbf{u} = \mathbf{v}$임을 의미하고, 따라서 T는 일대일이다.

이제 T가 전사변환임은 $\mathbf{R}^n$의 모든 원소가 U의 원소의 상이라는 것을 보임으로써 증명할 수 있다. $\begin{bmatrix} b_1 \\ \vdots \\ b_n \end{bmatrix}$을 $\mathbf{R}^n$의 원소라고 하면,

$$T(b_1\mathbf{u}_1 + \cdots + b_n\mathbf{u}_n) = \begin{bmatrix} b_1 \\ \vdots \\ b_n \end{bmatrix}$$

이다. 따라서 $\begin{bmatrix} b_1 \\ \vdots \\ b_n \end{bmatrix}$은 벡터 $b_1\mathbf{u}_1 + \cdots + b_n\mathbf{u}_n$의 상이 되고, 그러므로 T는 전사이다.

T가 선형이라는 것은 각자 증명해보라.

이 정리는 모든 유한차원의 실벡터공간 U가, 적절한 n에 대해 $\mathbf{R}^n$과 동형이라는 매우 중요한 사실을 함축하고 있다. 따라서 대수적인 관점에서 볼 때 모든 유한차원 실벡터공간은 $\mathbf{R}^n$과 동일하다. 따라서 $\mathbf{R}^n$에 대한 수학을 개발하면서, 어떤 의미에서는, 모든 유한차원 실벡터공간에 대한 수학을 개발한 것이라고 볼 수 있다.

연습문제 5.1

좌표벡터

문제 [1~4]에서 주어진 $\mathbf{R}^2$의 기저 B에 대한 $\mathbf{u}$의 좌표벡터를 구하라.

1. $\mathbf{u} = (2, -3)$; $B = \{(1, 0), (0, 1)\}$

2. $\mathbf{u} = (8, -1)$; $B = \{(3, -1), (2, 1)\}$

3. $\mathbf{u} = (5, 1)$; $B = \{(1, 0), (0, 1)\}$

4. $\mathbf{u} = (-7, -5)$; $B = \{(1, -1), (3, 1)\}$

문제 [5~8]에서 주어진 $\mathbf{R}^3$의 기저 B에 대한 $\mathbf{u}$의 좌표벡터를 구하라.

5. $\mathbf{u} = (4, 0, -2)$; $B = \{(1, 0, 0), (0, 1, 0), (0, 0, 1)\}$

6. $\mathbf{u} = (6, -3, 1)$; $B = \{(1, -1, 0), (2, 1, -1), (2, 0, 0)\}$

7. $\mathbf{u} = (3, -1, 7)$; $B = \{(2, 0, -1), (0, 1, 3), (1, 1, 1)\}$

8. $\mathbf{u} = (1, -6, -8)$; $B = \{(1, 2, 3), (1, -1, 0), (0, 1, -2)\}$

문제 [9~12]에서 주어진 P_n의 기저 B에 대한 $\mathbf{u}$의 좌표벡터를 구하라.

9. $\mathbf{u} = 7x - 3;\ B = \{x, 1\}$

10. $\mathbf{u} = 2x - 6;\ B = \{3x - 5, x - 1\}$

11. $\mathbf{u} = 4x^2 - 5x + 2;\ B = \{x^2, x, 1\}$

12. $\mathbf{u} = 3x^2 - 6x - 2;\ B = \{x^2, x - 1, 2x\}$

문제 [13~15]에서 주어진 정규직교기저 B에 대한 $\mathbf{u}$의 좌표벡터를 구하라.

13. $\mathbf{u} = (5, 0, -10);\ B = \{(0, -1, 0), (\frac{3}{5}, 0, -\frac{4}{5}), (\frac{4}{5}, 0, \frac{3}{5})\}$

14. $\mathbf{u} = (1, 2, 3);\ B = \{(\frac{1}{3}, \frac{2}{3}, \frac{2}{3}), (\frac{2}{3}, -\frac{2}{3}, \frac{1}{3}), (\frac{2}{3}, \frac{1}{3}, -\frac{2}{3})\}$

15. $\mathbf{u} = (2, 1, 4);$

$$B = \left\{(1, 0, 0), \left(0, \frac{1}{\sqrt{2}}, \frac{1}{\sqrt{2}}\right), \left(0, \frac{1}{\sqrt{2}}, -\frac{1}{\sqrt{2}}\right)\right\}$$

비표준 기저에서 표준기저로의 변환

문제 [16~20]에서 $\mathbf{R}^2$의 주어진 기저 B로부터 표준기저 B'로의 전이행렬 P를 구하라. 전이행렬을 이용하여 B'에 대한 $\mathbf{u}$, $\mathbf{v}$, $\mathbf{w}$의 좌표벡터를 구하라.

16. $B = \{(2, 3), (1, 2)\},\ B' = \{(1, 0), (0, 1)\};$

$$\mathbf{u}_B = \begin{bmatrix} 1 \\ 2 \end{bmatrix},\quad \mathbf{v}_B = \begin{bmatrix} 3 \\ -1 \end{bmatrix},\quad \mathbf{w}_B = \begin{bmatrix} 2 \\ 4 \end{bmatrix}$$

17. $B = \{(4, 1), (3, -1)\},\ B' = \{(1, 0), (0, 1)\};$

$$\mathbf{u}_B = \begin{bmatrix} 3 \\ 0 \end{bmatrix}, \mathbf{v}_B = \begin{bmatrix} 2 \\ 1 \end{bmatrix}, \mathbf{w}_B = \begin{bmatrix} -2 \\ 1 \end{bmatrix}$$

18. $B = \{(1, 1), (2, -3)\},\ B' = \{(1, 0), (0, 1)\};$

$$\mathbf{u}_B = \begin{bmatrix} 0 \\ 1 \end{bmatrix}, \mathbf{v}_B = \begin{bmatrix} 1 \\ -2 \end{bmatrix}, \mathbf{w}_B = \begin{bmatrix} 3 \\ 1 \end{bmatrix}$$

19. $B = \{(3, 2), (2, 1)\},\ B' = \{(1, 0), (0, 1)\};$

$$\mathbf{u}_B = \begin{bmatrix} 2 \\ -1 \end{bmatrix}, \mathbf{v}_B = \begin{bmatrix} 0 \\ -1 \end{bmatrix}, \mathbf{w}_B = \begin{bmatrix} 5 \\ 3 \end{bmatrix}$$

20. $B = \{(2, -3), (-3, 4)\},\ B' = \{(1, 0), (0, 1)\};$

$$\mathbf{u}_B = \begin{bmatrix} 1 \\ 1 \end{bmatrix}, \mathbf{v}_B = \begin{bmatrix} 3 \\ 0 \end{bmatrix}, \mathbf{w}_B = \begin{bmatrix} 4 \\ 2 \end{bmatrix}$$

표준기저에서 비표준기저로의 변환

21. $\mathbf{R}^2$의 기저 $B = \{(1, 0), (0, 1)\}$과 $B' = \{(5, 3), (3, 2)\}$를 생각하자. $\mathbf{u}$가 $\mathbf{u}_B = \begin{bmatrix} -2 \\ 5 \end{bmatrix}$인 벡터일 때, $\mathbf{u}_{B'}$을 구하라.
(**힌트** B에서 B'로의 전이행렬은 B'에서 B로의 전이행렬의 역이다).

22. $\mathbf{R}^2$의 기저 $B = \{(1, 0), (0, 1)\}$과 $B' = \{(1, 2), (-1, -1)\}$을 생각하자. $\mathbf{u}$가 $\mathbf{u}_B = \begin{bmatrix} 8 \\ 3 \end{bmatrix}$인 벡터일 때, $\mathbf{u}_{B'}$을 구하라.

비표준기저 사이의 변환

23. $\mathbf{R}^2$의 기저 $B = \{(1, 2), (3, 0)\}$에서 기저 $B' = \{(2, 1), (3, 2)\}$로의 전이행렬 P를 구하라. 또, $\mathbf{u}_B = \begin{bmatrix} -3 \\ 2 \end{bmatrix}$일 때, $\mathbf{u}_{B'}$을 구하라.

24. $\mathbf{R}^2$의 기저 $B = \{(3, -1), (1, 1)\}$에서 기저 $B' = \{(2, 5), (1, 2)\}$로의 전이행렬 P를 구하라. 또, $\mathbf{u}_B = \begin{bmatrix} 7 \\ -2 \end{bmatrix}$일 때, $\mathbf{u}_{B'}$을 구하라.

함수공간

25. 벡터공간 P_2를 생각하자. $B = \{x^2, x, 1\}$와 $B' = \{3x^2, x - 1, 4\}$는 P_2의 기저들이다. B에서 B'으로의 전이행렬을 구하라. 이 전이행렬을 이용하여 $3x^2 + 4x + 8$, $6x^2 + 4$, $8x + 12$, $3x^2 + 4x + 4$의 B'에 대한 좌표벡터를 각각 구하라(**힌트** B에서 B'로의 전이행렬은 B'에서 B로의 전이행렬의 역이다).

26. 벡터공간 P_1을 생각하자. $B = \{x, 1\}$과 $B' = \{x + 2, 3\}$은 P_1의 기저들이다. B에서 B'로의 전이행렬을 구하라. 이 전이행렬을 이용하여 $3x + 3$, $6x$, $6x + 9$, $12x - 3$의 B'에 대한 좌표벡터를 각각 구하라.

동형사상

27. 2×2 대각행렬들의 벡터공간으로부터 $\mathbf{R}^2$으로의 동형사상을 구성하라.

28. 2×2 대칭행렬들의 벡터공간으로부터 $\mathbf{R}^3$으로의 동형사상을 구성하라.

29. T가 정방행렬 A에 의해 정의되는 행렬변환이라 하자. T가 동형사상일 필요충분조건은 A가 정칙인 것임을 증명하라.

30. A가 $\mathbf{R}^n$에서 $\mathbf{R}^n$으로의 동형사상을 정의하는 정칙행렬이라 하자.(앞의 연습문제를 보라.) A^{-1}도 $\mathbf{R}^n$ 자신으로의 동형사상을 정의함을 증명하라.

5.2 선형변환의 행렬표현

선형변환 T: $\mathbf{R}^n \to \mathbf{R}^m$을 행렬 A로 정의할 수 있음을 배운 바 있다. 이 절에서는 행렬로 일반 벡터공간 사이의 선형변환을 표현하는 방법을 소개한다. 먼저 선형변환을 정의하는 데 필요한 정보를 살펴보자.

함수 f의 경우, 정의역의 모든 원소에 미치는 영향을 알고 있다면 f를 정의할 수 있다. 이는 보통 정의역에 속한 임의의 원소에 대한 함수의 효과를 정해주는 방정식으로 표현된다. 예를 들어 다음과 같이 정의되는 함수 f를 고려하자.

$$f(x) = \sqrt{x - 3}$$

f의 정의역은 $x \geq 3$이다. 위의 방정식은 주어진 범위 내에 있는 모든 x에 대해 f의 효과를 보여준다. 일례로 $f(7) = 2$이다. 이와 마찬가지로, 선형변환 T도 정의역에 속한 모든 벡터에 대해 변환된 값이 주어지면 정의될 수 있다. 그러나 선형변환의 경우에는 일반함수와는 달리, 정의역의 유한 부분집합 (기저)에 대한 변환의 효과를 안다면, 자동적으로 정의역의 모든 원소에 대하여 변환이 정의될 수 있다. 이것에 대해 논의해보자.

정리 5.4

T: $U \to V$가 선형변환이고, $\{\mathbf{u}_1, \ldots, \mathbf{u}_n\}$가 U의 기저라고 하자. T는 기저벡터에 대한 효과, 즉 $T(\mathbf{u}_1), \ldots, T(\mathbf{u}_n)$에 의해 정의된다. T의 치역은 $\{T(\mathbf{u}_1), \ldots, T(\mathbf{u}_n)\}$에 의해 생성된다.

따라서 기저에 대해 선형변환을 정의하면, 정의역 전체에 대하여 정의하는 것이 된다.

증명 $\mathbf{u}$가 U의 원소라고 하자. $\{\mathbf{u}_1, \ldots, \mathbf{u}_n\}$이 U의 기저이기 때문에 다음과 같은 스칼라 $a_1, \ldots, a_n$이 존재한다.

$$\mathbf{u} = a_1\mathbf{u}_1 + \cdots + a_n\mathbf{u}_n$$

T의 선형성으로부터

$$\begin{aligned} T(\mathbf{u}) &= T(a_1\mathbf{u}_1 + \cdots + a_n\mathbf{u}_n) \\ &= a_1T(\mathbf{u}_1) + \cdots + a_nT(\mathbf{u}_n) \end{aligned}$$

을 얻는다. 그러므로 $\{T(\mathbf{u}_1), \ldots, T(\mathbf{u}_n)\}$을 알고 있다면 $T(\mathbf{u})$를 알 수 있다.

또한 $T(\mathbf{u})$는 T의 치역에 속한 임의의 원소로 볼 수 있는데, 이것이 $\{T(\mathbf{u}_1), \ldots, T(\mathbf{u}_n)\}$의 선형조합으로 표현되어 있다. 따라서 $\{T(\mathbf{u}_1), \ldots, T(\mathbf{u}_n)\}$은 T의 치역을 생성한다. ∎

예제 1

다음과 같이 $\mathbf{R}^3$의 기저벡터에 대해 정의되는 선형변환 T: $\mathbf{R}^3 \to \mathbf{R}^2$를 고려하자. $T(1, -2, 3)$을 구하라.

$$T(1, 0, 0) = (3, -1), \quad T(0, 1, 0) = (2, 1), \quad T(0, 0, 1) = (3, 0)$$

풀이

T가 $\mathbf{R}^3$의 기저벡터에 대해 정의되기 때문에 전체 공간에 대해 정의된다. $T(1, -2, 3)$을 구하기 위해, 다음과 같이 벡터 $(1, -2, 3)$을 기저벡터의 선형조합으로 표현하고, T의 선형성을 이용한다.

$$\begin{aligned} T(1, -2, 3) &= T(1(1, 0, 0) - 2(0, 1, 0) + 3(0, 0, 1)) \\ &= 1T(1, 0, 0) - 2T(0, 1, 0) + 3T(0, 0, 1) \\ &= 1(3, -1) - 2(2, 1) + 3(3, 0) \\ &= (8, -3) \end{aligned}$$

선형변환 T: $\mathbf{R}^n \to \mathbf{R}^m$이 다음과 같이 행렬 A에 의해 정의될 수 있음을 이미 알고 있다:

$$T(\mathbf{u}) = A\mathbf{u}$$

여기서 $A = [T(\mathbf{e}_1) \ldots T(\mathbf{e}_n)]$이다. $\mathbf{R}^n$의 표준기저벡터 각각에 대한 T의 효과를 구하여 A를 구성한다는 것을 기억하라. 이 개념을 일반 벡터공간 사이의 선형변환 T: $U \to V$로 확장할 수 있다. 우선 U와 V의 원소를 좌표벡터로 나타내고, 변환 T는 좌표벡터의 변환을 정의하는 행렬 A로 표현하면 된다. 행렬 A는 $\mathbf{R}^n$에서와 마찬가지로, 기저벡터들에 대한 T의 효과를 구하여 구성한다.

정리 5.5

U와 V가 기저가 각각 $B = \{\mathbf{u}_1, \ldots, \mathbf{u}_n\}$, $B' = \{\mathbf{v}_1, \ldots, \mathbf{v}_m\}$인 벡터공간이고, T: $U \to V$가 선형변환이라 하자. U의 벡터 $\mathbf{u}$와 그것의 상 $T(\mathbf{u})$의 주어진 기저들에 대한 좌표벡터가 각각 $\mathbf{a}$와 $\mathbf{b}$라고 하면

$$\mathbf{b} = A\mathbf{a}$$

가 된다. 여기서 $A = [T(\mathbf{u}_1)_{B'} \ldots T(\mathbf{u}_n)_{B'}]$이다.

따라서 T가 U의 벡터를 변환하는 것과 "동일한 방법"으로, 행렬 A는 U의 좌표벡터의 변환을 정의한다. 그림 5.2를 보라. A를 기저 B와 B'에 대한 ***T*의 행렬표현**(matrix representation)(또는 ***T*의 행렬**)이라고 한다.

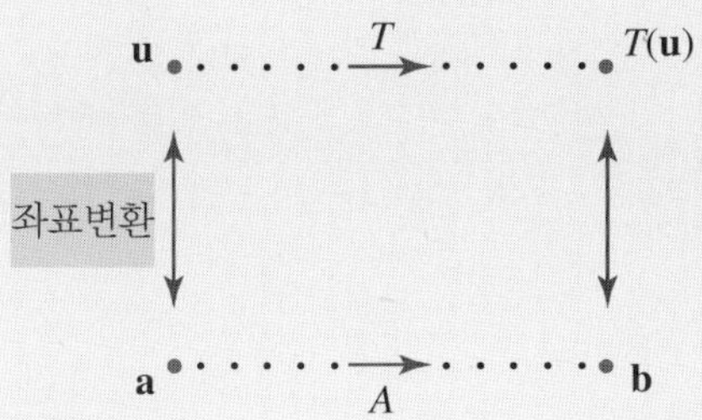

그림 5.2

증명

$\mathbf{u} = a_1\mathbf{u}_1 + \cdots + a_n\mathbf{u}_n$이라고 하면, T의 선형성을 이용하여 다음과 같이 쓸 수 있다.

$$\begin{aligned} T(\mathbf{u}) &= T(a_1\mathbf{u}_1 + \cdots + a_n\mathbf{u}_n) \\ &= a_1T(\mathbf{u}_1) + \cdots + a_nT(\mathbf{u}_n) \end{aligned}$$

$\mathbf{u}$의 기저벡터에 대한 T의 효과는

$$\begin{aligned} T(\mathbf{u}_1) &= c_{11}\mathbf{v}_1 + \cdots + c_{m1}\mathbf{v}_m \\ &\vdots \\ T(\mathbf{u}_n) &= c_{1n}\mathbf{v}_1 + \cdots + c_{mn}\mathbf{v}_m \end{aligned}$$

이다. 따라서

$$\begin{aligned} T(\mathbf{u}) &= a_1(c_{11}\mathbf{v}_1 + \cdots + c_{m1}\mathbf{v}_m) + \cdots + a_n(c_{1n}\mathbf{v}_1 + \cdots + c_{mn}\mathbf{v}_m) \\ &= (a_1c_{11} + \cdots + a_nc_{1n})\mathbf{v}_1 + \cdots + (a_1c_{m1} + \cdots + a_nc_{mn})\mathbf{v}_m \end{aligned}$$

이 된다. 그러므로 $T(\mathbf{u})$의 좌표벡터는

$$\begin{aligned} \mathbf{b} &= \begin{bmatrix} (a_1c_{11} + \cdots + a_nc_{1n}) \\ \vdots \\ (a_1c_{m1} + \cdots + a_nc_{mn}) \end{bmatrix} = \begin{bmatrix} c_{11} \cdots c_{1n} \\ \vdots \\ c_{m1} \cdots c_{mn} \end{bmatrix} \begin{bmatrix} a_1 \\ \vdots \\ a_n \end{bmatrix} \\ &= [T(\mathbf{u}_1)_{B'} \ldots T(\mathbf{u}_n)_{B'}]\mathbf{a} \end{aligned}$$

이 되어 정리가 증명된다. ■

예제 2

$T: U \to V$를 선형변환이라고 하자. T는 U와 V의 기저 $B = \{\mathbf{u}_1, \mathbf{u}_2, \mathbf{u}_3\}$, $B' = \{\mathbf{v}_1, \mathbf{v}_2\}$에 대하여 다음과 같이 정의된다.

$$\begin{aligned} T(\mathbf{u}_1) &= 2\mathbf{v}_1 - \mathbf{v}_2 \\ T(\mathbf{u}_2) &= 3\mathbf{v}_1 + 2\mathbf{v}_2 \\ T(\mathbf{u}_3) &= \mathbf{v}_1 - 4\mathbf{v}_2 \end{aligned}$$

이 기저들에 대하여 T의 행렬표현을 구하고, 이 행렬을 이용하여 벡터 $\mathbf{u} = 3\mathbf{u}_1 + 2\mathbf{u}_2 - \mathbf{u}_3$의 상을 결정하라.

풀이

$T(\mathbf{u}_1), T(\mathbf{u}_2), T(\mathbf{u}_3)$의 좌표벡터는 다음과 같다.

$$\begin{bmatrix} 2 \\ -1 \end{bmatrix}, \begin{bmatrix} 3 \\ 2 \end{bmatrix} \text{와} \begin{bmatrix} 1 \\ -4 \end{bmatrix}$$

이들은 T의 행렬의 열이 된다.

$$A = \begin{bmatrix} 2 & 3 & 1 \\ -1 & 2 & -4 \end{bmatrix}$$

이 행렬을 이용하여 벡터 $\mathbf{u} = 3\mathbf{u}_1 + 2\mathbf{u}_2 - \mathbf{u}_3$의 상을 구해보자. $\mathbf{u}$의 좌표벡터가 $\mathbf{a} = \begin{bmatrix} 3 \\ 2 \\ -1 \end{bmatrix}$이므로 다음을 얻는다.

$$A\mathbf{a} = \begin{bmatrix} 2 & 3 & 1 \\ -1 & 2 & -4 \end{bmatrix}\begin{bmatrix} 3 \\ 2 \\ -1 \end{bmatrix} = \begin{bmatrix} 11 \\ 5 \end{bmatrix}$$

$T(\mathbf{u})$는 좌표벡터 $\begin{bmatrix} 11 \\ 5 \end{bmatrix}$을 가진다. 따라서 $T(\mathbf{u}) = 11\mathbf{v}_1 + 5\mathbf{v}_2$이다.

예제 3

$T(x, y, z) = (x + y, 2z)$로 정의된 선형변환 $T: \mathbf{R}^3 \to \mathbf{R}^2$을 고려하자. $\mathbf{R}^3$와 $\mathbf{R}^2$의 기저 $\{\mathbf{u}_1, \mathbf{u}_2, \mathbf{u}_3\}$, $\{\mathbf{u}'_1, \mathbf{u}'_2\}$에 대한 T의 행렬을 구하라. 여기서

$$\mathbf{u}_1 = (1, 1, 0), \quad \mathbf{u}_2 = (0, 1, 4), \quad \mathbf{u}_3 = (1, 2, 3)\text{이고 } \mathbf{u}'_1 = (1, 0), \quad \mathbf{u}'_2 = (0, 2)$$

이다. 이 행렬을 이용하여 벡터 $\mathbf{u} = (2, 3, 5)$의 상을 구하라.

풀이

$\mathbf{R}^3$의 기저벡터에 대한 T의 효과를 다음과 같이 구한다.

$$\begin{aligned} T(\mathbf{u}_1) &= T(1, 1, 0) = (2, 0) = 2(1, 0) + 0(0, 2) = 2\mathbf{u}'_1 + 0\mathbf{u}'_2 \\ T(\mathbf{u}_2) &= T(0, 1, 4) = (1, 8) = 1(1, 0) + 4(0, 2) = 1\mathbf{u}'_1 + 4\mathbf{u}'_2 \\ T(\mathbf{u}_3) &= T(1, 2, 3) = (3, 6) = 3(1, 0) + 3(0, 2) = 3\mathbf{u}'_1 + 3\mathbf{u}'_2 \end{aligned}$$

따라서 $T(\mathbf{u}_1)$, $T(\mathbf{u}_2)$, $T(\mathbf{u}_3)$의 좌표벡터는 각각 $\begin{bmatrix} 2 \\ 0 \end{bmatrix}, \begin{bmatrix} 1 \\ 4 \end{bmatrix}, \begin{bmatrix} 3 \\ 3 \end{bmatrix}$이다. 이 벡터들은 다음과 같이 T의 행렬의 열을 형성한다.

$$A = \begin{bmatrix} 2 & 1 & 3 \\ 0 & 4 & 3 \end{bmatrix}$$

A를 이용하여 벡터 $\mathbf{u} = (2, 3, 5)$의 상을 구해보자. $\mathbf{u}$를 기저벡터들의 선형조합으로 표현하여 좌표를 구하면 다음과 같다.

$$\mathbf{u} = (2, 3, 5) = 3(1, 1, 0) + 2(0, 1, 4) - (1, 2, 3) = 3\mathbf{u}_1 + 2\mathbf{u}_2 + (-1)\mathbf{u}_3$$

따라서 $\mathbf{u}$의 좌표벡터는 $\mathbf{a} = \begin{bmatrix} 3 \\ 2 \\ -1 \end{bmatrix}$이다. $T(\mathbf{u})$의 좌표벡터는

$$\mathbf{b} = A\mathbf{a} = \begin{bmatrix} 2 & 1 & 3 \\ 0 & 4 & 3 \end{bmatrix}\begin{bmatrix} 3 \\ 2 \\ -1 \end{bmatrix} = \begin{bmatrix} 5 \\ 5 \end{bmatrix}$$

가 된다. 그러므로 $T(\mathbf{u}) = 5\mathbf{u}'_1 + 5\mathbf{u}'_2 = 5(1, 0) + 5(0, 2) = (5, 10)$이다.

정의 $T(x, y, z) = (x + y, 2z)$을 이용하여 직접 이 결과를 확인할 수 있다. $\mathbf{u} = (2, 3, 5)$에 대한 변환의 결과는 다음과 같다.

$$T(\mathbf{u}) = T(2, 3, 5) = (5, 10)$$

앞의 예제는 행렬표현의 개념을 잘 이해할 수 있도록 해주지만, 행렬표현의 중요성은 $T(\mathbf{u})$를 구하기 위해 사용되는 데 있지 않다. $T(\mathbf{u})$를 직접 구하는 것이 훨씬 쉽다. 이와 관련된 논의를 계속 해보자.

행렬표현의 중요성

앞 절에서 모든 유한차원의 실벡터공간이 $\mathbf{R}^n$과 동형임을 보았다. 이는 이런 모든 벡터공간을 적절한 $\mathbf{R}^n$을 이용하여 논할 수 있음을 의미한다. 모든 선형변환이 행렬로 표현될 수 있다는 사실은, 이제 이런 벡터공간 및 그 벡터공간들 사이의 선형변환의 수학이론이 벡터공간 $\mathbf{R}^n$과 행렬을 통해 전개될 수 있음을 의미하고 있다.

두 번째 이유는 계산상의 이유이다. $\mathbf{R}^n$의 원소와 행렬은 컴퓨터에서 처리될 수 있다. 따라서 일반 벡터공간과 그들 사이의 선형변환은 행렬표현을 통하여 컴퓨터에서 다루어질 수 있다.

예제 4

$T(ax^2 + bx + c) = (a + b)x - c$로 정의되는 선형변환 $T: P_2 \to P_1$을 고려하라. P_2와 P_1의 기저 $\{\mathbf{u}_1, \mathbf{u}_2, \mathbf{u}_3\}$, $\{\mathbf{u}'_1, \mathbf{u}'_2\}$에 관한 T의 행렬을 구하라. 여기서

$$\mathbf{u}_1 = x^2, \quad \mathbf{u}_2 = x, \quad \mathbf{u}_3 = 1\text{이고 } \mathbf{u}'_1 = x, \quad \mathbf{u}'_2 = 1$$

이다. 이 행렬을 이용하여 $\mathbf{u} = 3x^2 + 2x - 1$의 상을 구하라.

풀이

P_2 기저벡터들에 대한 T의 효과를 다음과 같이 계산한다.

$$\begin{aligned}
T(\mathbf{u}_1) &= T(x^2) = x = 1x + 0(1) = 1\mathbf{u}'_1 + 0\mathbf{u}'_2 \\
T(\mathbf{u}_2) &= T(x) = x = 1x + 0(1) = 1\mathbf{u}'_1 + 0\mathbf{u}'_2 \\
T(\mathbf{u}_3) &= T(1) = -1 = 0x + (-1)(1) = 0\mathbf{u}'_1 + (-1)\mathbf{u}'_2
\end{aligned}$$

$T(x^2)$, $T(x)$, $T(1)$의 좌표벡터는 $\begin{bmatrix}1\\0\end{bmatrix}, \begin{bmatrix}1\\0\end{bmatrix}, \begin{bmatrix}0\\-1\end{bmatrix}$이다. 따라서 T의 행렬은

$$A = \begin{bmatrix}1 & 1 & 0\\0 & 0 & -1\end{bmatrix}$$

이 된다. 이제 T를 이용하여 $\mathbf{u} = 3x^2 + 2x - 1$의 상을 구해보자. 기저 $\{x^2, x, 1\}$에 관한 $\mathbf{u}$의 좌표벡터는 $\mathbf{a} = \begin{bmatrix}3\\2\\-1\end{bmatrix}$이다. 따라서

$$\mathbf{b} = A\mathbf{a} = \begin{bmatrix} 1 & 1 & 0 \\ 0 & 0 & -1 \end{bmatrix} \begin{bmatrix} 3 \\ 2 \\ -1 \end{bmatrix} = \begin{bmatrix} 5 \\ 1 \end{bmatrix}$$

그러므로 $T(\mathbf{u}) = 5\mathbf{u}'_1 + 1\mathbf{u}'_2 = 5x + 1$이다.

행렬표현을 작동하는 방식이 그림 5.3에 나타나 있다. 그림의 윗부분은 P_2에서 P_1로의 선형변환 T를 보여주고 있다. 그림의 아랫부분은 윗부분과 유사한 다음의 변환을 보여준다. 여기서 T는 P_2의 좌표벡터에서 P_1의 좌표벡터로의 선형변환을 정의한다.

$$\begin{bmatrix} 1 & 1 & 0 \\ 0 & 0 & -1 \end{bmatrix} \begin{bmatrix} a \\ b \\ c \end{bmatrix} = \begin{bmatrix} a + b \\ -c \end{bmatrix}$$

아랫부분은 윗부분의 **좌표 표현**(coordinate representation)이다.

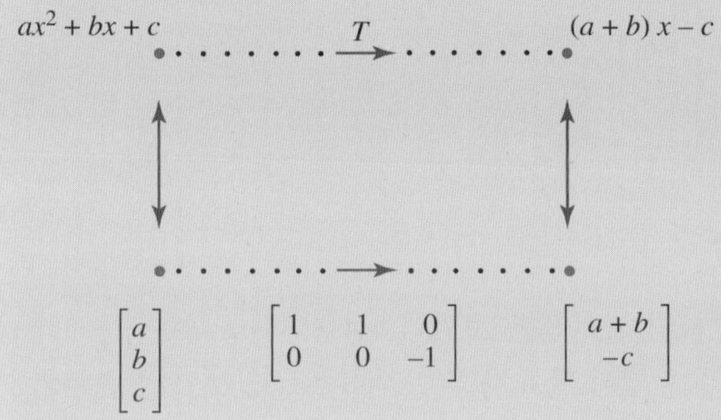

그림 5.3

어떤 선형변환이 벡터공간 자신으로의 선형변환일 때, 행렬표현은 보통 하나의 기저에 대해 나타난다. 아래 예제는 이런 개념을 예시한다.

예제 5

$D = \frac{d}{dx}$는 미분연산을 나타낸다고 하자. D는 P_2 상의 선형연산자이다. P_2의 기저 $\{x^2, x, 1\}$에 대한 D의 행렬을 구하라.

풀이

기저벡터에 대한 D의 효과를 다음과 같이 계산한다.

$$\begin{aligned} D(x^2) &= 2x = 0x^2 + 2x + 0(1) \\ D(x) &= 1 \;\;= 0x^2 + 0x + 1(1) \\ D(1) &= 0 \;\;= 0x^2 + 0x + 0(1) \end{aligned}$$

따라서 D의 행렬은

$$A = \begin{bmatrix} 0 & 0 & 0 \\ 2 & 0 & 0 \\ 0 & 1 & 0 \end{bmatrix}$$

행렬 A는, P_2에서의 D와 유사한, $\mathbf{R}^3$에서의 선형연산자를 정의한다. 즉,

$$D(ax^2 + bx + c) = 2ax + b\text{와} \begin{bmatrix} 0 & 0 & 0 \\ 2 & 0 & 0 \\ 0 & 1 & 0 \end{bmatrix} \begin{bmatrix} a \\ b \\ c \end{bmatrix} = \begin{bmatrix} 0 \\ 2a \\ b \end{bmatrix}$$

를 보고, 그림 5.4를 참조하라.

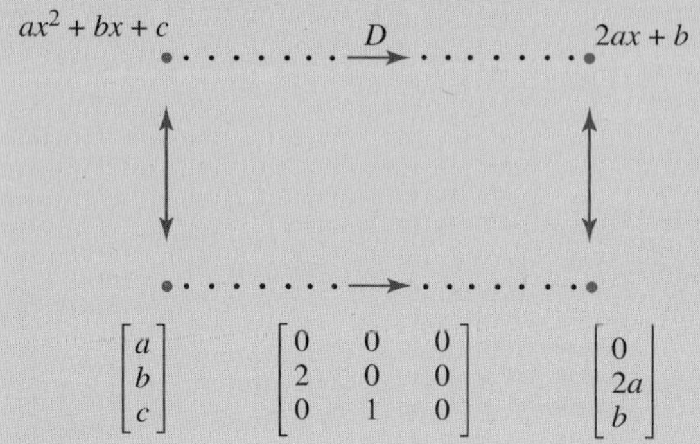

그림 5.4

행렬표현 사이의 관계

선형변환의 행렬표현이 선택한 기저에 따라 달라짐을 보았다. 선형변환을 실제 문제에 응용할 때는 흔히 간단한 행렬변환을 구하는 것이 목표가 된다. 일례로, 일부 선형변환의 대각행렬표현을 얻기 위해서 기저를 어떻게 선택해야 하는지를 나중에 다루어 볼 것이다. 여기서는 예비 작업으로 다양한 기저에 대한 선형연산자의 행렬표현들이 서로 어떻게 관련되는지 논해보자. 이 논의에서 닮음변환이 핵심 역할을 함을 알게 될 것이다.

정의 A와 A'을 같은 크기의 정방행렬이라고 하자. 만일 $A' = C^{-1}AC$를 만족하는 가역행렬 C가 존재하면, A'은 A와 **닮았다**(similar)고 말한다. 이와 같은 방법으로 행렬 A를 행렬 A'로 변환하는 것을 **닮음변환**(similarity transformation)이라고 한다.

두 기저에 대한 선형연산자의 행렬표현들이 닮음행렬들임을 증명하자.

정리 5.6

U가 기저 B와 B'를 갖는 벡터공간이고, P가 B'에서 B로의 전이행렬이라고 하자. 만일 U에서의 선형연산자 T가 첫 번째 기저에 대해서는 행렬 A로 표현되고, 두 번째 기저에 대해서는 행렬 A'으로 표현된다면, 다음이 성립한다.

$$A' = P^{-1}AP$$

증명

U에 속한 벡터 $\mathbf{u}$를 고려하라. B와 B'에 대한 좌표벡터를 $\mathbf{a}$와 $\mathbf{a}'$이라고 하자. $T(\mathbf{u})$의 좌표벡터는 $A\mathbf{a}$와 $A'\mathbf{a}'$이다. P는 B'에서 B로의 전이행렬이기 때문에

$$\mathbf{a} = P\mathbf{a}'\text{이고 } A\mathbf{a} = P(A'\mathbf{a}')$$

이다. 두 번째 식을 다시 쓰면,

$$P^{-1}A\mathbf{a} = A'\mathbf{a}'$$

이 되고, $\mathbf{a} = P\mathbf{a}'$을 위의 식에 대입하면

$$P^{-1}AP\mathbf{a}' = A'\mathbf{a}'$$

이 얻어진다. 임의의 좌표벡터 $\mathbf{a}'$에 대한 변환행렬 $P^{-1}AP$와 A'의 효과는 같으므로 이 두 행렬은 동일하다. ■

예제 6

$\mathbf{R}^2$에서의 선형연산자 $T(x, y) = (2x, x + y)$를 고려하라. $\mathbf{R}^2$의 표준기저 $B = \{(1, 0), (0, 1)\}$에 대한 T의 행렬을 구하라. 변환 $A' = P^{-1}AP$를 이용하여 기저 $B' = \{(-2, 3), (1, -1)\}$에 관한 행렬 A'를 결정하라.

풀이

표준기저의 벡터들에 대한 T의 효과는

$$\begin{aligned} T(1, 0) &= (2, 1) = 2(1, 0) + 1(0, 1) \\ T(0, 1) &= (0, 1) = 0(1, 0) + 1(0, 1) \end{aligned}$$

이므로 표준기저에 대한 T의 행렬은

$$A = \begin{bmatrix} 2 & 0 \\ 1 & 1 \end{bmatrix}$$

이다. 이제 B'에서 B로의 전이행렬 P를 구한자. 벡터들을 B의 벡터들로 다시 표현하면

$$\begin{aligned} (-2, 3) &= -2(1, 0) + 3(0, 1) \\ (1, -1) &= 1(1, 0) - 1(0, 1) \end{aligned}$$

이 되므로 전이행렬은

$$P = \begin{bmatrix} -2 & 1 \\ 3 & -1 \end{bmatrix}$$

이 된다. 그러므로 다음을 얻는다.

$$\begin{aligned} A' = P^{-1}AP &= \begin{bmatrix} -2 & 1 \\ 3 & -1 \end{bmatrix}^{-1} \begin{bmatrix} 2 & 0 \\ 1 & 1 \end{bmatrix} \begin{bmatrix} -2 & 1 \\ 3 & -1 \end{bmatrix} \\ &= \begin{bmatrix} 1 & 1 \\ 3 & 2 \end{bmatrix} \begin{bmatrix} 2 & 0 \\ 1 & 1 \end{bmatrix} \begin{bmatrix} -2 & 1 \\ 3 & -1 \end{bmatrix} = \begin{bmatrix} -3 & 2 \\ -10 & 6 \end{bmatrix} \end{aligned}$$

■

연습문제 5.2

기저에 대해 정의되는 선형변환

1. $T: \mathbf{R}^3 \to \mathbf{R}^2$가 $\mathbf{R}^3$의 표준기저에 대해 다음과 같이 정의되는 선형변환일 때, $T(0, 1\ -1)$을 구하라.

$$T(1, 0, 0) = (2, 1), \quad T(0, 1, 0) = (0, -2),$$
$$T(0, 0, 1) = (-1, 1)$$

2. $T: \mathbf{R}^2 \to \mathbf{R}$가 $\mathbf{R}^2$의 표준기저에 대해 다음과 같이 정의되는 선형변환일 때, $T(3, -2)$를 구하라.

$$T(1, 0) = 4, \quad T(0, 1) = -3$$

3. T는 $\mathbf{R}^2$의 표준기저에 대해 다음과 같이 정의되는 $\mathbf{R}^2$에서의 선형연산자이다. $T(2, 1)$를 구하라.

$$T(1, 0) = (2, 5), \quad T(0, 1) = (1, -3)$$

4. $T: P_2 \to P_1$가 P_2의 표준기저 $\{x^2, x, 1\}$에 대해 다음과 같이 정의되는 선형변환일 때, $T(3x^2 - 2x + 1)$을 구하라.

$$T(x^2) = 3x + 1, \quad T(x) = 2, \quad T(1) = 2x - 5$$

5. T가 P_2의 표준기저 $\{x^2, x, 1\}$에 대해 다음과 같이 정의되는 P_2의 선형연산자일 때, $T(x^2 + 3x - 2)$를 구하라.

$$T(x^2) = x^2 + 3, \quad T(x) = 2x^2 + 4x - 1, \quad T(1) = 3x - 1$$

선형변환의 행렬

6. 선형변환 $T: U \to V$가 U와 V의 기저 $\{\mathbf{u}_1, \mathbf{u}_2\}$, $\{\mathbf{v}_1, \mathbf{v}_2\}$에 대하여 다음과 같이 정의된다.

$$T(\mathbf{u}_1) = 2\mathbf{v}_1 + 3\mathbf{v}_2, \quad T(\mathbf{u}_2) = 4\mathbf{v}_1 - \mathbf{v}_2$$

이 기저들에 대한 T의 행렬을 구하라. 이 행렬을 이용하여 벡터 $\mathbf{u} = 2\mathbf{u}_1 + 5\mathbf{u}_2$의 상을 구하라.

7. 선형변환$T: U \to V$가 U와 V의 기저 $\{\mathbf{u}_1, \mathbf{u}_2\}$, $\{\mathbf{v}_1, \mathbf{v}_2, \mathbf{v}_3\}$에 대하여 다음과 같이 정의된다.

$$T(\mathbf{u}_1) = 2\mathbf{v}_1 + \mathbf{v}_2 - 3\mathbf{v}_3, \quad T(\mathbf{u}_2) = \mathbf{v}_1 - 2\mathbf{v}_2 + 3\mathbf{v}_3$$

이 기저들에 대한 T의 행렬을 구하라. 이 행렬을 이용하여 벡터 $\mathbf{u} = 4\mathbf{u}_1 - 7\mathbf{u}_2$의 상을 구하라.

8. 선형변환$T: U \to V$가 U와 V의 기저 $\{\mathbf{u}_1, \mathbf{u}_2, \mathbf{u}_3\}$, $\{\mathbf{v}_1, \mathbf{v}_2, \mathbf{v}_3\}$에 대하여 다음과 같이 정의된다.

$$T(\mathbf{u}_1) = \mathbf{v}_1 + \mathbf{v}_2 + \mathbf{v}_3, \quad T(\mathbf{u}_2) = 3\mathbf{v}_1 - 2\mathbf{v}_2,$$
$$T(\mathbf{u}_3) = \mathbf{v}_1 + 2\mathbf{v}_2 - \mathbf{v}_3.$$

이 기저들에 대한 T의 행렬을 구하라. 이 행렬을 이용하여 벡터 $\mathbf{u} = 3\mathbf{u}_1 + 2\mathbf{u}_2 - 5\mathbf{u}_3$의 상을 구하라.

9. 표준기저에 대하여 다음 각 선형변환 $T: R^3 \to R^2$의 행렬을 구하라. 이 행렬을 이용하여 벡터 $(1, 2, 3)$의 상을 구하라.

(a) $T(x, y, z) = (x, z)$
(b) $T(x, y, z) = (3x, y + z)$
(c) $T(x, y, z) = (x + y, 2x - y)$

10. $\mathbf{R}^3$의 표준기저에 대하여 $\mathbf{R}^3$에서의 다음 각 선형연산자의 행렬을 구하라. 이 행렬을 이용하여 벡터 $(-1, 5, 2)$의 상을 구하라.

(a) $T(x, y, z) = (x, 2y, 3z)$ **(b)** $T(x, y, z) = (x, y, z)$
(c) $T(x, y, z) = (x, 0, 0)$
(d) $T(x, y, z) = (x + y, 3y, x + 2y - 4z)$

11. $T(x, y, z) = (x - y, x + z)$로 정의되는 선형변환 $T: \mathbf{R}^3 \to \mathbf{R}^2$을 고려하자. $\mathbf{R}^3$와 $\mathbf{R}_2$의 기저 $\{\mathbf{u}_1, \mathbf{u}_2, \mathbf{u}_3\}$, $\{\mathbf{u}'_1, \mathbf{u}'_2\}$에 대한 T의 행렬을 구하라. 여기서

$\mathbf{u}_1 = (1, -1, 0)$, $\mathbf{u}_2 = (2, 0, 1)$, $\mathbf{u}_3 = (1, 2, 1)$이고
$\mathbf{u}'_1 = (-1, 0)$, $\mathbf{u}'_2 = (0, 1)$이다.

이 행렬을 이용하여 벡터 $\mathbf{u} = (3, -4, 0)$의 상을 구하라.

12. $T(x, y) = (x, x + y, 2y)$로 정의되는 선형변환 $T: \mathbf{R}^3 \to \mathbf{R}^2$을 고려하자. $\mathbf{R}^2$와 $\mathbf{R}^3$의 기저 $\{\mathbf{u}_1, \mathbf{u}_2\}$, $\{\mathbf{u}'_1, \mathbf{u}'_2, \mathbf{u}'_3\}$에 대한 T의 행렬을 구하라. 여기서

$\mathbf{u}_1 = (1, 3)$, $\mathbf{u}_2 = (4, -1)$이고
$\mathbf{u}'_1 = (1, 0, 0)$, $\mathbf{u}'_2 = (0, 2, 0)$, $\mathbf{u}'_3 = (0, 0, -1)$이다.

이 행렬을 이용하여 벡터 $\mathbf{u} = (9, 1)$의 상을 구하라.

13. $T(x, y) = (2x, x + y)$로 정의되는 선형연산자 $T: \mathbf{R}^2 \to \mathbf{R}^2$을 고려하자. $\mathbf{R}^2$의 기저 $\{\mathbf{u}_1, \mathbf{u}_2\}$에 대한 T의 행렬을 구하라. 여기서

$\mathbf{u}_1 = (1, 2)$, $\mathbf{u}_2 = (0, -1)$이다.

이 행렬을 이용하여 $\mathbf{u} = (-1, 3)$의 상을 구하라.

14. P_2의 기저 $\{2x^2, x, -1\}$에 대한 미분연산자 D의 행렬을 구하라. 이 행렬을 이용하여 벡터 $3x^2 - 2x + 4$의 상을 구하라.

15. V가 함수 $\sin x$와 $\cos x$에 의해 생성되는, 정의역이 $[0, \pi]$인 함수들의 벡터공간이라 하자. D는 x에 대한 미분, D^2은 2차 미분을 나타낸다고 하자. V의 기저 $\{\sin x, \cos x\}$에 대하여 V의 선형연산자 $D^2 + 2D + 1$의 행렬을 구하라. 또한 이 변환에 의한 원소 $3\sin x + \cos x$의 상을 구하라.

16. P_1의 기저 $\{x, 1\}$과 P_2의 기저 $\{x^2, x, 1\}$에 대하여 다음 각 선형변환의 행렬을 구하라.

(a) $T(ax^2 + bx + c) = (b + c)x^2 + (b - c)x, P_2 \rightarrow P_2$

(b) $T(ax + b) = bx^2 + ax + b, P_1 \rightarrow P_2$

(c) $T(ax^2 + bx + c) = 2cx + b - a, P_2 \rightarrow P_1$

17. P_1의 기저 $\{x, 1\}$과 P_2의 기저 $\{x^2 + x, x, 1\}$에 대하여 다음과 같은 $P_2 \rightarrow P_1$의 선형변환의 행렬을 구하라.

$$T(ax^2 + bx + c) = ax + c$$

또한 $3x^2 + 2x - 1$의 상을 구하라.

18. 기저 $\{x + 1, 2\}$에 대하여 다음 P_1에서의 선형연산자 T의 행렬을 구하라.

$$T(ax + b) = bx - a$$

또한 $4x - 3$의 상을 구하라.

닮음변환

19. P_1의 표준기저 $\{x, 1\}$에 대하여 다음 P_1에서의 선형연산자 T의 행렬을 구하라.

$$T(ax + b) = (a + b)x - b$$

닮음변환을 이용하여 P_1의 기저 $\{x + 1, x - 1\}$에 대한 T의 행렬을 구하라.

20. $\mathbf{R}^2$에서의 선형연산자 $T(x, y) = (2x, x + y)$를 고려하자. $\mathbf{R}^2$의 표준기저에 대한 T의 행렬을 구하라. 닮음변환을 이용하여 $\mathbf{R}^2$의 기저 $\{(1, 1), (2, 1)\}$에 대한 T의 행렬을 구하라.

21. $\mathbf{R}^2$의 선형연산자 $T(x, y) = (x - y, x + y)$를 고려하자. $\mathbf{R}^2$의 표준기저에 대한 T의 행렬을 구하라. 닮음변환을 이용하여 $\mathbf{R}^2$의 기저 $\{(-2, 1), (1, 2)\}$에 대한 T의 행렬을 구하라.

기타 결과

22. **(a)** V와 W가 벡터공간이고 U가 V의 부분공간이라고 하자. U를 핵으로 갖는 $V \rightarrow W$의 선형변환을 구성하는 것이 항상 가능한가?

(b) $r(1, 3, -1)$ 형태의 모든 벡터들로 이루어진 부분공간을 핵으로 갖는 $\mathbf{R}^3 \rightarrow \mathbf{R}^2$의 선형변환을 구성하라.

(c) $(r + s, 2r, -s)$ 형태의 모든 벡터들로 이루어진 부분공간을 핵으로 갖는 $\mathbf{R}^3 \rightarrow \mathbf{R}^2$의 선형변환을 구성하라.

23. $r(2, -1)$ 형태의 모든 벡터들로 이루어진 부분공간을 핵으로 갖는 $\mathbf{R}^2 \rightarrow \mathbf{R}^2$의 선형변환을 구성하라.

24. $r(4, 1)$ 형태의 모든 벡터들로 이루어진 부분공간을 핵으로 갖는 $\mathbf{R}^3 \rightarrow \mathbf{R}^2$의 선형변환을 구성하라.

25. 벡터공간 U에 대해 $T: U \rightarrow U$가 $T(\mathbf{u}) = \mathbf{u}$로 정의된다고 하자. T는 선형임을 증명하라. T를 U에서의 **항등연산자** (identity operator)라고 한다. B가 U의 기저일 때, B에 대한 T의 행렬은 항등행렬임을 보여라.

26. 벡터공간 U에 대해 $T: U \rightarrow U$가 $T(\mathbf{u}) = \mathbf{0}$으로 정의된다고 하면, T는 선형임을 증명하라. T를 U에서의 **영연산자** (zero operator)라고 한다. B가 U의 기저일 때, B에 대한 T의 행렬은 영행렬임을 보여라.

27. U, V, W는 각각 기저 $B = \{\mathbf{u}_1, \ldots, \mathbf{u}_n\}, B' = \{\mathbf{v}_1, \ldots, \mathbf{v}_n\}, B'' = \{\mathbf{w}_1, \ldots, \mathbf{w}_n\}$을 갖는 벡터공간이다. $T: U \rightarrow V$, $L: V \rightarrow W$가 선형변환이고, P가 B와 B'에 대한 T의 행렬이며, Q가 B'와 B''에 대한 L의 행렬표현이라고 하자. B와 B''에 대한 $L \circ T$의 행렬이 QP임을 증명하라.

28. 서로 다른 두 선형변환 $T: U \rightarrow V$와 $L: U \rightarrow V$가 U와 V의 기저 B와 B'에 대하여 동일한 행렬을 가지는 것이 가능한가?

5.3 행렬의 대각화

이 절에서는 어떤 행렬을 대각행렬 형태로 변환하는 방법을 논한다. 다음 절에서는 이 기법이 기하적, 물리적 상황이 가장 잘 이해될 수 있는 좌표계를 정하는 데 어떻게 사용되는지를 보게 된다.

이 시점에서, A, B가 같은 크기의 정방행렬일 때 $B = C^{-1}AC$가 되는 가역행렬 C가 존재하면 B가 A와 **닮았다**고 하는 것을 상기하자. 행렬 A가 행렬 B로 되게 하는 이런 변환을 **닮음변환**이라고 말한다.

예제 1

다음 행렬 A와 C가 주어졌다. C는 가역이다. 닮음변환 $C^{-1}AC$를 이용하여 행렬 A를 행렬 B로 변환하라.

$$A = \begin{bmatrix} 7 & -10 \\ 3 & -4 \end{bmatrix}, \quad C = \begin{bmatrix} 2 & 5 \\ 1 & 3 \end{bmatrix}$$

풀이

$C^{-1} = \begin{bmatrix} 3 & -5 \\ -1 & 2 \end{bmatrix}$이므로 다음을 얻는다.

$$\begin{aligned} B = C^{-1}AC &= \begin{bmatrix} 2 & 5 \\ 1 & 3 \end{bmatrix}^{-1} \begin{bmatrix} 7 & -10 \\ 3 & -4 \end{bmatrix} \begin{bmatrix} 2 & 5 \\ 1 & 3 \end{bmatrix} \\ &= \begin{bmatrix} 3 & -5 \\ -1 & 2 \end{bmatrix} \begin{bmatrix} 7 & -10 \\ 3 & -4 \end{bmatrix} \begin{bmatrix} 2 & 5 \\ 1 & 3 \end{bmatrix} \\ &= \begin{bmatrix} 6 & -10 \\ -1 & 2 \end{bmatrix} \begin{bmatrix} 2 & 5 \\ 1 & 3 \end{bmatrix} = \begin{bmatrix} 2 & 0 \\ 0 & 1 \end{bmatrix} \end{aligned}$$

이 예제에서 A는 대각행렬 B로 변환되었다. 모든 정방행렬이 이런 식으로 '대각화'될 수 있는 것은 아니다. 이 절에서는, 행렬이 대각화될 수 있는 조건과 대각화가 가능하다면 적절한 변환을 수행하는 행렬 C를 어떻게 만드는지에 관해 논할 것이다. 이 논의에서 고유값과 고유벡터가 핵심적인 역할을 하게 된다.

정리 5.7

닮은 행렬들은 동일한 고유값을 가진다.

증명 A와 B가 닮은 행렬이라고 하자. 그러면 $B = C^{-1}AC$를 만족하는 행렬 C가 존재한다. B의 특성다항식은 $|B - \lambda I|$인데, B를 대체하고 행렬식의 곱에 대한 성질을 적용하면 다음을 얻는다.

$$\begin{aligned} |B - \lambda I| &= |C^{-1}AC - \lambda I| = |C^{-1}(A - \lambda I)C| \\ &= |C^{-1}||A - \lambda I||C| = |A - \lambda I||C^{-1}||C| \\ &= |A - \lambda I||C^{-1}C| = |A - \lambda I||I| \\ &= |A - \lambda I| \end{aligned}$$

즉, A와 B의 특성다항식이 같고 이것은 이들의 고유값이 같음을 의미한다.

정의 정방행렬 A에 대해 $D = C^{-1}AC$가 대각행렬이 되는 행렬 C가 존재하면, A는 **대각화가 가능**(diagonalizable)하다고 한다.

앞의 예제에서 $A = \begin{bmatrix} 7 & -10 \\ 3 & -4 \end{bmatrix}$가 대각화가 가능함을 보았다. 다음 정리는 언제 주어진 행렬 A를 대각화할 수 있는지, 그리고 그것이 가능하다면 A를 대각화하는 닮음변환은 어떻게 구하는지를 말해준다.

정리 5.8

A가 $n \times n$ 행렬이라고 하자.

(a) 만일 A가 n개의 선형독립인 고유벡터를 가지면, A는 대각화가 가능하다. 이때 A의 n개의 선형독립인 고유벡터를 열로 가지는 행렬 C가 대각행렬 D를 얻기 위한 닮음변환 $C^{-1}AC$에 사용된다. D의 대각원소는 A의 고유값이다.

(b) 만일 A가 대각화가 가능하다면, 는 n개의 선형독립인 고유벡터를 가진다.

증명

(a) A의 고유값을 $\lambda_1, \ldots, \lambda_n$ (서로 다를 필요는 없음)이라 하고, 대응하는 선형독립인 고유벡터를 $\mathbf{v}_1, \ldots, \mathbf{v}_n$이라고 하자. 또한 C를 다음과 같이 $\mathbf{v}_1, \ldots, \mathbf{v}_n$을 열벡터로 갖는 행렬이라고 하자.

$$C = [\mathbf{v}_1 \ldots \mathbf{v}_n]$$

$A\mathbf{v}_1 = \lambda_1\mathbf{v}_1, \ldots, A\mathbf{v}_n = \lambda_n\mathbf{v}_n$이므로, 행렬 곱셈을 열들로 표현하면 다음을 얻는다.

$$\begin{aligned} AC &= A[\mathbf{v}_1 \ldots \mathbf{v}_n] \\ &= [A\mathbf{v}_1 \ldots A\mathbf{v}_n] \\ &= [\lambda_1\mathbf{v}_1 \ldots \lambda_n\mathbf{v}_n] \\ &= [\mathbf{v}_1 \ldots \mathbf{v}_n]\begin{bmatrix} \lambda_1 & & 0 \\ & \ddots & \\ 0 & & \lambda_n \end{bmatrix} = C\begin{bmatrix} \lambda_1 & & 0 \\ & \ddots & \\ 0 & & \lambda_n \end{bmatrix} \end{aligned}$$

그런데 C의 열들이 선형독립이므로, C는 정칙행렬이다(정리 4.18). 따라서

$$C^{-1}AC = \begin{bmatrix} \lambda_1 & & 0 \\ & \ddots & \\ 0 & & \lambda_n \end{bmatrix}$$

그러므로, $n \times n$ 행렬 A가 n개의 선형독립인 고유벡터를 가지면, 이 고유벡터들은 A를 대각화하는 행렬 C의 열들로 사용될 수 있다. 그리고 대각행렬은 A의 고유값을 대각원소로 가진다.

(b) 연습문제 21번을 보라. ∎

예제 2

(a) 다음의 행렬 A가 대각화가 가능함을 보여라.

(b) A와 닮은 대각행렬 D를 구하라.

(c) A를 대각화하는 닮음변환을 구하라.

$$A = \begin{bmatrix} -4 & -6 \\ 3 & 5 \end{bmatrix}$$

풀이

(a) 이 행렬의 고유값과 대응하는 고유벡터는 3.4절의 예제 1에서 이미 다음과 같이 구하였다.

$$\lambda_1 = 2, \mathbf{v}_1 = r\begin{bmatrix} -1 \\ 1 \end{bmatrix}; \quad \lambda_2 = -1, \quad \mathbf{v}_2 = s\begin{bmatrix} -2 \\ 1 \end{bmatrix}$$

그런데 2×2 행렬 A가 두 개의 선형독립인 고유벡터를 가지므로, A는 대각화가 가능하다.

(b) A는 $\lambda_1 = 2$와 $\lambda_2 = -1$을 대각원소로 갖는 대각행렬 D와 닮았다. 즉,

$$A = \begin{bmatrix} -4 & -6 \\ 3 & 5 \end{bmatrix}\text{는 } D = \begin{bmatrix} 2 & 0 \\ 0 & -1 \end{bmatrix}\text{와 닮았다.}$$

(c) A를 대각화하는 변환을 아는 것이 중요할 때가 있다. 이제 그런 변환을 구하고, 구해진 변환에 의해 위의 행렬 D가 얻어짐을 검증해 보자. 다음과 같이 간단한 값을 갖는 선형독립인 두 개의 고유벡터를 선택하자.

$$\mathbf{v}_1 = \begin{bmatrix} -1 \\ 1 \end{bmatrix}\text{와 } \mathbf{v}_2 = \begin{bmatrix} -2 \\ 1 \end{bmatrix}$$

이 벡터들을 다음의 대각화 행렬 C의 열벡터로 놓자.

$$C = \begin{bmatrix} -1 & -2 \\ 1 & 1 \end{bmatrix}$$

이제 다음의 관계를 얻는다.

$$\begin{aligned} C^{-1}AC &= \begin{bmatrix} -1 & -2 \\ 1 & 1 \end{bmatrix}^{-1} \begin{bmatrix} -4 & -6 \\ 3 & 5 \end{bmatrix}\begin{bmatrix} -1 & -2 \\ 1 & 1 \end{bmatrix} \\ &= \begin{bmatrix} 1 & 2 \\ -1 & -1 \end{bmatrix}\begin{bmatrix} -4 & -6 \\ 3 & 5 \end{bmatrix}\begin{bmatrix} -1 & -2 \\ 1 & 1 \end{bmatrix} = \begin{bmatrix} 2 & 0 \\ 0 & -1 \end{bmatrix} = D \end{aligned}$$

■

만일 A가 $C^{-1}AC$ 변환에 의해 대각행렬 D와 닮았다면, 이는 $A^k = CD^kC^{-1}$이 된다는 것을 보일 수 있다. 이 결과는 A^k을 계산하는 데 이용될 수 있다. 이제 이를 다음과 같이 유도하고 실제로 적용해 보자.

$$D^k = (C^{-1}AC)^k = \underbrace{(C^{-1}AC)\ldots(C^{-1}AC)}_{k\text{번}} = C^{-1}A^kC$$

이로부터 다음의 결과를 얻는다.

$$A^k = CD^kC^{-1}$$

예제 3

다음의 행렬 A에 대하여 A^9을 계산하라.

$$A = \begin{bmatrix} -4 & -6 \\ 3 & 5 \end{bmatrix}$$

풀이

A는 앞의 예제에서 다루었던 정방행렬이므로, 앞에서 구한 C와 D를 그대로 사용하자. 그러면,

$$D^9 = \begin{bmatrix} 2 & 0 \\ 0 & -1 \end{bmatrix}^9 = \begin{bmatrix} 2^9 & 0 \\ 0 & (-1)^9 \end{bmatrix} = \begin{bmatrix} 512 & 0 \\ 0 & -1 \end{bmatrix}$$

이 된다. 이제 변환 관계는 다음을 준다.

$$\begin{aligned} A^9 &= CD^9C^{-1} \\ &= \begin{bmatrix} -1 & -2 \\ 1 & 1 \end{bmatrix}\begin{bmatrix} 512 & 0 \\ 0 & -1 \end{bmatrix}\begin{bmatrix} -1 & -2 \\ 1 & 1 \end{bmatrix}^{-1} = \begin{bmatrix} -514 & -1026 \\ 513 & 1025 \end{bmatrix} \end{aligned}$$

실제로, A^9과 같은 행렬의 거듭제곱은 컴퓨터를 이용하여 빠르게 계산될 수 있기 때문에, 거듭제곱의 계산식 $A^k = CD^kC^{-1}$은 주로 이론적으로 중요하다. 이 결과는 일반적인 행렬의 거듭제곱의 표현을 얻는 데 이용될 수 있다. 다음 절에서 이 기법을 이용하여 차분방정식을 풀 때, 그 진가를 알게 될 것이다.

다음의 예는 모든 행렬들이 대각화가 가능한 것은 아님을 보여준다.

예제 4

다음의 행렬 A가 대각화가 가능하지 않음을 보여라.

$$A = \begin{bmatrix} 5 & -3 \\ 3 & -1 \end{bmatrix}$$

풀이

먼저 A의 고유값과 고유벡터를 계산하자. 먼저

$$A - \lambda I_2 = \begin{bmatrix} 5-\lambda & -3 \\ 3 & -1-\lambda \end{bmatrix}$$

이므로 특성방정식은 다음과 같다.

$$\begin{aligned} |A - \lambda I_2| &= 0, \\ (5-\lambda)(-1-\lambda) + 9 &= 0, \\ \lambda^2 - 4\lambda + 4 &= 0, \\ (\lambda - 2)(\lambda - 2) &= 0 \end{aligned}$$

따라서 고유값은 한 개의 중근으로 $\lambda = 2$이다. 이제 대응하는 고유벡터를 구하도록 하자. $(A - 2I_2)x = \mathbf{0}$으로부터 다음을 얻는다.

$$\begin{bmatrix} 3 & -3 \\ 3 & -3 \end{bmatrix}\begin{bmatrix} x_1 \\ x_2 \end{bmatrix} = \mathbf{0}$$

이 식을 정리하면 $3x_1 - 3x_2 = 0$이다. 그러므로 $x_1 = r$, $x_2 = r$이고, 고유벡터는 다음과 같은 형태의 영이 아닌 벡터가 된다.

$$r\begin{bmatrix} 1 \\ 1 \end{bmatrix}$$

즉, 고유공간은 1차원공간이다. A는 2×2 행렬인데 두 개의 선형독립인 고유벡터를 갖지 않으므로 A는 대각화가 가능하지 않다. ■

대칭행렬의 대각화

앞에서 대칭행렬과 그 응용에 대해 논의한 바 있다. 여기서는 이 중요한 대칭행렬의 대각화에 대해 살펴보자. 앞의 정리에 의하면 행렬의 대각화는 고유벡터와 관련이 있다. 다음 정리는 대칭행렬의 고유값과 고유벡터의 성질을 요약한 것으로, 대칭행렬의 대각화에 관한 중요한 결과를 얻는 데 기초가 된다.

정리 5.9

A가 $n \times n$ 대칭행렬이라고 하자.

(a) A의 모든 고유값은 실수이다.

(b) A의 고유공간의 차원은 고유값의 (특성방정식의 근으로서의) 중복도와 같다.

(c) A의 고유공간들은 직교한다.

(d) A는 n개의 선형독립인 고유벡터를 가진다.

증명 **(a)**의 증명을 위해 복소수의 성질을 사용한다.

(a) λ를 A의 고유값, $\mathbf{v}$를 대응하는 고유벡터라 하자. 그러면 $A\mathbf{v} = \lambda\mathbf{v}$가 된다. 양변을 전치하고 A가 대칭이라는 사실을 이용하면, $(A\mathbf{v})^t = (\lambda\mathbf{v})^t$, $\mathbf{v}^tA = \lambda\mathbf{v}^t$가 된다. 복소켤레를 취하면, $\overline{\mathbf{v}^tA} = \overline{\lambda\mathbf{v}^t}$, $\overline{\mathbf{v}^t}\,\overline{A} = \overline{\lambda}\,\overline{\mathbf{v}^t}$이다. A는 실행렬이므로 $\overline{A} = A$이다. 따라서 $\overline{\mathbf{v}}^tA = \overline{\lambda}\overline{\mathbf{v}}^t$이고 $\overline{\mathbf{v}}^tA\mathbf{v} = \overline{\lambda}\,\overline{\mathbf{v}}^t\mathbf{v}$이다. 이로부터 $\overline{\mathbf{v}}^t\lambda\mathbf{v} = \overline{\lambda}\,\overline{\mathbf{v}}^t\mathbf{v}$이고 $\lambda\overline{\mathbf{v}}^t\mathbf{v} = \overline{\lambda}\overline{\mathbf{v}}^t\mathbf{v}$이다. 정리하면 $(\lambda - \overline{\lambda})\overline{\mathbf{v}}^t\mathbf{v} = \mathbf{0}$이고, 이는 $(\lambda - \overline{\lambda})\|\mathbf{v}\|^2 = 0$이다. 이제 $\mathbf{v}$는 고유벡터이므로 비영이고, 따라서 $\|\mathbf{v}\|^2 \neq 0$이므로 $(\lambda - \overline{\lambda}) = 0$, $\lambda = \overline{\lambda}$이다. 이는 λ가 실수임을 의미한다.

(b) (d)를 가정하여 A가 n개의 선형독립인 고유벡터 $\mathbf{v}_1, \ldots, \mathbf{v}_n$과 대응하는 고유값 $\lambda_1, \ldots, \lambda_n$(일부는 중복될 수 있다)를 갖는다고 하자. 그러면 집합 $\{\mathbf{v}_1, \ldots, \mathbf{v}_n\}$는 $\mathbf{R}^n$의 기저를 형성하고, A의 특성방정식은 $(\lambda - \lambda_1)\ldots(\lambda - \lambda_n) = 0$이다. A가 중복도 k의 고유값이라 하면 특성방정식의 근으로 k번 나타난다. 이 k개의 Λ에 대응하

는 선형독립인 A의 고유벡터가 k개 있을 것이다. 이 고유벡터들을 $\mathbf{v}_1, \ldots, \mathbf{v}_k$로 배치하면 Λ에 대응하는 고유공간은 $\{\mathbf{v}_1, \ldots, \mathbf{v}_k\}$의 생성공간이고 따라서 차원은 k이다.

(c) $\mathbf{v}_1$과 $\mathbf{v}_2$가 별개의 고유공간 상의 벡터라고 하자. 즉, $\lambda_1 \neq \lambda_2$에 대해 $A\mathbf{v}_1 = \lambda_1\mathbf{v}_1$, $A\mathbf{v}_2 = \lambda_2\mathbf{v}_2$라 하자. $\mathbf{v}_1 \cdot \mathbf{v}_2 = 0$임을 보여야 한다. 전치의 성질과 A가 대칭임을 이용하면 $\lambda_1(\mathbf{v}_1{}^t\,\mathbf{v}_2) = (\lambda_1\mathbf{v}_1)^t\,\mathbf{v}_2 = (A\mathbf{v}_1)^t\,\mathbf{v}_2 = (\mathbf{v}_1{}^t A^t)\,\mathbf{v}_2 = (\mathbf{v}_1{}^t A)\,\mathbf{v}_2 = \mathbf{v}_1{}^t\,(A\,\mathbf{v}_2) = \mathbf{v}_1{}^t\,(\lambda_2\,\mathbf{v}_2) = \lambda_2\,(\mathbf{v}_1{}^t\,\mathbf{v}_2)$이다. 따라서 $\lambda_1(\mathbf{v}_1{}^t\,\mathbf{v}_2) = \lambda_2\,(\mathbf{v}_1{}^t\,\mathbf{v}_2)$, 즉 $(\lambda_1 - \lambda_2)(\mathbf{v}_1{}^t\,\mathbf{v}_2) = \mathbf{0}$이 된다. $\lambda_1 \neq \lambda_2$이므로 $(\mathbf{v}_1{}^t\,\mathbf{v}_2) = \mathbf{0}$이어야 한다. 즉 $\mathbf{v}_1 \cdot \mathbf{v}_2 = 0$이고, 따라서 고유공간들은 직교한다.

(d) 이것의 증명은 상급과정으로 넘긴다.

예제 5

아래의 대칭행렬 A를 예로 들어 이 결과들을 설명해보자.

$$A = \begin{bmatrix} 5 & 4 & 2 \\ 4 & 5 & 2 \\ 2 & 2 & 2 \end{bmatrix}$$

이 행렬에 대한 고유값과 고유벡터는 이미 3.4절에서 구하였다.

특성방정식은 $(\lambda - 10)(\lambda - 1)^2 = 0$이고, 고유값 λ_1, λ_2와 대응하는 고유공간 V_1, V_2는 다음과 같다.

$$\lambda_1 = 10, V_1 = \left\{ r\begin{bmatrix} 2 \\ 2 \\ 1 \end{bmatrix} \right\}; \quad \lambda_2 = 1, V_2 = \left\{ s\begin{bmatrix} -1 \\ 1 \\ 0 \end{bmatrix} + t\begin{bmatrix} -1 \\ 0 \\ 2 \end{bmatrix} \right\}$$

이를 이용하여, 정리의 결과들이 다음과 같이 나타남을 살펴보자.

(a) A의 고유값은 실수이다. 즉, $\lambda_1 = 10$, $\lambda_2 = 1$.

(b) $\lambda_1 = 10$은 중복도가 1인 특성방정식의 근이다. 그리고 이에 대응하는 고유공간은 1차원 공간으로 기저가 $\left\{ \begin{bmatrix} 2 \\ 2 \\ 1 \end{bmatrix} \right\}$이다. $\lambda_2 = 1$은 중복도가 2인 근이고, 이의 고유공간은 2차원 공간으로 기저가 $\left\{ \begin{bmatrix} -1 \\ 1 \\ 0 \end{bmatrix}, \begin{bmatrix} -1 \\ 0 \\ 2 \end{bmatrix} \right\}$이다.

(c) 한 벡터공간에 속하는 모든 벡터가 다른 공간에 속하는 모든 벡터와 직교할 때, 두 벡터공간은 직교한다고 한다. $\mathbf{v}_1 = r\begin{bmatrix} 2 \\ 2 \\ 1 \end{bmatrix}$와 $\mathbf{v}_2 = s\begin{bmatrix} -1 \\ 1 \\ 0 \end{bmatrix} + t\begin{bmatrix} -1 \\ 0 \\ 2 \end{bmatrix}$가 두 고유공간의 임의의 벡터라고 하면, $\mathbf{v}_1 \cdot \mathbf{v}_2 = 0$임을 바로 알 수 있다. 이는 두 고유공간이 직교함을 의미한다.

(d) A는 3×3 행렬인데, 아래에 주어진 것과 같이 3개의 선형독립인 고유벡터를 가짐을 관찰할 수 있다.

$$\begin{bmatrix}2\\2\\1\end{bmatrix}, \begin{bmatrix}-1\\1\\0\end{bmatrix} \text{과} \begin{bmatrix}-1\\0\\2\end{bmatrix}$$

직교대각화

행렬 C가 직교행렬이면 $C^{-1} = C^t$이다. 이러한 직교행렬을 닮음변환에 사용하면, 변환은 $D = C^tAC$가 된다. 당연히 이런 형태의 닮음변환이 $D = C^{-1}AC$를 계산하는 것보다 간편하다. 이 사실은 계산을 손으로 할 경우에는 중요하지만, 컴퓨터를 이용한다면 별로 중요하지 않다.

직교대각화(orthogonal diagonalization)는 계산의 편의성보다는, 앞에서 언급했던 한 좌표계를 다른 좌표계로 바꾸어 주는 닮음변환의 역할과 관련되어 훨씬 중요한 의미를 갖는다. 직교행렬을 사용한 닮음변환은 직교좌표계(축들이 직각을 이루는 좌표계)들을 서로 관련지우는 변환이 된다. 직교좌표계와 관련된 기하학적 응용에 대해서는 다음 절에서 보게 될 것이다.

정의 정방행렬 A에 대해 $D = C^tAC$가 대각행렬이 되는 직교행렬 C가 존재하면, A는 **직교대각화가 가능하다**(orthogonally diagonalizable)고 한다.

다음의 정리는 직교대각화가 가능한 행렬은 사실은 대칭행렬뿐이라는 것을 보여준다.

정리 5.10

$n \times n$ 정방행렬 A가 직교대각화가 가능할 필요충분조건은 A가 대칭행렬인 것이다.

증명

A가 대칭행렬이라고 가정하자. 증명을 위해서는 $D = C^tAC$가 대각행렬이 되는 직교행렬 C를 만드는 단계를 밟아가면 될 것이다. 앞의 정리는 다음 알고리즘이 수행 가능함을 보장해준다.

1. A의 각 고유공간에 대해 기저를 구한다.
2. 각 고유공간에 대해 정규직교기저를 구한다(필요하다면 그람-슈미트 과정을 이용한다). 이 기저들의 합집합이 n개의 고유벡터로 이루어진 $\mathbf{R}^n$의 정규직교기저가 된다(연습문제 22).
3. 이들 정규직교 벡터를 열들로 갖는 행렬 C를 구성한다.
4. 행렬 $D = C^tAC$는 대각행렬이 된다.

이 알고리즘은 주어진 대칭행렬을 직교대각화하는 데 이용될 수 있다.

역으로 A가 직교대각화가 가능하다고 하자. 그러면 $D = C^tAC$를 만족하는 직교행렬 C가 존재할 것이다. 따라서 A는 다음과 같다.

$$A = CDC^t$$

위 식에 전치행렬의 성질을 이용하면 다음을 얻는다.

$$A^t = (CDC^t)^t = (C^t)^t(CD)^t = CDC^t = A$$

그러므로 A는 대칭행렬이다. ■

편의상 위의 절차를 대칭행렬의 직교대각화에 사용할 수 있도록 요약한다.

정리 5.11

A가 $n \times n$ 대칭행렬이라 하면 그 열이 A의 단위 직교 고유벡터들인 $n \times n$ 직교행렬 C가 존재한다. 행렬 $D = C^tAC$는 대각행렬이고 D의 대각원소는 A의 고유값이다.

증명

A가 대칭이므로 n개의 단위 직교 고유벡터들이 존재한다(정리 5.10). 이 벡터들을 열벡터로 하여 행렬 C를 구성하면 n개의 열들이 선형독립인 고유벡터들로 구성되므로 닮음변환이 대각행렬을 주는 대각화 $D = C^{-1}AC$가 가능하다. 그런데 C는 직교행렬이므로 $C^{-1} = C^t$이다. 따라서 $C^tAC = D$이다. D의 대각원소는 A의 고유값이다(정리 5.8). ■

예제 6

다음 대칭행렬 A를 직교대각화하라.

$$A = \begin{bmatrix} 1 & -2 \\ -2 & 1 \end{bmatrix}$$

풀이

이 행렬의 고유값과 이에 대응하는 고유공간은 다음과 같다.

$$\lambda_1 = -1, V_1 = \left\{ s\begin{bmatrix} 1 \\ 1 \end{bmatrix} \right\}; \quad \lambda_2 = 3, V_2 = \left\{ r\begin{bmatrix} -1 \\ 1 \end{bmatrix} \right\}$$

그런데 A가 대칭이므로, 다음과 같이 대각화될 수 있다.

$$D = \begin{bmatrix} -1 & 0 \\ 0 & 3 \end{bmatrix}$$

이제 변환을 구하자. 고유공간 V_1과 V_2는 예견되는 바와 같이 서로 직교한다. 각 고유공간의 단위벡터를 직교행렬 C의 열로 취하여 다음을 얻는다.

$$C = \begin{bmatrix} \frac{1}{\sqrt{2}} & -\frac{1}{\sqrt{2}} \\ \frac{1}{\sqrt{2}} & \frac{1}{\sqrt{2}} \end{bmatrix}$$

그러므로 D를 만들어주는 직교대각화는 다음과 같다.

$$C^tAC = \begin{bmatrix} \frac{1}{\sqrt{2}} & \frac{1}{\sqrt{2}} \\ -\frac{1}{\sqrt{2}} & \frac{1}{\sqrt{2}} \end{bmatrix} \begin{bmatrix} 1 & -2 \\ -2 & 1 \end{bmatrix} \begin{bmatrix} \frac{1}{\sqrt{2}} & -\frac{1}{\sqrt{2}} \\ \frac{1}{\sqrt{2}} & \frac{1}{\sqrt{2}} \end{bmatrix}$$

고유공간의 차원과 대각화

고유공간의 차원이 고유값의 특성방정식의 근으로서의 중복도와 같은 경우도 있고 그보다 작은 경우도 있음을 보았다. 예를 들어, $A = \begin{bmatrix} 5 & 4 & 2 \\ 4 & 5 & 2 \\ 2 & 2 & 2 \end{bmatrix}$의 특성방정식은 $(\lambda - 10)(\lambda - 1)^2 = 0$이다(예제 5). 고유값 $\lambda = 10$는 1차원 고유공간을 갖고 $\lambda = 1$은 2차원 고유공간을 가짐이 밝혀진 바 있다. A는 세 개의 선형독립인 고유벡터를 갖는데, 하나는 $\lambda = 10$의 고유공간에 나머지 둘은 $\lambda = 1$의 고유공간에 있다. A는 대각화 가능하고 대각행렬은 대각선 상에 고유값들을 갖는다(정리 5.8). 반면에 $A = \begin{bmatrix} 1 & -2 & 2 \\ -2 & 1 & 2 \\ -2 & 0 & 3 \end{bmatrix}$의 특성방정식은 $(\lambda - 3)(\lambda - 1)^2 = 0$이다. 고유값 $\lambda = 3$은 1차원 고유공간을 갖고 $\lambda = 1$도 1차원 고유공간을 가짐을 보일 수 있다. A는 세 개의 선형독립인 고유벡터를 갖지 못해 대각화가 가능하지 않다.

다음 결과는 행렬의 고유공간의 차원과 대각화 가능성과의 관계를 요약해준다. (a)와 (b)는 증명하지 않는다. (c)는 (b)와 정리 5.8에서 얻어지는데, 완전성을 위해 포함시켰다.

고유공간의 차원

(a) 행렬의 고유공간의 차원은 해당 고유값의 특성방정식의 근으로서의 중복도보다 작거나 같다.

(b) 행렬 A가 대각화가능일 필요충분조건은 각 고유공간의 차원이 해당 고유값의 특성방정식의 근으로서의 중복도와 같은 것이다.

(c) $n \times n$ 행렬 A가 n개의 선형독립인 고유벡터를 가질 필요충분조건은 각 고유공간의 차원이 해당 고유값의 특성방정식의 근으로서의 중복도와 같은 것이다.

고유값의 특성방정식의 근으로서의 중복도를 의미하는 용어로 **대수중복도**(algebraic multiplicity)라는 용어가 자주 쓰인다. 고유공간의 차원을 위해서는 용어 **기하중복도**(geometric multiplicity)가 사용된다.

이제 대각화를 선형연산자의 행렬표현의 도구로 사용해보자.(5.2절 필요.)

선형연산자의 대각행렬표현

이제 선형연산자 T의 대각행렬표현이 존재하는 경우, 이것을 구하는 방법을 알아보자. 실제 응용에서 대각행렬표현은 가장 유용한 표현이다

T가 n차원의 벡터공간 V상의 선형연산자이고, A가 V의 기저 B에 대한 T의 행렬표현이라고 하자. 또 다른 기저 B'에 대한 T의 행렬표현 A'은 닮음변환 $A' = P^{-1}AP$를 이용하여 얻을 수 있다. 여기서 P는 기저 B'에서 기저 B로의 전이행렬이다. 여기서 A'을 대각행렬 형태로 되게 하는 기저를 찾아보자(가능하다면).

A가 고유값 $\lambda_1, \ldots, \lambda_n$과 대응하는 n개의 선형독립인 고유벡터 $\mathbf{v}_1, \ldots, \mathbf{v}_n$을 가지고 있다고 가정하자. 이 고유벡터들로 다음과 같이 기저 B'을 구성하자.

$$B' = \{\mathbf{v}_1, \ldots, \mathbf{v}_n\}$$

P는 기저 B'에서 기저 B로의 전이행렬이므로 P의 열벡터들은 $\mathbf{v}_1, \ldots, \mathbf{v}_n$가 될 것이다. 즉,

$$P = [\mathbf{v}_1, \ldots, \mathbf{v}_n]$$

이 된다. 이제 닮음변환 $P^{-1}AP$은 다음과 같은 대각행렬 A'이 된다. 정리 5.8을 보라.

$$A' = \begin{bmatrix} \lambda_1 & & 0 \\ & \ddots & \\ 0 & & \lambda_n \end{bmatrix}$$

이 닮음변환에서 P로 직교행렬을 사용하는 것이 바람직하다. 이것은 오직 A가 대칭일 때만 가능하다(정리 5.10). A가 대칭이면 P가 고유벡터들의 정규직교집합이 되도록 구성할 수 있다(필요하다면 그람-슈미트 직교화과정을 사용하라).

예제 7

$\mathbf{R}^2$에서의 선형연산자 $T(x, y) = (3x + y, x + 3y)$를 고려하자. T의 대각행렬표현을 구하라. 이를 위한 기저를 구하고, T를 기하적으로 해석하라.

풀이

우선 $\mathbf{R}^2$의 표준기저 $B = \{(1, 0), (0, 1)\}$에 대한 행렬표현 A를 다음과 같이 구한다(이것은 가장 구하기 쉬운 표현이다).

$$T(1, 0) = (3, 1) = 3(1, 0) + 1(0, 1)$$
$$T(0, 1) = (1, 3) = 1(1, 0) + 3(0, 1)$$

B에 대한 $T(1, 0)$와 $T(0, 1)$의 좌표벡터는 $\begin{bmatrix} 3 \\ 1 \end{bmatrix}, \begin{bmatrix} 1 \\ 3 \end{bmatrix}$이다. 따라서 표준기저 B에 대한 T의 행렬표현은

$$A = \begin{bmatrix} 3 & 1 \\ 1 & 3 \end{bmatrix}$$

A는 다음의 고유값과 고유벡터를 갖는다.

$$\lambda_1 = 4, \mathbf{v}_1 = r\begin{bmatrix} 1 \\ 1 \end{bmatrix}; \quad \lambda_2 = 2, \mathbf{v}_2 = s\begin{bmatrix} -1 \\ 1 \end{bmatrix}$$

A가 대칭행렬이므로 정규직교집합이 되는 고유벡터들을 갖고, 전이행렬 P를 직교행렬

로 구성할 수 있다. 고유벡터들을 정규화하여 단위행렬로 만들면

$$\begin{bmatrix} \frac{1}{\sqrt{2}} \\ \frac{1}{\sqrt{2}} \end{bmatrix}, \begin{bmatrix} \frac{-1}{\sqrt{2}} \\ \frac{1}{\sqrt{2}} \end{bmatrix}$$

을 얻는다. 이 고유벡터들은 값이 다른 고유값에 대응하므로 이미 직교하고 있음을 관찰하라(A가 대칭이므로). $B' = \left\{\left(\frac{1}{\sqrt{2}}, \frac{1}{\sqrt{2}}\right), \left(-\frac{1}{\sqrt{2}}, \frac{1}{\sqrt{2}}\right)\right\}$라 하자. 이 기저는 다음과 같은 직교 전이행렬을 준다.

$$P = \begin{bmatrix} \frac{1}{\sqrt{2}} & \frac{-1}{\sqrt{2}} \\ \frac{1}{\sqrt{2}} & \frac{1}{\sqrt{2}} \end{bmatrix}$$

닮음변환 $P^{-1}AP$은 이제 기저 B'에 대한 T의 행렬표현으로 다음의 대각행렬을 준다.

$$A' = \begin{bmatrix} \lambda_1 & 0 \\ 0 & \lambda_2 \end{bmatrix} = \begin{bmatrix} 4 & 0 \\ 0 & 2 \end{bmatrix}$$

이제 연산자 T를 기하적으로 해석해 보자. 표준기저 B는 xy-좌표계를 정의한다. 기저 B'가 $x'y'$ 좌표계를 정의한다고 하자. 기저 B'는 기저 B를 $\pi/4$만큼 회전하여 얻어짐을 주목하라. 그림 5.5를 보라. 행렬 A'는 T가 $x'y'$ 좌표계에서 x' 방향으로 4배, y' 방향으로 2배의 크기조정임을 나타내고 있다. 일례로 T는 정사각형 $PQRO$를 직사각형 $P'Q'R'O'$로 사상한다.

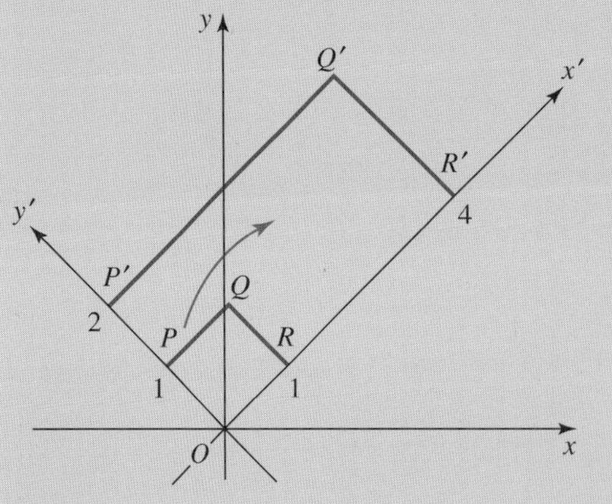

그림 5.5

이 예제는 물리학과 공학에서 자주 일어나는 상황을 보여준다. xy 좌표계에서 수학적 문제가주어졌을 때, 주어진 상황에 더 적합한 두 번째 좌표계 $x'y'$을 찾은 후 그 좌표계에서 분석을 수행하는 것이다. 어떤 좌표계에서 다른 좌표계로의 변환은 보통 직교 닮음변환이다. 이러한 접근은 다음 절에서 진동계를 분석하는 데 사용할 것이다.

연습문제 5.3

닮음변환

1. 다음 각 경우에 대해, 주어진 행렬 C에 의한 닮음변환 $C^{-1}AC$를 이용하여 행렬 A를 행렬 B로 변환하라.

(a) $A = \begin{bmatrix} 1 & 2 \\ -1 & 3 \end{bmatrix}, C = \begin{bmatrix} 2 & 5 \\ 1 & 3 \end{bmatrix}$

(b) $A = \begin{bmatrix} -8 & 18 \\ -6 & 13 \end{bmatrix}, C = \begin{bmatrix} 3 & 2 \\ 2 & 1 \end{bmatrix}$

(c) $A = \begin{bmatrix} 0 & 4 \\ 3 & 2 \end{bmatrix}, C = \begin{bmatrix} 2 & 1 \\ 7 & 4 \end{bmatrix}$

2. 다음 각 경우에 대해, 주어진 행렬 C에 의한 닮음변환 $C^{-1}AC$를 이용하여 행렬 A를 행렬 B로 변환하라.

(a) $A = \begin{bmatrix} 2 & 0 & 0 \\ -2 & 2 & 1 \\ 2 & 0 & 1 \end{bmatrix}, C = \begin{bmatrix} -1 & 2 & 0 \\ 2 & -3 & 1 \\ -2 & 4 & -1 \end{bmatrix}$

(b) $A = \begin{bmatrix} 1 & 2 & 3 \\ 0 & -1 & 2 \\ 1 & 1 & 0 \end{bmatrix}, C = \begin{bmatrix} 3 & 5 & -1 \\ -2 & -3 & 1 \\ -1 & -2 & 1 \end{bmatrix}$

대각화

3. 다음 각 행렬들을 (가능하다면) 대각화하라. 닮음변환을 제시하라.

(a) $\begin{bmatrix} 5 & 4 \\ 1 & 2 \end{bmatrix}$ **(b)** $\begin{bmatrix} 2 & 1 \\ 2 & 3 \end{bmatrix}$ **(c)** $\begin{bmatrix} 1 & 1 \\ 0 & 1 \end{bmatrix}$

(d) $\begin{bmatrix} 4 & -1 \\ 2 & 1 \end{bmatrix}$ **(e)** $\begin{bmatrix} 4 & 1 \\ -1 & 2 \end{bmatrix}$

4. 다음 각 행렬들을 (가능하다면) 대각화하라. 닮음변환을 제시하라.

(a) $\begin{bmatrix} -7 & 10 \\ -5 & 8 \end{bmatrix}$ **(b)** $\begin{bmatrix} 7 & 4 \\ -8 & -5 \end{bmatrix}$

(c) $\begin{bmatrix} 1 & -2 \\ 2 & -3 \end{bmatrix}$ **(d)** $\begin{bmatrix} 7 & -4 \\ 1 & 3 \end{bmatrix}$

(e) $\begin{bmatrix} a & b \\ 0 & a \end{bmatrix}, b \neq 0$

5. 다음 각 행렬들을 (가능하다면) 대각화하라. 닮음변환을 제시하라.

(a) $\begin{bmatrix} 15 & 7 & -7 \\ -1 & 1 & 1 \\ 13 & 7 & -5 \end{bmatrix}$ **(b)** $\begin{bmatrix} 5 & -2 & 2 \\ 4 & -3 & 4 \\ 4 & -6 & 7 \end{bmatrix}$

(c) $\begin{bmatrix} 1 & 0 & 0 \\ -2 & 1 & 2 \\ -2 & 0 & 3 \end{bmatrix}$ **(d)** $\begin{bmatrix} 3 & 0 & 0 \\ 1 & 2 & 0 \\ 0 & 0 & -4 \end{bmatrix}$

직교대각화

6. 다음 각 대칭행렬들을 직교대각화하라. 닮음변환을 제시하라.

(a) $\begin{bmatrix} 1 & 2 \\ 2 & 1 \end{bmatrix}$ **(b)** $\begin{bmatrix} 11 & 2 \\ 2 & 14 \end{bmatrix}$

(c) $\begin{bmatrix} 3 & 1 \\ 1 & 3 \end{bmatrix}$ **(d)** $\begin{bmatrix} -1 & -8 \\ -8 & 11 \end{bmatrix}$

7. 다음 각 대칭행렬들을 직교대각화하라. 닮음변환을 제시하라.

(a) $\begin{bmatrix} 1 & 5 \\ 5 & 1 \end{bmatrix}$ **(b)** $\begin{bmatrix} 9 & 2 \\ 2 & 6 \end{bmatrix}$

(c) $\begin{bmatrix} 1 & 3 \\ 3 & 9 \end{bmatrix}$ **(d)** $\begin{bmatrix} 1.5 & -0.5 \\ -0.5 & 1.5 \end{bmatrix}$

8. 다음 각 대칭행렬들을 직교대각화하라. 닮음변환을 제시하라.

(a) $\begin{bmatrix} 0 & 2 & 0 \\ 2 & 0 & 0 \\ 0 & 0 & 1 \end{bmatrix}$ **(b)** $\begin{bmatrix} 9 & -3 & 3 \\ -3 & 6 & -6 \\ 3 & -6 & 6 \end{bmatrix}$

(c) $\begin{bmatrix} 1 & 2 & -2 \\ 2 & 4 & -4 \\ -2 & -4 & 4 \end{bmatrix}$

행렬의 거듭제곱

9. $D = C^{-1}AC$이면 $A^k = CD^kC^{-1}$이라는 것을 알고 있다. 이 결과를 이용하여 다음 거듭제곱을 계산하라(이 행렬들은 문제 7에서 이미 대각화되었다).

(a) $\begin{bmatrix} 1 & 5 \\ 5 & 1 \end{bmatrix}^8$ **(b)** $\begin{bmatrix} 9 & 2 \\ 2 & 6 \end{bmatrix}^5$

(c) $\begin{bmatrix} 1 & 3 \\ 3 & 9 \end{bmatrix}^6$ **(d)** $\begin{bmatrix} 1.5 & -0.5 \\ -0.5 & 1.5 \end{bmatrix}^{16}$

10. 다음 거듭제곱을 계산하라.(이 행렬들은 연습문제 8에서 이미 대각화되었다).

(a) $\begin{bmatrix} 0 & 2 & 0 \\ 2 & 0 & 0 \\ 0 & 0 & 1 \end{bmatrix}^6$ **(b)** $\begin{bmatrix} 9 & -3 & 3 \\ -3 & 6 & -6 \\ 3 & -6 & 6 \end{bmatrix}^5$

(c) $\begin{bmatrix} 1 & 2 & -2 \\ 2 & 4 & -4 \\ -2 & -4 & 4 \end{bmatrix}^4$

기타 결과

11. A와 B가 닮음행렬일 때 다음을 증명하라.

(a) $|A| = |B|$

(b) $\text{rank}(A) = \text{rank}(B)$

(c) $\text{tr}(A) = \text{tr}(B)$

(d) A^t와 B^t는 닮았다.

(e) A가 정칙행렬일 필요충분조건은 B가 정칙행렬인 것이다.

(f) 만일 A가 정칙이면 A^{-1}과 B^{-1}이 닮았다.

12. 대칭행렬의 서로 다른 고유값에 대응하는 고유공간은 직교함을 증명하라.

13. A가 대각화가 가능하고, B는 A와 닮았다고 하자. 다음을 증명하라.

(a) B는 대각화가 가능하다.

(b) 어떠한 스칼라 k에 대해서도 $B + kI$는 $A + kI$와 닮았다.

14. 만일 A가 대각행렬 D와 닮았다면, A는 D로 **대각화가 가능**하다고 한다. A가 D로 대각화가 가능하다고 하자. 그러면 A^2이 D^2으로 대각화가 가능함을 증명하라. 일반적으로 A^n이 D^n으로 대각화가 가능함을 증명하라.

15. 만일 A가 대칭행렬이면, 이 행렬은 어떤 대각행렬과 닮은 것을 알고 있다. 이때 이 대각행렬은 유일한가?(**힌트** 변환해 주는 행렬의 열벡터들의 순서가 중요한가?)

16. 만일 A가 대각화 가능하고 그 고유값이 $\lambda_1, \ldots, \lambda_n$이라면, $|A| = \lambda_1 \ldots \lambda_n$이 됨을 증명하라.

17. $B = C^{-1}AC$를 만족하는 직교행렬 C가 존재하면, 행렬 A와 B가 **직교닮음**(orthogonally similar)이라고 한다. 만일 A가 대칭행렬이고 A와 B가 직교닮음이라면, B 또한 대칭행렬임을 보여라.

18. 만일 A와 B가 직교닮음이고 B와 C가 직교닮음이라면, A와 C도 직교닮음임을 보여라.

19. 다음 각 연산자에 대해 대각행렬표현을 구하라. 각 대각 표현(직교변환이 포함된다.)의 기저를 구하라. 변환을 기하적으로 해석하라.

(a) $T(x, y) = (4x + 2y, 2x + 4y)$

(b) $T(x, y) = (5x + 3y, 3x + 5y)$

(c) $T(x, y) = (9x + 2y, 2x + 6y)$

(d) $T(x, y) = (14x + 2y, 2x + 11y)$

20. 다음 각 연산자에 대해 대각행렬표현을 구하라. 각 대각 표현의 기저 T를 구하고 변환을 기하적으로 해석하라.(이 문제들의 경우 직교변환 찾기는 불가능하다.)

(a) $T(x, y) = (8x - 6y, 9x - 7y)$

(b) $T(x, y) = (-2x + 2y, -10x + 7y)$

(c) $T(x, y) = (3x - 4y, 2x - 3y)$

(d) $T(x, y) = (7x + 5y, -10x - 8y)$

21. 정리 5.8(b), 즉 정방행렬 A가 대각화 가능하면 A는 n개의 선형독립인 고유벡터들을 가지고 있음을 증명하라.

22. 대칭인 $n \times n$ 행렬 A에 대해 $\lambda_1, \ldots, \lambda_k$를 값이 다른 고유값이라 하고, $V_1, \ldots, V_k$를 이에 대응하는 고유공간이라 하자. $B_1, \ldots, B_k$가 이들 각 고유공간의 정규직교 기저라고 하면 $B_1 \cup \ldots \cup B_k$는 n개의 정규직교 고유벡터로 이루어진 $\mathbf{R}^n$의 기저임을 증명하라.(이 기저의 벡터들을 정리 10에서 행렬 C의 열로 사용하였다. 따라서 $C^tAC = D$가 되고 A는 직교대각화 가능하다.)

*5.4 2차형식, 차분방정식, 정규모드

이 절에서는 대각화가 기하학, 대수학, 그리고 공학에서 어떻게 응용되는지를 살펴볼 것이다. 이 예들에서 이용되는 기법들은 과학과 공학에서 중요하다. 좌표변환에 대한 개념을 먼저 소개한 다음, 같은 원점을 갖는 두 개의 직교좌표계 사이의 관계에 대해 알아본다.

좌표계의 회전

주어진 xy-직교좌표계를 원점에 대해 각도 θ만큼 회전시켜 새로운 직교좌표계 $x'y'$을 얻었다고 하자. 그림 5.6을 보라.

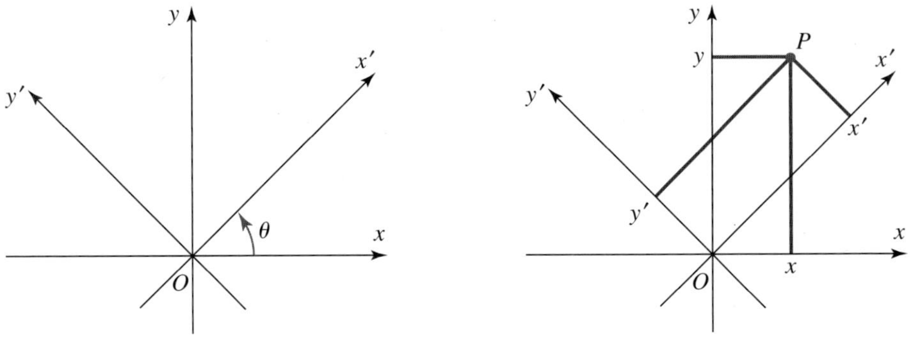

그림 5.6

평면상의 임의의 점 P의 좌표는 xy-좌표계에 대해서는 $\begin{bmatrix} x \\ y \end{bmatrix}$이고, $x'y'$-좌표계에 대해서는 $\begin{bmatrix} x' \\ y' \end{bmatrix}$이다. 두 좌표의 관계는 다음과 같음을 보일 수 있다.(연습문제 9를 보라).

$$x' = x\cos\theta + y\sin\theta$$
$$y' = -x\sin\theta + y\cos\theta$$

이 방정식들은 두 좌표계 간의 **좌표변환**(coordinate transformation)(이 경우에는 회전)을 정의한다. 이것을 다음과 같이 행렬 형태로 쓸 수 있다.

$$\begin{bmatrix} x' \\ y' \end{bmatrix} = \begin{bmatrix} \cos\theta & \sin\theta \\ -\sin\theta & \cos\theta \end{bmatrix} \begin{bmatrix} x \\ y \end{bmatrix}$$

예를 들어, 45회전의 경우를 생각해보자. P가 xy-좌표계에서 점 $\begin{bmatrix} 1 \\ 3 \end{bmatrix}$으로 주어질 경우, $x'y'$-좌표계에서 P의 좌표를 구해보자. $\sin 45° = \dfrac{1}{\sqrt{2}}$, $\cos 45° = \dfrac{1}{\sqrt{2}}$이므로 다음을 얻는다.

$$\begin{bmatrix} x' \\ y' \end{bmatrix} = \begin{bmatrix} \dfrac{1}{\sqrt{2}} & \dfrac{1}{\sqrt{2}} \\ -\dfrac{1}{\sqrt{2}} & \dfrac{1}{\sqrt{2}} \end{bmatrix} \begin{bmatrix} 1 \\ 3 \end{bmatrix} = \begin{bmatrix} 2\sqrt{2} \\ \sqrt{2} \end{bmatrix}$$

이 좌표변환과 평면을 각도 θ만큼 회전시키는 변환 사이의 유사성에 주목하라, 이러한 유사성은 변환을 고정좌표계에서의 점의 이동으로 해석할 수도 있지만, 고정된 점에 대해 좌표계를 바꾸는 것으로도 해석할 수 있기 때문에 생긴다.

2차형식

$\mathbf{R}^2, \mathbf{R}^3 \ldots$에서 다음과 같은 대수표현을 **2차형식**(quadratic form)이라고 한다.

$$ax^2 + bxy + cy^2$$
$$ax^2 + by^2 + cz^2 + dxy + exz + fyz$$
$$\vdots$$

여기서 a, b, c는 상수이다. 2차형식은 다음과 같이 $\mathbf{R}^n$ 내의 적절한 벡터 $\mathbf{x}$와 행렬 A의 곱으로 표현할 수 있다. 행렬을 끝까지 곱해서 확인해보라.

$$\underbrace{\begin{bmatrix} x & y \end{bmatrix}\begin{bmatrix} a & \frac{b}{2} \\ \frac{b}{2} & c \end{bmatrix}\begin{bmatrix} x \\ y \end{bmatrix}}_{\mathbf{x}^t A\mathbf{x}}, \qquad \underbrace{\begin{bmatrix} x & y & z \end{bmatrix}\begin{bmatrix} a & d/2 & e/2 \\ d/2 & b & f/2 \\ e/2 & f/2 & c \end{bmatrix}\begin{bmatrix} x \\ y \\ z \end{bmatrix}}_{\mathbf{x}^t A\mathbf{x}} \cdots$$

2차형식 행렬 A가 대칭행렬임을 관찰하자. 이제 기하학에서 2차형식이 어떻게 중요한 역할을 하는지 보일 것이다. bxy, dxy, exz, fyz와 같은 항들을 **교차곱 항**(cross-product terms)이라고 부른다. 이 절에서 우리의 목표 중 하나는 2차형식이 교차곱 항을 갖지 않게 되는 새로운 좌표계를 찾는 것이다.

예제 1

다음 2차형식을 행렬표현으로 나타내어라.

$$5x^2 + 6xy - 4y^2$$

풀이

표준형 $ax^2 + bxy + cy^2$과 비교하여 다음을 얻는다.

$$a = 5,\ b = 6, c = -4$$

따라서 주어진 2차형식의 행렬표현은 다음과 같다.

$$\begin{bmatrix} x & y \end{bmatrix}\begin{bmatrix} 5 & 3 \\ 3 & -4 \end{bmatrix}\begin{bmatrix} x \\ y \end{bmatrix}$$

■

2차형식의 대각화

$\mathbf{x}^t A\mathbf{x}$를 n개 변수의 2차형식이라고 하자. A는 $n \times n$ 행렬이다. 이 표현을 교차곱 항이 없는 형태로 변환해보자.

우선 정리 5.11로부터, 열이 A의 단위 직교 고유벡터들로 구성된 $n \times n$ 직교행렬 C와 $D = C^tAC$를 만족하는, 대각원소가 A의 고유값들인 $n \times n$ 대각행렬 D를 얻자.

$\mathbf{x} = C\mathbf{y}$를 원래 좌표 $x_1, x_2, \ldots, x_n$을 새로운 좌표 $y_1, y_2, \ldots, y_n$으로 변환하는 좌표변환이라고 하자. 행렬의 성질에 의해,

$$\mathbf{x}^t A\mathbf{x} = (C\mathbf{y})^t A\,(C\mathbf{y}) = (\mathbf{y}^t\mathbf{C}^t)A(C\mathbf{y}) = \mathbf{y}^t(C^tAC)\,\mathbf{y} = \mathbf{y}^t D\mathbf{y}$$

이 된다. 다시 쓰면

$$\mathbf{x}^t A\mathbf{x} = \begin{bmatrix} y_1 & y_2 & \cdots & y_n \end{bmatrix}\begin{bmatrix} \lambda_1 & 0 & \cdots & 0 \\ 0 & \lambda_2 & \cdots & 0 \\ \vdots & \vdots & \ddots & \vdots \\ 0 & 0 & \cdots & \lambda_n \end{bmatrix}\begin{bmatrix} y_1 \\ y_2 \\ \vdots \\ y_n \end{bmatrix}$$

이므로 새 좌표계에서의 2차형식은

$$\lambda_1(y_1)^2 + \lambda_2(y_2)^2 + \cdots + \lambda_n(y_n)^2$$

이 된다. 이때 좌표변환은 $\mathbf{x} = C\mathbf{y}$ (또는 $\mathbf{y} = C^t\mathbf{x}$)임을 기억하라.

주축정리(principal axis theorem)

$\mathbf{x}^t A\mathbf{x}$를 n개 변수의 $x_1, x_2, \ldots, x_n$의 2차형식이라고 하자. 이 2차형식은 변수 $y_1, \ldots, y_n$를 갖는 새 좌표계에서 대각형식 $\mathbf{y}^t D\mathbf{y}$로 변환될 수 있다. 좌표변환은 $\mathbf{y} = C^t\mathbf{x}$이다. 여기서 C는 각 열이 A의 단위 직교 고유벡터인 $n \times n$ 직교행렬이고, 대각행렬 D의 각 대각원소는 A의 대응되는 고유값이다. $\mathbf{x}^t A\mathbf{x}$의 대각형식은

$$\mathbf{y}^t D\mathbf{y} = \lambda_1(y_1)^2 + \lambda_2(y_2)^2 + \cdots + \lambda_n(y_n)^2$$

이다.

다음 예제는 이 결과가 이차곡선에 어떻게 이용되는지를 예시한다.

예제 2

다음 방정식을 분석하고, 그래프를 그려라.

$$6x^2 + 4xy + 9y^2 - 20 = 0$$

풀이

이 방정식은 2차형식 $6x^2 + 4xy + 9y^2$을 포함하고 있으므로, 다음과 같이 행렬 형태로 쓸 수 있다.

$$\begin{bmatrix} x & y \end{bmatrix}\begin{bmatrix} 6 & 2 \\ 2 & 9 \end{bmatrix}\begin{bmatrix} x \\ y \end{bmatrix} - 20 = 0$$

위 식의 행렬의 고유값과 고유벡터를 구하면 다음과 같다.

$$\lambda_1 = 10, \mathbf{v}_1 = r\begin{bmatrix} 1 \\ 2 \end{bmatrix}; \quad \lambda_2 = 5, \mathbf{v}_2 = s\begin{bmatrix} -2 \\ 1 \end{bmatrix}$$

고유벡터를 정규화하여 직교행렬 C의 열로 놓으면 다음을 얻게 된다.

$$C = \begin{bmatrix} \dfrac{1}{\sqrt{5}} & \dfrac{-2}{\sqrt{5}} \\ \dfrac{2}{\sqrt{5}} & \dfrac{1}{\sqrt{5}} \end{bmatrix}$$

방정식을 행렬 형태로 표현하면

$$\begin{bmatrix} x' & y' \end{bmatrix}\begin{bmatrix} 10 & 0 \\ 0 & 5 \end{bmatrix}\begin{bmatrix} x' \\ y' \end{bmatrix} - 20 = 0$$

이 된다. 여기서 다음의 좌표변환이 사용되었다.

$$\begin{bmatrix} x' \\ y' \end{bmatrix} = \begin{bmatrix} \frac{1}{\sqrt{5}} & \frac{2}{\sqrt{5}} \\ \frac{-2}{\sqrt{5}} & \frac{1}{\sqrt{5}} \end{bmatrix} \begin{bmatrix} x \\ y \end{bmatrix}$$

행렬의 곱을 계산하여 정리하면, $x'y'$-좌표계에서의 방정식은 다음과 같이 된다.

$$\frac{(x')^2}{2} + \frac{(y')^2}{4} = 1$$

이것은 $x'y'$-좌표계에서 장축의 길이는 2이고 단축의 길이는 $\sqrt{2}$인 타원의 방정식임을 알 수 있다. 그림 5.7(a)를 보라. 이제 xy-좌표계에 대해 $x'y'$-좌표계를 위치시키는 일만 남았다. 이 좌표변환은 $\cos\theta = 1/\sqrt{5}$, $\sin\theta = 2/\sqrt{5}$가 되는, $\theta = 1.107148178$ 라디언, 또는 $\theta = 63.43494882°$인 좌표계의 회전으로 볼 수 있다. 즉, 좌표축의 회전은 대략 63.4°이다. 이제 그림 5.7(b)와 같이 xy-좌표계에서 그래프를 나타낼 수 있다(실제로 이러한 직교변환은 항상 회전을 정의한다).

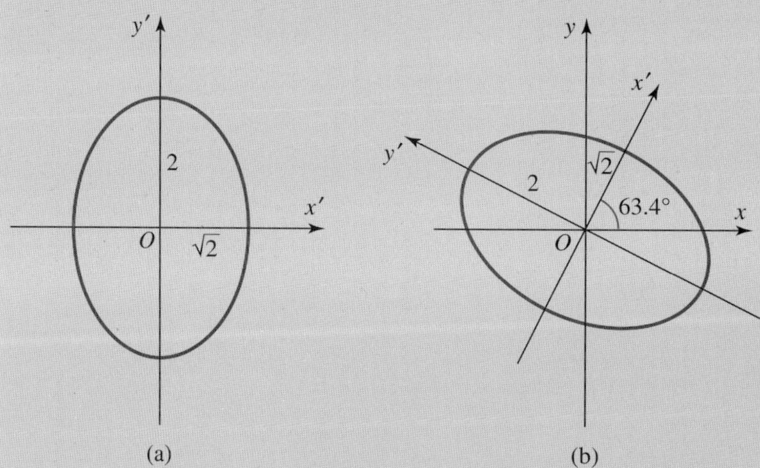

그림 5.7

차분방정식

$a_1, a_2, a_3, \ldots$를 실수열이라 하자. 이러한 수열은 n번째 항을 나타냄으로써 정의할 수 있다. 예를 들어,

$$a_n = n^2 + 1$$

과 같이 같이 주어지면 $n = 1, 2, 3, \ldots$으로 두어 다음의 수열을 얻을 수 있다.

$$2, 5, 10, 17, \ldots$$

뿐만 아니라 이 수열의 어떤 특정한 항이라도 찾을 수 있다. 예를 들어, a_{20}을 알고자 한다면 a_n의 표현식에 $n = 20$을 대입하여 다음을 얻는다.

$$a_{20} = (20)^2 + 1 = 401$$

여러 응용 분야에서 수열을 사용할 때, n번째 항에 의해 정의되기보다는 초항이 주어지고 인접한 항들 간의 관계에 의해 정의되는 경우가 종종 있다. 예를 들어, 어떤 수열은 처항 $a_1 = 0$, $a_2 = 1$과 다음과 같은 관계에 의해 정의될 수 있다.

$$a_n = 2a_{n-1} + 3a_{n-2}, n = 3, 4, 5, \ldots$$

이러한 방정식을 **차분방정식**(difference equation) 또는 **되돌림관계**(recurrence relation)라고 하고, 수열 중 이미 주어진 항들을 **초기조건**(initial conditions)이라고 한다. 차분방정식과 초기조건으로부터 수열의 나머지 항들을 구할 수 있다. 예를 들어, 위 식에서 $n = 3, 4, 5$일 때 다음이 얻어진다.

$$\begin{aligned} a_3 &= 2a_2 + 3a_1 = 2(1) + 3(0) = 2 \\ a_4 &= 2a_3 + 3a_2 = 2(2) + 3(1) = 7 \\ a_5 &= 2a_4 + 3a_3 = 2(7) + 3(2) = 20 \end{aligned}$$

이제 수열은 0, 1, 2, 7, 20, ...이다.

그러나, 만일 이 수열의 20번째 항과 같은 특정한 항을 알기를 원한다면, 차분방정식을 이용하여 그 이전의 항들의 값을 전부 찾아야 하기 때문에 이 방법은 실용적이지 못하다. 이런 경우에는 수열의 n번째 항에 관한 표현이 필요하다. n번째 항에 관한 표현을 **차분방정식의 해**라고 한다. 이제 어떤 선형차분방정식을 푸는 데 선형대수학의 도구가 어떻게 사용될 수 있는지를 예시한다.

다음의 차분방정식을 생각하자.

$$a_n = pa_{n-1} + qa_{n-2}, n = 3, 4, 5, \ldots$$

여기서 p, q는 고정된 실수이고, a_1, a_2는 값이 주어져있다(초기조건). 이 방정식을 **선형차분방정식**(linear difference equation)이라고 한다(각 항의 a_i가 1차이므로). 이 식은 **2계**(order)이다(a_n이 두 개의 직전 항 a_{n-1}과 a_{n-2}로 표현되어 있다). 이 방정식을 풀기 위해서, 또 하나의 관계식 $b_n = a_{n-1}$을 도입하자. 그러면 다음의 계를 얻게 된다.

$$\begin{aligned} a_n &= pa_{n-1} + qb_{n-1} \\ b_n &= a_{n-1}, \quad n = 3, 4, 5, \ldots \end{aligned}$$

위 식은 다음과 같이 행렬 형태로 나타낼 수 있다.

$$\begin{bmatrix} a_n \\ b_n \end{bmatrix} = \begin{bmatrix} p & q \\ 1 & 0 \end{bmatrix}\begin{bmatrix} a_{n-1} \\ b_{n-1} \end{bmatrix}, \quad n = 3, 4, 5, \ldots$$

$X_n = \begin{bmatrix} a_n \\ b_n \end{bmatrix}$, $A = \begin{bmatrix} p & q \\ 1 & 0 \end{bmatrix}$이라 두면 위 식은 다음과 같이 쓸 수 있다.

$$X_n = AX_{n-1}, \quad n = 3, 4, 5, \ldots$$

따라서

$$X_n = AX_{n-1} = A^2X_{n-2} = A^3X_{n-3} = \ldots = A^{n-2}X_2,$$

여기서

$$X_2 = \begin{bmatrix} a_2 \\ b_2 \end{bmatrix} = \begin{bmatrix} a_2 \\ a_1 \end{bmatrix}$$

대부분의 응용에서 A는 서로 다른 고유값 λ_1, λ_2를 가진다. 따라서 두 개의 선형독립인 고유벡터를 가지므로, 닮음변환을 이용하여 대각화할 수 있다. C를 A의 선형독립인 고유벡터를 열로 갖는 행렬이라 하고, D를

$$D = C^{-1}AC = \begin{bmatrix} \lambda_1 & 0 \\ 0 & \lambda_2 \end{bmatrix}$$

로 놓자. 그러면

$$\begin{aligned} A^{n-2} &= (CDC^{-1})^{n-2} = (CDC^{-1})(CDC^{-1})\ldots(CDC^{-1}) = CD^{n-2}C^{-1} \\ &= C\begin{bmatrix} \lambda_1 & 0 \\ 0 & \lambda_2 \end{bmatrix}^{n-2} C^{-1} = C\begin{bmatrix} (\lambda_1)^{n-2} & 0 \\ 0 & (\lambda_2)^{n-2} \end{bmatrix} C^{-1} \end{aligned}$$

이 되고 이로부터

$$X_n = C\begin{bmatrix} (\lambda_1)^{n-2} & 0 \\ 0 & (\lambda_2)^{n-2} \end{bmatrix} C^{-1} X_2$$

을 얻는다. 이 결과를 응용한 다음의 예를 보자.

예제 3

다음 차분방정식을 풀어라.

$$a_n = 2a_{n-1} + 3a_{n-2}, n = 3, 4, 5, \ldots$$

단, 초기조건은 $a_1, = 0$, $a_2 = 1$이다. 해를 이용하여 a_{15}를 구하라.

풀이

다음과 같이 연립방정식을 만들자.

$$\begin{aligned} a_n &= 2a_{n-1} + 3b_{n-1} \\ b_n &= a_{n-1}, \qquad n = 3, 4, 5, \ldots \end{aligned}$$

이 방정식은 다음과 같이 행렬 형태로 나타낼 수 있다.

$$\begin{bmatrix} a_n \\ b_n \end{bmatrix} = \begin{bmatrix} 2 & 3 \\ 1 & 0 \end{bmatrix}\begin{bmatrix} a_{n-1} \\ b_{n-1} \end{bmatrix}, \quad n = 3, 4, 5, \ldots$$

행렬 $\begin{bmatrix} 2 & 3 \\ 1 & 0 \end{bmatrix}$의 고유값과 고유벡터는 다음과 같다.

$$\lambda_1 = -1, \mathbf{v}_1 = \begin{bmatrix} 1 \\ -1 \end{bmatrix}; \quad \lambda_2 = 3, \mathbf{v}_2 = \begin{bmatrix} 3 \\ 1 \end{bmatrix}$$

$C = \begin{bmatrix} 1 & 3 \\ -1 & 1 \end{bmatrix}$로 놓으면 $C^{-1} = \frac{1}{4}\begin{bmatrix} 1 & -3 \\ 1 & 1 \end{bmatrix}$이고, 이를 이용하여 다음을 얻는다.

$$\begin{bmatrix} a_n \\ b_n \end{bmatrix} = C\begin{bmatrix} (\lambda_1)^{n-2} & 0 \\ 0 & (\lambda_2)^{n-2} \end{bmatrix} C^{-1} \begin{bmatrix} a_2 \\ b_2 \end{bmatrix}$$

$$= \frac{1}{4}\begin{bmatrix} 1 & 3 \\ -1 & 1 \end{bmatrix}\begin{bmatrix} (-1)^{n-2} & 0 \\ 0 & (3)^{n-2} \end{bmatrix}\begin{bmatrix} 1 & -3 \\ 1 & 1 \end{bmatrix}\begin{bmatrix} 1 \\ 0 \end{bmatrix} \text{이므로 } b_2 = a_1 = 0$$

$$= \frac{1}{4}\begin{bmatrix} (-1)^{n-2} + 3(3)^{n-2} \\ (-1)(-1)^{n-2} + (3)^{n-2} \end{bmatrix} = \frac{1}{4}\begin{bmatrix} (-1)^{n-2} + (3)^{n-1} \\ (-1)^{n-1} + (3)^{n-2} \end{bmatrix}$$

따라서 해는 다음과 같다.

$$a_n = \tfrac{1}{4}[(-1)^{n-2} + (3)^{n-1}], \quad n = 3, 4, 5, \ldots$$

이 해를 점검해보자. 위의 해로부터 $a_3 = 2$, $a_4 = 7$, $a_5 = 20$이 얻어지는데, 이것은 차분방정식에 $n = 3, 4, 5$를 대입하여 구한 값과 일치한다.

$n = 15$를 대입하면 다음을 얻는다.

$$a_{15} = \tfrac{1}{4}[(-1)^{15-2} + (3)^{15-1}] = \tfrac{1}{4}[-1 + 4{,}782{,}969] = 1{,}195{,}742$$

피보나치 수열*

초기조건이 $a_1 = 1$, $a_2 = 1$인 차분방정식

$$a_n = a_{n-1} + a_{n-2}, n = 3, 4, 5, \ldots$$

으로 정의되는 수열을 **피보나치 수열**(Fibonacci sequence)이라고 한다. 이 수열의 각 항은 바로 앞의 두 항의 합으로 주어진다,

이 수열은 이탈리아의 수학자 피보나치가 13세기에 토끼 개체수의 증가를 설명하기 위해 개발한 것이다. 피보나치는 토끼 한 쌍이 매달 한 쌍의 새끼를 낳고 새로 태어난 토끼 한 쌍도 태어난 지 두 달 후엔 어미가 되어 이때부터 새끼를 낳을 수 있다고 가정하였다. 한 쌍의 어미 토끼로 시작할 때, 한 달, 두 달, 세 달 ... 후의 이 집단의 어미 토끼는 모두 몇 쌍이 되겠는가? 피보나치는 셈을 통해 이 수열의 처음 일곱 항이 다음과 같이 됨을 보였다.

$$1, 1, 2, 3, 5, 8, 13$$

그리고 그는 이 수열의 각 항이 바로 앞의 두 항의 합으로 주어진다는 사실을 관찰하였으며, 이로부터 앞에서 주어진 차분방정식을 얻었다. 피보나치는 임의의 시점의 집단 내의 어미 토끼 쌍의 수를 계산하는 데 이 차분방정식을 이용하였다. 연습문제에서 피보나치 차분방정식을 풀어보도록 하자.

피보나치 시대 이래로 과학자들은 식물학, 건축학, 고고학 그리고 사회학과 같은 분야에 이 수열을 이용하였다. 왜 이 분야들의 예에서 나오는 방식으로 피보나치 수열형태가 나오는지는 수수께끼이다. 예를 들어, 식물학자들은 식물의 줄기 둘레에 나타나는 잎의 배

* 피보나치(Leonardo Fibonacci : 대략 1170~1250)는 서구사회의 최초의 위대한 수학자이다. 그는 이탈리아의 피사에서 자랐고 대부분의 생을 거기서 보냈다. 그의 아버지는 피사의 상무장관이었다. 피보나치는 아버지를 대신하여 업무차 이집트, 시리아, 그리스를 여행하는 동안 인도-아라비아의 명수법과 계산법을 배워 이탈리아로 들여왔다. 그의 주 관심사는 금융과 실용적 수학을 가르치는 것이었지만, 보다 추상적인 문제를 파고드는 사람들에게 대수학과 기하학도 가르쳤다.

열이 종종 피보나치 패턴을 따른다는 사실을 발견하였다. 장미와 양배추의 잎, 가문비나무의 비늘잎도 역시 피보나치 패턴을 따른다. 줄기 둘레를 한 바퀴 돌 때 장미의 잎은 5장, 양배추의 잎은 8장이 배치된다. 또한 나무를 한 바퀴 돌 때 가문비나무의 비늘잎 21개가 나타난다.

피보나치 수열의 연이은 항들의 비율은 매우 흥미롭다. a_n/a_{n-1}은 n이 증가함에 따라 $(1+\sqrt{5})/2$에 접근함을 보일 수 있다(연습문제를 참조하라). 이 무리수 1.6180339885 … 는 **황금비**(golden ratio)이라고 불린다. 심리학자들은 길이와 폭의 비율이 황금비에 가까운 직사각형이 가장 호감을 주는 것을 발견하였다. 레오나르도 다빈치, 몬드리안 그리고 스라 같은 화가들은 그들의 작품에 황금비를 많이 사용하였다. 아테네의 파르테논 신전도 이 황금비에 기초하고 있다.

진동계의 정규모드

질량을 무시할 수 있는 길이 $4a$의 수평으로 놓은 현 AB에 각각의 질량이 m인 3개의 입자가 달려 있는 경우를 생각하자. 이 입자들은 A로부터 거리 a, $2a$, $3a$에 각각 놓여 있는데, 입자들을 평형 위치에서 약간 벗어나도록 이동시킨 뒤 놓았을 경우, 그 결과 생기는 운동에 대해 분석해 보자. 이 운동은 AB를 지나는 수직 평면상에서 일어난다고 가정한다. 그림 5.8을 보라.

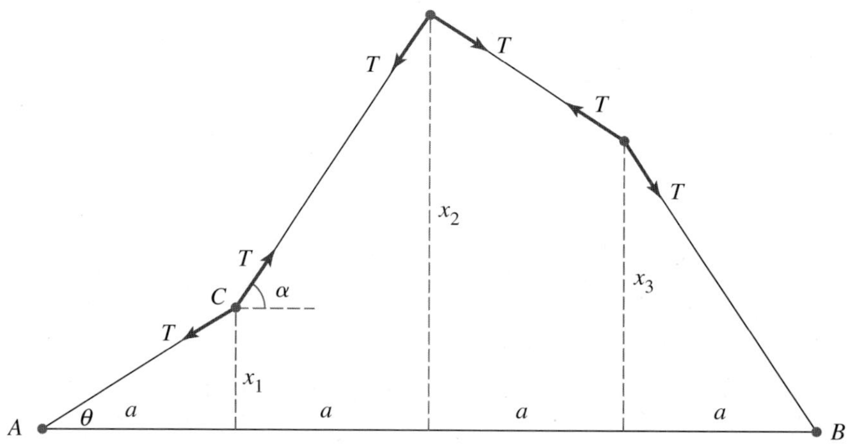

그림 5.8

운동이 지속되는 동안 어떤 순간의 입자의 수직 변위를 그림 5.8에 나타낸 것과 같이 x_1, x_2, x_3라 하고, T를 현의 장력이라고 하자. 이제 C에서의 입자의 운동을 생각해 보자. 이 입자의 수직 방향의 합력은 $T\sin\alpha - T\sin\theta$가 된다. 만일 변위가 작다고 가정하면, 각 입자의 운동은 수직 방향으로만 생기고 따라서 장력은 운동하는 동안 변하지 않는다고 볼 수 있다. 각이 작기 때문에 $\sin\alpha$와 $\sin\theta$는 각각 $\tan\alpha$ 및 $\tan\theta$와 같다고 볼 수 있고, 결과적으로 C에서의 합력은 다음과 같이 된다.

$$T\tan\alpha - T\tan\theta = T\frac{(x_2 - x_1)}{a} - T\frac{x_1}{a}$$
$$= \frac{-2Tx_1}{a} + \frac{Tx_2}{a}$$

뉴턴의 운동의 제2법칙(힘 = 질량 × 가속도)을 적용하면, 첫 번째 입자의 운동을 다음 방정식으로 나타낼 수 있다.

$$m\ddot{x}_1 = \frac{-2Tx_1}{a} + \frac{Tx_2}{a}$$

마찬가지로 다른 두 입자의 운동도 다음과 같은 방정식으로 표현된다.

$$m\ddot{x}_2 = \frac{Tx_1}{a} - \frac{2Tx_2}{a} + \frac{Tx_3}{a} \text{와 } m\ddot{x}_3 = \frac{Tx_2}{a} - \frac{2Tx_3}{a}$$

위의 세 방정식을 묶어 다음과 같은 하나의 행렬 방정식으로 나타낼 수 있다.

$$\begin{bmatrix} \ddot{x}_1 \\ \ddot{x}_2 \\ \ddot{x}_3 \end{bmatrix} = \frac{T}{ma}\begin{bmatrix} -2 & 1 & 0 \\ 1 & -2 & 1 \\ 0 & 1 & -2 \end{bmatrix}\begin{bmatrix} x_1 \\ x_2 \\ x_3 \end{bmatrix}$$

이 방정식을 행렬 형태로 다시 쓰면

$$\ddot{\mathbf{x}} = \frac{T}{ma}A\mathbf{x}$$

과 같다. 여기서 A는 대칭행렬이므로 대각화할 수 있다. C를 A의 고유벡터를 열벡터로 갖는 행렬이라고 하고 A의 대각화를 진행하자. 그러면 위 방정식을 다음과 같이 쓸 수 있다.

$$C^{-1}\ddot{\mathbf{x}} = C^{-1}\frac{T}{ma}ACC^{-1}\mathbf{x},$$

$$C^{-1}\ddot{\mathbf{x}} = \frac{T}{ma}C^{-1}ACC^{-1}\mathbf{x}$$

D를 대각행렬 $C^{-1}AC$라고 하면, 위 식은

$$C^{-1}\ddot{\mathbf{x}} = \frac{T}{ma}DC^{-1}\mathbf{x}$$

이 된다. 이제

$$\mathbf{x}' = C^{-1}\mathbf{x}$$

과 같이 정의되는 새로운 좌표계를 도입하면 방정식은 다음과 같이 된다.

$$\ddot{\mathbf{x}}' = \frac{T}{ma}D\mathbf{x}' \tag{1}$$

이 행렬식은 $\mathbf{x}'$에 대해 풀 수 있다. 다시 좌표관계

$$\mathbf{x} = C\mathbf{x}'$$

를 이용하면 원래 좌표계에서의 해를 준다.

지금까지 일반적인 방법에 대해서 설명하였는데, 이제 주어진 문제에 이를 적용해 보자. 대칭행렬 A의 고유값과 대응하는 고유벡터는 다음과 같이 구해진다.

$$\lambda_1 = -2, \mathbf{v}_1 = r\begin{bmatrix} 1 \\ 0 \\ -1 \end{bmatrix}; \quad \lambda_2 = -2-\sqrt{2}, \ \mathbf{v}_2 = s\begin{bmatrix} 1 \\ -\sqrt{2} \\ 1 \end{bmatrix};$$

$$\lambda_3 = -2+\sqrt{2},\ \mathbf{v}_3 = t\begin{bmatrix} 1 \\ \sqrt{2} \\ 1 \end{bmatrix}$$

이에 따라

$$C = \begin{bmatrix} 1 & 1 & 1 \\ 0 & -\sqrt{2} & \sqrt{2} \\ -1 & 1 & 1 \end{bmatrix} \text{과 } D = \begin{bmatrix} -2 & 0 & 0 \\ 0 & -2-\sqrt{2} & 0 \\ 0 & 0 & -2+\sqrt{2} \end{bmatrix}$$

라 하면 운동방정식 (1)은 다음과 같이 얻어진다.

$$\begin{bmatrix} \ddot{x}'_1 \\ \ddot{x}'_2 \\ \ddot{x}'_3 \end{bmatrix} = \frac{T}{ma}\begin{bmatrix} -2 & 0 & 0 \\ 0 & -2-\sqrt{2} & 0 \\ 0 & 0 & -2+\sqrt{2} \end{bmatrix}\begin{bmatrix} x'_1 \\ x'_2 \\ x'_3 \end{bmatrix}$$

이 행렬방정식은 다음의 3개의 미분방정식을 나타내는데, 각 방정식은 단순조화운동을 묘사하고 있다.

$$\ddot{x}'_1 = \frac{-2T}{ma}x'_1, \quad \ddot{x}'_2 = \frac{(-2-\sqrt{2})T}{ma}x'_2, \quad \ddot{x}'_3 = \frac{(-2+\sqrt{2})T}{ma}x'_3$$

이 방정식들의 해는 다음과 같다.

$$\begin{aligned} x'_1 &= b_1\cos\left(\sqrt{\frac{2T}{ma}}t + \gamma_1\right), \\ x'_2 &= b_2\cos\left(\sqrt{\frac{(2+\sqrt{2})T}{ma}}t + \gamma_2\right), \\ x'_3 &= b_3\cos\left(\sqrt{\frac{(2-\sqrt{2})T}{ma}}t + \gamma_3\right) \end{aligned}$$

여기서, $b_1, b_2, b_3, \gamma_1, \gamma_2, \gamma_3$는 시간 $t = 0$에서의 진동계의 구성에 의해 정해지는 적분상수이다. 이 상수들은 독립적이지 않고, 일반적으로 단순조화운동에서 b_1, b_2, b_3는 진폭으로 $\gamma_1, \gamma_2, \gamma_3$는 위상으로 해석된다.

이와 같이 운동을 가장 쉽게 묘사할 수 있는 특별한 좌표계 x_1', x_2', x_3'를 운동의 **정규좌표계**(normal coordinate)라고 한다. 원래 좌표계에 대한 운동방정식은 다음 관계를 이용하여 얻을 수 있다.

$$\mathbf{x} = C\mathbf{x}'$$

$$\begin{aligned} \begin{bmatrix} x_1 \\ x_2 \\ x_3 \end{bmatrix} &= \begin{bmatrix} 1 & 1 & 1 \\ 0 & -\sqrt{2} & \sqrt{2} \\ -1 & 1 & 1 \end{bmatrix}\begin{bmatrix} x'_1 \\ x'_2 \\ x'_3 \end{bmatrix}, \\ &= x'_1\begin{bmatrix} 1 \\ 0 \\ -1 \end{bmatrix} + x'_2\begin{bmatrix} 1 \\ -\sqrt{2} \\ 1 \end{bmatrix} + x'_3\begin{bmatrix} 1 \\ \sqrt{2} \\ 1 \end{bmatrix} \end{aligned}$$

x_1', x_2', x_3'에 구해진 값을 대입하면 다음과 같다.

$$\begin{bmatrix} x_1 \\ x_2 \\ x_3 \end{bmatrix} = b_1\cos\left(\sqrt{\frac{2T}{ma}}t + \gamma_1\right)\begin{bmatrix} 1 \\ 0 \\ -1 \end{bmatrix} + b_2\cos\left(\sqrt{\frac{(2+\sqrt{2})T}{ma}}t + \gamma_2\right)\begin{bmatrix} 1 \\ -\sqrt{2} \\ 1 \end{bmatrix}$$

$$+ b_3\cos\left(\sqrt{\frac{(2-\sqrt{2})T}{ma}}t + \gamma_3\right)\begin{bmatrix} 1 \\ \sqrt{2} \\ 1 \end{bmatrix}$$

따라서 운동은 다음의 세 가지 운동 또는 **모드**(mode)가 결합된 것으로 해석할 수 있다.

모드 1:

$$\begin{bmatrix} x_1 \\ x_2 \\ x_3 \end{bmatrix} = \cos\left(\sqrt{\frac{2T}{ma}}t + \gamma_1\right)\begin{bmatrix} 1 \\ 0 \\ -1 \end{bmatrix}(x_2 = 0,\ x_3 = -x_1)$$

모드 2:

$$\begin{bmatrix} x_1 \\ x_2 \\ x_3 \end{bmatrix} = \cos\left(\sqrt{\frac{(2+\sqrt{2})T}{ma}}t + \gamma_2\right)\begin{bmatrix} 1 \\ -\sqrt{2} \\ 1 \end{bmatrix}(x_2 = -\sqrt{2x_1},\ x_3 = x_1)$$

모드 3:

$$\begin{bmatrix} x_1 \\ x_2 \\ x_3 \end{bmatrix} = \cos\left(\sqrt{\frac{(2-\sqrt{2})T}{ma}}t + \gamma_3\right)\begin{bmatrix} 1 \\ \sqrt{2} \\ 1 \end{bmatrix}(x_2 = \sqrt{2x_1},\ \ x_3 = x_1)$$

운동의 실제적인 결합 형태는 초기조건에 의존하는 상수 b_1, b_2, b_3로 결정되는 선형조합이 될 것이다. 각 운동은 입자의 단순조화운동을 나타낸다. **진동의 정규모드**라고 일컫는 이들 모드를 그림 5.9에 예시하였다.

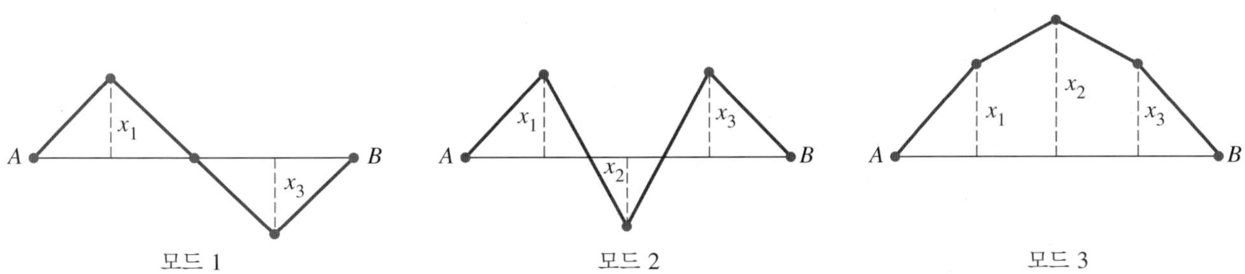

그림 5.9

연습문제 5.4

1. 다음에 주어진 2차형식의 행렬표현을 구하라.

(a) $x^2 + 4xy + 2y^2$ **(b)** $3x^2 + 2xy - 4y^2$

(c) $7x^2 - 6xy - y^2$ **(d)** $2x^2 + 5xy + 3y^2$

(e) $-3x^2 - 7xy + 4y^2$ **(f)** $5x^2 + 3xy - 2y^2$

2. 다음 각 방정식의 그래프를 그려라.

(a) $11x^2 + 4xy + 14y^2 - 60 = 0$

(b) $3x^2 + 2xy + 3y^2 - 12 = 0$

(c) $x^2 - 6xy + y^2 - 8 = 0$

(d) $4x^2 + 4xy + 4y^2 - 5 = 0$

3. 다음 각 방정식을 교차곱 항이 없는 형식으로 표현하라.

(a) $5x^2 + 5y^2 + 2z^2 + 8xy + 4xz + 4yz - 20 = 0$

(b) $9x^2 + 6y^2 + 6z^2 - 6xy + 6xz - 12yz - 30 = 0$

(c) $5x^2 + 5y^2 + 4z^2 + 4t^2 + 8xy + 2xz + 2xt + 2yz + 2yt + 4zt - 20 = 0$

4. 다음 차분방정식을 풀고, 구한 해를 이용하여 주어진 항의 값을 구하라.

(a) $a_n = a_{n-1} + 2a_{n-2}$, $a_1 = 1$, $a_2 = 2$, 항 a_{10}

(b) $a_n = 2a_{n-1} + 3a_{n-2}$, $a_1 = 1$, $a_2 = 3$, 항 a_9

(c) $a_n = 3a_{n-1} + 4a_{n-2}$, $a_1 = 1$, $a_2 = -1$, 항 a_{12}

5. 피보나치 수열은 초기조건이 $a_1 = 1$, $a_2 = 1$인 차분방정식 $a_n = a_{n-1} + a_{n-2}$로 정의된다. 이 차분방정식을 풀어라. $\frac{a_n}{a_{n-1}}$이 n이 커심에 따라 **황금비**인 $\frac{1+\sqrt{5}}{2}$에 가까워짐을 보여라.

6. 그림 5.10에 나타낸 시스템이 평형상태에서 약간 이동되었을 때 생기는 진동의 정규모드를 구하라.

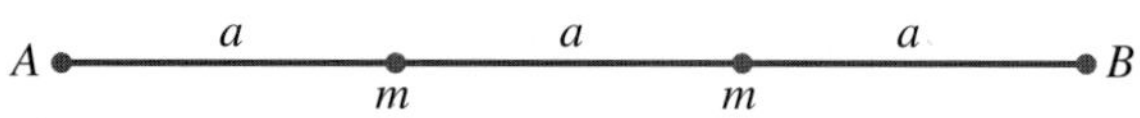

그림 5.10

7. 용수철에 매달린 물체의 운동은 다음과 같은 **후크의 법칙**(Hooke's law)을 따른다.

$$\text{장력} = k \times \text{늘어난 길이}$$

여기서 k는 용수철의 탄성계수이다. 그림 5.11에 나타낸 용수철의 진동을 생각해 보자. x_1과 x_2는 각각 질량 m_1과 m_2인 물체의 어떤 시점에서의 변위를 나타낸다. 그 시점의 두 용수철의 늘어난 길이는 각각 x_1과 $x_2 - x_1$이고, 후크의 법칙을 적용하면 다음과 같은 운동방정식을 얻는다.

$$m_1\ddot{x}_1 = -k_1x_1 + k_2(x_2 - x_1),$$
$$m_2\ddot{x}_2 = -k_2(x_2 - x_1)$$

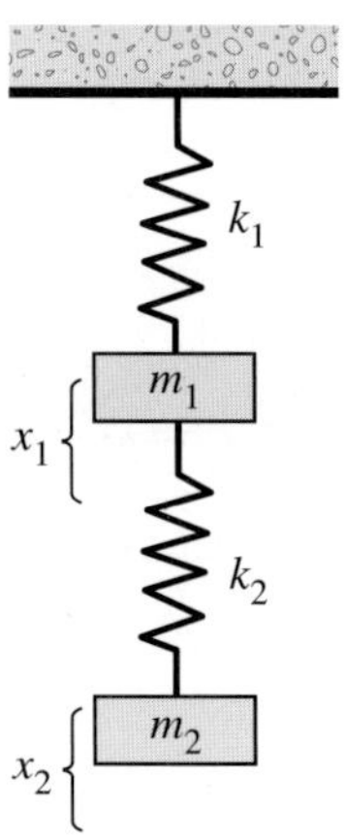

그림 5.11

일반적인 운동은 이 절의 예제에서 살펴보았듯이 정규모드의 관점에서 분석될 수 있다. 일 때 이 시스템의 운동을 분석하라.

8. 후크의 법칙은 그림 5.12에 나타난 시스템의 늘어난 용수철에 작용하는 힘에 대해서도 적용할 수 있다. x_1과 x_2는 각각 질량이 m인 공의 어떤 시점의 변위를 나타낸다. 이 시스템에 후크의 법칙을 적용하면 다음을 얻는다.

$$m\ddot{x}_1 = -k_1x_1 + k_2(x_2 - x_1),$$
$$m\ddot{x}_2 = -k_2(x_2 - x_1)k_3x_2$$

용수철의 탄성계수가 $k_1 = 1$, $k_2 = 2$, $k_3 = 3$일 때, 이 시스템의 운동을 정규모드의 관점에서 분석하라.

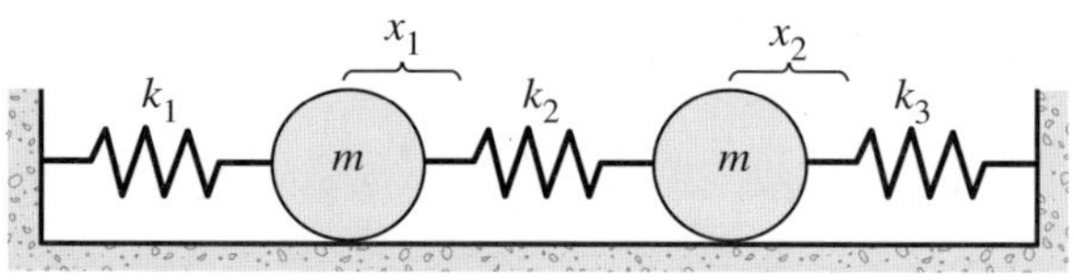

그림 5.12

9. xy-직교좌표계가 주어졌을 때, 이를 원점에 대해 각 θ만큼 회전시켜 다른 직교좌표계 $x'y'$을 얻으려고 한다. 평면 상의 임의의 점 P의 좌표는 xy-좌표계에서는 $\begin{bmatrix} x \\ y \end{bmatrix}$이고, $x'y'$-좌표계에서는 $\begin{bmatrix} x' \\ y' \end{bmatrix}$이다. 삼각법을 이용하여 좌표변환이 다음과 같이 됨을 증명하라.

$$x' = x\cos\theta + y\sin\theta$$
$$y' = x\sin\theta + y\cos\theta$$

*5.5 선형 미분방정식(미적분학 필요)

생물학, 화학, 컴퓨터과학과 같은 과학 분야나 공학에서 **미적분학**(calculus)을 사용한다. 이 절은 미적분학에 어느 정도 지식이 있고 선형대수가 이 분야에 기여하는 역할을 알고자 하는 독자들을 위해 쓰여 졌다. **미분방정식**(differential equation)이라고 불리는 방정식은 **함수**와 그것의 **도함수**를 포함하는 방정식으로 미적분학에서 다루어진다. 예를 들어, 미분방정식

$$y' = ay$$

은 함수 $y(x)$와 그것의 도함수 $y'(x)$를 포함한다. 여기서 a 상수이다(미적분학에서 도함수를 표기하기 위해 기호 dy/dx도 사용된다).

미적분학은 미분방정식 $y' = ay$의 **일반해**가

$$y = ce^{ax}$$

임을 알려준다. 여기서 c는 상수이다.

미분방정식으로 묘사된 상황이 주어진 x에 대해 y가 특정한 값이 되도록 요구할 때가 있다. 예를 들어 $x = 0$일 때 $y = 10$, 즉 $y(0) = 10$으로 가정하자. 이 조건을 **초기조건**(initial condition)이라고 부른다. 이 값을 일반해에 대입하면 c 값을 준다. 즉,

$$10 = ce^{a(0)},\ 10 = ce^0,\ c = 10$$

주어진 미분방정식의 **해**는

$$y = 10e^{ax}$$

이다. 이제 미분방정식의 **계**(system)에 대해 알아보자.

예제 1

(a) 다음 두 개의 미분방정식의 계를 풀어라.

$$\begin{aligned} y_1' &= -2y_1 \\ y_2' &= 3y_2 \end{aligned}$$

이 계는 다음의 **대각행렬 형태**로 쓸 수 있음을 관찰하라(행렬 곱을 완수하고 대응 원소들을 비교하라).

$$\begin{bmatrix} y_1' \\ y_2' \end{bmatrix} = \begin{bmatrix} -2 & 0 \\ 0 & 3 \end{bmatrix} \begin{bmatrix} y_1 \\ y_2 \end{bmatrix}$$
$$\mathbf{y}' = A\,\mathbf{y}$$

(b) 초기조건 $y_1(0) = 1$, $y_2(0) = 5$를 만족하는 해를 구하라.

풀이

(a) 두 개의 변수 y_1, y_2의 두 개의 선형방정식의 계를 풀어야 한다. 각 방정식은 오직 하나의 변수만 포함함을 주목하라. 첫 방정식은 y_1만을, 둘째 방정식은 y_2만을 포함하

여 각 방정식을 독립적으로 풀 수 있다. 앞의 논의에서 이 두 방정식의 일반해는

$$y_1 = c_1e^{-2x}, \quad y_2 = c_2e^{3x}$$

임을 알 수 있다. 여기서 c_1, c_2는 정해야 할 상수이다.

(b) $x = 0$, $y_1 = 1$을 $y_1 = c_1e^{-2x}$에 대입하면 $1 = c_1e^{-2(0)}$에서 $c_1 = 1$이다. 따라서 $y_1 = e^{-2x}$이다. $x = 0$, $y_2 = 5$를 $y_2 = c_2e^{3x}$에 대입하면 $5 = c_2e^{3(0)}$에서 $c_2 = 5$이다. 따라서 $y_2 = 5e^{3x}$이다. 즉, 해는 $y_1 = e^{-2x}$, $y_2 = 5e^{3x}$이다. ■

미분방정식계

일반적인 경우를 보자. $a_{11}, \ldots, a_{nn}$이 주어진 상수일 때 아래의 미분방정식계를 고려해 보자. 목표는 이 방정식들을 만족하는 n개의 미분가능한 함수 $y_1(x), \ldots, y_n(x)$를 구하는 것이다. 여기의 각 방정식들은 예제 1의 계와는 달리 $y_1, \ldots, y_n$을 함께 포함하고 있음을 주목하라. 따라서 각 방정식을 따로 푸는 예제 1의 방법을 사용할 수 없다. 우리의 전략은 이 계를 닮음변환을 이용하여 대각 계수행렬을 갖는 계로 변환시키는 것이다. 그러면 각 방정식은 하나의 변수만 갖게 될 것이다. 이 새 계를 예제 1의 방법으로 풀고 그 결과를 원래 시스템의 해가 되도록 다시 변환시키면 된다. 그런데 이 절차는 고유값과 고유벡터를 필요로 한다.

$$\begin{aligned} y_1{}' &= a_{11}y_1 + \cdots + a_{1n}y_n \\ &\vdots \\ y_n{}' &= a_{n1}y_1 + \cdots + a_{nn}y_n \end{aligned}$$

이제

$$\mathbf{y}' = \begin{bmatrix} y_1{}' \\ \vdots \\ y_n{}' \end{bmatrix}, \qquad A = \begin{bmatrix} a_{11} & \cdots & a_{1n} \\ \vdots & \vdots & \vdots \\ a_{n1} & \cdots & a_{nn} \end{bmatrix}, \text{그리고 } \mathbf{y} = \begin{bmatrix} y_1 \\ \vdots \\ y_n \end{bmatrix}$$

라고 하자. 그러면 미분방정식계는 행렬형태

$$\begin{bmatrix} y_1{}' \\ \vdots \\ y_n{}' \end{bmatrix} = \begin{bmatrix} a_{11} & \cdots & a_{1n} \\ \vdots & \vdots & \vdots \\ a_{n1} & \cdots & a_{nn} \end{bmatrix} \begin{bmatrix} y_1 \\ \vdots \\ y_n \end{bmatrix},$$

또는 더 간편하게

$$\mathbf{y}' = A\mathbf{y}$$

로 쓸 수 있다. A는 이 계의 **계수행렬**이라고 불린다.(이 계는 선형이다. 두 해의 합도 해이고 한 해의 스칼라배도 역시 해임을 보일 수 있다.)

이제 이 행렬 형태의 미분방정식계의 해를 어떻게 구해 가는지 볼 것이다. 방법은 3단계로 구성된다.

(i) $n \times n$ 행렬 A를 대각화한다: 정리 5.8로부터 $n \times n$ 행렬 A가 대각화 가능일 필요충분조건은 n개의 선형독립인 고유벡터를 갖는 것이다. A가 이 조건을 만족한다고 가정하자. A의 고유값과 대응하는 선형독립인 고유벡터가

$$\lambda_1, \ldots, \lambda_n, \quad \mathbf{v}_1, \ldots, \mathbf{v}_n$$

이라고 하자. A의 대각화를 진행하기 위해 고유벡터들을 행으로 하여 행렬 P를 다음과 같이 만들자.

$$P = [\mathbf{v}_1 \quad \cdots \quad \mathbf{v}_n]$$

닮음변환 $P^{-1}AP$는 고유값들이 대각 원소에 있는 대각행렬 D를 다음과 같이 준다.

$$D = \begin{bmatrix} \lambda_1 & & 0 \\ & \ddots & \\ 0 & & \lambda_n \end{bmatrix}$$

(ii) 새로운 대각 계를 도입한다: $\mathbf{y} = P\mathbf{u}$, $\mathbf{y}' = P\mathbf{u}'$라 하자. 원래 계 $\mathbf{y}' = A\mathbf{y}$는 $P\mathbf{u}' = AP\mathbf{u}$가 되고 이를 다시 쓰면

$$\mathbf{u}' = P^{-1}AP\mathbf{u}$$
$$\mathbf{u}' = D\mathbf{u}$$

가 된다. 원래 계가 다음과 같은 대각 계로 변환되었다.

$$\begin{bmatrix} u_1' \\ \vdots \\ u_n' \end{bmatrix} = \begin{bmatrix} \lambda_1 & & 0 \\ & \ddots & \\ 0 & & \lambda_n \end{bmatrix} \begin{bmatrix} u_1 \\ \vdots \\ u_n \end{bmatrix}$$

$$\begin{aligned} u_1' &= \lambda_1 u_1 \\ &\vdots \\ u_n' &= \lambda_n u_n \end{aligned}$$

이 대각 계의 해는 (예제 1과 같이)

$$\begin{aligned} u_1 &= c_1 e^{\lambda_1 x} \\ &\vdots \\ u_2 &= c_n e^{\lambda_n x} \end{aligned}$$

(iii) 원래 변수로 되돌아온다: $\mathbf{y} = P\mathbf{u}$이므로

$$\begin{bmatrix} y_1 \\ \vdots \\ y_n \end{bmatrix} = [\mathbf{v}_1 \ldots \mathbf{v}_n] \begin{bmatrix} u_1 \\ \vdots \\ u_n \end{bmatrix}$$

따라서 원래 미분방정식계의 일반해는

$$\mathbf{y} = c_1 e^{\lambda_1 x}\mathbf{v}_1 + \cdots + c_n e^{\lambda_n x}\mathbf{v}_n$$

이다. 이 결과를 다음의 정리로 요약하자.

정리 5.12

A가 n개의 선형독립인 고유벡터 $\mathbf{v}_1, \mathbf{v}_2, \ldots, \mathbf{v}_n$과 대응하는 고유값 $\lambda_1, \lambda_2, \ldots \lambda_n$을 갖는 $n \times n$ 행렬이라 하자. 계 $\mathbf{y}' = A\mathbf{y}$의 일반해는 다음과 같다.

$$y = c_1 e^{\lambda_1 x}\mathbf{y}_1 + c_2 e^{\lambda_2 x}\mathbf{y}_2 + \cdots + c_n e^{\lambda_n x}\mathbf{y}_n$$

이제 이 정리를 계수행렬이 대각행렬이 아닌 두 개의 변수를 갖는 미분방정식계에 적용시켜 보자.

예제 2

정리 5.12를 이용하여 다음 미분방정식계를 풀어라.

$$\begin{aligned} y_1' &= -4y_1 - 6y_2 \\ y_2' &= 3y_1 + 5y_2 \end{aligned}$$

풀이

이 계를 행렬 형태로 쓰면

$$\begin{bmatrix} y_1' \\ y_2' \end{bmatrix} = \begin{bmatrix} -4 & -6 \\ 3 & 5 \end{bmatrix} \begin{bmatrix} y_1 \\ y_2 \end{bmatrix}$$
$$y' = Ay$$

이다. 정리 5.8은 $n \times n$ 행렬이 대각화 가능일 필요충분조건은 n개의 선형독립인 고유벡터를 갖는 것이라고 말하고 있는데, A는 이 조건을 만족한다. 5.3절의 예제 2에서 구한 다음과 같은 고유값과 대응하는 고유벡터를 보라.

$$\lambda_1 = 2, \mathbf{v}_1 = \begin{bmatrix} -1 \\ 1 \end{bmatrix}; \quad \lambda_2 = -1, \mathbf{v}_2 = \begin{bmatrix} -2 \\ 1 \end{bmatrix}$$

정리 5.12를 적용하면, 일반해는

$$\mathbf{y} = c_1 e^{\lambda_1 x}\mathbf{v}_1 + c_2 e^{\lambda_2 x}\mathbf{v}_2$$

이다. 즉,

$$\mathbf{y} = c_1 e^{2x}\begin{bmatrix} -1 \\ 1 \end{bmatrix} + c_2 e^{-x}\begin{bmatrix} -2 \\ 1 \end{bmatrix}$$

이다. 이것을 y_1과 y_2로 풀어서 다시 쓰면

$$\begin{aligned} y_1 &= -c_1 e^{2x} - 2c_2 e^{-x} \\ y_2 &= c_1 e^{2x} + c_2 e^{-x} \end{aligned}$$

가 된다. ■

예제 3

정리 5.12를 이용하여 다음 미분방정식계를 풀어라.

$$\begin{aligned} y_1' &= 3y_1 + 2y_2 - 2y_3 \\ y_2' &= -3y_1 - y_2 + 3y_3 \\ y_3' &= y_1 + 2y_2 \end{aligned}$$

풀이

이 계의 계수행렬은

$$A = \begin{bmatrix} 3 & 2 & -2 \\ -3 & -1 & 3 \\ 1 & 2 & 0 \end{bmatrix}$$

이다. A의 고유값은 1, −1, 2이고 대응하는 고유벡터는 $\begin{bmatrix} 1 \\ 0 \\ 1 \end{bmatrix}, \begin{bmatrix} 1 \\ -1 \\ 1 \end{bmatrix}, \begin{bmatrix} 0 \\ 1 \\ 1 \end{bmatrix}$이다. 정리 5.12에 의해 일반해는

$$y = c_1e^x\begin{bmatrix} 1 \\ 0 \\ 1 \end{bmatrix} + c_2e^{-x}\begin{bmatrix} 1 \\ -1 \\ 1 \end{bmatrix} + c_3e^{2x}\begin{bmatrix} 0 \\ 1 \\ 1 \end{bmatrix}$$

이다. y_1, y_2, y_3로 풀어 쓰면

$$\begin{aligned} y_1 &= c_1e^x + c_2e^{-x} \\ y_2 &= -c_2e^{-x} + c_3e^{2x} \\ y_3 &= c_1e^x + c_2e^{-x} + c_3e^{2x} \end{aligned}$$

이다.

연습문제 5.5

1. **(a)** 미분방정식 $y' = -4y$의 일반해를 구하라.
(b) 초기조건 $y(0) = 3$을 만족하는 해를 구하라.

2. **(a)** 미분방정식 $y' = 7y$의 일반해를 구하라.
(b) 초기조건 $y(0) = -5$을 만족하는 해를 구하라.

3. **(a)** 다음의 두 개의 선형 미분방정식의 계를 풀어라.

$$\begin{aligned} y_1' &= 5y_1 \\ y_2' &= 7y_2 \end{aligned}$$

(b) 초기조건 $y_1(0) = 2$와 $y_2(0) = -3$를 만족하는 해를 구하라.

4. **(a)** 다음의 두 개의 선형 미분방정식의 계를 풀어라.

$$\begin{aligned} y_1' &= 9y_1 \\ y_2' &= -4y_2 \end{aligned}$$

(b) 초기조건 $y_1(0) = 8$와 $y_2(0) = -3$를 만족하는 해를 구하라.

5. **(a)** 다음의 세 개의 선형 미분방정식의 계를 풀어라.

$$\begin{aligned} y_1' &= 7y_1 \\ y_2' &= -8y_2 \\ y_3' &= 3y_3 \end{aligned}$$

(b) 초기조건 $y_1(0) = 1$, $y_2(0) = 5$, $y_3(0) = 2$를 만족하는 해를 구하라.

6. **(a)** 다음의 세 개의 선형 미분방정식의 계를 풀어라.

$$\begin{aligned} y_1' &= 3y_1 \\ y_2' &= 6y_2 \\ y_3' &= 9y_3 \end{aligned}$$

(b) 초기조건 $y_1(0) = 6$, $y_2(0) = 2$, $y_3(0) = 8$를 만족하는 해를 구하라.

7. 다음 선형 미분방정식계를 풀어라. 단계를 명시하라.

$$y_1' = 5y_1 + 4y_2$$
$$y_2' = y_1 + 2y_2$$

8. 다음 선형 미분방정식계를 풀어라. 단계를 명시하라.

$$y_1' = 5y_1 - 2y_2$$
$$y_2' = 6y_1 - 2y_2$$

9. 정리 5.12를 이용하여 다음 선형 미분방정식계를 풀어라.

$$y_1' = 3y_1 - 3y_2 + y_3$$
$$y_2' = 2y_1 - y_2 + 2y_3$$
$$y_3' = -2y_1 + 3y_2$$

10. 정리 5.12를 이용하여 다음 선형 미분방정식계를 풀어라.

$$y_1' = y_1$$
$$y_2' = -y_1 + 3y_2$$
$$y_3' = 3y_1 + 2y_2 - 2y_2$$

5장 복습문제

1. $(-1, 18)$의 기저 $\{(1, 3), (-1, 4)\}$에 대한 좌표벡터를 구하라.

2. $3x^2 + 2x - 13$의 기저 $\{x^2 + 1, x + 2, x - 3\}$에 대한 좌표벡터를 구하라.

3. $(0, 5, -15)$의 다음 정규직교기저에 대한 좌표벡터를 구하라.

$$\{(0, 1, 0), (-\tfrac{3}{5}, 0, \tfrac{4}{5}), (\tfrac{4}{5}, 0, \tfrac{3}{5})\}$$

4. 다음 기저 B로부터 $\mathbf{R}^2$의 표준기저 B'으로의 전이행렬 P를 구하라. 이 행렬을 이용하여 $\mathbf{u}, \mathbf{v}, \mathbf{w}$의 B'에 대한 좌표벡터를 구하라.

$B = \{(1, 3), (5, 2)\}$이고 $B' = \{(1, 0), (0, 1)\}$;

$$\mathbf{u}_B = \begin{bmatrix} 3 \\ 1 \end{bmatrix}, \quad \mathbf{v}_B = \begin{bmatrix} 5 \\ -2 \end{bmatrix}, \quad \mathbf{w}_B = \begin{bmatrix} 4 \\ 1 \end{bmatrix}$$

5. $\mathbf{R}^2$의 기저 $B = \{(-1, 2), (2, 1)\}$로부터 기저 $B' = \{(4, 3), (-3, 2)\}$로의 전이행렬 를 구하라. $\mathbf{u}_B = \begin{bmatrix} 4 \\ 1 \end{bmatrix}$일 때 $\mathbf{u}_{B'}$을 구하라.

6. T가 $\mathbf{R}^2$의 표준기저에 대해 다음과 같이 정의된 선형연산자라고 한다. $T(1, 0) = (3, 2), T(0, 1) = (-1, 4)$, $T(2, 7)$을 구하라.

7. $T: U \to V$가 선형변환이라 하자. T가 U, V의 기저 $\{\mathbf{u}_1, \mathbf{u}_2\}$와 $\{\mathbf{v}_1, \mathbf{v}_2, \mathbf{v}_3\}$에 대해 다음과 같이 정의된다.

$T(\mathbf{u}_1) = \mathbf{v}_1 + 5\mathbf{v}_2 - 2\mathbf{v}_3, \quad T(\mathbf{u}_2) = 3\mathbf{v}_1 - \mathbf{v}_2 + 2\mathbf{v}_3$

이 기저들에 대한 T의 행렬을 구하라. 이 행렬을 이용하여 벡터 $\mathbf{u} = 2\mathbf{u}_1 - 3\mathbf{u}_2$의 상을 구하라.

8. $T(x, y, z) = (2x, -3y)$의 표준기저에 대한 행렬을 구하라. 이 행렬을 이용하여 $(1, 2, 3)$의 상을 구하라.

9. $T(ax^2 + bx + c) = (a - b)x^2 + 2cx$의 P_2의 기저 $\{x^2, x, 1\}$에 대한 행렬을 구하라. 이 행렬을 이용하여 $2x^2 - x + 3$의 상을 구하라.

10. $\mathbf{R}^2$의 선형연산자 $T(x, y) = (3x, x - y)$의 표준기저에 대한 행렬을 구하라. 닮음변환을 이용하여 $\mathbf{R}^2$의 기저 $\{(1, 2), (2, 3)\}$에 대한 행렬을 구하라.

11. 행렬 $C = \begin{bmatrix} 2 & 1 \\ 1 & 1 \end{bmatrix}$에 의한 닮음변환 $C^{-1}AC$를 이용하여 행렬 $A = \begin{bmatrix} 4 & -2 \\ 1 & 1 \end{bmatrix}$를 행렬 B로 변환하라.

12. 닮음변환을 이용하여 행렬 $\begin{bmatrix} 1 & 1 \\ -2 & 4 \end{bmatrix}$를 대각화하라. 그 변환을 제시하라.

13. 닮음변환을 이용하여 행렬 $\begin{bmatrix} 7 & -2 & 1 \\ -2 & 10 & -2 \\ 1 & -2 & 7 \end{bmatrix}$를 대각화하라. 그 변환을 제시하라.

14. 행렬 $A = \begin{bmatrix} a & b \\ b & c \end{bmatrix}$가 임의의 2×2 대칭행렬을 나타낸다고 하자. 모든 a, b, c의 값에 대해 A의 특성방정식이 실근을 가짐을 증명하라.

15. A가 오직 하나의 고유값 λ를 가지는 대칭행렬이면 $A = \lambda I$임을 보여라.

16. $-x^2 - 16xy + 11y^2 - 30 = 0$의 그래프를 그려라.

17. 초기조건이 $a_1 = 3$, $a_2 = 2$로 주어지는 차분방정식 $a_n = 4a_{n-1} + 5a_{n-2}$를 풀어라. 구한 해를 이용하여 a_{12}를 계산하라.

18. **(a)** 다음의 두 개의 선형 미분방정식의 계를 풀어라.

$$y_1' = 5y_1$$
$$y_2' = -2y_2$$

(b) 초기조건 $y_1(0) = 3$와 $y_2(0) = 12$를 만족하는 해를 구하라.

19. 정리 5.12를 이용하여 다음 선형 미분방정식계를 풀어라.

$$y_1' = 3y_1 - y_2$$
$$y_2' = 2y_1$$

20. 정리 5.12를 이용하여 다음 선형 미분방정식계를 풀어라.

$$y_1' = 5y_1 - 2y_2 + 2y_3$$
$$y_2' = 4y_1 - 3y_2 + 4y_3$$
$$y_3' = 4y_1 - 6y_2 + 7y_3$$

The Cuatro Torres (Four Towers) Business Area in Madrid, Spain, includes the Glass Tower on the left, designed by architect César Pelli, and the Space Tower on the right, designed by architect Henry N. Cobb.

CHAPTER 6

내적공간

Inner Product Spaces

4장에서 벡터공간 $\mathbf{R}^n$을 일반화하였다. $\mathbf{R}^n$의 성질을 근거로 몇 가지 공리를 이끌어내고, 그 공리를 만족하는 집합을 벡터공간이라고 불렀다. 이 공간은 $\mathbf{R}^n$과 유사한 대수적 성질을 가지고 있었다. 이제 일반화 과정의 한 단계를 더 나아가서 두 벡터의 내적, 벡터의 놈, 벡터 사이의 각, 점 사이의 거리의 개념을 일반 벡터공간에 대해 확장한다. 이를 통해 함수의 크기, 직교함수 등을 논할 수 있다. 이 개념은 함수를 다항식으로 근사하는 데 이용되는데, 이 근사기법은 컴퓨터나 계산기에서 함수를 구현하는 데 적용된다.

또한 더 이상 유클리드 기하에 제한되지 않고 $\mathbf{R}^n$에서의 새로운 기하를 만들어 낼 수 있다. 일례로, 특수 상대성이론의 기하를 소개하고, 알파켄타우루스까지 가는 항해를 살펴봄으로써 우주여행에서 이 이론이 갖는 의미를 논할 것이다.

6.1 내적공간

내적은 놈, 각, 거리를 정의할 수 있도록 하는 $\mathbf{R}^n$에서의 핵심 개념이다. 이제 $\mathbf{R}^n$의 내적을 일반 벡터공간에서의 내적으로 일반화시켜 보자. 이것은 다시 일반 벡터공간에서의 놈, 각, 거리를 정의하는 데 사용된다. 다음에 주어지는 내적의 정의는 1.6절에 나온 내적의 성질을 기반으로 한 것이다.

정의 실벡터공간 V에서의 내적은 V의 한 쌍의 벡터 $\mathbf{u}$, $\mathbf{v}$에 $\langle \mathbf{u}, \mathbf{v} \rangle$로 표기되는 수를 연관시키는 함수이다. 이 함수는 벡터 $\mathbf{u}$, $\mathbf{v}$, $\mathbf{w}$와 스칼라 c에 대하여 다음의 조건을 만족해야 한다.

1. $\langle \mathbf{u}, \mathbf{v} \rangle = \langle \mathbf{v}, \mathbf{u} \rangle$(대칭 공리)
2. $\langle \mathbf{u} + \mathbf{v}, \mathbf{w} \rangle = \langle \mathbf{u}, \mathbf{w} \rangle + \langle \mathbf{v}, \mathbf{w} \rangle$(덧셈 공리)
3. $\langle c\mathbf{u}, \mathbf{v} \rangle = c\langle \mathbf{u}, \mathbf{v} \rangle$(동차 공리)
4. $\langle \mathbf{u}, \mathbf{u} \rangle \geq 0$이다. 이때 $\langle \mathbf{u}, \mathbf{u} \rangle = 0$일 필요충분조건은 $\mathbf{u} = 0$이다(양의 정부호 공리).

내적이 정의된 벡터공간 V를 **내적공간**(inner product space)이라고 한다.

내적의 공리를 만족하는 벡터공간의 어떤 함수도 그 공간에서의 내적을 정의할 수 있다. 따라서 하나의 벡터공간에 많은 내적이 있을 수 있다. 앞에서 정의한 $\mathbf{R}^2$에서의 내적(점곱, dot product)은 그 공간에서 가능한 하나의 내적이다. 다음 예는 $\mathbf{R}^2$에서의 또 다른 내적을 예시한다.

예제 1

$\mathbf{u} = (x_1, x_2)$, $\mathbf{v} = (y_1, y_2)$, $\mathbf{w} = (z_1, z_2)$는 $\mathbf{R}^2$에 속한 임의의 벡터라고 하자. 다음과 같이 정의되는 $\langle \mathbf{u}, \mathbf{v} \rangle$가 $\mathbf{R}^2$의 내적임을 증명하라.

$$\langle \mathbf{u}, \mathbf{v} \rangle = x_1y_1 + 4x_2y_2$$

이 정의에 의한 벡터 $(-2, 5)$, $(3, 1)$의 내적을 구하라.

풀이

실수와 벡터의 대수적 성질과 위의 정의를 적절히 적용하여 다음과 같이 네 개의 내적 공리를 확인한다.

공리 1:
$$\begin{aligned} \langle \mathbf{u}, \mathbf{v} \rangle &= x_1y_1 + 4x_2y_2 \\ &= y_1x_1 + 4y_2x_2 \\ &= \langle \mathbf{v}, \mathbf{u} \rangle \end{aligned}$$

공리 2:
$$\begin{aligned} \langle \mathbf{u} + \mathbf{v}, \mathbf{w} \rangle &= \langle (x_1, x_2) + (y_1, y_2), (z_1, z_2) \rangle \\ &= \langle (x_1 + y_1, x_2 + y_2), (z_1, z_2) \rangle \\ &= (x_1 + y_1)z_1 + 4(x_2 + y_2)z_2 \\ &= x_1z_1 + y_1z_1 + 4x_2 z_2 + 4y_2z_2 \\ &= x_1z_1 + 4x_2 z_2 + y_1z_1 + 4y_2z_2 \\ &= \langle (x_1, x_2), (z_1, z_2) \rangle + \langle (y_1, y_2), (z_1, z_2) \rangle \\ &= \langle \mathbf{u}, \mathbf{v} \rangle + \langle \mathbf{v}, \mathbf{w} \rangle \end{aligned}$$

공리 3:
$$\begin{aligned} \langle c\mathbf{u}, \mathbf{v} \rangle &= \langle c(x_1, x_2), (y_1, y_2) \rangle = \langle (cx_1, cx_2), (y_1, y_2) \rangle \\ &= cx_1y_1 + 4cx_2y_2 = c(x_1y_1 + 4x_2y_2) \\ &= c\langle \mathbf{u}, \mathbf{v} \rangle \end{aligned}$$

공리 4:
$$\begin{aligned} \langle \mathbf{u}, \mathbf{u} \rangle &= \langle (x_1, x_2), (x_1, x_2) \rangle \\ &= x_1^2 + 4x_2^2 \geq 0 \end{aligned}$$

또한 $x_1^2 + 4x_2^2 = 0$일 필요충분조건은 $x_1 = 0$, $x_2 = 0$, 즉 $\mathbf{u} = \mathbf{0}$이다. 따라서 $\langle \mathbf{u}, \mathbf{u} \rangle \geq 0$이고, $\langle \mathbf{u}, \mathbf{u} \rangle = 0$일 필요충분조건은 $\mathbf{u} = \mathbf{0}$이다.

네 개의 내적공리가 만족되므로 $\langle \mathbf{u}, \mathbf{v} \rangle = x_1y_1 + 4x_2y_2$은 $\mathbf{R}^2$에서의 내적이다.

벡터 $(-2, 5)$, $(3, 1)$의 내적은

$$\langle (-2, 5), (3, 1) \rangle = (-2 \times 3) + 4(5 \times 1) = 14$$

$\mathbf{R}^2$에는 이 외에도 다른 많은 내적들이 존재한다. 그러나 점곱은 유클리드 기하의 각과 거리를 도출해주기 때문에 $\mathbf{R}^2$에서의 가장 중요한 내적이다. 이 예제에 나온 내적을 토대로 다음 절에서는 비유클리드 기하를 논의할 것이다.

이제 행렬과 함수의 실벡터공간에서의 내적을 예시한다.

예제 2

2×2 행렬의 벡터공간 M_{22}를 고려하자. $\mathbf{u}$와 $\mathbf{v}$가

$$\mathbf{u} = \begin{bmatrix} a & b \\ c & d \end{bmatrix}, \quad \mathbf{v} = \begin{bmatrix} e & f \\ g & h \end{bmatrix}$$

와 같이 정의되는 임의의 2×2 행렬이라 할 때 다음 함수는 M_{22}에서 내적임을 증명하라.

$$\langle \mathbf{u}, \mathbf{v} \rangle = ae + bf + cg + dh$$

(행렬의 대응 요소끼리 곱한 후, 모두 더한다)

또 다음 행렬들의 내적을 구하라.

$$\begin{bmatrix} 2 & -3 \\ 0 & 1 \end{bmatrix} \text{과} \begin{bmatrix} 5 & 2 \\ 9 & 0 \end{bmatrix}$$

풀이

내적공리 1과 3을 검증하고, 공리 2와 4는 연습문제로 남긴다.

공리 1:
$$\begin{aligned} \langle \mathbf{u}, \mathbf{v} \rangle &= ae + bf + cg + dh = ea + fb + gc + hd \\ &= \langle \mathbf{v}, \mathbf{u} \rangle \end{aligned}$$

공리 3: k를 스칼라라고 하면

$$\begin{aligned} \langle k\mathbf{u}, \mathbf{v} \rangle &= kae + kbf + kcg + kdh = k(ae + bf + cg + dh) \\ &= k\langle \mathbf{u}, \mathbf{v} \rangle \end{aligned}$$

주어진 행렬들의 내적을 계산하면 다음과 같다.

$$\left\langle \begin{bmatrix} 2 & -3 \\ 0 & 1 \end{bmatrix}, \begin{bmatrix} 5 & 2 \\ 9 & 0 \end{bmatrix} \right\rangle = (2 \times 5) + (-3 \times 2) + (0 \times 9) + (1 \times 0) = 4$$

예제 3

n차 이하의 다항식의 벡터공간 P_n을 고려하자. f와 g를 P_n의 원소라고 할 때, 다음 함수는 P_n의 내적임을 증명하라.

$$\langle f, g \rangle = \int_0^1 f(x)g(x)dx$$

또 다음 다항식들의 내적을 구하라.

$$f(x) = x^2 + 2x - 1\text{과 } g(x) = 4x + 1$$

풀이

내적공리 1과 2를 검증하고, 공리 3과 4는 연습문제로 남긴다. 적분의 성질을 이용하면:

공리 1:
$$\begin{aligned} \langle f, g \rangle &= \int_0^1 f(x)g(x)dx = \int_0^1 g(x)f(x)dx \\ &= \langle g, f \rangle \end{aligned}$$

공리 2:

$$\begin{aligned}\langle f+g, h\rangle &= \int_0^1 [f(x)+g(x)]h(x)dx \\ &= \int_0^1 [f(x)h(x)+g(x)h(x)]dx \\ &= \int_0^1 f(x)h(x)dx + \int_0^1 g(x)h(x)dx \\ &= \langle f, h\rangle + \langle g, h\rangle\end{aligned}$$

이제 함수 $f(x) = x^2 + 2x - 1$과 $g(x) = 4x + 1$의 내적을 구해보자.

$$\begin{aligned}\langle x^2+2x-1, 4x+1\rangle &= \int_0^1 (x^2+2x-1)(4x+1)dx \\ &= \int_0^1 (4x^3+9x^2-2x-1)dx = 2\end{aligned}$$

(이 절에서 적분의 계산 과정은 주어지지 않는다. 주어진 함수를 적분하여 답을 얻는 데 필요한 지식을 독자들이 이미 가지고 있다고 가정한다)

벡터의 놈

$\mathbf{R}^n$에서의 벡터의 놈은 다음과 같이 점곱을 이용하여 표현할 수 있다.

$$\begin{aligned}\|(x_1, \ldots, x_n)\| &= \sqrt{(x_1{}^2 + \cdots + x_n{}^2)} \\ &= \sqrt{(x_1, \ldots, x_n)\cdot(x_1, \ldots, x_n)}\end{aligned}$$

이렇게 놈을 정의하면, 유클리드 기하에서 $\mathbf{R}^2$와 $\mathbf{R}^3$의 위치벡터에 대해 우리가 예상한 놈이 주어진다. 일반 벡터공간에서의 벡터의 놈을 얻기 위해서, 점곱 대신에 내적을 이용하여 이 정의를 일반화한다. 이렇게 얻어지는 놈이 반드시 기하적 의미를 갖지는 않지만 수치계산에서는 중요하다.

정의 V가 내적공간일 때, 벡터 $\mathbf{v}$의 놈은 $\|\mathbf{v}\|$로 표시하고 다음과 같이 정의된다.

$$\|\mathbf{v}\| = \sqrt{\langle \mathbf{v}, \mathbf{v}\rangle}$$

예제 4

다음 내적을 가지는 다항식의 벡터공간 P_n을 생각해 보자.

$$\langle f, g\rangle = \int_0^1 f(x)g(x)dx$$

이 내적에 의해 **생성되는**(generate)함수 f의 놈은 다음과 같다.

$$\|f\| = \sqrt{\langle f, f\rangle} = \sqrt{\int_0^1 [f(x)]^2 dx}$$

함수 $f(x) = 5x^2 + 1$의 놈을 구하라.

풀이

위의 놈의 정의를 이용하여

$$\begin{aligned}\|5x^2 + 1\| &= \sqrt{\int_0^1 [5x^2 + 1]^2 dx} \\ &= \sqrt{\int_0^1 [25x^4 + 10x^2 + 1] dx} \\ &= \sqrt{\frac{28}{3}}\end{aligned}$$

을 얻는다. 즉, 함수 $f(x) = 5x^2 + 1$의 놈은 $\sqrt{\frac{28}{3}}$이다.

두 벡터 사이의 각

$\mathbf{R}^n$벡터 사이의 각을 정의할 때 점곱을 사용하였다. 즉, 벡터 $\mathbf{R}^n$에서 $\mathbf{u}$와 $\mathbf{v}$ 사이의 각 θ는 다음과 같이 정의된다.

$$\cos\theta = \frac{\mathbf{u}\cdot\mathbf{v}}{\|\mathbf{u}\|\,\|\mathbf{v}\|}$$

이 식에서의 점곱을 내적으로 대체하면, 실 벡터공간에서의 각으로 일반화된다.

정의 V를 실 내적공간이라고 하자. V에 속한 영이 아닌 두 벡터 $\mathbf{u}$와 $\mathbf{v}$ 사이의 각 θ는 다음에서 얻어진다.

$$\cos\theta = \frac{\langle\mathbf{u}, \mathbf{v}\rangle}{\|\mathbf{u}\|\,\|\mathbf{v}\|}$$

예제 5

다음과 같은 내적을 가지는 다항식의 벡터공간 P_n을 고려하자.

$$\langle f, g\rangle = \int_0^1 f(x)g(x)dx$$

영이 아닌 두 함수 f와 g 사이의 각은 다음 식으로 주어진다.

$$\cos\theta = \frac{\langle f, g\rangle}{\|f\|\,\|g\|}$$

다음 함수들 사이의 각의 코사인(cosine)을 구하라.

$$f(x) = 5x^2\text{과 } g(x) = 3x$$

풀이

다음과 같이 계산한다.

$$\langle f, g\rangle = \int_0^1 (5x^2)(3x)dx = \int_0^1 15x^3 = \frac{15}{4}, \quad \|f\| = \|5x^2\| = \sqrt{\int_0^1 (5x^2)^2 dx} = \sqrt{5},$$

$$\|g\| = \|3x\| = \sqrt{\int_0^1 (3x)^2 dx} = \sqrt{3}$$

따라서

$$\cos\theta = \frac{15}{4\sqrt{5}\sqrt{3}} = \frac{\sqrt{15}}{4} \quad (\theta = 14.48°)$$

직교벡터

V를 내적공간이라고 하자. $\mathbf{R}^n$에서와 같이, V에 속한 영이 아닌 두 벡터 $\mathbf{u}$와 $\mathbf{v}$가 다음 조건을 만족하면 직교한다고 말한다.

$$\langle \mathbf{u}, \mathbf{v}\rangle = 0$$

예제 6

내적이 $\langle f, g\rangle = \int_0^1 f(x)g(x)dx$일 때, $\mathbf{P}_n$의 함수 $f(x) = 3x - 2$와 $g(x) = x$는 직교함을 보여라.

풀이

$$\langle 3x - 2, x\rangle = \int_0^1 (3x - 2)(x)dx = [x^3 - x^2]_0^1 = 0$$

이므로 함수 f와 g는 이 내적공간에서 직교한다.

거리

마지막으로 거리의 유클리드 개념을 일반 벡터공간으로 확장하자. 놈과 마찬가지로 일반화된 거리의 개념은 직접적인 기하적 의미를 갖지는 않지만 나름대로 가치가 있다. 일례로, 여러 함수들이 서로 얼마나 떨어져 있는지 논할 수 있게 해주어 수치해석에서 유용하게 사용된다.

정의 V가 다음과 같이 정의되는 벡터 놈을 가진 내적공간이라고 하자.

$$\|\mathbf{v}\| = \sqrt{\langle \mathbf{v}, \mathbf{v} \rangle}$$

두 벡터(점) $\mathbf{u}$와 $\mathbf{v}$ 사이의 거리는 $d(\mathbf{u}, \mathbf{v})$로 표기되고 다음과 같이 정의된다.

$$d(\mathbf{u}, \mathbf{v}) = \|\mathbf{u} - \mathbf{v}\| \qquad (= \sqrt{\langle \mathbf{u} - \mathbf{v}, \mathbf{u} - \mathbf{v} \rangle})$$

예제 7

앞에서 논의된 다항식의 내적공간 P_n을 고려하자. 함수 $g(x) = x^2 - 3x + 5$와 $h(x) = x^2 + 4$ 중에서 어느 것이 $f(x) = x^2$에 더 가까운지를 결정하라.

풀이

f와 사이의 거리와 g와 사이의 거리를 제곱형태로 다음과 같이 구한다.

$$[d(f, g)]^2 = \langle f - g, f - g \rangle = \langle 3x - 5, 3x - 5 \rangle = \int_0^1 (3x - 5)^2 dx = 13$$

$$[d(f, h)]^2 = \langle f - h, f - h \rangle = \langle -4, -4 \rangle = \int_0^1 (-4)^2 dx = 16$$

따라서 $d(f, g) = \sqrt{13}$, $d(f, h) = 4$이다. f와 h 사이의 4라는 것이 의심스러울 수도 있지만, 어쨌든 h보다는 g가 f에 더 가깝다.

실제로 함수 사이의 상대거리가 절대거리보다 더 중요할 때가 많다. ■

4.1절에서 소개된 복소벡터공간 $\mathbf{C}^n$은 수학, 물리학, 공학의 많은 분야에서 중요하다. 이제 $\mathbf{C}^n$에서 가장 많이 사용되는 내적에 대해 논해보자.

*$\mathbf{C}^n$에서의 내적

복소 벡터공간에서는 내적의 첫 번째 공리가 $\langle \mathbf{u}, \mathbf{v} \rangle = \overline{\langle \mathbf{v}, \mathbf{u} \rangle}$로 수정된다. 그러면 실벡터공간에서와 같이 내적을 놈, 직교성, 거리 등을 정의하는 데 사용할 수 있다.

$\mathbf{u} = (x_1, \ldots, x_n)$와 $\mathbf{v} = (y_1, \ldots, y_n)$이 $\mathbf{C}^n$의 원소라고 하자. $\mathbf{C}^n$에서 가장 유용한 내적은 다음과 같다.

$$\langle \mathbf{u}, \mathbf{v} \rangle = x_1\bar{y}_1 + \cdots + x_n\bar{y}_n$$

이 정의는 복소 벡터공간의 내적공리를 만족함을 보일 수 있다(연습문제 참조). 이 내적을 이용하여 $\mathbf{C}^n$에서의 직교성, 놈, 거리를 다음과 같이 정의할 수 있다.

$$\langle \mathbf{u}, \mathbf{v} \rangle = 0\text{이면 } \mathbf{u} \perp \mathbf{v}, \|\mathbf{u}\| = \sqrt{x_1\bar{x}_1 + \cdots + x_n\bar{x}_n} \qquad d(\mathbf{u}, \mathbf{v}) = \|\mathbf{u} - \mathbf{v}\|$$

예제 8

$\mathbf{C}^2$의 벡터 $\mathbf{u} = (2 + 3i, -1 + 5i)$, $\mathbf{v} = (1 + i, -i)$에 대하여 다음을 계산하라.

(a) $\langle \mathbf{u}, \mathbf{v} \rangle$를 구하고, $\mathbf{u}$와 $\mathbf{v}$가 직교함을 보여라.

(b) $\|\mathbf{u}\|, \|\mathbf{v}\|$

(c) $d(\mathbf{u}, \mathbf{v})$

풀이

(a) $\langle \mathbf{u}, \mathbf{v} \rangle = (2 + 3i)(1 - i) + (-1 + 5i)(i) = 5 + i - i - 5 = 0$. 따라서 $\mathbf{u}$와 $\mathbf{v}$는 직교한다.

(b) $\|\mathbf{u}\| = \sqrt{(2 + 3i)(2 - 3i) + (-1 + 5i)(-1 - 5i)} = \sqrt{13 + 26} = \sqrt{39}$

$\|\mathbf{v}\| = \sqrt{(1 + i)(1 - i) + (-i)(i)} = \sqrt{3}$

(c)

$$\begin{aligned} d(\mathbf{u}, \mathbf{v}) &= \|\mathbf{u} - \mathbf{v}\| = \|(2 + 3i, -1 + 5i) - (1 + i, -i)\| \\ &= \|(1 + 2i, -1 + 6i)\| \\ &= \sqrt{(1 + 2i)(1 - 2i) + (-1 + 6i)(-1 - 6i)} = \sqrt{5 + 37} = \sqrt{42} \end{aligned}$$

연습문제 6.1

$\mathbf{R}^n$에서의 내적

1. $\mathbf{u} = (x_1, x_2)$와 $\mathbf{v} = (y_1, y_2)$가 $\mathbf{R}^2$의 원소라고 할 때, 다음 함수가 $\mathbf{R}^2$에서의 내적을 정의함을 증명하라.

$$\langle \mathbf{u}, \mathbf{v} \rangle = 4x_1y_1 + 9x_2y_2$$

2. $\mathbf{u} = (x_1, x_2, x_3)$와 $\mathbf{v} = (y_1, y_2, y_3)$를 $\mathbf{R}^3$의 원소라고 할 때, 다음 함수가 $\mathbf{R}^3$에서의 내적을 정의함을 증명하라.

$$\langle \mathbf{u}, \mathbf{v} \rangle = x_1y_1 + 2x_2y_2 + 4x_3y_3$$

3. $\mathbf{u} = (x_1, x_2)$와 $\mathbf{v} = (y_1, y_2)$를 $\mathbf{R}^2$의 원소라고 할 때, 다음 함수가 $\mathbf{R}^2$에서의 내적을 정의하지 못함을 증명하라.

$$\langle \mathbf{u}, \mathbf{v} \rangle = 2x_1y_1 - x_2y_2$$

M_{22}에서의 내적

4. 2×2 행렬의 벡터공간 M_{22}에서 $\mathbf{u}$와 $\mathbf{v}$가 다음과 같이 정의되는 임의의 2×2 행렬이라고 하자.

$$\mathbf{u} = \begin{bmatrix} a & b \\ c & d \end{bmatrix}, \quad \mathbf{v} = \begin{bmatrix} e & f \\ g & h \end{bmatrix}$$

다음의 함수가 내적공리 2와 4를 만족함을 증명하라.

$$\langle \mathbf{u}, \mathbf{v} \rangle = ae + bf + cg + dh$$

(이 문제는 이 함수가 내적임을 보이는 이 절의 예제 2를 완결한다)

5. $\mathbf{u}$와 $\mathbf{v}$가 다음과 같이 정의되는 M_{22}의 임의의 원소이다.

$$\mathbf{u} = \begin{bmatrix} a & b \\ c & d \end{bmatrix}, \quad \mathbf{v} = \begin{bmatrix} e & f \\ g & h \end{bmatrix}$$

다음 함수가 내적임을 증명하라.

$$\langle \mathbf{u}, \mathbf{v} \rangle = ae + 2bf + 3cg + 4dh$$

다음 행렬쌍의 내적을 구하라.

(a) $\mathbf{u} = \begin{bmatrix} 1 & 2 \\ 0 & -3 \end{bmatrix}, \quad \mathbf{v} = \begin{bmatrix} 4 & 1 \\ -3 & 2 \end{bmatrix}$

(b) $\mathbf{u} = \begin{bmatrix} -2 & 4 \\ 1 & 0 \end{bmatrix}, \quad \mathbf{v} = \begin{bmatrix} 5 & -2 \\ 0 & -3 \end{bmatrix}$

P_n에서의 내적

6. n차 이하의 다항식의 벡터공간 P_n을 고려하자. f와 g가 이 공간의 원소일 때, 다음 함수가 내적공리 3과 4를 만족함을 증명하라.

$$\langle f, g \rangle = \int_0^1 f(x)g(x)dx$$

(이 문제는 이 함수가 내적임을 보이는 이 절의 예제 3을 완결한다.)

7. f와 g가 벡터공간 P_n의 임의의 원소일 때, 만일 a와 b가 $a < b$인 실수이면 다음 함수가 P_n의 내적을 정의함을 증명하라. 만일 $a \leq b$이면 내적을 정의하지 못함을 보여라.

$$\langle f, g \rangle = \int_a^b f(x)g(x)dx$$

문제 [8~15]에서 모든 함수는 내적이 다음과 같이 정의되는 내적공간에 속한다.

$$\langle f, g \rangle = \int_0^1 f(x)g(x)dx$$

8. 다음 각 함수들의 내적을 구하라.

(a) $f(x) = 2x + 1, g(x) = 3x - 2$
(b) $f(x) = x^2 + 2, g(x) = 3$
(c) $f(x) = x^2 + 3x - 2, g(x) = x + 1$
(d) $f(x) = x^3 + 2x - 1, g(x) = 3x^2 - 4x + 2$

9. 다음 각 함수의 놈을 구하라.

(a) $f(x) = 4x - 2$ **(b)** $f(x) = 7x^3$
(c) $f(x) = 3x^2 + 2$ **(d)** $g(x) = x^2 + x + 1$

10. 함수 $f(x) = x^2$과 $g(x) = 4x - 3$이 직교함을 증명하라.

11. 함수 $f(x) = 1$과 $g(x) = \frac{1}{2} - x$가 직교함을 증명하라.

12. 다음 함수 사이의 각의 코사인을 계산하라.

$$f(x) = 5x^2\text{과 } g(x) = 9x$$

13. $f(x) = 6x + 12$에 직교하는 함수를 구하라.

14. 함수 $f(x)$ $x^2 + 3x + 1$과 $h(x) = x^2 - 3x + 4$ 사이의 거리를 계산하라.

15. 함수 $g(x) = x^2 + 2x - 3$과 $h(x) = x^2 - 3x + 4$ 중에서 어느 것이 $f(x) = x^2$에 더 가까운지를 결정하라.

내적공간 M_{22}

문제 [16~20]에서 모든 행렬은 다음의 내적을 가진 내적공간의 원소이다.

$$\left\langle \begin{bmatrix} a & b \\ c & d \end{bmatrix}, \begin{bmatrix} e & f \\ g & h \end{bmatrix} \right\rangle = ae + bf + cg + dh$$

16. 다음 행렬의 내적을 구하라.

(a) $\begin{bmatrix} 1 & 2 \\ 3 & 4 \end{bmatrix}, \begin{bmatrix} -2 & 0 \\ -3 & 5 \end{bmatrix}$

(b) $\begin{bmatrix} 0 & -3 \\ 2 & 5 \end{bmatrix}, \begin{bmatrix} 3 & 6 \\ -2 & -7 \end{bmatrix}$

17. 다음 행렬의 놈을 구하라.

(a) $\begin{bmatrix} 1 & 2 \\ 3 & 4 \end{bmatrix}$ **(b)** $\begin{bmatrix} 0 & 1 \\ -1 & 3 \end{bmatrix}$

(c) $\begin{bmatrix} 5 & -2 \\ -1 & 6 \end{bmatrix}$ **(d)** $\begin{bmatrix} 4 & -2 \\ -1 & -3 \end{bmatrix}$

18. 다음 행렬쌍이 직교함을 증명하라.

(a) $\begin{bmatrix} 1 & 2 \\ -1 & 1 \end{bmatrix}, \begin{bmatrix} 2 & 4 \\ 3 & -7 \end{bmatrix}$

(b) $\begin{bmatrix} 5 & 2 \\ -3 & 2 \end{bmatrix}, \begin{bmatrix} -1 & 6 \\ 1 & -2 \end{bmatrix}$

19. 다음 행렬에 직교하는 행렬을 구하라.

$$\begin{bmatrix} 1 & 2 \\ 3 & 4 \end{bmatrix}$$

20. 다음 행렬들 사이의 거리를 계산하라.

(a) $\begin{bmatrix} 4 & 0 \\ -1 & 3 \end{bmatrix}, \begin{bmatrix} 1 & 1 \\ 1 & 1 \end{bmatrix}$

(b) $\begin{bmatrix} 2 & -3 \\ -1 & 4 \end{bmatrix}, \begin{bmatrix} -3 & 2 \\ 1 & 0 \end{bmatrix}$

내적공간 $\mathbf{C}^n$

21. 복소 내적공간 $\mathbf{C}^2$에 속한 다음의 벡터 $\mathbf{u}$와 $\mathbf{v}$에 대하여 $\langle \mathbf{u}, \mathbf{v} \rangle$, $\|\mathbf{u}\|$, $\|\mathbf{v}\|$, $d(\mathbf{u}, \mathbf{v})$를 계산하라. $\mathbf{u}$와 $\mathbf{v}$가 직교하는지를 판별하라.

(a) $\mathbf{u} = (2 - i, 3 + 2i), \mathbf{v} = (3 - 2i, 2 + i)$
(b) $\mathbf{u} = (4 + 3i, 1 - i), \mathbf{v} = (2 + i, 4 - 5i)$
(c) $\mathbf{u} = (2 + 3i, -1), \mathbf{v} = (-i, 3 + 2i)$
(d) $\mathbf{u} = (2 - 3i, -2 + 3i), \mathbf{v} = (1, 1)$

22. 복소 내적공간 $\mathbf{C}^2$에 속한 다음의 벡터 $\mathbf{u}$와 $\mathbf{v}$에 대하여 $\langle \mathbf{u}, \mathbf{v} \rangle$, $\|\mathbf{u}\|$, $\|\mathbf{v}\|$, $d(\mathbf{u}, \mathbf{v})$를 계산하라. $\mathbf{u}$와 $\mathbf{v}$가 직교하는지를 판별하라.

(a) $\mathbf{u} = (1 + 4i, 1 + i), \mathbf{v} = (1 + i, -4 + i)$
(b) $\mathbf{u} = (2 + 7i, 1 + i), \mathbf{v} = (3 - 4i, 2 + 5i)$
(c) $\mathbf{u} = (1 - 3i, 1 + i), \mathbf{v} = (2 - i, 5i)$
(d) $\mathbf{u} = (3 + i, 2 + 2i), \mathbf{v} = (2 + i, -2 + \frac{2}{3}i)$

23. $\mathbf{u} = (x_1, \ldots x_n)$와 $\mathbf{v} = (y_1, \ldots y_n)$가 $\mathbf{C}^n$의 원소라고 하자. 다음 내적이 복소 벡터공간의 내적공리를 만족함을 증명하라.

$$\langle \mathbf{u}, \mathbf{v} \rangle = x_1\overline{y_1} + \cdots + x_n\overline{y_n}$$

24. $\mathbf{u}$와 $\mathbf{v}$가 복소 내적공간 $\mathbf{C}^n$의 벡터이고, k가 스칼라일 때, 다음을 증명하라.

$$\langle \mathbf{u}, k\mathbf{v} \rangle = \overline{k}\langle \mathbf{u}, \mathbf{v} \rangle$$

기타 결과

25. $\mathbf{u}$와 $\mathbf{v}$가 실내적공간의 벡터이고 c가 스칼라일 때, 다음을 증명하라.

(a) $\langle \mathbf{0}, \mathbf{v} \rangle = \langle \mathbf{v}, \mathbf{0} \rangle = 0$

(b) $\langle \mathbf{u}, \mathbf{v} + \mathbf{w} \rangle = \langle \mathbf{u}, \mathbf{v} \rangle + \langle \mathbf{u}, \mathbf{w} \rangle$

(c) $\langle \mathbf{u}, c\mathbf{v} \rangle = c\langle \mathbf{u}, \mathbf{v} \rangle$

26. $\mathbf{u}$와 $\mathbf{v}$는 $\mathbf{R}^n$의 벡터이다. A가 $\mathbf{R}^n$의 영이 아닌 모든 벡터 $\mathbf{w}$에 대하여 $\mathbf{w}A\mathbf{w}^t > 0$인 $n \times n$ 대칭행렬이라고 하자. 이러한 행렬을 **양의 정부호**(positive definite) 행렬이라고 한다.

(a) $\langle \mathbf{u}, \mathbf{v} \rangle = \mathbf{u}A\mathbf{v}^t$는 내적의 모든 공리를 만족하여 $\mathbf{R}^n$에서 내적이 됨을 보여라. 이와 같이 모든 양의 정부호 행렬은 $\mathbf{R}^n$에서 내적을 정의하는 데 사용될 수 있다.

(b) 단위행렬 I_n이 $\mathbf{R}^n$에서 내적을 정의함을 보여라.

(c) $\mathbf{u} = (1, 0)$, $\mathbf{v} = (0, 1)$이라고 하자. 다음 각 양의 정부호 행렬에 의해 정의되는 내적에 대하여 $\langle \mathbf{u}, \mathbf{v} \rangle$, $\|\mathbf{u}\|$, $\|\mathbf{v}\|$, $d(\mathbf{u}, \mathbf{v})$를 구하라.

$$A = \begin{bmatrix} 2 & 0 \\ 0 & 3 \end{bmatrix}, \quad B = \begin{bmatrix} 1 & 2 \\ 2 & 3 \end{bmatrix},$$

$$C = \begin{bmatrix} 2 & 3 \\ 3 & 5 \end{bmatrix}$$

(d) 이 절의 예제 1에 나오는 내적은 양의 정부호 행렬 A에 의해 정의될 수 있다. A를 정하라.

27. $\mathbf{v}$가 내적공간 V의 영이 아닌 벡터이고, W가 $\mathbf{v}$에 직교하는 V의 벡터들의 집합이라고 하자. W는 V의 부분공간임을 증명하라.

28. 다음 각 문장이 참인지 거짓인지를 밝혀라(간략히 설명하라).

(a) $\mathbf{u}$와 $\mathbf{v}$가 어떤 내적공간의 직교벡터라고 하면, $\mathbf{u}$는 $\mathbf{v}$의 스칼라 배인 모든 벡터에 직교한다.

(b) $\mathbf{u} = (1, 3)$, $\mathbf{v} = (-1, 2)$가 $\mathbf{R}^2$의 벡터일 때, $\mathbf{u}$와 $\mathbf{v}$가 직교하게 되는 $\mathbf{R}^2$에서의 내적이 존재한다.

(c) 내적이 $\langle f, g \rangle = \int_0^1 f(x)g(x)dx$인 벡터공간 P_2에서 $f(x) = 3x$는 단위벡터이다.

(d) 내적이 정의된 벡터공간 M_{22}를 고려하자. 행렬 A가 행렬 B와 C에 직교하면, 행렬 A는 B와 C의 모든 선형결합에 직교한다.

(e) $\mathbf{u}$와 $\mathbf{v}$가 $d(\mathbf{u}, \mathbf{v}) = \|\mathbf{u} - \mathbf{v}\|$인 내적공간의 벡터라고 하자. $\mathbf{u}$와 $\mathbf{v}$ 사이의 거리는 $\mathbf{v}$와 $\mathbf{u}$ 사이의 거리와 같다.

*6.2 비유클리드 기하와 특수 상대성

이 절에서는 $\mathbf{R}^n$에서 취할 수 있는 많은 내적들을 통하여 발견할 수 있는 수학적 자유의 의미를 더 깊이 탐구해보자. 내적은 $\mathbf{R}^n$에서의 기하를 제어할 수 있게 해주는 매우 강력한 도구이다. 이는 벡터의 놈, 벡터 사이의 각, 점 사이의 거리가 다음과 같이 내적을 기반으로 하여 정의되기 때문이다.

$$\|\mathbf{v}\| = \sqrt{\langle \mathbf{v}, \mathbf{v} \rangle}, \quad \cos\theta = \frac{\langle \mathbf{u}, \mathbf{v} \rangle}{\|\mathbf{u}\|\,\|\mathbf{v}\|}, \quad d(\mathbf{u}, \mathbf{v}) = \|\mathbf{u} - \mathbf{v}\| = \sqrt{\langle \mathbf{u} - \mathbf{v}, \mathbf{u} - \mathbf{v} \rangle}$$

$\mathbf{R}^n$의 내적을 달리 정의하면 벡터의 놈, 각도, 거리 등의 측도(measure), 즉 기하가 달라진다. 점곱은 유클리드 기하를 구성하는 특수한 내적이다. 이제 $\mathbf{R}^n$에 다른 내적을 도입하여 얻을 수 있는 또 다른 기하를 살펴보기로 하자. 이러한 **비유클리드 기하**(non-Euclidean geometrics)는 수학자들에 의해 연구되었고 과학자들에 의해 이용되고 있다. 이러한 기하 중

하나가 특수 상대성 이론에서 공간–시간을 묘사하는 데 어떻게 이용되는지를 알아볼 것이다.

먼저 $\mathbf{R}^2$에서의 비유클리드 기하를 살펴보자. 앞 절의 예제 1에서 논의된 내적을 적용하여, (x_1, x_2)와 (y_1, y_2)가 $\mathbf{R}^2$의 임의의 벡터일 때 내적이 다음과 같이 정의된다고 하자.

$$\langle (x_1, x_2), (y_1, y_2) \rangle = x_1 y_1 + 4x_2 y_2$$

이 내적은 4가 있음으로 인해 점곱과 다르다. 이 공간의 벡터 (0, 1)을 고려하면, 벡터의 놈은

$$\begin{aligned} \|(0, 1)\| &= \sqrt{\langle (0, 1), (0, 1) \rangle} \\ &= \sqrt{(0 \times 0) + 4(1 \times 1)} \\ &= 2 \end{aligned}$$

이다. 그림 6.1에 이 벡터가 나와 있다. 유클리드 기하에서는 이 벡터의 놈이 1이지만, 새로운 기하에서는 놈이 2이다.

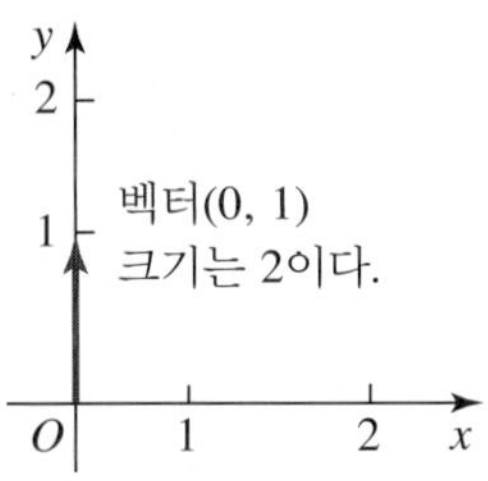

그림 6.1

벡터 (1, 1)과 (−4, 1)을 고려하자. 이 벡터들의 내적은

$$\begin{aligned} \langle (1, 1), (-4, 1) \rangle &= (1 \times -4) + 4(1 \times 1) \\ &= 0 \end{aligned}$$

이다. 따라서 벡터 (1, 1)과 (−4, 1)은 직교한다. 이 벡터들은 그림 6.2에 나와 있는데, 벡터들이 직각을 이루는 것으로 보이지 않는다. 이 벡터들은 일상적으로 경험하는 유클리드 기하에서는 직교하지 않는다. 하지만, 새로운 기하에서는 사이각이 직각이 된다.

끝으로 점 (1, 0)과 (0, 1) 사이의 거리를 계산하기 위하여 내적에 기초한 거리의 정의를 적용하여 다음을 얻는다.

$$\begin{aligned} d((1, 0), (0, 1)) &= \|(1, 0) - (0, 1)\| \\ &= \|(1, -1)\| \\ &= \sqrt{\langle (1, -1), (1, -1) \rangle} \\ &= \sqrt{(1 \times 1) + 4(-1 \times -1)} \\ &= \sqrt{5} \end{aligned}$$

이 거리는 그림 6.3에 나타나있다. 유클리드 공간에서의 이 두 점 사이의 거리는 피타고라스 정리에 의해 $\sqrt{2}$임을 주목하라.

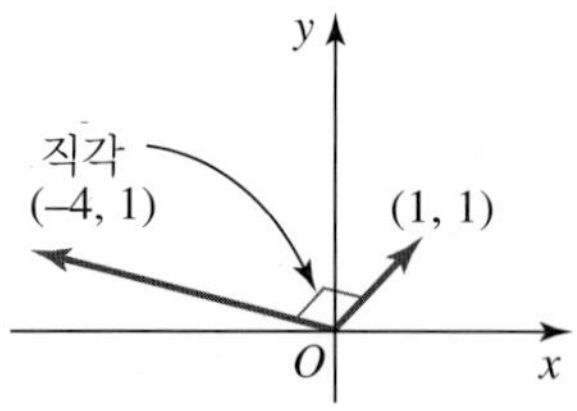

그림 6.2

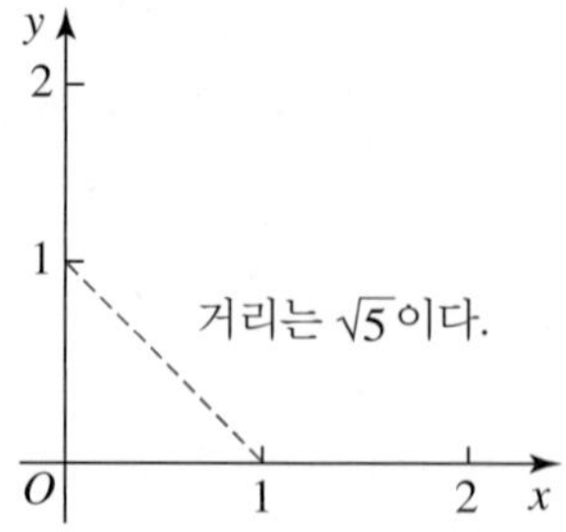

그림 6.3

이 예에서 설명된 기하는 비록 우리가 살고 있는 일상적인 세계를 묘사하지는 않지만 정확한 수학임을 인식해야 한다. 수학은 그 자체로 우아한 분야로서 존재하며, 반드시 유용성이 있다든가 실세계의 개념에 연관될 필요는 없다. 이 과목의 중요한 목표는 개발된 수학이 어떻게 응용되는지를 보는 것이기는 하지만 많은 정교한 수학이 응용을 목표로 한 것은 아님을 알아야 한다. 물론 그러한 순수수학이 언제 유용하게 사용될지는 아무도 모른다. 비유클리드 기하의 많은 부분은 19세기에 독일의 수학자인 리만(Bernhard Riemann)에 의해 개발되었다. 20세기 초에 아인슈타인은 이것이 공간-시간을 묘사하기 위해 필요한 기하의 형태라는 것을 발견하였다. 공간-시간에서는 삼차원의 공간과 일차원의 시간을 나타내기 위해 $\mathbf{R}^4$를 사용한다. 유클리드 기하는 공간과 시간이 "혼합"될 때의 적절한 기하가 아니다.

더불어 행렬 내적공간과 함수 내적공간은 양자역학 이론의 수학적 구조를 이룬다는 것을 언급한다. 양자역학은 20세기 초에 원자와 전자의 거동을 기술하기 위해, 닐스 보어, 막스 프랑크, 베르너 하이젠베르크와 같은 물리학자들에 의해 개발된 수학적 모형이다. 결국 내적공간의 이론은 20세기의 최고의 두 가지 물리 이론의 주춧돌이 되었다. 이 이론들은 우리의 생활 전반에 커다란 영향을 끼쳤는데, 일례로 원자력 에너지와 핵무기의 개발의 기초가 되었다.

특수 상대성

특수 상대성 이론은 우리가 살고 있는 물리적 세계를 묘사하기 위해 아인슈타인(Albert Einstein)*에 의해 개발되었다. 그 당시에는 뉴턴역학 이론이 물체의 운동을 설명하기 위해 사용되고 있었다. 그러나 실험결과는 과학자들에게 항성의 운동 같은 대규모 운동은 뉴턴역학에 의해 정확하게 설명되지 않는다는 믿음을 주었다. 아인슈타인이 과학에 기여한 것 중 하나는 좀 더 정확한 수리모델의 개발이었다. 아인슈타인은 먼저 중력을 포함하지 않는 특수 상대성 이론을 개발한 후, 나중에 일반 상대성이론에서 중력을 포함시켰다. 여기서는 특수 상대성 이론의 수리모델을 소개하는데, 우선 이 이론으로 예측할 수 있는

* 아인슈타인(Albert Einstein: 1879~1955)은 역사상 가장 위대한 과학자 중 한 명이다. 그는 취리히에서 공부하였고 취리히, 프라하, 베를린, 프린스턴에서 가르쳤다. 상대성 이론으로 가장 잘 알려져 있으며 시간, 공간, 질량, 운동, 중력에 대한 새로운 개념으로 과학적 사고에 대변혁을 일으켰지만, 노벨상은 광전자 효과에 대한 연구로 받았다. 아인슈타인은 히틀러가 권력을 잡았을 때 미국으로 이주하였다. 그 후 평화주의자적 태도를 단념하고, 히틀러 체제는 무력에 의해서만 억제할 수 있다고 확신하게 되었다. 물리학자인 Teller, Wigner와 함께 루즈벨트 대통령에게 편지를 보내 원자폭탄을 개발하려는 노력을 시작하는 데 일조를 하였다(아인슈타인은 이러한 노력에 대해 알지 못하였지만). 아인슈타인은 고전음악을 좋아했으며 바이올린을 연주했다. 비록 정형화된 종교는 가지지 않았지만 그의 본성은 매우 종교적이었으며, 우주는 우연히 만들어졌다든가 혼돈(chaos)이라고는 절대로 믿지 않았다.

상황을 설명하고 이것이 수학으로부터 어떻게 얻어지는지를 보인다.

태양 이외에 지구와 가장 가까운 항성은 알파 켄타우루스(Alpha Centauri)로서 약 4 광년 떨어져 있다(광년은 1년 동안에 빛이 진행하는 거리, 5.88 × 10^{12} 마일이다). 출생 후 즉시 이별한 쌍둥이 형제를 생각해 보자. 쌍둥이 1은 지구에 남아 있고 쌍둥이 2는 알파 켄타우루스를 향해 빛의 0.8배 속력을 내는 우주선을 타고 떠난다. 쌍둥이 2는 알파 켄타우루스에 도착하자마자 즉시 같은 속력으로 지구를 향해 돌아온다. 특수 상대성 이론은 두 쌍둥이가 만날 때 지구에 남아 있는 쌍둥이 1은 10살인 반면 알파 켄타우루스에 갔다 온 쌍둥이 2는 6살이 될 것으로 예측한다. 이러한 쌍둥이 시나리오로 예를 든 이유는 관련된 현상, 즉 노화과정에서의 차이를 명백히 나타내기 때문이다. 쌍둥이 중 한 아이는 10살이고 다른 아이는 6살이 될 것이다. 동일한 현상을, 한 명은 지구에 있고 다른 한 명은 멀리 떨어진 행성으로 여행을 다녀온 어떤 두 사람에 대해서도 예측할 수 있다. 그 숫자는 얼마나 멀리, 그리고 얼마나 빠른 속력으로 여행하느냐에 따라 달라진다. 예를 들어 달에 다녀 온 우주비행사는 매우 작은 정도로 이런 현상을 경험할 것이다. 즉, 지구에 도착할 때 비행사는 지구에 남아 있었던 것보다 약간 더 젊을 것이다.

지구에서의 시간과 지구에 대해 상대적인 운동을 하는 물체에 기록되는 시간은 다르다는 가설을 검증하기 위해 수많은 실험이 행해졌다. 세인트루이스에 있는 워싱턴 대학 물리학과의 하펠(J. C. Hafele) 교수와 워싱턴 시의 미해군연구소의 키팅(Richard E. Keating) 박사가 1972년에 사이언스지 제177권에 발표한 실험에 대해 언급하고자 한다. 1971년 10월에 4개의 원자시계를 정규 제트 항공편에 실어 지구를 두 바퀴 돌게 했는데, 그 결과 비행기에 실린 시계에 의해 기록된 시간과 땅 위에 있는 시계에 의한 시간 사이에 미세한 시간 차이가 있었다. 이러한 차이는 상대성 이론의 예측과 일치하였다. 그러나 알파 켄타우루스로 가는 여행에서 보여주는 정도의 노화 현상의 차이는 가까운 미래에 실현되지는 않을 것이다. 육안으로 보이는 정도의 물체에 그런 높은 속력을 주려면 엄청난 에너지가 필요하기 때문이다. 이는 아마도 사회적인 관점에서 볼 때에 다행스러운 일일 것이다. 이론적으로는 그러한 여행을 떠난 사람이 지구로 돌아왔을 때, 자신의 증손녀와 결혼할 수 있을 정도의 나이가 될 수도 있기 때문이다.

지금부터 특수 상대성 이론의 수리모델을 소개하고 이러한 모델로부터 예측한 바가 어떻게 얻어지는지 알아본다. 특수 상대성 이론은 공간–시간의 모델이다. 따라서 세 개의 공간좌표 x_1, x_2, x_3와 하나의 시간좌표 x_4의 네 개의 좌표를 포함한다. 즉, 공간–시간을 표현하기 위하여 벡터공간 $\mathbf{R}^4$를 이용한다. $\mathbf{R}^4$에서 취할 수 있는 내적은 많이 있는데, 각각은 $\mathbf{R}^4$에 대한 기하를 도출한다. 그러나 어떠한 내적도 실험 결과와 일치하는 기하를 만들어내지는 못한다. 그런데 네 번째의 내적공리를 버리면, 실험결과와 일치하는 기하를 주는 의사(pseudo) 내적을 얻을 수 있다. 특수 상대성 이론의 이런 기하를, 특수 상대성 이론을 기하적으로 해석한 헤르만 민코프스키*의 이름을 따서 **민코프스키 기하**(Minkowski geometry)라고 부른다.

* 민코프스키(Hermann Minkowski : 1864~1909)는 쾨니히스베르크에서 교육을 받았고, 본, 쾨니히스베르크, 취리히, 괴팅겐에서 가르쳤다. 그의 수학적 관심은 정수론, 기하, 대수학이었으며, 말년에는 상대성이론에 관심을 가졌다. 그는 아인슈타인에 의해 체계화된 상대성 원리가, 공간과 시간을 하나의 4차원 공간–시간 연속체로 결합하는 것을 의미함을 처음으로 이해한 사람이다. 이러한 접근법은 후에 아인슈타인으로 하여금, 수리모델에 중력을 포함시킨 일반 상대성 이론의 개념에 이르도록 하였다.

$X = (x_1, x_2, x_3, x_4)$와 $Y = (y_1, y_2, y_3, y_4)$를 $\mathbf{R}^4$의 임의의 원소라고 하자. 다음의 함수 $\langle X, Y\rangle$는 이 기하에서 내적의 역할을 한다.

$$\langle X, Y\rangle = -x_1y_1 - x_2y_2 - x_3y_3 + x_4y_4$$

$\langle X, Y\rangle$는 진정한 내적이 아니고 음의 부호 때문에 내적공리 4가 위배됨을 주목하라. 연습문제를 보라.

이 의사 내적은 다음과 같이 벡터의 놈과 점들 사이의 거리를 정의하는 데 사용된다. (이 정의에서 절대값 기호를 사용하고 있음을 주목하라. 이 정의는 순전히 공간-시간을 묘사하는 기하에 대해 작동하도록 만들어졌다!)

$$\|X\| = \sqrt{|\langle X, X\rangle|}$$

그리고

$$\begin{aligned} d(X, Y) &= \|X - Y\| = \|(x_1 - y_1, x_2 - y_2, x_3 - y_3, x_4 - y_4)\| \\ &= \sqrt{|-(x_1 - y_1)^2 - (x_2 - y_2)^2 - (x_3 - y_3)^2 + (x_4 - y_4)^2|} \end{aligned}$$

이제 이 기하가 알파 켄타우루스로 항해하는 시간의 거동을 설명하는 데 어떻게 적용되는지를 알아보자. 우선 **공간-시간 도표**(space-time diagram)를 그린다. 편의상 알파 켄타우루스는 지구로부터 x_1축 방향에 놓여 있다고 가정한다. 지구에 있는 쌍둥이는 시간 축 x_4를 따라 진행한다. 반면에 우주선에 타고 있는 쌍둥이는 시간 축을 따라 진행하면서 동시에 알파 켄타우루스를 향해 가는 동안에는 x_1이 증가하는 방향으로, 귀환 중에는 x_1이 감소하는 방향으로 진행한다. 그림 6.4는 공간-시간 도표를 보여주고 있다. 쌍둥이 1의 경로는 PQ이고, 쌍둥이 2의 경로는 알파 켄타우루스까지는 PR이고 지구로 귀환할 때는 RQ이다. x_2와 x_3의 방향으로는 이동이 없으므로, 이 두 축은 도표에서 제외시켰다.

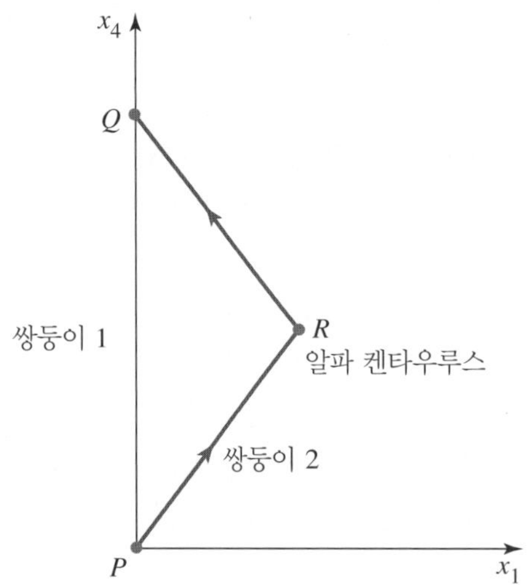

그림 6.4

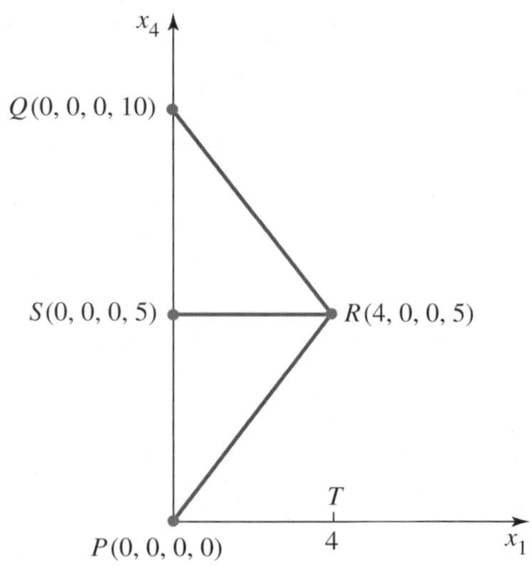

그림 6.5

이제 각 쌍둥이의 관점에서 이 상황을 살펴보자.

쌍둥이 1 알파 켄타우루스까지의 왕복거리 = 8광년; 우주선 속력 = 광속의 0.8배,

따라서

$$\text{지구에 대한 상대적인 항해 기간} = \frac{\text{거리}}{\text{속도}} = \frac{8}{0.8} = 10\text{년}$$

기하적으로 이것은 PQ의 길이가 10임을 의미한다.

쌍둥이 2 도표에 있는 여러 점의 좌표를 정해보자. 그림 6.5를 보라. P는 $\mathbf{R}^4$의 원점 (0, 0, 0, 0)라 놓자. $PQ = 10$이기 때문에 Q는 점 (0, 0, 0, 0), S는 점 (0, 0, 0, 5)가 된다.

PT는 지구로부터 알파 켄타우루스까지의 공간거리, 즉 4광년이다. 따라서 R은 점 (4, 0, 0, 5)이다. 이제 민코프스키 기하를 이용하여 R과 P 사이의 거리를 계산하면,

$$\begin{aligned} d(P, R) &= \|(4, 0, 0, 5) - (0, 0, 0, 0)\| \\ &= \sqrt{|-(4-0)^2 - (0-0)^2 - (0-0)^2 + (5-0)^2|} \\ &= \sqrt{|-16 + 25|} = \sqrt{9} = 3 \end{aligned}$$

마찬가지로

$$d(R, Q) = 3$$

물리적 해석 수학 전개를 마치고, 이제 기하적 결과를 물리적인 현상에 연관 짓는 흥미로운 지점에 도달하였다. 다음은 기하에 물리적 의미를 부여하는 특수 상대성 이론의 공준이다.

> *민코프스키 기하에서 쌍둥이 2와 같은 관찰자의 경로 상의 두 점 사이의 거리는, 그 관찰자에 의해 기록된 두 점 사이를 여행하는 데 걸린 시간과 일치한다.*

따라서 $d(P, R) = 3$은 쌍둥이 2가 P에서 R까지 여행하는 동안 3살의 나이를 먹는다는 것을 의미한다. 마찬가지로 $d(R, Q) = 3$은 쌍둥이 2가 R에서 Q까지 여행하는 동안 3살의 나이를 먹는다는 것을 의미한다. 따라서 쌍둥이 동생에 대해 총 여행기간은 6년이다.

그러므로 쌍둥이가 Q에서 만날 때 쌍둥이 1은 10살이 되는 반면, 쌍둥이 2는 6살이 되는 것이다.

이 모델은 두 점 사이의 직선거리가 최단거리가 아니게 되는, 새로운 종류의 기하를 소개하고 있음을 주목하라. 그림 6.5에서 P에서 Q까지의 직선거리 PQ는 10인 반면 P에서 Q까지의 거리 $PR + RQ$는 6으로, 더 작다는 것을 알 수 있다! 이 모델의 물리적인 해석도 물론 흥미롭지만, 사실상 이 모델은 기하적 사고에 새로운 방향을 열고 있다.

이 예는 또한 수학 응용에서의 유연성을 보여준다. 만일 표준적인 수학체계(이 경우에는 내적공리)가 상황에 맞지 않다면 약간의 수정을 가하여 해결할 수도 있다. 수학은 외견상 드러나는 것처럼 항상 융통성 없거나 절대적인 것이 아니라, 여기서 보여준 정신으로, 끊임없이 개발되고 응용되는 분야이다.

연습문제 6.2

$\mathbf{R}^2$에서 기하

1. 다음과 같은 내적을 가진 $\mathbf{R}^2$를 고려하자.

$$\langle (x_1, x_2), (y_1, y_2) \rangle = x_1y_1 + 4x_2y_2$$

이 공간에서 원점이 중심이고 반지름이 1인 원의 방정식을 구하라. 원을 그려라.

2. 다음 내적을 가진 $\mathbf{R}^2$을 고려하자.

$$\langle (x_1, x_2), (y_1, y_2) \rangle = 4x_1y_1 + 9x_2y_2$$

(a) 다음 벡터들의 놈을 구하라.

$$(1, 0), (0, 1), (1, 1), (2, 3)$$

(b) 벡터 (2, 1)과 (−9, 8)이 이 공간에서 직교함을 증명하고 벡터들을 그려라. 유클리드 공간에서는 이들이 직교하지 않음을 관찰하라.

(c) 이 공간에서 점 (1, 0)과 (0, 1) 사이의 거리를 구하라.

(d) 이 공간에서 중심이 원점이고 반지름이 1인 원의 방정식을 구하라. 원을 그려라.

3. 다음의 내적을 가진 $\mathbf{R}^2$을 고려하자.

$$\langle (x_1, x_2), (y_1, y_2) \rangle = x_1y_1 + 16x_2y_2$$

(a) 이 공간에서 벡터 (1, 0), (0, 1), (1, 1)의 놈을 구하라.

(b) 벡터 (1, 1)과 (−16, 1)이 직교함을 증명하라.

(c) 이 공간과 유클리드 공간에서 점 (5, 0)과 (0, 4) 사이의 거리를 각각 구하라.

(d) 이 공간에서 중심이 원점이고 반지름이 1인 원의 방정식을 구하라. 원을 그려라

4. 중심이 원점이고 반지름이 1인 원의 방정식이 $x^2/4 + y^2/25 = 1$이 되도록 $\mathbf{R}^2$의 내적을 구하라.

민코프스키 기하

5. 민코프스키 기하의 의사 내적이 내적공리 4를 위반함을 증명하라(**힌트** $\langle X, X \rangle = 0$이 되는 $\mathbf{R}^4$의 영이 아닌 원소 X를 찾아라).

6. 민코프스키 공간에 있는 두 점 사이의 거리에 대한 정의를 이용하여, 그림 6.5의 점 R과 Q 사이의 거리가 3임을 보여라.

7. 민코프스키 기하에서 점 $P(0, 0, 0, 0)$와 $M(1, 0, 0, 1)$ 사이의 거리를 구하라. 이 문제는 민코프스키 기하의 또 다른 흥미로운 면을 나타낸다. 즉, 일치하지 않는 점 사이의 거리가 영일 수도 있다. 특수 상대성 이론은, 모든 점 사이의 거리가 영인 그러한 직선 PM이 빛의 입자인 **광자**(photon)의 경로라는 물리적인 해석을 제시한다.

8. 벡터 (2, 0, 0, 1)과 (1, 0, 0, 2)가 민코프스키 기하에서 직교함을 증명하라. 이 벡터들을 그리고 "45°" 벡터 (1, 0, 0, 1)에 대해 대칭임을 관찰하라. 벡터 (1, 0, 0, 1)에 대해 대칭인 모든 벡터 쌍은 민코프스키 기하에서 직교한다. 벡터 $(a, 0, 0, b)$와 $(b, 0, 0, a)$가 직교함을 보임으로써 이러한 결과를 증명하라.

9. 민코프스키 공간의 x_1x_4-평면에서 중심이 원점이고 반지름이 각각 1, 2, 3인 원의 방정식을 구하라. 이 원들을 그려라.

공간–시간 여행

10. 항성 시리우스는 지구로부터 8광년 떨어져 있다. 시리우스는 육안으로 볼 수 있는, 태양 외에 가장 가까운 항성으로 북미 대부분의 지역에서 관측된다. 시리우스는 모든 항성 중 가장 밝게 보인다. 빛이 태양에서는 우리에게 8분 만에 도달하는 반면 시리우스로부터는 8년만에 도달한다. 시리우스를 향해 떠난 우주선이 20년 후에 지구로 귀환한다고 가정하자. 우주선에 탑승한 사람이 느끼는 항해기간을 얼마인가? 우주선의 속력는 얼마인가?

11. 우주선이 지구로부터 45광년 떨어진 항성 카펠라까지 왕복여행을 한다. 만일 지구에서 본 항해기간이 120년이면 여행자의 관점에서의 항해기간은 얼마인가?

12. 황소자리의 플레이아데스 성단은 지구로부터 410광년 떨어져 있다. 성단으로 가는 여행자는 왕복여행에서 40년 늙었다. 그가 지구로 귀환했을 때 지구에서는 몇 세기가 흘렀겠는가?

13. 게자리의 프레세페 성단은 지구로부터 515광년 떨어져 있다. 여행자는 광속의 0.99999배 속력으로 프레세페까지 항해하고 귀환한다. 지구와 여행자의 관점에서 본 여행기간을 각각 구하라.

*6.3 함수의 근사와 부호화 이론

물리학과 공학의 많은 문제들은 주어진 함수를 다항식이나 삼각함수로 근사하는 작업을 포함한다. 예를 들어, $f(x) = e^x$을 $[0, 1]$의 범위에서 $g(x) = a + bx$ 형태의 1차 함수로, 혹은 $[-\pi, \pi]$의 범위에서 $h(x) = a + b \sin x + c \cos x$ 형태의 삼각함수로 근사할 필요가 있을 수 있다. 더구나 컴퓨터에서는 모든 함수가 다항식 근사에 의해 계산되기 때문에, 다항식에 의한 함수의 근사 문제는 소프트웨어 개발에서 중심적인 문제이다. 이제 함수를 근사하는 기법을 다루어보자.

$C[a, b]$가 범위 $[a, b]$에서 연속인 함수의 내적공간으로, 내적 $\langle f, g\rangle = \int_a^b f(x)g(x)dx$와 이 내적에 의해 정의된 기하를 가지고 있다고 하자. $C[a, b]$의 부분공간 W에 대해, f는 $C[a, b]$에 속하나 W에는 속하지 않는다고 가정하자. 이제 W에 속하는 함수 중에서 f에 대한 "최적" 근사를 구하고자 한다. 이때 "최적" 근사는 W에 속하면서 f와 g 사이의 거리 $\|f - g\|$가 최소인 함수 g로 정의한다.

정의 $C[a, b]$가 범위 $[a, b]$에서 연속인 함수의 벡터공간이고, f는 $C[a, b]$의 원소, 또 W는 $C[a, b]$의 부분공간이라고 하자. $\int_a^b [f(x) - g(x)]^2\, dx$가 최소가 되는 W의 함수 g를 f의 **최소제곱 근사**(least-squares approximation)라고 한다.

거리공식이 제곱을 기반으로 하기 때문에 이 근사를 "최소제곱 근사"라고 부른다.

이제 최소제곱 근사 $g(x)$를 구하는 방법을 알아보자. 기하적 구조와 $\mathbf{R}^n$에서의 결과들을 보다 추상적인 환경으로 확장하는 접근법이 높이 평가된다. 4.7절에서, $\mathbf{x}$가 $\mathbf{R}^n$의 점이고 U가 $\mathbf{R}^n$의 부분공간일 때, $\mathbf{x}$에 가장 가까운 U의 원소는 $\text{proj}_U\mathbf{x}$임을 알았다. 여기서 그림 6.6과 같이, 함수를 기하적 벡터처럼 생각하는 것이 매우 도움이 된다. 이 그림을 염두에 두면 함수공간에서의 유사한 결과를 다음과 같이 얻을 수 있다.

부분공간 W에서 f의 최소제곱 근사는 $g = \text{proj}_W f$이다.

$\text{proj}_U\mathbf{x}$의 정의로부터 출발하여 $\text{proj}_W f$에 대한 표현을 얻어 보자. 다음 집합

$$\{\mathbf{u}_1, \ldots, \mathbf{u}_m\}$$

을 U의 정규직교기저라고 하자. 그러면 다음이 성립함을 알고 있다.

$$\text{proj}_U\mathbf{x} = (\mathbf{x}\cdot\mathbf{u}_1)\mathbf{u}_1 + (\mathbf{x}\cdot\mathbf{u}_2)\mathbf{u}_2 + \cdots + (\mathbf{x}\cdot\mathbf{u}_m)\mathbf{u}_m$$

이제 $\{g_1, \ldots, g_n\}$을 W의 정규직교기저라고 하면, $\mathbf{R}^n$의 점곱을 함수공간의 내적으로 대신하여 다음의 결과를 얻는다.

$$\text{proj}_W f = \langle f, g_1\rangle g_1 + \cdots + \langle f, g_n\rangle g_n$$

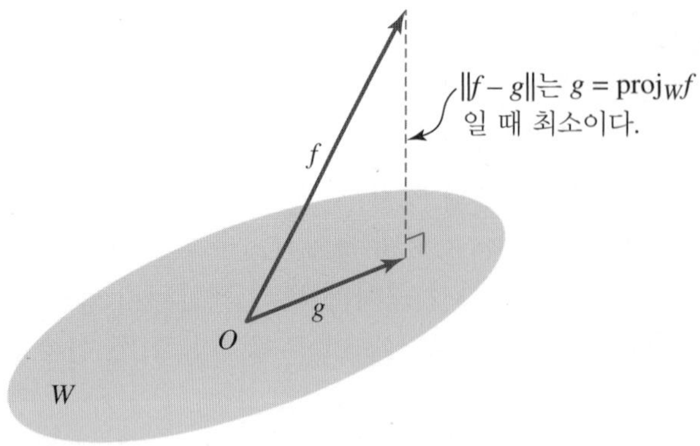

그림 6.6

예제 1

$[-1, 1]$의 범위에서 $f(x) = e^x$의 최소제곱 선형근사를 구하라.

풀이

선형근사식을 $g(x) = a + bx$라고 하자. f는 $C[-1, 1]$의 원소이고, g는 $[-1, 1]$에서 차수가 1 이하인 다항식의 공간 $P_1[-1, 1]$의 원소이다. 집합 $\{1, x\}$를 $P_1[-1, 1]$의 기저라고 하면,

$$\langle 1, x\rangle = \int_{-1}^{1} (1 \cdot x)\, dx = 0$$

이므로 이 함수들은 직교한다. 이 벡터들의 크기는 다음과 같다.

$$\|1\|^2 = \int_{-1}^{1} (1 \cdot 1)\, dx = 2 \quad \text{그리고} \quad \|x\|^2 = \int_{-1}^{1} (x \cdot x)\, dx = \frac{2}{3}$$

따라서 집합 $\left\{\frac{1}{\sqrt{2}}, \sqrt{\frac{3}{2}}x\right\}$는 $P_1[-1, 1]$의 정규직교기저이다. 이제 다음의 결과를 얻는다.

$$\begin{aligned}
\mathrm{proj}_W f &= \langle f, g_1\rangle g_1 + \langle f, g_2\rangle g_2 \\
&= \int_{-1}^{1}\left(e^x\sqrt{\frac{1}{2}}\right) dx \frac{1}{\sqrt{2}} + \int_{-1}^{1}\left(e^x\sqrt{\frac{3}{2}}x\right) dx\, \sqrt{\frac{3}{2}}x \\
&= \frac{1}{2}(e - e^{-1}) + 3e^{-1}x
\end{aligned}$$

즉, $[-1, 1]$의 범위에서 $f(x) = e^x$의 최소제곱 선형근사는 $g(x) = \frac{1}{2}(e - e^{-1}) + 3e^{-1}x$이다. 이것을 소수점 아래 두 자리까지 나타내면 $g(x) = 1.18 + 1.1x$가 된다. 그림 6.7을 보라.

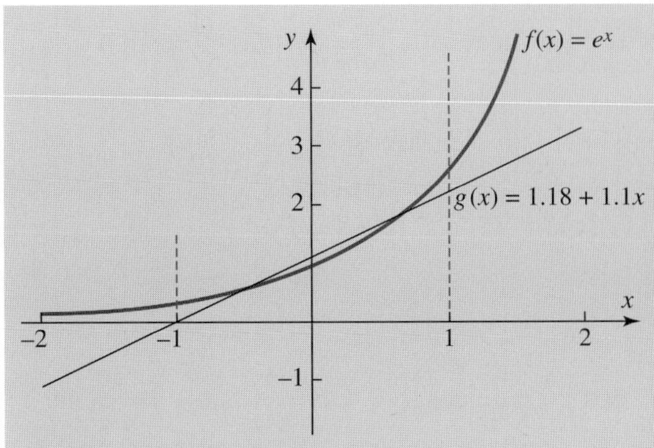

그림 6.7

앞의 예제에서는 $P_1[-1, 1]$에서의 f의 선형근사를 구했다. 고차 다항식의 근사는 차수가 n차 이하의 다항식의 공간 $P_n[-1, 1]$에서 구할 수 있다. 이를 위해서는 그람-슈미트 직교화과정을 이용하여 $P_n[-1, 1]$의 직교기저를 먼저 구성해야 한다. 이렇게 얻어진 직교함수를 **르장드르 다항식**(Legendre polynomial)이라 부른다. 처음 6개의 르장드르 다항식은 다음과 같다.

$$1, \quad x, \quad x^2 - \tfrac{1}{3}, \quad x^3 - \tfrac{3}{5}x, \quad x^4 - \tfrac{6}{7}x^2 + \tfrac{3}{35}, \quad x^5 - \tfrac{10}{9}x^3 + \tfrac{5}{21}x$$

다음으로 삼각함수를 이용한 함수의 근사방법을 살펴보자. 그러한 근사는 열전도, 전자기학, 전기회로, 기계적 진동 등의 영역에서 널리 사용된다. 이 분야의 최초의 연구는 단열 막대에서 열전도를 분석하는 방법을 개발한 프랑스의 수학자 푸리에*에 의해 수행되었다. 이 근사 방법은 물리 현상을 묘사하는 편미분방정식의 해를 구하기 위해 자주 사용된다.

푸리에 근사

내적 $\langle f, g\rangle = \int_{-\pi}^{\pi} f(x)g(x)\,dx$와 이 내적에 의해 정의되는 기하를 갖는 공간 $C[-\pi, \pi]$의 함수 f를 고려하자. n을 양의 정수라고 할 때, 집합 $\{1, \cos x, \sin x, \ldots, \cos nx, \sin nx\}$에 의해 생성되는 삼각다항식의 공간 $T[-\pi, \pi]$에서의 f의 최소제곱 근사를 구하고자 한다.

벡터 $1, \cos x, \sin x, \ldots, \cos nx$는 이 공간에서 서로 직교함을 보일 수 있고(연습문제 참조), 이 벡터들의 크기는

$$\|1\|^2 = \int_{-\pi}^{\pi} (1 \cdot 1)dx = 2\pi, \quad \|\cos nx\|^2 = \int_{-\pi}^{\pi} (\cos nx \cdot \cos nx)\,dx = \pi,$$

$$\|\sin nx\|^2 = \int_{-\pi}^{\pi} (\sin nx \cdot \sin nx)\,dx = \pi$$

이다. 따라서 다음 집합은 $T[-\pi, \pi]$의 정규직교기저이다.

* 푸리에[Jean Baptiste Fourier (1768~1830)]는 어릴 때 고아가 되어 군사학교로 보내졌는데, 이 학교에서 수학에 대한 관심을 키웠다. 프랑스 혁명 기간 중에는 테러의 희생자들을 옹호했다는 이유로 투옥되기도 했지만, 후에 나폴레옹에 의해 남작이 되었고, 이집트와 프랑스에서 외교관으로 활동하였다. 푸리에는 열의 확산에 관한 연구로 가장 잘 알려져 있다.

$$\{g_0, \ldots, g_{2n}\} = \left\{\frac{1}{\sqrt{2\pi}}, \frac{1}{\sqrt{\pi}}\cos x, \frac{1}{\sqrt{\pi}}\sin x, \ldots, \frac{1}{\sqrt{\pi}}\cos nx, \frac{1}{\sqrt{\pi}}\sin nx\right\}$$

이제 다음 공식에 이 정규직교기저를 적용하여 f의 최소제곱 근사 g를 구한다.

$$g(x) = \text{proj}_T f = \langle f, g_0\rangle g_0 + \cdots + \langle f, g_{2n}\rangle g_{2n}$$

그러면

$$\begin{aligned} g(x) = {} & \left\langle f, \frac{1}{\sqrt{2\pi}}\right\rangle \frac{1}{\sqrt{2\pi}} + \left\langle f, \frac{1}{\sqrt{\pi}}\cos x\right\rangle \frac{1}{\sqrt{\pi}}\cos x + \left\langle f, \frac{1}{\sqrt{\pi}}\sin x\right\rangle \frac{1}{\sqrt{\pi}}\sin x \\ & + \cdots + \left\langle f, \frac{1}{\sqrt{\pi}}\cos nx\right\rangle \frac{1}{\sqrt{\pi}}\cos nx + \left\langle f, \frac{1}{\sqrt{\pi}}\sin nx\right\rangle \frac{1}{\sqrt{\pi}}\sin nx \end{aligned}$$

가 되는데, 편의상 다음과 같이 표기하자.

$$a_0 = \left\langle f, \frac{1}{\sqrt{2\pi}}\right\rangle \frac{1}{\sqrt{2\pi}} = \int_{-\pi}^{\pi}\left(f(x)\cdot\frac{1}{\sqrt{2\pi}}\right)dx\frac{1}{\sqrt{2\pi}} = \frac{1}{2\pi}\int_{-\pi}^{\pi} f(x)\,dx$$

$$\begin{aligned} a_k &= \left\langle f, \frac{1}{\sqrt{\pi}}\cos kx\right\rangle \frac{1}{\sqrt{\pi}} = \int_{-\pi}^{\pi}\left(f(x)\cdot\frac{1}{\sqrt{\pi}}\cos kx\right)dx\frac{1}{\sqrt{\pi}} \\ &= \frac{1}{\pi}\int_{-\pi}^{\pi} f(x)\cos kx\,dx \\ b_k &= \left\langle f, \frac{1}{\sqrt{\pi}}\sin kx\right\rangle \frac{1}{\sqrt{\pi}} = \int_{-\pi}^{\pi}\left(f(x)\cdot\frac{1}{\sqrt{\pi}}\sin kx\right)dx\frac{1}{\sqrt{\pi}} \\ &= \frac{1}{\pi}\int_{-\pi}^{\pi} f(x)\sin kx\,dx \end{aligned}$$

이제 $f(x)$의 삼각급수에 의한 근사는 다음과 같이 된다.

$$g(x) = a_0 + \sum_{k=1}^{n}(a_k\cos kx + b_k\sin kx)$$

$g(x)$를 $f(x)$의 **n차 푸리에 근사**(nth-order Fourier approximation)라고 하고, 계수 a_0, a_1, $b_1, \ldots, a_n, b_n$을 **푸리에 계수**(Fourier coefficients)라 한다.

이 근사는 n이 증가함에 따라, $\|f - g\|$가 작아진다는 의미에서, 자연스럽게 더 좋은 근사가 된다. 다음의 무한 합

$$g(x) = a_0 + \sum_{k=1}^{\infty}(a_k\cos kx + b_k\sin kx)$$

은 범위 $[-\pi, \pi]$에서 f의 **푸리에 급수**(Fourier series)로 알려져 있다.

예제 2

범위 $[-\pi, \pi]$에서 $f(x) = x$의 4차 푸리에 근사를 구하라.

풀이

$f(x) = x$에 대하여 위의 푸리에 계수를 계산하면 다음을 얻는다.

$$a_0 = \frac{1}{2\pi}\int_{-\pi}^{\pi} f(x)dx = \frac{1}{2\pi}\int_{-\pi}^{\pi} x\,dx = \frac{1}{2\pi}\left[\frac{x^2}{2}\right]_{-\pi}^{\pi} = 0$$

$$a_k = \frac{1}{\pi}\int_{-\pi}^{\pi} (f(x)\cdot\cos kx)\,dx = \frac{1}{\pi}\int_{-\pi}^{\pi} (x\cdot\cos kx)\,dx$$

$$= \frac{1}{\pi}\left[\frac{x}{k}\sin kx + \frac{1}{k^2}\cos kx\right]_{-\pi}^{\pi} = 0$$

$$b_k = \frac{1}{\pi}\int_{-\pi}^{\pi} (f(x)\sin kx)\,dx = \frac{1}{\pi}\int_{-\pi}^{\pi} (x\cdot\sin kx)\,dx$$

$$= \frac{1}{\pi}\left[-\frac{x}{k}\cos kx + \frac{1}{k^2}\sin kx\right]_{-\pi}^{\pi} = \frac{2(-1)^{k+1}}{k}$$

f의 푸리에 근사는

$$g(x) = \sum_{k=1}^{n}\frac{2(-1)^{k+1}}{k}\sin kx$$

이 되는데, $k = 1, \ldots, 4$로 놓으면 다음의 4차 근사를 얻는다.

$$g(x) = 2(\sin x - \tfrac{1}{2}\sin 2x + \tfrac{1}{3}\sin 3x - \tfrac{1}{4}\sin 4x)$$

이 과목에서는 실 벡터공간(스칼라가 실수인 벡터공간)을 주로 다루고, 때때로 스칼라가 복소수인 복소 벡터공간을 언급하고 있다. 하지만, 스칼라가 실수도 복소수도 아닌 경우의 응용을 예시하지 않고는 벡터공간에 관한 소개로 완전하다고 볼 수 없다. 더우기 이 예는 공간에 단지 유한개의 벡터만이 존재한다는 점에서 흥미롭다.

부호화 이론

메시지가 전기적으로 0과 1의 수열로 보내지고 있다. 잡음이나 간섭에 의해 메시지에 오류가 발생할 수도 있는데, 예를 들어 (1, 1, 0, 1, 1, 0, 1)의 메시지를 전송하여 (1, 1, 0, 1, 0, 0, 1)의 메시지를 수신했다면, 5번째 자리에 오류가 발생한 것이다. 지금부터 그러한 오류를 검출하고 수정하는 방법을 알아보자.

벡터공간에서 스칼라는 실수나 복소수와는 다른 집합일 수도 있다. 이 때 요건은 스칼라가 대수장(algebraric field)을 형성하는 것이다. **장**(field)은 어떤 공리를 만족하는 두 종류의 연산을 갖는 원소들의 집합이다. 현대 대수학 과목을 이수하면 장에 관하여 배우게 될 것이다. 이 예에서는 다음에 정의된 덧셈과 곱셈 연산을 갖는, 오직 두 개의 원소로 이루어진 스칼라 장 {0, 1}을 사용할 것이다.

$$0+0=0,\qquad 0+1=1,\qquad 1+0=1,\qquad 1+1=0$$
$$0\cdot 0=0,\qquad 0\cdot 1=1,\qquad 1\cdot 0=0,\qquad 1\cdot 1=1$$

V_7이 이 스칼라 장에 의해 정해지는, 0과 1의 7 중 순서쌍(7-tuple)들의 벡터공간이라 하자. 이 공간의 덧셈과 스칼라 곱셈은 통상적인 성분별 연산으로 정의된다. 예를 들면,

$$\begin{aligned}(1, 0, 0, 1, 1, 0, 1) + (0, 1, 1, 1, 0, 0, 1)&\\ &= (1+0, 0+1, 0+1, 1+1, 1+0, 0+0, 1+1)\\ &= (1, 1, 1, 0, 1, 0, 0)\\ 0(1, 0, 0, 1, 1, 0, 1) &= (0\cdot 1, 0\cdot 0, 0\cdot 0, 0\cdot 1,\ 0\cdot 1, 0\cdot 0, 0\cdot 1,) = (0, 0, 0, 0, 0, 0, 0)\\ 1(1, 0, 0, 1, 1, 0, 1) &= (1\cdot 1, 1\cdot 0, 1\cdot 0, 1\cdot 1, 1\cdot 1, 1\cdot 0, 1\cdot 1) = (1, 0, 0, 1, 1, 0, 1)\end{aligned}$$

과 같이 계산된다. V_7에 속한 벡터는 7개의 성분을 가지고 있고, 이러한 성분은 0 또는 1이기 때문에 이 공간에는 2^7개의 벡터가 존재한다. 기저

$$\{(1, 0, 0, 0, 0, 1, 1), (0, 1, 0, 0, 1, 0, 1), (0, 0, 1, 0, 1, 1, 0), (0, 0, 0, 1, 1, 1, 1)\}$$

를 가진 V_7의 4차원 부분공간을 **해밍부호**(Hamming Code)라고 하고 $C_{7,4}$로 표기한다. $C_{7,4}$의 벡터는 메시지로 사용될 수 있으며 다음과 같은 형태로 표현된다.

$$\begin{aligned}\mathbf{v}_i = {}& a_1(1, 0, 0, 0, 0, 1, 1) + a_2(0, 1, 0, 0, 1, 0, 1)\\ &+ a_3(0, 0, 1, 0, 1, 1, 0) + a_4(0, 0, 0, 1, 1, 1, 1)\end{aligned}$$

4개의 스칼라 a_1, a_2, a_3, a_4는 0 또는 1의 값을 취할 수 있기 때문에 $C_{7,4}$에는 2^4개, 즉 16개의 벡터가 존재한다. 따라서 해밍부호는 16개의 서로 다른 메시지 $\mathbf{v}_1, \ldots, \mathbf{v}_{16}$를 보낼 때 사용될 수 있다. 연습문제에서 이 벡터들을 나열해보도록 하자.

전송된 메시지의 한 자리에서 오류가 발생하면, V_7에는 속하지만 $C_{7,4}$에는 속하지 않는 부정확한 벡터가 된다. $C_{7,4}$에서 이 부정확한 벡터와 한 자리가 다른 벡터는 단 하나만 존재함을 증명할 수 있다. 따라서 이 오류는 검출되고 수정될 수 있다. 예를 들어 수신된 벡터가 (1, 0, 1, 1, 1, 0, 1)이라고 가정하자. 이 벡터는 위의 기저벡터들의 선형결합으로 표현될 수 없고, 따라서 $C_{7,4}$에 속하지 않는다. 이 벡터와 한 자리가 다른 한 개의 벡터, 즉, (1, 0, 1, 0, 1, 0, 1)이 $C_{7,4}$에 속하므로 정확한 메시지는 (1, 0, 1, 0, 1, 0, 1)이다. 오류를 검출하고 수정하는 기능 때문에 해밍부호를 **오류정정부호**(error-correcting code)라 부른다.

이 부호의 기반이 되는 기하적 체계를 검토해보자. V_7의 두 벡터 $\mathbf{u}$와 $\mathbf{w}$ 사이의 거리를 $\mathbf{u}$와 $\mathbf{w}$의 서로 다른 성분의 개수로 정의하고 $d(\mathbf{u}, \mathbf{w})$로 표기하자. 예를 들어

$$d((1, 0, 0, 1, 0, 1, 1), (1, 1, 0, 0, 1, 1, 1)) = 3$$

인데, 이 두 벡터의 2, 4, 5번째의 성분이 서로 다르기 때문이다. V_7의 한 벡터를 중심으로 하는 반지름 1인 구(sphere)는 그 벡터와 하나의 성분이 다른 모든 벡터들을 포함한다.

$C_{7,4}$의 벡터들을 중심으로 하는 반지름 1인 구들은 서로 겹치지 않고, 또한 V_7의 각 원소는 그 구들 중 하나에 속하게 됨을 보일 수 있다. 그림 6.8을 보라. 따라서 수신된 벡터

$\mathbf{u}$가 $C_{7,4}$에 속하지 않는다면, 그것은 정확한 메시지 $\mathbf{v}_i$를 중심으로 하는 하나의 구에 속해 있을 것이다. 실제로 게이트(gate)라 부르는 전기회로를 사용하여 수신된 메시지가 $C_{7,4}$에 속하는지를 검사하고, 만일 그렇지 않다면 그것이 속해 있는 구의 중심을 찾아 정확한 메시지를 얻는다.

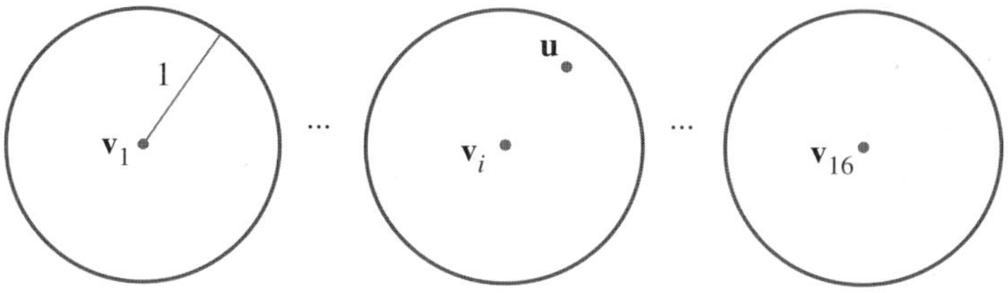

해밍부호 $\{\mathbf{v}_1, \ldots, \mathbf{v}_{16}\}$
부정확한 메시지 $\mathbf{u}$; 정확한 메시지 $\mathbf{v}_i$

그림 6.8

다른 오류검출부호(error-detecting code)도 있다. 예를 들어 **골레이 부호**(Golay code)는 V_{23}의 12차원 부분공간으로 $C_{23,12}$로 표기된다. 이 부호공간은 2^{12}개의 원소를 가지고 있어서 4096개의 메시지를 표현할 수 있다. 이 부호는 한 자리, 두 자리 및 세 자리의 오류를 검출하고 수정할 수 있다. $C_{23,12}$의 벡터들을 중심으로 하는 반지름 3의 구들은 서로 겹치치 않으며, V_{23}의 각 원소는 그러한 구들 중 하나에 속함을 보일 수 있다. 만일 수신된 벡터 $\mathbf{u}$가 하나, 둘, 혹은 세 자리에서 오류를 가진다면, 그것은 정확한 메시지 $\mathbf{v}_i$를 중심으로 하는 구에 속하게 되고, $\mathbf{v}_i$로 정정될 수 있다.

부호화 이론에 관한 좋은 소개서로 *A Common Sense Approach to the Theory of Error Correcting Codes*(Benjamin Arazi, The MIT Press, 1988)가 있다.

연습문제 6.3

최소제곱 근사

문제 [1~4]에서는 주어진 함수와 범위에 대한 최소제곱 선형 근사 $g(x) = a + bx$를 구하라.

1. $f(x) = x^2$ 범위 $[-1, 1]$

2. $f(x) = e^x$ 범위 $[0, 1]$

3. $f(x) = \sqrt{x}$ 범위 $[0, 1]$

4. $f(x) = \cos x$ 범위 $[0, \pi]$

문제 [5~8]에서는 주어진 함수와 범위에 대한 최소제곱 2차근사 $g(x) = a + bx + cx^2$를 구하라.

5. $f(x) = e^x$ 범위:
 (a) $[-1, 1]$
 (b) $[0, 1]$

6. $f(x) = \sqrt{x}$ 범위 $[0, 1]$

7. $f(x) = x^2$ 범위 $[0, 1]$

8. $f(x) = \sin x$ 범위 $[0, \pi]$

문제 [9~11]에서는 주어진 함수와 범위에 대한 4차 푸리에근사를 구하라.

9. $f(x) = x$ 범위 $[0, 2\pi]$

10. $f(x) = 1 + x$ 범위 $[-\pi, \pi]$

11. $f(x) = x^2$ 범위 $[0, 2\pi]$

12. 벡터 $1, \cos x, \sin x, \ldots, \cos nx$는 공간 $C[-\pi, \pi]$에서 상호 직교함을 보여라.

부호화 이론

13. 해밍부호 $C_{7,4}$의 모든 벡터들을 열거하라.

14. 반지름이 1이고 중심이 다음과 같은 구에 속한 V_7의 모든 벡터들을 열거하라.

(a) $(0, 0, 1, 0, 1, 1, 0)$ **(b)** $(1, 1, 0, 1, 0, 0, 1)$
(c) $(1, 1, 1, 1, 1, 1, 1)$ **(d)** $(0, 0, 0, 0, 0, 0, 0)$

15. 해밍부호를 이용하여 다음 메시지를 수신하였다. 각 경우에 정확한 메시지를 구하라.

(a) $(0, 0, 0, 0, 1, 0, 0)$ **(b)** $(0, 1, 1, 1, 0, 0, 1)$
(c) $(1, 0, 1, 0, 1, 1, 0)$ **(d)** $(1, 0, 1, 1, 0, 1, 0)$

16. 벡터공간 V_{23}과 골레이 부호 부분공간 $C_{23,12}$를 고려할 때 다음을 증명하라.

(a) V_{23}에는 2^{23}개의 벡터가 존재한다.

(b) $C_{23,12}$에는 4096개의 벡터가 존재한다.

(c) $C_{23,12}$의 한 벡터를 중심으로 한 반지름 3의 구에는 2048개의 벡터들이 존재한다(V_{23}의 각 원소가 하나의 구에 속해 있다고 가정). 반지름 3인 각 구에는 거리 1, 2, 3인 벡터가 몇 개씩 있는가?

*6.4 최소제곱 곡선

이 절은 이 책에서 가장 매력적인 절 중 하나로 수학의 최선을 예시한다. 이전에 개발된 이론적인 결과들이 매우 우아하고 강력하게 한데 합쳐져서 중요한 계산도구를 만들어 준다.

$A\mathbf{x} = \mathbf{y}$가 n개 변수의 m개의 방정식의 계라고 하자. 이러한 계의 해는 유일해, 많은 해, 해 없음 중 하나가 될 수 있음을 보았다. 실제의 많은 상황에서 계가 해를 갖지 않는다.(즉 **불일치**(inconsistent) 계이다.) 예를 들어, 물리적 상황들이 자주 선형방정식계로 묘사가 됨을 보았는데, 이런 계들이 완벽하게 정확하지 않은 측정값으로 만들어질 수 있다. 이 계들은 보통 해를 갖지 않는다. 그러면 근사해를 찾게 된다. 이 절에서 근사해에 도달하는 기법을 논하는데, 이 기법이 어떻게 주어진 데이터 점에 가장 잘 들어맞는 다항식을 구하는 방법에 이르게 하는지를 알아볼 것이다. 이 방법은 자연과학, 사회과학 그리고 공학에서 극히 중요하다.

최소제곱해

$A\mathbf{x} = \mathbf{y}$가 n개 변수의 m개의 방정식의 계라고 하자. A를 $\mathbf{R}^n$에서 $\mathbf{R}^m$으로 가는 사상이라고 해석하자. A의 $\mathbf{y}$가 치역 안에 있으면 해가 존재하고, 아니면 해가 없을 것이다. $\mathbf{y}$가 A의 치역에 속하지 않는다고 가정하자. 해가 없으므로 근사해를 찾아보자.

$\mathbf{x}$가 정의역 $\mathbf{R}^n$에서 변해 갈 때, 상 $A\mathbf{x}$는 $\mathbf{R}^m$의 부분공간인 치역에서 변할 것이다. 그림 6.9(a)를 보라. $\mathbf{y}$와 $A\mathbf{x}$ 사이의 거리는 $\|\mathbf{y} - A\mathbf{x}\|$이다. $A\mathbf{x} = \mathbf{y}$의 근사해 $\hat{\mathbf{x}}$를 $A\hat{\mathbf{x}}$가 $\mathbf{y}$에 되도록 가깝게 되는 $\mathbf{R}^n$의 원소로 취하려고 한다. 즉, $\|\mathbf{y} - A\hat{\mathbf{x}}\|$가 $\|\mathbf{y} - A\mathbf{x}\|$의 최소가 되도록 해야 한다. 그림 6.9(b)를 보라. 이제 정리 4.28을 적용하면 $A\hat{\mathbf{x}}$는 $\mathbf{y}$의 치역으로의 **사영**이 된다. 이 $\hat{\mathbf{x}}$를 계 $A\mathbf{x} = \mathbf{y}$의 **최소제곱해***라고 부른다(많은 근사해가 가능하다.).

* 최소제곱이란 용어는 그것이, 제곱의 합의 제곱근인 $\|\mathbf{y} - A\mathbf{x}\|$의 최소값이라는 사실로부터 유래되었다.

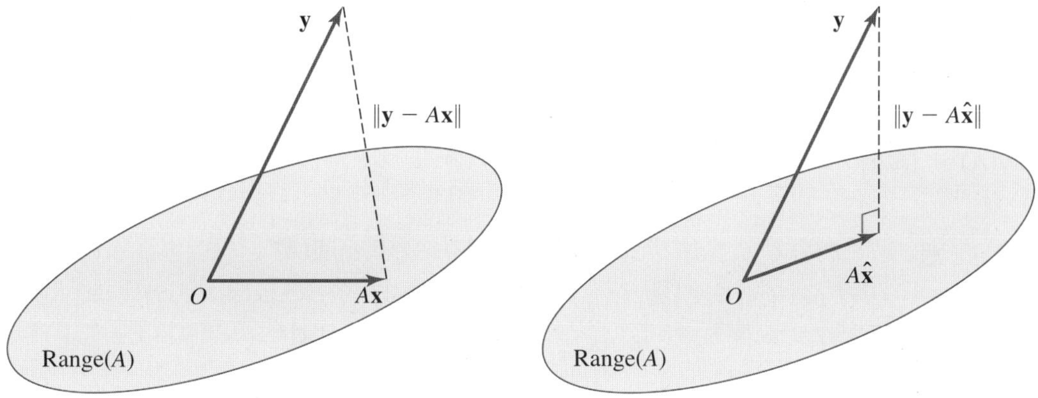

$A\mathbf{x}$는 range(A) 안의 임의의 벡터이다. $\mathbf{y}$와 $A\mathbf{x}$ 사이의 거리는 $\|\mathbf{y}-A\mathbf{x}\|$이다.

(a)

$A\mathbf{x}$가 $\mathbf{y}$의 range(A)에 대한 사영 $A\hat{\mathbf{x}}$일 때 $\|\mathbf{y}-A\mathbf{x}\|$는 최소가 된다.

(b)

그림 6.9

이 논의는 다음 정의로 이끈다.

정의 $A\mathbf{x} = \mathbf{y}$가 n개 변수의 m개의 방정식의 계라고 하자. $A\mathbf{x} = \mathbf{y}$의 최소제곱해는 $\mathbf{R}^n$의 모든 $\mathbf{x}$에 대해

$$\|\mathbf{y} - A\hat{\mathbf{x}}\| \le \|\mathbf{y} - A\mathbf{x}\|$$

인 $\hat{\mathbf{x}}$이다. $\hat{\mathbf{x}}$는 $A\mathbf{x}$가 $\mathbf{y}$에 되도록 가깝게 되는 $\mathbf{x}$의 값이다.

정규방정식

이제 최소제곱해를 구하는 방법을 알아보자. $A\hat{\mathbf{x}}$가 $\mathbf{y}$의 치역에 대한 사영일 때 $\mathbf{y} - A\hat{\mathbf{x}}$는 치역에 직교한다.(정리 4.27). A의 열벡터들이 치역을 생성하므로 A의 각 열벡터 $\mathbf{a}_i$에 대해 $\mathbf{a}_i \cdot (\mathbf{y} - A\hat{\mathbf{x}}) = 0$이어야 한다. 이는 내적을 행렬 곱 형태로 쓰면 $\mathbf{a}_i^t(\mathbf{y} - A\hat{\mathbf{x}}) = \mathbf{0}$이 된다. 각 $\mathbf{a}_i^t$는 A^t의 행벡터이므로 이 방정식들은 다음과 같은 하나의 행렬 방정식으로 합쳐진다.

$$A^t(\mathbf{y} - A\hat{\mathbf{x}}) = \mathbf{0}$$
$$A^t\mathbf{y} - A^tA\hat{\mathbf{x}} = \mathbf{0}$$
$$A^tA\hat{\mathbf{x}} = A^t\mathbf{y}$$

이 행렬 방정식 $A^tA\mathbf{x} = A^t\mathbf{y}$은 **정규방정식**(normal equation)으로 불리는 선형방정식계를 나타낸다. 최소제곱해는 이 선형방정식계를 풀어 구할 수 있다.

선형방정식계 $A\mathbf{x} = \mathbf{y}$의 최소제곱해는 정규방정식 $A^tA\mathbf{x} = A^t\mathbf{y}$의 해이다.

n개 변수의 m개의 방정식의 계 $A\mathbf{x} = \mathbf{y}$에서 rank(A) = n일 때

이 절의 나머지 부분에서는 $A\mathbf{x} = \mathbf{y}$ 중에서 A의 랭크가 n이 되는 중요한 경우에 집중한다. 다른 계들은 7.6절에서 논의될 것이다. A가 $m \times n$이므로, A^t는 $n \times m$이고 A^tA는 $n \times n$ 정방행렬이다. rank(A) = n일 때 행렬 (A^tA)는 가역이다(연습문제 41). 정규방정식을

계수행렬이 (A^tA)인 선형방정식계로 파악하자. 계수행렬이 가역이므로 정규방정식은 유일해 $\hat{\mathbf{x}} = (A^tA)^{-1}A^t\,\mathbf{y}$를 갖는다. 행렬 $(A^tA)^{-1}A^t$를 A의 **위역**(pseudoinverse)이라고 부르고 pinv(A)로 표기한다. 최소제곱해 $\hat{\mathbf{x}}$는 다음과 같이 표현될 수 있다. $\hat{\mathbf{x}} = \text{pinv}(A)\mathbf{y}$, 여기서 $\text{pinv}(A) = (A^tA)^{-1}A^t$.

> A$\mathbf{x}$ = $\mathbf{y}$를 *n개 변수의 m개의 방정식의 계라 하자. 만약* rank$(A) = n$*이면* $pinv(A) = (A^tA)^{-1}A^t$*는 위역* $pinv(A) = (A^tA)^{-1}A^t$*를 갖는다. 이 계는 유일한 최소제곱해* $\hat{\mathbf{x}}$ = pinv$(A)\mathbf{y}$*를 갖는다. 이것은 일반적으로* A$\mathbf{x}$ = $\mathbf{y}$*의 가장 좋은 근사해로 받아들여진다.*

정규방정식 $A^tA\mathbf{x} = A^t\,\mathbf{y}$의 해 $\hat{\mathbf{x}}$를 구할 때 가우스-요르단 소거법과 pinv 방법의 비교는 $A\mathbf{x} = \mathbf{y}$를 풀 때의 가우스-요르단 소거과 역행렬 방법의 비교와 유사하다. 가우스-요르단은 어느 경우의 정규방정식에도 사용가능하지만, pinv는 A^tA가 정칙인 경우의 정규방정식에만 적용가능하다. 하지만, 적용가능할 때 pinv는 대수적 표현을 제공하므로 이론적인 중요성이 있다.(일례로 정리 6.1을 보라). MATLAB과 같은 인기 수학소프트웨어는 수치적으로 행렬의 위역을 계산하는 함수를 가지고 있음을 언급해 둔다. 다음 예제에서 가우스-요르단과 위역 방법을 모두 예시한다.

주의: 선형방정식계 $A\mathbf{x} = \mathbf{y}$가 실제의 해 $\tilde{\mathbf{x}}$를 가지면, $A\tilde{\mathbf{x}} = \mathbf{y}$가 된다. 최소제곱해는 $\hat{\mathbf{x}} = \text{pinv}\,(A)\mathbf{y} = (A^tA)^{-1}A^tA\tilde{\mathbf{x}} = (A^tA)^{-1}(A^tA)\,\tilde{\mathbf{x}} = \tilde{\mathbf{x}}$이다. 즉, 이 경우 최소제곱해가 실제 해가 된다.

예제 1

다음 과도결정 방정식계의 최소제곱해를 구하라. 각각 (a) 정규방정식과 (b) pinv(A)를 사용하여 구해보고 해를 그래프로 그려라(**과도결정**(over-determined) 방정식계는 변수보다 방정식의 개수가 많은 계이다. 이런 계는 자주 해가 없게 된다.).

$$x + y = 6$$
$$-x + y = 3$$
$$2x + 3y = 9$$

풀이

(a) 계수행렬은

$$A = \begin{bmatrix} 1 & 1 \\ -1 & 1 \\ 2 & 3 \end{bmatrix} \text{그리고 } \mathbf{y} = \begin{bmatrix} 6 \\ 3 \\ 9 \end{bmatrix}$$

이고 정규방정식은

$$A^tA\hat{\mathbf{x}} = A^t\mathbf{y}$$

$$\begin{bmatrix} 1 & -1 & 2 \\ 1 & 1 & 3 \end{bmatrix}\begin{bmatrix} 1 & 1 \\ -1 & 1 \\ 2 & 3 \end{bmatrix}\hat{\mathbf{x}} = \begin{bmatrix} 1 & -1 & 2 \\ 1 & 1 & 3 \end{bmatrix}\begin{bmatrix} 6 \\ 3 \\ 9 \end{bmatrix}$$

$$\begin{bmatrix} 6 & 6 \\ 6 & 11 \end{bmatrix} \hat{\mathbf{x}} = \begin{bmatrix} 21 \\ 36 \end{bmatrix}$$

가우스-요르단 소거를 사용해서 풀면

$$\begin{bmatrix} 6 & 6 & 21 \\ 6 & 11 & 36 \end{bmatrix} \approx \cdots \approx \begin{bmatrix} 1 & 0 & 0.5 \\ 0 & 1 & 3 \end{bmatrix}$$

에서 최소제곱해는 $x = 0.5$, $y = 3$이다. 그림 6.10에서 점 $P(0.5, 3)$을 보라. 이는 참 해에 가장 가까운 해로 여겨진다.

(b) A의 열벡터들이 선형독립임을 주목하라. 따라서 A의 랭크는 2이다. 위역 pinv(A)가 존재하고 이를 이용하여 $\hat{\mathbf{x}}$를 계산할 수 있다.

$$A^tA = \begin{bmatrix} 1 & -1 & 2 \\ 1 & 1 & 3 \end{bmatrix} \begin{bmatrix} 1 & 1 \\ -1 & 1 \\ 2 & 3 \end{bmatrix} = \begin{bmatrix} 6 & 6 \\ 6 & 11 \end{bmatrix}$$

$$(A^tA)^{-1} = \frac{1}{|A^tA|}\operatorname{adj}(A^tA) = \frac{1}{30}\begin{bmatrix} 11 & -6 \\ -6 & 6 \end{bmatrix}$$

$$\operatorname{pinv}(A) = (A^tA)^{-1}A^t = \frac{1}{30}\begin{bmatrix} 11 & -6 \\ -6 & 6 \end{bmatrix}\begin{bmatrix} 1 & -1 & 2 \\ 1 & 1 & 3 \end{bmatrix} = \frac{1}{30}\begin{bmatrix} 5 & -17 & 4 \\ 0 & 12 & 6 \end{bmatrix}$$

최소제곱해는

$$\hat{\mathbf{x}} = \operatorname{pinv}(A)\mathbf{y} = \frac{1}{30}\begin{bmatrix} 5 & -17 & 4 \\ 0 & 12 & 6 \end{bmatrix}\begin{bmatrix} 6 \\ 3 \\ 9 \end{bmatrix} = \begin{bmatrix} 0.5 \\ 3 \end{bmatrix}$$

즉, 앞에서와 동일한 $a = 0.5$, $y = 3$로 얻어진다.

이 절에서 최소제곱해를 구하기 위해 이 위역 방법을 사용할 것이다.

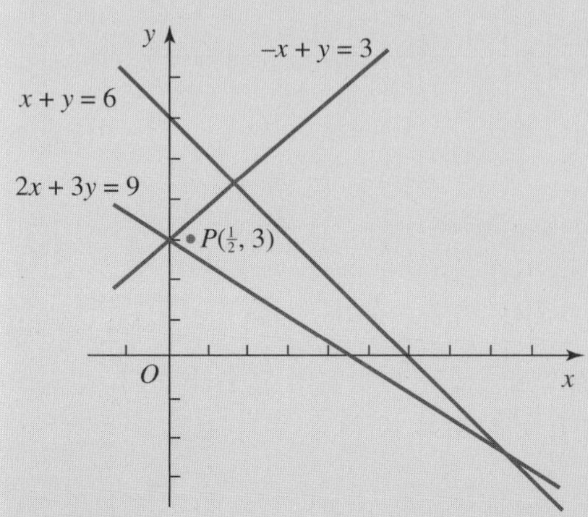

그림 6.10

이제 최소제곱해가 어떻게 주어진 데이터에 가장 적합한 곡선을 구하는 데 이용될 수 있는지 알아보자.

최소제곱 곡선

과학이나 경영의 많은 분야에서 실험 데이터를 기반으로 얻어진 방정식을 사용한다. 1.7절에서는 세 점을 통과하는 유일한 2차 다항식을 구하는 문제를 논한 바 있다. 그러나 많은 응용 예에서는 데이터가 너무 많아서 모든 데이터에 정확히 일치하는 방정식을 유도할 수는 없다. 따라서 적절한 의미에서 데이터에 "가장" 적합한 직선이나 곡선의 방정식을 사용하게 된다. 예를 들어, 그림 6.11(a)과 같이 데이터가 점 $(x_1, y_1), \ldots, (x_m, y_m)$으로 이루어져 있다고 하자. 이 점들은 대략 직선상에 위치하므로, 가장 적합한 직선의 방정식을 구하려고 할 것이다. 한편 그림 6.11(b)에서 보는 바와 같이 점들이 포물선에 잘 들어맞을 수도 있다. 이 경우에는 이 점들에 가장 잘 맞는 포물선을 구하려고 할 것이다.

이 경우 "가장" 적합하다는 것에 대해 다양한 기준이 사용될 수 있다. 그중에서 널리 받아들여진 것이 **최소제곱 직선** 또는 **곡선**(least-squares line or curve)인데, 이는 과도결정 계를 풀어서 구한다. 최소제곱 직선과 곡선은 그림 6.11에서의 $d_1^2 + \cdots + d_m^2$을 최소로 하는 것이다. 앞 절에서 함수에 대한 최소제곱 근사를 논한 바 있는데, 여기서의 문제는 그것의 이산적인 닮음꼴이 된다. 함수의 경우에는 주어진 범위에서 연속 데이터 집합에 가장 적합한 어떤 형태의 곡선(함수의 그래프)을 구해야 했지만, 여기서는 주어진 범위에서 이산 데이터 집합에 "가장" 적합한 곡선을 구하고자 한다. 비록 두 가지 경우에서 결과를 얻기 위해 사용하는 방법은 다르지만, 개념은 유사하다. 두 경우 모두 "최적"의 결과는 어떤 제곱들을 최소화하여 얻게 되는데, 여기서 "**최소제곱**"이라는 용어가 나왔다.

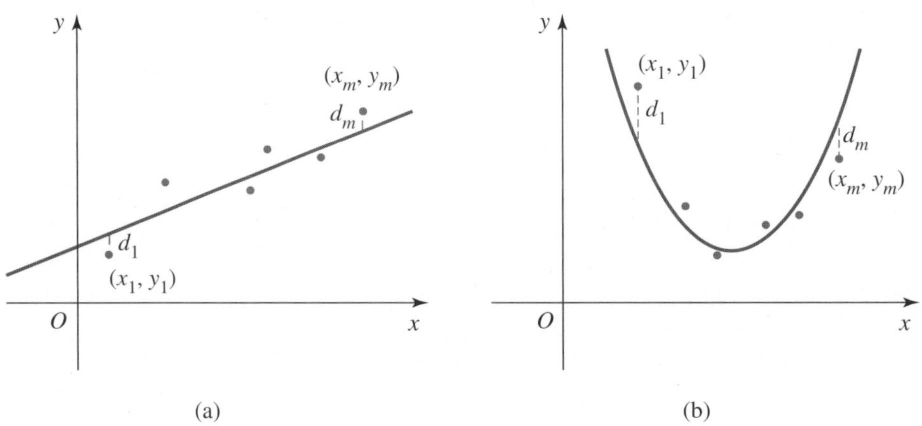

그림 6.11 최소제곱 직선이나 곡선은 $d_1^2 + \cdots + d_m^2$을 최소화한다.

이제 주어진 데이터에 최소제곱 다항식을 맞추는 방법을 예시한다. 여기에는 선형방정식계를 세우는 것이 포함되는 데, 이 계의 최소제곱해가 다항식의 계수를 준다. 먼저 이 방법이 어떻게 작동하는지 살펴본 후에 타당성을 검토하자.

예제 2

다음 데이터 점에 대한 최소제곱 직선을 구하라.

$$(1, 1), (2, 2.4), (3, 3.6), (4, 4)$$

풀이

직선의 방정식을 $y = a + bx$라고 하자. 이 점들을 직선의 방정식에 대입하여 다음의 과도결정계를 얻는다.

$$\begin{aligned} a + b &= 1 \\ a + 2b &= 2.4 \\ a + 3b &= 3.6 \\ a + 4b &= 4 \end{aligned}$$

최소제곱해를 구하기 위한 계수행렬 A와 열벡터 $\mathbf{y}$는 다음과 같다.

$$A = \begin{bmatrix} 1 & 1 \\ 1 & 2 \\ 1 & 3 \\ 1 & 4 \end{bmatrix} \text{와 } \mathbf{y} = \begin{bmatrix} 1 \\ 2.4 \\ 3.6 \\ 4 \end{bmatrix}$$

이로부터

$$\text{pinv}(A) = (A^tA)^{-1}A^t = \frac{1}{20}\begin{bmatrix} 20 & 10 & 0 & -10 \\ -6 & -2 & 2 & 6 \end{bmatrix}$$

를 얻고 최소제곱해는

$$\text{pinv}(A)\mathbf{y} = \frac{1}{20}\begin{bmatrix} 20 & 10 & 0 & -10 \\ -6 & -2 & 2 & 6 \end{bmatrix}\begin{bmatrix} 1 \\ 2.4 \\ 3.6 \\ 4 \end{bmatrix} = \begin{bmatrix} 0.2 \\ 1.02 \end{bmatrix}$$

이 된다. 따라서 $a = 0.2$, $b = 1.02$이다.

이 데이터에 대한 최소제곱 직선의 방정식은 다음과 같다.

$$y = 0.2 + 1.02x$$

이 직선은 주어진 점들에 대해 가장 적합한 직선이라고 일반적으로 받아들여진다. 그림 6.12를 보라.

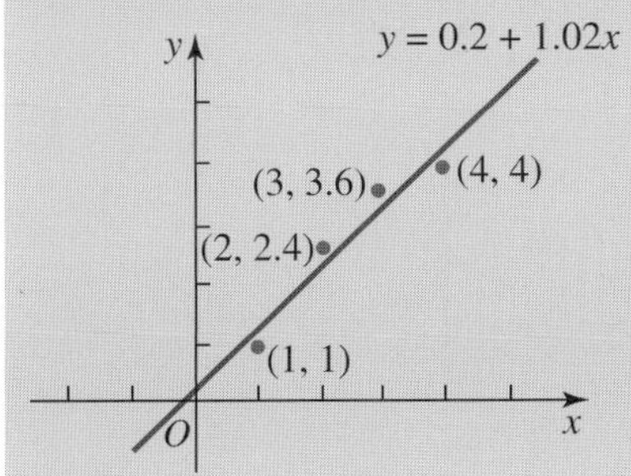

그림 6.12

예제 3

다음 데이터 점에 대한 최소제곱 포물선을 구하라.

$$(1, 7), (2, 2), (3, 1), (4, 3)$$

풀이

포물선의 방정식을 $y = a + bx + cx^2$이라 하자. 포물선의 방정식에 이 점들을 대입하여 다음을 얻는다.

$$\begin{aligned} a + b + c &= 7 \\ a + 2b + 4c &= 2 \\ a + 3b + 9c &= 1 \\ a + 4b + 16c &= 3 \end{aligned}$$

최소제곱해를 구하기 위한 계수행렬 A와 열벡터 $\mathbf{y}$는 다음과 같다.

$$A = \begin{bmatrix} 1 & 1 & 1 \\ 1 & 2 & 4 \\ 1 & 3 & 9 \\ 1 & 4 & 16 \end{bmatrix} \text{와 } \mathbf{y} = \begin{bmatrix} 7 \\ 2 \\ 1 \\ 3 \end{bmatrix}$$

이로부터

$$\text{pinv}(A) = (A^tA)^{-1}A^t = \frac{1}{20}\begin{bmatrix} 45 & -15 & -25 & 15 \\ -31 & 23 & 27 & -19 \\ 5 & -5 & -5 & 5 \end{bmatrix}$$

를 얻고, 최소제곱해는

$$\text{pinv}(A)\mathbf{y} = \frac{1}{20}\begin{bmatrix} 45 & -15 & -25 & 15 \\ -31 & 23 & 27 & -19 \\ 5 & -5 & -5 & 5 \end{bmatrix}\begin{bmatrix} 7 \\ 2 \\ 1 \\ 3 \end{bmatrix} = \begin{bmatrix} 15.25 \\ -10.05 \\ 1.75 \end{bmatrix}$$

가 된다. 따라서 $a = 15.25$, $b = -10.05$, $c = 1.75$이다.

이 데이터에 대한 최소제곱 포물선의 방정식은 다음과 같다.

$$y = 15.25 - 10.05x + 1.75x^2$$

그림 6.13에 이 포물선을 보였다.

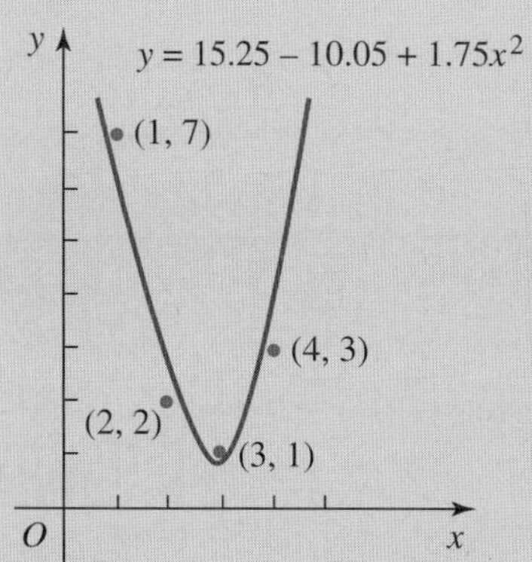

그림 6.13

최소제곱 곡선을 얻기 위해 위의 예제에서 사용한 방법을 확증해보자. 데이터로부터 얻은 방정식계의 최소제곱해가 실제로 가장 잘 들어맞는 곡선을 주는 것을 증명할 것이다.

정리 6.1

$(x_1, y_1), \ldots, (x_m, y_m)$이 데이터 점들이고, 이 $y = a_0 + \cdots + a_{n-1}x^{n-1}$이 점들에 맞추고자 하는 $n - 1$차 다항식($m>n$)이라고 하자. 이 점들을 다항식에 대입하면 n개의 변수 $a_0, \ldots, a_{n-1}$을 갖는 m개의 선형방정식의 계 $A\mathbf{x} = \mathbf{y}$가 된다. 여기서

$$A = \begin{bmatrix} 1 & x_1 & \ldots & x_1^{n-1} \\ \vdots & \vdots & \vdots & \vdots \\ 1 & x_m & \ldots & x_m^{n-1} \end{bmatrix} \text{이고 } \mathbf{y} = \begin{bmatrix} y_1 \\ \vdots \\ y_m \end{bmatrix}$$

이다. 만약 $\text{rank}(A) = n$이면 이 계의 최소제곱해 $\hat{\mathbf{x}} = \text{pinv}(A)\,\mathbf{y}$가 주어진 데이터에 대한 최소제곱 다항식의 계수가 된다.

증명 주어진 데이터 맞추기 상황에서 과도결정계 $A\mathbf{x} = \mathbf{y}$는 일반적으로 해가 없다. 따라서 $\mathbf{y}$는 A의 치역에 속하지 않는다. $(x_1, y_1'), \ldots, (x_m, y_m')$을 최소제곱 곡선 상에 위치한 "데이터 점"이라고 하고, 이에 대응하는 계를 $A\mathbf{x} = \mathbf{y}'$이라고 하자.

여기서 $\mathbf{y}' = \begin{bmatrix} y_1' \\ \vdots \\ y_m' \end{bmatrix}$이다.

곡선은 이 점들을 통과하기 때문에 선형방정계 $A\mathbf{x} = \mathbf{y}'$은 유일해 $\mathbf{x}'$을 가지며, $\mathbf{x}'$의 성분은 최소제곱 다항식의 계수가 된다. 따라서 $\mathbf{y}'$은 A의 치역에 속한다. $d_1^2 + \cdots + d_m^2$이 최소라는 최소제곱 조건은 $(y - y'_1)^2 + \cdots + (y - y'_m)^2$ 또는 $\|\mathbf{y} - \mathbf{y}'\|$가 최소인 것과 동등하다. 따라서 $\mathbf{y}'$은 A의 치역으로의 $\mathbf{y}$의 사영이다. 그림 6.14(b)를 보라. 따라서 $\mathbf{x}'$는 $A\mathbf{x} = \mathbf{y}$의 최소제곱해가 된다. $\text{rank}(A) = n$이면 최소제곱해는 $\hat{\mathbf{x}} = \text{pinv}(A)\mathbf{y}$가 되어 일반적인 경우에 대한 증명이 완료된다. 앞에서 $A\mathbf{x} = \mathbf{y}$가 실제 해를 갖는 특수한 경우는 이미 설명되었다. 이 경우 최소제곱해는 실제 해가 되고 모든 데이터 점을 정확히 지나는 다항식의 계수를 줄 것이다. 이로써 증명이 완결된다.

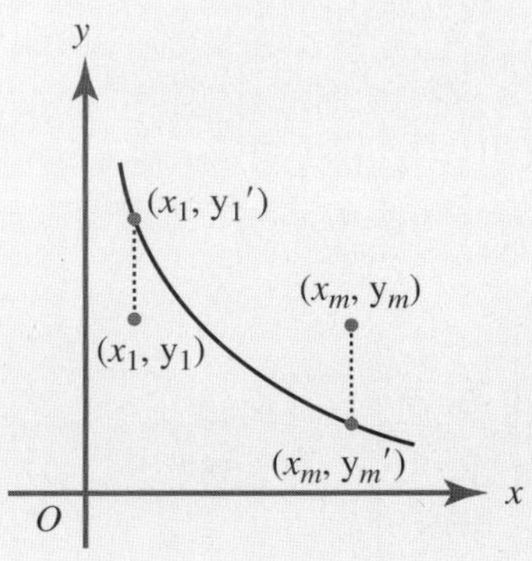

(a)

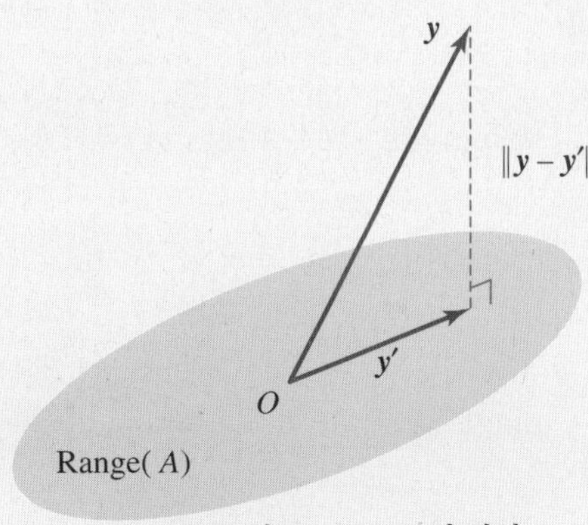

y'는 y의 range(A)로의 사영
(b)

그림 6.14

예제 4

후크의 법칙(Hooke's law)은 힘이 스프링에 가해질 때 스프링의 길이는 힘의 1차 함수로 표현된다는 것이다. 만일 힘이 F이고, 스프링의 길이가 L이면 다음과 같은 (스프링) 상수 a와 b가 존재한다.

$$L = a + bF$$

스프링 상수와 그에 따른 스프링에서의 대한 힘과 길이 사이의 관계가, 최소제곱법을 이용하여 실험결과로부터 결정될 수 있음을 살펴보자. 다양한 추를 스프링에 매달아 스프링의 길이를 측정한 결과 다음이 얻어졌다고 하자.

힘, F(온스)	2	2	6	8
길이, L(인치)	8.2	11.6	14.3	17.5

이 통계자료를 첫 번째 성분이 F이고 두 번째 성분이 L인 점으로 다음과 같이 표현하자.

$$(2, 8.2),\ (4, 11.6),\ (6, 14.3),\ (8, 17.5)$$

이론적으로 이 점들은 모두 직선 위에 놓여 있어야 한다. 그러나 실제로는, 측정을 하는 대부분의 실험에서처럼 여기서의 판독도 완전히 정확하지는 않다. 따라서 이 점들 사이를 통과하는 최소제곱 직선이 가장 만족스러운 직선방정식을 줄 것이다. 데이터를 대입하면 다음 계를 얻는다.

$$\begin{aligned} a + 2b &= 8.2 \\ a + 4b &= 11.6 \\ a + 6b &= 14.3 \\ a + 8b &= 17.5 \end{aligned}$$

이 계의 계수행렬 A와 상수 열행렬 $\mathbf{y}$는 다음과 같다.

$$A = \begin{bmatrix} 1 & 2 \\ 1 & 4 \\ 1 & 6 \\ 1 & 8 \end{bmatrix} \text{와 } \mathbf{y} = \begin{bmatrix} 8.2 \\ 11.6 \\ 14.3 \\ 17.5 \end{bmatrix}$$

이로부터

$$\text{pinv}(A) = (A^tA)^{-1}A^t = \begin{bmatrix} 1 & 0.5 & 0 & -0.5 \\ -0.15 & -0.05 & 0.05 & 0.15 \end{bmatrix}$$

를 얻고 최소제곱해는

$$\text{pinv}(A)\mathbf{y} = \begin{bmatrix} 1 & 0.5 & 0 & -0.5 \\ -0.15 & -0.05 & 0.05 & 0.15 \end{bmatrix} \begin{bmatrix} 8.2 \\ 11.6 \\ 14.3 \\ 17.5 \end{bmatrix} = \begin{bmatrix} 5.25 \\ 1.53 \end{bmatrix}$$

이 된다. 따라서 스프링 상수는 $a = 5.25$, $b = 1.53$이 된다.

이 스프링에 대한 방정식은

$$L = 5.25 + 1.53F$$

이다. 따라서, 일례로 20온스의 추를 스프링에 매달면 스프링의 길이가 대략 5.25 + (1.53 × 20), 즉 35.85인치가 될 것으로 기대할 수 있다.

다음의 응용 예제는 최소제곱 맞춤이 포함된 분석에서 자주 발생하는 상황을 예시한다. 이 예에서는 같은 계수행렬을 가지는 두 종류의 다른 데이터로부터 얻은 결과를 비교하고자 한다. 여기서는 공통의 계수행렬을 갖는 많은 계를 다루는 기법이 유용하게 쓰인다.

예제 5

다음 자료는 미국 4년제 공 · 사립대학 학부의 기숙사비를 포함한 등록금(달러)을 나타낸 것이다(미국 교육부, 교육통계센터). 이 통계자료에 대한 최소제곱 직선을 구하고 2020년의 등록금을 예측하라.

	2008~09	2009~10	2010~11	2011~12	2012~13
공립	12,256	12,804	13,564	14,377	15,022
사립	30,804	31,023	32,026	33,058	34,483

풀이

편의상 연도를 2008년부터 2008년은 0, 2009년은 1로 표시하자. 위 통계자료는 다음의 데이터 점들을 나타낸다.

공립 (0, 12256), (1, 12804), (2, 13564), (3, 14377), (4, 15022)
사립 (0, 30804), (1, 31023), (2, 32026), (3, 33058), (4, 34483)

이들 두 데이터 점들의 집합은 다음과 같은 공통의 계수행렬 A와 상수벡터 $\mathbf{y}_1$ 및 $\mathbf{y}_2$를 갖는 두 방정식계로 표현된다.

$$A = \begin{bmatrix} 1 & 0 \\ 1 & 1 \\ 1 & 2 \\ 1 & 3 \\ 1 & 4 \end{bmatrix}, \quad \mathbf{y}_1 = \begin{bmatrix} 12256 \\ 12804 \\ 13564 \\ 14377 \\ 15022 \end{bmatrix} \quad \text{그리고} \quad \mathbf{y}_2 = \begin{bmatrix} 30804 \\ 31023 \\ 32026 \\ 33058 \\ 34483 \end{bmatrix}$$

최소제곱해는

$$\text{pinv}(A)[\mathbf{y}_1 \ \ \mathbf{y}_2] = [(A^tA)^{-1}A^t][\mathbf{y}_1 \ \ \mathbf{y}_2] = \begin{bmatrix} 12184 & 30400 \\ 710 & 939 \end{bmatrix}$$

이 되고, 따라서 최소제곱 직선은 다음과 같다.

$$\text{공립:} \quad y = 12184 + 710x$$

$$\text{사립:} \quad y = 30400 + 939x$$

2020년 ($x = 12$)에 대한 예측은 공립 = \$20,704 사립 = \$41,668이다.

정리 6.1의 증명으로부터 파생된 다음의 기하적 결과로 이 절을 끝마친다. 이로부터 위역 이 벡터의 부분공간으로의 사영을 나타내는 데 사용될 수 있음을 알 수 있다.

정리 6.2

W는 선형독립인 벡터 $\mathbf{u}_1, \ldots, \mathbf{u}_m$에 의해 생성되는 $\mathbf{R}^n$의 부분공간이라 하고, $A = [\mathbf{u}_1, \ldots, \mathbf{u}_m]$로 놓자. 벡터 $\mathbf{y}$의 W로의 사영은 다음과 같다.

$$\text{proj}_W\mathbf{y} = A\,\text{pinv}(A)\mathbf{y}$$

$A\,\text{pinv}(A)$를 **사영행렬**(projection matrix)이라고 부른다.

증명

벡터들이 선형독립이기 때문에 pinv(A)가 존재한다. 이제 앞의 정리에 대한 증명으로부터 바로 결과가 얻어진다. $\mathbf{x}'$를 $A\mathbf{x} = \mathbf{y}$의 최소제곱해라고 하면,

$$\mathbf{x}' = \text{pinv}(A)\mathbf{y}$$

가 되는데, 양변에 A를 곱하면

$$A\mathbf{x}' = A\,\text{pinv}(A)\mathbf{y}$$

그런데 $A\mathbf{x}'$는 $\mathbf{y}$의 range(A)로의 사영이므로 다음과 같이 결과가 얻어진다.

$$\text{proj}_W\mathbf{y} = A\,\text{pinv}(A)\mathbf{y}$$

■

예제 6

$\mathbf{R}^3$의 평면 $x - 2y - z = 0$에 대한 사영행렬을 구하라. 이 행렬을 이용하여 평면에 대한 벡터 (1, 2, 3)의 사영을 구하라.

풀이

주어진 평면을 부분공간 W라고 하자. W는 $x = 2y + z$인 (x, y, z) 형태의 벡터들로 구성되므로, $W = \{y(2, 1, 0) + z(1, 0, 1)\}$로 쓸 수 있다. 즉, W는 벡터 (2, 1, 0)과 (0, 1, 0)에 의해 생성되는 공간이다. A를 이 벡터들을 열로 가지는 다음 행렬이라고 하자.

$$A = \begin{bmatrix} 2 & 1 \\ 1 & 0 \\ 0 & 1 \end{bmatrix}$$

계산하면

$$\text{pinv}(A) = \frac{1}{6}\begin{bmatrix} 2 & 2 & -2 \\ 1 & -2 & 5 \end{bmatrix}$$

를 얻고 사영행렬은

$$A\,\text{pinv}(A) = \frac{1}{6}\begin{bmatrix} 5 & 2 & 1 \\ 2 & 2 & -2 \\ 1 & -2 & 5 \end{bmatrix}$$

이 된다. (1, 2, 3)의 W로의 사영은 이 벡터를 열 형태로 A pinv(A)에 곱하여 다음과 같이 계산한다.

$$\frac{1}{6}\begin{bmatrix} 5 & 2 & 1 \\ 2 & 2 & -2 \\ 1 & -2 & 5 \end{bmatrix}\begin{bmatrix} 1 \\ 2 \\ 3 \end{bmatrix} = \begin{bmatrix} 2 \\ 0 \\ 2 \end{bmatrix}$$

따라서 (1, 2, 3)의 평면 $x - 2y - z = 0$으로의 사영은 (2, 0, 2)이다. ■

연습문제 6.4

위역(pseudoinverse)

문제 [1~4]에서는 행렬의 위역이 존재하는 경우, 이를 구하라.

1. $\begin{bmatrix} 1 & 3 \\ 0 & 1 \\ -1 & 2 \end{bmatrix}$

2. $\begin{bmatrix} 1 & 1 \\ 2 & 3 \\ 0 & 1 \end{bmatrix}$

3. $\begin{bmatrix} 1 & 2 \\ 2 & 4 \\ 3 & 6 \end{bmatrix}$

4. $\begin{bmatrix} 1 & 2 \\ 3 & 4 \\ 5 & 6 \end{bmatrix}$

문제 [5~8]에서는 행렬의 위역이 존재하는 경우. 이를 구하라.

5. $\begin{bmatrix} 1 & 3 \\ 2 & 0 \\ 1 & -1 \end{bmatrix}$

6. $\begin{bmatrix} 4 & 1 & 0 \\ 2 & 3 & 1 \end{bmatrix}$

7. $\begin{bmatrix} 1 & 2 & 3 \\ -2 & 4 & 6 \end{bmatrix}$

8. $\begin{bmatrix} 1 & 2 \\ -3 & 5 \end{bmatrix}$

최소제곱 직선

문제 [9~14]에서는 데이터 점들에 대한 최소제곱 직선을 구하라(**힌트** 각 데이터 집합에 대해 위역이 모두 같음에 주목하라).

9. (1, 0), (2, 4), (3, 7) **10.** (1, 1), (2, 3), (3, 7)

11. (1, 1), (2, 5), (3, 9) **12.** (1, 1), (2, 6), (3, 9)

13. (1, 7), (2, 2), (3, 0) **14.** (1, 12), (2, 5), (3, 1)

문제 [15~18]에서는 데이터 점들에 대한 최소제곱 직선을 구하라(**힌트** 각 데이터 집합에 대해 위역이 모두 같음에 주목하라).

15. (1, 0), (2, 3), (3, 5), (4, 6)

16. (1, 1), (2, 3), (3, 5), (4, 9)

17. (1, 9), (2, 7), (3, 3), (4, 2)

18. (1, 21), (2, 17), (3, 12), (4, 7)

문제 [19~20]에서는 데이터 점들에 대한 최소제곱 직선을 구하라.

19. (1, 0), (2, 1), (3, 4), (4, 7), (5, 9)

20. (1, 1), (2, 3), (3, 4), (4, 8), (5, 11)

최소제곱 포물선

문제 [21~24]에서는 데이터 점들에 대한 최소제곱 포물선을 구하라.

21. (1, 5), (2, 2), (3, 3), (4, 8)

22. (1, 4), (2, 0), (3, 3), (4, 5)

23. (1, 2), (2, 5), (3, 7), (4, 1)

24. (1, 23), (2, 4), (3, 7), (4, 17)

곡선 맞추기(curve fitting)의 응용

25. 스프링에 다음과 같이 하중(단위: 온스)이 가해질 때의 길이(단위: 인치)를 측정하였다. 스프링 상수와 스프링의 방정식을 구하라. 15온스의 무게가 가해질 때의 스프링 길이를 예측하라.(예제 4 참조.)

(a)

힘 F	2	4	6	8
길이 L	5.9	8	10.3	12.2

(b)

힘 F	2	4	6	8
길이 L	7.4	10.3	13.7	16.7

26. 자동차의 휘발유 소비율은 속력에 따라 변한다. 연료소비에 대한 속력의 영향을 알아보기 위해 미국의 연방 고속도로 관리국은 다양한 중량의 자동차를 다양한 속력에서 실험하였다. 3,980파운드의 자동차에 대하여 다음의 결과를 얻었다. 이 데이터에 대응하는 최소제곱 직선을 구하라. 이 방정식을 이용하여 55 mph에서 이 자동차의 갤런 당 마일수를 예측하라(속력은 시간당 마일, 휘발유 소비는 갤런 당 마일수로 표기한다).

속력	30	40	50	60	70
휘발유 소비	18.25	20.00	16.32	15.77	13.61

27. 어떤 주 고속도로 순찰대가 운전자의 연령과 교통사고 사망자에 대한 다음 통계자료를 가지고 있다. 최소제곱 직선을 구하고, 이를 이용하여 22세 운전자의 사망자 수를 예측하라.

연령	20	25	30	35	40	45	50
사망자 수	101	115	92	64	60	50	49

28. 어떤 /광고회사가 특정 제품의 광고에 소비된 비용과 그 제품의 실제 판매량과의 관련성에 관한 다음의 통계자료를 가지고 있다. 최소제곱 직선을 구하고, 이를 이용하여 광고비로 $5,000를 사용했을 때의 판매량을 예측하라.

광고비($)	1000	1500	2000	2500	3000	3500
판매량(개)	520	540	582	600	610	615

29. 인문 및 과학대학에서 10명의 입학생에 대한 SAT 구술 점수와 4년 후 졸업 GPA 점수에 관한 다음의 데이터를 수집하였다. 최소제곱 직선을 구하고, 이를 이용하여 SAT 점수 670점으로 입학한 학생의 졸업 GPA를 예측하라.

SAT	490	450	640	510	680	610	480	450	600	650
GPA	3.2	2.8	3.9	2.4	4.0	3.5	2.7	3.6	3.5	2.4

30. 어떤 보험회사에서는 20세부터 50세까지의 여러 연령층에서 사망률을 다음과 같이 계산하였다. 이 데이터가 어떻게 나타나는지 그래프를 그려보라. 23세의 사망률을 구하라.

연령(세)	20	25	30	35	40	45	50
사망률(%)	.18	.19	.21	.25	.35	.54	.83

31. 지난 6개월 동안 어느 회사의 생산량은 다음과 같았다. 최소제곱 직선을 구하고(비용–생산량 공식이라고 부른다), 이를 이용하여 다음 달에 생산계획량을 165개로 급격히 올렸을 경우 총비용을 예측하라.

	7월	8월	9월	10월	11월	12월
생산량(개)	120	140	155	135	110	105
총비용($)	6.300	6,500	6,670	6,450	6,100	5,950

32. 다음 표는 1970년에서 2010년 사이의 미국 공 · 사립학교의 등록생수(백만명 단위)를 보여준다. 대략의 그래프를 그려 데이터가 포물선으로 나타남을 관찰하라. 이 데이터에 대한 최고제곱 포물선을 구하고, 2015년의 재학생수를 예측하라.

	1970	1980	1990	2000	2010
공립	45.55	41.65	40.54	44.31	46.86
사립	5.50	5.00	5.20	6.02	6.51

사영행렬

33. 다음 $\mathbf{R}^3$의 각 평면에 대한 사영행렬을 구하라. 이 행렬을 이용하여 주어진 벡터의 각 평면으로의 사영을 구하라.

(a) 평면 $x - y - z = 0$ 　벡터 $(1, 2, 0)$

(b) 평면 $x - y + z = 0$ 　벡터 $(1, 1, 1)$

(c) 평면 $x - 2y + z = 0$ 　벡터 $(0, 3, 0)$

34. 다음 벡터들로 생성되는 $\mathbf{R}^3$의 부분공간을 고려하자. 각 부분공간에 대한 사영행렬을 구하라. 행렬을 이용하여 주어진 벡터 $\mathbf{y}$의 W로의 사영을 구하라.

(a) $(1, -1, 1), (1, 1, -1)$에 의해 생성. $\mathbf{y} = (-2, 1, 3)$

(b) $(1, 0, 1), (2, 1, 0)$에 의해 생성. $\mathbf{y} = (6, 0, 12)$

35. 벡터 $(1, 1, 1)$과 $(2, 1, 0)$에 의해 생성되는 부분공간 W를 생각해 보라. W의 사영행렬을 구하라. 이 행렬을 이용하여 벡터 $(3, 0, 1)$의 W로의 사영을 구하라. 벡터 $(6, 3, 0)$의 W로의 사영은 $(6, 3, 0)$임을 보여라. 이것은 무엇을 의미하는가?

기타 결과

36. A가 가역행렬일 때, $\text{pinv}(A) = A^{-1}$임을 증명하라.

37. A와 B를 곱 AB가 존재하는 두 행렬이라고 하자.

(a) $\text{pinv}(AB) = \text{pinv}(A)\text{pinv}(B)$인가?

(b) 행렬의 역과 마찬가지로 $\text{pinv}(AB) = \text{pinv}(B)\text{pinv}(A)$인가?

38. 다음 등식을 증명하라.

(a) $\text{pinv}(cA) = (1/c)\text{pinv}(A), c \neq 0$

(b) A가 정방행렬이면, $\text{pinv}(\text{pinv}(A)) = A$

(c) A가 정방행렬이면, $\text{pinv}(A^t) = (\text{pinv}(A))^t$

39. A가 $m \times n$ 행렬이라고 하자. pinv(A)가 존재할 필요충분조건은 A의 랭크가 n인 것임을 증명하라. 이 결과로부터 $m < n$이면 pinv(A)가 존재하지 않는다는 것을 보여라.
(힌트 랭크/무효차수 정리를 이용하라).

40. P가 사영행렬일 때, 다음을 증명하라.

(a) P는 대칭이다.

(b) $P^2 = P$[즉, P는 거듭제곱항등(idempotent)이다.]

41. A가 $m \times n$ 행렬이라 하자.

(a) A와 A^tA가 동일한 영공간을 가짐을 증명하라.

(b) 랭크/무효차수 정리를 이용하여 (A^tA)가 가역일 필요충분조건은 rank(A) $= n$임을 증명하라.(따라서 rank(A) $= n$이면 pinv(A) $= (A^tA)^{-1}A^t$가 존재한다.)

6장 복습문제

1. $\mathbf{u} = (x_1, x_2)$와 $\mathbf{v} = (y_1, y_2)$를 $\mathbf{R}^2$의 원소라고 하자. 다음 함수는 $\mathbf{R}^2$에서의 내적을 정의함을 증명하라.

$$\langle \mathbf{u}, \mathbf{v} \rangle = 2x_1y_1 + 3x_2y_2$$

2. 내적이 $\langle f, g \rangle = \int_0^1 f(x)g(x)\,dx$로 정의된 내적공간 P_2에서, 함수 $f(x) = 3x - 1$와 $g(x) = 5x + 3$의 내적, 놈, 함수 사이의 거리를 구하라.

3. $\mathbf{R}^2$이 $\langle (x_1, x_2), (y_1, y_2) \rangle = 2x_1y_1 + 3x_2y_2$로 정의되는 내적을 가진다고 하자. 이 공간에서 $(1, -2)$와 $(3, 2)$의 놈과 둘 사이의 거리를 구하라.

4. 다음의 내적을 가진 $\mathbf{R}^2$을 고려하자.

$$\langle (x_1, x_2), (y_1, y_2) \rangle = 2x_1y_1 + 3x_2y_2$$

이 공간에서 원점이 중심이고 반지름이 1인 원의 방정식을 구하라. 원을 그려라.

5. $[-1, 1]$의 범위에서 $f(x) = x^2 + 2x - 1$의 최소제곱 선형근사를 구하라.

6. $[0, 2\pi]$에서 $f(x) = 2x - 1$의 4차 푸리에 근사를 구하라.

7. 반지름이 1이고 중심 (0, 1, 1, 0, 0, 1, 1)을 가지는 구에 속하는 V_7의 모든 벡터를 열거하라.

8. 행렬 $\begin{bmatrix} 1 & 2 \\ 3 & 1 \\ 4 & 2 \end{bmatrix}$의 위역을 구하라.

9. 데이터 $(1, 6), (2, 2), (3, 5), (4, 9)$에 대한 최소제곱 포물선을 구하라.

10. A가 위역 B를 가지는 행렬일 때, 다음을 증명하라.

(a) $ABA = A$ **(b)** $BAB = B$

(c) AB는 대칭이다. **(d)** BA는 대칭이다.

City Hall in London, England, stands on the left side of the River Thames, in the More London development by Tower Bridge. The building, designed by British architect Norman Foster, opened in 2002. Its bulbous shape reduces surface area and thus improves its energy efficiency.

PART

3

수치적 선형대수

Numerical Linear Algebra

7 수치적 방법

8 선형계획법

The Weltzeituhr (World Clock) at Alexanderplatz, Berlin, Germany, displays the times in multiple cities around the world.

CHAPTER 7

수치적 방법

Numerical Methods

이 장에서는 선형방정식계를 풀기 위한 수치기법에 대해 살펴본다. 선형방정식계의 해를 구하는 기법의 모음에 네 가지 중요한 기법인 가우스 소거법, LU 분해, 야코비 방법, 가우스-자이델 방법을 첨가한다. 그리고 이들 방법이 주는 해의 신뢰성을 포함하여 장단점을 논한다. 어떤 방정식계들은 특별히 주의를 기울이지 않으면 부정확한 결과를 줄 수도 있다. 이러한 "다루기 힘든" 방정식들을 파악하고 해결하는 방법도 논해 본다.

작은 행렬의 고유값과 고유벡터를 구하고 이론을 전개하기 위해 3장에서 행렬식 접근방법을 사용하였다. 하지만 응용문제에서 접하게 되는 큰 행렬의 고유값과 고유벡터를 구하는 데에는 쓸모가 없다. 이 장에서는 그런 경우에 고유값과 고유벡터를 구하기 위한 수치기법을 소개한다.

응용의 논의에서 망의 분석이 포함되는데, 망의 연결성과 꼭지점의 접근성을 나타내는 방법이 다루어진다. 그러한 측도는 예를 들면 여러 도시와 지역의 연결성을 비교하고, 도로를 어디에 건설하여야 하는지를 계획하는 데 사용된다.

*7.1 가우스 소거

선형방정식계를 푸는 데에는 가우스-요르단 소거법 외에도 많은 소거법들이 있다. 이 절에서는 **가우스 소거**(Gaussian elemination)라고 불리는 또 다른 소거법을 소개한다. 다른 소거법들은 다른 경우에 적합하므로 당면한 목적에 가장 알맞은 소거법을 선택하는 것이 중요하다. 여기서는 가우스-요르단 소거법과 가우스 소거법의 상대적인 장점들에 대해서 논의할 것이다. 다른 방법들의 장점과 단점들은 나중에 논한다.

가우스 소거법은 방정식계의 첨가행렬의 사다리형을 포함한다. 사다리형은 기약 사다리형의 조건 중 처음 세 가지를 만족한다.

정의 다음 조건을 만족하는 행렬은 **사다리형**(echelon form)이다.

1. 모든 원소가 0인 행은 모두 행렬의 바닥에 모여 있다.

2. 그 외의 각 행에서 0이 아닌 첫 원소는 1이다. 이 원소를 선도 1이라고 부른다.

3. 첫 행 이후의 각 행에서 선도 1은 위의 행의 선도 1의 오른쪽에 위치한다.

(이것은 선도 1 아래의 모든 원소들이 0이라는 것을 의미한다)

다음 행렬들은 모두 사다리형이다.

$$\begin{bmatrix} 1 & -1 & 2 \\ 0 & 1 & 2 \\ 0 & 0 & 1 \end{bmatrix} \begin{bmatrix} 1 & 3 & -6 & 4 \\ 0 & 0 & 1 & 3 \\ 0 & 0 & 0 & 0 \end{bmatrix} \begin{bmatrix} 1 & 4 & 6 & 2 & 5 & 2 \\ 0 & 0 & 1 & 2 & 3 & 4 \\ 0 & 0 & 0 & 0 & 1 & 6 \end{bmatrix}$$

기약 사다리형과 사다리형의 차이는 기약 사다리형에서는 선도 1의 위와 아래의 원소들이 모두 0인 반면, 사다리형에서는 단지 선도 1의 아래에 있는 원소들만 0이다.

가우스 소거법의 알고리즘은 다음과 같다.

가우스 소거법

1. 선형방정식계의 첨가행렬을 만든다.
2. 기본 행연산을 사용하여 첨가행렬의 사다리형을 구한다. 이것은 첫 번째 열로 시작하여 한 열씩 차례로 선도 1을 만들고 각 선도 1의 아래쪽을 모두 영으로 만들어서 구할 수 있다.
3. 이 사다리형에 대응하는 방정식을 쓴다.
4. 역대입(back substitution)을 사용하여 해를 구한다.

다음의 예로 이 방법을 설명해보자.

예제 1

다음 선형방정식계를 가우스 소거법을 사용하여 풀어라.

$$\begin{aligned} x_1 + 2x_2 + 3x_3 + 2x_4 &= -1 \\ -x_1 - 2x_2 - 2x_3 + x_4 &= 2 \\ 2x_1 + 4x_2 + 8x_3 + 12x_4 &= 4 \end{aligned}$$

풀이

첨가행렬에서 첫 번째 열의 축(pivot) 아래에 영들을 만든다.

$$\begin{bmatrix} \textcircled{1} & 2 & 3 & 2 & -1 \\ -1 & -2 & -2 & 1 & 2 \\ 2 & 4 & 8 & 12 & 4 \end{bmatrix} \underset{\substack{R2 + R1 \\ R3 + (-2)R1}}{\approx} \begin{bmatrix} 1 & 2 & 3 & 2 & -1 \\ 0 & 0 & \textcircled{1} & 3 & 1 \\ 0 & 0 & 2 & 8 & 6 \end{bmatrix}$$

이 단계에서는 축 아래에만 0을 만든다.

$$\underset{R3 + (-2)R2}{\approx} \begin{bmatrix} 1 & 2 & 3 & 2 & -1 \\ 0 & 0 & 1 & 3 & 1 \\ 0 & 0 & 0 & \textcircled{2} & 4 \end{bmatrix} \underset{(1/2)\,R3}{\approx} \begin{bmatrix} 1 & 2 & 3 & 2 & -1 \\ 0 & 0 & 1 & 3 & 1 \\ 0 & 0 & 0 & 1 & 2 \end{bmatrix}$$

사다리형

이제 사다리형이 얻어졌다.
이에 대응하는 방정식은 아래와 같다.

$$\begin{aligned} x_1 + 2x_2 + 3x_3 + 2x_4 &= -1 \\ x_3 + 3x_4 &= 1 \\ x_4 &= 2 \end{aligned}$$

사다리형을 만들기 위해 이런 방식으로 행연산들을 수행하는 효과는 방정식에서 변수들을 소거하는 것과 같음을 관찰하라. 이것을 **전진소거**(forward elimination)라고 부른다. 이제 이 방정식은 **역대입**(back substitution)에 의해 풀 수 있다[**전진경로**(forward pass)와 **후진경로**(backward pass)]라는 용어를 사용하기도 한다). x_4의 값을 두 번째 방정식에 대입하여 x_3의 값을 구한 다음, x_3와 x_4의 값을 첫 번째 방정식에 대입하여 x_1의 값을 구한다. 계산하면

$$\begin{aligned} x_3 + 3(2) &= 1, \\ x_3 &= -5 \end{aligned}$$

이 되고, $x_4 = 2$와 $x_3 = -5$를 첫 번째 방정식에 대입하면

$$\begin{aligned} x_1 + 2x_2 + 3(-5) + 2(2) &= -1, \\ x_1 + 2x_2 &= 10, \\ x_1 &= -2x_2 + 10 \end{aligned}$$

이 된다. $x_2 = r$이라 놓자. 이 방정식은 많은 해들을 갖는다. 이 해들은 다음과 같다.

$$x_1 = -2r + 10, x_2 = r, x_3 = -5, x_4 = 2$$

변수들의 전진소거는 행렬과 기본 행연산을 사용하여 수행된다. 역대입 역시 행렬을 사용하여 수행될 수 있다. 최종 행렬은 계의 기약 사다리형이 된다. 이런 방식으로 수행되는 역대입은 컴퓨터상에서 구현될 수 있다. 이제 앞의 예제의 방정식계에 대해서 이 방법을 설명한다.

예제 2

다음 선형방정식계를 가우스 소거법으로 풀어라. 단, 행렬을 사용한 역대입을 사용하라.

$$\begin{aligned} x_1 + 2x_2 + 3x_3 + 2x_4 &= -1 \\ -x_1 - 2x_2 - 2x_3 + x_4 &= 2 \\ 2x_1 + 4x_2 + 8x_3 + 12x_4 &= 4 \end{aligned}$$

풀이

앞의 예제에서와 같이 다음의 사다리형을 얻는다.

$$\begin{bmatrix} 1 & 2 & 3 & 2 & -1 \\ -1 & -2 & -2 & 1 & 2 \\ 2 & 4 & 8 & 12 & 4 \end{bmatrix} \approx \cdots \approx \underset{\text{사다리형}}{\begin{bmatrix} 1 & 2 & 3 & 2 & -1 \\ 0 & 0 & 1 & 3 & 1 \\ 0 & 0 & 0 & 1 & 2 \end{bmatrix}}$$

이것이 방정식으로부터 변수들을 전진 소거하는 끝 부분이다. 이제부터 행렬을 사용하여 역대입을 시작한다.

$$\begin{bmatrix} 1 & 2 & 3 & 2 & -1 \\ 0 & 0 & 1 & 3 & 1 \\ 0 & 0 & 0 & ① & 2 \end{bmatrix} \underset{\substack{R1 + (-2)R3 \\ R2 + (-3)R3}}{\approx} \begin{bmatrix} 1 & 2 & 3 & 0 & -5 \\ 0 & 0 & ① & 0 & -5 \\ 0 & 0 & 0 & 1 & 2 \end{bmatrix}$$

(3행의 선도 1 위쪽에 영을 생성한다.
이는 방정식 3의 x_4의 값을 방정식 1과 2
에 대입하는 것과 같다.)

$$\underset{R1 + (-3)R2}{\approx} \begin{bmatrix} 1 & 2 & 0 & 0 & 10 \\ 0 & 0 & 1 & 0 & -5 \\ 0 & 0 & 0 & 1 & 2 \end{bmatrix}$$

(2행의 선도 1위에 영을 생성한다.
이는 방정식 2의 x_3의 값을
방정식 1에 대입하는 것과 같다.)

이 행렬은 원래의 첨가행렬의 기약 사다리형이다. 이에 대응하는 방정식계는

$$\begin{aligned} x_1 + 2x_2 \qquad\qquad &= 10 \\ x_3 \qquad &= -5 \\ x_4 &= 2 \end{aligned}$$

이다. $x_2 = r$로 놓으면 앞에서와 마찬가지로 다음 해를 얻는다.

$$x_1 = -2r + 10, \quad x_2 = r, \quad x_3 = -5, \quad x_4 = 2$$

가우스-요르단 소거와 가우스 소거의 비교

일반적으로 가우스 소거법이 보다 작은 회수의 덧셈과 곱셈이 수행된다는 점에서 가우스-요르단 소거법보다 더 효율적이다. 역대입을 하는 동안에 가우스 소거법의 장점이 잘 드러난다. 앞의 예제의 경우 가우스-요르단 소거법에 비해 가우스 소거법이 어떻게 연산 횟수를 2회 줄이는지를 알아본다. 행렬을 기약 사다리형으로 바꾸는 마지막 변환과정을 살펴보자.

$$\begin{bmatrix} 1 & 2 & 3 & 0 & -5 \\ 0 & 0 & 1 & 0 & -5 \\ 0 & 0 & 0 & 1 & 2 \end{bmatrix} \underset{R1 + (-3)R2}{\approx} \begin{bmatrix} 1 & 2 & 0 & 0 & 10 \\ 0 & 0 & 1 & 0 & -5 \\ 0 & 0 & 0 & 1 & 2 \end{bmatrix}$$

이 변환의 목표는 (1, 3)의 위치에 0을 하나 만드는 것이다. 사실 (1, 3)에 위치한 3을 0으로 바꾸기 위해서는 어떠한 산술연산도 할 필요가 없다. 왜냐하면 사람이나 컴퓨터는 미리 그 원소가 0이 될 것을 알고 있기 때문이다. (1, 4)에 위치한 0은 변하지 않기 때문에 거기에도 산술연산을 수행할 필요가 없다. 행연산 **R**1 + (− 3)**R**2는 사실상 두 번의 산술연산만을 사용한다. 즉, (1, 5)에 위치한 −5를 10으로 바꾸는 데 필요한 곱셈과 덧셈의 산술연산을 각각 한 번씩만 사용한다.

$$\underset{\substack{\uparrow\\ \text{덧셈}}}{-5 +} \underset{\substack{\uparrow\\ \text{곱셈}}}{(-3)(-5)} = 10$$

반면에, 가우스-요르단 소거법에서 (1, 3)의 위치에 0이 만들어질 때는 (1, 4) 위치의 원소와 (1, 5) 위치의 원소가 모두 바뀌며, 각각의 변환과정에는 2회의 연산, 즉 한 번의 덧셈과 한 번의 곱셈이 수행된다. (1, 4) 위치의 원소를 바꾸기 위한 이 2회의 연산은 가우스-요르단 소거법에서 필요한 추가적인 연산이다.

가우스 소거법을 좀 더 큰 방정식에 적용하면 역대입을 수행하는 동안에 좀 더 많은 연산을 줄일 수 있다. 이러한 연산횟수의 감소는 컴퓨터의 계산시간을 줄여줄 뿐만 아니라 최종적인 해의 정확성을 증가시킨다. 각각의 산술연산에는 컴퓨터의 반올림 오차가 있을 가능성이 있다. 대규모의 방정식계에서 가우스-요르단 소거법은 가우스 소거법보다 거의 50% 가량의 산술연산을 더 포함한다(다음 표를 보라).

유일해를 갖는 $n \times n$ 방정식계에 대한 연산횟수

	곱셈횟수	**덧셈횟수**
가우스-요르단 소거	$\frac{n^3}{2} + \frac{n^2}{2} \approx \frac{n^3}{2}$ (n이 큰 경우)	$\frac{n^3}{2} - \frac{n}{2} \approx \frac{n^3}{2}$
가우스 소거	$\frac{n^3}{3} + n^2 - \frac{n}{3} \approx \frac{n^3}{3}$	$\frac{n^3}{3} + \frac{n^2}{2} - \frac{5n}{6} \approx \frac{n^3}{3}$

반면에 가우스-요르단 소거법은 손으로 하는 계산에서는 좀 더 간편하다는 장점이 있다. 이 소거법은 작은 계에서는 적용하기가 더 쉽다. 이 과목에서 손으로 선형방정식계를 풀 때 사용하는 방법이기도 하다.

가우스-요르단 소거법과 가우스 소거법을 사용하여 유일해를 갖는 n개 변수의 n개의 선형방정식의 계를 푸는 데 필요한 총 연산횟수의 공식들을 논하면서 이 절을 마무리한다. 곱셈과 나눗셈을 곱셈으로 간주하고 덧셈과 뺄셈을 덧셈으로 간주하기로 하자. 만일 방정식의 수가 많고 n이 큰 수라면 위의 공식에서 가장 높은 차수 n을 가진 항이 다른 항들보다 우월하다. 가우스-요르단 소거법에 의한 총 연산횟수는 거의 n^3인 반면, 가우스 소거법에 의한 총 연산횟수는 거의 $2n^3/3$이다. 이와 같이 가우스 소거법은 가우스-요르단 소거법보다 거의 50% 정도 더 효과적이다.

이제 가우스-요르단 소거법의 총 연산횟수에 대한 위의 공식을 도출해 보자. 가우스 소거법의 총 연산횟수에 대한 공식의 도출은 연습문제로 남긴다. 행렬의 일반 원소들을 $*$로 표시하고 행 교환은 없다고 가정한다. 한 성분이 1이나 0이 될 것을 알고 있다면 산술연산을 수행하지 않고 직접 그 값으로 대체한다는 것을 기억하라. 예를 들어 선도 1이 만들어지는 위치에서는 어떤 연산도 행해지지 않는다. 방정식계의 $n \times (n + 1)$ 첨가행렬로부터 시작하여 아래와 같은 결과를 얻을 수 있다.

$$
n\text{개의 행}\left\{\overbrace{\begin{bmatrix} * & * & \cdots & * \\ * & * & \cdots & * \\ \vdots & \vdots & & \vdots \\ * & * & \cdots & * \end{bmatrix}}^{n\,+\,1\text{개의 열}}\right.
\underset{\text{곱셈 }n\text{번}}{\approx}
\begin{bmatrix} 1 & * & \cdots & * \\ * & * & \cdots & * \\ \vdots & \vdots & & \vdots \\ * & * & \cdots & * \end{bmatrix}
\underset{\substack{\text{곱셈 }n\text{번}\\ \text{덧셈 }n\text{번}\\ \text{(행마다)}}}{\approx}
\begin{bmatrix} 1 & * & \cdots & * \\ 0 & * & \cdots & * \\ \vdots & \vdots & & \vdots \\ 0 & * & \cdots & * \end{bmatrix}
$$

$$
\underset{\text{곱셈 }n-1\text{번}}{\approx}
\begin{bmatrix} 1 & * & \cdots & * \\ 0 & 1 & \cdots & * \\ \vdots & \vdots & & \vdots \\ 0 & * & \cdots & * \end{bmatrix}
\underset{\substack{\text{곱셈 }n-1\text{번}\\ \text{덧셈 }n-1\text{번}\\ \text{(행마다)}}}{\approx}
\begin{bmatrix} 1 & 0 & \cdots & * \\ 0 & 1 & \cdots & * \\ \vdots & \vdots & & \vdots \\ 0 & 0 & \cdots & * \end{bmatrix}
$$

$$
\underset{\text{곱셈 1번}}{\approx \cdots \approx}
\begin{bmatrix} 1 & 0 & \cdots & * & * \\ 0 & 1 & \cdots & * & * \\ \vdots & \vdots & \cdots & \vdots & \vdots \\ 0 & 0 & \cdots & 1 & * \end{bmatrix}
\underset{\substack{\text{곱셈 1번}\\ \text{덧셈 1번}\\ \text{(행마다)}}}{\approx}
\begin{bmatrix} 1 & 0 & \cdots & 0 & * \\ 0 & 1 & \cdots & 0 & * \\ \vdots & \vdots & \cdots & \vdots & \vdots \\ 0 & 0 & \cdots & 1 & * \end{bmatrix}
$$

이제 위의 연산횟수들을 더한다. 위의 방식으로 '행마다' 영이 만들지는 데 포함되는 행의 수가 $(n - 1)$개라는 것을 기억하라. 처음 n개의 정수들의 합을 구하는 다음의 공식을 사용하자.

$$[n + (n - 1) + \cdots + 1] = \frac{n(n + 1)}{2}$$

곱셈의 총 횟수

$$= \underbrace{[n + (n + 1) + \cdots + 1]}_{\text{선도 1을 만들기 위해}} + \underbrace{(n - 1)[n + (n - 1) + \cdots + 1]}_{\text{영을 만들기 위해}}$$

$$= n[n + (n - 1) + \cdots + 1] = n\left[\frac{n(n + 1)}{2}\right] = \frac{n^3}{2} + \frac{n^2}{2}$$

덧셈의 총 횟수

$$= (n - 1)[n + (n + 1) + \cdots + 1] = (n - 1)\left[\frac{n(n + 1)}{2}\right] = \frac{n^3}{2} - \frac{n}{2}$$

연습문제 7.1

사다리형

1. 다음의 각 행렬이 사다리형인지 아닌지를 판별하라.

(a) $\begin{bmatrix} 1 & 2 & 1 \\ 0 & 1 & 3 \\ 0 & 0 & 0 \end{bmatrix}$ **(b)** $\begin{bmatrix} 1 & 2 & 3 & 4 \\ 0 & 0 & 1 & 0 \\ 0 & 0 & 0 & 1 \end{bmatrix}$

(c) $\begin{bmatrix} 1 & 5 & 6 & 2 \\ 0 & 1 & 0 & 4 \\ 0 & 0 & 1 & 2 \end{bmatrix}$ **(d)** $\begin{bmatrix} 1 & 7 & 6 & 2 \\ 0 & 0 & 1 & 8 \\ 0 & 0 & 1 & 4 \\ 0 & 0 & 0 & 1 \end{bmatrix}$

2. 다음의 각 행렬이 사다리형인지 아닌지를 판별하라.

(a) $\begin{bmatrix} 1 & 0 & 0 & 3 & 0 \\ 0 & 0 & 1 & 2 & 0 \\ 0 & 0 & 0 & 0 & 1 \end{bmatrix}$ (b) $\begin{bmatrix} 1 & 2 & 4 & 6 \\ 0 & 0 & 1 & 2 \\ 0 & 1 & 3 & 3 \\ 0 & 0 & 0 & 1 \end{bmatrix}$

(c) $\begin{bmatrix} 1 & 3 & 4 & 2 & 3 \\ 0 & 0 & 2 & 5 & 1 \\ 0 & 0 & 0 & 1 & 4 \\ 0 & 0 & 0 & 0 & 6 \end{bmatrix}$ (d) $\begin{bmatrix} 1 & -1 & 4 & 6 \\ 0 & 0 & 1 & 3 \\ 0 & 0 & 0 & 0 \\ 0 & 0 & 0 & 1 \end{bmatrix}$

가우스 소거

문제 [3~6]의 방정식계들을 가우스 소거법을 사용하여 풀어라.

(a) 방정식을 사용하여 역대입을 수행하라.

(b) 행렬을 사용하여 역대입을 수행하라.

3. $$\begin{aligned} x_1 - x_2 - x_3 &= 2 \\ x_1 - x_2 + x_3 &= 2 \\ 3x_1 - 2x_2 + x_3 &= 5 \end{aligned}$$

4. $$\begin{aligned} x_1 - x_2 - x_3 &= 2 \\ x_1 - x_2 + x_3 &= 2 \\ 3x_1 - 2x_2 + x_3 &= 5 \end{aligned}$$

5. $$\begin{aligned} x_1 - x_2 + 2x_3 &= 3 \\ 2x_1 - 2x_2 + 5x_3 &= 4 \\ x_1 + 2x_2 - x_3 &= -3 \\ 2x_2 + 2x_3 &= 1 \end{aligned}$$

6. $$\begin{aligned} x_1 - x_2 + x_3 + 2x_4 - 2x_5 &= 1 \\ 2x_1 - x_2 - x_3 + 3x_4 - x_5 &= 3 \\ -x_1 - x_2 + 5x_3 \qquad - 4x_5 &= -3 \end{aligned}$$

기타 결과

7. 5개의 변수의 4개의 방정식들의 계를 고려하자. 일반적으로 이 방정식들을 풀기 위해서 가우스 소거법을 사용하면 가우스-요르단 소거법을 사용하는 것보다 얼마나 많은 산술연산이 절약될 수 있겠는가? 연산이 어디서 절약되는가?

8. 6개의 변수의 4개의 방정식들의 계를 푸는 데 있어서 가우스 소거법과 가우스-요르단 소거법을 비교해 보라. 가우스 소거 수행 중에 어디서 연산이 절약되는가?

9. 행렬은 하나 이상의 사다리형을 가질 수 있는가?(**힌트** 2 × 3행렬을 두 개의 서로 다른 행연산 과정을 통해 사다리형으로 만들어 보라.)

10. 유일해를 갖는 n개 변수의 n개의 선형방정식들의 계를 고려하자. 가우스 소거에 의해 사다리형을 얻기까지 $n^3/3 + n^2/2 + n/6$번의 곱셈과 $n^3/3 - n/3$번의 덧셈이 포함됨을 보여라. 그 다음 기약 사다리형을 얻기 위해서 $n^2/2 - n/2$번의 곱셈과 $n^2/2 - n/2$번의 덧셈이 더 필요함을 보여라. 이와 같이 가우스 소거를 사용하여 방정식계를 풀기 위해서는 총 $n^3/3 + n^2 - n/3$번의 곱셈과 $n^3/3 + n^2/2 - 5n/6$번의 덧셈을 수행해야 한다(제곱들의 합에 대한 공식은 $n^2 + (n-1)^2 + \cdots + 1 = [n(n+1)(2n+1)]/6$이다).

11. 유일해를 갖는 n개 변수의 n개의 선형방정식들의 계를, 각각 가우스-요르단 소거와 가우스 소거로 푸는 과정에서 필요한 곱셈의 횟수와 덧셈의 횟수를 보여주는 표를 2부터 10까지의 n에 대해서 작성하라.

*7.2 LU 분해법

일부 선형방정식계를 푸는 방법으로 LU 분해법이 있는데, 이 방법은 컴퓨터에서 폭넓게 사용되고 있다. 이 방법은 계수행렬을 **아랫삼각행렬**(lower triangular matrix) L과 **윗삼각행렬**(upper triangular matrix) U의 곱으로 나타내는 것을 포함한다. 아랫삼각행렬은 주대각선의 위쪽에 모든 원소가 0인 정방행렬이고, 윗삼각행렬은 주대각선의 아래쪽의 모든 원소가 0인 정방행렬임을 상기하자. 다음은 아랫삼각행렬과 윗삼각행렬의 예이다.

$$\begin{bmatrix} 2 & 0 & 0 & 0 \\ 3 & -1 & 0 & 0 \\ 5 & 2 & 7 & 0 \\ 4 & 0 & -2 & 8 \end{bmatrix} \qquad \begin{bmatrix} 8 & 2 & 5 & -3 \\ 0 & 2 & 9 & 1 \\ 0 & 0 & -4 & 2 \\ 0 & 0 & 0 & 7 \end{bmatrix}$$

아랫삼각행렬 윗삼각행렬

계수들이 삼각행렬을 이루는 방정식계는 특히 쉽게 풀 수 있다. 만일 행렬이 아랫삼각이면 전진대입이라 불리는 방법이 사용된다. 만일 행렬이 윗삼각이면 가우스 소거에서 사용된 역대입이 쓰인다. LU **분해법**(LU decomposition)은 먼저 아랫삼각 방정식계를 풀고 그 다음 윗삼각 방정식계를 푸는 것을 포함한다. 다음의 예제들은 전진대입법과 역대입법을 보여준다. 그 다음 이 방법들을 LU 분해로 한데 묶을 것이다.

예제 1

아랫삼각 계수행렬을 갖는 다음 방정식계를 풀어라.

$$\begin{aligned} 2x_1 \qquad\qquad\quad &= 8 \\ x_1 + 3x_2 \qquad\; &= -2 \\ 4x_1 + 5x_2 - x_3 &= 3 \end{aligned}$$

풀이

이 방정식은 **전진대입**으로 푼다. 첫 번째 방정식에서 x_1 값을 얻는다. 이 값은 x_2 값을 얻기 위해 두 번째 방정식에 대입된다. 그리고 이들 x_1, x_2 값들은 x_3 값을 얻기 위해 세 번째 방정식에 대입된다.
즉, 첫 번째 방정식에서

$$\begin{aligned} 2x_1 &= 8, \\ x_1 &= 4 \end{aligned}$$

를 얻고 두 번째 방정식에서

$$\begin{aligned} x_1 + 3x_2 &= -2, \\ 4 + 3x_2 &= -2, \\ x_2 &= -2 \end{aligned}$$

를 얻는다. 세 번째 방정식에서

$$\begin{aligned} 4x_1 + 5x_2 - x_3 &= 3, \\ 16 - 10 - x_3 &= 3, \\ x_3 &= 3 \end{aligned}$$

이 된다. 해는 $x_1 = 4, x_2 = -2, x_3 = 3$이다.

예제 2

윗삼각 계수행렬을 갖는 다음 방정식계를 풀어라.

$$\begin{aligned} 2x_1 - x_2 + 4x_3 &= 0 \\ x_2 - x_3 &= 4 \\ 3x_3 &= -6 \end{aligned}$$

풀이

이 방정식은 **역대입**을 사용하여 푼다. 세 번째 방정식에서 x_3의 값을 얻는다. 이 값은 x_2

값을 얻기 위해 두 번째 방정식에 대입된다. 그리고 x_2와 x_3 값들은 x_1 값을 얻기 위해 첫 번째 방정식에 대입된다.
즉, 세 번째 방정식에서

$$\begin{aligned} 3x_3 &= -6, \\ x_3 &= -2 \end{aligned}$$

를 얻고, 두 번째 방정식에서

$$\begin{aligned} x_2 - x_3 &= 4, \\ x_2 + 2 &= 4, \\ x_2 &= 2 \end{aligned}$$

를 얻고, 첫 번째 방정식에서

$$\begin{aligned} 2x_1 - x_2 + 4x_3 &= 0, \\ 2x_1 - 2 \quad - \quad 8 &= 0, \\ x_1 &= 5 \end{aligned}$$

를 얻는다. 해는 $x_1 = 5, x_2 = 2, x_3 = -2$이다.

물론 전진대입과 역대입은 행렬에서 행연산을 사용하여 수행될 수 있다. 컴퓨터에서는 이렇게 구현된다.

정의 L이 아랫삼각행렬이고 U가 윗삼각행렬이라 하자. A가 $A = LU$의 형태로 인수분해 될 수 있는 정방행렬이라 할 때, 이런 인수분해를 A의 **LU 분해**(LU decomposition)라고 한다.

모든 행렬이 LU 분해를 갖는 것은 아니며 LU 분해가 존재해도 유일하지 않다(연습문제를 보라). A가 LU 분해를 가진 선형방정식계일 경우 이것을 푸는 방법을 알아보자.

LU 분해법

$AX = B$가 n개 변수의 n개의 방정식들의 계라 하자. A가 LU 분해, $A = LU$를 갖는다고 하면 이 방정식계는 다음과 같이 쓸 수 있다.

$$LUX = B$$

LU 분해법에서는 이 방정식계를 하나는 아랫삼각이고 다른 하나는 윗삼각인 두 개의 하위계로 분해한다.

$$\begin{aligned} UX &= Y \\ LY &= B \end{aligned}$$

첫 번째 식을 두 번째 식의 Y 대신 대입하면 원래의 식 $LUX = B$가 얻어짐을 관찰하라. 실제로는 $LY = B$를 풀어서 Y를 먼저 구한 다음 다시 $UX = Y$를 풀어서 해 X를 구하게 된다. 이제 이 단계들을 정리해 보자.

$AX = B$의 해

1. A의 LU 분해를 구한다.
   (만일 A의 LU 분해가 없는 경우 이 방법은 적용될 수 없다)
2. 전진대입으로 $LY = B$를 푼다.
3. 역대입으로 $LX = Y$를 푼다.

이 방법의 핵심은 물론 계수행렬 A가 LU 분해될 수 있어야 한다는 것이다. **행의 상수배를 다른 행에 더하는** 연이은 행연산을 사용하여 A를 윗삼각행렬 U로 변환하는 것이 가능하다고 가정하자. $n \times n$ 행렬 A에서 j행의 c배를 k행에 더하는 행연산은 행렬곱 EA로 나타낼 수 있다. 여기서 E는 행렬 I_n의 원소 i_{kj}를 c로 바꾼 행렬이다. E는 **기본행렬**임을 기억하라(2.4절). 이제 행렬연산들이 기본행렬 $E_1, \ldots, E_k$에 의해 표현된다고 하자. 그러면

$$E_k \ldots E_1 A = U$$

이 된다. 각 기본행렬들은 가역임을 알고 있다. 이 등식의 양변에 $E_1^{-1} \ldots E_k^{-1}$을 곱하면 다음 식을 얻는다.

$$A = E_1^{-1} \ldots E_k^{-1} U$$

각 기본행렬은 아랫삼각행렬이다. 아랫삼각행렬의 역은 아랫삼각행렬이고 아랫삼각행렬들의 곱도 역시 아랫삼각행렬임을 보일 수 있다(연습문제 참조). 이에 따라, $L = E_1^{-1} \ldots E_k^{-1}$이라 놓으면 $A = LU$가 된다.

예제 3

다음 방정식계를 LU 분해를 사용하여 풀어라.

$$\begin{aligned} 2x_1 + x_2 + 3x_3 &= -1 \\ 4x_1 + x_2 + 7x_3 &= 5 \\ -6x_1 - 2x_2 - 12x_3 &= -2 \end{aligned}$$

풀이

계수행렬 A를 아래와 같이 주대각선 아래를 영으로 만들어 윗삼각형태 U로 변환하자.

$$\overset{A}{\begin{bmatrix} 2 & 1 & 3 \\ 4 & 1 & 7 \\ -6 & -2 & -12 \end{bmatrix}} \underset{R2 - 2R1}{\approx} \begin{bmatrix} 2 & 1 & 3 \\ 0 & -1 & 1 \\ -6 & -2 & -12 \end{bmatrix}$$

$$\underset{R3 + 3R1}{\approx} \begin{bmatrix} 2 & 1 & 3 \\ 0 & -1 & 1 \\ 0 & 1 & -3 \end{bmatrix} \underset{R3 + R2}{\approx} \overset{U}{\begin{bmatrix} 2 & 1 & 3 \\ 0 & -1 & 1 \\ 0 & 0 & -2 \end{bmatrix}}$$

이 행연산들에 해당하는 기본행렬들은 아래와 같다.

$$\begin{array}{ccc} \text{R2} - \text{2R1} & \text{R3} + \text{3R1} & \text{R3} + \text{R2} \\ E_1 = \begin{bmatrix} 1 & 0 & 0 \\ -2 & 1 & 0 \\ 0 & 0 & 1 \end{bmatrix}, & E_2 = \begin{bmatrix} 1 & 0 & 0 \\ 0 & 1 & 0 \\ 3 & 0 & 1 \end{bmatrix}, & E_3 = \begin{bmatrix} 1 & 0 & 0 \\ 0 & 1 & 0 \\ 0 & 1 & 1 \end{bmatrix} \end{array}$$

이 행렬들의 역행렬은

$$E_1^{-1} = \begin{bmatrix} 1 & 0 & 0 \\ 2 & 1 & 0 \\ 0 & 0 & 1 \end{bmatrix}, \quad E_2^{-1} = \begin{bmatrix} 1 & 0 & 0 \\ 0 & 1 & 0 \\ -3 & 0 & 1 \end{bmatrix}, \quad E_3^{-1} = \begin{bmatrix} 1 & 0 & 0 \\ 0 & 1 & 0 \\ 0 & -1 & 1 \end{bmatrix}$$

이로부터 다음을 얻는다.

$$L = E_1^{-1} E_2^{-1} E_3^{-1} = \begin{bmatrix} 1 & 0 & 0 \\ 2 & 1 & 0 \\ -3 & -1 & 1 \end{bmatrix}$$

따라서

$$A = \overset{L}{\begin{bmatrix} 1 & 0 & 0 \\ 2 & 1 & 0 \\ -3 & -1 & 1 \end{bmatrix}} \overset{U}{\begin{bmatrix} 2 & 1 & 3 \\ 0 & -1 & 1 \\ 0 & 0 & -2 \end{bmatrix}}$$

이제 위에서 얻어진 두 개의 하위계 $LY = B$와 $UX = Y$를 풀어서 주어진 계 $LUX = B$를 풀어보자. 먼저

$$LY = B: \begin{bmatrix} 1 & 0 & 0 \\ 2 & 1 & 0 \\ -3 & -1 & 1 \end{bmatrix} \begin{bmatrix} y_1 \\ y_2 \\ y_3 \end{bmatrix} = \begin{bmatrix} -1 \\ 5 \\ -2 \end{bmatrix}$$

에서, 이 아랫삼각계의 해는 $y_1 = -1, y_2 = 7, y_3 = 2$이다. 다음

$$UX = Y: \begin{bmatrix} 2 & 1 & 3 \\ 0 & -1 & 1 \\ 0 & 0 & -2 \end{bmatrix} \begin{bmatrix} x_1 \\ x_2 \\ x_3 \end{bmatrix} = \begin{bmatrix} -1 \\ 7 \\ 2 \end{bmatrix}$$

에서, 이 윗삼각계의 해는 $x_1 = 5, x_2 = -8, x_3 = -1$이다.

그러므로 주어진 방정식계의 해는 $x_1 = 5, x_2 = -8, x_3 = -1$이다. ■

위의 예제를 주의깊게 분석하면 윗삼각형태로 만들어주는 행연산들에 대한 지식으로부터 직접 *LU* 분해에 이르는 다음의 방법을 얻을 수 있다.

행렬의 *LU* 분해 만들기

1. *U*에 도달할 때까지 행연산을 수행한다.

(이 행연산은 행의 상수배를 다른 행에 더하는 것이다. 일반적으로, U에 도달하기 위해 행 교환이 필요하다면 LU 형태가 존재하지 않는다.)

2. L의 대각원소들은 모두 1이다.
   L의 영이 아닌 원소들은 행연산에 대응한다.
   행연산 $R_k + cR_j$는 $l_{kj} = -c$를 의미한다.

이제 L과 U를 구하는 방법의 이해를 강화하기 위해 두 번째 예를 제시한다.

예제 4

다음의 방정식계를 LU 분해를 사용하여 풀어라.

$$\begin{aligned} x_1 - 3x_2 + 4x_3 &= 12 \\ -x_1 + 5x_2 - 3x_3 &= -12 \\ 4x_1 - 8x_2 + 23x_3 &= 58 \end{aligned}$$

풀이

계수행렬 A를 다음과 같이 주대각선의 아래를 영으로 만들어 윗삼각형태 U로 변환한다.

$$\begin{bmatrix} 1 & -3 & 4 \\ -1 & 5 & -3 \\ 4 & -8 & 23 \end{bmatrix} \underset{\substack{R2 + R1 \\ R3 - 4R1}}{\approx} \begin{bmatrix} 1 & -3 & 4 \\ 0 & 2 & 1 \\ 0 & 4 & 7 \end{bmatrix} \underset{R3 - 2R2}{\approx} \begin{bmatrix} 1 & -3 & 4 \\ 0 & 2 & 1 \\ 0 & 0 & 5 \end{bmatrix}$$

이 행연산들은 다음과 같은 A의 LU 분해를 준다.

$$A = \begin{bmatrix} 1 & 0 & 0 \\ -1 & 1 & 0 \\ 4 & 2 & 1 \end{bmatrix} \begin{bmatrix} 1 & -3 & 4 \\ 0 & 2 & 1 \\ 0 & 0 & 5 \end{bmatrix}$$

이제 두 하위계 $LY = B$와 $LX = Y$를 풀어서 주어진 식 $LUX = B$를 푼다.

$$LY = B: \begin{bmatrix} 1 & 0 & 0 \\ -1 & 1 & 0 \\ 4 & 2 & 1 \end{bmatrix} \begin{bmatrix} y_1 \\ y_2 \\ y_3 \end{bmatrix} = \begin{bmatrix} 12 \\ -12 \\ 58 \end{bmatrix}$$

이 아랫삼각계의 해는 $y_1 = 12, y_2 = 0, y_3 = 10$이다.

$$UX = Y: \begin{bmatrix} 1 & -3 & 4 \\ 0 & 2 & 1 \\ 0 & 0 & 5 \end{bmatrix} \begin{bmatrix} x_1 \\ x_2 \\ x_3 \end{bmatrix} = \begin{bmatrix} 12 \\ 0 \\ 10 \end{bmatrix}$$

이 윗삼각계의 해는 $x_1 = 1, x_2 = -1, x_3 = 2$이다.

그러므로 주어진 방정식계의 해는 $x_1 = 1, x_2 = -1, x_3 = 2$이다. ■

수치적인 논의

이 LU 분해법은 행의 상수배를 다른 행에 더하는 행연산들을 이용해서 윗삼각형태 U로 변환시킬 수 있는, 어떠한 n개 변수의 n개의 방정식들의 계 $AX = B$에도 적용될 수 있다. 일반적으로, 윗삼각형태에 이르기 위해 행을 교환해야 한다면 그 행렬은 LU 분해가 불가능하므로 이 방법이 사용될 수 없다.

LU 분해를 이용해서 방정식계를 푸는 데 필요한 산술연산들의 총 횟수는 가우스 소거에 필요한 연산들의 총 횟수와 정확하게 같다. 그러나 똑같은 계수행렬을 갖는 많은 방정식계에서, 우변이 사전에 한꺼번에 주어져 있지 않은 경우에는 LU 분해법이 가장 효율적인 해법이 된다. 이런 경우 인수분해는 $(4n^3 - 3n^2 - n)/6$ 회의 산술연산들을 사용하여 단지 한 번만 실행하면 되고, 두 삼각 방정식계들의 해는 방정식계당 $2n^2 - n$ 회의 산술연산만으로 구할 수 있다. 이는 가우스 소거법이 우변이 주어질 때마다 매번 $(4n^3 + 9n^2 - 7n)/6$ 회의 산술연산들을 해야 하는 것과 비교된다.

컴퓨터로 방정식계를 풀 때 LU 분해가 가우스 소거보다 더 널리 사용되는 이유는 행렬의 LU 분해가 여러 형태의 계산에 유용하기 때문이다.

만일 $A = LU$이면

$$A^{-1} = (LU)^{-1} = U^{-1}L^{-1} \text{와 } |A| = |LU| = |L||U|$$

이 된다. 삼각행렬의 역행렬은 아주 효율적으로 계산될 수 있고 삼각행렬의 행렬식은 삼각행렬의 대각원소들의 곱이다. 실제로 이러한 행렬 함수들 중 어느 것이든지 일단 L과 U를 사용해서 계산되었다면, 이 행렬들은 이후에 다른 행렬 함수들을 계산하는 데에도 사용될 수 있다. 예를 들어 만일 위의 방법대로 $|A|$를 계산했다면, L과 U를 알고 있을 것이고 그것은 식 $AX = B$를 풀기 위한 아주 효과적인 출발점을 제공한다.

예를 들면, 부록에서 논의될, 행렬 소프트웨어 패키지인 MATLAB(MathWorks, Inc.) LU는 분해를 광범위하게 활용하고 있다. MATLAB은 가장 강력한 과학/기술용 선형대수 수치해석 패키지 중 하나이다. 그 이름은 "matrix laboratory"를 의미한다.

연습문제 7.2

삼각 방정식계

문제 [1~3]에서 아랫삼각 방정식계를 풀어라.

1. $\begin{aligned} x_1 \qquad\qquad &= 1 \\ 2x_1 - x_2 \qquad &= -2 \\ 3x_1 + x_2 - x_3 &= 8 \end{aligned}$

2. $\begin{aligned} 2x_1 \qquad\qquad &= 4 \\ -x_1 + x_2 \qquad &= 1 \\ x_1 + x_2 + x_3 &= 5 \end{aligned}$

3. $\begin{aligned} x_1 \qquad\qquad\quad &= -2 \\ 3x_1 + x_2 \qquad\quad &= -5 \\ x_1 + 4x_2 + 2x_3 &= 4 \end{aligned}$

문제 [4~6]에서 윗삼각 방정식계를 풀어라.

4. $\begin{aligned} x_1 + x_2 + x_3 &= 3 \\ 2x_2 + x_3 &= 3 \\ 3x_3 &= 6 \end{aligned}$

5. $\begin{aligned} 2x_1 - x_2 + x_3 &= 3 \\ x_2 - 3x_3 &= -7 \\ x_3 &= 3 \end{aligned}$

6. $\begin{aligned} 3x_1 + 2x_2 - x_3 &= -6 \\ 2x_2 + 4x_3 &= 26 \\ x_3 &= 7 \end{aligned}$

행연산

7. $A = LU$라고 하자. 다음의 변환과정들은 U에 이르는 데 사용된 것들이다. 각 경우에 L을 구하라.

(a) $R_2 - R_1, R_3 + R_1, R_3 + R_2$

(b) $R_2 + 5R_1, R_3 - 2R_1, R_3 + 7R_2$

(c) $R_2 + \frac{1}{2}R_1, R_3 + \frac{1}{5}R_1, R_3 - R_2$

(d) $R_2 + 4R_1, R_3 - 2R_1, R_4 - 8R_1, R_3 - 2R_2, R_4 + 2R_2, R_4 - 6R_3$

8. $A = LU$라 할 때 아래의 각 L에 대하여 U에 이르는 데 사용된 행연산들을 말하라.

(a) $\begin{bmatrix} 1 & 0 & 0 \\ 2 & 1 & 0 \\ -3 & 5 & 1 \end{bmatrix}$ **(b)** $\begin{bmatrix} 1 & 0 & 0 \\ -1 & 1 & 0 \\ 4 & 2 & 1 \end{bmatrix}$

(c) $\begin{bmatrix} 1 & 0 & 0 \\ 0 & 1 & 0 \\ \frac{1}{7} & -\frac{3}{4} & 1 \end{bmatrix}$ **(d)** $\begin{bmatrix} 1 & 0 & 0 & 0 \\ -2 & 1 & 0 & 0 \\ 3 & 5 & 1 & 0 \\ 6 & 0 & -3 & 1 \end{bmatrix}$

LU 분해법

문제 [9~16]에서 LU 분해법을 사용하여 방정식계를 풀어라.

9. $$\begin{aligned} x_1 + 2x_2 - x_3 &= 2 \\ -2x_1 - x_2 + 3x_3 &= 3 \\ x_1 - x_2 - 4x_3 &= -7 \end{aligned}$$

10. $$\begin{aligned} 2x_1 + x_2 \quad &= 9 \\ 6x_1 + 4x_2 - x_3 &= 25 \\ 2x_1 + 4x_3 &= 20 \end{aligned}$$

11. $$\begin{aligned} 3x_1 - x_2 + x_3 &= 10 \\ -3x_1 + 2x_2 + x_3 &= -8 \\ 9x_1 + 5x_2 - 3x_3 &= 24 \end{aligned}$$

12. $$\begin{aligned} x_1 + 2x_2 + 3x_3 &= -5 \\ 2x_1 + 8x_2 + 7x_3 &= -9 \\ -x_1 + 14x_2 - x_3 &= 15 \end{aligned}$$

13. $$\begin{aligned} 4x_1 + x_2 + 2x_3 &= 18 \\ -12x_1 - 4x_2 - 3x_3 &= -56 \\ -5x_2 + 16x_3 &= -10 \end{aligned}$$

14. $$\begin{aligned} -2x_1 + 3x_3 &= 3 \\ -14x_1 + 3x_2 + 5x_3 &= 11 \\ 8x_1 + 9x_2 - 11x_3 &= 7 \end{aligned}$$

15. $$\begin{aligned} -2x_1 + 3x_3 &= 14 \\ -4x_1 + 3x_2 + 5x_3 &= 30 \\ 8x_1 + 9x_2 - 11x_3 &= -34 \end{aligned}$$

16. $$\begin{aligned} 2x_1 - 3x_2 + x_3 &= -5 \\ 4x_1 - 5x_2 + 6x_3 &= 2 \\ -10x_1 + 19x_2 + 9x_3 &= 55 \end{aligned}$$

문제 [17~19]에서 LU 분해법을 사용하여 방정식계를 풀어라.

17. $$\begin{aligned} 4x_1 + x_2 + 3x_3 &= 11 \\ 12x_1 + x_2 + 10x_3 &= 28 \\ -8x_1 - 16x_2 + 6x_3 &= -62 \end{aligned}$$

18. $$\begin{aligned} x_1 + 2x_2 - x_3 &= 2 \\ 2x_1 + 5x_2 + x_3 &= 3 \\ -x_1 - x_2 + 4x_3 &= -3 \end{aligned}$$

19. $$\begin{aligned} 4x_1 + x_2 - 2x_3 &= 3 \\ -4x_1 + 2x_2 + 3x_3 &= 1 \\ 8x_1 - 7x_2 - 7x_3 &= -2 \end{aligned}$$

문제 [20~21]에서 LU 분해법을 사용하여 방정식계를 풀어라.

20. $$\begin{aligned} x_1 + x_2 - x_3 + 2x_4 &= 7 \\ x_1 + 3x_2 + 2x_3 + 2x_4 &= 6 \\ -x_1 - 3x_2 - 4x_3 + 6x_4 &= 12 \\ 4x_2 + 7x_3 - 2x_4 &= -7 \end{aligned}$$

21. $$\begin{aligned} 2x_1 + x_3 - x_4 &= 6 \\ 6x_1 + 3x_2 + 2x_3 - x_4 &= 15 \\ 4x_1 + 3x_2 - 2x_3 + 3x_4 &= 3 \\ -2x_1 - 6x_2 + 2x_3 - 14x_4 &= 12 \end{aligned}$$

기타 결과

22. 아랫삼각행렬의 역도 역시 아랫삼각행렬임을 증명하라(존재한다면).

23. 두 아랫삼각행렬들의 곱도 아랫삼각임을 증명하라.

24. 다음 행렬 A의 서로 다른 LU 분해를 찾아내어, 행렬의 LU 분해가 (존재한다면) 유일하지 않음을 증명하라.

$$A = \begin{bmatrix} 6 & -2 \\ 12 & 8 \end{bmatrix}$$

25. 3×3 행렬의 2행과 3행의 교환을 수행해 주는 행렬 $E = \begin{bmatrix} 1 & 0 & 0 \\ 0 & 0 & 1 \\ 0 & 1 & 0 \end{bmatrix}$를 고려하자. E는 LU 분해를 가지지 않음을 보여라. 이 예는 모든 행렬을 LU의 형태로 쓸 수 있는 것은 아님을 보여준다.

26. $AX = B$가 $A = LU$이고 A가 3×3 행렬인 방정식계라 하자. 공식 $(4n^3 - 3n^2 - n)/6$에 의해 L과 U에 이르는 데 13회의 연산이 있었음을 알 수 있다. 이 중 L과 U를 계산하는 데 각각 몇 번의 연산이 사용되었겠는가? 다음 단계

로 $AX = B$를 푸는 데는 공식 $2n^2 - n$에 의해 15회의 연산이 필요함을 알 수 있다. $LY = B$를 푸는 데는 이 중 몇 회의 연산이 필요한가? 또 $UX = Y$를 푸는 데는 몇 회의 연산이 필요한가?

*7.3 방정식계를 풀 때의 실제적인 난점

이 과목에서는 선형방정식계들을 풀기 위한 가우스-요르단, 가우스, LU 분해와 같은 소거법의 사용에 대해서 논의하였고, 선형방정식계의 응용을 살펴보았다. 실제로 선형방정식계 $AX = B$에서 계수행렬 A와 상수행렬 B의 원소들은 종종 측정에 의해 얻어지는데, 그 값이 정확하게 주어지지 않는다. 이들 행렬의 원소들이 가지는 작은 오차들이 해에서의 큰 오차의 원인이 되어 매우 부정확한 결과를 줄 수 있다. 이 절에서는 그런 효과를 평가하는 방법과 그 오차들을 최소화하는 방법을 알아본다.

행렬의 조건수

정칙행렬은 이 과목의 논의에서 중요한 역할을 해왔다. 이제 정칙행렬의 거동, 특히 그것이 선형방정식계에 영향을 미치는 방식을 자세하게 살펴볼 때가 되었다. 이를 위해서 행렬 A의 조건수의 개념을 소개한다. 이 수는 행렬의 놈(크기) $\|A\|$을 이용하여 정의된다.

정의 A가 정칙행렬이라고 하자. A의 **조건수**(condition number)는 $c(A)$로 표기되고 다음과 같이 정의된다.

$$c(A) = \|A\| \, \|A^{-1}\|$$

만일 $c(A)$가 작으면 행렬 A는 **우량조건**(well-conditioned)을 가진다고 하고, $c(A)$가 크면 A는 **불량조건**(ill-conditioned)을 가진다고 한다.

이제 선형방정식계 $AX = B$의 해의 정확도를 나타내는 데 $c(A)$를 어떻게 사용할 수 있는지 알아보자. $AX = B$는 주어진 실험을 나타내는데, A와 B의 원소들은 측정에 의해 얻어지다고 가정하자. 이러한 데이터의 정확도는 기구의 정확도에 의존하는데, 꼭 맞는 경우는 드물다. A의 오차를 행렬 E로 나타내고 대응하는 X의 오차를 e로 나타내자. 그러면 $(A+E)(X+e) = B$가 된다. 벡터와 행렬들의 놈을 적절하게 선택하면 다음과 같이 됨을 보일 수 있다.

$$\frac{\|e\|}{\|X + e\|} \le c(A) \frac{\|E\|}{\|A\|}$$

그러므로 만일 $c(A)$가 작으면 A의 작은 오차는 X의 작은 오차를 초래하여 결과가 정확하다고 할 수 있다. 이런 경우 선형방정식계는 **우량조건**을 가졌다고 한다. 반면에 $c(A)$가 크면 A의 작은 오차들이 X의 큰 오차를 초래하여 부정확한 결과에 이르게 할 가능성이 있다. 이런 선형방정식계는 **불량조건**을 가졌다고 한다(큰 $c(A)$ 값은 경고일 뿐, 반드시 해에서 오차가 커진다는 것은 아니다).

만일 I가 단위행렬이라면

$$c(I) = 1 \text{이고 } c(A) \geq 1$$

이다(연습문제 참조). 그러므로 1은 조건수의 하한이다. 직관적으로 선형방정식계 $IX = B$를 최우량 성향을 갖는 방정식계라고 생각할 수 있다. 이러한 의미에서 $c(A)$가 작을수록 A가 I에 가까워지고 방정식계 $AX = B$는 더 우량하게 된다. 다른 방향에서 본다면 $c(A)$가 커질수록 A는 특이행렬에 가까워지고 문제들이 발생할 수 있다.

$c(A)$의 실제 값은 물론 A의 놈에 좌우된다. 보통 사용되는 놈은 소위 1-놈이라 불리는 것이다.

$$\|A\| = \max\{|a_{1j}| + \cdots + |a_{nj}|\} \text{ for } j = 1, \ldots, n$$

이 놈은 각 열의 원소들의 절대값을 더한 것 중 가장 큰 수이다. 좀 더 신뢰할 만한 다른 놈들이 있으나 덜 효율적이다. 1-놈은 신뢰성과 효율성이 잘 절충된 것이라고 볼 수 있다.

자연스럽게 "조건수로서 얼마나 큰 것이 큰 것인가?"라는 의문이 들 수 있다. 만일 $c(A)$가 $c(A) \approx 0.d \times 10^k$ 형태로 쓰인다면 위의 부등식은 다음을 의미한다.

$$\frac{\|e\|}{\|X + e\|} \leq 10^k \frac{\|E\|}{\|A\|}$$

이 부등식은 다음의 대략적인 규칙을 준다.

> 만일 $c(A) \approx 0.d \times 10^k$이면, X의 성분들은 대개 A의 원소들보다 k개 적은 유효자리수의 정확도를 갖는다고 예상할 수 있다.

그러므로 예를 들어, 만일 $c(A) \approx 100 = (0.1 \times 10^3)$이고 A의 원소들은 다섯 자리의 정확도를 갖는다고 알려져 있다면 X의 성분들은 단지 두 자리의 정확도를 가진다고 볼 수 있다. 많은 부분이 측정의 정확도와 요구되는 해의 정확도에 의존한다. 그러나 어떤 기준에 비추어 보더라도 $c(A) = 100$은 큰 값이라고 여겨진다.

$c(A)$와 관련된 이와 유사한 관계가 상수행렬 B의 오차와 해 X의 오차 사이에도 존재한다. 다음의 예에서 이러한 관계를 명확히 해보자.

예제 1

아래의 선형방정식계는 어떤 실험을 나타낸 것이다. 이 방정식계가 계수와 우변의 상수들의 변동에 민감하다는 것을 증명해보자.

$$\begin{aligned} 34.9x_1 + 23.6x_2 &= 234 \\ 22.9x_1 + 15.6x_2 &= 154 \end{aligned}$$

정확한 해는 $x_1 = 4$, $x_2 = 4$이다. 이제 조건수를 계산해 보자. 계수행렬과 그 행렬의 역은 다음과 같다.

$$A = \begin{bmatrix} 34.9 & 23.6 \\ 22.9 & 15.6 \end{bmatrix}, \quad A^{-1} = \begin{bmatrix} 3.9 & -5.9 \\ -5.725 & 8.725 \end{bmatrix}$$

각 놈은

$$\|A\| = \max\{(34.9 + 22.9), (23.6 + 15.6)\} = \max\{57.8, 39.2\} = 57.8$$
$$\|A^{-1}\| = \max\{(3.9 + 5.725), (5.9 + 8.725)\} = \max\{9.625, 14.625\} = 14.625$$

이다. 따라서

$$c(A) = \|A\|\,\|A^{-1}\| = 57.8 \times 14.625 = 845.325$$

이 수는 매우 크다. 따라서 이 방정식계는 불량조건을 가지며, 해가 부정확할 수 있다.

첫 번째 방정식에서 x_1의 계수를 34.9에서 34.8로 바꾸어 보자. 새로운 방정식의 해는 $x_1 = 6.5574$, $x_2 = 0.2459$이다! 이 방정식계는 우변 상수항의 약간의 변동에도 역시 민감하다. 예를 들어 첫 번째 상수항을 234에서 235로 바꾸면 새로운 해는 $x_2 = 7.9$, $x_2 = -1.725$이 된다.

이와 같은 경우에 의미 있는 결과를 얻기 위해서는 어떻게 해야 하는가? 가능하면 문제를 우량성향을 갖는 방정식계로 재구성해야 한다. 만일 이것이 가능하지 않다면 좀 더 정확한 데이터를 얻도록 노력해야만 한다. 즉, 좀 더 정확한 데이터를 가지고, 컴퓨터에서 배정밀도(double precision) 연산을 하고, 계산에서 발생하는 오차(반올림 오차)를 최소화하는 기법들을 적용해서 문제를 풀어야 한다. 그러면 결과를 좀 더 신뢰할 수 있다. 이 절의 마지막 부분에서 반올림 오차를 줄이기 위한 크기조정과 축연산(pivoting) 기법을 소개하겠다. ■

예제 2

다음 행렬들의 조건수를 구하라. 계수행렬에 의해 정의되는 선형방정식계가 우량성향을 갖는지 판별하라.

$$\textbf{(a)}\ A = \begin{bmatrix} 1 & 1 & -1 \\ 4 & 0 & 1 \\ 0 & 4 & 1 \end{bmatrix} \qquad \textbf{(b)}\ A = \begin{bmatrix} 1 & 1 & 1 \\ 1 & 2 & 4 \\ 1 & 3 & 9 \end{bmatrix}$$

풀이

(a) 역행렬을 구하면 다음과 같다.

$$A^{-1} = \begin{bmatrix} \frac{1}{6} & \frac{5}{24} & -\frac{1}{24} \\ \frac{1}{6} & -\frac{1}{24} & \frac{5}{24} \\ -\frac{2}{3} & \frac{1}{6} & \frac{1}{6} \end{bmatrix}$$

놈을 다음과 같이 계산한다.

$$\|A\| = \max\{(1 + 4 + 0), (1 + 0 + 4), (1 + 1 + 1)\} = 5$$
$$\|A^{-1}\| = \max\{(\tfrac{1}{6} + \tfrac{1}{6} + \tfrac{2}{3}), (\tfrac{5}{24} + \tfrac{1}{24} + \tfrac{1}{6}), (\tfrac{1}{24} + \tfrac{5}{24} + \tfrac{1}{6})\} = 1$$

따라서

$$c(A) = \|A\|\,\|A^{-1}\| = 5$$

이 값은 비교적 작으므로 이 방정식계는 우량성향을 갖는다.

이 선형방정식계은 1.7절의 예제 2에서 전기회로에 흐르는 전류를 구할 때 나온 것이다. 전류의 값, 즉 $I_1 = 1, I_2 = 3, I_3 = 4$ 암페어들은 신뢰할 만하다고 여겨질 수 있다.

(b) 이 예는 불량조건을 가진 방정식계이며, 불량조건을 갖지 않는 대안의 방정식을 구할 수 있는 가능성을 보여준다. A의 역행렬은 다음과 같다.

$$A^{-1} = \begin{bmatrix} 3 & -3 & 1 \\ -2.5 & 4 & -1.5 \\ 0.5 & -1 & 0.5 \end{bmatrix}$$

놈은 다음과 같다.

$$\|A\| = \max\{(1+1+1), (1+2+3), (1+4+9)\} = 14$$
$$\|A^{-1}\| = \max\{(3+2.5+0.5), (3+4+1), (1+1.5+0.5)\} = 8$$

따라서

$$c(A) = \|A\|\,\|A^{-1}\| = 112$$

이것은 큰 수이다. 따라서 이 방정식은 불량조건을 가진다.

이 계수행렬은 주어진 세 개의 점을 지나는 2차 다항식을 구하는 과정에서 나왔다. 즉, 점 $(1, 6), (2, 3), (3, 2)$를 지나는 2차 다항식의 계수를 구하기 위한 방정식계에서 얻어졌다(1.7절의 예제 1). 그 해는 다항식 $y = 11 - 6x + x^2$의 계수를 주었다. 이 방정식은 얼마나 신뢰할 만한가? 방정식계에서 계수행렬 A의 원소들은 완전히 정확하다고 볼 수 있는 $x = 1, x = 2, x = 3$의 값들로부터 얻어졌다. 그러므로 $AX = B$의 해의 오차들은 B의 성분에서만 발생한다. $c(A) = 112 \approx 0.1 \times 10^3$이므로 해는 주어진 점들의 y값보다도 유효숫자 세 자리 정도 덜 정확할 수 있다. 따라서 이 방정식은 값이 아주 정확하게 측정되지 않았다면 신뢰할 만하지 않다.

이 예는 중요한 문제형태. 즉 데이터 점들을 지나는 다항식을 구하는 문제 중 하나이다. 계수행렬 A는 **반데르몽드 행렬**(Vandermonde matrix)이다. 반데르몽드 행렬들은 다음과 같은 형태의 정방행렬인데, 불량조건을 가진 것으로 유명하다.

$$\begin{bmatrix} 1 & a & a^2 & a^3 & \cdots \\ 1 & b & b^2 & b^3 & \cdots \\ 1 & c & c^2 & c^3 & \cdots \\ \vdots & \vdots & \vdots & \vdots & \vdots \end{bmatrix}$$

이와 같은 곡선 맞추기 문제에서 계수행렬들은 주의를 기울이지 않으면 반데르몽드 행렬이 된다. 이 경우 등간격이 아닌 데이터를 사용함으로써 반데르몽드 불량조건을 가진 방정식계가 되는 것을 일차적으로 방지할 수 있다. 이는 최소제곱 곡선 맞추기에도 동일하게 적용된다. 만일 x 점들이 등간격으로 주어져있다면 결과적인 최소제곱 방정식은 y 데이터에 극히 민감하다. 곡선 맞추기에서의 중요한 규칙은 가능하다면 등간격의 데이터를 사용하는 것을 피하는 것이고, 그것이 여의치 않다면 아주 정확한 데이터를 사용하여 신뢰할 만한 방정식계를 구성해야 한다는 것이다.

이제 선형방정식계에서의 오차에 관한 논의의 후반부에 이르렀다. 이제부터 계산과정 중에 발생하는 오차를 줄이는 방법에 관해서 설명한다.

축연산과 크기조정 기법

조건수가 작을 때 가우스-요르단 소거법은 큰 규모의 방정식계에 대해서도 정확한 답을 산출해 준다. 그러나 큰 조건수를 가진 경우에는 예방조치를 해야만 한다. 대개 컴퓨터에서의 계산은 유한 길이의 숫자들을 가지고 수행된다. 따라서 이 수들을 반올림하는 과정에서 **반올림 오차**(round-off error)라고 불리는 오차들이 발생한다. 가우스-요르단 소거의 계산이 진행됨에 따라 이러한 작은 부정확성으로 인하여, 값이 조금 다른 첨가행렬을 가진 문제에 대해 정확한 연산을 수행했을 때에 얻어지는 행렬이 만들어질 수 있다. 이와 같이 불량조건 방정식계들은 그런 오차에 대해서 아주 민감하다. 이제 계산과정의 반올림 오차를 최소화할 수 있는 수학적 기법들을 소개하겠다.

가우스-요르단 소거법은 방정식계의 첫 번째 방정식을 사용하여 다른 방정식들의 첫 번째 변수를 소거하는 식의 과정을 반복적으로 수행한다. 일반적으로 r번째 단계에서 r번째 방정식은 다른 모든 방정식으로부터 r번째 변수를 소거하는 데 사용된다. 그러나 다른 방정식들에서 r번째 변수를 소거하는 데 꼭 r번째 방정식을 사용해야 하는 것은 아니다. r번째 변수를 가지고 있는 그 다음의 어떤 방정식이라도 이 소거를 수행하는 데 사용될 수 있다. 즉, 그 방정식에 있는 r번째 변수의 계수를 **축**(pivot)으로 사용할 수 있다. 여기서 축의 선택에서 자유가 있음을 알 수 있다. 축의 선택은 정확한 수치해를 얻는 데 매우 중요하다. 다음의 예는 축의 선택이 얼마나 중요한지를 보여준다.

예제 3

세 자리의 유효숫자를 사용하여 다음 선형방정식계를 풀어라.

$$\begin{aligned} 10^{-3}x_1 - x_2 &= 1 \\ 2x_1 + x_2 &= 0 \end{aligned}$$

풀이

축을 두 가지로 선택하여 이 방정식계를 두 가지 방법으로 풀어보자. 이 방정식계의 첨가행렬은 다음과 같다.

$$\begin{bmatrix} 10^{-3} & -1 & 1 \\ 2 & 1 & 0 \end{bmatrix}$$

방법 1 축으로 $(1, 1)$ 원소를 선택한다(각 단계마다 축에 동그라미를 그린다).

$$\begin{bmatrix} \textcircled{10^{-3}} & -1 & 1 \\ 2 & 1 & 0 \end{bmatrix} \underset{(1/10^{-3})R1}{\approx} \begin{bmatrix} \textcircled{1} & -1000 & 1000 \\ 2 & 1 & 0 \end{bmatrix}$$

$$\underset{R2 + (-2)R1}{\approx} \begin{bmatrix} 1 & -1000 & 1000 \\ 0 & \textcircled{2000} & -2000 \end{bmatrix} \underset{(1/2000)R2}{\approx} \begin{bmatrix} 1 & -1000 & 1000 \\ 0 & \textcircled{1} & -1 \end{bmatrix}$$

↑ 이 원소는 2001이어야 하지만 세 자리의 유효숫자로 반올림 되었다.

$$\underset{R1 + (1000)R2}{\approx} \begin{bmatrix} 1 & 0 & 0 \\ 0 & 1 & -1 \end{bmatrix}$$

해는 $x_1 = 0, x_2 = -1$이다.

방법 2 이번에는 축으로 (2, 1) 원소를 선택한다. 축을 선택하였을 때, 그 특정한 열에 영을 만들기 위해 축원소가 관례적인 위치에 오도록 할 필요가 있다면 행들을 서로 교환한다.

$$\begin{bmatrix} 10^{-3} & -1 & 1 \\ \textcircled{2} & 1 & 0 \end{bmatrix} \underset{R1 \leftrightarrow R2}{\approx} \begin{bmatrix} \textcircled{2} & 1 & 0 \\ 10^{-3} & -1 & 1 \end{bmatrix}$$

$$\underset{(\frac{1}{2})R1}{\approx} \begin{bmatrix} \textcircled{1} & \frac{1}{2} & 0 \\ 10^{-3} & -1 & 1 \end{bmatrix}$$

$$\underset{R2 + (-10^{-3})R1}{\approx} \begin{bmatrix} 1 & \frac{1}{2} & 0 \\ 0 & \textcircled{-1} & 1 \end{bmatrix}$$

$$\underset{(-1)R2}{\approx} \begin{bmatrix} 1 & \frac{1}{2} & 0 \\ 0 & \textcircled{1} & -1 \end{bmatrix}$$

$$\underset{R1 + (-\frac{1}{2})R2}{\approx} \begin{bmatrix} 1 & 0 & \frac{1}{2} \\ 0 & 1 & -1 \end{bmatrix}$$

이 식의 축연산에 의해 얻어진 해는 $x_1 = \frac{1}{2}, x_2 = -1$이다.

이 방정식의 정확한 해는 가우스−요르단 소거법을 표준방식으로 적용하여 완전히 정확한 연산을 수행함으로써 구할 수 있다. 해는 $x_1 = \frac{1000}{2001}, x_2 = -\frac{2000}{2001}$이다. (2, 1)원소를 축으로 하여 얻은 두 번째 해는 정확한 해에 충분히 가까운 좋은 근사이다. 반면, $(1, 1)$ 원소를 축으로 해서 얻은 첫 번째 해는 엉뚱한 해이다. ■

선형방정식계를 풀 때 축을 선택하는 일이 중요하다는 것을 보았다. 해의 정확도를 높이기 위해 어떻게 축을 선택해야 할지를 정하기 위해 위의 예를 다시 사용해 보자. (2, 1) 원소를 축으로 선택하는 것이 (1, 1)원소를 선택하는 것보다 더 좋은 이유가 무엇일까?

방법 1에서 기약 사다리형 이전의 행렬을 다시 살펴보자. 그 행렬은 다음과 같다.

$$\begin{bmatrix} 1 & -1000 & 1000 \\ 0 & 1 & -1 \end{bmatrix}$$

해당 방정식계는 다음과 같다.

$$\begin{aligned} x_1 - 1000x_2 &= 1000 \\ x_2 &= -1 \end{aligned}$$

두 번째 방정식의 x_2 값을 첫 번째 방정식에 대입하면

$$\begin{aligned} x_1 - 1000(-1) &= 1000, \\ x_1 + 1000 &= 1000 \end{aligned}$$

세 개의 유효숫자로 연산을 수행하고 있기 때문에 $x_1 = 4$는 이 방정식을 충족시킨다는 것을 알 수 있다. $x_1 = -3$도 마찬가지다. 사실, x_1으로서 가능한 값들은 많이 있다. 세 자리의 유효숫자로 연산을 수행할 때 x_1 항은 옆의 1000이라는 항에 압도된다. (1, 1)원소에 기준한 축연산을 할 때 첫 번째 변환이 이루어지는 동안 −1000 및 1000과 같은 큰 숫자들이 나오기 때문에 x_1에 부적확성이 나타난다. **방법 2**에서는 (2, 1)원소에 기준한 축연산을 할 때 그런 큰 숫자들이 포함되지 않기 때문에 좀 더 정확한 해가 얻어지는 것이다.

방법 1의 불안정성이 첫 번째 변환과정에서 야기된다는 또 다른 증거는 원래 방정식계의 조건수가 3인데 반하여, 변환 후에는 조건수가 500.75가 된다는 사실이다. **방법 2**에서 나오는 방정식계의 조건수들은 모두 이보다 작다.

이 논의는 소거과정에서 큰 수가 나오면 반올림 오차의 원인이 될 수 있음을 예시하고 있다. 방법 1에서 나오는 큰 수들은 10^{-3}과 같은 작은 수를 축으로 선택한 결과이다. 그런 작은 수로 나눗셈을 하면 큰 수가 생긴다. 그러므로 **축을 선택하는 어림 규칙은 사용할 수 있는 가장 큰 숫자를 고른다는 것이다.**

또한 위의 예는 관련된 숫자들 사이의 크기에 큰 차이가 있다면 오차가 심각할 수 있음을 보여준다. x_1의 최종 부정확성은 x_1의 계수 1과 x^2의 계수 1000의 커다란 크기 차이에서 생겨났다. 이 경우에는 크기조정(scaling)이라는 초기 작업을 통해 첨가행렬의 모든 원소들이 대등한 크기로 조정하여 최적의 조건에서 연산이 시작되도록 할 수 있다.

이제 이들 오차의 원인들을 최소화하는 데 통상적으로 사용되는 절차들을 제시한다. 이 절차들은 대부분의 경우에 효과가 있고, 또한 오차의 원인을 최소화하는 데 가장 폭넓게 적용됨을 강조한다. 그러나 이 절차들이 작동하지 않는 예외도 있다. 이에 대한 논의는 생략한다.

축연산과 크기조정 절차

크기조정은 첨가행렬의 원소들의 크기를 가능한 한 고르게 하는 것이다. 선형방정식계의 크기조정에는 다음과 같은 두 가지 연산이 사용된다.

1. 방정식에 영이 아닌 상수를 곱한다.
2. 필요할 경우 어떤 변수라도 원래 변수가 상수배가 되는 새로운 변수로 바꾼다.

실제로는 첨가행렬의 각 행과 열에서 가장 큰 원소가 한 자리 수가 되도록 방정식계의 크

기조정을 시도하게 된다. 크기조정을 자동으로 하는 방법은 없다.

이제 $x_1, x_2, \ldots x_n$의 자연스런 순으로 변수들을 소거하며 축을 선택한다. r번째 단계에서의 축은 보통 r번째 혹은 그 이후의 방정식에 있는 x_r의 계수 중 절대값이 가장 큰 것으로 선택한다. 행렬의 관점에서 보면 이는 해당 열의 r번째 성분부터 마지막 성분까지를 조사하여 가장 큰 절대값을 가진 수를 찾는 것이 된다. 그 후에, 필요하다면 축이 알맞은 위치에 오도록 행들을 서로 교환한다. 이 절차에 의해 사용가능한 가장 큰 수를 축으로 선택하는 것이 보장된다.

이 기법들을 보여주는 예를 들어보자.

예제 4

다음 선형방정식계를 유효숫자 다섯 자리의 계산으로, 축연산과 크기조정을 사용하여 풀어라.

$$\begin{aligned} 0.002x_1 + \quad 4x_2 - 2x_3 &= 1 \\ 0.001x_1 + 2.0001x_2 + \quad x_3 &= 2 \\ 0.001x_1 + \quad 3x_2 + 3x_3 &= -1 \end{aligned}$$

풀이

먼저 방정식을

$$y_1 = 0.001x_1$$

으로 놓음으로써 크기조정을 한다. 그러면 첫 번째 열의 계수들이 다른 계수들과 비슷한 크기가 될 것이다. 일관된 표현을 위해 $y_2 = x_2$, $y_3 = x_3$로 놓는다. 이로써 적절하게 크기조정된 다음 방정식계를 얻는다.

$$\begin{aligned} 2y_1 + \quad 4y_2 - 2y_3 &= 1 \\ y_1 + 2.0001y_2 + \quad y_3 &= 2 \\ y_1 + \quad 3y_2 + 3y_3 &= -1 \end{aligned}$$

원래 방정식의 조건수는 27,096이었으나, 이 방정식의 조건수는 32.6557이다. 상황이 개선된 것이다.

이제 아래와 같이 축연산을 이용해서 진행한다.

$$\begin{bmatrix} 2 & 4 & -2 & 1 \\ 1 & 2.0001 & 1 & 2 \\ 1 & 3 & 3 & -1 \end{bmatrix} \underset{(1/2)\text{R1}}{\approx} \begin{bmatrix} \textcircled{1} & 2 & -1 & 0.5 \\ 1 & 2.0001 & 1 & 2 \\ 1 & 3 & 3 & -1 \end{bmatrix}$$

$$\underset{\substack{\text{R2} + (-1)\text{R1} \\ \text{R3} + (-1)\text{R1}}}{\approx} \begin{bmatrix} 1 & 2 & -1 & 0.5 \\ 0 & 0.0001 & 2 & 1.5 \\ 0 & 1 & 4 & -1.5 \end{bmatrix} \underset{\text{R2} \leftrightarrow \text{R3}}{\approx} \begin{bmatrix} 1 & 2 & -1 & 0.5 \\ 0 & \textcircled{1} & 4 & -1.5 \\ 0 & 0.0001 & 2 & 1.5 \end{bmatrix}$$

↑ 절대값이 가장 큰 원소를 찾기 위해 이 원소들을 조사한다. 1이 축이 될 것이다. 축을 원하는 위치로 가져다 놓기 위해 2행과 3행을 바꾼다.

$$\underset{\substack{R1 + (-2)R2 \\ R3 + (-0.0001)R2}}{\approx}\begin{bmatrix} 1 & 0 & -9 & 3.5 \\ 0 & 1 & 4 & -1.5 \\ 0 & 0 & 1.9996 & 1.5002 \end{bmatrix} \underset{(1/1.9996)R3}{\approx} \begin{bmatrix} 1 & 0 & -9 & 3.5 \\ 0 & 1 & 4 & -1.5 \\ 0 & 0 & \textcircled{1} & 0.75025 \end{bmatrix}$$

↑ 이 원소는 1.50015였으나 다섯자리의 유효숫자로 반올림 되었다.

$$\underset{\substack{R1 + 9R3 \\ R2 + (-4)R3}}{\approx}\begin{bmatrix} 1 & 0 & 0 & 10.252 \\ 0 & 1 & 0 & -4.501 \\ 0 & 0 & 1 & 0.75025 \end{bmatrix}$$

해는 $y_1 = 10.252, y_2 = -4.501, y_3 = 0.75025$이다.

원래의 변수들에 대한 해는 다음과 같다.

$$x_1 = 10{,}252, \quad x_2 = -4.501, \quad x_3 = 0.75025$$

이 해를 축연산과 크기조정 없이 가우스-요르단 소거법을 사용해서 얻어진 해와 비교하는 것은 흥미로운 일이다. 유효숫자 다섯 자리까지 계산된 해는

$$x_1 = 11{,}000, \quad x_2 = -5, \quad x_3 = 0.75025$$

가 된다. 원래의 방정식계에 이 값들을 대입해 보면 축연산과 크기조정을 사용한 결과는 꽤 정확한 반면, 이런 과정을 거치지 않고 구한 결과는 만족스럽지 못함을 알 수 있을 것이다. 예를 들어, 첫 번째 방정식 $0.002x_1 + 4x_2 - 2x_3 = 1$에 각각의 해를 대입하여 검증해 보자.

축연산을 사용한 경우:

$$(0.002 \times 10{,}252) + (4 \times -4.501) - (2 \times 0.75025) = 0.9995 \approx 1$$

축연산을 사용하지 않은 경우:

$$(0.002 \times 11{,}000) + (4 \times -5) - (2 \times 0.75025) = 0.4995 \neq 1$$

이 절에서는 선형방정식계를 사용하여 수리모델을 구성할 때 취해야 할 몇 가지 예방조치들을 간략히 설명하였다. 그리고 소거법들의 몇 가지 단점과 오차를 최소화하는 데 쓰일 수 있는 방법들을 보여주었다. 다음 절에서는 선형방정식계의 해를 구하기 위한 반복법이고 불리는 다른 접근방법을 소개한다. 반복법은 불량조건 방정식계를 풀 때 생기는 반올림 오차의 영향을 최소화하기 위한 다른 방도를 제시한다. ■

연습문제 7.3

1-놈

1. 다음 각 행렬의 1-놈을 계산하라.

(a) $\begin{bmatrix} 1 & 2 \\ 3 & 4 \end{bmatrix}$ **(b)** $\begin{bmatrix} 5 & 2 \\ -1 & 3 \end{bmatrix}$

(c) $\begin{bmatrix} 1 & 2 & 0 \\ 3 & -5 & 4 \\ 6 & 1 & -2 \end{bmatrix}$ **(d)** $\begin{bmatrix} 1 & 24 & -3 \\ 6 & 247 & 56 \\ -5 & 7 & -219 \end{bmatrix}$

조건수

2. 다음 각 행렬의 조건수를 구하라.

(a) $\begin{bmatrix} 1 & 2 \\ 3 & 4 \end{bmatrix}$ **(b)** $\begin{bmatrix} 2 & -2 \\ 3 & 1 \end{bmatrix}$ **(c)** $\begin{bmatrix} 5 & 2 \\ 8 & 3 \end{bmatrix}$

(d) $\begin{bmatrix} 24 & 21 \\ 6 & 5 \end{bmatrix}$ **(e)** $\begin{bmatrix} 5.2 & 3.7 \\ 3.8 & 2.6 \end{bmatrix}$

3. 다음 각 행렬의 조건수를 구하라. 이들이 방정식계의 계수행렬이라면, 해가 행렬의 원소들보다 얼마나 덜 정확하겠는가?

(a) $\begin{bmatrix} 9 & 2 \\ 4 & 7 \end{bmatrix}$ **(b)** $\begin{bmatrix} 51 & 3 \\ -1 & 27 \end{bmatrix}$ **(c)** $\begin{bmatrix} 300 & 1001 \\ 75 & 250 \end{bmatrix}$

(d) $\begin{bmatrix} 3 & 4 \\ 1 & 2 \end{bmatrix}$ **(e)** $\begin{bmatrix} 5 & 3 \\ 4 & 2 \end{bmatrix}$

4. 다음 각 행렬의 조건수를 구하라. 이 행렬들은 이미 앞에서 다룬 응용에서 나왔었다. 해의 신뢰성에 대해서 논하라.

(a) $\begin{bmatrix} 1 & 1 & -1 \\ 1 & 0 & 2 \\ 1 & -2 & 0 \end{bmatrix}$ (전기회로 응용, 1.7절의 예제 3)

(b) $\begin{bmatrix} 0.8 & -0.2 & -0.4 \\ -0.6 & 0.4 & 0 \\ 0 & 0 & 0.8 \end{bmatrix}$ (레온티에프 투입–산출 응용, 2.7절의 예제 2)

5. 행렬 $\begin{bmatrix} \frac{1}{3} & \frac{1}{4} & \frac{1}{5} \\ \frac{1}{4} & \frac{1}{5} & \frac{1}{6} \\ \frac{1}{5} & \frac{1}{6} & \frac{1}{7} \end{bmatrix}$의 조건수를 구하라. 이것은 **힐버트 행렬** (Hilbert matrix)의 예이다. 힐버트 행렬은 $a_{ij} = \dfrac{1}{i + j + 1}$로 정의된다. 이 행렬들은 반데르몽드 행렬보다 더 불량한 조건을 갖는다.

6. 행렬 $A = \begin{bmatrix} 1 & k \\ 1 & 1 \end{bmatrix}$, $k \neq 1$의 조건수를 구하라. 조건수가 k 값에 얼마나 의존하는지 관찰하라. 어떤 값에 대해서 $c(A) > 100$인가?

놈과 조건수의 성질

7. 이 절에서는 행렬의 조건수를 1-놈을 이용하여 정의하였다. 1-놈은 1.6절에서 언급한 놈의 성질들을 만족함을 증명하라. 즉,

(a) $\|A\| \geq 0$

(b) $\|A\| = 0$일 필요충분조건은 $A = 0$이다.

(c) $\|cA\| = |c|\|A\|$

(d) $\|A + B\| \leq \|A\| + \|B\|$

이 조건들은 일반적인 벡터공간에서의 놈에 대한 공리이다. 행렬의 놈은 또한 조건 $\|AB\| \leq \|A\|\,\|B\|$을 만족해야 한다. 1-놈도 역시 이 조건을 만족함을 증명하라.

8. **(a)** I가 단위행렬이면 $c(I) = 1$임을 증명하라.

(b) 행렬 놈의 성질 $\|AB\| \leq \|A\|\|B\|$을 이용하여 $c(A) \geq 1$임을 증명하라.

9. 영이 아닌 상수 k에 대해서 $c(A) = c(kA)$임을 증명하라. 선형방정식계의 관점에서 볼 때 이 결과의 의미는 무엇인가?

10. A가 대각행렬이라면, $c(A) = (\max\{a_{ii}\}) \times (1/\min\{a_{ii}\})$임을 증명하라.

축연산과 크기조정

문제 [11~17]에서(가능하다면) 축연산과 적절한 크기조정 기법을 사용하여 방정식계를 풀어라.

11.
$$\begin{aligned} -x_2 + 2x_3 &= 4 \\ x_1 + 2x_2 - x_3 &= 1 \\ x_1 + 2x_2 + 2x_3 &= 4 \end{aligned}$$

12.
$$\begin{aligned} -x_1 + x_2 + 2x_3 &= 8 \\ 2x_1 + 4x_2 - x_3 &= 10 \\ x_1 + 2x_2 + 2x_3 &= 2 \end{aligned}$$
(유효숫자 세 자리까지)

13.
$$\begin{aligned} -x_1 + 0.002x_2 \qquad &= 0 \\ x_1 + \qquad 2x_3 &= -2 \\ 0.001x_2 + x_3 &= 1 \end{aligned}$$

14.
$$\begin{aligned} 2x_1 + \qquad\qquad x_3 &= 1 \\ 0.0001x_1 + 0.0002x_2 + 0.0004x_3 &= 0.0004 \\ x_1 - 2x_2 - 3x_3 &= -3 \end{aligned}$$

15.
$$\begin{aligned} x_2 - 0.1x_3 &= 2 \\ 0.02x_1 + 0.01x_2 \qquad &= 0.01 \\ x_1 - 4x_2 + 0.1x_3 &= 2 \end{aligned}$$
(소수 셋째 자리까지)

16.
$$\begin{aligned} -x_1 + \qquad 2x_3 &= 1 \\ 0.1x_1 + 0.001x_2 \qquad &= 0.1 \\ 0.1x_1 + 0.002x_2 \qquad &= 0.2 \end{aligned}$$

17.
$$\begin{aligned} x_1 - 2x_2 - x_3 &= 1 \\ x_1 - 0.001x_2 - x_3 &= 2 \\ x_1 + 3x_2 - 0.002x_3 &= -1 \end{aligned}$$
(소수 셋째 자리까지)

*7.4 선형방정식계를 푸는 반복법

지금까지 선형방정식계를 풀기 위한 몇 가지 소거법에 대해서 논의하였다. 이제 유일해를 갖는 n개 변수의 n개의 방정식들의 계를 풀기 위한 방법으로 두 가지 **반복법**(iterative method), **야코비 방법**(Jacobi method)과 **가우스-자이델 방법**(Gauss-Seidel method)을 소개한다. 이 절의 끝부분에서는 가우스 소거법과 반복법의 장점들을 비교할 것이다.

반복법은 해의 초기 추정값에서 시작하여, 해에 수렴하는 일련의 값들을 만들어낸다.

야코비 방법*

예를 통해서 이 방법을 소개하자. 다음의 선형방정식계를 풀어보자.

$$\begin{aligned} 6x + 2y - z &= 4 \\ x + 5y + z &= 3 \\ 2x + y + 4z &= 27 \end{aligned} \tag{1}$$

이 방정식을 다음과 같이 첫 번째 식은 x에 대해, 두 번째 식은 y에 대해, 세 번째 식은 z에 대해 각각 다시 써준다.

$$\begin{aligned} x &= \frac{4 - 2y + z}{6} \\ y &= \frac{3 - x - z}{5} \\ z &= \frac{27 - 2x - y}{4} \end{aligned} \tag{2}$$

이제 $x = 1, y = 1, z = 1$과 같이 해의 추정값을 정한다. 추정값의 정확도는 좋은 근사해를 얻는 속도에 영향을 줄 뿐이다. 이들 추정값을 $x^{(0)}, y^{(0)}, z^{(0)}$라고 표시하자. 이들을 반복과정의 **초기값**이라고 한다. 즉,

$$x^{(0)} = 1, \quad y^{(0)} = 1, \quad z^{(0)} = 1$$

이 값들은 방정식계 (2)의 우변에 대입하면 반복과정의 다음 값들을 얻을 수 있다.

$$x^{(1)} = 0.5, \quad y^{(1)} = 0.2, \quad z^{(1)} = 6$$

* 야코비(Carl Gustav Jacobi : 1804~1851)는 베를린에서 교육을 받고, 쾨니히스베르크, 베를린에서 가르쳤다. 그의 수학적 관심분야는 정수론, 기하학, 해석학 그리고 역학 분야였고, 재능있고 열정적인 교사로서 알려져 있다, 일차적인 관심은 응용을 염두에 수학이 아닌 수학을 위한 수학에 있었다. 야코비는 수학의 역사에도 깊은 관심을 가지고 있었다.

이제 x, y, z이 값들을 다시 방정식 (2)에 대입하여 다음의 값들을 얻는다.

$$x^{(2)} = 1.6, \quad y^{(2)} = -0.7, \quad z^{(2)} = 6.45$$

이 과정은 계속 반복되어 $x^{(3)}, y^{(3)}, z^{(3)}$, 등등의 값들을 준다. 반복을 되풀이하면 매 단계에서 정확한 해에 대한 좀 나은 근사값들이 계산된다. 이 간단한 방정식계의 해는

$$x = 2, \quad y = -1, \quad z = 6$$

임을 쉽게 보일 수 있다. 따라서 두 번째 반복 후에도 갈 길이 꽤 멀다.

증명 없이 제시하는 다음의 정리는 야코비 반복법이 사용될 수 있는 조건들을 말해준다.

정리 7.1

계수행렬이 정방행렬 A인 n개 변수의 n개의 선형방정식들의 계를 고려하자. 만일 A의 각 행에서 대각원소의 절대값이 그 행의 다른 원소들의 절대값의 합보다 더 크면 이 방정식은 유일해를 갖는다. 야코비 방법은 초기값에 상관없이 이 해에 수렴한다.

즉, 야코비 방법은 대각원소들이 각 행에서 **우세할**(dominate) 때 사용할 수 있다. 다시 앞의 예로 돌아가서 이 정리의 조건이 정말 만족되는지 확인해 보자. 계수행렬 A는 다음과 같다.

$$A = \begin{bmatrix} 6 & 2 & -1 \\ 1 & 5 & 1 \\ 2 & 1 & 4 \end{bmatrix}$$

대각원소들의 크기와 각 행의 다른 원소들의 크기의 합을 서로 비교해 보면 표 7.1의 결과를 얻는다. 대각원소들이 각 행에서 우세함을 관찰하라. 따라서 야코비 방법이 사용될 수 있다.

표 7.1

행	대각원소의 절대값	그 행의 다른 원소들의 절대값의 합
1	6	$\lvert 2\rvert + \lvert -1\rvert = 3$
2	5	$\lvert 1\rvert + \lvert 1\rvert = 2$
3	4	$\lvert 2\rvert + \lvert 1\rvert = 3$

어떤 방정식계의 경우 야코비 방법을 사용하기 위해서는 위의 조건이 충족되도록 방정식들을 재배열할 필요가 있다.

해의 초기 추정값이 좋을수록 요구되는 정확도 이내의 결과를 빨리 얻게 된다. 이 방법의 경우, 어떤 단계에서 오차가 생겼다면 그것은 단지 그 시점에서의 새로운 추정값이 될 뿐이다. 이것은 이 방법의 장점이 된다.

다양한 조건하에서 수렴을 보장하는 위와 유사한 많은 정리들이 있다. 또, 신속하게 수렴하는 방법들에 대한 연구가 수행되어 여러 종류의 특수한 방정식계에 적용할 수 있게 되었다.

가우스-자이델 방법*

가우스-자이델 방법은 야코비 방법을 개선한 것으로, (항상 그런 것은 아니지만) 보통은 보다 신속하게 수렴한다. 이 방법은 반복과정의 각 단계에서 각 변수의 가장 최근 값을 대입한다. 이 방법 역시 계수행렬의 대각원소들이 각 행에서 우세할 때 작동한다. 앞의 방정식계를 가지고 이 방법을 설명한다. 전과 마찬가지로 초기 추정값을

$$x^{(0)} = 1, \quad y^{(0)} = 1, \quad z^{(0)} = 1$$

로 놓자. 각 변수의 가장 최근값을 방정식 (2)에 대입하여 다음을 얻는다.

$$x^{(1)} = \frac{4 - 2y^{(0)} + z^{(0)}}{6} = 0.5$$

$$y^{(1)} = \frac{3 - x^{(1)} - z^{(0)}}{5} = 0.3$$

$$z^{(1)} = \frac{27 - 2x^{(1)} - y^{(1)}}{4} = 6.4250$$

$y^{(1)}$을 구하기 위해서 x의 가장 최근값 $x^{(1)}$을 사용했음을 주목하라. 또 $z^{(1)}$을 구하기 위해서 $y^{(1)}$과 $x^{(1)}$을 사용했다. 계속해서 다음을 얻는다.

$$x^{(2)} = \frac{4 - 2y^{(1)} + z^{(1)}}{6} = 1.6375$$

$$y^{(2)} = \frac{3 - x^{(2)} - z^{(1)}}{5} = -1.0125$$

$$z^{(2)} = \frac{27 - 2x^{(2)} - y^{(2)}}{4} = 6.1844$$

표 7.2와 7.3은 야코비 방법과 가우스-자이델 방법을 사용하여 얻은 이 방정식계에 대한 결과들이다. 이 표들은 가우스-자이델 방법이 정확한 해 $x = 2$, $y = -1$, $z = 6$에 좀 더 신속하게 수렴함을 보여준다.

표 7.2 야코비 방법

반복	x	y	z
초기 추정	1	1	1
1	0.5	0.2	6
2	1.6	−0.7	6.45
3	1.975	−1.01	6.125
4	2.024167	−1.02	6.015
5	2.009167	−1.007833	5.992917
6	2.001431	−1.000417	5.997375

* 자이델(Ludwig von Seidel : 1821~1896)은 베를린, 쾨니히스베르크, 뮌헨에서 공부를 하였고 뮌헨에서 가르쳤다. 자이델은 확률이론과 천문학을 연구했으며, 그가 행한 항성과 행성의 광도 측정은 이런 종류의 최초의 진정한 측정이었다. 또한 뮌헨에서 어떤 질병의 빈도와 기후 조건 사이의 관계를 연구하였다. 자이델이 안질환으로 고생하다가 젊은 나이에 은퇴해야만 했던 것은 비극적인 일이다.

표 7.3 가우스-자이델 방법

반복	x	y	z
초기 추정	1	1	1
1	0.5	0.3	6.425
2	1.6375	−1.01525	6.184375
3	2.034896	−1.043854	5.993516
4	2.013537	−1.001411	5.993584
5	1.999401	−0.998597	5.999949
6	1.999524	−0.9998945	6.000212

표 7.4는 두 가지 방법에 의한 여섯 번의 반복과정 후 얻어진 해 $x^{(6)}, y^{(6)}, z^{(6)}$와 실제의 해 $x = 2, y = -1, z = 6$과의 차이를 보여준다. 가우스-자이델 방법이 야코비 방법보다 훨씬 신속하게 수렴한다.

표 7.4 방법의 비교

	$\lvert x^{(6)} - 2\rvert$	$\lvert y^{(6)} - (-1)\rvert$	$\lvert z^{(6)} - 6\rvert$
야코비 방법	0.001431	0.000417	0.002625
가우스-자이델 방법	0.000476	0.0001055	0.000212

가우스 소거법과 가우스-자이델 방법의 비교

제약성 가우스 소거법은 유한한 방법이며 모든 선형방정식계를 푸는 데 쓰일 수 있다. 가우스-자이델 방법은 특별한 방정식계에 대해서만 수렴하므로 그러한 방정식계에만 사용될 수 있다.

효율성 효율성은 각 방법에 포함되는 산술연산(덧셈, 뺄셈, 곱셈, 나눗셈) 횟수의 함수로 표현된다. 유일해를 갖는 n개 변수의 n개의 방정식들의 계에 대해서 가우스 소거법은 $(4n^3 + 9n^2 - 7n)/6$번의 산술연산을 필요로 한다. 가우스-자이델 방법은 매 반복마다 $2n^2 - n$번의 산술연산이 요구된다. n이 큰 수일 때 가우스 소거법은 문제를 푸는 데 약 $2n^3/3$번의 산술연산이 요구되는 반면, 가우스-자이델 방법은 반복당 약 $2n^2$번의 산술연산의 요구된다. 따라서 반복의 횟수가 $n/3$번 이하인 경우에는 반복법이 더 적은 횟수의 산술연산을 필요로 한다.

예를 들어, 300개 변수의 300개의 방정식들의 계가 있다고 하자. 이 경우 소거법에서는 18,000,000번의 연산이 필요한 반면 반복법에서는 반복당 180,000번의 연산이 요구된다. 반복횟수가 100회 이하인 경우에는 가우스-자이델 방법이 더 적은 양의 연산을 포함하기 때문에 더 효율적이다. 가우스 소거법에서는 데이터의 이동이 있을 수도 있다는 점도 지적되어야 한다. 예를 들어 일부 행들이 교환될 필요가 있을 수도 있다. 이것은 컴퓨터에서 시간과 비용을 소모하는 일이다. 이런 점에서 보면 반복법이 훨씬 부담이 적은 방법이다. 따라서 반복횟수가 $n/3$보다 크더라도 반복법이 보다 적은 컴퓨터 시간을 필요로 할 수도 있다.

정확성 가우스 소거에서 반올림 오차는 축연산을 사용하여 최소화된다. 그러나 여전히 상당히 클 가능성이 있다. 가우스-자이델에서의 오차는 오직 마지막 반복에서 나타나는 오차뿐이다. 이때 끝에서 두 번째 반복의 결과는 마지막 반복과정을 위한 아주 좋은 초기 추정값이 된다. 따라서 일반적으로, 가우스-자이델을 적용할 수 있는 경우에는, 가우스-자이델이 가우스 소거보다 더 정확하다. 이런 사실은, 더 많은 계산시간이 걸리는 경우에도 종종 가우스 소거보다 가우스-자이델 방법을 사용하는 것을 정당화시킨다. 일례로 수리모델이 불량조건 방정식계로 표현되어 우량성향을 갖도록 달리 표현할 방법이 없는 경우에, 반복법은 계산으로 인한 악영향을 최소화할 수 있다.

연습문제 7.4

다음의 선형방정식계에 가우스-자이델 반복법을 사용하여 근사해를 구하라. 만일 손으로 계산을 수행한다면 소수 둘째 자리까지 구하라. 주어진 초기값을 사용하라(초기값은 단지 답들을 비교할 수 있도록 하기 위해 주어져 있다.).

1.
$$\begin{aligned} 4x + y - z &= 8 \\ 5y + 2z &= 6 \\ x - y + 4z &= 10 \end{aligned}$$
$x^{(0)} = 1, y^{(0)} = 2, z^{(0)} = 3$

2.
$$\begin{aligned} 4x - y &= 6 \\ 2x + 4y - z &= 4 \\ x - y + 5z &= 10 \end{aligned}$$
$x^{(0)} = 1, y^{(0)} = 2, z^{(0)} = 3$

3.
$$\begin{aligned} 5x - y + z &= 20 \\ 2x + 4y &= 30 \\ x - y + 4z &= 10 \end{aligned}$$
$x^{(0)} = 0, y^{(0)} = 0, z^{(0)} = 0$

4.
$$\begin{aligned} 6x + 2y - z &= 30 \\ -x + 8y + 2z &= 20 \\ 2x - y + 10z &= 40 \end{aligned}$$
$x^{(0)} = 5, y^{(0)} = 6, z^{(0)} = 7$

5.
$$\begin{aligned} 5x - y + 2z &= 40 \\ 2x + 4y - z &= 10 \\ -2x + 2y + 10z &= 8 \end{aligned}$$
$x^{(0)} = 20, y^{(0)} = 30, z^{(0)} = -40$

6.
$$\begin{aligned} 6x - y + z + w &= 20 \\ x + 8y + 2z &= 30 \\ -x + y + 6z + 2w &= 40 \\ 2x - 3z + 10w &= 10 \end{aligned}$$
$x^{(0)} = 0, y^{(0)} = 0, z^{(0)} = 0, w^{(0)} = 0$

7. 다음 선형방정식계에 가우스-자이델 방법을 적용하라. 이 방법이 수렴하지 않음을 관찰하라. 이 방법은 이 계의 해를 주지 않는다.

$$\begin{aligned} 5x + 4y - z &= 8 \\ x - y + z &= 4 \\ 2x + y + 2z &= 1 \end{aligned}$$
$x^{(0)} = 0, y^{(0)} = 0, z^{(0)} = 0$

*7.5 반복법에 의한 고유값과 망의 연결성

다양한 형태의 행렬들의 어떤 고유값과 고유벡터를 계산하는 수치기법들이 존재한다. 여기서는 **거듭제곱법**(power method)이라고 불리는 반복법을 제시한다. 거듭제곱법은 어떤 행렬에 대하여 (만일 존재한다면) 절대값이 가장 큰 고유값과 대응하는 고유벡터를 구하는 데 사용될 수 있다. 많은 응용분야에서 우직 우세한 고유값만이 관심의 대상이 된다. 우세한 고유값의 중요성을 보여주는 지리학과 역사학에서의 응용도 주어진다.

정의 A가 고유값이 $\lambda_1, \lambda_2, \ldots$인 정방행렬이라고 하자. 만일

$$|\lambda_i| > |\lambda_k|, k \neq i$$

이면, 고유값 λ_i를 **우세 고유값**(dominant eigenvalue)이라고 말한다. 우세 고유값에 대응되는 고유벡터를 A의 **우세 고유벡터**라고 한다.

예제 1

A가 $-5, -2, 1, 4$을 고유값으로 갖는 정방행렬이라 하자. -5는

$$|-5| > |-2|, |-5| > |1| \text{이고} |-5| > |3|$$

이므로 우세 고유값이다.

B가 $-4, -2, 1, 4$를 고유값으로 갖는 정방행렬이라면, $|-4| = |4|$이므로 B에는 우세 고유값이 없다.

우세 고유벡터를 구하기 위한 거듭제곱법은 아래의 정리를 기반으로 한다.

정리 7.2

A가 n개의 선형독립인 고유벡터와 우세 고유값을 갖는 $n \times n$ 행렬이라고 하자. 또 $\mathbf{x}_0$가 우세 고유벡터의 방향으로 영이 아닌 성분을 갖는 $\mathbf{R}^n$의 영이 아닌 열벡터라고 하자. 그러면 벡터열

$$\mathbf{x}_1 = A\mathbf{x}_0, \quad \mathbf{x}_2 = A\mathbf{x}_1, \ldots, \quad \mathbf{x}_k = A\mathbf{x}_{k-1}, \ldots$$

은 A의 우세 고유벡터로 접근한다.

증명 A의 고유값이 $\lambda_1, \ldots, \lambda_n$이고, 이들 중 λ_1이 우세 고유값이라고 하자. $\mathbf{y}_1, \ldots \mathbf{y}_n$을 대응하는 선형독립인 고유벡터라고 하면, 이 고유벡터들은 $\mathbf{R}^n$의 기저를 이룰 것이다. 따라서 다음을 만족하는 스칼라 $a_1, \ldots, a_n$이 존재한다.

$$\mathbf{x}_0 = a_1\mathbf{y}_1 + \cdots + a_n\mathbf{y}_n, \text{ 여기서 } a_1 \neq 0$$

이제 다음과 같이 계산한다.

$$\begin{aligned}
\mathbf{x}_k &= A\mathbf{x}_{k-1} = A^2\mathbf{x}_{k-2} = \cdots = A^k\mathbf{x}_0 \\
&= A^k[a_1\mathbf{y}_1 + \cdots + a_n\mathbf{y}_n] \\
&= [a_1A^k\mathbf{y}_1 + \cdots + a_nA^k\mathbf{y}_n] \\
&= [a_1(\lambda_1)^k\mathbf{y}_1 + \cdots + a_n(\lambda_n)^k\mathbf{y}_n] \\
&= (\lambda_1)^k\left[a_1\mathbf{y}_1 + a_2\left(\frac{\lambda_2}{\lambda_1}\right)^k\mathbf{y}_1 + \cdots + a_n\left(\frac{\lambda_n}{\lambda_1}\right)^k\mathbf{y}_n\right]
\end{aligned}$$

$i = 2, 3, \ldots$에 대하여 $\left|\frac{\lambda_i}{\lambda_1}\right| < 1$이므로 $\left(\frac{\lambda_i}{\lambda_1}\right)^k$는 k가 증가함에 따라 0에 가까워지고 벡터 $\mathbf{x}_k$는 우세 고유벡터인 $(\lambda_1)^k a_1\mathbf{y}_1$에 접근할 것이다.

다음의 정리는 주어진 고유벡터에 대응하는 고유값을 구하는 방법을 보여준다. 일단 우세 고유벡터가 구해지면, 이 결과를 사용하여 우세 고유값을 결정할 수 있다.

정리 7.3

$\mathbf{x}$를 행렬 A의 고유벡터라고 하자. 대응하는 고유값은 다음과 같이 주어진다.

$$\lambda = \frac{A\mathbf{x} \cdot \mathbf{x}}{\mathbf{x} \cdot \mathbf{x}}$$

이 지수를 **레일리 비**(Rayleigh quotient)라고 한다.

증명 λ가 $\mathbf{x}$에 대응하는 고유값이므로 $A\mathbf{x} = \lambda\mathbf{x}$이다. 그러므로

$$\frac{A\mathbf{x} \cdot \mathbf{x}}{\mathbf{x} \cdot \mathbf{x}} = \frac{\lambda\mathbf{x} \cdot \mathbf{x}}{\mathbf{x} \cdot \mathbf{x}} = \frac{\lambda(\mathbf{x} \cdot \mathbf{x})}{\mathbf{x} \cdot \mathbf{x}} = \lambda$$

■

만일 정리 7.2를 있는 그대로 우세 고유벡터를 계산하는 데 사용한다면 벡터 $\mathbf{x}_1, \mathbf{x}_2, \ldots$의 성분들이 매우 커져서 큰 반올림 오차가 발생할 수도 있다. 이 문제는 $\mathbf{x}_i$의 각 성분을 $\mathbf{x}_i$의 가장 큰 성분의 절대값으로 나눈 다음, 이 벡터($\mathbf{x}_i$와 방향이 같은 벡터)를 다음 반복과정에 사용하면 해결된다. 이 절차를 벡터의 **크기조정**이라고 한다. 이제 거듭제곱법을 정리해 보자.

***n* × *n* 행렬 *A*에 대한 거듭제곱법**

n개의 성분을 갖는 영이 아닌 임의의 열벡터 $\mathbf{x}_0$ 를 선택한다.

반복 1: $A\mathbf{x}_0$를 계산한다.

$A\mathbf{x}_0$의 크기를 조정하여 $\mathbf{x}_1$을 얻는다.

$\dfrac{A\mathbf{x}_1 \cdot \mathbf{x}_1}{\mathbf{x}_1 \cdot \mathbf{x}_1}$을 계산한다.

반복 2: $A\mathbf{x}_1$을 계산한다.

$A\mathbf{x}_1$의 크기를 조정하여 $\mathbf{x}_2$를 얻는다.

$\dfrac{A\mathbf{x}_2 \cdot \mathbf{x}_2}{\mathbf{x}_2 \cdot \mathbf{x}_2}$을 계산한다. 이와 같이 계속 반복한다.

그러면

$\mathbf{x}_0, \mathbf{x}_1, \mathbf{x}_2, \ldots$는 우세 고유벡터에 수렴한다.

그리고

$\dfrac{A\mathbf{x}_1 \cdot \mathbf{x}_1}{\mathbf{x}_1 \cdot \mathbf{x}_1}, \dfrac{A\mathbf{x}_2 \cdot \mathbf{x}_2}{\mathbf{x}_2 \cdot \mathbf{x}_2}, \ldots$는 우세 고유값에 수렴한다.

A가 n개의 선형독립 고유벡터를 가지고, $\mathbf{x}_0$가 우세 고유벡터의 방향으로 영이 아닌 성분을 갖는다.

위의 조건은 정리 7.2에서 비롯된다. **대칭행렬**과 같은 어떤 $n \times n$ 행렬은 n개의 선형독립인 고유벡터들을 갖는다는 사실을 미리 알 수 있다. 그러므로 위의 방법은 대칭행렬의 우세 고유값을 구하는 데 사용될 수 있다. 선택된 벡터 $\mathbf{x}_0$가 우세 고유벡터의 방향으로 영이 아닌 성분을 갖고 있는지를 사전에 알 수는 없으나 그럴 가능성은 매우 높다. 이 조건의 세부사항은 뒤의 연습문제에서 논의한다.

예제 2

다음 대칭행렬의 우세 고유값과 우세 고유벡터를 구하라.

$$\begin{bmatrix} 5 & 4 & 2 \\ 4 & 5 & 2 \\ 2 & 2 & 2 \end{bmatrix}$$

풀이

$\mathbf{x}_0$를 세 개의 성분을 갖는 임의의 열벡터 중에서 다음과 같이 선택하자.

$$\mathbf{x}_0 = \begin{bmatrix} 1 \\ -2 \\ 3 \end{bmatrix},$$

계산은 유효숫자 아홉 자리로 수행되었다. 결과는 보기 쉽도록 반올림하여 소수 셋째 자리까지 나타냈다. 표 7.5를 보라.

표 7.5

반복횟수	Ax	크기조정 된 벡터	$(x \cdot Ax)/(x \cdot x)$
1	$\begin{bmatrix} 3 \\ 0 \\ 4 \end{bmatrix}$	$\mathbf{x}_1 = \begin{bmatrix} 0.75 \\ 0 \\ 1 \end{bmatrix}$	5
2	$\begin{bmatrix} 5.75 \\ 5 \\ 3.5 \end{bmatrix}$	$\mathbf{x}_2 = \begin{bmatrix} 1 \\ 0.870 \\ 0.609 \end{bmatrix}$	9.889
3	$\begin{bmatrix} 9.696 \\ 9.565 \\ 4.957 \end{bmatrix}$	$\mathbf{x}_3 = \begin{bmatrix} 1 \\ 0.987 \\ 0.511 \end{bmatrix}$	9.999
4	$\begin{bmatrix} 0.997 \\ 9.955 \\ 4.996 \end{bmatrix}$	$\mathbf{x}_4 = \begin{bmatrix} 1 \\ 0.999 \\ 0.501 \end{bmatrix}$	10
5	$\begin{bmatrix} 0.997 \\ 9.996 \\ 5 \end{bmatrix}$	$\mathbf{x}_5 = \begin{bmatrix} 1 \\ 1 \\ 0.5 \end{bmatrix}$	10

5번의 반복 후에 고유벡터 $\begin{bmatrix} 1 \\ 1 \\ 0.5 \end{bmatrix}$에 대응하는 우세 고유값 10에 도달하였다. 이 결과들은 3.4절에서 이 행렬의 고유값과 고유벡터들을 행렬식을 사용하여 계산한 결과와 일치한다.

이 방법은 계산과정에서의 어떤 오차라도 단지 그 단계에서 새로운 임의의 벡터가 주어진 것으로 간주할 수 있다는 가우스-자이델 반복법과 같은 장점을 지녔다. 이 방법은 매우 정확하여 여기서 생기는 유일한 반올림 오차는 마지막 반복과정에서 발생한다. 이 방법의 단점은 아주 큰 행렬에 대해서는 매우 느리게 수렴한다는 것이다.

수축

행렬 A가 대칭행렬일 때 **수축**(deflation)이라는 기법을 그 밖의 고유값과 고유벡터들을 구하는 데 사용될 수 있다. 이 방법은 증명 없이 주어지는 다음 정리를 기초로 한다.

정리 7.4

A가 대칭행렬이고 절대값 순으로 배열된 고유값 $\lambda_1, \ldots, \lambda_n$을 갖는다고 하자. 여기서 λ_1은 우세 고유값이다. x를 우세 단위 고유벡터라고 할 때

1. 행렬 $B = A - \lambda_1 \mathbf{x}\mathbf{x}^t$는 고유값 $0, \lambda_2, \ldots, \lambda_n$을 가지는 대칭행렬이다.
2. 만일 $\mathbf{y}$가 고유값 $\lambda_2, \ldots, \lambda_n$ 중의 하나에 대응하는 B의 고유벡터라면 그것은 같은 고유값에 대한 A의 고유벡터기도 하다.

보통 행렬 A의 $\mathbf{x}$와 λ_1은 거듭제곱법을 사용해서 결정한다. 그리고 나서 행렬 B를 만든다. 만일 λ_2가 존재한다면 그것은 B의 우세 고유값임을 관찰하라. 행렬 B에 거듭제곱법을 적용하여 λ_2와 이에 대응하는 고유벡터를 얻을 수 있는데, 이 고유벡터는 행렬 A의 고유벡터이기도 하다. 이 과정을 계속 반복하여 나머지 고유값과 고유벡터를 구할 수 있다. 이 방법의 단점은 오차가 누적되어 고유값들이 점점 더 부정확하게 된다는 것이다. 게다가 만일 어떤 단계에서 우세 고유값이 존재하지 않는다면 이 방법은 그 점에서 종료되어 더 이상의 고유값들을 계산할 수 없게 된다.

거듭제곱법과 수축에 대해 더 알고 싶은 사람은 *Numerical Analysis*, by Richard L, Burden and Douglas Faires, Brookes-Cole Publishers, 2004를 참고하기 바란다.

망의 접근성 지수

지리학자들은 망을 해석하기 위해 그래프 이론 분야에서 고유벡터를 사용한다. 연구되는 망의 가장 일반적인 형태는 도로, 항공로, 해상로, 배가 다닐 수 있는 강과 운하 등이다. 여기서는 도로망을 통해 그 개념을 설명한다.

n개의 도시가 양방향 도로로 연결된 망을 생각해 보자. 도시들은 유향그래프의 꼭지점으로, 도로들은 연결선(edge)으로 나타낼 수 있다.

어느 도시에서든 도로를 따라 다른 도시로 여행할 수 있다고 가정하자. 이때 유향그래프는 **연결되었다**(connected)고 말한다. 지리학자들은 각 도시의 **접근성**(accessibility)에 관심이 있다. **굴드지수**(Gould index)가 접근성의 척도로서 사용되는데, 이 지수는 망을 나타내는 행렬 $n \times n$의 우세 고유값에 대응하는 고유벡터로부터 얻어진다.

망은 양방향도로로 이루어져 있으므로, 만일 꼭지점 i에서 꼭지점 j까지의 연결선이 존재한다면 꼭지점 j에서 꼭지점 i까지의 연결선도 역시 존재할 것이다. 그러므로 인접행렬(adjacency matrix) A는 대칭행렬이 된다. **증가 인접행렬**(augmented adjacency matrix) $B = A + I_n$을 구성해 보면, B 역시 대칭행렬이다. 이는 B가 n개의 선형독립 고유벡터를 가짐을 의미한다. 이와 관련되어 **페론-프로베니우스 정리**(Perron-Frobenius theorem)가 있다. 그 내용은 연결된 유향그래프의 증가 인접행렬 B는 우세 고유값을 가진다는 것과 또한 이에 대응하는 고유공간은 성분이 모두 양인 기저벡터를 갖는 1차원 공간이라는 것이다. 우세 고유값과 대응하는 고유벡터를 계산하는 데는 실용적으로 거듭제곱법이 이용된다. 이 고유벡터의 각 성분은 유향그래프의 각 꼭지점에 대응되는 도시의 접근성을 나타낸다.

이제 우세 고유벡터의 성분들을 이렇게 이용하는 것이 정당하다는 것을 보이자. 접근성이 높은 꼭지점은 다른 꼭지점들로 가는 많은 수의 경로들을 가지고 있어야 한다. B^m의 원소들은 꼭지점들 간의 길이 m인 경로의 수를 나타낸다. 여기에는 경로상의 꼭지점에서 잠시 머무는 경우도 포함된다. B^m의 i 행의 원소들의 합은 꼭지점 i로부터 나오는 m-경로들의 수를 준다. n개의 성분이 모두 1인 열벡터를 $\mathbf{e}$라고 놓자. 그러면 $B^m\mathbf{e}$는 i번째 성분이 B^m의 i행 원소들의 합인 열벡터가 된다. 따라서 벡터 $B^m\mathbf{e}$의 각 성분은 각 꼭지점에서 나오는 m-경로의 수를 준다. $\mathbf{e}$의 성분들이 모두 1이고 B의 우세 고유벡터는 양의 성분으로만 구성되어 있기 때문에 $B^m\mathbf{e}$는 우세 고유벡터의 방향으로 영이 아닌 성분을 가진다. 정리 7.2는 m이 증가함에 따라 $B^m\mathbf{e}$가 우세 고유벡터에 접근하게 됨을 말하고 있다. $B^m\mathbf{e}$는 m이 증가할수록 각 꼭지점으로부터 나오는 경로들이 점점 더 길어지는 이유를 설명한다. 그러므로 우세 고유벡터의 성분들간의 비는 꼭지점의 상대적인 접근성을 줄 것이다.

이 접근성 지수의 타당성은 Linear Algebra in Geography: Eigenvectors of Networks, by Philip D. Straffin, Jr., *Mathematics Magazine*, Vol. 53, No. 5, 1980.11, pp.269~276에서 따왔다. 이 흥미있는 기사는 페론-프로베니우스의 정리에 관한 논의를 싣고 있고, 상파울로 경제의 성장에서부터 미국의 주간(interstate) 도로체계분석, 중세 러시아의 무역로 분석(이 절의 끝부분에서 소개한다)에 이르는 다양한 응용에 관한 참고문헌들을 언급하고 있다.

이제 간단한 수송망의 개념을 예시하겠다.

예제 3

수송망의 연결성

그림 7.1에 나타낸 수송망을 생각하자. 인접행렬와 증가행렬이 다음에 주어져 있다.

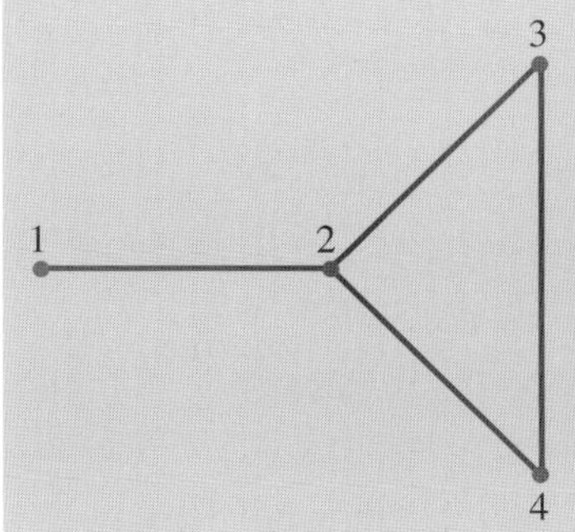

$$\text{인접행렬} \quad A = \begin{bmatrix} 0 & 1 & 0 & 0 \\ 1 & 0 & 1 & 1 \\ 0 & 1 & 0 & 1 \\ 0 & 1 & 1 & 0 \end{bmatrix} \qquad \text{증가행렬} \quad B = \begin{bmatrix} 1 & 1 & 0 & 0 \\ 1 & 1 & 1 & 1 \\ 0 & 1 & 1 & 1 \\ 0 & 1 & 1 & 1 \end{bmatrix}$$

그림 7.1

B의 우세 고유값과 대응되는 고유벡터는 거듭제곱법을 사용해서 소수 둘째 자리까지 구하면 $\lambda = 3.17$이고, $\mathbf{x} = (0.46, 1, 0.85, 0.85)$이다.

고유값은 망의 전반적인 접근성의 측도가 된다. 고유벡터의 각 성분은 해당 꼭지점의 상대적인 접근성을 나타낸다.

그래프를 보고 짐작할 수 있듯이 꼭지점 2는 가장 높은 연결성을 갖고, 꼭지점 1은 가장 낮은 연결성을 가지며, 꼭지점 3과 4는 동일한 연결성을 갖는다. 지리학자들은 관례적으로 이 고유벡터를 성분들의 합으로 나눈다. 이것은 벡터를 '정규화'하는 방식으로 성분들의 합은 1이 된다. 정규화된 벡터의 성분들을 꼭지점의 **굴드 접근성지수**(Gould accessibility index)라고 한다. 그 결과는

$$\frac{1}{(0.46 + 1 + 0.85 + 0.85)}(0.46, 1, 0.85, 0.85) = (0.15, 0.32, 0.27, 0.27)$$

과 같다. 표 7.6에 나타난 것처럼 이 벡터는 꼭지점들의 지수를 준다.

표 7.6

꼭지점	굴드지수
1	0.15
2	0.32
3	0.27
4	0.27

예제 4

쿠바의 연결성

쿠바의 주요도시와 고속도로가 나타나 있는 그림 7.2의 지도를 고려하자. 전반적인 연결성 지수와 각 도시의 연결성을 결정하라.

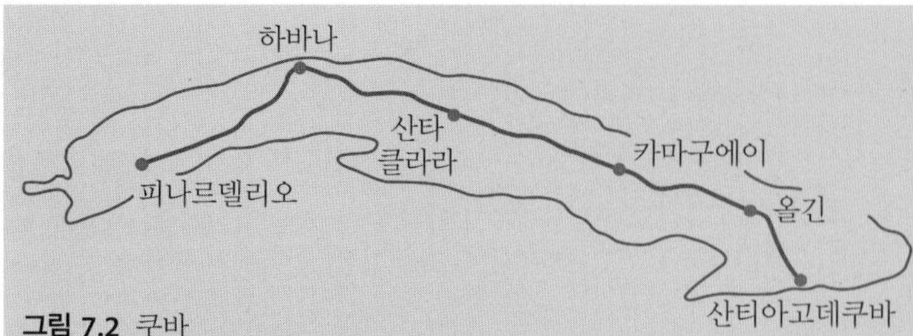

그림 7.2 쿠바

다음과 같이 인접행렬과 증가행렬을 구한다. 도시는 피나르델리오(Pinar del Rio)는 P, 하바나(Havana)는 H 등으로 표기한다.

$$A = \begin{array}{c} \\ P \\ H \\ SC \\ C \\ H \\ Sd \end{array} \begin{array}{c} \begin{array}{cccccc} P & H & SC & C & H & Sd \end{array} \\ \begin{bmatrix} 0 & 1 & 0 & 0 & 0 & 0 \\ 1 & 0 & 1 & 0 & 0 & 0 \\ 0 & 1 & 0 & 1 & 0 & 0 \\ 0 & 0 & 1 & 0 & 1 & 0 \\ 0 & 0 & 0 & 1 & 0 & 1 \\ 0 & 0 & 0 & 0 & 1 & 0 \end{bmatrix} \end{array}, B = \begin{bmatrix} 1 & 1 & 0 & 0 & 0 & 0 \\ 1 & 1 & 1 & 0 & 0 & 0 \\ 0 & 1 & 1 & 1 & 0 & 0 \\ 0 & 0 & 1 & 1 & 1 & 0 \\ 0 & 0 & 0 & 1 & 1 & 1 \\ 0 & 0 & 0 & 0 & 1 & 1 \end{bmatrix}$$

거듭제곱법을 사용하여 B의 우세 고유값과 대응되는 고유벡터를 구하면(소수 둘째자리까지) 다음과 같다.

$$\lambda = 2.80, \mathbf{x} = (0.45, 0.80, 1.00, 1.00, 0.80, 0.45)$$

$\mathbf{x}$를 다음과 같이 정규화하여 굴드지수를 얻는다.

$$\frac{1}{(0.45 + 0.80 + 1.00 + 1.00 + 0.80 + 0.45)}(0.45, 0.80, 1.00, 1.00, 0.80, 0.45)$$
$$= (0.10, 0.18, 0.22, 0.22, 0.18, 0.10)$$

도시들의 연결성은 다음 표 7.7과 같다.

표 7.7

도시	접근성 지수
피나르델리오(Pinar del Rio)	0.01
하바나(Havana)	0.18
산타클라라(Santa Clara)	0.22
카마구에이(Camagüay)	0.22
올긴(Holguin)	0.18
산티아고데쿠바(Santiago de Cuba)	0.10

이 망의 총체적인 연결성은 2.80이다.

하바나가 그 섬에서 가장 연결성이 좋은 도시가 아니라는 것을 관찰하라. 또한 도로망과 잘 들어맞는 표의 대칭성을 주목하라. 피나르델리오와 산티아고데쿠바는 동일한 연결성을 가지고 있다고 예상할 수 있다. 하바나와 올긴, 산타클라라와 카마구에이에 대해서도 마찬가지이다.

예제 5

러시아의 수도 모스크바

지리학자들은 모스크바가 중세의 무역로상의 중요한 전략적 위치에 있었으므로 당연히 중앙 러시아의 지배적인 위치를 차지했다고 주장해 왔다. 그러나 논문 “A Graph Theoretical Approach to Historical Geography,” by F. R. Pitts, *Professional Geographer*, 17, 1965, pp. 15~20에서는 그래프 이론 기법들을 사용하여 이에 의문을 제기하였다.

그림 7.3의 그래프에서 꼭지점들은 12세기 및 13세기 러시아의 인구밀집 지역을 나타내고 연결선들은 주요 무역로를 나타낸다. 인구밀집 지역은 모스크바(35), 키예프(4), 노브고로드(1), 스모렌스크(3) 등이다.

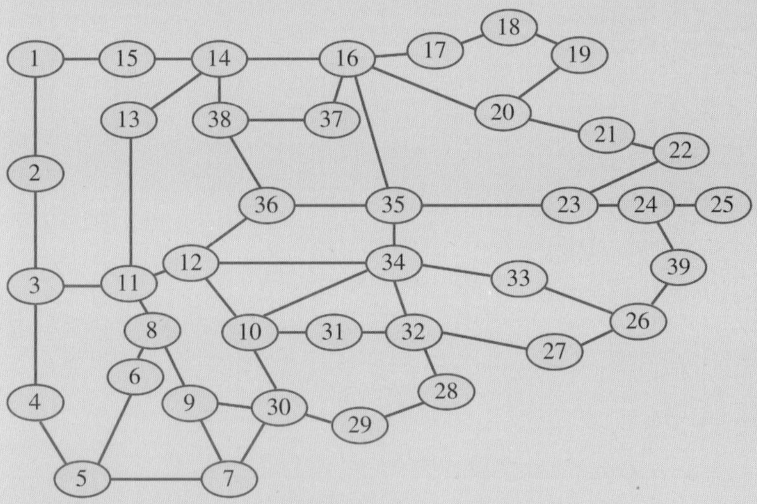

그림 7.3 중세 러시아의 무역로

컴퓨터를 사용하여 39 × 39 행렬의 우세 고유벡터를 구하여, 망의 각 꼭지점에 대한 굴드 접근성지수를 계산하였다. 표 7.8에는 이 중에서 지수가 가장 큰 7개를 열거해 놓았다. 모스크바는 접근성에서 6위임을 주목하라. 이 분석에서 도달한 결론은 모스크바가 번영했던 이유는 무역로로서의 위치보다는 사회적, 정치적 요소가 더 중요하게 작용했음에 틀림없다는 것이다.

표 7.8

도시	접근성 지수
코젤스크(10)	0.0837
콜롬나(34)	0.0788
뱌즈마(12)	0.0722
브랸스크(8)	0.0547
므첸스크(30)	0.0493
모스크바(35)	0.0490
도로고부쉬(11)	0.0477

예제 6

항공로의 비교

유향그래프의 인접행렬의 우세 고유벡터의 성분들은 유향그래프에 대한 내부의 정보, 즉 그 꼭지점들의 접근성에 대한 비교를 얻는 데 사용된다. 한편, 여러 유향그래프의 인접행렬들의 우세 고유값들은 서로 다른 유향그래프들의 연결성을 비교하는 데 사용된다. 표 7.9는 8개국의 국내 항공망의 연결성을 우세 고유값을 기반으로 하여 비교한 자료이다. 스웨덴이 이 목록의 아래쪽에 놓여 있다는 것은 놀라운 일이다. 이와 같은 응용에 관심이 있는 사람은 *Applications of Graph Theory*, edited by Robin J. Wilson and Lowell W. Beineke, Academic Press, Chapter 10, 1979를 참고하기 바란다.

표 7.9

국가	우세 고유값
미국	6
프랑스	5.243
영국	4.610
인도	4.590
캐나다	4.511
구소련	3.855
스웨덴	3.301
터키	2.903

연습문제 7.5

우세 고유값과 고유벡터

문제 [1~4]에서 거듭제곱법을 사용해서 주어진 행렬들의 우세 고유값과 우세 고유벡터를 구하라.

1. $\begin{bmatrix} 1 & 7 & -7 \\ -1 & 3 & -1 \\ -1 & -5 & 7 \end{bmatrix}$

2. $\begin{bmatrix} 9 & 4 & -4 \\ -1 & 1 & 1 \\ 7 & 4 & -2 \end{bmatrix}$

3. $\begin{bmatrix} 13 & 7 & -7 \\ -2 & -1 & 2 \\ 12 & 7 & -6 \end{bmatrix}$

4. $\begin{bmatrix} 17 & 8 & -8 \\ 0 & 1 & 0 \\ 16 & 8 & -7 \end{bmatrix}$

문제 [5~8]에서 거듭제곱법을 사용해서 주어진 행렬들의 우세 고유값과 우세 고유벡터를 구하라.

5. $\begin{bmatrix} 1 & 1 & -1 & 1 \\ 1 & 1 & 1 & -1 \\ -3 & 3 & 3 & 3 \\ -3 & 3 & 1 & 5 \end{bmatrix}$

6. $\begin{bmatrix} 3 & -1 & 1 & -1 \\ -3 & 1 & -3 & 3 \\ -3 & 3 & 7 & 3 \\ -1 & 5 & 7 & 3 \end{bmatrix}$

7. $\begin{bmatrix} 84 & 5 & -5 & 5 \\ 1 & 0 & 1 & -1 \\ -1 & 1 & 0 & 1 \\ 3 & 5 & -5 & 6 \end{bmatrix}$

8. $\begin{bmatrix} 4.5 & 5.5 & -5.5 & 5.5 \\ 1.5 & 0.5 & 1.5 & -1.5 \\ -1 & 1 & 0 & 1 \\ 3 & 5 & -6 & 7 \end{bmatrix}$

문제 [9~13]에서 거듭제곱법과 수축을 사용하여 주어진 **대칭** 행렬의 **모든** 고유값과 대응하는 고유벡터를 구하라,

9. $\begin{bmatrix} 5 & 4 & 2 \\ 4 & 5 & 2 \\ 2 & 2 & 2 \end{bmatrix}$ **10.** $\begin{bmatrix} 4 & 0 & 2 \\ 0 & 4 & 0 \\ 2 & 0 & 4 \end{bmatrix}$

11. $\begin{bmatrix} 7 & 0 & 5 \\ 0 & 2 & 0 \\ 5 & 0 & 7 \end{bmatrix}$ **12.** $\begin{bmatrix} 4 & 0 & 0 & 6 \\ 0 & 2 & -4 & 0 \\ 0 & -4 & 2 & 0 \\ 6 & 0 & 0 & 4 \end{bmatrix}$

13. $\begin{bmatrix} 5 & 4 & 1 & 1 \\ 4 & 5 & 1 & 1 \\ 1 & 1 & 4 & 2 \\ 1 & 1 & 2 & 4 \end{bmatrix}$

굴드 접근성지수

14. 거듭제곱법을 사용하여 그림 7.4의 그래프들에서 각 꼭지점의 굴드 접근성지수를 계산하라. 각 경우에 주어진 초기벡터를 가지고 세 번의 반복과정을 수행하라(답을 비교할 수 있도록 초기벡터들이 주어진 것이다). 초기벡터의 선택에 관하여 논하라.

(a) 초기벡터 $\begin{bmatrix} 1 \\ 2 \\ 2 \\ 1 \end{bmatrix}$

(b) 초기벡터 $\begin{bmatrix} 1 \\ 1 \\ 3 \\ 3 \\ 1 \\ 1 \end{bmatrix}$

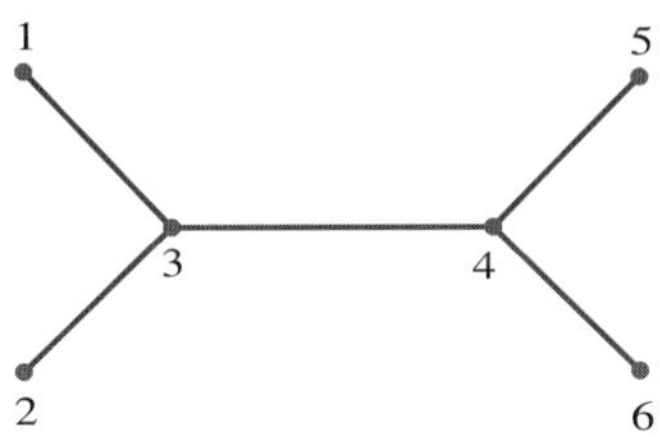

(c) 초기벡터 $\begin{bmatrix} 2 \\ 1 \\ 1 \\ 1 \\ 1 \end{bmatrix}$

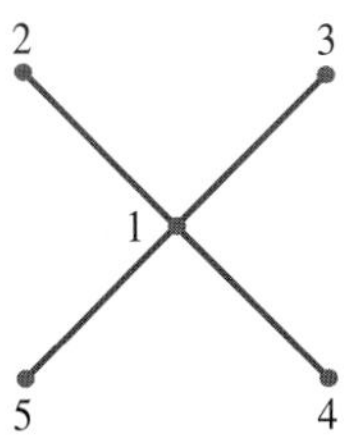

그림 7.4

15. 다음 그림 7.5에 나타난 도로망을 고려하자.

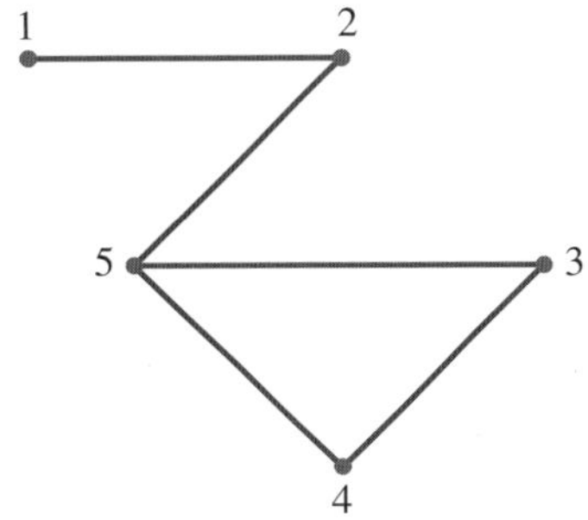

그림 7.5

(a) 각 꼭지점의 연결성을 소수 두 자리까지 구하라.

(b) 연결성을 가장 크게 증가시키기 위해서는 어느 두 꼭지점 사이에 도로가 건설되어야 하는가?

16. 그림 7.6에 나타난 뉴질랜드의 남섬과 북섬의 굴드지수를 결정하라. 각 섬에서 어느 도시가 가장 연결성이 높은가? 두 섬의 연결성을 비교하라. 어느 쪽이 더 연결성이 높은가?

17. 알라바마 주와 조지아 주의 주요한 도로망의 그래프를 그려라. 각 주에 대한 굴드지수를 결정하라. 어느 도시가 각 주에서 가장 연결성이 높은가? 두 주의 연결성을 비교하라. 각 주에서 가장 효과적으로 연결성을 증가시키기 위해 도시 간 도로를 어디에 건설하여야 하는가?

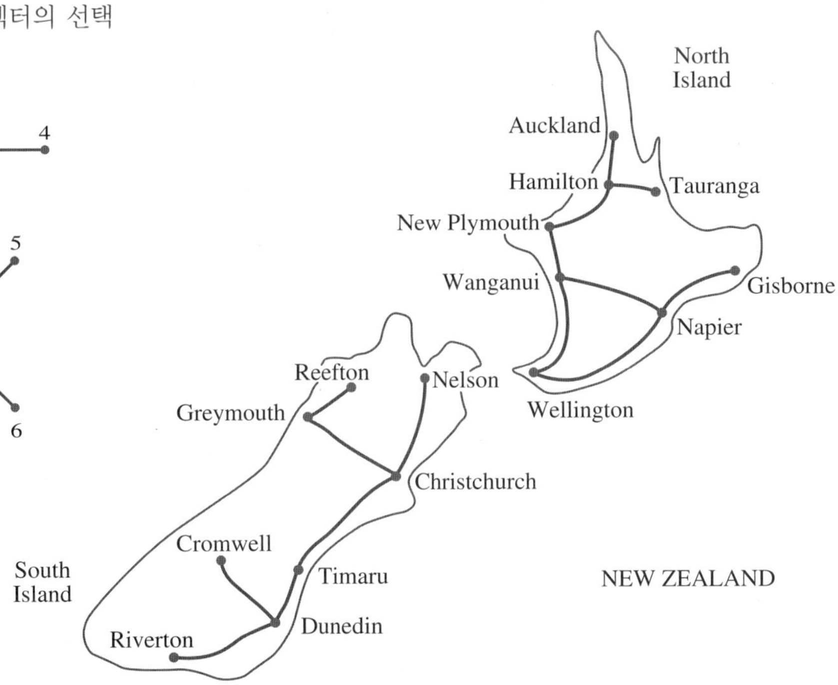

그림 7.6

*7.6 특이값 분해

행렬을 인수분해하는 여러 가지 유용한 방법들이 있다. 이미 행렬의 대각화, QR 방법, LU 분해에 대하여 다루었으며 각 방법의 응용에 대해서도 살펴보았다. 이 절에서는 행렬을 인수분해하는 **특이값 분해**(SVD, singular value decomposition) 방법을 소개한다. SVD가 랭크, 조건수(condition number) 및 최소제곱을 계산하는 데 어떻게 이용되는지도 살펴 볼 것이다. SVD는 임의의 $m \times n$ 행렬 A를 다음과 같이 세 행렬의 곱으로 분해할 수 있도록 해준다.

$$A = U\Sigma V^t$$

여기서 U는 $m \times m$ 직교행렬이고 V는 $n \times n$ 직교행렬이다. Σ는 $m \times n$ 행렬로써 상부 왼쪽에 크기가 감소하는 양의 대각원소를 가진 대각 부분행렬 D가 있고 나머지 원소들은 모두 0이다. 즉,

$$\Sigma = \begin{bmatrix} D & \vdots & 0 \\ \cdots & \cdots & \cdots \\ 0 & \vdots & 0 \end{bmatrix}, \text{ 여기서 } D = \begin{bmatrix} \sigma_1 & \cdots & \\ \vdots & \ddots & \vdots \\ & \cdots & \sigma_r \end{bmatrix}, \sigma_1 \geq \sigma_2 \geq \cdots \geq \sigma_r > 0, \tag{1}$$

$r \leq m, n$

다음은 Σ의 예들이다.

$$\begin{bmatrix} 9 & 0 & 0 \\ 0 & 3 & 0 \end{bmatrix} \qquad \begin{bmatrix} 6 & 0 & 0 \\ 0 & 2 & 0 \\ 0 & 0 & 0 \end{bmatrix} \qquad \begin{bmatrix} 7 & 0 & 0 \\ 0 & 5 & 0 \\ 0 & 0 & 2 \\ 0 & 0 & 0 \end{bmatrix} \qquad \begin{bmatrix} 8 & 0 & 0 & 0 \\ 0 & 7 & 0 & 0 \\ 0 & 0 & 1 & 0 \\ 0 & 0 & 0 & 0 \end{bmatrix}$$

$\sigma_1 = 9, \sigma_2 = 3,$ $r = 2$ $\qquad$ $\sigma_1 = 6, \sigma_2 = 2,$ $r = 2$ $\qquad$ $\sigma_1 = 7, \sigma_2 = 5, \sigma_3 = 2,$ $r = 3$ $\qquad$ $\sigma_1 = 8, \sigma_2 = 7, \sigma_3 = 1$ $r = 3$

다음 두 예제를 통해 방법을 설명한다.

예제 1

다음 행렬 A의 특이값 분해를 구하여라.

$$A = \begin{bmatrix} 1 & 0 & 2 \\ 0 & 1 & 0 \end{bmatrix}$$

풀이

$A = U\Sigma V^t$인 행렬 U, Σ, V를 원한다. 다음과 같이 행렬들의 크기를 추적하는 게 유용하다.

$$\begin{matrix} A & = & U & \Sigma & V^t \\ m \times n & & m \times m & m \times n & n \times n \end{matrix} \qquad \begin{matrix} A & = & U & \Sigma & V^t \\ 2 \times 3 & & 2 \times 2 & 2 \times 3 & 3 \times 3 \end{matrix}$$

(일반적인 $m \times n$ 행렬 A) $\qquad$ (주어진 2×3 행렬 A)

***V* 구하기:** A^tA의 고유벡터들이 V의 열벡터가 된다. 즉,

$$A^tA = \begin{bmatrix} 1 & 0 \\ 0 & 1 \\ 2 & 0 \end{bmatrix} \begin{bmatrix} 1 & 0 & 2 \\ 0 & 1 & 0 \end{bmatrix} = \begin{bmatrix} 1 & 0 & 2 \\ 0 & 1 & 0 \\ 2 & 0 & 4 \end{bmatrix}$$

를 얻고 A^tA의 고유값들을 계산하면 (크기감소 순으로) $\lambda = 5, 1, 0$임을 알 수 있다. (매개변수 r, s, t을 가진) 대응하는 고유벡터와 단위 고유벡터들은

$$\underset{(\lambda=5)}{r\begin{bmatrix} 1 \\ 0 \\ 2 \end{bmatrix}}, \underset{(\lambda=1)}{s\begin{bmatrix} 0 \\ 1 \\ 0 \end{bmatrix}}, \underset{(\lambda=0)}{t\begin{bmatrix} -2 \\ 0 \\ 1 \end{bmatrix}} \qquad \underset{(\lambda=5)}{\mathbf{v}_1 = \begin{bmatrix} 1/\sqrt{5} \\ 0 \\ 2/\sqrt{5} \end{bmatrix}}, \underset{(\lambda=1)}{\mathbf{v}_2 = \begin{bmatrix} 0 \\ 1 \\ 0 \end{bmatrix}}, \underset{(\lambda=0)}{\mathbf{v}_3 = \begin{bmatrix} -2/\sqrt{5} \\ 0 \\ 1/\sqrt{5} \end{bmatrix}}$$

이다. 이 벡터들이 직교함을 관찰하라. 단위 고유벡터들을 행렬 V의 열벡터로 하면 V는 정규직교 행렬이다. 즉,

$$V = \begin{bmatrix} 1/\sqrt{5} & 0 & -2/\sqrt{5} \\ 0 & 1 & 0 \\ 2/\sqrt{5} & 0 & 1/\sqrt{5} \end{bmatrix}$$

특이값 구하기: A의 **특이값**(singular vlaues)은 A^tA의 고유값의 양의 제곱근이다. 이 예에서 특이값은

$$\sigma_1 = \sqrt{5}, \sigma_2 = 1, \sigma_3 = 0$$

이다.

Σ 구하기: 2×3 행렬 Σ는 대각 원소가 $\sigma_1 = \sqrt{5}, \sigma_2 = 1$인 대각행렬 D를 상부왼쪽 블록으로 갖는다. 즉,

$$D = \begin{bmatrix} \sqrt{5} & 0 \\ 0 & 1 \end{bmatrix}, \quad \Sigma = \begin{bmatrix} \sqrt{5} & 0 & 0 \\ 0 & 1 & 0 \end{bmatrix}$$

U 구하기: 2×2 행렬 U의 열벡터는 $\mathbf{u}_1 = \dfrac{1}{\sigma_1} A\mathbf{v}_1 = \begin{bmatrix} 1 \\ 0 \end{bmatrix}$과 $\mathbf{u}_2 = \dfrac{1}{\sigma_2} A\mathbf{v}_2 = \begin{bmatrix} 0 \\ 1 \end{bmatrix}$이다. $\mathbf{u}_1$과 $\mathbf{u}_2$는 정규직교이므로 U는 직교행렬이다. 즉,

$$U = \begin{bmatrix} 1 & 0 \\ 0 & 1 \end{bmatrix}$$

따라서 행렬 A에 대한 다음과 같은 SVD를 얻는다.

$$A = U\Sigma V^t = \begin{bmatrix} 1 & 0 \\ 0 & 1 \end{bmatrix} \begin{bmatrix} \sqrt{5} & 0 & 0 \\ 0 & 1 & 0 \end{bmatrix} \begin{bmatrix} 1/\sqrt{5} & 0 & 2/\sqrt{5} \\ 0 & 1 & 0 \\ -2/\sqrt{5} & 0 & 1/\sqrt{5} \end{bmatrix}$$

위 예제에서는 방법을 소개하기 위해서 단순한 행렬 A를 선택했다. 예를 들면, A의 특

이값들은 U의 정규직교 열벡터를 만들기에 충분하다. 다음의 예에서 보듯이 이것이 항상 가능한 것은 아니다.

예제 2

다음 행렬 A의 특이값 분해를 구하라.

$$A = \begin{bmatrix} 3 & 0 & -3 \\ 2 & 0 & -2 \\ 6 & 0 & -6 \end{bmatrix}$$

풀이

$A = U\Sigma V^t$인 행렬 U, Σ, V를 구해보자. A가 $m \times n$ 행렬이면 다음과 같이 설정한다.

$$\begin{array}{ccccccc} U & \Sigma & V^t & \Rightarrow & U & \Sigma & V^t \\ m \times m & m \times n & n \times n & & 3 \times 3 & 3 \times 3 & 3 \times 3 \end{array}$$

(주어진 3×3 행렬 A)

V 구하기: V의 열벡터는 A^tA의 고유벡터들이다.

$$A^tA = \begin{bmatrix} 3 & 2 & 6 \\ 0 & 0 & 0 \\ -3 & -2 & -6 \end{bmatrix}\begin{bmatrix} 3 & 0 & -3 \\ 2 & 0 & -2 \\ 6 & 0 & -6 \end{bmatrix} = \begin{bmatrix} 49 & 0 & -49 \\ 0 & 0 & 0 \\ -49 & 0 & 49 \end{bmatrix}$$

이고, A^tA의 고유값은 $\lambda = 98, 0, 0$이다. A^tA의 고유벡터와 정규화된 고유벡터는

$$r\begin{bmatrix} 1 \\ 0 \\ -1 \end{bmatrix}, s\begin{bmatrix} 1 \\ 0 \\ 1 \end{bmatrix} + t\begin{bmatrix} 0 \\ 1 \\ 0 \end{bmatrix} \qquad \mathbf{v}_1 = \begin{bmatrix} 1/\sqrt{2} \\ 0 \\ -1/\sqrt{2} \end{bmatrix}, \mathbf{v}_2 = \begin{bmatrix} 1/\sqrt{2} \\ 0 \\ 1/\sqrt{2} \end{bmatrix}, \mathbf{v}_3 = \begin{bmatrix} 0 \\ 1 \\ 0 \end{bmatrix}$$

$$(\lambda = 98)\,(\lambda = 0) \quad (\lambda = 0) \qquad (\lambda = 98) \qquad (\lambda = 0) \qquad (\lambda = 0)$$

이다. 이 벡터들이 직교임을 관찰하라. 단위 고유벡터들을 행렬 V의 열벡터로 하면 V는 정규직교 행렬이다. 즉,

$$V = \begin{bmatrix} 1/\sqrt{2} & 1/\sqrt{2} & 0 \\ 0 & 0 & 1 \\ -1/\sqrt{2} & 1/\sqrt{2} & 0 \end{bmatrix}$$

Σ 구하기: A의 특이값들은 다음과 같다.

$$\sigma_1 = \sqrt{98} = 7\sqrt{2}, \sigma_2 = 0, \sigma_3 = 0$$

Σ는 3×3 행렬이다. 그러므로

$$\Sigma = \begin{bmatrix} 7\sqrt{2} & 0 & 0 \\ 0 & 0 & 0 \\ 0 & 0 & 0 \end{bmatrix}$$

***U* 구하기:** U는 3×3 행렬이다. U에 대한 적당한 정규직교 열벡터 $\mathbf{u}_1, \mathbf{u}_2, \mathbf{u}_3$를 구하자. 먼저

$$\mathbf{u}_1 = \frac{1}{\sigma_1} A\mathbf{v}_1 = \frac{1}{7\sqrt{2}}\begin{bmatrix} 3 & 0 & -3 \\ 2 & 0 & -2 \\ 6 & 0 & -6 \end{bmatrix}\begin{bmatrix} 1/\sqrt{2} \\ 0 \\ -1/\sqrt{2} \end{bmatrix} = \begin{bmatrix} 3/7 \\ 2/7 \\ 6/7 \end{bmatrix}$$

라 하자. $\sigma_1, \sigma_2, \sigma_3$은 모두 0이므로 $\mathbf{u}_2, \mathbf{u}_3$를 구하기 위해서 예제 1과 같이 공식 $\mathbf{u}_1 = \frac{1}{\sigma_i} A\mathbf{v}_i$을 이용할 수가 없다. 따라서 $\mathbf{u}_1$에 직교하는 부분공간 W을 구한 후 W에 있는 두 개의 직교벡터 $\mathbf{u}_2, \mathbf{u}_3$를 구하고, 이것들을 정규화하여 $\mathbf{u}_2, \mathbf{u}_3$을 얻을 것이다. (a, b, c)을 W에 있는 임의의 벡터라 하자. $\mathbf{u}_1 \cdot (a, b, c) = 0$으로부터 $3a/7 + 2b/7 + 6c/7 = 0$; $a = -2b/3 - 2c$를 얻는다. W의 벡터들은 $(-2b/3 - 2c, b, c)$ 형태이다. $b = 0, c = 1$로 놓아 이러한 벡터 중에서 하나를 선택하면 $(-2, 0, 1)$을 얻는다. 여기서 $(-2, 0, 1)$에 수직인 W에 있는 다른 벡터가 필요하다. $(-2b/3 - 2c, b, c) \cdot (-2, 0, 1) = 0$, $b = -15c/4$로부터 세 번째 벡터는 $c(1/2, -15/4, 1)$ 형태이다. $c = 1$이라 하면 $(1/2, -15/4, 1)$이다. $(-2, 0, 1), (1/2, -15/4, 1)$을 정규화하면

$$\mathbf{u}_2 = \left(-\frac{2}{\sqrt{5}}, 0, \frac{1}{\sqrt{5}}\right) \text{이고 } \mathbf{u}_3 = \left(\frac{2}{7\sqrt{5}}, -\frac{15}{7\sqrt{5}}, \frac{4}{7\sqrt{5}}\right)$$

이다. 벡터 $\mathbf{u}_1, \mathbf{u}_2, \mathbf{u}_3$은 U의 열벡터가 된다. 즉, U는 정규직교 행렬이고

$$U = \begin{bmatrix} 3/7 & -2/\sqrt{5} & 2/7\sqrt{5} \\ 2/7 & 0 & -15/7\sqrt{5} \\ 6/7 & 1/\sqrt{5} & 4/7\sqrt{5} \end{bmatrix}$$

이다. 이제 다음과 같이 A의 SVD을 얻는다.

$$A = U\Sigma V^t = \overset{U}{\begin{bmatrix} 3/7 & -2/\sqrt{5} & 2/7\sqrt{5} \\ 2/7 & 0 & -15/7\sqrt{5} \\ 6/7 & 1/\sqrt{5} & 4/7\sqrt{5} \end{bmatrix}} \overset{\Sigma}{\begin{bmatrix} 7\sqrt{2} & 0 & 0 \\ 0 & 0 & 0 \\ 0 & 0 & 0 \end{bmatrix}} \overset{V^t}{\begin{bmatrix} 1/\sqrt{2} & 0 & -1/\sqrt{2} \\ 1/\sqrt{2} & 0 & 1/\sqrt{2} \\ 0 & 1 & 0 \end{bmatrix}}$$

주의: A의 인자들을 행렬 소프트웨어(여기서는 MATLAB)를 이용해서 얻은 것들과 비교하는 것은 흥미로운 일이다. 소프트웨어는 A의 다음과 같은 SVD를 준다.

$$A = \overset{U}{\begin{bmatrix} -0.4286 & 0.9008 & 0.0693 \\ -0.2857 & -0.0624 & -0.9563 \\ -0.8571 & -0.4296 & 0.2841 \end{bmatrix}} \overset{\Sigma}{\begin{bmatrix} 9.89950 & 0 & 0 \\ 0 & 0 & 0 \\ 0 & 0 & 0 \end{bmatrix}} \overset{V^t}{\begin{bmatrix} -0.7071 & 0 & 0.7071 \\ -0.7071 & 0 & -0.7071 \\ 0 & -1.0000 & 0 \end{bmatrix}}$$

U의 첫 열, 즉 $\mathbf{u}_1$은 부호를 제외하고는 같다. 그러나 U의 두 번째와 세 번째의 열은 다르다. 컴퓨터는 $\mathbf{u}_1, \mathbf{u}_2$을 찾을 때 다른 방법을 이용하였다. V^t는 부호가 다르다. Σ는 모두 같다. **일반적으로, 행렬 U와 V는 특이값 분해에서 유일하지 않다. 그러나 Σ는 유일하다.**

위의 예제에서 $\mathbf{u}_1$에 의해서 정의된 공간의 직교 여공간인 W의 정규직교기저를 손쉽게 구했다. 이 기저벡터들이 $\mathbf{u}_2$, $\mathbf{u}_3$이다. 이런 작은 행렬에서 손으로 직접 계산하여, $\mathbf{u}_2$, $\mathbf{u}_3$를 구할 때 이런 특수 방법을 이용하는 것이 가장 쉽다. 그러나 행렬 소프트웨어 패키지는 W에 대한 정규직교기저를 찾기 위하여 그람-슈미트 직교화 같은 알고리즘을 이용한다. 그러므로 손으로 직접 계산한 결과와 컴퓨터 결과가 때때로 다를 수 있다. 그러나 두 가지 모두 주어진 행렬의 특이값 분해이다.

이제 이 방법의 일반적 배경을 제시한다. 먼저 특이값의 개념에 대하여 살펴보기로 하자.

행렬의 특이값

A를 $m \times n$ 행렬이라 하자. 곱 A^tA은 $n \times n$ 대칭행렬이다. $((A^tA)^t = A^t(A^t)^t = A^tA)$. 그러므로 A^tA는 n개의 선형독립인 고유벡터 $\mathbf{v}_1, \mathbf{v}_2, \ldots, \mathbf{v}_n$과 실수의 고유값 $\lambda_1, \lambda_2, \ldots, \lambda_n$(5장의 정리 9)을 갖는다. 이제 A^tA의 고유값들은 모두 비음인 것을 보일 것이다. λ를 A^tA의 고유값이라 하고 대응하는 단위 고유벡터를 $\mathbf{v}$라 하자. 그러면

$$\lambda = \lambda\|\mathbf{v}\|^2 = \lambda\mathbf{v}^t\mathbf{v} = \mathbf{v}^t\lambda\mathbf{v} = \mathbf{v}^t A^tA\mathbf{v} = (A\mathbf{v})^t(A\mathbf{v}) = \|A\mathbf{v}\|^2 \geq 0 \tag{2}$$

대응하는 고유값이 $\lambda_1 \geq \lambda_2 \geq \cdots \geq \lambda_n$이 되도록 고유벡터 $\mathbf{v}_1, \mathbf{v}_2, \ldots, \mathbf{v}_n$를 배열하자. $\sigma_i = \sqrt{\lambda_i}$라 하면 $\sigma_1 \geq \sigma_2 \geq \cdots \geq \sigma_n \geq 0$이다. $\sigma_1, \sigma_2, \ldots, \sigma_n$을 행렬 A의 **특이값**이라 한다.

정리 7.5

특이값 분해

A를 $m \times n$ 행렬이라 하자. A의 인수분해

$$A = U\Sigma V^t$$

가 존재한다. 이때 U는 $m \times m$ 직교행렬, V는 $n \times n$ 직교행렬, 그리고 Σ는 다음과 같은 형태의 $m \times n$ 행렬이다.

$$\Sigma = \begin{bmatrix} D & \vdots & 0 \\ \cdots & \cdots & \cdots \\ 0 & \vdots & 0 \end{bmatrix}, \text{여기서 } D = \begin{bmatrix} \sigma_1 & \cdots & 0 \\ \vdots & \ddots & \vdots \\ 0 & \cdots & \sigma_r \end{bmatrix}, \sigma_1 \geq \sigma_2 \geq \cdots \geq \sigma_r, r \leq m, n$$

이와 같은 인수분해를 모두 A의 **특이값 분해**(A의 SVD)라 한다. 행렬 U와 A는 유일하지 않다. 그러나 행렬 Σ는 유일하다. A의 임의의 분해 $U\Sigma V^t$에서 D의 대각 원소들, 즉 $\sigma_1, \ldots, \sigma_r$은 A의 0이 아닌 특이값들이다(연습문제 40(c)). U의 열벡터들을 V의 **좌 특이벡터**라 하고 V의 열벡터들을 A의 **우 특이벡터**라 한다.

증명

먼저 3개의 행렬 U, Σ, V의 가능한 구성을 기술하고 곱 $U\Sigma V^t$이 실제로 A와 같다는 것을 보인다.

(i) 행렬 V: A를 $m \times n$ 행렬이라 하자. 곱 A^tA는 $n \times n$ 대칭행렬이므로 고유공간들은

직교한다(정리 5.9). (필요하면 그람-슈미트 과정을 적용해서) 각 고유공간에 대한 정규직교기저를 구한다. 이 기저들의 합집합은 $\mathbf{R}^n$의 정규직교기저 $\{\mathbf{v}_1, \ldots, \mathbf{v}_n\}$가 된다. 필요하면 이 벡터들을 재배열하여 대응하는 고유값들이 크기가 점점 작아지게 하자. V는 열을 $\mathbf{v}_1, \ldots, \mathbf{v}_n$으로 가지는 행렬이고 따라서 V는 직교행렬이다.

(ii) 행렬 Σ: A의 비영의 특이값들을 $\sigma_1, \sigma_2, \ldots, \sigma_r$라 하자. 물론 $\sigma_{r+1} = \sigma_{r+2} = \ldots = \sigma_n = 0$이다. 비영의 특이값들은, Σ을 구성하는 위의 대각행렬 D의 대각 원소가 된다.

(iii) 행렬 U: $\{\mathbf{v}_1, \ldots, \mathbf{v}_n\}$을 A^tA의 단위 고유벡터들로 이루어진 $\mathbf{R}^n$의 정규직교기저라 하면, $\{A\mathbf{v}_1, \ldots, A\mathbf{v}_n\}$은 $\mathbf{R}^m$의 직교 벡터들의 집합임을 보일 것이다. $\mathbf{v}_i$을 고유값 λ_i에 대응하는 A^tA의 고유벡터라 하자. $i \neq j$이면

$$(A\mathbf{v}_i) \cdot (A\mathbf{v}_j) = (A\mathbf{v}_i)^t (A\mathbf{v}_j) = \mathbf{v}_i^t A^t A\mathbf{v}_j = \mathbf{v}_i^t \lambda_j \mathbf{v}_j = \lambda_j \mathbf{v}_i^t \mathbf{v}_j = \lambda_j \mathbf{v}_i^t \cdot \mathbf{v}_j = 0$$

이므로 $\{A\mathbf{v}_1, \ldots, A\mathbf{v}_n\}$은 직교 벡터들의 집합이다. 위의 식 (2)로부터 $\|A\mathbf{v}_i\|^2 = \lambda_i$에서 $\|A\mathbf{v}_i\| = \sqrt{\lambda_i} = \sigma_i$이다. 이 특이값들의 처음 r개는 0이 아니고 나머지들은 0이므로 $i = 1, \ldots, r$에 대하여 $A\mathbf{v}_i \neq \mathbf{0}$이고 $i = r+1, \ldots, n$에 대하여 $A\mathbf{v}_i = \mathbf{0}$이다. 따라서 벡터 $A\mathbf{v}_i, i = 1, \ldots, r$을 $\mathbf{u}_i = \dfrac{1}{\sigma_i}A\mathbf{v}_i$로 정규화할 수 있고, 따라서 집합 $\{\mathbf{u}_1, \ldots, \mathbf{u}_r\}$은 정규직교집합이다. $r = m$이면 $\{\mathbf{u}_1, \ldots, \mathbf{u}_r\}$은 U의 열벡터들이고 U는 직교행렬이다. $r < m$이면 이 집합은 벡터수가 너무 적어 $\mathbf{R}^m$의 기저가 될 수 없다. 이 경우 이 집합을 확장하여 $\mathbf{R}^m$의 정규직교기저 $\{\mathbf{u}_1, \ldots, \mathbf{u}_r, \mathbf{u}_{r+1}, \ldots, \mathbf{u}_m\}$을 얻는다. U는 열벡터로 $\mathbf{u}_1, \ldots, \mathbf{u}_m$을 가지는 행렬이고, 따라서 U는 직교행렬이다.

(iV) $A = U\Sigma V^t$의 증명: V는 직교행렬이므로 $V^t = V^{-1}$이다. 따라서 $A = U\Sigma V^t$를 $AV = U\Sigma$ 형태로 쓸 수 있다. 이제 AV는 $AV = A[\mathbf{v}_1 \ldots \mathbf{v}_n] = [A\mathbf{v}_1 \ \ldots \ A\mathbf{v}_n]$가 된다. 그런데 $i = 1, \ldots, r$에 대하여 $A\mathbf{v}_i = \sigma_i\mathbf{u}_i$이고 $i = r+1, \ldots, m$에 대하여 $A\mathbf{v}_i = \mathbf{0}$이다. 따라서

$$AV = [\sigma_1\mathbf{u}_1 \ldots \ \sigma_r\mathbf{u}_r \ \ 0 \ 0 \ \ldots \ \ 0] = [\mathbf{u}_1 \ldots \ \mathbf{u}_m]\begin{bmatrix} D & \vdots & 0 \\ \cdots & \cdots & \cdots \\ 0 & \vdots & 0 \end{bmatrix} = U\Sigma$$

즉, $AV = U\Sigma$이고 이는 $A = U\Sigma V^t$를 의미한다. ■

행렬은 자주 추출해야 하는 정보를 포함하고 있다. 이때의 강력한 전략은 행렬을 정보를 드러내는 더 단순한 행렬들의 곱으로 인수분해 하는 것이다. 행렬의 SVD 분해는 행렬에 대한 중요한 정보를 포함하고 있다. 다음의 정리는 행렬의 랭크, 열공간, 영공간, 행공간에 대한 정보를 SVD가 어떻게 드러내는지 보여준다.

정리 7.6

SVD가 주는 정보

$A = U\Sigma V^t$을 $m \times n$ 행렬의 특이값 분해라 하자. 위에서 사용한 기호를 이용하여:

(a) A의 rank는 r, 즉 0이 아닌 특이값들의 개수이다.

(b) $\{\mathbf{u}_1, \ldots, \mathbf{u}_r\}$은 A의 치역인 col(A)의 정규직교기저이다.

(c) $\{\mathbf{u}_{r+1}, \ldots, \mathbf{u}_m\}$은 null($A^t$)의 정규직교기저이다.

(d) $\{\mathbf{v}_1, \ldots, \mathbf{v}_r\}$은 row($A$)의 정규직교기저이다.

(e) $\{\mathbf{v}_{r+1}, \ldots, \mathbf{v}_n\}$은 null($A$)의 정규직교기저이다.

증명

(a)와 **(b)**: 집합 $\{\mathbf{v}_1, \ldots, \mathbf{v}_n\}$은 $\mathbf{R}^n$의 기저이므로 집합 $\{A\mathbf{v}_1, \ldots, A\mathbf{v}_n\}$은 col($A$)을 생성한다. 이것은 $\{A\mathbf{v}_1, \ldots, A\mathbf{v}_r\}$이 col($A$)을 생성함을 의미한다.(왜냐하면 위에서 $A\mathbf{v}_i = 0$, $i = r+1, \ldots, n$이기 때문이다.) 그러므로 dim col(A) $\le r$이다. $B = \{\mathbf{u}_1, \ldots, \mathbf{u}_r\}$라 하자. $\mathbf{u}_i = \dfrac{1}{\sigma_i} A\mathbf{v}_i$이기 때문에 B는 col(A)의 부분집합이다. 또한 B는 정규직교 집합이므로 선형독립인 r개의 원소를 갖는다. 따라서 dim col(A) $= r$이다. 즉, B는 col(A)의 정규직교기저이고 rank(A) $= r$이다.

(c), **(b)**에서 $\{\mathbf{u}_1, \ldots, \mathbf{u}_r\}$은 col($A$)의 정규직교기저임을 알았다. 그러므로 $\{\mathbf{u}_{r+1}, \ldots, \mathbf{u}_m\}$은 col($A$)의 직교여집합의 정규직교기저이다. 그런데 $(\text{col}(A))_\perp = \text{null}(A^t)$(정리 4.33)이므로 그것은 null($A^t$)의 정규직교기저이다.

(e) $i = r+1, \ldots, n$에 대하여 $A\mathbf{v}_i = \mathbf{0}$이기 때문에 집합 $\{\mathbf{v}_{r+1}, \ldots, \mathbf{v}_n\}$은 null($A$)의 정규직교 부분집합이다. 그러나 A의 무효차수(nullity)는 $n - \text{rank}(A) = n - r$이다. 그러므로 null($A$)의 차원은 $n - r$이다. 따라서 $\{\mathbf{v}_{r+1}, \ldots, \mathbf{v}_n\}$은 null($A$)의 정규직교기저이다.

(d), **(e)**에 의해서 $\{\mathbf{v}_1, \ldots, \mathbf{v}_r\}$은 null($A$)의 직교여집합의 정규직교기저이다. 그런데 행공간의 직교여집합이 영공간이므로(정리 4.33), $\text{null}(A)_\perp = (\text{row}(A)_\perp)_\perp = \text{row}(A)$이다. 그러므로 $\{\mathbf{v}_1, \ldots, \mathbf{v}_r\}$은 row($A$)의 정규직교기저이다. ■

SVD를 이용한 행렬의 랭크

행렬의 랭크를 계산하기 위해 가우스-요르단 소거법을 사용해왔다. 이 방법은 작은 행렬에는 적합하다. 그러나 큰 행렬의 경우, 가우스-요르단같은 소거법은 반올림 오차를 포함한다(1.2절). 이러한 오차들은 랭크를 계산할 때 특히 결정적이다. 랭크에 틀린 값을 줄 수 있다. 가장 심각한 오류는 0이어야 하는 원소가 작은 수로 대체될 때 발생한다. 영행이 비영인 행으로 될 수 있다. 실제로 SVD는 랭크를 계산하는 가장 신뢰할 수 있는 방법이다. Σ에 나타나는 매우 작은 특이값은 반올림 오차를 통해 발생했다고 간주되어, 0으로 대체된다. 그러면 위의 정리는 A의 랭크가, SVD의 Σ에서 0이 아닌 특이값의 수정된 개수인 이라고 알려준다.

예를 들어, 다음 행렬 A을 생각해 보자. 컴퓨터에서 SVD는 원소를 16진수로 표시한 행렬 Σ을 보여준다.

$$A = \begin{bmatrix} 7 & 8 & 9 \\ 4 & 5 & 6 \\ 1 & 2 & 3 \end{bmatrix},$$

$$\Sigma = \begin{bmatrix} 16.848103352614203 & 0 & 0 \\ 0 & 1.068369514554709 & 0 \\ 0 & 0 & 0.0000000000000001 \end{bmatrix}$$

Σ의 (3,3) 원소는 0이어야 한다. 0이 아닌 특이값은 16.848103352614203과 1.068369514554709이다. A의 랭크는 2이다. 한편 컴퓨터에서 가우스-요르단 소거법은, 0이어야 할 아주 작은 성분을 정규화하여 $\begin{bmatrix} 1 & 0 & 0 \\ 0 & 1 & 0 \\ 0 & 0 & 1 \end{bmatrix}$ 형태의 기약 행사다리형을 주어 랭크를 3으로 오인되게 한다.

SVD를 이용한 행렬의 조건수

A를 주어진 상황을 설명하는 선형방정식계의 비특이 계수행렬이라 하자. 7.3절에서 A의 조건수는 해가, A의 원소가 되는 데이터 측정에서의 작은 오차에 얼마나 민감한지를 알려주었다. 조건수를 측정하는 다양한 방법이 있는데, 7.3절에서 손으로 계산하기 쉬운 조건수를 정의하는 효과적인 방법 중 하나를 살펴보았다. MATLAB과 같은 소프트웨어 패키지는 SVD를 사용하여 조건수를 계산한다. 행렬 A가 비특이이면 A의 특이값은 모두 비영이다(연습문제 38번). MATLAB은 비특이 행렬 A의 조건수를 가장 큰 특이값의 가장 작은 것에 대한 비로 정의한다.

최소제곱법

특이값 분해를 이용하여 6.4절에서 소개된 위역행렬을 구하는 방법을 알아보고 선형방정식계의 최소제곱해를 구하는 방법에 대하여 살펴보기로 한다. $m \times n$ 행렬 A에 대하여 연립방정식 $A\mathbf{x} = \mathbf{y}$의 위역행렬 $\text{pinv}(A) = (A^tA)^{-1}A^t$은 다음 일반적인 위역행렬의 특수한 경우이다.

정의 **행렬의 위역(또는 무어-펜로스 역)**

$m \times n$ 행렬 A에 대하여 A의 SVD를 $A = U\Sigma V^t$라 하자. 여기서 $\Sigma = \begin{bmatrix} D & 0 \\ 0 & 0 \end{bmatrix}$이고 D는 대각원소가 $\sigma_1 \geq \sigma_2 \geq \cdots \geq \sigma_r > 0$인 행렬이다. 행렬 A의 **무어-펜로스 역**(Moore-Penrose Inverse)은

$$A^+ = V\Sigma^+U^t$$

이다. 여기서 $\Sigma^+ = \begin{bmatrix} D^{-1} & 0 \\ 0 & 0 \end{bmatrix}$인 $m \times n$ 행렬이다.

$m \times n$ 행렬 A에 대하여 방정식계 $A\mathbf{x} = \mathbf{y}$를 고려하자. 6.4절에서 최소제곱해 $\hat{\mathbf{x}}$는 $\|\mathbf{y} - A\hat{\mathbf{x}}\|$를 가장 작게 해주는 값으로 정의하였음을 상기하자. 거기서 $\text{rank}(A) = n$인 경우 최소제곱해는 유일했다. 그러나 $\text{rank}(A) < n$인 경우에는 최소제곱해가 유일하지 않다. 만약 $\text{rank}(A) < n$이면 랭크/무효차수 정리에 따라 $\text{nullity}(A) > 0$이다. 따라서 $\mathbf{z}$를 영공간에 있는 임의의 비영의 벡터라 하면 $\|\mathbf{y} - A\hat{\mathbf{x}}\| = \|\mathbf{y} - A(\hat{\mathbf{x}} + \mathbf{z})\|$이므로 $\hat{\mathbf{x}} + \mathbf{z}$ 또한 최소제곱해가 된다. 가장 관심꺼리가 되는 최소제곱해는 크기가 가장 작은 것이다. 이러한 벡터는 유일하다는 것이 알려져 있다. 이제 $\mathbf{x} = A^+\mathbf{y}$의 모든 해 $\hat{\mathbf{x}}$은 6.4절의 정규방정식을 만족하고 따라서 최소제곱해가 됨을 보일 것이다.

예제 3

선형방정식계 $A\mathbf{x} = \mathbf{y}$에 대하여 $\mathbf{x} = A^+\mathbf{y}$의 모든 해 $\hat{\mathbf{x}}$는 정규방정식을 만족하고 따라서 최소제곱해임을 보여라.

풀이

정규방정식은 $A^tA\mathbf{x} = A^t\mathbf{y}$이다. $\hat{\mathbf{x}} = A^+\mathbf{y}$에 $\hat{\mathbf{x}} = A^+\mathbf{y}$을 대체하면

$$\begin{aligned} A^tA\mathbf{x} &= A^tA\hat{\mathbf{x}} \\ &= A^tAA^+\mathbf{y} \\ &= A^t(U\Sigma V^t)(V\Sigma^+U^t)\mathbf{y}, \quad A = U\Sigma V^t \text{ 이고 } A^+ = V\Sigma^+U^t \text{ 이므로} \\ &= A^t\mathbf{y}, \quad V^tV = I, \Sigma\Sigma^+ = I, \quad UU^t = I \text{ 이므로} \end{aligned}$$

따라서 $\hat{\mathbf{x}}$은 정규방정식의 해이다, 즉, 모든 $\hat{\mathbf{x}}$는 최소제곱해이다.

이제 모든 선형방정식계에 적용되는 가장 일반적인 형태의 최소제곱해의 결과를 소개한다. 이는 $\text{rank}(A) = n$인 경우와 $\text{rank}(A) < n$인 경우를 모두 포함한다. $m \times n$ 행렬의 랭크는 열의 개수보다 클 수 없으므로 $\text{rank}(A) > n$인 경우는 발생하지 않는다.

정리 7.7

최소제곱해

$A\mathbf{x} = \mathbf{y}$가 n개의 변수의 m개의 선형방정식의 계라 하자.

(a) $\text{rank}(A) = n$이면 $A\mathbf{x} = \mathbf{y}$는 $\hat{\mathbf{x}} = A^+\mathbf{y}$로부터 얻어지는 유일한 최소제곱해를 갖는다. (이 경우, A^+는 $\text{pinv}(A)$가 된다). (연습문제 41)

(b) A가 $\text{rank}(A) = n$인 $n \times n$ 정방행렬이면 A^+는 $\text{inv}(A)$가 된다. (연습문제 42)

(c) $\text{rank}(A) < n$이면 $A\mathbf{x} = \mathbf{y}$는 무수히 많은 최소제곱해를 갖는다. 이 계는 $\hat{\mathbf{x}} = A^+\mathbf{y}$로부터 얻어지는 최소 길이의 유일한 최소제곱해가 존재한다. (증명은 생략한다.)

다음은 정리 7.7(a)를 설명하는 예제이다. A가 3×2이고 $\text{rank}(A) = 2$임을 관찰하자. 따라서 $\hat{\mathbf{x}} = A^+\mathbf{y}$로부터 얻어지는 유일한 해가 존재한다.

예제 4

다음 방정식계의 최소제곱해를 구하라.

$$\begin{aligned} x + y &= 6 \\ -x + y &= 3 \\ 2x + 3y &= 9 \end{aligned}$$

풀이

계수행렬은

$$A = \begin{bmatrix} 1 & 1 \\ -1 & 1 \\ 2 & 3 \end{bmatrix} \text{이고 } \mathbf{y} = \begin{bmatrix} 6 \\ 3 \\ 9 \end{bmatrix}$$

이다. (MATLAB 함수 [USV] = svd(A)를 이용하여) A의 SVD를 구하면 다음과 같다.

$$\underset{A}{\begin{bmatrix} 1 & 1 \\ -1 & 1 \\ 2 & 3 \end{bmatrix}} = \underset{U}{\begin{bmatrix} -0.3581 & 0.1961 & -0.9129 \\ -0.0716 & -0.9806 & -0.1826 \\ -0.9309 & 0 & 0.3651 \end{bmatrix}} \underset{\Sigma}{\begin{bmatrix} 3.8730 & 0 \\ 0 & 1.4142 \\ 0 & 0 \end{bmatrix}} \underset{V^t}{\begin{bmatrix} -0.5547 & -0.8321 \\ -0.8321 & -0.5547 \end{bmatrix}}.$$

$$\Sigma = \begin{bmatrix} 3.8730 & 0 \\ 0 & 1.4142 \\ 0 & 0 \end{bmatrix} \text{이고} \quad D = \begin{bmatrix} 3.8730 & 0 \\ 0 & 1.4142 \end{bmatrix} \text{를 준다.}$$

따라서 $D^{-1} = \begin{bmatrix} 0.2582 & 0 \\ 0 & 0.7071 \end{bmatrix}$이고 $\Sigma^{+} = \begin{bmatrix} 0.2582 & 0 & 0 \\ 0 & 0.7071 & 0 \end{bmatrix}$이다.

$$A^{+} = V\Sigma^{+}U^{t} \underset{V}{\begin{bmatrix} -0.5547 & -0.8321 \\ -0.8321 & -0.5547 \end{bmatrix}} \underset{\Sigma^{+}}{\begin{bmatrix} 0.2582 & 0 & 0 \\ 0 & 0.7071 & 0 \end{bmatrix}} \underset{U^{t}}{\begin{bmatrix} -0.3581 & -0.0716 & -0.9309 \\ 0.1961 & -0.9806 & 0 \\ -0.9129 & -0.1826 & 0.3651 \end{bmatrix}}$$

$$= \begin{bmatrix} 0.1667 & -0.5667 & 0.1333 \\ 0 & 0.4 & 0.2 \end{bmatrix}.$$

따라서 $\hat{\mathbf{x}} = A^{+}\mathbf{y} = \begin{bmatrix} 0.1667 & -0.5667 & 0.1333 \\ 0 & 0.4 & 0.2 \end{bmatrix} \begin{bmatrix} 6 \\ 3 \\ 9 \end{bmatrix} = \begin{bmatrix} 0.5 \\ 3 \end{bmatrix}$

최소제곱해는 $\mathbf{x} = 0.5$, $\mathbf{y} = 3$이다. ■

위 예제는 6.4절의 예제 1인데 좀 더 일반적인 구조하에서 논의된 것이다. 자연스럽게 동일한 최소제곱해를 얻고, 또한 거기서의 pinv(A)는 여기의 A^{+}와 같아진다.

다음 예제는 정리 7.7(c)를 설명한다. A가 2×3 행렬이고, rank(A) $= 2 < 3$임을 관찰하라. 이 선형방정식계는 무수히 많은 최소제곱해를 갖고 그 중 최소 길이의 해는 $\hat{\mathbf{x}} = A^{+}\mathbf{y}$로부터 유일하게 얻어지리라고 기대할 수 있다.

예제 5

다음 방정식계의 최소 길이 최소제곱해를 구하라.

$$\begin{aligned} x + y - z &= 2 \\ -y + z &= 6 \end{aligned}$$

풀이

계수행렬은

$$A = \begin{bmatrix} 1 & 1 & -1 \\ 0 & -1 & 1 \end{bmatrix} \text{이고 } \mathbf{y} = \begin{bmatrix} 2 \\ 6 \end{bmatrix}$$

이다.

$$\begin{aligned} A &= \begin{bmatrix} 1 & 1 & -1 \\ 0 & -1 & 1 \end{bmatrix} \\ &= \begin{bmatrix} -0.7882 & 0.6154 \\ 0.6154 & 0.7882 \end{bmatrix} \begin{bmatrix} 2.1358 & 0 & 0 \\ 0 & 0.6622 & 0 \end{bmatrix} \begin{bmatrix} -0.3690 & -0.6572 & 0.6572 \\ 0.9294 & -0.2610 & 0.2610 \\ 0 & 0.7071 & 0.7071 \end{bmatrix} \\ &= U\Sigma V^t \end{aligned}$$

$$\Sigma = \begin{bmatrix} 2.1358 & 0 & 0 \\ 0 & 0.6622 & 0 \end{bmatrix} \text{에서} \quad D = \begin{bmatrix} 2.1358 & 0 \\ 0 & 0.6622 \end{bmatrix} \text{이다.}$$

$$\text{따라서} \quad D^{-1} = \begin{bmatrix} 0.4684 & 0 \\ 0 & 1.5101 \end{bmatrix} \text{이고 } \Sigma^+ = \begin{bmatrix} 0.4684 & 0 \\ 0 & 1.5101 \\ 0 & 0 \end{bmatrix}$$

$$A^+ = V\Sigma^+U^t = \begin{bmatrix} -0.3690 & 0.9294 & 0 \\ -0.6572 & -0.2610 & 0.7071 \\ 0.6572 & 0.2610 & 0.7071 \end{bmatrix} \begin{bmatrix} 0.4684 & 0 \\ 0 & 1.5101 \\ 0 & 0 \end{bmatrix}$$

$$\begin{bmatrix} -0.7882 & 0.6154 \\ 0.6154 & 0.7882 \end{bmatrix} = \begin{bmatrix} 1 & 1 \\ 0 & -0.5 \\ 0 & 0.5 \end{bmatrix}.$$

$$\hat{\mathbf{x}} = A^+\mathbf{y} = \begin{bmatrix} 1 & 1 \\ 0 & -0.5 \\ 0 & 0.5 \end{bmatrix} \begin{bmatrix} 2 \\ 6 \end{bmatrix} = \begin{bmatrix} 8 \\ -3 \\ 3 \end{bmatrix}$$

점검: 주어진 방정식계 해는 무수히 많음을 확인하자. 계는

$$\begin{aligned} x + y - z &= 2 \\ -y + z &= 6 \end{aligned}$$

이고, 가우스-요르단 소거는 $x = 8, y = r - 6, z = r$인 무수히 많은 해를 준다. 실제로 $(8, -3, 3)$은 $r = 3$일 때의 해에 해당한다. 해가 존재할 때 최소제곱해는 방정식의 실제 해가 된다. $(8, r - 6, r)$의 크기는 $\|(8, r - 6, r)\| = (64 + (r - 6)^2 + r^2)^{1/2} = (2r^2 - 12r + 100)^{1/2}$이다.

미분을 이용하면 $r = 3$일 때 $2r^2 - 12r + 100$은 최솟값을 갖는다. 따라서 $(8, -3, 3)$은 길이가 최소인 최소제곱해이다. ■

다음 정리는 행렬 A의 위역의 성질을 요약한다.

정리 7.8

펜로스 조건(Penrose Conditions)

랭크가 n인 $m \times n$ 행렬 A의 위역 행렬 A^+는 다음 성질을 갖는다.

(a) $AA^+A = A$

(b) $A^+AA^+ = A^+$

(c) AA^+와 A^+A는 대칭이다.

증명

전치행렬과 역행렬의 성질을 이용하여 다음 성질을 증명한다.

(a) $\text{rank}(A) = n$이므로 $A^+ = \text{pinv}(A) = (A^tA)^{-1}A^t$이다. 따라서

$$AA^+A = A(A^tA)^{-1}A^tA = AA^{-1}(A^t)^{-1}A^tA = IIA = A$$

(b) 연습문제 45.

(c) 먼저 A^tA가 대칭임을 보이자.

$$(A^tA)^t = A^t(A^t)^t = A^tA$$

다음으로 $(A^tA)^{-1}$가 대칭임을 보이자.

$$((A^tA)^{-1})^t = ((A^tA)^t)^{-1} = (A^t(A^t)^t)^{-1} = (A^tA)^{-1}$$

이제 AA^+가 대칭임을 보이자.

$$(AA^+)^t = (A(A^tA)^{-1}A^t)^t = (A^t)^t(A(A^tA)^{-1})^t = A((A^tA)^{-1})^tA^t = A(A^tA)^{-1}A^t = AA^+$$

비슷한 방법으로 A^+A도 대칭행렬임을 보일 수 있다. ■

연습문제 7.6

특이값

문제 [1~4] 다음 행렬의 특이값을 구하여라.

1. $\begin{bmatrix} 1 & 0 \\ 0 & 2 \end{bmatrix}$ **2.** $\begin{bmatrix} 2 & 1 \\ 1 & 2 \end{bmatrix}$ **3.** $\begin{bmatrix} 1 & 1 \\ 1 & 1 \end{bmatrix}$ **4.** $\begin{bmatrix} 3 & 0 \\ 0 & -3 \end{bmatrix}$

문제 [5~8] 다음 행렬의 특이값을 구하여라.

5. $\begin{bmatrix} 1 & 0 \\ 0 & 1 \\ 4 & 4 \end{bmatrix}$ **6.** $\begin{bmatrix} 1 & 1 \\ 0 & 1 \\ 1 & 0 \end{bmatrix}$ **7.** $\begin{bmatrix} 1 & 0 & 3 \\ 0 & 1 & 3 \end{bmatrix}$ **8.** $\begin{bmatrix} 1 & 1 & 1 \\ 2 & 2 & 2 \end{bmatrix}$

문제 [9~12] 다음 행렬의 특이값을 구하여라.

9. $\begin{bmatrix} 1 & 2 & 3 \\ 3 & 2 & 1 \\ 1 & 1 & 1 \end{bmatrix}$ **10.** $\begin{bmatrix} 1 & 2 & 4 \\ 2 & 4 & 8 \\ 3 & 6 & 12 \end{bmatrix}$

11. $\begin{bmatrix} 2 & -2 & 0 \\ 0 & -2 & 2 \\ 2 & 0 & 2 \end{bmatrix}$ **12.** $\begin{bmatrix} 16 & 0 & 0 & 0 \\ 0 & 9 & 0 & 0 \\ 0 & 0 & 2 & 0 \\ 0 & 0 & 0 & 1 \end{bmatrix}$

특이값 분해

문제 [13~16] 다음 각 행렬의 특이값 분해를 구하여라.

13. $A = \begin{bmatrix} 4 & 0 \\ 0 & 1 \end{bmatrix}$ **14.** $A = \begin{bmatrix} 3 & 2 \\ -3 & 2 \end{bmatrix}$

15. $A = \begin{bmatrix} 2 & -2 \\ 1 & 1 \end{bmatrix}$ **16.** $A = \begin{bmatrix} 6 & -2 \\ -2 & 6 \end{bmatrix}$

문제 [17~20] 다음 각 행렬의 특이값 분해를 구하여라.

17. $\begin{bmatrix} 4 & 12 \\ -8 & 12 \\ 8 & 6 \end{bmatrix}$ **18.** $\begin{bmatrix} 4 & 0 \\ -8 & 0 \\ 8 & 0 \end{bmatrix}$

19. $\begin{bmatrix} 9 & 7 \\ -6 & -10 \\ -6 & -2 \end{bmatrix}$ **20.** $\begin{bmatrix} 6 & 6 \\ -6 & -6 \\ -3 & -3 \end{bmatrix}$

문제 [21~24] 다음 각 행렬의 특이값 분해를 구하여라.

21. $\begin{bmatrix} 2 & 1 & -2 \\ -2 & 1 & 2 \end{bmatrix}$ **22.** $\begin{bmatrix} 6 & 4 & -6 \\ -6 & 4 & 6 \end{bmatrix}$

23. $\begin{bmatrix} 1 & 1 & -1 \\ -1 & 1 & 1 \end{bmatrix}$ **24.** $\begin{bmatrix} 1 & 0 & -1 \\ 0 & 1 & 0 \end{bmatrix}$

문제 [25~28] 다음 각 행렬의 특이값 분해를 구하여라.

25. $\begin{bmatrix} 8 & -8 & 4 \\ 4 & 2 & -4 \\ 1 & 2 & 2 \end{bmatrix}$ **26.** $\begin{bmatrix} 4 & -4 & 2 \\ 2 & 1 & -2 \\ 0 & 0 & 0 \end{bmatrix}$

27. $\begin{bmatrix} 2 & -2 & 1 \\ 0 & 0 & 0 \\ 0 & 0 & 0 \end{bmatrix}$ **28.** $\begin{bmatrix} 2 & -14 & 22 \\ 20 & 7 & 10 \\ 25 & -28 & 2 \end{bmatrix}$

문제 [29~32] 다음 각 행렬의 특이값 분해를 구하여라.

29. $\begin{bmatrix} 9 & -18 & 6 \\ 4 & 6 & 12 \\ 6 & 2 & -3 \end{bmatrix}$ **30.** $\begin{bmatrix} -4 & -26 & 37 \\ 30 & 6 & 6 \\ 41 & -38 & 4 \end{bmatrix}$

31. $\begin{bmatrix} 0 & -18 & 18 \\ 14 & -5 & -2 \\ 28 & -22 & 8 \end{bmatrix}$ **32.** $\begin{bmatrix} 6 & -6 & 3 \\ 4 & -4 & 2 \\ 12 & -12 & 6 \end{bmatrix}$

기타

문제 [33~42]에서 이 절에서 정립된 기호를 사용하라. $m \times n$인 행렬 A는 양의 특이값 $\sigma_1, \sigma_2, \ldots, \sigma_r$과 영의 특이값 $\sigma_{r+1}, \sigma_{r+2}, \ldots, \sigma_n$을 갖고 SVD가 $A = U\Sigma V^t$이다. 여기서 U는 $m \times m$ 직교행렬 $[\mathbf{u}_1 \ldots \mathbf{u}_m]$, V는 $n \times n$ 직교행렬 $[\mathbf{v}_1 \ldots \mathbf{v}_n]$이고, Σ는 $m \times n$ 행렬인데 상부 왼쪽의 부분행렬이 감소하는 크기의 r개의 양의 대각원소를 갖는 D이다. Σ의 나머지 원소는 영이다.

33. 사전 결과: 다음을 증명하라. 이 결과들은 아래 예제들에서 사용된다.

(a) 직교행렬의 전치행렬은 직교행렬이다.

(b) 두 직교행렬의 곱은 직교행렬이다.

(c) A는 $m \times n$ 행렬이다. A는 n개의 특이값을 갖고 A^t는 m개의 특이값을 갖는다.

34. 행렬의 크기: A는 $m \times n$ 행렬이고 $U\Sigma V^t$는 A의 특이값 분해라 하자. U는 $m \times m$, V^t는 $n \times n$, Σ는 $m \times n$ 행렬임을 보여라.

35. 행렬 Σ의 해석: 행렬의 크기: A는 $m \times n$ 행렬이고 $U\Sigma V^t$는 A의 SVD라 하자. Σ가 다음과 같은 행렬일 때, A의 특이값을 모두 구하라.

(a) $\Sigma = \begin{bmatrix} 5 & 0 & 0 \\ 0 & 1 & 0 \end{bmatrix}$ **(b)** $\Sigma = \begin{bmatrix} 6 & 0 & 0 \\ 0 & 0 & 0 \end{bmatrix}$

(c) $\Sigma = \begin{bmatrix} 12 & 0 \\ 0 & 4 \\ 0 & 0 \end{bmatrix}$ **(d)** $\Sigma = \begin{bmatrix} 7 & 0 & 0 & 0 \\ 0 & 5 & 0 & 0 \\ 0 & 0 & 0 & 0 \end{bmatrix}$

36. A, A^t의 특이값: A가 $m \times n$ 행렬이라 하자. 다음을 증명하라.

(a) A, A^t는 동일한 r개의 양의 특이값을 갖는다.

(b) A는 $n - r$개의 영인 특이값을 갖고 A^t는 $m - r$개의 영인 특이값을 갖는다.

(c) A가 정방행렬이면 A와 A^t는 같은 특이값을 갖는다.

37. SVD와 직교행렬: A가 $m \times n$ 행렬이고 P와 Q가 PAQ이 존재하도록 하는 직교행렬이라면 A와 PAQ는 같은 특이값을 갖는다.

38. 가역행렬: A가 특이값 분해 $A = U\Sigma V^t$와 특이값 $\sigma_1, \ldots, \sigma_n$을 갖는 $n \times n$ 가역행렬이라 하자. 다음을 증명하여라.

(a) A의 특이값은 모두 비영이다.

(b) Σ는 가역이다.

(c) $U\Sigma^{-1}V^t$는 A^{-1}의 SVD이다.

(d) A^{-1}의 특이값은 $1/\sigma_1, \ldots, 1/\sigma_n$이다.

39. 정방행렬: A가 $n \times n$ 정방행렬이면 $|A| = \pm\, \sigma_1\sigma_2 \ldots \sigma_n$임을 보여라.

40. U, V와 Σ의 성질: A의 특이값 분해가 $A = U\Sigma V^t$일 때 다음을 증명하여라.

(a) V의 열벡터들은 A^tA의 고유벡터들이다.

(b) U의 열벡터들은 AA^t의 고유벡터들이다.

(c) Σ의 영이 아닌 원소들은 A의 영이 아닌 특이값들이다.

41. A가 $m \times n$ 행렬이라 하자. 이 장에서 주어진 위역 행렬 $A^+ = V\Sigma^+U^t$는 6.4절에서 주어진 $\text{pinv}(A) = (A^tA)^{-1}A^t$의 일반화임을 보여라. 즉, $\text{rank}(A) = n$이면 $V\Sigma^+U^t = (A^tA)^{-1}A^t$임을 보여라. (**힌트** $[(A^tA)^{-1}A^t][V\Sigma^+U^t]^{-1} = I_n$임을 보여라.)

42. A가 $\text{rank}(A) = n$인 $n \times n$ 정방행렬이면 A^+는 A의 역행렬이 됨을 보여라.

최소 제곱

43. 다음 방정식계의 유일한 최소제곱해를 구하여라.

(a)
$$\begin{aligned} x + y &= 1 \\ -x + 2y &= 0 \\ 3x + 4y &= 6 \end{aligned}$$

(b)
$$\begin{aligned} x - y &= 4 \\ x + 2y &= -1 \\ 2x - 3y &= 3 \end{aligned}$$

44. 다음 방정식계의 최소 길이 최소제곱해를 구하여라.

(a)
$$\begin{aligned} x + 2y + z &= 3 \\ -x + y + 4z &= -1 \end{aligned}$$

(b)
$$\begin{aligned} 2x + y + 3z &= 6 \\ -3x + 4y + 5z &= -2 \end{aligned}$$

45. 정리 7.4(b), $A^+AA^+ = A^+$를 증명하여라.

7장 복습문제

1. 다음 아랫삼각 방정식계를 풀어라.

$$\begin{aligned} 2x_1 \qquad\qquad &= 4 \\ 3x_1 - x_2 \qquad &= 7 \\ x_1 + 3x_2 + 2x_3 &= 1 \end{aligned}$$

2. $A = LU$라 하자. 변환과정 $R_2 - \frac{3}{2}R_1, R_3 + \frac{2}{7}R_1, R_3 - 4R_2$에 의하여 U가 만들어졌을 경우, L을 구하라.

3. LU 분해를 사용하여 다음 선형방정식계를 풀어라.

$$\begin{aligned} 6x_1 + x_2 - x_3 &= 5 \\ -6x_1 + x_2 + x_3 &= 1 \\ 12x_1 + 12x_2 + x_3 &= 52 \end{aligned}$$

4. $A = LU$라 하자. 만일 L과 U가 주어져서 L과 U의 주대각선 위와 아래에 있는 영들의 위치를 알고 있다면, A를 계산하는 데 얼마나 많은 연산이 필요하겠는가?

5. 행렬 $\begin{bmatrix} 250 & 401 \\ 125 & 201 \end{bmatrix}$의 조건수를 구하라. 이 행렬을 선형방정식계의 계수행렬이라고 하자. 해들이 행렬의 원소들보다 얼마나 더 부정확할 수 있는가?

6. 다음 행렬의 조건수를 구하라.

(a) $\begin{bmatrix} 1 & 1 & -1 \\ 1 & 0 & 2 \\ 0 & 3 & 2 \end{bmatrix}$

(b) $\begin{bmatrix} 1 & -1 & -1 & 0 & 0 \\ 0 & 0 & 1 & -1 & -1 \\ 1 & 1 & 0 & 0 & 0 \\ 1 & 0 & 0 & 2 & 0 \\ 0 & 0 & 0 & 2 & 2 \end{bmatrix}$

이것들은 1.7절의 연습문제 8과 13에 나온 전기회로의 전류에 관한 선형방정식계의 계수행렬들이다. 해의 신뢰성에 관하여 논하라.

7. $c(A) = c(A^{-1})$를 증명하라.

8. $c(A)$는 선형사상 $M_{nn} \rightarrow \mathbf{R}$을 정의하는가?

9. 축연산과 크기조정 기법을 사용하여 다음 선형방정식계를 풀어라.

(a)
$$\begin{aligned} -0.4x_2 + 0.002x_3 &= 0.2 \\ 100x_1 + x_2 - 0.01x_3 &= 1 \\ 200x_1 + 2x_2 - 0.03x_3 &= 1 \end{aligned}$$

(b)
$$\begin{aligned} -x_2 + 0.001x_3 &= 6 \\ 0.01x_1 + 0.0002x_3 &= -0.2 \\ 0.01x_1 + 0.01x_2 + 0.00003x_3 &= 0.02 \end{aligned}$$

10. 다음의 선형방정식계를 초기값 $x^{(0)} = 1, y^{(0)} = 2, z^{(0)} = -3$을 가지고 가우스-자이델 방법을 적용하여 풀어라.

$$\begin{aligned} 6x + y - z &= 27 \\ 2x + 7y - 3z &= 9 \\ x + y + 4z &= 18 \end{aligned}$$

11. 거듭제곱법을 사용하여 다음 행렬의 우세 고유값과 대응하는 고유벡터를 구하라.

$$\begin{bmatrix} 1 & 3 & 4 \\ -2 & 4 & 9 \\ -5 & 8 & 7 \end{bmatrix}$$

12. 거듭제곱법과 수축을 사용하여 다음 대칭행렬의 모든 고유값과 고유벡터를 구하라.

$$\begin{bmatrix} 3 & 2 & 1 \\ 2 & 4 & -2 \\ 1 & -2 & 3 \end{bmatrix}$$

13. 다음 행렬의 특이값 분해를 구하라.

$$A = \begin{bmatrix} 7 & 5 \\ -4 & -8 \\ -5 & -1 \end{bmatrix}$$

14. $m \times n$ 행렬 A와 $m \times m$ 직교행렬 P에 대하여 A와 PA는 같은 특이값을 가짐을 보여라.

15. 다음 방정식계의 유일한 최소 길이 최소제곱해를 구하라.

$$\begin{aligned} x + y + z &= 1 \\ 2x - y - z &= 4 \end{aligned}$$

In 2010, the Capital Gate Tower in Abu Dhabi, United Arab Emirates, was named the "world's furthest-leaning man-made tower" by the Guinness Book of World Records. The building, which houses a hotel and office space, leans 18 degrees toward the west.

CHAPTER 8

선형계획법

Linear Programming

이제 선형계획법을 소개하며 이 과목을 마치고자 한다. 선형계획법은 의도하는 목표를 맞추기 위해 한정된 자원을 효율적으로 할당하는 문제를 다루고 있다. 이는 산업과 정부기관에서 폭넓게 사용되고 있다.

역사적으로 볼 때, 선형계획법은 단찌히(George Dantzig), 우드(Marshall Wood) 그리고 미공군성의 그들의 동료들에 의해 1947년에 처음으로 개발되어 응용되었다. 이처럼 선형계획법의 초기 응용은 군사 분야였지만 오늘날 응용의 중심은 경영과 산업으로 이동하였다. 선형계획법이 가지는 중요성을 예시하기 위해서, "자원의 최적 할당에 관한 이론에의 기여"로 1975년의 노벨 경제학상이 두 과학자, 즉 옛 소련의 칸토로비치(Leonid Kantorovich) 교수와 미국의 쿠프만스(Tjalling C.Koopmans) 교수에게 수여되었음을 지적하고자 한다.

몇 가지 예로, 현재 엑손사는 선형계획법을 사용하여 가솔린의 최적 혼합비를 결정한다. 아모르사는 선형계획법을 사용하여 가공된 치즈 스프레드의 사양을 결정한다. H.J. 하인즈사에서는 생산공장과 물류창고 사이의 제품 운송 일정계획을 수립하기 위해 선형계획법을 사용한다.

*8.1 선형계획법의 기하적 소개

선형방정식계는 이 과목의 중요한 구성요소였다. 이제는 이와 관련이 있는 주제, 즉 선형부등식계로 관심을 돌려 보자. 선형계획법(linear programming)은 문제의 최적해로 도달하기 위해 선형부등식계을 분석하는 작업을 포함한다.

$x + 2y = 6$과 같은 식을 **선형방정식**이라고 한다. 이 방정식의 그래프는 이 방정식을 만족하는 평면상의 모든 점들을 나타내는 직선이다. $x + 2y \le 6$과 같은 식을 **선형부등식**(linear inequality)이라고 한다. 이와 같은 선형부등식 역시 그래프를 갖는데, 이 그래프는 조건을 만족하는 모든 점들의 집합이다. 예를 들어 $x = 2$와 $y = 1$은 이 부등식을 만족하는 반면, $x = 3$과 $y = 4$는 이 부등식을 만족하지 않는다. 따라서 점 $(2, 1)$은 이 부등식의 그래프위에 있고 점 $(3, 4)$는 그래프 위에 있지 않다.

$x + 2y \le 6$과 같은 부등식의 그래프는 직선 $x + 2y = 6$ 위에 놓인 모든 점들과 그 직선의 한 측면에 있는 모든 점들로 구성된다는 것을 증명할 수 있다. 직선의 양측면 중 어느 쪽이 그래프 위에 있는지를 결정하기 위해 직선 위에 있지 않은 적절한 시험점(test point)을 사용한다. 예로, $x = 0$, $y = 0$을 이 부등식의 시험점으로 선택하면, 이는 주어진 부등식을 만족한다. 그러므로, 그래프는 직선 $x + 2y = 6$ 위의 모든 점들과 원점을 포함

한 측면 위의 모든 점들로 구성된다. 그림 8.1을 보라.

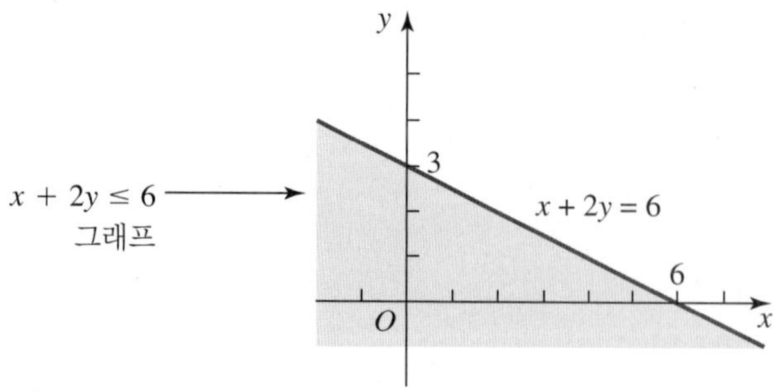

그림 8.1

선형계획법 문제에서의 부등식은 제약조건을 수학적으로 기술한 것이다. 이제 자원의 제약을 부등식으로 어떻게 표현하는지 예를 들어 보자. 첫 번째 예제는 금전적 제약조건이 부등식에 의해 어떻게 수학적으로 표현될 수 있는지를 보여주며, 두 번째 예제는 시간적 제약이 부등식에 의해 어떻게 나타날 수 있는지를 보여준다.

예제 1

어떤 회사가 프론토 I과 프론토 II라는 두 종류의 카메라를 생산한다. 프론토 I을 생산하는 데는 대당 $10의 비용이 들고, 프론토 II는 대당 $15가 든다. 생산에 쓸 수 있는 총 자금은 $23,500이다. 카메라의 생산과 관련된 이 금전적 제약조건을 선형부등식으로 나타낼 수 있다. 이 회사가 프론토 I을 x대 생산하고, 프론토 II를 y대 생산한다고 하자.

$$\text{대당 \$10인 프론토 I 카메라 } x\text{대의 총 생산 비용} = \$10x$$
$$\text{대당 \$15인 프론토 II 카메라 } y\text{대의 총 생산 비용} = \$15y$$

그러므로

$$\text{총 생산비용} = \$(10x + 15y)$$

사용할 수 있는 총 자금이 $23,500이므로 제약조건은 $10x + 15y \le 23{,}500$이다.

예제 2

어떤 회사가 두 종류의 마이크로컴퓨터 주피터와 코스모스를 만든다. 주피터 컴퓨터를 조립하는 데는 대당 27시간이 소요되고, 코스모스 컴퓨터를 조립하는 데는 대당 34시간이 소요된다. 이 일을 하는 데 사용할 수 있는 총 노동시간은 800시간이다. 이 시간 제약조건을 부등식으로 나타내 보자. 회사가 x대의 주피터 컴퓨터와 y대의 코스모스 컴퓨터를 조립한다고 하자.

대당 27시간이 소요되는 주피터 컴퓨터 x대의 총 조립시간 $= 27x$ 시간
대당 34시간이 소요되는 코스모스 컴퓨터 y대의 총 조립시간 $= 34y$ 시간

그러므로

컴퓨터를 조립하는 데 걸리는 총소요시간 $= (27x + 34y)$ 시간

사용할 수 있는 시간이 800시간이므로 제약조건은 $27x + 34y \leq 800$이다. ■

이제 금전적 제약조건과 시간적 제약조건하에서 최대 이익을 결정하는 선형계획 문제를 살펴보자.

선형계획 문제

어떤 회사가 Calc1과 Calc2라는 두 종류의 계산기를 생산한다. Calc1과 Calc2를 생산하는 데 각각 대당 5시간과 2시간이 소요된다. 회사는 계산기를 생산하는 데 1주일에 900시간을 사용할 수 있다. Calc1을 생산하는 데는 대당 \$8의 비용이 들고, Calc2를 생산하는 데는 대당 \$10의 비용이 든다. 생산에 사용할 수 있는 자금은 1주일에 \$2,800이다. 대당 이익은 Calc1이 \$3, Calc2가 \$2이다. 최대 이익을 얻기 위해서는 각각의 계산기를 주당 몇 대씩 생산해야 하는가?

이 문제의 경우 시간과 돈이라는 두 개의 제약조건이 있다. 회사의 목표는 이 제약조건하에서 이익을 최대화하는 것이다. 이 문제를 다음의 세 단계로 풀 수 있다.

1. 수리모델을 구성한다—즉, 문제를 수학적으로 기술한다.
2. 수학모델을 그래프로 표현한다.
3. 그래프를 사용하여 해를 구한다.

1단계 수리모델 우선 시간과 금전상의 제약조건을 나타내는 부등식을 구한다. 회사가 Calc1을 x대, Calc2를 y대 생산한다고 하자.

시간적 제약조건:

대당 5시간 걸리는 Calc1을 x대 생산하는 데 걸리는 시간 $= 5x$ 시간
대당 2시간 걸리는 Calc2를 y대 생산하는 데 걸리는 시간 $= 2y$ 시간
따라서 계산기를 생산하는 데 걸리는 총소요시간 $= (5x + 2y)$ 시간

사용할 수 있는 시간이 900시간이므로 제약조건은

$$5x + 2y \leq 900$$

금전적 제약조건:

대당 \$8 드는 Calc1을 x대 생산하는 데 드는 총 비용 $= \$8x$
대당 \$10 드는 Calc2를 y대 생산하는 데 드는 총 비용 $= \$10y$
따라서 총생산비용 $= \$(8x + 10y)$

계산기를 생산하는 데 쓸 수 있는 자본이 \$2,800이므로 제약조건은

$$8x + 10y \le 2800$$

또한 x와 y는 생산된 계산기의 대수를 나타내므로 음이 될 수 없다. 이에 따라 다음의 두 조건을 덧붙인다.

$$x \ge 0, \quad y \ge 0$$

따라서 생산과정의 제약조건은 아래의 **선형부등식계**로 나타난다.

$$\begin{aligned} 5x + 2y &\le 900 \\ 8x + 10y &\le 2800 \\ x &\ge 0 \\ y &\ge 0 \end{aligned}$$

이제 이익에 관한 수식을 구하자.

이익: 대당 \$3인 Calc1을 주당 x대 생산할 때의 이익 $= \$3x$
대당 \$2인 Calc2를 주당 y대 생산할 때의 이익 $= \$2y$

따라서 총 주간 이익 $= \$(3x + 2y)$

다음의 **이익 함수**(profit function)를 도입하자.

$$f = 3x + 2y$$

결국 앞의 제약조건 하에서 f가 최댓값을 갖게 하는 x와 y의 값을 구하는 수학 문제로 귀결되었다. 이러한 함수 f를 선형계획법의 **목적함수**(objective fucntion)라고 한다.

2단계 제약조건들의 그래프 표현 이제 위 식에서 부등식을 모두 만족하는 점 (x, y)를 모두 구한다. 이 점들을 부등식계의 **해**라고 한다. $5x + 2y \le 900$의 그래프는 직선 $5x + 2y = 900$과 그 아래쪽의 점들로 구성됨을 알 수 있다. 마찬가지로, 부등식 $8x + 10y \le 2800$을 만족하는 점들은 직선 $8x + 10y = 2800$과 그 아래쪽이 있다. 조건 $x \ge 0$은 y축과 y축 오른편의 모든 점들에 의해 만족되며, 조건 $y \ge 0$은 x축과 x축 위쪽의 모든 점들에 의해 만족된다. 부등식의 해집합은 이 모든 영역들의 공통영역이다. 즉, 그림 8.2의 음영 처리된 영역이다. 모든 제약조건을 만족하는 이러한 영역을 선형계획 문제의 **가능영역**(feasible region)이라 하고, 이 영역 안의 점들을 **가능해**(feasible solution)라고 한다. 그런 모든 점은 가능한 생산계획에 해당한다. 이 점들 중 하나(또는 그 이상)는 목적함수가 최댓값을 갖도록 한다. 이러한 점을 선형계획 문제의 **최적해**(optimal solution)라고 한다. 다음 단계는 이 점을 찾기 위한 것이다.

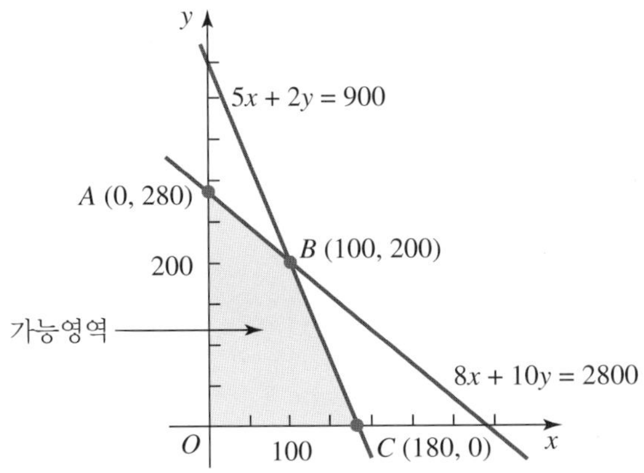

그림 8.2

3단계 최적해의 결정 모든 가능해에 대해 목적함수 $f = 3x + 2y$의 값을 검토해 보는 것은 끝이 없는 작업일 것이다. 다행히, f의 최댓값이 가능영역의 한 꼭짓점, 즉 A, B, C, O 중 한 점에서 생기든가, 만일 최댓값이 여러 곳에서 생긴다면, AB나 BC와 같이 영역의 한 모서리를 따라가며 생긴다는 사실이 증명되어 있다. 그러므로 꼭짓점 A, B, C, O에서만 $f = 3x + 2y$의 값을 검토하면 된다. 이 꼭짓점들은 다음과 같이 직선의 교점을 구함으로써 얻을 수 있다.

$$\begin{aligned}
&A(0, 280): && f_A = 3(0) + 2(280) = 560\\
&B(100, 200): && f_B = 3(100) + 2(200) = 700\\
&C(180, 0): && f_C = 3(180) + 2(0) = 540\\
&O(0, 0): && f_O = 3(0) + 2(0) = 0
\end{aligned}$$

따라서 f의 최댓값은 700이고 이 최댓값은 점 $B(x = 100,\ y = 200)$에서 발생한다. 이는 주당 Calc1계산기를 100대, Calc2 계산기는 200대를 생산하는 경우에 이익이 \$700로 최대가 됨을 의미한다.

이번에는 많은 해를 갖는 선형계획 문제를 살펴보자.

예제 3

다음 제약조건 하에서 $f = 8x + 2y$의 최댓값을 구하라.

$$\begin{aligned}
4x + y &\le 32\\
4x + 3y &\le 48\\
x &\ge 0\\
y &\ge 0
\end{aligned}$$

풀이

제약조건은 그림 8.3에 음영처리된 영역으로 나타나 있다. 가능영역의 꼭짓점들을 구한 다음, 그 점에서의 목적함수의 값을 계산하면 다음과 같다.

$$\begin{aligned}
A(0,16)&: f_A = 8(0) + 2(16) = 32\\
B(6,8)&: f_B = 8(6) + 2(8) = 64\\
C(8,0)&: f_C = 8(8) + 2(0) = 64\\
O(0,0)&: f_O = 8(0) + 2(0) = 0
\end{aligned}$$

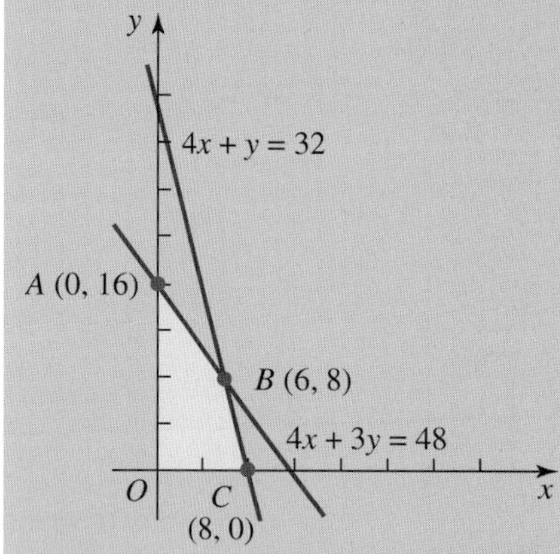

그림 8.3

f의 최댓값은 64이고, 이 값은 이웃하는 두 꼭짓점 B와 C에서 생긴다. 이런 경우 목적함수는 이웃하는 두 꼭짓점을 잇는 모서리 상의 모든 점에서 같은 값을 갖는다. 즉, f는 BC 위의 모든 점에서 최댓값 64를 갖는다. BC의 방정식은 $y = 2x + 32$이다. 그러므로 직선 위의 $(6, 8)$에서 $(8, 0)$ 까지의 모든 점들이 최적해이다. 예를 들면 $x = 7$, $y = 4$에서도 $f = 8(7) + 2(4) = 64$가 된다.

만일 앞의 예에서처럼 x와 y가 생산량이고 f가 이익이라면 생산계획에 융통성이 있게 된다. 선분 BC 위에 있는 점에 대응하는 모든 생산계획이 최대의 이익을 줄 것이다.

함수의 최솟값

목적함수 f의 최솟값을 결정하는 문제는 동일한 가능영역에서 $-f$, 즉 f의 음의 최댓값을 구함으로써 풀 수 있다.

영역 S에서 함수 f의 최솟값은 $-f$가 최댓값을 갖는 점에서 생기고, 그 최댓값의 음수가 된다.

이 사실을 유도해 보자. f가 가능영역 내의 점 A에서 최솟값 f_A를 갖는다고 하자. 그러면, B를 그 영역 안의 임의의 점이라고 할 때

$$f_A \le f_B$$

가 된다. -1을 이 부등식의 양변에 곱하면

$$-f_A \ge -f_B$$

를 얻는다. 이것은 A가 최댓값 $-f$를 갖는 점임을 의미한다. 또한, 최솟값은 최댓값 $-f_A$의 음수인 f_A이다. 이 단계들은 거꾸로 진행하면 그 반대도 성립하고 따라서 결과가 증명된다.

예제 4

아래의 제약조건 하에서 $f = 2x - 3y$의 최솟값을 구하라.

$$\begin{aligned} x + 2y &\le 10 \\ 2x + y &\le 11 \\ x &\ge 0 \\ y &\ge 0 \end{aligned}$$

풀이

가능영역이 그림 8.4에 나타나 있다. 이 영역에서 f의 최솟값을 구하기 위해 $-f$의 최댓값을 결정한다. 꼭짓점들을 구하고, 그 점들에서의 $-f$의 값을 다음과 같이 계산한다.

$$\begin{aligned} A(0,5)&: -f_A = -2(0) + 3(5) = 15 \\ B(4,3)&: -f_B = -2(4) + 3(3) = 1 \\ C(\tfrac{11}{2},0)&: -f_C = -2(\tfrac{11}{2}) + 3(0) = -11 \\ O(0,0)&: -f_O = -2(0) + 3(0) = 0 \end{aligned}$$

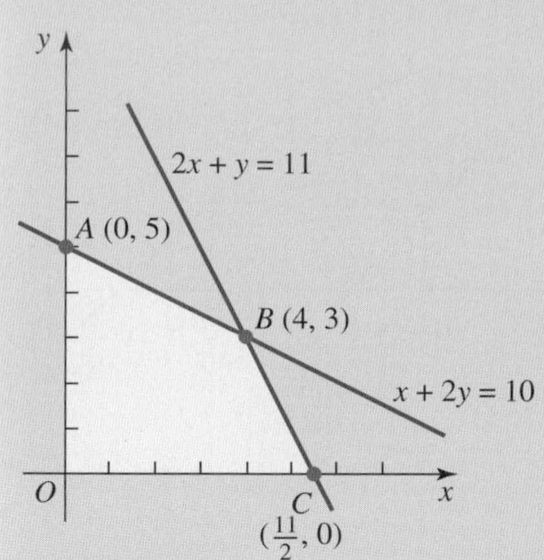

그림 8.4

$-f$의 최댓값은 점 A에서 15이다. 따라서 $f = 2x - 3y$의 최솟값은 -15이며, 이는 $x = 0$, $y = 5$일 때 생긴다. ■

방법에 관한 논의

지금까지 논의한 각 가능영역에서는 영역 내의 어떤 두 점을 연결하는 선분전체가 그 영역 내에 있게 됨을 주목하라. 이런 영역을 **볼록**(convex)이라고 한다. 그림 8.5를 보라. **선형계획 문제의 가능영역은 볼록**이라는 사실이 증명되어 있다.

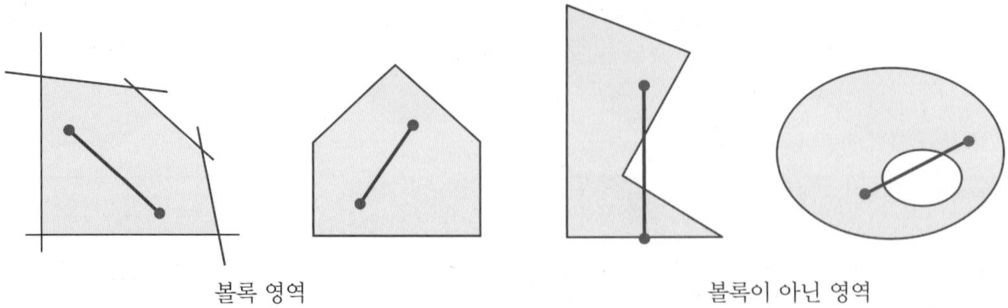

그림 8.5

이제 왜 목적함수의 최댓값이 가능영역의 한 꼭지점이나 한 모서리에서 생기는지를 기하적으로 설명해보자. 그림 8.6(a)에서 $S = ABCO$를 가능영역이라고 하고, 목적함수를 $f = ax + by$라고 하자. f는 S 내의 각 점에서 값을 갖는다. $P(x_p, y_p)$를 S 내의 한 점이라고 하면 $f_p = ax_p + by_p$가 되고, 이는 P가 직선 $ax + by = f_p$ 위에 있음을 의미한다. 이 직선의 y절편은 f_p/b이다. 그러므로 y절편이 최대일 때 f_p는 최댓값을 가질 것이다. 이는 그림에서 보듯이 P가 꼭짓점 B인 경우에 발생한다.

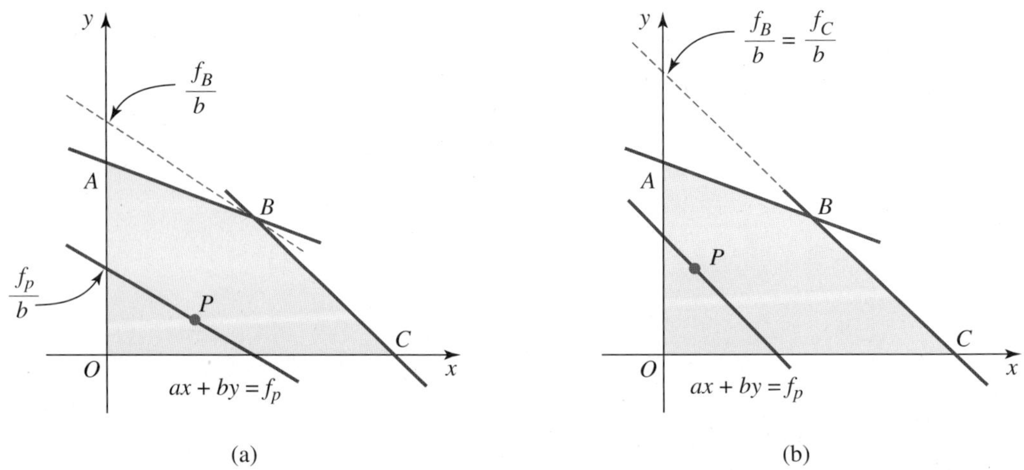

그림 8.6

어떤 직선 $ax + by = f_p$는 위와 같이 P가 꼭짓점 B에 있을 때 최대의 y절편을 가질 것이다. 또 다른 직선들은 P가 꼭짓점 A에 있거나 꼭짓점 C에 있을 때 최대의 y절편을 가질 것이다. 절편이 최대가 되는 꼭짓점이 어느 것인가 하는 문제는 직선의 기울기에 달려 있다. 만일, 직선이 영역 S의 한 모서리에 평행하다면 P가 그 모서리 위의 어떤 점이 되어도 y절편은 최댓값이 될 것이다. 그림 8.6(b)를 보라.

연습문제 8.1

선형계획법과 기하

문제 [1~5]에서 선형계획 문제를 풀어라.

1. 아래의 조건 하에서 $f = 2x + y$를 최대화하라.

$$4x + y \le 36$$
$$4x + 3y \le 60$$
$$x \ge 0, y \ge 0$$

2. 아래의 조건 하에서 $f = x - 4y$를 최대화하라.

$$x + 2y \le 4$$
$$x + 6y \le 8$$
$$x \ge 0, y \ge 0$$

3. 아래의 조건 하에서 $f = 4x + 2y$를 최대화하라.

$$x + 3y \le 15$$
$$2x + y \le 10$$
$$x \ge 0, y \ge 0$$

4. 아래의 조건 하에서 $f = 2x + y$를 최대화하라.

$$4x + y \le 16$$
$$x + y \le 7$$
$$x \ge 0, y \ge 0$$

5. 아래의 조건 하에서 $f = 4x + y$를 최대화하라.

$$2x + y \le 4$$
$$6x + y \le 8$$
$$x \ge 0, y \ge 0$$

문제 [6~8]에서 선형계획 문제를 풀어라.

6. 아래의 조건 하에서 $f = -3x - y$를 최소화하라.

$$x + y \le 150$$
$$4x + y \le 450$$
$$x \ge 0, y \ge 0$$

7. 아래의 조건 하에서 $f = -2x + y$를 최소화하라.

$$2x + y \le 440$$
$$4x + y \le 680$$
$$x \ge 0, y \ge 0$$

8. 아래의 조건 하에서 $f = -x + 2y$를 최소화하라.

$$x + 2y \le 4$$
$$x + 4y \le 6$$
$$x \ge 0, y \ge 0$$

선형계획법의 응용

9. 한 회사에서 $C1$과 $C2$의 두 종류의 계산기를 생산한다. $C1$과 $C2$를 한 개 생산하는 데 각각 1시간과 4시간의 노동시간이 소요된다. 또 $C1$을 생산하는 데는 개당 \$30의 비용이 들고, $C2$를 생산하는 데는 개당 \$20의 비용이 든다. 회사가 이용할 수 있는 총 노동시간은 1,600시간이고 쓸 수 있는 비용은 \$18,000이다. $C1$의 개당 이익은 \$10이고, $C2$의 개당 이익은 \$8라면, 최대이익을 얻으려면 생산 계획을 어떻게 해야 하는가?

10. 한 회사가 두 종류의 상품 X와 Y를 생산한다. 각 상품을 생산하는 데는 두 종류의 기계 I과 II가 필요하다. 하나를 생산하는 데는 각 기계에서 3분이 소요된다. 또 하나를 생산하는 데는 기계 I에서 1분, 기계 II에서는 2분이 소요된다. 기계 I을 사용할 수 있는 총 시간은 3,000분이고, 기계 II를 사용할 수 있는 총 시간은 4,500분이다. X의 개당 이익은 \$15이고, Y의 개당 이익은 \$7이다. 최대 이익을 얻으려면 생산 계획은 어떻게 해야 하는가?

11. 어떤 냉장고 회사가 도시 X와 도시 Y에 두 개의 공장을 갖고 있다. 이 회사의 냉장고는 다른 한 도시 Z에서 판매된다. 포장, 운송, 기타 작업을 하여 냉장고를 X에서 Z로 보내는 데 20시간이 걸리고, Y에서 Z로 보내는 데는 10시간이 걸린다. 냉장고 한 대를 X에서 Z로 보내는 데 \$60의 비용이 들고, Y에서 Z로 보내는 데는 \$10가 든다. 이용할 수 있는 총 노동시간은 1,200시간이고, 총 \$2,400의 운송비가 책정되어 있다. X에서 생산된 냉장고의 대당 이익은 \$40이고, Y에서 생산된 냉장고의 대당 이익은 \$20이다. 최대 이익을 얻으려면 냉장고의 운송계획을 어떻게 세워야 하는가?

12. 최대 일일 생산량이 1,400배럴인 어떤 정유공장에서, 자동차용 휘발유와 가정용 난방유의 두 종류의 기름을 생산한다. 휘발유의 생산비용은 배럴당 \$6이고, 난방유의 생산비용은 배럴당 \$8이다. 일일 생산 경비로 \$9,600가 책정되어 있고, 배럴당 이익은 휘발유는 \$3.50이고, 난방유는 \$4이다. 실현할 수 있는 일일 최대 이익은 얼마이고, 그 때 생산되는 각 기름의 양은 얼마씩인가?

13. 한 재단사가 면원단 80평방야드와 모직원단 120평방야드를 가지고 있다. 양복 한 벌을 만드는 데 면원단 2평방야드와 모직원단 1평방야드가 필요하고, 드레스 한 벌은 면원

단 1평방야드와 모직원단 3평방야드를 필요로 한다. 양복 한 벌과 드레스 한 벌을 각각 \$90에 팔 때 수입을 최대화하기 위해 재단사는 각 의복을 얼마나 만들어야 하는가? 또 이때의 최대 수입은 얼마인가?

14. 어떤 시에서 자동차를 구입하기 위해 \$1,800,000의 예산을 책정하였다. 가격이 \$12,000인 애로우와 \$15,000인 가젤 등 두 자동차의 구입을 검토중에 있다. 대당 연간 유지비용의 추정값이 애로우는 \$400이고 가젤은 \$300이다. 시는 이 자동차들의 유지비로 매년 총 \$40,000을 책정하고 있다. 갤런 당 연비는 애로우가 28마일이고 가젤은 25마일이다. 시에서는 이 자동차들의 "연료효율지수"를 최대화하려고 한다. x대의 애로우와 y대의 가젤에 대해서 효율지수는 $28x + 25y$로 주어진다. 모델별로 몇 대씩 구입해야 하는가?

15. 어떤 자동차 도매상이 두 수입항 A와 B를 통해서 외국차를 수입한다. 도시 C에서는 120대의 자동차가 필요하고, 도시 D에서는 180대가 필요하다. A항에는 자동차가 100대 있고 B항에는 자동차 200대가 있다. 자동차를 A에서 C까지 수송하는 데 2시간이 걸리고, B에서 C까지는 6시간이 걸린다. 또, A와 B에서 C까지 수송하는 데는 각각 4시간과 3시간이 걸린다. 도매상은 자동차를 운반하기 위한 운행시간으로 1,030시간을 사용할 수 있다. 앞으로는 B에서 C로 가는 길을 사용할 수 없으므로 이번에 가능한 많은 자동차가 B에서 C로 운반되어야 한다. 어떤 계획으로 이것을 달성할 것인가?

16. 교육청에서 새 통학버스들을 구입하고자 한다. 구입하고자 하는 버스는 가격이 \$18,000인 25인승 토로와 가격이 \$22,000인 30인승 스프라이트이다. 새 버스 구입을 위해서 \$572,000이 책정되어 있고, 최대 30명의 기사들이 투입될 수 있다. 단, 일정수의 대형 버스를 보유해야 하므로 적어도 17대의 스프라이트는 반드시 사야 한다. 최대의 학생 수송을 위해 버스는 각 종류별로 몇 대씩 구입해야만 하는가?

17. 어떤 생산자가 화학원료 A와 B를 사용하여 두 종류의 비료 X와 Y를 만든다. 비료 Y는 화학원료 A와 B가 각각 80%와 20%로 구성되었고, 비료 Y는 화학원료 A와 B가 각각 60%와 40%로 구성되어 있다. 이 생산자는 적어도 X비료 30t과 Y비료 50t은 꼭 생산해야만 한다. 현재 가지고 있는 화학원료 A와 B는 각각 100t과 50t이다. 가능한 한 많은 비료를 만들고 싶다면, X와 Y를 각각 얼마나 많이 생산해야 하는가?

18. 병원에서 저녁 메뉴로 M과 N, 두 음식이 포함되도록 식단을 짜려고 한다. M은 온스당 1단위의 비타민 A와 2단위의 비타민 B를 공급하고, N은 온스당 1단위의 비타민 A와 1단위의 비타민 B를 공급한다. 두 음식은 적어도 7단위의 비타민 A와 10단위의 비타민 B를 공급해야만 한다. M이 온스당 8센트의 비용이 들고 N은 온스당 12센트의 비용이 든다면, 각 음식별로 몇 온스씩 공급해야 최소의 비용이 들겠는가?

19. 한 의류생산업자가 10평방야드의 면원단, 10평방야드의 모직원단, 그리고 6평방야드의 견직원단을 가지고 있다. 바지 한 벌을 만드는 데 면원단 1평방야드와 모직원단 2평방야드, 그리고 견직원단 1평방야드가 필요하다. 치마 한 벌을 만드는 데는 면원단 2평방야드와 모직원단 1평방야드, 그리고 견직원단 1평방야드가 필요하다. 바지 한 벌의 순이익이 \$3이고, 치마 한 벌의 순이익이 \$4일 때, 최대 이익을 남기기 위해서는 치마와 바지를 각각 몇 벌씩 만들어야 하는가?

20. **(a)** 어떤 선적인이 최대 부피 9,000입방피트 내에서 최대 12,000파운드까지의 화물을 운송할 수 있는 트럭들을 가지고 있다. 그는 두 회사의 물건들을 선적한다. 프링글 주식회사는 개당 부피가 5입방피트이고 무게가 5파운드인 상자들을 가지고 있고, 윌리엄 주식회사는 개당 부피가 3입방피트이고 무게가 6파운드인 상자들을 가지고 있다. 선적인은 각 상자에 대해서 프링글사로부터는 30센트를, 윌리엄사로부터는 40센트를 받기로 계약하였다. 선적인은 각 회사로부터 얼마나 많은 상자들을 맡아야 하는가?

(b) 변호사가 프링글사와의 계약서 아랫부분에 선적인이 프링글사로부터 적어도 240개의 상자를 운반해야 한다는 조항이 있음을 지적해 주었다. 이제 선적인은 두 회사로부터 선적할 작업을 어떻게 나누어야 하는가? 그 조항으로 인해 그는 이익에서 얼마나 손해를 보겠는가?

*8.2 심플렉스 방법

앞 절에서 선형계획 문제를 해결하기 위해 소개한 그래프 방법에는 한계가 있다. 두 개의 변수에 대해 예시된 방법은 세 개의 변수를 포함하는 선형계획 문제로 확장될 수 있고, 그 때의 가능영역은 3차원 공간의 볼록 부분집합이 될 것이다. 그러나, 세 개 이상의 변수를 포함하는 문제들에 대한 기하적 접근은 비현실적이다. 이제, 많은 변수들을 가진 문제에 대해서 사용할 수 있는 대수적인 방법인 **심플렉스 방법**(simplex mathod)을 소개하고자 한다. 이 방법은 1947년 U.C. 버클리 대학의 단찌히에 의해 개발되었다. 심플렉스 방법은 쉽게 컴퓨터 프로그램화될 수 있는 장점을 가지고 있다. 오늘날 소프트웨어 회사들은 심플렉스 방법을 기반으로 한 컴퓨터 프로그램 패키지들을 상품화하여 판매하고 있다. 기업 고객들은 종종 이 프로그램들을 사용하는 대가로 매달 상당히 큰 액수의 사용료를 지불한다. 예를 들어 엑손사는 현재 선형계획법을 시추작업의 계획, 원유를 정유공장에 할당하는 일, 정유작업의 제어, 생산품의 분배, 업무전략에 관한 계획 수립에 사용하고 있다. 선형계획법은 그 회사의 총 컴퓨터 사용시간의 5%~10%를 차지하고 있는 것으로 추정된다. 심플렉스 방법에서는 제약조건들을 선형방정식으로 바꾼다. 그리고 가우스-요르단 소거법의 행연산과 아주 유사한 방법으로 기본 행연산을 적용하여 해를 구한다.

우선, 심플렉스 방법을 사용하여 앞 절에서 언급했던 첫 번째 선형계획 문제의 해를 구해보자. 다음의 제약조건 하에서 $f = 3x + 2y$의 최댓값을 구하자.

$$\begin{aligned} 5x + \ \ 2y &\le \ \ 900 \\ 8x + 10y &\le 2800 \\ x &\ge \ \ \ \ \ 0 \\ y &\ge \ \ \ \ \ 0 \end{aligned}$$

첫 번째 부등식 $5x + 2y \le 900$을 보자. 이 조건을 만족하는 각각의 x, y에 대해서 다음을 만족하는 음이 아닌 변수 u의 값이 존재할 것이다.

$$5x + 2y + u = 900$$

u의 값은 $5x + 2y$에 더해져서 그 합이 900이 되도록 하는 수이다. 마찬가지로, $8x + 10y \le 2800$을 만족하는 각각의 x, y에 대해서 $8x + 10y + v = 2800$를 만족하는 음이 아닌 변수 v의 값이 존재한다. v의 값은 $5x + 2y$에 더해져서 그 합이 2800이 되게 하는 수이다. 이런 변수 u와 v를 **여유변수**(slack variable)라고 한다. 이들은 원래 변수들의 느슨한 부분을 메워 맞추는 역할을 한다.

이제 선형계획 문제의 조건제약들은 다음과 같이 쓰여질 것이다.

$$\begin{aligned} 5x + \ \ 2y + u \qquad &= \ \ 900 \\ 8x + 10y \qquad + v &= 2800 \\ x \ \ge 0, y \ \ge 0, u \ \ge 0, v \ &\ge 0 \end{aligned}$$

끝으로, 목적함수 $f = 3x + 2y$는 다음과 같은 형태로 쓰여진다.

$$-3x - 2y + f = 0$$

이제 원래 문제는 다음 선형방정식계의 해를 결정하는 문제가 되었다.

$$\begin{aligned} 5x + 2y + u \qquad\qquad &= 900 \\ 8x + 10y \qquad + v \qquad &= 2800 \\ -3x - 2y \qquad\qquad + f &= 0 \end{aligned}$$

여기서 $x \geq 0, y \geq 0, u \geq 0, v \geq 0$이고, 이들 제약조건 하에서 f가 가능한 한 큰 값이 되도록 해야 한다.

이제, 문제를 어떤 제약조건 하에서의 선형방정식계의 형태로 다시 구성하였다. 5개의 변수 x, y, u, v, f의 세 개의 방정식의 계는 정해진 범위 $x \geq 0, y \geq 0, u \geq 0, v \geq 0$에서 많은 해를 갖는다. 이런 모든 해를 **가능해**라고 한다. 이 중에서 f를 최대로 만드는 해를 **최적해**라고 부르고, 이것이 바로 우리가 구하고자 하는 해이다.

최적해는 **심플렉스 알고리즘**(simplex algorithm)이라 불리는 알고리즘에서 기본 행연산들을 사용하여 구한다. 가우스-요르단 소거법에서는 먼저 축을 선택하고 축을 이용해서 체계적인 방법으로 열에 영을 만든다. 심플렉스 알고리즘에서도 축들을 선택하여 열의 원소들에 영을 만드는데 사용하지만, 가우스-요르단 소거와는 다른 기준을 적용한다.

심플렉스 알고리즘

1. 선형방정식계의 첨가행렬을 구성한다. 이것을 **초기 심플렉스표**(initial simplex tableau)라고 한다.
2. 마지막 행에서 마지막 원소 이외의 크기가 가장 큰 음의 원소를 찾는다(만일 둘 혹은 그 이상의 원소가 이 성질을 갖는다면 이들 중 어떤 것을 선택해도 상관없다). 만일 그런 원소들이 모두 음이 아니라면, 그 표는 최종 형태이다.
3. 이 음의 원소가 들어 있는 열의 각 원소에 대해, 원소가 양이면 이 원소로 마지막 열의 대응하는 원소를 나눈다.
4. 3에서 나눈 결과가 가장 작은 행을 선택하라. 이 행과 2에서 선택된 열에 해당하는 원소를 **축 원소**(pivot element)라고 한다(만일 둘 혹은 그 이상의 원소가 이 성질을 갖는다면 이들 중 어떤 것을 축 원소로 선택해도 좋다).
5. 행연산을 사용하여 축 위치에 1을 하나 만들고 축 열의 다른 원소들은 모두 0으로 만든다.
6. 마지막 행에서 음의 원소들이 모두 없어질 때까지 단계 2~5를 반복한다. 최종 행렬을 **최종 심플렉스표**(final simplex tableau)라고 하며, 이 표로부터 최적해를 얻을 수 있다.

심플렉스 알고리즘을 앞의 선형계획 문제에 적용해보자. 초기 심플렉스표로부터 시작하면 다음을 얻는다.

$$\frac{900}{5} < \frac{2800}{8} \text{ 이므로 1행} \rightarrow \begin{bmatrix} ⑤ & 2 & 1 & 0 & 0 & 900 \\ 8 & 10 & 0 & 1 & 0 & 2800 \\ -3 & -2 & 0 & 0 & 1 & 0 \end{bmatrix} \underset{(1/5)\text{R1}}{\approx} \begin{bmatrix} ① & \frac{2}{5} & \frac{1}{5} & 0 & 0 & 180 \\ 8 & 10 & 0 & 1 & 0 & 2800 \\ -3 & -2 & 0 & 0 & 1 & 0 \end{bmatrix}$$

$$\underset{\substack{\text{R2} - (8)\text{R1} \\ \text{R3} + (3)\text{R1}}}{\approx} \begin{bmatrix} 1 & \frac{2}{5} & \frac{1}{5} & 0 & 0 & 180 \\ 0 & \textcircled{\frac{34}{5}} & -\frac{8}{5} & 1 & 0 & 1360 \\ 0 & -\frac{4}{5} & \frac{3}{5} & 0 & 1 & 540 \end{bmatrix} \underset{(5/34)\text{R2}}{\approx} \begin{bmatrix} 1 & \frac{2}{5} & \frac{1}{5} & 0 & 0 & 180 \\ 0 & ① & -\frac{4}{17} & \frac{5}{34} & 0 & 200 \\ 0 & -\frac{4}{5} & \frac{3}{5} & 0 & 1 & 540 \end{bmatrix}$$

$$\underset{\substack{\text{R1} - (2/5)\text{R2} \\ \text{R3} + (4/5)\text{R1}}}{\approx} \begin{bmatrix} 1 & 0 & \frac{25}{85} & -\frac{1}{17} & 0 & 100 \\ 0 & 1 & -\frac{4}{17} & \frac{5}{34} & 0 & 200 \\ 0 & 0 & \frac{7}{17} & \frac{2}{17} & 1 & 700 \end{bmatrix}$$

최종 심플렉스표가 만들어졌다. 마지막 행에서 음의 원소들이 모두 제거되었다, 이 표는 다음의 선형방정식계에 대응된다.

$$\begin{aligned} x + \qquad \tfrac{25}{85}u - \tfrac{1}{17}v \qquad &= 100 \\ y - \tfrac{4}{17}u + \tfrac{5}{34}v \qquad &= 200 \\ \tfrac{7}{17}u + \tfrac{2}{17}v + f &= 700 \end{aligned}$$

이는 원래의 방정식계에 기본 행연산을 적용해서 나온 것으로, 이 방정식의 해는 원래의 해와 똑같다. $u \geq 0$, $v \geq 0$이므로, 마지막 방정식으로부터 $u = 0$, $v = 0$일 때 f가 최댓값 700을 갖는다는 것을 알 수 있다. u와 v의 값을 계에 다시 대입하면 $x = 100$, $y = 200$을 얻는다. 그러므로 $f = 3x + 2y$의 최댓값은 $f = 700$이고 이 값은 $x = 100$, $y = 200$일 때 나타난다. 이 결과는 이미 앞 절에서 기하학을 사용하여 얻은 결과와 일치한다.

f의 최댓값을 구하는 데 사용된 이 추론에는 최종 심플렉스표의 마지막 행과 마지막 열의 원소가 항상 f의 최댓값에 해당하는 것이 암시되어 있음에 주목하라.

다음의 예는 세 변수를 갖는 함수에 대한 심플렉스 방법의 적용 예를 보여준다.

예제 1

아래의 제약조건 하에서 함수 $f = 3x + 5y + 8z$의 최댓값을 구하라.

$$\begin{aligned} x + \ \ y + \ \ z &\leq 100 \\ 3x + 2y + 4z &\leq 200 \\ x + 2y \qquad &\leq 150 \\ x \geq 0, y \geq 0,& z \geq 0 \end{aligned}$$

풀이

여유변수 u, v, w를 갖는 대응하는 방정식계는

$$\begin{aligned} x + \ \ y + \ \ z + u \qquad\qquad\qquad &= 100 \\ 3x + 2y + 4z \qquad + v \qquad\qquad &= 200 \\ x + 2y \qquad\qquad\qquad + w \qquad &= 150 \\ -3x - 5y - 8z \qquad\qquad\qquad + f &= 0 \end{aligned}$$

이다. 여기서 $x \ge 0, y \ge 0, z \ge 0, u \ge 0, v \ge 0, w \ge 0$이다.

심플렉스표는 다음과 같다.

$$\begin{bmatrix} 1 & 1 & 1 & 1 & 0 & 0 & 0 & 100 \\ 3 & 2 & \textcircled{4} & 0 & 1 & 0 & 0 & 200 \\ 1 & 2 & 0 & 0 & 0 & 1 & 0 & 150 \\ -3 & -5 & -8 & 0 & 0 & 0 & 1 & 0 \end{bmatrix} \underset{(1/4)R2}{\approx} \begin{bmatrix} 1 & 1 & 1 & 1 & 0 & 0 & 0 & 100 \\ \frac{3}{4} & \frac{1}{2} & \textcircled{1} & 0 & \frac{1}{4} & 0 & 0 & 50 \\ 1 & 2 & 0 & 0 & 0 & 1 & 0 & 150 \\ -3 & -5 & -8 & 0 & 0 & 0 & 1 & 0 \end{bmatrix}$$

$$\underset{\substack{R1 - R2 \\ R4 + (8)R2}}{\approx} \begin{bmatrix} \frac{1}{4} & \frac{1}{2} & 0 & 1 & -\frac{1}{4} & 0 & 0 & 50 \\ \frac{3}{4} & \frac{1}{2} & 1 & 0 & \frac{1}{4} & 0 & 0 & 50 \\ 1 & \textcircled{2} & 0 & 0 & 0 & 1 & 0 & 150 \\ 3 & -1 & 0 & 0 & 2 & 0 & 1 & 400 \end{bmatrix} \underset{(1/2)R3}{\approx} \begin{bmatrix} \frac{1}{4} & \frac{1}{2} & 0 & 1 & -\frac{1}{4} & 0 & 0 & 50 \\ \frac{3}{4} & \frac{1}{2} & 1 & 0 & \frac{1}{4} & 0 & 0 & 50 \\ \frac{1}{2} & \textcircled{1} & 0 & 0 & 0 & \frac{1}{2} & 0 & 75 \\ 3 & -1 & 0 & 0 & 2 & 0 & 1 & 400 \end{bmatrix}$$

$$\underset{\substack{R1 - (1/2)R3 \\ R2 - (1/2)R3 \\ R4 + R3}}{\approx} \begin{bmatrix} 0 & 0 & 0 & 1 & -\frac{1}{4} & -\frac{1}{4} & 0 & \frac{25}{2} \\ \frac{1}{2} & 0 & 1 & 0 & \frac{1}{4} & -\frac{1}{4} & 0 & \frac{25}{2} \\ \frac{1}{2} & 1 & 0 & 0 & 0 & \frac{1}{2} & 0 & 75 \\ \frac{7}{2} & 0 & 0 & 0 & 2 & \frac{1}{2} & 1 & 475 \end{bmatrix}$$

함수의 최댓값

이 최종 심플렉스표에 의해 다음의 선형방정식계가 주어진다.

$$\begin{aligned} u - \tfrac{1}{4}v - \tfrac{1}{4}w &= 12\tfrac{1}{2} \\ \tfrac{1}{2}x + z + \tfrac{1}{4}v - \tfrac{1}{4}w &= 12\tfrac{1}{2} \\ \tfrac{1}{2}x + y + \tfrac{1}{2}w &= 75 \\ 3\tfrac{1}{2}x \quad 2v + \tfrac{1}{2}w + f &= 475 \end{aligned}$$

제약조건은 $x \ge 0,\quad y \ge 0,\quad z \ge 0,\quad u \ge 0,\quad v \ge 0,\quad w \ge 0$이다.

이들 제약조건 하에서의 최종 방정식은 $x = 0, v = 0, w = 0$일 때 f가 최댓값 475를 갖는 것을 의미한다. 이 값들을 방정식에 다시 대입하면, $y = 75, z = 12\frac{1}{2}, u = 12\frac{1}{2}$을 얻는다.

그러므로 $x = 0, y = 75, z = 12\frac{1}{2}$일 때 $f = 3x + 5y + 8z$는 최댓값 475를 갖는다.

다음의 예는 많은 최적해가 있는 경우에 대한 심플렉스 방법의 적용 예를 설명하고 있다(앞 절의 예제 3).

예제 2

제약조건 아래에서 함수 $f = 8x + 2y$의 최댓값을 구하라.

$$\begin{aligned} 4x + y &\le 32 \\ 4x + 3y &\le 48 \\ x &\ge 0 \\ y &\ge 0 \end{aligned}$$

풀이

심플렉스표는 다음과 같다.

$$\begin{bmatrix} ④ & 1 & 1 & 0 & 0 & 32 \\ 4 & 3 & 0 & 1 & 0 & 48 \\ -8 & -2 & 0 & 0 & 1 & 0 \end{bmatrix} \approx \begin{bmatrix} ① & \frac{1}{4} & \frac{1}{4} & 0 & 0 & 8 \\ 4 & 3 & 0 & 1 & 0 & 48 \\ -8 & -2 & 0 & 0 & 1 & 0 \end{bmatrix} \approx \begin{bmatrix} 1 & \frac{1}{4} & \frac{1}{4} & 0 & 0 & 8 \\ 0 & 2 & -1 & 1 & 0 & 16 \\ 0 & 0 & 2 & 0 & 1 & 64 \end{bmatrix}$$

최종 심플렉스표는 다음 선형방정식계을 의미한다.

$$\begin{aligned} x + \tfrac{1}{4}y + \tfrac{1}{4}u \qquad\quad &= 8 \\ 2y - u + v \qquad &= 16 \\ 2u \qquad + f &= 64 \end{aligned}$$

여기서 $x \geq 0, y \geq 0, u \geq 0, v \geq 0$이다.

마지막 방정식은 $u = 0$일 때 f가 최댓값 64를 갖는 것을 의미한다. $u = 0$을 다른 방정식에 대입하면

$$\begin{aligned} x + \tfrac{1}{4}y \qquad &= 8 \\ 2y + v &= 16 \end{aligned}$$

을 얻고, 이 때 $x \geq 0, y \geq 0, v \geq 0$이다.

이 조건들을 만족하는 모든 점 (x, y)가 최적해이다. 두 번째 방정식은 v가 구간 $[0, 16]$ 사이의 모든 수이거나, y가 구간 $[0, 8]$ 사이의 모든 수일 수 있음을 말한다. 첫 번째 방정식은 $y = 0$일 때 $x = 8$이고, $y = 8$일 때 $x = 6$임을 말한다.

그러므로 $f = 8x + 2y$의 최댓값은 64이다. 이것은 직선 $x + \frac{1}{4}y = 8$ 위의 $(6, 8)$과 $(8, 0)$ 사이의 범위 내에 있는 모든 점에서 성립한다. 이 결과는 기하적 해법을 사용한 앞 절의 예제 3의 결과와 같다. ■

이 절에서는 음이 아닌 모든 변수들에 대하여, 모든 제약조건들이 $ax + by + \cdots \leq k$ (k는 음이 아님)의 형태일 때 함수 f를 최대화시키는 심플렉스 알고리즘을 소개했다. 이를 **표준 선형계획 문제**라 한다. 선형계획 문제의 제약조건에 $=$, $\leq$ 및 $\geq$ 등이 포함될 수 있고, 어떤 변수들은 음이 될 수도 있다. 여유변수들을 사용하여 초기 심플렉스표를 구성하는 방법은 제약조건들의 형태에 좌우된다. 그러나 일단 초기 심플렉스표가 구성되면 위의 알고리즘을 사용하여 해를 구할 수 있는 최종 심플렉스표에 도달할 수 있다. 선형계획법에 대해 좀 더 관심있는 사람은 *Applied Linear Programming*, by Michael R. Greenberg, Academic Press, 1978을 참조하라. 단찌히의 심플렉스 방법의 발견은 20세기 수학의 뛰어난 업적 중 하나로 꼽힌다.

연습문제 8.2

함수를 최대화하는 심플렉스 방법

문제 [1~9]에서 주어진 제약조건 하에서 심플렉스 방법을 사용하여 함수를 최대화하라(연습문제 1, 2를 앞 절에서는 기하적 방법으로 풀었다).

1. 다음의 조건 하에서 $f = 2x + y$를 최대화하라.

$$\begin{aligned} 4x + y &\le 36 \\ 4x + 3y &\le 60 \\ x \ge 0, y &\ge 0 \end{aligned}$$

2. 다음의 조건 하에서 $f = x - 4y$를 최대화하라.

$$\begin{aligned} x + 2y &\le 4 \\ x + 6y &\le 8 \\ x \ge 0, y &\ge 0 \end{aligned}$$

3. 다음의 조건 하에서 $f = 4x + 6y$를 최대화하라.

$$\begin{aligned} x + 3y &\le 6 \\ 3x + y &\le 8 \\ x \ge 0, y &\ge 0 \end{aligned}$$

4. 다음의 조건 하에서 $f = 10x + 5y$를 최대화하라.

$$\begin{aligned} x + y &\le 180 \\ 3x + 2y &\le 480 \\ x \ge 0, y &\ge 0 \end{aligned}$$

5. 다음의 조건 하에서 $f = x + 2y + z$를 최대화하라.

$$\begin{aligned} 3x + y + z &\le 3 \\ x - 10y - 4z &\le 20 \\ x \ge 0, y \ge 0, z &\ge 0 \end{aligned}$$

6. 다음의 조건 하에서 $f = 100x + 200y + 50z$를 최대화하라.

$$\begin{aligned} 5x + 5y + 10z &\le 1000 \\ 10x + 8y + 5z &\le 2000 \\ 10x + 5y &\le 500 \\ x \ge 0, y \ge 0, z &\ge 0 \end{aligned}$$

7. 다음의 조건 하에서 $f = 2x + 4y + z$를 최대화하라.

$$\begin{aligned} -x + 2y + 3z &\le 6 \\ -x + 4y + 5z &\le 5 \\ -x + 5y + 7z &\le 7 \\ x \ge 0, y \ge 0, z &\ge 0 \end{aligned}$$

8. 다음의 조건 하에서 $f = x + 2y + 4z - w$를 최대화하라.

$$\begin{aligned} 5x + 4z + 6w &\le 20 \\ 4x + 2y + 2z + 8w &\le 40 \\ x \ge 0, y \ge 0, z \ge 0, w &\ge 0 \end{aligned}$$

9. 다음의 조건 하에서 $f = x + 2y - z + 3w$를 최대화하라.

$$\begin{aligned} 2x + 4y + 5z + 6w &\le 24 \\ 4x + 4y + 2z + 2w &\le 4 \\ x \ge 0, y \ge 0, z \ge 0, w &\ge 0 \end{aligned}$$

심플렉스 방법의 응용

10. 어떤 회사가 세 종류의 상품 X, Y, Z를 생산하기 위해 3대의 기계 I, II, III을 사용한다. 한 상품을 생산할 때 기계를 두 대 이상 사용한다. X 하나를 생산하기 위해 기계 I을 2분, 기계 II를 4분 사용하고, Y 하나를 생산하기 위해 기계 I을 3분, 기계 III을 6분 사용한다. 또 Z 하나를 생산하기 위해 기계 I에서 1분, 기계 II에서 2분, 기계 III에서 3분이 각각 소요된다. 하루에 기계를 사용할 수 있는 시간은 각각 6시간씩이다. X, Y, Z에서 얻을 수 있는 이익이 각각 \$10, \$8, \$12라면, 총 이익을 최대화하기 위해서 기계들의 사용시간을 어떻게 할당해야만 하는가?

11. 가구 회사가 책상, 캐비넷 그리고 의자를 생산한다. 이 제품들은 금속, 목재 및 플라스틱으로 만들어진다. 아래의 표는 각 제품에 들어가는 재료의 양과 제품별 이익을 나타낸다.

	금속	목재	플라스틱	이익
책상	3	4	2	\$16
캐비넷	6	1	1	\$12
의자	1	2	2	\$ 6

만약 회사가 금속 800단위, 목재 400단위, 플라스틱 100단위를 가지고 있다면 총 이익을 최대화하기 위해서 이 자원들을 어떻게 할당해야 하는가?

12. 회사가 세 개의 공장 A, B, C에서 세탁기를 생산한다. 세탁기들은 도시 P에서 판매된다. A, B, C에서 P시까지 세탁기 한 대를 운반하는 데 각각 \$10, \$20, \$40가 든다. 세 공장 A, B, C에서 P시까지 세탁기를 보내기 위해 포장하고 운반하는 데 걸리는 시간은 각각 6, 4, 2시간이다. 세탁기를 P시까지 운반하는 데 주당 \$6,000의 예산과 4,000시간의 노동력을 활용할 수 있다. A에서 생산된 세탁기의 이익은 \$12이고, B에서 생산된 세탁기의 이익은 \$20, 그리고 C에서 생산된 세탁기의 이익은 \$16이다. 총 이익을 최대화하기 위해서 회사는 A, B, C에서 P시까지 세탁기의 운송계획을 어떻게 세워야 하겠는가?

13. 어떤 제조업체가 모두 같은 재료로 세 종류의 텐트를 만든

다. 아스펜, 알파인 그리고 컵 텐트는 각각 60평방야드, 30 평방야드 그리고 15평방야드의 재료를 필요로 한다. 아스펜, 알파인 그리고 컵 텐트의 생산 비용은 \$32, \$20, \$12이다. 재료는 일주일에 7,800평방야드를 사용할 수 있고, 일주일의 임금 예산액은 \$8,320이다. 아스펜, 알파인 그리고 컵 텐트에서 얻어지는 이익은 각각 \$12, \$8, \$4이다. 총 이익을 최대화하기 위해서는 이들 텐트의 주간 생산계획을 어떻게 세워야 하는가?

함수를 최소화하는 심플렉스 방법

문제 [14~16]에서 주어진 제약조건 하에서 심플렉스 방법을 사용하여 함수를 최소화하라(연습문제 14는 앞 절에서 기하적 방법으로 풀었다).

14. 다음의 조건 하에서 $f = -x + 2y$를 최소화하라.

$$\begin{aligned} x + 2y &\le 4 \\ x + 4y &\le 6 \\ x \ge 0,\ y &\ge 0 \end{aligned}$$

15. 다음의 조건 하에서 $f = -2x + y$를 최소화하라.

$$\begin{aligned} 2x + 2y &\le 8 \\ x - y &\le 2 \\ x \ge 0,\ y &\ge 0 \end{aligned}$$

16. 다음의 조건 하에서 $f = 2x + y - z$를 최소화하라.

$$\begin{aligned} x + 2y - 2z &\le 20 \\ 2x + y \quad\; &\le 10 \\ x + 3y + 4z &\le 15 \\ x \ge 0,\ y \ge 0,\ z &\ge 0 \end{aligned}$$

*8.3 심플렉스 방법의 기하적 설명

이제 예를 통하여 심플렉스 방법에서 사용된 연이은 변환을 설명한다. 다음과 같은 제약조건 하에서 함수 $f = 2x + 3y$를 최대화하자.

$$\begin{aligned} x + 2y &\le 8 \\ 3x + 2y &\le 12 \\ x &\ge 0 \\ y &\ge 0 \end{aligned} \tag{1}$$

이 제약조건들을 만족하는 영역은 그림 8.7의 $ABCO$이다. 이 영역 안의 모든 점들을 **가능해**라고 한다는 것을 기억하라. f의 최댓값을 제공하는 가능해를 **최적해**라고 한다.

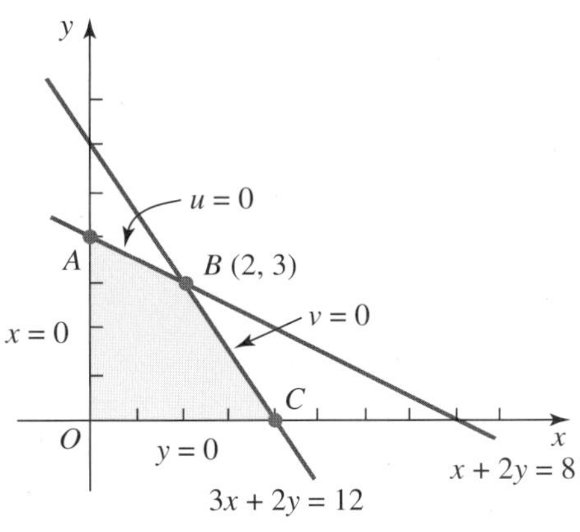

그림 8.7

여유변수 u와 v를 사용하여 제약조건을 다시 써 보자.

$$\begin{aligned} x + 2y + u \qquad\quad &= 8 \\ 3x + 2y \quad + v \quad &= 12 \\ -2x - 3y \qquad + f &= 0 \end{aligned} \tag{2}$$

여기서 $x \ge 0, y \ge 0, u \ge 0, v \ge 0$이다.

AB가 직선 $x + 2y = 8$의 일부분이므로 AB 위에서는 $u = 0$임을 주목하자. 또 BC가 직선 $3x + 2y = 12$의 일부분이므로 BC 위에서는 $v = 0$이다. 또한 OA 위에서 $x = 0$이고, OC 위에서는 $y = 0$이다. 그러므로 가능영역 $ABCO$의 경계선들은 변수들 중의 하나가 각 경계선 위에서 영이 되는 성질을 가지고 있다.

이제 꼭짓점들을 4개의 변수 x, y, u, v로 나타내 보자. 꼭짓점 O는 $x = 0, y = 0, u = 0, v = 0$인 점이다(제약조건에서 $x = 0, y = 0$으로 놓아 O에서의 u와 v 값을 얻는다). 꼭짓점 A는 OA와 AB 위에 있다. 그러므로 점 A에서는 $x = 0, u = 0$이다. 이 값들을 제약조건들에 대입하여 $y = 4, v = 4$를 얻는다. 그러므로 A는 $x = 0, y = 4, u = 0, v = 4$인 점이다. 마찬가지 방법으로 B는 $x = 2, y = 3, u = 0, v = 0$인 점이고, C는 $x = 4, y = 0, u = 4, v = 0$인 점이다.

각 꼭짓점에서 어떤 변수들은 0이고 다른 변수들은 0이 아님을 주목하라. 0이 아닌 변수들을 **기본변수**(basic variable)라고 하며, 나머지 변수들은 **비기본변수**(nonbasic variable)라고 한다. 표 8.1에 이상의 결과들을 요약해 놓았다.

표 8.1

반복	좌표	기본변수($\neq 0$)	비기본변수($= 0$)
O	$x = 0,\ y = 0,\ u = 8,\ v = 12$	u, v	x, y
A	$x = 0,\ y = 4,\ u = 0,\ v = 4$	y, v	x, u
B	$x = 2,\ y = 3,\ u = 0,\ v = 0$	x, y	u, v
C	$x = 4,\ y = 0,\ u = 4,\ v = 0$	x, u	y, v

이제 설명할 방법에서는, 하나의 꼭짓점 가능해(이 경우에는 O)에서 시작하여 f의 값을 증가시키는 이웃 꼭짓점으로, 최적해에 이를 때까지 계속 옮아간다. 초기 심플렉스표는 초기 가능해에 해당하고(이유는 나중에 설명된다.), 그 이후의 표는 다른 꼭짓점에서의 상황을 나타낸다. 매 꼭짓점마다 최적해인지 여부를 조사해 보아야만 한다. 만일 최적해가 아니라면 다음 이동을 이웃 꼭짓점 중 어디로 해야 할지를 결정해야 한다. 여기서, 먼저 이 절차를 기하적으로 수행하는 도구를 개발하고 난 후, 이 기하적 개념을 유사한 대수적 개념으로 바꾸는 방식으로 설명할 것이다. 절차를 대수적으로 수행하면 컴퓨터에서 구현될 수 있다는 이점이 있다. 얻어진 대수적 절차가 바로 심플렉스 알고리즘이라는 것을 알게 될 것이다.

꼭짓점 가능해 O에서부터 시작하자. O에서 f의 값은 영이다. O에서 인접한 다른 꼭짓점으로 옮길 필요가 있는지의 여부를 결정하자. O의 이웃에는 2개의 꼭짓점 A와 C가 있다. OA를 따라 움직일 때 $x = 0$이므로 $f(= 2x + 3y)$는 y의 단위 증가분에 대해 3배 증가함을 알 수 있다. 반면에, OC를 따라 움직일 때는 $y = 0$이므로 f는 x의 단위 증가분에 대해 2배 증가하게 된다. 따라서 OA를 따라 움직일 때 f의 증가폭이 더 크기 때문에 이 경로를 선택한다. 즉, A는 검토될 다음 가능해가 된다. A에서 f의 값은 12인데 이는 O에서 f의 값 0에 비하면 크게 증가된 값이다.

이제 A가 최적인지의 여부를 알아보자. 꼭짓점 O에서는 f를 비기본변수 x와 y로 나타내어 $f = 2x + 3y$로 썼다. 이번에는 f를 꼭짓점 A의 비기본변수 x와 u로 나타내 보자. 이를 위해 식 (2)의 첫 번째 제약조건으로부터 y의 값을 $f = 2x + 3y$에 대입한다. $y = 4 - (x/2) - (u/2)$이므로, 이를 대입하면 $f = 12 + (x/2) - (3u/2)$이다. 만일 AB를 따라 A에서부터 B까지 움직인다면, $u = 0$이므로 f는 x의 모든 증가분에 대해 1/2배 증가한다. f가 증가하므로 B로 옮긴다. B에서의 f 값은 A에서의 f 값보다 큰 13이다.

이제 B가 최적해인지 여부를 조사해 보자. B에서의 비기본변수들은 u와 v이다. f를 이 변수들로 나타내면, 원래의 계약조건 (2)로부터 $x = 2 + (u/2) - (v/2)$와 $y = 3 - (3u/4) + (v/4)$를 얻을 수 있고, $f = 13 - (5u/14) - (v/4)$로 나타낼 수 있다. BC를 따라 B에서 C로 움직이면, $v = 0$이므로 f는 u의 증가분에 대해서 5/4배 감소한다. 따라서 f는 B에서 최댓값을 갖고, 최댓값은 13이다.

이상의 논의에서 기하적 개념을 전개해 보았다. 이제 그것들을 대수적 형태로 바꾸자. 초기 가능해는 O이다. O에서의 기본변수는 u와 v이고 각각 8과 12의 값을 갖는다. O에서 f의 값은 영이다. 방정식계 (2)에 대응하는 초기 심플렉스표는 이 정보를 반영한다.

꼭지점 O에 대한 표

각 변수에 대한 계수

$$\begin{array}{c} \begin{matrix} x & y & u & v & f & \end{matrix} \\ \begin{bmatrix} 1 & 2 & 1 & 0 & 0 & 8 \\ 3 & 2 & 0 & 1 & 0 & 12 \\ -2 & -3 & 0 & 0 & 1 & 0 \end{bmatrix} \begin{matrix} \leftarrow u \\ \leftarrow v \\ \leftarrow f \end{matrix} \end{array} \begin{matrix} \left.\vphantom{\begin{matrix} a \\ b \end{matrix}}\right\} \text{기본변수} \\ \end{matrix}$$

마지막 열은 O에서의 기본변수들과 f의 값을 준다. 기본변수들을 알면, 비기본변수들도 역시 알게 된다. 이것은 꼭짓점 O와 관련된 심플렉스표이다.

기하적 논의에서 O는 최적해가 아니었고, A로 인도하였음을 보았다. O에서의 기본변수들은 u와 v이고, A에서의 기본변수들은 y와 v이다. O에서 A로 갈 때 y가 기본변수로서 u를 대체하게 되는데, 이때 u를 **퇴장 기본변수**(departing basic variable), 그리고 y를 **입장 기본변수**(entering basic variable)라고 한다. 입장 기본변수 y는 f의 가장 큰 증가율 3에 대응하는 변수이다. 위의 표를 보면, 이것은 y가 마지막 행에 있는 크기가 가장 큰 음의 원소 -3에 대응되는 열이라는 사실에 반영되었다. 마지막 행의 크기가 가장 큰 음의 원소를 선택함으로써 입장변수를 결정하게 된다. 만일, 그런 원소가 존재하지 않는다면 적당한 입장변수가 없는 것이고, 이는 최종 심플렉스표에 도달했다는 것을 의미한다.

다음 단계는 표의 퇴장변수를 결정하는 것이다. O에서 A로 갈 때, 퇴장변수는 u이다. 표의 처음 두 행은 다음 방정식에 해당한다.

$$\begin{aligned} x + 2y + u &= 8 \\ 3x + 2y + v &= 12 \end{aligned}$$

OA를 따라갈 때, $x = 0$이므로 방정식을 다음과 같이 쓸 수 있다.

$$\begin{aligned} u &= 8 - 2y \\ v &= 12 - 2y \end{aligned}$$

$u \geq 0$이고 $v \geq 0$이므로 y가 증가할 수 있는 최댓값은 4이다. 이것은 $u = 0$이고 $v = 4$ (점 A에서)일 경우로서, u는 비기본변수가 된다. 앞의 방정식으로부터 u가 v보다 먼저 영에 이르는 이유가 $\frac{8}{2} < \frac{12}{2}$이기 때문임을 알 수 있다. 표에 의하면 이것은 입장변수 열의 원소들로 마지막 열의 대응 원소들을 나누는 것에 해당한다. 이때 가장 작은 결과값이 포함된 행이 퇴장변수를 제시해 준다. 그러므로 다음의 결과를 얻을 수 있다.

$$\begin{array}{c} \begin{matrix} x & y & u & v & f & \end{matrix} \\ \left[\begin{array}{rrrrrr} 1 & 2 & 1 & 0 & 0 & 8 \\ 3 & 2 & 0 & 1 & 0 & 12 \\ -2 & -3 & 0 & 0 & 1 & 0 \end{array}\right] \begin{matrix} u \leftarrow \text{퇴장변수} \\ v \\ f \end{matrix} \\ \uparrow \\ \text{입장변수} \end{array}$$

이제 어느 표에서든지 퇴장변수들과 입장변수들을 고르는 방법을 알게 되었다. 이번에는 위의 표를 새로운 기본변수 y와 v를 갖는 표로 변환시켜 보자. 새로운 표는 마지막 열에 새로운 기본변수들의 값들과 새로운 꼭짓점에서의 f값을 가져야 한다. 초기 심플렉스표를 주었던 초기 제약조건들은 다음과 같았다.

$$\begin{aligned} x + 2y + u \qquad\qquad &= 8 \\ 3x + 2y \qquad + v \qquad &= 12 \\ -2x - 3y \qquad\qquad + f &= 0 \end{aligned}$$

기본변수 u와 v는 각각 하나의 방정식에 나타나고 각 경우에 계수가 1임을 관찰하라. 이는 비기본변수들이 0일 때 O에서의 u와 v의 값이 8과 12라고 바로 추측할 수 있는 이유가 된다. 게다가, 마지막 방정식에는 f와 비기본변수들만이 포함되어 있으므로 f의 값을 방정식 우변의 0으로 바로 추측할 수 있다. 꼭짓점 A에서도 이러한 특성을 이용하여 기본변수 y와 v에 관해 표현되는 심플렉스표를 구할 수 있다. 이는 입장변수열과 퇴장변수행에 위치한 원소를 축으로 선택하여 그 자리는 1로 만들고 그 열의 다른 원소들은 모두 0으로 만드는 과정을 통해 이루어진다. 그러므로 계속되는 표들은 다음과 같이 구성된다.

$$\begin{matrix} x & y & u & v & f & \end{matrix} \qquad\qquad \begin{matrix} x & y & u & v & f & \end{matrix}$$
$$\left[\begin{array}{rrrrrr} 1 & \textcircled{2} & 1 & 0 & 0 & 8 \\ 3 & 2 & 0 & 1 & 0 & 12 \\ -2 & -3 & 0 & 0 & 1 & 0 \end{array}\right] \begin{matrix} u \leftarrow \\ v \\ f \end{matrix} \approx \left[\begin{array}{rrrrrr} \frac{1}{2} & \textcircled{1} & \frac{1}{2} & 0 & 0 & 4 \\ 3 & 2 & 0 & 1 & 0 & 12 \\ -2 & -3 & 0 & 0 & 1 & 0 \end{array}\right] \begin{matrix} u \leftarrow \\ v \\ f \end{matrix}$$
$$\qquad\uparrow \qquad\qquad\qquad\qquad\qquad\qquad \uparrow$$

$$\begin{matrix} x & y & u & v & f & \end{matrix}$$
$$\approx \left[\begin{array}{rrrrrr} \frac{1}{2} & 1 & \frac{1}{2} & 0 & 0 & 4 \\ 2 & 0 & -1 & 1 & 0 & 4 \\ -\frac{1}{2} & 0 & \frac{3}{2} & 0 & 1 & 12 \end{array}\right] \begin{matrix} \left.\begin{matrix} y \\ u \end{matrix}\right\} \text{새로운 기본변수들} \\ f \quad f\text{의 새로운 값} \end{matrix}$$

y와 v를 기본변수로 삼으면 이 표는 위로부터 $y = 4$, $v = 4$, $f = 12$가 되는 방정식계에 대응함을 검증해 보자. 대응하는 방정식들은 아래와 같다.

$$\begin{aligned} \frac{1}{2}x + y + \frac{1}{2}u \qquad &= 4 \\ 2x \qquad - u + v \qquad &= 4 \\ -\frac{1}{2}x \qquad + \frac{3}{2}u \qquad + f &= 12 \end{aligned}$$

x와 u를 비기본변수로 삼아 그것들을 0으로 놓으면 실제로 $y = 4$, $v = 4$, $f = 12$를 얻는다. 이것이 꼭짓점 A에 대한 심플렉스표이다.

이제 이 표에 대하여 분석을 반복한다. 마지막 행의 음의 원소 $-\frac{1}{2}$ 때문에 $f = 12$라는 값은 최적해가 아니다. 이 열이 가지는 음의 부호로 인하여 새로운 입장변수는 x가 된다. $\frac{4}{2} < 4/\frac{1}{2}$이므로 퇴장변수는 v이다.

$$\begin{array}{c} \begin{matrix} x & y & u & v & f & \end{matrix} \\ \begin{bmatrix} \frac{1}{2} & 1 & \frac{1}{2} & 0 & 0 & 4 \\ \textcircled{2} & 0 & -1 & 1 & 0 & 4 \\ -\frac{1}{2} & 0 & \frac{3}{2} & 0 & 1 & 12 \end{bmatrix} \begin{matrix} y \\ v \leftarrow \text{퇴장변수} \\ f \end{matrix} \\ \uparrow \\ \text{입장변수} \end{array}$$

입장변수 x는 두 번째 행의 v를 대체하고, 표는 아래와 같이 된다.

$$\approx \begin{bmatrix} \frac{1}{2} & 1 & \frac{1}{2} & 0 & 0 & 4 \\ \textcircled{1} & 0 & -\frac{1}{2} & \frac{1}{2} & 0 & 2 \\ -\frac{1}{2} & 0 & \frac{3}{2} & 0 & 1 & 12 \end{bmatrix} \begin{matrix} y \\ v \leftarrow \\ f \end{matrix} \approx \begin{bmatrix} 0 & 1 & \frac{3}{4} & -\frac{1}{4} & 0 & 3 \\ 1 & 0 & -\frac{1}{2} & \frac{1}{2} & 0 & 2 \\ 0 & 0 & \frac{5}{4} & \frac{1}{4} & 1 & 13 \end{bmatrix} \begin{matrix} \left.\begin{matrix} y \\ x \end{matrix}\right\} \text{새로운 기본변수들} \\ f \quad f\text{의 새로운 값} \end{matrix}$$

(두 표의 열은 각각 x, y, u, v, f이며, 왼쪽 표의 첫째 열 아래에 ↑ 표시가 있다.)

이것이 최종 심플렉스표이다. 기본변수는 x와 y이고 각각 2와 3의 값을 가진다. 이것은 꼭짓점 B에 대한 심플렉스표이다. f의 값은 13으로, 이는 주어진 제약조건 하에서 가능한 최댓값이다.

이제 최종표를 어떻게 해석하는지 알기 위해 많은 해를 갖는 선형계획 문제를 분석해 보자.

예제 1

앞 절의 예제 2에 나온 많은 해를 갖는 선형계획 문제로 되돌아가 보자.

목적함수는 $f = 8x + 2y$이고, 제약조건은 다음과 같다.

$$\begin{aligned} 4x + y &\le 32 \\ 4x + 3y &\le 48 \\ x &\ge 0 \\ y &\ge 0 \end{aligned}$$

여유변수 u와 v를 사용해서 제약조건을 다시 쓰자.

$$\begin{aligned} 4x + y + u \phantom{{}+v+f} &= 32 \\ 4x + 3y \phantom{{}+u} + v \phantom{{}+f} &= 48 \\ -8x - 2y \phantom{{}+u+v} + f &= 0, \end{aligned}$$

여기서 $x \geq 0, y \geq 0, u \geq 0, v \geq 0$이다.

심플렉스표는 다음과 같다.

$$\begin{array}{c} \begin{matrix} x & y & u & v & f & \end{matrix} \\ \begin{bmatrix} \textcircled{4} & 1 & 1 & 0 & 0 & 32 \\ 4 & 3 & 0 & 1 & 0 & 48 \\ -8 & -2 & 0 & 0 & 1 & 0 \end{bmatrix} \begin{matrix} u \leftarrow \text{퇴장변수} \\ v \\ f \end{matrix} \\ \uparrow \\ \text{입장변수} \end{array}$$

$$\approx \begin{bmatrix} \textcircled{1} & \frac{1}{4} & \frac{1}{4} & 0 & 0 & 8 \\ 4 & 3 & 0 & 1 & 0 & 48 \\ -8 & -2 & 0 & 0 & 1 & 0 \end{bmatrix} \begin{matrix} u \leftarrow \\ v \\ f \end{matrix} \approx \begin{bmatrix} 1 & \frac{1}{4} & \frac{1}{4} & 0 & 0 & 8 \\ 0 & 2 & -1 & 1 & 0 & 16 \\ 0 & 0 & 2 & 0 & 1 & 64 \end{bmatrix} \begin{matrix} x \\ v \\ f \end{matrix}$$

(열 순서: x, y, u, v, f; 첫 행렬의 x 열 아래 ↑)

이것이 최종 심플렉스표이다. 최댓값은 $f = 64$이고, $x = 8$, $v = 16$일 때 생긴다. y는 기본변수가 아니므로 $y = 0$이다. 그래서 최적해가 $x = 8$, $y = 0$으로 나왔다(그림 8.3의 점 C). 많은 해를 갖는 문제에 심플렉스 방법을 적용하는 경우 여기서 보는 것처럼 하나의 최적해만 구해지면 바로 종료된다. 이제 다른 해를 구하기 위해서 알고리즘을 어떻게 확장할 것인가를 보이겠다.

최종 심플렉스표에서 비기본변수 y의 계수가 마지막 행에서 0임을 관찰하라. 이 행에 있는 비기본변수의 각 계수는 해당 변수값이 증가함에 따라 f가 증가하는 비율을 나타낸다. 따라서 f를 입장변수나 퇴장변수로 사용하더라도 f는 증가하거나 감소하지 않는다. y를 입장변수로, v를 퇴장변수로 사용하면 다음의 표를 얻는다.

$$\begin{array}{c} \begin{matrix} x & y & u & v & f & \end{matrix} \\ \begin{bmatrix} 1 & \frac{1}{4} & \frac{1}{4} & 0 & 0 & 8 \\ 0 & \textcircled{2} & -1 & 1 & 0 & 16 \\ 0 & 0 & 2 & 0 & 1 & 64 \end{bmatrix} \begin{matrix} x \\ v \leftarrow \text{퇴장변수} \\ f \end{matrix} \\ \uparrow \\ \text{입장변수} \end{array}$$

$$\approx \begin{bmatrix} 1 & \frac{1}{4} & \frac{1}{4} & 0 & 0 & 8 \\ 0 & \textcircled{1} & -\frac{1}{2} & \frac{1}{2} & 0 & 8 \\ 0 & 0 & 2 & 0 & 1 & 64 \end{bmatrix} \begin{matrix} x \leftarrow \\ v \\ f \end{matrix} \approx \begin{bmatrix} 1 & 0 & \frac{3}{8} & -\frac{1}{8} & 0 & 6 \\ 0 & 1 & -\frac{1}{2} & \frac{1}{2} & 0 & 8 \\ 0 & 0 & 2 & 0 & 1 & 64 \end{bmatrix} \begin{matrix} x \\ y \\ f \end{matrix}$$

(열 순서: x, y, u, v, f; 첫 행렬의 y 열 아래 ↑)

이 표는 최적해 $x = 6$, $y = 8$를 준다(그림 8.3의 점 B). 심플렉스표를 사용해서 얻은 이 두 최적해 $(8, 0)$과 $(6, 8)$ 사이에 있는 직선상의 모든 점들도 역시 최적해이다. ■

연습문제 8.3

문제 [1~6]에서 심플렉스 방법을 사용하여 주어진 제약조건 하에서 함수들을 최대화하라. 각 표에 대해서 기본변수, 비기본 변수, 퇴장변수, 입장변수를 정하라. 최종 심플렉스표로부터 직접 목적함수의 최적해와 최댓값을 구하라(이 문제들은 앞 절의 연습문제에 나온 것들이다. 이미 구했던 표를 사용하고 앞에서의 풀이를 점검해보라).

1. 다음의 제약조건 하에서 $f = 2x + y$를 최대화하라.

$$\begin{aligned} 4x + y &\le 36 \\ 4x + 3y &\le 60 \\ x \ge 0, y &\ge 0 \end{aligned}$$

(8.2절의 연습문제 1)

2. 다음의 제약조건 하에서 $f = x - 4y$를 최대화하라.

$$\begin{aligned} x + 2y &\le 4 \\ x + 6y &\le 8 \\ x \ge 0, y &\ge 0 \end{aligned}$$

(8.2절의 연습문제 2)

3. 다음의 제약조건 하에서 $f = x + 2y + z$를 최대화하라.

$$\begin{aligned} 3x + y + z &\le 3 \\ x - 10y - 4z &\le 20 \\ x \ge 0, y \ge 0, z &\ge 0 \end{aligned}$$

(8.2절의 연습문제 5)

4. 다음의 제약조건 하에서 $f = 100x + 200y + 50z$를 최대화하라.

$$\begin{aligned} 5x + 5y + 10z &\le 1000 \\ 10x + 8y + 5z &\le 2000 \\ 10x + 5y &\le 500 \\ x \ge 0, y \ge 0, z &\ge 0 \end{aligned}$$

(8.2절의 연습문제 6)

5. 다음의 제약조건 하에서 $f = 2x + 4y + z$를 최대화하라.

$$\begin{aligned} -x + 2y + 3z &\le 6 \\ -x + 4y + 5z &\le 5 \\ -x + 5y + 7z &\le 7 \\ x \ge 0, y \ge 0, z \ge 0, w &\ge 0 \end{aligned}$$

(8.2절의 연습문제 7)

6. 다음의 제약조건 하에서 $f = x + 2y + 4z - w$를 최대화하라.

$$\begin{aligned} 5x + 4z + 6w &\le 20 \\ 4x + 2y + 2z + 8w &\le 40 \\ x \ge 0, y \ge 0, z \ge 0, w &\ge 0 \end{aligned}$$

(8.2절의 연습문제 8)

8장 복습문제

1. 다음의 제약조건 하에서 $f = 2x + 3y$를 최대화하라.

$$\begin{aligned} 2x + 4y &\le 16 \\ 3x + 2y &\le 12 \\ x \ge 0, y &\ge 0 \end{aligned}$$

2. 다음의 제약조건 하에서 $f = 6x + 4y$를 최대화하라.

$$\begin{aligned} x + 2y &\le 16 \\ 3x + 2y &\le 24 \\ x \ge 0, y &\ge 0 \end{aligned}$$

3. 다음의 제약조건 하에서 $f = 4x + y$를 최소화하라.

$$\begin{aligned} 3x + 2y &\le 21 \\ x + 5y &\le 20 \\ x \ge 0, y &\le 0 \end{aligned}$$

4. 농부가 40에이커의 땅 중 몇 에이커를 딸기 재배에 전용하고 몇 에이커를 토마토 재배에 전용할지를 결정해야 한다. 열매를 따는 데 사용할 수 있는 노동시간은 300시간이다. 1에이커의 딸기를 따는 데 8시간이 걸리고, 토마토를 따는 데는 6시간이 걸린다. 에이커당 이익은 토마토가 \$600인데 비해 딸기는 \$700이다. 이익을 최대화하기 위해서는 각각 몇 에이커씩 재배해야 하는가?

5. 한 회사가 라커를 구매하는 데 선택의 폭이 두 가지 종류 X와 Y로 좁혀졌다. X의 부피가 36입방피트인 반면 Y의 부피는 44입방피트이다. X는 6평방피트의 면적을 차지하고 가격이 \$54인 반면, Y는 8평방피트의 면적을 차지하고 가격은 \$60이다. 라커를 설치할 수 있는 총 마루공간은 256평방피트이고, 라커의 구매자금은 \$2,100이다. 좀 더 큰 라커가 적어도 20개가 필요하다면, 부피를 최대로 하기 위해 각 라커를 종류별로 얼마나 구입해야만 하는가?

6. 다음 제약조건 하에서 심플렉스 방법을 사용하여 $f = 2x + y + z$를 최대화하라.

$$\begin{aligned} x + 2y + 4z &\le 20 \\ 2x + 4y + 4z &\le 60 \\ 3x + 4y + z &\le 90 \\ x \ge 0, y \ge 0, z &\ge 0 \end{aligned}$$

7. 가구 회사가 두 종류의 탁자 X와 Y를 끝손질한다. 끝손질 과정에는 사포질, 색올림, 니스칠의 세 단계가 있다. 이 과정들을 수행하는 데 걸리는 시간은 분 단위로 아래 표에 나와 있다.

	포질	색올림	니스칠
X 탁자	10	8	4
Y 탁자	5	4	8

사포질, 색올림, 니스칠에 필요한 세 가지 장비는 각각 하루에 5시간씩 사용할 수 있다. 각 장비는 한 번에 오직 하나의 탁자만 처리할 수 있다. X탁자 하나당 이익은 \$8이고, Y탁자 하나당 이익은 \$4이다. 이익을 최대화하기 위해서는 각 탁자는 하루에 몇 개씩 끝손질되어야 하겠는가?

8. 다음 제약조건 하에서 $f = x - 2y + 4z$를 최소화하라.

$$\begin{aligned} x - y + 3z &\le 4 \\ 2x + 2y - 3z &\le 6 \\ -x + 2y + 3z &\le 2 \\ x \ge 0, y \ge 0, z &\ge 0 \end{aligned}$$

Beijing National Stadium was built for the track and field events of the 2008 Summer Olympics and Paralympics held in Beijing, China. Commonly referred to as the Bird's Nest, the stadium also hosted the Opening and Closing Ceremonies.

APPENDIX A

벡터의 외적

Cross Product*

이 절에서는 $\mathbf{R}^3$의 두 벡터들의 외적(cross product)을 소개한다. 외적은 과학과 공학의 많은 영역에서 중요한 도구이다.

정의 $\mathbf{u} = (u_1, u_2, u_3)$와 $\mathbf{v} = (v_1, v_2, v_3)$를 $\mathbf{R}^3$의 두 벡터라고 하면, $\mathbf{u}$와 $\mathbf{v}$의 외적은 $\mathbf{u} \times \mathbf{v}$로 표현하고 아래와 같이 정의된다.

$$\mathbf{u} \times \mathbf{v} = (u_2v_3 - u_3v_2, u_3v_1 - u_1v_3, u_1v_2 - u_2v_1)$$

예제 1

벡터 $\mathbf{u} = (1, -2, 3)$와 $\mathbf{v} = (0, 1, 4)$의 외적 $\mathbf{u} \times \mathbf{v}$를 구하라.

풀이

위의 정의를 사용하여 $(u_1, u_2, u_3) = (1, -2, 3)$이고 $(v_1, v_2, v_3) = (0, 1, 4)$로 놓으면 다음을 얻는다.

$$\begin{aligned}\mathbf{u} \times \mathbf{v} &= ((-2 \times 4) - (3 \times 1), (3 \times 0) - (1 \times 4), (1 \times 1) - (-2 \times 0)) \\ &= (-11, -4, 1)\end{aligned}$$

$\mathbf{R}^3$의 표준 기저벡터들은 $\mathbf{i} = (1, 0, 0)$, $\mathbf{j} = (0, 1, 0)$, $\mathbf{k} = (0, 0, 1)$로 표기하여 사용할 것이다. 그림 A1을 보라. 이 표기는 과학에서 공통적으로 사용된다.

$\mathbf{u} \times \mathbf{v}$를 간편하게

$$\mathbf{u} \times \mathbf{v} = (u_2v_3 - u_3v_2)\mathbf{i} + (u_3v_1 - u_1v_3)\mathbf{j} + (u_1v_2 - u_2v_1)\mathbf{k}$$

로 쓸 수 있다. 이것은 또한 다음과 같이 쓸 수 있다(행렬식을 전개해보라).

$$\mathbf{u} \times \mathbf{v} = \begin{vmatrix} \mathbf{i} & \mathbf{j} & \mathbf{k} \\ u_1 & u_2 & u_3 \\ v_1 & v_2 & v_3 \end{vmatrix}$$

* 이 부분은 미적분학 교과과정에 포함되기도 한다.

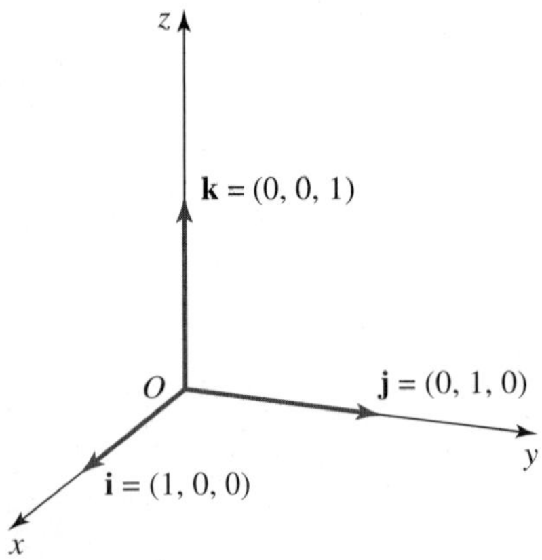

그림 A1

첫 번째 행의 원소들이 스칼라가 아닌 벡터이므로 이것은 통상적인 행렬식이 아님에 주의하라. 첫 번째 행에 대하여 이 행렬식을 전개하면 벡터 $\mathbf{u} \times \mathbf{v}$의 성분들을 쉽게 기억할 수 있다. 또한, 행렬식의 대수적 성질들이 외적의 대수적 성질들을 편리하게 나타내준다.

다양한 경우에 위의 세 가지 형식의 외적을 적절하게 사용할 수 있다.

예제 2

외적의 행렬식 표현을 사용하여 $\mathbf{u} \times \mathbf{v}$를 계산하라.

$$\mathbf{u} = (-2, 4, 1), \mathbf{v} = (3, 1, 5)$$

풀이

첫 번째 행에 대하여 행렬식을 전개하면 다음 식을 얻는다.

$$\mathbf{u} \times \mathbf{v} = \begin{vmatrix} \mathbf{i} & \mathbf{j} & \mathbf{k} \\ -2 & 4 & 1 \\ 3 & 1 & 5 \end{vmatrix}$$

$$= ((4 \times 5) - (1 \times 1))\mathbf{i} - ((-2 \times 5) - (1 \times 3))\mathbf{j} + ((-2 \times 1) - (4 \times 3))\mathbf{k}$$

$$= 19\mathbf{i} + 13\mathbf{j} - 14\mathbf{k}$$

$$= (19, 13, -14)$$

이제 행렬식 표현의 외적을 사용하여 외적의 몇 가지 성질들을 유도해 보자.

정리 A.1

$\mathbf{u}$와 $\mathbf{v}$가 $\mathbf{R}^3$의 벡터들이라면

$$\mathbf{u} \times \mathbf{u} = \mathbf{0}$$

$$\mathbf{u} \times \mathbf{v} = -(\mathbf{v} \times \mathbf{u})$$

증명

$\mathbf{u} = (u_1, u_2, u_3)$, $\mathbf{v} = (v_1, v_2, v_3)$라고 놓자. 그러면

$$\mathbf{u} \times \mathbf{u} = \begin{vmatrix} \mathbf{i} & \mathbf{j} & \mathbf{k} \\ u_1 & u_2 & u_3 \\ u_1 & u_2 & u_3 \end{vmatrix} = \mathbf{0}$$

이 된다, 이는 두 행이 같으면 갖는 행렬식이 영이기 때문이다. $\mathbf{u} \times \mathbf{v}$가 벡터이므로, 여기서의 영은 스칼라가 아니라 벡터이다.

또한 행렬식의 성질들을 이용하면 다음을 얻는다.

$$\mathbf{u} \times \mathbf{v} = \begin{vmatrix} \mathbf{i} & \mathbf{j} & \mathbf{k} \\ u_1 & u_2 & u_3 \\ v_1 & v_2 & v_3 \end{vmatrix} \underset{R1 \leftrightarrow R2}{=} -\begin{vmatrix} \mathbf{i} & \mathbf{j} & \mathbf{k} \\ v_1 & v_2 & v_3 \\ u_1 & u_2 & u_3 \end{vmatrix} = -(\mathbf{v} \times \mathbf{u})$$

따라서, 특수한 경우로

$$\mathbf{i} \times \mathbf{i} = \mathbf{0}, \quad \mathbf{j} \times \mathbf{j} = \mathbf{0}, \quad \mathbf{k} \times \mathbf{k} = \mathbf{0}$$

$$\mathbf{i} \times \mathbf{j} = -(\mathbf{j} \times \mathbf{i}), \quad \mathbf{i} \times \mathbf{k} = -(\mathbf{k} \times \mathbf{i}), \quad \mathbf{j} \times \mathbf{k} = -(\mathbf{k} \times \mathbf{j})$$

가 성립한다. ■

정리 A.2

만약 $\mathbf{i} = (1, 0, 0)$, $\mathbf{j} = (0, 1, 0)$, $\mathbf{k} = (0, 0, 1)$이면

$$\mathbf{i} \times \mathbf{j} = \mathbf{k}, \qquad \mathbf{j} \times \mathbf{k} = \mathbf{i}, \qquad \mathbf{k} \times \mathbf{i} = \mathbf{j}$$

그림 A2를 참조하라.

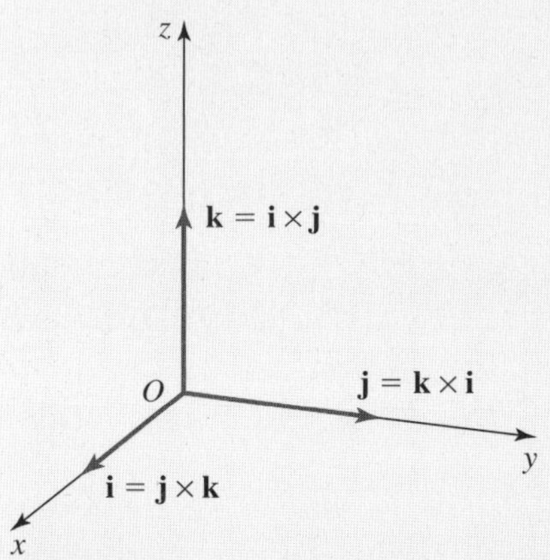

그림 A2

증명

$\mathbf{i} \times \mathbf{j} = \mathbf{k}$를 증명하기 위해서는, 다음과 같이 외적의 행렬식 표현에 $\mathbf{i} = (1, 0, 0)$과

$\mathbf{j} = (0, 1, 0)$를 사용한다.

$$\mathbf{i} \times \mathbf{j} = \begin{vmatrix} \mathbf{i} & \mathbf{j} & \mathbf{k} \\ 1 & 0 & 0 \\ 0 & 1 & 0 \end{vmatrix}$$

$$= ((0 \times 0) - (0 \times 1))\mathbf{i} + ((1 \times 0) - (0 \times 0))\mathbf{j} + ((1 \times 1) - (0 \times 0))\mathbf{k}$$

$$= \mathbf{k}$$

$\mathbf{j} \times \mathbf{k} = \mathbf{i}$와 $\mathbf{k} \times \mathbf{i} = \mathbf{j}$도 같은 방법으로 증명된다.

벡터 u × v의 방향과 크기

정리 A.3

$\mathbf{u}$와 $\mathbf{v}$가 $\mathbf{R}^3$의 벡터라면

$$\mathbf{u} \cdot (\mathbf{u} \times \mathbf{v}) = 0$$
$$\mathbf{v} \cdot (\mathbf{u} \times \mathbf{v}) = 0$$

이 결과는 벡터 $(\mathbf{u} \times \mathbf{v})$가 $\mathbf{u}$와 $\mathbf{v}$ 모두에 대해서 직교함을 말해준다. 그러므로 그것은 $\mathbf{u}$와 $\mathbf{v}$에 의해서 생성된 공간, 즉 $\mathbf{u}$와 $\mathbf{v}$에 의해 정의된 평면에 직교한다. 그림 A3을 참조하라.

$\mathbf{u} \times \mathbf{v} \perp \mathbf{u}$와 $\mathbf{v}$에 의해 생성된 평면

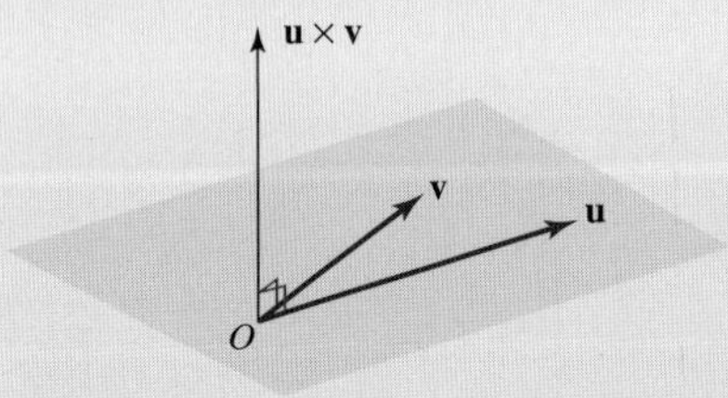

그림 A3

증명

$$\mathbf{u} \cdot (\mathbf{u} \times \mathbf{v}) = [u_1\mathbf{i} + u_2\mathbf{j} + u_3\mathbf{k}] \cdot \begin{vmatrix} \mathbf{i} & \mathbf{j} & \mathbf{k} \\ u_1 & u_2 & u_3 \\ v_1 & v_2 & v_3 \end{vmatrix}$$

$$= \begin{vmatrix} u_1 & u_2 & u_3 \\ u_1 & u_2 & u_3 \\ v_1 & v_2 & v_3 \end{vmatrix} = 0$$

$\mathbf{v} \cdot (\mathbf{u} \times \mathbf{v}) = 0$도 비슷하게 증명될 수 있다.

정리 A.4

u와 **v**가 $\mathbf{R}^3$의 벡터라고 하자. 그러면 $\|\mathbf{u} \times \mathbf{v}\| = \|\mathbf{u}\|\,\|\mathbf{v}\| \sin\theta$이다. 여기서 θ는 **u**와 **v** 사이의 각이다.

증명

벡터의 크기에 관한 정의를 사용하면,

$$\|\mathbf{u} \times \mathbf{v}\|^2 = (u_2v_3 - u_3v_2)^2 + (u_3v_1 - u_1v_3)^2 + (u_1v_2 - u_2v_1)^2$$

를 얻는다. 제곱항들을 전개하면 다음과 같이 된다.

$$\begin{aligned}
&= (u_1^2 + u_2^2 + u_3^2)(v_1^2 + v_2^2 + v_3^2) - (u_1v_1 + u_2v_2 + u_3v_3)^2 \\
&= \|\mathbf{u}\|^2\,\|\mathbf{v}\|^2 - (\mathbf{u}\cdot\mathbf{v})^2 \\
&= \|\mathbf{u}\|^2\,\|\mathbf{v}\|^2 - (\|\mathbf{u}\|\,\|\mathbf{v}\|\cos\theta)^2 \\
&= \|\mathbf{u}\|^2\,\|\mathbf{v}\|^2 - \|\mathbf{u}\|^2\,\|\mathbf{v}\|^2\cos^2\theta \\
&= \|\mathbf{u}\|^2\,\|\mathbf{v}\|^2(1 - \cos^2\theta) \\
&= \|\mathbf{u}\|^2\,\|\mathbf{v}\|^2\sin^2\theta
\end{aligned}$$

그러므로

$$\|\mathbf{u} \times \mathbf{v}\| = \|\mathbf{u}\|\,\|\mathbf{v}\|\sin\theta$$

삼각형의 넓이

위의 결과를 이용하여 두 벡터에 의해 정의된 삼각형의 넓이를 계산할 수 있다. 두 변이 벡터 **u**와 **v**인 삼각형을 생각해 보자. 그림 A4를 참조하라.

$$\begin{aligned}
\text{삼각형의 넓이} &= \left(\frac{1}{2}\right) \text{밑변} \times \text{높이} \\
&= \left(\frac{1}{2}\right)\|\mathbf{u}\|\,\|\mathbf{v}\|\sin\theta \\
&= \left(\frac{1}{2}\right)\|\mathbf{u} \times \mathbf{v}\|
\end{aligned}$$

$$\text{변 } \mathbf{u}\text{와 } \mathbf{v}\text{를 갖는 삼각형의 넓이} = \left(\tfrac{1}{2}\right)\|\mathbf{u} \times \mathbf{v}\|$$

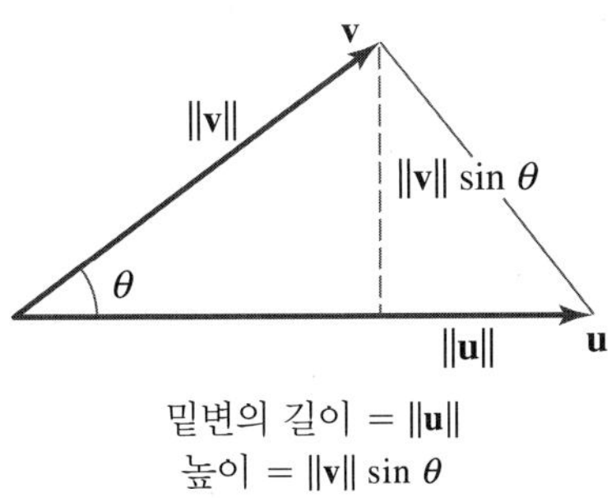

그림 A4

예제 3

점 $A = (1, 1, 1)$, $B = (-2, 3, 5)$, $C = (1, 7, 2)$를 꼭짓점으로 갖는 삼각형의 넓이를 구하라.

풀이

그림 A5에 이 삼각형을 나타내었다. 점 B와 C는 점 A에서 시작하는 다음의 두 변의 벡터를 정의한다.

$$\overrightarrow{AB} = (-2, 3, 5) - (1, 1, 1) = (-3, 2, 4)$$
$$\overrightarrow{AC} = (1, 7, 2) - (1, 1, 1) = (0, 6, 1)$$

$$\text{그러므로 삼각형의 넓이} = \left(\frac{1}{2}\right)\|\overrightarrow{AB} \times \overrightarrow{AC}\|$$
$$= \left(\frac{1}{2}\right)\|(-3, 2, 4) \times (0, 6, 1)\|$$
$$= \left(\frac{1}{2}\right)\|(-22, 3, -18)\|$$
$$= \left(\frac{1}{2}\right)\sqrt{22^2 + 3^2 + 18^2}$$
$$= \left(\frac{1}{2}\right)\sqrt{817}$$

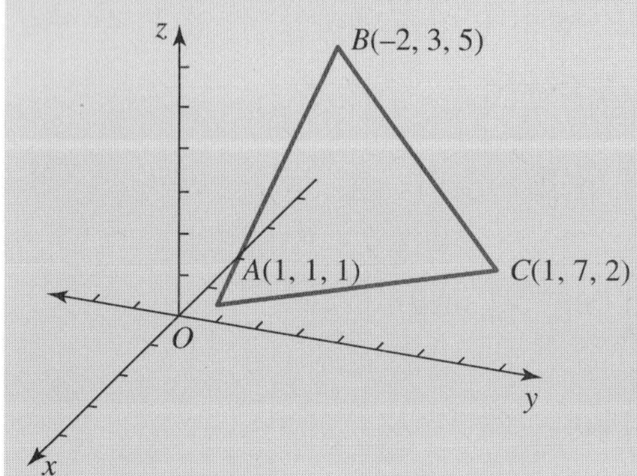

$\overrightarrow{AB} = (-2, 3, 5) - (1, 1, 1) = (-3, 2, 4)$
$\overrightarrow{AC} = (1, 7, 2) - (1, 1, 1) = (0, 6, 1)$

그림 A5

평행육면체의 부피

이웃하는 변들이 벡터 $\mathbf{u}$, $\mathbf{v}$, $\mathbf{w}$로 정의된 평행육면체를 생각해 보자. 그림 A6를 참조하라. 밑면의 넓이는 $\mathbf{u}$와 $\mathbf{v}$에 의해 정의된 삼각형의 넓이의 두 배이다. 그러므로 밑넓이 $= \|\mathbf{u} \times \mathbf{v}\|$이고, 부피 $= \|\mathbf{u} \times \mathbf{v}\| h$($h$는 높이)이다.

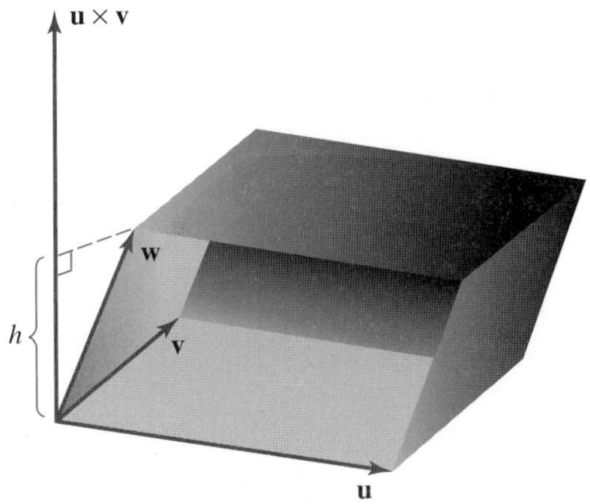

그림 A6

다음을 관찰한다.

$$\begin{aligned} h &= \mathbf{w}\text{의 } \mathbf{u} \times \mathbf{v}\text{로의 사영의 크기} \\ &= \left(\frac{\mathbf{w} \cdot (\mathbf{u} \times \mathbf{v})}{(\mathbf{u} \times \mathbf{v})(\mathbf{u} \times \mathbf{v})} (\mathbf{u} \times \mathbf{v}) \right) \text{의 크기} \\ &= \left(\frac{\mathbf{w} \cdot (\mathbf{u} \times \mathbf{v})}{\|\mathbf{u} \times \mathbf{v}\|^2} (\mathbf{u} \times \mathbf{v}) \right) \text{의 크기} \\ &= \frac{|\mathbf{w} \cdot (\mathbf{u} \times \mathbf{v})|}{\|\mathbf{u} \times \mathbf{v}\|} \end{aligned}$$

그러므로

이웃하는 변들이 $\mathbf{u}$, $\mathbf{v}$, $\mathbf{w}$인 평행육면체의 부피 $= |\mathbf{w} \cdot (\mathbf{u} \times \mathbf{v})|$

$\mathbf{w} \cdot (\mathbf{u} \times \mathbf{v})$를 $\mathbf{u}$, $\mathbf{v}$, $\mathbf{w}$의 **스칼라 삼중곱**(triple scalar product)이라고 하다. 이것을 편리하게 다음과 같은 행렬식으로 쓸 수 있다.

$$\mathbf{u} = (u_1, u_2, u_3), \mathbf{v} = (v_1, v_2, v_3), \text{and } \mathbf{w} = (w_1, w_2, w_3)$$

라고 놓으면

$$\mathbf{w} \cdot (\mathbf{u} \times \mathbf{v}) = [w_1\mathbf{i} + w_2\mathbf{j} + w_3\mathbf{k}] \cdot \begin{vmatrix} \mathbf{i} & \mathbf{j} & \mathbf{k} \\ u_1 & u_2 & u_3 \\ v_1 & v_2 & v_3 \end{vmatrix}$$

$$= \begin{vmatrix} w_1 & w_2 & w_3 \\ u_1 & u_2 & u_3 \\ v_1 & v_2 & v_3 \end{vmatrix} = \begin{vmatrix} u_1 & u_2 & u_3 \\ v_1 & v_2 & v_3 \\ w_1 & w_2 & w_3 \end{vmatrix}$$

그러므로

(u_1, u_2, u_3), (v_1, v_2, v_3), (w_1, w_2, w_3)를 변으로 갖는 평행육면체의 부피는

$$= \begin{vmatrix} u_1 & u_2 & u_3 \\ v_1 & v_2 & v_3 \\ w_1 & w_2 & w_3 \end{vmatrix} \text{의 절댓값}$$

예제 4

점 $A(1, 1, 3), B(3, 7,1), C(-2, 3, 3), D(1, 2, 8)$에 의해 정의된 이웃하는 변들을 갖는 평행육면체의 부피를 구하라.

풀이

그림 A7에 평행육면체가 그려져 있는데, 이것은 단지 대략적인 그림이다. 점 A, B, C, D는 다음과 같은 이웃하는 세 개의 변 벡터들을 정의한다.

$$\overrightarrow{AB} = (3, 7, 1) - (1, 1, 3) = (2, 6, -2)$$
$$\overrightarrow{AC} = (-2, 3, 3) - (1, 1, 3) = (-3, 2, 0)$$
$$\overrightarrow{AD} = (1, 2, 8) - (1, 1, 3) = (0, 1, 5)$$

그러므로

$$\text{평행육면체의 부피} = \begin{vmatrix} 2 & 6 & -2 \\ -3 & 2 & 0 \\ 0 & 1 & 5 \end{vmatrix} \text{의 절댓값}$$
$$= (116)\text{의 절댓값}$$
$$= 116$$

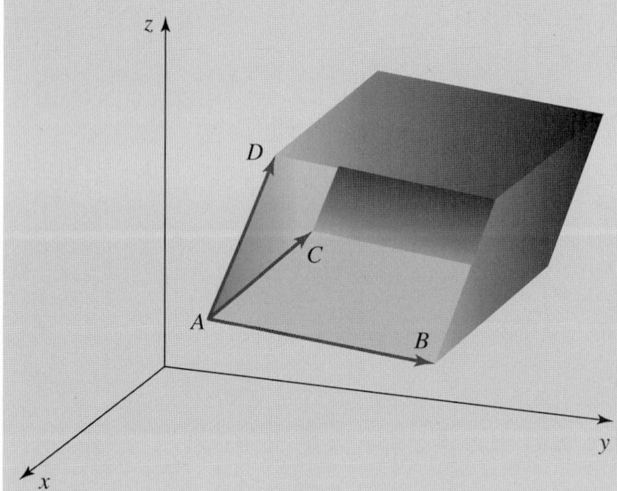

그림 A7

이 과목에서는 벡터에 대한 수많은 연산들을 언급했다. 덧셈, 스칼라 곱셈 그리고 내적(점곱)을 정의하였고, 이번 절에서는 또 다른 연산인 외적을 소개했다. 이제 외적의 성질들을 편리하게 요약해 보자. 이 요약에는 이미 주어진 성질들 외에도, 외적과 덧셈, 스칼라 곱셈 그리고 내적과의 상호작용을 나타내는 더 많은 성질들이 포함되어 있다. 연습문제에서 새로 언급한 성질들을 증명해 보기 바란다.

외적의 성질

u, **v**, **w**가 $\mathbf{R}^3$의 벡터들이고 c가 스칼라라고 하자. 그러면

(a) $\mathbf{u} \times \mathbf{u} = \mathbf{0}$
(b) $\mathbf{u} \times \mathbf{v} = -(\mathbf{v} \times \mathbf{u})$
(c) $\mathbf{u} \cdot (\mathbf{u} \times \mathbf{v}) = 0$
(d) $\mathbf{v} \cdot (\mathbf{u} \times \mathbf{v}) = 0$
(e) $\mathbf{u} \times \mathbf{0} = \mathbf{0} \times \mathbf{u} = \mathbf{0}$
(f) $\mathbf{u} \cdot (\mathbf{v} \times \mathbf{w}) = (\mathbf{u} \times \mathbf{v}) \cdot \mathbf{w}$
(g) $\mathbf{u} \times (\mathbf{v} + \mathbf{w}) = (\mathbf{u} \times \mathbf{v}) + (\mathbf{u} \times \mathbf{w})$
(h) $c(\mathbf{u} \times \mathbf{v}) = c\mathbf{u} \times \mathbf{v} = \mathbf{u} \times c\mathbf{v}$

$\mathbf{i} = (1, 0, 0), \mathbf{j} = (0, 1, 0), \mathbf{k} = (0, 0, 1)$라면

(i) $\mathbf{i} \times \mathbf{i} = \mathbf{0}, \mathbf{j} \times \mathbf{j} = \mathbf{0}, \mathbf{k} \times \mathbf{k} = \mathbf{0}$
(j) $\mathbf{i} \times \mathbf{j} = \mathbf{k}, \mathbf{j} \times \mathbf{k} = \mathbf{i}, \mathbf{k} \times \mathbf{i} = \mathbf{j}$
(k) $\mathbf{i} \times \mathbf{j} = -(\mathbf{j} \times \mathbf{i}), \mathbf{i} \times \mathbf{k} = -(\mathbf{k} \times \mathbf{i}), \mathbf{j} \times \mathbf{k} = -(\mathbf{k} \times \mathbf{j})$

연습문제 부록 A

외적

1. $\mathbf{u} = (1, 2, 3), \mathbf{v} = (-1, 0, 4), \mathbf{w} = (1, 2, -1)$일 때 외적의 정의를 사용하여 다음을 계산하라.

(a) $\mathbf{u} \times \mathbf{v}$ (b) $\mathbf{v} \times \mathbf{u}$
(c) $\mathbf{u} \times \mathbf{w}$ (d) $\mathbf{v} \times \mathbf{w}$
(e) $(\mathbf{u} \times \mathbf{v}) \times \mathbf{w}$

2. $\mathbf{u} = (-2, 2, 4), \mathbf{v} = (3, 0, 5), \mathbf{w} = (4, -2, 1)$일 때 외적의 행렬식 표현을 사용하여 다음을 계산하라.

(a) $\mathbf{u} \times \mathbf{v}$ (b) $\mathbf{u} \times \mathbf{w}$
(c) $\mathbf{w} \times \mathbf{v}$ (d) $\mathbf{v} \times \mathbf{w}$
(e) $(\mathbf{w} \times \mathbf{v}) \times \mathbf{u}$

3. $\mathbf{u} = 2\mathbf{i} + 3\mathbf{j} + \mathbf{k}, \mathbf{v} = -\mathbf{i} + 2\mathbf{j} + 4\mathbf{k}, \mathbf{w} = 3\mathbf{i} - 7\mathbf{k}$일 때 다음의 외적을 계산하라.

(a) $\mathbf{u} \times \mathbf{v}$ (b) $\mathbf{u} \times \mathbf{w}$
(c) $\mathbf{w} \times \mathbf{u}$ (d) $\mathbf{v} \times \mathbf{w}$
(e) $(\mathbf{w} \times \mathbf{u}) \times \mathbf{v}$

4. $\mathbf{u} = (3, 1, -2), \mathbf{v} = (4, -1, 2), \mathbf{w} = (0, 3, -2)$일 때, 다음을 계산하라.

(a) $\mathbf{u} \times \mathbf{v}$ (b) $3\mathbf{v} \times 2\mathbf{w}$
(c) $(\mathbf{w} \times \mathbf{u}) \cdot \mathbf{v}$ (d) $(\mathbf{w} + 2\mathbf{u}) \times \mathbf{v}$
(e) $\mathbf{u} \cdot (\mathbf{v} \times \mathbf{w})$ (f) $(\mathbf{v} \times \mathbf{u}) \cdot (\mathbf{w} \times \mathbf{v})$

넓이와 부피

5. 다음의 꼭짓점들을 갖는 삼각형의 넓이를 구하라.

(a) $A(1, 2, 1), B(-3, 4, 6), C(1, 8, 3)$
(b) $A(3, -1, 2), B(0, 2, 6), C(7, 1, 5)$
(c) $A(1, 0, 0), B(0, 5, 2), C(3, -4, 8)$

6. 다음의 점들로 정의된 이웃하는 변들을 갖는 평행육면체들의 부피를 구하라.

(a) $A(1, 2, 5), B(4, 8, 1), C(-3, 2, 3), D(0, 3, 9)$
(b) $A(3, 1, 6), B(-2, 3, 4,), C(0, 2, -5), D(3, -1, 4)$
(c) $A(0, 1, 2), B(-3, 1, 4), C(5, 2, 3), D(-3, -2, 1)$

기타 결과

7. 다음을 증명하라.

(a) $\mathbf{i} \cdot \mathbf{i} = 1, \mathbf{j} \cdot \mathbf{j} = 1, \mathbf{k} \cdot \mathbf{k} = 1$

(b) $\mathbf{i} \cdot \mathbf{j} = 0, \mathbf{i} \cdot \mathbf{k} = 0, \mathbf{j} \cdot \mathbf{k} = 0$

8. $(\mathbf{i} \times \mathbf{j}) \cdot \mathbf{k} = 1$을 증명하라.

9. $\mathbf{u}$가 $\mathbf{R}^3$의 벡터일 때 $\mathbf{u} \times \mathbf{0} = \mathbf{0} \times \mathbf{u} = \mathbf{0}$임을 증명하라.

10. $\mathbf{u}, \mathbf{v}, \mathbf{w}$가 $\mathbf{R}^3$의 벡터일 때 다음을 증명하라.

$$\mathbf{u} \cdot (\mathbf{v} \times \mathbf{w}) = (\mathbf{u} \times \mathbf{v}) \cdot \mathbf{w}$$

11. $\mathbf{u}, \mathbf{v}, \mathbf{w}$가 $\mathbf{R}^3$의 벡터일 때 다음을 증명하라.

$$\mathbf{u} \times (\mathbf{v} \times \mathbf{w}) = (\mathbf{u} \cdot \mathbf{w})\mathbf{v} - (\mathbf{u} \cdot \mathbf{v})\mathbf{w}$$

12. $\mathbf{u}, \mathbf{v}$가 $\mathbf{R}^3$의 벡터이고 c가 스칼라일 때 다음을 증명하라.

$$c(\mathbf{u} \times \mathbf{v}) = c\mathbf{u} \times \mathbf{v} = \mathbf{u} \times c\mathbf{v}$$

13. $\mathbf{u}, \mathbf{v}$가 $\mathbf{R}^3$의 영이 아닌 벡터라고 하자. $\mathbf{u}$와 $\mathbf{v}$가 평행일 필요충분조건은 $\mathbf{u} \times \mathbf{v} = \mathbf{0}$임을 증명하라.

14. $\mathbf{u}, \mathbf{v}, \mathbf{w}$가 $\mathbf{R}^3$의 벡터일 때 다음을 증명하라.

$$\mathbf{u} \times (\mathbf{v} \times \mathbf{w}) + \mathbf{v} \times (\mathbf{w} \times \mathbf{u}) + \mathbf{w} \times (\mathbf{u} \times \mathbf{v}) = \mathbf{0}$$

15. $\mathbf{R}^3$의 위치벡터 $\mathbf{u}, \mathbf{v}, \mathbf{w}$가 모두 한 평면 위에 놓여 있을 필요충분조건은 $\mathbf{u} \cdot (\mathbf{v} \times \mathbf{w}) = \mathbf{0}$임을 증명하라.

16. $\mathbf{t}, \mathbf{u}, \mathbf{v}, \mathbf{w}$가 $\mathbf{R}^3$의 벡터라고 할 때 다음을 증명하라.

$$(\mathbf{t} \times \mathbf{u}) \cdot (\mathbf{v} \times \mathbf{w}) = \begin{vmatrix} \mathbf{t} \cdot \mathbf{v} & \mathbf{u} \cdot \mathbf{v} \\ \mathbf{t} \cdot \mathbf{w} & \mathbf{u} \cdot \mathbf{w} \end{vmatrix}$$

APPENDIX

B

3차원 공간에서의 직선 및 평면의 방정식

Equations of Planes and Lines in Three-Space*

이 장에서 다루는 도구들은 3차원 공간에서의 직선 및 평면을 논하는 데 유용하다. 먼저 평면을 알아보자.

$\mathbf{R}^3$에서의 평면

그림 B1에서와 같이 평면상의 한 점을 $P_0(x_0, y_0, z_0)$라 하고 이 평면에 수직인 **법선벡터**(normal vector)를 (a, b, c)라 하자. 그러면 평면상의 한 점과 이에 수직인 벡터로 이 평면을 정의할 수 있다. 주어진 점을 지나고 주어진 법선벡터를 갖는 평면은 하나밖에 없다. 점 $P_0(x_0, y_0, z_0)$을 지나고 법선벡터 (a, b, c)를 갖는 평면의 방정식을 유도해 보자.

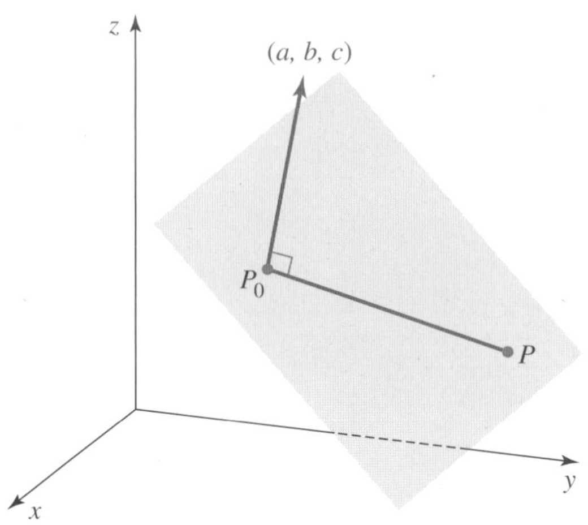

그림 B1

평면상의 임의의 점을 $P(x, y, z)$라 하면

$$\begin{aligned}\overrightarrow{P_0P} &= (x, y, z) - (x_0, y_0, z_0)\\ &= (x - x_0, y - y_0, z - z_0)\end{aligned}$$

* 이 부분은 미적분학 교과과정에 포함되기도 한다.

이 된다. 벡터 $\overrightarrow{P_0P}$는 그 평면상에 있으므로 벡터 (a, b, c)와 $\overrightarrow{P_0P}$는 서로 직교한다. 그러므로 이들의 내적은 0이 되고, 이로부터 평면에 대한 다음 식을 얻을 수 있다.

$$\begin{aligned}(a, b, c) \cdot \overrightarrow{P_0P} &= 0 \\ (a, b, c) \cdot (x - x_0, y - y_0, z - z_0) &= 0 \\ a(x - x_0) + b(y - y_0) + c(z - z_0) &= 0\end{aligned}$$

이 식을 평면의 방정식의 **점-법선형**(point-normal form)이라고 한다.

위 식을 전개하여 다시 쓰면

$$\begin{aligned}ax - ax_0 + by - by_0 + cz - cz_0 &= 0 \\ ax + by + cz - ax_0 - by_0 - cz_0 &= 0\end{aligned}$$

이 되고, 마지막 세 항은 상수이므로 이 상수를 d로 나타내면

$$ax + by + cz + d = 0$$

이 되는데, 이 식을 평면의 방정식의 **일반형**(general form)이라고 한다.

평면의 점-법선형(point-normal form)방정식:
$a(x - x_0) + b(y - y_0) + c(z - z_0) = 0$
평면의 일반형(general form)방정식: $ax + by + cz + d = 0$

예제 1

어떤 평면이 점 $(1, 2, 3)$을 지나고 법선벡터가 $(-1, 4, 6)$일 때 이 평면의 점-법선형과 일반형의 방정식을 구하라.

풀이

$(x_0, y_0, z_0) = (1, 2, 3), (a, b, c) = (-1, 4, 6)$이라 하면 점-법선형은

$$-1(x - 1) + 4(y - 2) + 6(z - 3) = 0$$

이 되고 전개하여 간략화하면

$$-x + 1 + 4y - 8 + 6z - 18 = 0$$

이 된다. 이에 대한 일반형은 다음과 같다.

$$-x + 4y + 6z - 25 = 0$$

■

예제 2

세 점 $P_1(2, -1, 1), P_2(-1, 1, 3), P_3(2, 0, -3)$을 통과하는 평면의 방정식을 구하라.

풀이

벡터 $\overrightarrow{P_1P_2}$, $\overrightarrow{P_1P_3}$가 같은 평면상에 존재하므로 $\overrightarrow{P_1P_2} \times \overrightarrow{P_1P_3}$는 이 평면에 수직이다. 이 벡터들은

$$\overrightarrow{P_1P_2} = (-1, 1, 3) - (2, -1, 1) = (-3, 2, 2)$$
$$\overrightarrow{P_1P_3} = (2, 0, -3) - (2, -1, 1) = (0, 1, -4)$$

이므로

$$\begin{aligned}\overrightarrow{P_1P_3} \times \overrightarrow{P_1P_3} &= \begin{vmatrix} \mathbf{i} & \mathbf{j} & \mathbf{k} \\ -3 & 2 & 2 \\ 0 & 1 & -4 \end{vmatrix} \\ &= (-8 - 2)\mathbf{i} - (12 - 0)\mathbf{j} + (-3 - 0)\mathbf{k} \\ &= -10\mathbf{i} - 12\mathbf{j} - 3\mathbf{k}\end{aligned}$$

을 얻는다. $(x_0, y_0, z_0) = (2, -1, 1)$, $(a, b, c) = (-10, -12, -3)$이라 하면 점-법선형은

$$-10(x - 2) - 12(y + 1) - 3(z - 1) = 0$$
$$-10x + 20 - 12y - 12 - 3z + 3 = 0$$

이 되고, 일반형 방정식은

$$-10x - 12y - 3z + 11 = 0$$

이 된다. 주어진 점 $(2, -1, 1)$, $(-1, 1, 3)$, $(2, 0, -3)$들이 이 식을 만족하는지 확인해 보라.

예제 3

다음 방정식계의 해가 없음을 증명하라.

$$\begin{aligned} 2x - y + 3z &= 6 \\ -4x + 2y - 6z &= 2 \\ x + y + 4z &= 5 \end{aligned}$$

풀이

다음과 같은 평면의 방정식의 일반형을 먼저 생각해 보자.

$$ax + by + cz + d = 0$$

벡터 (a, b, c)는 이 평면에 수직이다. 주어진 각 방정식을 $\mathbf{R}^3$에서의 평면으로 해석할 수 있다. 일반형과 비교하면, 벡터 $(2, -1, 3)$, $(-4, 2, -6)$, $(1, 1, 4)$들은 이들 3개의 평면에 각각 수직이다. $(-4, 2, -6) = -2(2, -1, 3)$이 되므로 처음 두 평면의 수직 벡터들은 서로 평행함을 알 수 있다. 즉, 이 두 평면은 평행이며, 서로 일치하지 않는다. 따라서 세 개의 평면은 공통부분이 존재하지 않는다. 그러므로 해가 존재하지 않는다.

$\mathbf{R}^3$에서의 직선

그림 B2와 같이 벡터 (a, b, c)의 방향으로 $P_0(x_0, y_0, z_0)$를 통과하는 직선을 고려하자. $P(x, y, z)$를 이 직선 상의 다른 점이라 하면,

$$\overrightarrow{P_0P} = (x - x_0, y - y_0, z - z_0)$$

를 얻는다.

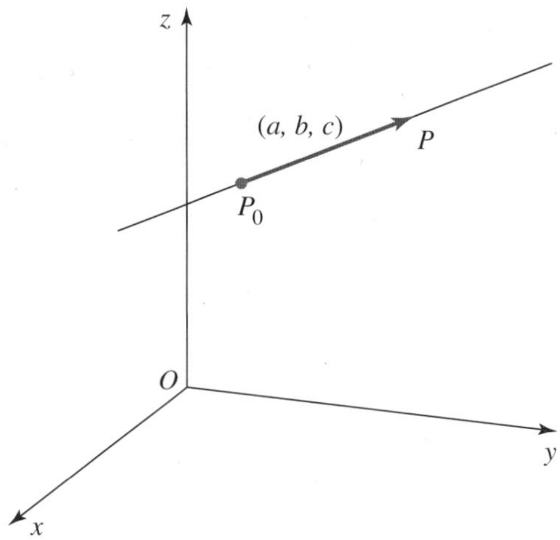

그림 B2

$\overrightarrow{P_0P}$와 (a, b, c)는 평행하므로 다음 식을 만족하는 스칼라 t가 존재한다.

$$\overrightarrow{P_0P} = t(a, b, c)$$

$\overrightarrow{P_0P}$에 대한 위의 두 식을 같다고 놓으면,

$$(x - x_0, y - y_0, z - z_0) = t(a, b, c)$$

이 된다. 이 식을 직선의 **벡터방정식**(vector equation)이라 부른다. 이 식의 좌변과 우변의 벡터 성분을 비교하면

$$x - x_0 = ta, y - y_0 = tb, z - z_0 = tc$$

을 얻고 다시 정리하면 다음과 같이 $\mathbf{R}^3$에서 직선의 **매개변수 방정식**(parametric equation)을 구할 수 있다.

직선의 매개변수 방정식

$$x = x_0 + ta, y = y_0 + tb, z = z_0 + tc, \qquad -\infty < t < \infty$$

t를 변화시켜 직선 상의 점들을 얻는다.

예제 4

$(4, 3, 1)$ 방향으로 점 $(1, 2, 5)$를 통과하는 직선의 매개변수 방정식을 구하라. 이 직선 상의 임의의 두 점을 결정하라.

풀이

$(x_0, y_0, z_0) = (1, 2, 5), (a, b, c) = (4, 3, 1)$이라 하면, 이 직선의 매개변수 방정식은

$$x = 1 + 4t, y = 2 + 3t, z = 5 + t, -\infty < t < \infty$$

이다. 이 식의 t에 임의의 값 두 개를 대입하면, 직선 상의 다른 두 점을 결정할 수 있다. 예를 들어 $t = 1$이면 $(5, 5, 6)$, $t = -2$이면 $(-7, -4, 3)$을 얻는다. ■

예제 5

점 $(-1, 2, 6), (1, 5, 4)$를 통과하는 직선의 매개변수 방정식을 구하라.

풀이

$(x_0, y_0, z_0) = (-1, 2, 6)$이라 하면, 이 직선의 방향은 벡터

$$(a, b, c) = (1, 5, 4) - (-1, 2, 6) = (2, 3, -2)$$

로 주어진다. 이 직선의 매개변수 방정식은

$$x = -1 + 2t, y = 2 + 3t, z = 6 - 2t, -\infty < t < \infty$$

가 된다. ■

a, b, c가 모두 0이 아닌 직선의 매개변수 방정식은 **대칭방정식**(symmetric equation)이라는 유용한 형태의 방정식으로 표현될 수 있다. 세 개의 매개변수 방정식 각각을 변수 t에 관해 정리하면

$$t = \frac{x - x_0}{a} \quad t = \frac{y - y_0}{b} \quad t = \frac{z - z_0}{c}$$

이 되고, 이 식들을 t에 대해 등식으로 놓으면 다음과 같은 대칭방정식을 얻는다.

직선의 대칭방정식

$$\frac{x - x_0}{a} = \frac{y - y_0}{b} = \frac{z - z_0}{c}$$

이 형태에서는 직선을 다음 평면들이 만나는 공통 부분으로 해석할 수 있다.

$$\frac{x - x_0}{a} = \frac{y - y_0}{b} \text{와 } \frac{y - y_0}{b} = \frac{z - z_0}{c}$$

예제 6

점 $(-4, 2, -6)$, $(1, 4, 3)$을 통과하는 직선의 대칭방정식을 구하라.

풀이

이 직선의 방향은 벡터

$$(a, b, c) = (1, 4, 3) - (-4, 2, -6) = (5, 2, 9)$$

로 주어진다. $(x_0, y_0, z_0) = (-4, 2, -6)$이라 하면(다른 점을 사용해도 된다), 이 직선의 대칭방정식은

$$\frac{x-(-4)}{5} = \frac{y-2}{2} = \frac{z-(-6)}{9}$$

로 주어지며,

$$\frac{x+4}{5} = \frac{y-2}{2} \text{와 } \frac{y-2}{2} = \frac{z+6}{9}$$

로 쓸 수 있다. 이 식을 서로 곱하여 간략화하면,

$$2(x+4) = 5(y-2)\text{와 } 9(y-2) = 2(z+6)$$
$$2x - 5y + 18 = 0\text{와 } 9y - 2z - 30 = 0$$

과 같이 되고 $(-4, 2, -6)$, $(1, 4, 3)$을 통과하는 직선은 다음 평면들이 만나는 교선이 된다.

$$2x - 5y + 18 = 0\text{와 } 9y - 2z - 30 = 0$$

연습문제 부록 B

R^3에서의 평면

1. 다음에 주어진 점을 통과하고 주어진 법선벡터를 갖는 평면의 방정식의 점-법선형 및 일반형을 구하라.

(a) 점 $(1, -2, 4)$; 법선벡터 $(1, 1, 1)$

(b) 점 $(-3, 5, 6)$; 법선벡터 $(-2, 4, 5)$

(c) 점 $(0, 0, 0)$; 법선벡터 $(1, 2, 3)$

(d) 점 $(4, 5, -2)$; 법선벡터 $(-1, 4, 3)$

2. 다음 세 점을 통과하는 평면의 방정식의 일반형을 구하라.

(a) $P_1(1, -2, 3)$, $P_2(1, 0, 2)$, $P_3(-1, 4, 6)$

(b) $P_1(0, 0, 0)$, $P_2(1, 2, 4)$, $P_3(-3, 5, 1)$

(c) $P_1(-1, -1, 2)$, $P_2(3, 5, 4)$, $P_3(1, 2, 5)$

(d) $P_1(7, 1, 3)$, $P_2(-2, 4, -3)$, $P_3(5, 4, 1)$

3. 평면 $3x - 2y + 4z - 3 = 0$과 $-6x + 4y - 8z + 7 = 0$이 평행함을 증명하라.

4. 평면의 방정식의 일반형을 이용하여 다음 방정식계가 해가 없음을 증명하라.

$$\begin{aligned} x + y - 3z &= 7 \\ 3x - 6y + 9z &= 6 \\ -x + 2y - 3z &= 2 \end{aligned}$$

5. 점 $(1, 2, -3)$을 통과하고 평면 $2x - 3y + z + 4 = 0$에 평행인 평면의 방정식을 구하라.

$\mathbf{R}^3$에서의 직선

6. 다음 점을 통과하고 주어진 방향으로 향하는 직선의 매개변수 방정식 및 대칭방정식을 구하라.

(a) 점 $(1, 2, 3)$; 방향 $(-1, 2, 4)$

(b) 점 $(-3, 1, 2)$; 방향 $(1, 1, 1)$

(c) 점 $(0, 0, 0)$: 방향 $(-2, -3, 5)$

(d) 점 $(-2, -4, 1)$; 방향 $(2, -2, 4)$

7. 점 $(1, 2, -4)$를 통과하고 직선 $x = 4 + 2t, y = -1 + 3t, z = 2 + t, -\infty < t < \infty$에 평행인 직선의 방정식을 구하라.

8. 점 $(2, -3, 1)$을 통과하고 직선

$$\frac{x+1}{3} = \frac{y-1}{2} = \frac{z+2}{5}$$

과 수직인 방향을 갖는 직선의 방정식을 구하라.

9. 점 $(4, -1, 3)$을 통과하고 평면 $2x - y + 4z + 7 = 0$과 수직인 직선의 방정식을 구하라.

기타 결과

10. xy, xz, yz 평면의 일반형 방정식을 각각 구하라.

11. 세 점 $P_1(3, -5, 5)$, $P_2(-1, 1, 3)$, $P_3(5, -8, 6)$을 포함하는 평면들은 많이 있음을 보여라. 또 이를 기하적으로 해석해 보라.

12. 점 $(4, -1, 5)$를 지나고 직선 $x = 1 - t, y = 3 + 2t, z = 5 - 4t, -\infty < t < \infty$에 수직인 방향을 갖는 평면의 방정식을 구하라.

13. 직선 $x = 1 + t, y = 14 - t, z = 2 - t, -\infty < t < \infty$이 평면 $2x - y + 3z + 6 = 0$ 상에 있음을 보여라.

14. 직선 $x = 4 + 2t, y = 5 + t, z = 7 + 2t, -\infty < t < \infty$이 평면 $3x + 2y - 4z + 7 = 0$과 만나지 않음을 증명하라.

15. 점 $(5, -1, 2)$를 지나고 직선 $x = 5 - 2t, y = 2 + 3t, z = 2t, -\infty < t < \infty$에 수직인 직선의 방정식을 구하라.

16. 두 직선 $x = -1 - 4t, y = 4 + 4t, z = 7 + 8t, -\infty < t < \infty$와 $x = 4 + 3h, y = 1 - h, z = 5 + 2h, -\infty < h < \infty$이 직각으로 만남을 증명하라. 또 이 두 직선의 교점을 구하라.

17. 두 직선이 평행이 아니면서 만나지도 않을 때 '엇갈렸다(skew)'고 한다. 다음 두 직선이 엇갈렸음을 보여라.

$x = 1 + 4t, y = 2 + 5t, z = 3 + 3t,$
여기서 $-\infty < t < \infty$

$x = 2 + h, y = 1 - 3h, z = -1 - 2h,$
여기서 $-\infty < h < \infty$

18. **(a)** 평면 $2x + 3y - 4z = 0$ 상의 모든 점들의 집합은 $\mathbf{R}^3$의 부분공간임을 보여라. 또 이 부분공간의 기저를 구하라.

(b) 평면 $3x - 4y + 2z - 6 = 0$ 상의 모든 점들의 집합은 $\mathbf{R}^3$의 부분공간이 아님을 보여라.

(c) 평면 $ax + by + cz + d = 0$ 상의 모든 점들의 집합이 $\mathbf{R}^3$의 부분공간이 될 필요충분조건은 $d = 0$임을 증명하라.

19. 어떤 직선이 대칭방정식의 형태로 표현될 수 있을 필요충분조건은 x축, y축, z축과 수직이 아닌 것임을 증명하라.

일부 연습문제 해답

Answers to Selected Exercises

CHAPTER 1

연습문제 1.1

1. (a) 3×3 **(c)** 2×4 **(e)** 3×5

2. 1, 4, 9, −1, 3, 8

5. (a) $\begin{bmatrix} 1 & 3 \\ 2 & -5 \end{bmatrix}$ and $\begin{bmatrix} 1 & 3 & 7 \\ 2 & -5 & -3 \end{bmatrix}$

(c) $\begin{bmatrix} -1 & 3 & -5 \\ 2 & -2 & 4 \\ 1 & 3 & 0 \end{bmatrix}$ and $\begin{bmatrix} -1 & 3 & -5 & -3 \\ 2 & -2 & 4 & 8 \\ 1 & 3 & 0 & 6 \end{bmatrix}$

(e) $\begin{bmatrix} 5 & 2 & -4 \\ 0 & 4 & 3 \\ 1 & 0 & -1 \end{bmatrix}$ and $\begin{bmatrix} 5 & 2 & -4 & 8 \\ 0 & 4 & 3 & 0 \\ 1 & 0 & -1 & 7 \end{bmatrix}$

6. (a) $\begin{aligned} x_1 + 2x_2 &= 3 \\ 4x_1 + 5x_2 &= 6 \end{aligned}$

(d) $\begin{aligned} 8x_1 + 7x_2 + 5x_3 &= -1 \\ 4x_1 + 6x_2 + 2x_3 &= 4 \\ 9x_1 + 3x_2 + 7x_3 &= 6 \end{aligned}$

(f) $\begin{aligned} -2x_2 &= 4 \\ 5x_1 + 7x_2 &= -3 \\ 6x_1 \qquad &= 8 \end{aligned}$

(h) $\begin{aligned} x_1 + 2x_2 - x_3 &= 6 \\ x_2 + 4x_3 &= 5 \\ x_3 &= -2 \end{aligned}$

7. (a) $\begin{bmatrix} 1 & 3 & -2 & 0 \\ 1 & 2 & -3 & 6 \\ 8 & 3 & 2 & 5 \end{bmatrix}$ **(c)** $\begin{bmatrix} 1 & 2 & 3 & -1 \\ 0 & 3 & 10 & 0 \\ 0 & -8 & -1 & -1 \end{bmatrix}$

(e) $\begin{bmatrix} 1 & 0 & 0 & -23 \\ 0 & 1 & 0 & 17 \\ 0 & 0 & 1 & 5 \end{bmatrix}$

8. (a) Elements in the first column, except for the leading 1, become zero. x_1 is eliminated from all equations except the first.

(c) The leading 1 in row 2 is moved to the left of the leading nonzero term in row 3. The second equation now contains x_2 with leading coefficient 1.

9. (a) Elements in the third column, except for the leading 1, become zero. x_3 is eliminated from all equations except the third.

(c) The leading nonzero element in row 3 becomes 1. Equation 3 is now solved for x_3.

10. (a) $x_1 = 2$ and $x_2 = 5$

(c) $x_1 = 10, x_2 = -9, x_3 = -7$

(e) $x_1 = 1, x_2 = 4, x_3 = 2$

11. (a) $x_1 = 0, x_2 = 4, x_3 = 2$

(c) $x_1 = 2, x_2 = 3, x_3 = -1$

(d) $x_1 = 3, x_2 = 0, x_3 = 2$

12. (a) $x_1 = 6, x_2 = -3, x_3 = 2$

(b) $x_1 = \frac{1}{2}, x_2 = \frac{3}{2}, x_3 = -\frac{1}{2}$

(d) $x_1 = -2, x_2 = -5, x_3 = -1, x_4 = 5$

13. (a) The solutions are in turn, $x_1 = 1, x_2 = 1$; $x_1 = -2, x_2 = 3$; and $x_1 = -1, x_2 = 2$.

(c) The solutions are in turn, $x_1 = 1, x_2 = 2, x_3 = 3$; $x_1 = -1, x_2 = 2, x_3 = 0$; and $x_1 = 0, x_2 = 1, x_3 = 2$

연습문제 1.2

1. (a) Yes

(c) No. The second column contains a leading 1, so othe elements in that column should be zero.

(e) Yes

(h) No. The second row does not have 1 as the first nonzero number.

2. (a) No. The leading 1 in row 3 is not to the right of the leading 1 in row 2.

(c) Yes

(e) No. The row containing all zeros should be at the bottom of the matrix.

(g) No. The leading 1 in row 3 is not to the right of the leading 1 in row 2. Also, since column 3 contains a leading 1, all other numbers in that column should be zero.

(i) Yes

3. (a) $x_1 = 2, x_2 = 4, x_3 = -3$

(c) $x_1 = -3r + 6, x_2 = r, x_3 = -2$

(e) $x_1 = -5r + 3, x_2 = -6r - 2, x_3 = -2r - 4, x_4 = r$

4. (a) $x_1 = -2r - 4s + 1, x_2 = 3r - 5s - 6, x_3 = r, x_4 = s$

(c) $x_1 = 2r - 3s + 4, x_2 = r, x_3 = -2s + 9, x_4 = s, x_5 = 8$

5. (a) $x_1 = 2, x_2 = -1, x_3 = 1$

(c) $x_1 = 3 - 2r, x_2 = 4 + r, x_3 = r$

(e) $x_1 = 4 - 3r, x_2 = 1 - 2r, x_3 = r$

6. (a) No solution

(c) $x_1 = 1 - 2r, x_2 = r, x_3 = -2$

(e) $x_1 = 2, x_2 = 3, x_3 = 1$

7. (a) $x_1 = 4 - 2r, x_2 = 6 + 5r, x_3 = r$

(c) $x_1 = 3 - 2r, x_2 = r, x_3 = 2$, and $x_4 = 1$

(e) $x_1 = -2r - 3s, x_2 = 3r - s, x_3 = r, x_4 = s$

8. (a) $x_1 = -2r - 4, x_2 = r + 3, x_3 = r, x_4 = 2$

(c) $x_1 = 7 - 2r - s, x_2 = 1 + 3r - 4s, x_3 = r, x_4 = s$

(d) No solution

(g) $x_1 = 3, x_2 = -1$

9. (a) The following system of equations has no solution, since the equations are inconsistent.

$$3x_1 + 2x_2 - x_3 + x_4 = 4$$
$$3x_1 + 2x_2 - x_3 + x_4 = 1$$

(b) Choose a solution, e.g., $x_1 = 1, x_2 = 2$. Now make up equations giving x_1 and x_2 the values 1 and 2:

$$\begin{aligned} x_1 + x_2 &= 3 \\ x_1 + 2x_2 &= 5 \\ x_1 - 2x_2 &= -3 \end{aligned}$$

13. (a) No **(b)** No

14. (a) 1st system: $x_1 = -1 - 2r, x_2 = 3 - 3r, x_3 = r$,
2nd system: $x_1 = 4 - 2r, x_2 = -1 - 3r, x_3 = r$.

16. $[I_3{:}X]$

연습문제 1.3

1.

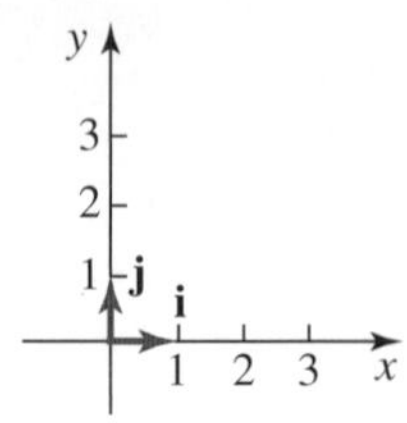

2.

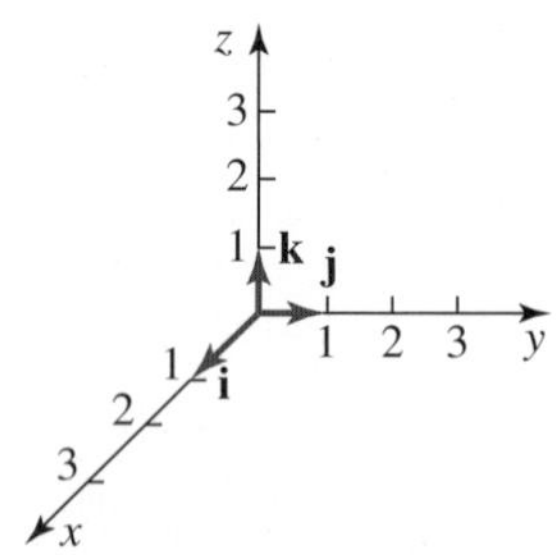

3. (a)

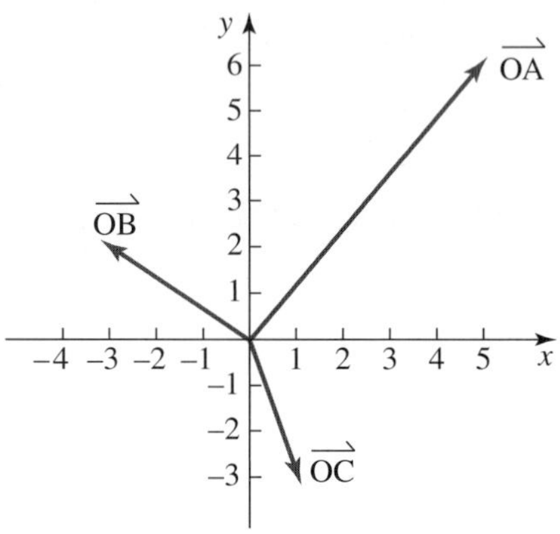

(c)

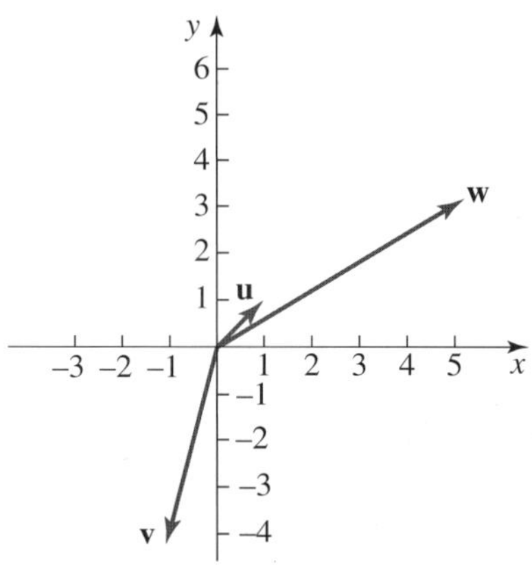

5. (a) $(3, 12)$ **(c)** $(1, 3)$

(d) $(-1, -2, -1)$ **(g)** $(-5, 20, -15, 10, -25)$

6. (a) $(-2, 7)$ **(b)** $(13, -1)$

(d) $(17, -4)$

7. (a) $(4, 5, 1)$ **(b)** $(3, 5, 8)$

(d) $(24, 23, -1)$

8. (a) $\begin{bmatrix} 1 \\ -1 \end{bmatrix}$ **(b)** $\begin{bmatrix} -14 \\ 10 \end{bmatrix}$

9. (a) $\begin{bmatrix} 7 \\ 2 \\ 1 \end{bmatrix}$ **(c)** $\begin{bmatrix} -7 \\ 6 \\ 15 \end{bmatrix}$

10. (a) Yes. $2(1, 2) + (-1, 3) = (1, 7)$. **(c)** No

11. (a) Yes. $2(1, 1, 2) - (1, 2, 1) + 3(2, 3, 4) = (7, 9, 15)$.

(c) No.

(f) Yes. Many combinations. $(-2r + 2)(1, 1, 2) + r(2, 2, 4) + 3(1, -1, 1) = (5, -1, 7)$, e.g., when $r = 1, 0(1, 1, 2) + (2, 2, 4) + 3(1, -1, 1) = (5, -1, 7)$, when $r = 2$, $-2(1, 1, 2) + 2(2, 2, 4) + 3(1, -1, 1) = (5, -1, 7)$.

12. (b) $\mathbf{u} + (-\mathbf{u}) = (u_1, u_2, \ldots, u_n) + (-1)(u_1, u_2, \ldots, u_n) = (u_1, u_2, \ldots, u_n) + (-u_1, -u_2, \ldots, -u_n) = (u_1 - u_1, u_2 - u_2, \ldots, u_n - u_n) = (0, 0, \ldots, 0) = \mathbf{0}$.

(d) $1\mathbf{u} = 1(u_1, u_2, \ldots, u_n) = (1 \times u_1, 1 \times u_2, \ldots, 1 \times u_n) = (u_1, u_2, \ldots, u_n) = \mathbf{u}$.

연습문제 1.4

1. (a) Let W be the subset of vectors of the form $(a, 3a)$. Let $\mathbf{u} = (a, 3a)$, $\mathbf{v} = (b, 3b)$, and k be a scalar. Then $\mathbf{u} + \mathbf{v} = ((a + b), 3(a + b))$, and $k\mathbf{u} = (ka, 3ka)$.

The second component of both $\mathbf{u} + \mathbf{v}$ and $k\mathbf{u}$ is 3 times the first component. Thus W is closed under addition and scalar multiplication—it is a subspace.

(c) Let W be the subset of vectors of the form $(a, 0)$. Let $\mathbf{u} = (a, 0)$, $\mathbf{v} = (b, 0)$, and k be a scalar. Then $\mathbf{u} + \mathbf{v} = ((a + b), 0)$ and $k\mathbf{u} = (ka, 0)$.

The second component of both $\mathbf{u} + \mathbf{v}$ and $k\mathbf{u}$ is zero. Thus W is closed under addition and scalar multiplication—it is a subspace.

2. (a) Let W be the subset of vectors of the form (a, b, b). Let $\mathbf{u} = (a, b, b)$, $\mathbf{v} = (c, d, d)$, and k be a scalar. Then $\mathbf{u} + \mathbf{v} = (a + c, b + d, b + d)$ and $k\mathbf{u} = (ka, kb, kb)$.

The second and third components of $\mathbf{u} + \mathbf{v}$ are the same; so are those of $k\mathbf{u}$. Thus W is closed under addition and scalar multiplication—it is a subspace.

(c) Let W be the subset of vectors of the form $(a, 2a, -a)$. Let $\mathbf{u} = (a, 2a, -a)$, $\mathbf{v} = (b, 2b, -b)$, and k be a scalar. Then $\mathbf{u} + \mathbf{v} = (a + b, 2(a + b), -(a + b))$ and $k\mathbf{u} = (ka, 2ka, -ka)$.

The second component of $\mathbf{u} + \mathbf{v}$ is twice the first, and the third component is minus the first; and same for $k\mathbf{u}$. Thus W is closed under addition and scalar multiplication—it is a subspace.

3. (a) Let W be the subset of vectors of the form $(a, b, 2a + 3b)$. Let $\mathbf{u} = (a, b, 2a + 3b)$, $\mathbf{v} = (c, d, 2c + 3d)$, and k be a scalar. Then $\mathbf{u} + \mathbf{v} = (a + c, b + d, 2(a + c) + 3(b + d))$ and $k\mathbf{u} = (ka, kb, 2ka + 3kb)$.

The third component of $\mathbf{u} + \mathbf{v}$ is twice the first plus three times the second; same for $k\mathbf{u}$. Thus W is closed under addition and scalar multiplication—it is a subspace.

(c) Let W be the subset of vectors of the form $(a, a + 2, b)$. Let $\mathbf{u} = (a, a + 2, b)$, $\mathbf{v} = (c, c + 2, d)$, and k be a scalar. Then $\mathbf{u} + \mathbf{v} = (a + c, a + c + 4, b + d)$. Second component is not the first plus 2. Thus $\mathbf{u} + \mathbf{v}$ is not in W. W is not a subspace. Let us check closure under scalar multiplication. $k\mathbf{u} = (ka, ka + 2k, kb)$. Thus unless $k = 1$, $k\mathbf{u}$ is not in W. W not closed under scalar multiplication, either.

4. $$\begin{bmatrix} 1 & 3 & 1 & 0 \\ 0 & 1 & 1 & 0 \\ 2 & 7 & 3 & 0 \end{bmatrix} \approx \begin{bmatrix} 1 & 3 & 1 & 0 \\ 0 & 1 & 1 & 0 \\ 0 & 1 & 1 & 0 \end{bmatrix} \approx \begin{bmatrix} 1 & 0 & -2 & 0 \\ 0 & 1 & 1 & 0 \\ 0 & 0 & 0 & 0 \end{bmatrix}.$$

General solution $(2r, -r, r)$.

Let W be the subset of vectors of the form $(2r, -r, r)$. Let $\mathbf{u} = (2r, -r, r)$, $\mathbf{v} = (2s, -s, s)$, and k be a scalar. Then $\mathbf{u} + \mathbf{v} = (2(r + s), -(r + s), r + s)$, and $k\mathbf{u} = (2kr, -kr, kr)$. The first component of $\mathbf{u} + \mathbf{v}$ is twice the last component, and the second component is minus the last component; the same as for $k\mathbf{u}$. Thus W is closed under addition and scalar multiplication—it is a subspace. Line defined by vector $(2, -1, 1)$.

6. $$\begin{bmatrix} 1 & -2 & 3 & 0 \\ -1 & 2 & 1 & 0 \\ 1 & -2 & 4 & 0 \end{bmatrix} \approx \begin{bmatrix} 1 & -2 & 3 & 0 \\ 0 & 0 & 4 & 0 \\ 0 & 0 & 1 & 0 \end{bmatrix} \approx \begin{bmatrix} 1 & -2 & 0 & 0 \\ 0 & 0 & 1 & 0 \\ 0 & 0 & 0 & 0 \end{bmatrix}.$$

General solution $(2r, r, 0)$.

Let W be the subset of vectors of the form $(2r, r, 0)$. Let $\mathbf{u} = (2r, r, 0)$, $\mathbf{v} = (2s, s, 0)$, and k be a scalar. Then $\mathbf{u} + \mathbf{v} = (2(r + s), r + s, 0)$ and $k\mathbf{u} = (2kr, kr, 0)$. The first component of $\mathbf{u} + \mathbf{v}$ is twice the second component, and the last component is zero; the same as for $k\mathbf{u}$. Thus W is closed under addition and scalar multiplication—it is a subspace. Line defined by vector $(2, 1, 0)$.

9. General solution is $(3r + s, -r - 4s, r, s)$.

(a) Two specific solutions:
$r = 1, s = 1, \mathbf{u}(4, -5, 1, 1)$;
$r = -1, s = 2, \mathbf{v}(-1, -7, -1, 2)$.

(b) Other solutions: $\mathbf{u} + \mathbf{v} = (3, -12, 0, 3)$ and say,
$-2\mathbf{u} = (-8, 10, -2, -2)$,
$4\mathbf{v} = (-4, -28, -4, 8)$.
$(-2\mathbf{u}) + (4\mathbf{v}) = (-12, -18, -6, 6)$.

(c) Solutions for $r = 0, s = 3$; $r = -2, s = -2$; $r = -4, s = 8$; $r = -6, s = 6$, respectively.

연습문제 1.5

1. Standard basis for $\mathbf{R}^2$: $\{(1, 0), (0, 1)\}$.

(a) Let (a, b) be an arbitrary vector in $\mathbf{R}^2$. We can write $(a, b) = a(1, 0) + b(0, 1)$. Thus vectors $(1, 0)$ and $(0, 1)$ span $\mathbf{R}^2$.

(b) Let us examine the identity $p(1, 0) + q(0, 1) = (0, 0)$. This gives $(p, 0) + (0, q) = 0$, $(p, q) = (0, 0)$. Thus $p = 0$ and $q = 0$. The vectors are linearly independent.

3. (a) $(a, a, b) + (c, c, d) = (a + c, a + c, b + d)$. 1st components are the same. Closed under addition. $k(a, a, b) = (ka, ka, kb)$. 1st components are the same. Closed under scalar multiplication. Subspace. $(a, a, b) = a(1, 1, 0) + b(0, 0, 1)$. Vectors $(1, 1, 0)$ and $(0, 0, 1)$ span space and are linearly independent. $\{(1, 1, 0), (0, 0, 1)\}$ is a basis. Dimension is 2.

(c) $(a, 2a, 4a) + (b, 2b, 4b) = (a + b, 2a + 2b, 4a + 4b) = (a + b, 2(a + b), 4(a + b))$. 2nd component is twice 1st, 3rd component four times 1st. Closed under addition. $k(a, 2a, 4a) = (ka, 2ka, 4ka)$. 2nd component is twice 1st, 3rd component four times 1st. Closed under scalar multiplication. Subspace. $(a, 2a, 4a) = a(1, 2, 4)$. $\{(1, 2, 4)\}$ is a basis. Dimension is 1. Space is a line defined by the vector $(1, 2, 4)$.

4. (a) $(a, b, a) + (c, d, c) = (a + c, b + d, a + c)$. 3rd component is the same as 1st. Closed under addition. $k(a, b, a) = (ka, kb, ka)$. 3rd component same as 1st. Closed under scalar multiplication. Subspace. $(a, b, a) = a(1, 0, 1) + b(0, 1, 0)$. $\{(1, 0, 1), (0, 1, 0)\}$ is a basis. Dimension 2.

(c) $(a, b, 2) + (c, d, 2) = (a + c, b + d, 4)$. Last component not 2. Not closed under addition. Not a subspace.

5. (a) $a(1, 2, 3) + b(1, 2, 3) = (a + b)(1, 2, 3)$. Sum is a scalar multiple of $(1, 2, 3)$. Closed under addition. $ka(1, 2, 3) = (ka)(1, 2, 3)$. It is a scalar multiple of $(1, 2, 3)$. Closed under scalar multiplication. Subspace of $\mathbf{R}^3$. Basis $\{(1, 2, 3)\}$. Dimension is 1. Space is the line defined by vector $(1, 2, 3)$.

(c) $(a, 2a) + (b, 2b) = (a + b, 2a + 2b) = (a + b, 2(a + b))$. 2nd component is twice the 1st. Closed under addition. $k(a, 2a) = (ka, 2ka)$. 2nd component is twice the 1st. Closed under scalar multiplication. Subspace. Basis $\{(1, 2)\}$. Dimension is 1. Space is the line defined by vector $(1, 2)$ in $\mathbf{R}^2$.

6. (a) True: Arbitrary vector can be expressed as a linear combination of $(1, 0)$ and $(0, 1)$. $(a, b) = a(1, 0) + b(0, 1)$.

(c) True: $p(1, 0) + q(0, 1) = (0, 0)$ has the unique solution $p = 0, q = 0$.

(e) True: $(x, y) = x(1, 0) - y(0, -1)$. Thus $(1, 0)$ and $(0, -1)$ span $\mathbf{R}^2$. Further, $p(1, 0) + q(0, -1) = (0, 0)$ has the unique solution $p = 0, q = 0$. Vectors are linearly independent.

7. (a) True: $(1, 0, 0)$ and $(0, 1, 0)$ span the subset of vectors of the form $(a, b, 0)$. Further, $p(1, 0, 0) + q(0, 1, 0) = (0, 0, 0)$ has a unique solution $p = 0, q = 0$. Vectors are linearly independent. Subspace is 2D since there are 2 base vectors. The subspace is the xy-plane.

(c) True: $(a, 2a, b)$ can be written in the form $(a, 2a, b) = a(1, 2, 0) + b(0, 0, 1)$.

(e) False: $1(1, 0, 0) + 1(0, 1, 0) - 1(1, 1, 0) = (0, 0, 0)$. Thus vectors are not linearly independent.

8. (a) Let (x, y) be an arbitrary vector in $\mathbf{R}^2$. Then $(x, y) = x(1, 0) + y(0, 1)$. Thus $\{(1, 0), (0, 1)\}$ spans $\mathbf{R}^2$. Notice that both vectors are needed; we cannot drop one of them.

(b) (x, y) can be expressed $(x, y) = x(1, 0) + y(0, 1) + 0(0, 2)$, or $(x, y) = x(1, 0) + 3y(0, 1) - y(0, 2)$; there are many ways. Thus $\{(1, 0), (0, 1), (0, 2)\}$ spans $\mathbf{R}^2$. But it is not an efficient spanning set. The vector $(0, 2)$ is not really needed.

(c) $0(1, 0) + 2(0, 1) - (0, 2) = (0, 0)$. Thus $\{(1, 0), (0, 1), (0, 2)\}$ is linearly dependent. It is not a basis.

11. (a) Vectors $(1, 0, 0)$, $(0, 1, 0)$, $(0, 0, 1)$, and $(1, 1, 1)$ span $\mathbf{R}^3$ but are not linearly independent.

12. Separate the variables in the general solution, $(2r - 2s, r - 3s, r, s) = r(2, 1, 1, 0) + s(-2, -3, 0, 1)$. Vectors $(2, 1, 1, 0)$ and $(-2, 3, 0, 1)$ thus span W. Also, identity $p(2, 1, 1, 0) + q(-2, 3, 0, 1) = (0, 0, 0, 0)$ leads to $p = 0, q = 0$. The two vectors are thus linearly independent. Set $\{(2, 1, 1, 0), (-2, 3, 0, 1)\}$ is therefore a basis for W. Dimension 2. Solutions form a plane in $\mathbf{R}^4$.

14. $(2r, 3r, r) = r(2, 3, 1)$. The set of solutions form the line through the origin in $\mathbf{R}^3$ defined by the vector $(2, 3, 1)$. Set $\{(2, 3, 1)\}$ is a basis. Dimension of W is 1.

17. Separate the variables in the solution, $(3r - s, r, s) = r(3, 1, 0) + s(-1, 0, 1)$. Vectors $(3, 1, 0)$ and $(-1, 0, 1)$ thus span W. Also, identity $p(3, 1, 0) + q(-1, 0, 1) = (0, 0, 0)$ leads to $p = 0, q = 0$. The two vectors are thus linearly independent. The set $\{(3, 1, 0), (-1, 0, 1)\}$ is therefore a basis for W. Dimension of W is 2. Solutions form a plane through the origin in $\mathbf{R}^3$.

19. (a) $a(1, 0, 2) + b(1, 1, 0) + c(5, 3, 6) = \mathbf{0}$ gives $a + b + 5c = 0, b + 3c = 0, 2a + 6c = 0$. Unique solution $a = 0, b = 0, c = 0$. Thus linearly independent.

(c) $a(1, -1, 1) + b(2, 1, 0) + c(4, -1, 2) = \mathbf{0}$ gives $a + 2b + 4c = 0, -a + b - c = 0, a + 2c = 0$. Many solutions, $a = -2r, b = -r, c = r$, where r is a real number. Thus linearly dependent.

(e) $a(-2, 0, 3) + b(5, 2, 1) + c(10, 6, 9) = \mathbf{0}$ gives $-2a + 5b + 10c = 0, 2b + 6c = 0, 3a + b + 9c = 0$. Unique solution $a = 0, b = 0, c = 0$. Thus linearly independent.

연습문제 1.6

1. (a) 10 **(c)** 0

2. (a) 6 **(c)** 0

3. (a) 7 **(c)** -1 **(e)** 0

4. (a) 13 **(c)** 26

5. (a) $\sqrt{5}$ **(c)** 4 **(e)** 27

6. (a) $\sqrt{11}$ **(c)** $3\sqrt{3}$ **(e)** $\sqrt{62}$

7. (a) $\sqrt{29}$ **(c)** $\sqrt{30}$ **(e)** $\sqrt{30}$

8. (a) 5 **(c)** $\sqrt{14}$ **(e)** $\sqrt{119}$

9. (a) $\left(\frac{1}{\sqrt{10}}, \frac{3}{\sqrt{10}}\right)$ **(c)** $\left(\frac{1}{\sqrt{14}}, \frac{2}{\sqrt{14}}, \frac{3}{\sqrt{14}}\right)$

(d) $\left(\frac{-1}{\sqrt{5}}, \frac{2}{\sqrt{5}}, 0\right)$

10. (a) $\left(\frac{2}{\sqrt{5}}, \frac{1}{\sqrt{5}}\right)$ **(c)** $\left(\frac{7}{3\sqrt{6}}, \frac{2}{3\sqrt{6}}, 0, \frac{1}{3\sqrt{6}}\right)$

(e) $(0, 0, 0, 1, 0, 0)$

11. (a) $\begin{bmatrix} \frac{4}{5} \\ \frac{3}{5} \end{bmatrix}$ **(c)** $\begin{bmatrix} \frac{3}{5} \\ \frac{4}{5} \\ 0 \end{bmatrix}$ **(e)** $\begin{bmatrix} \frac{3}{\sqrt{74}} \\ 0 \\ \frac{1}{\sqrt{74}} \\ \frac{8}{\sqrt{74}} \end{bmatrix}$

12. (a) 45° **(b)** 60°

13. (a) $\frac{5}{\sqrt{17}\sqrt{13}} (\theta = 70.3462°)$

(b) $\frac{13}{6\sqrt{7}} (\theta = 35.0229°)$

(d) $\frac{23}{10\sqrt{7}} (\theta = 29.6205°)$

14. (a) $\frac{7}{\sqrt{5}\sqrt{17}} (\theta = 40.6013°)$

(c) $\frac{-13}{10\sqrt{3}} (\theta = 138.6385°)$

15. (a) $(1, 3) \cdot (3, -1) = (1 \times 3) + (3 \times -1) = 0$, so the vectors are orthogonal.

16. (a) $(3, -5) \cdot (5, 3) = (3 \times 5) + (-5 \times 3) = 0$.

(c) $(7, 1, 0) \cdot (2, -14, 3) = (7 \times 2) + (1 \times -14) + (0 \times 3) = 0$.

17. (a) $\begin{bmatrix} 1 \\ 2 \end{bmatrix} \cdot \begin{bmatrix} -6 \\ 3 \end{bmatrix} = (1 \times -6) + (2 \times 3) = 0.$

(c) $\begin{bmatrix} 4 \\ -1 \\ 0 \end{bmatrix} \cdot \begin{bmatrix} 2 \\ 8 \\ -1 \end{bmatrix} = (4 \times 2) + (-1 \times 8) + (0 \times -1) = 0.$

18. (a) any vector of the form $(-3b, b)$

(c) any vector of the form $(a, -4a)$

19. (a) any vector of the form $(a, 5a)$

(c) any vector of the form $(a, b, 5a + b)$

(e) any vector of the form $(a, 6a + 2c + 3d, c, d)$

20. any vector of the form $(a, -3a, -5a)$

21. Basis $\{(1, 0, 1), (0, 1, -1)\}$. Dimension $= 2$. Plane spanned by $(1, 0, 1)$ and $(0, 1, -1)$.

23. Basis $\{(2, 1, 0), (-5, 0, 1)\}$. Dimension = 2. Plane spanned by $(2, 1, 0)$ and $(-5, 0, 1)$.

25. **(a)** 5 **(c)** $5\sqrt{2}$

26. **(a)** $2\sqrt{5}$ **(c)** $3\sqrt{6}$

(e) $2\sqrt{11}$

28. **u** is a positive scalar multiple of **v**, so it has the same direction as **v**. The magnitude of **u** is

$$\|\mathbf{u}\| = \frac{\|1\|}{\|\mathbf{v}\|}\sqrt{(\mathbf{v}_1)^2 + (\mathbf{v}_2)^2 + \cdots + (\mathbf{v}_n)^2} = \frac{\|\mathbf{v}\|}{\|\mathbf{v}\|} = 1,$$

so **u** is a unit vector.

30. If $\mathbf{u} \cdot \mathbf{v} = \mathbf{u} \cdot \mathbf{w}$, then $\mathbf{u} \cdot (\mathbf{v} - \mathbf{w}) = 0$ for all vectors **u** in U. Since $\mathbf{v} - \mathbf{w}$ is a vector in U, this means that $(\mathbf{v} - \mathbf{w}) \cdot (\mathbf{v} - \mathbf{w}) = 0$. Therefore $\mathbf{v} - \mathbf{w} = \mathbf{0}$, so $\mathbf{v} = \mathbf{w}$.

32. **(a)** vector **(c)** not valid

(f) scalar **(h)** not valid

33. $c = \pm 3$

35. $(a, b) \cdot (-b, a) = (a \times (-b)) + (b \times a) = 0$, so $(-b, a)$ is orthogonal to (a, b).

36. It can be shown that $(\mathbf{u} + \mathbf{v}) \cdot (\mathbf{u} - \mathbf{v}) = \|\mathbf{u}\| - \|\mathbf{v}\|$, so $\|\mathbf{u}\| = \|\mathbf{v}\|$ if and only if $(\mathbf{u} + \mathbf{v}) \cdot (\mathbf{u} - \mathbf{v}) = 0$ if and only if $\mathbf{u} + \mathbf{v}$ and $\mathbf{u} - \mathbf{v}$ are orthogonal.

38. **(c)** For **(a)**, $\|(1, 2)\| = |1| + |2| = 3$,
$\|(-3, 4)\| = |-3| + |4| = 7$,
$\|(1, 2, -5)\| = |1| + |2| + |-5| = 8$, and
$\|(0, -2, 7)\| = |0| + |-2| + |7| = 9$.

For **(b)**, $\|(1, 2)\| = |2| = 2$, $\|(-3, 4)\| = |4| = 4$,
$\|(1, 2, -5)\| = |-5| = 5$, and
$\|(0, -2, 7)\| = |7| = 7$

39. **(a)** $d(\mathbf{x}, \mathbf{y}) = \|\mathbf{x} - \mathbf{y}\| \geq 0$

(c) $d(\mathbf{x}, \mathbf{z}) = \|\mathbf{x} - \mathbf{y} + \mathbf{y} - \mathbf{z}\| \leq \|\mathbf{x} - \mathbf{y}\| + \|\mathbf{y} - \mathbf{z}\| = d(\mathbf{x}, \mathbf{y}) + d(\mathbf{y}, \mathbf{z})$, from the triangle inequality

연습문제 1.7

1. $4 - 3x + x^2 = y$

3. $3 + 2x = y$

4. $5 + x + 2x^2 = y$. When $x = 2$, $y = 5 + 2 + 8 = 15$.

6. $-3 + x - 2x^2 + x^3 = y$

7. $I_1 = 5, I_2 = 1, I_3 = 6$

9. $I_1 = 2, I_2 = 1, I_3 = 3$

11. $I_1 = 10, I_2 = 7, I_3 = 3$

13. $I_1 = \frac{7}{3}, I_2 = \frac{5}{3}, I_3 = \frac{2}{3}, I_4 = \frac{5}{6}, I_5 = \frac{1}{6}$

17. A: $x_1 - x_4 = 100$ B: $x_1 - x_2 = 200$
C: $-x_2 + x_3 = 150$ D: $x_3 - x_4 = 50$

Solving these equations simultaneously gives

$$x_1 = x_4 + 100, x_2 = x_4 - 100, x_3 = x_4 + 50$$

$x_2 = 0$ is theoretically possible. In that case, $x_4 = 100$, $x_1 = 200$, $x_3 = 150$. This flow is not likely to be realized in practice unless branch BC is completely closed.

20. Let $y = a_0 + a_1x + a_2x^2$. These polynomials must pass through $(1, 2)$ and $(3, 4)$. Thus

$$a_0 + a_1 + a_2 = 2$$
$$a_0 + 3a_1 + 9a_2 = 4.$$
$$\begin{bmatrix} 1 & 1 & 1 & 2 \\ 1 & 3 & 9 & 4 \end{bmatrix} \approx \begin{bmatrix} 1 & 0 & -3 & 1 \\ 0 & 1 & 4 & 1 \end{bmatrix}.$$
$$a_0 = 3a_2 + 1, a_1 = -4a_2 + 1.$$

Let $a_2 = r$. The family of polynomials is $y = (3r + 1) + (-4r + 1)x + rx^2$. $r = 0$ gives the line $y = 1 + x$ that passes through these points. When $r > 0$, the polynomials open up and when $r < 0$, the polynomials open down.

1장 복습문제

1. **(a)** 2×3 **(b)** 2×2
(c) 1×4 **(d)** 3×1 **(e)** 4×6

2. 0, 6, 5, 1, 9

3. $I_5 = \begin{bmatrix} 1 & 0 & 0 & 0 & 0 \\ 0 & 1 & 0 & 0 & 0 \\ 0 & 0 & 1 & 0 & 0 \\ 0 & 0 & 0 & 1 & 0 \\ 0 & 0 & 0 & 0 & 1 \end{bmatrix}$

4. **(a)** $\begin{bmatrix} 1 & 2 \\ 4 & -3 \end{bmatrix}, \begin{bmatrix} 1 & 2 & 6 \\ 4 & -3 & -1 \end{bmatrix}$

(b) $\begin{bmatrix} 2 & 1 & -4 \\ 1 & -2 & 8 \\ 3 & 5 & -7 \end{bmatrix}, \begin{bmatrix} 2 & 1 & -4 & 1 \\ 1 & -2 & 8 & 0 \\ 3 & 5 & -7 & -3 \end{bmatrix}$

(c) $\begin{bmatrix} -1 & 2 & -7 \\ 3 & -1 & 5 \\ 4 & 3 & 0 \end{bmatrix}, \begin{bmatrix} -1 & 2 & -7 & -2 \\ 3 & -1 & 5 & 3 \\ 4 & 3 & 0 & 5 \end{bmatrix}$

(d) $\begin{bmatrix} 1 & 0 & 0 \\ 0 & 1 & 0 \\ 0 & 0 & 1 \end{bmatrix}, \begin{bmatrix} 1 & 0 & 0 & 1 \\ 0 & 1 & 0 & 5 \\ 0 & 0 & 1 & -3 \end{bmatrix}$

(e) $\begin{bmatrix} -2 & 3 & -8 & 5 \\ 1 & 5 & 0 & -6 \\ 0 & -1 & 2 & 3 \end{bmatrix}, \begin{bmatrix} -2 & 3 & -8 & 5 & -2 \\ 1 & 5 & 0 & -6 & 0 \\ 0 & -1 & 2 & 3 & 5 \end{bmatrix}$

5. (a) $\begin{aligned} 4x_1 + 2x_2 &= 0 \\ -3x_1 + 7x_2 &= 8 \end{aligned}$

(b) $\begin{aligned} x_1 + 9x_2 &= -3 \\ 3x_2 &= 2 \end{aligned}$

(c) $\begin{aligned} x_1 + 2x_2 + 3x_3 &= 4 \\ 5x_1 \qquad - 3x_3 &= 6 \end{aligned}$

(d) $\begin{aligned} x_1 &= 5 \\ x_2 &= -8 \\ x_3 &= 2 \end{aligned}$

(e) $\begin{aligned} x_1 + 4x_2 - x_3 &= 7 \\ x_2 + 3x_3 &= 8 \\ x_3 &= -5 \end{aligned}$

6. (a) Yes **(b)** Yes

(c) No. There is a 2 (a nonzero element) above the leading 1 of row 2.

(d) Yes

(e) No. The leading 1 in row 3 is not positioned to the right of the leading 1 in row 2.

7. (a) $x_1 = 3$ and $x_2 = -1$

(b) $x_1 = 3, x_2 = -2, x_3 = 4$

(c) $x_1 = \frac{56}{9}, x_2 = \frac{17}{3}, x_3 = 2, x_4 = \frac{17}{9}$

8. (a) No solution.

(b) $x_1 = 2, x_2 = -1 - 2r, x_3 = r, x_4 = 3$

9. If a matrix A is in reduced echelon form, it is clear from the definition that the leading 1 in any row cannot be to the left of the diagonal element in that row. Therefore if $A \neq I_n$, there must be some row that has its leading 1 to the right of the diagonal element in that row. Suppose row j is such a row and the leading 1 is in position (j, k), where $j < k \leq n$. Then if rows $j + 1, j + 2, \ldots, j + (n - k) < n$ all contain nonzero terms, the leading 1 in these rows must be at least as far to the right as columns $k + 1, k + 2, \ldots, k + (n - k) = n$, respectively. The leading 1 in row $j + (n - k) + 1$ must then be to the right of column n. But there is no column to the right of column n, so row $j + (n - k) + 1$ must consist of all zeros.

10. Let E be the reduced echelon form of A. Since B is row equivalent to A, B is also row equivalent to E. But since E is in reduced echelon form, it must be the reduced echelon form of B.

11.

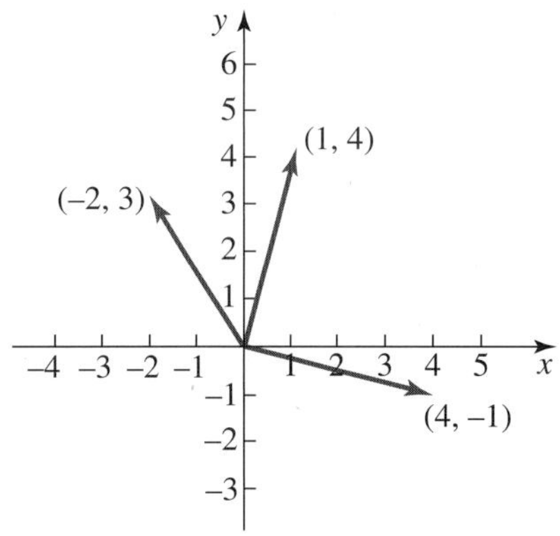

12.

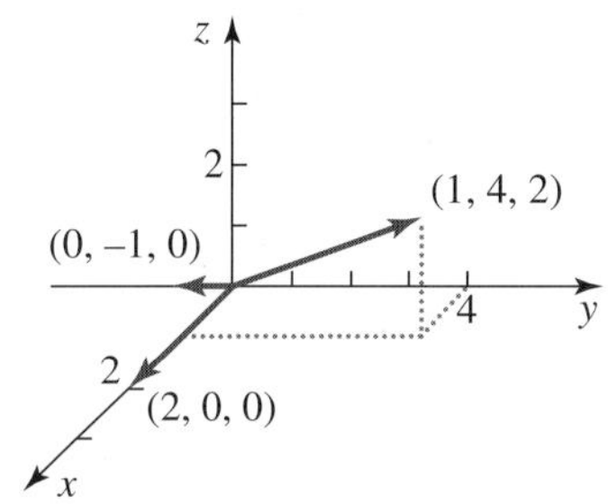

13. (a) $(3, 0, 2)$ **(b)** $(11, 0, 22)$

(c) $(3, -3, 11)$ **(d)** $(8, -7, -3)$

(e) $(-4, -18, -22)$

14. $2(1, 2, 0) - 3(0, 1, 4) + (-3, 2, 7) = (-1, 3, -5)$. It is a linear combination.

15. (a) Closed under addition and scalar multiplication—subspace.

(b) Not closed under addition or scalar multiplication—not a subspace.

16. Basis: $\{(2, 0, 1, 0), (1, 3, 0, 1)\}$. Dimension 2.

17. $a(1, -1, 2) + b(1, 0, 1) + c(6, -2, 10) = \mathbf{0}$ implies $a = 0, b = 0, c = 0$. Thus linearly independent.

18. (a) -5 **(b)** -21 **(c)** 15

19. (a) $\sqrt{17}$ **(b)** $\sqrt{14}$ **(c)** $\sqrt{30}$

20. (a) $\dfrac{1}{\sqrt{26}}$ **(b)** 0

21. For example, $(1, 2, 0)$.

22. (a) $\sqrt{41}$ **(b)** $3\sqrt{2}$ **(c)** $5\sqrt{2}$

23. $\pm 14\sqrt{14}$

24. Basis for W: $\{(1, 0, 3), (0, 1, -5)\}$. The dimension of W is 2. W is the plane defined by $(1, 0, 3)$ and $(0, 1, -5)$.

25. $4 - 3x + 2x^2 = y$

26. $I_1 = 3, I_2 = 2, I_3 = 1$

27. $x_1 = x_8 + 160, x_1 = x_2 + 100, x_3 = x_2 + 80,$ $x_3 = x_4 + 120, x_5 = x_4 + 90, x_5 = x_6 + 130,$ $x_7 = x_6 + 100, x_7 = x_8 + 80$. Minimum flow allowable along x_8 is 20. Then $x_1 = 180, x_2 = 80, x_3 = 160,$ $x_4 = 40, x_5 = 130, x_6 = 0, x_7 = 100$.

CHAPTER 2

연습문제 2.1

1. (a) $\begin{bmatrix} 2 & 4 \\ 3 & 9 \\ 14 & -10 \end{bmatrix}$ **(c)** $\begin{bmatrix} -9 & 5 \\ -3 & 0 \end{bmatrix}$

(e) does not exist **(g)** $\begin{bmatrix} 8 & 4 \\ -5 & 5 \\ 4 & 4 \end{bmatrix}$

2. (a) does not exist **(d)** $\begin{bmatrix} -3 & -7 & 19 \\ 27 & -35 & -7 \\ -19 & 17 & 9 \end{bmatrix}$

(f) $\begin{bmatrix} 21 \\ 6 \\ 1 \end{bmatrix}$

3. (a) B **(d)** does not exist

(e) D **(g)** $\begin{bmatrix} 5 & 7 & 2 \\ 27 & 35 & 4 \end{bmatrix}$

4. (a) $\begin{bmatrix} 27 \\ 23 \\ 9 \end{bmatrix}$ **(d)** $[27]$

(f) does not exist **(h)** $\begin{bmatrix} 13 & 8 & 13 \\ -5 & 76 & -33 \\ 11 & -16 & 35 \end{bmatrix}$

5. (a) $\begin{bmatrix} -12 & 2 \\ -9 & -24 \\ -20 & -24 \end{bmatrix}$ **(c)** $\begin{bmatrix} 8 & 2 \\ 4 & 1 \\ 0 & 6 \end{bmatrix}$

(e) does not exist **(g)** $\begin{bmatrix} -14 & 0 \\ 12 & 10 \end{bmatrix}$

7. (a) The sum of the elements in each row is 1.

8. (a) 3×2 **(c)** does not exist

(e) 4×2 **(g)** does not exist

9. (a) 2×2 **(b)** 2×3

(d) does not exist **(e)** 3×2

(g) does not exist

10. (a) -1 **(c)** 9

11. (a) 0 **(c)** 1

12. (a) -6

13. (a) -14

14. (a) $AB_1 = \begin{bmatrix} 1 & 2 \\ 3 & 0 \end{bmatrix}\begin{bmatrix} -2 \\ 4 \end{bmatrix} = \begin{bmatrix} 6 \\ -6 \end{bmatrix}$,

$AB_2 = \begin{bmatrix} 1 & 2 \\ 3 & 0 \end{bmatrix}\begin{bmatrix} 3 \\ 1 \end{bmatrix} = \begin{bmatrix} 5 \\ 9 \end{bmatrix}$.

$AB = \begin{bmatrix} 6 & 5 \\ -6 & 9 \end{bmatrix}$.

15. (a) $AB = 4\begin{bmatrix} 3 \\ 4 \\ 8 \end{bmatrix} + 3\begin{bmatrix} -2 \\ 2 \\ -5 \end{bmatrix} - 5\begin{bmatrix} 0 \\ 7 \\ 6 \end{bmatrix}$

16. row 2 of $AB = (\text{row 2 of } A) \times B$

$$= [4 \quad 0 \quad 3]\begin{bmatrix} 8 & 1 & 3 \\ 2 & 1 & 0 \\ 4 & 6 & 3 \end{bmatrix}$$

$$= [44 \quad 22 \quad 21]$$

17. The third row of AB is the third row of A times each of the columns of B in turn. Since the third row of A is all zeros, each of the products is zero.

21. (a) Submatrix products:

$$\begin{bmatrix} 2 \\ -1 \end{bmatrix}[3 \quad 0] + \begin{bmatrix} 1 \\ 0 \end{bmatrix}[2 \quad 1]$$

$$= \begin{bmatrix} 6 & 0 \\ -3 & 0 \end{bmatrix} + \begin{bmatrix} 2 & 1 \\ 0 & 0 \end{bmatrix} = \begin{bmatrix} 8 & 1 \\ -3 & 0 \end{bmatrix},$$

$[3][3 \quad 0] + [1][2 \quad 1] = [9 \quad 0] + [2 \quad 1] = [11 \quad 1]$.

$$AB = \begin{bmatrix} 8 & 1 \\ -3 & 0 \\ 11 & 1 \end{bmatrix}$$

22. (a) $B = \left[\begin{array}{c|c} -1 & -2 \\ \hline 0 & 3 \\ 4 & 1 \end{array}\right]$ or $\left[\begin{array}{cc} -1 & -2 \\ \hline 0 & 3 \\ 4 & 1 \end{array}\right]$

24. (a) $\left[\begin{array}{c|ccc} 2 & 3 & 2 & 1 \\ \hline 4 & 0 & 0 & 0 \\ 1 & 0 & 0 & 0 \\ 5 & 0 & 0 & 0 \end{array}\right]\left[\begin{array}{cc} 1 & 2 \\ \hline -1 & 3 \\ 4 & 0 \\ 2 & 5 \end{array}\right] = \cdots = \begin{bmatrix} 9 & 18 \\ 4 & 8 \\ 1 & 2 \\ 5 & 10 \end{bmatrix}$

25. (a) True: If $A + B$ exists, then A and B are the same size. If $B + C$ exists, B and C are the same size. Thus A and C are the same size. $A + C$ exists.

(c) False: For example, let A and B be square, with A being the identity matrix I. Then $AB = B$ and $BA = B$. This is called a counterexample.

연습문제 2.2

1. (a) $AB = \begin{bmatrix} 4 & 7 & 10 \\ 0 & -5 & -4 \end{bmatrix}$ and BA does not exist.

(c) $AD = DA = \begin{bmatrix} 4 & 4 \\ -2 & 2 \end{bmatrix}$

2. $ABC = \begin{bmatrix} 18 \\ -10 \\ 14 \end{bmatrix}$

4. (a) $\begin{bmatrix} 8 & -5 \\ 6 & 11 \end{bmatrix}$ **(c)** $\begin{bmatrix} 9 & 3 \\ 3 & 5 \end{bmatrix}$

5. (a) $\begin{bmatrix} 26 & 34 \\ 187 & 383 \end{bmatrix}$ **(c)** $\begin{bmatrix} 50 & 156 \\ 57 & 109 \end{bmatrix}$

6. (a) does not exist **(c)** 3×6

7. (a) 3×3 **(c)** does not exist

(e) 2×3

9. (a) The (i, j)th element of $A + (B + C)$ is $a_{ij} + (b_{ij} + c_{ij})$. The (i, j)th element of $(A + B) + C$ is $(a_{ij} + b_{ij}) + c_{ij} = a_{ij} + (b_{ij} + c_{ij})$. Since their elements are the same, $A + (B + C) = (A + B) + C$.

11. The (i, j)th element of cA is ca_{ij}. If $cA = O_{mn}$, then $ca_{ij} = 0$ for all i and j. So either $c = 0$ or all $a_{ij} = 0$, in which case $A = O_{mn}$.

12. (a) $9B^2 - AB + 2BA$ **(c)** $-2BA - 2B^2$

13. (a) $A^2 + AB - BA - B^2$

(c) $-A^3 + A^2B + BA^2 + BAB - 2ABA - 2AB^2 + B^2A$

14. (a) The matrices that commute with the given matrix are all matrices of the form $\begin{bmatrix} a & 0 \\ c & c + a \end{bmatrix}$, where a and c can take any real values.

15. $AX_1 = AX_2$ does not imply that $X_1 = X_2$.

16. (a) $A^2 = AA$, which is the product of two $n \times n$ matrices.

17. If $AB = BA$.

21. (a) The (i, j)th element of $A + B$ is $a_{ij} + b_{ij} = 0 + 0$ if $i \neq j$, so $A + B$ is a diagonal matrix.

22. The nondiagonal elements of AB and of BA are zero. (See Exercise 21c.) The diagonal elements of AB are the elements $a_{i1}b_{1i} + a_{i2}b_{2i} + \cdots + a_{in}b_{ni} = a_{ii}b_{ii}$ and the diagonal elements of BA are $b_{i1}a_{1i} + b_{i2}a_{2i} + \cdots + b_{in}a_{ni} = b_{ii}a_{ii} = a_{ii}b_{ii}$. Thus, $AB = BA$.

24. (a) yes **(c)** no **(e)** yes

25. The idempotent matrices of the given form are

$$\begin{bmatrix} 1 & 0 \\ 0 & 0 \end{bmatrix}, \begin{bmatrix} 1 & 0 \\ 0 & 1 \end{bmatrix}, \begin{bmatrix} 1 & b \\ 0 & 0 \end{bmatrix}, \text{ and } \begin{bmatrix} 1 & 0 \\ c & 0 \end{bmatrix},$$

where b and c are any nonzero real numbers.

27. If $AB = BA$, then $(AB)^2 = (AB)(AB) = A(BA)B = A(AB)B = A^2B^2 = AB$.

31. (a) $\begin{bmatrix} 2 & 3 \\ 3 & -8 \end{bmatrix}\begin{bmatrix} x_1 \\ x_2 \end{bmatrix} = \begin{bmatrix} 4 \\ -1 \end{bmatrix}$

32. (a) $\begin{bmatrix} 1 & 8 & -2 \\ 4 & -7 & 1 \\ -2 & -5 & -2 \end{bmatrix}\begin{bmatrix} x_1 \\ x_2 \\ x_3 \end{bmatrix} = \begin{bmatrix} 3 \\ -3 \\ 1 \end{bmatrix}$

(b) $\begin{bmatrix} 5 & 2 \\ 4 & -3 \\ 3 & 1 \end{bmatrix}\begin{bmatrix} x_1 \\ x_2 \end{bmatrix} = \begin{bmatrix} 6 \\ -2 \\ 9 \end{bmatrix}$

33. Since X_1 is a solution then the scalar multiple of X_1 by a is a solution. aX_1 is a solution. Similarly, bX_2 is a solution. Since the sum of two solutions is a solution, $aX_1 + bX_2$ is a solution.

34. For example, $X_3 = \begin{bmatrix} 5 \\ -2 \\ 1 \\ 0 \end{bmatrix} + \begin{bmatrix} 11 \\ -4 \\ 1 \\ 1 \end{bmatrix} = \begin{bmatrix} 16 \\ -6 \\ 2 \\ 1 \end{bmatrix}$.

$X_4 = 2\begin{bmatrix} 5 \\ -2 \\ 1 \\ 0 \end{bmatrix} = \begin{bmatrix} 10 \\ -4 \\ 2 \\ 0 \end{bmatrix}$. $X_5 = 3\begin{bmatrix} 11 \\ -4 \\ 1 \\ 1 \end{bmatrix} = \begin{bmatrix} 33 \\ -12 \\ 3 \\ 3 \end{bmatrix}$.

$X_6 = X_4 + X_5 = \begin{bmatrix} 10 \\ -4 \\ 2 \\ 0 \end{bmatrix} + \begin{bmatrix} 33 \\ -12 \\ 3 \\ 3 \end{bmatrix} = \begin{bmatrix} 43 \\ -16 \\ 5 \\ 3 \end{bmatrix}$.

Solution: When $x_1 = 1, x_2 = 0$ is $\begin{bmatrix} 1 \\ 0 \\ -1 \\ 1 \end{bmatrix}$.

36. (a) $x_1 + x_3 = 0, x_1 + x_2 - 2x_3 = 0, 2x_1 + x_2 - x_3 = 0$. General solution $(-r, 3r, r)$.

(b) Basis $\{(-1, 3, 1)\}$. Line through the origin defined by the vector $(-1, 3, 1)$.

(c) Line defined by the vector $(-1, 3, 1)$ slid in a manner defined by the vector $(2, 3, 0)$. It is the line through the point $(2, 3, 0)$ parallel to the line defined by the vector $(-1, 3, 1)$.

38. **(a)** $x_1 + x_2 + x_3 = 0, 2x_1 - x_2 - 4x_3 = 0,$ $x_1 - x_2 - 3x_3 = 0$. General solution $(r, -2r, r)$.

(b) Basis $\{(1, -2, 1)\}$. Line through the origin defined by the vector $(1, -2, 1)$.

(c) Line defined by the vector $(1, -2, 1)$ slid in a manner defined by the vector $(-1, 3, 0)$. It is the line through the point $(-1, 3, 0)$ parallel to the line defined by the vector $(1, -2, 1)$.

43. **(a)** False: $(A + B)(A - B) = A^2 + BA - AB - B^2 = A^2 - B^2$ only if $BA - AB = 0$; that is, $AB = BA$.

(c) False: ABC is mq matrix; m rows, q columns. Thus mq elements.

44. **(a)** Transmission matrix $\begin{bmatrix} 1 & 0 \\ -\frac{1}{R} & 1 \end{bmatrix}$.

45. **(a)** Transmission matrix $\begin{bmatrix} 1 & -1 \\ 2 & 0 \end{bmatrix}$.

연습문제 2.3

1. **(a)** $A^t = \begin{bmatrix} -1 & 2 \\ 2 & -3 \end{bmatrix}$ symmetric

(c) $C^t = \begin{bmatrix} 3 & 2 \\ -1 & 4 \end{bmatrix}$ not symmetric

(d) $D^t = \begin{bmatrix} 4 & -2 & 7 \\ 5 & 3 & 0 \end{bmatrix}$ not symmetric

(f) $F^t = \begin{bmatrix} 1 & -1 & 3 \\ -1 & 2 & 0 \\ 3 & 0 & 4 \end{bmatrix}$ symmetric

(h) $H^t = \begin{bmatrix} 1 & 4 & -2 \\ -2 & 5 & 6 \\ 3 & 6 & 7 \end{bmatrix}$ not symmetric

2. **(a)** $\begin{bmatrix} 1 & 2 & 4 \\ 2 & 6 & 5 \\ 4 & 5 & 2 \end{bmatrix}$

3. **(a)** 4×2 **(c)** does not exist **(e)** 4×3

5. **(a)** $(A + B + C)^t = (A + (B + C))^t = A^t + (B + C)^t = A^t + (B^t + C^t) = A^t + B^t + C^t$

9. If A is symmetric, then $A = A^t$. By Theorem 2.4, this means $A^t = A = (A^t)^t$. So A^t is symmetric.

11. **(a)** $\begin{bmatrix} 0 & -1 \\ 1 & 0 \end{bmatrix}$

(c) If A and B are antisymmetric, then $A + B = (-A^t) + (-B^t) = -(A^t + B^t) = -(A + B)^t$.

13. $B = \frac{1}{2}(A + A^t)$ is symmetric and $C = \frac{1}{2}(A - A^t)$ is antisymmetric. $A = B + C$.

15. **(a)** -2 **(c)** -1

17. $tr(A + B + C) = tr(A + (B + C))$
$= tr(A) + tr(B + C)$
$= tr(A) + (tr(B) + tr(C))$
$= tr(A) + tr(B) + tr(C)$

21. $A + B = \begin{bmatrix} 3 + i & 8 + i \\ 5 + 2i & 4 - 2i \end{bmatrix}$,

$AB = \begin{bmatrix} -2 - i & 40 + 15i \\ -12 - 19i & 19 - i \end{bmatrix}$,

$BA = \begin{bmatrix} -6 + 24i & 5 - 20i \\ 14 + 13i & 23 - 26i \end{bmatrix}$

23. $A^* = \overline{A^t} = \begin{bmatrix} 2 + 3i & 2 \\ -5i & 5 + 4i \end{bmatrix} \neq A$, not hermitian

$D^* = \overline{D^t} = \begin{bmatrix} -2 & 3 - 5i \\ 3 + 5i & 9 \end{bmatrix} = D$, hermitian

25. **(a)** The (i, j)th element of $A^* + B^*$ is $\overline{a_{ji}} + \overline{b_{ji}} = \overline{a_{ji} + b_{ji}}$, the (i, j)th element of $(A + B)^*$.

27. **(a)** $g_{12} = 0, g_{13} = 1, g_{23} = 1$, so $1 \to 3 \to 2$ or $2 \to 3 \to 1$
$p_{12} = 1$, so $1 \to 2$ or $2 \to 1$, gives no information

(c) $g_{12} = 1, g_{13} = 2, g_{23} = 3$, so $1 \to 3 \to 2$ or $2 \to 3 \to 1$
$p_{12} = 1, p_{13} = 2, p_{14} = 1, p_{23} = 2, p_{24} = 2, p_{34} = 2$, so $1 \to 3 \to \{2 \leftrightarrow 4\}$ or $\{2 \leftrightarrow 4\} \to 3 \to 1$

(e) $g_{12} = 1, g_{13} = 0, g_{14} = 1, g_{23} = 0, g_{24} = 0, g_{34} = 1$, so $2 \to 1 \to 4 \to 3$ or $3 \to 4 \to 1 \to 2$
$p_{12} = 0, p_{13} = 1, p_{14} = 0, p_{23} = 1, p_{24} = 1$, $p_{34} = 0$, so $1 \to 3 \to 2 \to 4$ or $4 \to 2 \to 3 \to 1$

28. **(a)** $G^t = (AA^t)^t = (A^t)^t A^t = AA^t = G$, and $P^t = (A^tA)^t = A^t(A^t)^t = A^tA = P$.

연습문제 2.4

1. **(a)** B is the inverse of A.

(c) B is not the inverse of A.

2. **(a)** B is the inverse of A.

(c) B is not the inverse of A.

3. **(a)** $\begin{bmatrix} 1 & 0 \\ -2 & 1 \end{bmatrix}$ **(c)** $\begin{bmatrix} \frac{3}{2} & -\frac{1}{2} \\ -2 & 1 \end{bmatrix}$

(e) The inverse does not exist.

4. **(a)** $\begin{bmatrix} \frac{7}{3} & -3 & -\frac{1}{3} \\ -\frac{8}{3} & 3 & \frac{2}{3} \\ \frac{4}{3} & -1 & -\frac{1}{3} \end{bmatrix}$ **(c)** The inverse does not exist.

5. (a) $\begin{bmatrix} -\frac{3}{7} & \frac{5}{7} & -\frac{11}{7} \\ \frac{2}{7} & -\frac{1}{7} & -\frac{2}{7} \\ \frac{2}{7} & -\frac{1}{7} & \frac{5}{7} \end{bmatrix}$ **(c)** The inverse does not exist.

6. (a) $\begin{bmatrix} -\frac{1}{5} & -\frac{1}{5} & \frac{1}{5} & 0 \\ -\frac{1}{5} & \frac{1}{5} & 0 & \frac{1}{5} \\ \frac{1}{5} & 0 & \frac{1}{5} & -\frac{1}{5} \\ 0 & \frac{1}{5} & -\frac{1}{5} & -\frac{1}{5} \end{bmatrix}$ **(c)** $\begin{bmatrix} 1 & 0 & 1 & -1 \\ 0 & -1 & -3 & 4 \\ 1 & 0 & -1 & 2 \\ -3 & 0 & 0 & -1 \end{bmatrix}$

7. (a) $\begin{bmatrix} 3 & -8 \\ -1 & 3 \end{bmatrix}$ **(c)** $\begin{bmatrix} 2 & -3 \\ -\frac{3}{2} & \frac{5}{2} \end{bmatrix}$

8. (a) $\begin{bmatrix} x_1 \\ x_2 \end{bmatrix} = \begin{bmatrix} -5 & 2 \\ 3 & -1 \end{bmatrix}\begin{bmatrix} 2 \\ 4 \end{bmatrix} = \begin{bmatrix} -2 \\ 2 \end{bmatrix}$

(c) $\begin{bmatrix} x_1 \\ x_2 \end{bmatrix} = \begin{bmatrix} -\frac{1}{5} & \frac{3}{5} \\ \frac{2}{5} & -\frac{1}{5} \end{bmatrix}\begin{bmatrix} 5 \\ 10 \end{bmatrix} = \begin{bmatrix} 5 \\ 0 \end{bmatrix}$

(e) $\begin{bmatrix} x_1 \\ x_2 \end{bmatrix} = \begin{bmatrix} 2 & -1 \\ -\frac{3}{4} & \frac{1}{2} \end{bmatrix}\begin{bmatrix} 6 \\ 1 \end{bmatrix} = \begin{bmatrix} 11 \\ -4 \end{bmatrix}$

9. (a) $\begin{bmatrix} x_1 \\ x_2 \\ x_3 \end{bmatrix} = \begin{bmatrix} \frac{1}{9} & \frac{3}{9} & \frac{5}{9} \\ \frac{3}{9} & 0 & -\frac{3}{9} \\ -\frac{2}{9} & \frac{3}{9} & -\frac{1}{9} \end{bmatrix}\begin{bmatrix} 2 \\ 0 \\ 1 \end{bmatrix} = \begin{bmatrix} \frac{7}{9} \\ \frac{3}{9} \\ -\frac{5}{9} \end{bmatrix}$

(c) $\begin{bmatrix} x_1 \\ x_2 \\ x_3 \end{bmatrix} = \begin{bmatrix} -40 & 16 & 9 \\ 13 & -5 & -3 \\ 5 & -2 & -1 \end{bmatrix}\begin{bmatrix} 1 \\ 3 \\ 15 \end{bmatrix} = \begin{bmatrix} 143 \\ -47 \\ -16 \end{bmatrix}$

(e) $\begin{bmatrix} x_1 \\ x_2 \\ x_3 \end{bmatrix} = \begin{bmatrix} 2 & 3 & 1 \\ 3 & 3 & 1 \\ 2 & 4 & 1 \end{bmatrix}\begin{bmatrix} 5 \\ -2 \\ 1 \end{bmatrix} = \begin{bmatrix} 5 \\ 10 \\ 3 \end{bmatrix}$

10. $\begin{bmatrix} x_1 \\ x_2 \\ x_3 \\ x_4 \end{bmatrix} = \begin{bmatrix} -\frac{14}{17} & \frac{8}{17} & \frac{4}{17} & \frac{5}{17} \\ \frac{3}{17} & -\frac{9}{17} & \frac{4}{17} & \frac{5}{17} \\ \frac{5}{17} & \frac{2}{17} & \frac{1}{17} & -\frac{3}{17} \\ \frac{18}{17} & -\frac{3}{17} & -\frac{10}{17} & -\frac{4}{17} \end{bmatrix}\begin{bmatrix} 5 \\ 6 \\ 1 \\ 7 \end{bmatrix} = \begin{bmatrix} 1 \\ 0 \\ 1 \\ 2 \end{bmatrix}$

12. (a) $(cA)\left(\frac{1}{c}A^{-1}\right) = \left(c\frac{1}{c}\right)(AA^{-1}) = I$, and

$$\left(\frac{1}{c}A^{-1}\right)(cA) = \left(\frac{1}{c}c\right)(A^{-1}A) = I.$$

Thus $(cA)^{-1} = \frac{1}{c}A^{-1}$.

13. $A = \begin{bmatrix} \frac{3}{2} & -\frac{1}{2} \\ -2 & 1 \end{bmatrix}$

15. (a) $(3A)^{-1} = \begin{bmatrix} \frac{2}{3} & -\frac{1}{3} \\ -\frac{5}{3} & 1 \end{bmatrix}$

(c) $A^{-2} = (A^{-1})^2 = \begin{bmatrix} 9 & -5 \\ -25 & 14 \end{bmatrix}$

16. (a) $(2A^t)^{-1} = \frac{1}{2}\begin{bmatrix} 2 & -9 \\ -1 & 5 \end{bmatrix}$

(c) $(AA^t)^{-1} = \begin{bmatrix} 85 & -47 \\ -47 & 26 \end{bmatrix}$

17. $x = 2$

19. $A = \begin{bmatrix} -\frac{1}{4} & \frac{1}{4} \\ -\frac{3}{16} & \frac{1}{8} \end{bmatrix}$

21. $(A^tB^t)^{-1} = (B^t)^{-1}(A^t)^{-1} = (B^{-1})^t(A^{-1})^t = (A^{-1}B^{-1})^t$

24. (a) $AB = AC$ so $A^{-1}AB = A^{-1}AC$. Thus $B = C$.

28. (a) True: A is invertible. Thus there exists a matrix denoted A^{-1}, such that $AA^{-1} = A^{-1}A = I$. This also shows that the inverse of A^{-1} is A.

(c) False: For example, let

$$A = \begin{bmatrix} 1 & 0 & 0 \\ 0 & 0 & 1 \\ 0 & 1 & 0 \end{bmatrix}.\ A^{-1} = \begin{bmatrix} 1 & 0 & 0 \\ 0 & 0 & 1 \\ 0 & 1 & 0 \end{bmatrix}$$

29. (a) 8,125 multiplications and 7,800 additions

(b) 16,250 multiplications and 15,000 additions

31. $\begin{bmatrix} 0 & 1 & 0 \\ 1 & 0 & 0 \\ 0 & 0 & 1 \end{bmatrix}\begin{bmatrix} a & b & c \\ d & e & f \\ g & h & i \end{bmatrix} = \begin{bmatrix} d & e & f \\ a & b & c \\ g & h & i \end{bmatrix}.$

$\begin{bmatrix} 1 & 0 & 0 \\ 0 & 1 & 0 \\ 0 & 0 & -2 \end{bmatrix}\begin{bmatrix} a & b & c \\ d & e & f \\ g & h & i \end{bmatrix} = \begin{bmatrix} a & b & c \\ d & e & f \\ -2g & -2h & -2i \end{bmatrix}.$

$\begin{bmatrix} 1 & 0 & 0 \\ 0 & 1 & 0 \\ 4 & 0 & 1 \end{bmatrix}\begin{bmatrix} a & b & c \\ d & e & f \\ g & h & i \end{bmatrix} = \begin{bmatrix} a & b & c \\ d & e & f \\ g+4a & h+4b & i+4c \end{bmatrix}.$

33. (a) Interchange rows 1 and 3.

(c) Multiply row 3 by 4.

(e) Add -4 times row 1 to row 3.

34. $0 \le Y \le 255$, $-151.98 \le I \le 151.89$, $-133.365 \le Q \le 133.365$.

37. 57, 44, 26, 24, 17, 13, −1, 6

39. PEACE

연습문제 2.5

1. $\begin{bmatrix} 8 \\ 1 \end{bmatrix}, \begin{bmatrix} 0 \\ 4 \end{bmatrix}, \begin{bmatrix} -8 \\ 7 \end{bmatrix}$ **3.** $\begin{bmatrix} 1 \\ 4 \\ 1 \end{bmatrix}, \begin{bmatrix} 8 \\ 7 \\ 8 \end{bmatrix}, \begin{bmatrix} 9 \\ 1 \\ 9 \end{bmatrix}$

4. $\begin{bmatrix} -1 & 0 \\ 0 & 1 \end{bmatrix}, \begin{bmatrix} -3 \\ 2 \end{bmatrix}$

5. (a) $\begin{bmatrix} 0 & -1 \\ 1 & 0 \end{bmatrix}, \begin{bmatrix} -1 \\ 2 \end{bmatrix}$

(c) $\begin{bmatrix} \frac{1}{\sqrt{2}} & \frac{-1}{\sqrt{2}} \\ \frac{1}{\sqrt{2}} & \frac{1}{\sqrt{2}} \end{bmatrix}, \begin{bmatrix} \frac{1}{\sqrt{2}} \\ \frac{3}{\sqrt{2}} \end{bmatrix}$

(d) $\begin{bmatrix} -1 & 0 \\ 0 & -1 \end{bmatrix}, \begin{bmatrix} -2 \\ -1 \end{bmatrix}$

(f) $\begin{bmatrix} \frac{\sqrt{3}}{2} & \frac{-1}{2} \\ \frac{1}{2} & \frac{\sqrt{3}}{2} \end{bmatrix}, \begin{bmatrix} \sqrt{3} - \frac{1}{2} \\ 1 + \frac{\sqrt{3}}{2} \end{bmatrix}$

6. $x^2 + y^2 = 9$

8. Vertices of the image of the unit square $((1, 0), (1, 1), (0, 1), (0, 0))$ are

(a) $(0, 1), (-1, 1), (-1, 0), (0, 0)$

(c) $(3, 1), (3, 5), (0, 4), (0, 0)$

9. Vertices of the image of the unit square $((1, 0), (1, 1), (0, 1), (0, 0))$ are

(a) $(-2, 0), (-5, 4), (-3, 4), (0, 0)$

(c) $(0, 2), (-2, 2), (-2, 0), (0, 0)$

10. (a) $\begin{bmatrix} -1 & -2 \\ 16 & 2 \end{bmatrix}, \begin{bmatrix} -9 \\ 84 \end{bmatrix}$ **(b)** $\begin{bmatrix} 6 & 10 & 2 \\ -3 & -3 & 3 \end{bmatrix}, \begin{bmatrix} 16 \\ 6 \end{bmatrix}$

(c) $\begin{bmatrix} 6 & -2 \\ 3 & -3 \\ 0 & 4 \end{bmatrix}, \begin{bmatrix} -22 \\ -15 \\ 8 \end{bmatrix}$

12. (a) $\begin{bmatrix} 0 & -0.5 \\ 0.5 & 0 \end{bmatrix}, \begin{bmatrix} -0.5 \\ 1 \end{bmatrix}$ **(c)** $\begin{bmatrix} 0 & 3 \\ 3 & 0 \end{bmatrix}, \begin{bmatrix} 3 \\ 6 \end{bmatrix}$

13. $\begin{bmatrix} 0 & -2 \\ 2 & 0 \end{bmatrix}$

20. Let $A = \begin{bmatrix} \cos\theta & -\sin\theta \\ \sin\theta & \cos\theta \end{bmatrix}$, the rotation matrix. Then

$$AA^t = \begin{bmatrix} \cos\theta & -\sin\theta \\ \sin\theta & \cos\theta \end{bmatrix}\begin{bmatrix} \cos\theta & \sin\theta \\ -\sin\theta & \cos\theta \end{bmatrix}$$
$$= \begin{bmatrix} \cos^2\theta + \sin^2\theta & \cos\theta\sin\theta - \sin\theta\cos\theta \\ \sin\theta\cos\theta - \cos\theta\sin\theta & \sin^2\theta + \cos^2\theta \end{bmatrix}$$
$$= \begin{bmatrix} 1 & 0 \\ 0 & 1 \end{bmatrix}$$

Similarly, $A^tA = I$. Thus $A^{-1} = A^t$. So A is orthogonal.

22. Triangle with vertices $(2, -3)$, $(4, -1)$, and $(5, 1)$.

24. (a) $\begin{bmatrix} 1 \\ 0 \end{bmatrix} \mapsto \begin{bmatrix} 6 \\ 4 \end{bmatrix}, \begin{bmatrix} 1 \\ 1 \end{bmatrix} \mapsto \begin{bmatrix} 6 \\ 6 \end{bmatrix}, \begin{bmatrix} 0 \\ 1 \end{bmatrix} \mapsto \begin{bmatrix} 4 \\ 6 \end{bmatrix}$, and $\begin{bmatrix} 0 \\ 0 \end{bmatrix} \mapsto \begin{bmatrix} 4 \\ 4 \end{bmatrix}$.

$x^2 + y^2 = 1 \mapsto (x - 4)^2 + (y - 4)^2 = 4$

연습문제 2.6

1.
$$\begin{aligned} T((x_1, y_1) + (x_2, y_2)) &= T(x_1 + x_2, y_1 + y_2) \\ &= (2(x_1 + x_2), x_1 + x_2 - y_1 - y_2) \\ &= (2x_1 + 2x_2, x_1 - y_1 + x_2 - y_2) \\ &= (2x_1, x_1 - y_1) + (2x_2, x_2 - y_2) \\ &= T(x_1, y_1) + T(x_2, y_2) \end{aligned}$$
$$\begin{aligned} \text{and } T(c(x, y)) &= T(cx, cy) \\ &= (2cx, cx - cy) \\ &= c(2x, x - y) = cT(x, y), \end{aligned}$$

thus T is linear. $T(1, 2) = (2, -1)$ and $T(-1, 4) = (-2, -5)$.

3.
$$\begin{aligned} &T((x_1, y_1, z_1) + (x_2, y_2, z_2)) \\ &= T(x_1 + x_2, y_1 + y_2, z_1 + z_2) \\ &= (0, y_1 + y_2, 0) \\ &= (0, y_1, 0) + (0, y_2, 0) \\ &= T(x_1, y_1, z_1) + T(x_2, y_2, z_2) \end{aligned}$$
$$\begin{aligned} \text{and } T(c(x, y, z)) &= T(cx, cy, cz) \\ &= (0, cy, 0) \\ &= c(0, y, 0) \\ &= cT(x, y, z). \end{aligned}$$

Thus T is linear. The image of (x, y, z) under T is the projection of (x, y, z) on the y-axis.

4. (a) $T(c(x, y, z)) = T(cx, cy, cz) = (3cx, (cy)^2) = (3cx, c^2y^2) = c(3x, cy^2) \neq c(3x, y^2)$. Thus scalar multiplication is not preserved. T is not linear.

6. T is linear.

8. (a) T is linear.

(b) T is not linear.

10. T is not linear.

11. T is linear.

12. (a) $\begin{bmatrix} 2 & 0 \\ 1 & -1 \end{bmatrix}$ **(c)** $\begin{bmatrix} 2 & -5 \\ 0 & 3 \end{bmatrix}$

13. (a) $\begin{bmatrix} 1 & 0 \\ 0 & 1 \\ 1 & 1 \end{bmatrix}$. $A\begin{bmatrix} x \\ y \end{bmatrix} = \begin{bmatrix} x \\ y \\ x+y \end{bmatrix}$.

(c) $\begin{bmatrix} 2 & 0 & 0 \\ 1 & 1 & 0 \end{bmatrix}$. $A\begin{bmatrix} x \\ y \\ z \end{bmatrix} = \begin{bmatrix} 2x \\ x+y \end{bmatrix}$.

16. $\begin{bmatrix} 1 & 0 \\ 0 & 0 \end{bmatrix}$

19. $\begin{bmatrix} a & 0 \\ 0 & b \end{bmatrix}$

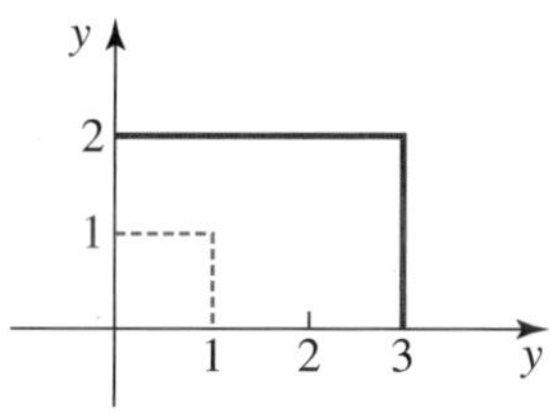

Sketch for Exercise 19

20. Line $y = 3x$

22. $\begin{bmatrix} 1 & c \\ 0 & 1 \end{bmatrix}$. If $c = 2$, then $\begin{bmatrix} 1 \\ 0 \end{bmatrix} \mapsto \begin{bmatrix} 1 \\ 0 \end{bmatrix}, \begin{bmatrix} 1 \\ 1 \end{bmatrix} \mapsto \begin{bmatrix} 3 \\ 1 \end{bmatrix}$, and $\begin{bmatrix} 0 \\ 1 \end{bmatrix} \mapsto \begin{bmatrix} 2 \\ 1 \end{bmatrix}$.

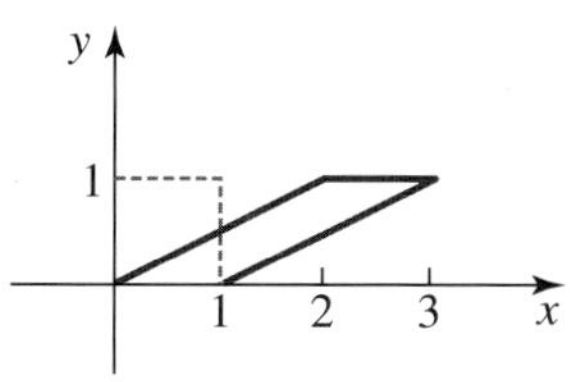

Sketch for Exercise 22

24. Line $16y = 3x$

25. (a) $\begin{bmatrix} 3 & 6 \\ 0 & 3 \end{bmatrix}, \begin{bmatrix} 21 \\ 6 \end{bmatrix}$ **(b)** $\begin{bmatrix} 0 & 2 \\ 3 & 0 \end{bmatrix}, \begin{bmatrix} 4 \\ 9 \end{bmatrix}$

27. Pairs that commute are D and R, D and F, D and S, and D and H.

28. $\begin{bmatrix} 0 & 1 & 0 \\ -1 & 0 & 0 \\ 0 & 0 & 1 \end{bmatrix}$

30. $\begin{bmatrix} 0 & -1 & 6 \\ 1 & 0 & -4 \\ 0 & 0 & 1 \end{bmatrix}$. Image of the unit square is the square with vertices $(6, -3), (5, -3), (5, -4), (6, -4)$.

31. $T^{-1} = \begin{bmatrix} 1 & 0 & -h \\ 0 & 1 & -k \\ 0 & 0 & 1 \end{bmatrix}$

33. $SRT = \begin{bmatrix} 0 & 3 & -9 \\ -5 & 0 & -20 \\ 0 & 0 & 1 \end{bmatrix}$. Image of the given triangle is the triangle with vertices $(9, -25), (-9, -35)$, and $(9, -40)$.

34. (a) $T(c\mathbf{v}) = cT(\mathbf{v})$. Let $c = -1$. $T(-\mathbf{v}) = T((-1)\mathbf{v}) = (-1)T(\mathbf{v}) = -T(\mathbf{v})$.

38. (a) True:
$$\begin{aligned} T((x_1, y_1) + (x_2, y_2)) &= T(x_1 + x_2, y_1 + y_2) \\ &= (x_1 + x_2, y_1 + y_2) \\ &= (x_1, y_1) + (x_2, y_2). \\ T(c(x_1, y_1)) &= T((cx_1, cy_1)) \\ &= (cx_1, cy_1) = c(x_1, y_1). \end{aligned}$$
Thus linear. T is called the identity transformation.

(c) False: Any 3×2 matrix defines a linear transformation from $\mathbf{R}^2$ to $\mathbf{R}^3$.

연습문제 2.7

1. (a) $a_{32} = 0.25$

(c) electrical industry $(a_{43} = 0.30)$

(e) steel industry $(a_{21} = 0.40)$

2. $\begin{bmatrix} 60 \\ 40 \end{bmatrix}, \begin{bmatrix} \frac{45}{2} \\ \frac{50}{3} \end{bmatrix}, \begin{bmatrix} 15 \\ 20 \end{bmatrix}$

4. $\begin{bmatrix} 210 \\ 175 \end{bmatrix}, \begin{bmatrix} \frac{100}{7} \\ \frac{50}{3} \end{bmatrix}, \begin{bmatrix} 40 \\ \frac{70}{3} \end{bmatrix}, \begin{bmatrix} 150 \\ 105 \end{bmatrix}$

5. $\begin{bmatrix} 15 \\ 24 \\ 32 \end{bmatrix}, \begin{bmatrix} 15 \\ 32 \\ 56 \end{bmatrix}, \begin{bmatrix} 30 \\ 56 \\ 48 \end{bmatrix}$

7. $D = \begin{bmatrix} 2.4 \\ 5 \end{bmatrix}$

9. $D = \begin{bmatrix} 4 \\ 0.9 \\ 0.65 \end{bmatrix}$

연습문제 2.8

1. (a) stochastic

(c) not stochastic

(e) stochastic

3. If A and B are doubly stochastic matrices, then AB is stochastic, and A^t and B^t are stochastic, so $B^tA^t = (AB)^t$ is stochastic. Thus AB is doubly stochastic.

4. (a) $p_{21} = 0.1$

(c) Vacant land in 2005 has the highest probability (0.35) of becoming office land in 2010.

5. (a) 0.0588

7. 2016: City 82.1800 million, Suburb 177.17 million, Nonmetro 49.65 million

2017: City 81.4092 million, Suburb 176.3403 million, Nonmetro 51.2505 million

2018: City 80.6850 million, Suburb 175.5120 million, Nonmetro 52.8030 million

Probability of living in the city in 2015 and living in a nonmetropolitan area in 2017 is 0.0197.

8. The predicted 2020 city population is 83.7895 million, and suburban population is 190.5241 million.

11. (a) 0.2

(b) White-collar 14,000; Manual 16,000

13. Small 59,488; Large 30,512

15. $AA\,\frac{1}{4}$, $Aa\,\frac{1}{2}$, $aa\,\frac{1}{4}$

연습문제 2.9

1. (a) adjacency matrix $\begin{bmatrix} 0 & 1 & 0 \\ 1 & 0 & 1 \\ 1 & 0 & 0 \end{bmatrix}$, distance matrix $\begin{bmatrix} 0 & 1 & 2 \\ 1 & 0 & 1 \\ 1 & 2 & 0 \end{bmatrix}$

(c) adjacency matrix $\begin{bmatrix} 0 & 1 & 1 & 1 & 1 \\ 0 & 0 & 0 & 0 & 0 \\ 0 & 0 & 0 & 0 & 0 \\ 0 & 0 & 0 & 0 & 0 \\ 0 & 0 & 0 & 0 & 0 \end{bmatrix}$, distance matrix $\begin{bmatrix} 0 & 1 & 1 & 1 & 1 \\ x & 0 & x & x & x \\ x & x & 0 & x & x \\ x & x & x & 0 & x \\ x & x & x & x & 0 \end{bmatrix}$

2. (a) 2 **(c)** undefined

3. (a)

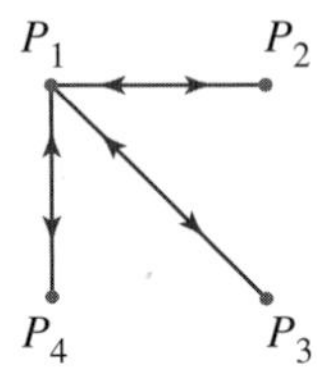

(d)

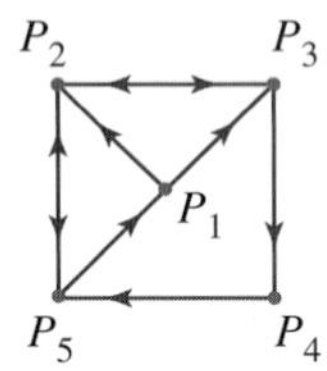

5.

	R	B	D	G	I
Raccoon	0	0	0	0	1
Bird	0	0	0	1	1
Deer	0	0	0	1	0
Grass	0	0	0	0	0
Insect	0	0	0	1	0

7.

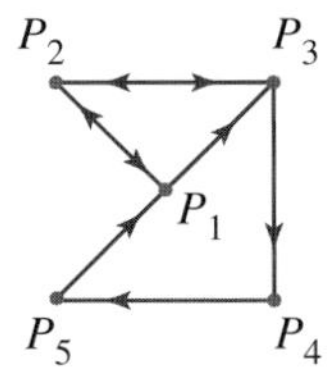

(a) $P_2 \to P_3 \to P_4 \to P_5$ length $= 3$

(b) $P_3 \to P_4 \to P_5 \to P_1 \to P_2$ length $= 4$

distance matrix

$$\begin{bmatrix} 0 & 1 & 1 & 2 & 3 \\ 1 & 0 & 1 & 2 & 3 \\ 3 & 4 & 0 & 1 & 2 \\ 2 & 3 & 3 & 0 & 1 \\ 1 & 2 & 2 & 3 & 0 \end{bmatrix}$$

8. (a) $(a_{22})^2 = 1$. One 2-path from P_2 to P_2.

$(a_{24})^2 = 0$. No 2-path from P_2 to P_4.

$(a_{31})^2 = 1$. One 2-path from P_3 to P_1.

$(a_{42})^2 = 1$. One 2-path from P_4 to P_2.

$(a_{12})^3 = 1$. One 3-path from P_1 to P_2.

$(a_{24})^3 = 0$. No 3-path from P_2 to P_4.

$(a_{32})^3 = 1$. One 3-path from P_3 to P_2.

$(a_{41})^3 = 1$. One 3-path from P_4 to P_1.

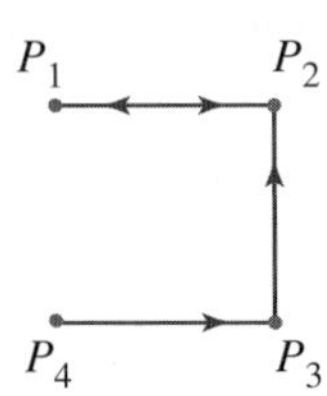

9. (a) No arcs from P_3 to any other vertex.

(c) Three arcs from P_5.

(f) No 4-paths lead to P_3.

10. (a) No arcs from P_2 to any other vertex.

(c) There is an arc from P_4 to every other vertex.

(e) Five arcs from P_3.

(g) Seven arcs in the digraph.

(i) Four 5-paths lead to P_3.

11. Digraph

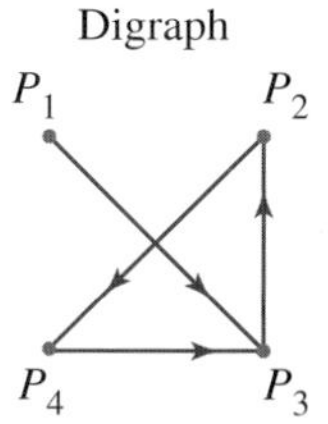

13. (a) Digraph

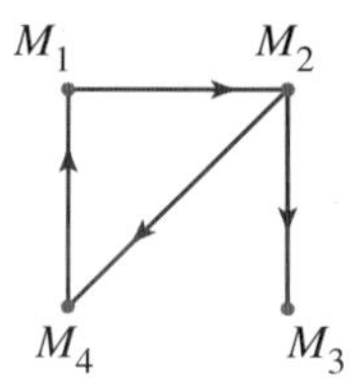

$$D = \begin{bmatrix} 0 & 1 & 2 & 2 \\ 2 & 0 & 1 & 1 \\ x & x & 0 & x \\ 1 & 2 & 3 & 0 \end{bmatrix} \begin{matrix} 5 \\ 4 \\ 3x \\ 6 \end{matrix}$$

Most to least influential: M_2, M_1, M_4, M_3

15.

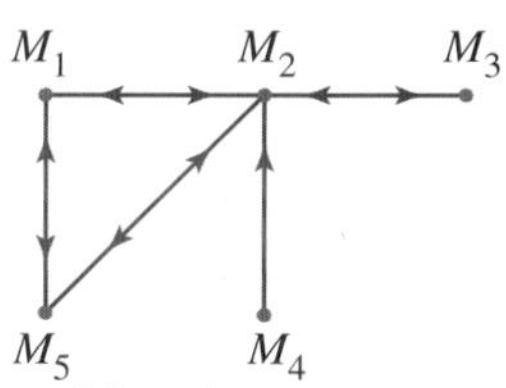

Digraph

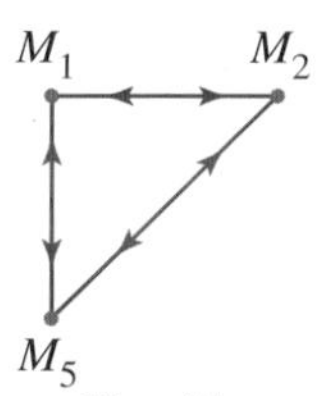

Has this one clique

17. If the digraph of A contains an arc from P_i to P_j, then the digraph of A^t contains an arc from P_j to P_i. If the digraph of A does not contain an arc from P_i to P_j, then the digraph of A^t does not contain an arc from P_j to P_i.

19. If a path from P_i to P_j contains P_k twice, $P_i \to \cdots \to P_k \to \cdots \to P_k \to \cdots \to P_j$, then there is a shorter path from P_i to P_j obtained by omitting the path from P_k to P_k.

21. $a_{ik}a_{jk} = 1$ if station k can receive messages directly from both station i and station j, and $a_{ik}a_{jk} = 0$ otherwise. Thus $c_{ij} = a_{i1}a_{j1} + a_{i2}a_{j2} + \cdots + a_{in}a_{jn}$ is the number of stations that can receive messages directly from both station i and station j.

22. (a) $\begin{bmatrix} 1 & 1 & 0 & 0 \\ 1 & 1 & 0 & 0 \\ 1 & 1 & 1 & 0 \\ 1 & 1 & 1 & 1 \end{bmatrix}$ **(c)** $\begin{bmatrix} 1 & 1 & 1 & 1 \\ 1 & 1 & 1 & 1 \\ 1 & 1 & 1 & 1 \\ 1 & 1 & 1 & 1 \end{bmatrix}$

23. $n - 1$

24. (a) Yes **(b)** No

28. (a) No

2장 복습문제

1. (a) $\begin{bmatrix} 28 & 0 \\ 100 & -6 \end{bmatrix}$ **(b)** does not exist

(c) $\begin{bmatrix} 28 & 0 \\ 69 & -6 \end{bmatrix}$ **(d)** $\begin{bmatrix} -6 \\ 26 \end{bmatrix}$

(e) $\begin{bmatrix} 54 & -9 & 27 \\ 46 & -6 & 14 \end{bmatrix}$ **(f)** does not exist

2. (a) 2×2 **(b)** 2×3

(c) 2×2 **(d)** does not exist

(e) 3×2 **(f)** does not exist

(g) 2×2

3. (a) 16 **(b)** -8

4. (a) $AB_1 = \begin{bmatrix} 3 & 1 \\ 7 & 2 \end{bmatrix}\begin{bmatrix} 1 \\ 2 \end{bmatrix} = \begin{bmatrix} 5 \\ 11 \end{bmatrix}$,

$AB_2 = \begin{bmatrix} 3 & 1 \\ 7 & 2 \end{bmatrix}\begin{bmatrix} 3 \\ 0 \end{bmatrix} = \begin{bmatrix} 9 \\ 21 \end{bmatrix}$,

$AB_3 = \begin{bmatrix} 3 & 1 \\ 7 & 2 \end{bmatrix}\begin{bmatrix} 6 \\ -1 \end{bmatrix} = \begin{bmatrix} 17 \\ 40 \end{bmatrix}$.

$AC = \begin{bmatrix} 5 & 9 & 17 \\ 11 & 21 & 40 \end{bmatrix}$.

(b) $PQ = 2\begin{bmatrix} 1 \\ 5 \end{bmatrix} - 3\begin{bmatrix} 2 \\ -1 \end{bmatrix} + 5\begin{bmatrix} 3 \\ 4 \end{bmatrix}$

(c) $B = \left[\begin{array}{c|c|c} 2 & 4 & 2 \\ -1 & 3 & 7 \\ \hline 0 & 1 & -2 \end{array}\right], \left[\begin{array}{c|cc} 2 & 4 & 2 \\ -1 & 3 & 7 \\ \hline 0 & 1 & -2 \end{array}\right]$,

$\left[\begin{array}{cc|c} 2 & 4 & 2 \\ -1 & 3 & 7 \\ \hline 0 & 1 & -2 \end{array}\right]$, or $\left[\begin{array}{ccc} 2 & 4 & 2 \\ -1 & 3 & 7 \\ \hline 0 & 1 & -2 \end{array}\right]$.

5. (a) $\begin{bmatrix} 9 & 0 \\ 5 & 4 \end{bmatrix}$ **(b)** $\begin{bmatrix} -4 & 1 \\ 4 & -2 \end{bmatrix}$

(c) $\begin{bmatrix} -39 & 15 \\ 24 & -12 \end{bmatrix}$ **(d)** $\begin{bmatrix} 4 & 2 \\ 0 & 2 \end{bmatrix}$

6. e.g., $X_3 = \begin{bmatrix} 5 \\ 3 \\ -1 \\ 2 \end{bmatrix} + \begin{bmatrix} 3 \\ -1 \\ 1 \\ 2 \end{bmatrix} = \begin{bmatrix} 8 \\ 2 \\ 0 \\ 4 \end{bmatrix}$.

$$X_4 = 2\begin{bmatrix} 5 \\ 3 \\ -1 \\ 2 \end{bmatrix} = \begin{bmatrix} 10 \\ 6 \\ -2 \\ 4 \end{bmatrix}.$$

$$X_5 = 3\begin{bmatrix} 3 \\ -1 \\ 1 \\ 2 \end{bmatrix} = \begin{bmatrix} 9 \\ -3 \\ 3 \\ 6 \end{bmatrix}$$

$$X_6 = X_4 + X_5 = \begin{bmatrix} 10 \\ 6 \\ -2 \\ 4 \end{bmatrix} + \begin{bmatrix} 9 \\ -3 \\ 3 \\ 6 \end{bmatrix} = \begin{bmatrix} 19 \\ 3 \\ 1 \\ 10 \end{bmatrix}$$

Solution when $x = 1, y = 9$: $\begin{bmatrix} 1 \\ 9 \\ -5 \\ -2 \end{bmatrix}$

7. Subspace: $(2r - 3s, -4r + s, r, s)$, or $r(2, -4, 1, 0) + s(-3, 1, 0, 1)$. Subspace has basis $\{(2, -4, 1, 0), (-3, 1, 0, 1)\}$. Dimension is 2.

8. (a) $x_1 + 2x_2 - 8x_3 = 0, x_2 - 3x_3 = 0,$ $x_1 + x_2 - 5x_3 = 0$. General solution $(2r, 3r, r)$.

(b) Basis $\{(2, 3, 1)\}$. Line through the origin defined by the vector $(2, 3, 1)$.

(c) Line defined by the vector $(2, 3, 1)$ slid in a manner defined by the vector $(4, 2, 0)$. I.e., it is the line through the point $(4, 2, 0)$ parallel to the line defined by the vector $(2, 3, 1)$.

9. (a) $\begin{bmatrix} \frac{1}{9} & \frac{4}{9} \\ \frac{2}{9} & -\frac{1}{9} \end{bmatrix}$

(b) $\begin{bmatrix} 0 & 2 & -1 \\ 1 & 1 & -1 \\ -\frac{2}{3} & -1 & 1 \end{bmatrix}$

(c) $\begin{bmatrix} -40 & 16 & 9 \\ 13 & -5 & -3 \\ 5 & -2 & -1 \end{bmatrix}$

10. $\begin{bmatrix} x_1 \\ x_2 \\ x_3 \end{bmatrix} = \begin{bmatrix} 14 & -8 & -1 \\ -17 & 10 & 1 \\ -19 & 11 & 1 \end{bmatrix}\begin{bmatrix} 1 \\ 5 \\ 7 \end{bmatrix} = \begin{bmatrix} -33 \\ 40 \\ 43 \end{bmatrix}$

11. $A = \begin{bmatrix} 3 & 6 \\ 2 & 5 \end{bmatrix}$

13. (a) $R1 \leftrightarrow R3$: $\begin{bmatrix} 0 & 0 & 1 \\ 0 & 1 & 0 \\ 1 & 0 & 0 \end{bmatrix}$.

$-4R2 + R1$: $\begin{bmatrix} 1 & -4 & 0 \\ 0 & 1 & 0 \\ 0 & 0 & 1 \end{bmatrix}$.

(b) Add 2 times row 1 to row 3. Interchange rows 2 and 3.

14. $(cA)^n = (cA)(cA)\cdots(cA) = c^nA^n$.

15. The ith diagonal element of AA^t is

$$a_{i1}a_{i1} + a_{i2}a_{i2} + \cdots + a_{in}a_{in}$$
$$= (a_{i1})^2 + (a_{i2})^2 + \cdots + (a_{in})^2.$$

Since each term is a square, the sum can equal zero only if each term is zero, i.e., if each $a_{ij} = 0$. Thus if $AA^t = 0$, then $A = 0$.

16. If A is a symmetric matrix, then $A = A^t$, so $AA^t = A^2 = A^tA$ and A is normal.

17. If $A = A^2$, then $A^t = (A^2)^t = (A^t)^2$, so A^t is idempotent.

18. If $n < p$, $A^n \neq 0$, so $(A^n)^t \neq 0$, so $(A^t)^n \neq 0$ (Exercise 7, Section 3 of the "Matrices and Linear Transformations" chapter). $A^p = 0$, so $(A^p)^t = (A^t)^p = 0$. Thus, A^t is nilpotent with degree of nilpotency $= p$.

19. $A = A^t$, so $A^{-1} = (A^t)^{-1} = (A^{-1})^t$, so A^{-1} is symmetric.

20. If row i of A is all zeros, then row i of AB is all zeros for any matrix B. The ith diagonal term of I_n is 1, so there is no matrix B for which $AB = I_n$.

21. $\begin{bmatrix} 0 \\ 1 \end{bmatrix}, \begin{bmatrix} 1 \\ 18 \end{bmatrix}$

22. (a) T is linear.

(b) T is not linear.

23. $\begin{bmatrix} 1 & 2 \\ 3 & -1 \end{bmatrix}$

24. $\begin{bmatrix} \frac{3\sqrt{3}}{2} & \frac{-3}{2} \\ \frac{3}{2} & \frac{3\sqrt{3}}{2} \end{bmatrix}$

25. $\begin{bmatrix} 0 & -1 \\ -1 & 0 \end{bmatrix}$

26. $\begin{bmatrix} \frac{1}{2} & -\frac{1}{2} \\ -\frac{1}{2} & \frac{1}{2} \end{bmatrix}$

27. $y = -2x + 2$

28. $y = 5x + 3$

29. $\begin{bmatrix} -2 & 0 \\ 3 & 1 \end{bmatrix}$

30. $A + B = \begin{bmatrix} 5 + i & 5 - 5i \\ 6 + 10i & -3 + i \end{bmatrix}$

$AB = \begin{bmatrix} 35 + 24i & -3 + 6i \\ 7 + 6i & 12 - 6i \end{bmatrix}$

$A^* = A$, so A is hermitian.

31. If A is a real symmetric matrix, then $\overline{A} = A = A^t$ so $A^* = A^t = A$. Thus A is hermitian.

32. $g_{12} = 1, g_{13} = 0, g_{14} = 0, g_{15} = 0, g_{23} = 0, g_{24} = 0, g_{25} = 1, g_{34} = 1, g_{35} = 1, g_{45} = 0$, so $1 \to 2 \to 5 \to 3 \to 4$ or $4 \to 3 \to 5 \to 2 \to 1$.

$p_{12} = 1, p_{13} = 0, p_{14} = 0, p_{23} = 1, p_{24} = 0, p_{34} = 1$, so $1 \to 2 \to 3 \to 4$ or $4 \to 3 \to 2 \to 1$.

33. 559,875 college-educated, 490,125 noncollege-educated. Probability 0.41.

34. **(a)** No arcs lead to vertex 4.

(b) There are two arcs from vertex 3.

(c) There are four 3-paths from vertex 2.

(d) No 2-paths lead to vertex 3.

(e) There are two 3-paths from vertex 4 to vertex 4.

(f) There are three pairs of vertices joined by 4-paths.

CHAPTER 3

연습문제 3.1

1. **(a)** 7 **(c)** 14

2. **(a)** 3 **(c)** 13

3. **(a)** $M_{11} = C_{11} = -6$ **(c)** $M_{23} = -13, C_{23} = 13$

4. **(a)** $M_{13} = C_{13} = 12$ **(c)** $M_{31} = C_{31} = -3$

5. **(a)** $M_{12} = -59, C_{12} = 59$

(c) $M_{33} = -177, C_{33} = -177$

6. **(a)** -15 **(c)** -7

7. **(a)** 393 **(c)** 0

8. **(a)** -31 **(c)** -45

9. **(a)** -31 **(c)** 12

10. **(a)** -27 **(c)** -72

11. **(a)** -248 **(c)** 21

12. $x = 5$ or $x = -1$

14. $x = \sqrt{3}$ or $x = -\sqrt{3}$

16. They have the same cofactor expansion using the third column.

18. **(a)** even **(c)** odd

(e) even

19. **(a)** odd **(c)** odd

(e) odd

연습문제 3.2

1. **(a)** -5 **(c)** 0

2. **(a)** 20 **(c)** 0

3. **(a)** -4 **(c)** -2

4. **(a)** -5 **(c)** 5

5. The second answer is correct.

6. **(a)** Row 3 is all zeros.

(c) Row 3 is -3 times row 1.

7. **(a)** Column 3 is all zeros.

(c) Row 3 is 3 times row 1.

8. **(a)** 12 **(c)** 9

(e) 9

9. **(a)** -6 **(c)** -6

(e) -12

10. **(a)** 3 **(c)** 3

12. **(a)** -12 **(b)** -60

13. **(a)** -4 **(c)** 0

14. **(a)** -104

15. Expand by row (or column) 1 at each stage.

18. Suppose the sum of the elements in each column is 0. Add each row after the first to row 1 to get a matrix B, which is row equivalent to A and has the same determinant as A. The first row of B is all zeros, so $|A| = |B| = 0$.

20. $|AB| = |A||B| = |B||A| = |BA|$.

23. If B is obtained from A using an elementary row operation, then $|B| = |A|$ or $|B| = -|A|$ or $|B| = c|A|$. Since $c \neq 0$ by definition, $|B| \neq 0$ if and only if $|A| \neq 0$.

연습문제 3.3

1. (a) invertible **(c)** not invertible

2. (a) invertible **(c)** invertible

3. (a) invertible **(c)** invertible

4. (a) not invertible **(c)** invertible

5. (a) $\frac{-1}{10}\begin{bmatrix} 2 & -4 \\ -3 & 1 \end{bmatrix}$ **(c)** not invertible

6. (a) $\frac{-1}{3}\begin{bmatrix} -7 & 9 & 1 \\ 8 & -9 & -2 \\ -4 & 3 & 1 \end{bmatrix}$

(c) $\frac{-1}{4}\begin{bmatrix} -6 & 2 & -2 \\ -3 & 1 & 1 \\ -8 & 4 & 0 \end{bmatrix}$

7. (a) $-\begin{bmatrix} -1 & 2 & 0 \\ 2 & -1 & -2 \\ 0 & -2 & 1 \end{bmatrix}$

(c) The inverse does not exist.

8. (a) $x_1 = 2, x_2 = 3$

(c) $x_1 = 2, x_2 = 3$

9. (a) $x_1 = -2, x_2 = 5$

(b) $x_1 = 1, x_2 = 4$

10. (a) $x_1 = 1, x_2 = 2, x_3 = -1$

(c) $x_1 = \frac{1}{2}, x_2 = \frac{1}{4}, x_3 = \frac{1}{4}$

11. (a) $x_1 = 3, x_2 = 0, x_3 = 1$

(c) $x_1 = \frac{1}{8}, x_2 = \frac{1}{4}, x_3 = \frac{1}{2}$

12. (a) $|A| = 0$, so this system of equations cannot be solved using Cramer's rule.

(c) $x_1 = \frac{1}{2}, x_2 = \frac{3}{8}, x_3 = \frac{3}{4}$

13. (a) not a unique solution

(c) not a unique solution

14. (a) unique solution

(c) not a unique solution

15. $\lambda = 7, x_1 = x_2 = r; \lambda = -4, x_1 = -\frac{6r}{5}, x_2 = r.$

17. $\lambda = 1, x_1 = -s - \frac{r}{2}, x_2 = s, x_3 = r;$

$\lambda = 10, x_1 = x_2 = 2r, x_3 = r.$

18. $AX = \lambda X = \lambda I_n X$, so $AX - \lambda I_n X = 0$. Thus $(A - \lambda I_n)X = 0$, and there is a nontrivial solution if and only if $|A - \lambda I_n| = 0$.

21. If A is invertible, then $\frac{1}{|A|}\text{adj}(A) = A^{-1}$, so that

$A\frac{1}{|A|}\text{adj}(A) = AA^{-1} = I_n$. Thus $\frac{1}{|A|}A = [\text{adj}(A)]^{-1}$.

25. If $|A| = \pm 1$, then $A^{-1} = \frac{1}{|A|}\text{adj}(A) = \pm\text{adj}(A)$, and since all elements of A are integers, all elements of $\text{adj}(A)$ are integers.

27. $AX = B_2$ has a unique solution if and only if $|A| \neq 0$ if and only if $AX = B_1$ has a unique solution.

28. (a) True: $|A^2| = |AA| = |A||A| = (|A|)^2$.

(c) True: $A^{-1} = \frac{\text{adj}(A)}{|A|}$ (Thm 3.5). Thus if $|A| = 1$, $A^{-1} = \text{adj}(A)$.

연습문제 3.4

1. $\lambda^2 - 7\lambda + 6; 6, 1; r\begin{bmatrix} 4 \\ 1 \end{bmatrix}, s\begin{bmatrix} -1 \\ 1 \end{bmatrix}$

2. $\lambda^2 - 5\lambda + 6; 2, 3; r\begin{bmatrix} -2 \\ 1 \end{bmatrix}, s\begin{bmatrix} -1 \\ 1 \end{bmatrix}$

4. $\lambda^2 - 2\lambda + 1; 1; r\begin{bmatrix} 1 \\ -2 \end{bmatrix}$

6. $\lambda^2 - 6\lambda + 9; 3; r\begin{bmatrix} 1 \\ 1 \end{bmatrix}$

8. $\lambda^2 - 4\lambda; 0, 4; r\begin{bmatrix} 2 \\ 1 \end{bmatrix}, s\begin{bmatrix} -2 \\ 1 \end{bmatrix}$

9. $-\lambda^3 + 2\lambda^2 + \lambda - 2; 1, -1, 2; r\begin{bmatrix} 1 \\ 0 \\ 1 \end{bmatrix}, s\begin{bmatrix} 1 \\ -1 \\ 1 \end{bmatrix}, t\begin{bmatrix} 0 \\ 1 \\ 1 \end{bmatrix}$

10. $(1 - \lambda)^2(3 - \lambda); 1, 3; r\begin{bmatrix} 1 \\ 1 \\ 1 \end{bmatrix}, s\begin{bmatrix} 0 \\ 1 \\ 1 \end{bmatrix}$

13. $(1 - \lambda)(2 - \lambda)(8 - \lambda); 1, 2, 8; r\begin{bmatrix} 1 \\ -1 \\ 1 \end{bmatrix}, s\begin{bmatrix} 0 \\ 1 \\ 1 \end{bmatrix}, t\begin{bmatrix} 1 \\ 0 \\ 1 \end{bmatrix}$

15. $(2 - \lambda)(2 - \lambda)(4 - \lambda)(6 - \lambda); 2, 4, 6;$

$r\begin{bmatrix} 1 \\ -1 \\ 0 \\ 0 \end{bmatrix} + s\begin{bmatrix} 0 \\ 0 \\ 1 \\ 1 \end{bmatrix}, t\begin{bmatrix} 0 \\ 1 \\ 0 \\ -1 \end{bmatrix}, p\begin{bmatrix} 1 \\ 0 \\ 0 \\ 1 \end{bmatrix}$

17. Characteristic polynomial $(1 - \lambda)^2$; eigenvalue 1. Eigenvectors are all the vectors in $\mathbf{R}^2$. Matrix is the identity transformation that maps each vector in $\mathbf{R}^2$ into itself.

19. Characteristic polynomial $(-2 - \lambda)^2$; eigenvalue -2. Eigenvectors are all the vectors in $\mathbf{R}^2$. Matrix maps each vector $\mathbf{v}$ in $\mathbf{R}^2$ into the vector $-2\mathbf{v}$.

20. $\begin{vmatrix} -\lambda & -1 \\ 1 & -\lambda \end{vmatrix} = \lambda^2 + 1 \neq 0$ for any real value of λ, so there are no real eigenvalues. The given matrix is a rotation matrix that rotates each vector in $\mathbf{R}^2$ through a 90° angle. Thus no vector has the same or opposite direction as its image.

24. If A is a diagonal matrix with diagonal elements a_{ii}, then $A - \lambda I_n$ is also a diagonal matrix with diagonal elements $a_{ii} - \lambda$. Thus $|A - \lambda I_n|$ is the product of the terms $a_{ii} - \lambda$, and the solutions of the equation $|A - \lambda I_n| = 0$ are the values $\lambda = a_{ii}$, the diagonal elements of A.

26. $(A - \lambda I_n)^t = A^t - (\lambda I_n)^t = A^t - \lambda I_n$, so $|A - \lambda I_n| = |(A - \lambda I_n)^t| = |A^t - \lambda I_n|$, that is, A and A^t have the same characteristic polynomial and therefore the same eigenvalues.

29. Have that $A\mathbf{x} = \lambda\mathbf{x}$. Thus $A^{-1}(A\mathbf{x}) = A^{-1}(\lambda\mathbf{x})$. $(A^{-1}A)\mathbf{x} = \lambda A^{-1}\mathbf{x}$. $(I)\mathbf{x} = \lambda A^{-1}\mathbf{x}$. $\mathbf{x} = \lambda A^{-1}\mathbf{x}$. $\lambda^{-1}\mathbf{x} = A^{-1}\mathbf{x}$.

32. The characteristic polynomial of A is $|A - \lambda I_n| = \lambda^n + c_{n-1}\lambda^{n-1} + \cdots + c_1\lambda + c_0$. Substituting $\lambda = 0$, this equation becomes $|A| = c_0$.

34. (a)
$$\begin{vmatrix} -\lambda & 2 \\ -1 & 3 - \lambda \end{vmatrix} = (-\lambda)(3 - \lambda) + 2 = \lambda^2 - 3\lambda + 2.$$
$$\begin{bmatrix} 0 & 2 \\ -1 & 3 \end{bmatrix}^2 - 3\begin{bmatrix} 0 & 2 \\ -1 & 3 \end{bmatrix} + 2\begin{bmatrix} 1 & 0 \\ 0 & 1 \end{bmatrix} = \begin{bmatrix} -2 & 6 \\ -3 & 7 \end{bmatrix} + \begin{bmatrix} 2 & -6 \\ 3 & -7 \end{bmatrix} = \begin{bmatrix} 0 & 0 \\ 0 & 0 \end{bmatrix}.$$

(c)
$$\begin{vmatrix} 6 - \lambda & -8 \\ 4 & -6 - \lambda \end{vmatrix} = (6 - \lambda)(-6 - \lambda) + 32 = \lambda^2 - 4.$$
$$\begin{bmatrix} 6 & -8 \\ 4 & -6 \end{bmatrix}^2 - 4\begin{bmatrix} 1 & 0 \\ 0 & 1 \end{bmatrix} = \begin{bmatrix} 4 & 0 \\ 0 & 4 \end{bmatrix} - \begin{bmatrix} 4 & 0 \\ 0 & 4 \end{bmatrix} = \begin{bmatrix} 0 & 0 \\ 0 & 0 \end{bmatrix}.$$

35. (a) False: Let A be a 3×3 matrix. The characteristic equation of A is $|A - \lambda I_n| = 0$. This will be a polynomial of degree 3 in λ. Thus 3, 2, or 1 distinct roots. 3, 2, or 1 distinct eigenvalues. In general, an $n \times n$ matrix has n, $n - 1, \ldots, 2$, or 1 distinct eigenvalues.

(c) False: Show that the sum of two eigenvectors from different eigenspaces is not an eigenvector.

연습문제 3.5

1. Metropolitan areas 206 million; nonmetropolitan areas 103 million.

3. $Q = \begin{bmatrix} 0.25 & 0.25 & 0.25 \\ 0.5 & 0.5 & 0.5 \\ 0.25 & 0.25 & 0.25 \end{bmatrix}$.

Long-term probabilities of Types AA, Aa, and aa are 0.25, 0.5, and 0.25.

4. $P = \begin{bmatrix} 0.65 & 0.23 \\ 0.35 & 0.77 \end{bmatrix}$ (columns: Wet, Dry; rows: Wet, Dry)

(a) 0.67 **(b)** Wet day: 0.4; Dry day: 0.6.

6. Room 1 2 3 4 (columns), rows 1, 2, 3, 4:
$$P = \begin{bmatrix} 0 & \frac{1}{3} & 0 & \frac{1}{4} \\ \frac{1}{2} & 0 & \frac{1}{3} & \frac{1}{4} \\ 0 & \frac{1}{3} & 0 & \frac{1}{2} \\ \frac{1}{2} & \frac{1}{3} & \frac{2}{3} & 0 \end{bmatrix}.$$
Distribution of rats in rooms 1, 2, 3, and 4 is 2:3:3:4. Long-term probability that a given rat will be in room 4 is $\frac{1}{3}$.

7. $P = \begin{bmatrix} 0.75 & 0.20 \\ 0.25 & 0.80 \end{bmatrix}$. Eventual distribution will be 44.4% using company A and 55.6% using company B.

9. The sum of the terms in each column of $A - I$ is zero. Thus $|A - 1I| = |A - I| = 0$, and 1 is an eigenvalue of A.

10. Predictions for the next four years:
$$X_0 = \begin{bmatrix} 50 \\ 35 \\ 15 \\ 10 \end{bmatrix}, X_1 = \begin{bmatrix} 230 \\ 20 \\ 7 \\ 1 \end{bmatrix}, X_2 = \begin{bmatrix} 122.5 \\ 92 \\ 4 \\ 0.7 \end{bmatrix},$$
$$X_3 = \begin{bmatrix} 472.7 \\ 49.0 \\ 18.4 \\ 0.4 \end{bmatrix}, X_4 = \begin{bmatrix} 300.60 \\ 189.08 \\ 9.80 \\ 1.84 \end{bmatrix}$$

Annual total growth trend is 47.20%.

	0–1	1–2	2–3	3–4
Long-term distribution trend:	76.27% :	20.72% :	2.82% :	0.19%.

3장 복습문제

1. **(a)** -7 **(b)** -18 **(c)** 29

2. **(a)** $M_{12} = -13, C_{12} = 13$
(b) $M_{31} = 1, C_{31} = 1$
(c) $M_{22} = 4, C_{22} = 4$

3. **(a)** 63 **(b)** 40

4. $x = 3$ or $x = 2$

5. **(a)** -15 **(b)** 51 **(c)** -65

6. **(a)** 6 **(b)** 2 **(c)** -12

7. **(a)** 10 **(b)** -20 **(c)** 82

8. **(a)** -54 **(b)** 32 **(c)** -8
(d) 16 **(e)** -8 **(f)** -4

9. $|B| \neq 0$ so B^{-1} exists, and A and B^{-1} can be multiplied. Let $C = AB^{-1}$. Then $CB = AB^{-1}B = A$.

10. $|C^{-1}AC| = |C^{-1}||AC| = |C^{-1}||A||C| = |C^{-1}||C||A| = |C^{-1}C||A| = |A|$

12. If $A^2 = A$, then $|A||A| = |A|$ so $|A| = 1$ or 0. If A is also invertible, then $|A| \neq 0$ so $|A| = 1$.

13. **(a)** $\begin{bmatrix} 2 & -5 \\ -1 & 3 \end{bmatrix}$ **(b)** $\frac{1}{17}\begin{bmatrix} 5 & -2 \\ 1 & 3 \end{bmatrix}$

(c) no inverse **(d)** $\frac{1}{20}\begin{bmatrix} 4 & -5 & 3 \\ 36 & 10 & -18 \\ -8 & 0 & 4 \end{bmatrix}$

14. **(a)** $x_1 = 1, x_2 = -3$ **(b)** $x_1 = 2, x_2 = -1, x_3 = 0$

16. $|A|$ is the product of the diagonal elements, and since $|A| \neq 0$ all diagonal elements must be nonzero.

17. If $|A| = \pm 1$, then $A^{-1} = \pm\text{adj}(A)$, so $X = A^{-1}AX = A^{-1}B = \pm\text{adj}(A)B$, which has all integer components.

18. $(5 - \lambda)(1 - \lambda)(-2 - \lambda)$.

$$\lambda = 5, r\begin{bmatrix} 1 \\ 1 \\ 1 \end{bmatrix}. \quad \lambda = 1, s\begin{bmatrix} 0 \\ 1 \\ 1 \end{bmatrix}. \quad \lambda = -2, t\begin{bmatrix} 1 \\ 0 \\ -1 \end{bmatrix}.$$

19. Let λ be an eigenvalue of A with eigenvector $\mathbf{x}$. A is invertible so $\lambda \neq 0$. $A\mathbf{x} = \lambda x$, so $\mathbf{x} = A^{-1}A\mathbf{x} = A^{-1}\lambda\mathbf{x} = \lambda A^{-1}\mathbf{x}$. Thus $\frac{1}{\lambda}\mathbf{x} = A^{-1}\mathbf{x}$, so the eigenvalues for A^{-1} are the inverses of the eigenvalues for A and the corresponding eigenvectors are the same.

20. $A\mathbf{x} = \lambda\mathbf{x}$, so $A\mathbf{x} - kI\mathbf{x} = \lambda\mathbf{x} - kI\mathbf{x} = \lambda\mathbf{x} - k\mathbf{x}$, so $(A - kI)\mathbf{x} = (\lambda - k)\mathbf{x}$. Thus $\lambda - k$ is an eigenvalue for $A - kI$ with corresponding eigenvector $\mathbf{x}$.

21. Predictions for the next four years:

$$X_0 = \begin{bmatrix} 60 \\ 25 \\ 10 \\ 5 \end{bmatrix}, X_1 = \begin{bmatrix} 90 \\ 24 \\ 5 \\ 1 \end{bmatrix}, X_2 = \begin{bmatrix} 78 \\ 36 \\ 4.8 \\ 0.5 \end{bmatrix}.$$

$$X_3 = \begin{bmatrix} 113.3 \\ 31.2 \\ 7.2 \\ 0.48 \end{bmatrix}, X_4 = \begin{bmatrix} 101.28 \\ 4.32 \\ 6.24 \\ 0.72 \end{bmatrix}$$

$\lambda = 1.1301$. Annual total growth trend is 13.01%.

Eigenvector: $\begin{bmatrix} 0.9410 \\ 0.3331 \\ 0.0590 \\ 0.0052 \end{bmatrix}$.

Normalized vector: $\frac{1}{(0.9410 + \cdots + 0.0052)}\begin{bmatrix} 0.9410 \\ 0.3331 \\ 0.0590 \\ 0.0052 \end{bmatrix}$

$$= \begin{bmatrix} 0.7031 \\ 0.2489 \\ 0.0441 \\ 0.0039 \end{bmatrix}.$$

0–1 1–2 2–3 3–4

Long-term distribution trend: 70.31% : 24.89% : 4.41% : 0.39%.

In the long run, percentage 3 years old = 0.39%. Percentage 1 or 2 years old and under = (24.89 + 4.41) = 29.30%.

CHAPTER 4

연습문제 4.1

1. $\mathbf{u} = \begin{bmatrix} a & b \\ c & d \end{bmatrix}$ and $\mathbf{v} = \begin{bmatrix} e & f \\ g & h \end{bmatrix}$ in M_{22};
k and l are scalars.

axiom 2 $k\mathbf{u} = k\begin{bmatrix} a & b \\ c & d \end{bmatrix} = \begin{bmatrix} ka & kb \\ kc & kd \end{bmatrix}$ is in M_{22}.

axiom 7
$$k(\mathbf{u} + \mathbf{v}) = k\begin{bmatrix} a+e & b+f \\ c+g & d+h \end{bmatrix} = \begin{bmatrix} k(a+e) & k(b+f) \\ k(c+g) & k(d+h) \end{bmatrix} = \begin{bmatrix} ka+ke & kb+kf \\ kc+kg & kd+kh \end{bmatrix} = \begin{bmatrix} ka & kb \\ kc & kd \end{bmatrix} + \begin{bmatrix} ke & kf \\ kg & kh \end{bmatrix} = k\mathbf{u} + k\mathbf{v}.$$

axiom 8 $(k+l)\mathbf{u} = (k+l)\begin{bmatrix} a & b \\ c & d \end{bmatrix}$
$$= \begin{bmatrix} (k+l)a & (k+l)b \\ (k+l)c & (k+l)d \end{bmatrix}$$
$$= \begin{bmatrix} ka+la & kb+lb \\ kc+lc & kd+ld \end{bmatrix}$$
$$= \begin{bmatrix} ka & kb \\ kc & kd \end{bmatrix} + \begin{bmatrix} la & lb \\ lc & ld \end{bmatrix}$$
$$= k\mathbf{u} + l\mathbf{u}.$$

axiom 9 $k(l\mathbf{u}) = k\begin{bmatrix} la & lb \\ lc & ld \end{bmatrix}$
$$= \begin{bmatrix} kla & klb \\ klc & kld \end{bmatrix}$$
$$= \begin{bmatrix} (kl)a & (kl)b \\ (kl)c & (kl)d \end{bmatrix}$$
$$= (kl)\begin{bmatrix} a & b \\ c & d \end{bmatrix}$$
$$= (kl)\mathbf{u}.$$

axiom 10 $1\mathbf{u} = 1\begin{bmatrix} a & b \\ c & d \end{bmatrix} = \begin{bmatrix} a & b \\ c & d \end{bmatrix} = \mathbf{u}.$

2. (a) $(f+g)(x) = x^2 + x + 1$, $(2f)(x) = 2x + 4$, and $(3g)(x) = 3x^2 - 3$.

3. f, g, and h are functions and c and d are scalars.

axiom 3 $(f+g)(x) = f(x) + g(x) = g(x) + f(x) = (g+f)(x)$,
so $f + g = g + f$.

axiom 4 $((f+g)+h)(x) = (f+g)(x) + h(x) = (f(x)+g(x)) + h(x) = f(x) + (g(x)+h(x)) = f(x) + (g+h)(x) = (f+(g+h))(x)$,
so $(f+g)+h = f+(g+h)$.

axiom 7 $(c(f+g))(x) = c(f(x)+g(x)) = c(f(x)) + c(g(x)) = (cf)(x) + (cg)(x) = (cf+cg)(x)$,
so $c(f+g) = cf + cg$.

axiom 8 $((c+d)f)(x) = (c+d)(f(x)) = c(f(x)) + d(f(x)) = (cf)(x) + (df)(x) = (cf+df)(x)$,
so $(c+d)f = cf + df$.

axiom 9 $c((df)(x)) = c(d(f(x))) = (cd)f(x) = ((cd)f)(x)$,
so $(cd)f = c(df)$.

axiom 10 $(1f)(x) = 1(f(x)) = f(x)$, so $1f = f$.

4. (a) $(7-i, 4+7i), (4-7i, 17+6i)$.

5. $W = \{a(1,2,3)\}$.

Axiom 1: Let $a(1,2,3)$ and $b(1,2,3)$ be elements of W. $a(1,2,3) + b(1,2,3) = (a+b)(1,2,3)$. This is an element of W, since it is a scalar multiple of $(1,2,3)$. W is closed under addition. **Axiom 2:** Let c be a scalar. $c(a(1,2,3)) = (ca)(1,2,3)$. This is an element of W since it is a scalar multiple of $(1,2,3)$. W is closed under scalar multiplication. The elements of W are all in $\mathbf{R}^3$. They inherit all other vector space properties such as $\mathbf{u} + \mathbf{v} = \mathbf{v} + \mathbf{u}$ and the zero vector $(0,0,0)$ from $\mathbf{R}^3$.

7. Let A be a 2×2 matrix with all its elements positive. $(-1)A$ will have all negative elements. Thus $(-1)A$ is not in W. W is not closed under scalar multiplication, thus it is not a vector space.

10. (a) Vector space

(b) Not a vector space. Not closed under addition.

15. (a) $c\mathbf{0} \underset{\text{axiom 5}}{=} c\mathbf{0} + \mathbf{0} \underset{\text{axiom 6}}{=} c\mathbf{0} + (c\mathbf{0} + -(c\mathbf{0}))$
$\underset{\text{axiom 4}}{=} (c\mathbf{0} + c\mathbf{0}) + -(c\mathbf{0})$
$\underset{\text{axiom 7}}{=} c(\mathbf{0} + \mathbf{0}) + -(c\mathbf{0})$
$\underset{\text{axiom 5}}{=} c\mathbf{0} + -(c\mathbf{0}) \underset{\text{axiom 6}}{=} \mathbf{0}.$

(c) By axiom 6 there is a vector $-(-\mathbf{v})$ such that $(-\mathbf{v}) + (-(-\mathbf{v})) = \mathbf{0}$. However, $(-\mathbf{v}) + \mathbf{v} \underset{\text{axiom 3}}{=} \mathbf{v} + (-\mathbf{v}) \underset{\text{axiom 6}}{=} \mathbf{0}$. Thus the vector $-(-\mathbf{v})$ is $\mathbf{v}$.

(e) $\mathbf{0} \underset{\text{axiom 6}}{=} a\mathbf{u} + (-a\mathbf{u}) \underset{\text{given}}{=} b\mathbf{u} + (-a\mathbf{u})$
$\underset{\text{axiom 8}}{=} (b + -a)\mathbf{u}$,
so from Part (b), $b + -a = 0$, and therefore $b = a$.

18. (a) $(a, 3a, 5a) + (b, 3b, 5b) = (a+b, 3(a+b), 5(a+b))$ and $c(a, 3a, 5a) = (ca, 3ca, 5ca)$; thus the sum and scalar product of vectors in the set are also in the set, and so the set is a subspace of $\mathbf{R}^2$. The set is a line defined by the vector $(1, 3, 5)$.

(c) $(a, b, a+2b) + (c, d, c+2d) = (a+c, b+d, (a+c) + 2(b+d))$ and $k(a, b, a+2b) = (ka, kb, ka+2kb)$; thus the sum and scalar product of vectors in the set are also in the set, and so the set is a subspace of $\mathbf{R}^2$. The set is the plane $z = x + 2y$.

19. **(a)** $(a, 0) + (b, 0) = (a + b, 0)$ and $c(a, 0) = (ca, 0)$; the sum and scalar product of vectors in the set are also in the set, and so the set is a subspace of $\mathbf{R}^2$. The set is a line, the x-axis.

(c) $(a, 1) + (b, 1) = (a + b, 2)$. Last component is 2. $(a + b, 2)$ is not in the set. Set is not closed under addition. Thus not a subspace. Let us check scalar multiplication. $k(a, 1) = (ka, k)$. (ka, k) is not in subset unless $k = 1$. Thus not closed under scalar multiplication either.

(e) $(a, b, 0) + (d, e, 0) = (a + d, b + e, 0)$ and $c(a, b, 0) = (ca, cb, 0)$; the sum and scalar product of vectors in the set are also in the set, and so the set is a subspace of $\mathbf{R}^3$. The set is the xy-plane.

(f) $(a, b, 2) + (c, d, 2) = (a + c, b + d, 4)$. Last component is 4. $(a + c, b + d, 4)$ is not in the set. Not closed under addition. Thus not a subspace. Let us check scalar multiplication. $k(a, b, 2) = (ka, kb, 2k)$. Not in subset unless $k = 1$. Thus not closed under scalar multiplication either.

20. **(a)** Subspace **(c)** Not a subspace

(e) Not a subspace

21. **(a)** Not a subspace **(c)** Not a subspace

22. **(a)** Not a subspace **(c)** Not a subspace

24. **(a)** If $(a, a + 1, b) = (0, 0, 0)$, then $a = a + 1 = b = 0$. $a = a + 1$ is impossible. Therefore $(0, 0, 0)$ is not in the set.

(c) If $(a, b, a + b - 4) = (0, 0, 0)$, then $a = b = a + b - 4 = 0$, but if $a = b = 0$, then $a + b - 4 = -4$, not zero, so $(0, 0, 0)$ is not in the set.

26. **(a)** Subspace **(c)** Not a subspace

27. **(a)** Subspace

28. **(a)** Subspace

29. Every element of P_2 is an element of P_3. Both P_2 and P_3 are vector spaces with the same operations and the same set of scalars, so P_2 is a subspace of P_3.

30. Not a subspace

31. Not a subspace

33. **(a)** $(f + g)(x) = f(x) + g(x)$ so $(f + g)(0) = 0 + 0 = 0$, and $(cf)(x) = c(f(x))$ so $(cf)(0) = c0 = 0$. Thus this subset is a subspace.

연습문제 4.2

1. **(a)** $(-1, 7) = -3(1, -1) + (2, 4)$.

(c) Not a linear combination.

2. **(a)** Unique combination. $(-3, 3, 7) = 2(1, -1, 2) - (2, 1, 0) + 3(-1, 2, 1)$.

(c) $(2, 7, 13)$ is not a linear combination of $(1, 2, 3)$, $(-1, 2, 4)$, and $(1, 6, 10)$.

3. **(a)** Many combinations, $(0, 10, 8) = (2 - c)(-1, 2, 3) + (2 - 2c)(1, 3, 1) + c(1, 8, 5)$, where c is any real number. Vector is in the subspace.

4. **(a)** Any vector of the form $a(1, 2) + b(3, -5)$, e.g., $1(1, 2) + 2(3, -5) = (7, -8)$. $3(1, 2) - 2(3, -5) = (-3, 16)$.

(c) Any vector of the form $a(1, -3, 5) + b(0, 1, 2)$, e.g., $1(1, -3, 5) + 1(0, 1, 2) = (1, -2, 7)$. $2(1, -3, 5) - 3(0, 1, 2) = (2, -9, 4)$.

5. **(a)** e.g., $(1, 2, 3) + (1, 2, 0) = (2, 4, 3)$; $(1, 2, 3) - (1, 2, 0) = (0, 0, 3)$; $2(1, 2, 3) = (2, 4, 6)$.

(c) e.g., $-(1, 2, 3) = (-1, -2, -3)$; $2(1, 2, 3) = (2, 4, 6)$; $(1/2)(1, 2, 3) = (1/2, 1, 3/2)$.

6. **(a)** e.g., $0(4, -1, 3) = (0, 0, 0)$; $-2(4, -1, 3) = (-8, 2, -6)$; $3(4, -1, 3) = (12, -3, 9)$.

(c) e.g., $-(1, 2, -1, 3) = (-1, -2, 1, -3)$; $2(1, 2, -1, 3) = (2, 4, -2, 6)$; $(.1)(1, 2, -1, 3) = (.1, .2, -.1, .3)$.

8. **(a)** $\begin{bmatrix} 5 & 7 \\ 5 & -10 \end{bmatrix} = 2\begin{bmatrix} 1 & 2 \\ 3 & -4 \end{bmatrix} - \begin{bmatrix} 0 & 3 \\ 1 & 2 \end{bmatrix} + 3\begin{bmatrix} 1 & 2 \\ 0 & 0 \end{bmatrix}$.

(c) Not a linear combination.

9. **(a)** $3x^2 + 2x + 9 = 3(x^2 + 1) + 2(x + 3)$.

(c) $x^2 + 4x + 5 = -2(x^2 + x - 1) + 3(x^2 + 2x + 1)$.

10. For example:

(a) $h(x) = f(x) + g(x) = x + (x + 3) = 2x + 3$; $h(x) = 2f(x) + 3g(x) = 2x + 3(x + 3) = 5x + 9$; $h(x) = 0f(x) - 3g(x) = -3(x + 3) = -3x - 9$.

(c) $k(x) = 3f(x) + g(x) - 2h(x) = 3(2x^3 - 5x + 3) + (7x + 2) - 2(x^2 + x) = 6x^3 - 2x^2 - 10x + 11$; $k(x) = 3g(x) = 3(7x + 2) = 21x + 6$; $k(x) = f(x) - 2g(x) = (2x^3 - 5x + 3) - 2(7x + 2) = 2x^3 - 19x - 1$.

11. **(a)** Yes; $f(x) = 2h(x) - g(x)$.

12. Let $\mathbf{v} = a\mathbf{v}_1 + b\mathbf{v}_2$ and $\mathbf{u} = c\mathbf{u}_1 + d\mathbf{u}_2$. Then $\mathbf{v} + \mathbf{u} = a\mathbf{v}_1 + b\mathbf{v}_2 + c\mathbf{u}_1 + d\mathbf{u}_2$.

14. If $\mathbf{v} = a\mathbf{v}_1 + b\mathbf{v}_2$, then $\mathbf{v} = \dfrac{a}{c_1}(c_1\mathbf{v}_1) + \dfrac{b}{c_2}(c_2\mathbf{v}_2)$.

16. If $\mathbf{v}_1$ and $\mathbf{v}_2$ span V, then any vector $\mathbf{v}$ in V can be written as a linear combination of $\mathbf{v}_1$ and $\mathbf{v}_2$: $\mathbf{v} = a_1\mathbf{v}_1 + a_2\mathbf{v}_2$. In particular $\mathbf{v}_3 = b_1\mathbf{v}_1 + b_2\mathbf{v}_2$. Thus $\mathbf{v} = a_1\mathbf{v}_1 + a_2\mathbf{v}_2 - \mathbf{v}_3 + \mathbf{v}_3 = a_1\mathbf{v}_1 + a_2\mathbf{v}_2 - (b_1\mathbf{v}_1 + b_2\mathbf{v}_2) + \mathbf{v}_3 = (a_1 - b_1)\mathbf{v}_1 + (a_2 - b_1)\mathbf{v}_2 + \mathbf{v}_3$, so that $\mathbf{v}_1$, $\mathbf{v}_2$, and $\mathbf{v}_3$ span V. (It is also trivially true that $\mathbf{v} = a_1\mathbf{v}_1 + a_2\mathbf{v}_2 + 0\mathbf{v}_3$.)

19. (a) Let $\mathbf{w}_1$ and $\mathbf{w}_2$ be vectors in $U + V$. Thus there exist vectors $\mathbf{u}_1$ and $\mathbf{u}_2$ in U and $\mathbf{v}_1$ and $\mathbf{v}_2$ in V such that $\mathbf{w}_1 = \mathbf{u}_1 + \mathbf{v}_1$ and $\mathbf{w}_2 = \mathbf{u}_2 + \mathbf{v}_2$. Adding, $\mathbf{w}_1 + \mathbf{w}_2 = (\mathbf{u}_1 + \mathbf{v}_1) + (\mathbf{u}_2 + \mathbf{v}_2)$. This can be written $\mathbf{w}_1 + \mathbf{w}_2 = (\mathbf{u}_1 + \mathbf{u}_2) + (\mathbf{v}_1 + \mathbf{v}_2)$; the sum of an element of U and an element of V. Therefore $\mathbf{w}_1 + \mathbf{w}_2$ is in $U + V$. Let k be a scalar. Then $k\mathbf{w}_1 = k(\mathbf{u}_1 + \mathbf{v}_1) = k\mathbf{u}_1 + k\mathbf{v}_1$, an element of $U + V$. Thus $U + V$ is closed under addition and scalar multiplication. It is a subspace.

연습문제 4.3

1. (a) $2(-1, 2) + (2, -4) = \mathbf{0}$. Vectors are linearly dependent.

(c) $-2(1, -2, 3) - 3(-2, 4, 1) + (-4, 8, 9) = \mathbf{0}$. The vectors are linearly dependent.

(e) Thus the vectors $a(1, 2, 5) + b(1, -2, 1) + c(2, 1, 4) = \mathbf{0} \Rightarrow a = b = c = 0$. Thus the vectors are linearly independent.

2. (a) $2(2, -1, 3) + (-4, 2, -6) = \mathbf{0}$, so the vectors $(2, -1, 3)$ and $(-4, 2, -6)$ are linearly dependent, and any set of vectors containing these vectors is linearly dependent.

(c) $(3, 0, 4) + (-3, 0, -4) = \mathbf{0}$, so the vectors $(3, 0, 4)$ and $(-3, 0, -4)$ are linearly dependent, and any set of vectors containing these vectors is linearly dependent.

3. (a) $t = 2$ **(c)** $t = -7$

6. (a) Observe that $(2, 3, 4) = (1, 2, 3) + (1, 1, 1)$. Thus $1(1, 2, 3) + 1(1, 1, 1) - 1(2, 3, 4) = \mathbf{0}$.

(c) $(5, 6, 7) = (3, 4, 5) + 2(1, 1, 1)$. Thus $1(3, 4, 5) + 2(1, 1, 1) - 1(5, 6, 7) = \mathbf{0}$.

7. (a) Add any vector of the form $\mathbf{v} = a(1, -1, 0) + b(2, 1, 3)$, since $a(1, -1, 0) + b(2, 1, 3) - \mathbf{v} = \mathbf{0}$; e.g., $2(1, -1, 0) + 3(2, 1, 3) = (8, 1, 9)$. Set $\{(1, -1, 0), (2, 1, 3), (8, 1, 9)\}$ is linearly dependent.

(c) Add any vector of the form $a(1, 2, 4) + b(0, 2, 5)$; e.g., $2(1, 2, 4) - 1(0, 2, 5) = (2, 2, 3)$. Set $\{(1, 2, 4), (0, 2, 5), (2, 2, 3)\}$ is linearly dependent.

8. (a) Linearly independent:

$$a\begin{bmatrix} 1 & 0 \\ 0 & 0 \end{bmatrix} + b\begin{bmatrix} 0 & 2 \\ 0 & 0 \end{bmatrix} + c\begin{bmatrix} 0 & 0 \\ 3 & 0 \end{bmatrix} + d\begin{bmatrix} 0 & 0 \\ 0 & 4 \end{bmatrix} = \begin{bmatrix} 0 & 0 \\ 0 & 0 \end{bmatrix}$$

implies that $a = b = c = d = 0$.

(c) Linearly dependent:

$$2\begin{bmatrix} 1 & 2 \\ -1 & 0 \end{bmatrix} + (-3)\begin{bmatrix} 1 & 2 \\ 1 & 1 \end{bmatrix} + \begin{bmatrix} 1 & 2 \\ 5 & 3 \end{bmatrix} = \begin{bmatrix} 0 & 0 \\ 0 & 0 \end{bmatrix}$$

9. (a) $1(2x^2 + 1) + (-1)(x^2 + 4x) + (-1)(x^2 - 4x + 1) = 0$. Linearly dependent.

(c) $(x^2 + 3x - 1) + b(x + 3) + c(2x^2 - x + 1) = 0$ implies that $a = b = c = 0$, so the functions are linearly independent.

10. $a\mathbf{v}_1 + b\mathbf{v}_2 + (-1)(a\mathbf{v}_1 + b\mathbf{v}_2) = 0$ for all values of a and b.

15. (a) $\mathbf{v}_1, \mathbf{v}_2, \mathbf{v}_3$ span $\mathbf{R}^3$. They do not lie on a line or in a plane. $\mathbf{v}_1$, $\mathbf{v}_2$, and $\mathbf{v}_3$ are linearly independent.

(b) $\mathbf{v}_3$ lies in the space spanned by $\mathbf{v}_2, \mathbf{v}_1$. This space may be a plane or a line, depending on whether or not $\mathbf{v}_1$ and $\mathbf{v}_2$ are independent. $\mathbf{v}_1$, $\mathbf{v}_2$, and $\mathbf{v}_3$ are linearly dependent.

16. (a) False: Consider $(1, 4, 2) = a(1, 0, 0) + b(0, 1, 0)$. Then $(1, 4, 2) = (a, b, 0)$. System $1 = a, 4 = b, 2 = 0$ has no solution. Geometry: $(1, 0, 0)$ and $(0, 1, 0)$ have no component in the z direction while $(1, 4, 2)$ does. Thus $(1, 4, 2)$ cannot be a linear combination of $(1, 0, 0)$ and $(0, 1, 0)$.

(b) False: A vector can be expressed as a linear combination of $(1, 0, 0), (2, 1, 0), (-1, 3, 0)$ only if the last component is zero. For example, $(0, 0, 1)$ cannot be expressed as a linear combination of these vectors.

17. (a) True: $\mathbf{v} = a\mathbf{v}_1 + b\mathbf{v}_2 + 0\mathbf{v}_3$.

(b) True: One vector spans the line defined by it. Two vectors span the plane defined by them. Need at least three vectors that do not lie in a plane to span $\mathbf{R}^3$.

18. It is more likely that the vectors will be independent. For them to be dependent, one has to be a multiple of the other.

21. $f_1(x) = \sin x, f_2(x) = \cos x$

$$W(x) = \begin{vmatrix} \sin x & \cos x \\ \cos x & -\sin x \end{vmatrix} = -\sin^2 x - \cos^2 x = -(\sin^2 x + \cos^2 x) = -1 \neq 0,$$

$f_1(x) = \sin x$ and $f_2(x) = \cos x$ are linearly independent.

23. $f_1(x) = e^x, f_2(x) = e^{-x}$

$$W(x) = \begin{vmatrix} e^x & e^{-x} \\ e^x & -e^{-x} \end{vmatrix} = -(e^x)(e^{-x}) - (e^{-x})(e^x) = -2(e^{-x})(e^x) = -2 \neq 0,$$

$f_1(x) = e^x, f_2(x) = e^{-x}$ are linearly independent.

연습문제 4.4

1. In each case below neither vector is a multiple of the other, so the vectors are linearly independent.

(a) $(x_1, x_2) = \dfrac{3x_2 - x_1}{5}(1, 2) + \dfrac{2x_1 - x_2}{5}(3, 1)$

(c) $(x_1, x_2) = \dfrac{x_1 + x_2}{2}(1, 1) + \dfrac{-x_1 + x_2}{2}(-1, 1)$

2. **(a)** and **(c)**. In each case neither vector is a multiple of the other, so the vectors are linearly independent and therefore a basis for $\mathbf{R}^2$. (Theorem 11 of the "General Vector Spaces" chapter)

3. **(a)** These two vectors are linearly independent since neither is a multiple of the other. Thus they are a basis for $\mathbf{R}^2$. (Theorem 11 of the "General Vector Spaces" chapter)

(b) $(-2, 6) = -2(1, -3)$, so these vectors are not linearly independent and therefore not a basis for $\mathbf{R}^2$.

4. **(a)** $a(1, 1, 1) + b(0, 1, 2) + c(3, 0, 1) = (0, 0, 0)$ if and only if $a + 3c = 0$, $a + b = 0$, and $a + 2b + c = 0$. System has the unique solution $a = b = c = 0$, so the three vectors are linearly independent. Thus they are a basis for $\mathbf{R}^3$. (Theorem 11 of the "General Vector Spaces" chapter)

(c) $a(0, 0, 1) + b(2, 3, 1) + c(4, 1, 2) = (0, 0, 0)$ if and only if $2b + 4c = 0$, $3b + c = 0$, and $a + b + 2c = 0$. The system has the unique solution $a = b = c = 0$, so the three vectors are linearly independent. Thus they are a basis for $\mathbf{R}^3$. (Theorem 11 of the "General Vector Spaces" chapter)

5. **(a)** basis

(c) not a basis

6. **(a)** These vectors are linearly dependent.

(b) A basis for $\mathbf{R}^2$ can contain only two vectors.

(d) The third vector is a multiple of the second, so the set is not linearly independent.

(f) $(1, 4)$ is not in $\mathbf{R}^3$.

7. $(1, 4, 3) = 3(-1, 2, 1) + 2(2, -1, 0)$, and $(-1, 2, 1)$ and $(2, -1, 0)$ are linearly independent, so the dimension is 2 and $(-1, 2, 1)$ and $(2, -1, 0)$ are a basis for the subspace.

8. $(1, 2, -1) = 2(1, 3, 1) - (1, 4, 3)$

10. $(-3, 3, -6) = -\dfrac{3}{2}(2, -2, 4)$

12. $\{(1, 2), (0, 1)\}$

13. $\{(1, 1, 1), (1, 0, -2), (1, 0, 0)\}$

15. **(a)** basis $= \{(1, 1, 0), (0, 0, 1)\}$, dimension $= 2$

(c) basis $= \{(1, 0, 1), (0, 1, 1)\}$, dimension $= 2$

(e) basis $= \{(1, 0, -1), (0, 1, -1)\}$, dimension $= 2$

16. **(a)** basis $= \{(1, 0, 1, 1), (0, 1, 1, -1)\}$, dimension $= 2$

(c) basis $= \{(2, 0, 1, 0), (0, 1, 3, 0), (0, 0, 0, 1)\}$, dimension $= 3$

17. **(a)** The set $\{x^3, x^2, x, 1\}$ is a basis. The dimension is 4.

(d) $\begin{bmatrix} 1 & 0 \\ 0 & 0 \end{bmatrix}$ and $\begin{bmatrix} 0 & 0 \\ 0 & 1 \end{bmatrix}$ are a basis. The dimension is 2.

19. **(a)** Yes $f(x) = 2h(x) - g(x)$.

(c)
$$\begin{aligned} g(x) + h(x) &= (2x^2 + 3) + (x^2 + 3x - 1) \\ &= 3x^2 + 3x + 2, \\ g(x) - h(x) &= (2x^2 + 3) - (x^2 + 3x - 1) \\ &= x^2 - 3x + 4, \end{aligned}$$
and $2g(x) = 2(2x^2 + 3) = 4x^2 + 6$ are functions in the space spanned by $g(x)$ and $h(x)$.

20. **(a)** $f(x) + g(x) - h(x) = 0$, so the three given functions are not linearly independent and therefore not a basis for P_2.

(c)
$$\begin{bmatrix} 1 & 2 \\ 0 & 1 \end{bmatrix} - \begin{bmatrix} 3 & 4 \\ 1 & 1 \end{bmatrix} + 2\begin{bmatrix} 1 & 2 \\ 1 & 1 \end{bmatrix} - \begin{bmatrix} 0 & 2 \\ 1 & 2 \end{bmatrix} = \begin{bmatrix} 0 & 0 \\ 0 & 0 \end{bmatrix},$$
so these matrices are linearly dependent and therefore not a basis for M_{22}.

(e) The set $\{(1, 0), (0, 1)\}$ is a basis for $\mathbf{C}^2$, so the dimension of $\mathbf{C}^2$ is 2 and any set of two linearly independent vectors in $\mathbf{C}^2$ is a basis. The given vectors are linearly independent since neither is a multiple of the other, so they are a basis.

21. **(a)** $c_1x + c_2(x + 1) = 0 \Rightarrow (c_1 + c_2)x + c_2 = 0 \Rightarrow c_1 + c_2 = 0$, and $c_2 = 0$. Thus $c_1 = 0$, $c_2 = 0$. The two functions are linearly independent in P_1, a two-dimensional space. Thus the functions form a basis.

(d) $c_1x + c_2(x + 1) + c_3(x^2 + x + 1) = 0 \Rightarrow c_3x^2 + (c_1 + c_2 + c_3)x + (c_2 + c_3) = 0 \Rightarrow c_3 = 0, c_1 + c_2 + c_3 = 0, c_2 + c_3 = 0 \Rightarrow c_1 = c_2 = c_3 = 0$. The three functions are linearly independent. Dimension of P_2 is three. Thus the functions form a basis.

22. Since $\dim(V) = 2$, any basis for V must contain 2 vectors. In Example 3 in Section 3 of the "General Vector Spaces" chapter, it was shown that the vectors $\mathbf{u}_1 = \mathbf{v}_1 + \mathbf{v}_2$ and $\mathbf{u}_2 = \mathbf{v}_1 - \mathbf{v}_2$ are linearly independent. Thus from Theorem 11 of the "General Vector Spaces" chapter the set $\{\mathbf{u}_1, \mathbf{u}_2\}$ is a basis for V.

24. Since V is n-dimensional, any basis for V must contain n vectors. We need only show that the vectors $c\mathbf{v}_1, c\mathbf{v}_2, \ldots, c\mathbf{v}_n$ are linearly independent.

If $a_1c\mathbf{v}_1 + a_2c\mathbf{v}_2 + \cdots + a_nc\mathbf{v}_n = \mathbf{0}$, then $a_1c = a_2c = \cdots = a_nc = 0$ and since $c \neq 0$,

$a_1 = a_2 = \cdots = a_n = 0$. Thus the vectors $c\mathbf{v}_1$, $c\mathbf{v}_2, \ldots, c\mathbf{v}_n$ are linearly independent and a basis for V.

26. Let $\{w_1, \ldots, w_m\}$ be a basis for W. If $m > n$, these vectors would have to be linearly dependent by Theorem 8 of the "General Vector Spaces" chapter. Being base vectors, they are linearly independent. Thus $m \le n$.

27. Suppose (a, b) is orthogonal to (u_1, u_2). Then $(a, b) \cdot (u_1, u_2) = au_1 + bu_2 = 0$, so $au_1 = -bu_2$. Thus if $u_1 \ne 0$ (a, b) is orthogonal to (u_1, u_2) if and only if (a, b) is of the form $\left(\frac{-bu_2}{u_1}, b\right) = \frac{b}{u_1}(-u_2, u_1)$; that is, (a, b) is orthogonal to (u_1, u_2) if and only if (a, b) is in the vector space with basis $(-u_2, u_1)$. If $u_1 = 0$, then $b = 0$ and (a, b) is orthogonal to (u_1, u_2) if and only if (a, b) is of the form $a(1, 0)$; that is, (a, b) is in the vector space with basis $(1, 0)$.

32. (a) False. The vectors are linearly dependent.

(c) True. $(1, 2, 3) + (0, 1, 4) = (1, 3, 7)$, and $(1, 2, 3)$ and $(0, 1, 4)$ are linearly independent, so the dimension is 2.

33. (a) False: The three vectors lie in the 2D subspace of $\mathbf{R}^3$ with basis $\{(1, 0, 0), (0, 1, 0)\}$. Thus they are linearly dependent.

(c) False: In fact any set of more than two vectors in $\mathbf{R}^2$ is a linearly dependent set.

연습문제 4.5

1. (a) 2

(c) 2

2. (a) 2

(c) 1

(e) 2

3. (a) $\begin{bmatrix} 1 & 0 & 0 \\ 0 & 1 & 0 \\ 0 & 0 & 1 \end{bmatrix}$. Basis $(1, 0, 0)$, $(0, 1, 0)$, and $(0, 0, 1)$. Rank 3.

(c) $\begin{bmatrix} 1 & -3 & 2 \\ 0 & 0 & 0 \\ 0 & 0 & 0 \end{bmatrix}$. Basis $(1, -3, 2)$. Rank 1.

4. (a) $\begin{bmatrix} 1 & 0 & 0 \\ 0 & 1 & 0 \\ 0 & 0 & 1 \end{bmatrix}$. Basis $(1, 0, 0)$, $(0, 1, 0)$, and $(0, 0, 1)$. Rank 3.

(c) $\begin{bmatrix} 1 & 0 & 1 \\ 0 & 1 & 1 \\ 0 & 0 & 0 \end{bmatrix}$. Basis $(1, 0, 1)$ and $(0, 1, 1)$. Rank 2.

5. (a) $\begin{bmatrix} 1 & 0 & 0 & 3 \\ 0 & 1 & 0 & 2 \\ 0 & 0 & 1 & -1 \end{bmatrix}$. Basis $(1, 0, 0, 3)$, $(0, 1, 0, 2)$, $(0, 0, 1, -1)$. Rank 3.

(b) $\begin{bmatrix} 1 & 0 & 3 & -2 \\ 0 & 1 & -2 & 3 \\ 0 & 0 & 0 & 0 \end{bmatrix}$. Basis $(1, 0, 3, -2)$ and $(0, 1, -2, 3)$. Rank 2.

6. (a) The given vectors are linearly independent so they are a basis for the space they span, which is $\mathbf{R}^3$.

(c) $\begin{bmatrix} 1 & -1 & 3 \\ 1 & 0 & 1 \\ -2 & 1 & -4 \end{bmatrix} \approx \cdots \approx \begin{bmatrix} 1 & 0 & 1 \\ 0 & 1 & -2 \\ 0 & 0 & 0 \end{bmatrix}$.

Vectors $(1, 0, 1)$ and $(0, 1, -2)$ are a basis for the space spanned by the given vectors.

7. (a) $\begin{bmatrix} 1 & 3 & -1 & 4 \\ 1 & 3 & 0 & 6 \\ -1 & -3 & 0 & -8 \end{bmatrix} \approx \cdots \approx \begin{bmatrix} 1 & 3 & 0 & 0 \\ 0 & 0 & 1 & 0 \\ 0 & 0 & 0 & 1 \end{bmatrix}$.

Vectors $(1, 3, 0, 0)$, $(0, 0, 1, 0)$, and $(0, 0, 0, 1)$ are a basis for the subspace. The given vectors are linearly independent so they are a basis also.

(c) $\begin{bmatrix} 1 & 2 & 3 & 4 \\ 0 & -1 & 2 & 3 \\ 2 & 3 & 8 & 11 \\ 2 & 3 & 6 & 8 \end{bmatrix} \approx \cdots \approx \begin{bmatrix} 1 & 0 & 0 & -.5 \\ 0 & 1 & 0 & 0 \\ 0 & 0 & 1 & 1.5 \\ 0 & 0 & 0 & 0 \end{bmatrix}$.

Vectors $(1, 0, 0, -0.5)$, $(0, 1, 0, 0)$, and $(0, 0, 1, 1.5)$ are a basis for the subspace.

8. $A = \begin{bmatrix} 1 & 2 & -1 \\ 0 & 1 & 3 \\ 1 & 4 & 6 \end{bmatrix} \approx \cdots \approx \begin{bmatrix} 1 & 0 & 0 \\ 0 & 1 & 0 \\ 0 & 0 & 1 \end{bmatrix}$.

Vectors $(1, 0, 0)$, $(0, 1, 0)$, and $(0, 0, 1)$ are a basis for the row space of A.

$$A^t = \begin{bmatrix} 1 & 0 & 1 \\ 2 & 1 & 4 \\ -1 & 3 & 6 \end{bmatrix} \approx \cdots \approx \begin{bmatrix} 1 & 0 & 0 \\ 0 & 1 & 0 \\ 0 & 0 & 1 \end{bmatrix}.$$

Vectors $(1, 0, 0)$, $(0, 1, 0)$, and $(0, 0, 1)$ are a basis for the row space of A^t. Therefore the column vectors

$$\begin{bmatrix} 1 \\ 0 \\ 0 \end{bmatrix}, \begin{bmatrix} 0 \\ 1 \\ 0 \end{bmatrix}, \text{ and } \begin{bmatrix} 0 \\ 0 \\ 1 \end{bmatrix}$$

are a basis for the column space of A. Both the row space and the column space of A have dimension 3.

10. (a) (i) $\begin{bmatrix} 1 & 0 & 0 \\ 0 & 1 & 0 \\ 0 & 0 & 1 \end{bmatrix}$.

(ii) Ranks 3 and 3. Thus unique solution.

(iii) $x_1 = 2, x_2 = 1, x_3 = 3$.

(iv) $\begin{bmatrix} 12 \\ 18 \\ -8 \end{bmatrix} = 2\begin{bmatrix} 1 \\ 2 \\ -1 \end{bmatrix} + 1\begin{bmatrix} -2 \\ -1 \\ 3 \end{bmatrix} + 3\begin{bmatrix} 4 \\ 5 \\ -3 \end{bmatrix}$.

(b) (i) $\begin{bmatrix} 1 & 0 & 3 \\ 0 & 1 & 2 \\ 0 & 0 & 0 \end{bmatrix}$.

(ii) Ranks 2 and 2. Thus many solutions.

(iii) $x_1 = -3r + 4, x_2 = -2r + 1, x_3 = r$.

(iv) $\begin{bmatrix} 9 \\ 7 \\ 7 \end{bmatrix} = (-3r + 4)\begin{bmatrix} 3 \\ 2 \\ 3 \end{bmatrix} + (-2r + 1)\begin{bmatrix} -3 \\ -1 \\ -5 \end{bmatrix} + r\begin{bmatrix} 3 \\ 4 \\ -1 \end{bmatrix}$.

11. Use Theorem 17 of the "General Vector Spaces" chapter **(a)** Unique solution **(b)** No solution **(c)** Many solutions

12. (a) There are three rows, so the row space must have dimension ≤ 3. Five columns, column space must have dimension ≤ 5. Since dim row space = dim col space, this dim ≤ 3. Rank $(A) \leq 3$.

13. dim(column space of A) = dim(row space of A) $\leq$ number of rows of $A = m < n$.

14. (a) The rank of A cannot be greater than 3, so a basis for the column space of A can contain no more than three vectors. The four column vectors in A must therefore be linearly dependent by Theorem 8 of the "General Vector Spaces" chapter.

16. If the n columns of A are linearly independent, they are a basis for the column space of A and dim(column space of A) is n, so rank$(A) = n$.

If rank$(A) = n$, then the n column vectors of A are a basis for the column space of A because they span the column space of A (Theorem 11 of the "General Vector Spaces" chapter), but this means they are linearly independent.

20. (a) False

(c) True

연습문제 4.6

1. (a) orthogonal

(b) not orthogonal

(d) not orthogonal

2. (a) orthogonal

(b) not orthogonal

3. (a) orthonormal

(c) orthonormal

(e) not orthonormal

4. $\mathbf{v} = 3\mathbf{u}_1 + \frac{2}{5}\mathbf{u}_2 + \frac{11}{5}\mathbf{u}_3$

6. We show that the column vectors are unit vectors and that they are mutually orthogonal.

(a) $\mathbf{a}_1 = \begin{bmatrix} 1 \\ 0 \end{bmatrix}$ and $\mathbf{a}_2 = \begin{bmatrix} 0 \\ 1 \end{bmatrix}$. $\|\mathbf{a}_1\| = \|\mathbf{a}_2\| = 1$ and $\mathbf{a}_1 \cdot \mathbf{a}_2 = 0$

(c) $\mathbf{a}_1 = \begin{bmatrix} \frac{\sqrt{3}}{2} \\ -\frac{1}{2} \end{bmatrix}$ and $\mathbf{a}_2 = \begin{bmatrix} \frac{1}{2} \\ \frac{\sqrt{3}}{2} \end{bmatrix}$. $\|\mathbf{a}_1\|^2 = \frac{3}{4} + \frac{1}{4} = 1$ and $\|\mathbf{a}_2\|^2 = \frac{1}{4} + \frac{3}{4} = 1$, so $\|\mathbf{a}_1\| = \|\mathbf{a}_2\| = 1$, and

$$\mathbf{a}_1 \cdot \mathbf{a}_2 = \left(\frac{\sqrt{3}}{2} \times \frac{1}{2}\right) - \left(\frac{1}{2} \times \frac{\sqrt{3}}{2}\right) = 0.$$

8. (a) $\begin{bmatrix} 0 & -1 \\ 1 & 0 \end{bmatrix}$ **(c)** $\begin{bmatrix} \frac{1}{3} & \frac{2}{3} & \frac{2}{3} \\ \frac{2}{3} & -\frac{2}{3} & -\frac{1}{3} \\ -\frac{2}{3} & \frac{1}{3} & \frac{2}{3} \end{bmatrix}$

11. To show that A^{-1} is unitary, it is necessary to show that $(A^{-1})^{-1} = (\overline{A^{-1}})^t$. Since A is unitary $A^{-1} = \bar{A}^t$. Thus $(\overline{A^{-1}})^t = (\bar{A}^t)^t = \bar{A}$, so that $(\overline{A^{-1}})^t = A = (A^{-1})^{-1}$

13. (a) $(3, 6)$ **(c)** $(2, 4, 6)$

(e) $\left(\frac{1}{3}, -\frac{1}{3}, \frac{2}{3}, 1\right)$

14. (a) $\left(\frac{24}{29}, \frac{60}{29}\right)$ **(c)** $(1, 2, 0)$

(e) $\left(-\frac{2}{15}, \frac{4}{15}, \frac{2}{15}, \frac{2}{5}\right)$

15. (a) $\left\{\left(\frac{1}{\sqrt{5}}, \frac{2}{\sqrt{5}}\right), \left(-\frac{2}{\sqrt{5}}, \frac{1}{\sqrt{5}}\right)\right\}$

(c) $\left\{\left(\frac{1}{\sqrt{2}}, -\frac{1}{\sqrt{2}}\right), \left(\frac{1}{\sqrt{2}}, \frac{1}{\sqrt{2}}\right)\right\}$

16. (a) $\left\{\left(\frac{1}{\sqrt{3}}, \frac{1}{\sqrt{3}}, \frac{1}{\sqrt{3}}\right), \left(\frac{1}{\sqrt{2}}, -\frac{1}{\sqrt{2}}, 0\right), \left(-\frac{1}{\sqrt{6}}, -\frac{1}{\sqrt{6}}, \frac{2}{\sqrt{6}}\right)\right\}$

17. (a) $\left\{\left(\frac{1}{\sqrt{5}}, 0, \frac{2}{\sqrt{5}}\right), \left(-\frac{2}{\sqrt{5}}, 0, \frac{1}{\sqrt{5}}\right)\right\}$

19. Start with any vector that is not a multiple of $(1, 2, -1, -1)$ and use the Gram-Schmidt process to find a vector orthogonal to $(1, 2, -1, -1)$.

21. Any set $\{(1, 2, -2), (6, 1, 4), (a, b, c)\}$ where $(1, 2, -2) \cdot (a, b, c) = 0$ and $(6, 1, 4) \cdot (a, b, c) = 0$, i.e., $a + 2b - 2c = 0$ and $6a + b + 4c = 0$. One solution is $a = -10$, $b = 16$, and $c = 11$. Thus $\{(1, 2, -2), (6, 1, 4), (-10, 16, 11)\}$ is an orthogonal basis.

23. $\{\mathbf{u}_1, \mathbf{u}_2, \ldots, \mathbf{u}_n\}$ is a set of n linearly independent vectors in a vector space with dimension n. Therefore $\{\mathbf{u}_1, \mathbf{u}_2, \ldots, \mathbf{u}_n\}$ is a basis for the vector space.

24. To determine R use $R = Q^tA$.

(a) $R = \begin{bmatrix} 5/\sqrt{5} & 1/\sqrt{5} \\ 0 & 3/\sqrt{5} \end{bmatrix}$

(c) $R = \begin{bmatrix} 3/\sqrt{3} & 3/\sqrt{3} & 11/\sqrt{3} \\ 0 & 2/\sqrt{2} & -2/\sqrt{2} \\ 0 & 0 & 4/\sqrt{6} \end{bmatrix}$

(e) $R = \begin{bmatrix} 13/\sqrt{13} & 13/\sqrt{13} & 13/\sqrt{13} \\ 0 & 14/\sqrt{14} & -15/\sqrt{14} \\ 0 & 0 & 13/\sqrt{182} \end{bmatrix}$

25. (a) $\lambda = 8, 2, 1$ **(c)** $\lambda = 4.7506, -3.4149, 1.6643$

26. The columns of A are elements of $\mathbf{R}^m$. $\mathbf{R}^m$ is a space of dimension m. Thus the maximum number of linearly independent columns possible is m. Since the n columns are linearly independent, n must be less than or equal to m. Thus the $m \times n$ matrix A in the QR Factorization Theorem must have at least n rows.

27. Let the columns of Q be $\mathbf{v}_1, \ldots, \mathbf{v}_n$. The columns of Q^t are $\mathbf{v}_1{}^t, \ldots, \mathbf{v}_n{}^t$. Let $S = Q^t Q$. Since Q is an $m \times n$ matrix, Q^t will be $n \times m$. Thus S is $n \times n$. Since Q has orthonormal columns, Q^t has orthonormal rows. s_{ij} will be the dot product of row i of Q^t and column j of Q. Thus $s_{ii} = 1$ and $s_{ij} = 0$, if $i \neq j$. Therefore, $S = I$.

연습문제 4.7

1. (a) $\left(\frac{5}{7}, \frac{13}{35}, \frac{86}{35}\right)$ **(c)** $\left(\frac{15}{7}, \frac{109}{35}, \frac{48}{35}\right)$

2. (a) $\left(\frac{-4}{31}, \frac{3}{31}, \frac{2}{31}, \frac{-8}{31}\right)$ **(c)** $\left(\frac{21}{62}, \frac{-4}{31}, \frac{-13}{31}, \frac{11}{62}\right)$

4. $\mathbf{v} = \mathbf{w} + \mathbf{w}_\perp = \left(\frac{3}{2}, \frac{3}{2}, -1\right) + \left(\frac{-1}{2}, \frac{1}{2}, 0\right)$

6. $\mathbf{v} = \mathbf{w} + \mathbf{w}_\perp = \left(\frac{5}{3}, \frac{2}{3}, \frac{7}{3}\right) + \left(\frac{4}{3}, \frac{4}{3}, \frac{-4}{3}\right)$

7. $\sqrt{2}$ **9.** $\frac{\sqrt{2730}}{14}$

10. Consider the identity $c_1\mathbf{w}_1 + \cdots + c_s\mathbf{w}_s + d_1\mathbf{v}_1 + \cdots + d_t\mathbf{v}_t = \mathbf{0}$. Then $c_1\mathbf{w}_1 + \cdots + c_s\mathbf{w}_s = -d_1\mathbf{v}_1 - \cdots - d_t\mathbf{v}_t$. But $c_1\mathbf{w}_1 + \cdots + c_s\mathbf{w}_s$ is in W and $-d_1\mathbf{v}_1 - \cdots - d_t\mathbf{v}_t$ is in $W_\perp$. Thus $c_1\mathbf{w}_1 + \cdots + c_s\mathbf{w}_s$ and $-d_1\mathbf{v}_1 - \cdots - d_t\mathbf{v}_t$ are both in $W \cap W_\perp$. But $W \cap W_\perp = \{\mathbf{0}\}$. Thus $c_1\mathbf{w}_1 + \cdots + c_s\mathbf{w}_s = \mathbf{0}$ and $-d_1\mathbf{v}_1 - \cdots - d_t\mathbf{v}_t = \mathbf{0}$. Since $\mathbf{w}_1, \ldots, \mathbf{w}_s$ are linearly independent, and $\mathbf{v}_1, \ldots, \mathbf{v}_t$ are also linearly independent (they are bases), $c_1 = 0, \ldots c_s = 0$, and $d_1 = 0, \ldots d_t = 0$. Thus $\mathbf{w}_1, \ldots, \mathbf{w}_s, \mathbf{v}_1, \ldots, \mathbf{v}_t$ are linearly independent.

Let $\mathbf{u}$ be a vector in $\mathbf{R}^n$. Then $\mathbf{v} = \mathbf{w} + \mathbf{w}_\perp$ where $\mathbf{w}$ is in W and $\mathbf{w}_\perp$ is in $W_\perp$. We can write $\mathbf{w} = p_1\mathbf{w}_1 + \cdots + p_s\mathbf{w}_s$ and $\mathbf{w}_\perp = q_1\mathbf{v}_1 + \cdots + q_t\mathbf{v}_t$. Thus $\mathbf{v} = p_1\mathbf{w}_1 + \cdots + p_s\mathbf{w}_s + q_1\mathbf{v}_1 + \cdots + q_t\mathbf{v}_t$. Therefore the vectors $\mathbf{w}_1, \ldots, \mathbf{w}_s, \mathbf{v}_1, \ldots, \mathbf{v}_t$ span $\mathbf{R}^n$. $\{\mathbf{w}_1, \ldots, \mathbf{w}_s, \mathbf{v}_1, \ldots, \mathbf{v}_t\}$ is a basis for $\mathbf{R}^n$. Note that this implies that $\dim W + \dim W_\perp = n$.

연습문제 4.8

1.
$$\begin{aligned} T((x_1, y_1) + (x_2, y_2)) &= T(x_1 + x_2, y_1 + y_2) \\ &= (3(x_1 + x_2), x_1 + x_2 + y_1 + y_2) \\ &= (3x_1 + 3x_2, x_1 + y_1 + x_2 + y_2) \\ &= (3x_1, x_1 + y_1) + (3x_2, x_2 + y_2) \\ &= T(x_1, y_1) + T(x_2, y_2) \end{aligned}$$
and
$$\begin{aligned} T(c(x, y)) &= T(cx, cy) = (3cx, cx + cy) \\ &= c(3x, x + y) = cT(x, y). \end{aligned}$$

Thus T is linear.

$$T(1, 3) = (3(1), 1 + 3) = (3, 4).$$
$$T(-1, 2)(3(-1), -1 + 2) = (-3, 1).$$

3. (a) $T(c(x, y)) = T(cx, cy) = (cy)^2 = c^2y^2$. But $cT(x, y) = cy^2$. $T(c(x, y)) \neq cT(x, y)$.
Thus T is not linear.

4. $T((ax + b) + (cx + d)) = T((a + c)x + (b + d)) = (a + c + b + d)x = (a + b)x + (c + d)x = T(ax + b) + T(cx + d)$
$T(k(ax + b)) = T(kax + kb) = (ka + kb)x = k(a + b)x = kT(ax + b)$. T is linear.

6. $T((ax + b) + (cx + d)) = T((a + c)x + (b + d)) = (a + c)x^2 = ax^2 + cx^2 = T(ax + b) + T(cx + d)$.

$T(k(ax + b)) = T(kax + kb) = kax^2 = k(ax^2) = kT(ax + b)$. T is linear.

8. $T((ax + b) + (cx + d)) = T((a + c)x + (b + d)) = (a + c)x + 2 = ax + 2 + cx = T(ax + b) + cx \neq T(ax + b) + T(cx + d)$. Addition is not preserved. Not linear.

Let us check scalar multiplication: $T(k(ax + b)) = T(kax + kb) = kax + 2 \neq kT(ax + b)$. Not preserved.

11.
$$\begin{aligned} T((ax^2 + bx + c) + (px^2 + qx + r)) &= T((a + p)x^2 + (b + q)x + c + r) \\ &= (c + r)x^2 + (a + p) \\ &= (cx^2 + a) + (rx^2 + p) \\ &= T(ax^2 + bx + c) + T(px^2 + qx + r). \end{aligned}$$

$$\begin{aligned} T(k(ax^2+bx+c)) &= T(kax^2+kbx+kc) \\ &= kcx^2+ka = k(cx^2+a) \\ &= kT(ax^2+bx+c). \end{aligned}$$

T is linear. $T(3x^2 - x + 2) = 2x^2 + 3$. $T(3x^2 + bx + 2) = 2x^2 + 3$ for any value of b.

13. $T(k(ax+b)) = T(kax+kb) = x + ka$. But $kT(ax+b) = k(x+a) = kx + ka$. $T(k(x,y)) \neq kT(x,y)$. Thus T is not linear.

14. $J(f) = \int_0^1 f(x)\,dx$

$$\begin{aligned} J(f+g) &= \int_0^1 (f(x)+g(x))\,dx \\ &= \int_0^1 f(x)dx + \int_0^1 g(x)\,dx \\ &= J(f) + J(g). \end{aligned}$$

$$J(cf) = \int_0^1 cf(x)\,dx = c\int_0^1 f(x)\,dx = cJ(f).$$

Thus J is a linear mapping of P_n to $\mathbf{R}$.

15. (a) Kernel is zero vector. Range is $\mathbf{R}^2$. Dim $\ker(T) = 0$, dim range$(T) = 2$, and dim domain$(T) = 2$, so dim $\ker(T)$ + dim range(T) = dim domain(T).

(c) Kernel is $\{(-2r, r)\}$ and range $\{(r, 2r)\}$. Dim $\ker(T) = 1$, dim range$(T) = 1$, and dim domain$(T) = 2$, so dim $\ker(T)$ + dim range(T) = dim domain(T).

(e) Kernel is $\{(r, -2r, r)\}$. Range is $\mathbf{R}^2$. Dim $\ker(T) = 1$, dim range$(T) = 2$, and dim domain$(T) = 3$, so dim $\ker(T)$ + dim range(T) = dim domain(T).

(g) Kernel is $\{(r, 0, 0)\}$. Range is $\{(a, 2a, b)\}$. Dim $\ker(T) = 1$, dim range$(T) = 2$, and dim domain$(T) = 3$, so dim $\ker(T)$ + dim range(T) = dim domain(T).

16. (a) The kernel is the set $\{(0, r, s)\}$ and the range is the set $\{(a, 0, 0)\}$. Dim $\ker(T) = 2$, dim range$(T) = 1$, and dim domain$(T) = 3$, so dim $\ker(T)$ + dim range(T) = dim domain(T).

(b) The kernel is the set $\{(r, -r, 0)\}$ and the range is $\mathbf{R}^2$. Dim $\ker(T) = 1$, dim range$(T) = 2$, and dim domain$(T) = 3$, so dim $\ker(T)$ + dim range(T) = dim domain(T).

(e) The kernel is the zero vector and the range is the set $\{(3a, a-b, b)\}$. Dim $\ker(T) = 0$, dim range$(T) = 2$, and dim domain$(T) = 2$, so dim $\ker(T)$ + dim range(T) = dim domain(T).

17. (a) $T(\mathbf{u}+\mathbf{w}) = 5(\mathbf{u}+\mathbf{w}) = 5\mathbf{u} + 5\mathbf{w} = T(\mathbf{u}) + T(\mathbf{w})$ and $T(c\mathbf{u}) = 5(c\mathbf{u}) = 5c\mathbf{u} = c(5\mathbf{u}) = cT(\mathbf{u})$, so T is linear. $\ker(T)$ is the zero vector and range(T) is U (since for any vector $\mathbf{u}$ in U, $\mathbf{u} = T(.2\mathbf{u})$).

(b) $T(c\mathbf{u}) = 2(c\mathbf{u}) + 3\mathbf{v} \neq c(2\mathbf{u} + 3\mathbf{v}) = cT(\mathbf{u})$, so T is not linear.

18. (a) Let $\mathbf{u}_1, \mathbf{u}_2, \ldots, \mathbf{u}_n$ be a basis for U.

The vectors $T(\mathbf{u}_1), T(\mathbf{u}_2), \ldots, T(\mathbf{u}_n)$ span range(T): If $\mathbf{v}$ is a vector in range(T), then $\mathbf{v} = T(\mathbf{u})$ for some vector $\mathbf{u} = a_1\mathbf{u}_1 + a_2\mathbf{u}_2 + \cdots + a_n\mathbf{u}_n$ in U. We get $\mathbf{v} = T(\mathbf{u}) = T(a_1\mathbf{u}_1 + a_2\mathbf{u}_2 + \cdots + a_n\mathbf{u}_n) = a_1T(\mathbf{u}_1) + a_2T(\mathbf{u}_2) + \cdots + a_nT(\mathbf{u}_n)$. The vectors $T(\mathbf{u}_1), T(\mathbf{u}_2), \ldots, T(\mathbf{u}_n)$ are linearly independent: Consider the identity $a_1T(\mathbf{u}_1) + a_2T(\mathbf{u}_2) + \cdots + a_nT(\mathbf{u}_n) = \mathbf{0}$. The linearity of T gives $T(a_1\mathbf{u}_1 + a_2\mathbf{u}_2 + \cdots + a_n\mathbf{u}_n) = \mathbf{0}$. Since $\ker(T) = \mathbf{0}$, this implies that $a_1\mathbf{u}_1 + a_2\mathbf{u}_2 + \cdots + a_n\mathbf{u}_n = \mathbf{0}$. Since $\mathbf{u}_1, \mathbf{u}_2, \ldots, \mathbf{u}_n$ are linearly independent this means that $a_1 = a_2 = \cdots = a_n = 0$. Thus $T(\mathbf{u}_1), T(\mathbf{u}_2), \ldots, T(\mathbf{u}_n)$ are a basis for range (T). So dim range(T) = dim domain(T), and since dim $\ker(T) = 0$, the equality is proved.

20. dim $\ker(T)$ + dim range(T) = dim domain(T). dim $\ker(T) \geq 0$, so dim range$(T) \leq$ dim domain(T).

22. (a) rank$(A) = 2$. dim domain$(T) = 4$. dim range$(T) = 2$; dim ker$(T) = 2$; nullity(T) = dim kernel$(T) = 2$.

(c) rank$(A) = 2$. dim domain$(T) = 4$. dim range$(T) = 2$; dim ker$(T) = 2$; nullity(T) = dim kernel$(T) = 2$.

23. (a) dim col$(A) = r$. **(c)** dim null(A) = nullity$(A) = n - r$.

24. (a) row$(A) = \{k(1, 3)\}$. col$(A) = \left\{k\begin{bmatrix}1\\2\\4\end{bmatrix}\right\}$.

null$(A) = \left\{r\begin{bmatrix}-3\\1\end{bmatrix}\right\}$. null$(A^t) = \left\{\begin{bmatrix}-2r-4s\\r\\s\end{bmatrix}\right\}$.

25. $T(x, y, z) = (x, y, 0) = (1, 2, 0)$ if $x = 1, y = 2, z = r$. Thus the set of vectors mapped by T into $(1, 2, 0)$ is the set $\{(1, 2, r)\}$.

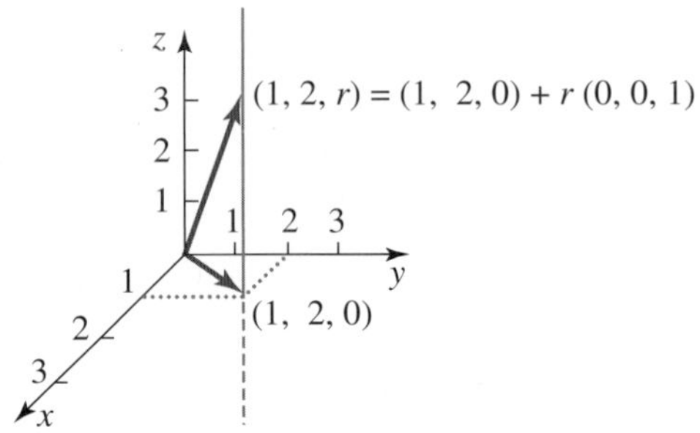

Figure for Exercise 25

27. $T(x, y) = (2x, 3x) = (4, 6)$ if $2x = 4$ and $3x = 6$, i.e., if $x = 2$. Thus the set of vectors mapped by T into $(4, 6)$ is the set $\{(2, r)\}$. This set is not a subspace of $\mathbf{R}^2$. It does not contain the zero vector.

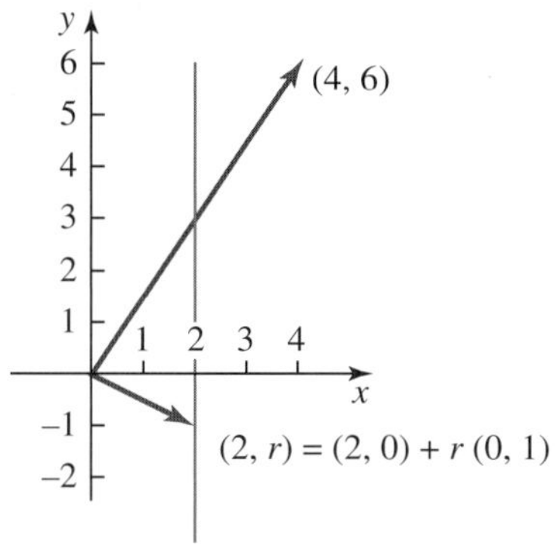

Figure for Exercise 27

29. $T(a_2x^2 + a_1x + a_0) = 0$ if $a_2 = a_1 = a_0 = 0$, so $\ker(T)$ is the zero polynomial and $\text{range}(T)$ is P_2. A basis for P_2 is the set $\{x^2, x, 1\}$.

31. $g(a_2x^2 + a_1x + a_0) = 0$ if $a_2 = a_1 = a_0 = 0$ so $\ker(g)$ is the zero polynomial and $\text{range}(g) = \{a_3x^3 + a_1x + a_0\}$. A basis for $\text{range}(g)$ is the set $\{x^3, x, 1\}$.

32. $D(x^3 - 3x^2 + 2x + 1) = 3x^2 - 6x + 2$.
$D(a_nx^n + \cdots + a_1x + a_0) = 0$ if $a_n = \cdots = a_1 = 0$, i.e., $\ker(D)$ = the set of constant polynomials.
$\text{Range}(D) = P_{n-1}$, because every polynomial of degree less than or equal to $n - 1$ is the derivative of a polynomial of degree one larger than its own degree, and no polynomial of degree n is the derivative of a polynomial of degree n or less.

34. $D(a_nx^n + \cdots + a_1x + a_0) = na_nx^{n-1} + \cdots + 3a_3x^2 + 2a_2x + a_1 = 3x^2 - 4x + 7$ if $a_n = a_{n-1} = \cdots = a_4 = 0$, $a_3 = 1$, $a_2 = -2$, $a_1 = 7$, and $a_0 = r$, where r is any real number. Thus the set of polynomials mapped into $3x^2 - 4x + 7$ is the set $\{x^3 - 2x^2 + 7x + r\}$.

38. Let A be a 2×2 matrix. Then $\det(cA) = |cA| = c^2|A|$ (by Theorem 4 of the "Determinants and Eigenvectors" chapter) $= c^2\det(A) \neq c \det A$. Thus det is not linear.

39. **(a)** $T\left(\begin{bmatrix} 2 & 0 \\ 1 & 3 \end{bmatrix}\right) = \begin{bmatrix} 1 & 2 \\ 3 & 4 \end{bmatrix}\begin{bmatrix} 2 & 0 \\ 1 & 3 \end{bmatrix} = \begin{bmatrix} 4 & 6 \\ 10 & 12 \end{bmatrix}$.

41. **(a)** $T(A + C) = (A + C)^t = A^t + C^t = T(A) + T(C)$ and $T(cA) = (cA)^t = cA^t = cT(A)$, so T is linear. $A^t = O$ if and only if $A = O$, so $\ker(T) = O$ and $\text{range}(T) = U$.

(b) $T(A + C) = |A + C|$ and $T(A) + T(C) = |A| + |C| \neq |A + C|$, so T is not linear.

(f) $T(A + C) = a_{11} + c_{11} = T(A) + T(C)$ and $T(cA) = ca_{11} = cT(A)$, so T is linear.

$\text{Ker}(T) = \left\{\begin{bmatrix} 0 & a \\ b & c \end{bmatrix}\right\}$ and $\text{range}(T) = \mathbf{R}$.

(i) $T(A + C) = A + C + (A + C)^t = A + C + A^t + C^t = A + A^t + C + C^t = T(A) + T(C)$ and $T(cA) = cA + (cA)^t = cA + cA^t = c(A + A^t) = cT(A)$, so T is linear.

$$\begin{bmatrix} a & b \\ c & d \end{bmatrix} + \begin{bmatrix} a & c \\ b & d \end{bmatrix} = \begin{bmatrix} 2a & b + c \\ b + c & 2d \end{bmatrix},$$

so $\ker(T) = \left\{\begin{bmatrix} 0 & r \\ -r & 0 \end{bmatrix}\right\}$ and $\text{range}(T)$ is the set of all symmetric matrices.

42. This set is not a subspace because it does not contain the zero vector.

연습문제 4.9

1. **(a)** The dimension of the range of the transformation is the rank of the matrix $= 2$. The domain is $\mathbf{R}^3$, which has dimension 3, so the dimension of the kernel is 1. This transformation is not one-to-one.

(c) The dimension of the range of the transformation is the rank of the matrix $= 3$. The domain is $\mathbf{R}^4$, which has dimension 4, so the dimension of the kernel is 1. This transformation is not one-to-one.

(f) The dimension of the range of the transformation is the rank of the matrix $= 3$. The domain is $\mathbf{R}^3$, which has dimension 3, so the dimension of the kernel is 0. This transformation is one-to-one.

2. **(a)** $|A| = 12 \neq 0$, so the transformation is nonsingular and therefore one-to-one.

(c) $|C| = 0$, so the transformation is not one-to-one.

(f) $|F| = 212$, so the transformation is one-to-one.

3. **(a)** The set of fixed points is the set of all points for which $(x, y) = (x, 3y)$. This is the set $\{(r, 0)\}$.

(c) This transformation has no fixed points since there are no solutions to the equation $y = y + 1$.

(f) The set of fixed points is the set of all points for which $(x, y) = (x + y, x - y)$. This set contains only the zero vector.

4. **(a)** $T^{-1}(x, y) = (-2x + 3y, -5x + 7y)$.
$T^{-1}(2, 3) = (5, 11)$.

(c) T^{-1} does not exist.

5. **(a)** $T^{-1}(x, y, z) =$
$(x + y + z, 3x + 5y + 4z, 3x + 6y + 5z)$.
$T^{-1}(1, -1, 2) = (2, 6, 7)$.

(c) T^{-1} does not exist.

6. T is one-to-one if and only if $\ker(T)$ is the zero vector if and only if $\dim \ker(T) = 0$ if and only if $\dim \text{range}(T) = \dim \text{domain}(T)$.

8. Converse: Let $T: U \to V$ be a linear transformation. If T preserves linear independence, then it is one-to-one.

Proof: Suppose $T(\mathbf{u}) = T(\mathbf{w})$. Then $\mathbf{0} = T(\mathbf{u}) - T(\mathbf{w}) = T(\mathbf{u} - \mathbf{w})$.

Let $\mathbf{u} - \mathbf{w} = a_1\mathbf{u}_1 + a_2\mathbf{u}_2 + \cdots + a_n\mathbf{u}_n$, where $\{\mathbf{u}_1, \mathbf{u}_2, \ldots, \mathbf{u}_n\}$ is a basis for U. Thus $\mathbf{0} = T(\mathbf{u} - \mathbf{w}) = T(a_1\mathbf{u}_1 + a_2\mathbf{u}_2 + \cdots + a_n\mathbf{u}_n) = a_1T(\mathbf{u}_1) + a_2T(\mathbf{u}_2) + \cdots + a_nT(\mathbf{u}_n)$. But $\{T(\mathbf{u}_1), T(\mathbf{u}_2), \ldots, T(\mathbf{u}_n)\}$ is a linearly independent set in V so $a_1 = a_2 = \cdots = a_n = 0$. Therefore $\mathbf{u} - \mathbf{w} = \mathbf{0}$, $\mathbf{u} = \mathbf{w}$, and T is one-to-one.

9. **(a)** $T(\mathbf{u}_1) = \mathbf{v}_1$ and $T(\mathbf{u}_2) = \mathbf{v}_2$. $T(\mathbf{u}_1) + T(\mathbf{u}_2) = \mathbf{v}_1 + \mathbf{v}_2$. $T(\mathbf{u}_1 + \mathbf{u}_2) = \mathbf{v}_1 + \mathbf{v}_2$ since T is linear.

Thus $T^{-1}(\mathbf{v}_1 + \mathbf{v}_2) = \mathbf{u}_1 + \mathbf{u}_2$.

(b) $T(\mathbf{u}) = \mathbf{v}$. $cT(\mathbf{u}) = c\mathbf{v}$. $T(c\mathbf{u}) = c\mathbf{v}$, since T is linear. $T^{-1}(c\mathbf{v}) = c\mathbf{u}$.

연습문제 4.10

1. $(r, r, 1) = r(1, 1, 0) + (0, 0, 1)$

3. $(r + 1, 2r, r) = r(1, 2, 1) + (1, 0, 0)$

5. $(-4r + 3s - 2, -5r + 5s - 6, r, s) = r(-4, -5, 1, 0) + s(3, 5, 0, 1) + (-2, -6, 0, 0)$

7. **(a)** Solutions exist **(d)** No solutions

8. Any particular solution of the system will do in place of $\mathbf{x}_1$; e.g., $(2, 3, 1)$.

10.
$$\begin{aligned} x_1 + 2x_2 + x_3 &= 3 \\ x_2 + 2x_3 &= 7 \\ x_1 + x_2 - x_3 &= -4 \end{aligned}$$

13. **(a)** Basis $= \{e^{-2x}, e^x\}$. Ker $= \{ae^{-2x} + be^x\}$.

(c) Basis $= \{e^{-4x}, e^{2x}\}$. Ker $= \{ae^{-4x} + be^{2x}\}$.

14. **(a)** $y = re^{-3x} + se^{-2x} + \dfrac{4}{3}$

(c) $y = re^{3x} + se^{4x} + 2$

4장 복습문제

1. Let $a(1, 3, 7)$ and $b(1, 3, 7)$ be elements of W. Then $a(1, 3, 7) + b(1, 3, 7) = (a + b)(1, 3, 7)$, an element of V. Let k be a scalar. Then $k(a(1, 3, 7)) = (ka)(1, 3, 7)$, an element of V. V is closed under addition and scalar multiplication—it is a subspace.

2. U is not a vector space.

3. W is a vector space.

4. $(f + g)(x) = 3x - 1 + 2x^2 + 3 = 2x^2 + 3x + 2$, $3f(x) = 3(3x - 1) = 9x - 3$. $(2f - 3g)(x) = 2(3x - 1) - 3(2x^2 + 3) = -6x^2 + 6x - 11$.

5. **(a)** Let f and g be in V. Then $f(2) = 0$ and $g(2) = 0$. $(f + g)(2) = f(2) + g(2) = 0$. Thus $f + g$ is in V. Let k be a scalar. Then $kf(2) = k(f(2)) = k(0) = 0$. kf is in V. V is closed under addition and scalar multiplication. V is a subspace.

(b) Let f and g be in W. Then $f(2) = 1$ and $g(2) = 1$. $(f + g)(2) = 2$. Thus $f + g$ is not in W. W is not closed under addition. It is not a vector space.

6. **(a)** Not a subspace

(b) Subspace

(c) Subspace

(d) Not a subspace

7. Only the subset **(a)** is a subspace.

8. **(a)** Not a subspace

(b) Subspace

(c) Subspace

(d) Not a subspace

9. Not a subspace

10. Necessary: Let $\mathbf{v}$ be in the subspace and 0 be the zero scalar. Then $0\mathbf{v} = \mathbf{0}$, the zero vector (Theorem 1(a) of the "General Vector Spaces" chapter). The subspace is closed under scalar multiplication. Thus $\mathbf{0}$ is in the subspace.

Not sufficient: The subset of $\mathbf{R}^2$ consisting of vectors of the form (a, a^2) contains the zero vector. It is not closed under addition, thus not a subspace.

11. **(a)** $(3, 15, -4) = 2(1, 2, -1) + 3(2, 4, 0) - (5, 1, 2)$.

(b) Not a linear combination. The three vectors lie in the xz-plane. $(-3, -4, 7)$ does not lie in this plane.

12. No: $2A + 3B - C = 2\begin{bmatrix} 1 & 2 \\ 4 & 3 \end{bmatrix} + 3\begin{bmatrix} 0 & -2 \\ 1 & 5 \end{bmatrix} - \begin{bmatrix} 1 & 1 \\ 1 & 1 \end{bmatrix} = \begin{bmatrix} 1 & -3 \\ 10 & 20 \end{bmatrix}$.

13. $(1, -2, 3)$ and $(-2, 4, -6)$ are linearly dependent. Need at least three linearly independent vectors to span $\mathbf{R}^3$. Thus vectors do not span $\mathbf{R}^3$.

14. $(10, 9, 8) = 2(-1, 3, 1) + 3(4, 1, 2)$.

15. $13x^2 + 8x - 21 = 2(2x^2 + x - 3) - 3(-3x^2 - 2x + 5)$.

16. **(a)** Linearly dependent

(b) Linearly dependent

(c) Linearly independent

17. **(a)** and **(b)**. In each case the set consists of two linearly independent vectors. By Theorem 11 of the "General Vector Spaces" chapter they are therefore a basis for $\mathbf{R}^2$.

(c) and **(d)**. In each case the set consists of three linearly independent vectors. By Theorem 11 of the "General Vector Spaces" chapter they are therefore a basis for $\mathbf{R}^3$.

18. $ax^2 + bx + c = -a(-x^2) + (\frac{b}{3})(3x) + (\frac{c}{2})2.$

19. Any of the sets $\{(1, -2, 3), (4, 1, -1), (1, 0, 0)\}$, $\{(1, -2, 3), (4, 1, -1), (0, 1, 0)\}$, $\{(1, -2, 3), (4, 1, -1), (0, 0, 1)\}$ is a basis for $\mathbf{R}^3$.

20. $(a, b, c, a - 2b + 3c) = a(1, 0, 0, 1) + b(0, 1, 0, -2) + c(0, 0, 1, 3)$. The linearly independent set $\{(1, 0, 0, 1), (0, 1, 0, -2), (0, 0, 1, 3)\}$ is a basis for the subspace.

21. $$\left\{\begin{bmatrix}1&0&0\\0&0&0\\0&0&0\end{bmatrix}, \begin{bmatrix}0&1&0\\0&0&0\\0&0&0\end{bmatrix}, \begin{bmatrix}0&0&1\\0&0&0\\0&0&0\end{bmatrix}, \begin{bmatrix}0&0&0\\0&1&0\\0&0&0\end{bmatrix}, \begin{bmatrix}0&0&0\\0&0&1\\0&0&0\end{bmatrix}, \begin{bmatrix}0&0&0\\0&0&0\\0&0&1\end{bmatrix}\right\}.$$

22. $a(x^2 + 2x - 3) + b(3x^2 + x - 1) + c(4x^2 + 3x - 3) = 0$ if and only if $a + 3b + 4c = 0$, $2a + b + 3c = 0$, and $-3a - b - 3c = 0$. This system of homogeneous equations has the unique solution $a = b = c = 0$. Thus the given functions are linearly independent. The dimension of P_2 is 3, so the three functions are a basis.

23. **(a)** $$\begin{bmatrix}1&2&-1\\-1&3&4\\0&5&3\end{bmatrix} \approx \cdots \approx \begin{bmatrix}1&2&-1\\0&1&\frac{3}{5}\\0&0&0\end{bmatrix},$$ thus rank is 2.

(b) $$\begin{bmatrix}2&1&4\\-2&0&-1\\3&2&7\end{bmatrix} \approx \cdots \approx \begin{bmatrix}1&\frac{1}{2}&2\\0&1&3\\0&0&1\end{bmatrix},$$ thus rank is 3.

(c) $$\begin{bmatrix}-2&4&8\\1&-2&4\\4&-8&16\end{bmatrix} \approx \begin{bmatrix}1&-2&-4\\0&0&1\\0&0&0\end{bmatrix},$$ thus rank is 2.

24. $\{(1, -2, 3, 4), (0, 1, 4, 2)\}$

25. $\mathbf{v} = a\mathbf{v}_1 + b\mathbf{v}_2 = a\mathbf{v}_1 + b\mathbf{v}_2 + 0\mathbf{v}_3$

26. If $a\mathbf{v}_1 + b\mathbf{v}_2 = \mathbf{0}$, then $a\mathbf{v}_1 + b\mathbf{v}_2 + 0\mathbf{v}_3 = \mathbf{0}$, and since the set $\{\mathbf{v}_1, \mathbf{v}_2, \mathbf{v}_3\}$ is linearly independent this means $a = b = 0$, so $\{\mathbf{v}_1, \mathbf{v}_2\}$ must be linearly independent.

If $a\mathbf{v}_1 + c\mathbf{v}_3 = \mathbf{0}$, then $a\mathbf{v}_1 + 0\mathbf{v}_2 + c\mathbf{v}_3 = \mathbf{0}$, and since the set $\{\mathbf{v}_1, \mathbf{v}_2, \mathbf{v}_3\}$ is linearly independent this means $a = c = 0$, so $\{\mathbf{v}_1, \mathbf{v}_3\}$ must be linearly independent.

If $b\mathbf{v}_2 + c\mathbf{v}_3 = 0$, then $0\mathbf{v}_1 + b\mathbf{v}_2 + c\mathbf{v}_3 = 0$, and since the set $\{\mathbf{v}_1, \mathbf{v}_2, \mathbf{v}_3\}$ is linearly independent this means $b = c = 0$, so $\{\mathbf{v}_2, \mathbf{v}_3\}$ must be linearly independent. Since $\{\mathbf{v}_1, \mathbf{v}_2, \mathbf{v}_3\}$ is linearly independent, none of the three vectors can be the zero vector. Thus $a\mathbf{v}_1 = \mathbf{0}$ (or $b\mathbf{v}_2 = \mathbf{0}$ or $c\mathbf{v}_3 = \mathbf{0}$) only if $a = 0$ (or $b = 0$ or $c = 0$).

27. $a(\mathbf{v}_1 + 2\mathbf{v}_2) + b(3\mathbf{v}_1 - \mathbf{v}_2) = (a + 3b)\mathbf{v}_1 + (2a - b)\mathbf{v}_2$. There are scalars c and d, not both zero, with $c\mathbf{v}_1 + d\mathbf{v}_2 = \mathbf{0}$. Solve the system $c = a + 3b, d = 2a - b$: $a = \dfrac{3d + c}{7}, b = \dfrac{2c - d}{7}$. $3d + c$ and $2c - d$ cannot both be zero unless both c and d are zero, so at least one of a and b is nonzero and $a(\mathbf{v}_1 + 2\mathbf{v}_2) + b(3\mathbf{v}_1 - \mathbf{v}_2) = c\mathbf{v}_1 + d\mathbf{v}_2 = \mathbf{0}$. So $\mathbf{v}_1 + 2\mathbf{v}_2$ and $3\mathbf{v}_1 - \mathbf{v}_2$ are linearly dependent.

28. If $\text{rank}(A) = n$, the row space of A is $\mathbf{R}^n$, so the reduced echelon form of A must have n linearly independent rows; i.e., it must be I_n. If A is row equivalent to I_n, the rows of I_n are linear combinations of the rows of A. But the rows of I_n span $\mathbf{R}^n$, so the rows of A span $\mathbf{R}^n$ and $\text{rank}(A) = n$.

29. **(a)** $\left(\dfrac{7}{5}, \dfrac{14}{5}\right)$ **(b)** $\left(-\dfrac{23}{21}, \dfrac{46}{21}, \dfrac{92}{21}\right)$

30. Orthogonal: $\mathbf{u}_1 = (1, 2, 3, -1)$,
$$\mathbf{u}_2 = \left(\frac{32}{15}, \frac{4}{15}, -\frac{9}{15}, \frac{13}{15}\right),$$
$$\mathbf{u}_3 = \left(-\frac{26}{86}, \frac{72}{86}, -\frac{33}{86}, \frac{19}{86}\right).$$
Orthonormal: $$\left\{\left(\frac{1}{\sqrt{15}}, \frac{2}{\sqrt{15}}, \frac{3}{\sqrt{15}}, -\frac{1}{\sqrt{15}}\right), \left(\frac{32}{\sqrt{1290}}, \frac{4}{\sqrt{1290}}, -\frac{9}{\sqrt{1290}}, \frac{13}{\sqrt{1290}}\right), \left(-\frac{26}{\sqrt{7310}}, \frac{72}{\sqrt{7310}}, -\frac{33}{\sqrt{7310}}, \frac{19}{\sqrt{7310}}\right)\right\}$$

31. $$\left\{\left(\frac{1}{\sqrt{2}}, 0, \frac{1}{\sqrt{2}}\right)\left(-\frac{1}{\sqrt{3}}, \frac{1}{\sqrt{3}}, \frac{1}{\sqrt{3}}\right)\right\}$$

32. $\left(\dfrac{294}{150}, \dfrac{345}{150}, -\dfrac{183}{150}\right)$

33. $\dfrac{1}{10}\sqrt{10}$

34. If A is orthogonal, the rows of A form an orthonormal set. The rows of A are the columns of A^t, so from the definition of orthogonal matrix, A^t is orthogonal. Interchange A and A^t in the argument above to show that if A^t is orthogonal then A is orthogonal.

35. $W = \{a(1, 0, 1) + b(0, 1, -2)\}$. $\mathbf{u}_1 = (1, 0, 1)$ and
$$\mathbf{u}_2 = (0, 1, -2) - \frac{(0, 1, -2)\cdot(1, 0, 1)}{(1, 0, 1)\cdot(1, 0, 1)}(1, 0, 1) =$$
$(0, 1, -2) - (-1)(1, 0, 1) = (1, 1, -1)$ are an orthogonal basis. The vectors $\left(\dfrac{1}{\sqrt{2}}, 0, \dfrac{1}{\sqrt{2}}\right)$ and $\left(\dfrac{1}{\sqrt{3}}, \dfrac{1}{\sqrt{3}}, -\dfrac{1}{\sqrt{3}}\right)$ are therefore an orthonormal basis.
$\mathbf{v} = (1, 3, -1) = \mathbf{w} + \mathbf{w}_\perp$ where $\mathbf{w} = \left(\dfrac{5}{3}, \dfrac{5}{3}, -\dfrac{5}{3}\right)$ and $\mathbf{w}_\perp = \left(-\dfrac{2}{3}, \dfrac{4}{3}, \dfrac{2}{3}\right)$.

36. Suppose **u** and **v** are orthogonal and that $a\mathbf{u} + b\mathbf{v} = 0$, so that $a\mathbf{u} = -b\mathbf{v}$. Then $a\mathbf{u} \cdot a\mathbf{u} = a\mathbf{u} \cdot (-b\mathbf{v}) = (-ab)\mathbf{u} \cdot \mathbf{v} = 0$, so $a\mathbf{u} = \mathbf{0}$. Thus $a = 0$ since $\mathbf{u} \neq \mathbf{0}$. In the same way $b = 0$, and so **u** and **v** are linearly independent.

37. If $\mathbf{u} \cdot \mathbf{v} = 0$ and $\mathbf{u} \cdot \mathbf{w} = 0$, then $\mathbf{u} \cdot (a\mathbf{v} + b\mathbf{w}) = \mathbf{u} \cdot (a\mathbf{v}) + \mathbf{u} \cdot (b\mathbf{w}) = a(\mathbf{u} \cdot \mathbf{v}) + b(\mathbf{u} \cdot \mathbf{w}) = 0$.

38. **(a)** True
(b) False
(c) True
(d) True
(e) False

39. **(a)** False
(b) True
(c) True
(d) False

40.
$$\begin{aligned} T((x_1, y_1) + (x_2, y_2)) &= T(x_1 + x_2, y_1 + y_2) \\ &= (2(x_1 + x_2), x_1 + x_2 + 3(y_1 + y_2)) \\ &= (2x_1 + 2x_2, x_1 + 3y_1 + x_2 + 3y_2) \\ &= (2x_1, x_1 + 3y_1) + (2x_2, x_2 + 3y_2) \\ &= T(x_1, y_1) + T(x_2, y_2) \end{aligned}$$
and
$$\begin{aligned} T(c(x, y)) &= T(cx, cy) \\ &= (2cx, cx + 3cy) \\ &= c(2x, x + 3y) = cT(x, y). \end{aligned}$$
Thus T is linear. $T(1, 2) = (2(1), 1 + 6) = (2, 7)$.

41.
$$\begin{aligned} T((ax^2 + bx + c) + (px^2 + qx + r)) &= T((a + p)x^2 + (b + q)x + c + r) \\ &= 2(a + p)x + (b + q) \\ &= (2ax + b) + (2px + q) \\ &= T(ax^2 + bx + c) + T(px^2 + qx + r). \end{aligned}$$
$$\begin{aligned} T(k(ax^2 + bx + c)) &= T(kax^2 + kbx + kc) \\ &= 2kax + kb \\ &= k(2x^2 + b) \\ &= kT(ax^2 + bx + c). \end{aligned}$$

42. Kernel is $\left\{\left(r, -\frac{3r}{2}\right)\right\}$ and range is $\{(2r, r)\}$.
Dim ker$(T) = 1$, dim range$(T) = 1$ and dim domain$(T) = 2$, so dim ker(T) + dim range(T) = dim domain(T).

43. Kernel is $\{(-2r, r, r)\}$ with basis $\{(-2, 1, 1)\}$, and a basis for the range is the set $\{(1, 0, 2), (1, 1, 3)\}$.

44. **(a)** Not one-to-one **(b)** One-to-one

45. The kernel is the set $\{(0, r, r)\}$ with basis $\{(0, 1, 1)\}$ and the range is the set $\{(a, 2a, b)\}$ with basis $\{(1, 2, 0), (0, 0, 1)\}$.

46. Ker(g) is the set of all polynomials $a_2x^2 + a_1x + a_0$ with $a_2 - a_1 = 0$, $a_1 = 0$, and $a_0 = 0$; i.e., $a_2 = a_1 = a_0 = 0$, so ker(g) is the zero polynomial. Range(g) is the set of all polynomials $ax^3 + bx + c$. The set $\{x^3, x, 1\}$ is a basis for range(g).

47. Only polynomial mapped into $12x - 4$ is the polynomial $12x + 20$.

48. Use the Wronskian to show that the functions $f_1(x) = 1$, $f_2(x) = \sin x$, and $f_3(x) = e^x$ are linearly independent on the interval $(-\infty, \infty)$.

Compute the Wronskian. Expand the determinant using the first column.
$$W(x) = \begin{vmatrix} 1 & \sin x & e^x \\ 0 & \cos x & e^x \\ 0 & -\sin x & e^x \end{vmatrix} = (1)\begin{bmatrix} \cos x & e^x \\ -\sin x & e^x \end{bmatrix} =$$
$$\cos x\, e^x + \sin x\, e^x = e^x(\cos x + \sin x)$$
Let $x = 0$. Then $W(0) = e^0(\cos 0 + \sin 0) = 1(1 + 0) = 1 \neq 0$. Functions are linearly independent.

CHAPTER 5

연습문제 5.1

1. $\begin{bmatrix} 2 \\ -3 \end{bmatrix}$ **2.** $\begin{bmatrix} 2 \\ 1 \end{bmatrix}$ **5.** $\begin{bmatrix} 4 \\ 0 \\ -2 \end{bmatrix}$

6. $\begin{bmatrix} 2 \\ -1 \\ 3 \end{bmatrix}$ **10.** $\begin{bmatrix} 2 \\ -4 \end{bmatrix}$ **12.** $\begin{bmatrix} 3 \\ 2 \\ 2 \\ -4 \end{bmatrix}$

13. $\begin{bmatrix} 0 \\ 11 \\ -2 \end{bmatrix}$ **15.** $\begin{bmatrix} 2 \\ \frac{5}{\sqrt{2}} \\ -\frac{3}{\sqrt{2}} \end{bmatrix}$

16. $P = \begin{bmatrix} 2 & 1 \\ 3 & 2 \end{bmatrix}$, $\mathbf{u}_{B'} = \begin{bmatrix} 4 \\ 7 \end{bmatrix}$, $\mathbf{v}_{B'} = \begin{bmatrix} 5 \\ 7 \end{bmatrix}$, $\mathbf{w}_{B'} = \begin{bmatrix} 8 \\ 14 \end{bmatrix}$

18. $P = \begin{bmatrix} 1 & 2 \\ 1 & -3 \end{bmatrix}$, $\mathbf{u}_{B'} = \begin{bmatrix} 2 \\ -3 \end{bmatrix}$, $\mathbf{v}_{B'} = \begin{bmatrix} -3 \\ 7 \end{bmatrix}$, $\mathbf{w}_{B'} = \begin{bmatrix} 5 \\ 0 \end{bmatrix}$

20. $P = \begin{bmatrix} 2 & -3 \\ -3 & 4 \end{bmatrix}$, $\mathbf{u}_{B'} = \begin{bmatrix} -1 \\ 1 \end{bmatrix}$, $\mathbf{v}_{B'} = \begin{bmatrix} 6 \\ -9 \end{bmatrix}$,
$\mathbf{w}_{B'} = \begin{bmatrix} 2 \\ -4 \end{bmatrix}$

21. Transition matrix $\begin{bmatrix} 2 & -3 \\ -3 & 5 \end{bmatrix}$, $\mathbf{u}_{B'} = \begin{bmatrix} -19 \\ 31 \end{bmatrix}$

23. Transition matrix $\begin{bmatrix} -4 & 6 \\ 3 & -3 \end{bmatrix}$, $\mathbf{u}_{B'} = \begin{bmatrix} 24 \\ -15 \end{bmatrix}$

25. Transition matrix $\begin{bmatrix} \frac{1}{3} & 0 & 0 \\ 0 & 1 & 0 \\ 0 & \frac{1}{4} & \frac{1}{4} \end{bmatrix}$, coordinate vectors $\begin{bmatrix} 1 \\ 4 \\ 3 \end{bmatrix}$, $\begin{bmatrix} 2 \\ 0 \\ 1 \end{bmatrix}$, $\begin{bmatrix} 0 \\ 8 \\ 5 \end{bmatrix}$, $\begin{bmatrix} 1 \\ 4 \\ 2 \end{bmatrix}$

26. Transition matrix $\frac{1}{3}\begin{bmatrix} 3 & 0 \\ -2 & 1 \end{bmatrix}$, coordinate vectors $\begin{bmatrix} 3 \\ -1 \end{bmatrix}$, $\begin{bmatrix} 6 \\ -4 \end{bmatrix}$, $\begin{bmatrix} 6 \\ -1 \end{bmatrix}$, $\begin{bmatrix} 12 \\ -9 \end{bmatrix}$

27. $T\left(\begin{bmatrix} a & 0 \\ 0 & b \end{bmatrix}\right) = (a, b)$. T is linear, one-to-one, and onto. Thus T is an isomorphism.

연습문제 5.2

1. $(1, -3)$

2. 18

4. $11x - 6$

6. $\begin{bmatrix} 2 & 4 \\ 3 & -1 \end{bmatrix}$, $24\mathbf{v}_1 + \mathbf{v}_2$

8. $\begin{bmatrix} 1 & 3 & 1 \\ 1 & -2 & 2 \\ 1 & 0 & -1 \end{bmatrix}$, $4\mathbf{v}_1 - 11\mathbf{v}_2 + 8\mathbf{v}_3$

9. (a) $\begin{bmatrix} 1 & 0 & 0 \\ 0 & 0 & 1 \end{bmatrix}$, $(1, 3)$

(c) $\begin{bmatrix} 1 & 1 & 0 \\ 2 & -1 & 0 \end{bmatrix}$, $(3, 0)$

10. (a) $\begin{bmatrix} 1 & 0 & 0 \\ 0 & 2 & 0 \\ 0 & 0 & 3 \end{bmatrix}$, $(-1, 10, 6)$

(c) $\begin{bmatrix} 1 & 0 & 0 \\ 0 & 0 & 0 \\ 0 & 0 & 0 \end{bmatrix}$, $(-1, 0, 0)$

11. $\begin{bmatrix} -2 & -2 & 1 \\ 1 & 3 & 2 \end{bmatrix}$, $(7, 3)$

13. $\begin{bmatrix} 2 & 0 \\ 1 & 1 \end{bmatrix}$, $(-2, 2)$

14. $\begin{bmatrix} 0 & 0 & 0 \\ 4 & 0 & 0 \\ 0 & -1 & 0 \end{bmatrix}$, $6x - 2$

16. (a) $\begin{bmatrix} 0 & 1 & 1 \\ 0 & 1 & -1 \\ 0 & 0 & 0 \end{bmatrix}$ **(b)** $\begin{bmatrix} 0 & 1 \\ 1 & 0 \\ 0 & 1 \end{bmatrix}$

17. $\begin{bmatrix} 1 & 0 & 0 \\ 0 & 0 & 1 \end{bmatrix}$, $3x - 1$

19. $\begin{bmatrix} 1 & 1 \\ 0 & -1 \end{bmatrix}$, $\frac{1}{2}\begin{bmatrix} 1 & 1 \\ 3 & -1 \end{bmatrix}$

20. $\begin{bmatrix} 2 & 0 \\ 1 & 1 \end{bmatrix}$, $\begin{bmatrix} 2 & 2 \\ 0 & 1 \end{bmatrix}$

22. (a) Yes if $\dim(W) \geq \dim(V) - \dim(U)$, no if $\dim(W) < \dim(V) - \dim(U)$.

(b) Let T be the linear transformation given by $T(1, 3 -1) = (0, 0)$, $T(1, 0, 0) = (1, 0)$ and $T(0, 1, 0) = (0, 1)$.

23. Let T be the linear transformation given by $T(2, -1) = (0, 0)$ and $T(1, 0) = (1, 0)$.

25. Let $B = \{\mathbf{u}_1, \mathbf{u}_2, \ldots, \mathbf{u}_n\}$ be a basis for U. $T(\mathbf{u}_i) = \mathbf{u}_i$, so if A is the matrix of T with respect to B, its ith column will have a 1 in the ith position and zeros elsewhere. Thus $A = I_n$.

28. No

연습문제 5.3

1. (a) $\begin{bmatrix} 3 & -5 \\ -1 & 2 \end{bmatrix}\begin{bmatrix} 1 & 2 \\ -1 & 3 \end{bmatrix}\begin{bmatrix} 2 & 5 \\ 1 & 3 \end{bmatrix} = \begin{bmatrix} 7 & 13 \\ -2 & -3 \end{bmatrix}$

(c) $\begin{bmatrix} 4 & -1 \\ -7 & 2 \end{bmatrix}\begin{bmatrix} 0 & 4 \\ 3 & 2 \end{bmatrix}\begin{bmatrix} 2 & 1 \\ 7 & 4 \end{bmatrix} = \begin{bmatrix} 92 & 53 \\ -156 & -90 \end{bmatrix}$

2. (a) $\begin{bmatrix} -1 & 2 & 2 \\ 0 & 1 & 1 \\ 2 & 0 & -1 \end{bmatrix}\begin{bmatrix} 2 & 0 & 0 \\ -2 & 2 & 1 \\ 2 & 0 & 1 \end{bmatrix}\begin{bmatrix} -1 & 2 & 0 \\ 2 & -3 & 1 \\ -2 & 4 & -1 \end{bmatrix} = \begin{bmatrix} 2 & 0 & 0 \\ 0 & 2 & 0 \\ 0 & 0 & 1 \end{bmatrix}$

3. (a) $\frac{1}{5}\begin{bmatrix} 1 & 1 \\ -1 & 4 \end{bmatrix}\begin{bmatrix} 5 & 4 \\ 1 & 2 \end{bmatrix}\begin{bmatrix} 4 & -1 \\ 1 & 1 \end{bmatrix} = \begin{bmatrix} 6 & 0 \\ 0 & 1 \end{bmatrix}$

(c) Cannot be diagonalized.

(d) $\begin{bmatrix} -1 & 1 \\ 2 & -1 \end{bmatrix}\begin{bmatrix} 4 & -1 \\ 2 & 1 \end{bmatrix}\begin{bmatrix} 1 & 1 \\ 2 & 1 \end{bmatrix} = \begin{bmatrix} 2 & 0 \\ 0 & 3 \end{bmatrix}$

4. (a) $\begin{bmatrix} -2 & 0 \\ 0 & 3 \end{bmatrix}$, transformation matrix $\begin{bmatrix} 2 & 1 \\ 1 & 1 \end{bmatrix}$

(c) Cannot be diagonalized.

(e) Cannot be diagonalized.

5. (a) $\begin{bmatrix} -1 & -1 & 1 \\ -1 & 0 & 1 \\ 2 & 1 & -1 \end{bmatrix}\begin{bmatrix} 15 & 7 & -7 \\ -1 & 1 & 1 \\ 13 & 7 & -5 \end{bmatrix}\begin{bmatrix} 1 & 0 & 1 \\ -1 & 1 & 0 \\ 1 & 1 & 1 \end{bmatrix} = \begin{bmatrix} 1 & 0 & 0 \\ 0 & 2 & 0 \\ 0 & 0 & 8 \end{bmatrix}$

(c) $\begin{bmatrix} 1 & 0 & 0 \\ 1 & 1 & -1 \\ -1 & 0 & 1 \end{bmatrix}\begin{bmatrix} 1 & 0 & 0 \\ -2 & 1 & 2 \\ -2 & 0 & 3 \end{bmatrix}\begin{bmatrix} 1 & 0 & 0 \\ 0 & 1 & 1 \\ 1 & 0 & 1 \end{bmatrix} = \begin{bmatrix} 1 & 0 & 0 \\ 0 & 1 & 0 \\ 0 & 0 & 3 \end{bmatrix}$

6. (a) $\begin{bmatrix} \frac{1}{\sqrt{2}} & \frac{1}{\sqrt{2}} \\ -\frac{1}{\sqrt{2}} & \frac{1}{\sqrt{2}} \end{bmatrix}\begin{bmatrix} 1 & 2 \\ 2 & 1 \end{bmatrix}\begin{bmatrix} \frac{1}{\sqrt{2}} & -\frac{1}{\sqrt{2}} \\ \frac{1}{\sqrt{2}} & \frac{1}{\sqrt{2}} \end{bmatrix} = \begin{bmatrix} 3 & 0 \\ 0 & -1 \end{bmatrix}$

(b) $\begin{bmatrix} \frac{1}{\sqrt{5}} & \frac{2}{\sqrt{5}} \\ -\frac{2}{\sqrt{5}} & \frac{1}{\sqrt{5}} \end{bmatrix}\begin{bmatrix} 11 & 2 \\ 2 & 14 \end{bmatrix}\begin{bmatrix} \frac{1}{\sqrt{5}} & -\frac{2}{\sqrt{5}} \\ \frac{2}{\sqrt{5}} & \frac{1}{\sqrt{5}} \end{bmatrix} = \begin{bmatrix} 15 & 0 \\ 0 & 10 \end{bmatrix}$

7. (a) $\begin{bmatrix} \frac{1}{\sqrt{2}} & \frac{1}{\sqrt{2}} \\ -\frac{1}{\sqrt{2}} & \frac{1}{\sqrt{2}} \end{bmatrix}\begin{bmatrix} 1 & 5 \\ 5 & 1 \end{bmatrix}\begin{bmatrix} \frac{1}{\sqrt{2}} & -\frac{1}{\sqrt{2}} \\ \frac{1}{\sqrt{2}} & \frac{1}{\sqrt{2}} \end{bmatrix} = \begin{bmatrix} 6 & 0 \\ 0 & -4 \end{bmatrix}$

(c) $\begin{bmatrix} \frac{1}{\sqrt{10}} & \frac{3}{\sqrt{10}} \\ -\frac{3}{\sqrt{10}} & \frac{1}{\sqrt{10}} \end{bmatrix}\begin{bmatrix} 1 & 3 \\ 3 & 9 \end{bmatrix}\begin{bmatrix} \frac{1}{\sqrt{10}} & -\frac{3}{\sqrt{10}} \\ \frac{3}{\sqrt{10}} & \frac{1}{\sqrt{10}} \end{bmatrix} = \begin{bmatrix} 10 & 0 \\ 0 & 0 \end{bmatrix}$

8. (a) $\begin{bmatrix} 0 & 0 & 1 \\ \frac{1}{\sqrt{2}} & \frac{1}{\sqrt{2}} & 0 \\ \frac{1}{\sqrt{2}} & -\frac{1}{\sqrt{2}} & 0 \end{bmatrix}\begin{bmatrix} 0 & 2 & 0 \\ 2 & 0 & 0 \\ 0 & 0 & 1 \end{bmatrix}\begin{bmatrix} 0 & \frac{1}{\sqrt{2}} & \frac{1}{\sqrt{2}} \\ 0 & \frac{1}{\sqrt{2}} & -\frac{1}{\sqrt{2}} \\ 1 & 0 & 0 \end{bmatrix} = \begin{bmatrix} 1 & 0 & 0 \\ 0 & 2 & 0 \\ 0 & 0 & -2 \end{bmatrix}$

(b) $\begin{bmatrix} 0 & \frac{1}{\sqrt{2}} & \frac{1}{\sqrt{2}} \\ \frac{1}{\sqrt{3}} & \frac{-1}{\sqrt{3}} & \frac{1}{\sqrt{3}} \\ \frac{2}{\sqrt{6}} & \frac{1}{\sqrt{6}} & \frac{-1}{\sqrt{6}} \end{bmatrix}\begin{bmatrix} 9 & -3 & 3 \\ -3 & 6 & -6 \\ 3 & -6 & 6 \end{bmatrix}$

$\times \begin{bmatrix} 0 & \frac{1}{\sqrt{3}} & \frac{2}{\sqrt{6}} \\ \frac{1}{\sqrt{2}} & \frac{-1}{\sqrt{3}} & \frac{1}{\sqrt{6}} \\ \frac{1}{\sqrt{2}} & \frac{1}{\sqrt{3}} & \frac{-1}{\sqrt{6}} \end{bmatrix} = \begin{bmatrix} 0 & 0 & 0 \\ 0 & 15 & 0 \\ 0 & 0 & 6 \end{bmatrix}$

9. (a) $\begin{bmatrix} 872576 & 807040 \\ 807040 & 872576 \end{bmatrix}$

(d) $\begin{bmatrix} 32768.5 & -32767.5 \\ -32767.5 & 32768.5 \end{bmatrix}$

10. (a) $\begin{bmatrix} 64 & 0 & 0 \\ 0 & 64 & 0 \\ 0 & 0 & 1 \end{bmatrix}$

(b) $\begin{bmatrix} 258309 & -250533 & 250533 \\ -250533 & 254421 & -254421 \\ 250533 & -254421 & 254421 \end{bmatrix}$

11. (a) If A and B are similar, then $B = C^{-1}AC$, so that $|B| = |C^{-1}AC| = |C^{-1}||A||C| = |A|$.

(c) We know from Exercise 16, Section 3 of the "Matrices and Linear Transformations" chapter, that for $n \times n$ matrices E and F, $\text{tr}(EF) = \text{tr}(FE)$. Thus if $B = C^{-1}AC$, then $\text{tr}(B) = \text{tr}(C^{-1}(AC)) = \text{tr}((AC)C^{-1}) = \text{tr}(A(CC^{-1})) = \text{tr}(A)$.

(f) If $B = C^{-1}AC$ and A is nonsingular, then B is also nonsingular and $B^{-1} = (C^{-1}AC)^{-1} = (AC)^{-1}(C^{-1})^{-1} = C^{-1}A^{-1}C$, so B^{-1} is similar to A^{-1}.

13. (a) Let $A = C^{-1}BC$, and let D be the diagonal matrix $D = E^{-1}AE$. Then $D = E^{-1}(C^{-1}BC)E = (CE)^{-1}B(CE)$, so B is diagonalizable to the same diagonal matrix D.

(b) If $A = C^{-1}BC$, then $A + kI = C^{-1}BC + kC^{-1}IC = C^{-1}BC + C^{-1}kIC = C^{-1}(B + kI)C$, so $B + kI$ and $A + kI$ are similar for any scalar k.

15. Not unique

17. If $B = C^{-1}AC = C^tAC$, then $B^t = (C^tAC)^t = C^tA^t(C^t)^t = C^tA^tC = C^tAC = B$. Thus B is symmetric.

19. (a) $B' = \left\{\left(\frac{1}{\sqrt{2}}, \frac{1}{\sqrt{2}}\right)\right\}, \left\{\left(\frac{-1}{\sqrt{2}}, \frac{1}{\sqrt{2}}\right)\right\}$. The matrix representation of T relative to B' is $A' = \begin{bmatrix} 6 & 0 \\ 0 & 2 \end{bmatrix}$.

B' defines an $x'y'$ coordinate system, rotated 45° counterclockwise from the xy system. T is a scaling in the $x'y'$ system with factor 6 in the x' direction and factor 2 in the y' direction.

20. (a) $B' = \{(1, 1), (2, 3)\}$. The matrix representation of T relative to B' is $A' = \begin{bmatrix} 2 & 0 \\ 0 & -1 \end{bmatrix}$. B' defines an $x'y'$ coordinate system, which is not rectangular. The transformation T is a scaling in the $x'y'$ system with factor 2 in the x' direction and factor 1 in the y' direction followed by a reflection about the x' axis.

(c) $B' = \{(2, 1), (1, 1)\}$. The matrix representation of T relative to B' is $A' = \begin{bmatrix} 1 & 0 \\ 0 & -1 \end{bmatrix}$. B' defines an $x'y'$ coordinate system, which is not rectangular. The transformation T is a reflection about the x' axis.

22. The distinct eigenvalues of A are $\lambda_1, \ldots, \lambda_k$. Let the multiplicities of these eigenvalues as roots of the characteristic equation be $n_1, \ldots, n_k$. The characteristic equation of A is therefore $(\lambda - \lambda_1)^{n_1} \ldots (\lambda - \lambda_k)^{n_k} = 0$. Since A is $n \times n$ it has a total of n eigenvalues. Thus $n_1 + \cdots + n_k = n$. The corresponding eigenspaces are $V_1, \ldots, V_K$. Since A is symmetric, $\dim(V_1) = n_1, \ldots, \dim(V_k) = n_k$. Therefore $V_1, \ldots, V_k$ have bases $B_1, \ldots, B_k$ of $n_1, \ldots, n_k$ orthonormal eigenvectors (constructed using Gram-Schmidt). Further, since A is symmetric, $V_1 \perp \ldots \perp V_k$. Thus $B_1 \cup \ldots \cup B_k$ is a basis of n orthonormal eigenvectors for $\mathbf{R}^n$.

연습문제 5.4

1. (a) $[x \quad y]\begin{bmatrix} 1 & 2 \\ 2 & 2 \end{bmatrix}\begin{bmatrix} x \\ y \end{bmatrix}$

(c) $[x \quad y]\begin{bmatrix} 7 & -3 \\ -3 & -1 \end{bmatrix}\begin{bmatrix} x \\ y \end{bmatrix}$

(e) $[x \quad y]\begin{bmatrix} -3 & -\frac{7}{2} \\ -\frac{7}{2} & 4 \end{bmatrix}\begin{bmatrix} x \\ y \end{bmatrix}$

2. (a) $\frac{x'^2}{4} + \frac{y'^2}{6} = 1$. Graph is an ellipse with the lines $y = 2x$ and $x = -2y$ as axes.

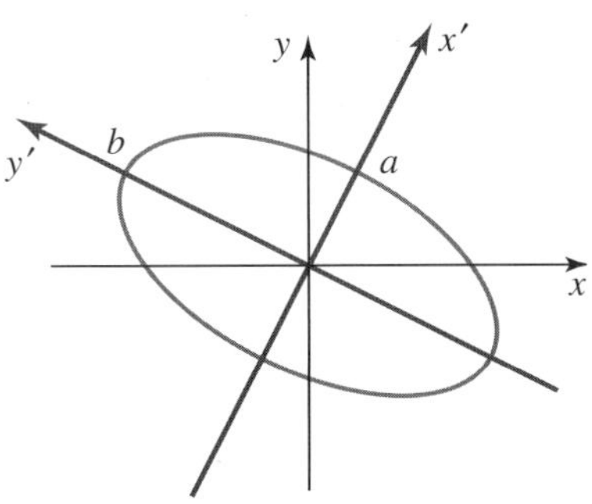

$a = 2, b = \sqrt{6}$

Sketch for Exercise 2(a)

(b) $\frac{x'^2}{3} + \frac{y'^2}{6} = 1$. Graph is an ellipse with the lines $y = x$ and $y = -x$ as axes.

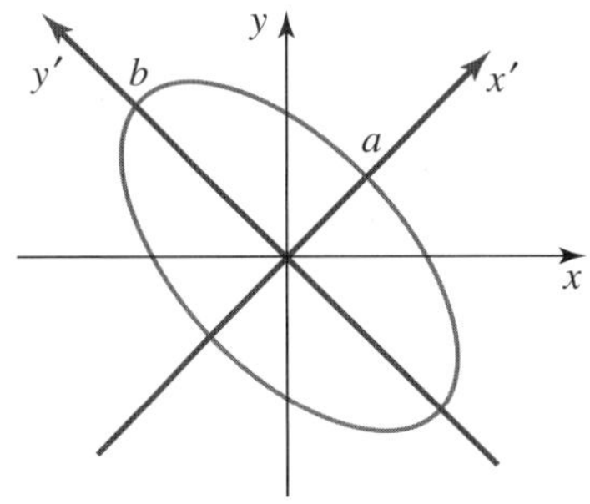

$a = \sqrt{3}, b = \sqrt{6}$

Sketch for Exercise 2(b)

4. (a) $a_n = \frac{1}{3}(2^n + 2^{n-1}) = 2^{n-1}$. $a_{10} = 2^9 = 512$.

(c) $a_n = (-1)^{n-1}$. $a_{12} = (-1)^{11} = -1$.

6. Mode 1: $\begin{bmatrix} x_1 \\ x_2 \end{bmatrix} = \cos(\alpha_1 t + \gamma_1)\begin{bmatrix} 1 \\ -1 \end{bmatrix}$,

where $\alpha_1 = \left(\frac{3T}{ma}\right)^{1/2}$, and

Mode 2: $\begin{bmatrix} x_1 \\ x_2 \end{bmatrix} = \cos(\alpha_2 t + \gamma_2)\begin{bmatrix} 1 \\ 1 \end{bmatrix}$,

where $\alpha_2 = \left(\frac{T}{ma}\right)^{1/2}$.

7. $\begin{bmatrix} x_1 \\ x_2 \end{bmatrix} = b_1\cos(\alpha_1 t + \gamma_1)\begin{bmatrix} 1 \\ 2 \end{bmatrix} + b_2\cos(\alpha_2 t + \gamma_2)\begin{bmatrix} 2 \\ -1 \end{bmatrix}$,

where $\alpha_1 = \left(\frac{1}{M}\right)^{1/2}$ and $\alpha_2 = \left(\frac{6}{M}\right)^{1/2}$.

연습문제 5.5

1. (a) General solutions $y = ce^{4x}$.

(b) Solution is $y = 3e^{4x}$

3. (a) General solutions $y_1 = c_1e^{5x}, y_2 = c_2e^{7x}$ where c_1 and c_2 are constants to be determined.

(b) Solution is $y_1 = e^{5x}, y_2 = -3e^{7x}$.

5. (a) General solutions $y_1 = c_1e^{7x}, y_2 = c_2e^{-8x}, y_3 = c_3e^{3x}$.

(b) Solution is $y_1 = e^{7x}, y_2 = 5e^{-8x}, y_3 = 2e^{3x}$.

7. $\begin{bmatrix} y_1 \\ y_2 \end{bmatrix} = c_1e^{6x}\begin{bmatrix} 4 \\ 1 \end{bmatrix} + c_2e^{x}\begin{bmatrix} -1 \\ 1 \end{bmatrix}$

$(\mathbf{y} = c_1e^{\lambda_1 x}\mathbf{y}_1 + c_2e^{\lambda_2 x}\mathbf{y}_2)$

9. $y = c_1e^{x}\begin{bmatrix}-2\\-1\\-1\end{bmatrix} + c_2e^{-x}\begin{bmatrix}-1\\-1\\1\end{bmatrix} + c_3e^{2x}\begin{bmatrix}1\\0\\-1\end{bmatrix}$

5장 복습문제

1. $\begin{bmatrix}2\\3\end{bmatrix}$ **2.** $\begin{bmatrix}3\\-2\\4\end{bmatrix}$ **3.** $\begin{bmatrix}5\\-12\\-9\end{bmatrix}$

4. $P = \begin{bmatrix}1 & 5\\3 & 2\end{bmatrix}$, and $\mathbf{u}_{B'} = P\mathbf{u}_B = \begin{bmatrix}8\\11\end{bmatrix}$,

$\mathbf{v}_{B'} = P\mathbf{v}_B = \begin{bmatrix}-5\\11\end{bmatrix}$, and $\mathbf{w}_{B'} = P\mathbf{w}_B = \begin{bmatrix}9\\14\end{bmatrix}$

5. $\begin{bmatrix}4 & -3\\3 & 2\end{bmatrix}$, $\mathbf{u}_{B'} = \dfrac{1}{17}\begin{bmatrix}23\\42\end{bmatrix}$

6. $(-1, 32)$

7. $\begin{bmatrix}1 & 3\\5 & -1\\-2 & 2\end{bmatrix}$, $(-7, 13, -10)$

8. $\begin{bmatrix}2 & 0 & 0\\0 & -3 & 0\end{bmatrix}$, $(2, -6)$

9. $\begin{bmatrix}1 & -1 & 0\\0 & 0 & 2\\0 & 0 & 0\end{bmatrix}$, $3x^2 + 6x$

10. $\begin{bmatrix}3 & 0\\1 & -1\end{bmatrix}$, $\begin{bmatrix}-11 & -20\\7 & 13\end{bmatrix}$

11. $C^{-1}AC = \begin{bmatrix}1 & -1\\-1 & 2\end{bmatrix}\begin{bmatrix}4 & -2\\1 & 1\end{bmatrix}\begin{bmatrix}2 & 1\\1 & 1\end{bmatrix} = \begin{bmatrix}3 & 0\\0 & 2\end{bmatrix}$

12. $C^{-1}AC = \begin{bmatrix}-1 & 1\\2 & -1\end{bmatrix}\begin{bmatrix}1 & 1\\-2 & 4\end{bmatrix}\begin{bmatrix}1 & 1\\2 & 1\end{bmatrix} = \begin{bmatrix}3 & 0\\0 & 2\end{bmatrix}$

13. $$C^{-1}AC = \begin{bmatrix}\frac{1}{\sqrt{2}} & 0 & \frac{-1}{\sqrt{2}}\\ \frac{1}{\sqrt{3}} & \frac{1}{\sqrt{3}} & \frac{1}{\sqrt{3}}\\ \frac{1}{\sqrt{6}} & \frac{-2}{\sqrt{6}} & \frac{1}{\sqrt{6}}\end{bmatrix}\begin{bmatrix}7 & -2 & 1\\-2 & 10 & -2\\1 & -2 & 7\end{bmatrix}$$
$$\times\begin{bmatrix}\frac{1}{\sqrt{2}} & \frac{1}{\sqrt{3}} & \frac{1}{\sqrt{6}}\\ 0 & \frac{1}{\sqrt{3}} & \frac{-2}{\sqrt{6}}\\ \frac{-1}{\sqrt{2}} & \frac{1}{\sqrt{3}} & \frac{1}{\sqrt{6}}\end{bmatrix} = \begin{bmatrix}6 & 0 & 0\\0 & 6 & 0\\0 & 0 & 12\end{bmatrix}$$

14. $\begin{vmatrix}a-\lambda & b\\ b & c-\lambda\end{vmatrix} = (a-\lambda)(c-\lambda) - b^2 =$ $\lambda^2 - (a+c)\lambda + ac - b^2$. The characteristic equation $\lambda^2 - (a+c)\lambda + ac - b^2 = 0$ has roots $\lambda = \dfrac{1}{2}(a + c \pm \sqrt{D})$, where $D = (a-c)^2 + 4b^2$ (from the quadratic formula). D is nonnegative for all values of a, b, and c, so the roots are real.

15. If A is symmetric, then, A can be diagonalized, $D = C^{-1}AC$, where the diagonal elements of D are the eigenvalues of A. If A has only one eigenvalue, λ, then $D = \lambda I$, so $\lambda I = C^{-1}AC$. Thus $A = CC^{-1}ACC^{-1} = C\lambda IC^{-1} = \lambda CIC^{-1} = \lambda CC^{-1} = \lambda I$.

16. $\dfrac{x'^2}{2} - \dfrac{y'^2}{6} = 1$. The graph is a hyperbola with axes $y = -2x$ and $y = (\frac{1}{2})x$.

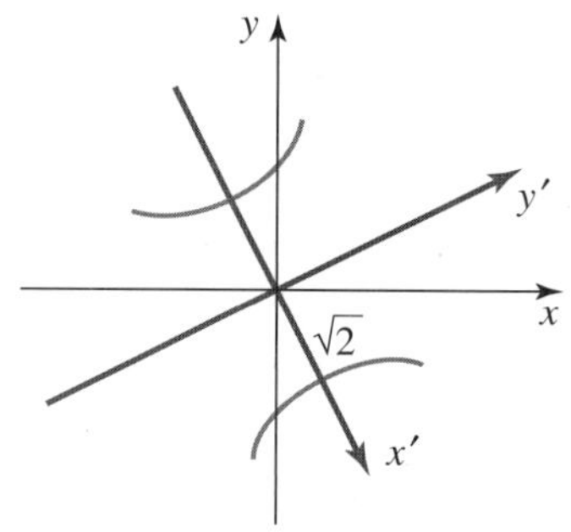

17. $a_n = \dfrac{1}{6}(13(-1)^{n-1} + 5^n)$. $a_{12} = 40{,}690{,}102$

18. **(a)** General solution is $y_1 = c_1e^{5x}$, $y_2 = c_2e^{-2x}$.

(b) Solution is $y_1 = 3e^{5x}$, $y_2 = 12e^{-2x}$.

19. General solution is $y = c_1e^{2x}\begin{bmatrix}1\\1\end{bmatrix} + c_2e^{x}\begin{bmatrix}1\\2\end{bmatrix}$.

20. General solution is

$$y = c_1e^{5x}\begin{bmatrix}1\\1\\1\end{bmatrix} + c_2e^{3x}\begin{bmatrix}1\\0\\-1\end{bmatrix} + c_3e^{x}\begin{bmatrix}0\\1\\1\end{bmatrix}.$$

CHAPTER 6

연습문제 6.1

1. $\mathbf{u} = (x_1, x_2)$, $\mathbf{v} = (y_1, y_2)$, $\mathbf{w} = (z_1, z_2)$, and c is a scalar.

$\langle\mathbf{u}, \mathbf{v}\rangle = 4x_1y_1 + 9x_2y_2 = 4y_1x_1 + 9y_2x_2 = \langle\mathbf{v}, \mathbf{u}\rangle$,

$$\begin{aligned}\langle\mathbf{u}+\mathbf{v}, \mathbf{w}\rangle &= 4(x_1+y_1)z_1 + 9(x_2+y_2)z_2\\ &= 4x_1z_1 + 4y_1z_1 + 9x_2z_2 + 9y_2z_2\\ &= 4x_1z_1 + 9x_2z_2 + 4y_1z_1 + 9y_2z_2\\ &= \langle\mathbf{u}, \mathbf{w}\rangle + \langle\mathbf{v}, \mathbf{w}\rangle,\end{aligned}$$

$$\langle c\mathbf{u}, \mathbf{v}\rangle = 4cx_1y_1 + 9cx_2y_2$$
$$= c(4x_1y_1 + 9x_2y_2) = c\langle \mathbf{u}, \mathbf{v}\rangle,$$

and $\langle \mathbf{u}, \mathbf{u}\rangle = 4x_1x_1 + 9x_2x_2 = 4x_1^2 + 9x_2^2 \geq 0$ and equality holds if and only if $4x_1^2 = 0$ and $9x_2^2 = 0$, i.e., if and only if $x_1 = 0$ and $x_2 = 0$.

3. $\langle \mathbf{u}, \mathbf{u}\rangle = 2x_1x_1 - x_2x_2 = 2x_1^2 - x_2^2 < 0$ for the vector $\mathbf{u} = (1, 2)$, so condition 4 of the definition is not satisfied.

4. $\mathbf{u} = \begin{bmatrix} a & b \\ c & d \end{bmatrix}, \mathbf{v} = \begin{bmatrix} e & f \\ g & h \end{bmatrix}$, and $\mathbf{w} = \begin{bmatrix} j & k \\ l & m \end{bmatrix}$.

$\langle \mathbf{u} + \mathbf{v}, \mathbf{w}\rangle$
$= (a + e)j + (b + f)k + (c + g)l + (d + h)m$
$= aj + ej + bk + fk + cl + gl + dm + hm$
$= aj + bk + cl + dm + ej + fk + gl + hm$
$= \langle \mathbf{u}, \mathbf{w}\rangle + \langle \mathbf{v}, \mathbf{w}\rangle$, so axiom 2 is satisfied.

5. (a) -16

8. (a) $-\frac{1}{2}$ **(c)** $\frac{1}{12}$

9. (a) $\frac{2}{\sqrt{3}}$ **(c)** $\frac{7}{\sqrt{5}}$

10. $\langle f, g\rangle = \int_0^1 (x^2)(4x - 3)dx = \int_0^1 (4x^3 - 3x^2)dx =$ $[x^4 - x^3]_0^1 = 0$, so the functions are orthogonal.

12. $\frac{\sqrt{15}}{4}$

13. Any function $ax + b$ with $8a + 15b = 0$ will do.

14. $\sqrt{\frac{76}{3}}$

15. g is closer

16. (a) 9

17. (a) $\sqrt{30}$ **(c)** $\sqrt{66}$

18. (a) $\left\langle \begin{bmatrix} 1 & 2 \\ -1 & 1 \end{bmatrix}, \begin{bmatrix} 2 & 4 \\ 3 & -7 \end{bmatrix} \right\rangle = 2 + 8 - 3 - 7 = 0,$
so the matrices are orthogonal.

19. Any matrix $\begin{bmatrix} a & b \\ c & d \end{bmatrix}$ with $a + 2b + 3c + 4d = 0$ will do.

20. (a) $3\sqrt{2}$

21. (a) $\langle \mathbf{u}, \mathbf{v}\rangle = 16 + 2i$, $\|\mathbf{u}\| = \|\mathbf{v}\| = 3\sqrt{2}$, $d(\mathbf{u}, \mathbf{v}) = 2$. Not orthogonal.

(d) $\langle \mathbf{u}, \mathbf{v}\rangle = 0$, $\|\mathbf{u}\| = \sqrt{26}$, $\|\mathbf{v}\| = \sqrt{2}$, $d(\mathbf{u}, \mathbf{v}) = 2\sqrt{7}$. Orthogonal.

22. (a) $\langle \mathbf{u}, \mathbf{v}\rangle = 2 - 2i$, $\|\mathbf{u}\| = \|\mathbf{v}\| = \sqrt{19}$, $d(\mathbf{u}, \mathbf{v}) = \sqrt{34}$. Not orthogonal.

(c) $\langle \mathbf{u}, \mathbf{v}\rangle = 10 - 10i$, $\|\mathbf{u}\| = 2\sqrt{3}$, $\|\mathbf{v}\| = \sqrt{30}$, $d(\mathbf{u}, \mathbf{v}) = \sqrt{22}$. Not orthogonal.

23. $\langle \mathbf{u}, \mathbf{v}\rangle = x_1\bar{y}_1 + \cdots + x_n\bar{y}_n = \bar{y}_1x_1 + \cdots + \bar{y}_nx_n = \overline{y_1\bar{x}_1} + \cdots + \overline{y_n\bar{x}_n} = \langle \bar{\mathbf{v}}, \bar{\mathbf{u}}\rangle = \overline{\langle \mathbf{v}, \mathbf{u}\rangle}$

24. $\langle \mathbf{u}, k\mathbf{v}\rangle = x_1\overline{ky_1} + \cdots + x_n\overline{ky_n} = \bar{k}x_1\bar{y}_1 + \cdots + \bar{k}x_n\bar{y}_n = \bar{k}(x_1\bar{y}_1 + \cdots + x_n\bar{y}_n) = \bar{k}\langle \mathbf{u}, \mathbf{v}\rangle$

25. (a) Let $\mathbf{u}$ be any nonzero vector in the inner product space. Then using axiom 1, the fact that $0\mathbf{u} = \mathbf{0}$, axiom 3, and the fact that zero times any real number is zero we have $\langle \mathbf{v}, \mathbf{0}\rangle = \langle \mathbf{0}, \mathbf{v}\rangle = \langle 0\mathbf{u}, \mathbf{v}\rangle = 0\langle \mathbf{u}, \mathbf{v}\rangle = 0.$

26. (a) Axiom 1: $\langle \mathbf{u}, \mathbf{v}\rangle = \mathbf{u}A\mathbf{v}^t = (\mathbf{u}A)\cdot\mathbf{v} = \mathbf{v}\cdot(\mathbf{u}A) = \mathbf{v}(\mathbf{u}A)^t = \mathbf{v}A\mathbf{u}^t = \langle \mathbf{v}, \mathbf{u}\rangle$

Axiom 4: $\langle \mathbf{u}, \mathbf{u}\rangle = \mathbf{u}A\mathbf{u}^t > 0$ if $\mathbf{u} = 0$ (given), and $\mathbf{u}A\mathbf{u}^t = 0$ if $\mathbf{u} = 0$.

(c) Using A, $\langle \mathbf{u}, \mathbf{v}\rangle = 0$, $\|\mathbf{u}\| = \sqrt{2}$, $\|\mathbf{v}\| = \sqrt{3}$, and $d(\mathbf{u}, \mathbf{v}) = \sqrt{5}$

Using B, $\langle \mathbf{u}, \mathbf{v}\rangle = 2$, $\|\mathbf{u}\| = 1$, $\|\mathbf{v}\| = \sqrt{3}$, and $d(\mathbf{u}, \mathbf{v}) = 0$

Using C, $\langle \mathbf{u}, \mathbf{v}\rangle = 3$, $\|\mathbf{u}\| = \sqrt{2}$, $\|\mathbf{v}\| = \sqrt{5}$, and $d(\mathbf{u}, \mathbf{v}) = 1$

(d) $\begin{bmatrix} 1 & 0 \\ 0 & 4 \end{bmatrix}$

28. (a) True: $\langle \mathbf{u}, \mathbf{v}\rangle = 0$. Thus $c\langle \mathbf{u}, \mathbf{v}\rangle = 0$, $\langle \mathbf{u}, c\mathbf{v}\rangle = 0$.

(c) False: $\langle f, g\rangle = \int_0^1 f(x)g(x)dx.$

$$\langle 3x, 3x\rangle = \int_0^1 9x^2dx = [3x^3]_0^1 = 3.$$
$$\|3x\| = \sqrt{3}.$$

연습문제 6.2

1. $x_1^{\,2} + 4x_2^{\,2} = 1$

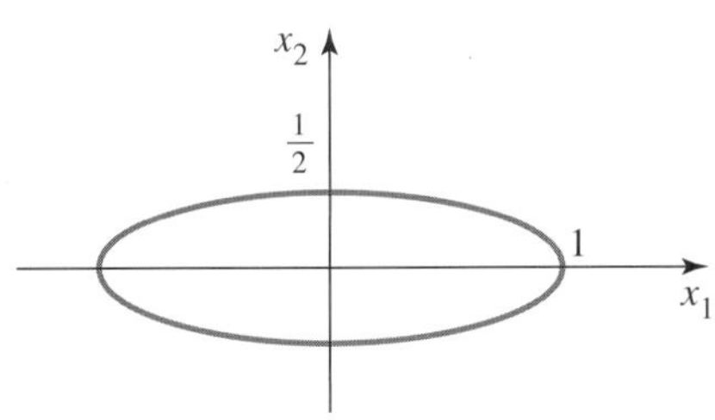

Figure for Exercise 1

2. (a) $\|(1, 0)\| = 2, \|(0, 1)\| = 3, \|(1, 1)\| \sqrt{13},$
$\|(2, 3)\| = \sqrt{97}$

(c) $d((1, 0), (0, 1)) = \sqrt{13}$

3. (a) $\|(1, 0)\| = 1, \|(0, 1)\| = 4, \|(1, 1)\| = \sqrt{17}$

(c) $d((5, 0), (0, 4)) = \sqrt{281}$. In Euclidean space the distance is $\sqrt{41}$.

(d) $x_1^2 + 16x_2^2 = 1$

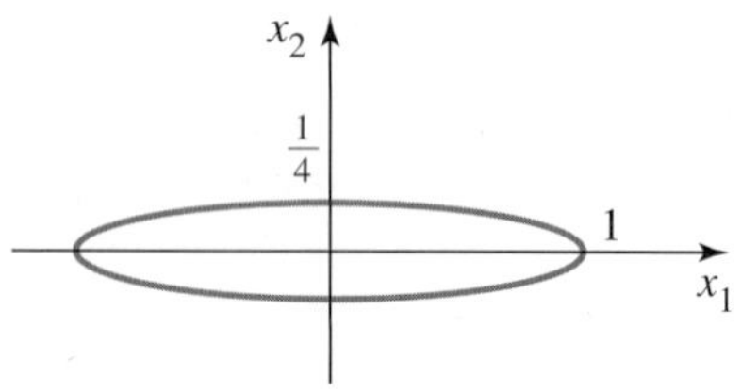

Figure for Exercise 3

4. $\langle (x_1, x_2), (y_1, y_2) \rangle = \frac{1}{4} x_1 y_1 + \frac{1}{25} x_2 y_2$

6. $d(R, Q)^2 = \|(4, 0, 0, -5)\|^2 =$
$|-16 - 0 - 0 + 25| = 9$, so $d(R, Q) = 3$.

8. $\langle (2, 0, 0, 1), (1, 0, 0, 2) \rangle = -2 - 0 - 0 + 2 = 0$, so the vectors are orthogonal.

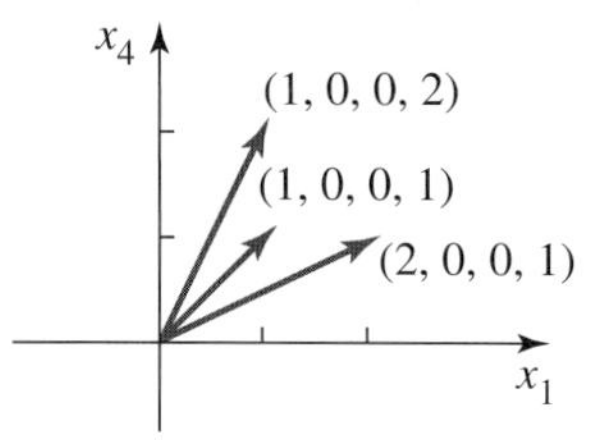

Figure for Exercise 8

9. The equations of the circles with radii $a = 1, 2, 3$ and center at $(0, 0)$ are $|-x_1^2 + x_4^2| = a^2$.

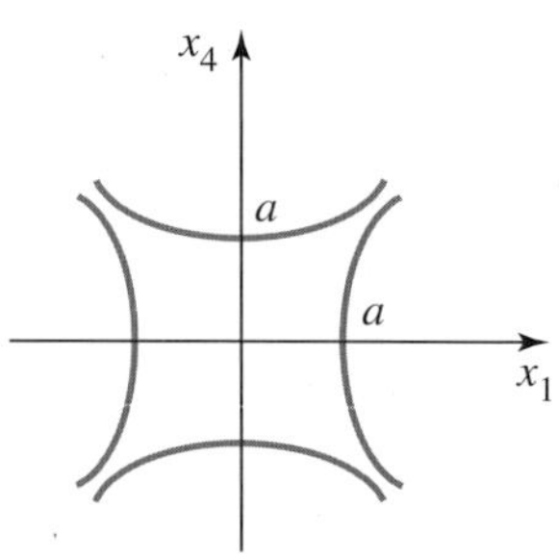

Figure for Exercise 9

10. 12 years, 0.8 speed of light

12. More than 8 centuries

연습문제 6.3

1. $g(x) = \frac{1}{3}$

2. $\left\{1, 2\sqrt{3}\left(x - \frac{1}{2}\right)\right\}$ is an orthonormal basis for P_1
$[0, 1], g(x) = 4e - 10 + (18 - 6e)x$

4. $\left\{\pi^{-\frac{1}{2}}, 2\sqrt{3}, \pi^{-\frac{3}{2}}, \left(x - \frac{\pi}{2}\right)\right\}$ is an orthonormal basis for
$P_1[0, \pi], g(x) = -24\pi^{-3} x + 12\pi^{-2}$

5. (a) $\left\{\frac{1}{\sqrt{2}}, \frac{\sqrt{3}}{\sqrt{2}} x, \frac{3\sqrt{5}}{2\sqrt{2}}\left(x^2 - \frac{1}{3}\right)\right\}$ is an orthonormal basis for $P_2[-1, 1]$,

$$g(x) = -\frac{3}{4}e + \frac{33}{4}e^{-1} + 3e^{-1}x + \frac{15}{4}(e - 7e^{-1})x^2$$

6. $\left\{1, 2\sqrt{3}\left(x - \frac{1}{2}\right), 6\sqrt{5}\left(x^2 - x + \frac{1}{6}\right)\right\}$ is an orthonormal basis for $P_2[0, 1]$, $g(x) = -\frac{4}{7}, x^2 + \frac{48}{35}, x + \frac{6}{35}$

8. $\left\{\pi^{-\frac{1}{2}}, 2\sqrt{3}\,\pi^{-\frac{3}{2}}\left(x - \frac{\pi}{2}\right), 6\sqrt{5}\,\pi^{-\frac{5}{2}}\left(x^2 - \pi x + \frac{\pi^2}{6}\right)\right\}$
is an orthonormal basis for $P_2[0, \pi]$,

$$g(x) = 180\pi^{-5}\left(-4 + \frac{\pi^2}{3}\right)x^2 - 180\pi^{-4}\left(-4 + \frac{\pi^2}{3}\right)x - 120\pi^{-3} + 12\pi^{-1}$$

9. The vectors that form an orthonormal basis over $[-\pi, \pi]$ also form an orthonormal basis over $[0, 2\pi]$,

$$g(x) = \pi - 2\left(\sin x + \frac{1}{2}\sin 2x + \frac{1}{3}\sin 3x + \frac{1}{4}\sin 4x\right)$$

11. $$g(x) = \frac{4}{3}\pi^2 + 4\left(\cos x + \frac{1}{4}\cos 2x + \frac{1}{9}\cos 3x + \frac{1}{16}\cos 4x\right) - 4\pi\left(\sin x + \frac{1}{2}\sin 2x + \frac{1}{3}\sin 3x + \frac{1}{4}\sin 4x\right)$$

13. (1, 0, 0, 0, 0, 1, 1), (0, 1, 0, 0, 1, 0, 1),
(0, 0, 1, 0, 1, 1, 0), (0, 0, 0, 1, 1, 1, 1),
(0, 1, 1, 1, 1, 0, 0), (1, 0, 1, 1, 0, 1, 0),
(1, 1, 0, 1, 0, 0, 1), (1, 1, 1, 0, 0, 0, 0),
(1, 1, 0, 0, 1, 1, 0), (1, 0, 1, 0, 1, 0, 1),
(1, 0, 0, 1, 1, 0, 0), (1, 1, 1, 1, 1, 1, 1),
(0, 0, 1, 1, 0, 0, 1), (0, 1, 0, 1, 0, 1, 0),
(0, 1, 1, 0, 0, 1, 1), (0, 0, 0, 0, 0, 0, 0)

14. (a) Center $= (0, 0, 1, 0, 1, 1, 0)$
$(1, 0, 1, 0, 1, 1, 0)$, $(0, 1, 1, 0, 1, 1, 0)$,
$(0, 0, 0, 0, 1, 1, 0)$, $(0, 0, 1, 1, 1, 1, 0)$,
$(0, 0, 1, 0, 0, 1, 0)$, $(0, 0, 1, 0, 1, 0, 0)$,
$(0, 0, 1, 0, 1, 1, 1)$

(b) Center $= (1, 1, 0, 1, 0, 0, 1)$
$(0, 1, 0, 1, 0, 0, 1)$, $(1, 0, 0, 1, 0, 0, 1)$,
$(1, 1, 1, 1, 0, 0, 1)$, $(1, 1, 0, 0, 0, 0, 1)$,
$(1, 1, 0, 1, 1, 0, 1)$, $(1, 1, 0, 1, 0, 1, 1)$,
$(1, 1, 0, 1, 0, 0, 0)$

15. (a) $(0, 0, 0, 0, 0, 0, 0)$ **(c)** $(0, 0, 1, 0, 1, 1, 0)$

16. (a) Since each vector in V_{23} has 23 components and there are 2 possible values (0 and 1) for each component, there are 2^{23} vectors.

(c) There are 23 ways to change exactly one component of the center vector, $\dfrac{(23 \times 22)}{2} = 253$ ways to change exactly two components, and $\dfrac{(23 \times 22 \times 21)}{6} = 1771$ ways to change exactly three components. $1 + 23 + 253 + 1771 = 2048$ vectors.

연습문제 6.4

1. $\dfrac{1}{27}\begin{bmatrix} 11 & -1 & -16 \\ 5 & 2 & 5 \end{bmatrix}$

3. Does not exist

5. $\dfrac{1}{14}\begin{bmatrix} 1 & 5 & 3 \\ 4 & -1 & -2 \end{bmatrix}$

6. There is no pseudoinverse. The rank of the matrix is 2; not equal to the number of columns.

8. $$\text{pinv}\begin{bmatrix} 1 & 2 \\ -3 & 5 \end{bmatrix} = \left(\begin{bmatrix} 1 & -3 \\ 2 & 5 \end{bmatrix}\begin{bmatrix} 1 & 2 \\ -3 & 5 \end{bmatrix}\right)^{-1}\begin{bmatrix} 1 & -3 \\ 2 & 5 \end{bmatrix} = \frac{1}{11}\begin{bmatrix} 5 & -2 \\ 3 & 1 \end{bmatrix}$$

9. $y = -\frac{10}{3} + \frac{7}{2}x$

11. $y = -3 + 4x$

13. $y = 10 - \frac{7x}{2}$

15. $y = -\frac{3}{2} + 2x$

17. $y = \frac{23}{2} - \frac{5x}{2}$

19. $y = -3 + \frac{12x}{5}$

21. $y = 12 - 9x + 2x^2$

23. $y = -\frac{29}{4} + \frac{223}{20}x - \frac{9}{4}x^2$

25. (a) $L = 3.8 + 1.06F$. 19.7 inches

(b) $L = 4.2 + 1.565F$. 27.675 inches

26. $G = 23.545 - 0.1351S$. 16.1145 miles per gallon

28. $U = \dfrac{127955000 + 10545D}{262500}$, 688 units

30. $\% = \dfrac{-1632.75 + 97.65Y}{4900}$, 0.125

32. Hint: Refer to Examples 3 and 5. Let $x = 0$ for 1970, $x = 10$ for 1980, . . ., $x = 45$ for 2015.

$$A = \begin{bmatrix} 1 & 0 & 1 \\ 1 & 10 & 100 \\ 1 & 20 & 400 \\ 1 & 30 & 900 \\ 1 & 40 & 1600 \end{bmatrix}, \ \mathbf{y}_1 = \begin{bmatrix} 45.55 \\ 41.65 \\ 40.54 \\ 44.31 \\ 46.86 \end{bmatrix}, \ \mathbf{y}_2 = \begin{bmatrix} 5.50 \\ 5.00 \\ 5.20 \\ 6.02 \\ 6.51 \end{bmatrix},$$

$$\text{pinv}(A)[\mathbf{y}_1\,\mathbf{y}_2] = \begin{bmatrix} 45.2660 & 5.4094 \\ -0.4552 & -0.0439 \\ 0.0127 & 0.0019 \end{bmatrix}$$

Least squares parabolas are:

Public $y = 45.2660 - 0.4552x + 0.0127x^2$.

Private $y = 5.4094 - 0.0439x + 0.0019x^2$.

2015: $x = 45$, y(public) $= 50.4995$, y(private) $= 7.2814$.

33. (a) $\dfrac{1}{3}\begin{bmatrix} 2 & 1 & 1 \\ 1 & 2 & -1 \\ 1 & -1 & 2 \end{bmatrix}\left(\dfrac{4}{3}, \dfrac{5}{3}, -\dfrac{1}{3}\right)$

(c) $\dfrac{1}{6}\begin{bmatrix} 5 & 2 & -1 \\ 2 & 2 & 2 \\ -1 & 2 & 5 \end{bmatrix}(1, 1, 1)$

34. (a) $\dfrac{1}{8}\begin{bmatrix} 8 & 0 & 0 \\ 0 & 4 & -4 \\ 0 & -4 & 4 \end{bmatrix}(-2, -1, 1)$

36. If A is invertible, then $A^{-1}$and $(A^t)^{-1}$ exist and $(A^tA)^{-1} = A^{-1}(A^t)^{-1}$ so that $\text{pinv}(A) = (A^tA)^{-1}A^t = A^{-1}(A^t)^{-1}A^t = A^{-1}$. In such a situation there is a unique solution and the least squares solution is that solution.

38. (a) $$\text{pinv}(cA) = ((cA)^t(cA))^{-1}(cA)^t = (c^2A^tA)^{-1}cA^t = \frac{1}{c^2}(A^tA)^{-1}cA^t = \frac{1}{c}(A^tA)^{-1}A^t$$

40. (a) $$P^t = (A(A^tA)^{-1}A^t)^t = (A^t)^t((A^tA)^{-1})^tA^t = A((A^tA)^t)^{-1}A^t = A(A^tA)^{-1}A^t = P$$

41. (a) Let $\mathbf{v} \varepsilon$ null(A). Then $A\mathbf{v} = \mathbf{0} \Rightarrow A^t(A\mathbf{v}) = \mathbf{0} \Rightarrow (A^tA)\mathbf{v} = \mathbf{0} \Rightarrow \mathbf{v} \varepsilon$ null(A^tA). Thus null(A) $\subseteq$ null(A^tA). Conversely, let $\mathbf{u} \varepsilon$ null(A^tA). Then $(A^tA)\mathbf{u} = \mathbf{0} \Rightarrow \mathbf{u}^tA^tA\mathbf{u} = \mathbf{0} \Rightarrow (A\mathbf{u})^t(A\mathbf{u}) = \mathbf{0} \Rightarrow \|A\mathbf{u}\|^2 = \mathbf{0} \Rightarrow A\mathbf{u} = \mathbf{0} \Rightarrow \mathbf{u} \varepsilon$ null(A). Thus null(A^tA) $\subseteq$ null(A). Since null(A) $\subseteq$ null(A^tA) and null(A^tA) $\subseteq$ null(A), null(A) $=$ null(A^tA).

6장 복습문제

1. $\mathbf{u} = (x_1, x_2), \mathbf{v} = (y_1, y_2), \mathbf{w} = (z_1, z_2)$, and c is a scalar.

$\langle \mathbf{u}, \mathbf{v} \rangle = 2x_1y_1 + 3x_2y_2 = 2y_1x_1 + 3y_2x_2 = \langle \mathbf{v},\mathbf{u} \rangle$,

$$\begin{aligned}\langle \mathbf{u} + \mathbf{v},\mathbf{w} \rangle &= 2(x_1 + y_1)z_1 + 3(x_2 + y_2)z_2 \\ &= 2x_1z_1 + 2y_1z_1 + 3x_2z_2 + 3y_2z_2 \\ &= 2x_1z_1 + 3x_2z_2 + 2y_1z_1 + 3y_2z_2 \\ &= \langle \mathbf{u},\mathbf{w} \rangle + \langle \mathbf{v},\mathbf{w} \rangle,\end{aligned}$$

$\langle c\mathbf{u},\mathbf{v} \rangle = 2cx_1y_1 + 3cx_2y_2 = c(2x_1y_1 + 3x_2y_2) = c\langle \mathbf{u},\mathbf{v} \rangle$, and $\langle \mathbf{u},\mathbf{u} \rangle = 2x_1x_1 + 3x_2x_2 = 2x_1^2 + 3x_2^2 \geq 0$ and equality holds if and only if $2x_1^2 = 0$ and $3x_2^2 = 0$, i.e., if and only if $x_1 = x_2 = 0$. Thus the given function is an inner product on $\mathbf{R}^2$.

2. $4, 1, \dfrac{\sqrt{97}}{\sqrt{3}}, 2\dfrac{\sqrt{19}}{\sqrt{3}}$

3. $\sqrt{30}, 2\sqrt{14}$

4. $2x_1^2 + 3x_2^2 = 1$

5. $g(x) = 2x - \dfrac{2}{3}$

6. $g(x) = 2\pi - 1 + \displaystyle\sum_{k=1}^{4} -\frac{4}{k} \sin kx$

$$= 2\pi - 1 - 4\left(\sin x + \frac{1}{2}\sin 2x + \frac{1}{3}\sin 3x + \frac{1}{4}\sin 4x\right)$$

7. $(1, 1, 1, 0, 0, 1, 1)$, $(0, 0, 1, 0, 0, 1, 1)$, $(0, 1, 0, 0, 0, 1, 1)$, $(0, 1, 1, 1, 0, 1, 1)$, $(0, 1, 1, 0, 1, 1, 1)$, $(0, 1, 1, 0, 0, 0, 1)$, $(0, 1, 1, 0, 0, 1, 0)$

8. $\dfrac{1}{65}\begin{bmatrix} -17 & 14 & 10 \\ 39 & -13 & 0 \end{bmatrix}$

9. $y = 12.5 - 8.8x + 2x^2$

10. $B = \text{pinv}A = (A^tA)^{-1}A^t$. If A is $n \times m$, then B is $m \times n$.
    - (a) $ABA = A(A^tA)^{-1}A^tA = AI_m = A$
    - (b) $BAB = (A^tA)^{-1}A^tAB = I_mB = B$
    - (c) AB is the projection matrix for the subspace spanned by the columns of A. This matrix was shown to be symmetric in Exercise 40(a) of Section 4 of the "Inner Product Spaces" chapter.
    - (d) $BA = (A^tA)^{-1}A^tA = I_m$ and is therefore symmetric.

CHAPTER 7

연습문제 7.1

1. (a) Yes (c) Yes
2. (a) Yes (b) No
3. $x_1 = 1, x_2 = 2, x_3 = 3$
5. No solution
6. $x_1 = 2 + 2r - s - t, x_2 = 1 + 3r + s - 3t,$ $x_3 = r, x_4 = s, x_5 = t$
7. Eight operations are saved using Gaussian elimination.
9. Yes

연습문제 7.2

1. $x_1 = 1, x_2 = 4, x_3 = -1$
3. $x_1 = -2, x_2 = 1, x_3 = 1$
4. $x_1 = \frac{1}{2}, x_2 = \frac{1}{2}, x_3 = 2$
6. $x_1 = 1, x_2 = -1, x_3 = 7$
7. (a) $L = \begin{bmatrix} 1 & 0 & 0 \\ 1 & 1 & 0 \\ -1 & -1 & 1 \end{bmatrix}$

   (c) $L = \begin{bmatrix} 1 & 0 & 0 \\ -\frac{1}{2} & 1 & 0 \\ -\frac{1}{5} & 1 & 1 \end{bmatrix}$
8. (a) R2 − 2R1, R3 + 3R1, R3 − 5R2

   (c) R3 − $\frac{1}{7}$R1, R3 + $\frac{3}{4}$R2
9. $L = \begin{bmatrix} 1 & 0 & 0 \\ -2 & 1 & 0 \\ 1 & -1 & 1 \end{bmatrix}$, $U = \begin{bmatrix} 1 & 2 & -1 \\ 0 & 3 & 1 \\ 0 & 0 & -2 \end{bmatrix}$, $\mathbf{x} = \begin{bmatrix} -1 \\ 2 \\ 1 \end{bmatrix}$

11. $L = \begin{bmatrix} 1 & 0 & 0 \\ -1 & 1 & 0 \\ 3 & 8 & 1 \end{bmatrix}$, $U = \begin{bmatrix} 3 & -1 & 1 \\ 0 & 1 & 2 \\ 0 & 0 & -22 \end{bmatrix}$, $\mathbf{x} = \begin{bmatrix} 3 \\ 0 \\ 1 \end{bmatrix}$

14. $L = \begin{bmatrix} 1 & 0 & 0 \\ 2 & 1 & 0 \\ -4 & 3 & 1 \end{bmatrix}$, $U = \begin{bmatrix} -2 & 0 & 3 \\ 0 & 3 & -1 \\ 0 & 0 & 4 \end{bmatrix}$, $\mathbf{x} = \begin{bmatrix} 0 \\ 2 \\ 1 \end{bmatrix}$

16. $L = \begin{bmatrix} 1 & 0 & 0 \\ 2 & 1 & 0 \\ -5 & 4 & 1 \end{bmatrix}$,

$U = \begin{bmatrix} 2 & -3 & 1 \\ 0 & 1 & 4 \\ 0 & 0 & -2 \end{bmatrix}$, $\mathbf{x} = \begin{bmatrix} -43 \\ -24 \\ 9 \end{bmatrix}$

18. $L = \begin{bmatrix} 1 & 0 & 0 \\ 2 & 1 & 0 \\ -1 & 1 & 1 \end{bmatrix}$,

$U = \begin{bmatrix} 1 & 2 & -1 \\ 0 & 1 & 3 \\ 0 & 0 & 0 \end{bmatrix}$, $\mathbf{x} = \begin{bmatrix} 4 + 7r \\ -1 - 3r \\ r \end{bmatrix}$

19. $L = \begin{bmatrix} 1 & 0 & 0 \\ -1 & 1 & 0 \\ 2 & -3 & 1 \end{bmatrix}$, $U = \begin{bmatrix} 4 & 1 & -2 \\ 0 & 3 & 1 \\ 0 & 0 & -2 \end{bmatrix}$, no solution

20. $L = \begin{bmatrix} 1 & 0 & 0 & 0 \\ 1 & 1 & 0 & 0 \\ -1 & -1 & 1 & 0 \\ 0 & 2 & -\frac{1}{2} & 1 \end{bmatrix}$,

$U = \begin{bmatrix} 1 & 1 & -1 & 2 \\ 0 & 2 & 3 & 0 \\ 0 & 0 & -2 & 8 \\ 0 & 0 & 0 & 2 \end{bmatrix}$, $\mathbf{x} = \begin{bmatrix} 1 \\ 1 \\ -1 \\ 2 \end{bmatrix}$

24. $\begin{bmatrix} 6 & -2 \\ 12 & 8 \end{bmatrix} = \begin{bmatrix} 1 & 0 \\ 2 & 1 \end{bmatrix}\begin{bmatrix} 6 & -2 \\ 0 & 12 \end{bmatrix}$

$= \begin{bmatrix} 2 & 0 \\ 4 & 2 \end{bmatrix}\begin{bmatrix} 3 & -1 \\ 0 & 6 \end{bmatrix}$

26. 13 arithmetic operations are required to obtain U, and no arithmetic operations are required for L. To solve $L\mathbf{y} = \mathbf{b}$ requires 6 operations, and to solve $U\mathbf{x} = \mathbf{y}$ requires 9 operations.

연습문제 7.3

1. (a) 6 **(c)** 10

2. (a) 21 **(c)** 143 **(e)** $148\frac{1}{3}$

3. (a) 0.26×10^1, one significant digit less accurate

(c) 0.217007×10^5, five significant digits less accurate

(e) 0.36×10^2, two significant digits less accurate

4. (a) 0.3×10^1. The solution of the system of equations can have one fewer significant digits of accuracy than the elements of the matrix.

5. 4606

6. $k < -99, 0.96 < k < 1, 1 < k < 1.0417, k > 96.9583$

8. (a) $I^{-1} = I$, so both have 1-norm of 1 and $C(I) = 1$.

(b) $1 = \|AA^{-1}\| \leq \|A\|\|A^{-1}\| = c(A)$.

10. If A is a diagonal matrix with diagonal elements a_{ii}, then A^{-1} is a diagonal matrix with diagonal elements $\frac{1}{a_{ii}}$.

$$c(A) = \|A\|\|A^{-1}\| = (\max\{a_{ii}\})\left(\frac{1}{\min}\{a_{ii}\}\right).$$

11. $x_1 = 6$, $x_2 = -2$, and $x_3 = 1$

12. $x_1 = -5.46$, $x_2 = 4.93$, and $x_3 = -1.2$
(exact solution: $x_1 = -\frac{82}{15}$, $x_2 = \frac{74}{15}$, $x_3 = -\frac{6}{5}$)

15. $x_1 = 1.000$, $x_2 = -1.000$, and $x_3 = -29.999$
(exact solution: $x_1 = 1$, $x_2 = -1$, and $x_3 = -30$)

17. $x_1 = -2.500$, $x_2 = 0.500$, and $x_3 = -4.500$

연습문제 7.4

1. $x = 2.40$, $y = 0.40$, and $z = 2.00$

3. $x = 4.51$, $y = 5.24$, and $z = 2.68$
(exact solution: $x = \frac{185}{41}$, $y = \frac{215}{41}$, $z = \frac{110}{41}$)

5. $x = 7.00$, $y = -0.43$, and $z = 2.29$
(exact solution: $x = 7$, $y = -\frac{3}{7}$, $z = \frac{16}{7}$)

6. $x = 2.29$, $y = 1.98$, $z = 5.94$, and $w = 2.33$.
(exact solution: $x = \frac{7310}{3199}$, $y = \frac{6330}{3199}$, $z = \frac{19010}{3199}$, $w = \frac{7440}{3199}$)

연습문제 7.5

1. dominant eigenvalue = 8,

dominant eigenvector $= r\begin{bmatrix} 1 \\ 0 \\ -1 \end{bmatrix}$

3. dominant eigenvalue = 6,

dominant eigenvector $= r\begin{bmatrix} 1 \\ 0 \\ 1 \end{bmatrix}$

5. dominant eigenvalue = 6,

dominant eigenvector $= r\begin{bmatrix} 0 \\ 0 \\ 1 \\ 1 \end{bmatrix}$

7. dominant eigenvalue = 84.311

dominant eigenvector $= r\begin{bmatrix} 1 \\ 0.011 \\ -0.011 \\ 0.040 \end{bmatrix}$

9. eigenvalues are 10 and 1(dim 2) with corresponding eigenvectors $\begin{bmatrix} 1 \\ 1 \\ 0.5 \end{bmatrix}$ and $\begin{bmatrix} -1 \\ 0.8 \\ 0.4 \end{bmatrix}$

11. eigenvalues are 12, 2(dim 2) with corresponding eigenvectors $\begin{bmatrix} 1 \\ 0 \\ 1 \end{bmatrix}$ and $\begin{bmatrix} 0 \\ 1 \\ 0 \end{bmatrix}$

12. eigenvalues are 10, 6, and -2(dim 2) with corresponding eigenvectors $\begin{bmatrix} 1 \\ 0 \\ 0 \\ 1 \end{bmatrix}$, $\begin{bmatrix} 0 \\ 1 \\ -1 \\ 0 \end{bmatrix}$, and $\begin{bmatrix} -\frac{1}{3} \\ 1 \\ 1 \\ \frac{1}{3} \end{bmatrix}$

14. **(a)** 0.191, 0.309, 0.309, 0.191

(b) $\frac{1}{8}, \frac{1}{8}, \frac{1}{4}, \frac{1}{4}, \frac{1}{8}, \frac{1}{8}$

연습문제 7.6

1. $\lambda_1 = 4, \lambda_2 = 1. \sigma_1 = 2, \sigma_2 = 1.$

3. $\lambda_1 = 4, \lambda_2 = 0. \sigma_1 = 2, \sigma_2 = 0.$

5. $\lambda_1 = 33, \lambda_2 = 1. \sigma_1 = \sqrt{33}, \sigma_2 = 1.$

7. $\lambda_1 = 19, \lambda_2 = 0, \lambda_3 = -1. \sigma_1 = 19, \sigma_2 = 0.$

9. $\lambda_1 = 27, \lambda_2 = 4, \lambda_3 = 0. \sigma_1 = \sqrt{27}, \sigma_2 = 2, \sigma_3 = 0.$

11. $\lambda_1 = 16, \lambda_2 = 4, \lambda_3 = 4. \sigma_1 = 4, \sigma_2 = 2, \sigma_3 = 2.$

13. $\begin{bmatrix} 1 & 0 \\ 0 & 1 \end{bmatrix}\begin{bmatrix} 4 & 0 \\ 0 & \sqrt{2} \end{bmatrix}\begin{bmatrix} 1 & 0 \\ 0 & 1 \end{bmatrix}$

15. $\begin{bmatrix} 1 & 0 \\ 0 & 1 \end{bmatrix}\begin{bmatrix} 2\sqrt{2} & 0 \\ 0 & \sqrt{2} \end{bmatrix}\begin{bmatrix} 1/\sqrt{2} & -1/\sqrt{2} \\ 1/\sqrt{2} & 1/\sqrt{2} \end{bmatrix}$

17. $\begin{bmatrix} 2/3 & -1/3 & -2/3 \\ 2/3 & 2/3 & 1/3 \\ 1/3 & -2/3 & 2/3 \end{bmatrix}\begin{bmatrix} 18 & 0 \\ 0 & 12 \\ 0 & 0 \end{bmatrix}\begin{bmatrix} 0 & 1 \\ -1 & 0 \end{bmatrix}$

19. $\begin{bmatrix} -2/3 & -1/3 & 2/3 \\ 2/3 & -2/3 & 1/3 \\ 1/3 & 2/3 & 2/3 \end{bmatrix}\begin{bmatrix} 12\sqrt{2} & 0 \\ 0 & 3\sqrt{2} \\ 0 & 0 \end{bmatrix}\begin{bmatrix} -1/\sqrt{2} & -1/\sqrt{2} \\ -1/\sqrt{2} & 1/\sqrt{2} \end{bmatrix}$

21. $\begin{bmatrix} -1/\sqrt{2} & 1/\sqrt{2} \\ 1/\sqrt{2} & 1/\sqrt{2} \end{bmatrix}\begin{bmatrix} 4 & 0 & 0 \\ 0 & \sqrt{2} & 0 \end{bmatrix}\begin{bmatrix} -1/\sqrt{2} & 0 & 1/\sqrt{2} \\ 0 & 1 & 0 \\ 1/\sqrt{2} & 0 & 1/\sqrt{2} \end{bmatrix}$

23. $\begin{bmatrix} -1/\sqrt{2} & 1/\sqrt{2} \\ 1/\sqrt{2} & 1/\sqrt{2} \end{bmatrix}\begin{bmatrix} 2 & 0 & 0 \\ 0 & \sqrt{2} & 0 \end{bmatrix}\begin{bmatrix} -1/\sqrt{2} & 0 & 1/\sqrt{2} \\ 0 & 1 & 0 \\ 1/\sqrt{2} & 0 & 1/\sqrt{2} \end{bmatrix}$

25. $\begin{bmatrix} 1 & 0 & 0 \\ 0 & 1 & 0 \\ \cdots \end{bmatrix}\begin{bmatrix} 12 & 0 & 0 \\ 0 & 6 & 0 \\ \cdots \end{bmatrix}\begin{bmatrix} -2/3 & 2/3 & -1/3 \\ -2/3 & -1/3 & 2/3 \\ \cdots \end{bmatrix}$

27. $\begin{bmatrix} 1 & 0 & 0 \\ 0 & 1 & 0 \\ 0 & 0 & 1 \end{bmatrix}\begin{bmatrix} 3 & 0 & 0 \\ 0 & 0 & 0 \\ 0 & 0 & 0 \end{bmatrix}\begin{bmatrix} 2/3 & -2/3 & 1/3 \\ -2/3 & 1/3 & 2/3 \\ 1/3 & -2/3 & 2/3 \end{bmatrix}$

Computer gives: $\begin{bmatrix} 1 & 0 & 0 \\ 0 & 1 & 0 \\ 0 & 0 & 1 \end{bmatrix}\begin{bmatrix} 3 & 0 & 0 \\ 0 & 0 & 0 \\ 0 & 0 & 0 \end{bmatrix}$

$$\begin{bmatrix} 0.6667 & -0.6667 & 0.3333 \\ -0.7454 & -0.5963 & 0.2981 \\ 0 & 0.4472 & 0.8944 \end{bmatrix}$$

29. $\begin{bmatrix} 1 & 0 & 0 \\ 0 & 1 & 0 \\ 0 & 0 & 1 \end{bmatrix}\begin{bmatrix} 21 & 0 & 0 \\ 0 & 14 & 0 \\ 0 & 0 & 7 \end{bmatrix}\begin{bmatrix} 3/7 & -6/7 & 2/7 \\ 2/7 & 3/7 & 6/7 \\ 6/7 & 2/7 & -3/7 \end{bmatrix}$

31. $\begin{bmatrix} 3/7 & -6/7 & 2/7 \\ 2/7 & 3/7 & 6/7 \\ 6/7 & 2/7 & -3/7 \end{bmatrix}\begin{bmatrix} 42 & 0 & 0 \\ 0 & 21 & 0 \\ 0 & 0 & 0 \end{bmatrix}\begin{bmatrix} 2/3 & 2/3 & 1/3 \\ -2/3 & 1/3 & 2/3 \\ 1/3 & -2/3 & 2/3 \end{bmatrix}$

33. **(a)** Let the matrix U be orthogonal. Then $U^{-1} = U^t$. Thus $(U^t)^{-1} = (U^{-1})^t$ (Properties of Matrix Inverse, Section 4 of the "Matrices and Linear Transformations" chapter) implying that $(U^t)^{-1} = (U^t)^t$. Therefore U^t is orthogonal.

(b) Let X and Y be orthogonal. Then $X^{-1} = X^t$ and $Y^{-1} = Y^t$. Thus $(XY)^{-1} = Y^{-1}X^{-1}$ (Properties of Matrix Inverse, Section 4 of the "Matrices and Linear Transformations" chapter) $= Y^tX^t = (XY)^t$ (Properties of Transpose, Section 3 of the "Matrices and Linear Transformations" chapter). Therefore XY is orthogonal.

(c) Since A is $m \times n$, A^t is $n \times m$. Thus A^tA is an $n \times n$ symmetric matrix. A^tA has n real eigenvalues (Theorem 9 of the "Coordinate Representations" chapter). Since $\sigma_i = \sqrt{\lambda_i}$, $i = 1, \ldots, n$, A has n singular values. Similarly AA^t is an $m \times m$ symmetric matrix, having m real eigenvalues leading to m singular values for A^t.

34. Let A be an $m \times n$ matrix and $U\Sigma V^t$ be a singular value decomposition of A. $A = U\Sigma V^t$ is an SVD of the $m \times n$ matrix A. Then: # rows in A = # of rows in $U = m$. # columns in A = # of columns in $V^t = n$. U is orthogonal—it is square. Thus # of columns in U is m; # rows in $\Sigma = m$. V is orthogonal—it is square; Thus number of rows in $V^t = n$; # columns in $\Sigma = n$.

35. Let A be an $m \times n$ matrix and $A = U\Sigma V^t$ be an SVD of A.

If A is $m \times n$, then Σ is $m \times n$. Thus we know m and n for each of the above cases. (A^tA) is $n \times n$ and symmetric. Thus (A^tA) has n real eigenvalues and A has a total of n singular values ($\sigma_i = \sqrt{\lambda_i}$, $i = 1, \ldots, n$). D, the diagonal upper left submatrix of A, is $r \times r$ diagonal. Therefore A has r positive singular values, namely the elements of D, and $n - r$ zero singular values.

(a) $m = 2, n = 3, r = 2$. Thus $\sigma_1 = 5, \sigma_2 = 1, \sigma_3 = 0$.

(c) $m = 3, n = 2, r = 2$. Thus $\sigma_1 = 12, \sigma_2 = 4$.

39. Let $A = U\Sigma V^t$ be a singular value decomposition of A. Then $|A| = |U|\,|\Sigma|\,|V^t|$.
Since U and V are orthogonal $|U| = \pm 1$ and $|V^t| = \pm 1$. Therefore $|A| = \pm|\Sigma|$. Since Σ is square it must be a diagonal matrix with diagonal elements $\sigma_1, \sigma_2, \ldots, \sigma_n$. $|\Sigma| = \sigma_1\sigma_2, \ldots, \sigma_n$. Thus $|A| = \pm\sigma_1\sigma_2 \ldots \sigma_n$.

42. From Exercise 41 we know that $V\Sigma^+U^t = \text{pinv}(A)$ when A is $m \times n$ and of rank n. From Exercise 36, Section 4 of the "Inner Product Spaces" chapter, we know that $\text{pinv}(A) = \text{inv}(A)$ when A is $n \times n$ (square), and of rank n. Thus $A^+ = \text{inv}(A)$ when A is $n \times n$ and of rank n.

43. (a)

$$\overset{A}{\begin{bmatrix} 1 & 1 \\ -1 & 2 \\ 3 & 4 \end{bmatrix}} = \overset{U}{\begin{bmatrix} -0.2608 & 0.1513 & -0.9535 \\ -0.2152 & -0.9719 & -0.0953 \\ -0.9411 & 0.1803 & 0.2860 \end{bmatrix}} \overset{\Sigma}{\begin{bmatrix} 5.2993 & 0 \\ 0 & 1.9791 \\ 0 & 0 \end{bmatrix}} \overset{V^t}{\begin{bmatrix} -0.5414 & 0.8408 \\ -0.8408 & -0.5414 \end{bmatrix}^t}.$$

$$\Sigma = \begin{bmatrix} 5.2993 & 0 \\ 0 & 1.9791 \\ 0 & 0 \end{bmatrix}, D = \begin{bmatrix} 5.2993 & 0 \\ 0 & 1.9791 \end{bmatrix},$$

$$D^{-1} = \begin{bmatrix} 0.1887 & 0 \\ 0 & 0.5053 \end{bmatrix},$$

$$\Sigma^+ = \begin{bmatrix} 0.1887 & 0 & 0 \\ 0 & 0.5053 & 0 \end{bmatrix}.$$

$$A^+ = V\Sigma^+U^t = \begin{bmatrix} 0.0909 & -0.3909 & 0.1727 \\ 0 & 0.3 & 0.1 \end{bmatrix}.$$

$$\hat{\mathbf{x}} = A^+\mathbf{y} = \begin{bmatrix} 0.0909 & -0.3909 & 0.1727 \\ 0 & 0.3 & 0.1 \end{bmatrix}\begin{bmatrix} 1 \\ 0 \\ 6 \end{bmatrix} = \begin{bmatrix} 1.1273 \\ 0.6 \end{bmatrix}.$$

The least squares solution is $x = 1.1273, y = 0.6$.

44. (a)

$$\overset{A}{\begin{bmatrix} 1 & 2 & -1 \\ -1 & 1 & 4 \end{bmatrix}} = \overset{U}{\begin{bmatrix} -0.2298 & 0.9732 \\ 0.9732 & 0.2298 \end{bmatrix}} \overset{\Sigma}{\begin{bmatrix} 4.3253 & 0 & 0 \\ 0 & 2.3004 & 0 \end{bmatrix}} \overset{V^t}{\begin{bmatrix} -0.2781 & 0.3232 & 0.9045 \\ 0.1188 & 0.9460 & -0.3015 \\ 0.9532 & -0.0236 & 0.3015 \end{bmatrix}^t}.$$

$$\Sigma = \begin{bmatrix} 4.3253 & 0 & 0 \\ 0 & 2.3004 & 0 \end{bmatrix},$$

$$D = \begin{bmatrix} 4.3253 & 0 \\ 0 & 2.3004 \end{bmatrix},$$

$$D^{-1} = \begin{bmatrix} 0.2312 & 0 \\ 0 & 0.4347 \end{bmatrix}, \Sigma^+ = \begin{bmatrix} 0.2312 & 0 \\ 0 & 0.4347 \\ 0 & 0 \end{bmatrix}.$$

$$A^+ = V\Sigma^+U^t = \begin{bmatrix} 0.1515 & -0.0303 \\ 0.3939 & 0.1212 \\ -0.0606 & 0.2121 \end{bmatrix}.$$

$$\hat{\mathbf{x}} = A^+\mathbf{y} = \begin{bmatrix} 0.1515 & -0.0303 \\ 0.3939 & 0.1212 \\ -0.0606 & 0.2121 \end{bmatrix}\begin{bmatrix} 3 \\ -1 \end{bmatrix} = \begin{bmatrix} 0.4848 \\ 1.0606 \\ -0.3939 \end{bmatrix}.$$

The least squares solution is $x = 0.4848, y = 1.0606, z = -0.3939$.

45. $A^+AA^+ = (A^tA)^{-1}A^tA(A^tA)^{-1}A^t = A^{-1}(A^t)^{-1}A^tAA^{-1}(A^t)^{-1}A^t = A^{-1}(A^t)^{-1}A^t = (A^tA)^{-1}A^t = A^+$

7장 복습문제

1. $x_1 = 2, x_2 = -1, x_3 = 1$

2. $L = \begin{bmatrix} 1 & 0 & 0 \\ \frac{3}{2} & 1 & 0 \\ -\frac{2}{7} & 4 & 1 \end{bmatrix}$

3. $x_1 = 1, x_2 = 3, x_3 = 4$

4. Number of multiplications $= \dfrac{2n^3 + 3n^2 + n}{6}$, number of additions $= \dfrac{2n^3 - 3n^2 + n}{6}$, total number of operations $= \dfrac{2n^3 + n}{3}$.
If the elements on the diagonal of L are all 1, the number of multiplications $= \dfrac{n^3 - n}{3}$ and the total number of operations $= \dfrac{4n^3 - 3n^2 - n}{6}$.

5. 0.3135216×10^4, four significant digits less accurate

6. **(a)** 5, one significant digit less accurate

(b) 12.5, two significant digits less accurate

7. $c(A) = \|A\|\|A^{-1}\| = \|A^{-1}\|\|A\| = \|A^{-1}\|\|(A^{-1})^{-1}\| = c(A^{-1})$

8. Not a linear mapping

9. **(a)** $x_1 = \dfrac{1}{50}$, $x_2 = 0$, and $x_3 = 100$

(b) $x_1 = -12$, $x_2 = -1$, and $x_3 = 5000$

10. $x = 4.80$, $y = 1.20$, and $z = 3.00$

11. Dominant eigenvalue $= 11.716$, dominant eigenvector $= r\begin{bmatrix} 0.652 \\ 0.997 \\ 1 \end{bmatrix}$

12. Eigenvalues are 6, 4, 0 with corresponding eigenvectors

$$\begin{bmatrix} 1 \\ 2 \\ -1 \end{bmatrix}, \begin{bmatrix} 1 \\ 0 \\ 1 \end{bmatrix}, \begin{bmatrix} -1 \\ 1 \\ 1 \end{bmatrix}$$

13. $$A = \begin{bmatrix} 7 & 5 \\ -4 & -8 \\ -5 & -1 \end{bmatrix} = \begin{bmatrix} -2/3 & -1/3 & 2/3 \\ 2/3 & -2/3 & 1/3 \\ 1/3 & 2/3 & 2/3 \end{bmatrix} \begin{bmatrix} 9\sqrt{2} & 0 \\ 0 & 3\sqrt{2} \\ 0 & 0 \end{bmatrix} \begin{bmatrix} -1/\sqrt{2} & -1/\sqrt{2} \\ -1/\sqrt{2} & 1/\sqrt{2} \end{bmatrix}$$

14. **(a)** By Exercise 37, Section 6 of the "Numerical Methods" chapter, if A is an $m \times n$ matrix and P and Q are orthogonal matrices such that PAQ exists, then A and PAQ have the same singular values. Let $Q = I$, the identity $n \times n$ matrix. I is orthogonal. Therefore A and PA have the same singular values.

(b) From scratch—A^tA is $n \times n$ and symmetric. Thus A^tA has n real eigenvalues and A has n singular values. PA is $m \times n$. $(PA)^t(PA)$ is $n \times n$ and symmetric, thus $(PA)^t(PA)$ has n real eigenvalues and PA therefore has n singular values.

Let $A = USV^t$ be a singular value decomposition of A. Then $PA = PUSV^t$. Since P and U are orthogonal PU is orthogonal. Thus $(PU)SV^t$ is an SVD of PA. The nonzero singular values of both A and PA are the same—they are the diagonal elements of D – r of them. Since both A and PA have n singular values, they must both have $n - r$ zero singular values. Thus A and PA have the same singular values.

15.

$$\underset{A}{\begin{bmatrix} 1 & 1 & 1 \\ 2 & -1 & -1 \end{bmatrix}} = \underset{U}{\begin{bmatrix} 0 & 1 \\ 1 & 0 \end{bmatrix}} \underset{S}{\begin{bmatrix} 2.4495 & 0 & 0 \\ 0 & 1.7321 & 0 \end{bmatrix}} \underset{V^t}{\begin{bmatrix} 0.8165 & 0.5774 & 0 \\ -0.4082 & 0.5774 & -0.7071 \\ -0.4082 & 0.5774 & 0.7071 \end{bmatrix}^t}.$$

$$S = \begin{bmatrix} 2.4495 & 0 & 0 \\ 0 & 1.7321 & 0 \end{bmatrix},$$

$$D = \begin{bmatrix} 2.4495 & 0 \\ 0 & 1.7321 \end{bmatrix},$$

$$D^{-1} = \begin{bmatrix} 0.4082 & 0 \\ 0 & 0.5773 \end{bmatrix},$$

$$S^+ = \begin{bmatrix} 0.4082 & 0 \\ 0 & 0.5773 \\ 0 & 0 \end{bmatrix}.$$

$$A^+ = VS^+U^t = \begin{bmatrix} 0.3333 & 0.3333 \\ 0.3333 & -0.1666 \\ 0.3333 & -0.1666 \end{bmatrix}.$$

$$\hat{\mathbf{x}} = A^+\mathbf{y} = \begin{bmatrix} 0.3333 & 0.3333 \\ 0.3333 & -0.1666 \\ 0.3333 & -0.1666 \end{bmatrix} \begin{bmatrix} 1 \\ 4 \end{bmatrix} = \begin{bmatrix} 1.6665 \\ -0.3331 \\ -0.3331 \end{bmatrix}.$$

The least squares solution is $x = 1.6665$, $y = -0.3331$, $z = -0.3331$.

CHAPTER 8

연습문제 8.1

1. Maximum is 24 at $(6, 12)$.

3. Maximum is 20 at every point on the line segment joining $(5, 0)$ and $(3, 4)$.

5. Maximum is 6 at $(1, 2)$.

6. Minimum is -350 at $(100, 50)$.

8. Minimum is -4 at $(4, 0)$.

9. Maximum profit is \$6400 when the company manufactures 400 of $C1$ and 300 of $C2$.

11. Maximum profit is \$2400 when the company ships x refrigerators from town X and $120 - 2x$ refrigerators from town Y, where $0 \le x \le 30$.

13. Maximum income is \$5040 when the tailor makes 24 suits and 32 dresses.

15. Maximum is 54 cars moved from B to C, with 146 cars moved from B to D, 66 cars from A to C, and 34 cars from A to D.

17. Maximum is 150 tons when 50 tons of X and 100 tons of Y are manufactured.

18. Minimum is 56 cents when 7 oz. of item M and no item N is served.

20. **(a)** Maximum profit is \$800 when the shipper carries no packages for Pringle and 2000 packages for Williams.

연습문제 8.2

1. Maximum is 24 when $x = 6$ and $y = 12$.

2. Maximum is 4 when $x = 4$ and $y = 0$.

4. Maximum is 1600 when $x = 160$ and $y = 0$.

6. Maximum is 22500 when $x = 0$, $y = 100$, and $z = 50$.

7. No maximum

10. Maximum is \$1740 when 30 of X, no Y, and 120 of Z are produced.

12. Maximum profit is \$7200 when 600 washing machines are transported from A to P and none are transported from B or C to P.

13. Maximum profit is \$2080 if no Aspens are manufactured and the number of Alpines manufactured plus one-half the number of Cubs manufactured is 260.

15. Minimum is -5 at $x = 3$, $y = 1$.

16. Minimum is $-\frac{15}{4}$ at $x = 0$, $y = 0$, $z = \frac{15}{4}$.

연습문제 8.3

1. Optimal solution is $f = 24$ at $x = 6$, $y = 12$.

3. Optimal solution is $f = 6$ at $x = 0$, $y = 3$, $z = 0$ (x and z are nonbasic variables).

6. Optimal solution is $f = 50$ at $x = 0$, $y = 15$, $z = 5$, $w = 0$ (x and w are nonbasic variables).

8장 복습문제

1. Maximum value is 13 at $(2, 3)$.

2. Maximum is 48 at every point on the line segment joining $(8, 0)$ and $(4, 6)$.

3. Minimum is 0 at $(0, 0)$.

4. Maximum profit is \$27000 when 30 acres of strawberries and 10 acres of tomatoes are planted.

5. Maximum volume is 1456 when 16 lockers of type X and 20 of type Y are purchased.

6. Maximum is 40 when $x = 20$, $y = 0$, and $z = 0$.

7. Maximum daily profit is \$240 when the number of X tables plus one-half the number of Y tables finished is 30.

8. Minimum is -2 for all x, y, z where $z = 0$ and $y = 1 + \frac{x}{2}$, with $0 \le x \le \frac{4}{3}$.

APPENDIX A

연습문제 부록 A

1. **(a)** $(8, -7, 2)$
(c) $(-8, 4, 0)$
(e) $(3, 10, 23)$

2. **(a)** $(10, 22, -6)$
(c) $(-10, -17, 6)$
(e) $(-80, 28, -54)$

3. **(a)** $10\mathbf{i} - 9\mathbf{j} + 7\mathbf{k}$
(c) $21\mathbf{i} - 17\mathbf{j} + 9\mathbf{k}$
(e) $-86\mathbf{i} - 93\mathbf{j} + 25\mathbf{k}$

4. **(a)** $(0, -14, -7)$
(c) -28
(d) $(4, -36, -26)$
(f) -196

5. **(a)** $\sqrt{329}$
(c) $3\sqrt{69}$

6. **(a)** 130
(c) 30

8. $(\mathbf{i} \times \mathbf{j}) \cdot \mathbf{k} =$
$(0 \times 0 - 0 \times 1, 0 \times 0 - 1 \times 0, 1 \times 1 - 0 \times 0) \cdot$
$(0, 0, 1) = (0, 0, 1) \cdot (0, 0, 1) = 0 + 0 + 1 = 1$

12. $c(\mathbf{u} \times \mathbf{v}) = c(u_2v_3 - u_3v_2, u_3v_1 - u_1v_3, u_1v_2 - u_2v_1) =$
$(cu_2v_3 - cu_3v_2, cu_3v_1 - cu_1v_3, cu_1v_2 - cu_2v_1) = c\mathbf{u} \times \mathbf{v}$.

14. Hint: Use the result of Exercise 11.

15. $\mathbf{u} \cdot (\mathbf{v} \times \mathbf{w}) = \begin{vmatrix} u_1 & u_2 & u_3 \\ v_1 & v_2 & v_3 \\ w_1 & w_2 & w_3 \end{vmatrix} = 0$ if and only if the row vectors **u**, **v**, and **w** are linearly dependent, i.e., if and only if one vector lies in the plane of the other two.

APPENDIX B

연습문제 부록 B

1. (a) Point-normal form:
$(x - 1) + (y + 2) + (z - 4) = 0$
General form: $x + y + z - 3 = 0$

(c) Point-normal form: $x + 2y + 3z = 0$
General form: $x + 2y + 3z = 0$

2. (a) $6x + y + 2z - 10 = 0$

(c) $3x - 2y + 1 = 0$

3. $(3, -2, 4)$ is normal to the plane $3x - 2y + 4z - 3 = 0$ and $(-6, 4, -8)$ is normal to the plane $-6x + 4y - 8z + 7 = 0$. $(-6, 4, -8) = -2(3, -2, 4)$, so the normals are parallel and therefore the planes are parallel.

5. Point-normal form:
$2(x - 1) - 3(y - 2) + (z + 3) = 0$
General form: $2x - 3y + z + 7 = 0$

6. (a) Parametric equations: $x = 1 - t,\ y = 2 + 2t,\ z = 3 + 4t,\ -\infty < t < \infty$

Symmetric equations: $-x + 1 = \dfrac{y - 2}{2} = \dfrac{z - 3}{4}$

(c) Parametric equations: $x = -2t,\ y = -3t,\ z = 5t,\ -\infty < t < \infty$

Symmetric equations: $-\dfrac{x}{2} = -\dfrac{y}{3} = \dfrac{z}{5}$

7. $x = 1 + 2t,\ y = 2 + 3t,\ z = -4 + t,\ -\infty < t < \infty$

9. $x = 4 + 2t,\ y = -1 - t,\ z = 3 + 4t,\ -\infty < t < \infty$

11. The points P_1, P_2, and P_3 are collinear. There are many planes through the line containing these three points.

12. $-x + 2y - 4z + 26 = 0$

13. The points on the line are of the form $(1 + t, 14 - t, 2 - t)$. These points satisfy the equation of the plane, so the line lies in the plane.

16. The directions of the two lines are $(-4, 4, 8)$ and $(3, -1, 2)$. $(-4, 4, 8) \cdot (3, -1, 2) = 0$, so the lines are orthogonal. The point of intersection is $x = 1,\ y = 2,\ z = 3$.

17. The directions of the two lines are $(4, 5, 3)$ and $(1, -3, -2)$. $(4, 5, 3) \neq c(1, -3, -2)$, so the lines are not parallel. They do not intersect, so they are skew.

18. (a) A basis for the space must consist of two linearly independent vectors that are orthogonal to $(2, 3, -4)$. Two such vectors are $(0, 4, 3)$ and $(2, 0, 1)$.

(b) The point $(0, 0, 0)$ is not on the plane, so the set of all points on the plane is not a subspace of $\mathbf{R}^3$.

찾아보기

Index

[한글]

ㄱ

ㄴ

ㄷ

ㄹ

ㅁ

ㅂ

ㅅ

ㅇ

ㅈ

ㅊ

ㅋ

ㅌ

ㅍ

ㅎ

[영어]

A

B

C

D

E

F

G

H

I

P

Q

R

S

T

U

V

W

Y

Z

[기타]